SketchUp（中国）授权培训中心官方指定教材

SketchUp建模思路与技巧

孙 哲 潘 鹏 编著

清華大學出版社
北 京

内 容 简 介

本书是"SketchUp（中国）授权培训中心"组织撰写的"官方指定教程"第二部分，适用于已经学习过本系列教程第一部分《SketchUp 要点精讲》的学员拓展建模思路、提高建模水平，也可供已经自学入门却感觉缺乏建模思路的用户使用。

本书和同名的视频教程是 SketchUp（中国）授权培训中心官方指定的教学培训和应考辅导教材。本书和配套的视频教程中的部分内容是 SketchUp 国际认证（SCA）各等级资格认证考试的题库内容。

本书可作为各大专院校、中职中技中专的专业教材，也可供在职设计师自学后参与技能认证使用。

图书在版编目(CIP)数据

SketchUp建模思路与技巧/孙哲，潘鹏编著. —北京：清华大学出版社，2022.8（2024.8重印）
SketchUp（中国）授权培训中心官方指定教材
ISBN 978-7-302-59553-3

Ⅰ. ①S… Ⅱ. ①孙… ②潘… Ⅲ. ①建筑设计—计算机辅助设计—应用软件—中等专业学校—教材 Ⅳ. ①TU201.4

中国版本图书馆CIP数据核字(2021)第231346号

责任编辑：张　瑜
封面设计：潘　鹏
责任校对：周剑云
责任印制：丛怀宇
出版发行：清华大学出版社
网　　址：https://www.tup.com.cn, https://www.wqxuetang.com
地　　址：北京清华大学学研大厦A座　　**邮　　编**：100084
社 总 机：010-83470000　　**邮　　购**：010-62786544
投稿与读者服务：010-62776969，c-service@tup.tsinghua.edu.cn
质量反馈：010-62772015，zhiliang@tup.tsinghua.edu.cn
课件下载：https://www.tup.com.cn，010-62791865
印 装 者：三河市君旺印务有限公司
经　　销：全国新华书店
开　　本：190mm × 260mm　　**印　　张**：33.75　　**字　　数**：821千字
版　　次：2022年9月第1版　　**印　　次**：2024年 8月第3次印刷
定　　价：148.00元

产品编号：092715-01

SketchUp（中国）授权培训中心

官方指定教材编审委员会

SketchUp官方序

自 2012 年天宝（Trimble）公司从谷歌（Google）收购了 SketchUp 以来，这些年 SketchUp 的功能得以持续开发和迭代，目前已经发展成为天宝建筑最核心的通用三维建模以及 BIM 软件。几乎所有天宝的软硬件产品都已经和 SketchUp 衔接，因此可以将测量测绘、卫星图像、航拍倾斜摄影、3D 激光扫描点云等信息导入 SketchUp；在 SketchUp 进行设计和深化之后也可通过 Trimble Connect 云端协同平台与 Tekla 结构模型、IFC、rvt 等格式协同；还可结合天宝 MR/AR/VR 软硬件产品进行可视化展示，以及结合天宝 BIM 放样机器人进行数字化施工。

天宝公司发布了最新的 3D Warehouse 参数化的实时组件（Live Component）功能，以及未来参数化平台 Materia，将为 SketchUp 打开一扇新的大门，也还会有更多、更强大的 SketchUp 衍生开发产品陆续发布。由此可见，SketchUp 已经发展成为天宝 DBO（设计、建造、运维）全生命周期解决方案核心工具。

SketchUp 在中国的建筑、景观园林、室内设计、规划及其他众多设计专业有非常庞大的用户基础和市场占有率。然而大部分用户仅仅使用了 SketchUp 最基础的功能，却并不知道虽然 SketchUp 的原生功能简单，但通过这些基础功能，结合第三方插件的拓展，众多资深用户可以将 SketchUp 发挥成一个极其强大的工具，以处理复杂的几何和庞大的设计项目。

SketchUp（中国）授权培训中心（ATC）的官方教材编审委员会已经组织编写了一批相关的通用纸质与多媒体教材，后续还将推出更多新的教材，其中，ATC 副主任孙哲老师（SU 老怪）的教材和视频对很多基础应用和技巧做了很好的归纳总结。孙哲老师是国内最早的用户之一，从事 SketchUp 的教育培训工作十余年，积累了大量的教学资料成果。未来还需要 SketchUp（中国）授权培训中心以老怪老师为代表的教材编写委员会贡献更多此类相关教材，助力所有的使用者更加高效、便捷地创造出更多优秀的作品。

向所有为 SketchUp 推广应用做出贡献的老师致敬。

向所有 SketchUp 的忠实用户致敬。

SketchUp 将与大家一起进步和飞跃。

SketchUp 大中华区经理
王奕（Vivien）

SketchUp 大中华区技术总监
张然（Leo Z）

序 言

本书是“SketchUp（中国）授权培训中心”（以下称“ATC”）在中国大陆地区出版的“官方指定系列教材”中的第二部分。此系列教材已经陆续出版了《SketchUp 要点精讲》《SketchUp 学员自测题库》《LayOut 制图基础》《SketchUp 材质系统精讲》，即将完稿出版的还有《SketchUp 常用插件手册》《SketchUp 曲面建模思路与技巧》，正在组稿的还有动态组件、BIM 等相关书籍，以及与之配套的一系列官方视频教程。

SketchUp 软件诞生于 2000 年，经过 20 年的演化升级，已经成为全球用户最多、应用最广泛的三维设计软件。自 2003 年登陆中国以来，在城市规划、建筑、园林景观、室内设计、产品设计、影视制作与游戏开发等专业领域，越来越多的设计师转而使用 SketchUp 来完成自身的工作。2012 年，Trimble（天宝）从 Google（谷歌）收购了 SketchUp。凭借 Trimble 强大的科技实力，SketchUp 迅速成为了融合地理信息采集、3D 打印、VR/AR/MR 应用、点云扫描、BIM 建筑信息模型、参数化设计等信息技术的“数字创意引擎”，并且这一趋势正在悄然改变着设计师们的工作方式。

官方教材的编写是一个系统性的工程。为了保证教材的翔实、规范及权威性，ATC 专门成立了“教材编写委员会”，组织专家对教材内容进行反复的论证与审校。本书编写由 ATC 副主任孙哲老师（SU 老怪）主笔。孙哲老师是国内最早的用户之一，从事 SketchUp 的教育培训工作十余年，积累了大量的教学资料成果。此系列教材的出版将有助于院校、企业及个人在学习过程中更加规范、系统地认知，掌握 SketchUp 软件的相关知识和技巧。

在本书编写过程中，得到了来自 Trimble 的充分信任与肯定。特别鸣谢 Trimble SketchUp 大中华区经理王奕女士、Trimble SketchUp 大中华区技术总监张然先生的鼎力支持。同时，也要感谢我的同事们以及 SketchUp 官方认证讲师团队，这是一支由建筑师、设计师、工程师、美术师组成的超级团队，是 ATC 的中坚力量。

最后，要向那些 SketchUp 在中国发展初期的使用者和拓荒者致敬。事实上，SketchUp 旺盛的生命力源自民间各种机构、平台，乃至个体之间的交流与碰撞。SketchUp 丰富多样的用户生态是我们最宝贵的财富。

SketchUp 是一款性能卓越、扩展性极强的软件。仅凭一本或几本工具书并不足以展现其全貌。我们当前的努力也谨为助力使用者实现一个小目标，即推开通往 SketchUp 世界的大门。欢迎大家加入我们。

SketchUp（中国）授权培训中心 主 任

2021 年 3 月 1 日，北 京

前言

我的学生中有很多学习其他软件失败后转而学习 SketchUp 大获成功的实例。2011 年，有一位环境艺术专业的女研究生，学习 SketchUp 一阶段后，自己感觉初步入门了，才对我讲了真话：她本科四年，被某老牌三维软件折腾了两年半；用她自己的话来说："为了完成作业，被它弄得想死的念头都有了……"

老怪当然不会相信她真的要去死，不过，这句话也许真的说出了她的痛苦，在这些痛苦的后面，似乎还可以看到她用的软件、她的老师和相关的教材……后来，就业后半年还不到的她，给我发来了一个已经中标的设计，是她用 SketchUp 制作的作品，非常出色。在这个系列教材的撰写制作过程中，我不时回想起这位女生的话，时时提醒自己，我编写制作的教材，一定不能把学习变成为"要死的念头"。

另外，也有不少学生，看到 SketchUp 工具简单、操作容易，能够推推拉拉弄出个小东西以后便自以为是，感觉已经"自学成才"，觉得 SketchUp 大概只能做到这样了，就放弃了深入学习和提高，很多年后，这些同学仍然停留在推推拉拉的入门水平，遇到稍微有点难度的任务还要在 QQ 上问老师。

另外一些同学，还没有真正入门，就放弃了对 SketchUp 基本工具的练习，到处收集各种插件，把大量时间用在插件上，明明只需用 SketchUp 自带的工具三下五除二就可以完成的任务，而非要找个插件来做。找插件并安装它，再熟悉它所花费的时间，远远超过了节省的时间，换一台计算机或者插件出了毛病，他就玩不转了。

还有些人，模型看起来做得不错，但仔细一看，其模型只是一堆码在一起的线面，根本无法修改，万一领导或者客户提出要改动、万一换了团队中的其他人来接手、万一模型要做渲染，这个模型就只能作废，一切要从头做起，耽搁了时间，甚至可能失去大好的商业机会。所以，衡量一个人是不是真的入门了，除了看他的建模能力外，还要看他组织模型中几何体的水平。

时常能听到一些人在讨论，甚至争论：SketchUp 和其他软件孰优孰劣的问题，作为过来人，我会说：SketchUp 有不少优点，也有很多缺点；用它可以做成很多事情，也有很多事情是它做不了的；它不过是你工具箱里的工具之一，关键词是"之一"，你还可以把更多的工具收纳进你的工具箱；锤子、钳子、凿子、螺丝刀，各有各的用处；你非要用钳子代替锤子，用螺丝刀代替凿子，不是不可以，但你要考虑效率甚至后果。老怪还有一比：同样一支笔，有人可以用它做出传世的字画、美好的文章；换个人用它写出字来歪歪扭扭，文章描述的不知所云。所以，用 SketchUp 这支笔，能不能折腾出点像样的东西，全看你如何来操作和发挥了。

说到"建模思路"，这是大多数初学者最为头痛的问题，很多设计界的老手，会用

SketchUp 工具，也有了想法、有了创意甚至都在纸上勾画出了草图，但想要创建成模型付诸实施却不知从何下手，碰到这种窘境的人真不少，其实他们缺少的就是“建模思路”；我说他们是“有想法、没办法”，所谓“想法”就是“创意”，“办法”就是建模的“思路”，有了好的创意却不能表达出来，对于设计师来说，是痛苦的折磨也是损失。

众所周知，想要真正学好一门知识、掌握一门技能，前提是要有兴趣，而最初的兴趣能否长期保持下去就要看老师、教材和学员的配合，其中教材占了一半以上的份额，有些教材就像是折磨学员的刑具，而好的教材能够让学员不断得到阶段性的成功，不断得到自我奖励，从而保持学习的热情。本书努力把重要的内容蕴含在有趣并且不太难的实例中，相信每一位读者都能够轻松快乐地学完学好，早日成为建模高手。

我挑选的所有实例，粗看大多数都跟你的行业无关，但必须告诉你，我挑选的每一个实例都是有道理的，挑选实例的首要标准就是必须具有普遍意义且简单，容易理解和记忆，如果你能体会出每个实例中所包含的普遍意义，对你今后的工作实践是非常有益的。可能你一辈子也不会去做一个与实例完全相同的模型，但是我敢说，你一定会经常碰到实例中类似的问题。

我们一再说“学习创建这些模型不是目的，掌握其中的思路与技巧、解决问题的方法才是目的”。演示与练习中的具体对象可能跟你的行业无关，但蕴含在演示过程中的思路与技巧对所有行业的初学者都同样重要，所以请按顺序学习并认真对照做练习，要举一反三、触类旁通。只要一有可能，要尽快结合你所从事的行业去做建模练习，这样才能做到事倍功半、尽快学以致用。

最后还有一点要提醒的是，本书学习讨论的重点是建模思路与技巧，不是讨论“建模捷径”，所以本书及同名视频涉及的演示中只使用 SketchUp 的基本工具（也就是全部不用插件），所以有时候建模的过程比用插件要烦琐些，而这正是有意安排的训练，这些安排对初学者练好基本功、夯实基础、建立良好的建模习惯、形成巧妙的建模思路非常必要且好处无穷。大量教学实践中的事实证明，在这种严格条件下完成的训练将会令所有接受过这种训练的人受益终身，他们将会比患有插件依赖症的人拥有更宽广的建模思路与建模技巧，所以，在做练习时，请自觉只用 SketchUp 自带的基本工具（不要用插件）。

好了，下面开始进入学习，祝你顺利。

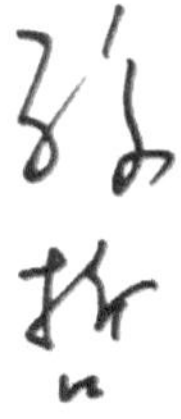

2021 年 3 月 15 日

目录

扫码下载本章教学视频及附件

第 1 章 热身操

本章共 6 节，包含十多个小模型，它们看起来都很简单，却被植入了 SketchUp 基本工具和基本功能中的大部分。

如果你已经完成了本系列教程第一部分《SketchUp 要点精讲》的学习，本章将是复习和测试，也可以看成是热身。

如果你认为自己已经熟练地掌握了 SketchUp 基本工具和功能的运用，也可以稍微浏览一下，不用做练习。

如果你还是零基础的初学者，建议先从本系列教程的第一部分《SketchUp 要点精讲》开始学习，直接跳到这里开始学习，后面可能会有困难。

1.1 用七巧板热身

从本节开始就要正式学习建模了，请提前按《SketchUp 要点精讲》最后一节的提示设置好快捷键。当然还要完成《SketchUp 要点精讲》中 1.5 节所述的所有设置。

不知道你看到本节的题目“用七巧板热身”以后，是不是觉得很奇怪——七巧板有什么了不起的，幼儿园小朋友的玩具罢了。

告诉你：如果因为幼儿园的小朋友在玩就瞧不起它，你就大错特错了。如果你看过跟本书配套的视频，你就知道它为什么不简单了。关于七巧板的渊源和历史，还有其中的深奥知识等题外话将放在本节的后面介绍，免得急着要学习建模的人耽误时间。如果你认为自己是 SketchUp“新手”或是“刚脱帽新手”，建议你认真看完下面的前 5 个部分并做练习。

1. 做一副七巧板

在下面的操作演示里，要用到矩形工具、直线工具、利用参考点绘图、选择技巧的一部分、移动工具、移动复制、创建群组、进入群组编辑、退出群组、旋转工具及推拉工具等一大堆工具和技巧，不过都是在《SketchUp 要点精讲》一书里介绍过的，现在是复习也是热身。

在 SketchUp 里做一副七巧板非常容易，只要在一个正方形上画 5 条线就可以了，其中端点、中点、角点、参考点等概念都在《SketchUp 要点精讲》一书里介绍过，这里就不再重复了。

（1）在“地面”上画一个正方形（矩形工具的默认快捷键为 R），如图 1.1.1 所示，SketchUp 中的所谓地面就是“*XY* 平面”，也就是“红绿轴实线”形成的面。

（2）画对角线，如图 1.1.1 中①所示，直线工具的快捷键是 L。

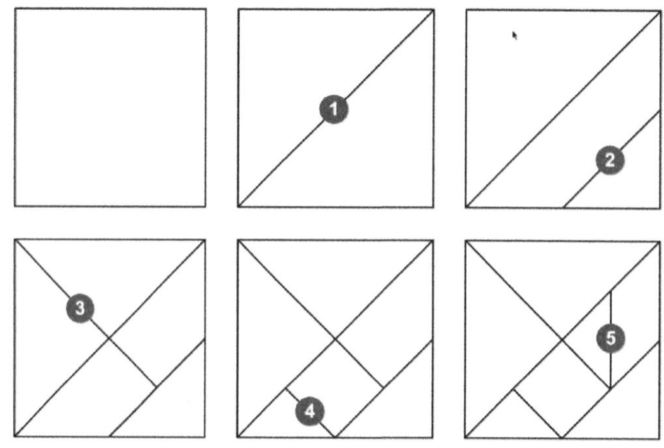

图 1.1.1　依参考点绘图

（3）连接边线上的两“中点”画第二条线，如图 1.1.1 中②所示。

（4）中点到角点画第三条线，如图 1.1.1 中③所示。

（5）中点到端点画第四条线，如图 1.1.1 中④所示。

（6）中点到端点画第五条线，如图 1.1.1 中⑤所示。

七巧板轮廓基本成型。在画线的时候，充分利用了 SketchUp 自动产生的端点和中点，所以画起来就很快，这些点叫作参考点，SketchUp 里还有很多种这样的参考点和参考线，以后在操作的时候，要时刻注意充分利用这些参考点。在没有参考点可用的时候，后面还会说到如何创造参考点。

2. “群组”技巧的运用

图 1.1.2 中①是刚才在正方形上画了 5 条线形成的七巧板雏形，它们是连在一起无法分开的一堆线和面，牵一发而动全身，如图 1.1.2 ②所示。想要让它们一块块分开，就要用到 SketchUp 里的一个法宝——群组（组），下面就来把它们分别做成群组。把这些几何体编成组有以下两种不同的方法。

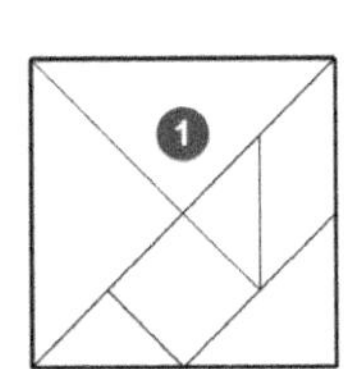

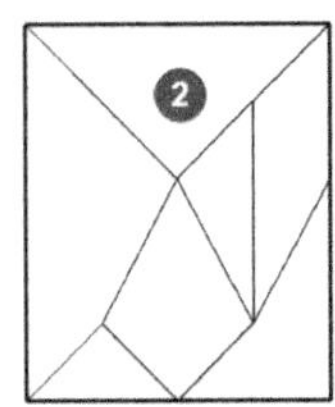

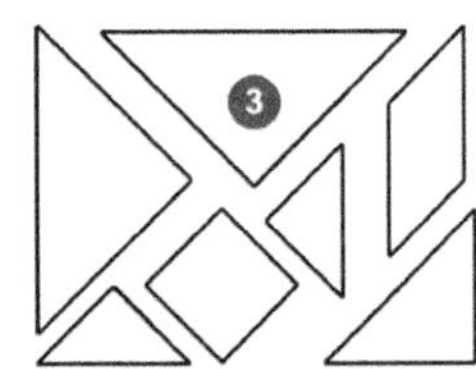

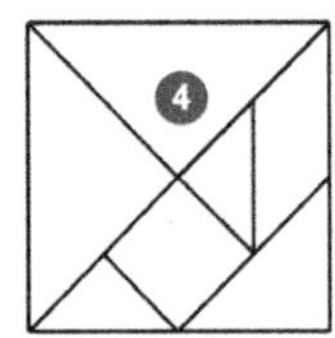

图 1.1.2　用群组分隔几何体

1）比较稳妥的方法

（1）双击 7 块中的 1 块（选择这个面和它的所有边线）移动并复制到旁边。“移动”的快捷键是 M。移动的同时按住 Ctrl 键就是做“移动复制”，这是经常要做的操作。

注意：SketchUp 的右键快捷菜单中是没有“复制”“粘贴”命令的，只能单击工具条上的工具图标或按组合键 Ctrl+C 和 Ctrl+V（即 Windows 操作系统的通用快捷键）。

（2）用同样的方法，分别复制出全部，删除粘连在一起的原始图形。

（3）对它们分别创建群组，这样它们就不会粘在一起了（见图 1.1.2 中③）。创建群组的方法：在面上双击，选择面和边线，单击鼠标右键，在弹出的快捷菜单中选择“创建群组”命令。

在“编辑”菜单里也有“创建群组”命令，但不如右键菜单快捷。

创建群组是常用的操作，应尽早设置快捷键 G（Group’组）。

2）一种更为快捷的方法

直接双击 7 块中的一块（选择这个面和它的所有边线），并单击鼠标右键，在弹出的快捷菜单中选择“创建群组”命令。用同样的方法，分别对 7 个小块编组，如图 1.1.2 中④所示。

小结：

稳妥编组方法操作过程清晰；但缺点是比较麻烦。后一种编组方法较快但容易错漏。经过分别编组的几何体，即使相连或重叠在一起，互相之间也不会受影响，所以“组”是 SketchUp 对几何体（或统称为对象）进行管理的重要手段之一。

编组最容易发生的问题如下。

（1）把不该编入的线面也编了进去。

（2）漏掉该编入的线面。

SketchUp 对几何体管理的手段还有“组件”“标记（图层）”“管理目录”，这些将在后面章节里讨论。

3. 用七巧板练手

孩子们玩七巧板的好处非常多，可以增强形状概念 、视觉分辨 、视觉记忆 、手眼协调、逻辑创意 、观察能力等，不但可以启发孩子们的智力，七巧板同样也是成人们的良好伙伴。

用 SketchUp 来玩虚拟的七巧板，除了有上面所说的这些好处以外，还有更多的好处：我们为了拼出所需要的图案，必须仔细观察，不断推测，大胆联想；还要不断做放大、缩小、平移和旋转以及镜像、翻转、上色等操作，在做这些的时候，你会感到手和脑的能力都得到了前所未有的拓展和提升，而这些正是熟练驾驭 SketchUp 所必需的。

除了上面列出的创建七巧板所用到的工具之外，下面的练习还要用到材质工具、移动工具、移动复制、旋转工具等。

例 1.1 制作一副七巧板，并按图 1.1.3 中①所示摆放出一只猫的形状，按图 1.1.3 中③所示上颜色。

（1）现在按图 1.1.3 中①的样子，用移动和旋转工具摆放成如图 1.1.3 中②所示的猫。移动工具的默认快捷键是 M（Move 移动）；旋转工具的默认快捷键是 Q。

（2）对猫的“脸”和“尾”改用其他颜色：对群组上色，在“材质”面板的下拉菜单里选择“颜色”命令，单击“颜色”→“油漆桶”工具，再单击需上色的组。

（3）若油漆桶在群组外单击上色不成功，就要双击群组进入组内操作。材质工具的快捷键是 B。

例 1.2 制作一副七巧板，并按图 1.1.3 ④所示摆放出“古代农夫”形状，并按赤橙黄绿青蓝紫对它们赋色，如图 1.1.3 ⑥所示。再按图 1.1.3 ④所示摆放出一个古代“农夫”形状，结果如图 1.1.3 ⑤所示。最后按自己的喜好改变颜色。

材质工具（油漆桶工具）的扩展用法如下。

（1）油漆桶 +Ctrl 键：用油漆桶赋材质的时候按住 Ctrl 键相当于对当前组或群组内相同材质的面赋一种新的材质，该功能常用来更换一个组或一个群组内的所有相同材质。

（2）油漆桶 +Shift 键：用油漆桶赋材质的时候按住 Shift 键相当于对当前模型内相同材质的面赋一种新的材质，该功能常用来更换整个模型里的所有相同材质。

（3）油漆桶 +Alt 键：当图标为油漆桶的时候，按住 Alt 键可暂时切换成材质吸管，用来汲取模型里一种已有的材质，松开 Alt 键后即恢复成油漆桶，即可以赋这种材质。

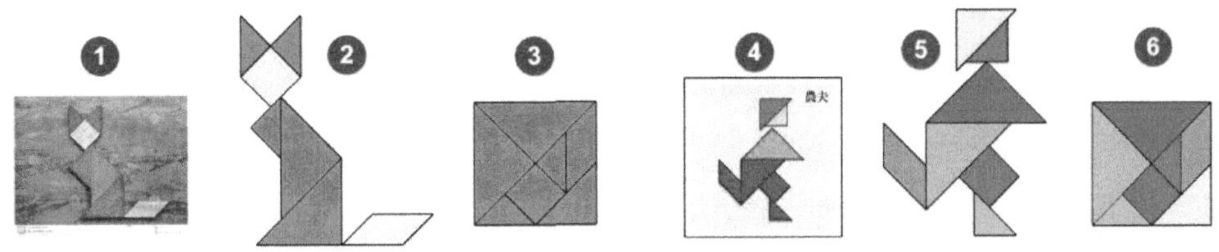

图 1.1.3　油漆桶工具

4. 用七巧板练脑

值得提出的是，用 SketchUp 玩七巧板，还可以玩出三维的新花样，换个说法就是可以把七巧板玩成立体的场景。用旋转工具可以把它们立起来；用推拉工具、缩放工具把它们做得更加有立体感，这又可以大大拓展我们的“空间想象能力”（参见图 1.1.4）。

（1）进入各群组，用推拉工具把平面形状的七巧板拉出统一的厚度（见图 1.1.4 ①）。推拉工具的默认快捷键是 P（Push、Pull，推、拉）。

（2）把所有对象全部竖立起来：全选要竖立的对象（见图 1.1.4 ②）。

（3）把对象转到方便操作的角度（见图 1.1.4 ③ ~ ⑥）。注意：旋转操作前先单击工具条上的“右视图”会更方便。

（4）调用旋转工具，快捷键是 Q。

（5）必须看清楚旋转工具是红色后再操作（即旋转工具垂直于红轴）。

（6）单击旋转中心，在旋转半径上单击，向旋转方向稍微移动工具，输入旋转角度 90°，然后按 Enter 键。

图 1.1.4　进入群组编辑

5. 课后练习

请完成下面 3 种特殊的“拼图”，除了上面出现过的工具外，还要用到“旋转矩形工具”和“直线等分”，练习在“地面（*XY* 平面）”和“*XZ* 立面”上绘制图形的技巧。

练习 1：完成图 1.1.5 ⑧所示的拼图，操作顺序如下。

（1）在地面上绘制一个矩形：400mm × 400mm，如图 1.1.5 ①所示。

（2）想在“地面”上绘制图形，要先单击工具条上的“俯视图”按钮。

（3）利用大矩形的一个角画一个小矩形：200mm × 200mm，如图 1.1.5 ②所示。

（4）连接两个角点，如图 1.1.5 ③所示。

（5）连接角点与边线上的中点，如图 1.1.5 ④所示。

（6）连接角点与另一边线的中点，如图 1.1.5 ⑤所示。

（7）注意两个关键点，如图 1.1.5 ⑥和⑦所示。

（8）用“旋转矩形工具”在图 1.1.5 ⑥和⑦所示两点绘制矩形，如图 1.1.5 ⑧所示图形绘制完成。

（9）分别赋予颜色后创建群组。

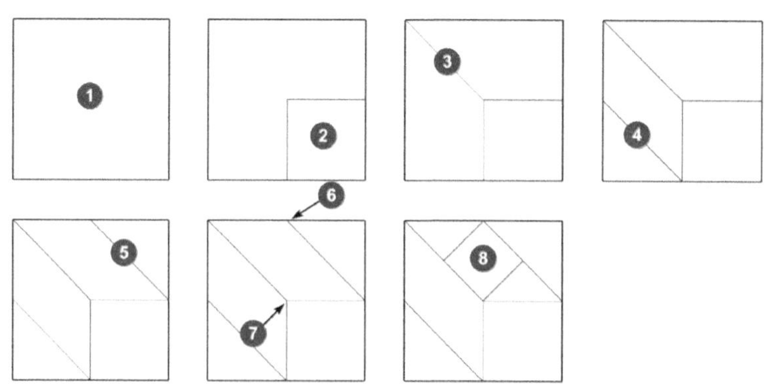

图 1.1.5　课后练习 1

练习 2：请完成如图 1.1.6 所示的“拼图”。要求在“*XZ* 立面”（红蓝立面）绘制矩形：

红轴 500mm，蓝轴 400mm，如图 1.1.6 ①所示。操作要点如下。

（1）想在“*XZ* 立面”绘制图形，要先单击工具条上的“前视图”按钮。

（2）输入数据要按“红绿蓝”的顺序，中间用逗号隔开，即（500mm，400mm）。

（3）利用左下角向右上方绘制一个小正方形，尺寸为 200mm×200mm，如图 1.1.6 ②所示。

（4）从小正方形的角点向上画延长线，如图 1.1.6 ③所示。

（5）连接两个正方形的对角线后删除废线，如图 1.1.6 ④所示。

（6）从斜线的中点绘制垂线（粉红色的参考线提示垂直），完成后如图 1.1.6 ⑤所示。

（7）利用卷尺工具测量出图 1.1.6 ⑥ *a* 边的长度。卷尺工具的快捷键是 T。

（8）仍然用卷尺工具在 *b* 点作出长度参考点：用卷尺工具单击起点，移动到边线并输入数据，然后按 Enter 键。

（9）用“旋转矩形工具”画出旋转矩形，如图 1.1.6 ⑥所示。

（10）画延长线，删除废线后如图 1.1.6 ⑦所示。

（11）连接两个中点到边线后，如图 1.1.6 ⑧所示。

（12）分别赋予颜色后创建群组。制作完成。

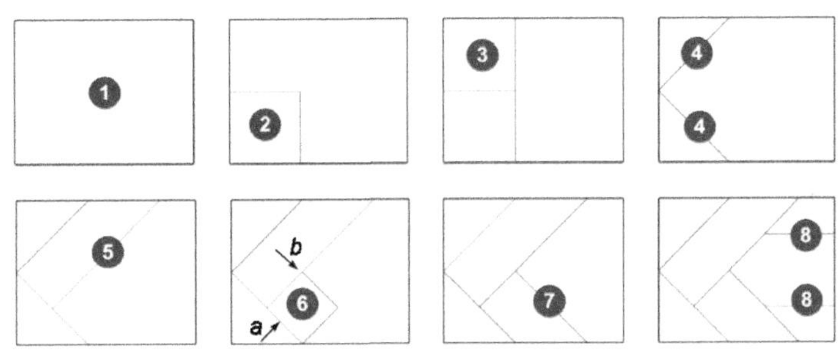

图 1.1.6　课后练习 2

练习 3：请完成图 1.1.7 ⑨所示的“拼图”，在“*XZ* 立面”（红蓝平面）绘制矩形：红轴长度为 600mm，蓝轴长度为 400mm，如图 1.1.7 ①所示。

（1）想在“*XZ* 立面”绘制图形，要先单击工具条上的“前视图”按钮。

（2）输入数据要按“红绿蓝”的顺序，中间用逗号隔开，即（600mm，400mm）。

（3）三等分矩形的下边线，如图 1.1.7 ②所示。

（4）右键单击下边线，选择“拆分”，移动光标到看见三等分，单击左键确定即可。

（5）连接三等分新产生的端点到左上、右上角，产生两条斜线，如图 1.1.7 ③所示。

（6）连接两条斜线的中点，产生一横线，如图 1.1.7 ④所示。

（7）分别连接横线的中点到两端点，如图 1.1.7 ⑤所示。

（8）分别连接上、下横线的中点，如图 1.1.7 ⑥所示。

（9）画延长线到斜边，如图 1.1.7 ⑦所示。

（10）删除废线，如图 1.1.7 ⑧所示。

（11）连接端点到角点，如图 1.1.7 ⑨所示。

（12）分别赋予颜色后创建群组。制作完成。

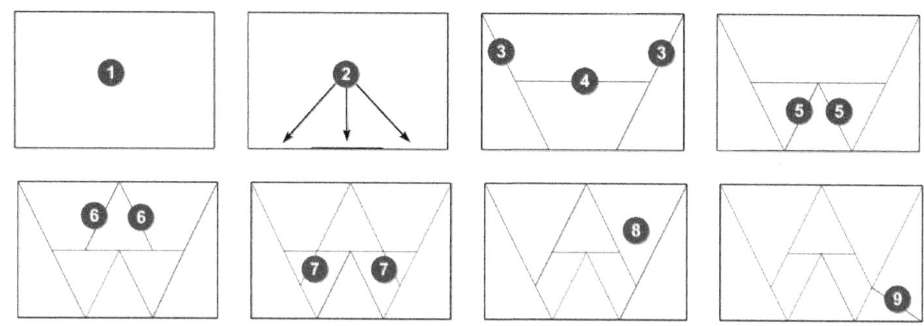

图 1.1.7　课后练习 3

如果你是 SketchUp 的初学者，做完上面几个练习，本节的任务就算是完成了。如果你急着要学习后续的课程，现在可以进入下一节的学习；不看本小节后面的内容不会影响你学习 SketchUp；不过上面安排的 3 个练习还是要做的。通过为你安排的练习，能熟练掌握一些最常用的工具和技巧，对后续的学习和熟练操作非常重要。

6. 七巧板烧脑

下面的内容是提供给被七巧板"勾起兴趣"愿意继续"烧脑"的人看的。

七巧板简单的结构很容易被误认为要解决它的问题也很容易，其实这种想法是错误的。七巧板的用处很多，它可以作为玩具，使人获得快乐，可以作为教具，锻炼和培养人的许多种专业能力，如观察力、逻辑推理能力、动手操作能力、空间想象能力、创造力以及耐心和注意力等。

七巧板的用处到底有多少，这得看人们对它的认识和对它的开发有多深入和多广泛。无论是成人还是儿童，都可以用七巧板锻炼、提升这些能力。无论作为 SketchUp 用户还是一名设计师，都需要获得对这些能力的锻炼。

观察力：是指人们通过观察事物找出事物的特征，获取事物的各种信息的能力。

逻辑推理能力：根据环境和活动找出内在逻辑关系，推理出符合逻辑关系，结论的能力。

想象力：是指人在头脑中创造出一个事物形象或者画面的能力，SketchUp 用户尤其需要。

动手操作能力：指通过自己动手实践来认识事物和探索世界的能力（包括对 SketchUp 工

具、功能的综合运用）。

空间想象能力：是人们对客观事物的空间形式（空间几何形体）进行观察、分析、认知的抽象思维能力，是合格设计师和 SketchUp 用户必备的能力。

创造力：是发现和创造新事物的能力，也是完成创造性活动所必需的心理品质。

耐心：不急躁、不厌烦，坚持完成烦琐无聊事情的心理品质。

注意力：是指人的心理活动指向和集中于某种事物的能力。

由于每次的拼图都是一个集观察、思维、动作（包括 SketchUp 工具的运用）于一体的过程，所以每次“玩”（练习）所涉及的能力也往往不止一种，如果你想通过七巧板来锻炼和培养自己的这些能力，就一定要方法得当，大致需要注意以下 3 点。

（1）在用 SketchUp 玩七巧板时，要注意保护自己对它的兴趣。我们是因为好奇和感兴趣，还有锻炼在 SketchUp 里的操作能力才去玩七巧板的，对于没有用或不感兴趣的事物，没人愿意主动去接触。

（2）要按照循序渐进的原则。人们对事物的认识总是由浅到深、由片面到全面、由低级向高级发展的，所以训练时也应该从简单到复杂、从容易到困难、从基础到高级。如果一上来就挑战太难的，可能会产生挫败感。

（3）要坚持。任何人学一个新事物都需要坚持一段时间才能看到成效，用七巧板来锻炼和培养自己在 SketchUp 里的操控能力也是这样，想要锻炼出效果，就看你能坚持到什么程度。

7. 额外的兴趣与技能

如果你对七巧板方面的知识感兴趣，可以花几分钟看下面的题外内容。

你知道七巧板的起源和发展吗?

你知道小小七巧板能拼出多少种不同的图案吗?

你知道有很多成年人也在玩七巧板吗?

你知道世界上还有七巧板锦标赛吗?

你知道从古到今有多少种专门研究七巧板的论文和书籍吗?

你知道七巧板曾经是皇帝和皇后的新年玩具吗?

你知道七巧板里还包含着很深奥的数学问题吗?

你知道七巧板里的数学问题，大多数人一辈子都搞不懂吗?

好了，不该吓唬你的。我们还是从七巧板的起源开始说吧！

七巧板是发源于中国古代的一种非常著名的益智游戏，大多数人说它已经有一千多年的历史了，少数人说，它的历史甚至可以追溯到公元前 1 世纪；很多学者认为七巧板正式的起源可以追溯到宋代；宋代的黄伯思（1079 — 1118）发明了七件一套的长方形小桌，还创作了一些将这些小桌拼组的图形；可以根据客人数量和场合的不同，在筵席上拼摆这些桌几，他将这套小桌称为“燕几”。

图 1.1.8 所示为某古董拍卖网的一套七巧桌。

图 1.1.9 所示为北京颐和园牌云殿的七巧桌。

图 1.1.10 所示为苏州留园的七巧桌。

图 1.1.8　七巧桌（1）

图 1.1.9　七巧桌（2）

图 1.1.10　七巧桌（3）

不是所有人都玩得起七巧桌，后来就有了七巧板。风靡全球的七巧板是起源于中国的著名拼图玩具。大约在 18 世纪初，七巧板首先传入欧洲，欧洲人称之为 Tang ram，也就是唐图，意为中国的图板。1805 年，欧洲出版了《新编中国儿童谜解》一书，向人们介绍了七巧板拼图游戏。后来又传入美洲；1817 年以后，英、美、法等国先后都有大量专门研究七巧板的著作问世。

图 1.1.11 至图 1.1.13 所示为历史上留存下来的有关七巧板形状的果盘，它们既是实用的器具，也是各种各样有趣的玩具。

图 1.1.11　七巧果盘（1）

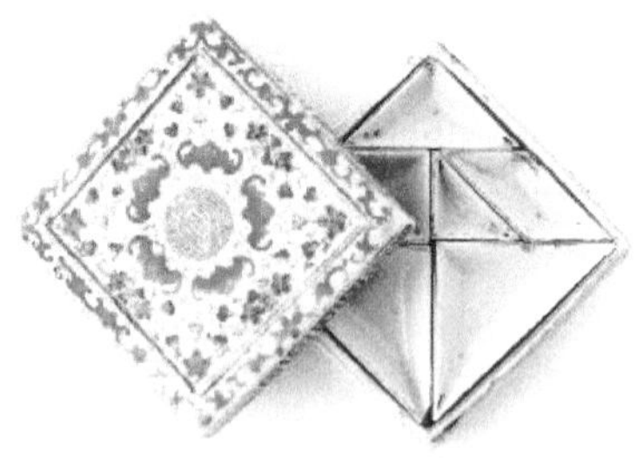

图 1.1.12　七巧果盘（2）

图 1.1.13　七巧果盘（3）

因为七巧板能启迪智慧，美国人至今还在流行全国性的“全美拼图锦标赛”。据官方统计，有 85% 以上家庭积极参与这项活动。首富比尔・盖茨、前总统卡特都是这项活动的狂热爱好者。美国有一位计算机专家为此开发了七巧板的拼图程序。七巧板实质上早已成为世界性的益智玩具。

尽管用七巧板可以拼出很多不同的图形，但是终究只有 7 块，在图形的形状上就有相当的限制，不能做出带有曲线的图形，于是，古今中外，人们还设计出了更多类似七巧板的游戏，如智力七巧板、双圆七巧板、日本七巧板、变形七巧板、九巧板、五巧板、四巧板甚至十五巧板，以及华氏拼图、圆拼图、破碎的心、神奇蛋、十字碎片、埃及拼图、阿基米德宝盒、人面狮身拼图、左氏拼图等，不一而足。

七巧板作为一种智力游戏，其结构非常简单，一共只有 7 块板，但用这 7 这块板可拼成无数的图形，除了可以用七巧板拼出各种几何图形外，也可以把它拼成各种人物、动物、桥、房、塔等建筑形象，还可以拼出数字和英文字母甚至汉字。据有关资料统计，有人已经拼出两千种以上有意义的图形。

你看，图 1.1.14 中是我们祖先用七巧板拼成的水浒一百单八将，仔细看看，7 块板拼出的人物形象形态各不相同。有正在玩倒立、练功夫的；有走路还在想问题的书呆子；有低头在地上找东西的； 有撅着屁股，恭恭敬敬作揖的奴才；有刚刚摔了个大跟头，差一点嘴啃泥的；还有正在叩头，求大人饶他一命的；有跷着二郎腿睡大觉的；有躺着看书的；还有刚钓到一条大鱼，乐滋滋的渔夫；对了，还有几位穿裙子的女将。这一百多人，你要有兴趣细看，非常有趣；真的应该佩服我们祖先的聪明智慧、美感还有幽默感。

图 1.1.14　用七巧板拼成的水浒一百单八将

图 1.1.15 所示为外国人用七巧板搭出来的五六十个形态各不相同的猫咪。有趴在地上等机会出击的，有用后腿站起来的，有警惕地观察四周的，有畏畏缩缩偷窥的，更多的则是懒洋洋躺着晒太阳的。

图 1.1.15 用七巧板拼成的猫咪

图 1.1.16 所示为部分用七巧板拼出的动物，鸡鸭鱼鹅鸟、猪马牛羊兔、蛇蝎鱼虾虫样样都有。

图 1.1.16 用七巧板拼成的动物

8. 继续烧脑（七巧板悖论）

七巧板里还蕴藏着大量高深的数学之谜，悖论就是其一。悖论指的是一种特别的命题："如果认为它是真的，它却是假的；如果认为它是假的，它又是真的。"在数学和逻辑学中出现悖论，是科学家历来十分关注的一个问题。悖论的解决则会极大地推动科学的发展。在七巧板中，人们也发现了许多有趣的悖论图案，悖论图案是指用同一副七巧板拼出来的图案，互相之间外形可能完全一样或者非常相似，但存在细微差别的一个或一些图案。

下面就有一个，请先看图 1.1.22 所示的一副 10 块的拼图摆放在一个木盘里，空间正好。再看图 1.1.23 中重新排列以后，同一个木盘居然只能放得下 9 块，还有一块塞不进去了。这种现象就是典型的"图形悖论"。作者已经把它做成了 SketchUp 模型，保存在附件里。现在结合学习 SketchUp 来完成这副玩具。

（1）画一个长方形，红轴方向长度为 1000mm，绿轴方向长度为 700mm（或任何 10 ： 7 的比例）。

（2）按图 1.1.17 所示画出图形，左边就是标准的七巧板，右边增加了两大一小，共 3 块。

（3）按图 1.1.18 上色，不必完全一样。

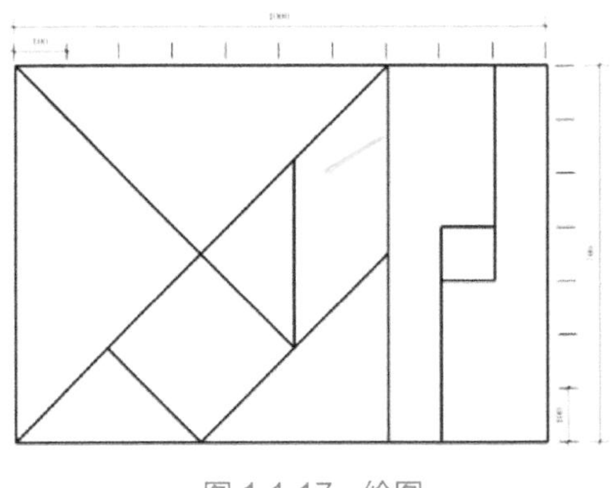

图 1.1.17 绘图

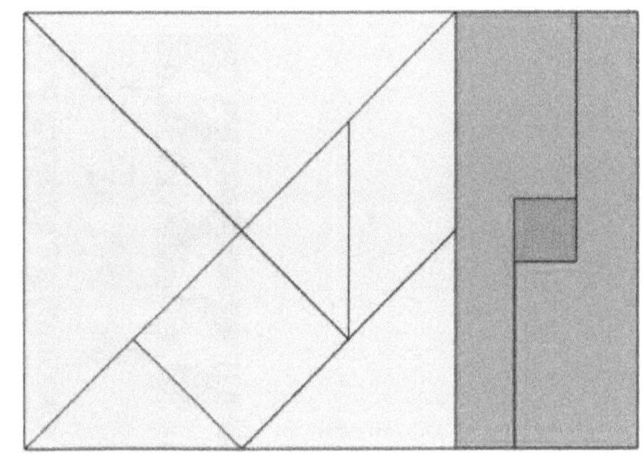

图 1.1.18 上色

（4）分别创建群组，然后逐一拉出厚度为 30mm，如图 1.1.19 所示。

（5）为方便后续辨认，对每个小块编号，如图 1.1.20 所示，这一步可省略。

（6）做一个木盘，内尺寸为 1000mm × 700mm，盘边宽高各为 30mm，底厚为 6mm，编组，如图 1.1.21 所示。

（7）木盘也可画一个 1000mm × 700mm 的矩形代替，不过要创建群组并锁定，以免误移动。

（8）把做好的拼图排放在木盘里，如图 1.1.22 所示，盘内空间正好。

（9）按图 1.1.23 所示的图形重新排列拼图，就会发现，9 号小块变成了被遗弃的孤儿，如图 1.1.24 所示。

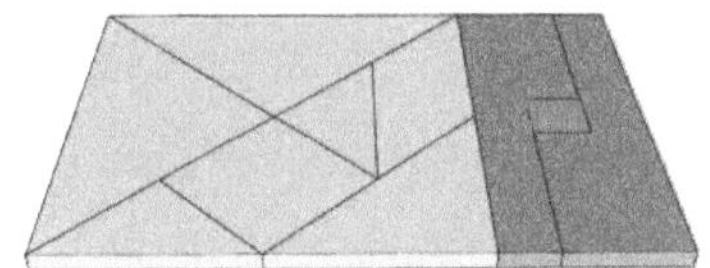

图 1.1.19 分别创建群组

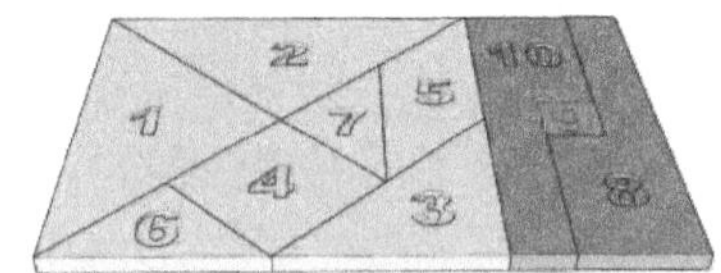

图 1.1.20 编号

图 1.1.21 制作木盘

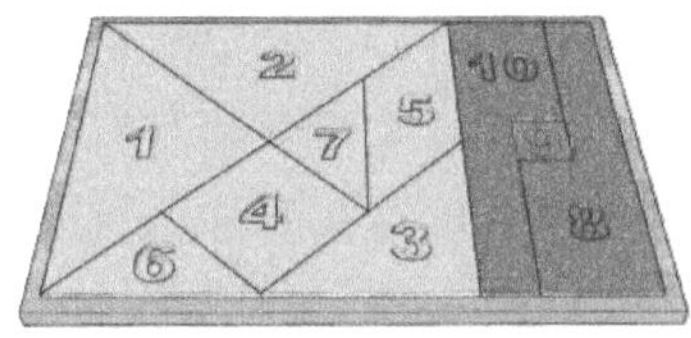

图 1.1.22 放入木盘

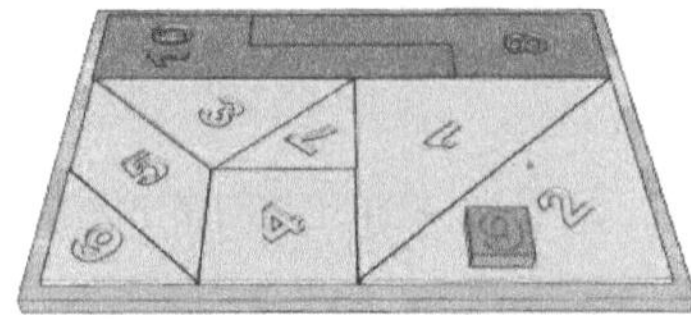

图 1.1.23 改变位置

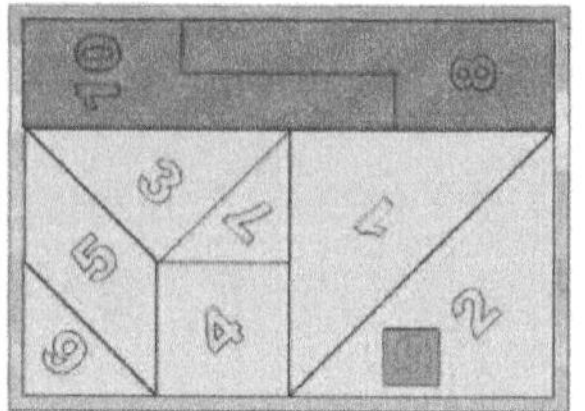

图 1.1.24 多出一块

如果上面的这个实验撩起了你的兴趣，图 1.1.25 中还有 15 种世界闻名的“七巧板悖论”；只要把左侧的图形变换一种方式排列，结果不是少了一块就是多出一块，你要不怕把脑子烧坏，就去试试吧！

图 1.1.25 15 种七巧板悖论

9. 七巧板与设计

除了上面所说的游戏成分外，七巧板里蕴藏的数学内涵，跟我们的设计工作也有关系，有两本书，一本叫作《剖分和组合——从七巧板到水立方》，另一本叫作《七巧板、九连环和华容道》。两本书（见图 1.1.26）都用大量的篇幅讲解了七巧板与现代设计之间的关系，是我国的数学家用故事的形式介绍民间数学走向现代数学的发展之路。从七巧板的拼装开始，中国古代相补原理启发了现代的“机器证明”。

图 1.1.26　七巧板与现代设计

比如：正方形里就隐藏着一些电工学的重要定律；室内与园林景观的地面铺装，从规则到不规则，也可以靠跟七巧板相关的数学知识来解决；还有现代的镶嵌空间，从建筑到有机物，更依赖数学和创造性的思维。

10. 拼图游戏与 SketchUp 玩家

感谢你有耐心看到了最后，虽然上面介绍的部分内容跟学习 SketchUp 没有太直接的联系，但是作者还是要向你推荐用七巧板来锻炼操控 SketchUp 工作窗口里对象的能力，只要真的动手试一下，手忙脚乱的你就会知道自己多么需要这样的练习——即便你是 SketchUp 老手。

在本节对应的资源里存有大量七巧板相关的模型和图片样板，有空时不妨用来练练手、练练脑、练练手脑协调，这对每一位 SketchUp 玩家都重要。

在下一节里还要为你介绍另外几种从七巧板发展而来的拼图游戏，当然还会跟学习 SketchUp 结合起来。

1.2　用拼图再热身

1.1 节用中国传统的七巧板做了下热身运动，不过热得还不够，很多工具和功能还没有用到，要在本节和后面的几节补上。本节要在 SketchUp 里制作 4 种著名拼图，有我国历史上流传的，还有国外知名的。制作的过程中，除了 1.1 节用到的工具和功能外，还要增加圆工具、圆弧工具、旋转工具等。

1. 十巧板

先做个最简单的十巧板，这是一种流行于国外的拼图游戏，图形的分割如图 1.2.1 所示。

（1）在地面（*XY* 面）上画个圆，尺寸任意，如图 1.2.1 ①所示。

（2）调用圆工具后输入 48 并按 Enter 键（提高圆的精度，注意用后恢复到 24）。

（3）单击圆心所在点后，注意工具一定要沿红或绿轴移动，要养成习惯。若单击圆心后工具没有沿红、绿、蓝轴移动，可能会对后续建模造成麻烦。

（4）用直线工具过圆心到圆周绘制一个“十”字，如图 1.2.1 ②所示。

（5）若上一步画圆时，工具没有沿“轴”移动，这一步就可能出问题。

（6）分别从“十”字的“水平端点”往“垂线中点”画线，完成后如图 1.2.1 ③所示。

（7）从“十字”的下垂线中点往两侧圆周画线，完成后如图 1.2.1 ④所示。

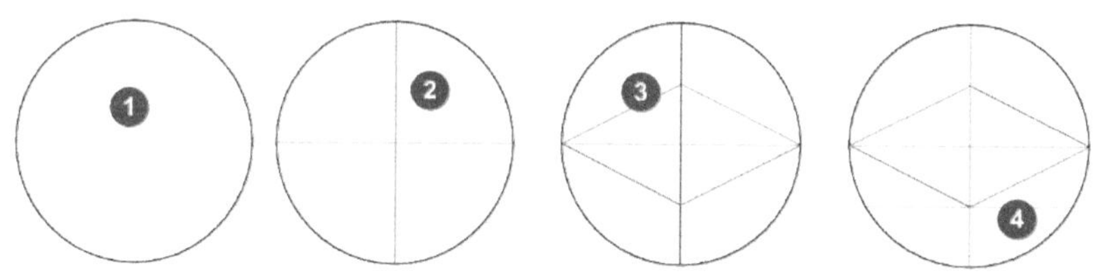

图 1.2.1　绘制十巧板

这种拼图有弧形，最适宜拼出花卉、鸡鸭鹅鸟、蝴蝶等图形，图 1.2.2 是其中一部分拼图。

图 1.2.2　十巧板拼图

2. 九巧板（蛋形）

下面再介绍另外一种拼图游戏，就是如图 1.2.3 所示的蛋形拼图，它是何人发明的已经无从查考，虽然这种拼图比七巧板只多了两块，但是，因为9块中有6块包含了圆弧，所以拼出来的图形就更圆润、更好看，特别适合拼成鸡鸭鹅鸟一类小动物，非常逼真传神。有人用它拼出100种不同的鸟类形态，叫做“百鸟朝凤图”，图1.2.4就是其中的一部分形状。现在来做一副自己的蛋形拼板，也叫九巧板。

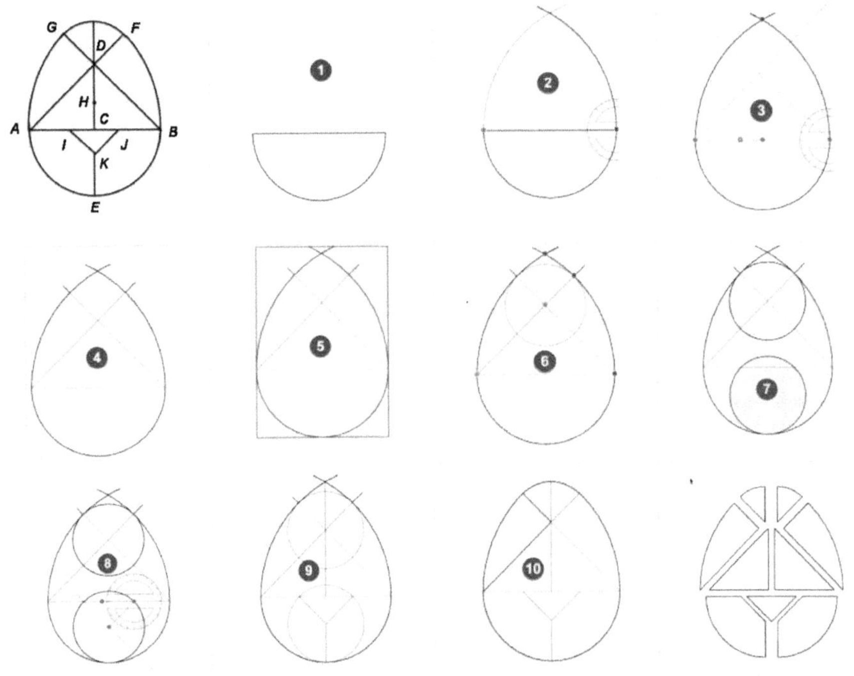

图 1.2.3　蛋形拼图的绘制

（1）画一条1m长的水平线 *AB*。

（2）以 *AB* 为直径、*AB* 中点为圆心向下画一个半圆；注意 SketchUp 默认用12条边拟合一个半圆，为了成品精致些，可以改成24条边；完成后如图1.2.3 ①所示。

圆弧工具的默认快捷键是A。

改变圆弧精度的方法是单击圆弧工具后，立即输入24并按回车键。需注意，此步一定要看见“半圆”二字的提示才是准确的半圆。圆弧画完以后，要及时把精度改回12，方法同上。以后每次使用圆弧工具前，务必注意“数值框”里圆弧的精度，要养成习惯。

（3）分别以端点 *A*、*B* 为圆心，*AB* 为半径画圆，完成后如图1.2.3 ②所示。

（4）用量角器工具作出两条45° 的辅助线，如图1.2.3 ③所示。

（5）沿辅助线画两条直线，完成后如图1.2.3 ④所示。

（6）为了继续作图的方便，现在选择全部，创建一个临时的群组，如图1.2.3 ⑤所示。

（7）以三角形的顶点 D 为圆心，DF 为半径画圆，完成后如图 1.2.3 ⑥所示。

（8）选择这个圆，复制到下面，注意圆周的底部要对齐 E 点，完成后如图 1.2.3 ⑦所示。

（9）以小圆周与直线 AB 相交的两个点 I、J 为圆心，作 45° 辅助线，如图 1.2.3 ⑧所示。

（10）炸开临时群组，用直线工具画出其他的线条，完成后如图 1.2.3 ⑨所示。

（11）清理所有废线和辅助线后如图 1.2.3 ⑩所示。

（12）把所有的小块分别创建群组。一副蛋形的九巧板就完成了。

蛋形的拼板，国外也有称为“魔法蛋”的。蛋形拼板共有 9 个零件，理论上最多组合出 26 754 416 640（267.54 亿）组不同的图形。

图 1.2.4 是其中的一部分拼图，图 1.2.5 中列出了部分几何学关系。

图 1.2.4　蛋形拼图一部分形状

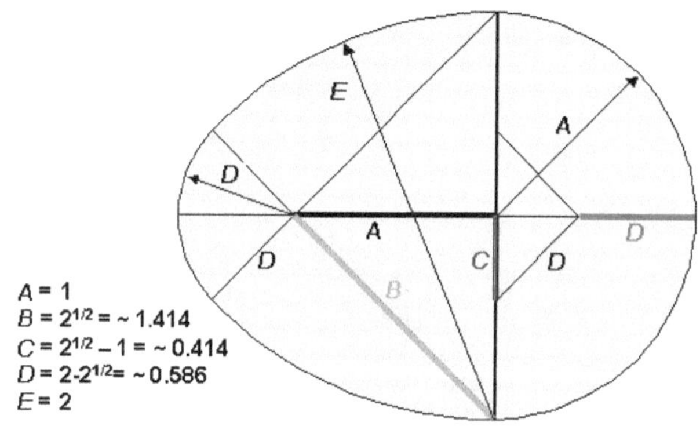

图 1.2.5　蛋形拼图（绘图练习数据）

3. 破碎的心

这种拼板游戏至少有 3 种不同的版本，下面挑一种来制作。

（1）在 SketchUp 的地面上绘制一个正方形，尺寸为 800mm×800mm，如图 1.2.6 ①所示。

（2）从正方形的右上角，向左下角画一个小正方形，尺寸为 400mm×400mm，如图 1.2.6 ②所示。

（3）全选后旋转 45°，如图 1.2.6 ③所示。

（4）旋转工具的默认快捷键是 Q。

（5）用圆弧工具绘制两个半圆，如图 1.2.6 ④所示。圆弧工具的默认快捷键是 A。

（6）延长小正方形的边线到半圆的弧线，如图 1.2.6 ⑤所示。

（7）用直线工具补齐其余的线，如图 1.2.6 ⑥所示。

（8）分别创建群组后，制作完成，如图 1.2.6 ⑦所示。

图 1.2.7 所示为用这种拼板组合出的部分图形。

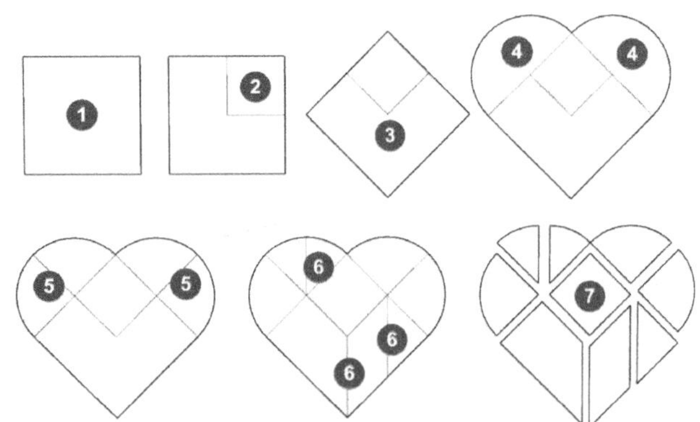

图 1.2.6　绘制破碎的心

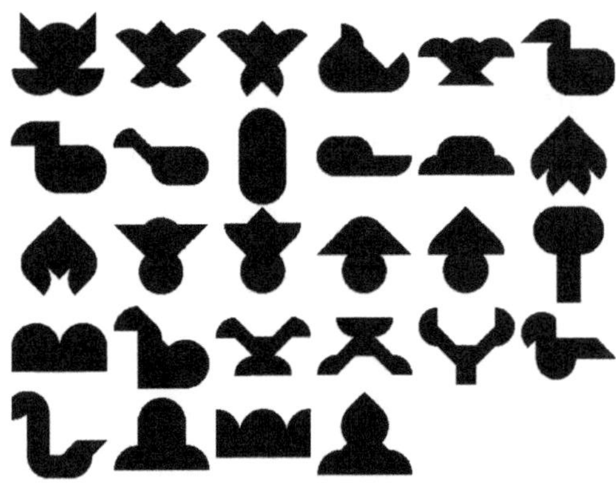

图 1.2.7　破碎的心拼图

4. 十五巧板

最精彩的放到最后。1.1 节玩的七巧板游戏，是按照中国宋代的黄伯思老先生发明的一套长方形小桌子改变而来的；后来，中国的和外国的其他聪明人，还设计出更多类似七巧板的智力游戏，就我所知，至少有几十种；1.1 节介绍了 4 种，本节的前面已经介绍了 3 种，后面的篇幅里还要介绍一种最为精彩的。

清朝的时候，中国又出了位聪明人，名为童叶庚（1828—1899），是一位居住在杭州的学者。他在闲暇之余，根据七巧板进行创作，最终制作出了“益智图”，也有人称之为十五巧板。他在方寸之间，用精确的数学比例，切割出各种几何形状，共 15 块，再将这 15 块板排列组合，竟然能拼出各种精致有趣的造型，他写的《益智图》一书在友人中广为传抄赏玩。

下面先在 SketchUp 里制作一副“十五巧板”，然后再来把玩它。

（1）在 SketchUp 的地面上绘制一个矩形，自己决定尺寸，但必须是正方形，如图 1.2.8 ①所示。

（2）把相邻的两条边线三等分，方法是右击边线，选择快捷菜单中的“拆分”命令。

（3）创建辅助线。用卷尺工具单击边线且不放开，拉出辅助线并对齐均分点，如图 1.2.8 ②所示。

（4）用矩形工具画出中间的小正方形，再利用边线中点画十字，如图 1.2.8 ③所示。

（5）对“十”字形的一边作三等分，如图 1.2.8 ④所示。

（6）以“十”字交点为圆心，二等分处为半径画圆，如图 1.2.8 ⑤所示。

（7）清理废线，如图 1.2.8 ⑥所示。

（8）再次利用各参考点创建辅助线，完成后如图 1.2.8 ⑦所示。

（9）根据辅助线绘出图形，如图 1.2.8 ⑧所示。

（10）补齐 4 条斜线，如图 1.2.8 ⑨所示。

（11）用量角器工具绘制 45° 辅助线，如图 1.2.8 ⑩所示。

（12）用直线工具绘制出实线，如图 1.2.8⑪ 所示。

（13）分别创建群组，找 4 种不同的木纹赋予材质，如图 1.2.8⑫ 所示。

童叶庚在 1862 年完成了《益智图》一书的编写，书的第一卷中用益智板拼出图画，配上古文古诗，非常有趣；作者把收集到的拼图都放在附件里，下面随便挑了 6 幅诗画配，供你欣赏。

1）《枫桥夜泊》唐 张继（见图 1.2.9）

“月落乌啼霜满天，江枫渔火对愁眠。姑苏城外寒山寺，夜半钟声到客船。”

这幅图是用益智图，也就是十五巧板拼出来的一个场景；有客船，有古庙，再配上两句唐代大诗人张继的《枫桥夜泊》诗“姑苏城外寒山寺，夜半钟声到客船”，诗和画配合得恰到好处。

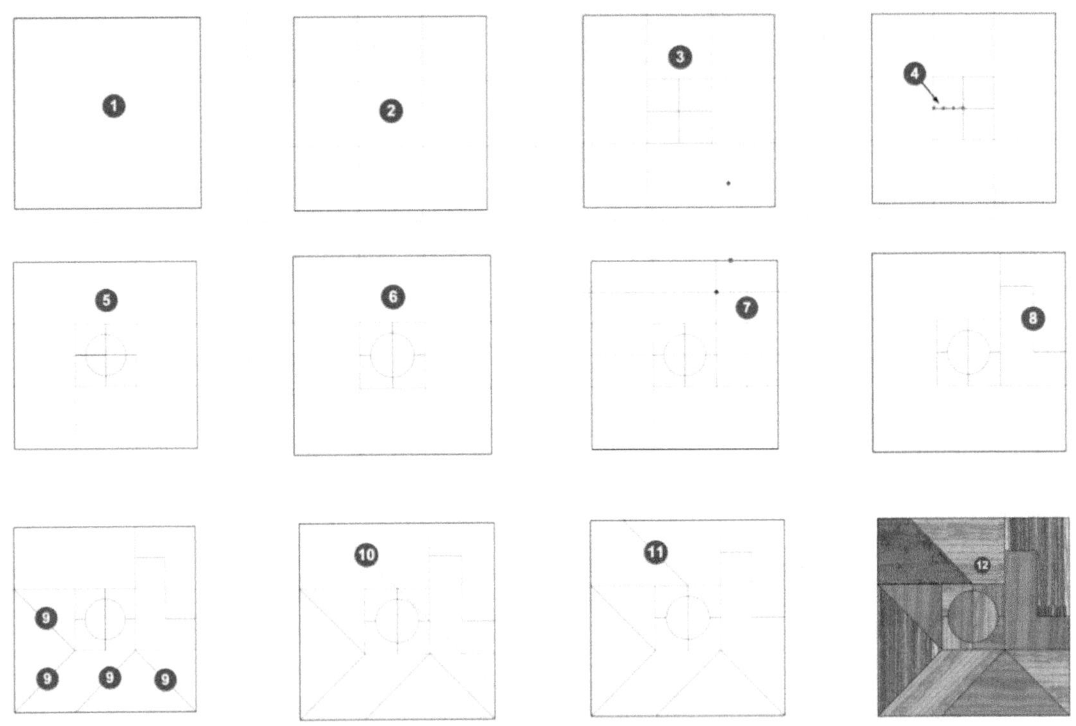

图 1.2.8 绘制十五巧板

2）《月下独酌》唐 李白（见图 1.2.10）

“花间一壶酒，独酌无相亲。举杯邀明月，对影成三人。

月既不解饮，影徒随我身。暂伴月将影，行乐须及春。

我歌月徘徊，我舞影零乱。醒时同交欢，醉后各分散。

永结无情游，相期邈云汉。”

这是李白《月下独酌》中的千古名句。看看画，再读读诗；才知道什么是诗情画意。

3）《江村》杜甫（见图 1.2.11）

“清江一曲抱村流，长夏江村事事幽。自来自去堂上燕，相亲相近水中鸥。

老妻画纸为棋局，稚子敲针作钓钩。但有故人供禄米，微躯此外更何求。”

诗中借景抒怀，表现了一种心满意足，别无他求，悠然自得的心情，充满了生活情趣。

4）孟母三迁的故事（见图 1.2.12）

孟子的母亲为了使孩子拥有一个真正好的教育环境，煞费苦心，曾两迁三地。用来指父母用心良苦，全力培养孩子。

5）《题屏》北宋 刘季孙（见图 1.2.13）

“呢喃燕子语梁间，底事来惊梦里闲。说与旁人浑不解，杖藜携酒看芝山。”

刘季孙曾在饶州（今江西鄱阳县）担任酒务，专门管辖制酒和酒业税收，是一个孤独高傲、淡泊名利的人。管税收的官员是个肥缺，但诗中明确指出不会与世俗同流合污，是一种为官清廉的承诺。

6）《社日村居》晚唐 王驾（见图 1.2.14）

“鹅湖山下稻粱肥，豚栅鸡栖半掩扉。桑柘影斜春社散，家家扶得醉人归。”

诗不写正面写侧面，通过形象暗示的细节写社日景象，笔墨极省，反映的内容却极为丰富。诗人把田园人家生活作了“桃花源”式的美化。

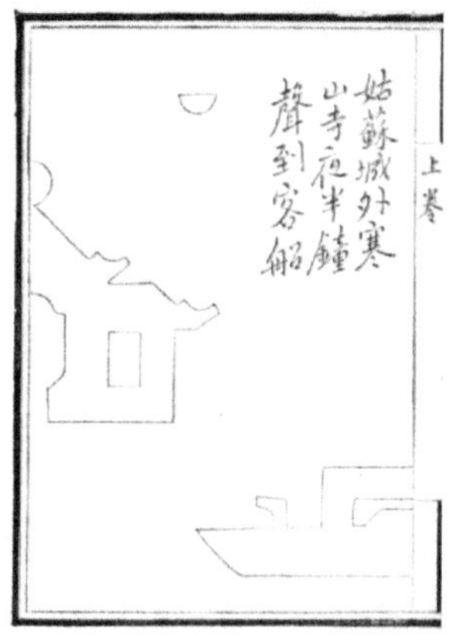

图 1.2.9 益智图（1）

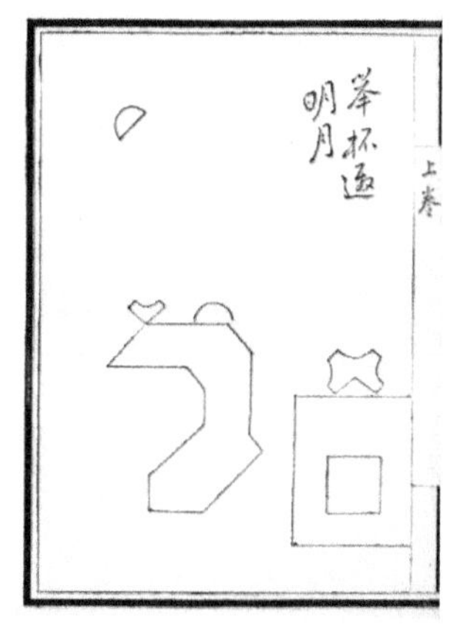

图 1.2.10 益智图（2）

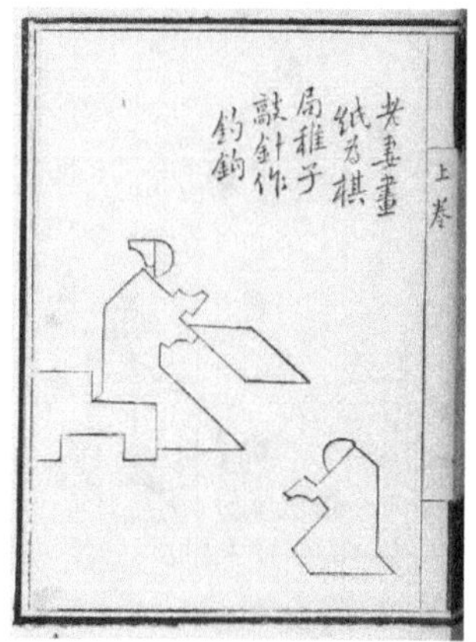

图 1.2.11 益智图（3）

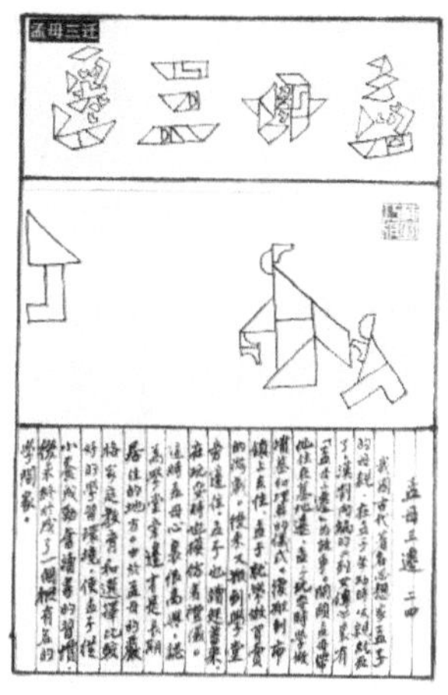

图 1.2.12 益智图（4）

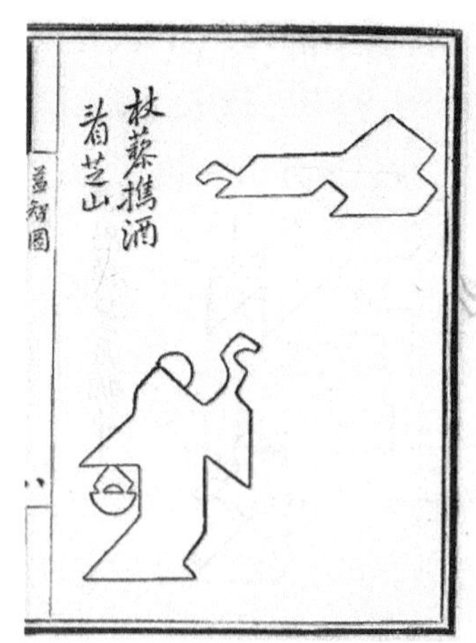

图 1.2.13 益智图（5）

图 1.2.14 益智图（6）

小小的几块拼板，竟然拼得出如此的诗情画意，可见小小的拼板游戏里，还藏着很深的文化底蕴；肚子里有货，就算是玩也能玩出一流的水平，流芳千古。

如图 1.2.15 所示，留下 4 个练习，看看你能不能用 SketchUp 把它们拼出来。对应的资源里还有更多图片，也可以供你参考。

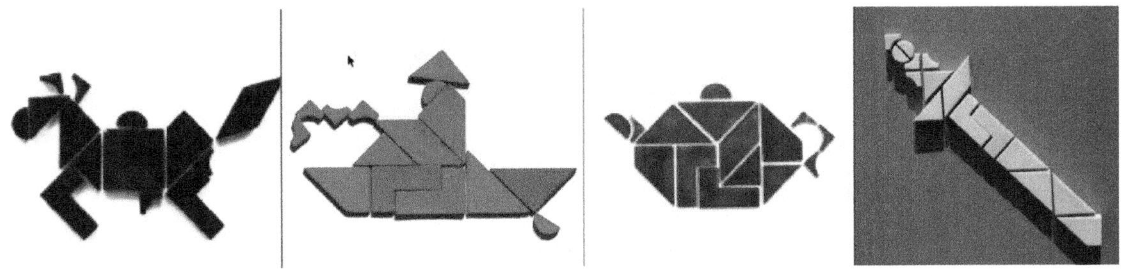

图 1.2.15 益智图（7）

好了；本节结合玩益智图和蛋形拼板游戏，综合使用了 SketchUp 的许多种工具和建模技巧，学会了制作 4 种不同的游戏拼板；不要忘记一定要自己动手操作一下，早点学会并且熟练使用这些工具，后面的内容会更有趣、更好玩。

1.3 用骰子还热身

前面的 2 节，讲了七巧板、拼图，基本都是二维（平面）的对象，从现在开始要向三维（立体）进军了，本节要在 SketchUp 中建立一个骰子的模型。在中国的某些地方，骰子也叫作“色子”，在本节的最后，还要向你揭露一个骰子的秘密。

别看这个练习很简单，但它需要综合运用很多工具和技巧才能完成，包括矩形工具、直线工具、推拉工具、删除工具、使用辅助线的技巧、线段等分的技巧、创建群组、进入群组编辑、退出群组、炸开群组，还有如何利用材质工具给对象上简单的颜色等。

这些工具和技巧，大多数在之前已经讲过，也曾经用过一两次，为了加深印象，这一次我们还要结合操作，重复介绍一下。演示中还要插入一些新的重要概念。虽然我们做的骰子跟生活中的实物有较大的差距（见图 1.3.1 左），但不影响我们掌握相关工具与技巧，在后面的操作中，有需要特别注意的地方会提醒你。

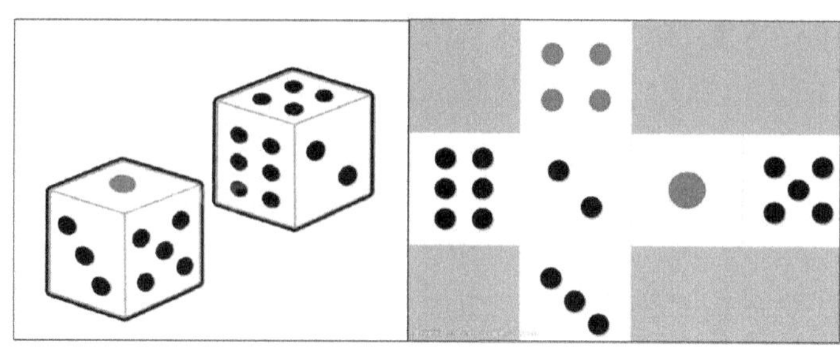

图 1.3.1 骰子与展开图

1. 吉尼斯大骰子

我们要做一个特别大的骰子，打算去参加吉尼斯世界纪录评选。

（1）用矩形工具在地面上画一个正方形，1m 见方，如图 1.3.2 ①所示。

（2）在三维空间中指定的面上绘制图形，要善用 6 个“小房子”（视图）图标。最常用的视图是“顶视图”和“前视图”，可设置成快捷键 F2、F3。

（3）用推拉工具把平面向上拉出体量。推拉工具是一个重要的能把平面变成立体的工具。默认快捷键是 P。使用要点如下。

① 推拉工具会自动选中要推拉的面，按住鼠标左键移动光标即可获得“推拉效果”。

② 推拉工具可以增加和减少体量，还能开洞。

③ 按住 Ctrl 键移动推拉工具会生成额外的线面，叫作“复制推拉”。

④ 推拉工具还有记忆功能和一些其他的用法，后面会逐步介绍。

（4）想要获得一个高度为 1m 的立方体，在立方体生成以后用键盘输入 1000，然后按 Enter 键，就得到了一个高度为 1m 的立方体，如图 1.3.2 ②所示。

（5）在这个面上画一个圆形，圆形要画在矩形的正中间，如图 1.3.2 ③所示。我们知道，SketchUp 中的每条线都有两个端点和一个中点，很多工具都会自动捕捉这些参考点，要在矩形的正中产生一个圆心，只要连接任意两个角点，产生一条辅助线，而这条辅助线的中点正好是这个矩形的中心，这个新的中点就是画圆必需的圆心。

（6）利用这个点画圆，半径为 150。

（7）请参考图 1.3.1 右侧的展开图，来画左边的“两点”，同样的对角线，要先“拆分”成三等分才能画两个圆，如图 1.3.2 ④所示。

（8）圆的半径是 100mm（后面的所有圆半径都是 100mm）；画圆工具有记忆功能，画完第一个圆后，再次画圆时，工具在上次画圆的半径上会略微停顿，如果旁边显示的正是所需要的半径，只要单击鼠标确认就可以了，不必每个圆都输入尺寸。

（9）画第三个面、6 个点，水平方向要做 3 等分，垂直方向要四等分，在 6 个交点上画 6 个圆，如图 1.3.2 ⑤所示。

（10）第四个面是五点，水平垂直方向都要 4 等分，如图 1.3.2 ⑥所示。

（11）把立方体转到顶部，水平、垂直都是 3 等分，4 个交点画 4 个圆，如图 1.3.2 ⑦所示。

（12）最后一个面是三点，对角线 4 等分，如图 1.3.2 ⑧所示。

（13）清理废线后把所有的圆形都往里推进去 30mm，如图 1.3.2 ⑨和⑩所示。

（14）如果推进去不太好操作，也可以拉出来，输入“负 30（-30）”。

（15）推拉工具有记忆功能，推过第一个以后，只要在其他的圆形上双击就可以了，不必逐个输入尺寸。

（16）也可以在选中需要推拉的面以后，把工具移动到已知尺寸的地方，再次单击左键，同样可以获得准确的尺寸。

（17）上色：除了“一点”和“四点”要上红色外，其余全部上黑色，如图 1.3.2⑪ 所示。

（18）清理所有的废线，全选后创建群组。制作完成。

提示：用卷尺工具画的辅助线可以用橡皮擦工具或 Delete 键来删除；也可以在“编辑”菜单中选择“删除参考线”命令快速删除所有辅助线。

这个练习已经完成，虽然它不像真的骰子那样圆润光滑，但是通过这个简单的模型，我们还练习了矩形工具、圆形工具、直线工具、推拉工具、删除工具、卷尺工具，使用辅助线和参考点的技巧、线段拆分的技巧、创建群组、进入群组编辑、退出群组、炸开群组，还有如何利用材质工具给对象上简单的颜色。

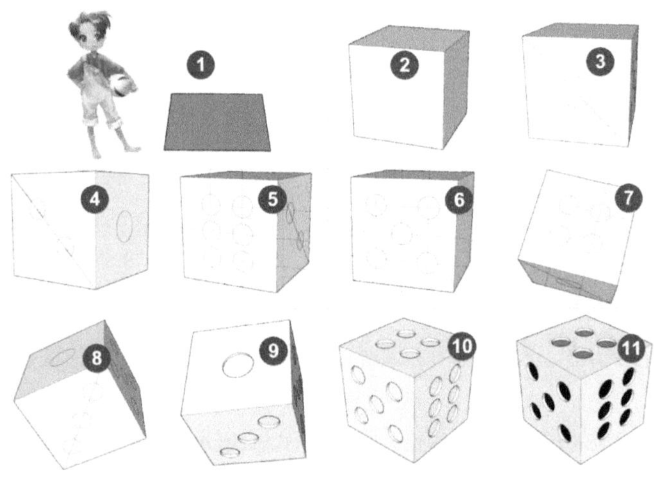

图 1.3.2 创建骰子模型

2. 老千骰子

好了，最后来揭露犯罪集团和老千们如何用骰子来骗钱害人的。图 1.3.3（a）是一个看起来很正常的骰子，但你不知道的是，它正是犯罪集团用来骗人钱财的工具；只要打开 X 光模式（效果如图 1.3.3（b）所示），就可以看到里面还藏着好多名堂。

用剖面工具还可以看得更清楚些；图 1.3.3（c）提前做出了这个害人骰子的内部构造，它的中间是掏空的；在掏空的内壁上（见图 1.3.3（c）-①有一种黏稠的胶体；图 1.3.3（c）-②）所示小球是用铅做的。

如果老千想要让六点的一面朝上，只要在六点向上的情况下，拿起骰子，在桌子上轻轻叩一下，中间的小铅球就被粘在了内壁的下面，在重力的作用下，扔出来的一定是六点向上。你想想，跟他们去赌的善良人会赢吗?

这还是冰山一角，扑克牌、麻将牌，所有可以用来赌博的工具，都隐藏着这种见不得人的名堂，已经害得无数人输光了活命的钱、养老的钱、治病的钱、供孩子读书的钱，还欠下赌债，被逼得跳楼、投河、上吊、服毒，搞得家破人亡，今天你知道了赌博的黑幕，还敢去赌博吗? 如果你的家人、亲戚、朋友们有谁喜欢赌博的，你一定要劝导他们，千万不要走上这条害人害己的死路。

最后留下一道思考题：这个模型的作者是如何把小球弄到大球的肚子里去的（见图 1.3.3（c））？还有如何把两个球形弄到立方体肚子里去的（见图 1.3.3（b））？

（a）诈赌骰子（1）

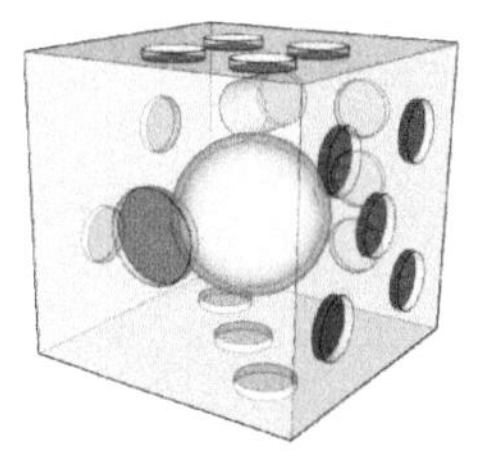

（b）诈赌骰子（2）

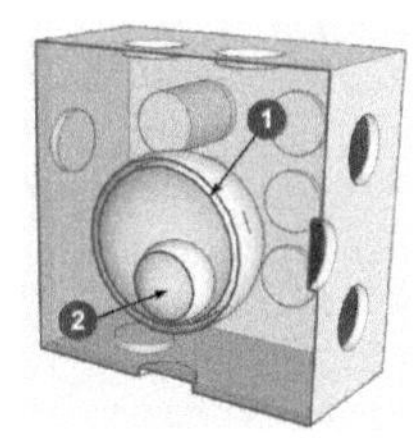

（c）诈赌骰子（3）

图 1.3.3　老千骰子

1.4　用魔方更热身

通过前面几节的“热身运动”，我们用过了 SketchUp 里很多的基本工具和基本功能，这次，我们要来做一个魔方，这个练习还要引入另一些新的工具和新的功能，特别是“路径跟随”的“旋转放样”，还要解决因此产生的问题。做完这个练习以后就知道，虽然它是一个虚拟的魔方，但仍有实用价值，可以像真的魔方一样，用来玩；更重要的是，在玩这个虚拟魔方的过程中，可以锻炼3个重要技巧。

（1）在工作窗口里不断旋转、平移、缩放对象的灵活性，这些技能对每个SketchUp用户都非常重要。

（2）锻炼选择对象的技巧，还有使用旋转工具的技能，也是SketchUp玩家要熟练操作的。

（3）在玩这个虚拟魔方的过程中，可很好地锻炼手和脑的配合，这对于今后熟练操作SketchUp很重要。

现在来看一下图1.4.1①所示模型，它是外部导入的一幅魔方的照片，图1.4.1②是用SketchUp创建的一个魔方模型。经过前面的一些练习，想必你也能猜到，这个魔方虽然有27个小立方体，其实只要做出其中的一个，然后复制出其余的就可以了。

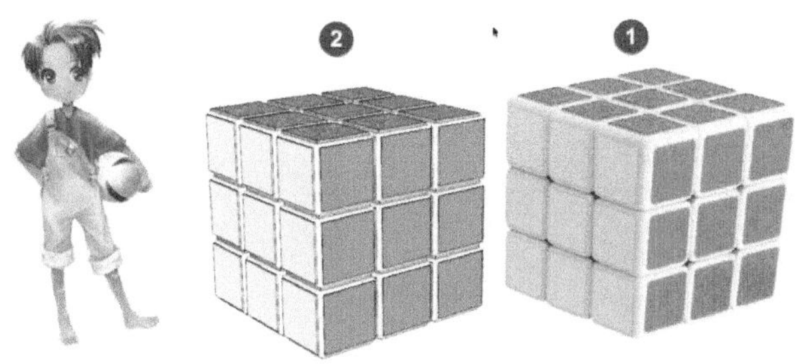

图1.4.1　魔方照片与模型

现在来确定一下具体的尺寸。为了建模方便，可以做得大些，当然，也可以在做好以后缩小到实际大小，现在我们确定小立方体每边的总尺寸为300mm，彩色的薄片厚度是5mm，圆角的半径是20mm，只有这3个主要尺寸。

1. 倒圆角

（1）在地面上先画个矩形，尺寸为290mm×290mm，这是扣除两个彩色薄片后的尺寸，如图1.4.2所示。

（2）用圆弧工具做出圆角，有以下注意点。

① 为作出准确的圆弧，在一个角上作出两条辅助线，分别离边线20mm，如图1.4.3①所示。

② 要改变一下默认的圆弧精度，也就是一个圆弧所包含的片段数量，这里确定为6。

（3）单击圆弧工具后立即输入6，按Enter键，数值框内显示6。

（4）用圆弧工具做圆角时，一定要看到“边线切线” 或 “边线相切”的字样，只有圆弧跟直线段相切的时候，才能得到最平滑的过渡。完成后如图 1.4.3 所示。

（5）圆弧工具有记忆功能，画过一个圆角后，只要把圆弧工具移动到另外的角上双击，就可以得到同样大小的圆弧而不必反复输入数据，完成后如图 1.4.4 所示。

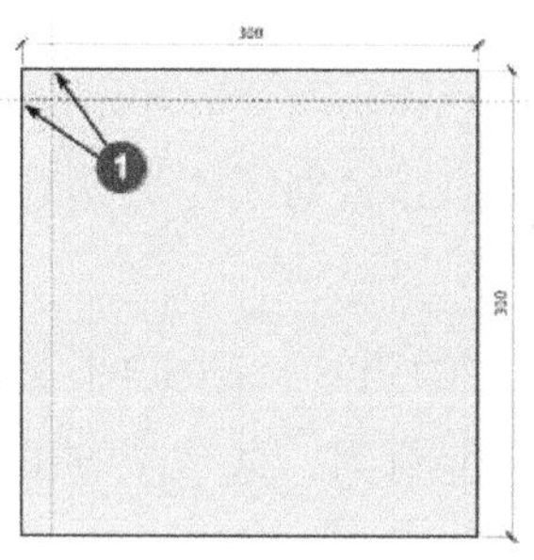

图 1.4.2　辅助线的应用

图 1.4.3　绘制圆角

图 1.4.4　双击倒角

2. 路径跟随（旋转放样）

（1）把带圆角的矩形创建群组后，复制一个到旁边，如图 1.4.5 所示。

（2）用旋转工具把它立起来。

（3）用移动工具抓一矩形的中点，移到另一个矩形的中点上，就像图 1.4.6 ①所示的那样。

（4）把垂直的群组沿蓝轴向上移动后炸开两个群组，如图 1.4.7 所示。

（5）直线工具画中心线，删除一半，剩下的一半就是放样截面了，如图 1.4.8 ②所示。

（6）选中图 1.4.8 ①所示的面，告诉 SketchUp 以这个面的所有边线为放样路径。

（7）调用路径跟随工具，在放样截面（见图 1.4.8 ②）上单击，就完成了旋转放样。现在，得到了一个 12 条边和 8 个角，全是圆弧的立方体，如图 1.4.9 所示。

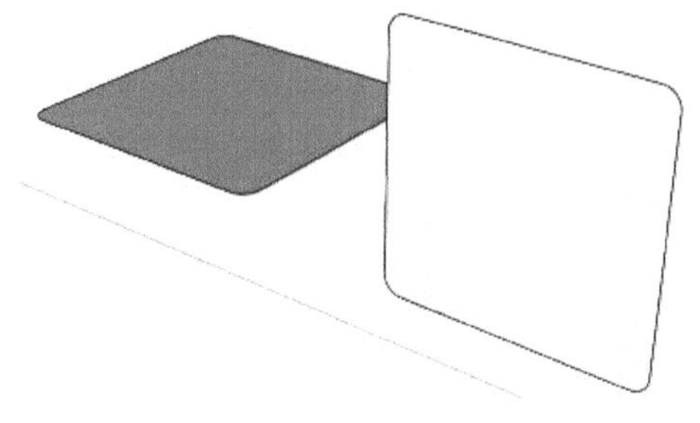
图 1.4.5　复制旋转

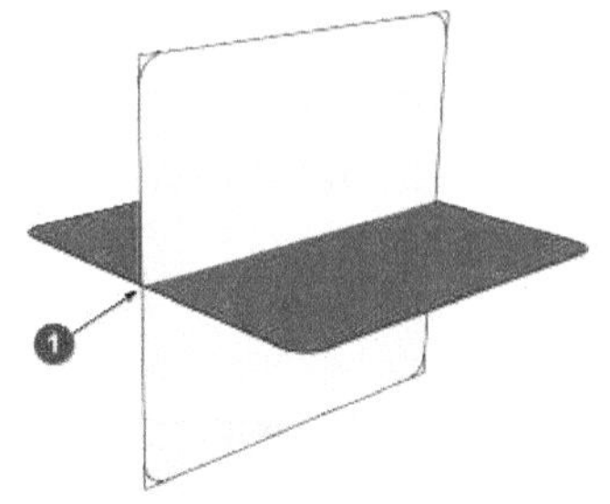
图 1.4.6　中点重合

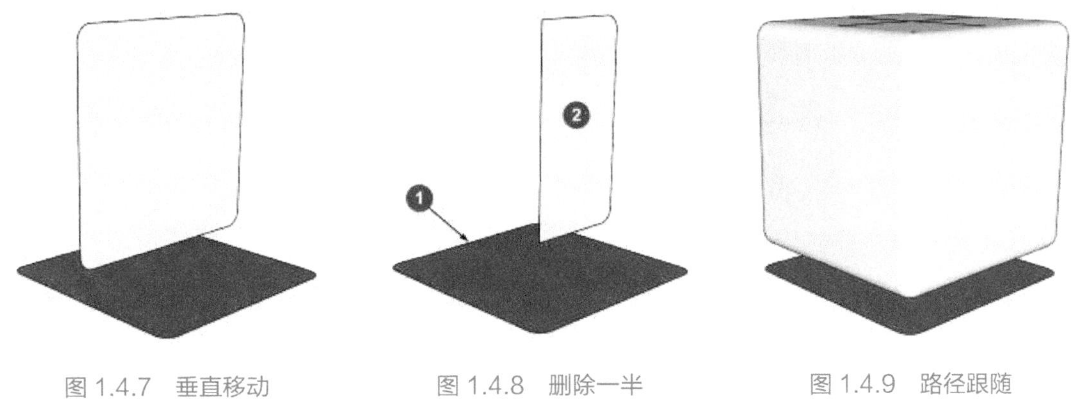

图 1.4.7 垂直移动　　图 1.4.8 删除一半　　图 1.4.9 路径跟随

3. 破洞问题与解决

做过这个练习的初学者中，大概有六成会提出同一个问题（另外四成不是粗心鬼就是马虎鬼，粗心鬼根本没有发现问题、马虎鬼知道有问题而懒得深究）。

完成“路径跟随”后，发现在图 1.4.12 ①所示的位置会出现一个“小洞”（每个角一个，共 8 个洞），每个破洞就像图 1.4.10 放大后所示的那样，原因与解决的办法如下。

产生破洞的根本原因是 SketchUp 不能处理比设定尺寸单位更小的对象，若在“模型信息”面板中设置的“单位”是 1mm，破洞就一定有小于 1mm 的边线。三击全选暴露隐藏的边线后即可查看，就像图 1.4.10 所示的那样。

或者是圆弧的“片段数”太高，造成圆弧片段长度小于 1mm。所以要退回去，在圆弧倒角前把片段数改成 4 或 6 后重新绘制放样截面与路径，重新做放样操作。

放样出现破洞后的解决方法有 3 个。

① 退回到绘制放样截面和放样路径状态，改变截面与路径的尺寸与形状。

② 退回到放样前状态，临时把模型设置中的“单位”显示精确度改成 0.1mm 或 0.01mm 重新做放样操作（用后要及时恢复原状）。

③ 或者补线成面：三击全选暴露边线，取消柔化，用直线工具对任一圆弧片段描绘补线。修复后如图 1.4.11 所示。

修复破洞后可能会留下一些线头（当你在“视图”的“边线类型”中勾选了“轮廓线”会更严重）。要用橡皮擦 +Ctrl 键做局部柔化，些许线头无法柔化，只能选中后单击右键，选择快捷菜单中的“隐藏”命令。

如果想彻底避免因上述任一原因造成破洞，现在为你介绍一个终极大法：做路径跟随之前，把放样截面和放样路径用缩放工具放大 10 倍，放样完成后再缩小到 0.1 倍，今后凡是创建类似的小东西造成破洞都可以用先放大尺寸建模后再缩小的办法解决。

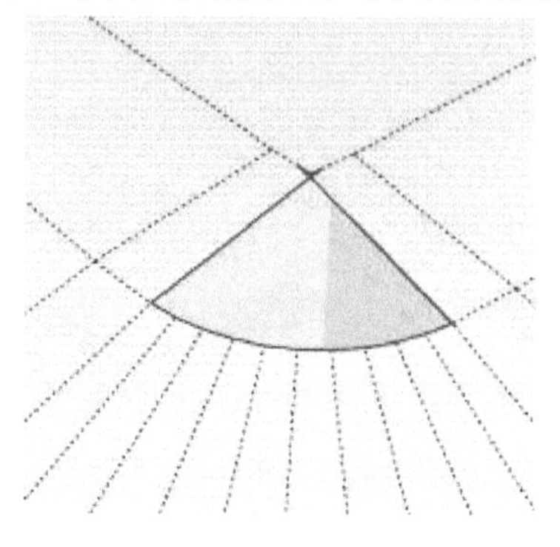

图 1.4.10　破洞细节

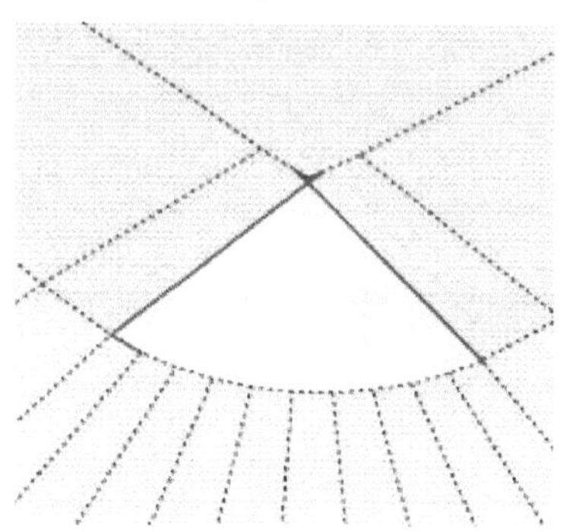

图 1.4.11　补线修复

4. 拉出薄片

现在要把所有面的中间部分往外拉出 5mm，准备做成彩色的薄片。

SketchUp 默认对刚做完路径跟随的对象是自动柔化的，所以看不到边线，当然无法执行推拉操作，想要做推拉必须把所有边线暴露出来，操作如下。

（1）在对象上三击选中全部，单击右键，选择快捷菜单中的“柔化”命令，在“柔化”面板中把滑块拉到最左边，如图 1.4.12 ②所示。

（2）用推拉工具把 6 个面都向外拉出 5mm，完成后如图 1.4.13 ①所示。

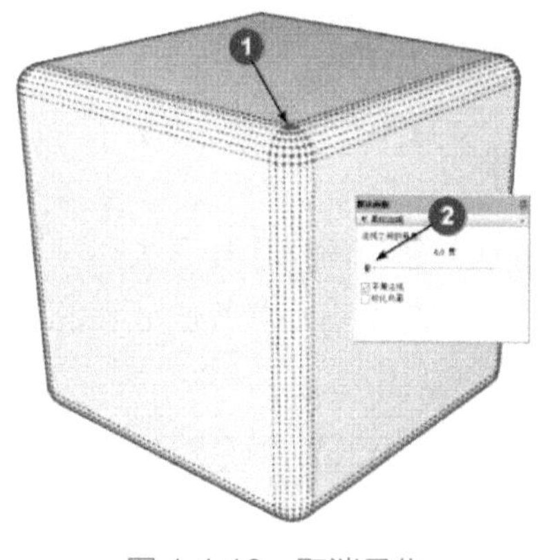

图 1.4.12　取消柔化

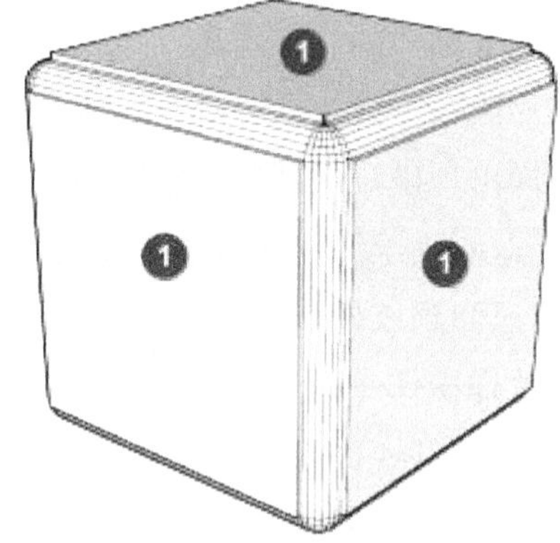

图 1.4.13　拉出薄片

5. 预留旋转中心点

完成后的魔方是要做旋转操作的，所以需要提前设置一些供旋转工具定位用的中心点，下面操作是创建旋转中心点。

（1）用卷尺工具在 3 个相邻面上创建“十”字中心线，获取中心点（也可用直线工具画对角线），如图 1.4.14 所示。

（2）用直线工具绘制中心参考线（从辅助线交点向对面画线，注意不要画偏、不要露头）。

（3）打开 X 光模式，检查中心参考线应如图 1.4.15 所示。

应注意：预留中心线、中心点和重要参考点等依据是建模过程中经常要用到的技巧。

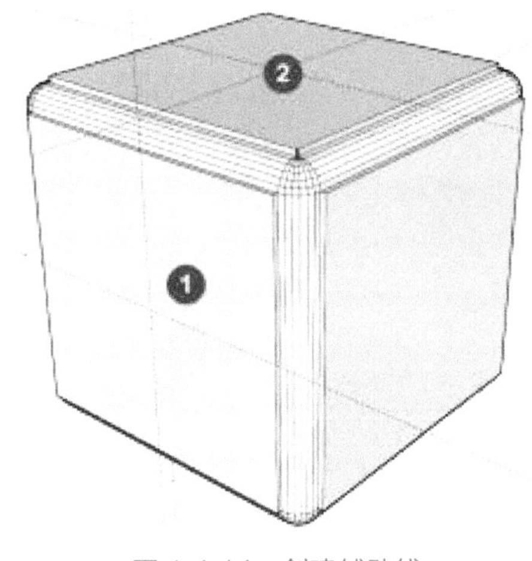

图 1.4.14　创建辅助线

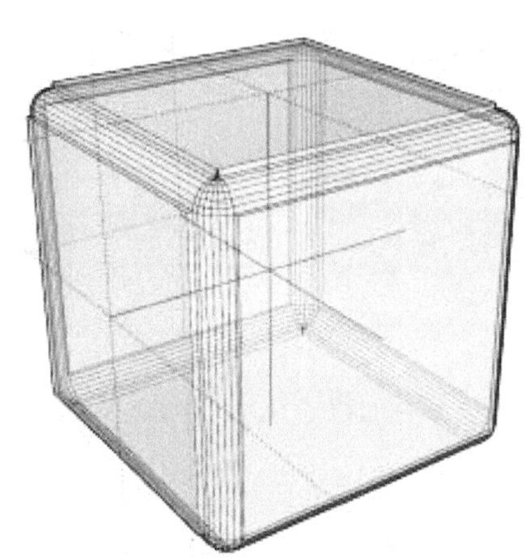

图 1.4.15　绘制中心线

6. 赋色与复制

快要完成了，还有最后几步。

（1）按快捷键 B 调出材质面板，对 6 个面赋予不同的颜色，如图 1.4.16 所示。

（2）三击全选，单击右键，选择“柔化”命令，在弹出的“柔化”面板上把滑块往右拉到看不见边线，如图 1.4.17 所示。

（3）三击全选，单击右键，选择“创建组件”命令。

（4）做移动复制，一个变成 3 个、3 个变成 9 个、9 个变成 27 个，见图 1.4.18 至图 1.4.20 所示。

注意：如图 1.4.21 所示，在 X 光模式下，可以依稀见到中间的中心参考线。

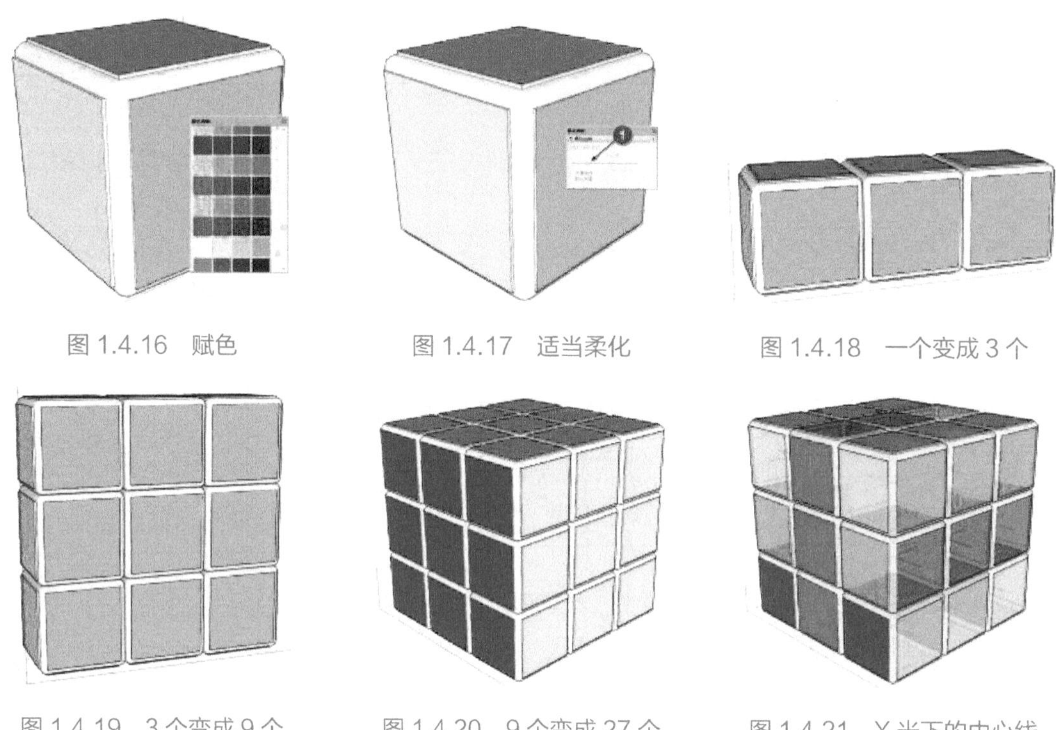

图 1.4.16　赋色　　图 1.4.17　适当柔化　　图 1.4.18　一个变成 3 个

图 1.4.19　3 个变成 9 个　　图 1.4.20　9 个变成 27 个　　图 1.4.21　X 光下的中心线

7. 开始练习

应注意，练习中选择要旋转对象的方法：既要选择到对象的全部，又不能选到不该被选中的部分，可以用“左往右的全选”也可以用“右往左的叉选”。

选中要旋转的对象后，把旋转工具移动到刚才画的中心线的端部，虽然看不见这些线，但旋转工具会自动吸附到中心线的端部；接着按住鼠标左键，向需要转动的方向旋转，不用输入旋转角度也是可以的，SketchUp 默认 15° 为一个旋转当量。

SketchUp 会在 90°、180°、270° 处略微停顿，练习过几分钟你就可以体会得到。图 1.4.22 是旋转魔方过程中的截图。

这个练习已经完成，现在总结如下。

（1）我们介绍了 12 条边和 8 个角全部是圆弧的立方体的做法（旋转放样）。

（2）柔化和取消柔化的方法。

（3）造成破洞的原因与解决的方法。

（4）预置旋转中心的方法。

（5）复习了移动复制和上颜色的方法。

（6）最重要的是，在玩这个魔方的过程中，我们还强化了几种必须掌握的技能，相信玩得越久，你的手脑配合能力就越强，今后建模的时候也就会越熟练，越能加快建模的速度。当然，手脑配合能力加强以后，做起别的事情来也一定会更出色。

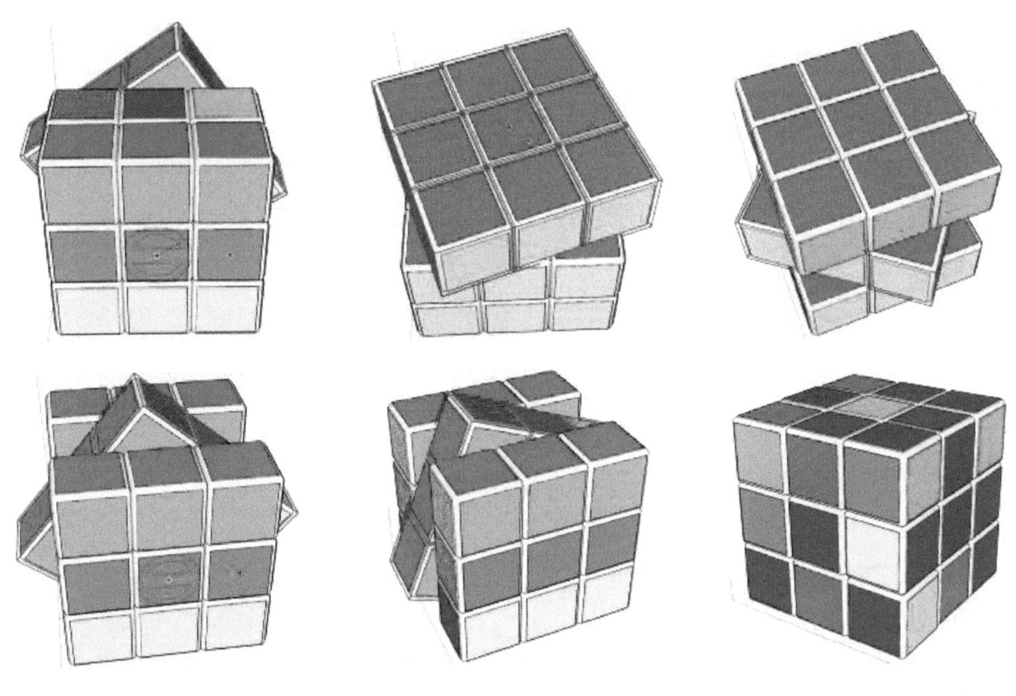

图 1.4.22　旋转魔方

如果你是“新手”或“刚脱帽的新手”，请你至少摆弄这个魔方一个小时，玩得越久越好。直到操作自如到就像在手上摆弄真正的魔方一样，今后你一定能够体会到现在花掉的这点时间是非常值得的。

1.5　用相框续热身

先来看下面的几个相框，见图 1.5.1 到图 1.5.5，其中有西式的，也有中式的；这些相框模型在 SketchUp 的应用中只是一个很简单的东西，但对于我们却是个很重要的练习。在这个练习里，会进一步强化关于路径跟随的另一种用法——“循边放样”的要领，还要附带复习一下如何从外部批量导入图片到 SketchUp 里的方法。

图 1.5.1 所示为伊丽莎白二世幼时的形象，西式的相框，颜色较浅，比较宽大有气派。

图 1.5.2 所示为哥伦布在西班牙皇家法院展示股票，世界名画之一，相框更加宽大气派。

图 1.5.3 所示是中式的相框，通常用名贵的硬木制作，截面较小，颜色也比较深，朴素高雅。

图 1.5.4 所示是一个圆形的中式相框，也是常见的形状。

图 1.5.5 所示的扇形的相框，有点特殊，做起来也麻烦点。

图 1.5.1　西式相框（1）

图 1.5.2　西式相框（2）

图 1.5.3　中式相框（1）

图 1.5.4　中式相框（2）

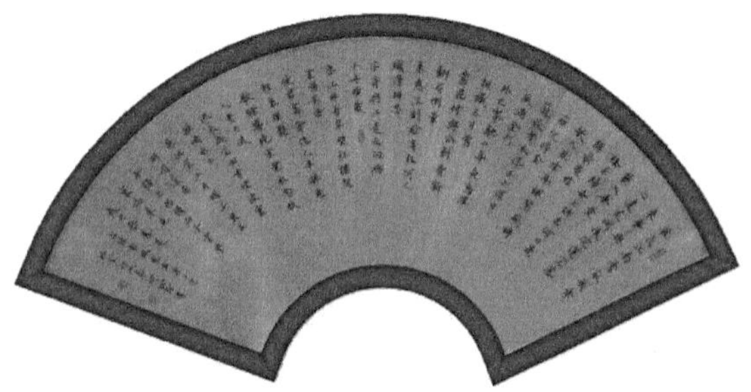

图 1.5.5　中式相框（3）

1. 批量导入图片

选择“文件”菜单中的“导入”命令，再指定图片即可一次导入一张图片，图片多的时候就很麻烦；告诉你个偷懒的办法：打开保存有图片的文件夹，单击图片后，直接拖拉到 SketchUp 的窗口里就可以了。如果需要多张图片，可以连续拉，摞在一起也不要紧，等一下可以分别调整大小和位置。我们可以一口气把上面的 5 张图片全部拉到 SketchUp 的窗口里。

现在有了 5 张图片，别管它是怎么进来的，我们要用它们来做 5 种不同的相框。

2. 调整图片尺寸

图片进来后，通常是分别调整大小和位置。虽然这次做练习对相框没有指定具体的尺寸，但至少也要把它们调整到合理的大小。

（1）调整大小可以用“缩放工具”移动对角线进行“等比例缩放”。

（2）要把图片调整到一个精确的尺寸可以按下面的提示操作（假设宽度都调到1000mm）。

① 炸开图片，重新创建群组。

② 双击进入群组，按快捷键 T 调用卷尺工具，单击图片宽度方向的第一点，譬如左上角。

③ 移动卷尺工具，再单击图片宽度方向的第二点，譬如右上角。

④ 立即输入“1000mm”后按回车键（两个 m 不能省略）。

⑤ 弹出的提示信息问你是不是要改变模型的大小，单击“是”按钮，尺寸调整完成。

（3）要点：调整单个对象的尺寸必须进入群组或组件内操作。如在群组或组件外操作将同时调整 SketchUp 当前窗口里所有对象的尺寸，结果可能是灾难性的。

3. 配相框

图 1.5.6 是英国女王伊丽莎白二世在 11 岁（1937 年）时候的画像，现在就来给它配一个相框，具体的操作如下。

（1）在图片的一个角上画个辅助面，辅助面与图片的一条边是垂直的，如图 1.5.6 所示。

（2）图 1.5.7 所示的是放大后的“放样截面”。

（3）图形是缺一个角的三角形，中间有个小圆弧（圆弧片段数 6 就够了）。

（4）西式相框都比较宽大，放样截面要画得大点，因为相框在 SketchUp 模型里通常是配角，挂在墙上的体量不会太大，所以相框的形状截面不必画得完全真实，能大致说明形状和特征就可以了。

（5）应注意，如果你画的放样截面太过真实，形状势必复杂，放样后全是黑乎乎的边线，效果一定不好，不信你可以试试。

接着做路径跟随，操作如下（循边放样）。

（1）炸开图片并点选图片，等于告诉 SketchUp 以图片的边线为放样路径。调用路径跟随工具，单击放样截面，放样完成，如图 1.5.8 所示。这种放样形式是放样截面沿图片的边线转了一圈完成的，称为“循边放样”。

（2）现在请你绕到相框的背后，用推拉工具把相框四周的背面往后拉出几毫米，这一步很重要，一定不能省略；这么做是为了避免今后图像的平面跟墙体的平面叠加在一起后产生“闪烁”等不必要的麻烦。

（3）最后全选，并单击右键创建群组。如果你今后还想用这个模型，可以把它做成组件。方法是：再次单击这个群组，在右键菜单里选择“制作组件”命令，为它起个独一无二的名字，可以方便你今后寻找。

（4）创建组件后，就可以看到在“组件”面板里有了这个组件。右击这个组件，在弹出的快捷菜单中选择“另存为”命令，导航到你的组件库，命名并保存以备后用。

图 1.5.6 绘制放样截面

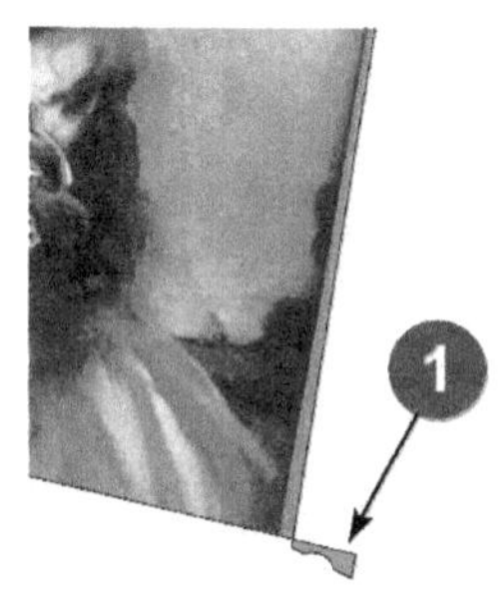

图 1.5.7 放样截面细节

图 1.5.8 路径跟随后的效果

4. 哥伦布找赞助

这幅世界名画上描绘的场景是：哥伦布在西班牙法院请求伊莎贝拉女王和费迪南德国王为他的新大陆之行提供财政支持的史实，用现代语言讲就是“找赞助”。为这幅画创建相框的操作与上一个例子一样，也是在一角画一个放样截面（见图 1.5.9），然后以图片的四周边缘为放样路径，做“循边放样”，结果如图 1.5.10 所示。具体操作要领可参见上例。

图 1.5.9 绘制放样截面

图 1.5.10 路径跟随后的效果

5. 郁文华牡丹图

图 1.5.11 是一幅国画，画的是国花牡丹，作者是郁文华（1921—2014），1921 年生于苏州。早年曾先后师从蔡铣、张石园学习国画，1948 年有缘结识张大千，遂为大千收列门墙，入大风堂为弟子。郁文华山水、花鸟兼长，善写牡丹，有“郁牡丹”之誉。

中式的相框在 SketchUp 里的做法完全一样，也是先画出“放样截面”，然后做“循边放样”。要注意，中式相框就像中国人的性格，朴素内敛，边框细窄，但用料考究，通常用名贵的硬木制作，虽不似西式相框看起来那么豪华张扬，但重内在而不重形式，其实身价不菲。

操作步骤如下。

（1）在一个角上绘制“放样截面”，如图 1.5.11 和图 1.5.12 所示。

（2）做“循边放样”后赋予深棕色（见图 1.5.13 和图 1.5.14），创建群组（组件）后保存。

图 1.5.11　绘制放样截面

图 1.5.12　细节

图 1.5.13　路径跟随后的效果

图 1.5.14　上色后的效果

本节对应的资源里有郁文华所作国花牡丹图 22 幅，以便你需要的时候“有花（画）可用”。

6. 高山云峰图

这个实例也是中式的相框，跟前几个不同的是：它是圆形的，需要做一点额外的操作，要把中间圆形的部分抠出来，然后再做“循边放样”，放样截面所处的位置也有所不同。

（1）原图如图 1.5.15 所示，四周有白色的废面，操作前必须先创建群组以方便后续操作。

（2）用画圆工具在图片上画圆，尽可能跟原图相同（可用缩放工具和移动工具配合）。

（3）可以看到图 1.5.16 中两个平面重叠在一起后，稍微转动一下有“闪烁”现象，这是在 SketchUp 里建模一定要注意的；今后创建任何模型的时候都要避免两个面重叠在一起，不能避免时要让二者分开几毫米或者删除两个面中的一个。

（4）圆形画完后，删除圆面，只留下圆周的边线。

（5）炸开原图，新画的圆周边线与原图融为一体，如图 1.5.17 所示。

（6）删除四角和边缘的废线、废面，在图 1.5.18 所示位置绘制“放样截面”。图 1.5.19 所示为放大后的“放样截面”和所在的位置。

（7）做“循边放样”与“赋色”，如图 1.5.20 和图 1.5.21 所示。

（8）创建群组（组件）保存备用。

图 1.5.15 原图

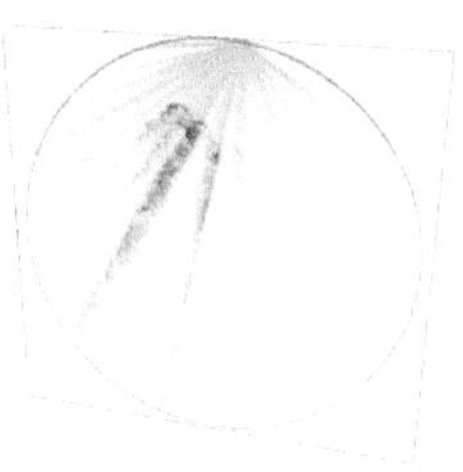

图 1.5.16 面重叠

图 1.5.17 删除一层

图 1.5.18 绘制放样截面

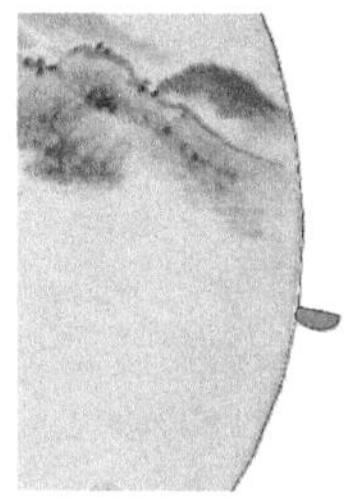

图 1.5.19 细节

图 1.5.20 路径跟随后的效果

图 1.5.21 赋色后的效果

7. 扇形相框

折扇是常见的生活用品，不但有实用性，还具有一定的艺术性。也可以对扇骨、扇面进行装饰，通过雕刻、书画，把日用品变成了艺术品，从而具备收藏价值。以扇面为字画，高雅脱俗，书香门第中常用于挂饰，下面就为图 1.5.22 所示的扇面做一个相框。

（1）底图创建群组后，用圆弧工具和直线工具在其上绘制一个扇面，如图 1.5.23 所示。

（2）删除扇形的面，只留下扇形的边线，炸开底图的组，二者合一，如图 1.5.24 所示。

（3）删除周围的废线、废面后，要在图 1.5.25 ①所示的位置绘制“放样截面”。

（4）画好的放样截面如图 1.5.26 所示，因放样截面必须垂直于放样路径（边线），可先画一条垂直于边线的辅助线。

（5）用旋转工具把放样截面旋转到跟辅助线重合，如图 1.5.27 所示。

（6）接着做“循边放样”、赋色、创建群组（组件），最后保存，如图 1.5.28 至图 1.5.30 所示。

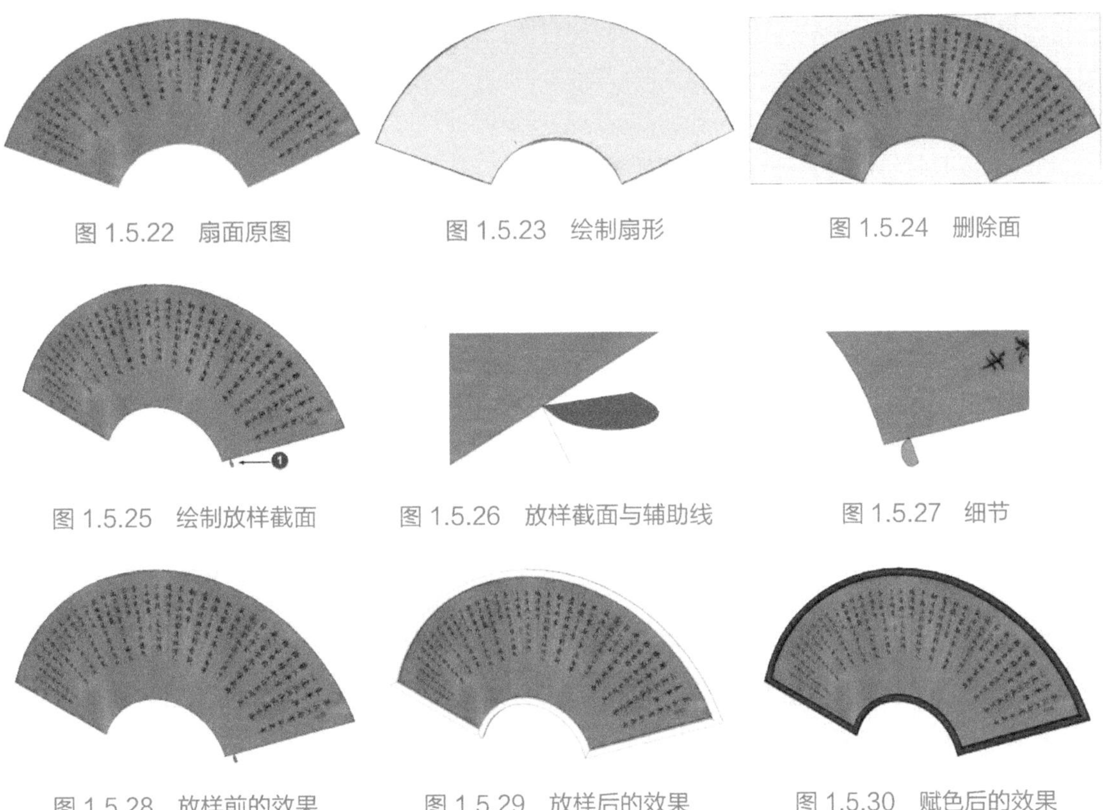

图 1.5.22　扇面原图　　图 1.5.23　绘制扇形　　图 1.5.24　删除面

图 1.5.25　绘制放样截面　　图 1.5.26　放样截面与辅助线　　图 1.5.27　细节

图 1.5.28　放样前的效果　　图 1.5.29　放样后的效果　　图 1.5.30　赋色后的效果

8. 路径跟随三法

本节用到的“路径跟随”也叫做“放样”，是 SketchUp 里一种重要的造型功能，所谓“造型”就是把二维的图形变成立体，推拉工具就是其一，路径跟随也是。

“路径跟随”工具至少有 3 种不同的用法。

（1）“旋转放样”：1.4 节做魔方用的是“旋转放样”。

（2）“循边放样”：本节做相框用了“循边放样”。

（3）“路径放样”：将在后面的实例中介绍。

1.6 补药利热身

本节的建模目标是图 1.6.1 所示的“长生不老药”——当然不是真的。本节将第一次引入 SketchUp 的造型八大法宝中的两个。

你知道 SketchUp 的造型八大法宝是哪八样吗？具体如下。

（1）推拉工具，我们早就学过了。

（2）路径跟随，也学过了一些。

（3）马上要学的是第三个，叫作模型交错。

（4）3D 文字工具，等一下就要用。

（5）沙盒工具，常用来做“山体、地形”，在老手那里可以变化无穷，从而有更多用途。

（6）实体工具，曾经在《SketchUp 要点精讲》里详细介绍过。

（7）用移动工具 + Alt 键的“折叠”在后面会有多个实例进行介绍。

（8）用旋转工具也可以做“旋转折叠”来改变实体的形状。

这 8 个“法宝”以后还会结合建模实例来深入学习。

要注意，“模型交错”不是工具，因为它没有工具图标，它是 SketchUp 里的一个“功能”；只有在条件满足后才会出现在右键菜单里（“编辑”菜单里也有）。另外，在这个实例中，还要用到另一种造型工具——“3D 文字工具”，还有曲面移动复制、隐藏与撤销隐藏等一系列工具和技巧。

先看图 1.6.1，是已经完成的“长生不老药”，它有上、下两个圆弧面，加上一个圆柱体组成；在中间还有两条槽，圆弧面上还有些文字。下面就开始制作这个模型，在制作的过程中，应特别注意模型交错的技巧、3D 文字工具的用法以及曲面移动复制等技巧。

1. 辅助面与辅助线

在 SketchUp 里建模，很多时候都是从创建辅助面或辅助线开始的；为了能够把辅助线和辅助面绘制在正确的面上，初学者要善用 6 座小房子的“视图工具”；等你熟练到一定的程度，只要把视图旋转到方便操作的角度即可。

（1）单击“前视图”后就可以在垂直面（*XZ* 平面，即红蓝面）上创建辅助面了。因为有缩放工具，本例中画矩形辅助面的大小并不重要，但是要注意长宽比（有点像画素描）。本例大约的高度与长度之比为 1 ∶ 3，完成后的矩形如图 1.6.2 所示。现在看图 1.6.3，下面的操作要画出药片的截面。

（2）利用矩形上、下边线的“中点”画垂直线，并且向下延长一点。

（3）对矩形的一条垂直边线做“拆分”，等分成 3 份。

（4）用圆弧工具画两条圆弧，完成后如图 1.6.3 所示。

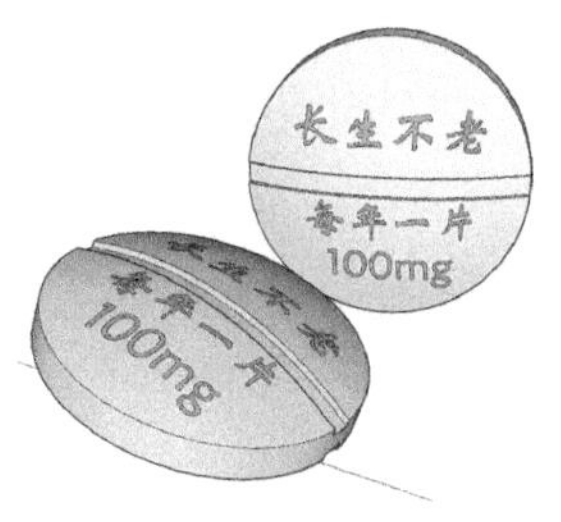

图 1.6.1 药片模型

图 1.6.2 画辅助面

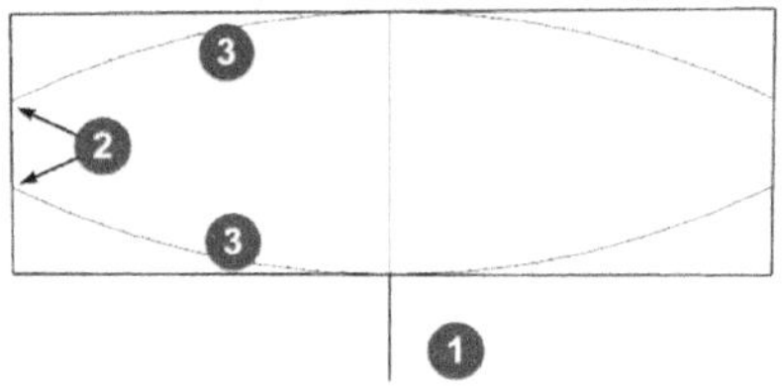

图 1.6.3 绘制圆弧

2. 路径跟随（旋转放样）

（1）在中心线的延长部分画一个圆，大小不重要，注意与中心线垂直。

（2）删除所有废线、废面后如图 1.6.4 所示。

（3）选中图 1.6.4，调用路径跟随工具，再单击图 1.6.4 做旋转放样。完成“旋转放样”后如图 1.6.5 所示。

（4）完成“翻面”。虽然翻面是个简单的操作，但也有窍门：SketchUp 里的面有正、反面之分，浅色是正面，大多数建模场合要正面朝外。

（5）看图 1.6.6，随便右击一个面，在快捷菜单里选择“反转平面”命令。

（6）右击一个“朝向正确”的面再选择“确定平面的方向”命令。

（7）用上面的操作，可以一次把对象的所有面全部翻转，方法如图 1.6.7 所示。

一个独立的对象，不管有多少面，只要在“朝向正确”的面上，选择右键菜单里的“确定平面的方向”命令，都可以一次解决该对象所有的翻面问题。

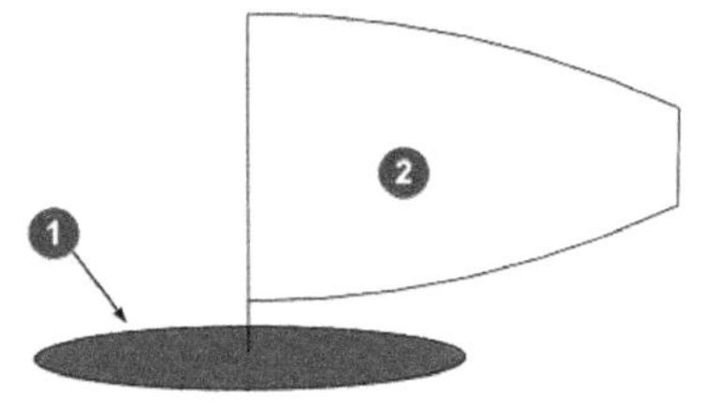

图 1.6.4 放样路径与截面

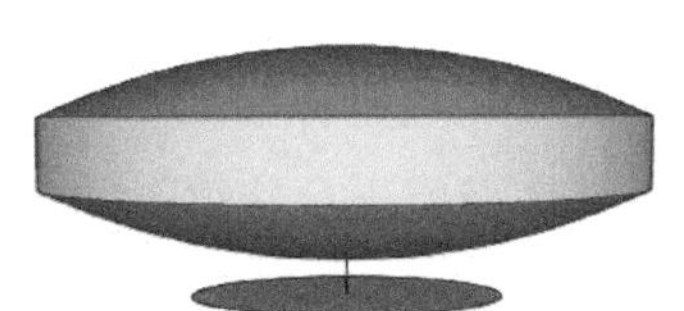

图 1.6.5 旋转放样完成

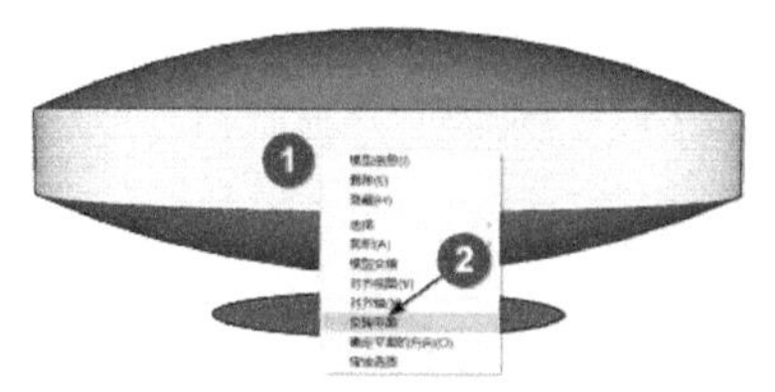

图 1.6.6　翻面（1）

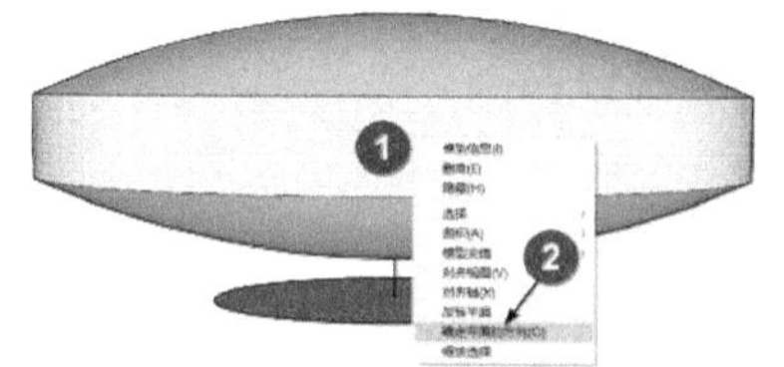

图 1.6.7　翻面（2）

3. 模型交错

现在开始制作细节，要制作出药片上的槽，将会用到“模型交错”功能。在 SketchUp 中，使用模型交错可以很容易地创造出复杂的几何体。用模型交错可以在两个或多个重叠的几何体相交处创建新的边线和面。

（1）利用放样前所画的中心线，向两侧偏移，画出药片上开槽的投影面，宽度等于“槽宽”，如图 1.6.8 所示。

（2）把图 1.6.8 所示的平面向上拉出呈立体，如图 1.6.9 所示。注意此时二者相交处没有边线。

（3）全选所有线面（若是群组须炸开）并右击，在弹出的快捷菜单中选择“模型交错”→“只对选择的对象交错”命令。注意，应永远选择“模型交错”→“只对选择的对象交错”命令，而不要选择子菜单中的“模型交错”命令（见图 1.6.10）；否则将对模型中的所有几何体做交错，这样会导致灾难性的后果。

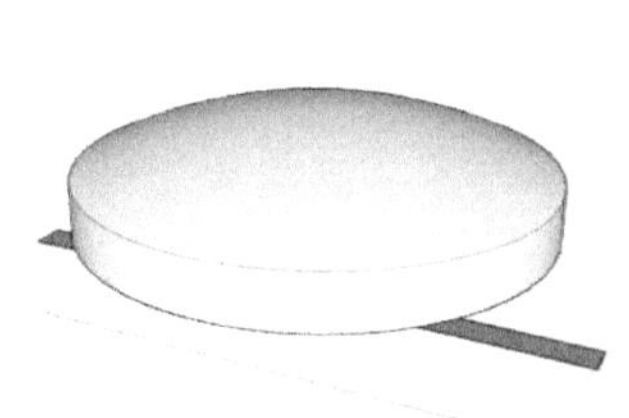

图 1.6.8　创建矩形

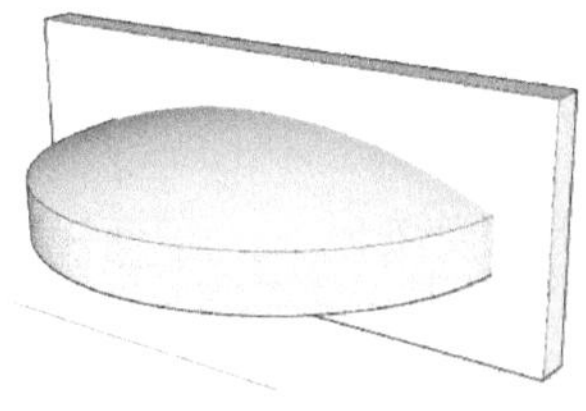

图 1.6.9　拉出立体矩形

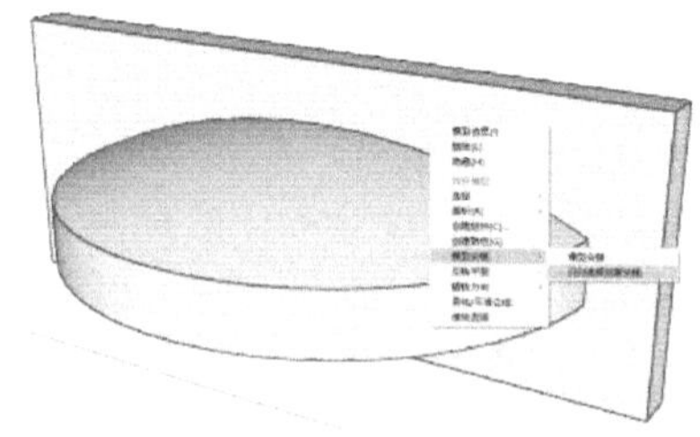

图 1.6.10　模型交错

注意模型交错成功以后的特征：图 1.6.11 所示的相交处有了新的边线。删除废线、废面后，“药片”表面留下一些重要的边线，如图 1.6.12 所示。

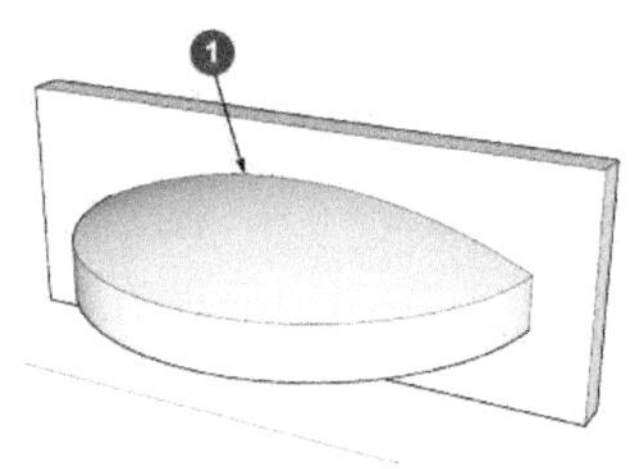

图 1.6.11 交错成功的特征

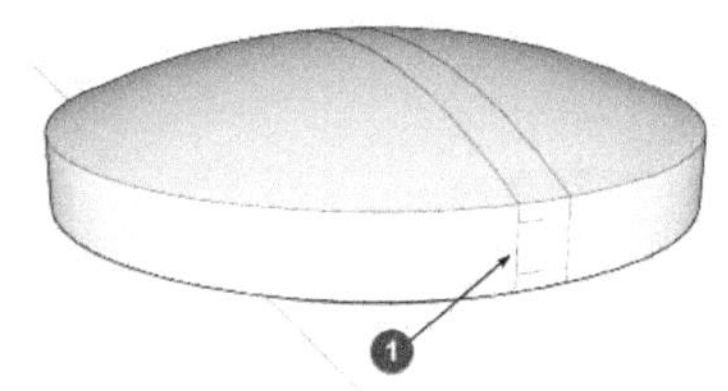

图 1.6.12 绘制定位点

4. 曲面的移动复制

接着要制作药片两面弧形的“槽”。下面要用到“曲面的移动复制”技巧。

（1）请看图 1.6.12 所示的位置，要在右键菜单里选择“分拆”命令，拆分成 5 等分，并做个记号。

（2）为了使后续操作方便些，可分别在上、下各 1/5 处做记号，如图 1.6.12 所示。

（3）双击一个“槽”的面，选择这个面和边线，如图 1.6.13 所示。

（4）用移动工具（沿边线）把选中的面（见图 1.6.14）往下复制到图 1.6.14 所示的位置。

（5）另一面做同样的操作。注意一定要按住 Ctrl 键做“复制”而不能用“移动”。

（6）曲面的移动复制完成后，删除原先的弧面和废线，如图 1.6.15 所示，“药片”毛坯完成。

（7）调用材质工具（按快捷键 B）对药片毛坯上色，如图 1.6.16 所示。

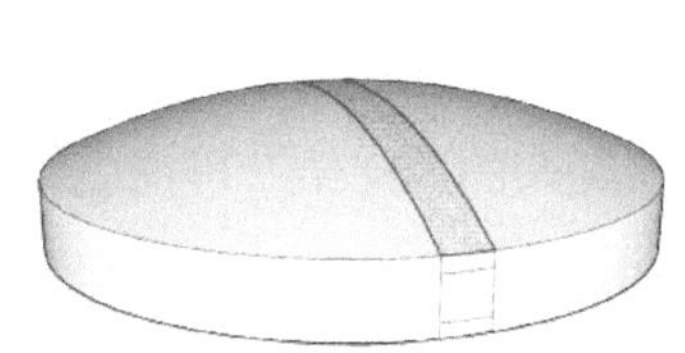

图 1.6.13 双击选择线面

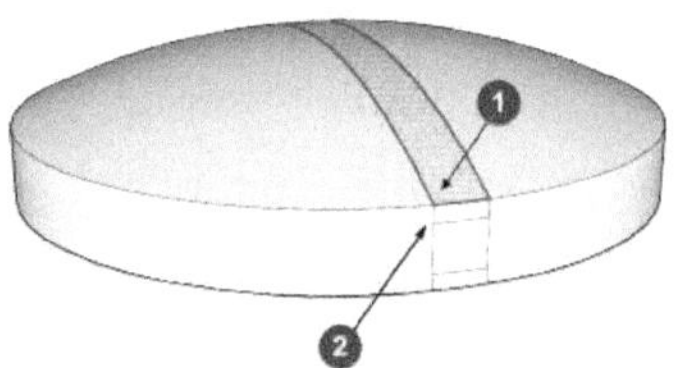

图 1.6.14 移动复制

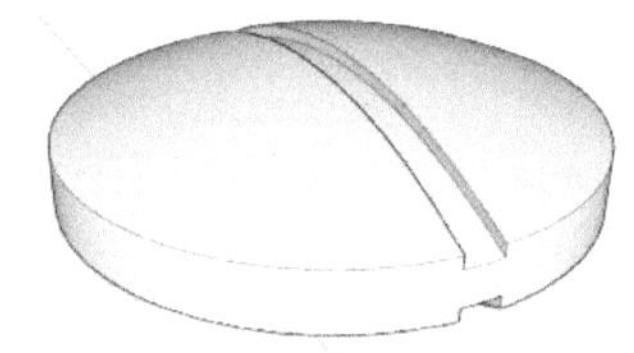

图 1.6.15 清理废线、废面后的效果

5. 模型交错镌刻文字

下面继续完成剩下的任务：在药片表面“刻字”，将再次用到“模型交错”功能。

（1）调用“3D 文字工具”生成所需的文字，如图 1.6.17 所示。

（2）综合运用缩放工具、移动工具等，把 3D 文字移动到药片表面，并插入药片内部，如图 1.6.18 所示。

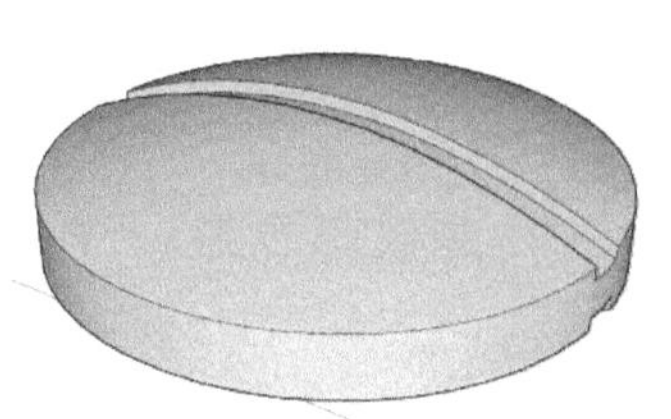

图 1.6.16　赋色后的效果

图 1.6.17　生成 3D 文字

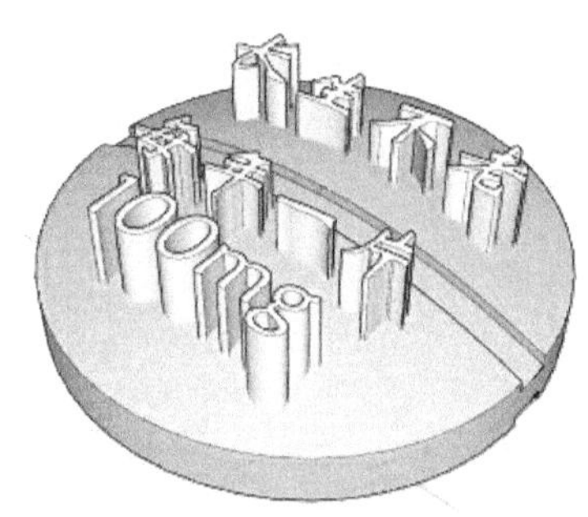

图 1.6.18　移动到位

（3）若移动的时候有困难，可借助箭头键配合（左箭头键锁定绿轴，右箭头键锁定红轴，向上的箭头键锁定蓝轴，Shift 键锁定当前轴）。

（4）打开 X 光模式，可以看到 3D 文字插入后的情况，如图 1.6.19 所示。

（5）炸开 3D 文字的群组，全选后右击，选择快捷菜单中的“模型交错”→“只对选择的对象交错”命令，如图 1.6.20 所示。

（6）模型交错成功后，二者相交处会产生新的边线，如图 1.6.21 所示。

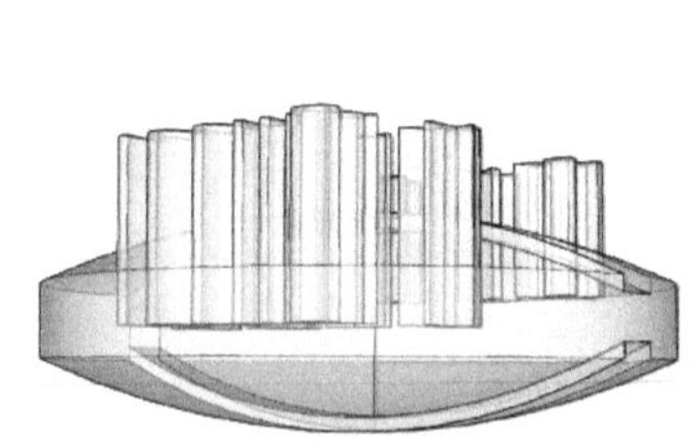

图 1.6.19　用 X 光模式检查

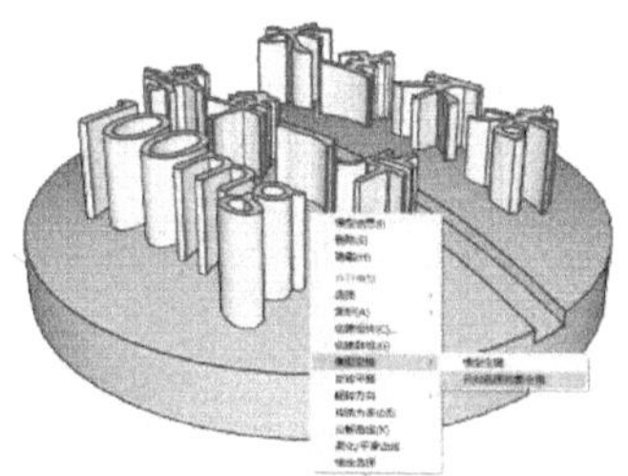

图 1.6.20　模型交错

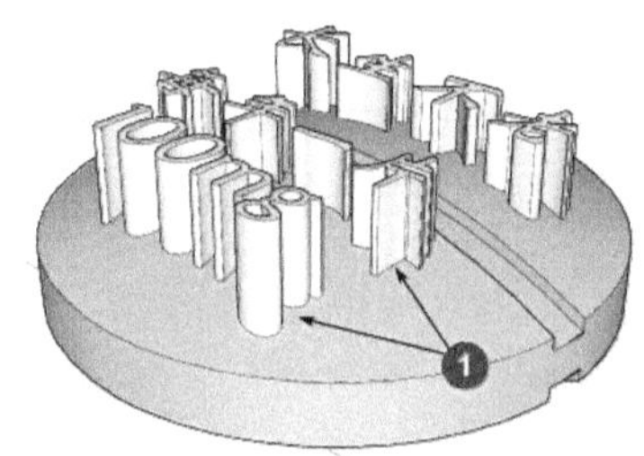

图 1.6.21　交错成功的特征

建模实践中发现，SketchUp 的模型交错功能，对于像这种比较复杂的“交错”可能会不够彻底，为避免后面产生麻烦，最好重复做几次同样的“模型交错”。

6. 模型交错的瑕疵与补救

（1）模型交错成功后，删除能够删除的所有废线、废面后如图 1.6.22 所示。

（2）对文字部分上另一种颜色，注意上色的过程也是检查模型交错质量的过程。

（3）如果发现上色过程中有连片的问题，多半是因为模型交错不彻底造成的。

解决的办法：放大图形找出边线不连续处，补线成面。

SketchUp 的模型交错常会出现“交错不彻底”的毛病，可多次重复做交错操作。

其实做到了图 1.6.23 这一步，这个建模实例就可以算完成了。但是在 10 多年的面授和网授中发现，总有一些学员会提出同样的问题：“药片外部多余的线、面可以删除，药片肚子里的废线、废面怎么办？”（我戏称提这些问题的学员为“强迫症患者”“完美主义者”或“洁癖”）（见图 1.6.24）其实解决起来也很容易，下面要引入“隐藏”和“解除隐藏”的技巧。

图 1.6.22　清理废线、废面后的效果

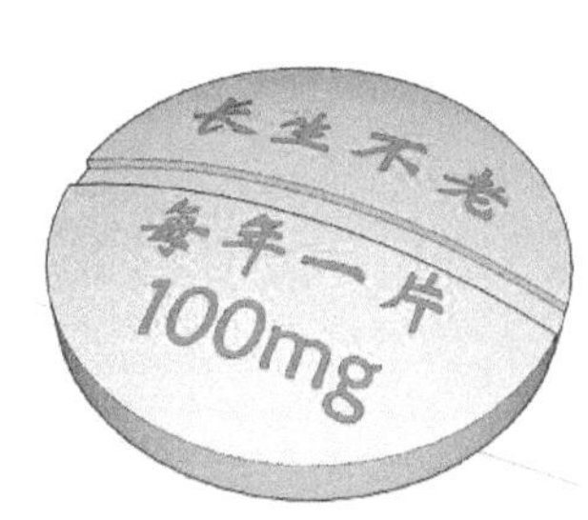

图 1.6.23　赋色后的效果

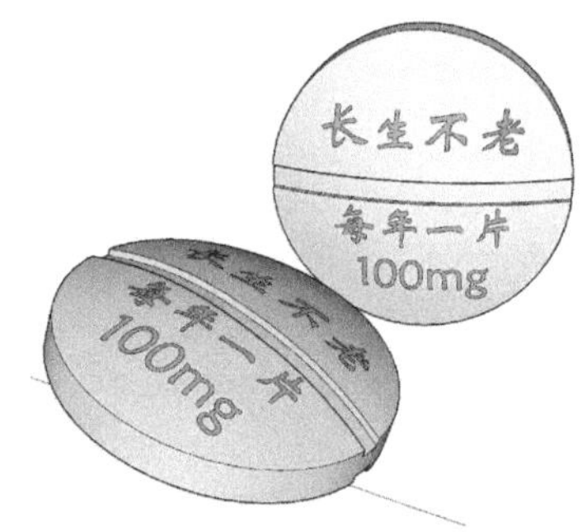

图 1.6.24　解决强迫症者的问题

（1）图 1.6.25 是药片成品，打开 X 光可见其肚子里“藏污纳垢”，如图 1.6.26 所示。

（2）右击药片的圆柱体部分后，选择“隐藏”命令，效果如图 1.6.27 所示。

（3）用选择工具进入内部做“交叉选择”（自右往左画框），选择完成后 按 Delete 键。

（4）一次弄不干净就多来几次，什么地方碍事就再“隐藏”起来。

（5）删除过程一定要注意不要把不该删除的部分也错删了。删除干净后如图 1.6.28 所示。

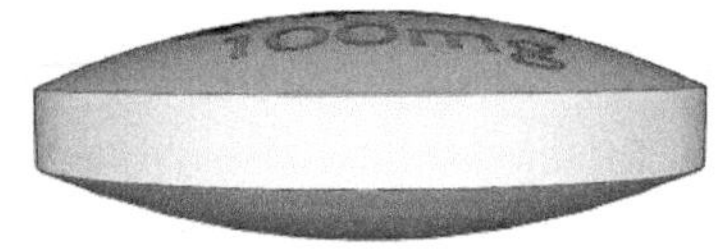

图 1.6.25　成品

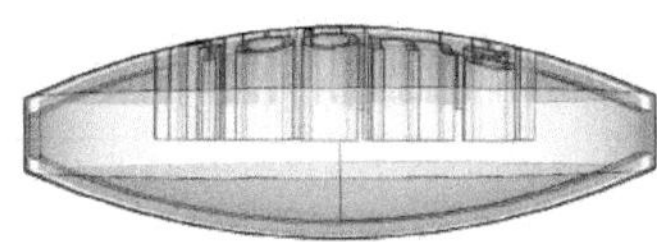

图 1.6.26　打开 X 光检查

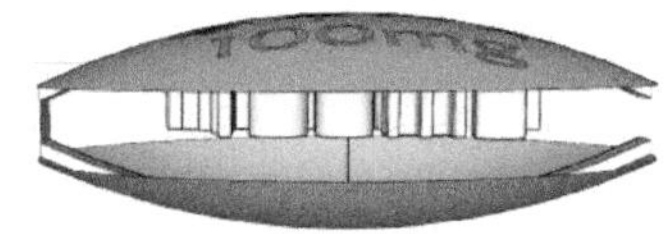

图 1.6.27　隐藏圆柱面

（6）删除完成后，选择“编辑”菜单，再选择“撤销隐藏”命令，是否撤销全部隐藏，看自己的需求，如图 1.6.29 所示。

再打开 X 光看看，藏在肚子里的东西也清理得干干净净，连“强迫重症者”都满意，如图 1.6.30 所示。

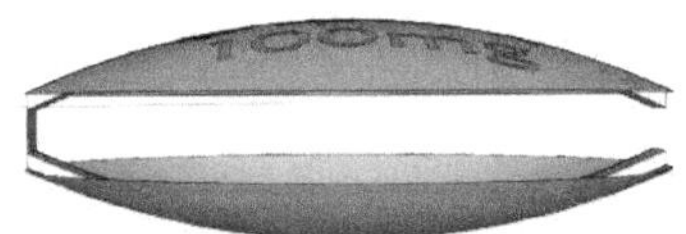

图 1.6.28　删除内部废线、废面

图 1.6.29　恢复圆柱面

图 1.6.30　再用 X 光检查的效果

通过这个练习，我们首次接触了“模型交错”以及一些建模的小技巧；当你能够熟练运用 SketchUp 不多的绘图工具，以及推拉、路径跟随和模型交错这 3 种重要的造型工具以后，你就可以制作点小东西了，在后面的一些实例中，我们会强化综合运用这些工具和技巧的能力。

扫码下载本章教学视频及附件

第 2 章

做家具

本章共有 22 节，用我们最熟悉的家具作为标本来介绍 SketchUp 建模中最常用的一些思路与技巧。

其中很多实例说明，只要有了好的建模思路，复杂点的对象也能轻而易举地完成建模。

除了建模的思路外，还有一些模型管理方面的原则与技巧也是学习的重点。

基本按难易程度安排先后顺序，也可能有个别例外。

2.1 方桌

从本节开始，要通过自己的劳动为自己做一套家具。学会了做家具的基本方法以后，还可以设计出自己喜欢的新家具。当然，制作家具不一定是我们学习 SketchUp 的目的，但是，如果善于举一反三、融会贯通，在此过程中学到的所有建模思路与技巧就都可以用到你的专业工作中去。

我们要创建的第一件家具是一张一家人围坐在一起吃饭的方桌子。

基本的建模思路是：创建一条腿加一块挡板，旋转复制出 4 份；最后创建台面。

1. 基本尺寸

（1）桌面 800mm 见方，如图 2.1.1 ①所示。

（2）桌子高 760mm，如图 2.1.1 ②所示。

（3）桌腿上部截面 70mm 见方，往下 140mm 处开始收缩，底部 49mm 见方，如图 2.1.1 ③和④所示。

（4）桌面厚度 20mm，按图 2.1.1 ⑤所示倒角。

（5）相邻两桌腿之间有一块横挡板，长度 620mm（图 2.1.1 ⑥）、宽度 140mm（图 2.1.1 ⑦）。

（6）还有一些细节，横挡板上在离开桌腿 40mm 的地方，有个半径为 40mm 的圆弧（图 2.1.1 ⑧），横挡板有 10mm 的缩进（图 2.1.1 ⑨），横挡板厚度 20mm（图 2.1.1 ⑩）。成品如图 2.1.1⑪ 所示。

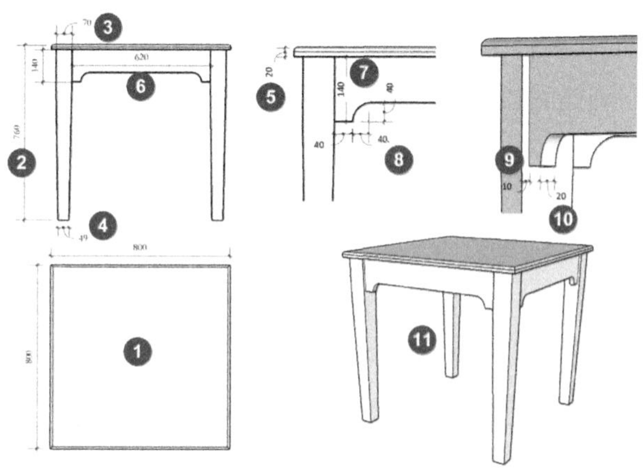

图 2.1.1　主要尺寸

2. 从一条腿开始

（1）先在地面上画个正方形，尺寸是 760mm × 760mm（见图 2.1.2）；为什么是这个尺寸？桌子面是 800mm × 800mm，桌子腿又比桌面缩进 20mm，两边就是 40mm，800 减 40 就是 760，这个矩形代表的是 4 条桌子腿的位置。

（2）在这个面上双击，再单击右键，把这个面创建群组。

（3）现在利用这个面上的任意一个角，画一个 70mm 见方的小矩形，这是一条桌子腿顶部的截面，整张桌子的建模将从这里开始（见图 2.1.3 ①）。

（4）接着把 70mm 见方的截面沿着蓝色的轴，向上拉出桌子腿的高度 740mm（见图 2.1.4）。

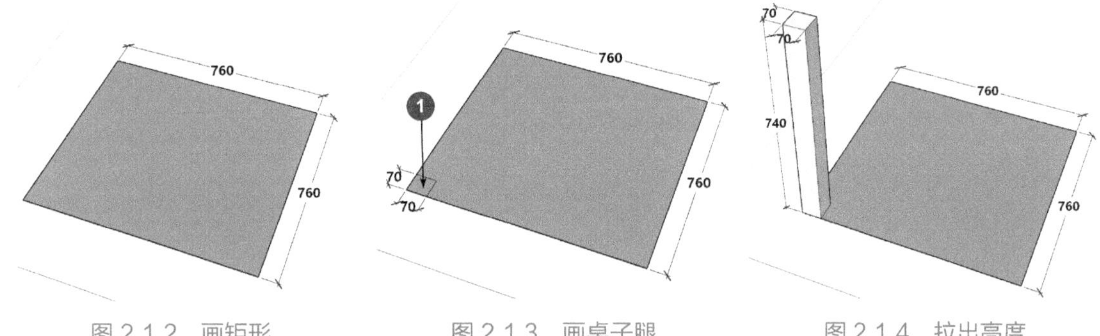

图 2.1.2 画矩形　　图 2.1.3 画桌子腿　　图 2.1.4 拉出高度

（5）双击桌腿顶部。选择面和线（见图 2.1.5 ①）向下 140mm 复制一个（见图 2.1.5 ②）。为什么要在这里复制一个？目的是为了隔离：当桌子腿的下部收缩成锥度后不至于影响上部的形状。新产生的边线等一会要柔化掉。

（6）760mm 见方的大矩形非常重要，但是目前它非但没有作用，还有点碍事。所以，可以把它隐藏起来：右击这个面在右键菜单中选择“隐藏”命令，它就暂时消失了。

（7）把图 2.1.6 ①所指的边线向右复制 3 条，间隔 10mm，如图 2.1.6 ①和②所示。

（8）按常规要在这里画辅助线，再描出实线，比较麻烦，直接复制就快多了。

（9）删除中间一条线后，形成 140mm × 20mm 的面，拉出 620mm，形成横挡板，如图 2.1.7 所示。

（10）用卷尺工具创建 5 条辅助线，间隔都是 40mm，如图 2.1.8 所示。

（11）用直线工具连接图 2.1.9 ①所指的两交点画直线。

（12）用圆弧工具画出两处圆弧，如图 2.1.10 ①、②所示。

（13）用推拉工具推出形状，如图 2.1.11 所示。

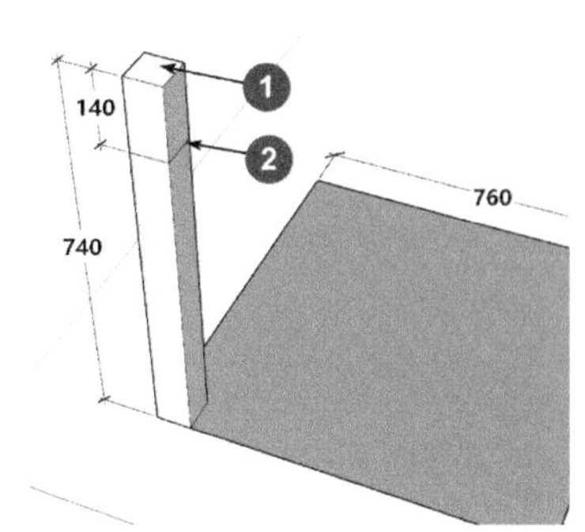

图 2.1.5　复制线面

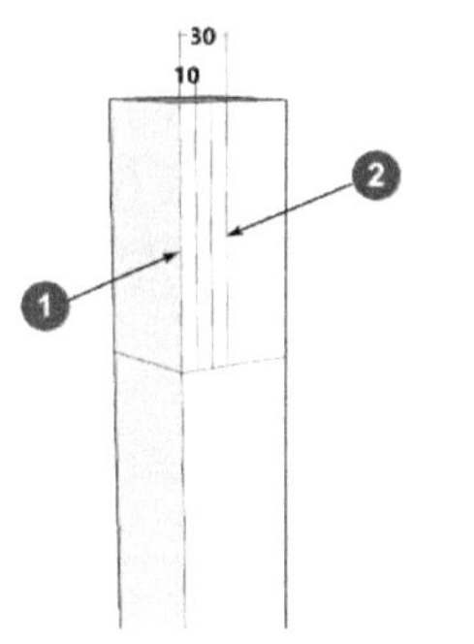

图 2.1.6　复制出拉伸区域

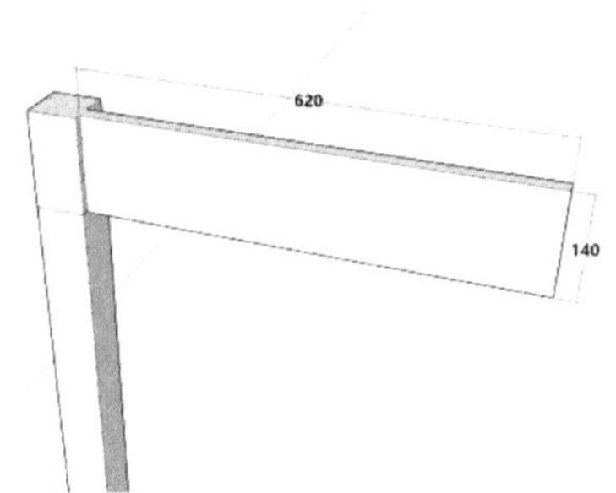

图 2.1.7　拉出挡板

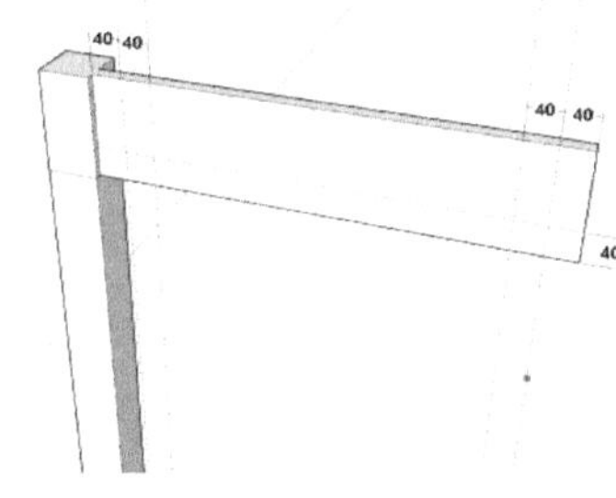
图 2.1.8　创建辅助线

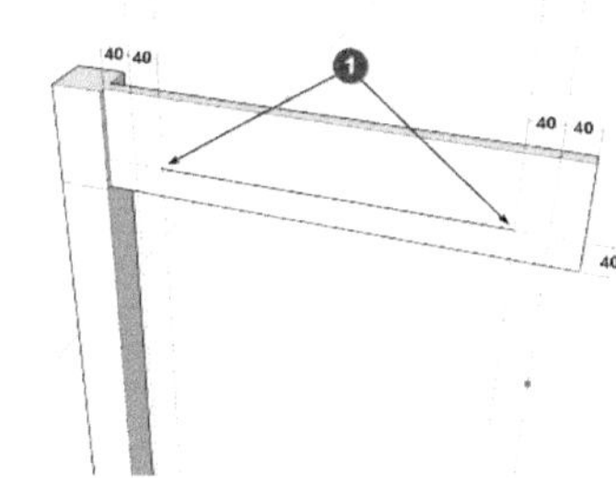
图 2.1.9　画直线

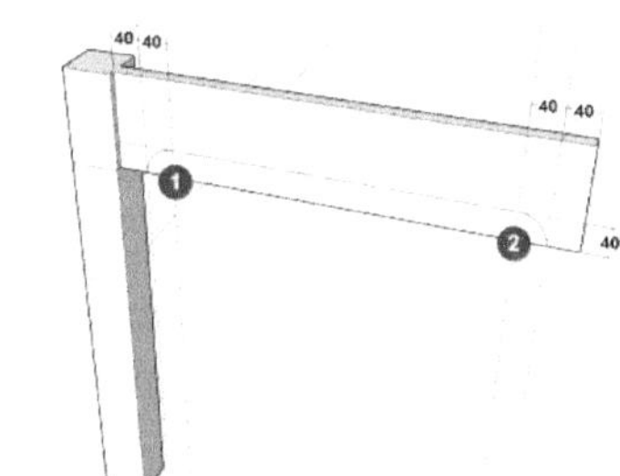
图 2.1.10　画圆弧

现在到桌子腿的底部操作。

（1）选中底部线、面，用缩放工具并按住 Ctrl 键做中心缩放，输入缩放比例 0.7，如图 2.1.12 所示。

（2）现在要柔化掉桌子腿顶部往下 140mm 处的一圈线，完成后如图 2.1.13 所示。

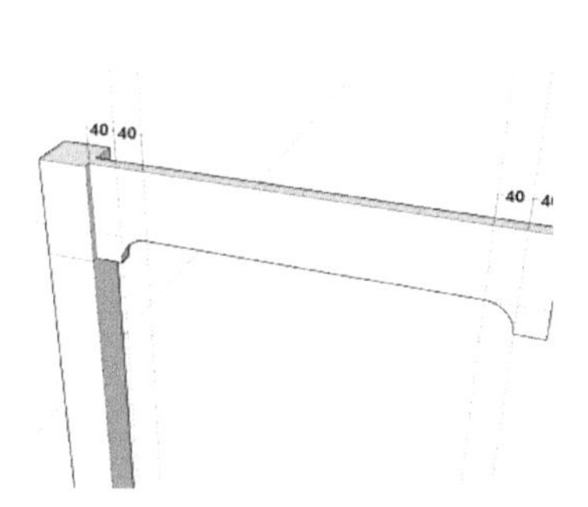
图 2.1.11　推出缺口

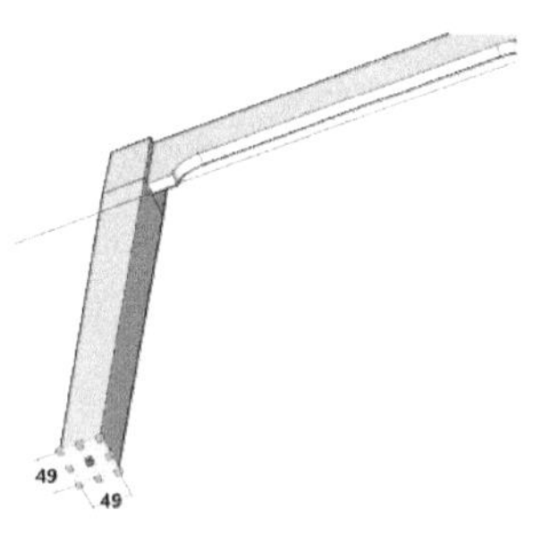

图 2.1.12　桌腿底部收缩

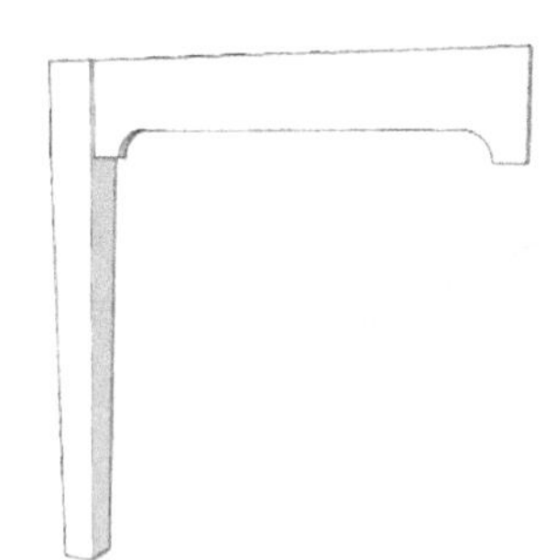
图 2.1.13　收缩完成后

（3）按住 Ctrl 键用橡皮擦工具做局部柔化，涂抹要柔化的线。

（4）全选所有线面，创建群组，如图 2.1.14 所示。

（5）恢复隐藏的矩形，选择“编辑”菜单中的“撤销隐藏”命令，如图 2.1.15 所示。

（6）如图 2.1.16 ①所示，画一条对角线（为了找到下一步旋转复制用的中心点）。

（7）接着要做旋转复制，完成后如图 2.1.17 所示：选定桌腿横挡群组，调用旋转工具，以对角线中点为旋转中心做旋转复制操作。

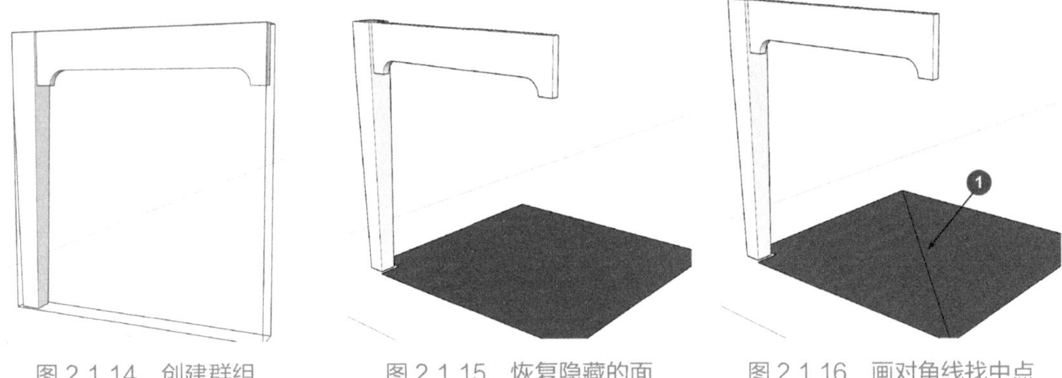

图 2.1.14　创建群组　　图 2.1.15　恢复隐藏的面　　图 2.1.16　画对角线找中点

3. 制作桌面

（1）利用图 2.1.18 ①所指的两角点画矩形。

（2）用偏移工具向外偏移出 20mm，如图 2.1.19 所示。

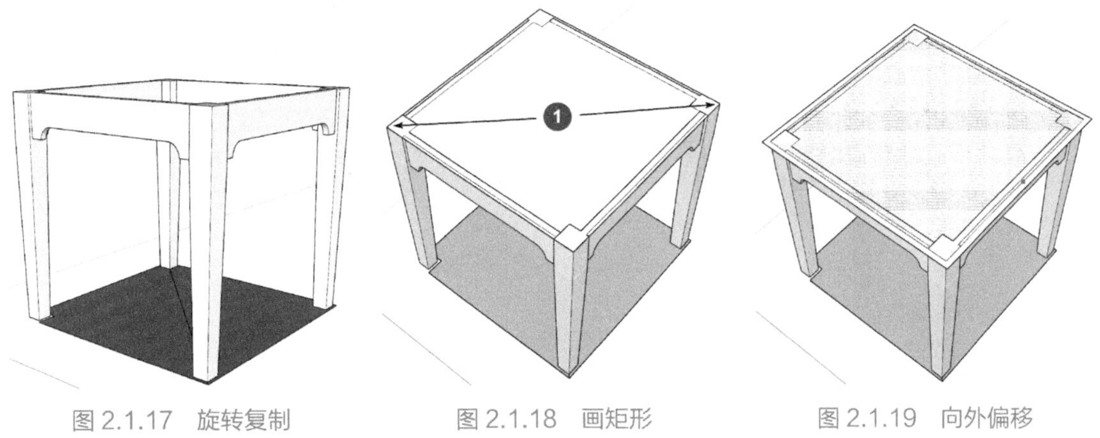

图 2.1.17　旋转复制　　图 2.1.18　画矩形　　图 2.1.19　向外偏移

（3）用推拉工具向上拉出 20mm，如图 2.1.20 所示。

（4）用直线工具描绘任何一条边线做“补线成面”的操作，如图 2.1.21 所示。

（5）删除废线后的成品如图 2.1.22 所示。

（6）倒圆角，完成后如图 2.1.24 所示。

（7）用圆弧工具在桌面的一个角上画一个圆弧，形成“放样截面”，如图 2.1.23 所示。

（8）做“循边放样”：选择桌面，调用路径放样工具，单击放样截面，如图 2.1.24 所示。

建模完成。图 2.1.25 所示为白模。图 2.1.26 所示为上了颜色的效果。图 2.1.27 所示为平行投影（前视图）。

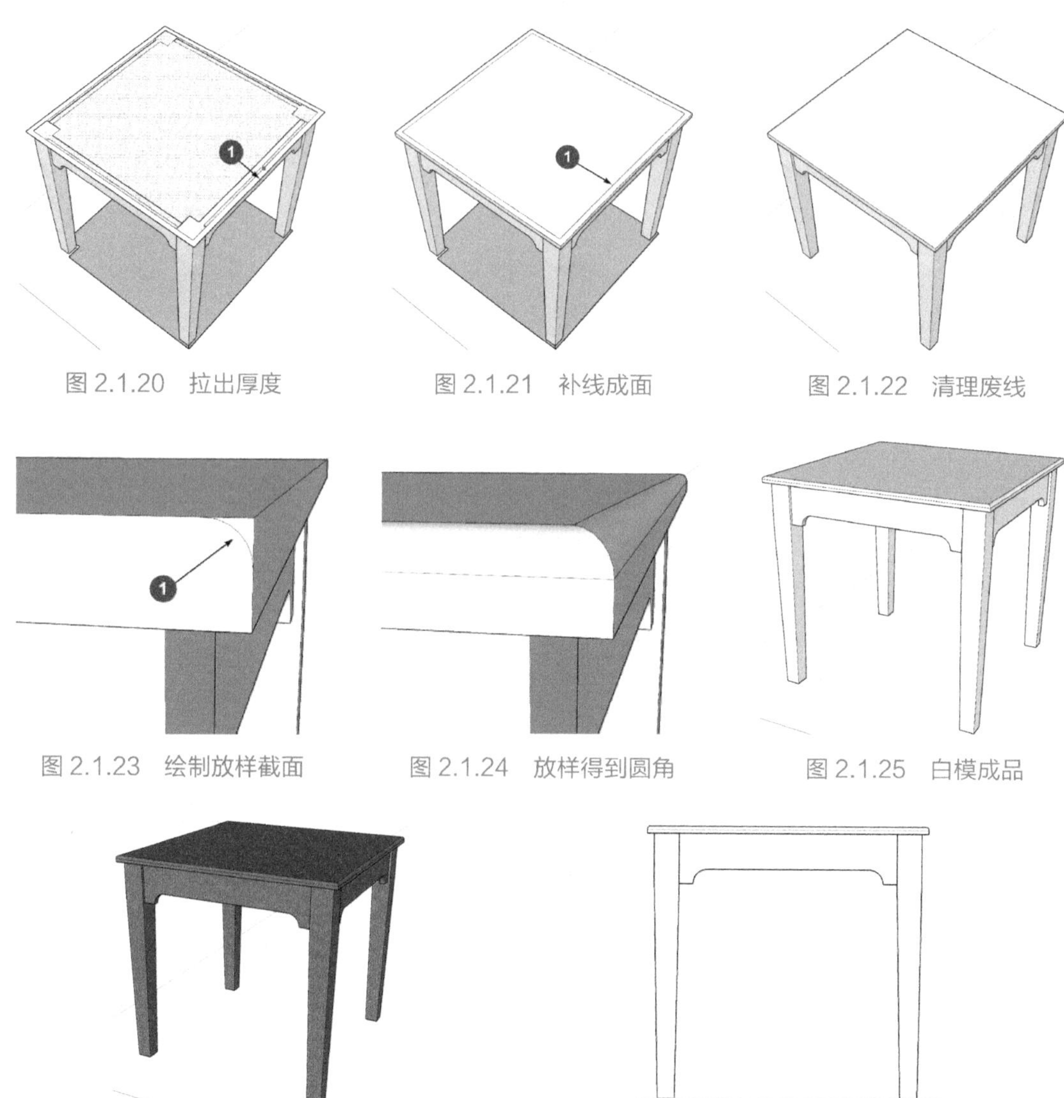

图 2.1.20 拉出厚度　　图 2.1.21 补线成面　　图 2.1.22 清理废线

图 2.1.23 绘制放样截面　　图 2.1.24 放样得到圆角　　图 2.1.25 白模成品

图 2.1.26 赋色后的效果　　图 2.1.27 平行投影视图

我们为自己做了第一件家具，参与创建了一个方桌模型的全过程，其中包含很多之前已经学习过的方法，又重新介绍了隐藏、取消隐藏和局部柔化的基本技巧等。

创建方桌的过程比较简单，其实如何形成创建它的思路比创建的过程更重要。这些常用的重要思路与技巧将在以后的练习中逐步丰富起来。

请按本节对应资源里的模型文件做练习。

2.2 方凳

2.1 节做了一张全家人在一起吃饭的方桌子，本节要为它来配上几张方凳子。先来熟悉一下它的尺寸和形状。

凳面的形状是个长方形，长度是 350mm，宽度是 250mm，厚度是 20mm，上面倒角。凳脚截面都是 40mm × 30mm，凳脚的高度 380mm（总高 400mm，减去凳面厚度 20mm），四周还有 8 根横挡，它们的截面都是 30mm × 25mm，横挡在图 2.2.1 ①所指处缩进 10mm；在图 2.2.1 ②所指处缩进 5mm。注意两面对称。

再来观察一下方凳子的整体形状：除了凳面稍微突出一点外，可以把它看成立方体。这个发现对制定建模的思路非常重要。建模的思路决定了建模的质量、速度和难易程度，甚至可以决定建模的成败。所以，今后拿到一个新的建模任务，一定不要急着动手，先仔细研究一下建模对象及其特点，获取最有价值的建模依据和线索，提前找出难点和解决的方法，制订建模的计划，然后再根据这个计划开始动手。

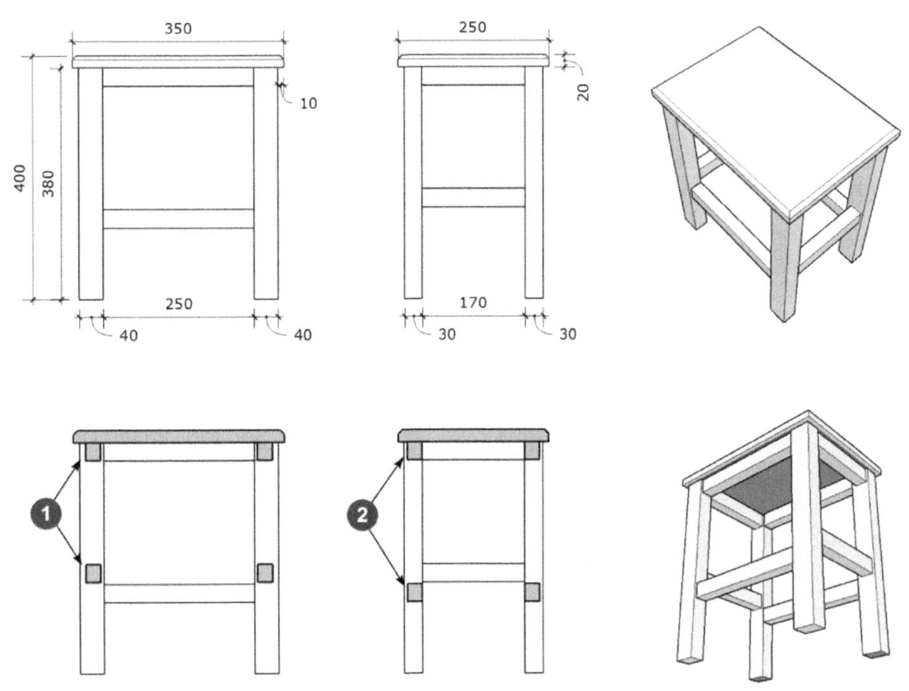

图 2.2.1　主要尺寸

上面说了，我们发现方凳子除了凳面稍微突出以外，几乎就是个立方体，这个立方体就可以作为建模的依据。我们心里制订的建模计划是：先做出一侧，然后复制 + 镜像出另外一侧；再做连接两侧的四根横挡，最后加上凳面。把方凳安排在方桌后来做，是因为从建模角度看，方凳虽小，却并不比方桌容易。

（1）先在地面上画一个矩形，查一下已知的数据，只有凳面的尺寸可直接使用，所以矩形的长度和宽度跟凳面一样大，为 350mm × 250mm，如图 2.2.2 所示。

（2）用偏移工具往内侧偏移 10mm，这才是 4 条凳子脚的位置，如图 2.2.3 所示。

（3）用推拉工具拉出 380mm（凳子总高 400mm，减去凳面厚度 20mm），如图 2.2.4 所示。

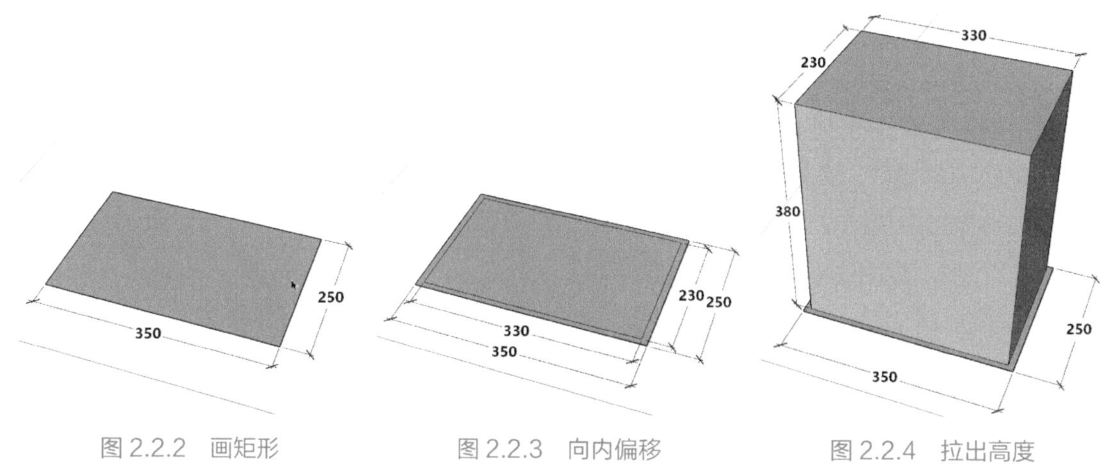

图 2.2.2　画矩形　　图 2.2.3　向内偏移　　图 2.2.4　拉出高度

（4）如拉出的立方体反面朝外（见图 2.2.4）就要翻面（见图 2.2.5）。

（5）选中图 2.2.6 ①所示的边线复制到图 2.2.6 ②所示的位置。

（6）再把图 2.2.6 ③所示的边线复制到图 2.2.7 ④所示的位置这样做比辅助线 + 画线要快很多。

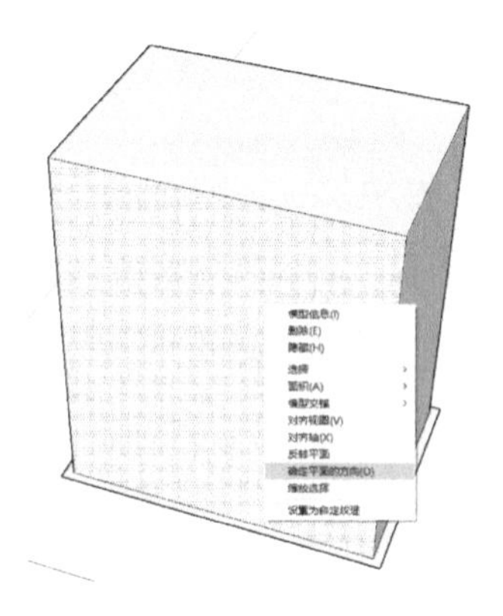

图 2.2.5　翻面

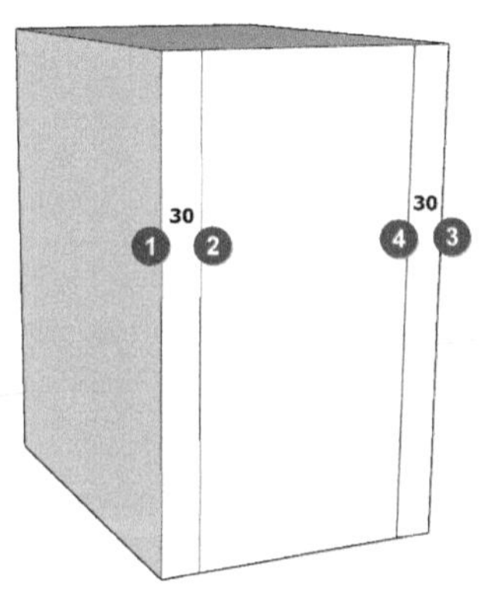

图 2.2.6　复制边线（1）

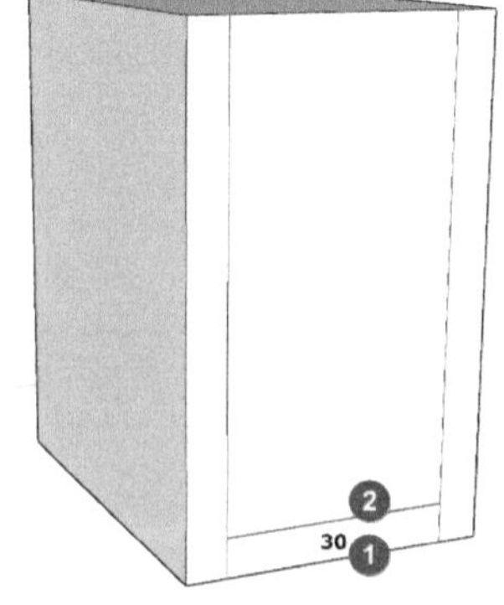

图 2.2.7　复制边线（2）

（7）选中图 2.2.7 ①所示的边线复制到图 2.2.7 ②所示的位置。

（8）选中图 2.2.8 ①所示的面和线，复制到图 2.2.8 ②所示的位置。

（9）选中图 2.2.9 ①所示的面和线，复制到图 2.2.9 ②所示的位置。

（10）删除废线、面后，得到图 2.2.10 所示的“截面”。

图 2.2.8　复制边线（3）　　图 2.2.9　移动复制　　图 2.2.10　删除废线面

（11）用推拉工具往左拉进去（见图 2.2.11 ①），如发现少了一个面，如图 2.2.12 所示，可按以下方法操作。

① 用推拉工具时按住 Ctrl 键做“复制推拉”。

② 或用直线工具对随便一条边“描线”做“补线成面”。

（12）两条腿和两条横挡全部往左侧推进去 40mm 后如图 2.2.13 所示。

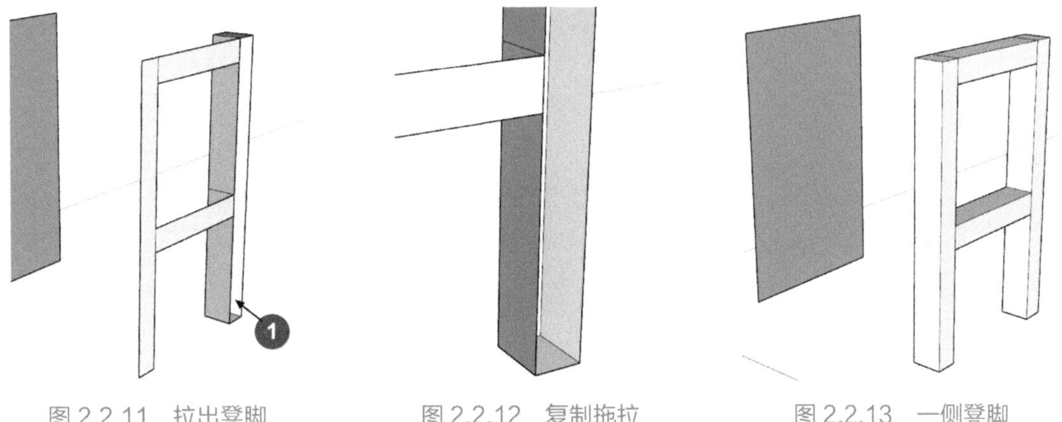

图 2.2.11　拉出凳脚　　图 2.2.12　复制拖拉　　图 2.2.13　一侧凳脚

（13）把上、下横挡的外侧往里推进去 10mm，如图 2.2.14 ①所示。

（14）再把两根横挡的内侧推进去 5mm，如图 2.2.15 ①所示。

（15）全选后创建群组，如图 2.2.16 所示。

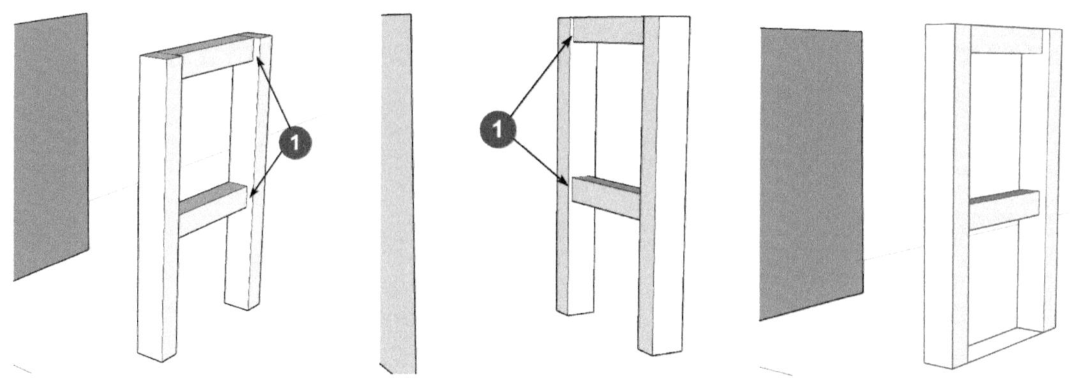

图 2.2.14　推出细节（1）　　图 2.2.15　推出细节（2）　　图 2.2.16　创建群组

（16）复制一个到旁边，如图 2.2.17 所示。

（17）做镜像：选中后右击，选择“翻转方向”→“组的红轴”命令，如图 2.2.18 所示。

（18）移动到留下的参考面，到位后删除参考面和所有边线，如图 2.2.19 所示。

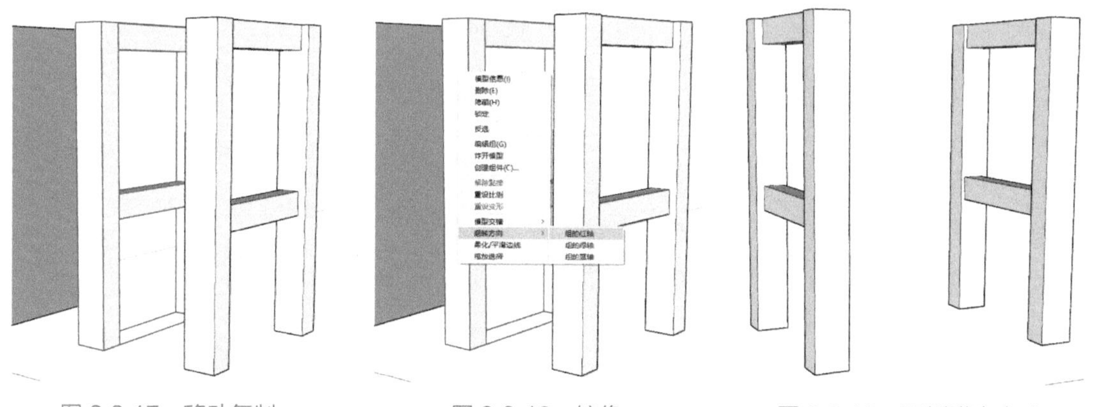

图 2.2.17　移动复制　　图 2.2.18　镜像　　图 2.2.19　两侧凳脚完成

（19）开始做横挡，在图 2.2.20 ①所示的角上画个矩形，30mm × 30mm，创建群组。

（20）双击进入群组，用推拉工具拉出第一根横挡，如图 2.2.21 所示。

（21）用推拉工具往里面推进去 5mm，如图 2.2.22 ①所示。

（22）用移动工具往下 230mm 复制一根，如图 2.2.23 所示。

（23）选中上、下两根横挡，复制到另一侧（注意定位），如图 2.2.24 所示。

（24）用矩形工具，在图 2.2.25 ①和图 2.2.25 ②两个角点画矩形，如图 2.2.25 所示。

（25）用偏移工具往外偏移 10mm，如图 2.2.26 所示。

（26）用推拉工具把偏移的部分向上拉出 20mm，如图 2.2.27 所示。

（27）用直线工具描一条线（补线成面），如图 2.2.28 所示。

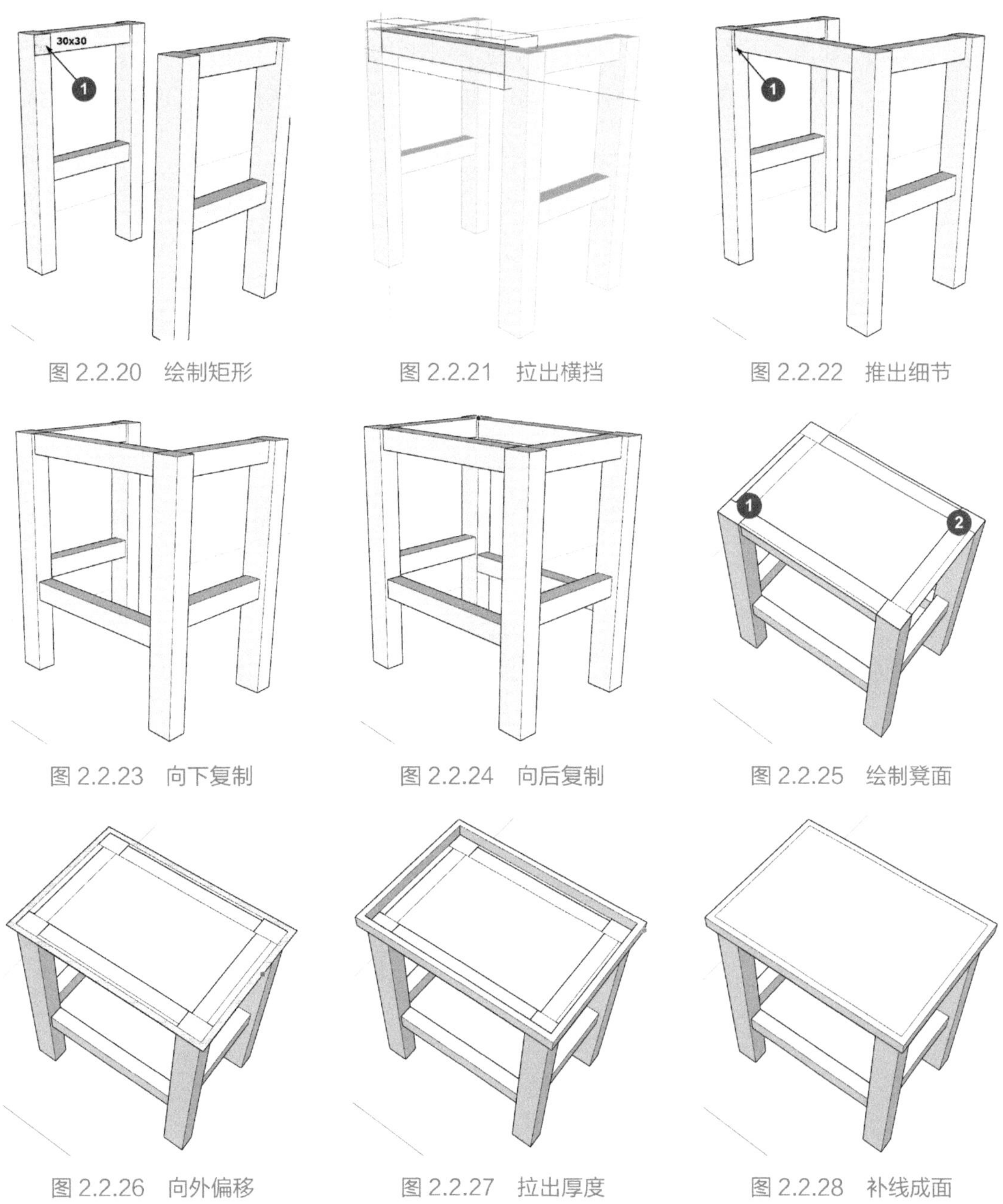

图 2.2.20　绘制矩形　　图 2.2.21　拉出横挡　　图 2.2.22　推出细节

图 2.2.23　向下复制　　图 2.2.24　向后复制　　图 2.2.25　绘制凳面

图 2.2.26　向外偏移　　图 2.2.27　拉出厚度　　图 2.2.28　补线成面

（28）删除凳面的废线后，如图 2.2.29 所示。

（29）准备做倒角，在凳面的一个角上画一条直线或圆弧，形成放样截面，如图 2.2.30 ① 所示。

（30）做“循边放样”：单击凳面，用路径跟随工具单击放样截面。完成后如图 2.2.31

所示。

建模完成后如图 2.2.32 所示。不要忘记全选后创建群组或做成组件，保存入库备用。

刷点油漆，再跟上一节做的方桌配套。添了新家具，奶奶跟小孙子好开心（图 2.2.33）。

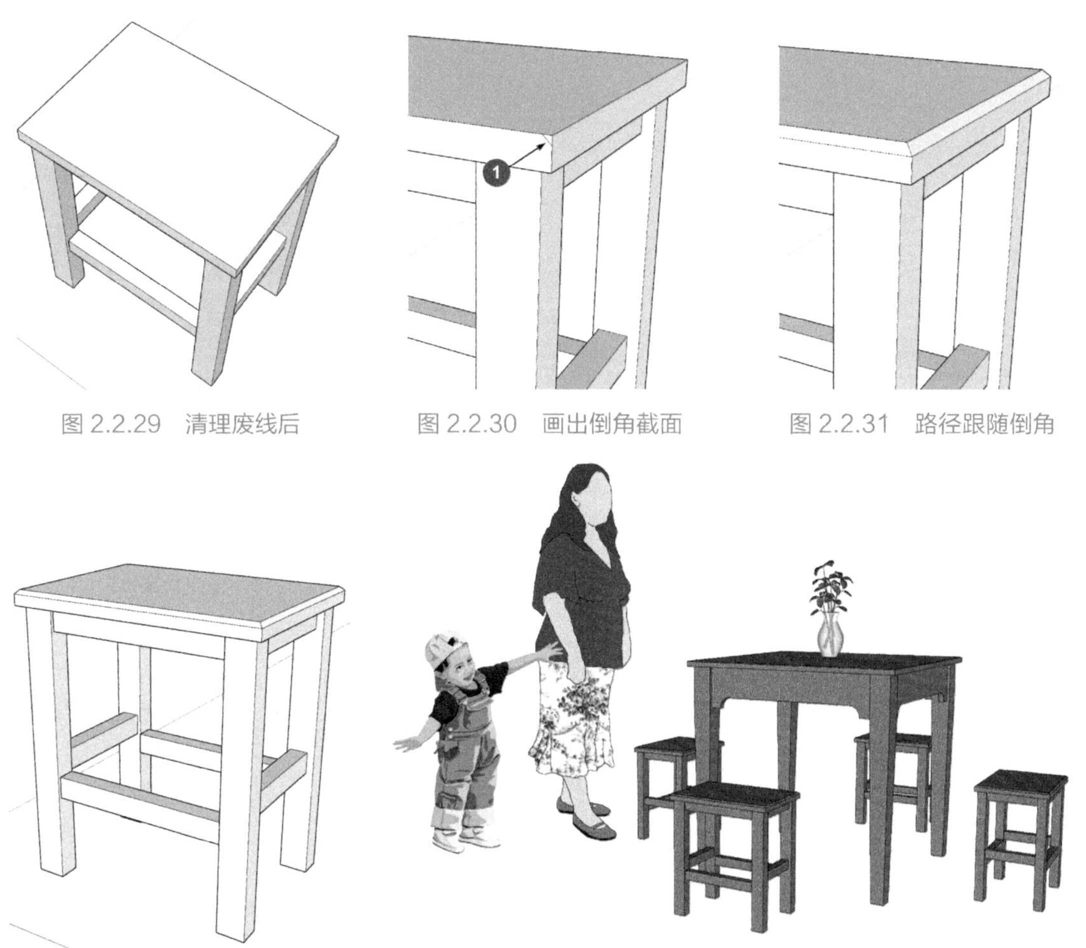

图 2.2.29　清理废线后

图 2.2.30　画出倒角截面

图 2.2.31　路径跟随倒角

图 2.2.32　白模成品

图 2.2.32　赋色后

2.3　双人床

本节要提高点难度，做一张图 2.3.1 所示的床，除了木头的部分外，还有床垫。家具店里床垫是分开卖的，如果我们也只做木头的部分，不算完整的床，所以等一会建模的时候，顺便把床垫也一起做出来。

1. 模型结构分析

（1）移开床垫后，可以看到下面的“床板条”，如图 2.3.2 所示。

（2）把床板条也移开后，可以看到两大、五小，共 7 根横挡，如图 2.3.3 中所示。

（3）两根大横挡，每根上有 5 个槽，5 根小横挡就搁在槽里，共同承担重任，如图 2.3.3 中所示。

（4）床板条自成一件，四周有框，中间有 2 横 15 竖，共 17 根小条组成（如图 2.3.3 右图）。

（5）大床头由两条腿和 4 块横板组成，如图 2.3.3 中上图所示。

（6）小床头有两条腿和 3 块横板组成，如图 2.3.3 中下图所示。

（7）大、小床头上共有 5 块板是有弧度造型的，既是结构件也是装饰件。

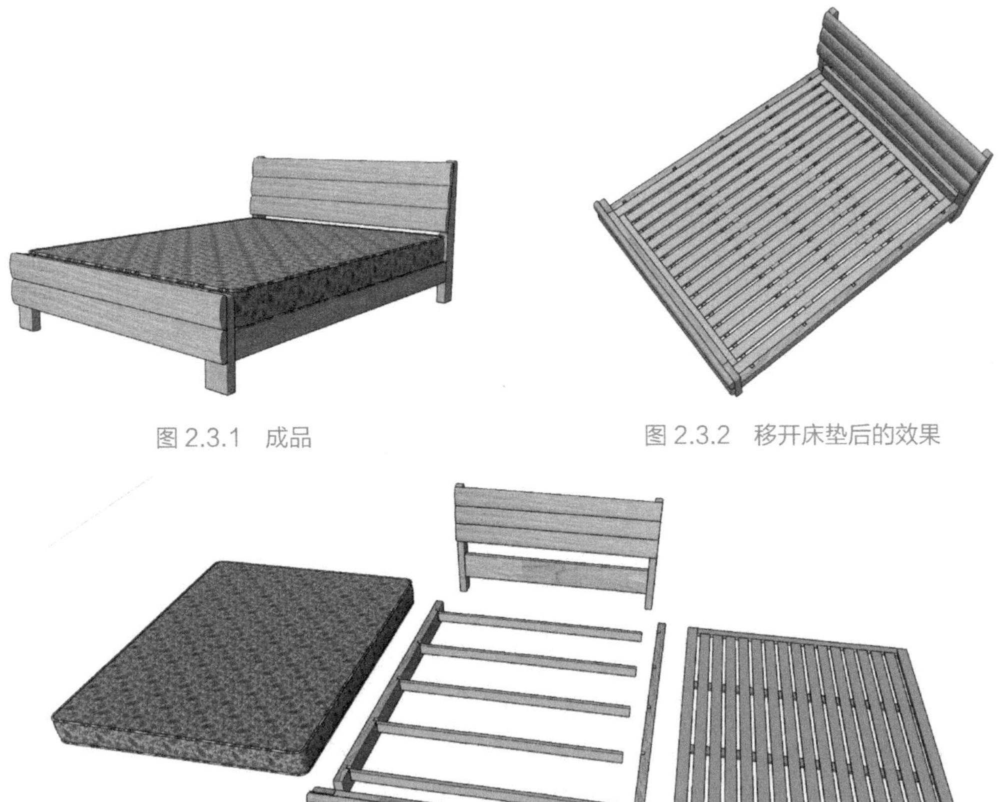

图 2.3.1　成品

图 2.3.2　移开床垫后的效果

图 2.3.3　分解的结构

看起来这个模型有好多小零件，很复杂，其实大多数都是画个矩形，推推拉拉的操作，还有几处有圆弧工具的参与，都是前几节学过、用过的。

2. 主要尺寸

现在来看一下主要的尺寸：在附件里有一个 SKP 模型，如果图片上的尺寸看不清楚，可以直接到模型上去测量。

（1）双人床的整体俯视投影尺寸是长 2035mm、宽 1500mm，如图 2.3.4 右侧所示。

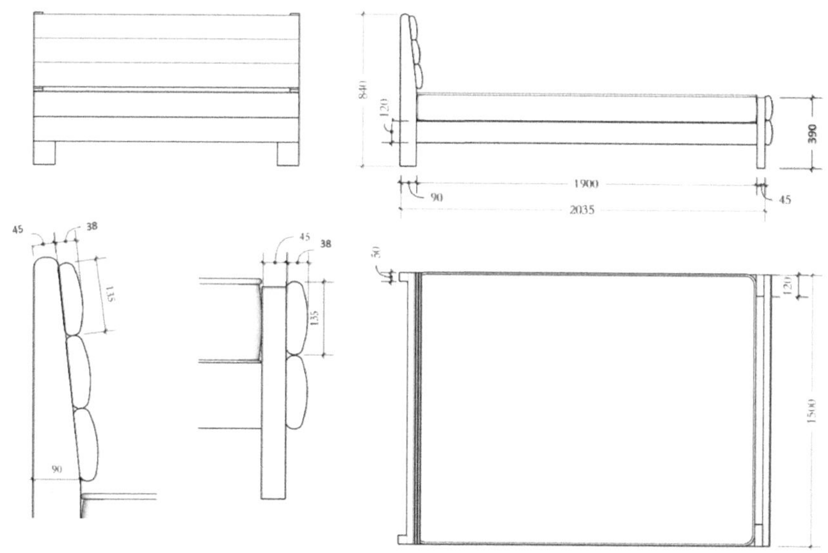

图 2.3.4 主要尺寸（1）

（2）两大床头腿尺寸为 840mm × 90mm × 50mm，上半截有一个斜坡，顶部倒圆角。

（3）大床头两腿间有 4 块板连接，3 块弧形曲线可见，另一块 1400mm × 18mm × 30mm 在不可见处。

（4）两小床头腿 390mm × 120mm × 45mm，外侧有两块弧形的板，两腿间有一块板，尺寸为 1260mm × 140mm × 45mm。

（5）弧形板共 5 块，尺寸相同，长 1500mm，截面为 135mm × 38mm，两小弧与一大弧相切，如图 2.3.4 左下所示。

（6）图 2.3.5 中还有一些其他的尺寸供参考。

3. 开始建模（请注意建模的先后顺序）

做这个模型的思路是：从地面上的一个矩形开始；然后规划出两个床头和横挡及其他部分的大致范围；拉出不同的高度、宽度和细节。预先想定建模的顺序很重要。

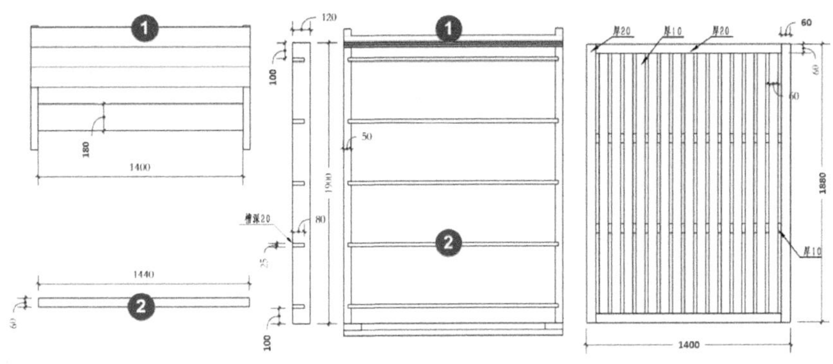

图 2.3.5　主要尺寸（2）

操作步骤如下。

（1）首先在地面上画出双人床的俯视投影，1500mm × 2035mm，如图 2.3.6 所示。

（2）接着在一个角上画小床腿的截面，120mm × 45mm，如图 2.3.6 ①所示。注意要立即群组。

（3）再在另一个角上画出大床腿的截面，50mm × 90mm，如图 2.3.6 ②所示。也要立即群组。

（4）进入群组，把小床腿拉出 400mm 高，右上角做一个半径 30mm 左右的圆角，如图 2.3.7 ①所示。

（5）进入群组，把大床腿向上拉出 840mm 高，如图 2.3.8 ①所示

（6）在大床腿上，从地面向上 420mm 处作辅助线，如图 2.3.8 ②所示。

（7）从交点处（见图 2.3.8 ①）往端部中点处（见图 2.3.8 ②）画直线。

（8）再如图 2.3.9 所示，在顶部画出两圆角。注意要看见“相切”的提示。

（9）用推拉工具推出形状，清理废线、面，作局部柔化后如图 2.3.10 所示。

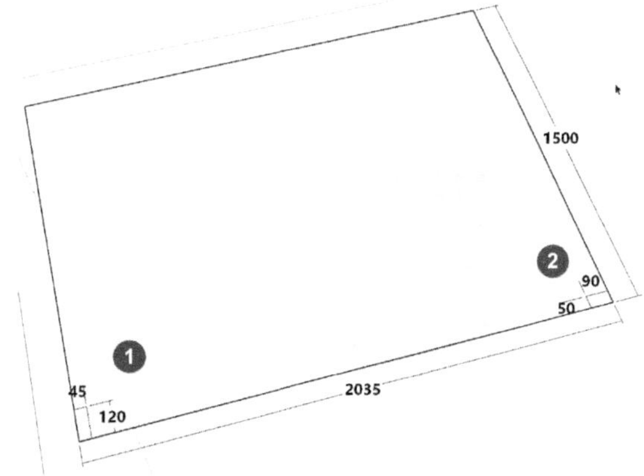

图 2.3.6　从地面上的矩形开始

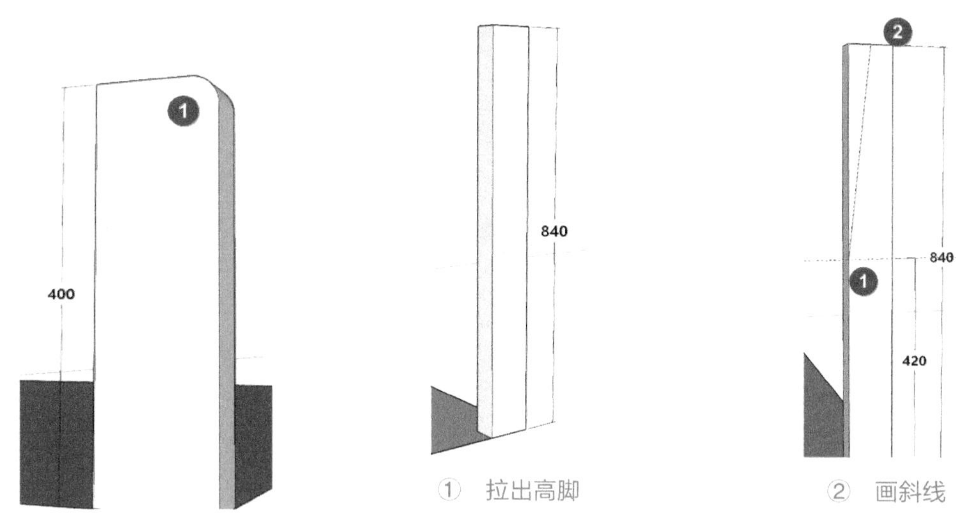

图 2.3.7　拉出矮脚

图 2.3.8　拉出高脚画斜线

4. 做出圆弧形截面的板

（1）在小床腿的一侧绘制一个辅助面，约 135mm×38mm，如图 2.3.11 所示。在 SketchUp 里建模，经常需要创建辅助面，然后在辅助面上绘制有用的图形。在四面腾空的三维空间里绘制辅助面显然是有困难的，所以通常要利用方向相同的面或者边线创建图形或辅助面，但被利用的对象必须是群组或组件。

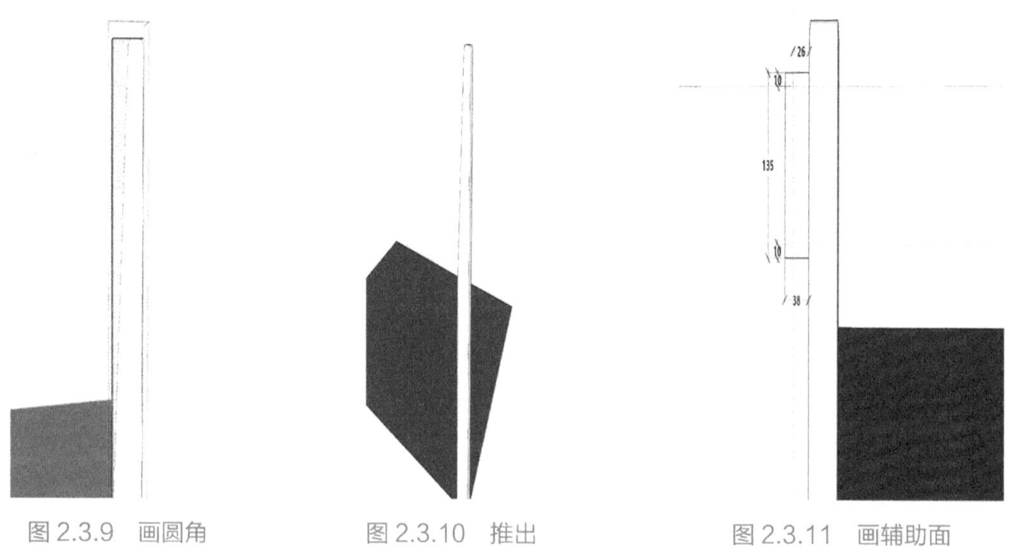

图 2.3.9　画圆角

图 2.3.10　推出

图 2.3.11　画辅助面

（2）利用辅助线绘制出上、下两个小圆弧，如图 2.3.12 所示。

（3）用圆弧工具连接两个小圆弧，画大圆弧，弧高 6mm，如图 2.3.12 所示。

（4）双击绘制好的形状，创建群组，然后再创建组件，下称“圆弧组件”（见图 2.3.13），模型内相同的对象最好做成“组件”以方便修改。

（5）把“圆弧组件”复制到大床腿的斜面上，用旋转工具调整得与斜面平行（见图 2.3.14）。

（6）复制时，抓取“圆弧组件”直线段的中点，移动到斜面上的一点。

（7）使用旋转工具可以利用“圆弧组件”以斜面的交点为旋转中心做旋转，方便快速。再做移动复制到位，完成后如图 2.3.15 所示。

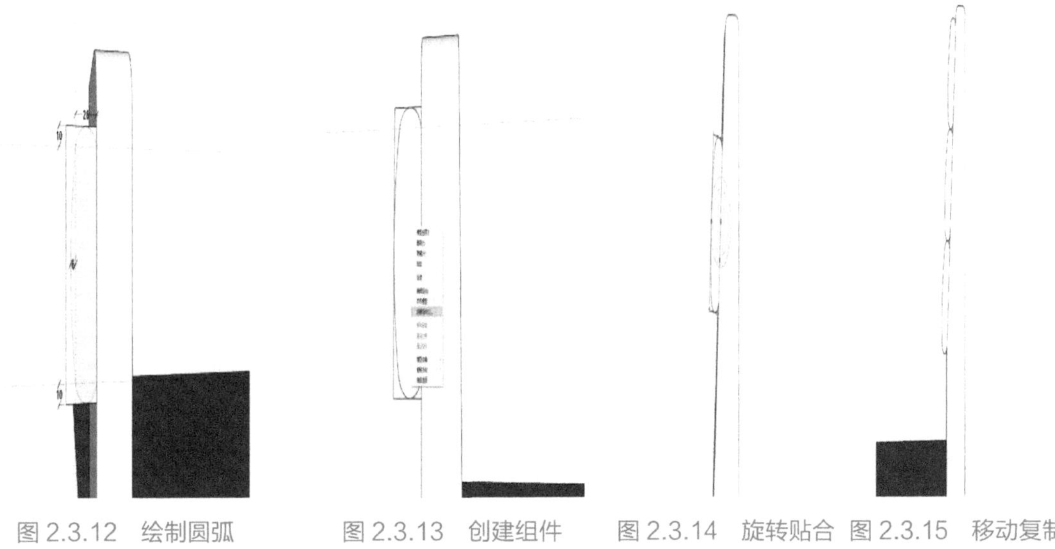

图 2.3.12　绘制圆弧　　图 2.3.13　创建组件　　图 2.3.14　旋转贴合　图 2.3.15　移动复制

（8）“圆弧组件”都移动复制到位后如图 2.3.15 和图 2.3.16 所示。

（9）再用推拉工具把地面上的矩形往上 130mm 拉出第一段；按住 Ctrl 键，再往上拉出 120mm，如图 2.3.16 所示。用推拉工具的同时按住 Ctrl 键其操作是“复制推拉”，“复制推拉”的结果会留下原来的线和面。

（10）按图 2.3.17 所示删除所有的废线面，只留下 120mm 高度的面和左侧定位用的线。

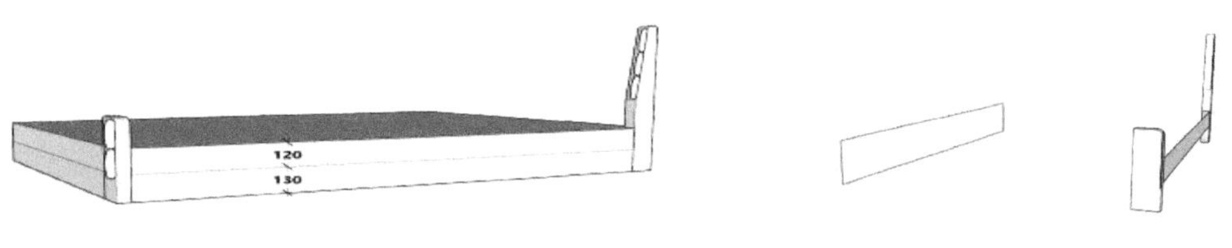

图 2.3.16　复制边线　　　　图 2.3.17　删除废线面

（11）为防止移动，图 2.3.17 左侧留下定位用的线条要在创建群组后锁定。只有两条以上的线才能创建群组；只有群组或组件才能被锁定。

5. 做大横档上的槽

（1）为了创建 80mm 高、25mm 宽的槽，如图 2.3.18 所示，要创建辅助线，槽离横挡端部 100mm。

（2）用矩形工具按 3 条辅助线的位置画出开槽用矩形（80mm × 25mm）。

（3）把开槽用的矩形移动复制成 5 个（另一端对称，同样离端部 100mm）。

（4）用推拉工具分别往里推进去 20mm，完成后如图 2.3.19 所示。

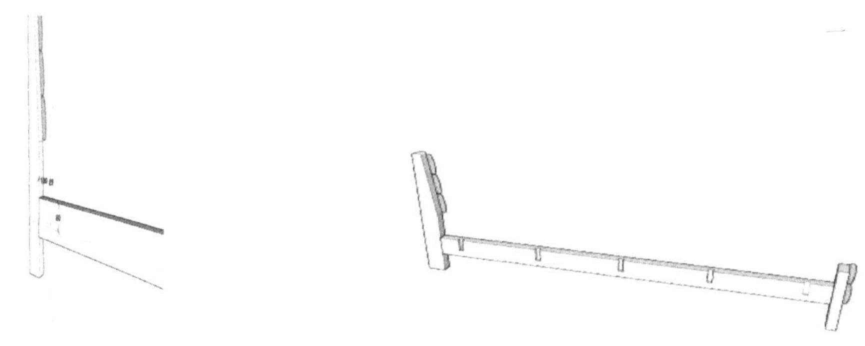

图 2.3.18　拉出大横挡　　图 2.3.19　大横挡上开槽

6. 做出大小床头上两块看不见的板

（1）全选图 2.3.19 中的大小床腿和横挡，移动复制到之前预留的位置，如图 2.3.20 所示。

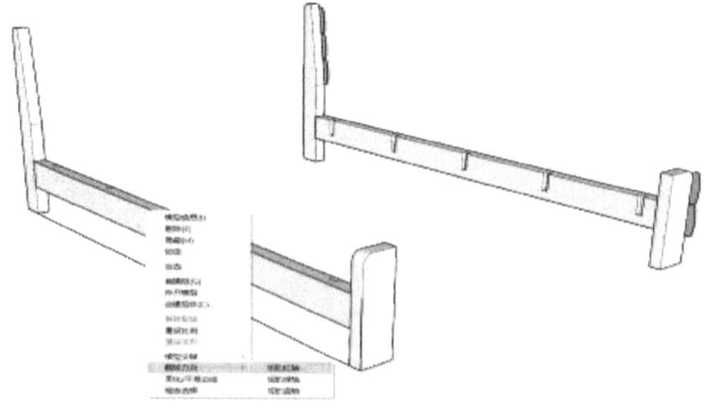

图 2.3.20　复制并镜像

（2）然后对有方向的对象（小床腿和大横挡）做“镜像”，如图 2.3.21 所示。

（3）在小床腿的内侧画个矩形，尺寸为 160mm × 45mm（见图 2.3.21），拉出成板，如图 2.3.22 所示。

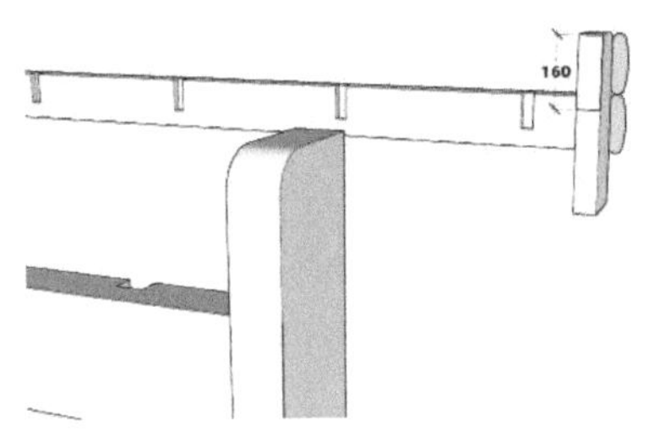

图 2.3.21 画矩形

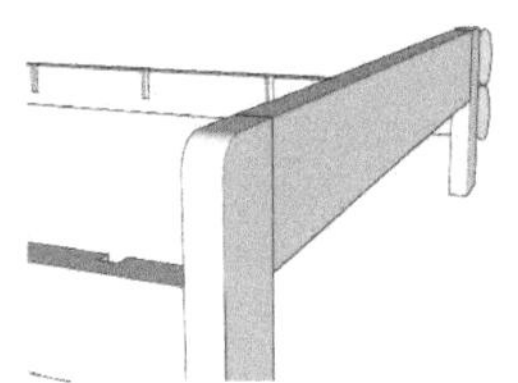

图 2.3.22 拉出成板

（4）在大床腿的内侧也画个矩形，尺寸为 200mm × 30mm，如图 2.3.23 所示。

（5）群组后也拉出一块板，如图 2.3.24 所示

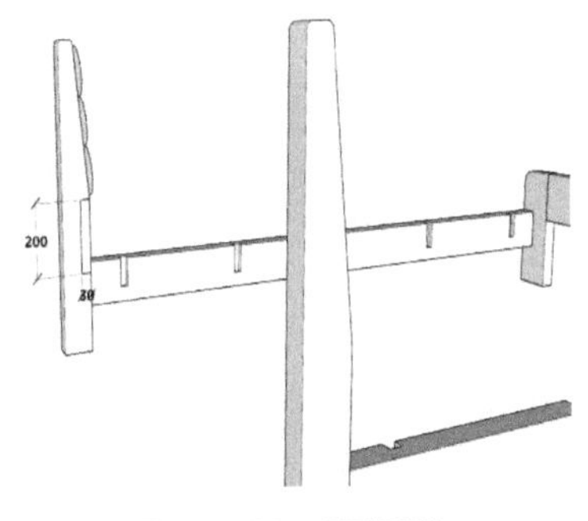

图 2.3.23 画矩形

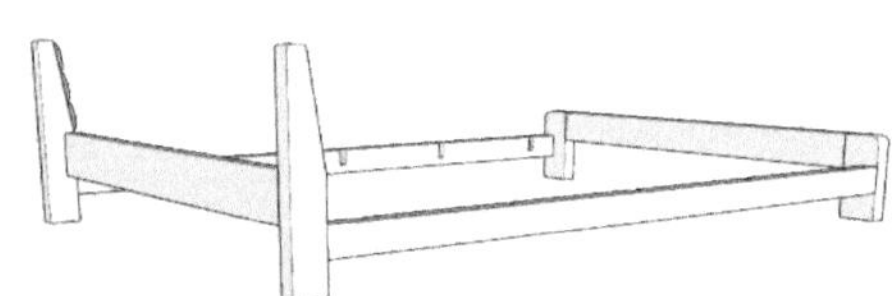

图 2.3.24 拉出一块板

7. 把“圆弧组件”拉出来成板

（1）随便双击进入一个组件，拉出来，5 块板同时成型，如图 2.3.25 所示。

（2）接着要创建小横挡：借用大横挡的内侧画个矩形 60mm × 25mm，并创建群组，如图 2.3.26 ①所示。

（3）用移动工具把这个矩形移动到大横挡的槽里，底部对齐，如图 2.3.26 ②所示。

（4）使用移动工具时，如果注意把“抓取点”对准“目标点”操作会更顺当。

（5）双击进入群组，拉出长度到对侧的“槽底”，如图 2.3.27 所示。

（6）用移动工具做“内部阵列”，产生出其余 4 根，完成后如图 2.3.27 所示。

做“内部阵列”是先复制出两头，输入平分数量后拖（后缀）一个“斜杠”。

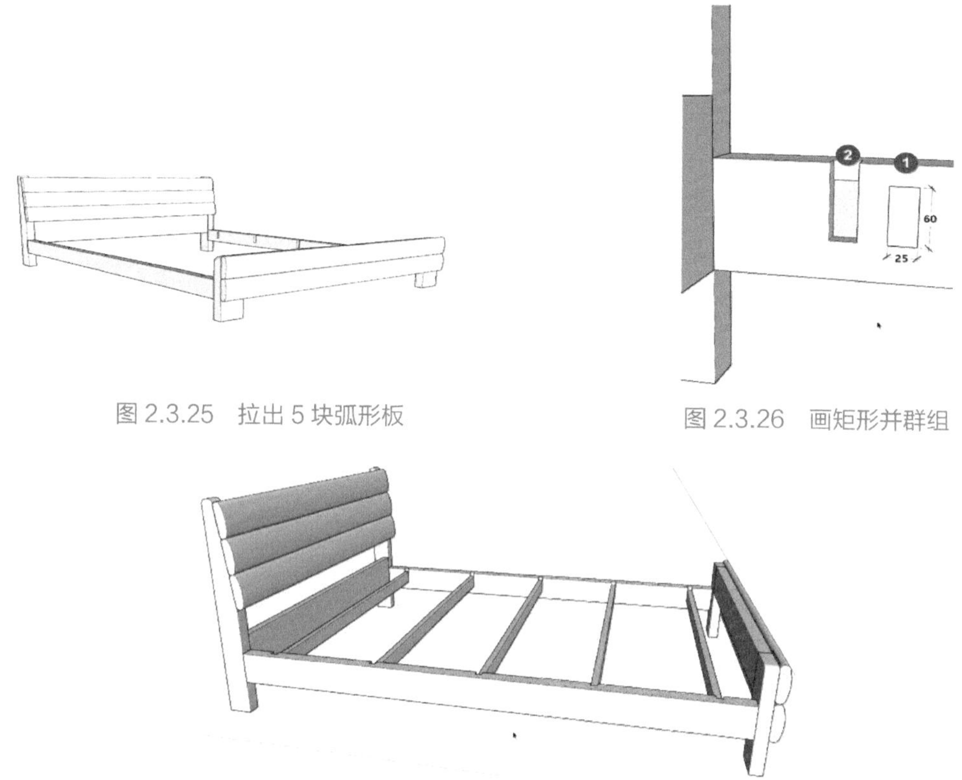

图 2.3.25　拉出 5 块弧形板

图 2.3.26　画矩形并群组

图 2.3.27　复制后拉出

8. 做床板条的部分

（1）画个矩形 1400mm × 1900mm，完成后如图 2.3.28 所示。

（2）用移动复制边线的技巧复制出两侧的边框，宽 60mm，分别创建群组，如图 2.3.29 所示。

（3）仍然移动边线，复制出两端的边框，宽也是 60mm，分别创建群组，如图 2.3.29 所示。

（4）分别进入群组，拉出厚度 20mm，如图 2.3.30 所示。

（5）知道为什么图 2.3.30 中要删除右侧的一条边吗？——留出位置做移动复制，当然还是做“内部阵列”把左侧的一根复制到右侧，然后输入 16/ 或 /16（见图 2.3.31）。

（6）接着把刚刚创建的所有板条选中，按 Shift 键减选左、右两根，剩下的创建群组（见图 2.3.32）。

（7）用缩放工具把这个群组缩短到跟横条平齐，两头一样（见图 2.3.33）。

（8）仍然用缩放工具，从底部把群组减薄到 0.5 倍（原厚 20mm，现厚 10mm）（见图 2.3.34）。

（9）在大横挡内侧画个矩形 60mm × 10mm，并群组，拉出长度并复制出另外 3 根（见图 2.3.35）。完工后如图 2.3.36 所示。

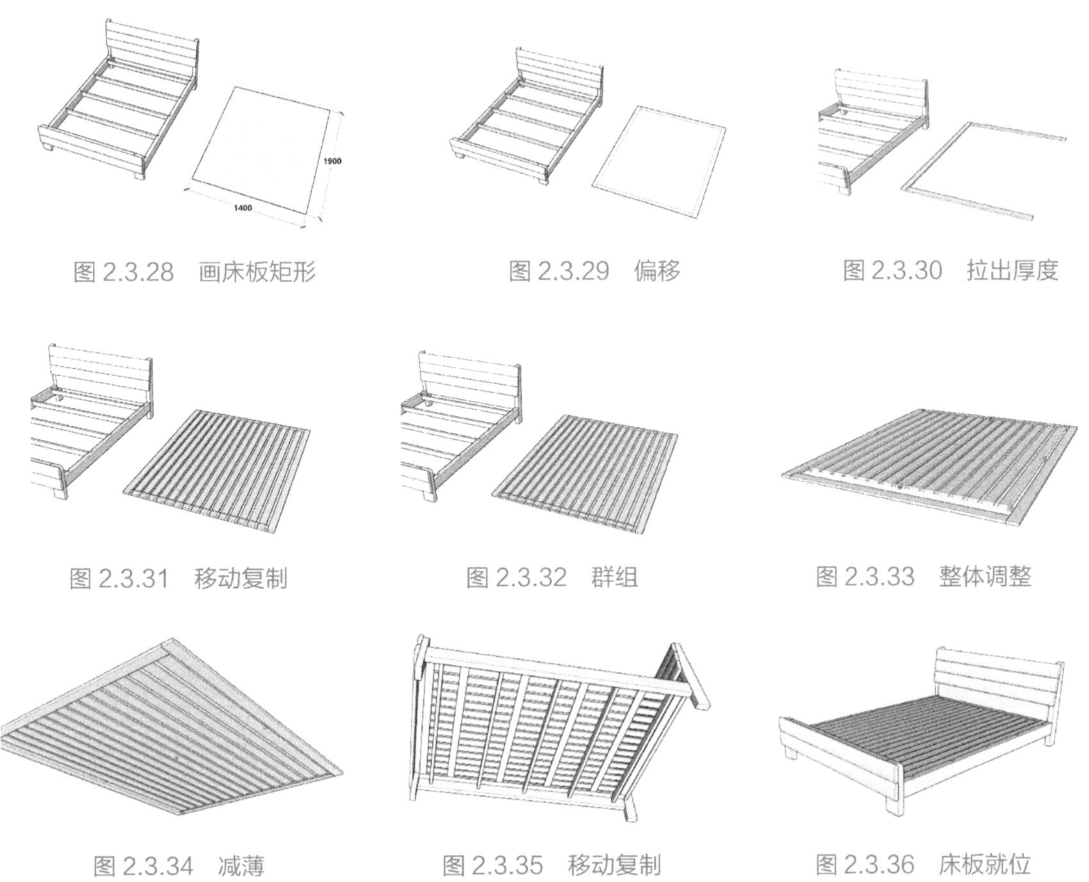

图 2.3.28　画床板矩形　　图 2.3.29　偏移　　图 2.3.30　拉出厚度

图 2.3.31　移动复制　　图 2.3.32　群组　　图 2.3.33　整体调整

图 2.3.34　减薄　　图 2.3.35　移动复制　　图 2.3.36　床板就位

9. 把床垫也顺便做出来

（1）第三次画个矩形，这次的尺寸要改成床垫的尺寸了，1500mm × 1900mm（见图 2.3.37）。

（2）但是不能做得正好，要缩小点，用偏移工具往里偏移 10 ~ 15mm（见图 2.3.38）。

（3）用圆弧工具对 4 个角画圆弧（只需画出一个，其余的只要双击即可），如图 2.3.38 所示。

（4）用推拉工具向上拉出厚度 150mm，得到床垫毛坯，如图 2.3.39 所示。

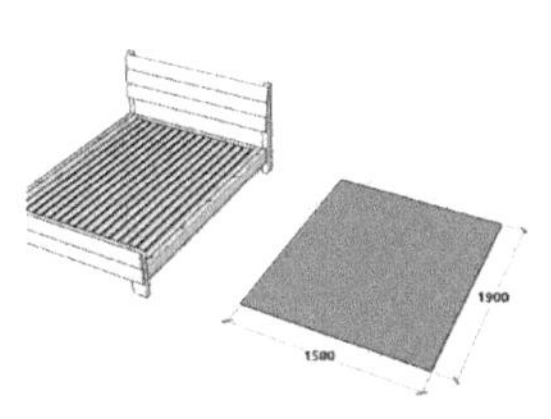

图 2.3.37 画床垫矩形

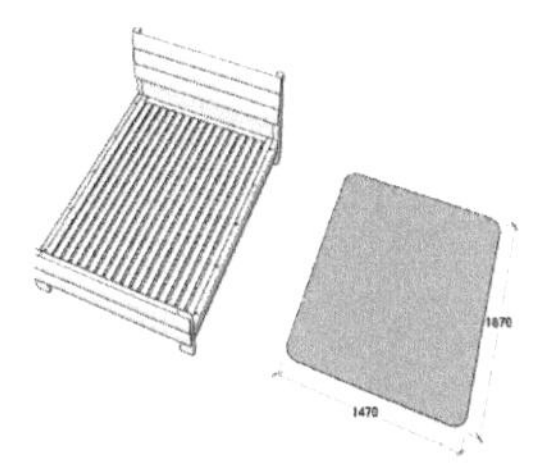

图 2.3.38 倒圆角

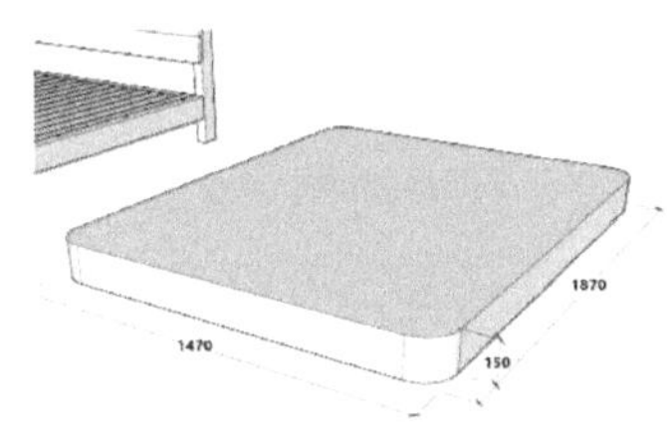

图 2.3.39 拉出厚度

（5）用画圆工具在床垫毛坯的上、下边线上画两个小圆当放样截面，半径为 7mm（见图 2.3.40）。

（6）单击床垫毛坯平面，调用路径跟随工具，单击放样截面做“循边放样”（见图 2.3.41）。

（7）再如图 2.3.42 所示画一圆弧，弧高 6mm，形成放样截面。

（8）再单击床垫平面，调用路径跟随工具，单击放样截面做“循边放样”，如图 2.3.43 所示。

（9）对床垫的两个大面和四周赋予一种布料材质，上、下两条圆边凸缘可留白（见图 2.3.44）。

（10）全选后创建群组，再创建组件，并保存。

（11）把床垫移动到床架上（见图 2.3.45），再次创建组件并保存。

现在你可以上去打个滚庆祝一下再也不用睡地铺了。

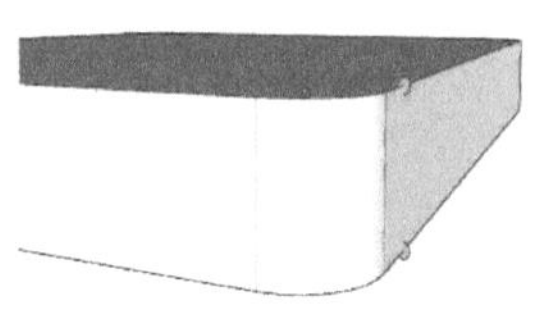
图 2.3.40 绘制两小圆

图 2.3.41 路径跟随后的效果（1）

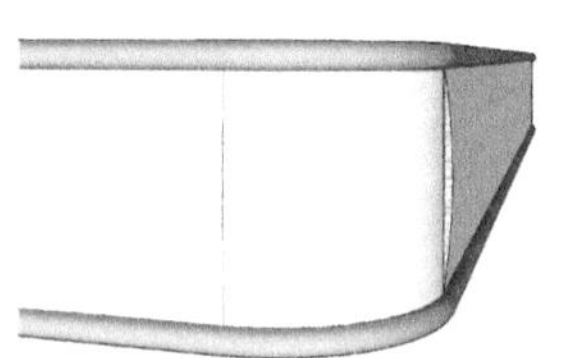
图 2.3.42 绘圆弧面

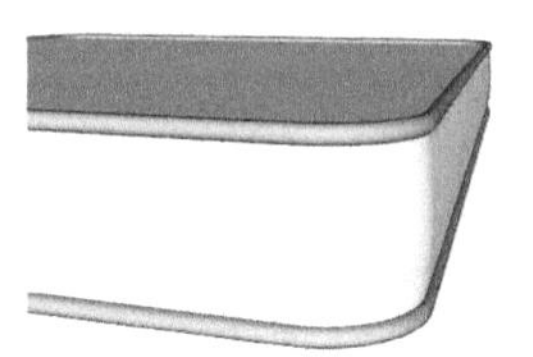
图 2.3.43 路径跟随后的效果（2）

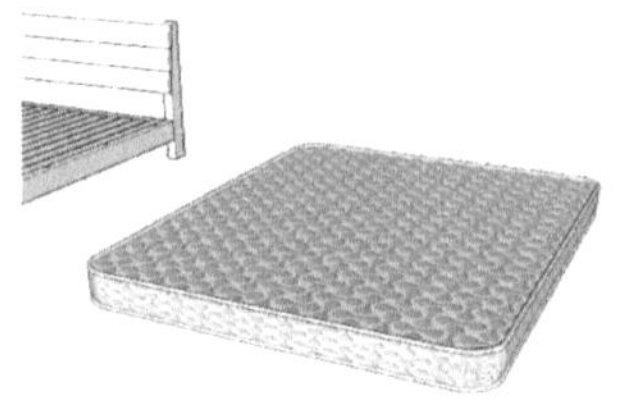
图 2.3.44 赋予材质

图 2.3.45 床垫就位

2.4 床头柜

2.3 节做了一张床和配套的床垫；本节要为这张床做配套的床头柜（见图 2.4.1）；图 2.4.2 这是要做的对象：有 3 个抽屉，抽屉的面板与床头上的圆弧形板有同样的风格，抽屉面板上挖了一个槽，作为拉手。

创建这个模型用到的都是前面学习过和使用过的工具和技巧，唯一不同的，也是要提醒你注意的是，抽屉面板的截面是曲面，在曲面上是无法使用推拉工具的，这个拉手槽只能用模型交错的方法来完成。

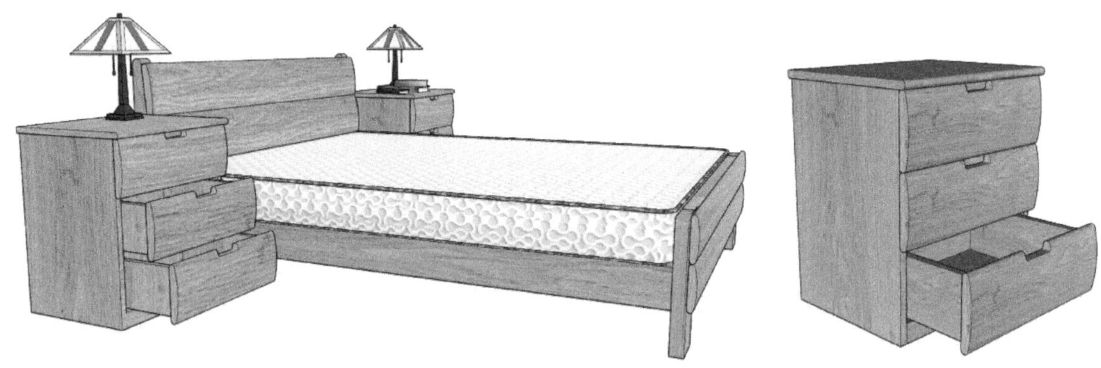

图 2.4.1 套装成品　　　图 2.4.2 成品

1. 主要尺寸

（1）床头柜底部的尺寸是：500mm 宽，400mm 深，总高 600mm，见图 2.4.3。

（2）面板厚 20mm；前端向外凸出 30mm，倒半圆，见图 2.4.3 右上角。

（3）两侧墙板厚 20mm，底部有 50mm 高的横挡，见图 2.4.3 左下角。

（4）抽屉面板三面是圆弧，放样用辅助线和尺寸如图 2.4.4 所示。

（5）面板上挖槽当作拉手，尺寸为 100mm × 20mm，槽的下部两处圆角，半径为 10mm（见图 2.4.3 ①）。

2. 分析建模的对象以确定建模思路

它基本上就是个立方体，所以建模的思路就是先创建一个立方体，然后在立方体上再绘制、修改出需要的细节。

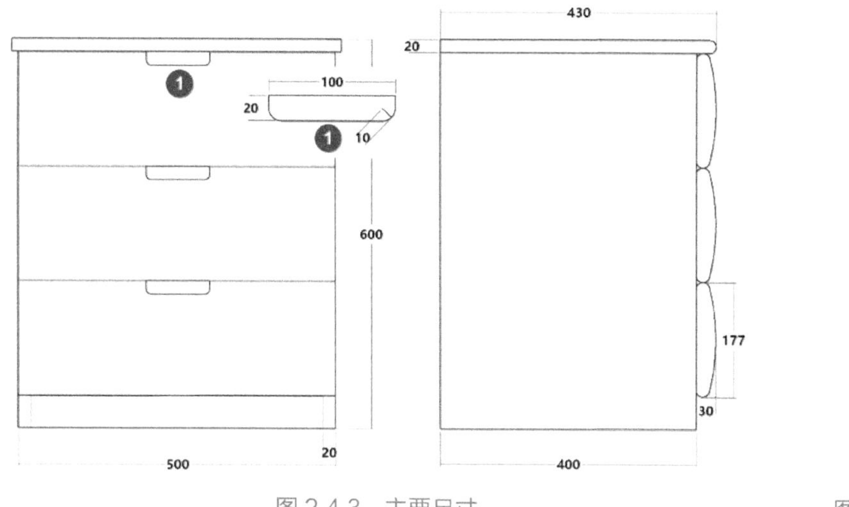

图 2.4.3　主要尺寸

图 2.4.4　细节尺寸

3. 从一个立方体开始

（1）在地面上画一个矩形，红轴方向长度为 500mm，绿轴方向长度为 400mm，如图 2.4.5 所示的矩形将是后续建模的起点；大多数模型都是从地面开始往上创建的，就像盖房子一样。

曾经有不止一个人问过：为什么不从坐标原点开始绘制图形，而要在离开一点的地方开始？答：如果从坐标原点开始创建图形，建模过程中产生的带颜色的"参考线"和"参考点"会跟彩色的坐标轴重叠，可能分辨不清，有时候还很麻烦；稍微离开一点就是为了避免这种情况的发生。

（2）把刚画的平面向上拉出 600mm，形成立方体，如图 2.4.6 所示。

（3）双击顶部的平面（选中面和边线）向下 20mm 复制一个（也可用推拉复制），如图 2.4.7 所示。

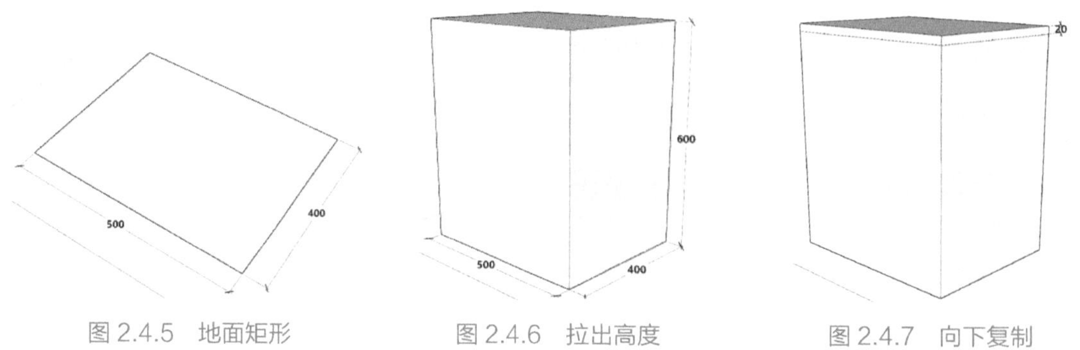

图 2.4.5　地面矩形　　图 2.4.6　拉出高度　　图 2.4.7　向下复制

（4）用推拉工具把刚形成的面板前端拉出 30mm，像帽檐一样，如图 2.4.8 所示。

（5）在帽檐的前端画个半圆，推拉成型。局部柔化（使用橡皮擦 +Ctrl）（见图 2.4.9 ①）。

（6）把图 2.4.10 ①和②的边线向内 20mm 各复制一条，形成两侧板。

（7）再把底部的边线向上 50mm 复制一条，形成横挡，如图 2.4.10 ③所示。

窍门：建模过程中要充分利用现有的线面，避免重新绘制，既快捷又准确。

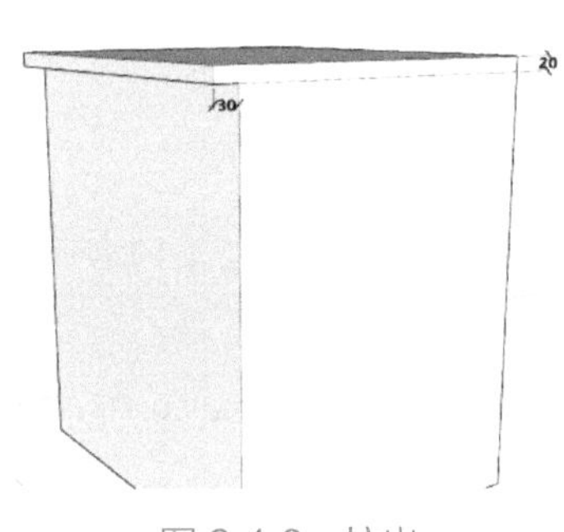

图 2.4.8　拉出

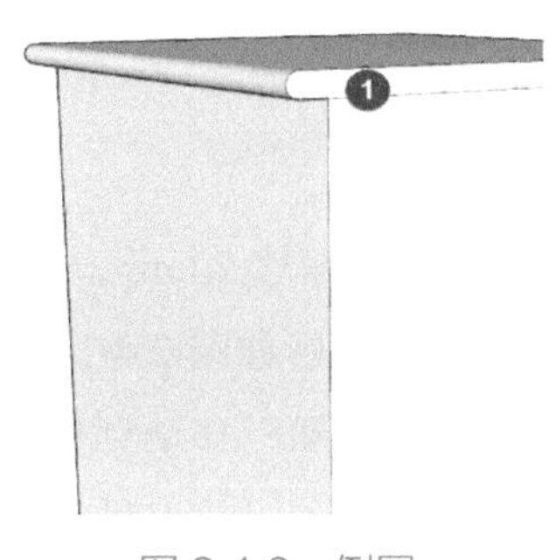

图 2.4.9　倒圆

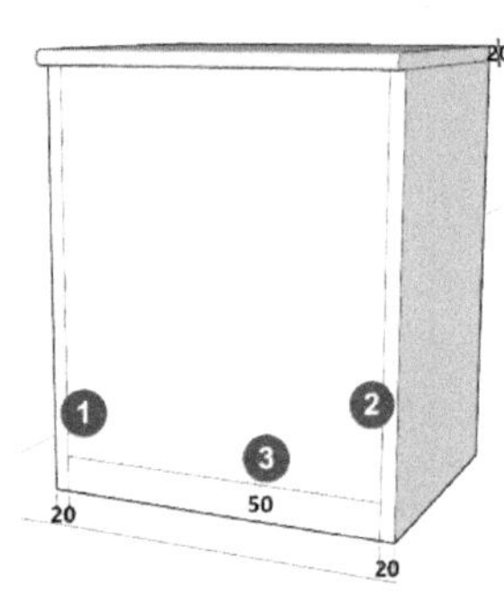

图 2.4.10　复制边线

（8）把刚形成的面往里推进去 380mm（留下 20mm 为后板），形成床头柜的空腔（见图 2.4.11）。

（9）创建群组后，借用一侧墙板画辅助面 177mm × 30mm，用于绘制抽屉前面板的造型，如图 2.4.12 所示。

（10）创建用于绘制 3 个圆弧用的辅助线，如图 2.4.13 所示。

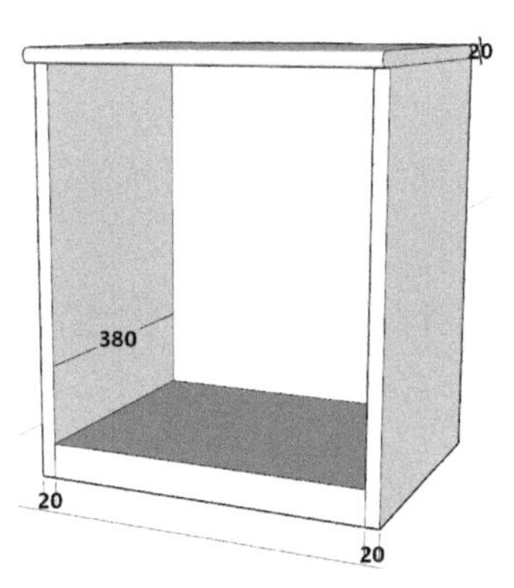

图 2.4.11　推出空腔

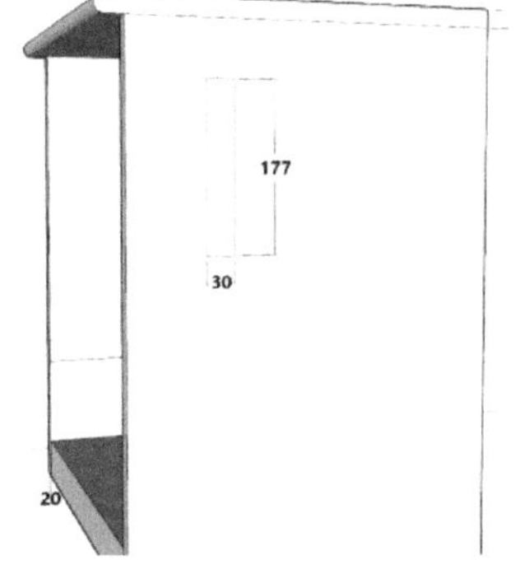

图 2.4.12　绘制矩形

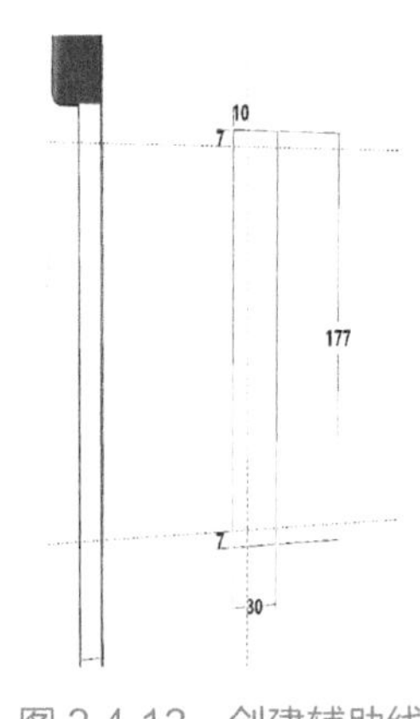

图 2.4.13　创建辅助线

（11）用圆弧工具连接辅助线的几个交点，形成抽屉面板的截面（见图 2.4.14）。

（12）双击这个面，复制到外面，创建群组备用（见图 2.4.15）。

（13）复制图 2.4.16 ①处的底部平面到外面，向上拉出 138mm 成抽屉毛坯（见图 2.4.16 ②）。

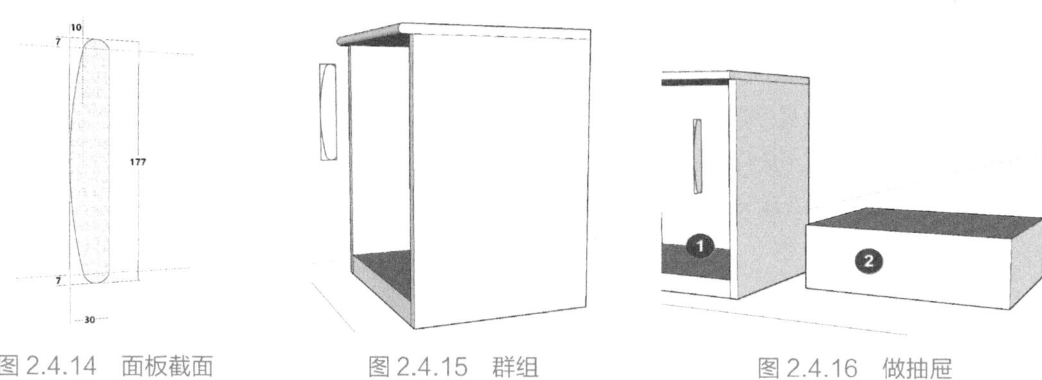

图 2.4.14　面板截面　　图 2.4.15　群组　　图 2.4.16　做抽屉

（14）用偏移工具（按快捷键 F）向内偏移 20mm，用直线工具补齐后如图 2.4.17 所示。

（15）用推拉工具往内侧推进去 38mm 后如图 2.4.18 所示。

（16）把刚才做好备用的"抽屉面板截面"移动到抽屉的对应位置，如图 2.4.19 所示。

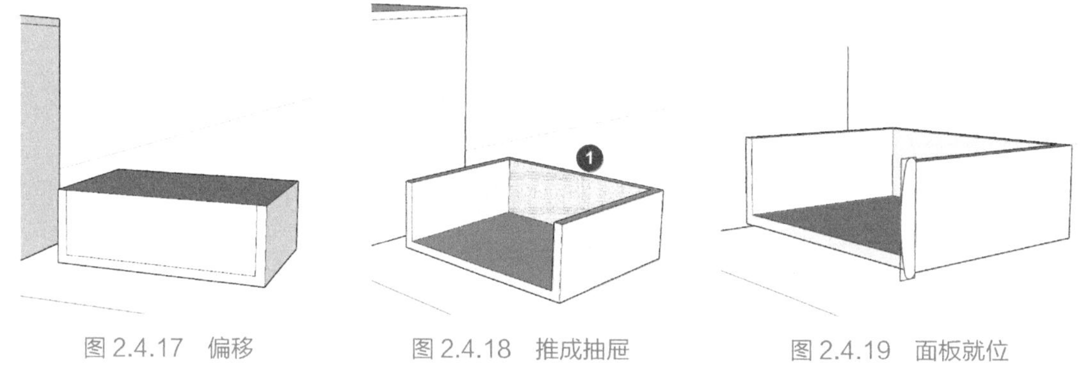

图 2.4.17　偏移　　图 2.4.18　推成抽屉　　图 2.4.19　面板就位

（17）用推拉工具拉出抽屉面板，两端要比墙板再向外 20mm，如图 2.4.20 所示。

（18）从抽屉面板圆弧的最顶端作辅助线（在其他位置生成辅助线后移动到圆弧顶端），如图 2.4.21 所示。

（19）利用刚生成的辅助线绘制一个水平方向的矩形，再向下拉出立体，形成辅助面，如图 2.4.22 所示。

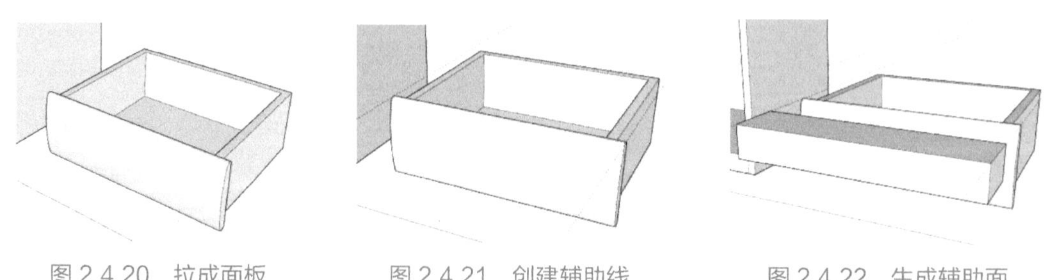

图 2.4.20　拉成面板　　图 2.4.21　创建辅助线　　图 2.4.22　生成辅助面

（20）在辅助面上作辅助线，如图 2.4.23 所示（也可以按图 2.4.3 ①的尺寸）。

（21）用直线工具先依辅助线描绘直线，再用圆弧工具画圆弧（顺序不要反），如图 2.4.24 所示。

（22）删除所有的废线、面，只留下如图 2.4.25 所示的截面。

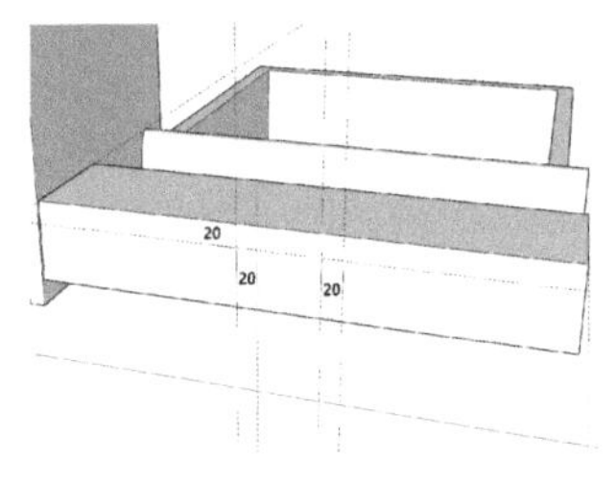

图 2.4.23　创建辅助线

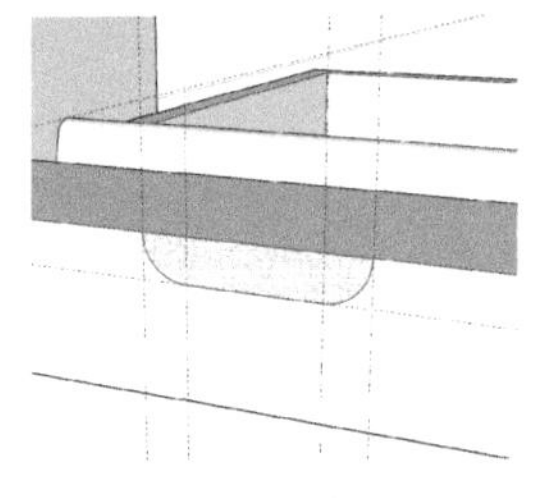
图 2.4.24　绘制图形

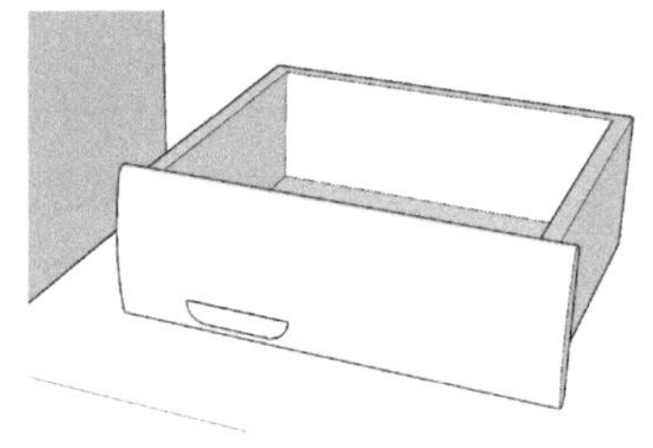
图 2.4.25　删除废线、面（1）

（23）向内拉出立体，再向上稍微拉出一点，如图 2.4.26 所示。

（24）全选后做模型交错，如图 2.4.27 所示。

（25）删除所有废线、面后，如图 2.4.28 所示。必要时做局部柔化，全选后创建群组。

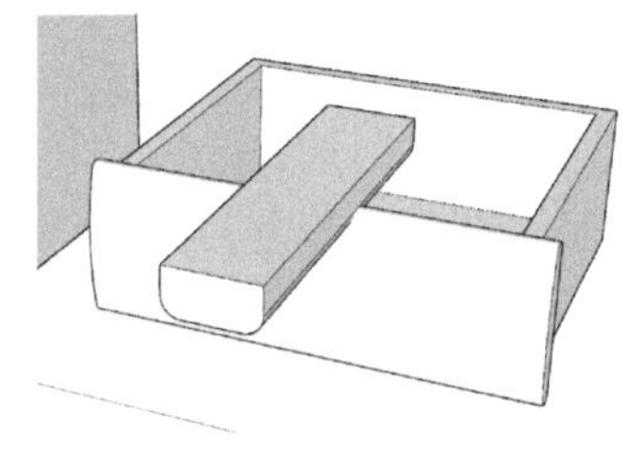
图 2.4.26　拉出立体

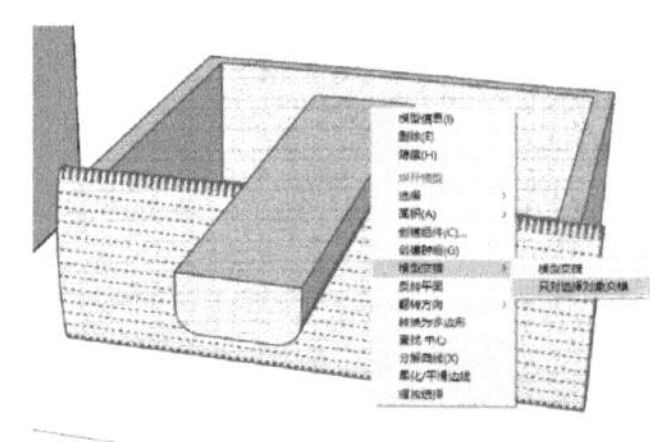
图 2.4.27　模型交错

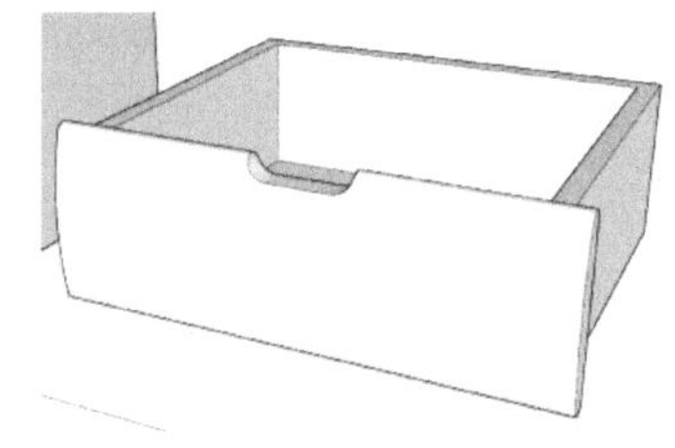
图 2.4.28　删除废线、面（2）

（26）移动复制到位后，如图 2.4.29 所示，移动复制时注意抓取点与目标点对齐的技巧。

（27）把图 2.4.30 ①和图 2.4.30 ②面板的两侧面向外各拉出 20mm 形成"檐口"。

（28）上色或贴图后如图 2.4.31 所示。贴图的方法后面有专门章节介绍，现在可以先上色代替贴图。

图 2.4.29　复制另两个

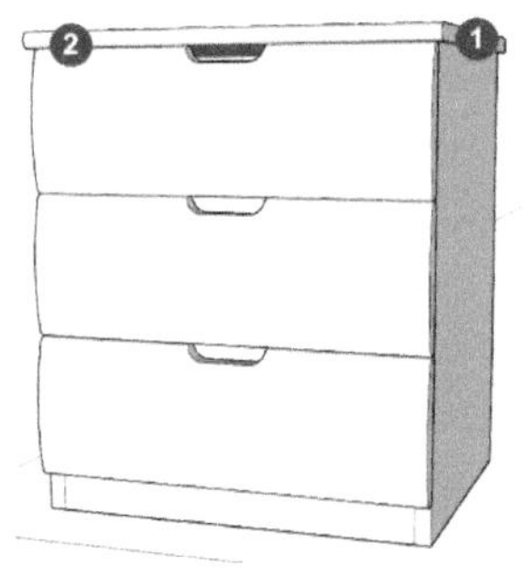

图 2.4.30　拉出面板两侧

图 2.4.31　赋予材质后的效果

2.5 移门衣柜

这一次要做一个衣柜，就像图 2.5.1 所示的那样。

1. 建模任务介绍

（1）衣柜分成两大部分，右边较大，有移门，主要用来挂衣。

（2）顶部和底部用来放杂物。

（3）左边的部分小点，上面是 5 块搁板，下面有 3 个抽屉。

（4）这样的安排是为了适应某人“蜗居”的尺寸，并非常规的做法。

（5）衣柜中的衣物、衣架模型的制作方法将在 2.6 节讨论。

图 2.5.1 成品内外

2. 主要尺寸

图 2.5.2 和图 2.5.3 列出了大部分尺寸，有些细节未标注或看不清楚，可以从附件里的模型中测量，做练习的时候，这些尺寸可以供你参考，你也可以根据你自己的想法，作出调整。

这是一个现场定制的衣柜，上面顶到天花板，所以部分位置不用做顶板。用到的板材，只有两种厚度规格，即 28mm 和 18mm。移门的轨道和边框都是铝合金的型材，你也可以改成自己喜欢的形式。

为简化建模过程，有以下几点需要说明。

（1）通用板材大多是 2440mm × 1220mm，本例中有部分尺寸超过 2440mm，请自行纠正。

（2）真实的板式家具设计要考虑“32mm 系统”“排板”等因素，本例不做考虑。

（3）真实的家具设计要考虑部件之间留有一定伸缩活动用缝隙，本例中也不作考虑。

（4）衣柜右侧有个 F 型挂衣服用的不锈钢架子，本例中用现成的，2.6 节介绍做法。

（5）移门用的不锈钢轨道等型材，抽屉与门的拉手等配件也用现成的组件。

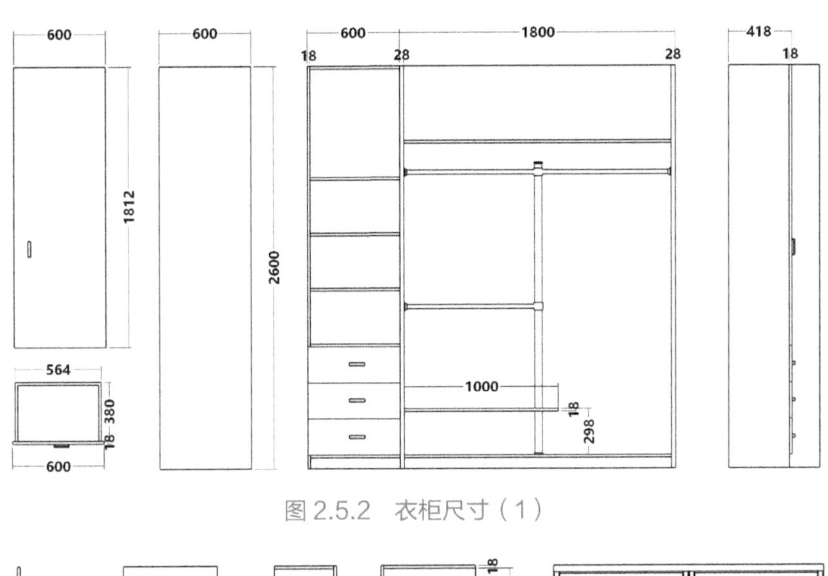

图 2.5.2　衣柜尺寸（1）

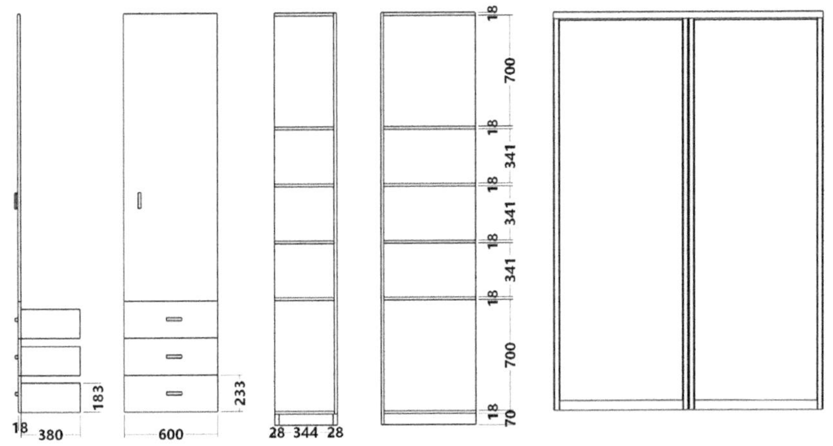

图 2.5.3　衣柜尺寸（2）

3. 建模过程

（1）用矩形工具在地面上绘制长方形，1800mm × 600mm，这是挂衣部分的俯视投影，如图 2.5.4 所示。

（2）用推拉工具向上拉出 2600mm，形成挂衣部分的“毛坯”，如图 2.5.5 所示。

（3）用移动复制边线的方式形成各部件（注意顺序）。

（4）向内 18mm 移动复制图 2.5.6 ①处的边线，形成左侧墙板，立即群组备用。

（5）向内 18mm 移动复制图 2.5.6 ②处的边线，形成右侧墙板，立即群组备用。

（6）向上 70mm 移动复制图 2.5.6 ③底部边线，形成底部垫条。

（7）再向上 18mm 移动复制图 2.5.6 ④处线条，形成底板，分别群组备用。

（8）向下 500mm 复制边线，再向上 18mm 复制边线，形成图 2.5.6 ⑤所示的搁板，群组备用。

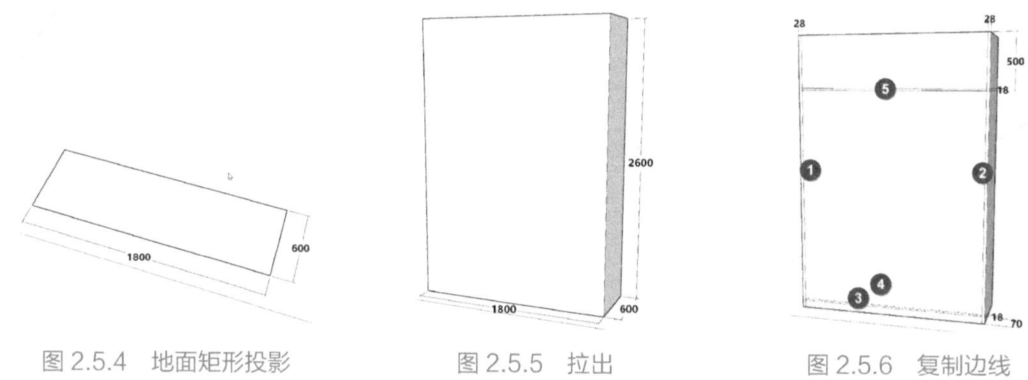

图 2.5.4　地面矩形投影　　图 2.5.5　拉出　　图 2.5.6　复制边线

（9）删除所有废线、废面，只留下 5 个备用的群组和定位用的线，如图 2.5.7 所示。

（10）把最底下 70mm 高的群组向内拉出 28mm，形成垫条（见图 2.5.8）。

（11）在垫条群组外画个 70mm × 28mm 的矩形，群组后拉到定位用边线，再复制两个后，如图 2.5.8 所示。

（12）用推拉工具拉出左右墙板、底板和搁板，完成后如图 2.5.9 所示。注意底板缩进 18mm。

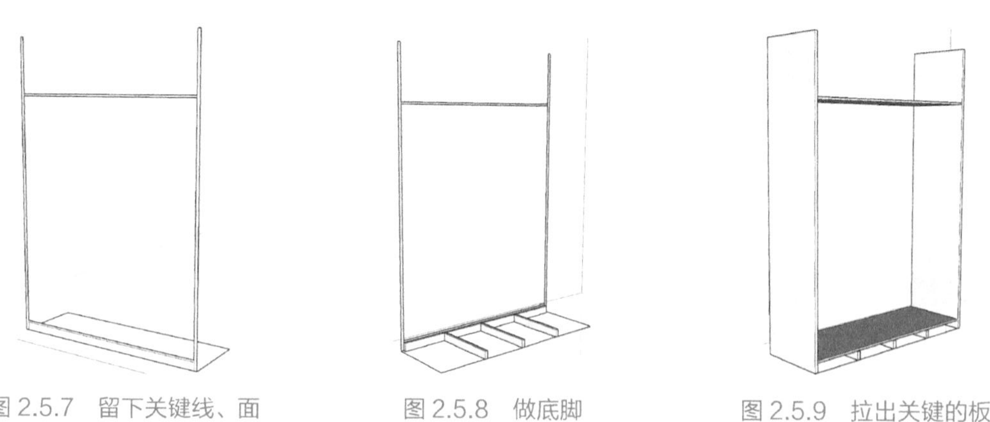

图 2.5.7　留下关键线、面　　图 2.5.8　做底脚　　图 2.5.9　拉出关键的板

（13）利用已有的关键点（对角）画矩形，群组后拉出背板 18mm 厚，如图 2.5.10 所示。

（14）在底板上画 100mm×400mm 的矩形，双击群组后向上移动 280mm，进入群组拉出 18mm 厚度，如图 2.5.11 所示。

（15）把准备好的不锈钢挂衣架移动到位（2.6 节介绍制作过程），如图 2.5.12 所示。

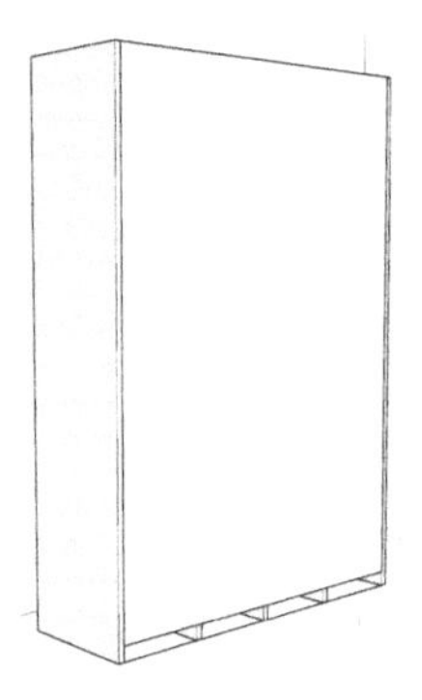

图 2.5.10　封闭背板

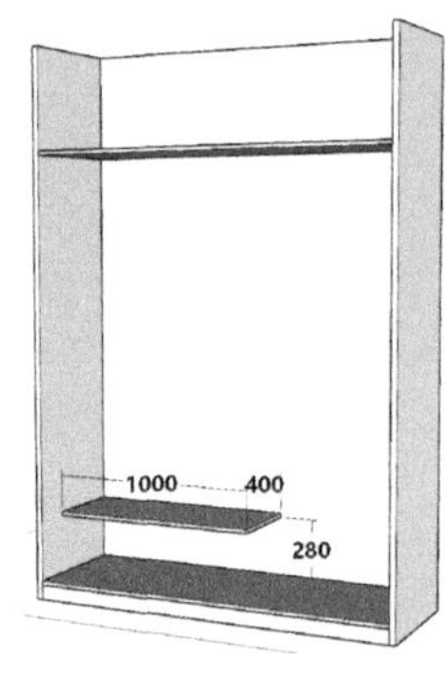

图 2.5.11　做内板

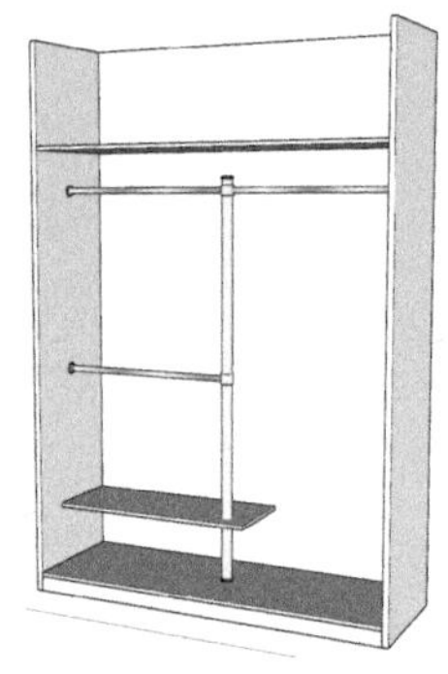

图 2.5.12　配衣架

（16）从大柜体的一个角画矩形 600mm×400mm，这是小柜体的俯视投影，如图 2.5.13 所示。

（17）拉出柜体高度 2600mm，如图 2.5.14 所示。

（18）用移动工具复制出小柜体的各部件。

（19）向内 18mm 移动边线，复制出左侧墙板截面，双击并群组后备用（见图 2.5.15 ①）。

（20）向上 70mm，移动边线，复制出垫条的截面，如图 2.5.15 ②所示。

（21）再向上 18mm，移动边线，复制出底板的截面，分别群组后备用（见图 2.5.15 ③）。

（22）向下 18mm 移动边线，复制出顶板截面（见图 2.5.15 ④）。

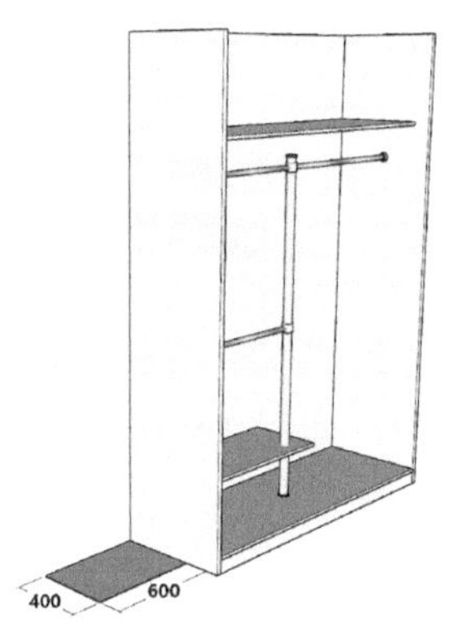

图 2.5.13　地面矩形

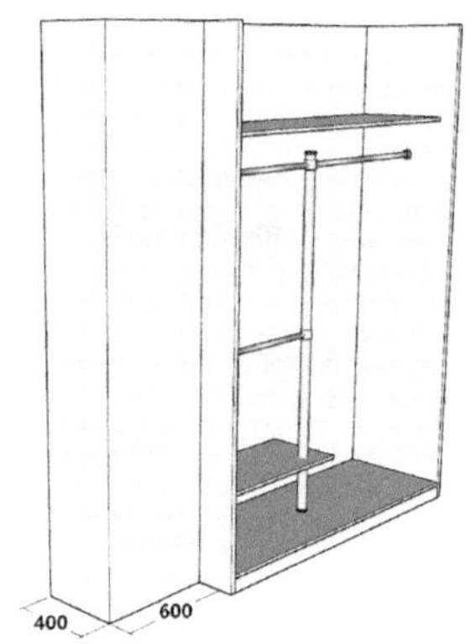

图 2.5.14　拉出高度

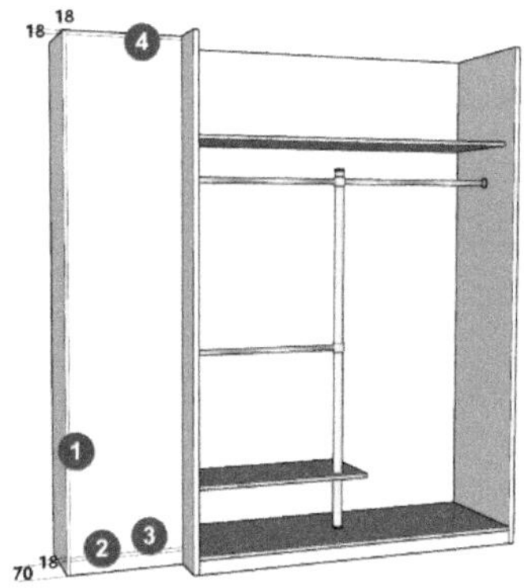

图 2.5.15　复制边线

（23）删除废线、废面，只留下 4 个截面（群组），如图 2.5.16 所示。

（24）用推拉工具把最下面 70mm 高的截面拉出 28mm，形成垫条（图 2.5.17）。

（25）复制出另外一根垫条（见图 2.5.17）。

（26）拉出底板、顶板和墙板（图 2.5.18 中略）注意底板缩进 18mm。

（27）利用已有角点绘制矩形，群组后拉出背板，完成后如图 2.5.18 所示。

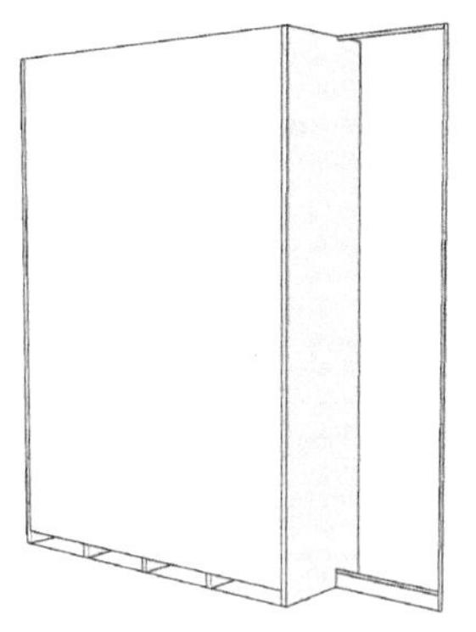
图 2.5.16　留下关键线面

图 2.5.17　做垫条

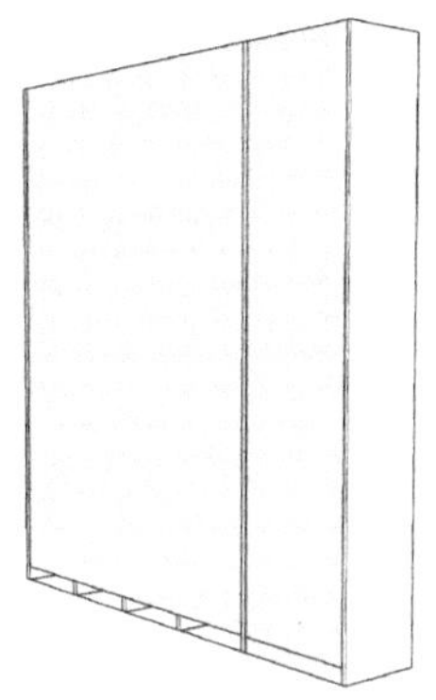
图 2.5.18　做背板

（28）选中底板或顶板，创建“组件”，做移动复制“内部阵列”，复制出另外 7 块板，如图 2.5.19 所示。

（29）删除上面和下面各一块搁板后如图 2.5.20 所示。

（30）利用已有角点绘制矩形，如图 2.5.21 所示。

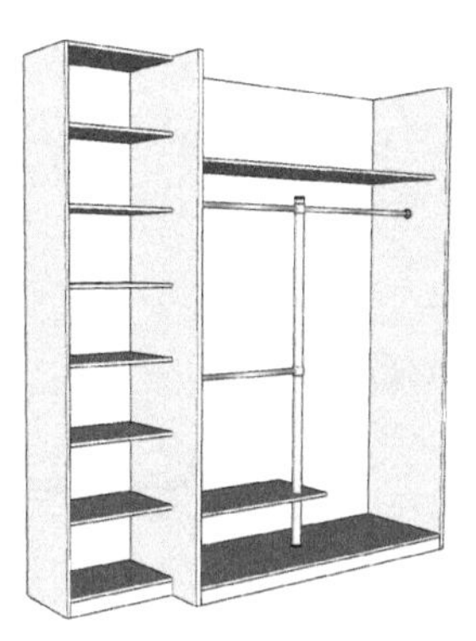
图 2.5.19　阵列搁板

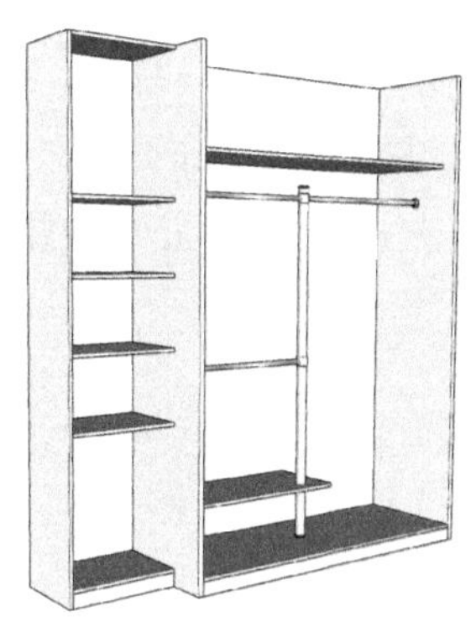
图 2.5.20　删除两个

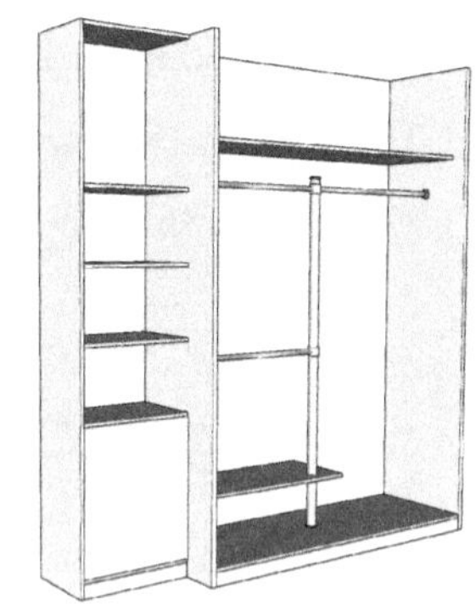
图 2.5.21　绘制矩形

（31）对矩形的一条垂直边线 3 等分，画线后删除 2/3，留下 1/3，如图 2.5.22 所示。

（32）留下的 1/3 就是一个抽屉面板的截面，双击群组后移到外面做后续加工，如图 2.5.23 所示。

（33）把图 2.5.23 ①和图 2.5.23 ②两边线各向内侧 18mm 移动复制出两条。

（34）向外拉出 380mm，形成抽屉的主体，如图 2.5.24 所示。

（35）用偏移工具向内侧偏移 18mm，并补齐抽屉面板两侧短线头，如图 2.5.25 所示。

（36）向下推进去 215mm（留出抽屉的底），如图 2.5.26 所示。

（37）用推拉工具把除抽屉面板外的三面墙板向下推 50mm，如图 2.5.27 所示。

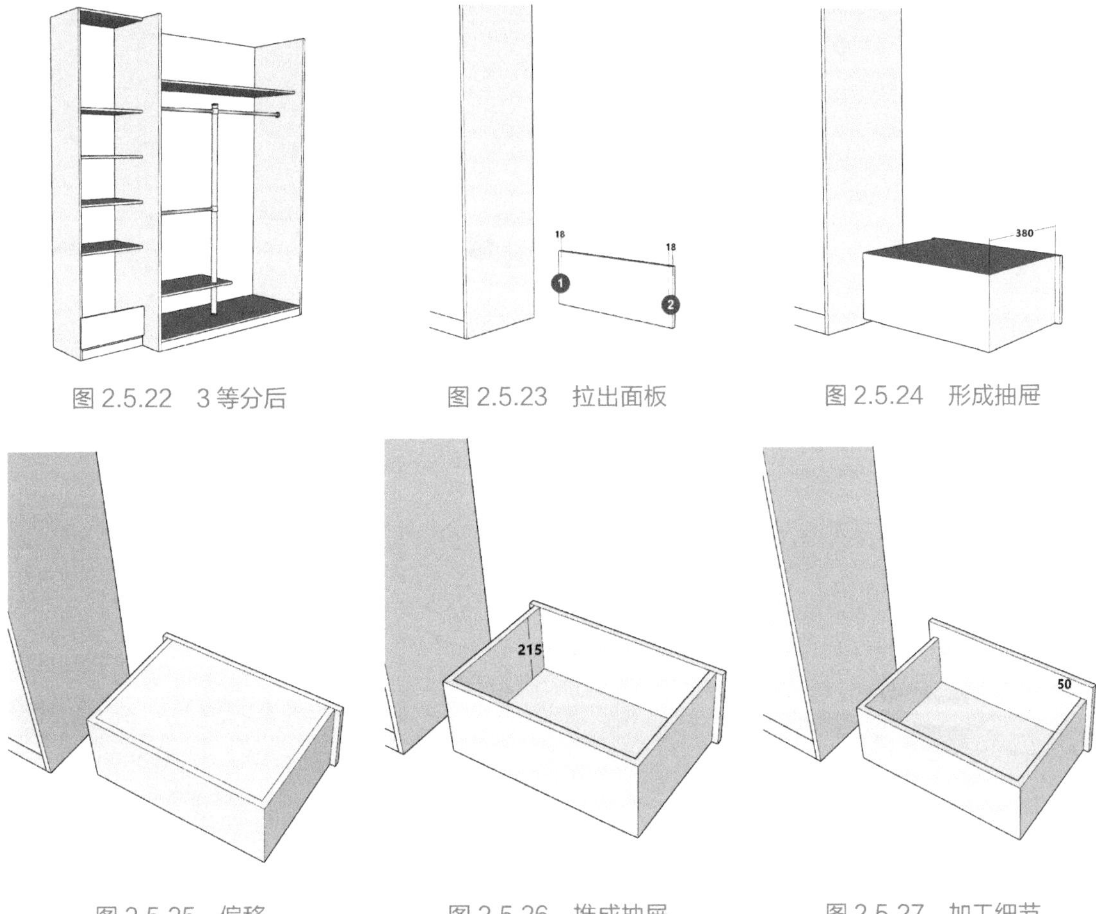

图 2.5.22　3 等分后

图 2.5.23　拉出面板

图 2.5.24　形成抽屉

图 2.5.25　偏移

图 2.5.26　推成抽屉

图 2.5.27　加工细节

（38）把完成的抽屉创建“组件”（注意不再是群组）移动堆叠起来，如图 2.5.28 所示。

（39）全选 3 个抽屉，移动到位后如图 2.5.29 所示。

（40）利用已有的角点绘制矩形，群组后拉出 18mm，形成门板，如图 2.5.30 所示。

（41）把 4 个拉手移动、复制到位，然后各自与门板、抽屉做成群组，如图 2.5.31 所示。

（42）3 个抽屉也可以在图 2.5.28 中创建组件之前就完成拉手制作。

（43）把“移门部件”移动到位后如图 2.5.32 所示。

（44）完成“贴图”后的成品如图 2.5.33 所示。（贴图部分在后面还要详细讨论）

（45）全选后创建“组件”，不要忘记起个一看就知晓含义的名字。

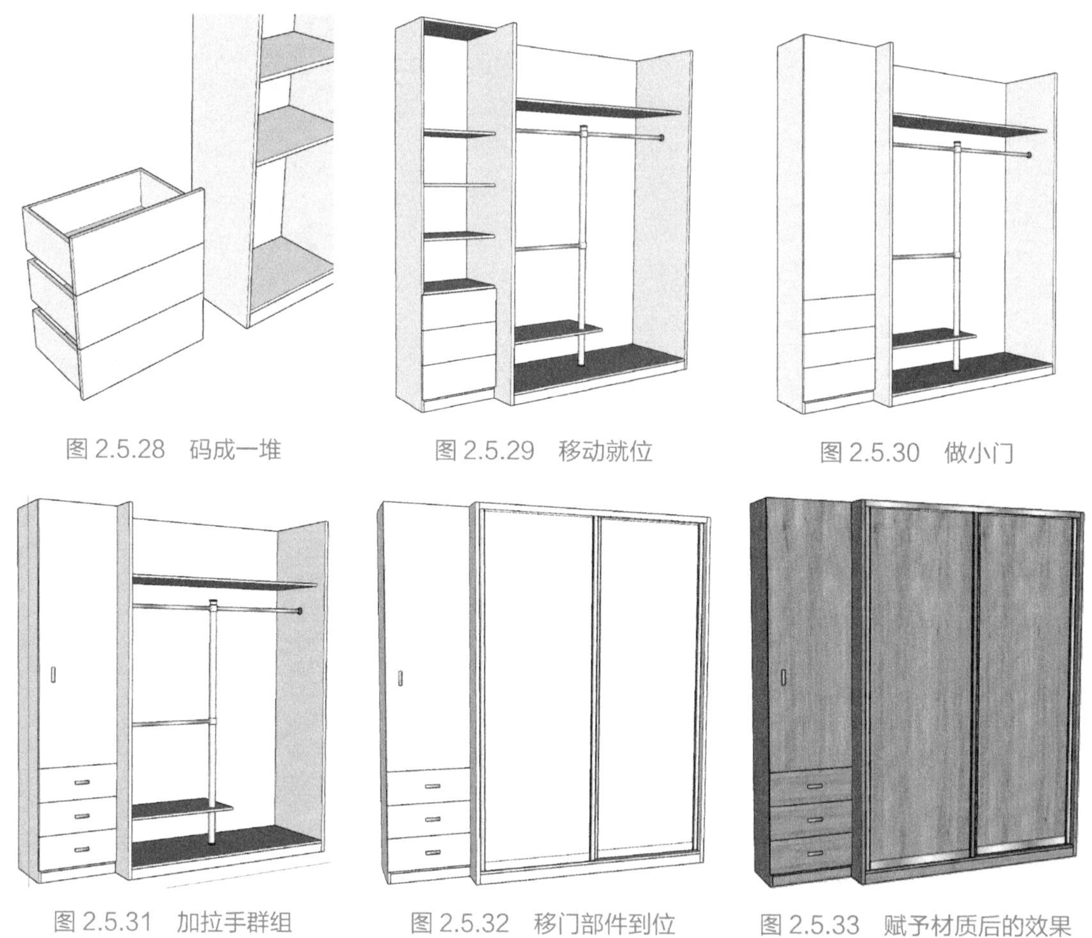

图 2.5.28　码成一堆　　图 2.5.29　移动就位　　图 2.5.30　做小门

图 2.5.31　加拉手群组　　图 2.5.32　移门部件到位　　图 2.5.33　赋予材质后的效果

不知你注意到没有，在这个衣柜的创建过程中，出现了 20 多次“创建群组”还有两次“创建组件”，强化群组和组件的概念是安排该实例的主要目的之一。

“创建群组”或简称“群组”“编组”“组”，在出现或形成第一个有用的“面”之后，要立即做成群组，后续再进行推拉或其他编辑必须双击进入群组内操作，这是 SketchUp 建模的基本规矩，无论你是什么行业什么专业，都要牢记这个规矩并在今后建模过程中按这个规矩去做。

两次创建“组件”，一次是小柜子的搁板，还有一次是抽屉，它们在模型中都是重复的零部件，把它们做成组件后，今后的上颜色、贴图和修改都会变得简单，这种做法虽然不是 SketchUp 建模的规矩，但它是建模的“窍门”，不做成组件也行，但会给自己添加重复操作的麻烦。

2.6 衣服衣架

还记得 2.5 节衣柜里那些逼真的衣服模型吗？本节就要学习如何来制作这些衣服，顺便把木头的和不锈钢的衣架也做出来。

1. 初试以图代模

“以图代模”是 SketchUp 用户手册里的重要表达手段，符合多快好省的建模原则，本节是其中一例，本书和即将出版的《SketchUp 材质系统精讲》里还有更多类似的例子。

图 2.6.1 所示就是这次要做的衣服和衣架。

图 2.6.2 所示为从淘宝网上随便找来的一些衣服照片，保存在本节的附件里，你自己也可以去再找一些，淘宝上最不缺的就是服装图片。

图 2.6.1 成品

我们要把它们中的一件做成模型，看起来很难的事情，其实只要掌握了方法和技巧，做起来轻而易举，掌握方法后，你可以从附件的照片里找一些做练习。

2. 做红色羽绒大衣

（1）把图片直接拉到 SketchUp 的工作窗口中来，然后把照片调整到合理的尺寸。

（2）炸开图片，注意这次不要重新创建群组（见图 2.6.3）。

（3）用手绘线工具沿衣服的边缘描绘，如看不清可以打开 X 光模式和深粗线（见

图 2.6.4）。有了之前做“分省地图”的经验，再描绘衣服的轮廓应该不会有大问题，最可能出现的问题是不能“成面”，可以回 1.3 节 8. 去查阅修复方法。

图 2.6.2　素材图片

图 2.6.3　炸开图片

图 2.6.4　X 光模式描绘

（4）描绘衣服的轮廓要沿着衣服边缘的内侧有衣服颜色的部位绘制。

（5）描绘完成后删除四周废线、面后如图 2.6.5 所示。

（6）用推拉工具拉出合理的厚度，如图 2.6.6 所示。

接着做衣架上的钩子，步骤如下。

（1）创建一个临时辅助面，画一个衣架铁钩子的形状，如图 2.6.7 所示。

（2）把铁钩子拉出一点厚度，如图 2.6.8 所示（不用做成圆形截面，可减少很多线面量）。

（3）铁钩子创建群组后移动到衣架的位置，必要时需调整大小。

（4）最后适当柔化，成品如图 2.6.9 所示。

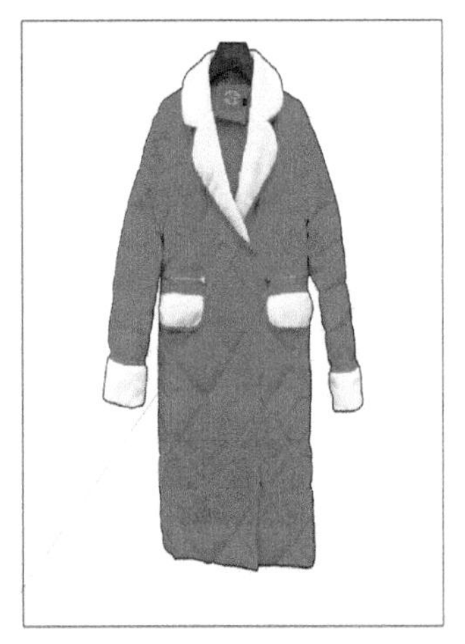

图 2.6.5　删除废线、面

图 2.6.6　拉出厚度

图 2.6.7　画轮廓

图 2.6.8　拉出

图 2.6.9　柔化

都学会了吗？“以图代模”“依图建模”是 SketchUp 应用中一个重要的技巧，这是一次实践。附件里还有不少衣服的照片，可以选一两件试一下，尤其是园林景观设计专业的同学们，更需要熟练操控你的手绘线工具，因为你们的专业经常需要用植物的照片来做成组件，做假山、做水体，多练习这种基本功大有好处，后面还有类似的实例。

做这一类的模型，最大的问题是“成不了面”，遇到此类问题不要着急，可以回到“1.3 节的 8.”部分内容去找解决问题的方法。

3. 制作不锈钢衣架

成品的形状和尺寸如图 2.6.10 所示。应注意支架的立柱部分，中间跟横向管材结合的部位有两个较粗的“套筒”，上、下两端还有类似“法兰”的结构，“套筒”部分打算用旋转放样来做，两端法兰用偏移后推拉来完成。5 处杆件端部类似法兰用偏移加推拉即可完成。

（1）按尺寸画矩形辅助面 1744mm × 2100mm。

（2）做出垂直的中心辅助线和两条横向的辅助线，尺寸如图 2.6.11 所示。

（3）进一步细化辅助线，垂直方向因为要做旋转放样，只需有一半的辅助线，水平方向只需标出套筒的位置，如图 2.6.12 所示。

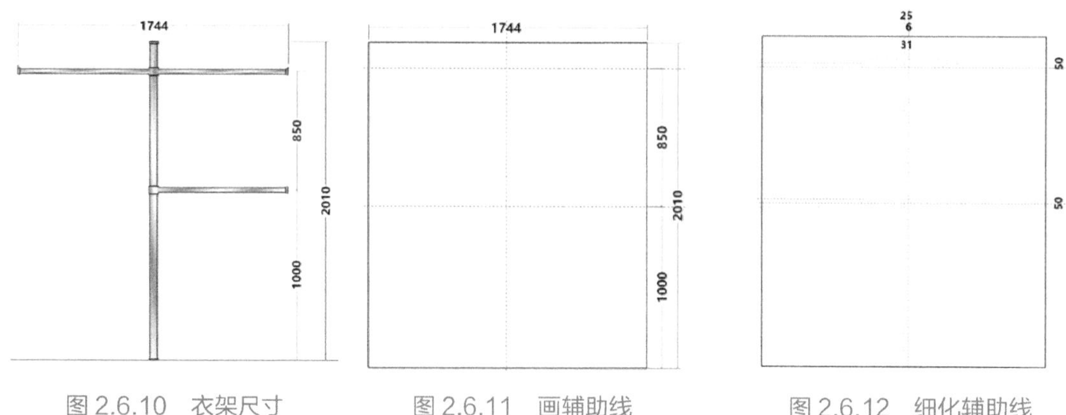

图 2.6.10　衣架尺寸　　图 2.6.11　画辅助线　　图 2.6.12　细化辅助线

（4）用直线工具描绘出立杆部分的一半截面（含套筒），水平方向画出中心线，如图 2.6.13 所示。

（5）清理废线和所有辅助线后如图 2.6.14 所示。

（6）沿立杆截面的中心线一侧画延长线，并在端部绘制一个用于放样的圆如图 2.6.15 所示。

（7）做“旋转放样”后如图 2.6.16 所示。

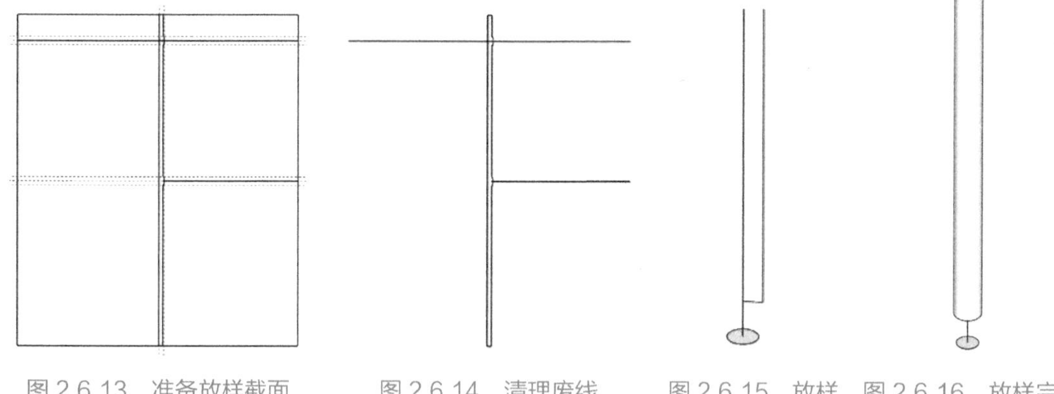

图 2.6.13　准备放样截面　　图 2.6.14　清理废线　　图 2.6.15　放样　图 2.6.16　放样完成

（8）因线条隔离，还要对立杆顶部未完成放样的部分单独做旋转放样或偏移推拉，如图 2.6.17 所示。

（9）立杆部分全部完成后如图 2.6.18 所示。

（10）在两水平线的端部绘制圆形，半径为 15mm，如图 2.6.19 所示。

（11）用推拉工具拉出水平圆杆后如图 2.6.20 所示，也可用路径放样去做。

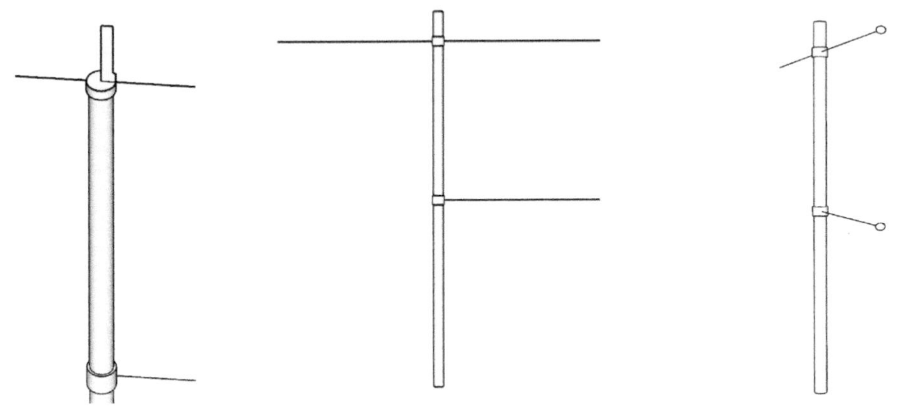

图 2.6.17　继续放样　　图 2.6.18　立柱完成　　图 2.6.19　横杆截面

（12）对图 2.6.21 中的①②③④⑤处的端部做出类似“法兰”的结构（可随意发挥）。

（13）用偏移工具向外偏移 6mm。

（14）用推拉工具向内侧推出 16mm（向内推是为保持原先的尺寸）。

（15）完工后全选，创建组件并保存，如图 2.6.22 所示。

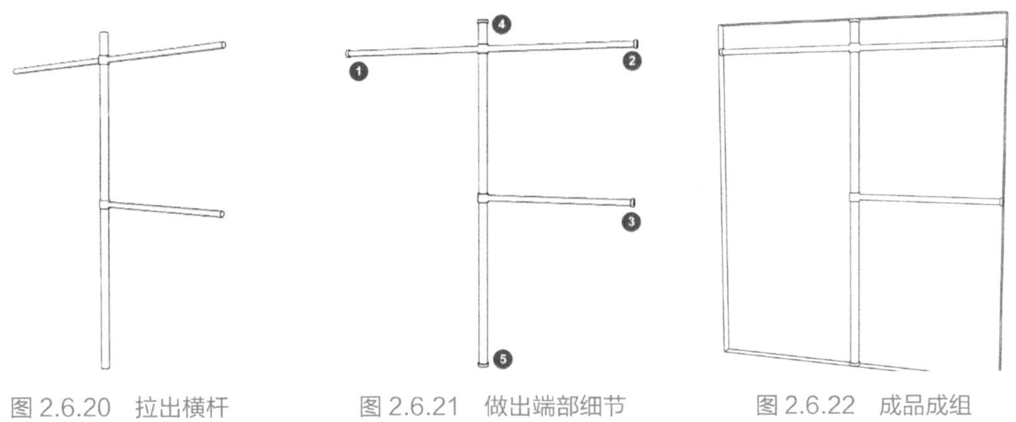

图 2.6.20　拉出横杆　　图 2.6.21　做出端部细节　　图 2.6.22　成品成组

2.7　懒人沙发

之前，我们已经做成了方桌、方凳和床及床头柜，还有一个大衣柜，本节要做一个沙发。

在《SketchUp 要点精讲》一书里讲过，在 3D 仓库里可以找到近两万种不同的沙发，为什么还要自己动手来做？ 至少有两个原因：第一，3D 仓库里的沙发款式虽然多，但没有我所需要的，我要一种可以舒服地躺在上面看书，还不会得颈椎病的沙发；第二，自己动手设计，创建自己喜欢的沙发模型可以锻炼我动手和动脑的能力。

图 2.7.1 所示就是刚做的沙发，你看，是不是可以舒服地躺在上面看书，还不会扭了脖子。它的结构非常简单，一共只有 7 个部件。靠背是一个；两边的扶手，其实是完全一样的，换了个方向而已；两个垫子，也是完全相同的；最下面有两个钢管弯成的脚，也是相同的；这样算起来，7 个部件只要做 4 种不同的部件就可以拼出这个沙发。

图 2.7.2 所示就是一些主要的尺寸，也很简单，下面将分别做出 4 种部件，最后再拼装在一起，做成成品。制作过程中要注意在不同方向上创建“辅助面”和“辅助线”，还有“放样路径和放样截面的制备”“循边放样”和“路径放样”“补线成面”“模型交错”等很多基本技能的灵活运用。

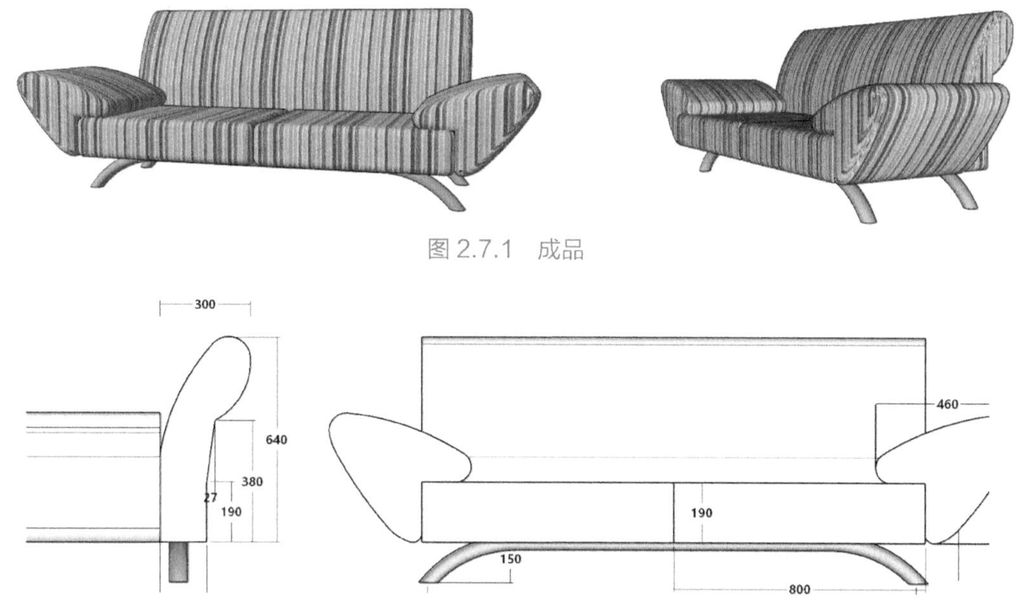

图 2.7.1　成品

图 2.7.2　主要尺寸

1. 从垫子开始

新手拿到任务总会想从何处开始，这次的 4 种部件是独立的，就从最简单的垫子开始。

（1）在地面上画一个矩形，红轴方向长度为 800mm，绿轴方向长度为 600mm，如图 2.7.3 所示。

（2）倒圆角，半径为 30mm（可以画辅助线配合，见图 2.7.4）。这个面的边线将成为放样路径。

（3）在垂直面上创建一个辅助面，红轴长度为 30mm、蓝轴长度为 190mm，注意外侧与放样路径对齐（见图 2.7.5）。

（4）放样截面的上下两端倒角，半径为 30mm，如图 2.7.5 ①所示。

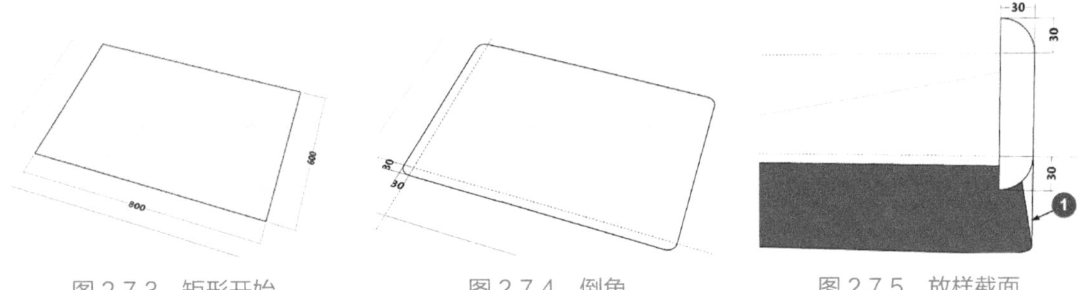

图 2.7.3　矩形开始　　图 2.7.4　倒角　　图 2.7.5　放样截面

（5）做“循边放样”后如图 2.7.6 所示。

（6）做“补线成面”（用直线工具连接任意中心点或描绘任意边线），如图 2.2.7 所示。

（7）删除所有废线、面，采用橡皮擦工具 +Ctrl 做局部柔化，创建群组后备用，如图 2.7.8 所示。

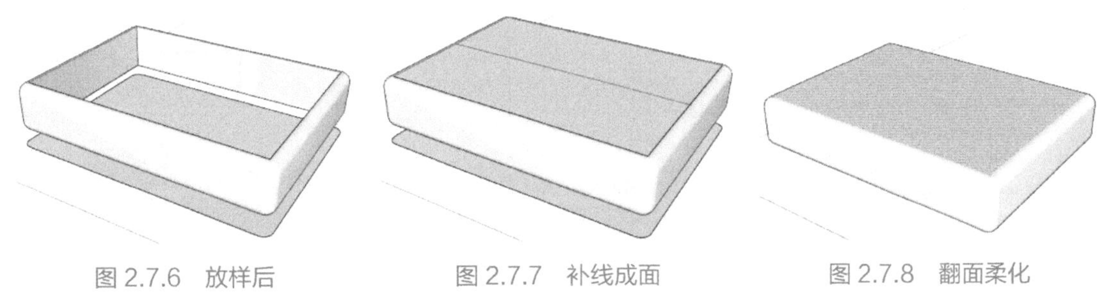

图 2.7.6　放样后　　图 2.7.7　补线成面　　图 2.7.8　翻面柔化

2. 做“扶手”部分

（1）在“红蓝垂直面”上绘制矩形辅助面，红轴方向长度为 60mm，蓝轴方向长度为 400mm（见图 2.7.9）。

（2）在辅助面的左下角再绘制一个小矩形，红轴方向长度为 160mm，蓝轴方向长度为 190mm（见图 2.7.9）。

（3）用圆弧工具绘制 5 个圆弧，形成图 2.7.10 所示截面有点难，建议按所标注顺序绘制。

（4）利用图 2.7.11 ①箭头所指的角点沿绿轴画直线，再绘出辅助面 30mm × 600mm（见图 2.7.11）。

（5）两端倒角，半径为 30mm，如图 2.7.11 所示。

（6）用偏移工具，向内偏移 30mm，如图 2.7.12 所示。图 2.7.12 ①所在平面的边线才是要用来放样的路径，请比较图 2.7.12 与图 2.7.13。

（7）图 2.7.13 ①是删除了外侧废面、废线后的“放样路径”，图 2.7.13 ②是“放样截面”。

（8）做“循边放样”，如图 2.7.14 所示。

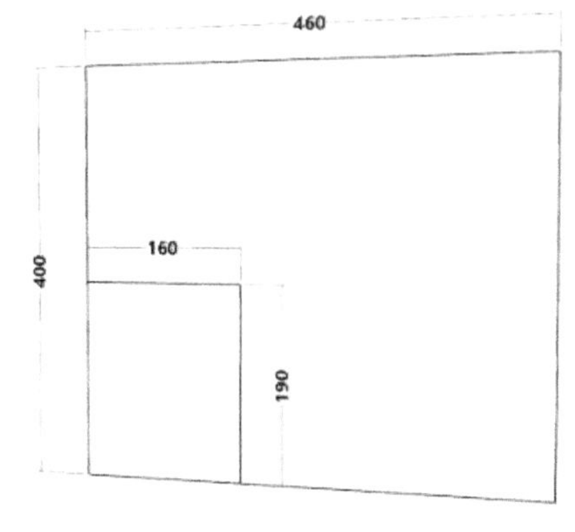

图 2.7.9　创建辅助面

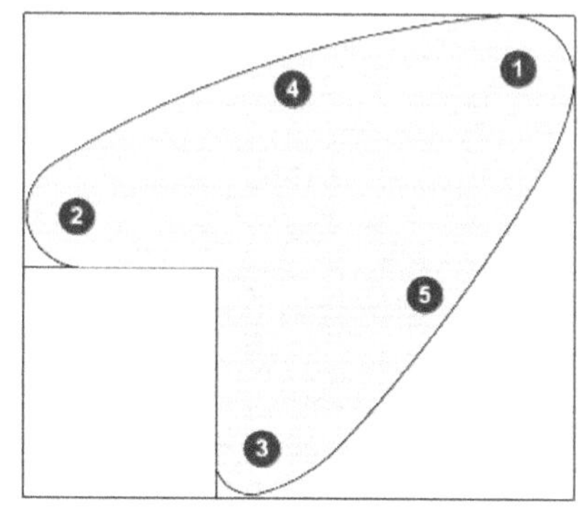

图 2.7.10　绘制圆弧

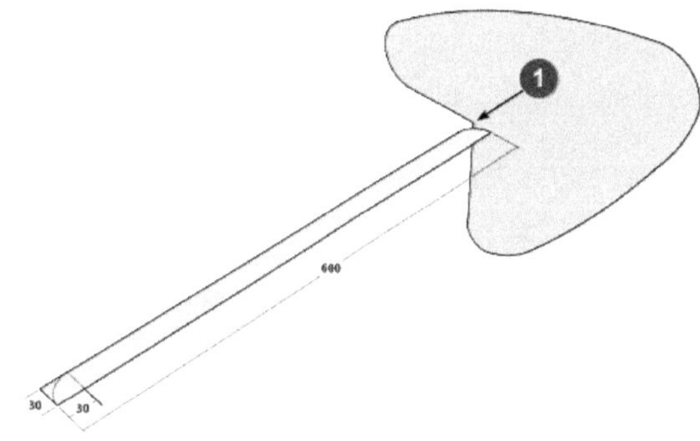

图 2.7.11　画辅助面

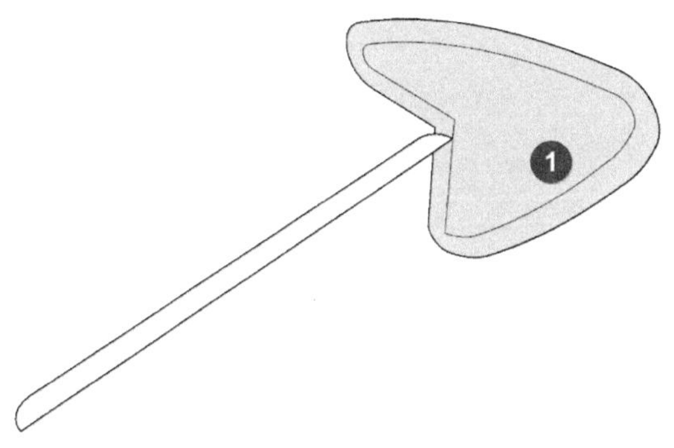

图 2.7.12　放样截面

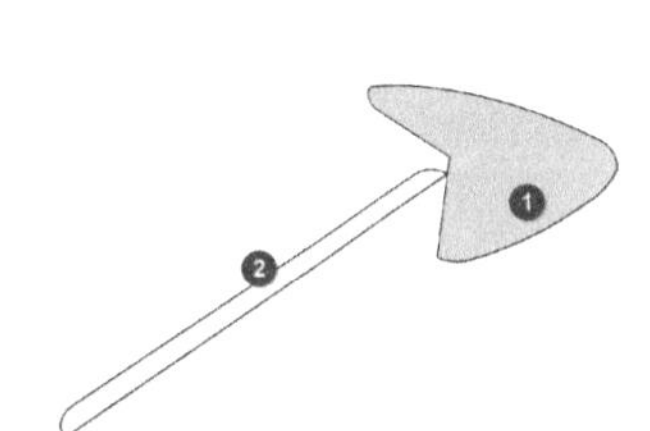

图 2.7.13　清理出放样环境

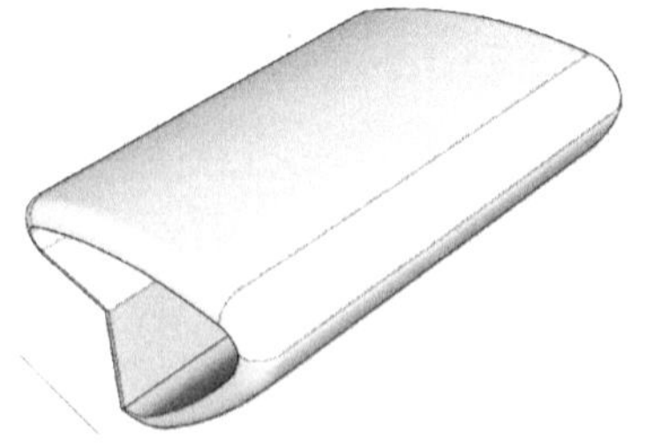

图 2.7.14　循边放样

（9）用直线工具做“补线成面”，如图 2.7.15 ①所示。

（10）适度柔化后得到“扶手”，如图 2.7.16 所示，创建群组备用。

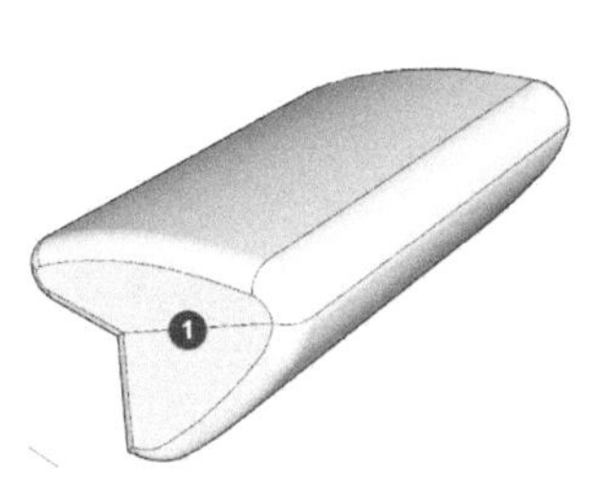

图 2.7.15　补线成面

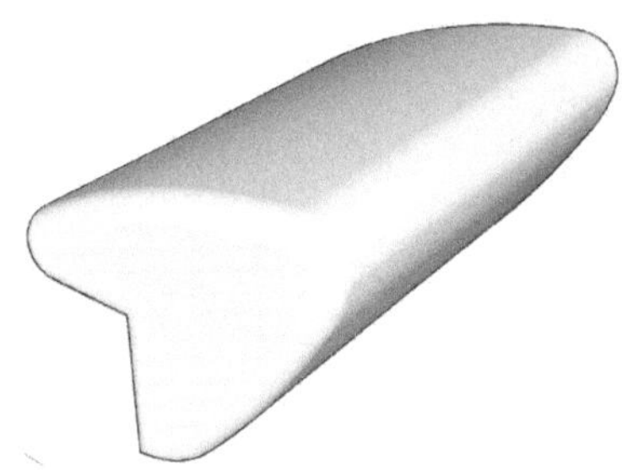

图 2.7.16　适度柔化

3. 做“靠背”的部分

（1）在“绿蓝平面”绘制垂直辅助面，绿轴方向长度为 290mm，蓝轴方向长度为 640mm，如图 2.7.17 所示。

（2）再按图 2.7.17 所示的尺寸绘制辅助线，用直线工具和圆弧工具描画出图形，如图 2.7.17 所示。

（3）清理废线、面后得到图 2.7.18 所示的截面。

（4）拉出 770mm 长（留出 30mm 是圆弧部分），如图 2.7.19 所示。

（5）在一个角上画出水平辅助面 30mm × 30mm，并画圆弧，如图 2.7.19 放大图所示。

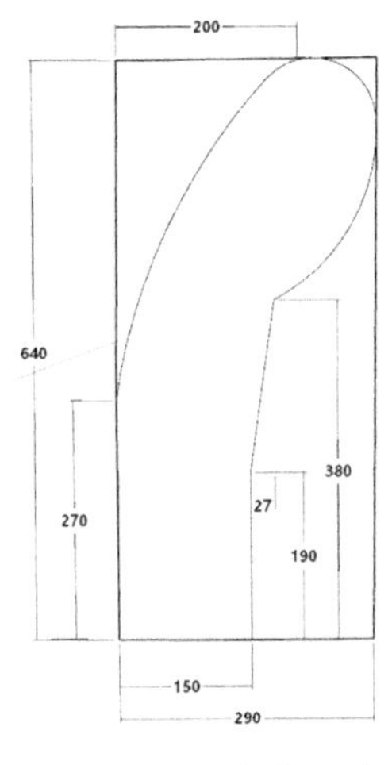

图 2.7.17　靠背尺寸

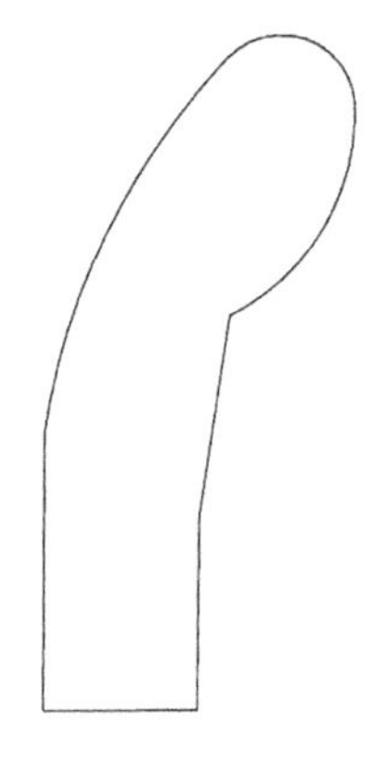

图 2.7.18　画出轮廓

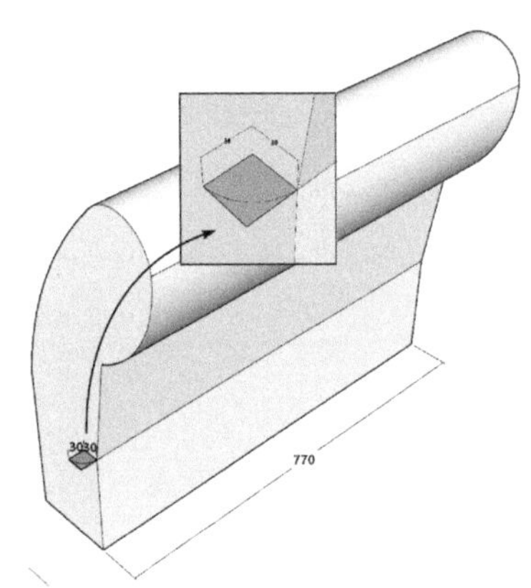

图 2.7.19　放样截面

（6）做“循边放样”并“补线成面”，如图 2.7.20 所示。

（7）复制出另外一个，全选后做镜像（在右键快捷菜单中选择“翻转方向”→“绿轴方向”）。

（8）用移动工具把两部分拼接起来，适度柔化后得到“靠背”，创建群组后备用，如图 2.7.21 所示。

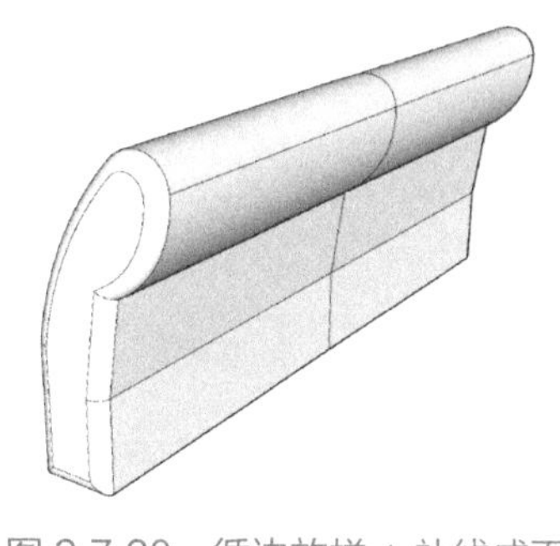

图 2.7.20 循边放样 + 补线成面

图 2.7.21 适度柔化

4. 做钢管脚

（1）在“红蓝平面”画辅助面，红轴 1550mm，蓝轴 150mm（建议借用坐标原点），如图 2.7.22 所示。

（2）两端向内 300mm 画出辅助线后绘制圆弧，形成放样路径，如图 2.7.23 所示。

（3）在放样路径的一端绘制圆形放样截面，半径 30mm，如图 2.7.24 所示。

注意：按理放样截面应与放样路径严格垂直，放样后才不会变形，像图 2.7.24 所示。这样的放样截面，完成放样后的横截面一定是椭圆形；为了放样后不变形，可以把放样截面画在放样路径水平的直线段上，特此提示。

（4）完成“路径放样”后如图 2.7.25 所示。

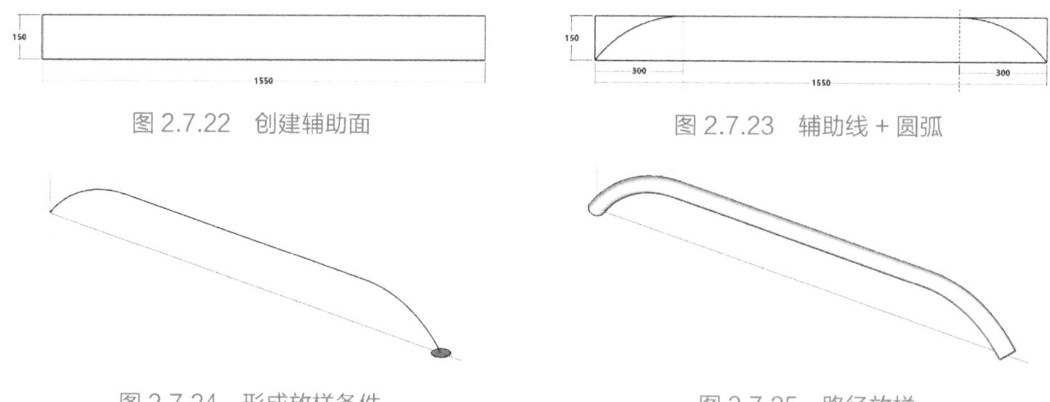

图 2.7.22 创建辅助面

图 2.7.23 辅助线 + 圆弧

图 2.7.24 形成放样条件

图 2.7.25 路径放样

（5）在“红绿平面”即地面上画一个矩形，并把钢管两端用推拉工具稍微延伸，如

图 2.7.26 所示。

（6）全选后，单击右键，选择“模型交错”→“只对选择的对象交错”命令，如图 2.7.27 所示。

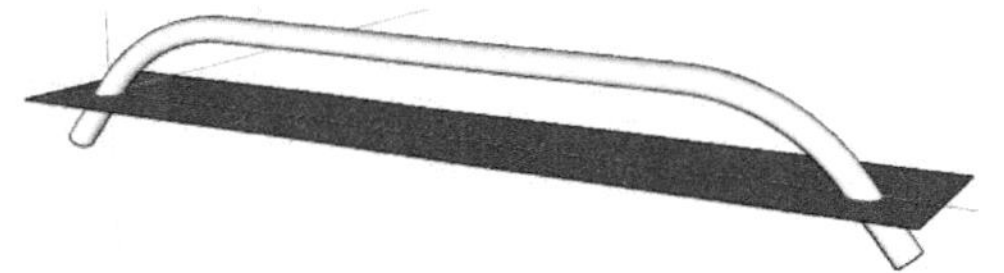

图 2.7.26　端部拉出 + 辅助面

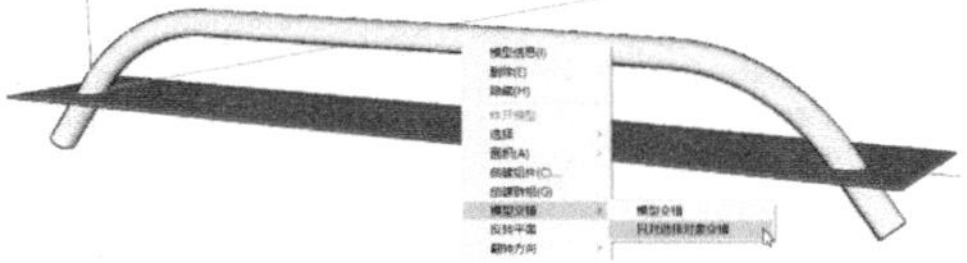

图 2.7.27　模型交错

（7）删除废线、面后得到“钢管脚”部件，如图 2.7.28 所示。

（8）创建群组后备用，如图 2.7.29 所示。

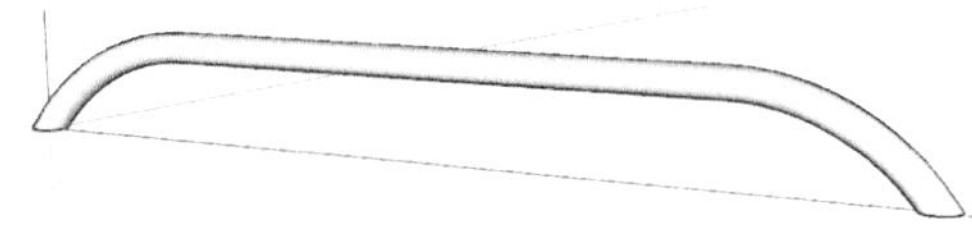

图 2.7.28　删除废线、面

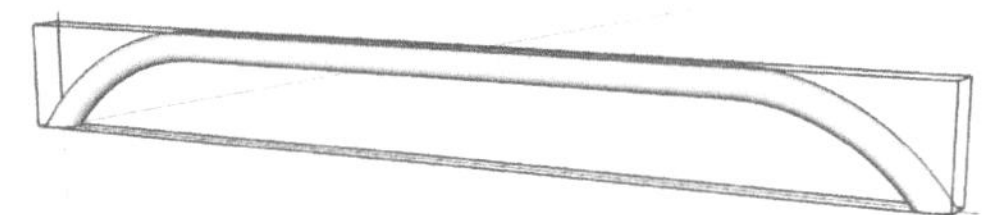

图 2.7.29　创建群组

5. 4 种部件（见图 2.7.30）的组装

（1）先复制出另一份“坐垫”，拼在一起。

（2）再复制出一份“扶手”做镜像，拼在“坐垫”的两侧。

（3）移动“靠背”到位。

（4）最后复制出另一根“钢管脚”移动到位。全部完成后如图 2.7.31 所示。

（5）赋予颜色或贴图，如图 2.7.32 和图 2.7.33 所示。

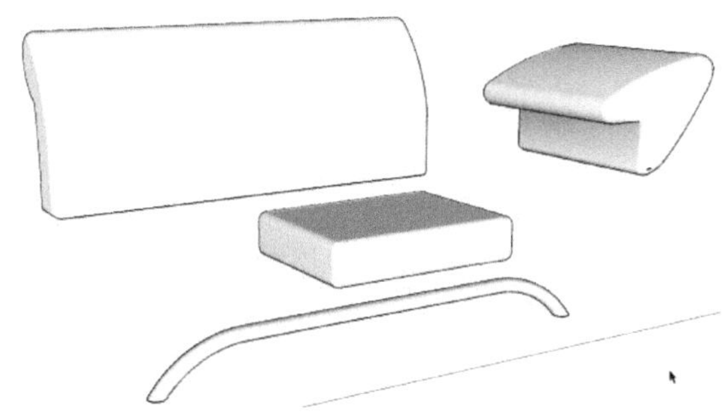

图 2.7.30　全套配件

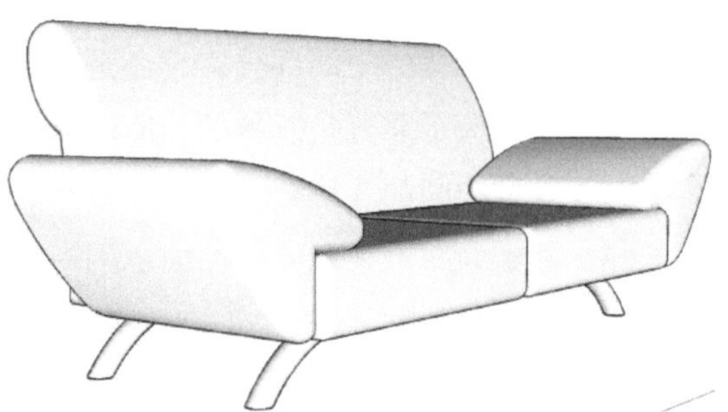

图 2.7.31　移动复制装配

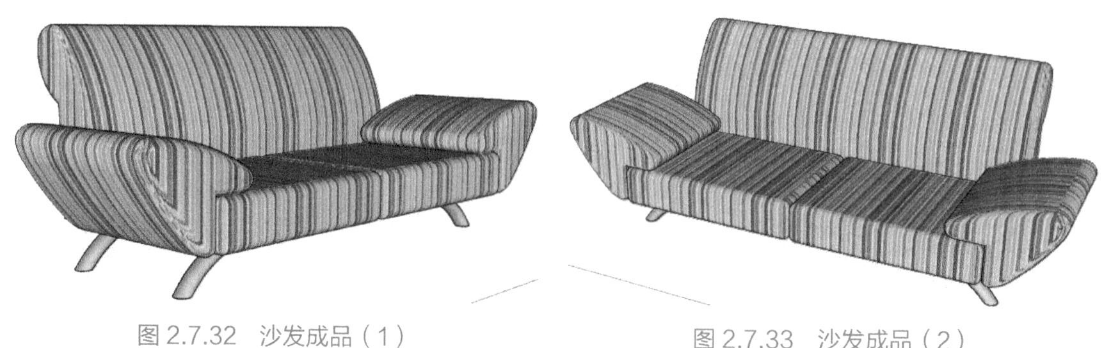

图 2.7.32 沙发成品（1） 图 2.7.33 沙发成品（2）

本节借用这个不太复杂的对象，强化了在不同方向上创建“辅助面”和“辅助线”以及“放样路径和放样截面的制备”“循边放样”和“路径放样”“补线成面”“模型交错”等很多基本技能的灵活运用。

2.8 椅子

经过劳动，我们已经有了自己创建的桌子、凳子、床和床头柜、衣柜和衣服及沙发，通过创建这些模型，我们对创建模型的思路和方法有了进一步的了解。本节要创建一张图 2.8.1 所示的常见的椅子。拿到一个新的建模任务，一定不要急着动手，先仔细研究一下建模的对象及其特点，获取最有价值的建模依据，提前找出难点和解决的方法，制订建模的计划，然后再根据这个计划开始动手。显而易见，创建椅子的难度要比方桌和方凳高些，难度集中在靠背部分。

（1）后面带有靠背的椅子腿，不像方凳和桌子那样直上直下，它是弯曲的。

（2）弯曲的椅子腿，上下还不一样粗，中间粗些，上下两端稍微细些。

（3）椅子靠背的中间部分，它还是圆弧形的。

（4）因为椅子靠背是倾斜的，所以靠背的全部零件都不与红、绿、蓝任何轴平行。

（5）靠背中间的 3 块板，还要顺着弯曲的弧形排列。

（6）椅子面跟方桌和方凳的面也不一样，不是矩形，是一个倒了圆角的梯形。

上述几个难点中，（3）~（5）关于弯曲和倾斜带来的问题，如果不提前想好办法，形成建模的思路，制订计划，做到这一步的时候，就只能干着急了。下面介绍建模过程时，你应特别注意这个倾斜又弯曲部分的建模技巧（最好与视频配合起来学习）。

1. 绘制侧面轮廓

（1）先创建一个垂直的辅助面，可以稍微大一点，要放得下椅子的侧截面。

（2）在辅助面上创建一系列辅助线，布置好椅子侧面的大致形状（见图 2.8.2）。

（3）创建图 2.8.2 中横平竖直的辅助线，前面已经练习过多次，不再重复。

（4）创建图 2.8.2 右侧腿时，先创建垂直的辅助线，再用旋转工具旋转一个角度。

（5）辅助线在图 2.8.2 ①处旋转 6°，在图 2.8.2 ②处旋转 3°。

（6）描出实线后在图 2.8.2 ③和④所示的两端“4 等分”，描出上、下端不同的粗细。

（7）清理所有废线、面和辅助线后如图 2.8.3 所示的截面，后续的建模要从这里开始。

（8）图 2.8.3 上有一个细节差别，① 处是斜线，②处是一小段直线。

（9）得到椅子的截面后，一定不要忘记立即创建群组，后面的操作都要进入群组进行。

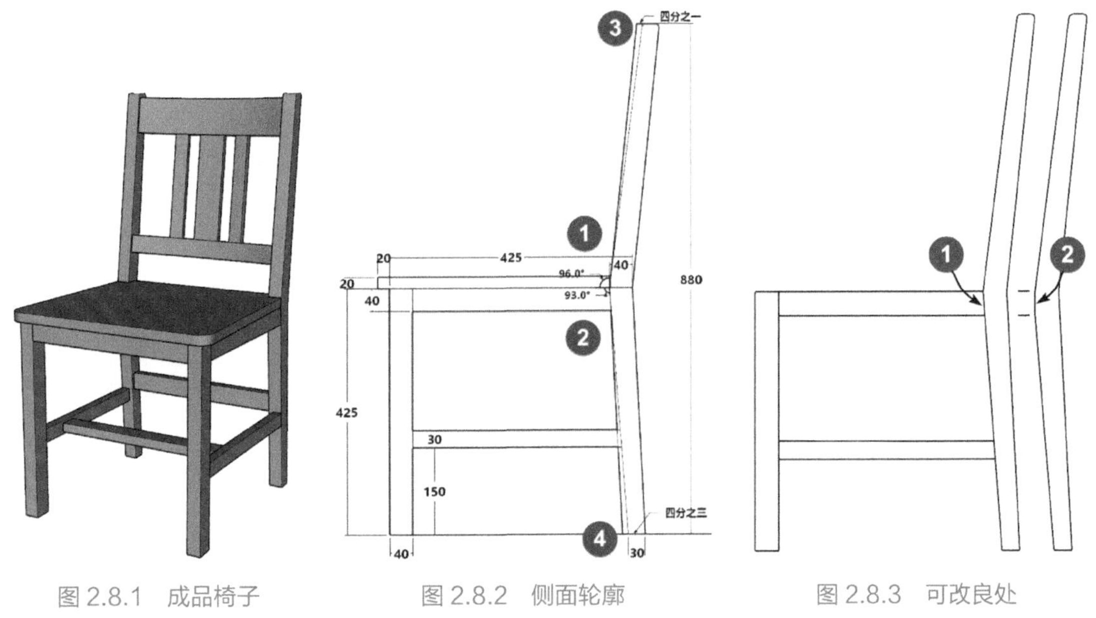

图 2.8.1 成品椅子　　图 2.8.2 侧面轮廓　　图 2.8.3 可改良处

2. 创建两个侧面模型和横挡

（1）进入群组，把前、后两条腿拉出 30mm，上、下两横挡拉出 20mm 后备用，如图 2.8.4 所示。

（2）使用移动工具 +Ctrl 键复制出另一半，单击右键，在右键菜单中选择“镜像”命令，如图 2.8.5 所示。

（3）在图 2.8.6 所示的位置画矩形并拉出 4 条横挡，截面都是 40mm × 20mm，④要横着放。

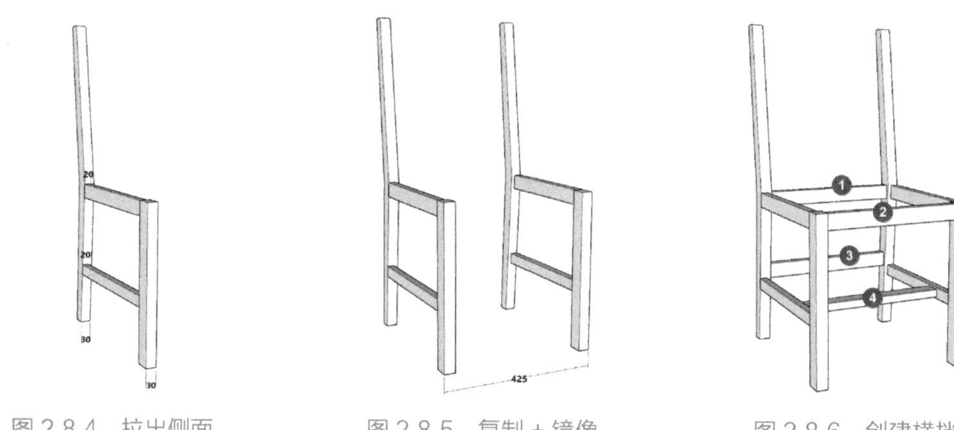

图 2.8.4　拉出侧面　　图 2.8.5　复制 + 镜像　　图 2.8.6　创建横挡

3. 解决靠背板弯曲的问题

（1）在图 2.8.7 所示的位置画矩形，尺寸为 80mm × 20mm（以倾斜的边线创建辅助线后绘制）。

（2）创建群组后拉出，如图 2.8.8 所示。

（3）拉出更多后画圆弧①，移动复制出圆弧②，如图 2.8.9 所示。

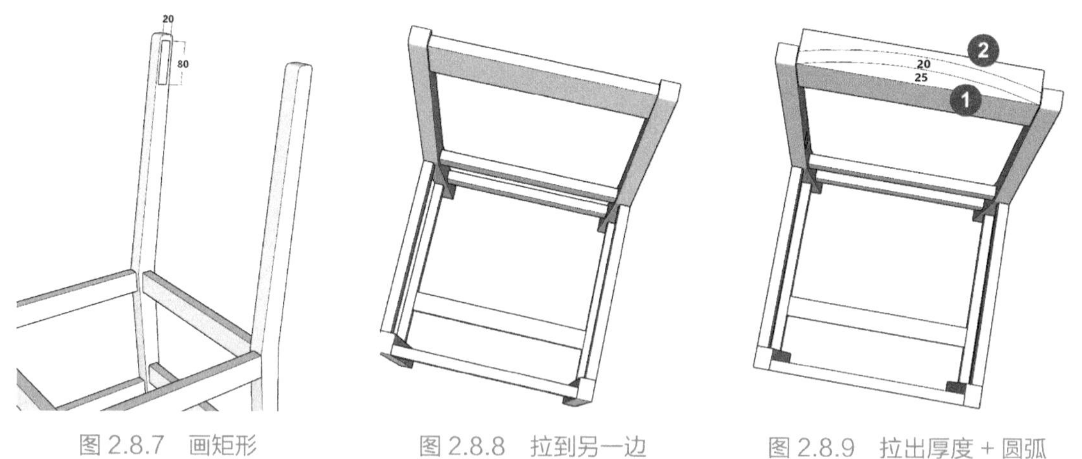

图 2.8.7　画矩形　　图 2.8.8　拉到另一边　　图 2.8.9　拉出厚度 + 圆弧

（4）向下 80mm 拉出第一块弯曲的靠背板，如图 2.8.10 所示。

（5）复制第一块弯曲板的一个面，向下 250mm 复制一个，再向下 40mm 拉出第二块靠背板（见图 2.8.11）。

（6）用偏移工具在第二块板上向内 5mm 做偏移，如图 2.8.12 所示。

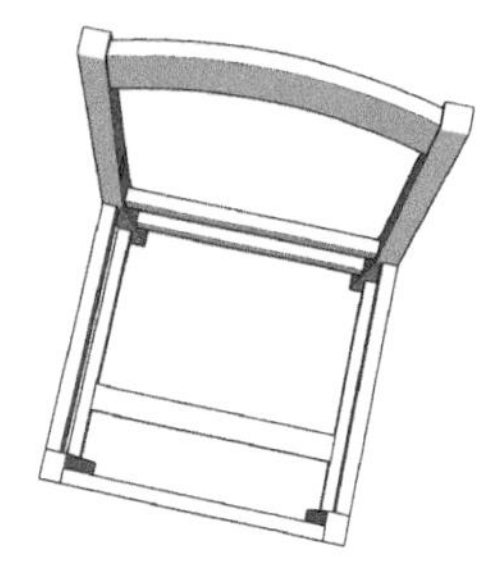

图 2.8.10　拉出并清理后

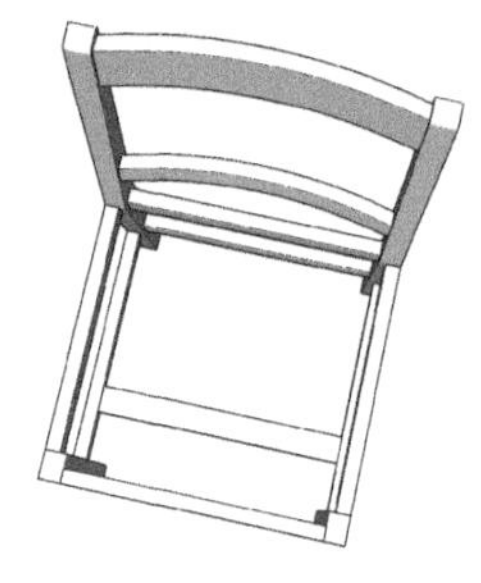
图 2.8.11　复制面 + 拖拉

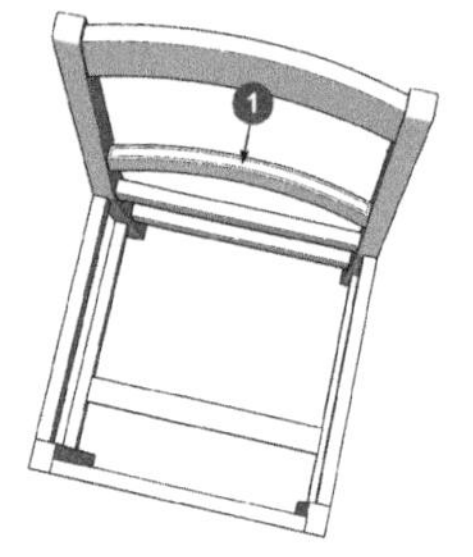

图 2.8.12　向内偏移

（7）利用圆弧线的“片段节点”生成一大两小 3 个矩形，如图 2.8.13 ①所示。

（8）拉出椅子靠背的 3 块板，如图 2.8.14 所示。

4. 完成坐板

（1）利用“对角”画出面板，如图 2.8.15 所示。

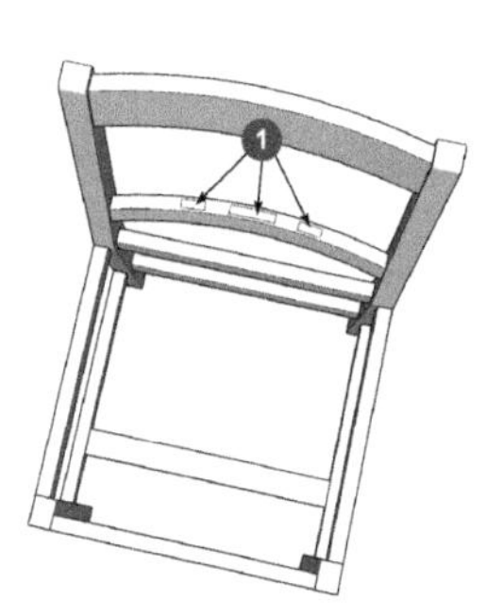

图 2.8.13　连点成面

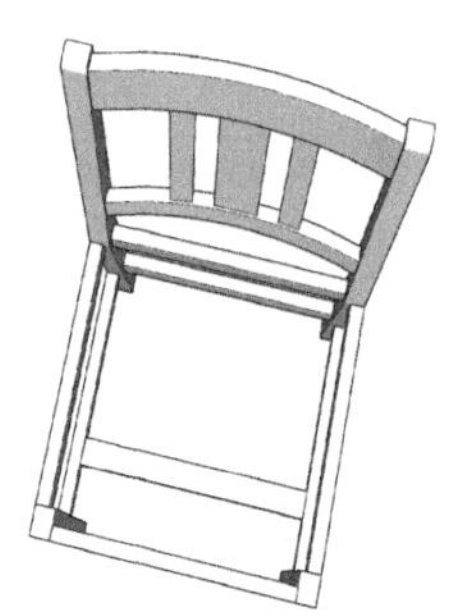
图 2.8.14　拉出竖板条

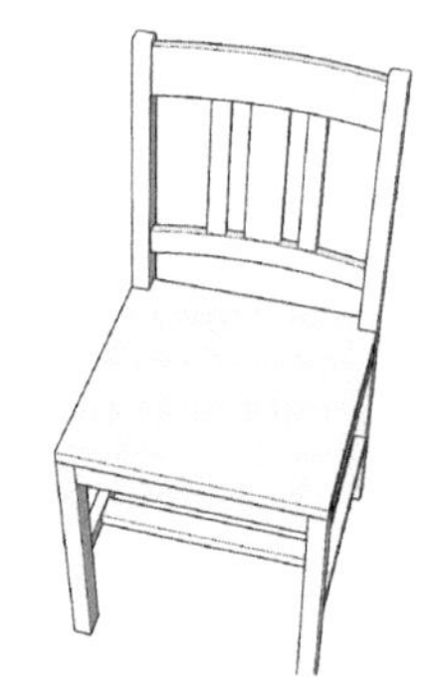
图 2.8.15　创建坐板

（2）向外拉出面板毛坯：在图 2.8.16 中① 处拉出 20mm，②处拉出 20mm，③处拉出 15mm。

（3）两侧描绘斜线后画圆弧倒角，推拉、清理废线面后，如图 2.8.17 所示。

（4）检查正、反面，清理废线、面，刷油漆、做成组件，入库备用，如图 2.8.18 所示。

从分析对象、找出难点、想办法解决到制定建模的先后顺序，然后一步步完成整个模型，中间要经过数不清的步骤，只要心里有一个大致的计划和方向，就不会混乱。千万不要在东边来一棍子，再到西边打一棒子；没有清晰的思路，做什么事情都会一团糟。

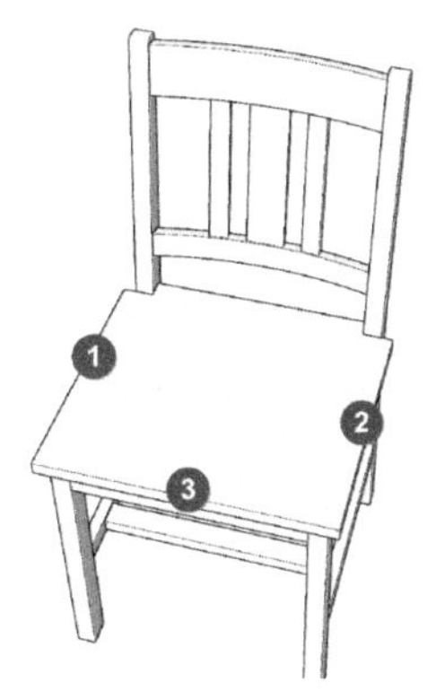

图 2.8.16　拉出三面

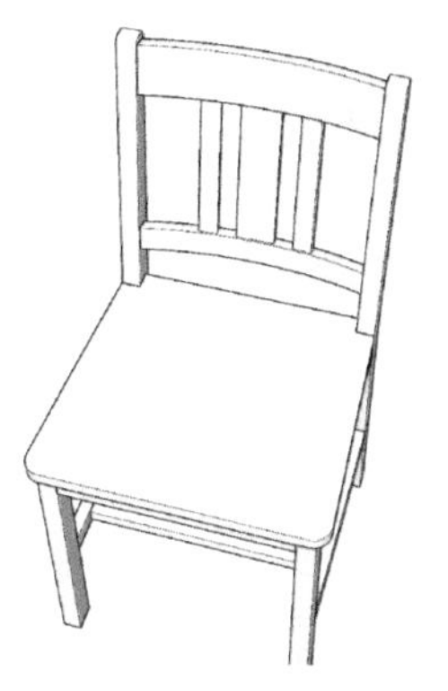
图 2.8.17　画线切割

图 2.8.18　赋色成品

2.9　简约书桌

本节要做一张书桌，属于现代简约款式的（见图 2.9.1），重点是书桌边框的铝合金型材和配件制作的思路与技巧；请看图 2.9.2 是铝合金型材与“三维角连接件”的示意，在每一个角上，3 条铝合金边框，用一个专用的角件连接，再用圆弧形的盖板盖上，简洁、美观、新潮。

书桌的板材用的是贴膜人造板，整件属于板式家具的范畴，可以由用户在使用现场自行安装；等一下我们会顺便把两侧的分离式抽屉柜也做出来；至于桌面上的东西和旋转椅，以后有机会再做，这一次就不用管它们了。

在正式展开介绍创建这个模型的方法之前，请想一下，如何用最简单的几步完成“铝合金型材”和“角连接器”建模；至于四周的墙板和书桌下面的两个柜子太简单，就不用考虑了。

图 2.9.1　书桌成品

图 2.9.2 所示为“角连接器”的连接示意，用 3 只螺栓连接；连接完成后可以用一个尼龙

制的“盖板”盖住螺栓连接的部分。

图 2.9.3 是几个主要尺寸，未标出的尺寸将在具体操作时提供，现在开始建模。

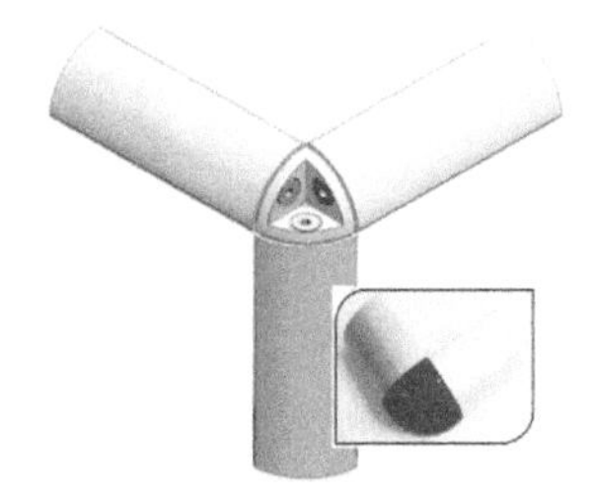

图 2.9.2 铝合金角件

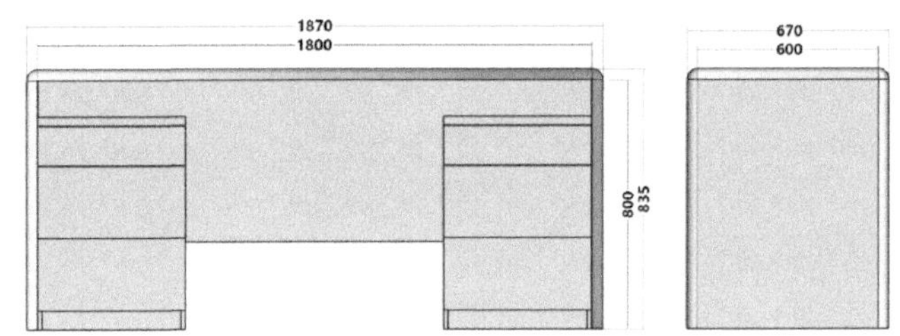

图 2.9.3 主要尺寸

1. 开始建模

（1）在地面上画辅助面，红轴方向长度为 1870mm，绿轴方向长度为 670mm（两个 70mm 的零头是铝合金），如图 2.9.4 所示。

（2）绘制 4 条辅助线（各从边线往内侧 35mm），如图 2.9.5 所示。

（3）用圆弧工具按辅助线做倒角，如图 2.9.6 所示，保留辅助线，后面有用。

（4）沿蓝轴向上画辅助线 800mm，端部画 35mm×35mm 小矩形，如图 2.9.7 所示。

（5）再画出圆弧倒角，如图 2.9.8 所示。

（6）做“循边放样”后得到图 2.9.9，这是上部的铝合金型材图形。

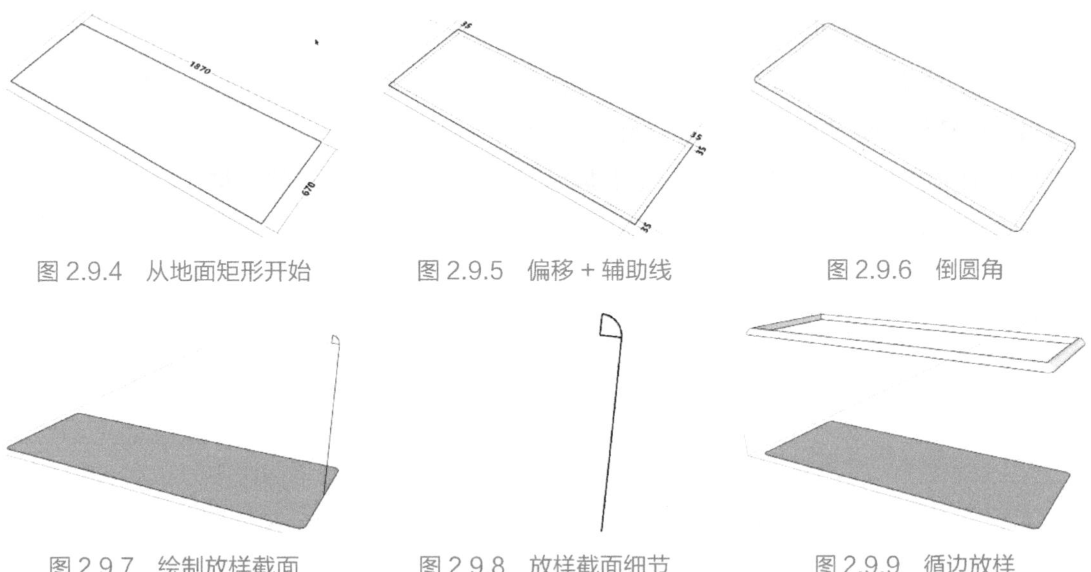

图 2.9.4 从地面矩形开始

图 2.9.5 偏移 + 辅助线

图 2.9.6 倒圆角

图 2.9.7 绘制放样截面

图 2.9.8 放样截面细节

图 2.9.9 循边放样

2. 做"盖板"与垂直部分

（1）利用辅助线，在地面上画 4 个矩形，如图 2.9.10 所示。

（2）向上拉出，要高过铝型材，如图 2.9.11 所示。全选后做模型交错，如图 2.9.12 所示。

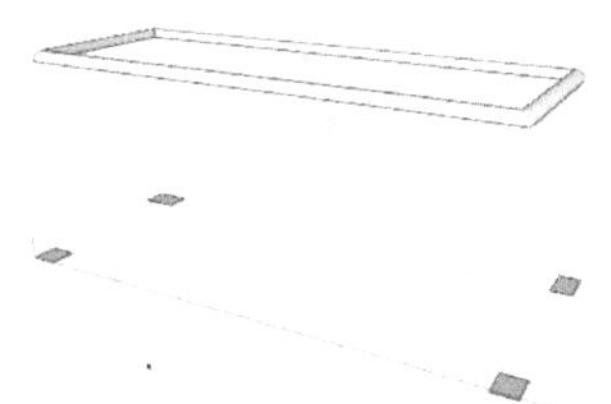

图 2.9.10　画出 4 个矩形

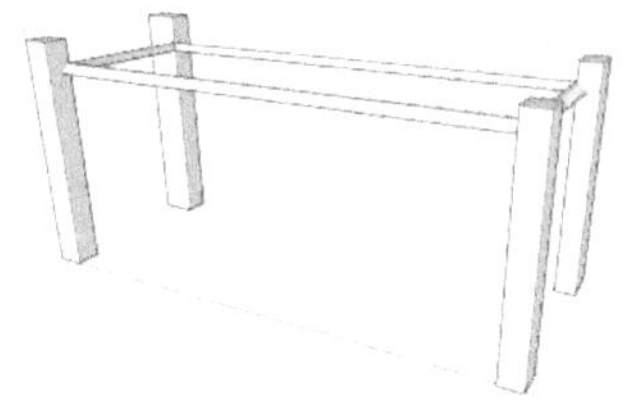

图 2.9.11　拉出相交

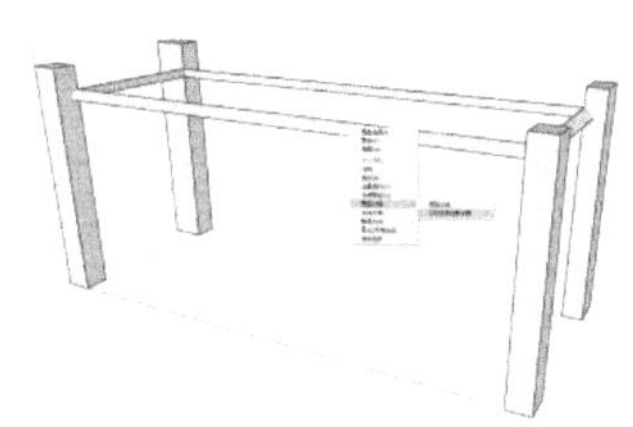

图 2.9.12　模型交错

（3）删除所有废线、面后得到 4 个角上的"盖板"形状，如图 2.9.13 所示。

（4）盖板底面向下 800mm（或 765mm）拉出 4 个垂直部分，如图 2.9.14 所示。

（5）做出三面墙板和面板（利用"对角"画矩形，拉出 16mm 厚度），如图 2.9.15 所示。

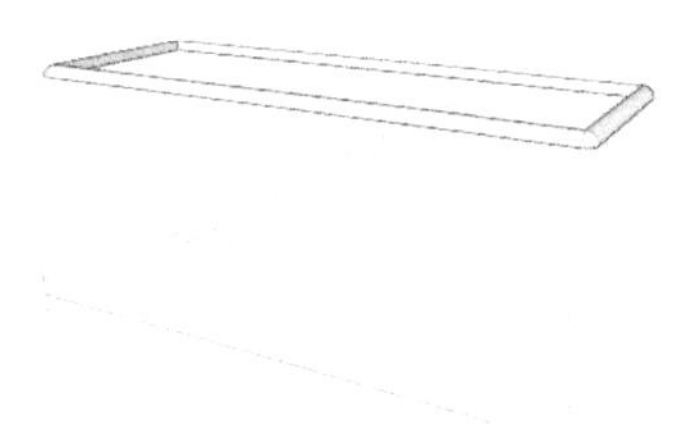

图 2.9.13　清理废线、面后

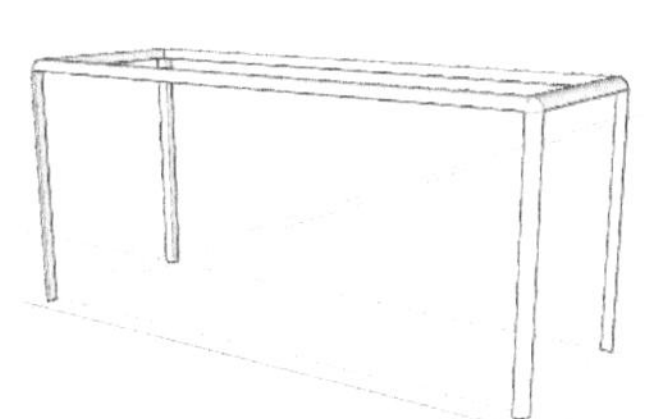

图 2.9.14　向下拉出四角

图 2.9.15　添加围板

下面创建抽屉柜。说明一下，用 SketchUp 建模，可粗可细、可简可繁、可以做加法，把模型做得很精细；也可以做减法，减到没有一条多余的线，没有一个多余的面。其实做减法比做加法的难度更高些，本节讨论的重点是铝合金边框和三维角件的创建，这部分刚才已经完成；至于抽屉、小柜子，跟上次做的床头柜差不多。创建床头柜的时候已经把类似对象的做法说得很详细了，所以这一次就没有必要再细讲，也不用做得那么精致了。

现在做两侧抽屉部分。

（1）在地面上画矩形，红轴方向长度为 500mm，绿轴方向长度为 600mm，拉出高度 660mm（见图 2.9.16）。

（2）按图 2.9.17 所示的尺寸移动复制边线（水平线 4 条、垂直线两条）。

（3）面板向外拉出 20mm 形成"檐口"，如图 2.9.18 所示。

（4）全选后创建群组，移动复制到位后如图 2.9.19 所示。

（5）分别对“板材”和“铝型材”赋予材质，如图 2.9.20 所示。

（6）创建组件后保存备用。

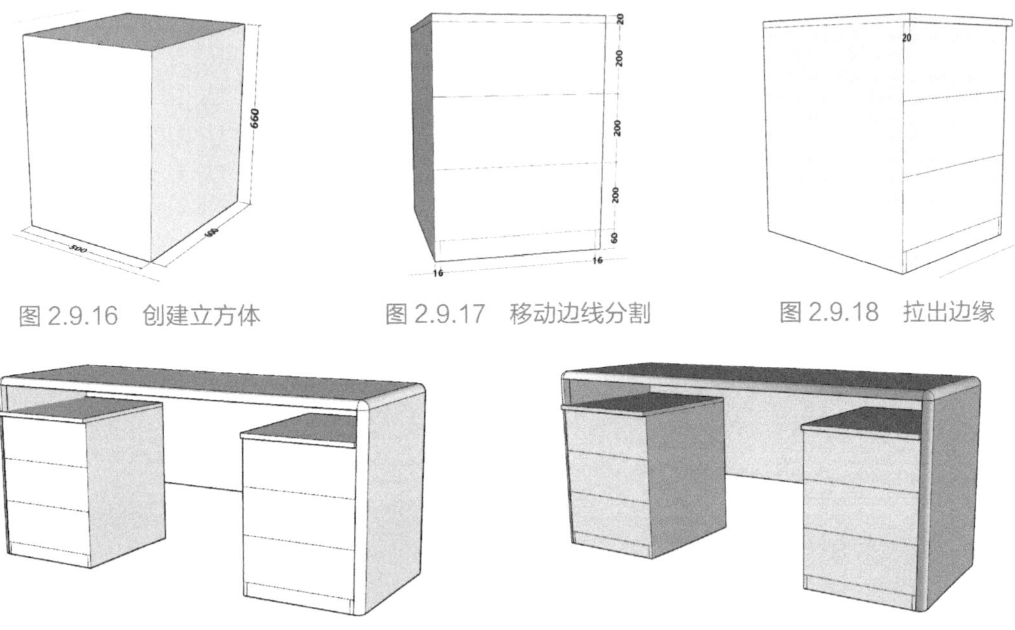

图 2.9.16 创建立方体　　图 2.9.17 移动边线分割　　图 2.9.18 拉出边缘

图 2.9.19 复制移动到位　　图 2.9.20 赋色成品

2.10 书柜

本节要为自己设计一套书柜，动手之前要明确几件重要的事情。

书很重，所以书柜在所有家具里属于较负重的一类，所用材料要加厚、结构要加强。

书架书柜的尺寸要适合书籍的尺寸，32 开本的小型书大多为教科书、小说等；技术类的书籍几乎全是 16 开（或 A4）的大本子；如果想要兼顾，当然要往 A4 靠。

书架的进深一般都不大，上面存放的书又很重，如果家里有顽皮的小朋友攀爬，非常有可能倾倒造成事故。所以，最好有把书柜固定在墙面防止倾倒的措施。

对于不太大的书房，书架、书柜最好还要有额外的功能，如翻板书桌、置物架等。

充分考虑到上面的这些要求后，设计出了图 2.10.1 所示的一套书柜：整套书柜分成 3 个部分：左、右有两个开放式的，中间有一块板可以翻下来当简单的书桌，一物多用。中间的部分有两扇门，可以保存重要的书籍和文件。所有柜子的顶部还留下一个置物的部位，以充分利用空间。所有的板材全部用 25mm 厚度的三聚氰胺木纹贴面板。

主要的尺寸如图 2.10.2 所示，部分未标注的小尺寸将在操作说明中给出。

图 2.10.1　成品

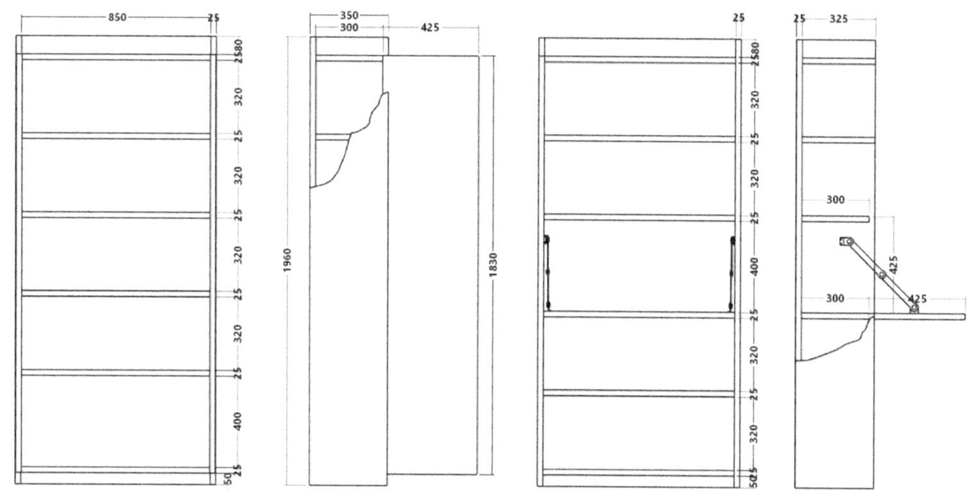

图 2.10.2　主要尺寸

现在开工，请注意下面对组件“设定为唯一”的细节。

（1）先在地面上画矩形，红轴方向长度为 900mm，绿轴方向长度为 350mm；向上拉出 1960mm，如图 2.10.3 所示。

（2）两侧边线向内侧 25mm 复制，形成两侧墙板的截面（见图 2.10.4 左右侧），立即分别创建群组。

（3）底部边线往上 50mm 复制，形成垫条截面（见图 2.10.4 下）创建群组。

（4）再往上 25mm 复制，如图 2.10.4 下所示。该截面要创建群组后再转为组件（重要）。

（5）删除所有无关的线条和面，仅留下组件和群组与图 2.10.5 ①所示作为界限的线条。

（6）拉出垫条并复制（见图 2.10.6 下），再拉出底板（见图 2.10.6 下），再拉出两侧墙板（图 2.10.6）。

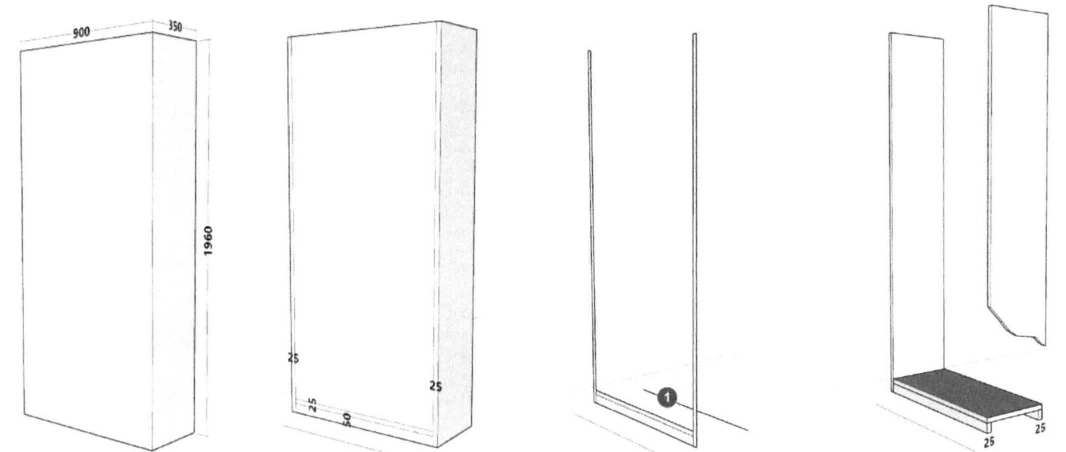

图 2.10.3　创建立方体　　图 2.10.4　复制边线　　图 2.10.5　清理废线、面　　图 2.10.6　创建垫条底板

（7）向上复制“搁板组件”，上、下各有两个相隔 345mm，中间一个间隔 425mm，如图 2.10.7 所示。

（8）进入任意“搁板组件”，推进去 25mm，如图 2.10.8 所示。

（9）利用“角点”绘制矩形，创建群组后拉出 25mm，形成背板，如图 2.10.9 所示。

注意：关键点来了，下一步要把中间的两块搁板推进去 25mm，让出“翻板”的位置，而现在所有的搁板都是同样的组件，只要改动其中的任意一个，其余的也跟着做相同的改变，这是组件的重要特征；那么，现在该怎么做?

（10）其实很简单，现在右击这两块需要缩进去的板，在快捷菜单里选择“设定为唯一”命令，如图 2.10.10 所示，这样做以后，就产生了两个变化：

① 这两块板脱离了原先那个组件的约束关系，现在可以单独进行调整，而不会影响其他的组件了；

② 因为同时选择了两块板，让他们一起脱离原先那个组件的约束，现在他们俩又成了兄弟，只要改变它们中的任一个，另一个也跟着改变；这是一个非常有用的技巧，我戏称为“拉帮结派、另立山头”。

（11）把“另立山头”后的两块板缩进去 25mm 后，让出了“翻板”位置，可以利用相关的“对角”画出矩形，创建群组后，拉出 25mm，形成书桌翻板，如图 2.10.11 所示。

（12）用旋转工具把“翻板”旋转 90° 后如图 2.10.12 所示。

（13）再把“拉杆”部件移动到位，建模基本结束（“拉杆”是现成的组件），如

图 2.10.13 所示。

（14）创建组件，入库备用。

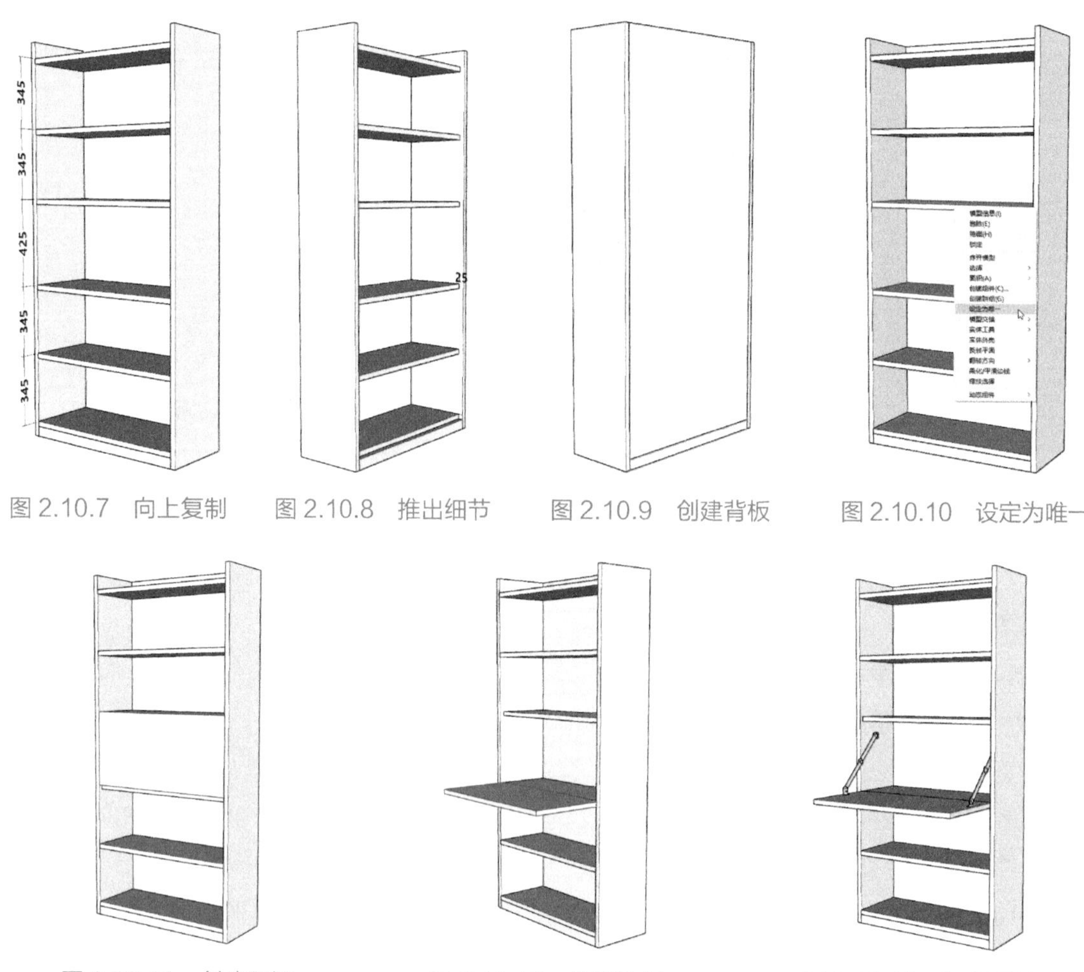

图 2.10.7　向上复制　　图 2.10.8　推出细节　　图 2.10.9　创建背板　　图 2.10.10　设定为唯一

图 2.10.11　创建翻板　　图 2.10.12　旋转翻板　　图 2.10.13　加上配件

下面再做出“双门书柜”，可以用图 2.10.13 进行改造，也可新建，下面简单讲一下新建。

（1）前面的过程与图 2.10.3 到图 2.10.6 相同。

（2）复制搁板时，下面一格是 425mm，其余四格是 345mm，见图 2.10.14。

（3）做完背板后，进入任一搁板组件，往里推进 25mm，如图 2.10.15 所示。

（4）用“角点”画矩形，从中间画线分成两半，分别创建群组。

（5）各拉出 25mm 成两块门板，如图 2.10.16 所示。

（6）用旋转工具旋转一块门板后的成品如图 2.10.17 所示。

（7）贴图、添加拉手等附件。

（8）创建组件，入库备用。

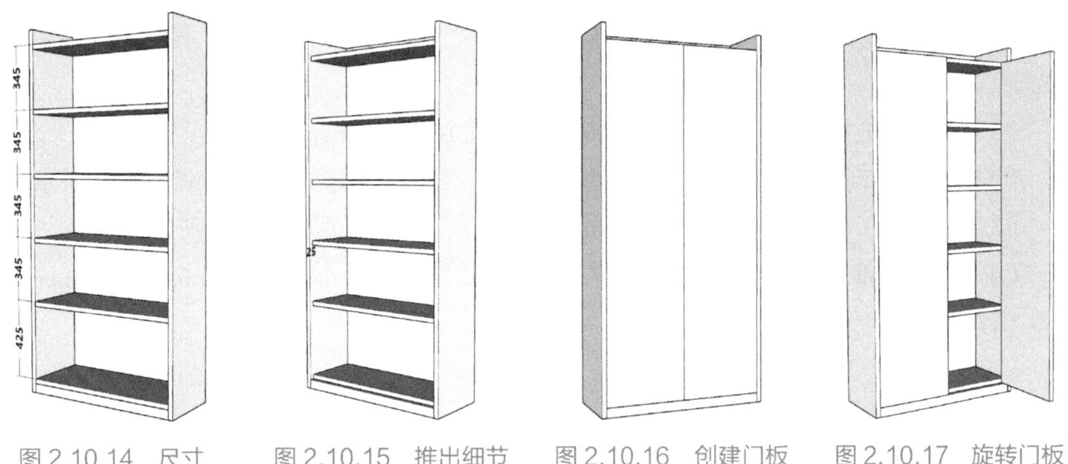

图 2.10.14　尺寸　　图 2.10.15　推出细节　　图 2.10.16　创建门板　　图 2.10.17　旋转门板

2.11　台灯和落地灯

本节要做一大一小两个灯具，大的是“落地灯”，小的是“台灯”，在图 2.11.1 中把这两个灯放在了一起。图 2.11.2 是台灯的透视图，图 2.11.3 是平行投影的图。

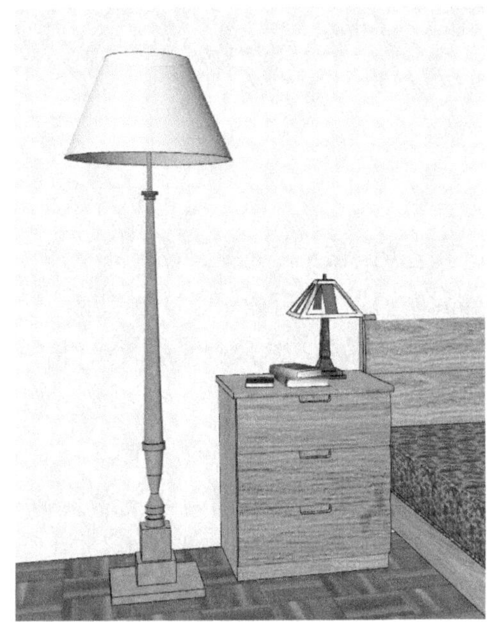

图 2.11.1　两个成品

图 2.11.2　台灯透视

图 2.11.3　台灯平行投影

1. 台灯分为两个部分来制作

图 2.11.3 ①是灯座，图 2.11.3 ②是灯罩，下面先来制作台灯的灯座，图 2.11.4 是完成后的样子。

（1）在地面上绘制矩形 120mm × 120mm；向上拉出 10mm，如图 2.11.5 所示。

（2）用偏移工具向内 10mm 偏移出新的矩形，再向上拉出 15mm，如图 2.11.6 所示。

（3）用偏移工具，再向内偏移 20mm，向上拉出 40mm，如图 2.11.7 所示。

（4）选择顶部平面后调用缩放工具，按住 Ctrl 键做中心缩放，输入 0.5，按 Enter 键后如图 2.11.8 所示。

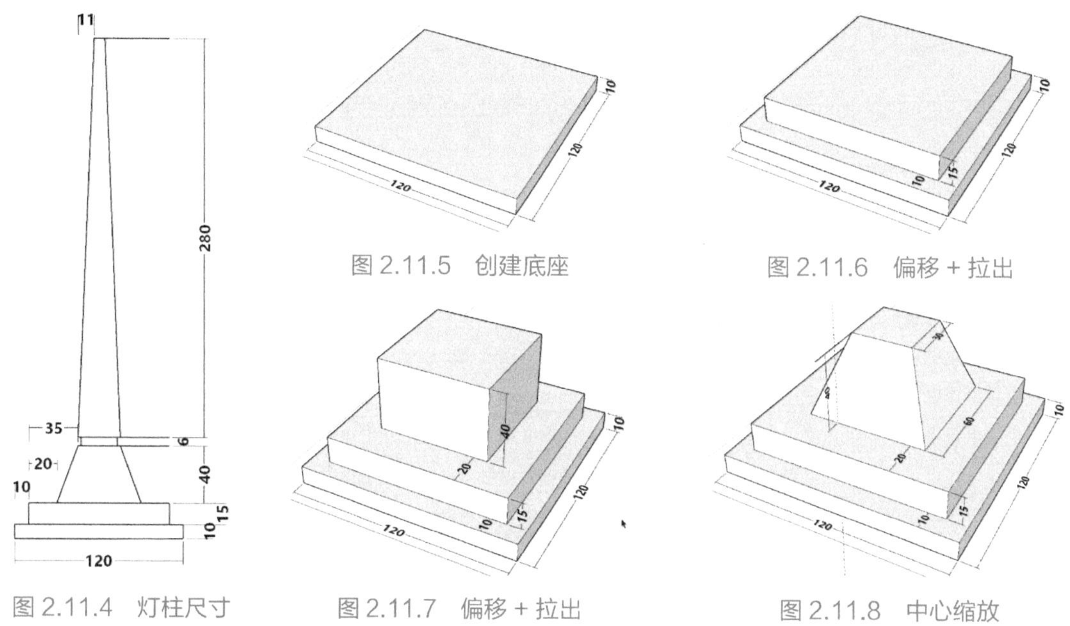

图 2.11.4　灯柱尺寸　图 2.11.5　创建底座　图 2.11.6　偏移 + 拉出　图 2.11.7　偏移 + 拉出　图 2.11.8　中心缩放

（5）用偏移工具，再向内偏移 3mm，向上拉出 6mm，如图 2.11.9 所示。

（6）再向外偏移 3mm，向上拉出 280mm，形成柱形后如图 2.11.10 所示。

（7）选择柱形的顶部，用缩放工具按住 Ctrl 键做中心缩放到原来的 0.3 倍，如图 2.11.11 所示。

（8）创建群组后在顶部描出一个小矩形，再向外偏移 110mm，如图 2.11.12 所示。

（9）用推拉工具把顶部向下推 20mm，露出部分灯杆，如图 2.11.14 所示。

（10）选择顶面，用缩放工具按住 Ctrl 键做中心缩放到原来的 0.25 倍，如图 2.11.15 所示。

（11）灯罩尺寸如图 2.11.13 所示，选中灯罩的一个面，用偏移工具往内偏移 15mm，如

图 2.11.16 ①所示。

（12）用直线工具连接两角点到边线，如图 2.11.16 ②③所示。

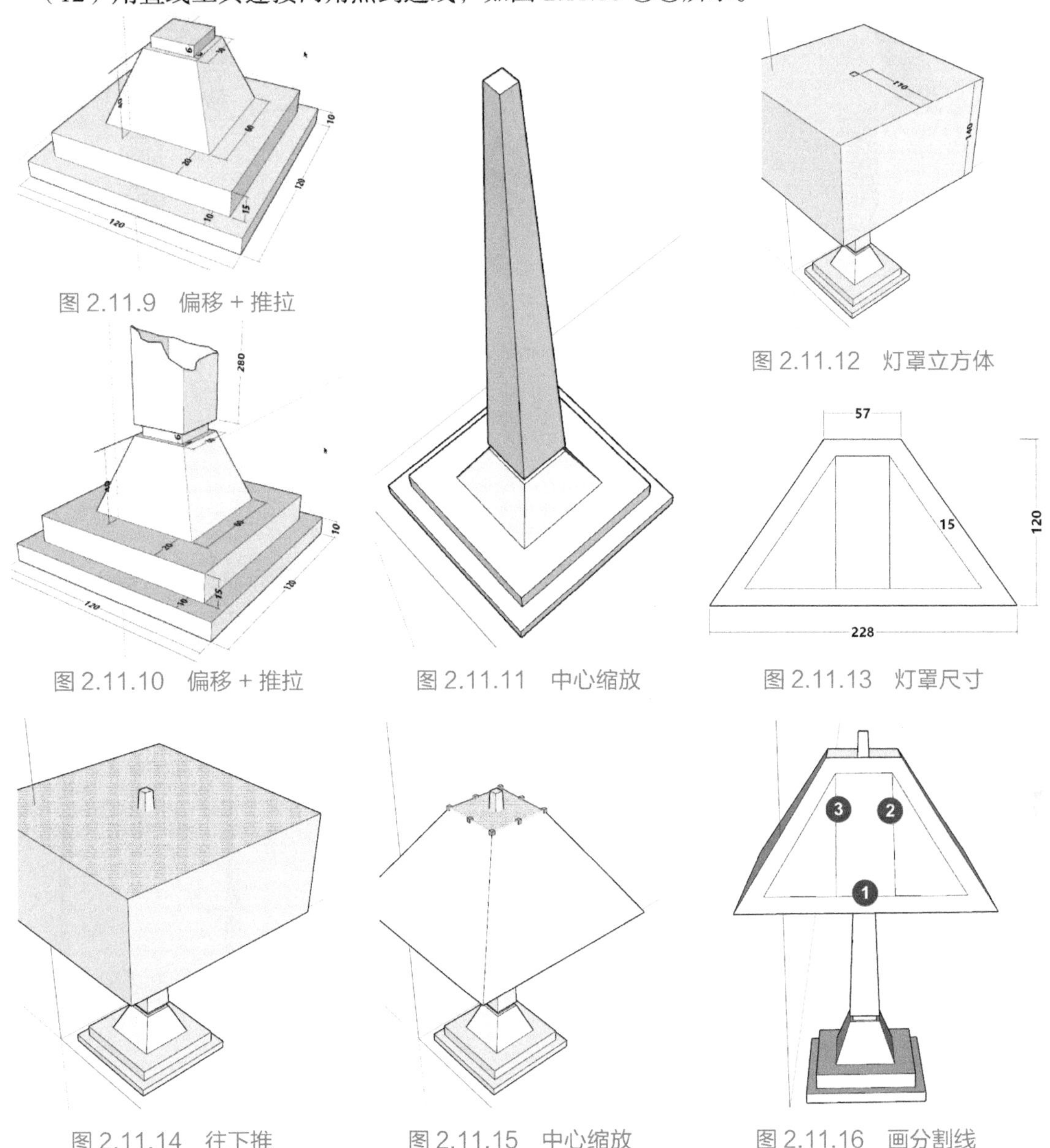

图 2.11.9　偏移 + 推拉

图 2.11.10　偏移 + 推拉

图 2.11.11　中心缩放

图 2.11.12　灯罩立方体

图 2.11.13　灯罩尺寸

图 2.11.14　往下推

图 2.11.15　中心缩放

图 2.11.16　画分割线

（13）对灯柱赋色后再对灯罩的一个面赋色，如图 2.11.17 所示。

（14）删除灯罩的另外三面，创建群组，用灯柱的顶部中心做旋转复制，如图 2.11.18 所示。

（15）全部完成后如图 2.11.19 所示。

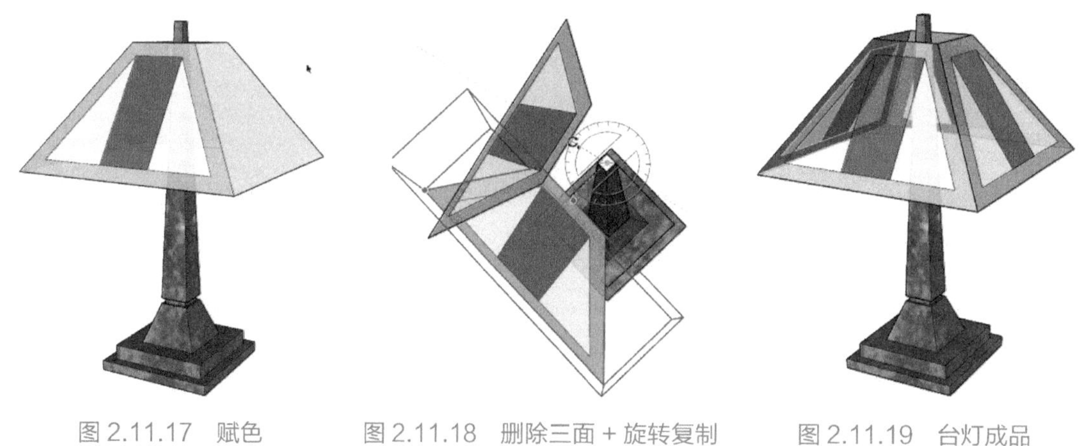

图 2.11.17　赋色　　图 2.11.18　删除三面 + 旋转复制　　图 2.11.19　台灯成品

2. 创建落地灯

下面开始创建落地灯的模型，它的整体形象如图 2.11.20 所示。

落地灯的形状比台灯复杂很多，下面要分成 5 个部分来做，如图 2.11.21 所示。

图 2.11.22 ～图 2.11.26 分别是图 2.11.21 中①～⑤这 5 个部分的“特写”。这 5 个部件可以分别建模，然后拼装起来，也可以像上面的台灯一样，从地面上的一个矩形开始往上，一气呵成。

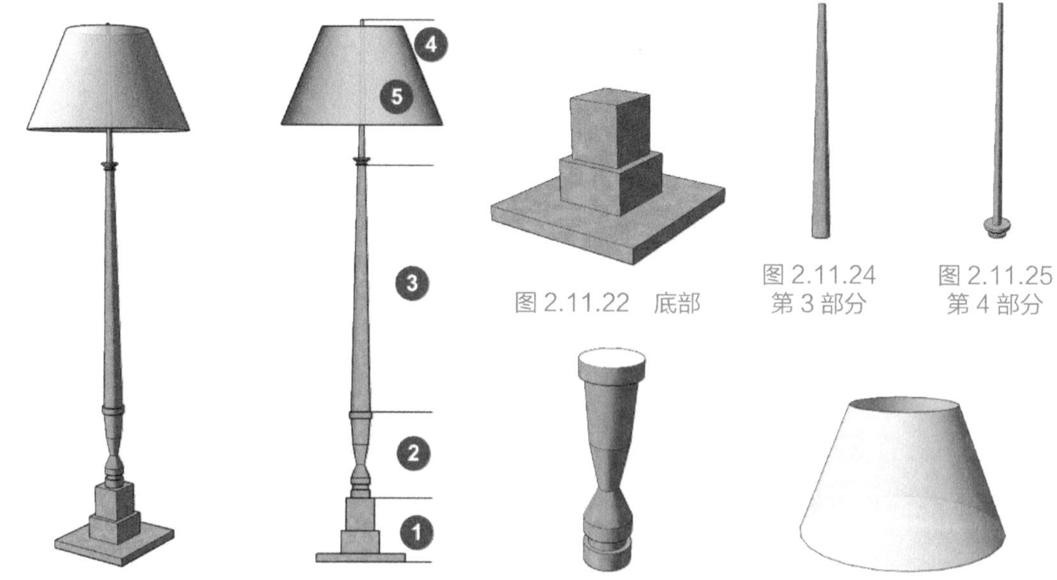

图 2.11.22　底部　　图 2.11.24　第 3 部分　　图 2.11.25　第 4 部分

图 2.11.20　落地灯成品　图 2.11.21　模型分区　图 2.11.23　第 2 部分　　图 2.11.26　第 5 部分

现在开始做图 2.11.21 中的①部分。

（1）从在地面上画矩形开始，尺寸为 280mm × 280mm，如图 2.11.27 所示。

（2）向上拉出 25mm，向内偏移 80mm 后再向上拉出 70mm，如图 2.11.28 所示。

（3）再向内偏移 15mm，向上拉出 100mm，完成后如图 2.11.29 所示。

（4）创建群组后画一条对角线，如图 2.11.29 所示，对角线的中点是后面画圆要用到的圆心。

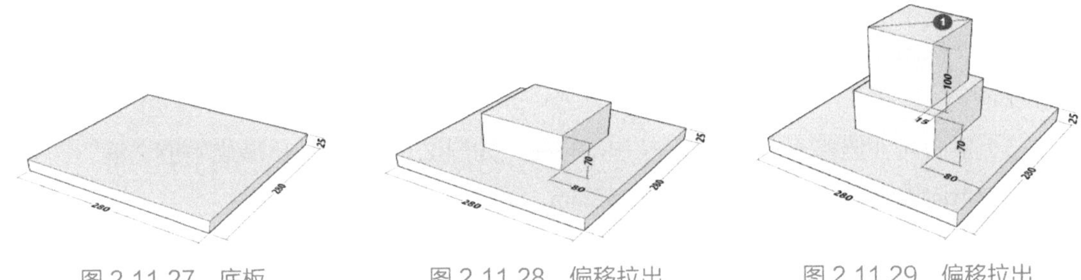

图 2.11.27　底板　　图 2.11.28　偏移拉出　　图 2.11.29　偏移拉出

（5）下面要在第①部分的基础上做出图 2.11.21 ②的部分，虽然这一部分的高度与第一部分差不多，但是包含了 3 个台阶和 3 个锥度，有点复杂，请注意操作顺序和尺寸细节。

（6）图 2.11.30 是这一部分的大致尺寸，包含了 3 个台阶和 3 个锥度。

（7）用图 2.11.29 ①的对角线中点为圆心画圆，半径 30mm，如图 2.11.31 所示。

（8）清理废线后上拉出 25mm，形成第一段圆柱体，如图 2.11.31 所示。

（9）向内偏移 6mm 后向上拉出 16mm，形成第一个台阶，如图 2.11.32 所示。

（10）再向外偏移 6mm，向上拉出 20mm，这是第二个圆柱体，如图 2.11.33 所示。

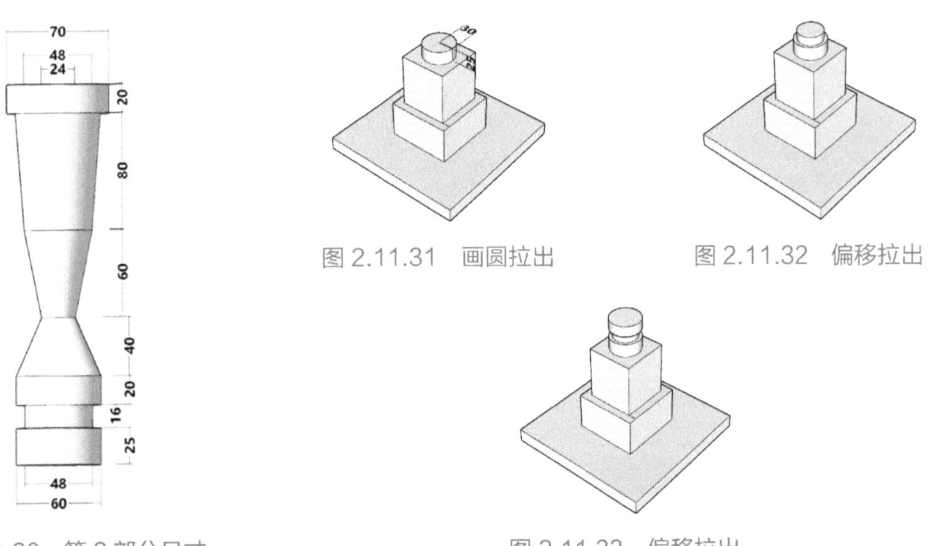

图 2.11.30　第 2 部分尺寸

图 2.11.31　画圆拉出　　图 2.11.32　偏移拉出

图 2.11.33　偏移拉出

下面要用到“复制推拉”的技巧（推拉操作时按住 Ctrl 键）。

（1）按住 Ctrl 键向上拉出 40mm。

（2）仍然按住 Ctrl 键再往上拉出 60mm。

（3）用同样的方法向上拉出 80mm，完成后如图 2.11.34 所示的分隔开的 3 段圆柱体。

下面要再次用到中心缩放的技巧，不过这一次有点不同。

（1）框选好图 2.11.35 所示的圆周线，调用缩放工具，按住 Ctrl 键做中心缩放，输入 0.4，按 Enter 键。

（2）框选图 2.11.36 所示的圆周线，调用缩放工具，按住 Ctrl 键做中心缩放。输入 0.8，按 Enter 键。

（3）顶面向外偏移 6mm 后向上拉出 20mm，如图 2.11.37 所示；形成一道“箍”。

（4）再向内偏移 6mm，向上拉出 745mm，如图 2.11.38 所示

（5）选择顶部平面和边线，按住 Ctrl 键做中心缩放到原来的 50%，如图 2.11.39 所示。

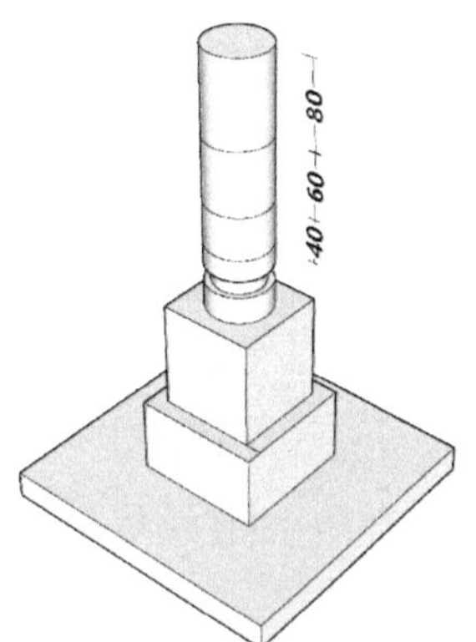

图 2.11.34　拉出 + 复制推拉

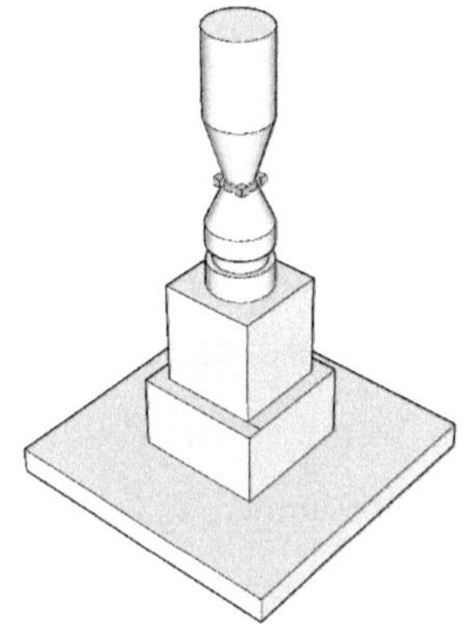
图 2.11.35　中心缩放

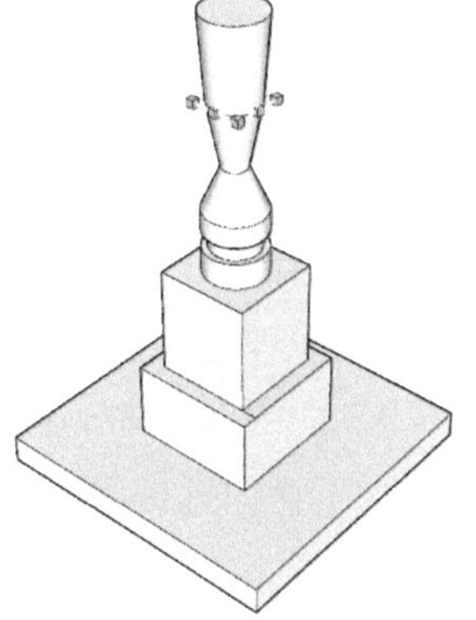
图 2.11.36　中心缩放

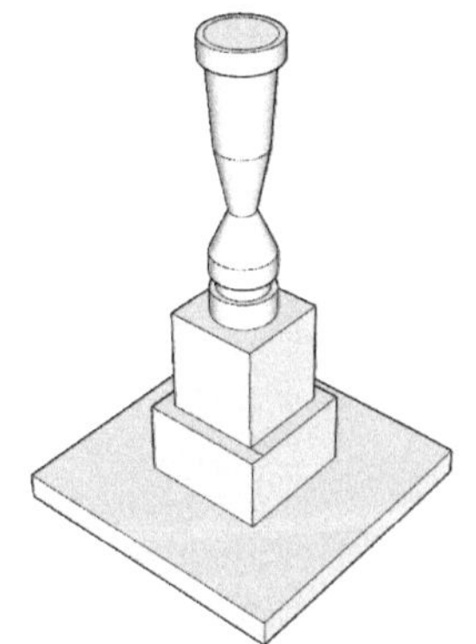
图 2.11.37　偏移 + 拖拉

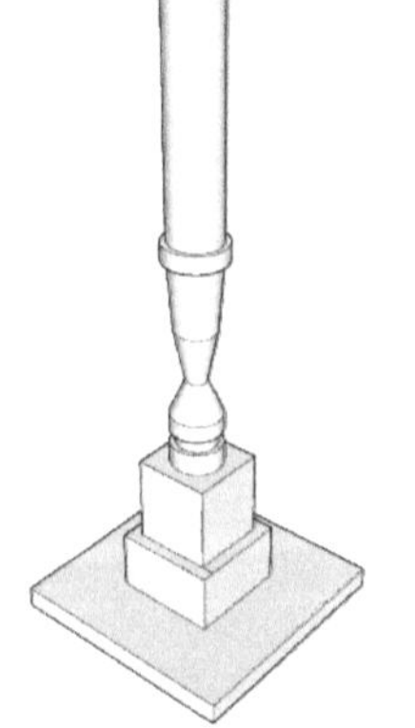
图 2.11.38　偏移 + 推拉

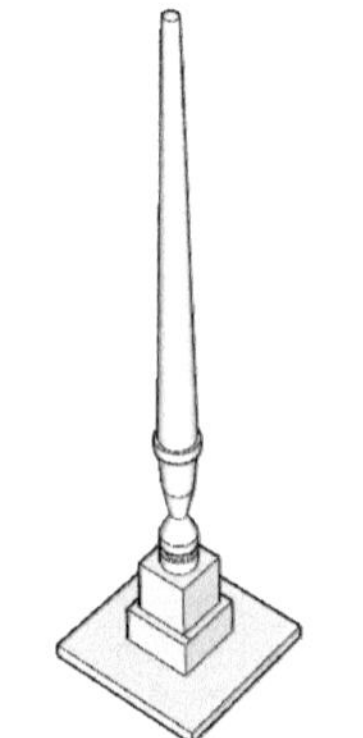
图 2.11.39　中心缩放

接着要做出图 2.11.21 ④的底部，这一段高度只有 22mm，却有多个台阶，如图 2.11.40 所示。

（1）在图 2.11.39 的顶部，向外偏移 6mm，向上拉出 4mm，如图 2.11.41 所示。

（2）向内偏移 6mm，再向上拉出 6mm，如图 2.11.42 所示。

（3）向外偏移 6mm，向上拉出 6mm，如图 2.11.40 所示。

（4）向外偏移 8mm，向上拉出 6mm，如图 2.11.43 所示。

（5）向内偏移 13mm，向上拉出 420mm，如图 2.11.44 所示。

（6）顶部做中心缩放到原来的 50% 后群组，如图 2.11.45 所示。

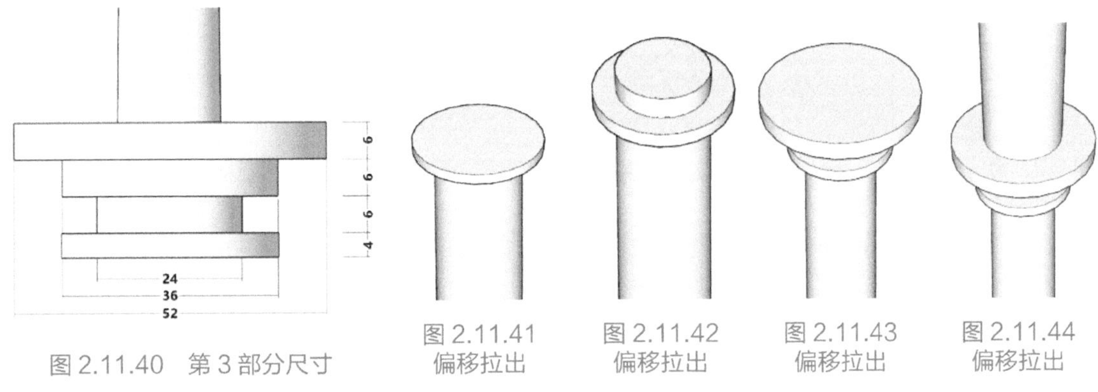

图 2.11.40　第 3 部分尺寸　图 2.11.41 偏移拉出　图 2.11.42 偏移拉出　图 2.11.43 偏移拉出　图 2.11.44 偏移拉出

下面完成最后的灯罩部分。

（1）描画图 2.11.45 顶部的小圆（也可复制后原位粘贴），向外偏移 250mm 后如图 2.11.46 所示。

（2）向下拉出 320mm 后得到灯罩的毛坯，如图 2.11.47 所示。

（3）把灯罩毛坯的上圆面向下推 20mm，露出图 2.11.48 ①所示的灯杆顶部。

（4）选择好灯罩顶部平面，做中心缩放到原来的 50%，如图 2.11.49 所示。

（5）删除灯罩毛坯的上、下平面，创建群组后如图 2.11.50 所示。

（6）赋予材质，创建组件，入库备用，如图 2.11.51 所示。

小结：这个建模实例做了两个不同的灯具，基本建模思路和技巧就是推拉、偏移、中心缩放三大件做联合操作，不需要高深的技术，也不要插件，照样可以一气呵成弄出点东西来。

做练习时，尺寸和形状不必完全一样，你尽可以发挥想象力，创造出自己的灯具。

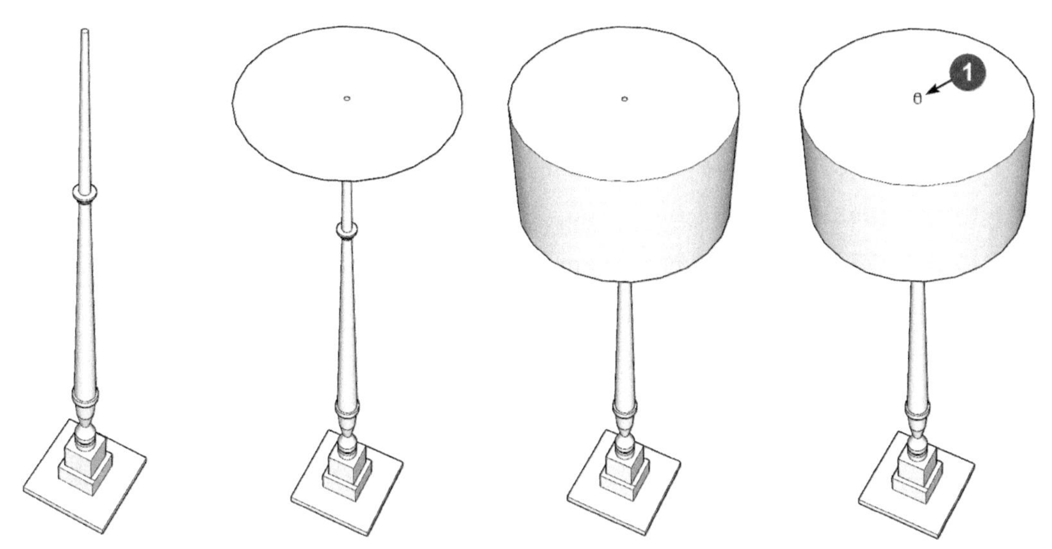

图 2.11.45 中心缩放　图 2.11.46 绘制圆面　图 2.11.47 拉出柱体　图 2.11.48 向下推出细节

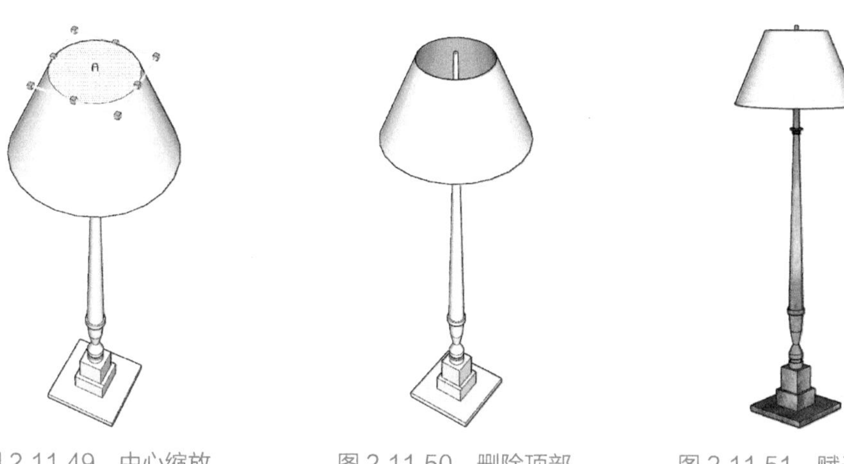

图 2.11.49 中心缩放　图 2.11.50 删除顶部　图 2.11.51 赋予材质

2.12 台布

你一定想不到如图 2.12.1 所示的“台布”居然是用做地形的“沙箱工具”形成的。

在这个系列教程的《SketchUp 要点精讲》一书的 4.5 节中提到过：“沙盒工具不见得只能做地形，它还有很多别的用途，如果把这组工具用活了，也可以组合出地形以外的大量曲面建模特技”。这一次要做的台布，就是跟地形完全没有关系的对象。

图 2.12.1　成品

1. 做台布部分

（1）在地面上画个矩形，尺寸为 1800mm × 900mm，如图 2.12.2 所示。

（2）用徒手线工具在紧靠矩形的外侧画一圈手绘波浪线，如图 2.12.3 所示。

（3）把地面上的矩形平面向上 750mm 做移动复制，如图 2.12.4 所示。

（4）把手绘的波浪线向上移动 350mm，如图 2.12.5 所示。

（5）删除上、下两个矩形中的面，只留下边线，如图 2.12.6 所示。

（6）选择上面的矩形和中间的手绘线，单击"沙箱工具条"第一个工具，生成台布，如图 2.12.7 所示。

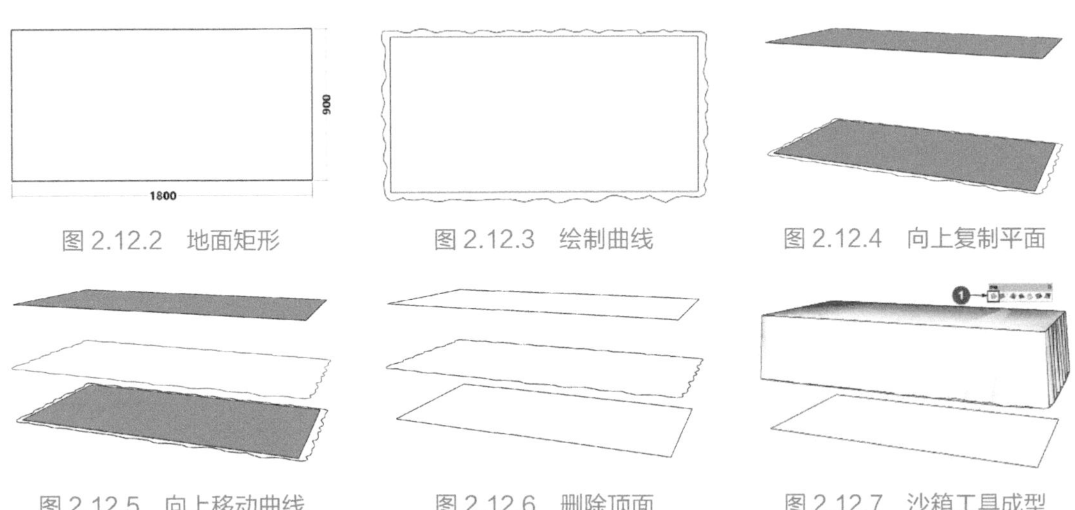

图 2.12.2　地面矩形　　图 2.12.3　绘制曲线　　图 2.12.4　向上复制平面

图 2.12.5　向上移动曲线　　图 2.12.6　删除顶面　　图 2.12.7　沙箱工具成型

（7）在“台布”上连续三击，选择全部后，单击右键，调出“柔化”面板，把滑块拉到最左边取消柔化，露出全部边线，如图 2.12.8 所示。

（8）用橡皮擦删除下沿多余的线面，若不小心造成破面可补线修复，如图 2.12.9 和图 2.12.10 所示。

（9）删除废线面后如图 2.12.11 所示。全选后适当柔化赋予材质，如图 2.12.12 和图 2.12.13 所示。

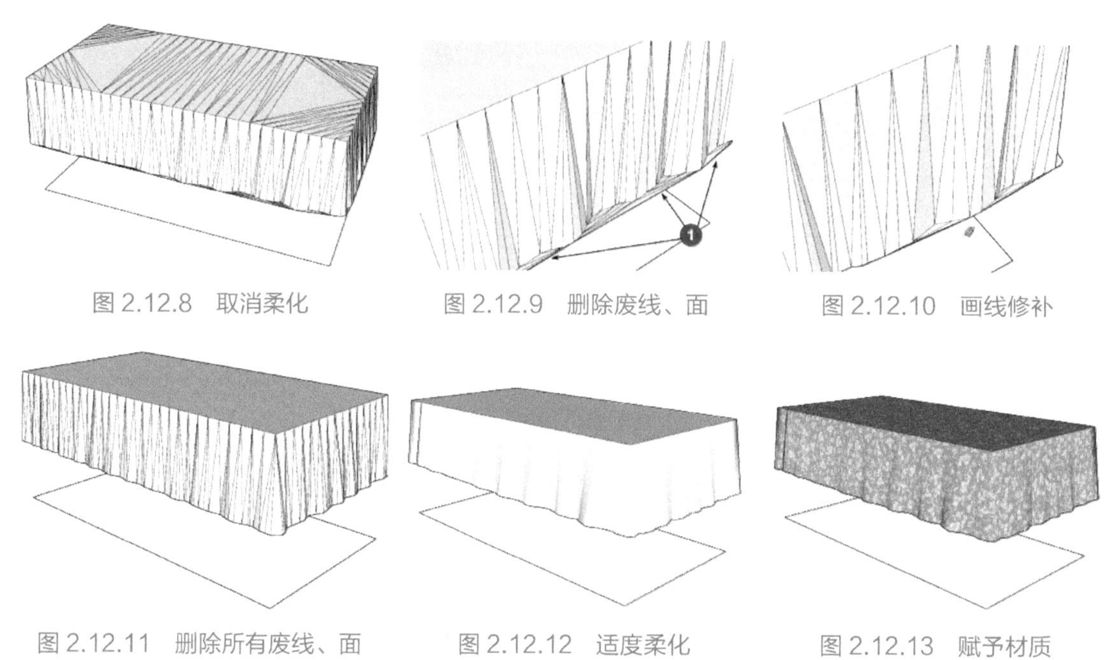

图 2.12.8　取消柔化　　图 2.12.9　删除废线、面　　图 2.12.10　画线修补

图 2.12.11　删除所有废线、面　　图 2.12.12　适度柔化　　图 2.12.13　赋予材质

2. 做餐桌的 4 条腿

（1）对留在地面上的矩形向内偏移 60mm，再在一个角上画矩形 70mm × 70mm，如图 2.12.14 所示。

（2）把小矩形做成组件，移动复制到四角，如图 2.12.15 所示。

（3）进入任一组件向上拉出 600mm 后如图 2.12.16 所示。

（4）选择桌腿的下端做中心缩放到原来的 70%，形成桌腿锥度，如图 2.12.17 所示。

（5）赋色后如图 2.12.18 所示。

（6）删除废线，摆点参照物后做成组件，入库备用，如图 2.12.19 所示。

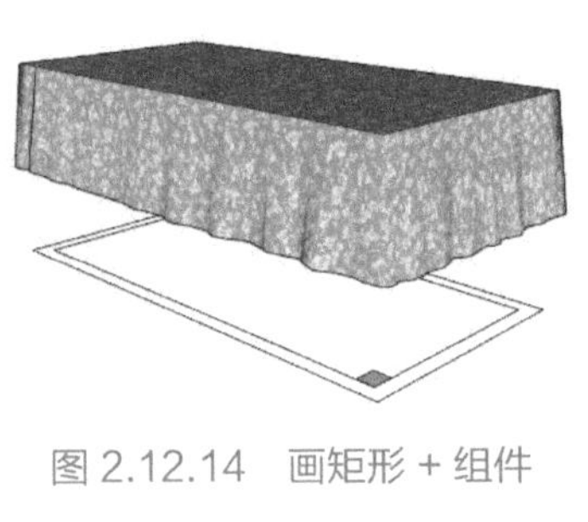

图 2.12.14　画矩形 + 组件

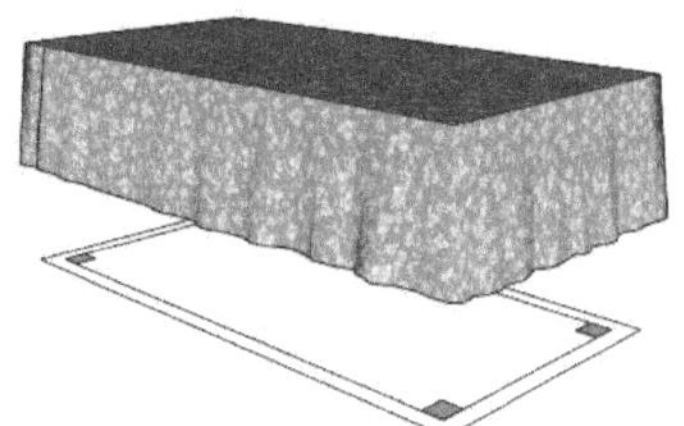

图 2.12.15　复制

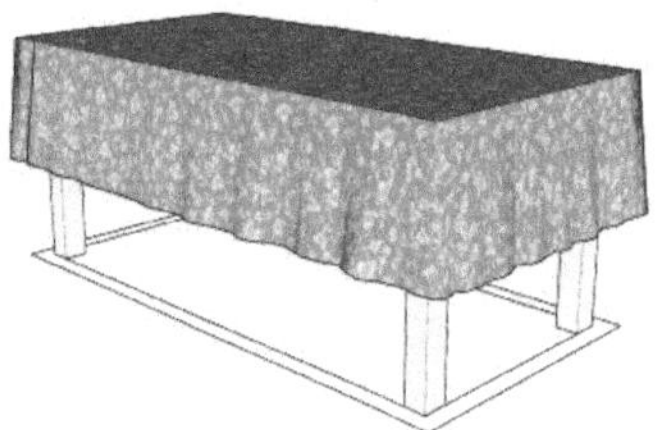

图 2.12.16　向上拉出组件

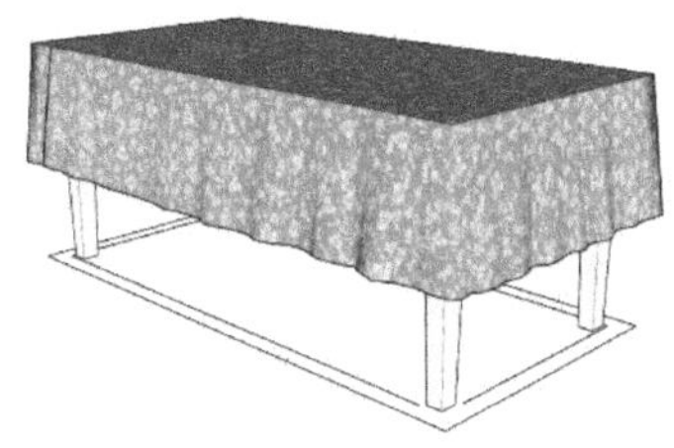

图 2.12.17　中心缩放

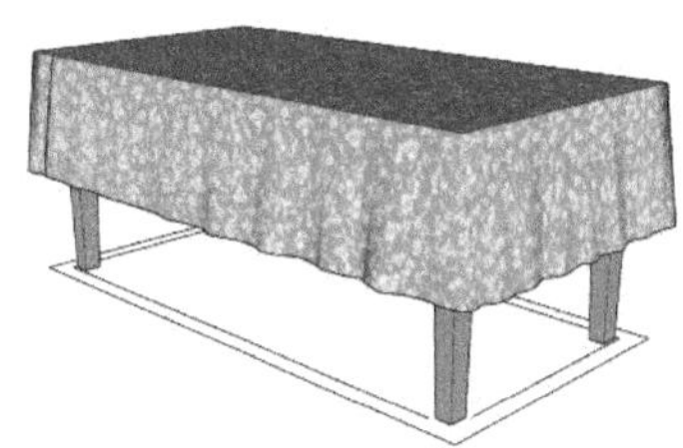

图 2.12.18　赋予材质的效果

图 2.12.19　清理废线、面

2.13　休闲椅

本节要做的对象是图 2.13.1 和图 2.13.2 所示的一套躺椅，玻璃钢材质，淘宝上有卖的，5000 多元一套；由一个躺椅和一个蛋形的“搁脚”组成；躺椅的部分看起来还符合“人体工程学”的原则，设计得不错；配套的蛋形搁脚却不怎么样，想要把双脚顺利搁在上面，想必要提前练过功，躺下后无论双脚同时还是先后“升空”必须要同时“降落”，否则会翻车。

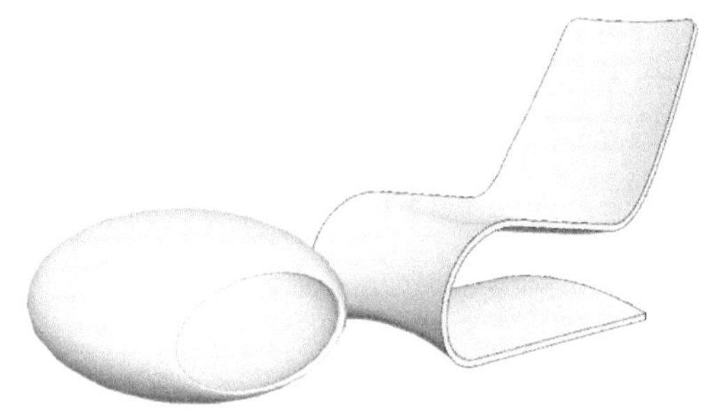

图 2.13.1　成品休闲椅（1）

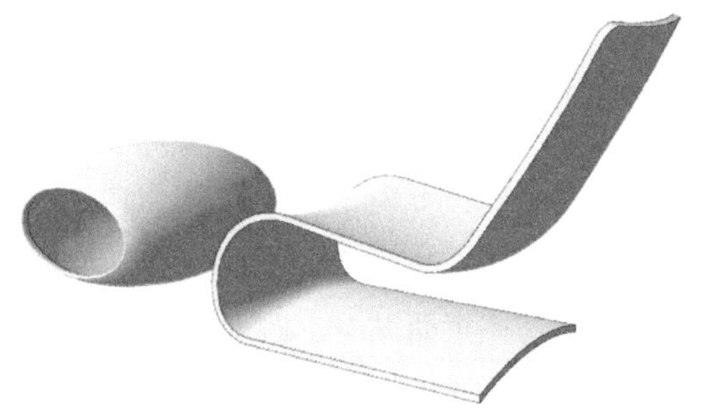

图 2.13.2　成品休闲椅（2）

图 2.13.3 是侧视图，图 2.13.4 是俯视图。上面有一些主要的尺寸，难以标注出的小尺寸将在操作步骤中给出。

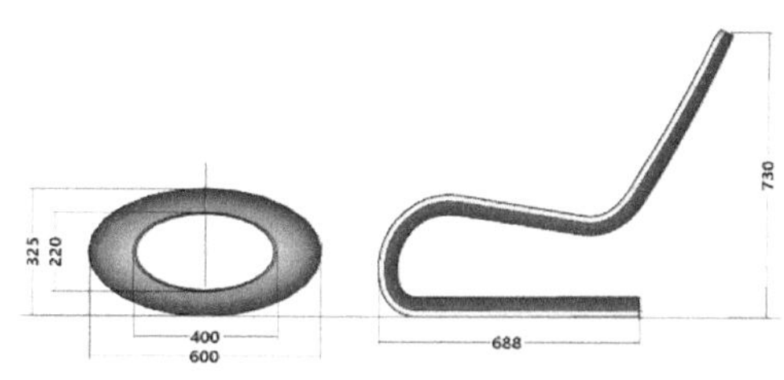

图 2.13.3　主要尺寸

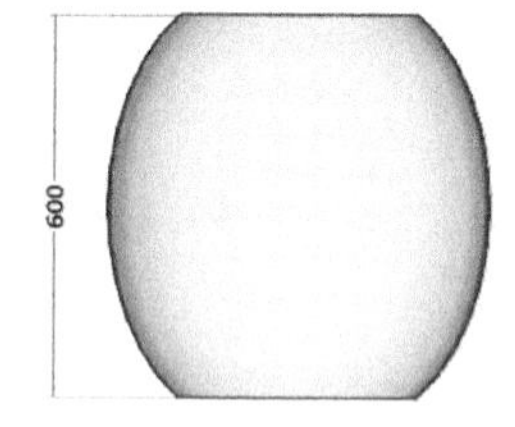

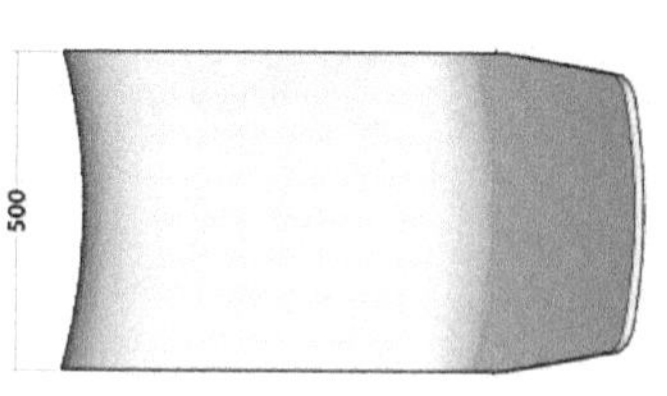

图 2.13.4　俯视图

1. 创建躺椅

图 2.13.5 是保存在附件里的照片，淘宝上截取来的，下面就要用这幅照片做出这套躺椅。

（1）把该图片拉到 SketchUp 窗口中，要让它在垂直的面上，别让它躺下。

（2）炸开，重新创建群组。双击进入群组，用小皮尺工具调整尺寸（可参考图 2.13.3）。

（3）用圆弧工具沿躺椅的侧缘描出边线，如图 2.13.6 ①所示。

（4）用移动工具复制该边线到旁边，如图 2.13.7 所示。

图 2.13.5　原始照片

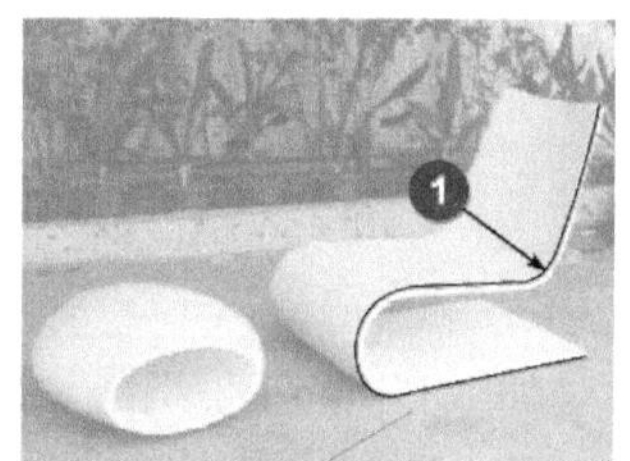

图 2.13.6　描绘曲线

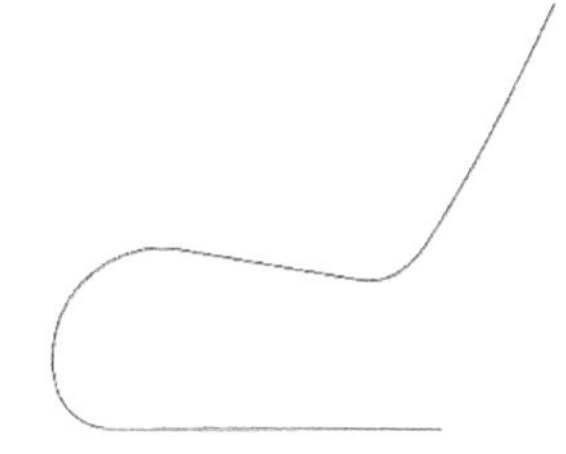

图 2.13.7　关键曲线

（5）接着在上述边线的端部画出辅助面并画出弧形的放样截面，如图 2.13.8 所示，弦长 500mm，弧高 34mm，两弧间距（即厚度）为 16mm 或 18mm。

（6）做“沿路径放样”，如图 2.13.9 所示，得到躺椅的毛坯。

（7）下面要按靠背的倾斜角度作辅助面，画辅助线，如图 2.13.10 所示，这一步需要点技巧。

（8）用毛坯正面左上、右上两个角点和图 2.13.11 ①②两点画矩形，并平行于靠背。

（9）用量角器工具做斜线，用圆弧工具绘制圆弧，完成后如图 2.13.10 所示。

（10）用推拉工具把该形状拉出到靠背的前面，如图 2.13.11 所示。

（11）全选后做“模型交错”，如图 2.13.12 所示。

（12）删除废线面后得到成品，如图 2.13.13 所示。

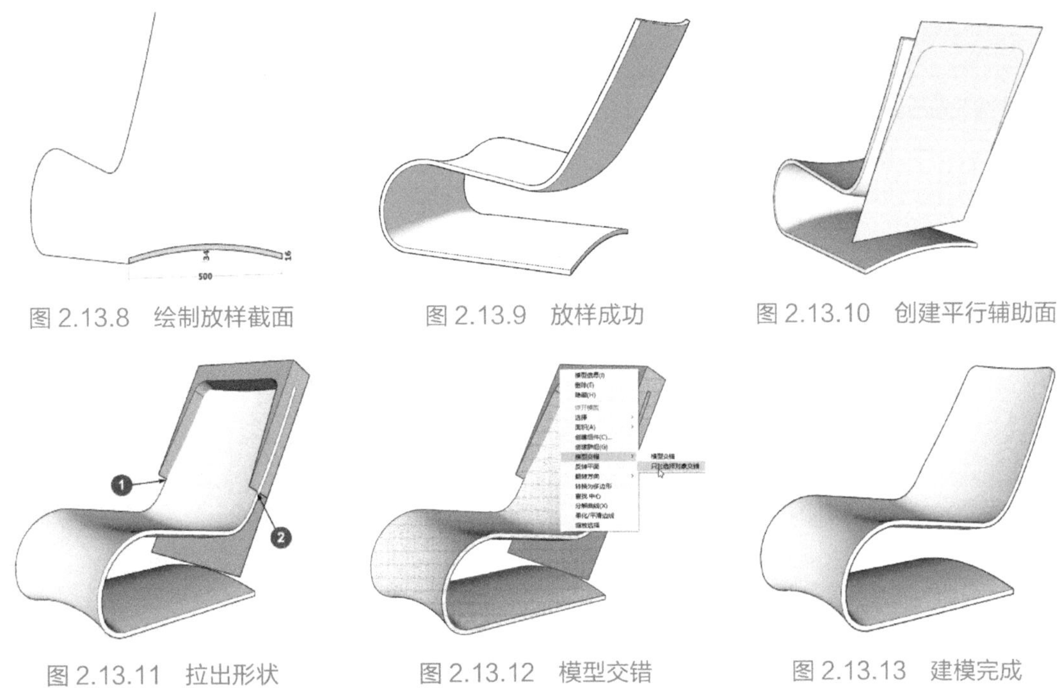

图 2.13.8　绘制放样截面　　图 2.13.9　放样成功　　图 2.13.10　创建平行辅助面

图 2.13.11　拉出形状　　图 2.13.12　模型交错　　图 2.13.13　建模完成

上面几步的目的是要用模型交错“切割”出靠背的造型，难度在于获取平行于靠背的辅助面。

2. 做“蛋形搁脚”的部分

（1）地面上画矩形 600mm × 600mm。

（2）向上拉出 600mm，形成一个立方体，如图 2.13.14 所示。

（3）在立方体侧面画圆，半径 300mm，如图 2.13.15 所示。

（4）在立方体顶面上绘制弧形的放样截面，如图 2.13.16 所示，弧高 150mm。

（5）两弧间距，相当于搁脚成品的厚度 16mm，如图 2.13.16 所示。

（6）删除所有废线、面，只留下放样截面（弧）和放样路径（圆 17mm）。

（7）把放样截面的弧形移动到放样路径的中部，准备放样，如图 2.13.17 所示。

（8）循边放样完成后如图 2.13.18 所示。

（9）用缩放工具把对象压扁到总高 325mm 左右、总宽 600mm 左右，如图 2.13.19 所示。

（10）尝试赋给不同的颜色，如图 2.13.20 和图 2.13.21 所示。

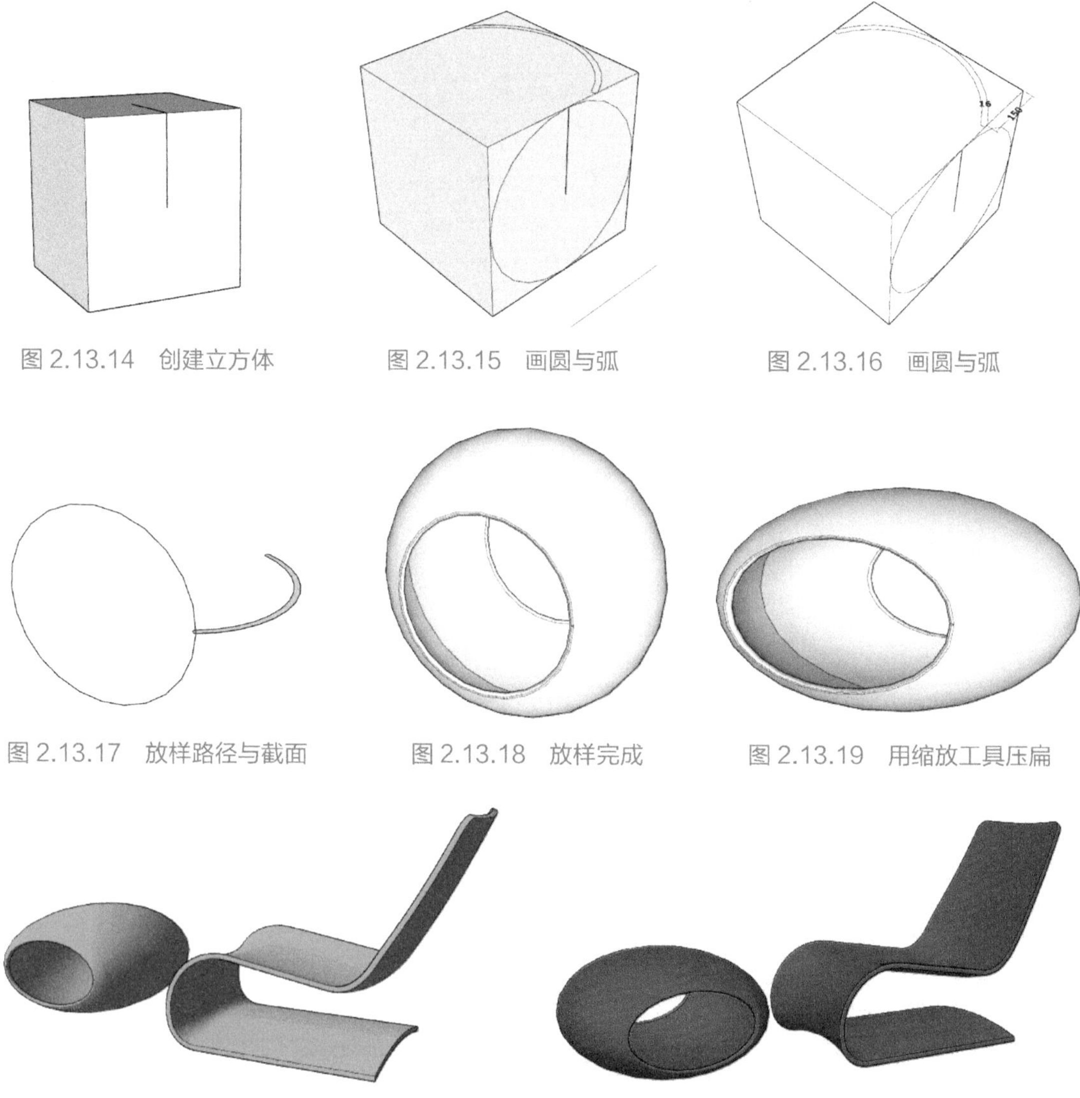

图 2.13.14　创建立方体

图 2.13.15　画圆与弧

图 2.13.16　画圆与弧

图 2.13.17　放样路径与截面

图 2.13.18　放样完成

图 2.13.19　用缩放工具压扁

图 2.13.20　赋色（1）

图 2.13.21　赋色（2）

这个实例的重点有 3 个。

（1）从照片获得对象的基本特征，见图 2.13.6 和图 2.13.7。

（2）创建倾斜的辅助面，以及为模型交错做准备的技巧，见图 2.13.10 图 2.13.11。

（3）再一次体会了路径跟随与模型交错这两大法宝，如图 2.13.8、图 2.13.9、图 2.13.11、图 2.13.12 所示。

2.14 漱口杯架

可能你会奇怪，这么简单的漱口杯和它的架子也算一个练习吗？

（1）看起来简单的对象，真正想要动手做出来，还是要动动脑筋的。

（2）创建家具和日常用品的模型并不是我们的目的，通过对熟悉的对象创建模型，显然比抽象的对象更容易获得建模的思路与技巧，一系列类似练习下来，你就能形成一整套建模的办法，今后你就能下意识地结合到你自己的专业应用中去。

这是一个常见的漱口杯架，先来看几张照片（见图 2.14.1 ~ 图 2.14.3）观察一下这个对象，在观察分析的前提下确定建模方法和步骤，对于是否能够顺利创建模型很重要。

这个漱口杯架子，铝合金材料，中间有个固定在墙上的支架，两边各有一个圆环，要用路径跟随来做（见图 2.14.4 ~ 图 2.14.6）。两个小圆柱用来连接圆环和支架，用推拉工具就可以完成。两只漱口杯，也是画出截面和路径，再用路径跟随的办法完成的。

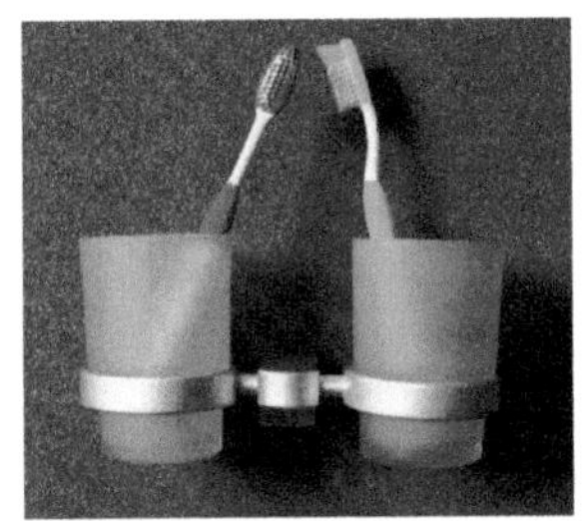
图 2.14.1　原始照片一

图 2.14.2　原始照片二

图 2.14.3　原始照片三

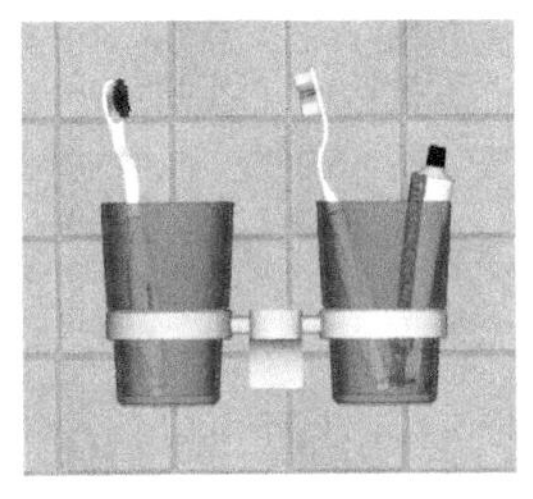
图 2.14.4　成品一

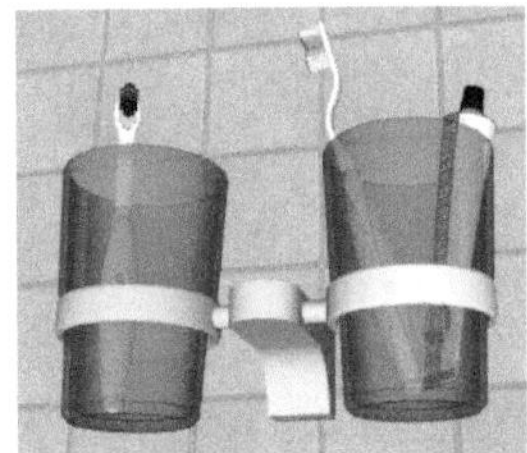
图 2.14.5　成品二

图 2.14.6　成品三

看完这些照片，相信你已经有了建模思路，推拉工具和路径跟随是主要手段，但是挑选这个对象作为实例，其目的除了强化推拉和路径跟随的概念和技巧外，如何用辅助面和辅助线配合建模；准确估计出各部位的尺寸等才是更重要的。要直接估计出铝合金的部分比较困难，而杯子的尺寸则比较容易获得，所以可以先创建杯子，再做杯架，这也是一种建模思路，尤其在缺乏具体尺寸的时候非常有用。

1. 做漱口杯的部分

（1）首先还是要建立一个垂直的临时平面，红轴 100mm，蓝轴 130mm 左右，如图 2.14.7 所示。

（2）创建垂直中心线，向右偏移出杯口的边界，偏移距离 37mm，如图 2.14.8 所示。

（3）从辅助面底部向上 50mm 和 110mm 画两条水平的辅助线，如图 2.14.8 所示。

（4）用旋转工具以图 2.14.9 的交点为旋转中心，旋转 3° 形成锥度。

（5）用移动工具，往内侧再复制出一条倾斜的辅助线，偏移 3mm，如图 2.14.10 所示。

（6）用直线工具画出两个倒角和两个直线段，如图 2.14.11 所示。

（7）选择所有线条，往内侧 3mm 复制一份，如图 2.14.12 所示。

（8）用直线工具画出底部水平线。

（9）用圆弧工具画出杯口圆弧，形成放样截面，如图 2.14.13 所示。

（10）沿中心辅助线向下画一段延长线，再画一个圆作为放样路径，如图 2.14.13 所示。

（11）做“旋转放样”，如图 2.14.14 所示。

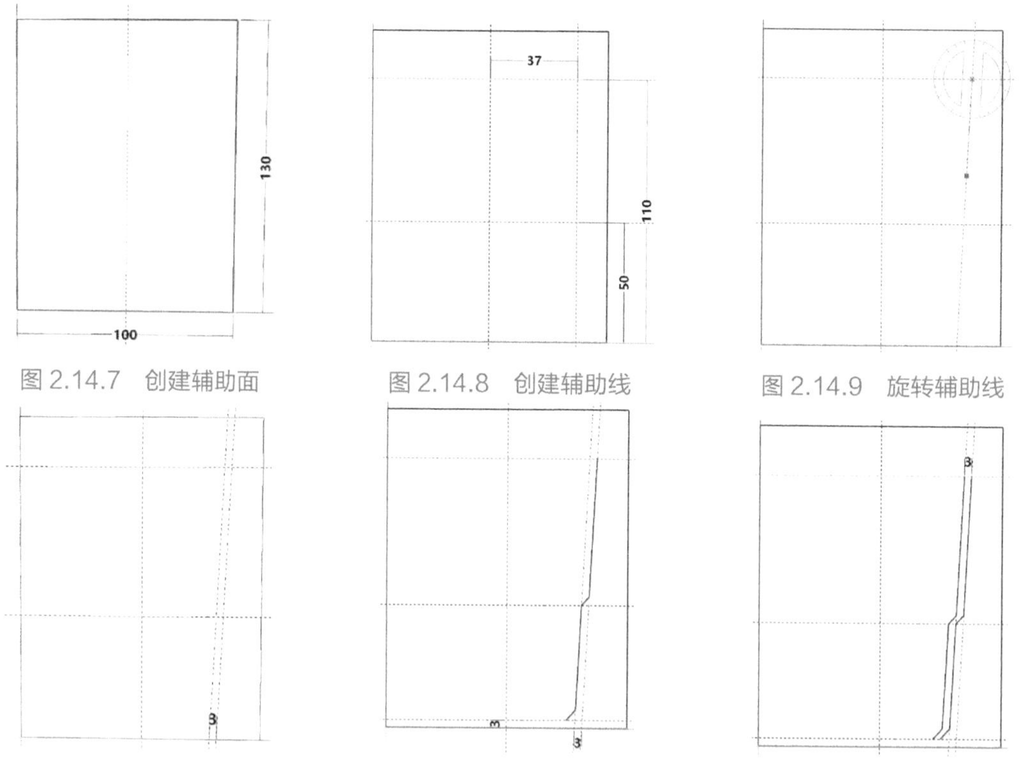

图 2.14.7　创建辅助面　　图 2.14.8　创建辅助线　　图 2.14.9　旋转辅助线

图 2.14.10　移动复制（1）　　图 2.14.11　描绘边线　　图 2.14.12　移动复制（2）

（12）选择全部并单击右键，调出“柔化平滑”面板，调整到合适位置。

（13）用材质工具，选择一种透明材质，适当调整透明度，如图 2.14.15 所示。

（14）全选，创建群组。注意选择时包括底部定位用的短线段。

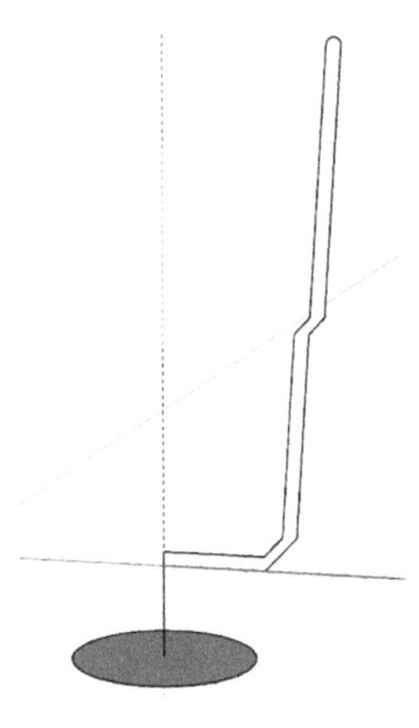

图 2.14.13　清理线面

图 2.14.14　旋转放样

图 2.14.15　赋透明材质

2. 做支架部分

以下给出的尺寸都是根据照片预估的，发现不对可以调整。

（1）还是先要有辅助面，注意这个面要画在水平面上，画得稍微大点也无所谓，如图 2.14.16 所示。

（2）作一条中心线，把中心线向左 14mm、向右 14mm 各复制一条，画出“支架”的位置，如图 2.14.17 所示。

（3）再向右 12mm 复制一条，这是圆柱体的位置，如图 2.14.17 所示。

（4）再向右 35mm 复制一条，这是圆环中心的位置，如图 2.14.17 所示。

（5）从辅助面的上沿向下 68mm 画辅助线，这是圆环的中心。

（6）再向下 12mm 复制一条，这是小圆柱体的中心线。

（7）再往下 14mm 复制一条，这是支架的边缘，如图 2.14.17 所示。

（8）现在有了 3 条水平的和 5 条垂直的辅助线，下面它们就要发挥作用了。

（9）如图 2.14.18 所示，用两个辅助线交点画个半圆，这是支架的端部，用直线工具在辅助线上描一下，支架的投影面就形成了，如图 2.14.18 左侧所示。

（10）再用另一个交点为中心画圆，半径就是两条辅助线之间的距离，如图 2.14.18 右侧所示。

（11）有了这些在辅助面上的线条，下面的事情就好办多了。用推拉工具把支架的这个面往下面拉出 16mm，如图 2.14.19 所示。

（12）用直线工具在底下补一条线，再把矩形的部分往下拉出 26mm，如图 2.14.20 所示。

（13）把后部的线段往前面 16mm 复制一条，再往前面 26mm 复制一条，如图 2.14.21 所示。

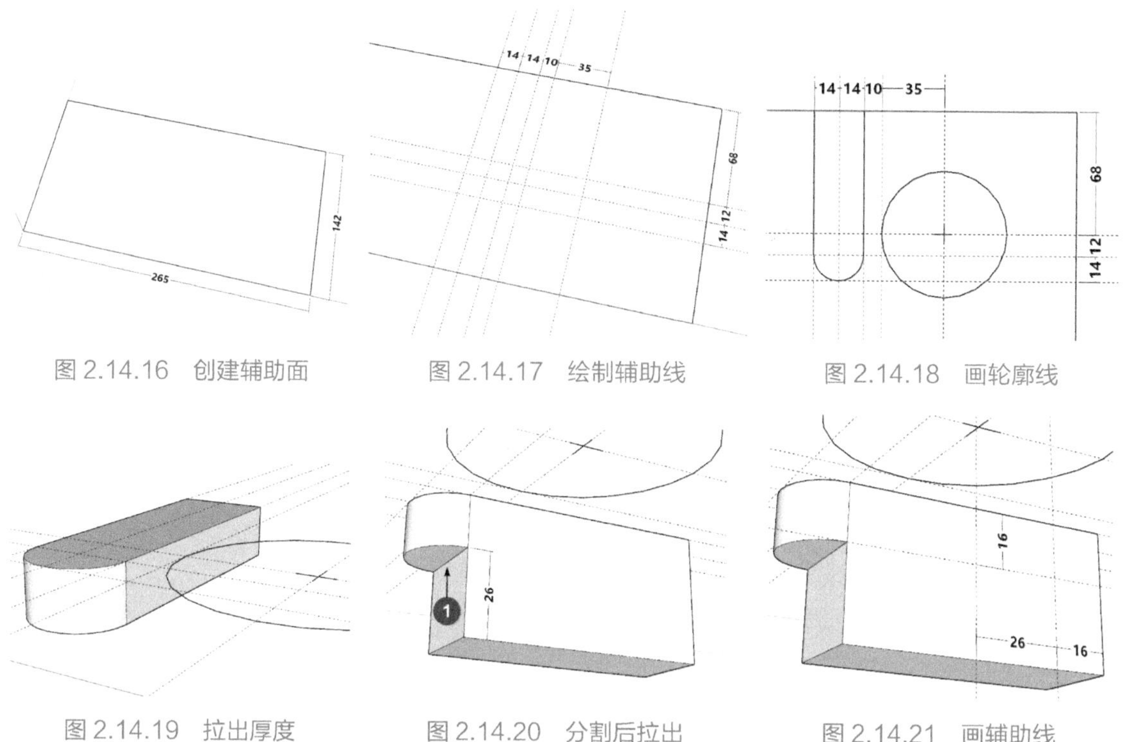

图 2.14.16　创建辅助面　　图 2.14.17　绘制辅助线　　图 2.14.18　画轮廓线

图 2.14.19　拉出厚度　　图 2.14.20　分割后拉出　　图 2.14.21　画辅助线

（14）用圆弧工具在这两个角之间画个圆弧，如图 2.14.22 所示。

（15）删除废线条后，用推拉工具取消这部分材料，做出支架的形状，如图 2.14.23 所示。

（16）用删除工具，局部柔化下面一些不该有的线条。

（17）再在这条辅助线和边线的交界处，向下画一条 8mm 长的线段，如图 2.14.23 所示。

（18）用线段的端部当作圆心，画个半径 5mm 的圆，这是小圆柱体的轮廓，如图 2.14.23 所示。

（19）删除废线后，在圆面上双击，右键群组，双击进入群组，用推拉工具拉出 12mm，形成小支柱，如图 2.14.24 所示。

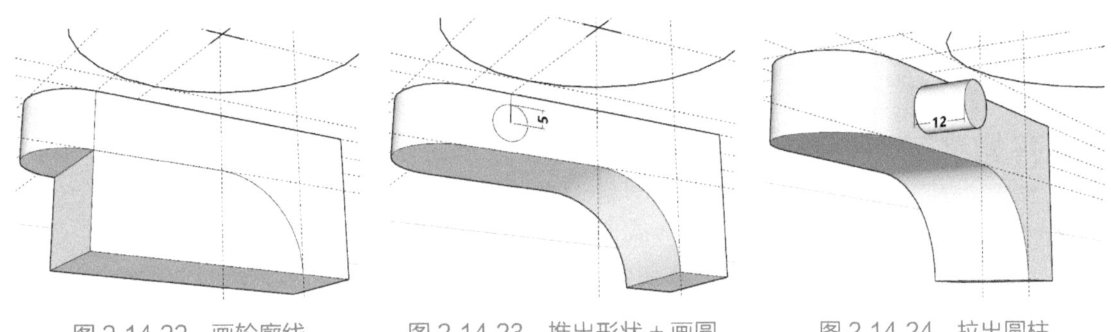

图 2.14.22　画轮廓线　　图 2.14.23　推出形状 + 画圆　　图 2.14.24　拉出圆柱

3. 做圆环的部分

现有的圆形就是放样用的路径，现在的任务是要形成个放样截面。

（1）利用圆形的一个端点，向下画一条 16mm 长的线段。注意要沿着蓝轴方向往下。

（2）向左沿着绿轴方向画一条 4mm 长的线段。

（3）再向上连条线，一个新的矩形辅助面就产生了，如图 2.14.25 所示。

（4）再把上面和下面的边线向中间 2mm 各复制一条，作为下一步画圆弧的依据。

（5）在上部和下部各画一个圆弧，删除废线，如图 2.14.26 所示。

（6）在圆面中心做个记号，方便后续的装配（这一点很重要），如图 2.14.27 所示。

（7）选择圆面作为放样路径，做路径跟随，如图 2.14.28 所示。

（8）删除圆形的边线，保留中间的十字记号，如图 2.14.29 所示。

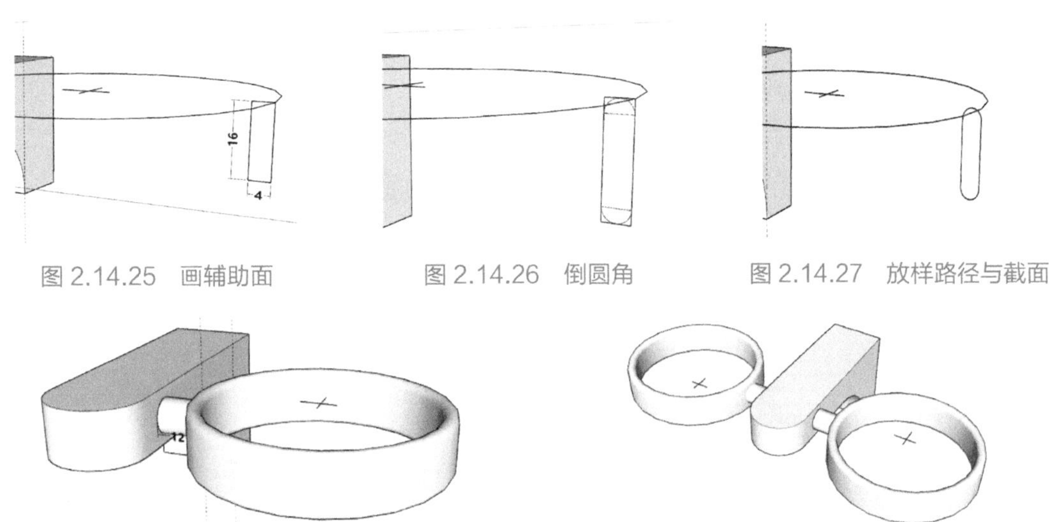

图 2.14.25　画辅助面　　图 2.14.26　倒圆角　　图 2.14.27　放样路径与截面

图 2.14.28　路径放样　　图 2.14.29　删除边线

（9）选择圆环和小圆柱，创建群组。

（10）删除所有辅助线，清理废线。

4. 开始装配

装配可以有两种方法，先装配圆环或连同杯子一起装配。下面先介绍后者。

（1）用移动工具把漱口杯群组移动到圆环中间，把下部预留的小尾巴对准十字记号。

（2）还是用移动工具往下移动一点，若移动有困难可以用向上的箭头键锁定蓝轴，确定移动的方向，输入一个大致的移动距离，如果不对，可以反复输入不同的尺寸来修正。以后会介绍个插件可以方便地做这个工作，现在是在锻炼基本功，不要怕麻烦。

（3）装配完成后，选择全部，右键群组。

（4）现在要做镜像了。复制一个到旁边，并单击右键，选择快捷菜单中的“翻转的方向”命令。

（5）在看不到坐标轴的情况下做镜像可以用以下办法。

① 选择好需要做镜像的对象，调用缩放工具。

② 选择中间的控制点，往镜像方向移动一点，确定镜像的方向。

③ 从键盘输入“负，1”（-1）并按 Enter 键，镜像完成。

（6）接着要把镜像出来的部分装配到支架上去，可以先测量出需要移动的距离。

（7）调用移动工具，确认移动方向后从键盘输入移动距离，按回车键，装配完成，如图 2.14.30 所示。

上述装配也可以把圆环和杯子分开操作，顺序如下。

（1）复制一个圆环到旁边，做镜像，移动到位。

（2）然后分别把杯子再复制移动到位。

（3）最后，画个垂直的面代替墙壁，赋予合适的材质，把你的作品“挂上墙”（见图 2.14.31）。

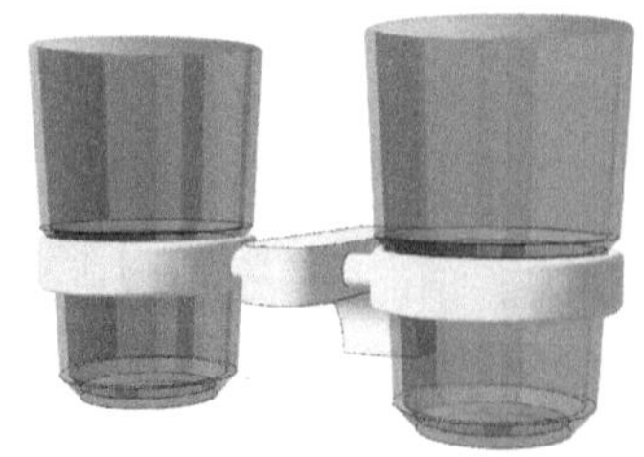

图 2.14.30　装配

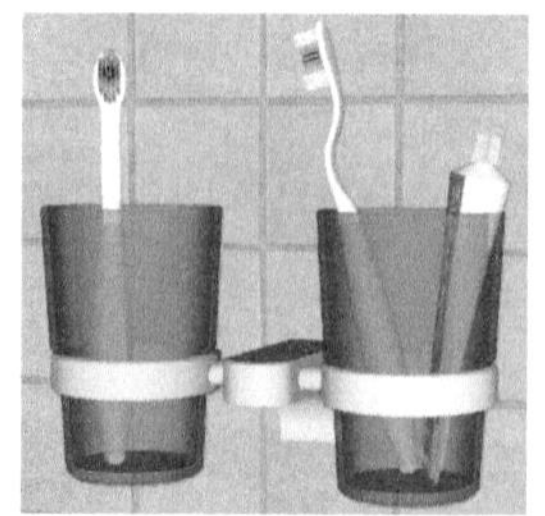

图 2.14.31　成品

（4）至于牙刷和牙膏，建议用现成的组件，你可以到 3D 模型库去找：在搜索条件框里输入牙刷的英文单词“toothbrush”，按 Enter 键后就会出来很多牙刷，选择一个下载到当前的 SketchUp 窗口里，用移动工具和旋转工具仔细调整位置后完工（见图 2.14.31）。

这个练习完成了，在这个练习里没有引入新的工具和新的技巧，只是加强了辅助面、辅助线、路径跟随、建模思路、装配技巧方面的锻炼；更重要的是根据照片上有限的信息确定建模思路与步骤，还要估计出准确的尺寸等基本功，如果你曾经有过一些练习“素描”的经历，这些都不会有太大问题（这就是很多专业都要练习画素描的原因）。

2.15 木浴桶

本节要创建图 2.15.1 所示的木浴桶。早些年，网络专业论坛上时常有人发帖求助创建类似模型的方法并引起热烈讨论，下面就是本书作者发布的方法，被公认为是“最简”“最快速”“最真实”，希望你能从这个实例中领悟出“思路”在创建模型中的重要性：很多看起来很难的建模任务，只要有了“清晰可行的建模思路”，就会变得很简单。

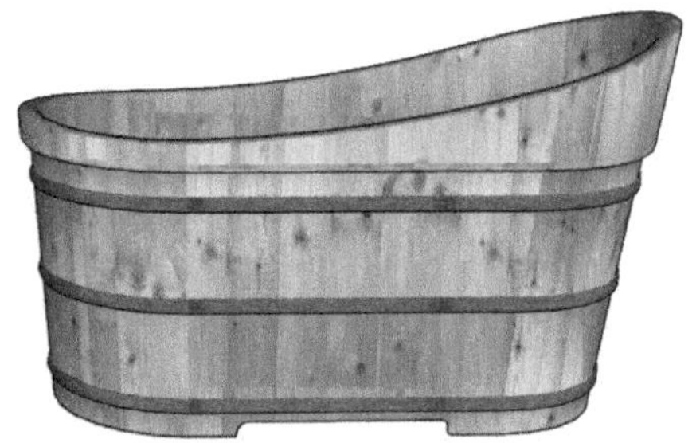

图 2.15.1　成品

下面结合具体操作介绍创建这个模型的思路。

1. 分析木浴桶对象进而形成建模思路

（1）俯视投影面是一个矩形加两端的圆弧形（即桶底的形状）。

（2）侧视的投影面，无论正视还是左、右视都是上大下小的梯形（桶板是倾斜的）。

（3）用“桶板”的截面，把“桶底”当作放样路径做“循边放样”，可获得“毛坯”。

（4）三道“桶箍”可以随“桶板”一起形成。

（5）“桶口”的造型和桶底部的“通风槽”可以用模型交错来完成。

至于材质贴图方面的考虑，在后面操作的时候再介绍。

2. 开始建模

（1）还是从地面开始，还是从画辅助面开始（这个面将是放样路径）。

（2）画个矩形，700mm 长、550mm 宽（图 2.15.2 中部，尺寸根据常识估算）。

（3）利用两侧线段的中点当作圆心画半圆，可以用圆弧工具，但也可以用圆形工具，画出来绝对是准确的半圆，如图 2.15.2 所示。

（4）删除废线，形成桶底的形状，复制一个到旁边备用（这一步很重要）。

（5）接着，要画出“桶板”的截面，它将是“循边放样”的放样截面。

（6）创建垂直辅助面，高 750mm，宽 25mm，如图 2.15.3 所示。

（7）在边缘上画出桶箍的轮廓，用圆弧工具，片段数调到 6，弦长约 30mm，弧高约 5mm，如图 2.15.3 中小图所示。

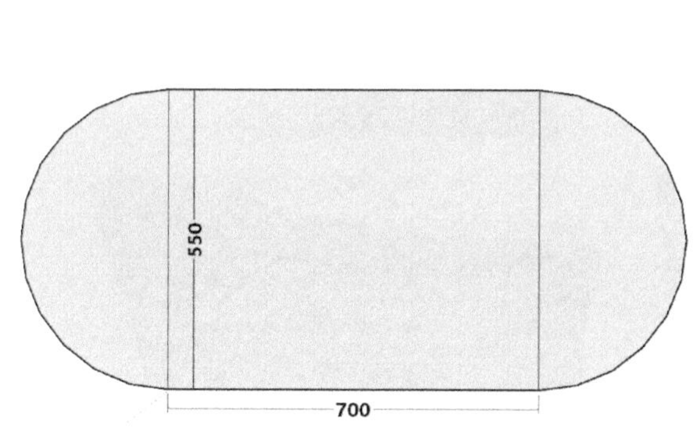

图 2.15.2　绘制底部轮廓

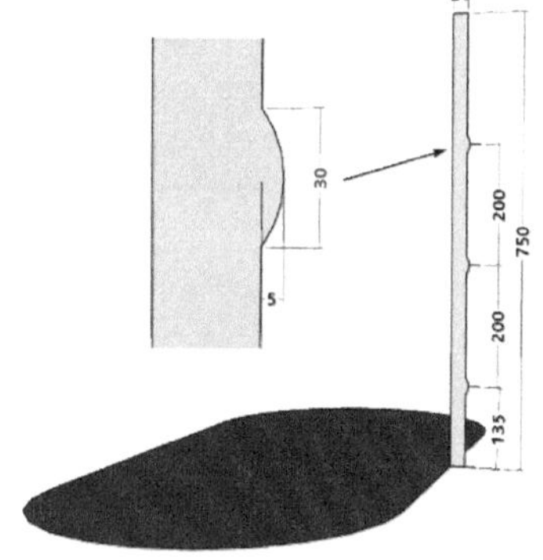

图 2.15.3　绘制桶体截面

（8）先画出离地面 135mm 的小圆弧，然后按间隔 200mm 复制出其余的两个。

（9）清理废线、废面，不必创建群组。

（10）双击选择桶板的截面和边线，用旋转工具向外倾斜一个角度，为 6° ~ 8°，如图 2.15.4 所示。

（11）现在做路径跟随。以桶底为路径，桶板为放样截面做“循边放样”，完成后如

图 2.15.5 所示。

（12）有了浴桶的毛坯，接着要做出桶口的造型和桶底的通风槽。操作的思路是：首先要获得浴桶的截面，然后在截面上画出轮廓线，最后用模型交错取消不要的部分。

（13）用直线工具从桶的两端、上下口分别引出 4 条辅助线，如图 2.15.6 所示。

（14）上下口引出线的长度是不同的，画线的时候可以充分利用 SketchUp 的自动寻找“参考点”的功能，如果不显示“参考点”，可以把工具在目标点上停靠一下，告诉 SketchUp 你的意图，再画就会方便很多。

（15）连接 4 条辅助线的端点形成一个辅助面，如图 2.15.6 所示。

图 2.15.4 旋转倾斜

图 2.15.5 路径跟随放样

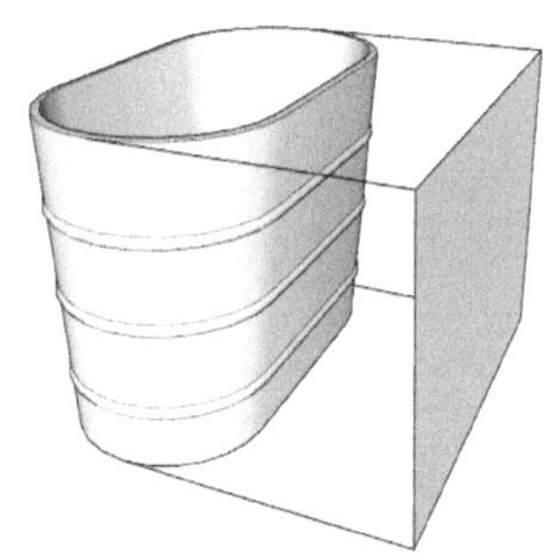

图 2.15.6 引出辅助线画辅助面

（16）在辅助面上画出桶口的造型曲线，如图 2.15.7 上部所示。

（17）再画出底部通风槽的形状，如图 2.15.7 下部所示。必要时也可以利用辅助线配合绘制。

（18）把新形成的面推出，做好“模型交错”的准备，如图 2.15.8 所示。为看得更清楚些，已删除靠近我们的面。

（19）全选后单击右键，在快捷菜单中选择“模型交错”命令。

（20）删除所有废线、废面后如图 2.15.9 所示。

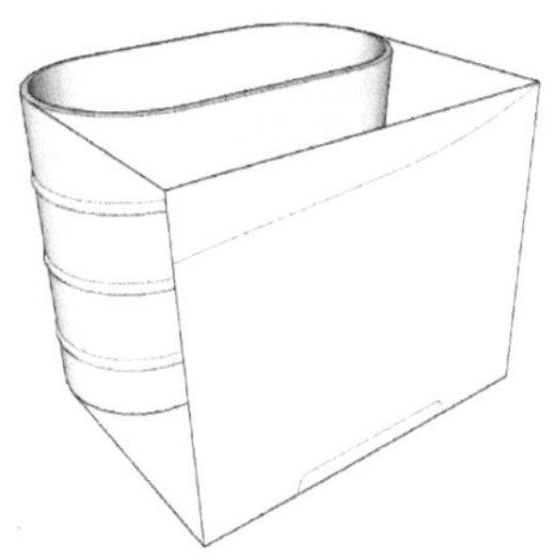

图 2.15.7 形成辅助面

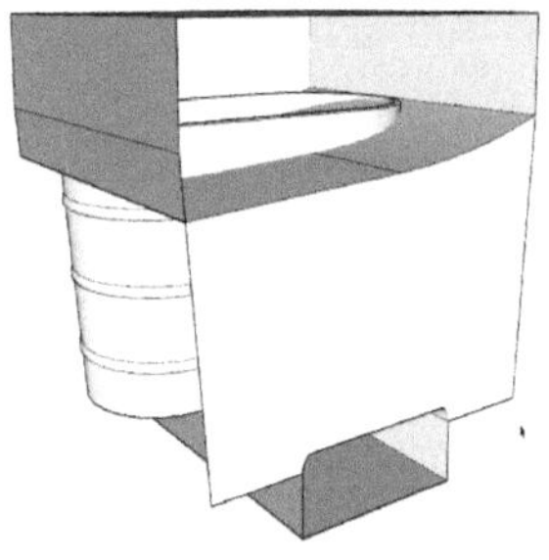

图 2.15.8 准备模型交错

图 2.15.9 清理废线、面后

3. 对木浴桶的毛坯赋予材质

关于材质和贴图方面的技巧，在后面的实例中还会深入讨论，如果你已经看过《SketchUp要点精讲》《SketchUp材质系统精讲》或相关的视频教程，对下面要提到的一些术语和操作过程就不会觉得突兀。

如果现在全选，随便找一个木纹材质赋给对象，木纹一定是混乱的。贴图前的准备工作如下。

（1）用鼠标左键在对象上连续单击3次，选择所有的面和线。

（2）从右键关联菜单里调出“柔化平滑”面板，取消勾选，把滑块拉到最左边，取消所有的柔化，这样，所有的边线就显示出来了，如图2.15.10所示。

（3）现在开始贴图和调整贴图坐标。

（4）选择一个面，赋予材质后，单击右键，选择“纹理”，设置位置，调整贴图的大小和方向。

（5）用吸管获取调整过的材质，赋给相关的面（材质工具和吸管的快捷键是B和Alt）。

（6）两端圆弧要花点时间，每一两个面就要单击右键，设置纹理、位置，调整贴图大小和方向。

（7）继续用吸管获取调整过的材质，赋给相邻的面。

（8）发现材质方向、大小偏差较大时就要重新调整贴图的方向和大小。

（9）这样的过程可能要重复好几次，直到所有面的材质方向、大小都准确为止（见图2.15.11）。

（10）调整到满意后，全选所有的线和面，单击右键，选择“柔化平滑”命令，可以根据自己的喜好，决定是否勾选“共面”复选框，调整滑块到合适位置。

（11）对“桶箍”上色，真实的桶箍有铁的和竹片编织的，可以酌情上不同的色。

（12）再把前面复制在旁边的“桶底”拿过来拉出25mm厚度，上材质后群组。

（13）用移动工具把桶底移动到底部合适的位置。

（14）桶底移动到位后若要调整尺寸，只要按住Ctrl键做中心缩放，在桶的外面就能操作。

（15）好了，木浴桶建模完成，最后是做成组件，保存起来备用。

最后还要对上面的一步操作补充一下“思路”，我说的是与图2.15.10相关的操作：就是对“毛坯”取消所有的柔化，暴露所有的边线的那个操作，需要说明的有以下3点。

（1）只有取消了柔化才能暴露出边线，有了边线才能对每一块桶板分别做贴图调整，只有对每一块桶板（细节）都做过调整，你的作品才能更逼真、更有说服力。

（2）浴桶的圆弧部分，半径是275mm，弧长大约是864mm（不用算，图元信息面板上就有）。我们画的半圆由12段直线拟合而成，每段线的长度是72mm（可以直接测量到），这个长度在本实例中有重要的意义，它是一块桶板的宽度（桶内侧）。

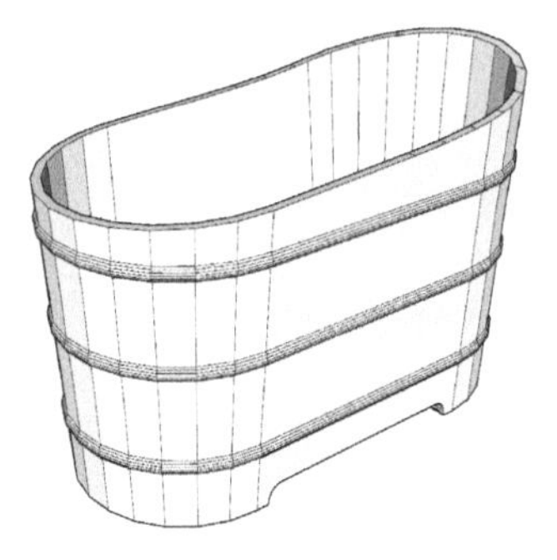

图 2.15.10　取消柔化暴露边线

图 2.15.11　逐格贴图

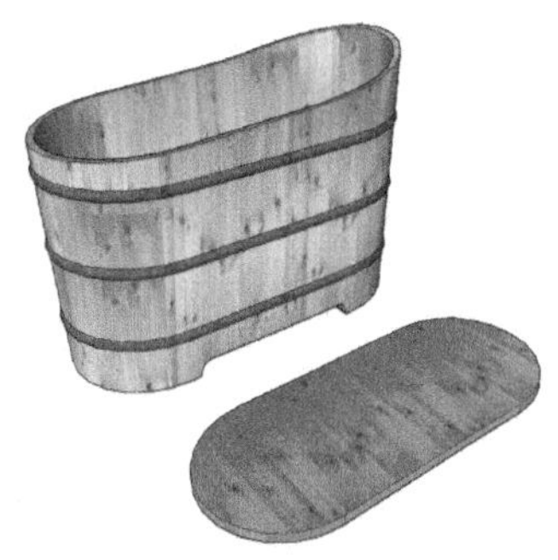

图 2.15.12　配上桶底

（3）为了使模型更逼真，每一块板的尺寸显然都要在合理的范围内，72mm正好在合理的范围内，不然在图2.15.2所示阶段就要调整圆弧的片段数。

换一种情况：譬如你要做的不是木浴桶而是个小得多的脚盆、或者大得多的啤酒桶，想要把每一块板的尺寸都做成合理的宽度，就不得不修改圆弧的片段数。

图2.15.13所示是留给你的练习，它的形状跟上面完成的那个有点区别，提示一下：

（1）浴桶上口的造型曲线不同；

（2）浴桶上口边缘不同（带加厚的边缘）；

（3）桶板向外倾斜的角度不同。

图 2.15.13　木浴桶成品（供练习用）

如果书上看不清楚，在附件里还有个实样可供参考。

2.16 电视柜等

前面的 10 多个实例已经创建了不少家具，差不多够一个小家庭用的了，通过这些实例，我们强化了对 SketchUp 基本工具的应用练习，也接触了一些建模的思路和技巧，在后面的实例中，还会继续安排这方面的训练。本节要做的是差不多每一个客厅里都有的一套现场制作的家具，有人叫它电视柜，有人称它电视背景墙，不管怎么称呼、如何设计，摆放电视机、音响、机顶盒及各种播放器的功能总归不能或缺。图 2.16.1 是它的大致外形。

图 2.16.1 成品

设计师们一般都会利用顶部的一块空间安排一处或多处俗称为“灯槽”的结构，把灯管、灯泡安装在灯槽里，得到柔和的背景光或顶光，我们在这里也安排了两处：如图 2.16.2 ①所指的空间里可以安装打顶光的灯具；图 2.16.2 ②背后的空间用来安装打电视背景光的灯具。

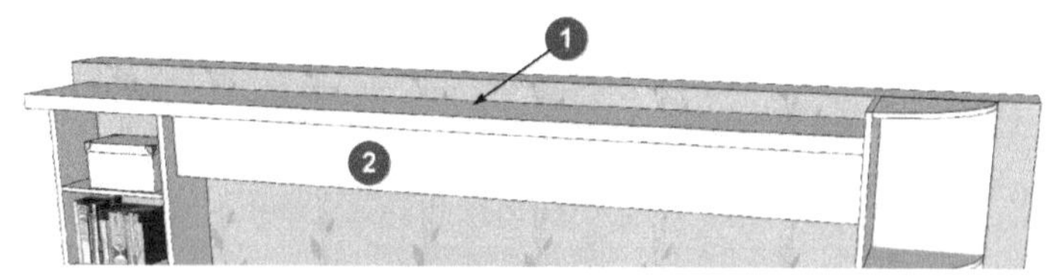

图 2.16.2 灯槽

左、右两侧的置物架，可以用来摆放一些常用的书籍、光碟、玩具、摆饰等小东西，一是为了取用方便，二是增加点生活气息；中间的部分就是用来安置电视机、音响的地方了。从建模的角度考虑，可以把整个建模任务分成 4 个部分来做。

（1）墙体和顶部的两个灯槽可以作为第一部分。

（2）左、右两侧的杂物架是第二和第三两个部分。

（3）摆放电视机和音响的位置是第四部分。

在附件里有一个 LayOut 文件，上面列出了大致的尺寸供参考。操作步骤如下。

（1）在地面上画两个辅助面：4048mm × 450mm、4048mm × 250mm；如图 2.16.3 所示。后者用来拉出墙体。

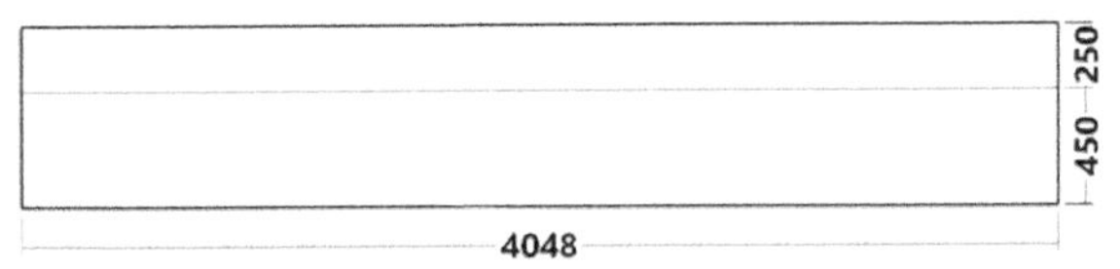

图 2.16.3 地面辅助面

（2）把 4048mm × 250mm 的矩形创建群组，进入群组向上拉出墙体 2750mm；如图 2.16.4 所示。

（3）在墙体（其实也是辅助面）做三横两竖辅助线，尺寸如图 2.16.5 所示。

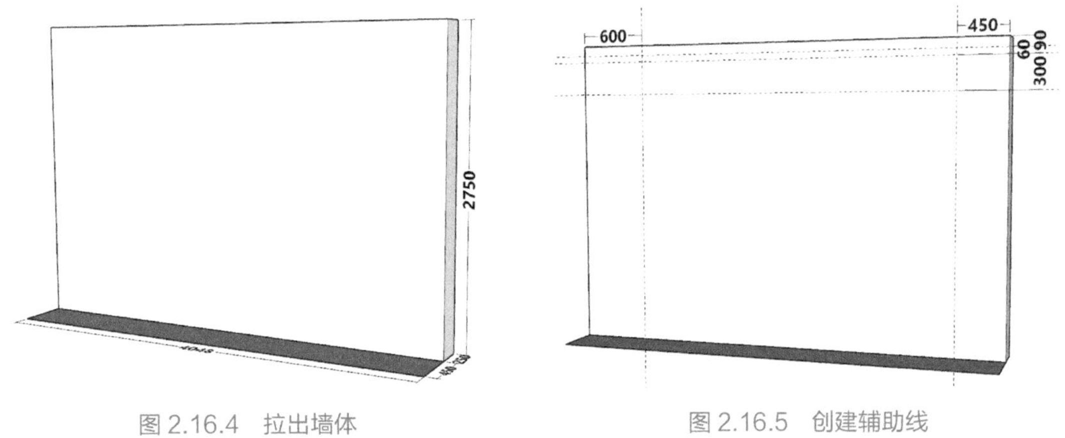

图 2.16.4 拉出墙体　　图 2.16.5 创建辅助线

（4）根据辅助线画矩形，把图 2.16.6 所示的那一块拉出来 450mm，如图 2.16.6 ①所示。

（5）再根据辅助线画矩形，创建群组，拉出 30mm 获得（图 2.16.7 ②）的遮光板。

（6）把遮光板从图 2.16.7 ①所示位置移动到图 2.16.7 ②所示位置，可以按向左的箭头键锁定绿轴。

（7）回到地上的辅助面，按图 2.16.8 所示的尺寸复制边线，形成两个新的矩形。

（8）把图 2.16.8 ①所指的矩形向上拉到顶，如图 2.16.9 所示。

（9）左、右侧边线往中间各 30mm 复制一条，形成两墙板截面，各自创建群组，如图 2.16.10 ①和②所示。

（10）删除所有废线、面后得到两干净的截面，分别创建群组，向后拉到墙，形成两侧墙板，如图 2.16.11 所示。

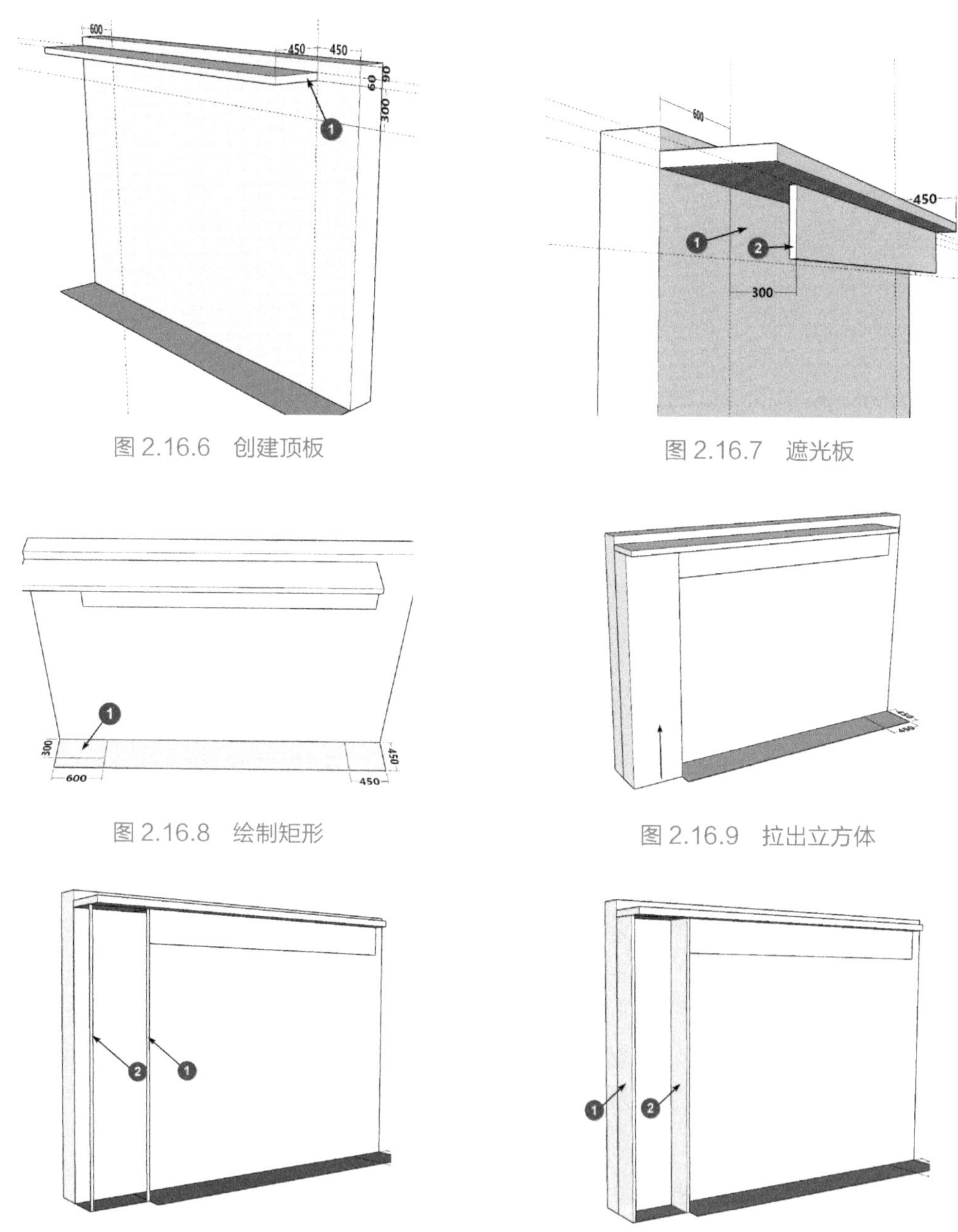

图 2.16.6　创建顶板

图 2.16.7　遮光板

图 2.16.8　绘制矩形

图 2.16.9　拉出立方体

图 2.16.10　复制边线

图 2.16.11　推出空腔

（11）把两块墙板间、地面上的矩形做成“组件”（不是群组）后拉出 20mm，并且复制到位，如图 2.16.12 所示（间隔随意）。

（12）在另一侧的矩形辅助面上画圆弧，如图 2.16.13 所示。

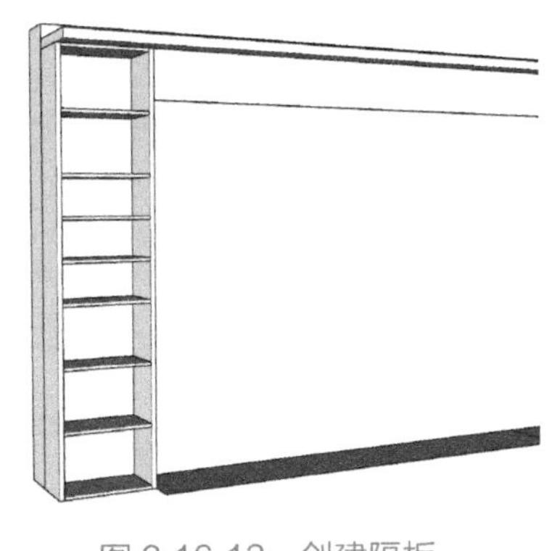

图 2.16.12 创建隔板

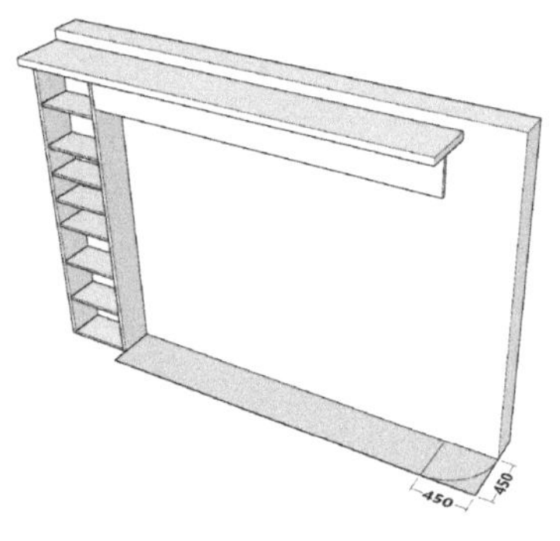

图 2.16.13 画出圆弧

（13）用偏移工具把两条直线形成的 90° 角向内偏移 30mm，补线和清理后形成 L 形截面，如图 2.16.14 所示。

（14）把 L 形截面创建群组，拉出高度，如图 2.16.15 所示。

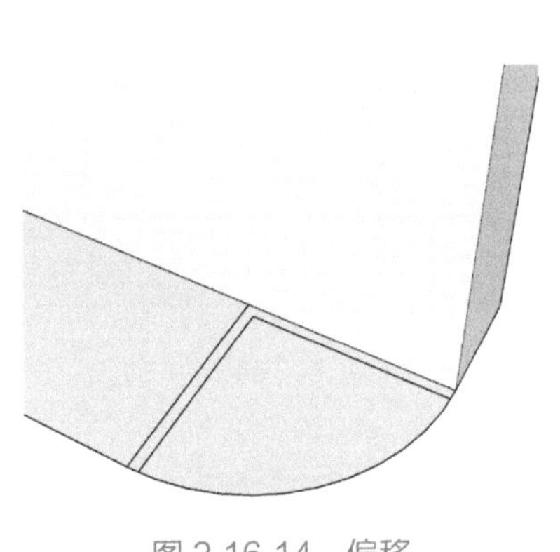

图 2.16.14 偏移

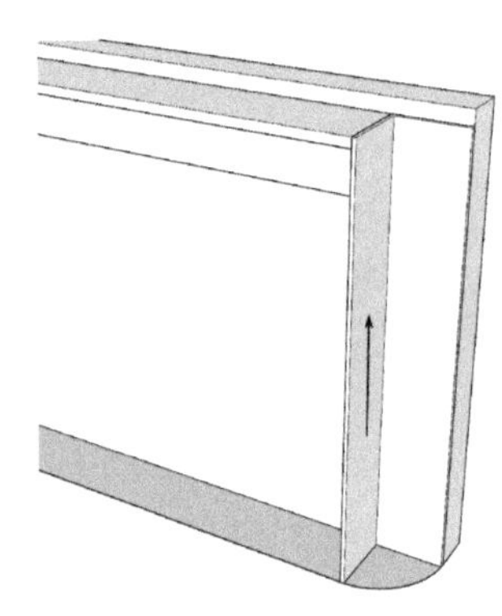

图 2.16.15 拉出侧板

（15）把地面上留下的扇形创建“组件”（不是群组），拉出 20mm，并向上复制到位，如图 2.16.16 所示（间隔尺寸随意）。

（16）至此，顶部和两侧的置物架已经完成，剩下最后一个部分，就是放电视机的部分了：把地面上的矩形向上 260mm 拉出高度，按住 Ctrl 键再往上 240mm 拉出第二个高度，如图 2.16.17 所示。

（17）在刚刚形成的辅助面上作两横一竖辅助线，偏移尺寸都是 20mm，如图 2.16.18 所示。

（18）根据辅助线画出“小立板”的截面，群组后做“移动复制的内部阵列”。

（19）把图 2.16.19 ①所示的矩形复制到图 2.16.19 ②的位置，输入 5/ 或 /5。

（20）再按照辅助线画出上、下两块板的矩形截面，如图 2.16.20 ①和②所示。

（21）在上、下两大块板的角上画圆弧，如图 2.16.21 ①所示。

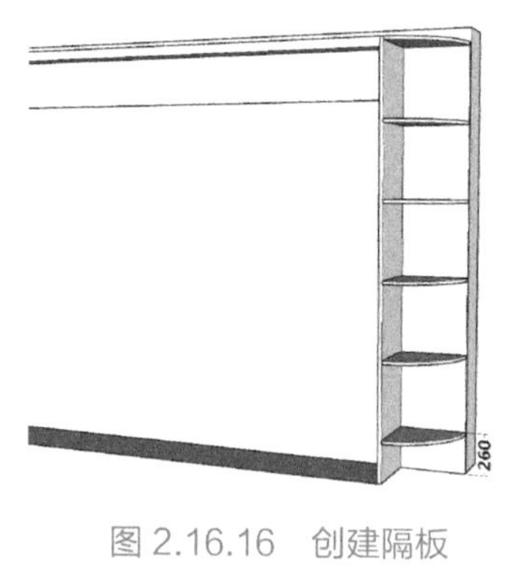

图 2.16.16　创建隔板

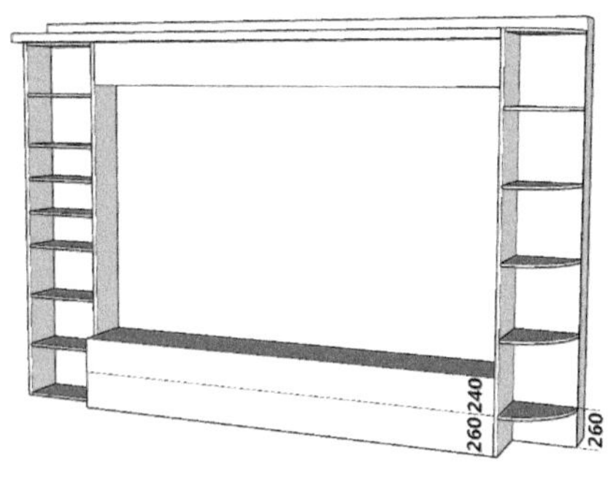

图 2.16.17　复制边线

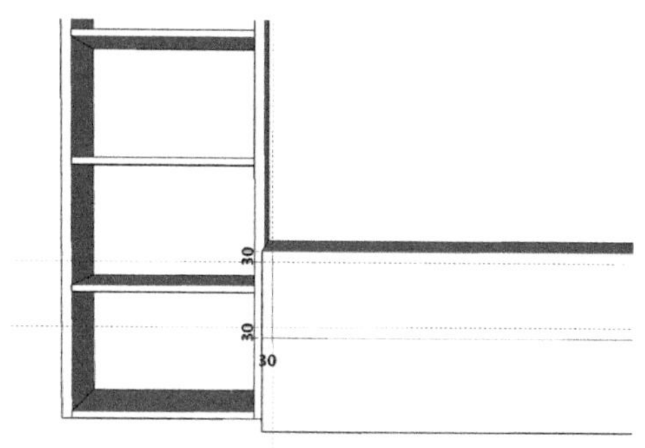

图 2.16.18　做辅助线

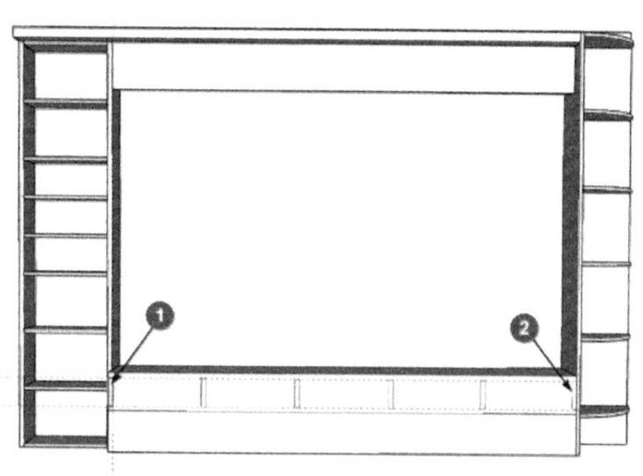

图 2.16.19　内部阵列复制

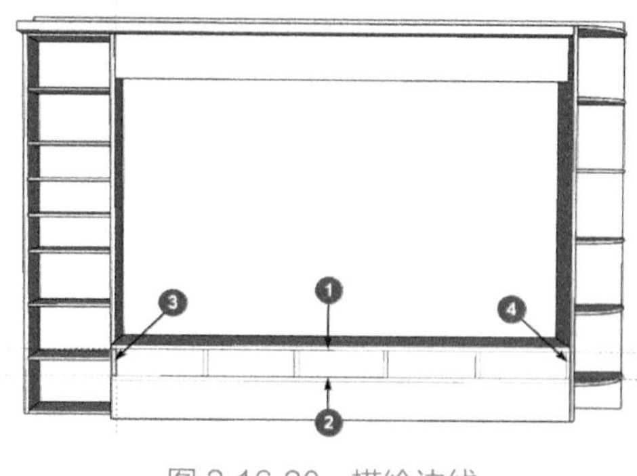

图 2.16.20　描绘边线

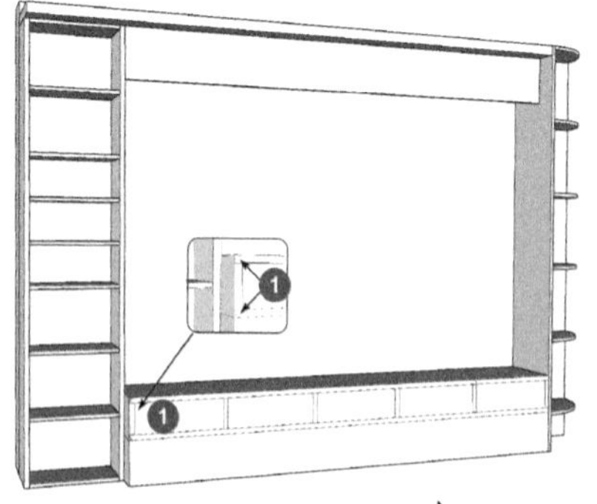

图 2.16.21　修整细节

（22）清理废线、面后得到图 2.16.22 所示的截面组。

（23）分别向后拉出到墙后，全部完成后如图 2.16.23 所示（材质和贴图部分略）。

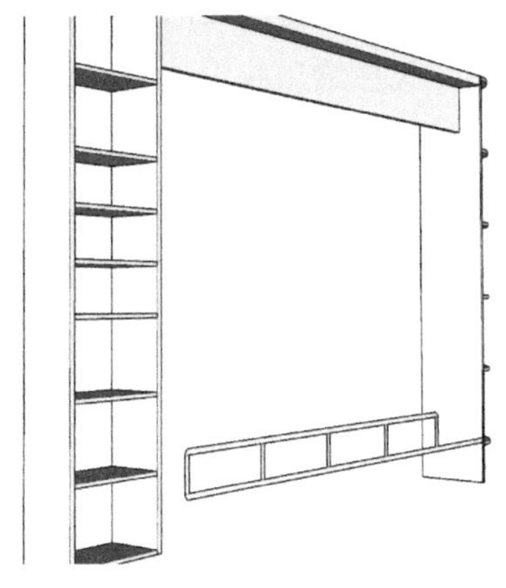

图 2.16.22　清理线面

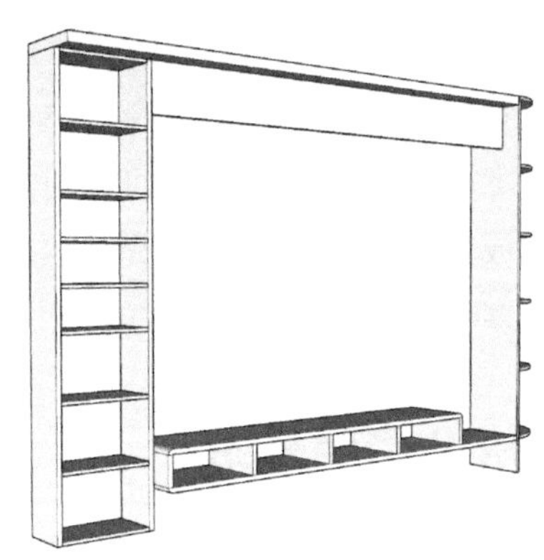

图 2.16.23　拉出实体

2.17 梳妆台凳

本节要做一套西式的梳妆台和梳妆凳，创建的对象包括梳妆台的 3 面镜子、古典西式的梳妆台，还有一张配套的梳妆凳（见图 2.17.1）。建模的任务不包括这位爱打扮的胖老太太。

图 2.17.1　成品

这次的任务，大概可以分成 4 个部分。

（1）最简单的是梳妆台和梳妆凳的 8 条腿，形状和尺寸都是一样的。

（2）梳妆凳的上部（4 条腿以外的部分）只要思路对头，也不算太难。

（3）梳妆台的镜子部分，又可以分成 4 个部件，左、中、右 3 面镜子和下面的垫块。

（4）梳妆台的台面和抽屉部分，看起来有点难，关键还是在于要提前想好如何解决。

凳脚、梳妆台的镜子和台子都有一些波浪形的曲线造型，显得比较活泼。曲线和曲面造型是设计和建模过程中一个比较重要的部分，在本例中，我会给出我设计的曲线，你可以直接借用或者修改后再用，但是今后你自己做类似对象的时候，一定要注意弯曲的分寸，要有美感，一定不要过于夸张。如何得到曲线曲面和它们的美感是无法从教科书上找到的，也没法用语言或文字叙述，只能跟着感觉走，这感觉就是你的美学修养，要多看优秀的作品，多做练习，多听取别人真心实意的意见（不是敷衍的称赞），逐步培养出自己的美学修养。

1. 先从 8 条腿开始

这种形状的家具腿，是用车床加工出来的，所以俗称“车木脚”。我们创建这种对象，一定是用“路径跟随”工具做“旋转放样”。

（1）要创建一个垂直的辅助面，还要画出辅助线，图 2.17.2 给出了一个仅供参考的形状。这个曲线造型是经过很多次修改形成的；你也可以根据自己的愿望来创建或修改曲线的形状。但是，总高度 300mm 最好不要改动。

（2）得到了图 2.17.2 所示截面，事情就完成了多半，适当延长中心线，并且在端部画一个圆形当作放样的路径（见图 2.17.3 下部）清理掉废线、废面以后就可以做旋转放样了。这里要注意的是，务必保留上面和下面的中心线，后面还要用到它们。这是建模常规技巧。

（3）旋转放样后，一定会留下很多废线、面，如图 2.17.4 所示。柔化要注意适度，该留下的边线一定不要柔化掉，过度柔化是初学者最容易犯的错误之一。

（4）图 2.17.5 所示为柔化后的效果，图 2.17.6 所示为翻面后的效果。这个车木脚在模型里一共有 8 个，属于重复度较高的部件，可以考虑把它做成组件，这样在后续的操作中，譬如赋予材质的时候，就不用一个个操作了，可以节约大量时间。创建组件后保存在组件库里，下次再做类似的对象就不要重复劳动了。

2. 在刚刚做好的车木脚的基础上完成整个梳妆凳

除了上一步做好的脚之外，梳妆凳还有另外 3 个部分。

第一个部分是车木脚顶部一个立方体，图 2.17.7 ①所示是连接其余部分用的，在家具厂，这个立方体是跟下部的车木部分连在一起，作为整体来加工的，为了建模的方便，我们需要分开完成。

第二个部分是环形的边框，是重要的结构件。

第三个部分是软凳面。

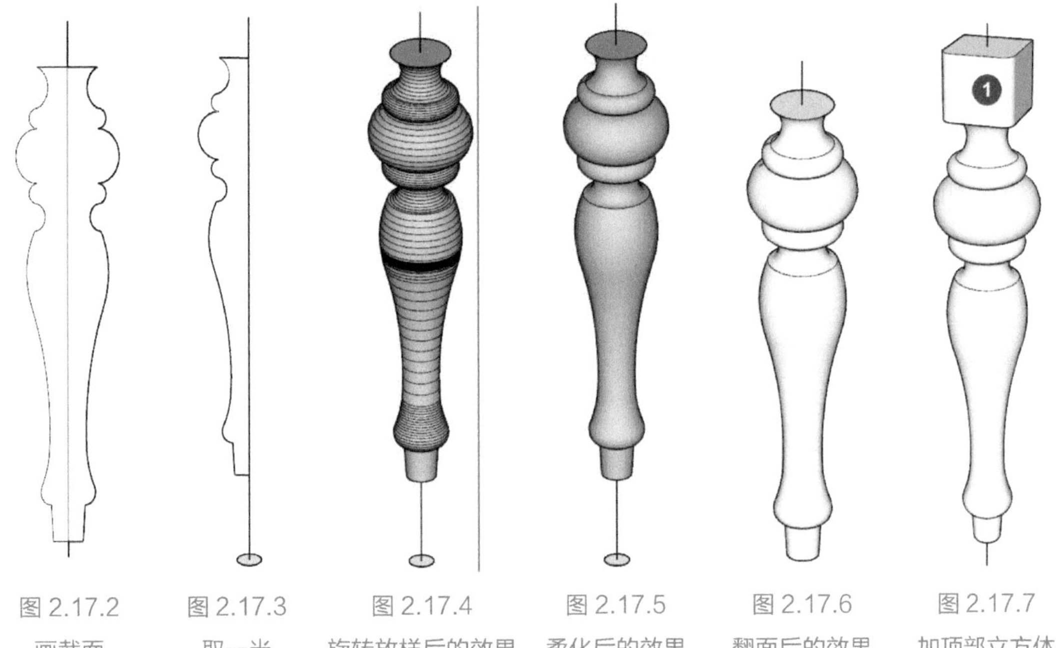

图 2.17.2 画截面　图 2.17.3 取一半　图 2.17.4 旋转放样后的效果　图 2.17.5 柔化后的效果　图 2.17.6 翻面后的效果　图 2.17.7 加顶部立方体

现在做第一个部分，凳脚顶部的小立方体，要倒圆角；还要留下中心线，以方便安装。

（1）地面上画矩形 44mm×44mm，其中两个角画圆弧，半径为 7mm，拉出高度为 40mm，群组，如图 2.17.8 所示。

（2）利用中心线把小立方体移动到“车木脚”的顶部（也可做成组件），仍然要留下中心线备用，如图 2.17.9 所示。

（3）接着在地面上画一个直径 300mm 的圆，这个圆很重要，有多重用途（见图 2.17.9）。

（4）把做好的车木脚移动到圆周上，注意中心线要跟圆周对齐（见图 2.17.9）。

（5）利用地面上的圆心，做旋转复制，获得另外 3 条腿，如图 2.17.10 所示。

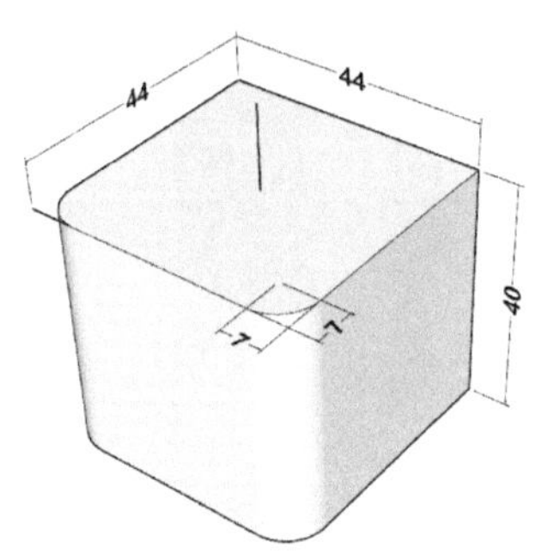

图 2.17.8　立方体尺寸

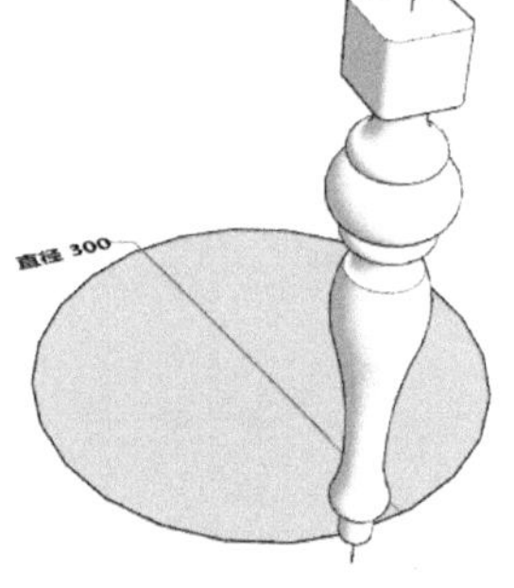

图 2.17.9　装配到位

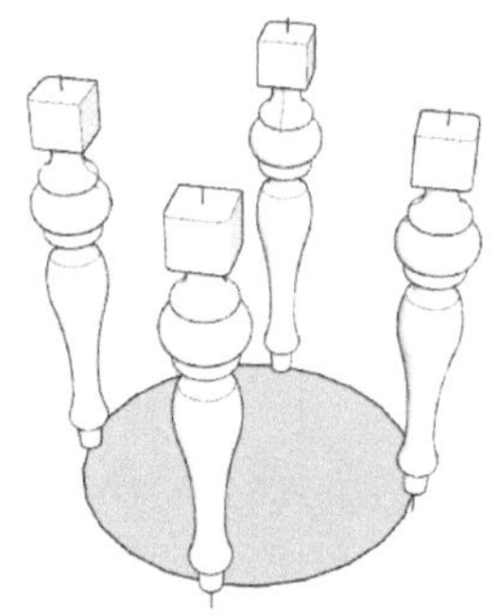

图 2.17.10　旋转复制

下面的几步操作非常巧妙地完成连接 4 条凳子腿的圆环。

（1）把地面的圆形拉到立方体的底部，如图 2.17.11 所示。

（2）删除圆柱体，留下圆面，向内、向外各偏移 10mm，得到一个圆环，如图 2.17.12 所示。

（3）把圆环拉到立方体的顶部，形成环形的边框，如图 2.17.13 所示。

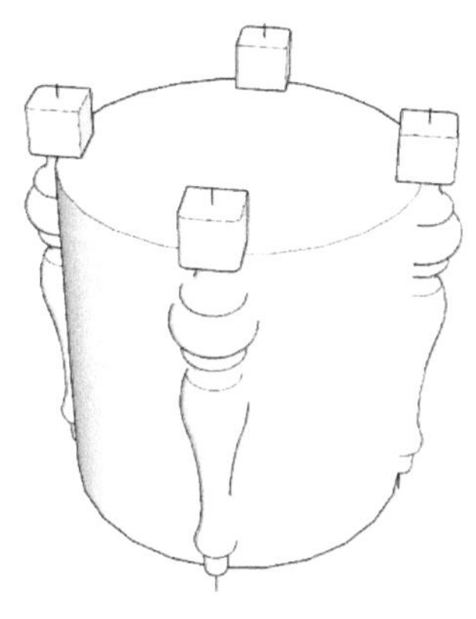
图 2.17.11 拉出柱体

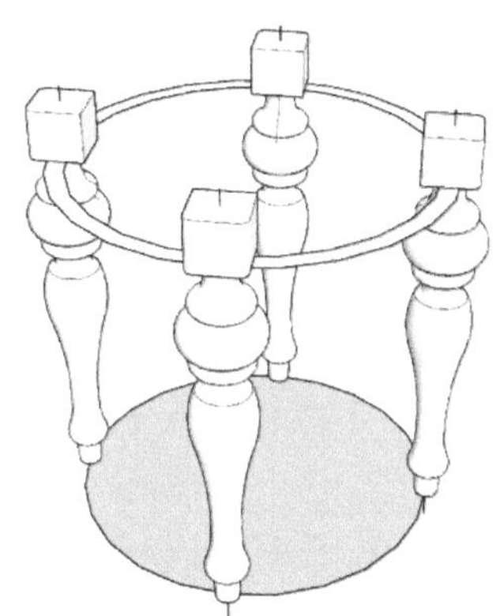
图 2.17.12 删除柱面

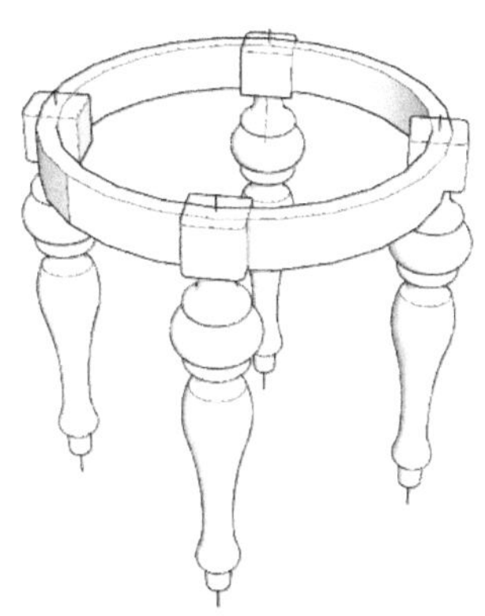
图 2.17.13 拉出圆环

3. 做出软凳面的部分

（1）按图 2.17.14 所示的尺寸画出放样截面和放样路径用的圆形。

（2）旋转放样后，一个梳妆凳基本完成，创建组件，保存备用，如图 2.17.15 和图 2.17.16 所示。

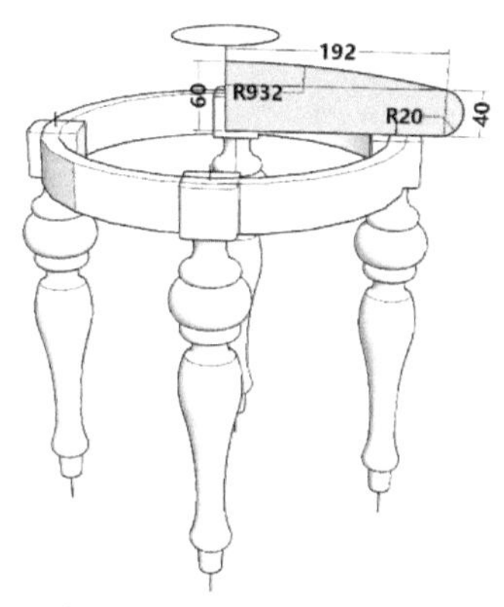

图 2.17.14 绘制放样截面

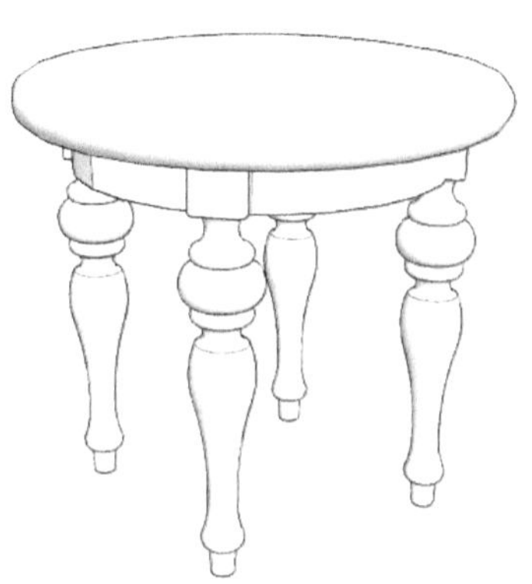
图 2.17.15 放样完成

图 2.17.16 赋予材质

4. 创建第二个部分——梳妆台的镜子部分

（1）这部分同样要从绘制曲线开始，图 2.17.17 和图 2.17.18 给出了我设计的曲线。绘制的时候，注意各曲线段之间的平滑过渡；整个梳妆镜由 3 部分组成，等一会要分开制作边框，最后组合在一起。

（2）如图 2.17.17 所示的方法可用于其他曲线的设计。

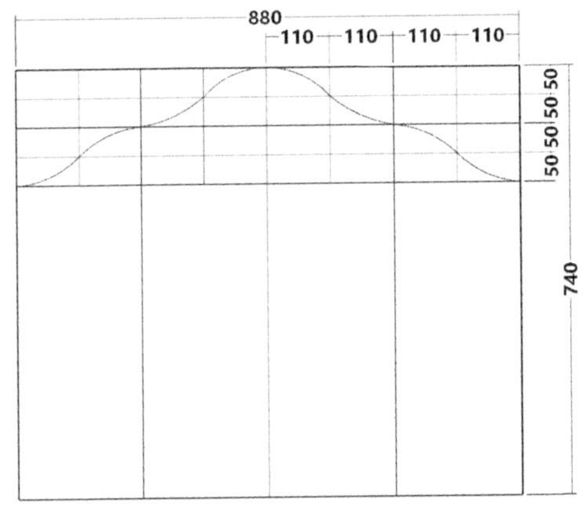

图 2.17.17 绘制曲线

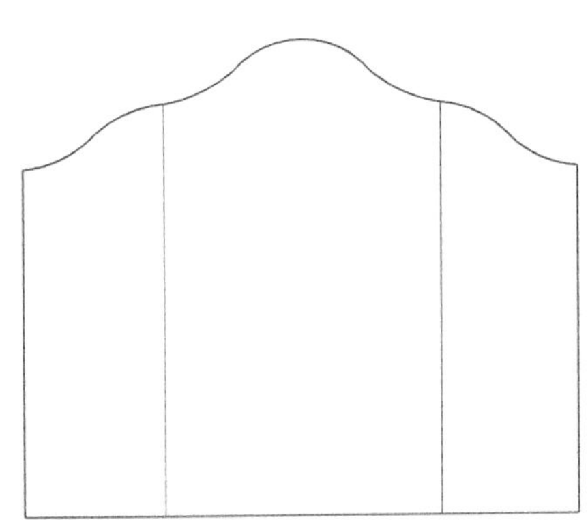

图 2.17.18 清理后

（3）图 2.17.18 所示是制作梳妆镜的基础图形，用复制移动的方法分成两块（左、右两侧是一样的）。

（4）在分开后的一个角上画出"镜框"的放样截面，镜框既是结构件也是装饰件，需要有一定的强度，边框的截面不要太小；图 2.17.19 和图 2.17.20 所示的尺寸看不清的话可以看附件里的模型。放样截面一定不要太精细；否则放样后全是倒胃口的黑线。

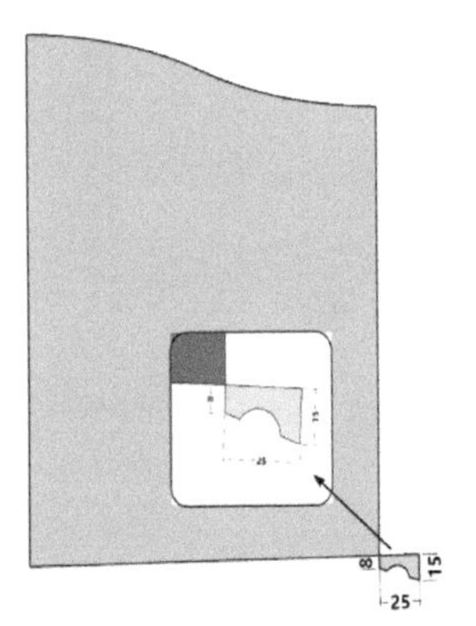

图 2.17.19 放样截面（1）

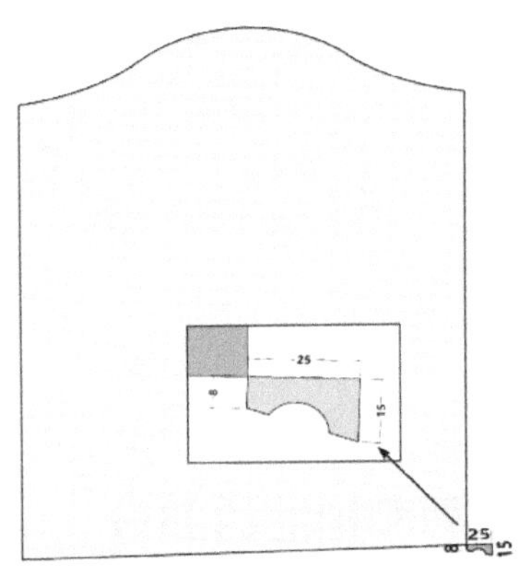

图 2.17.20 放样截面（2）

（5）分别用路径跟随工具做“循边放样”，如图 2.17.21 和图 2.17.22 所示。

（6）如图 2.17.21 所示的一件还要复制出另外一份做“镜像”。

（7）中间的一面大镜子框还要向后拉出 30mm，总厚度是 45mm。

（8）调整位置，让 3 面镜子前后错开一点，增加点立体感，如图 2.17.24 所示。

（9）还要为它做一个底盘（垫块），尺寸如图 2.17.23 所示，厚度 20mm，以便安装到台面上。

（10）全部装配完成后如图 2.17.24 所示，各自创建群组备用。

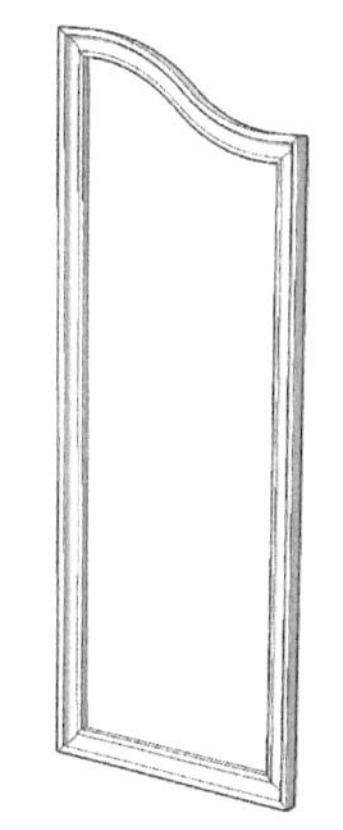

图 2.17.21　放样后的效果（1）

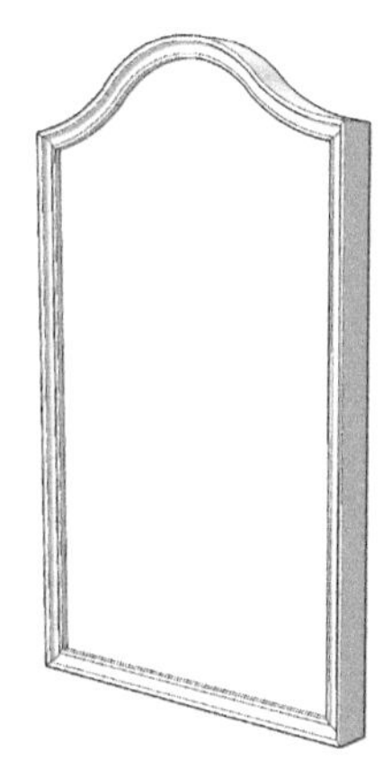

图 2.17.22　放样后的效果（2）

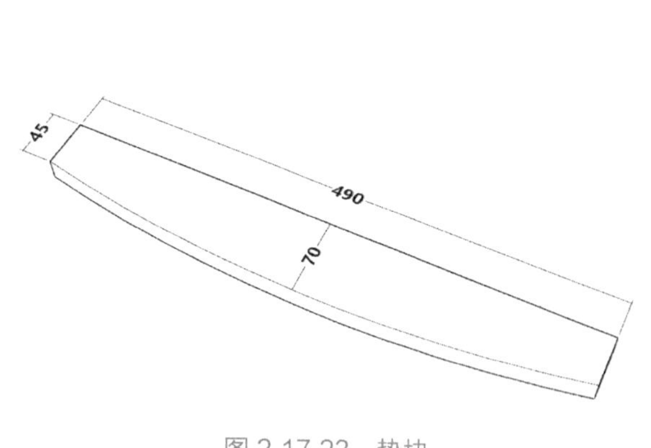

图 2.17.23　垫块

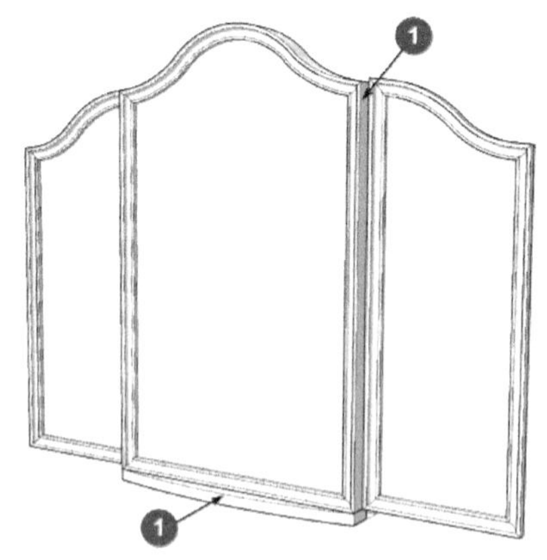

图 2.17.24　组装完成后的效果

5. 做台面和抽屉的部分

请仔细看一下图 2.17.1 所示的结构：上面有波浪形曲线的台面；左、右两侧各有两只抽屉，抽屉的面板也是曲线；两边的抽屉靠台面部分连接在一起；每个抽屉上有一个圆形的拉手；靠近台面的地方，有一圈波浪形的装饰木线；底部也有一圈半圆形的木线。好了，现在开始创建这部分。

（1）仍然从绘制曲线开始。图 2.17.25 所示为参考用的网格。

（2）图 2.17.26 是用圆弧工具在这些网格上绘制的曲线，曲线一定要注意平滑过渡。

（3）拉出高度 380mm 后如图 2.17.27 所示。

（4）从图 2.17.28 ①②两处往下引延长线，以两延长线间的宽度画矩形，如图 2.17.28 所示。

（5）向上拉出个立方体，用来做模型交错用，如图 2.17.29 所示，上沿留下 76mm。

（6）模型交错后，挖掉了中间的一大块，如图 2.17.30 所示。

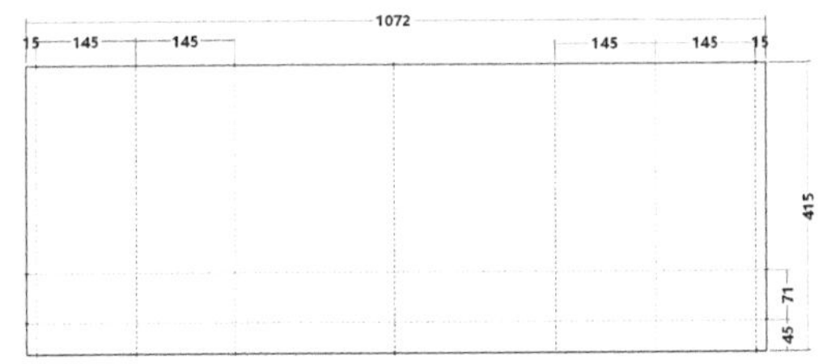

图 2.17.25　创建辅助面与辅助线

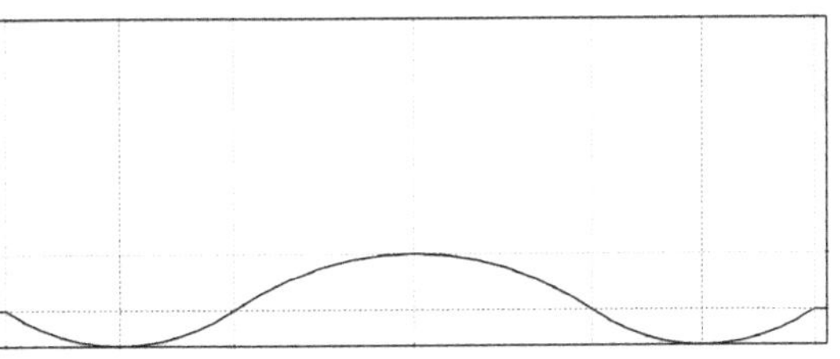

图 2.17.26　绘制曲线

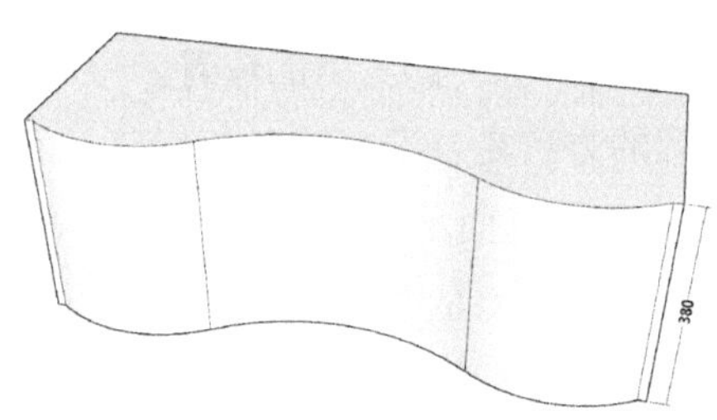

图 2.17.27　拉出立体

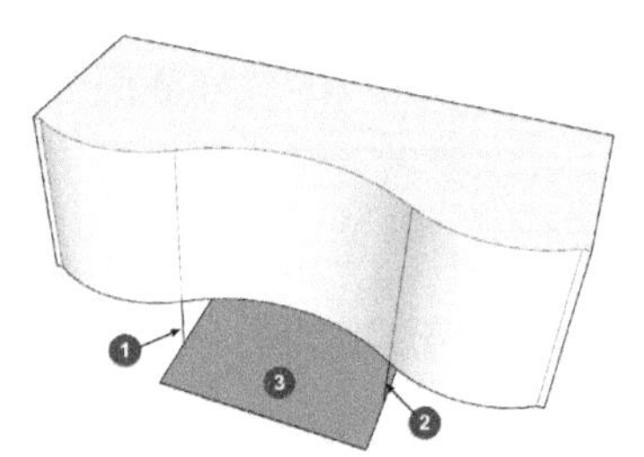

图 2.17.28　创建辅助面

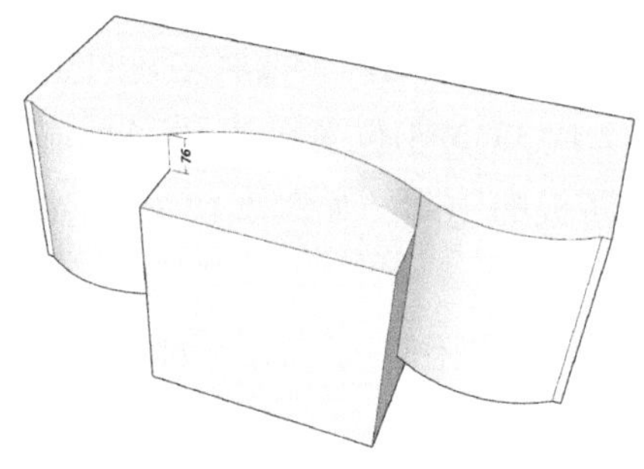

图 2.17.29　拉出立体

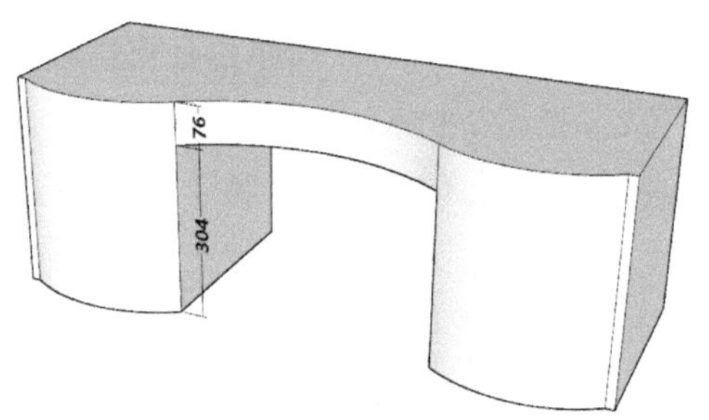

图 2.17.30　模型交错后清理废线、面

（7）接着要做出装饰用线脚，线脚有两种不同的截面，如图 2.17.33 所示。

（8）沿台面一周的是波浪形的，底下抽屉部分用圆弧形的截面。

（9）波浪形的截面要放大 10 倍绘制，可减少绘制的难度，坐标网格如图 2.17.31 所示。清理并镜像，拼接后获得图 2.17.32 所示的截面，缩小到 0.1 倍，备用。

（10）半圆形的这个曲面比较简单，直接绘制即可。

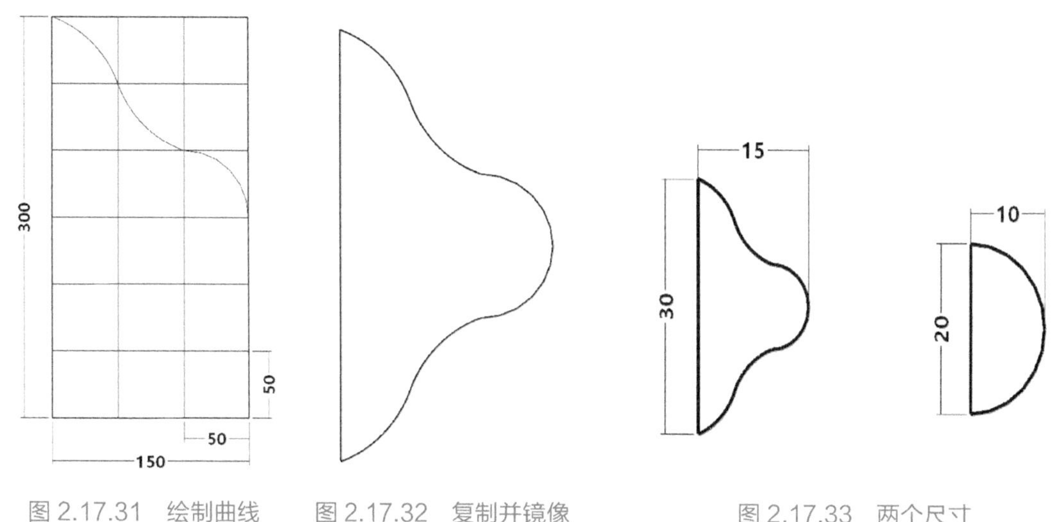

图 2.17.31 绘制曲线　图 2.17.32 复制并镜像　图 2.17.33 两个尺寸

（11）把绘制完成的放样截面分别移动复制到图 2.17.34 ①～③所示的位置。

（12）接着要做“循边放样”，按照我们已经掌握的方法是：选择代替放样路径的平面，调用路径跟随工具，单击放样截面。但是这样做会把梳妆台背面不需要装饰线脚的位置也做出线脚，正确的操作应如下：先在平面上双击选择这个面和所有的边线，然后按 Shift 键做减选，减去面，再减去后面的边线。剩下的就是放样路径了，这样做会更方便些。

（13）用上面的办法分别对图 2.17.34 ①～③这 3 处做“循边放样”，如图 2.17.34 所示。

最后还有一些细节要加工一下，没有难度。

（1）把图 2.17.35 ①所指的垂直边线 9 等分，中间的一份就是两个抽屉之间的空档。

（2）把图 2.17.35 ②所指的弧线分别复制到图 2.17.35 ③④位置就形成了抽屉的分界线，还要把预先准备好的“拉手”组件移动到抽屉面板的中间，如图 2.17.36 和图 2.17.37 所示。

（3）图 2.17.37 是组装好且还上了点材质的成品，组装操作不会有什么难度，移动加上复制而已，这些过程就不多说了。

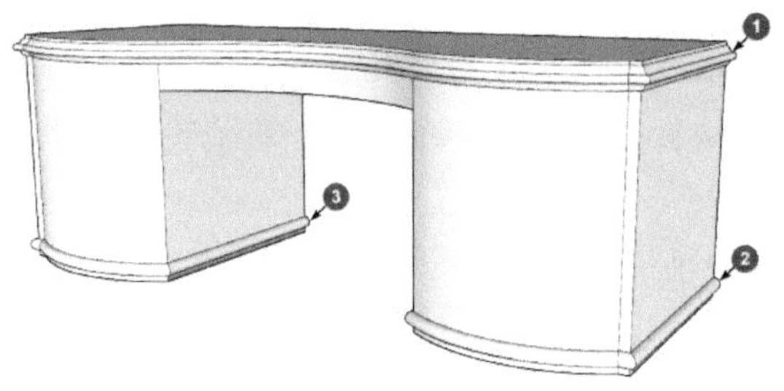

图 2.17.34　分别做循边放样

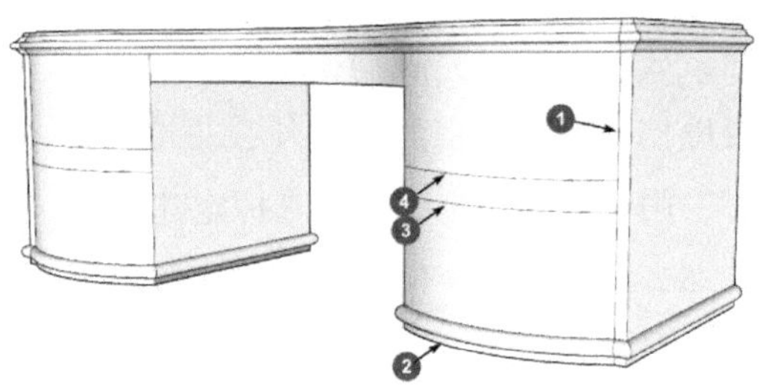

图 2.17.35　复制边线分割

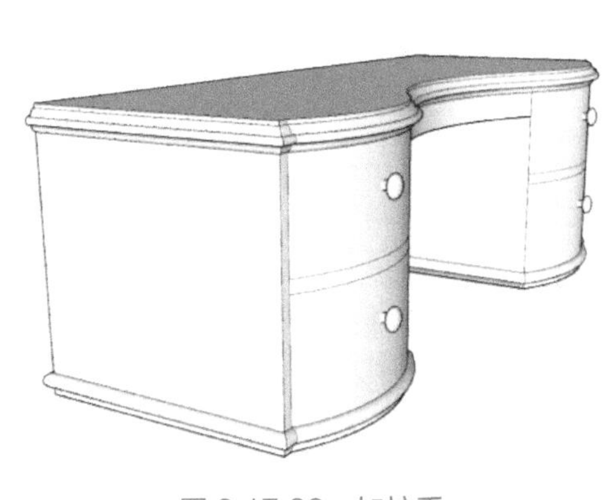

图 2.17.36　加拉手

图 2.17.37　赋予材质的效果

本节的建模任务比起之前的，稍微提高了一点点难度，特别是从凳子脚到镜子部分和最后的台子部分，每个部分是从绘制曲线开始的，对没有经验的初学者和美术功底差的学员，会有点麻烦；但我已经为你做好了有详细建模操作的模型，保存在附件里，只要对照着操作，都可以成功。

2.18　传统长凳

我们已经做了很多家具，基本是按照先易后难的顺序来安排的；看到了本节要做的东西（图 2.18.1），你可能会心存疑虑：为什么把这种在中国人看起来普通得不能再普通，简单到只有一块板 4 条腿的长凳安排在所有家具基本快要做齐的位置？

如果你认为这一块板 4 条腿的长凳是个简单、容易的对象，你就大错特错了；你可以回想一下，我们从方凳、方桌，做到书桌、木浴桶，不是横平竖直的就是画个路径，再加上个截面，放个样就可完成的；创建那种模型，就算是最复杂的，也只要几分钟，最多十几分钟就可以搞定一个，真的没有什么难度；而本节这一块板 4 条腿的简单东西，花了我至少半个小时，用去的时间主要是用来拟定建模的“思路”。

那么，创建这个长凳模型，它的难度究竟在什么地方呢？

你看图 2.18.2，这 4 条腿，从正面看它是个八字形；从侧面看，还是个八字形；换句话讲，就是每条腿都有两个不同的角度；再看长凳面的板，虽然只有 4 个孔，每个孔同样有两个不同的角度；甚至小小的短横挡，都有两个角度。

图 2.18.1　成品（透视）

图 2.18.2　成品（平行投影）

说到这种传统的长凳，还有个小故事。我有个老邻居，比我大 10 多岁，他在 30 岁左右的时候就是远近闻名的木匠，是那种用斧头砍、凿子凿、刨子刨的传统手艺人；大概在 20 世纪 60 年代，有一个生产鱼雷快艇的中央直属军工企业，要招聘大量木工（当年的“鱼雷快艇”是用压缩后的泡桐木做的，优点是万一被弹片打穿，吸水膨胀后会自动堵漏）。那时候的央企，又是搞军工的，待遇很好，我那位邻居大哥也坐了两天火车去北方应聘。

应聘木工，当然不用考高等数学、微积分，也不用考物理、化学，唯一的考题就是限时做一张这样的传统长凳；合格标准是完工后的成品，所有的榫卯衔接处的缝口插不进纸，所有的角度要符合图纸要求，符合以上要求后，还要扔到水里泡一夜，劈开看，中间的榫头必须是干的；我那位邻居大哥，去的时候信心满满，回来却灰溜溜，后来他跟我们说，他的问题出在 4 条腿互相间的角度相差了一点点。可见，这一块板 4 条腿的东西不是容易做得好的，就算在 SketchUp 里做这种模型也不见得每个人都能够在第一次就做得非常顺利流畅，不信，你现在先不要往下看，去试试再回来。

好了，言归正传，现在开工，不过请注意，我们这一次要做的不是那种外形有点像，只能用来示意的模型（俗话称表皮的），我们这次要做的是带有真实榫卯结构，可生成施工图、零件图的，比较精确的模型，就像是去应聘军工企业的木工一样。如果看过下面的教程后，你能在半小时内照样完成这个模型，你就能成为军工企业的技师，20 分钟内完成，你可以当高级技师，半小时还完不成，回炉去当学徒。

通常建模的第一步是要取得各种尺寸和角度的数据，如果你家没有这种传统的长凳可供参考，我在本节对应的资源里收集了几幅照片，可以从照片上获取数据（依图建模），不过要有点小技巧，为了压缩篇幅，具体的操作就不写下来了，你可以去浏览本节的同名视频教程。

1. 投影交错成型

在本节对应的资源里，为你准备好了一个 LayOut 文件，上面有主要的尺寸，后面具体操作时，还会给出一些细节尺寸。创建这个模型，我尝试过很多种不同的方法，下面介绍一种初学者比较容易掌握的方法，做出来的模型也比较精确。

有了尺寸，当然还是从一条腿开始，这一次，我们要介绍一种被我称为“投影面交错”的方法，可以同时获得两个方向的角度，这是一种之前还没有介绍过的技巧。

（1）先创建一个辅助立方体，如图 2.18.3 所示，画 300mm × 300mm 的矩形，拉出 480mm。

（2）在垂直于绿轴的面上作两条辅助线，相隔 50mm，如图 2.18.4 所示。

（3）同时选中两条辅助线，用旋转工具旋转 8° 后如图 2.18.5 所示。

（4）再选中左边的辅助线，向右旋转 1.5° ，形成锥度，如图 2.18.6 所示。

（5）用直线工具描出一个面，如图 2.18.7 所示，这是长凳脚在一个方向上的投影面。

（6）在垂直于红轴的面上再画三条辅助线，间隔 20mm，如图 2.18.8 所示。

（7）同时选中三条辅助线，用旋转工具向右旋转 10° ，如图 2.18.9 所示。

（8）再选中最左边的一条辅助线，向右旋转 1° ，形成锥度，如图 2.18.10 所示。

（9）从辅助面的上沿向下 30mm 创建辅助线，如图 2.18.11 所示。

（10）用直线工具描出截面，如图 2.18.12 所示。

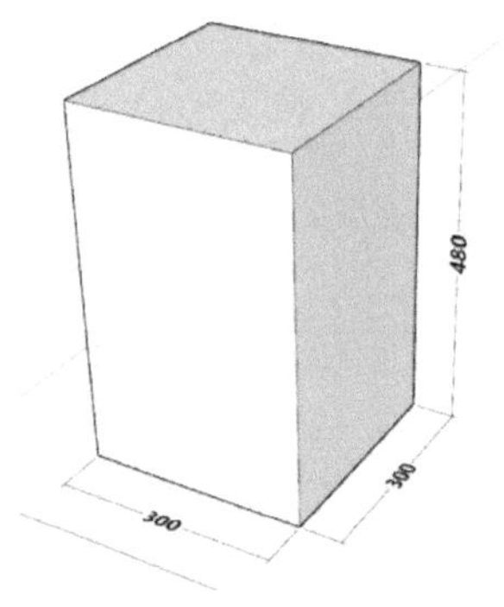

图 2.18.3 创建辅助立体

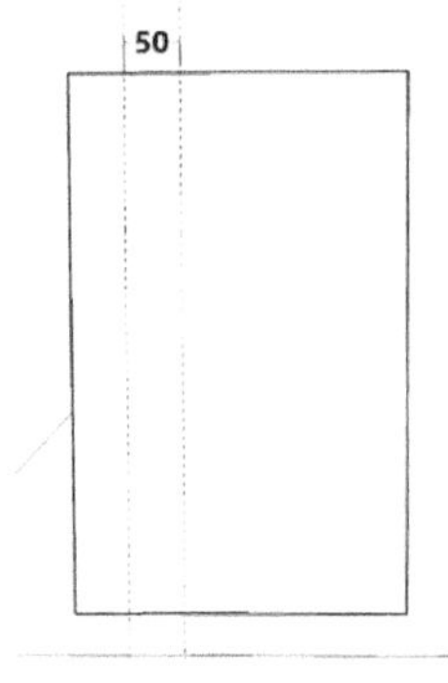

图 2.18.4 辅助线

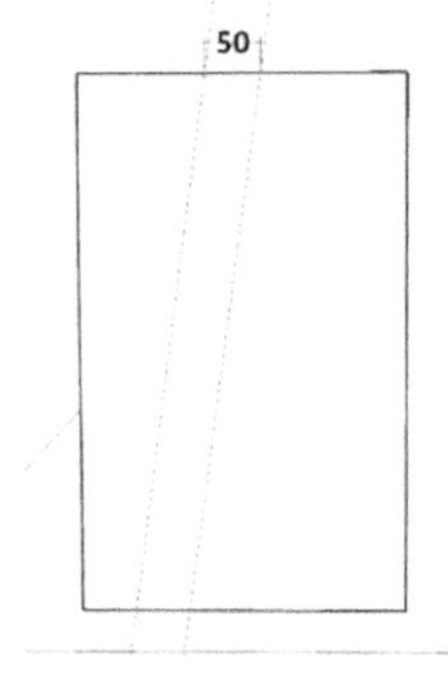

图 2.18.5 旋转两条辅助线

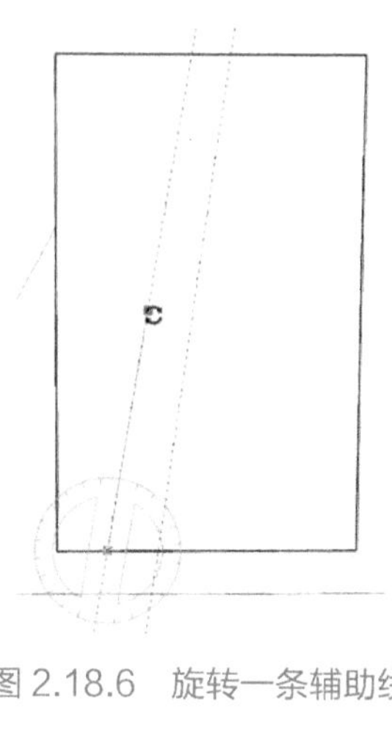

图 2.18.6 旋转一条辅助线

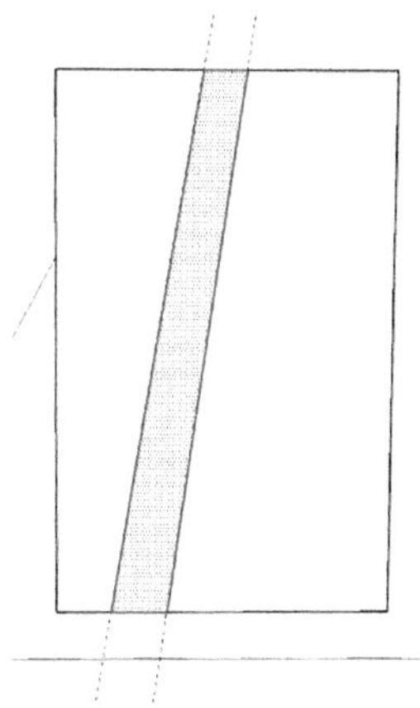

图 2.18.7 凳脚投影

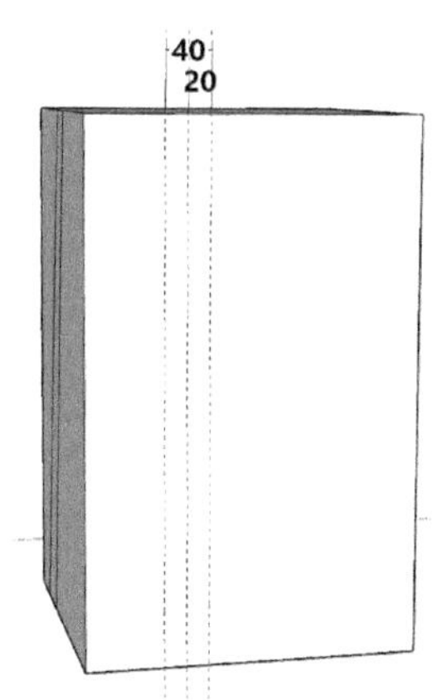

图 2.18.8 另一侧辅助线

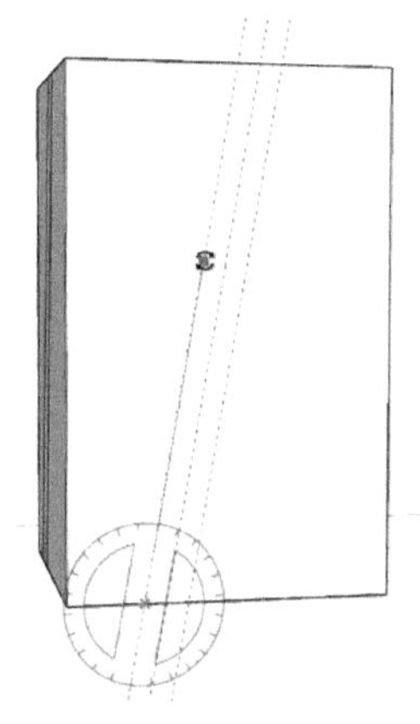

图 2.18.9 旋转三条辅助线

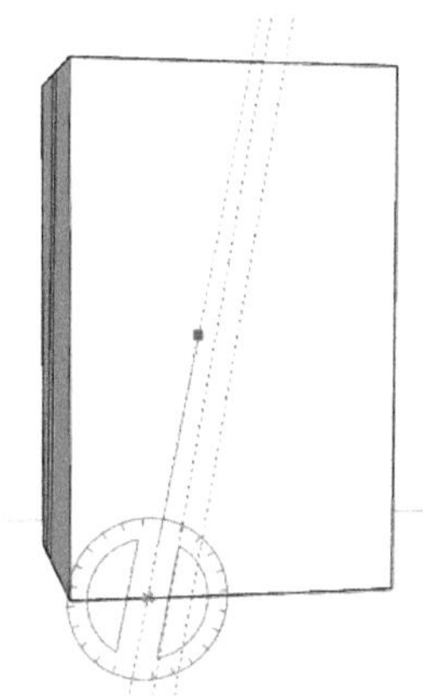

图 2.18.10 旋转一条辅助线

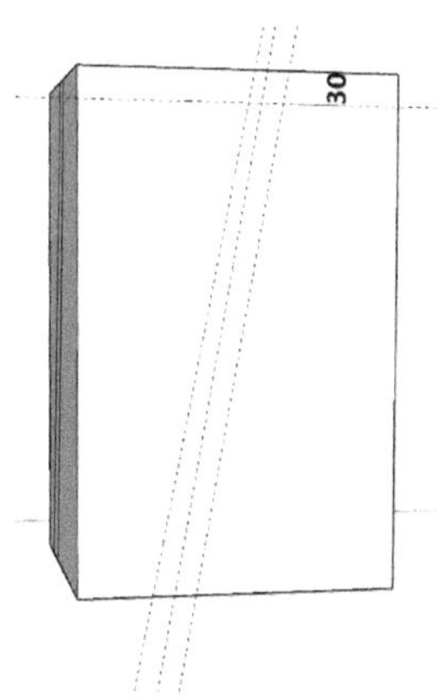

图 2.18.11 顶部辅助线

（11）图 2.18.13 是在相邻两个辅助面绘制的投影面供你练习时核对，别做反了。

（12）删除所有废线、面后得到如图 2.18.14 所示的两个投影面。

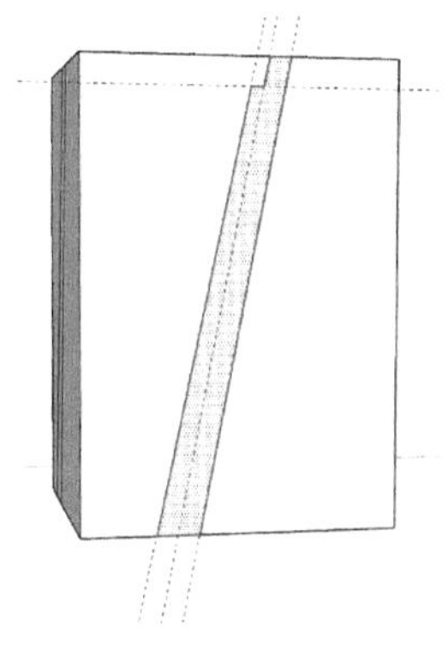

图 2.18.12 另一侧投影

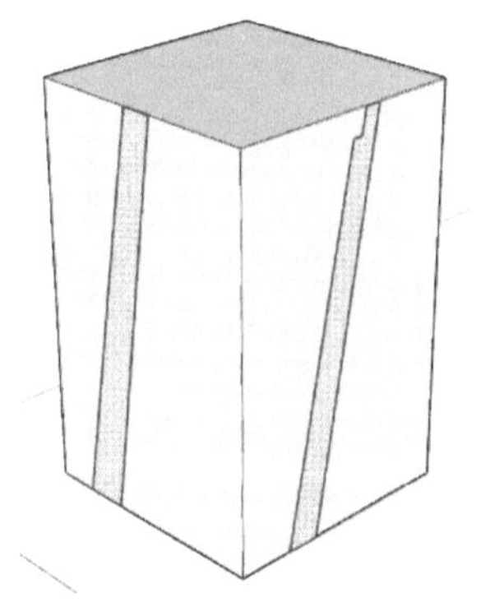

图 2.18.13 两个投影面

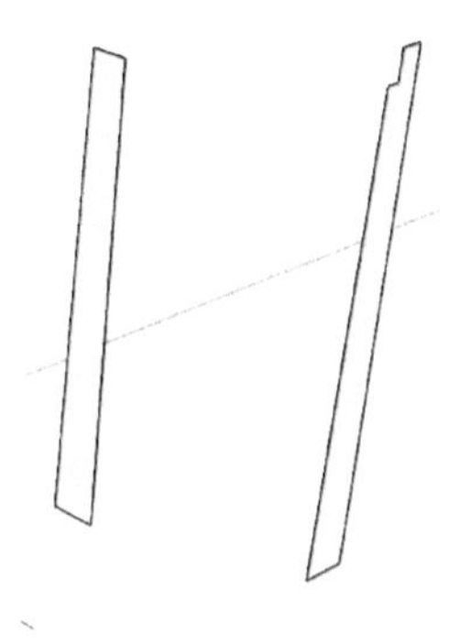

图 2.18.14 清理废线、面

（13）分别把两个投影面拉出到相互交叉，如图 2.18.15 所示。

（14）全选后做模型交错如图 2.18.16 所示。

（15）删除所有废线、面后得到一条长凳脚的毛坯，如图 2.18.17 所示。

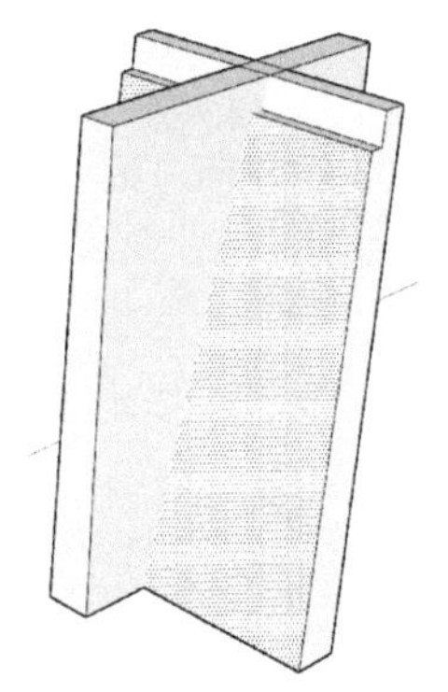

图 2.18.15　各自拉出交叉

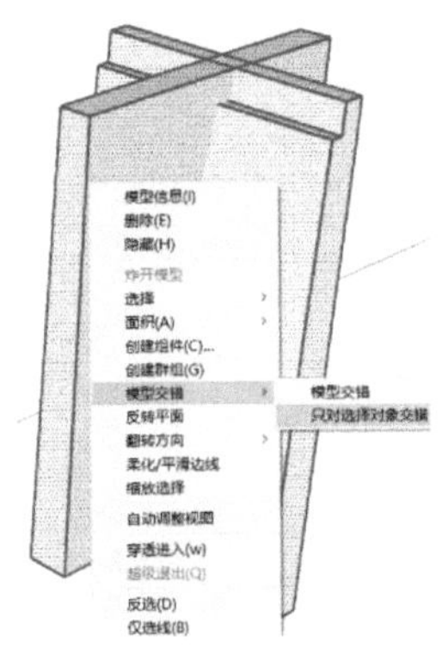

图 2.18.16　模型交错

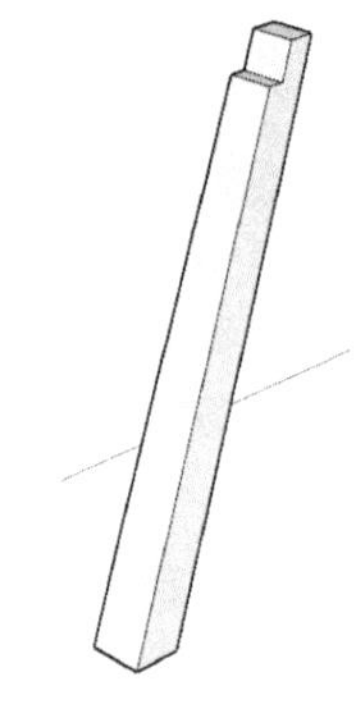

图 2.18.17　凳子脚毛坯

2. 模型修复整理技巧

下面要对凳子脚做倒角，为了降低练习的难度，下面只安排一个倒 45° 的角。在附件里你还可以找到倒成圆弧形角的模型，虽然方法差不多，但难度要比倒 45° 角高得多。

（1）在凳子脚的一个端部画出放样截面，如图 2.18.18 所示。

（2）接着用推拉工具或者路径跟随做出倒角（见图 2.18.19），结果一样，都会留下一堆麻烦。

（3）图 2.18.20 所示为放样（或推拉）后的上部，有洞洞，还有尖角，初次遇到这种情况时，通常会抓头皮，不知从何下手，解决问题要从分析问题着手。

（4）请看图 2.18.21 ①②所指的两处缺一段线，要补上；图 2.18.21 ③所指位置的线面需要删除。

（5）图 2.18.22 左下是已经处理完成后的情况，右上角图 2.18.22 ① 处是等待处理的另外一个角。

（6）图 2.18.23 ①位置缺一段线，图 2.18.23 ②③两处要删除。

（7）处理完成后如图 2.18.24 所示。

（8）图 2.18.25 所示为凳脚下端右侧，有多余的线面，但是不缺线，可选择局部做模型交错。

（9）模型交错并删除多余的线面后如图 2.18.26 所示。

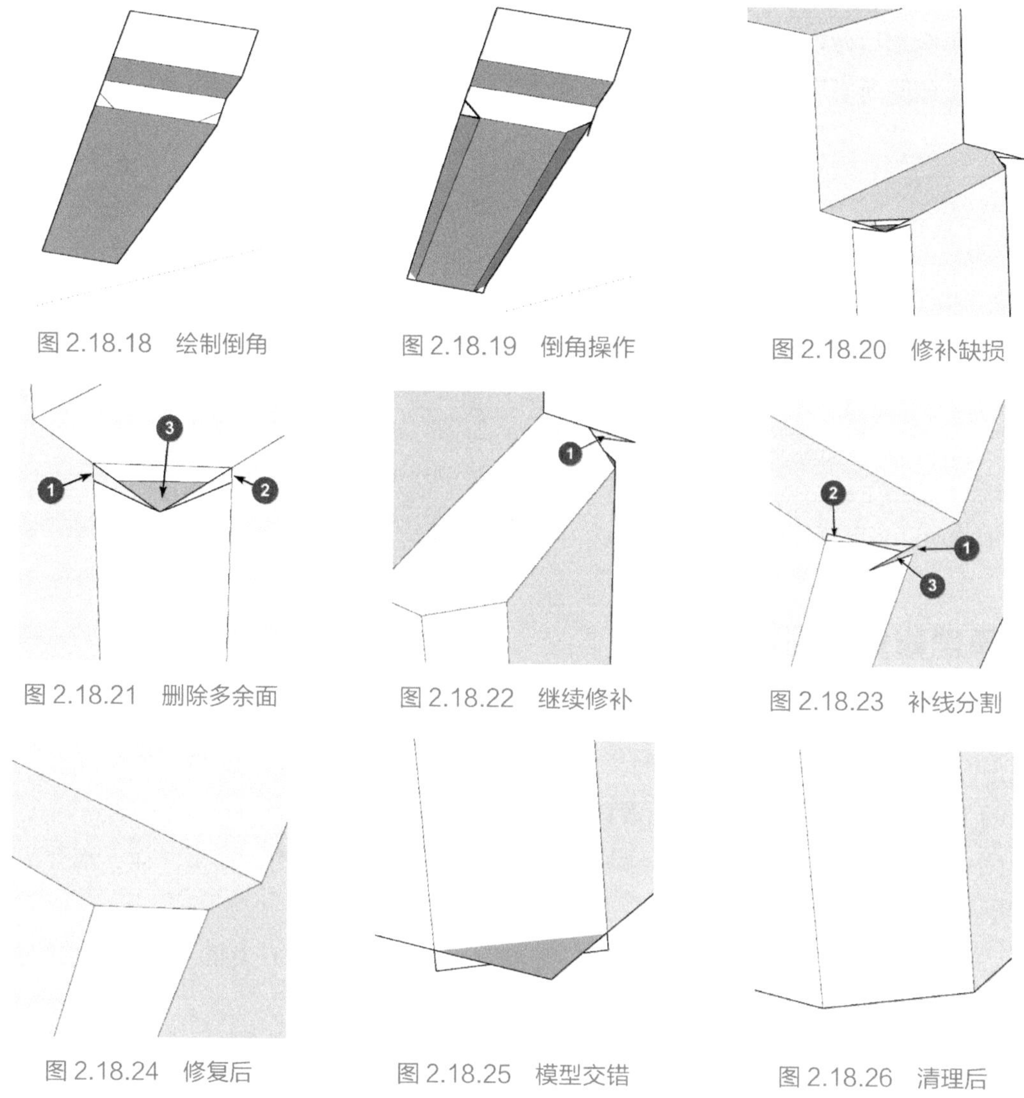

图 2.18.18 绘制倒角　图 2.18.19 倒角操作　图 2.18.20 修补缺损

图 2.18.21 删除多余面　图 2.18.22 继续修补　图 2.18.23 补线分割

图 2.18.24 修复后　图 2.18.25 模型交错　图 2.18.26 清理后

（10）图 2.18.27 所示为凳子脚下端另一个角，图 2.18.27 ①所指的位置缺段线，要补上。

（11）补线后选择这个角的全部，做模型交错。

（12）删除所有废线、面后得到图 2.18.28 所示形状。

（13）图 2.18.29 所示为处理和清理完成后的一条腿，创建群组；这条腿能不能用，现在还不知道；要把图元信息面板弄出来，单击这条腿的群组，如果能看到它的体积数据（见图 2.18.30）说明它已经是一个实体，不然就还得找原因，并解决它。

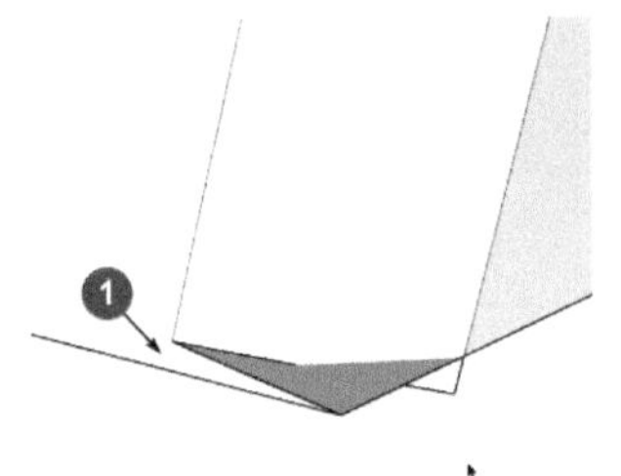

图 2.18.27　补线成面

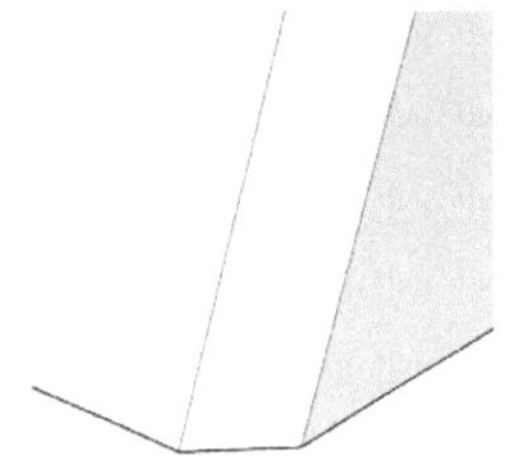

图 2.18.28　修复后

不能成为实体的原因不外乎两个：一是还有破洞没有补起来；二是还留存有小小的废线头没有清理干净。只要解决了这两个问题，就可以在图元信息面板上看到体积。

为什么要花这么多的手脚让这条腿成为合格的实体？因为后面要用它来对凳面开洞，只有符合了实体的条件才能用实体工具做相关的操作。

从图 2.18.18 到图 2.18.28 的操作是重要的练习，锻炼的是“修理”模型，特别是“修补破洞”的能力，在将来的建模过程中会有很大的作用，甚至是决定建模成败的关键点。

如果你能够顺利完成从图 2.18.18 到图 2.18.28 的操作，并且在图 2.18.30 中通过检测（即看得见体积数据、符合“实体”的条件），建议你可以提高点难度，挑战自己，把图 2.18.18 中的 45° 直线改成圆弧，如果也能通得过图 2.18.30 所示的检测，你的建模能力就会得到一个很大的提升。如果遇到困难可以去查看视频教程。

3. 创建横挡与榫卯

凳子腿的部分完成后，下面要做出“横挡”的部分，顺序如下。

（1）看图 2.18.31，从右侧边缘向左 10mm 作辅助线。

（2）再往左 30mm 作第二条辅助线，如图 2.18.31 所示。

（3）从凳脚底部往上 160mm 作水平辅助线，如图 2.18.32 所示，这是第三条辅助线，定位用。

（4）以图 2.18.33 ①所指辅助线的交点为中心，作垂直于原辅助线的第四条辅助线，如图 2.18.33 所示。

（5）删除图 2.18.32 所示的定位用的第三条辅助线。

（6）向上复制出其余 3 条辅助线。做法是：先向上 30mm 复制一条，获得一组辅助线。

（7）选择这一组，再往上 80mm 复制一组，完成后如图 2.18.34 所示。

（8）用旋转矩形工具或直线工具描绘出两个矩形，如图 2.18.35 所示。

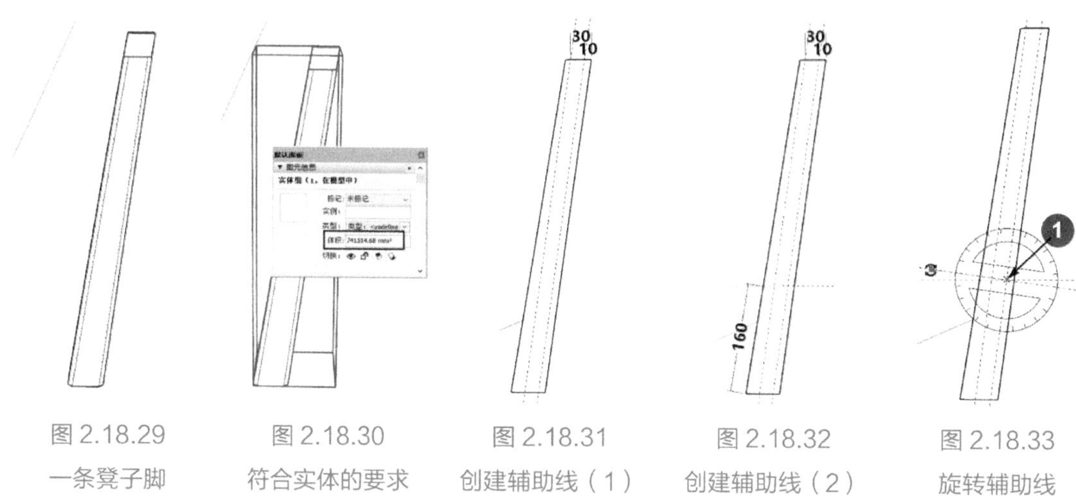

图 2.18.29 一条凳子脚　图 2.18.30 符合实体的要求　图 2.18.31 创建辅助线（1）　图 2.18.32 创建辅助线（2）　图 2.18.33 旋转辅助线

（9）选择好一条凳子腿（包括两个矩形）复制出另一条腿并做镜像，如图 2.18.36 所示。

（10）从任意一条腿的任一个角画直线 205mm（见图 2.18.36）这是两条腿的间距（试验确定）。

（11）把另一条腿移动到直线的另一端，这样就确定了两条腿的间隔，如图 2.18.37 所示。

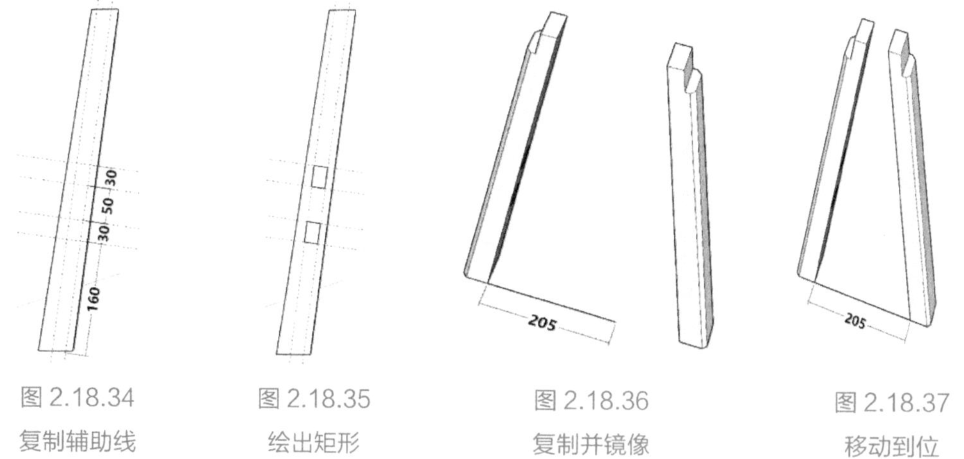

图 2.18.34 复制辅助线　图 2.18.35 绘出矩形　图 2.18.36 复制并镜像　图 2.18.37 移动到位

下面的操作要做出两根小横挡，东西虽然不大，却也费事，一点都不能马虎。

（1）先把图 2.18.37 所示的两条腿隐藏起来，只剩下 4 个矩形，如图 2.18.38 所示。

（2）用直线工具连接矩形上对应的角点，生成横挡的毛坯，如图 2.18.39 所示。

（3）用直线工具连接横挡毛坯端部的中心点，形成分割线，共 4 处，如图 2.18.40 所示。

（4）双击分割出来的一个面，做移动复制，间距为 30mm，如图 2.18.41 所示。

（5）用直线工具连接对应的角点后，基本完成两根横挡，如图 2.18.42 所示。

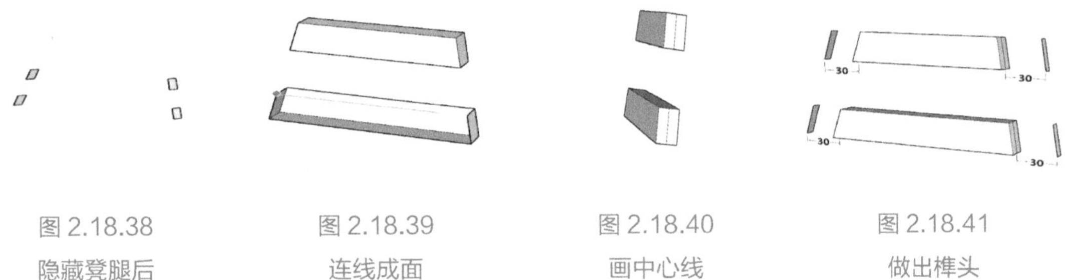

图 2.18.38 隐藏凳腿后　　图 2.18.39 连线成面　　图 2.18.40 画中心线　　图 2.18.41 做出榫头

看起来是做好了，最终是否能用，还要用“图元信息”面板来鉴定是否为“实体”：清理所有废线，分别把横挡做成群组；选取一个后，如果在“图元信息”面板上能看到体积就符合“实体”的标准；否则就要找原因解决，见图 2.18.43 和图 2.18.44。

为什么一定要符合“实体”标准？因为要用它在凳子腿上开榫眼。

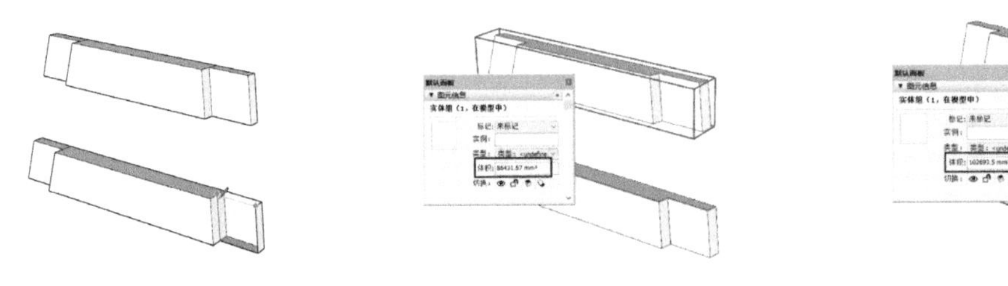

图 2.18.42　连线成面　　图 2.18.43　检测是否为实体（1）　　图 2.18.44　检测是否为实体（2）

（6）若横挡通过了“图元信息”对“实体”的检测，就可以恢复隐藏的凳子腿（见图 2.18.45）。

（7）接着要用“实体工具”做出真实的“榫卯结构”，有两种不同的操作方法，分别是：按住 Ctrl 键选取一根横挡加一条凳子腿，再单击实体工具上的“剪辑工具”（图 2.18. 46）；调用“剪辑工具”后，先单击一根横挡，再单击一条腿。结果一样。

（8）经过上述加工后，真实的“榫卯”已经完成，图 2.18.47 是分离后看到的“榫和卯”。

4. 创建凳面

下面要完成最后的部分——板凳面的创建。操作过程如下。

（1）利用两条凳子脚之间的 4 个角，绘制一个矩形，如图 2.18.48 所示。

（2）向下拉出 30mm 后如图 2.18.49 所示。

（3）用直线工具画出确定对面长度和的辅助线，中点往左、右各 90mm，往长凳端部方向 130mm，如图 2.18.50 所示。

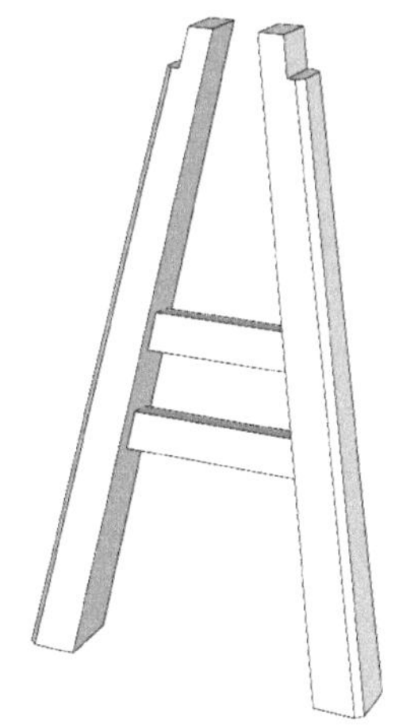

图 2.18.45　恢复凳子腿

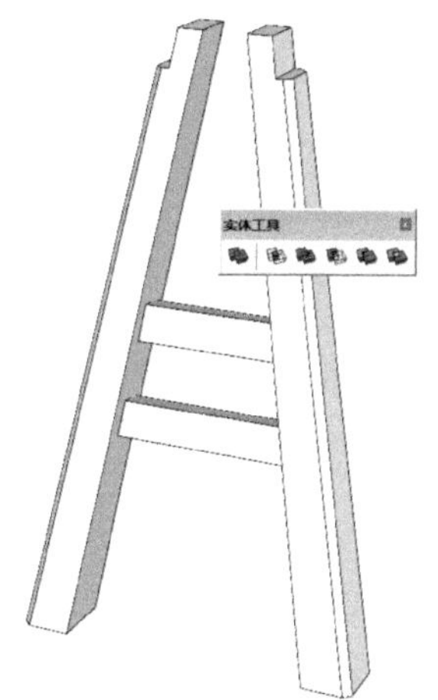

图 2.18.46　实体工具剪辑

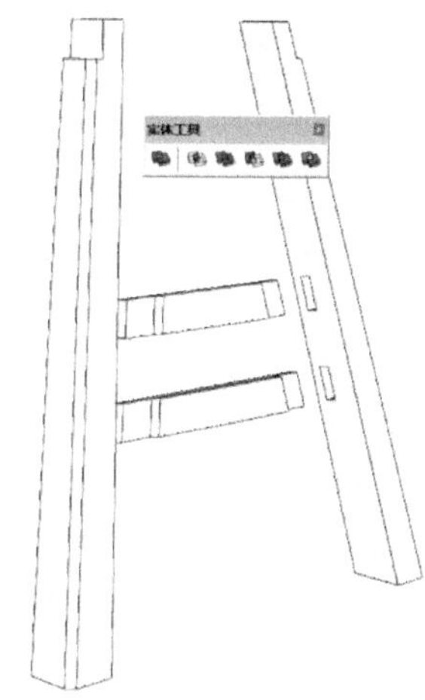

图 2.18.47　修剪后的卯孔

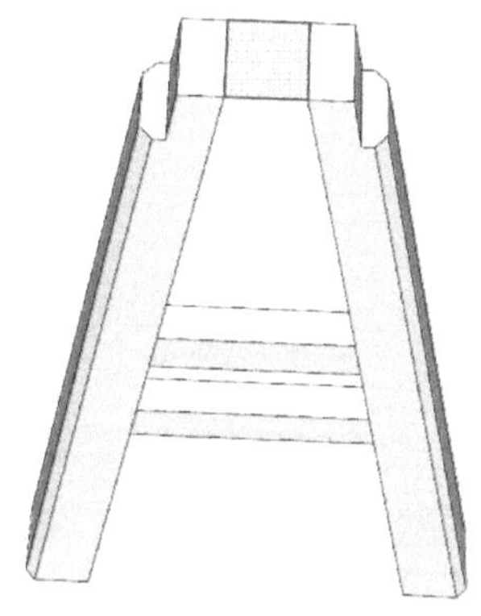

图 2.18.48　凳面从这里开始

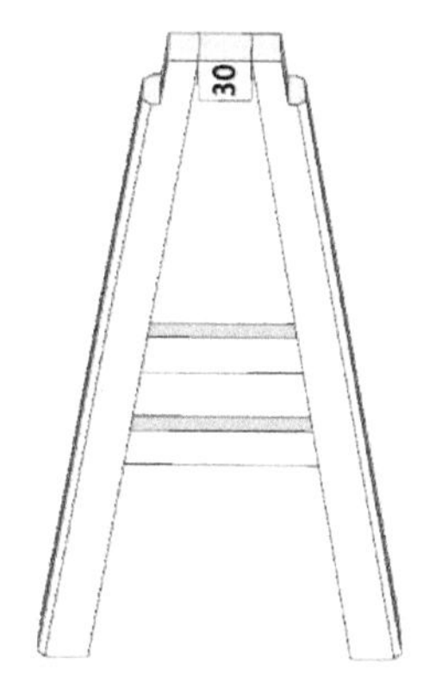

图 2.18.49　拉出厚度

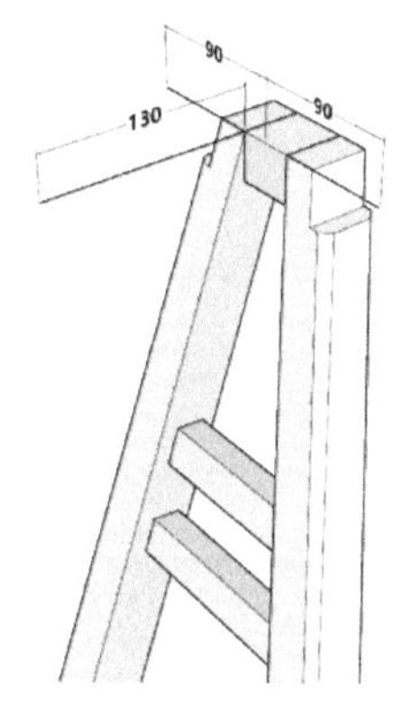

图 2.18.50　主要尺寸

（4）用推拉工具按长度辅助线向 3 个方向拉出长凳的一个端部，如图 2.18.51 所示。

（5）拉两个侧面的时候也可以直接输入拉出的长度 72mm，如图 2.18.51 所示。

（6）再从长凳的一端往另一端画一条 1000mm 的长度参考线，如图 2.18.52 所示。

（7）拉出整条长凳面，如图 2.18.53 所示。

（8）复制并镜像一组凳子腿，如图 2.18.54 所示。

（9）移动到位后如图 2.18.55 所示。注意两侧对称。

（10）在长凳端部画一个倒角用的三角形，做“循边放样”完成长凳面的倒角（截图略）。

（11）把长凳面创建群组后，用“图元信息”检测是否符合“实体”的条件（见图 2.18.56）。

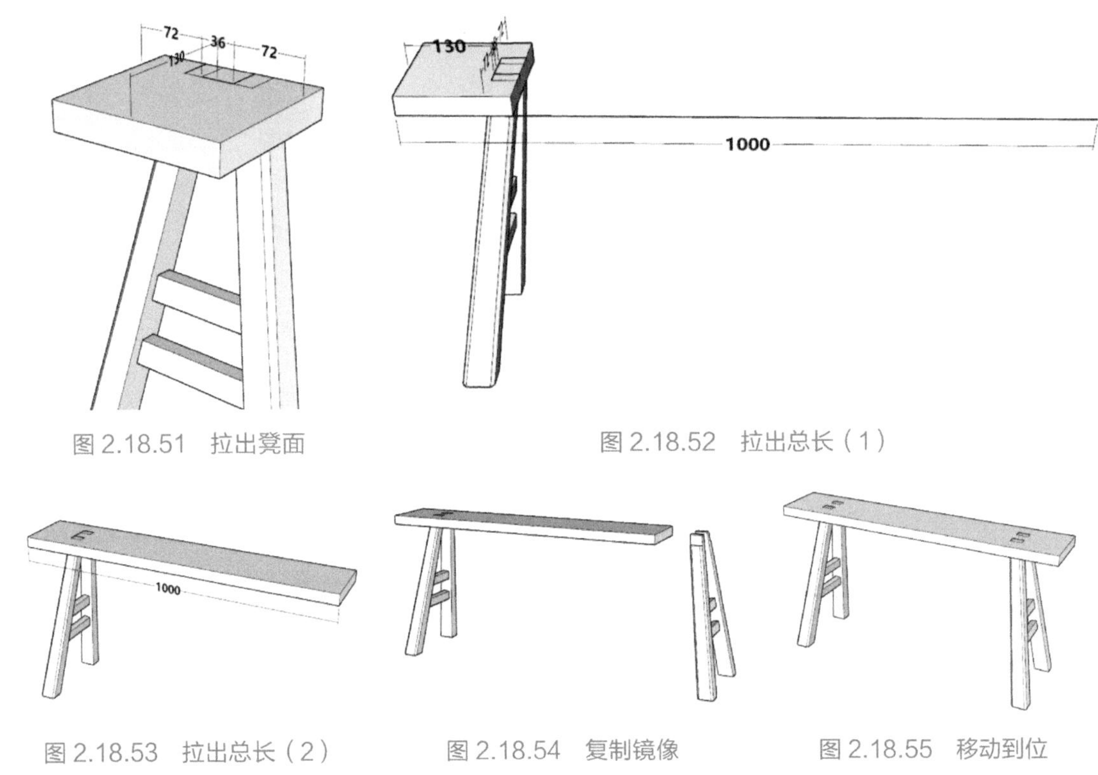

图 2.18.51　拉出凳面

图 2.18.52　拉出总长（1）

图 2.18.53　拉出总长（2）

图 2.18.54　复制镜像

图 2.18.55　移动到位

5. 凳面榫卯

下面要用 4 条凳子腿加工出凳面上的 4 个孔，还是用实体工具，并用同样的方法。

（1）按住 Ctrl 键选取长凳面加一条凳子腿，再单击实体工具上的“剪辑工具”；或调用“剪辑工具”后，先单击长凳面，再单击一条腿。结果一样。

（2）经过上述加工后，真实的“榫卯”已经完成，图 2.18.57 所示为分离后看到的“榫和卯”。

（3）凳面倒角的截图与过程描述（略）。

（4）赋予材质或贴图后做成组件，保存入库备用，如图 2.18.58 所示。

初学者做这个练习时能不能百分百完成并不重要，重要的是要通过练习体会建模的难度所在，并引起注意；如果还能发现降低难度的方法和途径，那你就真的有所收获了。

图 2.18.56 实体工具修剪

图 2.18.57 修剪后的卯孔

图 2.18.58 赋予材质后的效果

2.19 榫卯结构（实体工具）

现在我们生活在铁钉、螺钉和胶水的时代，但是作为中国的设计师，无论你是搞建筑的、园林景观的还是室内设计行业，都有必要了解一些老祖宗留下的，足以引以为傲的知识遗产，这些遗产一直到现在还在普遍地运用。

在本实例中，要结合榫卯结构来讲述 SketchUp 实体工具的应用。如果你是家具业、室内装饰业，本节的内容正好跟你的专业对口，一定要学好；其他行业的设计师，别以为跟你没关系，本节只是借用榫卯结构来强化对实体工具的讨论，只要你今后想用“实体工具”也请认真做本节的练习。

榫卯结构，在我国的传统建筑和家具中，几千年前就已经达到了很高的技艺水平，榫卯结构除了应用于建筑木结构和家具以外，也常见于竹制、石制的器物中。按应用对象和结构的不同，仅家具行业中就有几十种不同的榫和卯，古建筑中的榫卯种类就更多了。更为可贵的是，这些技术早在千余年前的宋朝就已经被标准化，所有工匠都要按官方制式规定的形状和尺寸来制作和生产。

下面结合几个榫卯实例来介绍实体工具的应用，SketchUp 在没有“实体工具”之前，这些榫卯结构是很难实现的，正因为有了“实体工具”，很难的事情才变得轻而易举。从图 2.19.1 到图 2.19.4 是第一个要做的实例，这是传统书案面板的一个角，包含了 4 种不同形式的榫卯形式，看看我们如何用“实体工具”来圆满解决这些难题。

1. 先用“实体工具”来完成“暗合角”结构

请看图 2.19.5，可见暗合角的左半边有一个榫和两个卯，右半边有两个榫和一个卯，合在一起，就是牢固可靠的结构形式，表面还看不到痕迹，这种结构自古以来直到现代，只有在高级实木家具上才能见到，因为它的结构复杂才被选为例题。

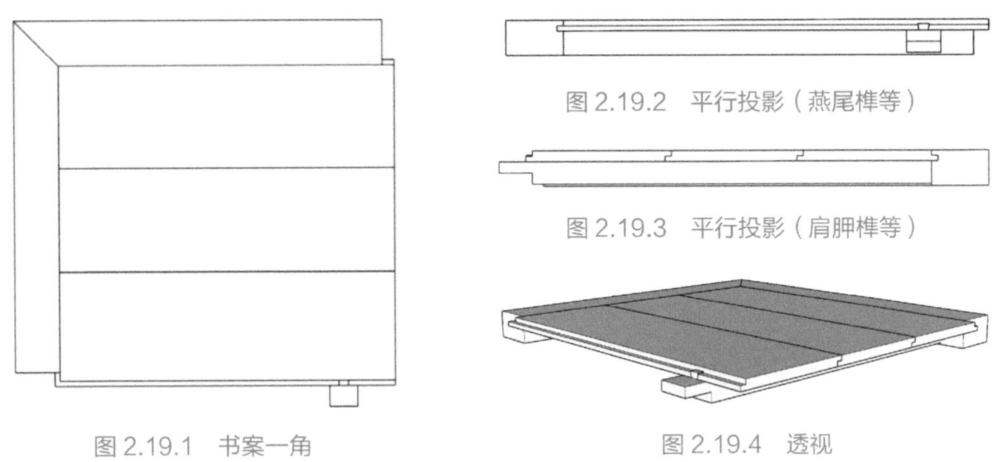

图 2.19.1　书案一角

图 2.19.2　平行投影（燕尾榫等）

图 2.19.3　平行投影（肩胛榫等）

图 2.19.4　透视

图 2.19.6 是“暗合角”组合后的 X 光透视图，现在开工，注意操作中“实体工具”的使用技巧。

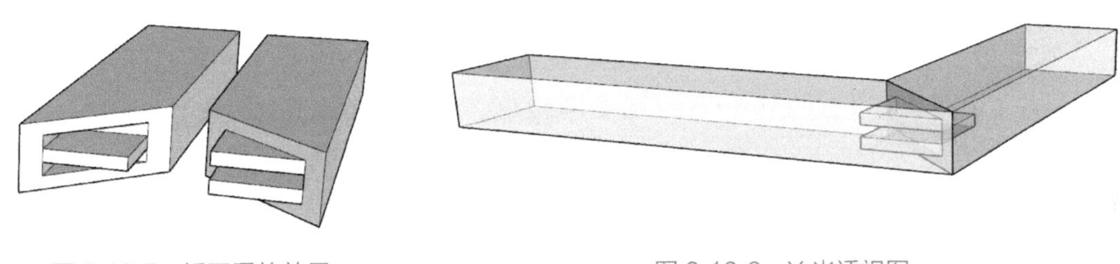

图 2.19.5　拆开看的效果

图 2.19.6　X 光透视图

（1）图 2.19.7 是准备好的两个简单图形：一个是边长为 36mm 的正方形；另一个是宽为 52mm 的长方形，切掉了 45° 角。

（2）把切掉 45° 角的长方形拉出 32mm 高，形成边框的一部分，创建群组，见图 2.19.8，长度无所谓）。

（3）小正方形代表了单个的榫或卯，看图 2.19.5 所示的样品可知它的厚度应该是 32mm 的 1/5，所以要拉成 6.4mm 高，然后创建群组，如图 2.19.8 所示。

（4）把小立方体复制成 5 份，摞在一起，如图 2.19.9 所示。

（5）现在要把它移动到木条的居中位置，这里有一点小窍门，可以先画一条辅助线（见图 2.19.10 ①），然后选择包括这条辅助线的 5 个小块，用移动工具要抓取对角线的中点，从图 2.19.10 ①移动到图 2.19.10 ②所示的位置，以中点对齐中点（图 2.19.11）。

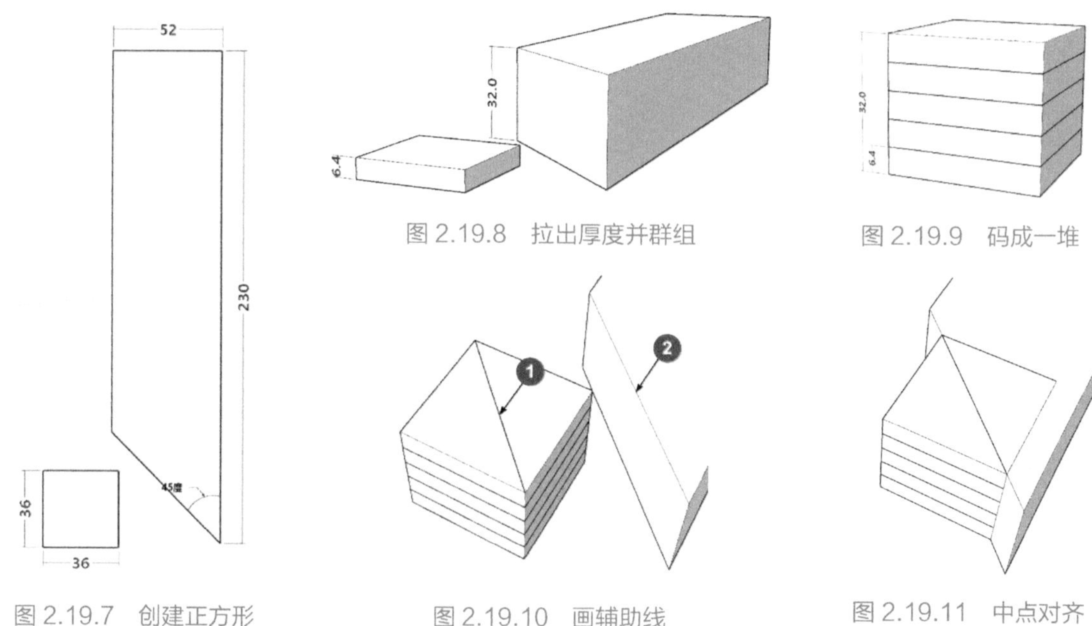

图 2.19.7　创建正方形

图 2.19.8　拉出厚度并群组

图 2.19.9　码成一堆

图 2.19.10　画辅助线

图 2.19.11　中点对齐

（6）全选后复制出另一份并做镜像，如图 2.19.12 所示，再删除最上和最下两块，留下中间 3 个小块。

（7）接下来要让“实体工具”上场了。现在先要做出图 2.19.13 左边的这部分，具体操作是：按住 Ctrl 键，选择图 2.19.12 ①和图 2.19.12 ③，单击“实体工具”条上的“减去”工具。结果如图 2.19.13 左侧所示。

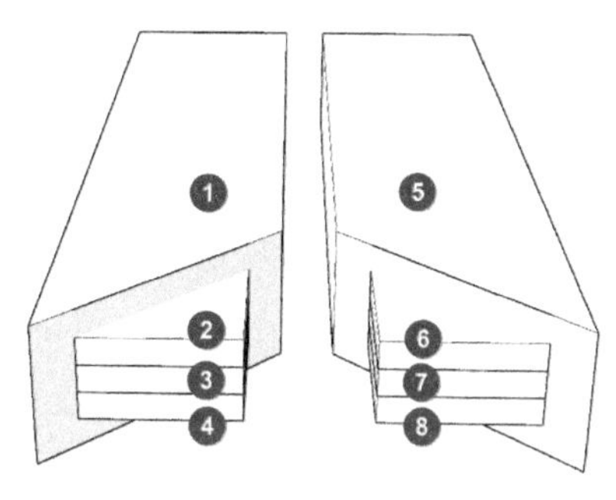

图 2.19.12　删除上、下两层

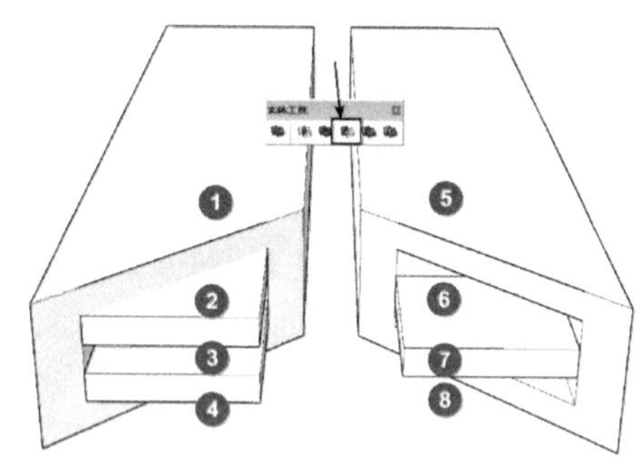

图 2.19.13　用实体工具修剪

（8）用同样的方法，按住 Ctrl 键，分别选取图 2.19.12 ⑤和图 2.19.12 ⑥，再单击“实体工具”条上的“减去”工具，获得图 2.19.13 右侧的上面一个“卯”。

（9）接着做图 2.19.13 右侧下面的一个卯，操作是一样的，按住 Ctrl 键，选择图 2.19.13 ⑤和图 2.19.13 ⑧，再单击“实体工具”的“减去”按钮，获得图 2.19.13 右侧下面的另一个卯。

注意：像图 2.19.13 右侧那样“减去”两个部分的情况，需要分两次操作。

（10）经过以上的“减去”操作后，图 2.19.13 左、右两侧，每侧都有两三个不同的群组，互相间还有重叠的面和线，想要让它们成为真正的“实体”还有最后一步——加壳。加壳的具体操作是：分别选中图 2.19.13 左侧或右侧的边框条和所有小块，单击“实体工具”条的“加壳”按钮，就可得到精简线面后合并成的“实体外壳”。

“实体工具”各部分的用途和使用要领可查阅系列教材的另外一本——《SketchUp 要点精讲》的 4.4 节。

2. 做面板部分

讲到实木家具的面板，还有个笑话：小两口去买家具，嫌板式家具档次低，要买全实木的，转了几天都没有满意的。他们的标准不算复杂，就是家具的面板一定不能拼，要用整块的实木板。他们不知道，为了减少木材变形产生的翘曲，大面积的实木面板，通常要用多块小板拼合起来，即使有大块的材料，也要剖开成小块拼起来用，所以，他们不改变选购标准，恐怕永远也买不到称心的家具了。

假设这个面板是用 3 块 10mm 厚的小板拼起来的，用图 2.19.14 箭头所指处“肩胛榫”拼合。

（1）图 2.19.15 所示为其中的一块板，宽度为 120mm，拉出高度 10mm 后如图 2.19.16 所示。

（2）选择两条边线，用偏移工具往中间偏移 5mm，推下去 5mm 形成肩胛榫，如图 2.19.17 所示。

（3）创建群组，检查符合实体条件后再复制出两块。注意图 2.19.18 ①②的两点对齐。

（4）接着要用剪辑工具加工出另外两块的肩胛榫。注意单击的顺序。

① 单击图 2.19.19 ①所示的剪辑工具，单击图 2.19.19 ②所示小板，单击图 2.19.19 ③所示小板，按空格键退出。

② 单击图 2.19.19 ①所示的剪辑工具，单击图 2.19.19 ③所示小板，单击图 2.19.19 ④所示小板，按空格键退出。

要注意每一次操作完成后要敲空格键退出以后再进行下一次操作，也可以按以下顺序操作。

（1）按住 Ctrl 键同时选中图 2.19.19 ②③所示小板，单击图 2.19.19 ①所示的剪辑工具，按空格键退出。

（2）按住 Ctrl 键同时选中图 2.19.19 ③④所示小板，单击图 2.19.19 ①所示的剪辑工具，按空格键退出。

（3）单击选取最外侧的一条线，移动 5mm 复制一条；推下去 5mm，形成另一侧的肩胛榫，如图 2.19.20 ①所示。

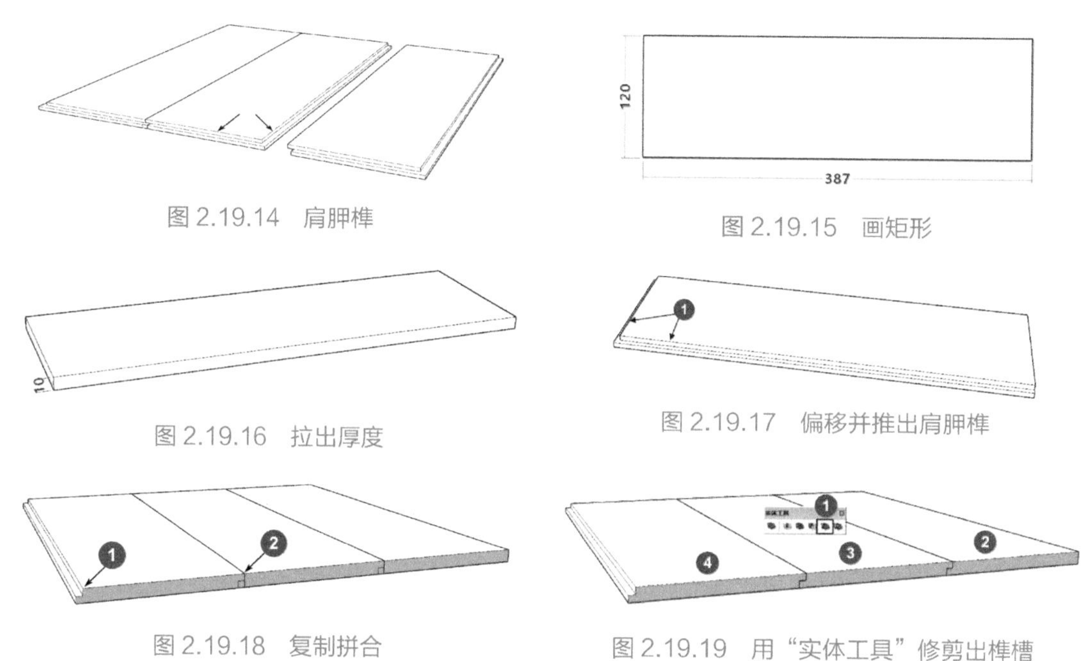

图 2.19.14　肩胛榫

图 2.19.15　画矩形

图 2.19.16　拉出厚度

图 2.19.17　偏移并推出肩胛榫

图 2.19.18　复制拼合

图 2.19.19　用“实体工具”修剪出榫槽

3. 加工面板上的燕尾槽

图 2.19.21 ①是提前准备好的一根横挡，上面已经做好了燕尾榫，要用它作为模具，分别在 3 块面板上加工出燕尾槽，这是中式的实木家具为防止面板翘曲变形和加强面板的重要措施。

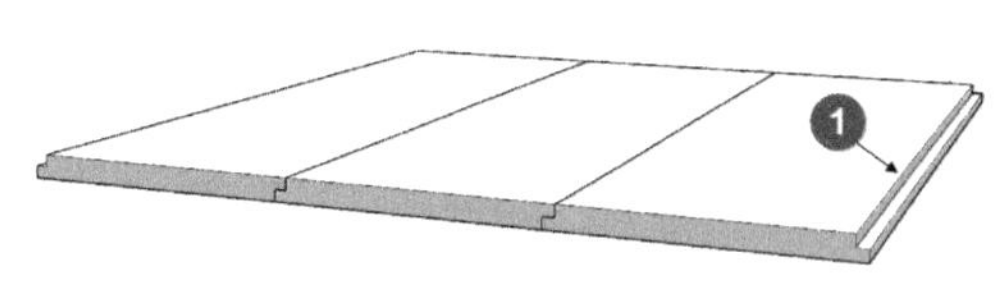

图 2.19.20　单独做另一侧的肩胛榫

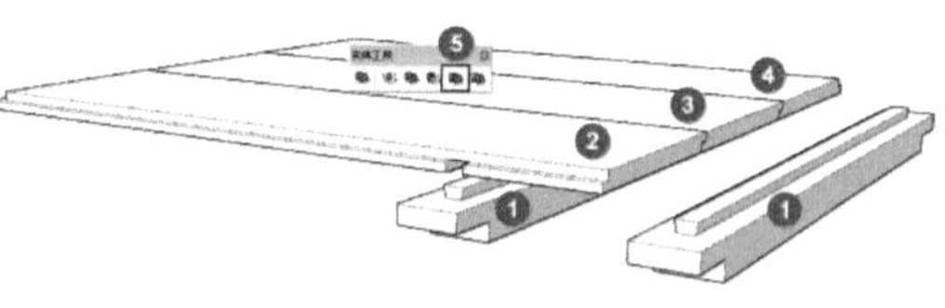

图 2.19.21　带有燕尾榫的横挡

（1）先要把它移动到合适的位置。

（2）然后用“实体工具”的“剪辑”工具加工出面板上的燕尾槽，操作过程如下：按住 Ctrl 键的同时选中图 2.19.21 ①②所示小板，单击图 2.19.21 ⑤所示的剪辑工具，按空格键退出；或单击图 2.19.21 ⑤所示的剪辑工具，单击图 2.19.21 ②所示小板，单击图 2.19.21 ①，按空格键退出。

（3）再加工出另外两块板上的燕尾槽。注意所有参与的部件必须都符合“实体”的条件。

（4）接着，要用已经完成的部分（榫）作为模具，去加工（剪辑）出边框上的卯。

（5）全选已经完成的部分，移动到已经做好的边框上合拢，如图 2.19.22 ②③所示，是要加工的边框，图 2.19.22 ④～⑦所示是加工用的模具，图 2.19.22 ①所示是“剪辑”工具（老版本称“修剪”工具更合理）。

（6）修剪工具有两种用法：第一种用法是调用修剪工具，先单击作为模具的板，再单击作为加工对象的边框，一次修剪完成，记得一定要敲空格键退出工具，重新开始这个过程，一直到所有的操作完成。

（7）修剪工具的另一种用法是：按住 Ctrl 键做加选，同时选中“模具”与“加工对象”，再单击修剪工具，一次加工完成，按空格键退出，重新开始新的操作，一直到全部完成。

图 2.19.23 所示就是加工完成后移开检查的边框，箭头所指处已经开好了“槽”和“卯”，结果完全正确。经过刚才的一番操作，做出了这种比较复杂的结构，如果没有实体工具，当然也可以做出来，不过，所花费的功夫要多得多，并且容易出错。

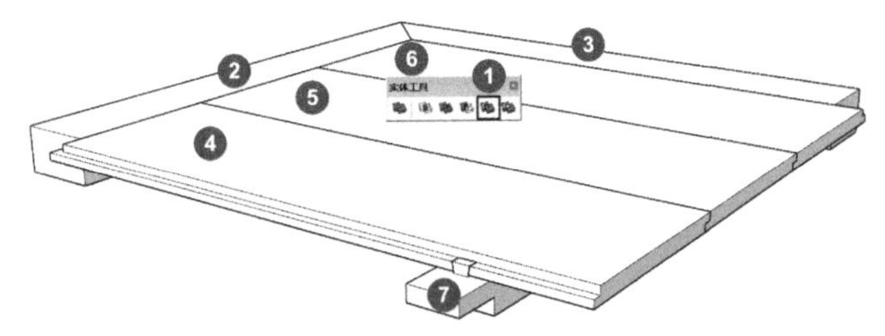

图 2.19.22　用“实体工具”修剪出燕尾槽

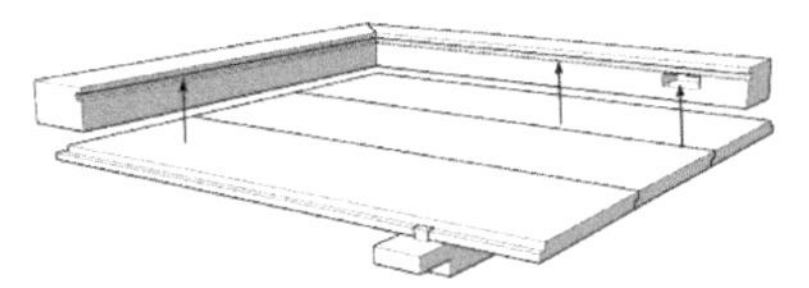

图 2.19.23　用“实体工具”修剪出榫槽

更可贵的是，用这种方法做出来的模型，只要标注上尺寸，马上就可以形成零件图和装配图，提供给生产线作为施工之用，即使没有经过识图训练的工人也看得懂，不会出错。

4. 实体工具在仿古建筑中的应用

图 2.19.24 所示就是中国传统建筑中柱和坊的连接形式，非常牢固、可靠。拆开一看就知道，如图 2.19.25 所示，可以先做出榫，再用“实体工具”完成卯，这种榫卯结构，俗称带溜的燕尾榫，所谓溜，现代术语就是锥度或者“退拔”，上下两头不一样大，越压越紧，越晃动越紧，几个方向上都有斜度，如果没有“实体工具”做起来会非常麻烦。

图 2.19.26 所示为传统建筑一个角上的柱子和檩坊，也是榫卯结构，不仅牢固而且很好看。

图 2.19.27 所示为拆开后的细节，不难看出，也是先做出榫，再用“实体工具”完成卯。

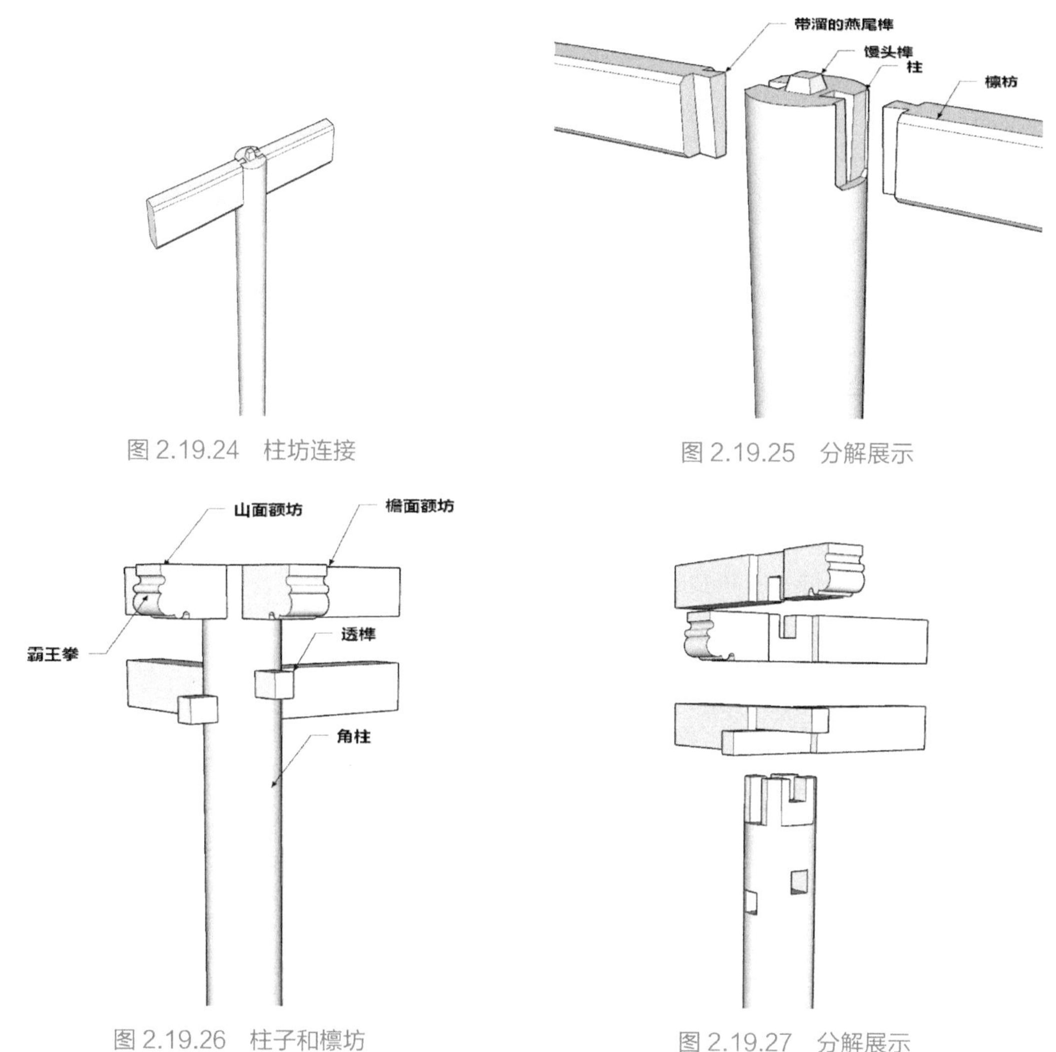

图 2.19.24　柱坊连接

图 2.19.25　分解展示

图 2.19.26　柱子和檩坊

图 2.19.27　分解展示

5. 加工出桁架结构

图 2.19.28 右侧所示为木结构的桁架，为了看得清楚些，只画出了一部分。图 2.19.28 左侧所示为拆开后可以看到里面的榫卯结构，如果没有实体工具，想要做出这样的结构，只能用“模型交错”来做，麻烦的程度恐怕要在 10 倍以上。具体步骤如下。

（1）画一个圆形，半径 100mm。拉出长度随意，这是桁架的下弦，如图 2.19.29 所示。

（2）创建群组后复制出另一个。旋转 30°，等一会要把它加工成桁架的上弦，如

图 2.19.30 所示。

（3）现在创建一个临时的平面。按照榫头的宽 60mm 和高 100mm，画出矩形，如图 2.19.31 左所示。

（4）拉出长度后，创建群组。这是用来加工榫头的临时模具，如图 2.19.32 所示。

（5）移动上弦圆木到模具的合适位置，跟模具重叠相交，如图 2.19.33 所示。

（6）使用剪切（去除）工具，先单击模具，再单击上弦的圆木，榫就完成了，如图 2.19.34 所示。

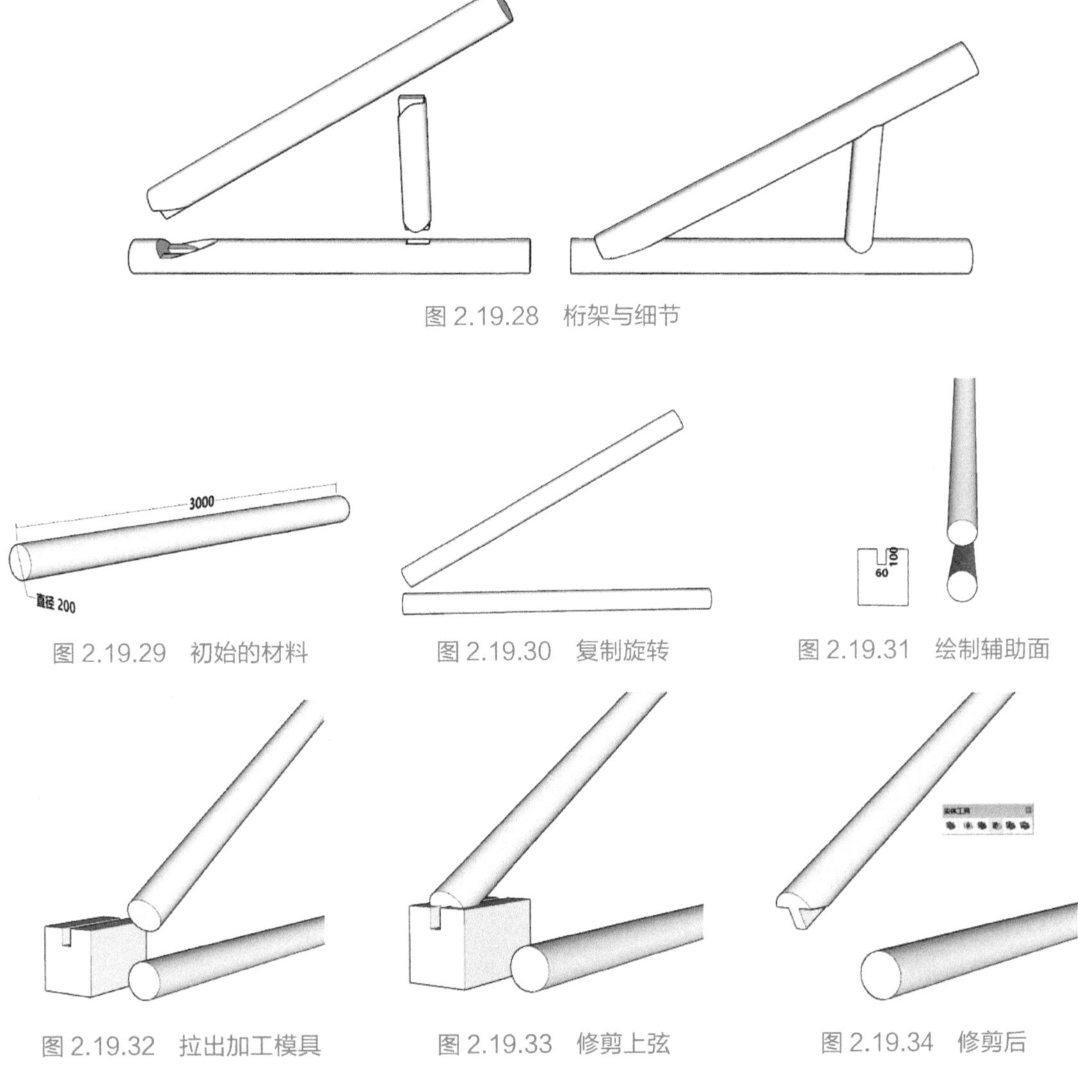

图 2.19.28　桁架与细节

图 2.19.29　初始的材料

图 2.19.30　复制旋转

图 2.19.31　绘制辅助面

图 2.19.32　拉出加工模具

图 2.19.33　修剪上弦

图 2.19.34　修剪后

（7）再把上弦的圆木移动到合适的位置，跟下弦的圆木重叠相交，如图 2.19.35 所示。

下面的操作要把上弦作为模具，加工出下弦的卯，因为加工完成后还要保留这两部分，所以要用剪切工具，操作要领如下。

（8）先单击作为模具的上弦，再单击加工对象的下弦，如图 2.19.36 所示。

（9）移开二者，可以看到榫和卯都已经完成，如图 2.19.37 所示。

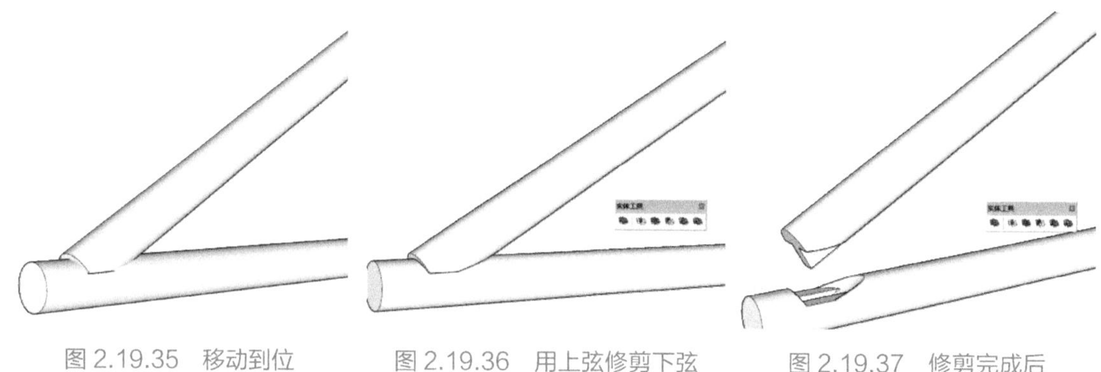

图 2.19.35　移动到位　　图 2.19.36　用上弦修剪下弦　　图 2.19.37　修剪完成后

接着要做出桁架中间垂直的部分，俗称“直杆”的部件。

（1）先在地面画一个圆形，半径为 100mm，拉出长度，如图 2.19.38 所示。

（2）移动这段短的木头（直杆）到合适位置，再拉出合适的高度（图 2.19.39）。注意箭头所指处无边线。

现在要把上、下两根木头当模具，用剪辑工具分别加工“直杆”。操作如下。

（3）调用剪辑工具图 2.19.39 ①，单击作为模具的图 2.19.39 ②，再单击被加工的图 2.19.39 ③，上端完成，按空格键退出。

（4）调用剪辑工具图 2.19.39 ①，单击作为模具的图 2.19.39 ④，再单击被加工的图 2.19.39 ③下端完成，按空格键退出。

（5）也可以按住 Ctrl 键，选中图 2.19.39 ②③，再单击工具图 2.19.39 ①，上端完成，按空格键退出。

（6）再按住 Ctrl 键，选中图 2.19.39 ③④，再单击工具图 2.19.39 ①，下端也完成，按空格键退出。

注意：加工完成后，箭头所指处产生了新的边线，说明之前的加工是成功的（见图 2.19.40）。

下面要做出“直杆”上的“榫”，完成后要像图 2.19.45 那样。

（1）把上、下弦的两根木头暂时隐藏起来，腾出操作空间。

（2）大概画一个矩形（见图 2.19.41），移动到立杆凹槽的中间（见图 2.19.42）。

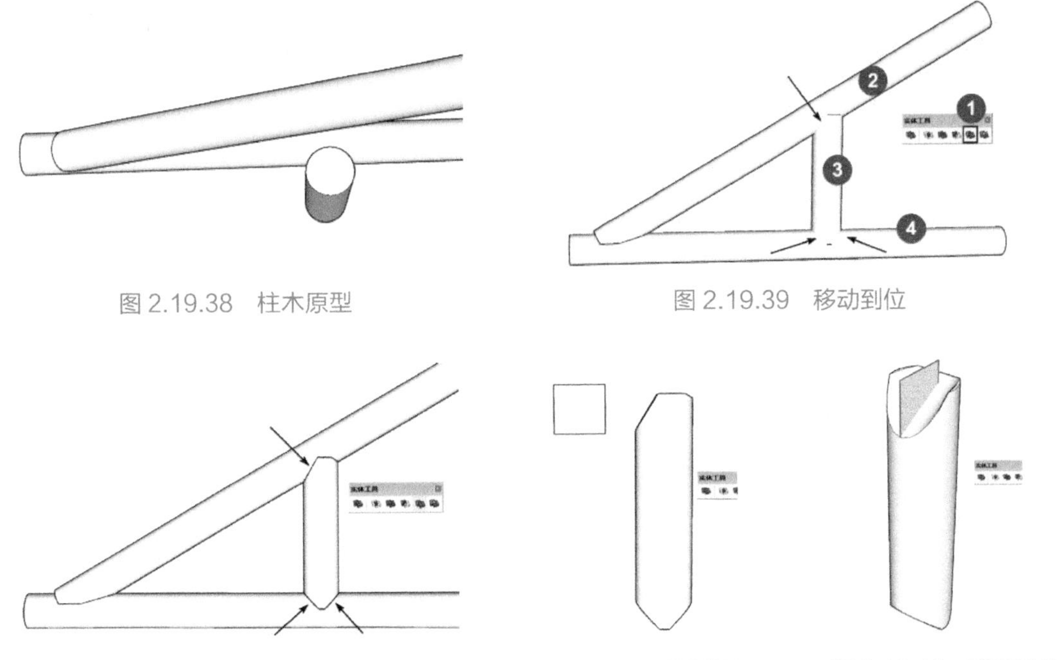

图 2.19.38　柱木原型

图 2.19.39　移动到位

图 2.19.40　分别修剪后隐藏上、下弦

图 2.19.41　画矩形

图 2.19.42　移动到位

（3）向左、右两侧拉出厚度，各 30mm，如图 2.19.43 所示。

（4）用推拉工具调整到符合尺寸和位置要求后如图 2.19.44 所示。

（5）创建群组后复制一个到下端，如图 2.19.45 所示。

（6）选择好直杆和两端的立方体，单击实体工具上的“外壳”清理多余线面，合 3 个群组为一个实体，这一步很重要。

接下来，要用“立杆”作为模具，去加工另外上下弦两根木头。

（7）恢复显示 / 隐藏的上弦和下弦，如图 2.19.46 所示。

（8）调用“实体工具”的“剪辑”工具（见图 2.19.47 ①），单击图 2.19.47 ②所示立杆，单击图 2.19.47 ③所示木头，按空格键退出。

（9）调用“剪辑”工具（见图 2.19.47 ①），单击图 2.19.47 ②所示立杆，单击图 2.19.47 ④所示木头，按空格键退出。

（10）或者按住 Ctrl 键，加选图 2.19.47 ②③所示立体，再单击图 2.19.47 ①所示工具。

（11）按住 Ctrl 键，加选图 2.19.47 ③④所示木头，再单击图 2.19.47 ①所示工具。

以上操作完成后的榫卯如图 2.19.48 和图 2.19.49 所示。

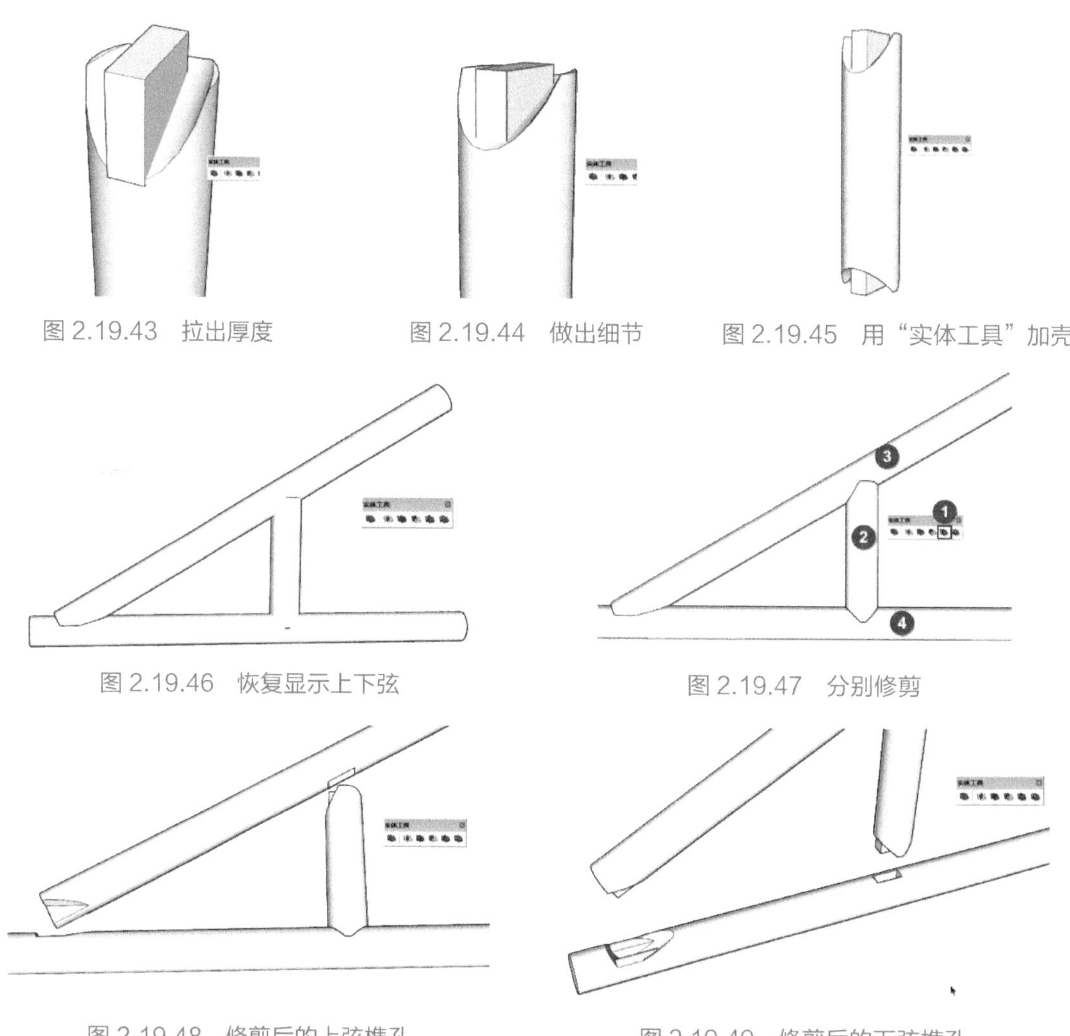

图 2.19.43　拉出厚度　　图 2.19.44　做出细节　　图 2.19.45　用“实体工具”加壳

图 2.19.46　恢复显示上下弦　　图 2.19.47　分别修剪

图 2.19.48　修剪后的上弦榫孔　　图 2.19.49　修剪后的下弦榫孔

请认真做这个练习，尤其是传统建筑业、室内外环艺设计、家具制造业的学员，一定要掌握好“实体工具”的应用要领，它在你的专业领域有不可替代的重要作用。其他行业的建模过程中同样也有大量实体工具的展现机会，也不能疏忽。

如果你对“实体工具”还不太熟悉，请回《SketchUp 要点精讲》第 4 章 4.4 节进行复习。

2.20　传统书案

在正式展开讨论之前，要用几分钟对“设计程序”做一点讨论。

很多先学了 AutoCAD，再学 SketchUp 的用户，习惯在 AutoCAD 里做好了平面和立面详图，再导到 SketchUp 里来建模（因为在 AutoCAD 里难以直观地考虑和验证三维空间关系，尽管新版的 AutoCAD 也有 3D 功能，但用的人不多），到建模的时候才发现用 AutoCAD 做的平面图里有太多的毛病，做出的设计甚至一些重要的结构和尺寸都互相矛盾，不得不在 SketchUp 里做修改，再返回 AutoCAD 修改，改完以后才感叹，多亏了在 SketchUp 里发现这些错误；否则，这些有毛病的图纸到了车间、工地，不知要出多大的纰漏。

现在，大多数人沿用的设计程序仍然是：先在 AutoCAD 里作三视图，再导入 SketchUp 建模，这种看似传统、合理的设计程序非常值得商榷。有经验的 SketchUp 玩家都知道，大多数情况下，dwg 文件对 SketchUp 建模的贡献，只不过是数得清的几条轮廓线而已，而这些轮廓线完全可以在 SketchUp 中生成，而后直接建模，可以免去导入 dwg 文件造成的大量麻烦和出错的可能。

其实，建模时只要稍微用心一点，SketchUp 模型完全可以作为施工图的基础（指大多数中小型项目）。在 SketchUp 里建模的过程，相当于提前在车间、工地现场从头到尾仿真作业了一次甚至很多次，绝大多数的设计问题，包括尺寸是否准确、结构是否合理等，甚至施工顺序，都可以在建模过程中暴露出来，从而得到及时的修改和优化，避免了真实施工阶段的返工代价。大量实践证明，用精确的模型生成的施工图比在 AutoCAD 里用空间想象力想象出来的平立剖图更直观、更合理、更可靠且毛病更少。

经过了 10 多年的比较对照和调研，合理的设计程序应该是：方案设计阶段，绝不应该从 AutoCAD 开始；应首先用 SketchUp 推敲方案的三维空间关系，验证设计的合理性、经济性和可行性，找到和修正方案中尽可能多的毛病，逐步优化、深化、细化，形成详尽、准确的 SketchUp 模型，并以这个模型为依据，最后生成各个级别的施工图；AutoCAD 在整个设计过程中的作用，只限于发扬其文字与尺寸标注和布局打印的特长；随着 SketchUp 附带的布局工具 LayOut 的发展完善，SketchUp 用户甚至可以完全甩开 AutoCAD，仅仅用 SketchUp 一种软件工具，就可以完成从方案推敲到输出各级别图纸的全过程（指中小型项目）。

本节的重点有两个：一个是对模型的优化，包括精细化、实用化等（要用到实体工具）；另一个重点是利用 SketchUp 的目录管理器、图层管理器等工具对模型进行简化和条理化，从而提高我们对模型中大量几何体的管理效率。为了本节要讨论的内容，最早找了个建筑模型做标本，后来发现截图就占用了 20 多页篇幅，遂改用现在的实例——传统书案；这个模型是从网络下载的，记不得原作者是谁了，不过还是要对他表示感谢，我们要用它来做标本，实现本节要讨论的上述目的。

图 2.20.1 中的这张仿古书案（已去除材质贴图）原始模型跟现在大多数人创建的模型一样，主要是用来表达空间形态，属于示意性质，在室内设计领域用它在空间布置中起到一个道具

或参照物的作用，这是它的主要用途；目前大多数人用 SketchUp 做模型的目的是为了推敲设计方案（或渲染），不用把模型做得很严格，有个粗糙的外形就可以了，但是在之后的应用中，可能因为随便创建和引用的组件不够严格而无法验证设计的合理性和可行性，永远只有“示意”的初级作用。

在后面的操作演示过程中，我们要把这个不太严格的模型，改造成真实的结构，验证一下设计的合理性和可行性，做出修改，最后加工成严格的，有着详细结构的，可以用于指导部件生产和整体装配的模型，当然仍然可以用于方案推敲。需要指出，虽然这个实例说的是家具，但其中的道理，还有对模型中几何体管理的思路等，都可以被广泛应用到建筑、景观、室内、规划等所有设计领域中去，需要的只是融会贯通、举一反三的悟性。

假设对这个模型的整体结构、各部分比例等要素还算满意，但是经过测量，对它的尺寸还需要做一点调整，所以首先要把这个尺寸不太严格的模型改变成符合现代人体工程学的规范尺寸；这个书案虽然是仿古的，但功能等同于现代书桌，最典型的尺寸是高度，要调整到 750 ~ 780mm。现在用以前学过的办法进入群组内，用小皮尺工具调整整体尺寸。具体操作可查阅《SketchUp 要点精讲》第 5 章 5.1 节第 9 点。

接着把这个模型分解出主要的构件，动手之前，请关注一下管理目录，再顺便检查一下这个模型的“图层”面板（SU2020 版把“图层”改成“标记”），可以看到所有几何体都在缺省的图层里（见图 2.20.2 上下）。在管理目录里也显示全部几何体是一个“组”，点开这个组，看到里面只有 3 个更小的组。这个模型在创建过程中显然没有考虑过以后的修改，属于不太严格的初级模型。

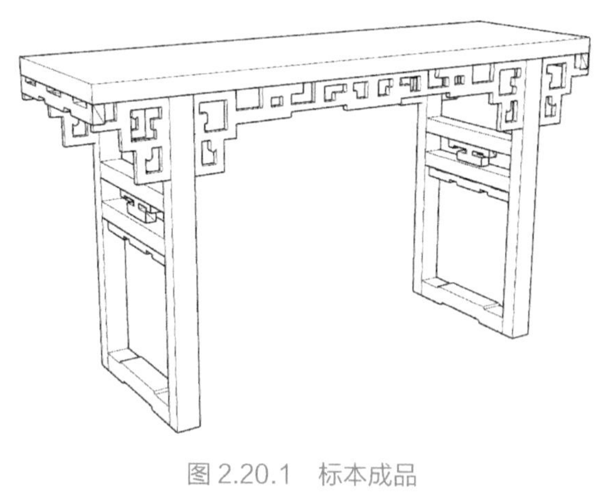

图 2.20.1　标本成品

图 2.20.2　管理目录

为了对它做后续的加工处理，现在要把它按照基本的结构拆分开；在拆分的过程中可以看到这个模型在创建时的过程比较粗糙，没有用群组或组件进行隔离，很多几何体混在一起，也没有充分利用图层（标记）和“管理目录”进行管理，这样会给修改与团队合作带来麻烦（见图 2.20.3）。

好了，现在终于把整个模型拆分出来了（见图 2.20.4）。分解后，每种部件只保留了一个，其余的可以在处理完后复制。在拆分过程中，可以顺便推敲和验证一下结构、尺寸的合理性，必要的时候做出修改。

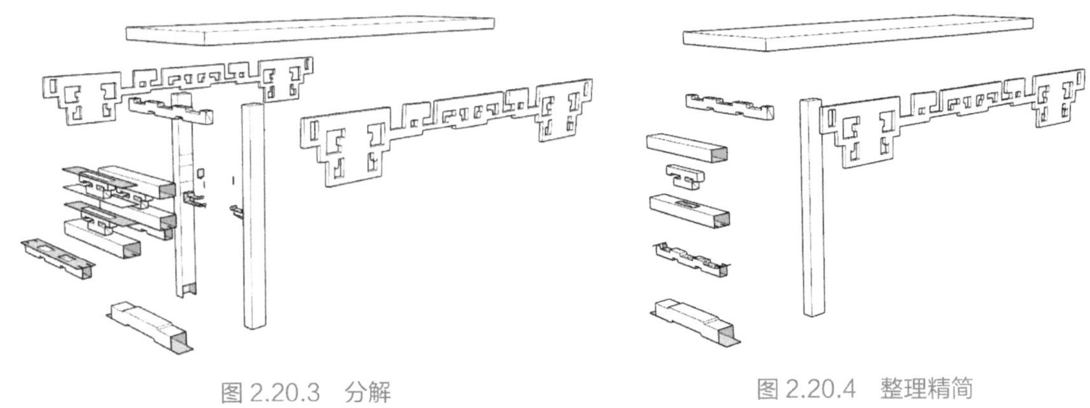

图 2.20.3　分解　　图 2.20.4　整理精简

拆分开的零件基本上都要经过修理，最终的目标是要单独成群组或组件，并且检查是否符合“实体”的条件。关于实体方面的内容，可查阅《SketchUp 要点精讲》中的 4.4 节。如果你有良好的建模习惯，每个部件在建模时至少已经是群组（重复使用的还必须是组件），还要检验过都符合实体的要求，其实做到这一步并不很难，却有很多好处。如果建模的时候，把眉毛和胡子混在了一起，后面的麻烦可能更大，甚至只能重新来过。

因为这个模型原来是用来示意的，并没有做出榫头等细节，台面也只是一个简单的立方体。经过一番加工，已经在这些实体上做出榫卯，在上一个视频中，我们知道，台面部分上有直榫、燕尾榫、肩胛榫、暗合角等多种榫头；具体的操作过程和要领，请回到上一节和同名的视频查阅。

现在可以看到台面以下的部分还有两种不同的榫头，一种是自带的，还有一种榫头是外加的“栽榫”，像图 2.20.5 ①②所示这些小立方体都是，别看这里的榫头很多，其实只要做出一个小立方体，移动复制到位就可以了。

现在要插入一些目录管理器方面的概念和使用技巧。打开目录管理器面板（见图 2.20.6）。可以看到，模型中所有的几何体历历在目，未命名的组或组件将由 SketchUp 赋给一个默认的名称 + 编号，在工作空间里单击任意一个群组或组件，目录管理器中就会有相应的显示；反过来，在目录管理器中单击任意一个群组的名称，对应的群组或组件就是选中状态。

显而易见，由 SketchUp 自动给出的名称和编号很容易混淆，对于模型的管理并没有太多作用，所以必须及时为它们命名，方法是双击目录管理器中的一行，输入一个有实际意义、一目了然的名称，如“边框”“面板”“挂落”“桌腿”等（见图 2.20.7）。为对象命名最大的忌讳是偷一时之懒。用类似于“ABCD”“1234”作为对象的名称。

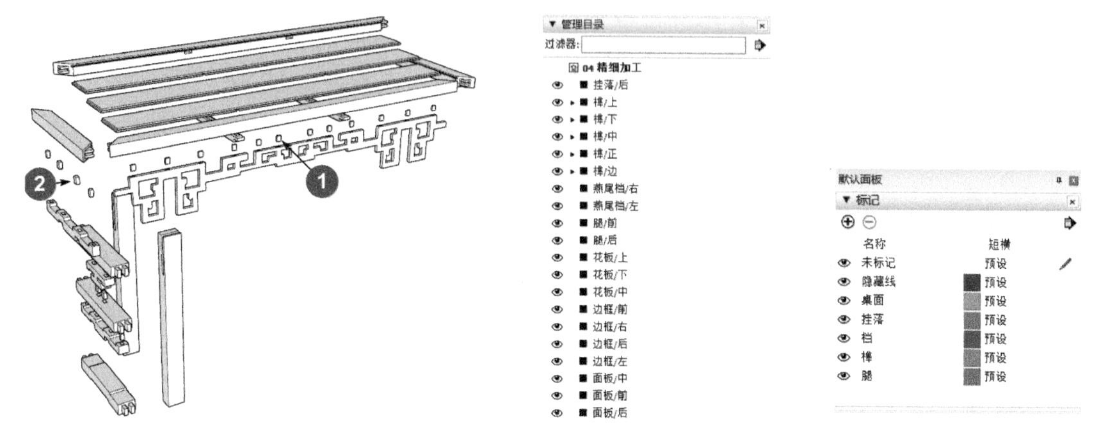

图 2.20.5　创建栽榫并编组　　图 2.20.6　有意义的名称　　图 2.20.7　有意义的名称

举例说明管理目录的用途。假设因为方便建模，需要隐藏一部分对象，SketchUp 2020 用户只要单击目录管理器（见图 2.20.6）左侧的“小眼睛”图标就可以隐藏它；老版本的 SketchUp 可以在目录管理器中选中它后，再在右键菜单里选择“隐藏”命令，恢复也同样简单。

如果你的模型十分复杂，有很多对象，可以在上面的“过滤器”中输入对象的名称，快速找到它，前提是你之前已经为不同对象起了容易记忆又不会搞错的名字。

右键单击管理目录中的某个对象，还可以对它做二三十种不同的操作，非常方便快捷。

用目录管理器再配合实体信息和图层来管理复杂的模型，操作起来会方便很多。目录管理器对于严谨认真的高水平设计师是个非常好的管理工具，要用好它的先决条件是你必须有良好的建模习惯，并且从一开始就要认真严谨地操作；否则，再好的管理器也无能为力。建筑行业创建 BIM 模型也有同样严格的要求。

举例说明：在这个模型中，桌面部分是已经完成的，它包含了 9 个零件（见图 2.20.5 上部）都是群组，它们也都是实体；凡是有破面、漏气、存在多余线面的群组和组件都不能算是实体，需要修复；一直要修复到在实体信息面板上能看到体积数据才算符合实体的要求，这个工作对于经验有限的新手来说，可能会有点难度，在《SketchUp 要点精讲》里有详细的介绍。

现在，我们选择跟桌面有关的所有 9 个群组，可以看到，目录管理器中对应的项目被突出显示。如果这时把选中的部件再次创建群组，可以看到目录管理器中有了变化，多了一个新的组，刚才被选中的部件全部转移到了这个新的组里，实质就是精简了模型的组织结构，可以立刻命名新的组为“台面”，以后管理它们就更为有序、有效。

对于精简模型的结构，还可以用“实体工具”的“加壳”工具来配合，譬如图 2.20.5 ① 这一组榫头，有 12 个，双击进入这个群组后，可以看到，每个榫头都是单个的群组，在管理目录里也可以看到长长的一串 12 个对象；现在选中这个嵌套的群组，再单击“外壳”工具，它们就变成了单个的对象，原来的 12 个小群组没有了，多了一个实体，叫做 OuterShell，也就是外壳的意思，双击进入这个外壳，可以看到原有的很多小群组被取消了，这样就大大简化了模型的结构，方便管理。

应注意，“外壳”工具只能处理一层嵌套的群组；有很多组外加的榫头，要分别做“外壳”处理；完成加壳后的实体更方便后续的“剪辑”“减去”“相交”“拆分”等实体操作；完成外壳操作以后，目录管理器中的群组少了很多，多了些 OuterShell，要及时在目录管理器里给它更换成一个有明确意义的唯一名称。

模型中所有需要在后续操作中参与“剪辑”“减去”“相交”“拆分”等实体操作的组或组件都要经过“图元信息”面板的“检测”符合实体的条件（看得见体积）。复杂的组或组件还可以进行“外壳”处理，简化模型结构。最后，为了今后应用和修改的方便，还可以为它们创建一些图层。

仔细检查一下，我们已经把原来粗略的模型改造成一个可以用来输出生产图纸的精确的模型；添加了很多细节，整个模型按中式传统家具的要求，也做出了完整的榫卯结构。在后续的装配过程中注意移动工具抓取的位置和移动到目标后对准的位置；如果发现对不准移动方向，可以用键盘上的方向键配合操作，左箭头键可以锁定绿轴，右箭头键可以锁定红轴，上下方向键都可以锁定蓝轴。

小结：上面通过对模型的细化、深化，验证了结构的合理性和可行性，修正了很多原模型的错误，还做出了跟实物一样的榫卯结构，现在这个模型完全可以作为产品设计的原形。在下面两节中，将把这个模型分解开，做成爆炸图和施工图。

在这个实例中，还介绍了目录管理器的重要性和具体用法，在今后的建模过程中，可以逐步用它来管理你的模型，这对提高你的建模水平、建立严谨认真的建模习惯有确切的好处。本节所包含的内容丰富并且重要，很难用图文的形式表达清楚，请浏览同名的视频教程配合学习和练习。

2.21 模型结构优化

本节原先的名字叫做“三视图”，讲的是用 LayOut 制作图框标题栏和仿古书案的三视图等内容。考虑到我已经为 SketchUp ATC（中国）授权培训中心专门撰写了一本名为《LayOut

制图基础》的教材和配套的视频，其中的内容更为专业和详细，所以本节就重新安排了学员们呼声很高并且比较重要的有关模型优化方面的内容，跟视频教程的内容不同，特此说明。

在前个实例中，已经把一个概念等级的粗糙模型，经过优化、深化、细化以后，改造成了一个严格的、有着真实结构的、可以用于指导部件生产和整体装配的模型；在这个实例中，要把模型恢复到稍早前的状态，以便更完整地讨论如何把它简化、整理得更加规范化。在操作过程中，要用到目录管理器、图层管理器、实体工具栏、图元信息对话框。

打开这个模型（见图 2.21.1），在管理目录中可以看到它的全部结构：我们在建模的时候已经很注意地把各个小部件都做成了群组和嵌套的群组，还有经过“加工”后的“差别”（带有榫、卯、槽的部件）。可以看到，目录结构里现在还有七八十个小对象，乱哄哄地挤在一起。所有的对象全部在默认的图层里（见图 2.21.1 左下）。下面要对它们进行整理优化。

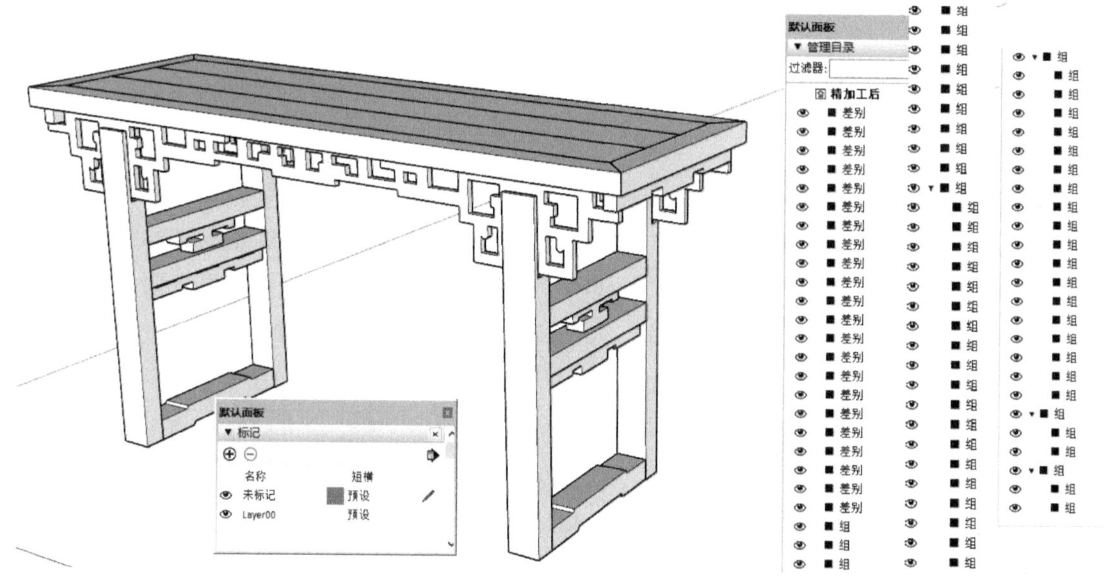

图 2.21.1　管理目录里的细节

先确定整理优化这个模型的思路和目标。

（1）尽可能用“实体工具”栏上的“外壳”工具对符合条件的几何体加壳，以大范围减少群组和组件的数量，同时精简掉藏在几何体内部的无用线面。

（2）尽可能把相关的几何体合并在一起，创建群组或组件，以方便管理；如果后续需要渲染，可以把同样材质的对象集中在一起创建群组，方便赋予材质。

（3）尽可能把相关的几何体放到同一个图层里去，同样是为了方便建模过程中的管理，在后续的修改过程中、团队中不同人员之间的合作时也会比较方便。

经过整理优化的模型要能够方便地导入到其他相关软件里编辑加工；如果实例换成了建

筑模型，还要能够符合 BIM（建筑信息模型）的条件。

在动手整理之前，必须要对模型目前的情况做以下准备工作（重要）。

（1）在“编辑”菜单里取消全部隐藏；看一看是否还有在建模过程中隐藏起来的东西。如果有不再需要的几何体、辅助线、辅助点等要删除。

（2）查看一下图层管理器里，有没有关闭的图层，有的话就打开，看看有没有已经不再需要的图层、不再有用的几何体和废线面，有的话要及时删除或合并。

（3）单击“模型信息”按钮，找到统计信息，清除所有未使用项，这里的未使用项包括建模过程中曾经使用过的材质、组件、风格等。

（4）打开目录管理器（管理目录）隐藏所有对象，2020 版的 SketchUp 可以一个个单击所有“小眼睛”图标（SketchUp 2019 之前的版本可用 Shift 键配合做全选后右键隐藏），看看有没有游离于实体、群组、组件之外的废线面。请一定记住，一个管理得好的模型跟一个管理得好的组织一样，应该没有游离于组织之外的自由主义分子，一旦发现，要查明情况，确是废线面的要全部删除。

好了，经过上面这几步，可以保证这个模型里已经没有垃圾和影响后续操作的坏东西了；现在用目录管理器来了解一下这个模型的现状。

（1）逐一单击模型中的对象，在管理目录里可看到，二三十个大件已经各成群组，没有太大问题，有问题的是大量的榫头，而这些榫头又隐藏在大件之中，不太好操作，要想想办法。

（2）选择跟桌面有关的对象（如 4 条边框、3 块面板、2 根横挡），再次创建群组，在“管理目录”里命名为“台面”隐藏起来（见图 2.21.2）。

（3）再选择 4 条腿创建群组，在“管理目录”里命名（下同）为“桌腿”隐藏起来（见图 2.21.3）。

（4）剩下的不多了，前后两个挂落，创建群组，命名为“挂落”也隐藏起来（见图 2.21.4）。

（5）再选择左、右两端所有横挡类的对象，创建群组，命名为“横挡”隐藏起来（见图 2.21.5）。

最后剩下的全部是“栽榫”了，共有 70 多个小（块）群组，如果简单地创建一个嵌套群组，不是不可以，但是这样做并不是最佳状态，还可以优化一下，操作如下。

（1）分别按组选中它们，用“实体工具”栏的“外壳”工具对它们做加壳处理，目的是简化模型的结构。

（2）最后全选它们，创建群组，命名为“栽榫”（见图 2.21.5）。

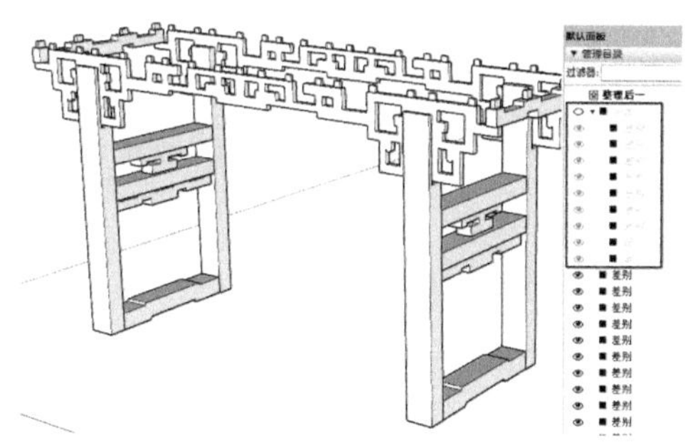
图 2.21.2　用管理目录隐藏

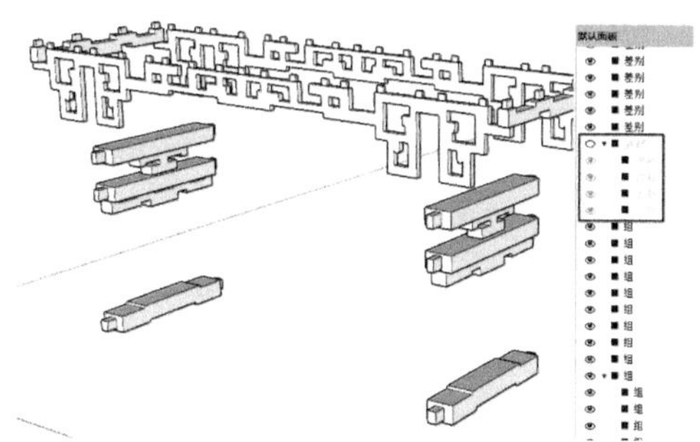
图 2.21.3　用管理目录隐藏

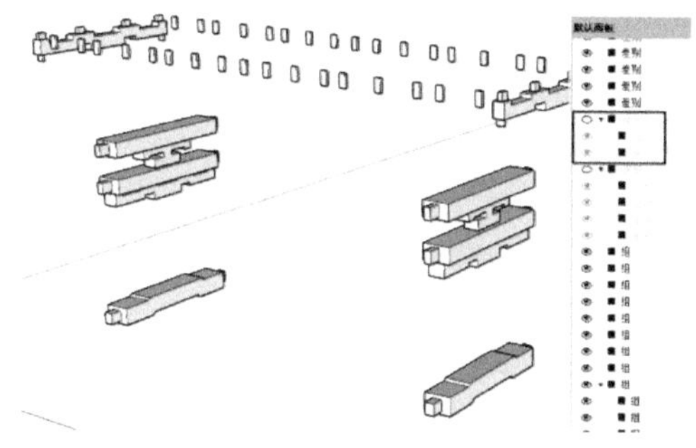
图 2.21.4　创建群组后隐藏

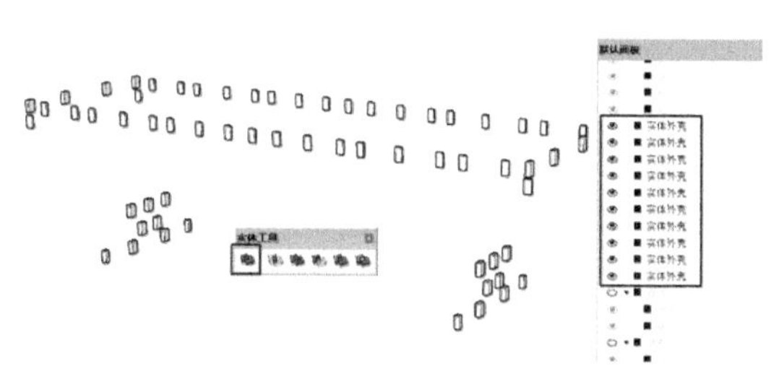
图 2.21.5　创建群组

现在的管理目录里，所有近百个对象分成了 5 组，各有明确的命名，经纬分明干净清晰（见图 2.21.6）。再打开图层管理器，可以看到现在所有的对象全部在默认图层里，为了以后跟其他的软件交换数据的需要，还需要把它们分别归到不同的图层里去。

（1）单击图层（标记）的“加号”按钮，增加 5 个图层，分别命名。

（2）回到大纲管理器，单击一个组，在“实体信息”对话框里把它调动到相应的图层（见图 2.21.7）。

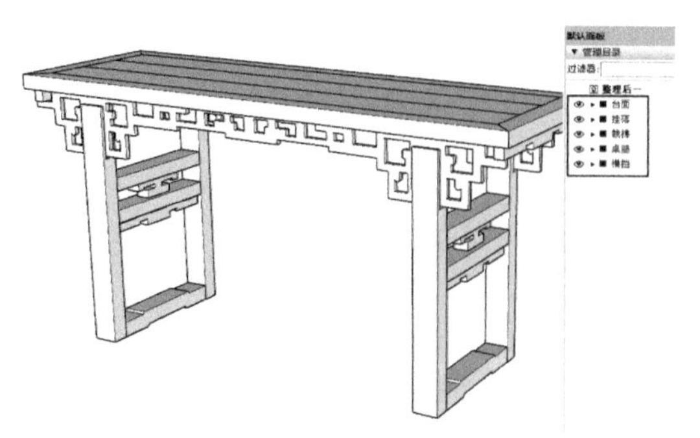
图 2.21.6　归纳成 5 个组

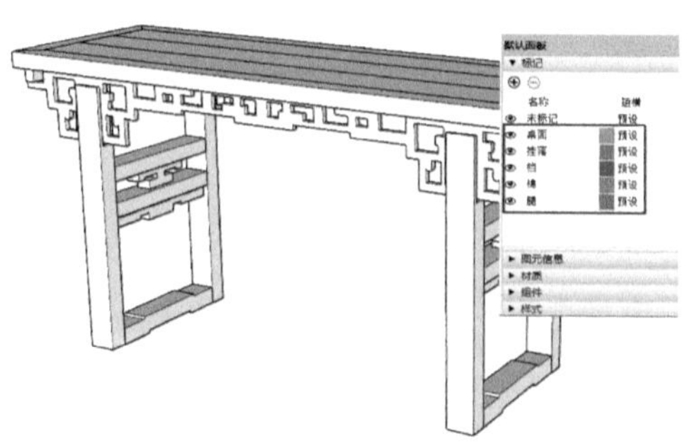
图 2.21.7　每个组一个图层

现在再看这个模型，简明清楚、有条有理，还分了图层，这样做至少有以下几个好处。

（1）方便你自己后续的修改编辑和管理，哪怕只为你自己，也请多花几分钟做完这些事。

（2）方便后续出图的需要，想要什么部分的图，把不需要的隐藏，或者把需要的复制出来，非常方便，这对大型的复杂模型尤其重要。

（3）方便团队合作，要想想，你要接手一个乱哄哄、撕都撕不开的模型再加工，不得不为别人擦屁股，你会是什么心情？

（4）方便不同软件间的数据交换，后续用来出施工图和效果图的工具，几乎都有图层功能，后续的软件就能继承 SketchUp 模型中的图层。

（5）养成严谨认真的建模习惯，对自己、对同事、对团队都有好处，一定不要因为偷了几分钟的懒，再去花百倍的时间擦屁股，甚至推倒重来。

2.22 爆炸图

如果你是有心人，就会注意到日常购买的很多产品说明书，甚至电视广告里，常能看到一些立体的分解示意图，就是爆炸图，因为它直观，所以从小孩到老人都能看得懂，譬如图 2.22.1 ～图 2.22.3 所示的运动鞋，用一幅图就说明了鞋底的结构和特点。图 2.22.4 所示的赛车和图 2.22.5 所示的单反相机异曲同工。

爆炸图是一种重要的表达方式，在建筑领域、室内外装饰设计领域，以及机械、木业和很多类似行业，有时候还是唯一可行的表达方式。用 SketchUp 模型可以非常方便、快捷地生成“爆炸图”。

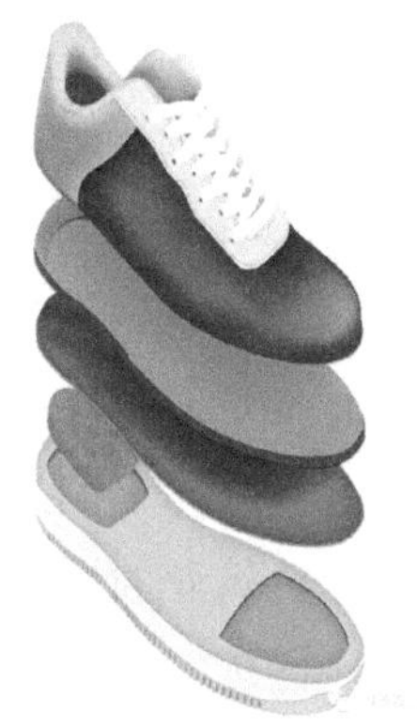

图 2.22.1 爆炸图例（1）

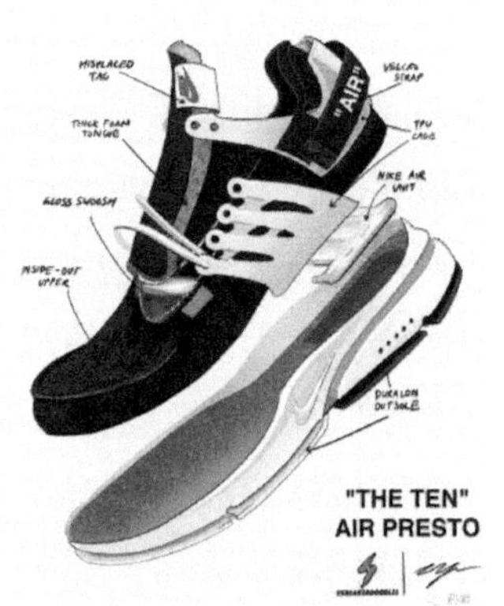

图 2.22.2 爆炸图例（2）

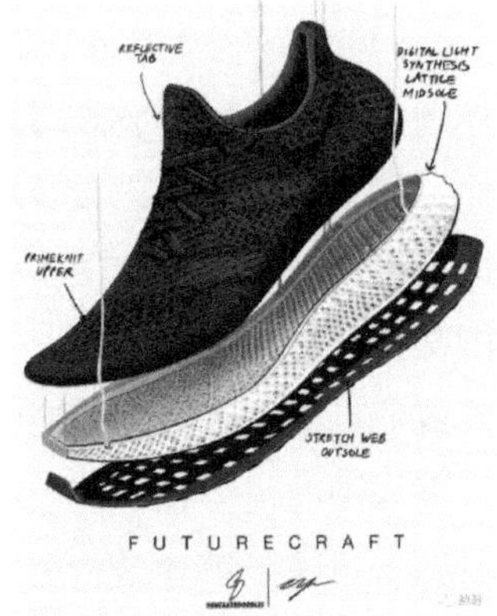

图 2.22.3 爆炸图例（3）

图 2.22.4 爆炸图例（4）

图 2.22.5 爆炸图例（5）

对于一种产品，爆炸图就是立体形式的装配图，它把一个整体炸开，分解出若干部件，形象地表达相互关系而得名。爆炸图的英文名称是 Exploded Views，是当今主流三维 CAD、CAM 软件中的一项重要功能。在 UG 和 ProE 等软件中，爆炸图是装配功能模块中的一项子功能。像 Revit 一类的 BIM（建筑信息模型）软件中，也有制作爆炸图的功能。

在手工绘图时代和 AutoCAD 中，绘制爆炸图都相当麻烦，所以只能退而求其次，要么干脆避免使用爆炸图，要么勉强用平面图来表达三维的空间关系。现在国家标准有相应规定，要求在工业产品的使用说明书中，对产品的结构优先采用立体图示。

如今，爆炸图不仅仅用在工业产品的说明书中，还越来越广泛地被应用到制造业、建筑工程、室内装饰等行业的图纸中，属于虚拟装配和虚拟建造的范畴；简洁的爆炸图使读图过程一目了然、轻松准确、容易理解，再不必像以前那样，想弄清楚三维关系，要调动所有的空间想象力、花费大量时间，还常出错。在建筑设计、景观设计和室内设计实践中，凡是用一般二维图纸难以表达清楚的地方，特别是复杂结构之间的内外关系，都可以考虑用爆炸图来表达。

我们非常幸运，SketchUp 的用户只要把他们的模型稍微整理加工一下，就可以轻易得到爆炸图，因此可以节省设计师大量的时间，也方便了施工人员的读图，还不容易出错。有些行业，譬如木工和室内设计行业的很多设计、建筑业的门窗小品等设计，甚至只要在爆炸图中标注出尺寸和简单的文字就可以成为施工依据，能免去一大堆三视图。在很多设计中，爆炸图甚至可以作为装配图甚至总图使用。在大型工程的成套图纸中，有个别需要详细表达的部件或节点，也可以把模型中的相关局部分解转换成更详细的爆炸图。

爆炸图的优势在于能够把复杂的模型体块清晰、直观地表达出来，建筑业的爆炸图可以让看图者迅速了解建筑内外的空间布置或流线分布，如图 2.22.6 所示。同理，爆炸图也可用于表现复杂系统的层级分布或者把某些节点做成爆炸图，同样可以表达清楚用平面图无法说清楚的细节，如图 2.22.7 所示。

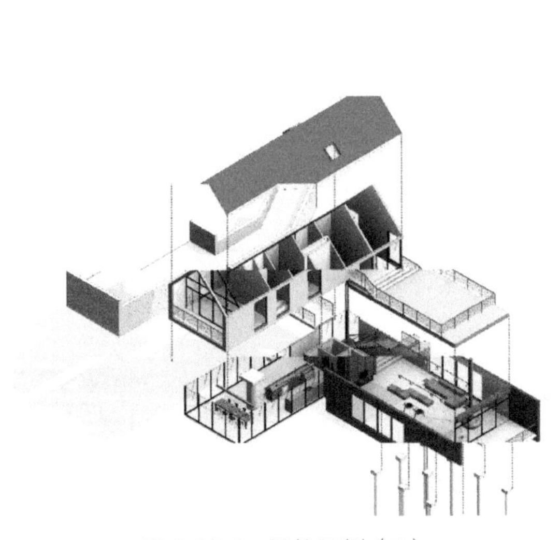
图 2.22.6 爆炸图例（6）

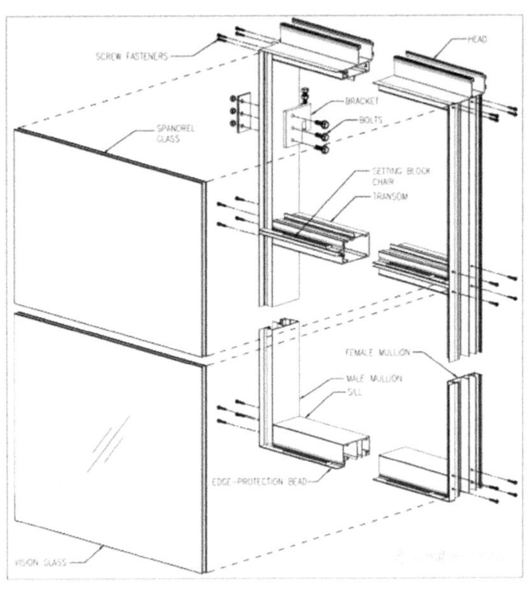

图 2.22.7 爆炸图例（7）

下面分别介绍如何把仿古书案模型转变成爆炸图的两种方法，用同样的方法也可以把一个建筑模型甚至一座机场、一个车站、一个码头、一个景点的模型拆分成爆炸图。

（1）首先要把模型另外保存一份，命名为爆炸图或装配图，免得造成损失。在做爆炸图之前，还要将模型整理一下。

（2）原来模型中的组织结构，是为了方便管理和跟其他软件交换数据所用，现在已经另存为了一个新的文件，产生这个新文件的目的是为了形成爆炸图，所以，原先的大群组需要分别炸开，炸开的程度应适合拆分出足够清晰又不过分繁杂的爆炸图为准。

（3）清理不要的废线面（如果之前还没有做过的话）。

（4）检查一下，要拆分的对象必须是单独的群组或者组件（不能是嵌套的）。

（5）把要拆分的部分和不拆分的部分用图层分开（如建筑的平面、基础、底图、背景等）。

下面先介绍一种用 Eclate_Deplace 插件制作爆炸图的方法：Eclate_Deplace 是一个 2013 年就有的老插件了，国内很多地方都可以下载到汉化的版本，在本节的附件里保存了 Eclate_Deplace v3.0.2 的汉化版（SketchUp 8.0~2020 版通用）。

（1）该插件是 rbz 格式，可以用“窗口”菜单的“扩展程序管理器”命令安装。

（2）安装完成后有一个工具图标，如图 2.22.8 箭头所指，汉化后叫做“模型拆分”。

（3）如果安装完成后找不到这个工具图标，可以去“视图”菜单的“工具栏”中勾选打开。

这个插件的使用非常简单，如下所述。

（1）全选准备好的模型。

（2）单击 Eclate_Deplace 工具图标。

（3）弹出第一个对话框询问：“是否保留分解线路和分解基点”，建议单击“否”按钮，如图 2.22.8 所示。

（4）第二个对话框询问：“是否保留原模型副本”，建议单击“否”按钮，如图 2.22.9 所示。

（5）第三个对话框有 8 个项目，其中两个选择框，6 个是数值框，如图 2.22.10 所示。

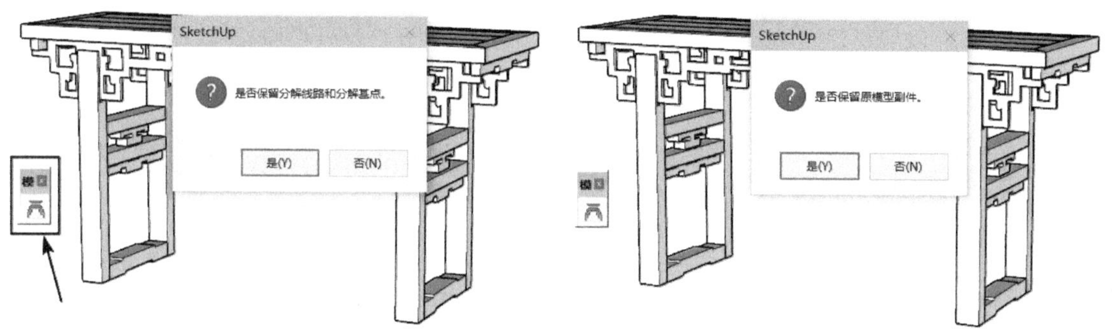

图 2.22.8　Eclate_Deplace 插件（1）　　图 2.22.9　Eclate_Deplace 插件（2）

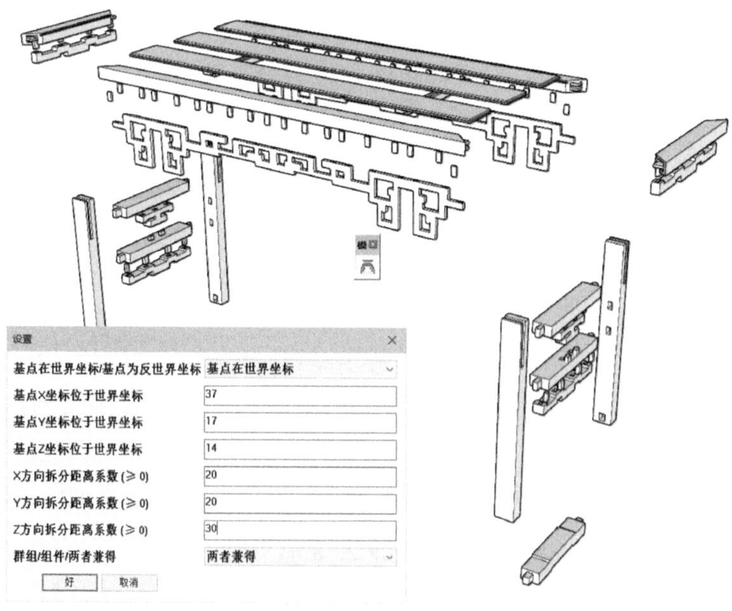

图 2.22.10　Eclate_Deplace 插件（3）

下面简单说一下这 8 个选项。

（1）第一行：可选择基点在世界坐标或反世界坐标，建议保留默认。

（2）最后一行：可选择仅拆分群组、组件或者二者同时拆分，建议保留默认的“两者兼得”。

（3）第 2~4 行的数据是拆分后模型在坐标系中的位置，若图 2.22.8 和图 2.22.9 中单击的是“否”按钮，则保留默认值。

（4）只有第 5~7 行才是需要输入数值的项，数值越大，拆分后的组件就散得越开，注意输入数据后的拆分距离既不是公制也不是英制，所以需要多次输入不同数据尝试获得满意的拆分距离。

经反复测试，使用该插件创建爆炸图很难获得令人十分满意的拆分效果，如图 2.22.10 所示。

下面再推荐一个我常用的——用 Mover 插件制作爆炸图的方法，供参考。Mover 是一个历史更为悠久的插件，可以对选中的组或组件做精确的移动或旋转，我已经用了 10 多年，Mover 是我本人最最常用的插件。

本节的附件里保存了 Mover 的汉化版，SketchUp 8.0~2021 版通用；操作界面如图 2.22.11 左所示。

（1）该插件是 rbz 格式，可以用“窗口”菜单中的“扩展程序管理器”安装。

（2）安装完成后没有工具图标，只能从“扩展程序菜单”中调用（建议设置个快捷键）。

使用方法非常简单：

（1）选择好需要移动的组或组件（可同时选中多个）；

（2）单击工具面板上红、绿、蓝色的箭头分别代表向红、绿、蓝轴的 6 个方向移动，灰色的箭头向 45° 方向移动，单击中间的“0”，选中的对象移动到坐标原点；单击两个蓝色箭头之间的图标，选中的对象降落到地面（旋转功能的介绍略，一看就懂的），如图 2.22.12 所示。

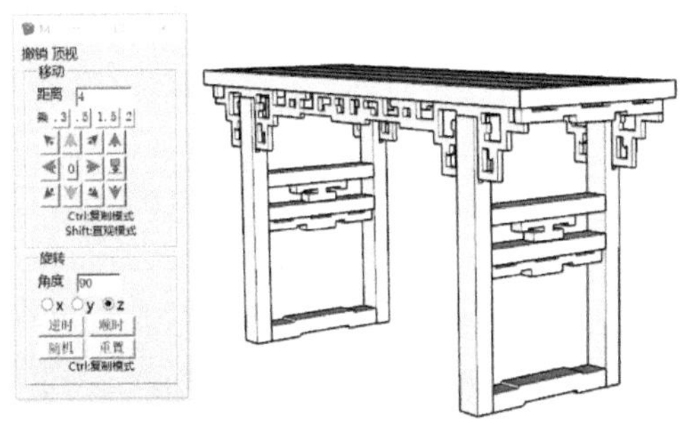

图 2.22.11　Mover 插件（1）

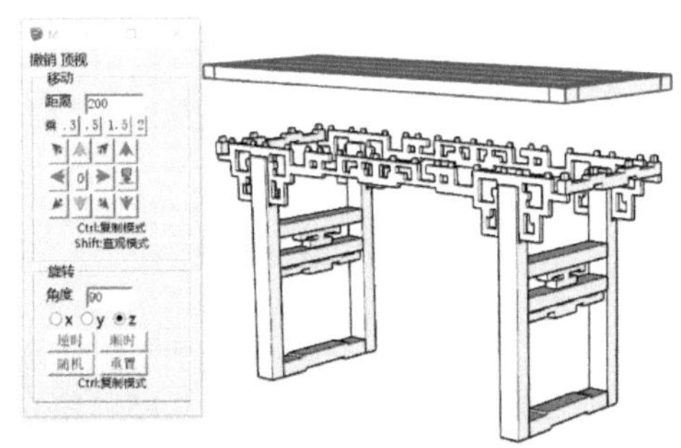

图 2.22.12　Mover 插件（2）

制作爆炸图有以下必须遵循的原则。

（1）要根据对象的"装配"关系把模型拆开，让各部分保持一定的距离，分离的距离可以根据 3 个条件来确定。

① 分离后要看得清相互间的关系，所以不能分隔得太远。

② 一个部件尽量不要遮挡别的部件，有时需要反复调整。

③ 拆分后的间隔要留出足够的，用于尺寸和文字标注的空间。

（2）分解操作时，具有上下方向装配关系的部件，要按上下的位置排列，装配方向是左右、前后的，也尽量按装配方向来排列。

现在开始拆分这个模型，假设把拆分后部件间的最小距离设定为 50mm，可以在 Mover 插件面板的"距离"数值框里输入 50。

（1）调整好模型在工作窗口中的大小和角度。

（2）假设先分解台面部分，可以选中台面有关的所有 7 个部件，单击向上的蓝色箭头键。

（3）每单击一次被选对象整体向上移动 50mm，一次不够可以继续单击，直到满意为止。

（4）再次选择要移动的对象，这次要把图 2.22.13 所示爆炸图中的"16""17"留在原地，不再选择。

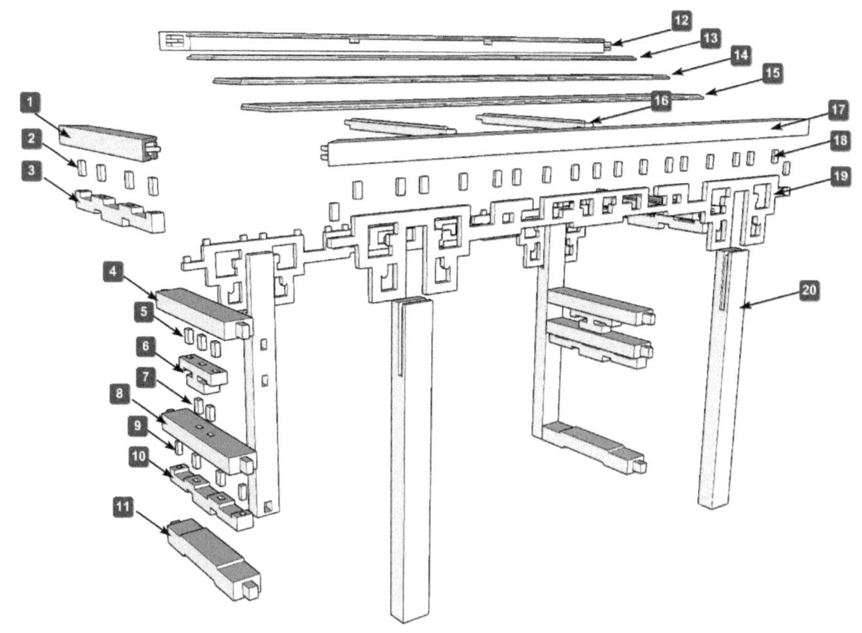

图 2.22.13　爆炸图（标注编号）

（5）第三次移动时，再把"15"留在原地，第四次移动再把"14"留在原地。

（6）如此类推，按同样的原则和方法，以预设的 50mm（或倍数）为间隔，分解出垂直、水平方向所有需要分解的对象。

（7）为了解决像榫头这样埋在其他部件内部不太好选择的困难，还可以利用大纲管理器和 X 光等显示模式来配合选择。

（8）对称和重复的部分，在不至于引起误读的条件下，可以保持原样不动，图纸就更简洁、清楚，也方便他人理解装配关系，所以书案另外一端和后面的部件就不必再拆开了。

（9）确认一切都没有问题后，要选择一个互相遮挡最少、最能说明三维关系的角度，保存一下。

（10）如果你想用 AutoCAD 进行后续加工，可以在“文件”菜单中选择命令导出二维图形，在弹出对话框里选择导出为 dwg 格式，别忘记单击“选择”，在弹出的界面中做出选择，给文件起个名字，指定保存位置后，单击“确定”按钮。当然，还可以直接发送到 LayOut，再加工，可查阅本系列教材的《LayOut 制图基础》。

（11）这种爆炸图可以在 SketchUp 中直接加工，能更快速、更方便地获得图纸，效果也是不错的。现在我们用标注工具，在每个部件上引出一个小文本框。注意引线的角度和长度要尽可能一致，整齐一些。双击文本框，输入需要标注的文字，如图 2.22.14 所示的几个标注，你还可以做一些其他的文字标注，如更改字体、大小、箭头和引线形式等操作。

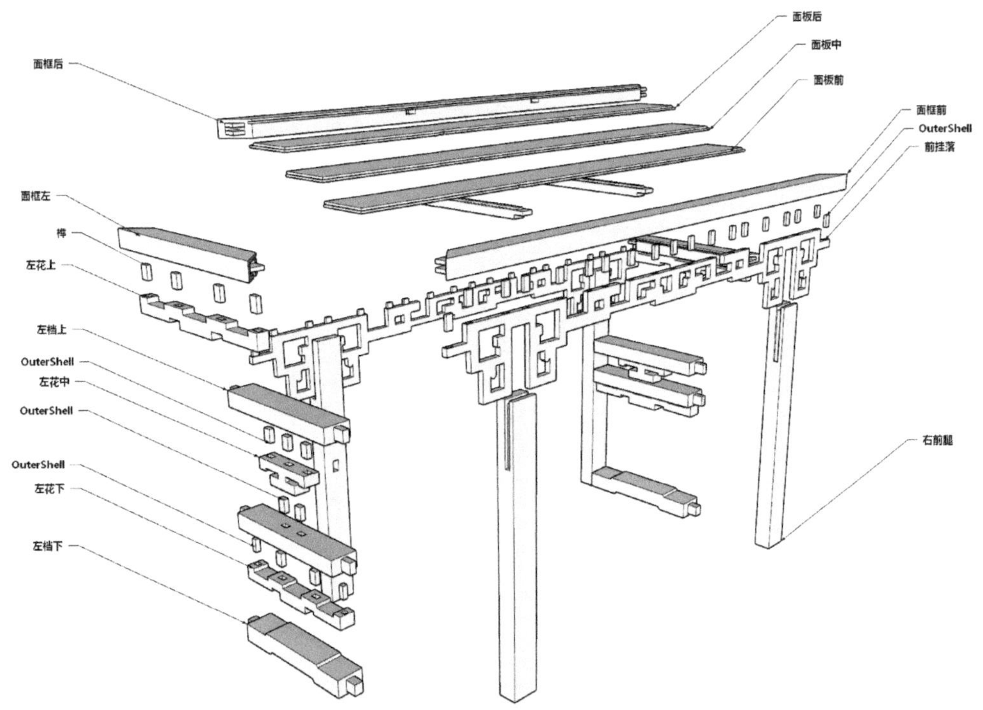

图 2.22.14　爆炸图（标注文本）

用我推荐的 Mover 插件做爆炸图至少有以下 3 个好处。

① 想要移动的对象完全可控。

② 对象移动的距离和方向完全可控。

③ 所以做成的爆炸图比较称心。

在以下 3 种情况下，可以只对拆分后的对象编号（见图 2.22.13）而不标注具体的文字说明。

① 你的模型比较复杂，拆分后的对象很多，用大量文字标注影响阅读与图纸整洁。

② 需要标注的文字内容太多，不方便直接标注时。

③ 名称或标注内容可能还会改变时。

④ 标注编号的爆炸图要另附一个说明文本或表格时。

附件里有这个模型和所需的插件，请按上面的方法整理模型，并且做成爆炸图。

附件里还有一些做得好、值得学习的，也有做得莫名其妙，看不出想表达什么的例子，都供你参考。

如果你的业务中正好有适合用爆炸图来表达结构关系的项目，请尝试结合起来做练习。

扫码下载本章教学视频及附件

第 3 章

盖房子

本章 15 节里有 6 节与导入 dwg 图形建模有关，虽然这 6 节都是以建筑模型为例，但其中介绍的原则、方法与技巧对所有行业的 SketchUp 用户都有参考价值。

各式楼梯、门窗建模的思路与技巧是本章的另一个重点。最后还有一个“看照片建模”的实例，可供练手。

3.1 聊导入 dwg 图形

现在的 SketchUp 用户，已经遍及了建筑、景观、规划、室内、演艺、舞美、甚至家具、机械、电气、3D 打印、工业设计、虚拟现实等很多行业；但是 10 多年前，SketchUp 刚面世的时候，瞄准的用户只是建筑行业，发展了 10 多年，换了 3 次东家、16 个版本，现在瞄准的主要目标不改初衷，仍然是建筑行业，SketchUp 原有的和新添加的功能，差不多都是为建筑行业定制的。所以，建筑和相关行业的朋友用起 SketchUp 来简直是如鱼得水、逍遥自在；用 SketchUp 推敲建筑方案、创建建筑模型、做 BIM 甚至出施工图，很少会碰到不能解决的问题。经过 10 多年的经验积累，其他行业的设计师，用起 SketchUp 来，同样得心应手，几乎无所不能。本节想跟你聊一聊用 SketchUp 创建建筑、园林景观、室内装饰、城乡规划模型时都会遇到的事情。

很多先学了 AutoCAD，再学 SketchUp 的用户，习惯在 AutoCAD 里做好了平面和立面详图，再导到 SketchUp 里来建模；这种看起来很传统、很合理的设计程序，非常值得商榷。AutoCAD 起源于二十世纪六七十年代，大发展于 80 年代，从 1.0 版的一张 360KB 软盘，发展到现在的动不动就 2 ~ 3GB，身材大了数千倍，界面漂亮了，功能也增加了不少，核心却还跟原来差不多，所以优点和缺点也跟原来差不多。而 SketchUp 晚出世二三十年，从 2006 年被 Google 收购以后才正式风靡全球，换了 3 次东家，升级 10 多次，基本还是原来的德性；说个笑话：按照人类的辈分，AutoCAD 跟 SketchUp 二者相差了整整一代，即便是我们人类，父子两代之间还免不了有不搭调的地方，叫作“代沟”；而 CAD 与 SketchUp 这两代软件或者说两种软件之间也有很多不搭调，或者叫作“不兼容”。下面就来随便说几样 CAD 跟 SketchUp 不搭调的地方，提供给你做参考：

譬如：AutoCAD 是以图层为基础来作图和管理的；而 SketchUp 虽然也有图层（2020 版改成了“标记”），但它主要是以群组或组件为基础来组织模型的，很难说孰优孰劣；再如，AutoCAD 里的圆弧，导入到 SketchUp 里去以后就变成了很多小线段；在 AutoCAD 里面看起来两个闭合或连接的线段，导入到 SketchUp 里就产生了间隙；在 AutoCAD 里面一条线和另外一条看上去是平行的，到了 SketchUp 里就发现实际上还差了一点点，而就因为这一点点，可能会浪费你几个小时找原因，找得你火冒三丈；AutoCAD 的 dwg 文件里存在一些短线段、废线、废点是无伤大雅的小事，而这些小线段导入 SketchUp 后问题就可能很严重，尤其是创建实体或创建 BIM 模型时甚至事关成败；还有常见的 dwg 文件中的线条不在同一个平面的问题；dwg 文件中常见的线条重叠的问题；还有多到数不清的图层；多到伤脑筋的无用信息等。上面随便想到的它们二者之间的不搭调的例子，处理起来都非常伤脑筋，这些年害得作者浪费掉的时间，要按小时来算的话，恐怕是已经不小的3位数了。

不过，不必去怪罪任何一方，就像世界上没有完美的人一样，不论SketchUp、AutoCAD还是其他软件都有其优势，也有其不足。对于设计师来说，任何软件都只是个工具，就像工人师傅手上的钳子、凿子、锤子、螺丝刀；用得好，是你够活络有本事；用出问题，是你不肯动脑子学艺不精，不要去怪工具不好；同样的工具为什么别人就用得好？为了提高效率，我们可以把各种软件交互运用，各取所长，关键在于要知道用什么工具做什么事，每种工具有什么优点、有什么缺点，能够在设计实践中扬长避短。

尽管我们已经知道了AutoCAD与SketchUp之间存在很多兼容问题，但是因为先入为主的传统，在从今往后的一些年里，可能还有很多人会把AutoCAD或其他软件所生成的二维图形导入SketchUp用作建立三维模型的基础，所以在本节和后面的几节里，还要比较深入讨论与此相关的问题。

AutoCAD的特长是做平面图形，就算后来增加了三维的功能，很多人用过后都觉得不大好用，很勉强，一直到现在，超过九成的用户还仅限于用它的二维制图功能；所有教过AutoCAD的老师，最常说的一句话，就是要同学们“调动空间想象力”，而大多数学过AutoCAD的同学们都觉得“空间想象力”不够用。可见，在AutoCAD里考虑和验证三维空间关系有多困难；所以，AutoCAD做的图，在生产实践中发现存在很多毛病也就不奇怪了，这些图之间的三维关系大多是“想象”出来的；作者本人和论坛上的很多朋友都有同样的经历——在SketchUp导入dwg文件建模后才发现dwg里的毛病，甚至一些重要的结构和尺寸都互相矛盾，不得不在SketchUp里取得修改的数据，再返回AutoCAD修改，改完以后才感叹，多亏了在SketchUp里发现这些错误；否则，这些有毛病的图纸到了车间、工地，后果严重。

那么，为什么我们还是要不断地用导入dwg文件作为建模的第一步呢？大概有这样几种原因：首先，很多用SketchUp建模的年轻人，本身的专业知识积累还不够充分，所以只能由比他级别更高、资格更老的人，往往是年轻人的顶头上司来出方案，而这些老司机大多是从20世纪就开始使用AutoCAD的，所以年轻人只能拿到dwg文件，至于文件中毛病的多少，跟这些老司机的制图习惯和水平的高低直接相关；年轻人即使发现了问题，也不太好意思直接说，下次还是有同样的问题。对于这种dwg文件，你要有心甘情愿毫无怨言为老司机擦屁股的思想准备。

其次，有些人先学会了AutoCAD，后来又学了SketchUp，总是觉得在SketchUp里面做平立面的二维图形不如在AutoCAD里方便，所以就在AutoCAD里做平立面，导入到SketchUp建模渲染；如果他之前曾经吃过不规范的dwg文件导入SketchUp的苦头，他就会格外注意在AutoCAD里的细节和操作要格外小心，虽然不能完全保证没有毛病，但至少要比前述的第一种会有一定改善。

有经验的 SketchUp 玩家都知道，大多数情况下，导入 dwg 文件对 SketchUp 建模的贡献非常有限，充其量不过是数得清的几条轮廓线而已，在后面几个视频实例里会证明给你看。有时候费了比建模多若干倍的时间来处理导入的 dwg 文件，大多数的工作是用来做清理和修补；最后只得到几条轮廓线，实在是不符合经济规律的亏本买卖；如果你是刚开始学习 SketchUp，可能还体会不到上面所说的这些话背后经历过的“血泪史”。经过无数次这样的“亏本买卖”后，人们发现了很多好办法，总结一下，大概可归纳为以下 3 种。

第一种办法是笨办法，老实人或菜鸟用的。在 dwg 文件导入 SketchUp 之前，提前在 AutoCAD 里进行预处理，预处理阶段要做的事情视 dwg 文件水平而定，少的只要经过五六步，差劲的 dwg 文件，甚至要经过 10 多步才能使用。在 AutoCAD 里进行过预处理的 dwg 文件并非完全没有问题，导入 SketchUp 后，一定还要经过大量的再处理才能“用”，这里的所谓“用”就是用导入的 dwg 文件的线条直接生成平面，再拉出体量。至于预处理要如何做，导入后的再处理又要怎么做，一言难尽，在后面还会详细交待，附件里也有个文字清单，请尽可能按清单所列出的顺序操作。

第二种办法是有过若干次教训变得比较聪明的人用的。dwg 文件在 AutoCAD 里大致处理一下就可以导入 SketchUp，导入后，并不指望用 dwg 的线来生成面，直接放到一个叫做“底图”的图层里去，并且锁定它防止移动；然后在“底图”上直接绘制轮廓线生成面。这种办法的聪明之处在于根本不指望用 dwg 文件的线来成面；这样做在菜鸟们看起来似乎是避近就远的笨办法，其实这样做的人一定是吃够了 dwg 文件的亏被迫接受这种笨办法，这种办法看起来笨，其实大智若愚，非常聪明。作者把这种办法推荐给不愿意为了占小便宜而吃大亏的 SketchUp 玩家采用。在后面几节里会演示给你看。

最后一种办法，是完全甩掉 AutoCAD，直接在 SketchUp 中画线成面，而后直接建模，可以免去导入 dwg 文件造成的大量麻烦和出错的可能。用这种办法的人，首先他应该对本行业的项目设计成竹在胸，用不着借鉴别人的 dwg，非常从容很有把握；其次，他必须对 SketchUp 也非常熟悉，能够像用铅笔在纸上做手绘般地熟练运用 SketchUp，这是最聪明的办法，可惜不是每个 SketchUp 玩家都同时符合上述的两个条件。

如果你实在不愿意在 SketchUp 里重新描绘一次，执意要利用 dwg 文件里的线直接生成面，那建议你导入 dwg 文件前后必须要做好以下的几件事，如果怕麻烦偷一时之懒，后面你就会知道偷懒者要付出的代价有多么地“惨烈”。 好了，现在我们回到上面讲的笨办法（用的人最多的办法），说说如何在 AutoCAD 做“预处理”和导入后如何做“再处理”。

（1）打开 dwg 文件，换名另存为一份新的 dwg 后，这样做是为了保留原始文件，也为了厘清责任。打开所有的图层，取消所有的隐藏，然后删除所有 SketchUp 建模时无用的图层、尺寸、标注、文字、轴线、填充、花草树木、人、车、家具等配景图块（如果你还需要这些东西，请用下面第（8）条的办法）。最常用的办法是在 AutoCAD 中执行 PU 命令，清理不需要的图层、图块，并且要反复多次清理和检查。

（2）将所有线型、线宽改为默认，最大限度地确保线段的闭合，以便导入 SketchUp 后能够成面。最好把想要带到 SketchUp 去的图块另外保存成一个 dwg 文件，不要跟主要的轮廓线混在一起，操作方法可参阅下面的第（8）条。

（3）选中所有平面图形，使用你知道的所有办法把线条统一到同一个平面（标高）上，在天正里可以使用命令：TYBG；在 AutoCAD 里可以借助于 Z 轴归零插件；或者输入 change、输入 p、输入 e、输入 0，这样就去掉了标高。不管你用什么办法，只要这一步做不好，所有线条可能不在同一平面上；到 SketchUp 里以后就不能成面，万一发生，一定会让你抓破头皮。

（4）dwg 文件里重复的线条很常见，这是 AutoCAD 娘胎里带来的大缺点，不过有很多办法可以解决，首先可以考虑用 AutoCAD 自带的 Express Tools 扩展工具（可选的安装项），也可以安装外挂的工具箱、插件，说起来很麻烦，请去百度搜索一下。还有，要修改 dwg 里应平行而不平行的线条，这种线条是当初画线的人“拆烂污”造成的，要问什么是“拆烂污”，就知你肯定不是长三角地区的土著居民，告诉你“拆烂污”3 个字有两种解释：第一种当动词讲——吃坏了肚子去拉稀；第二种当名词讲——做事不认真，马马虎虎，丢下的烂摊子，就像闹肚子拉稀的产物。想要解决这泡“烂污”，可以用 AL 命令，有点麻烦，但不能不做，不然到了 SketchUp 里还是要做的，并且更麻烦。

（5）如果拿到的 dwg 文件是“用户定义坐标系”(UCS)，要改回到“世界坐标系”(WCS)；为什么要这样做？为了导入 SketchUp 后，不至于产生“模型被裁切”的问题；那么什么叫做“模型被裁切”？请看本书第 6 章 6.1 节。

（6）除了 AutoCAD 的坐标系与 SketchUp 不统一会造成“模型被裁切”以外，dwg 文件里无伤大雅的废点、废线头，到了 SketchUp 里以后，同样会造成“模型被裁切”的麻烦。另外，dwg 里靠近线条或者与线条重合的废点，到了 SketchUp 里也会造成麻烦，所以，请用你知道的所有办法删除 dwg 文件里的废点、废线等垃圾；寻找与线条重合在一起的废点，可以用 Pdmode 命令，把“点”的显示模式改得大些，这样就容易发现它们了。

（7）清理完成后的 dwg 文件，应该只剩下一两个建模必要的图层，通常只剩下墙和屋顶等非常有限的几条关键轮廓线，最多再保留建模时想要用的门、窗、台阶等图层。随着你对 SketchUp 操作的熟练掌握，你一定会像作者一样感叹：“还不如在 SketchUp 里直接画这几条线更快些”。

（8）对于大场景，要提前把 dwg 文件分成若干个小文件，譬如可以按道路、绿植、建筑、铺装、门窗、家具等分成不同的 dwg 文件，按照 SketchUp 建模的实际需要选择导入；不同的 dwg 文件需要预先设置一个共同的参考点，导入 SketchUp 后，用参考点来对齐，就会很容易将场景重新组装起来。

（9）导入时，一定要注意“选项”里的设置，上面两项通常要勾选，导入后就会有部分线条会自动成面；单位一定要选 mm；如果你做好了上述的第（5）点，恢复了 dwg 文件的世界坐标系，就可以勾选“保持绘图原点”。

（10）导入 SketchUp 后，如果发现仍然有很多在建模时用不到的东西和图层等，还是要认真地去一一删除，有人省略了这一步，到后来就要花上若干倍的时间去补做这一步。

（11）如果想要用导入的线直接生成面，最好炸开后再操作；接着就可以描线成面了，一定要注意一边做描线成面的操作，同时还要注意把相关的几何体，如一组基础、一根柱子、一堵独立的墙等及时创建群组，不然，到后来，几何体越多就越不好弄。现在有不少能自动生成面的插件，可以节约很多时间。

（12）有人所用的 SketchUp 风格，线条比较粗，不利于精准地操作，可以在“风格”面板的“编辑”标签下取消除“边线”以外的所有勾选。这个操作也可以在“视图”菜单的“边线类型”命令里修改。留下的线条越细就越方便精准操作。

（13）有圆弧的地方要格外注意，dwg 的圆弧导入 SketchUp 后，会分成若干小线段，原来闭合的位置可能会断开，直接影响成面；解决这一类问题，现在也有很多插件可以协助。

关于在 SketchUp 里导入 dwg 文件建模的事情，就先聊这么多，想要知道青菜萝卜各是什么味道，只有亲自去尝一尝；在附件里有几个比较典型的 dwg 文件，如果你有时间，不妨按上面说的程序操作一回，尝一尝味道。作者还把上面讲的这些过程精简了一下，保存在附件的 pdf 文件里，供操作时查阅参考。

既然现在和今后的一些年里还有人要用 dwg 文件为基础建模（自觉的或被迫的）下面的几节，要用一些实例来进一步探讨在 SketchUp 里导入 dwg 文件后建模的方法和技巧，但本节所说的内容是其基础。

3.2 从 dwg 开始（一）——三层新农村别墅

3.1 节比较深入地讨论了在 SketchUp 里面导入 AutoCAD 的 dwg 文件配合建模可能产生的问题；还有在 AutoCAD 里面对 dwg 文件进行预处理的要领等内容，相信你已经明白了这样做的重要性和必要性；如果你在 AutoCAD 里偷了一分懒，过后到 SketchUp 里你可能会付出几倍甚至几十倍的代价。

请你务必牢记：无论你习惯于用什么方法对即将导入 SketchUp 的 dwg 文件进行处理，最终的目的是要获得一个简单、准确、干净的 dwg 底图。请注意这 6 个字：简单、准确、干净。

简单：是指处理后只剩下建模最需要的东西，通常仅仅是重要的轮廓线。

准确：说的是不能把 dwg 里的错误带到 SketchUp 里面来，如不平行的线等。

干净：是说不能把 dwg 里的废点、废线、废图块、废图层等带到 SketchUp 里去。

图 3.2.1 和图 3.2.2 所示为一栋 3 层的别墅，分别是从东南角和西北角看到的视图，该模型在本节对应的资源里。

图 3.2.1　东南角的视图效果

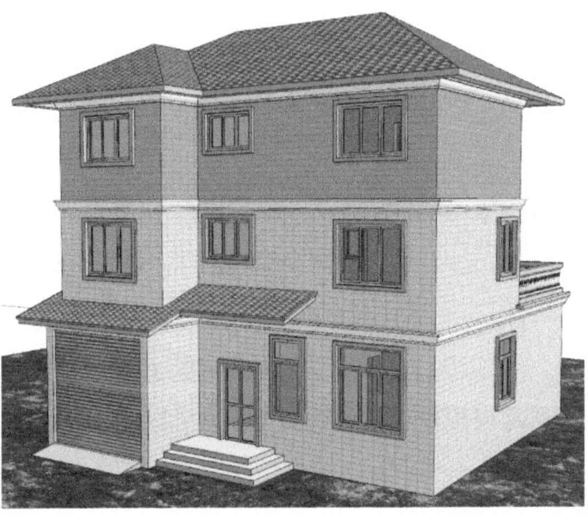

图 3.2.2　西北角的视图效果

图 3.2.3 是别墅的图纸，已经在 AutoCAD 里面进行了彻底的大扫除；导入到 SketchUp 以后，又进行了一番清理和整理，你现在看到的这套图纸是从网络上下载的，花了将近 3 个小时才收拾到现在的模样；可以保证，现在的这套图纸已经符合前面讲的那 6 个字：简单、准确、干净。（尽管如此，建模过程中仍能发现不少错误）这些图纸保存在附件里供你做练习用。

图 3.2.3 的左侧 4 幅是立面，分别是前、后、左、右视图；右侧的 4 幅是平面图，分别是底层、二三层和屋顶；在后面的篇幅中，我们要利用这套图纸创建这个 3 层别墅；因为经过了前面在 CAD 里的彻底清理，到了 SketchUp 里又经过了反复检查，确定现在看到的这些线条都可以用来直接生成平面。

图 3.2.3　成套图纸

1．场地准备

第一步，要为即将开始的工程清理一下场地；建设工地尽可能靠近坐标原点，为什么要这么做，可查阅本书的第 6 章 6.1 节。

第二步，把底层平面图调整到位；再把 4 个立面视图竖起来，分别移动到准确的位置，必要时可以绘制一些辅助线来帮助对齐，见图 3.2.4。

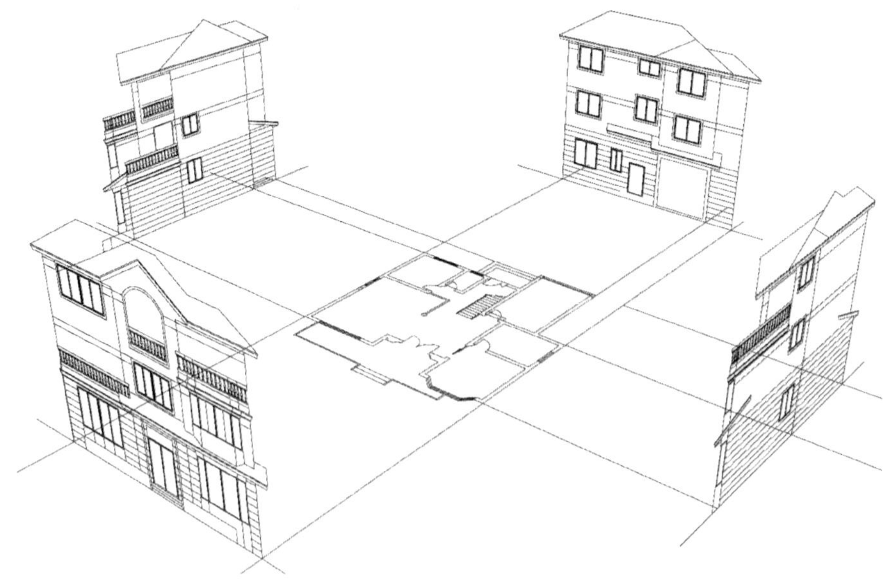

图 3.2.4　对齐视图

现在立面图跟平面图都对齐了，为什么要这么做？或者这么做有什么好处？

第一，平面、立面放在一起，三维关系一目了然，就用不着为了调动空间想象力损伤太多脑细胞，耽误很多时间。

第二，想要个什么尺寸，就近测量一下就行，免得反反复复到CAD里去查看，很多时候只要把推拉工具对齐立面上的相关位置就可获得准确的尺寸，节约了大把的时间。

第三，说出来可能有人会不信，甚至在把各种视图对齐的过程中就能发现dwg文件里的很多错误（不是全部错误），因此可以得到提示和及时纠正。

2. 借助于图层（标记）

确认这些视图的方向和位置准确后，可以建一个名为“立面”的新图层，把这些立面连同为了对齐它们而画的辅助线（用“图元信息”面板）放到新图层里去，方便后续的操作。

（1）再新建一个名为“底层平面”的图层，把底层的平面图放进去。

（2）现在就可以利用dwg的线条生成平面了，做这一步工作有以下提示。

（3）把所有的底图再保留一份副本，这点很重要；如嫌备份碍事可移入专用的图层并隐藏。

请注意，现在的底图是导入后的dwg文件，虽然导入到SketchUp后做过了清理和分割，但还是有意把它们做成独立的群组，后续的画线成面都是在群组外有选择地操作，用完就删除或隐藏，换句话讲，就是根本没有指望用dwg文件直接生成面，这样做有很多好处（或者可避免很多问题），可查阅3.1节。你也可以分别尝试一下取得经验（或教训）。

3. 以dwg图形成面成墙

如果你信得过dwg文件，在拉出墙体等部分时，只要把推拉工具移动到立面图的对应位置单击确认，不过扫兴的是，实践证明，大多数时候dwg文件的可信度要你去提前验证。

大多数人在dwg图形上画线成面用直线工具，其实用矩形工具更可靠也更好用，用矩形工具一定可以生成面，如图3.2.5所示，而用直线工具更麻烦，获得的结果还不一定可信，当dwg文件可能有问题时更不能用直线工具；做练习或实战的时候，你可以分别尝试一下。

（1）墙体描绘完毕后就可以用推拉工具拉出墙体、然后拉出地面、窗台、台阶等（图3.2.6）。

（2）只要把推拉工具对齐立面上的相关位置，就可获得准确的高度。

（3）窗口上的“圈梁”可复制窗台平面到顶部后往下拉，用推拉工具单击立面图相关点确定。

（4）新手要注意操作过程中的废线要及时清理，反面要及时翻转，养成良好的习惯。

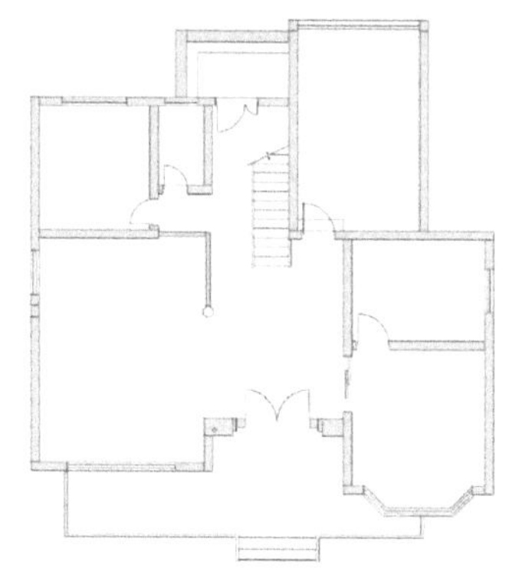
图 3.2.5　描绘出墙体

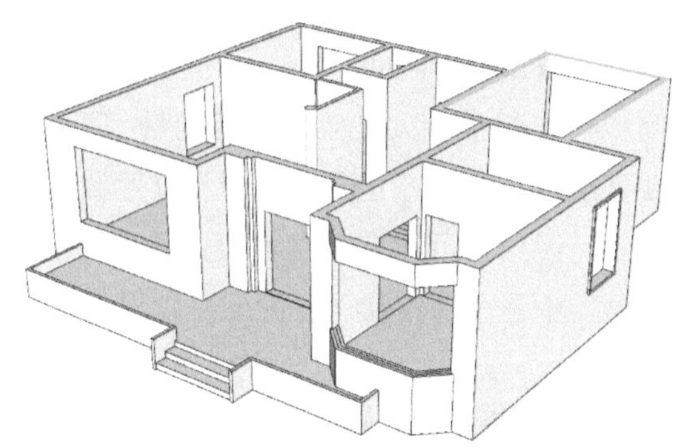
图 3.2.6　拉出墙体

4. 创建底层

注意：车库的地面高度 150mm，其他位置的地面高度是 450mm，台阶每级高 150mm，共 3 级，门口平台还有 300mm 高的矮围墙，这些尺寸都可以从前、后立面上轻易获取。

（1）如果后续还要做楼梯等户内小件，可以复制一个平面图到户内地板上（隐藏起来）留作后用。

（2）底层的建模大致完成后，创建一个群组，命名为“底层”，还可以创建一个图层，把已经完成的部分调动到新的图层里去，方便后续操作。

好了，现在底层的墙体完成了，如图 3.2.6 所示。注意：在前视图上（见图 3.2.7），箭头所指有一处“线脚”的造型（线脚是长三角地区的术语），但是在其他 3 个视图上却看不出这个线脚，所以只能按常规做法，跟“圈梁”结合在一起来做。

5. 创建线脚（圈梁的一部分）

这里要注意，如果把线脚跟墙体（或圈梁）做在一起，不方便后面的操作，也不方便随后可能的修改，所以要把线脚单独做成一个群组。具体操作如下。

（1）用直线工具和圆弧工具描绘图 3.2.7 所示箭头所指的“线脚截面”。

（2）用直线工具沿已完成的边缘描绘一圈形成图 3.2.8 所示的深色平面，用来做放样路径。

（3）把描绘好的“线脚截面”移动到墙体上，如图 3.2.8 的箭头所指的位置。

（4）以图 3.2.8 所示深色平面为路径，做“循边放样”，方法是：单击平面，调用路径跟随工具，再单击截面。

（5）“循边放样”操作起来比较简单，也可以用“分段放样”的方式，如图 3.2.9 所示。

（6）放样完成后的“线脚”如图 3.2.9 中两处箭头所指。

至于门窗和楼梯部分的做法，后面有专题的章节深入讨论，练习时可以先空着，等你看完了那些章节再回来补上这些小件。

6. 做二楼

操作过程如下。

复制一个二楼的平面图到已经做好的底层顶部对齐，如图 3.2.10 所示。图 3.2.11 和图 3.2.12 所示为从东南角和西北角看已经完成的底层和二层。二楼的墙体和门窗洞口的做法跟底层是一样的，就不再重复讨论；跟底层不一样的地方是前后各有一处斜坡的雨棚，做起来有点小麻烦；西南角有一个阳台，也是底层所没有的。

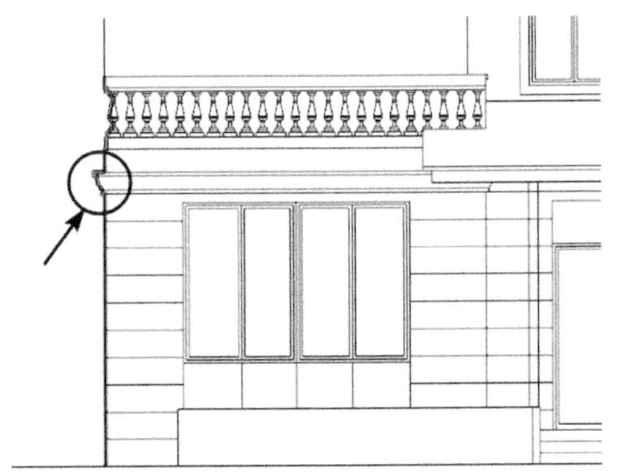

图 3.2.7 复制线脚截面

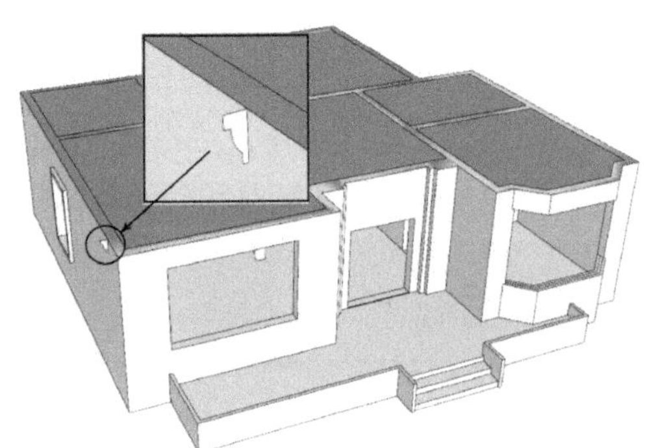

图 3.2.8 移动到位

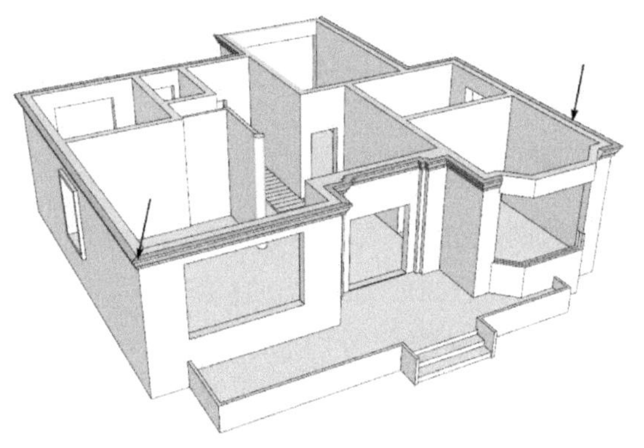

图 3.2.9 沿路径放样

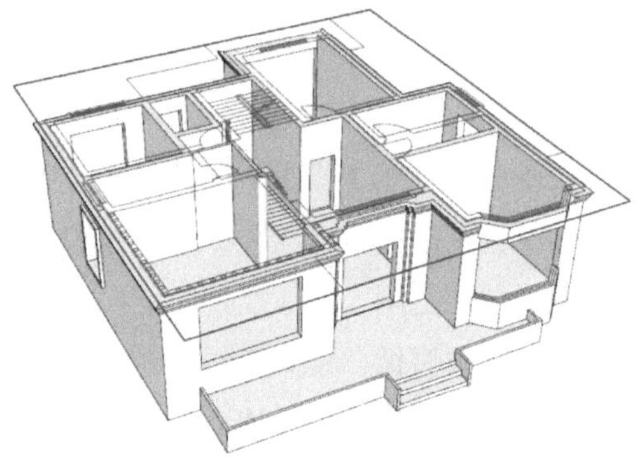

图 3.2.10 复制二楼平面

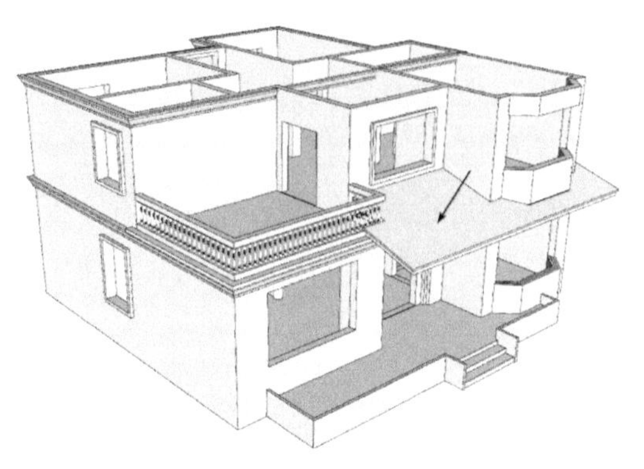

图 3.2.11　西南角二层

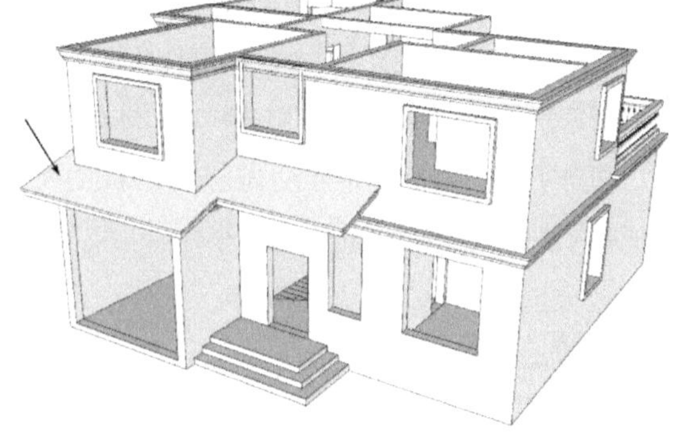

图 3.2.12　东南角二层

对创建阳台有以下几点提示。

（1）阳台由上、中、下 3 个部分组成，下部一段矮墙只要拉到跟立面图对齐，没有难度。

（2）然后再按住 Ctrl 键做复制推拉，再拉到跟立面图上阳台的上缘对齐。

（3）删除中间一段的 6 个面，只剩下顶部的平面，创建群组。

（4）进入群组把顶部的平面往下拉到跟立面图相应点对齐，形成“上部”。

（5）去组件库找一个合适的栏杆组件，移动到上、下两部分之间，做移动复制的“内部阵列”（如不知道怎么操作，可查阅《SketchUp 要点精讲》第 5 章 5.3 节）。操作过程中可不断输入新的复制数量，调整相邻两栏杆间的距离，到满意为止。

7. 两个雨棚

接着要做前、后两个斜坡雨棚，基本的思路是：用“模型交错”来完成对斜坡雨棚的“切割成型”，直接在二楼模型上制作不太方便，可以在其他地方“预制”后移动到位更容易实现。

（1）从“右立面图”描绘得到图 3.2.13 ①②中两个斜坡截面；从“二楼平面图”描绘得到图 3.2.13 ③④。

（2）分别把图 3.2.13 ①②移动到跟图 3.2.13 ③④两端对齐，如图 3.2.14 所示。

（3）分别把图 3.2.13 ①②拉出到跟图 3.2.13 ③④两端对齐，如图 3.2.15 所示。

（4）分别把图 3.2.13 ③④向上拉出到略超过图 3.2.13 ①②，如图 3.2.16 所示。

（5）全选后做“模型交错”，仔细删除所有废线面后如图 3.2.17 所示。

（6）分别创建群组后移动到二楼模型合适位置，如图 3.2.11 和图 3.2.12 所示。

如果你还想要过后做室内的楼梯门窗等细节，可以复制一个“二楼平面图”移动对齐后用图层隐藏起来。

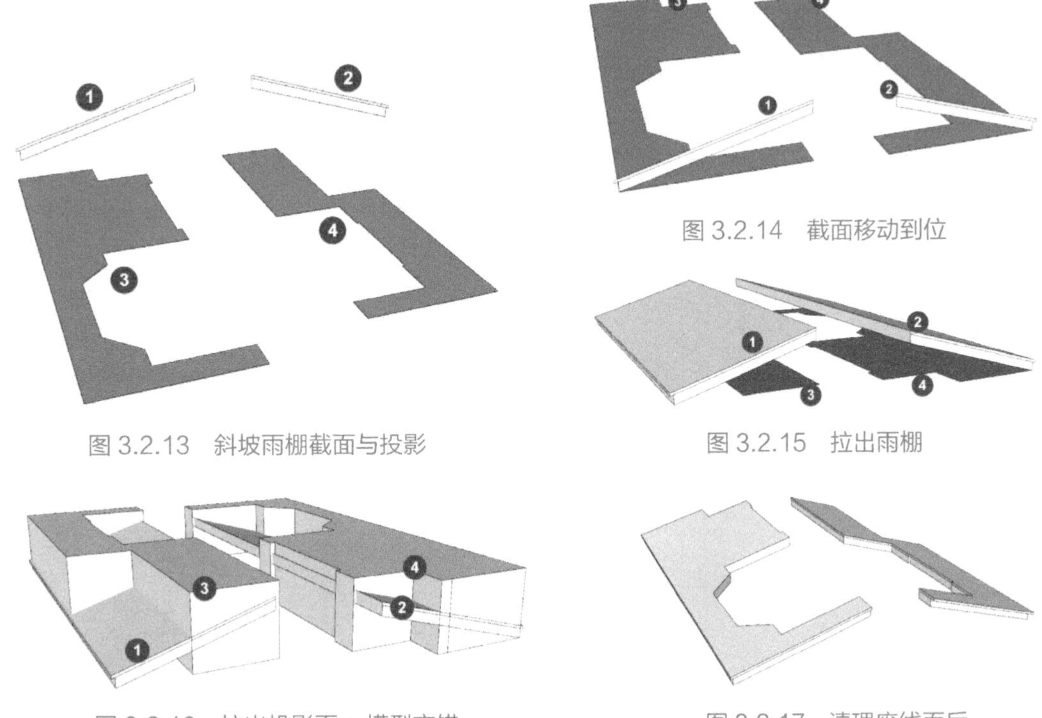

图 3.2.13　斜坡雨棚截面与投影

图 3.2.14　截面移动到位

图 3.2.15　拉出雨棚

图 3.2.16　拉出投影面 + 模型交错

图 3.2.17　清理废线面后

8. 创建三层与屋顶

三层建模的关键点是图 3.2.19 ②所示的尖顶拱门的反面。图 3.2.18 和图 3.2.19 是三层完成后的情况，东南角有一个大阳台，阳台的左半部分上有个凉棚，凉棚靠前面是尖顶的墙，墙体上有一个拱形的窗洞（见图 3.2.18 ①），这里是三层建模的重点所在。

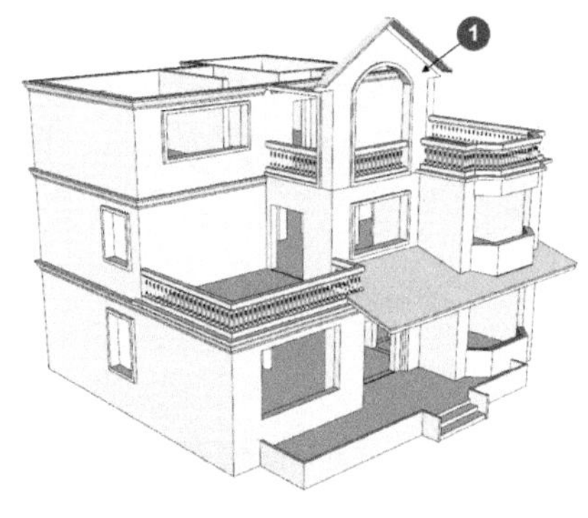

图 3.2.18　西南角三层

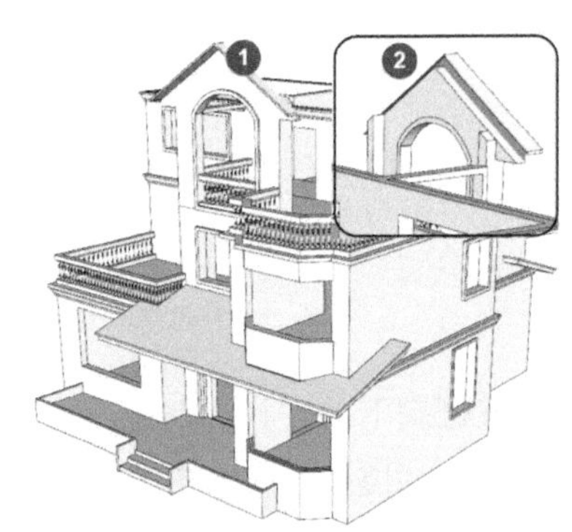

图 3.2.19　东南角三层

（1）先把三层平面图复制一个到二层的顶部，用矩形工具、推拉工具等做出三层墙体窗洞、门洞等，这部分跟底层的操作一样，就不多说了。

（2）从“前立面图”上描绘出尖顶和拱门的形状，如图 3.2.20 所示。

（3）创建群组后移动到位，如图 3.2.21 所示，然后进入群组用推拉工具拉出体量，如图 3.2.22 所示。

（4）尖顶拱门部分基本完成后的情况如图 3.2.23 所示。

图 3.2.20　从 dwg 上描绘轮廓线

图 3.2.21　移动到位

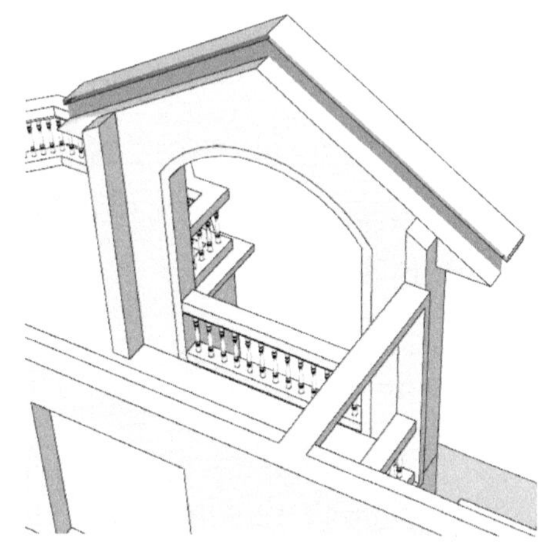

图 3.2.22　拉出体量

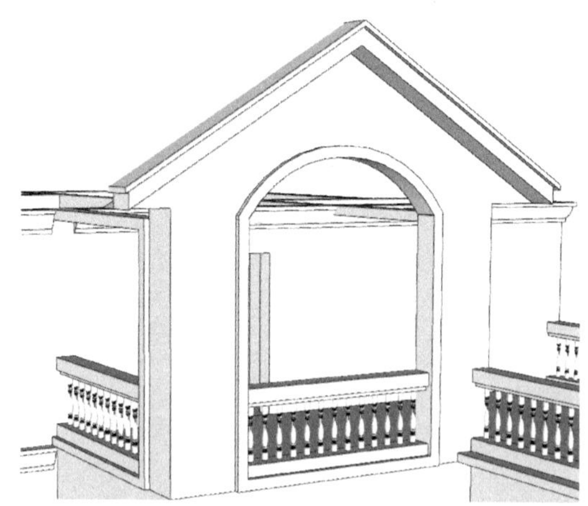

图 3.2.23　尖顶拱门

（5）三楼剩下的“栏杆”部分，做法跟二层相同。

（6）三层的墙体、门洞、窗洞、尖顶拱门和栏杆都完成后，整个模型剩下的屋顶和门窗及楼梯等部分在后面的章节还会深入讨论，先空着。

在本节的附件里，已经创建了两种不同的屋顶，你可以选一个先盖上去。图 3.2.24 所示是把一个现成的屋顶盖上去后的效果。本节先告一段落，等我们学会了做屋顶和门窗及楼梯，再回来把缺的部分补上去。

图 3.2.24　拉出坡顶

建模所需要的所有图纸、素材、样品，都为你保存在本节的附件里。

（1）名为“最终成品”的模型，就是本节图 3.2.1 和图 3.2.2 所示。

（2）名为“dwg 导入”的模型，就是本节图 3.2.3 所示。

（3）名为“过程 + 成品”的模型里增加了 8 个图层（标记），可以按下列顺序了解建模过程。

① 勾选立面和一层平面图层，可以看到创建底层模型前的状况。

② 再勾选“底层”就看到底层完成后的情况。

③ 然后勾选“二层”就可以看到二层的墙体、阳台和斜坡雨棚。

④ 勾选“三层”和“屋顶”可以看到完成后的整体。

在“备用”图层，保存了所有平面底图和建模各过程的模型，供参考。

做练习时应注意，依靠 dwg 文件建模要有点思想准备，无论图纸是不是自己画的，最好都要反复核对；最好不要用 dwg 文件的线框直接生成面，时刻注意不要吃了 dwg 图样的亏，发现问题要查明原因做出修改，这也是一种学习和锻炼。

3.3　从 dwg 开始（二）——框架结构

3.1 节、3.2 节分别讨论了 dwg 文件在 SketchUp 建模中的作用、可能发生的问题和解决的对策；还用导入的 dwg 文件创建了一个三层的别墅；本节和后面两节还是要从导入 dwg 文件的平面和立面图形开始，演示创建建筑模型操作的要点。

先看一下这个工程完工后的模型（见图 3.3.1），是一个两层加一个阁楼的别墅。图 3.3.2 是它的效果图。为什么又是别墅？因为从建模的角度考虑，别墅包含了大多数建筑模型都有的结构，也包含了创建大多数建筑模型需要用到的技巧，如果能把各种别墅模型做好，创建其他的建筑模型就会胸有成竹，即使再遇到困难也不会太多了。

图 3.3.1　模型成品

图 3.3.2　渲染图

1. 作业现场准备

附件里有一套两个 dwg 文件，包括详细的梁柱框架结构，这套别墅的图纸包括文字标注等内容非常详细完整，可供建筑专业的同学研究参考。

图 3.3.3 是经过清理、分割后导入到 SketchUp 后的全套图样，左边是底层、二层和屋顶的平面图，右边是前、后、左、右 4 个立面和一个剖面；剖面用来做楼梯、框架等内部结构时不可或缺。

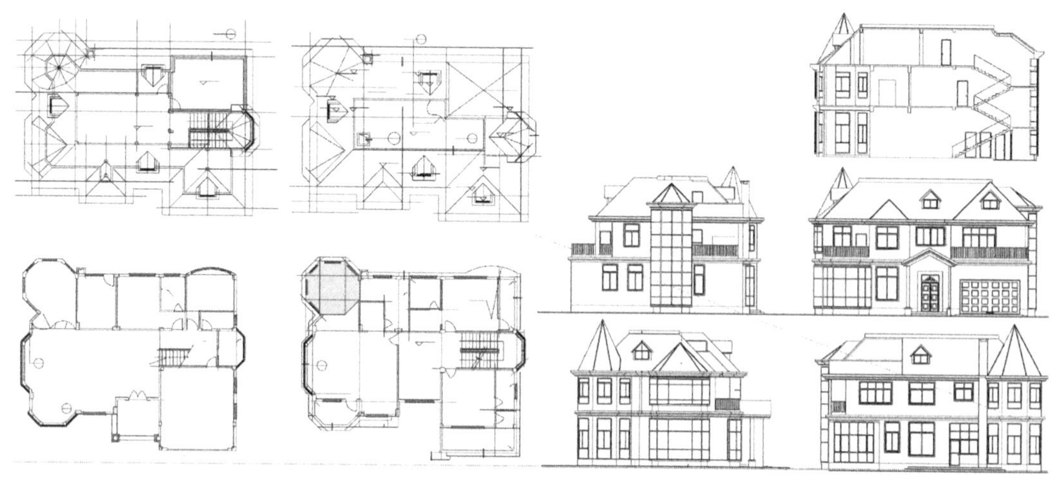

图 3.3.3　全套图纸

从 3.2 节可知，把平面图和立面图按实际方位集中排放在一起有空间关系直观、尺寸唾手可得等很多好处，本节和后面几节还要这么做，见图 3.3.4。从集中后的立面图和平面图都可以看到，这栋别墅建筑墙面的窗户数量多、面积大；其中楼梯井的外部还是通体玻璃幕墙，这种设计注定只能用框架结构，显然只适合于我国南方地区。如图 3.3.4 所示的立面图形比上一节还多了一个“剖面图”（右上角），剖面图对于做框架结构模型非常重要。另外，从底层平面图看，这个设计的特点除了窗户比较多外，还有不少窗户是突出在墙体之外的飘窗。

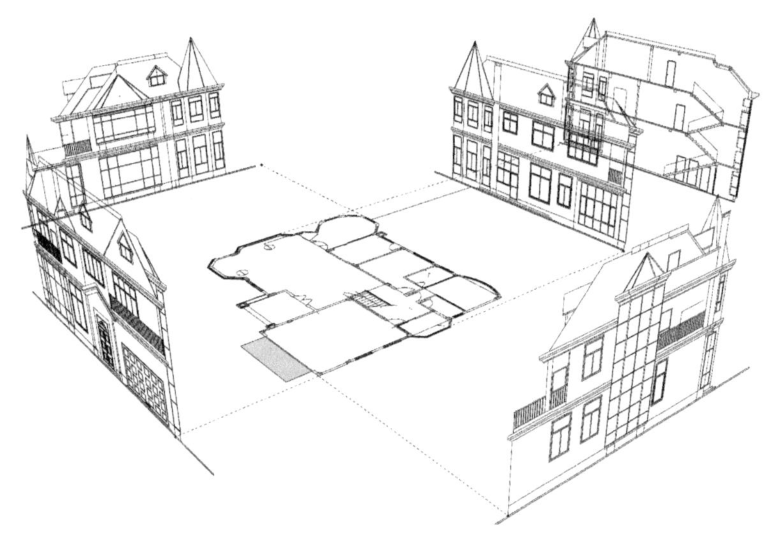

图 3.3.4 图纸排列就位

在本节的附件里保存有这一节和下面两节要用到的 dwg 文件，这套 dwg 原始文件在图层运用等方面算是比较好的，但是仍然有很多问题需要解决；作者已经在 AutoCAD 里面，大概用去一个多小时对 dwg 文件做过了大量的清理（相关内容可查阅本书 3.1 节）。下面再详细介绍一下导入到 SketchUp 以后的清理和整理工作，这些工作同样是重要的（请参见附件里的 01 导入后 .skp）。

在 SketchUp 的清理工作中包括进一步清除 dwg 带来的无用图层和废线条、废图块等；可以看到，经过在 AutoCAD 里面清理后的 dwg 文件导入 SketchUp 后，还有 20 多个图层。

众所周知，在 AutoCAD 里删除图层有时很麻烦，一些顽固不化的图层还无法删除；碰到这种情况，可以在 AutoCAD 里关闭这些图层，导入到 SketchUp 里来删除或合并它；合并再合并、删除再删除后，现在还有 10 多个图层，你可以看到，其中有些图层里只有一点点东西，想要把他们弄干净和合并起来是要费点心思和时间的。

（1）请记住：在清理完无用图层之前，一定不要移动任何几何体；否则后面会有麻烦。

（2）大致弄干净后，把这些图样按照各种视图分别创建群组，方便后续调用。

（3）导入的 dwg 文件里还有两个家具图层，随便你要不要保留（建筑业建议不要保留）。

（4）出于建模需要，可把剩下的 10 多个图层再次精简成平面和立面两个图层，操作如下。

① 选择默认图层外的所有图层，单击图层管理器上的“减号”按钮删除它们。

② 在弹出的窗口中选择“将内容移至默认图层”（重要）。

③ 创建两个新的图层，分别命名为“平面”和“立面”。

（5）然后选择所有立面图样，在图元信息里把这些图移动到“立面”图层里；隐藏该图层。

（6）选择剩下的图样，在图元信息里指定移动到“平面”图层，最后只剩下两个图层。

（7）完成以上操作后的模型如附件里的：02 导入＋清理 .skp。

（8）把所有图样复制一整套到建模区域以外，并移动到新建的“备用”图层（重要）。

（9）用旋转工具把所有立面图样“竖起来”，移动这些图样跟“底层平面”对齐以方便使用，如图 3.3.4 所示。

（10）后续操作中，想要用哪一个图样，要用复制的办法，一定要保留一个原始的图样备查（重要）。

2. 绘制立柱截面

图 3.3.5 就是图 3.3.4 中间的底层平面图，上面用小箭头指出的都是“立柱”（还不是全部）。

（1）建立一个新的图层，命名为“底层”，把这个“底层平面图”移动进去，并锁定这个底图。

（2）现在就可以用矩形工具描绘出立柱的截面轮廓了。

（3）倾斜的位置可以用旋转矩形工具做。

（4）每画出一个柱子，马上删除废线条，创建群组，要养成这种好习惯；提前对创建群组这类常用操作设置好快捷键会更方便（见《SketchUp 要点精讲》中的 9.7 节）。

要说明一下，现在有多种把 dwg 文件转化成平面的所谓“封面插件”可以用来部分代替你现在做的“描线成面”的工作；但是本书的所有几十个练习，除了极少数的几个，大多都不用插件，目的就是专门为你提供一个针对 SketchUp 基本工具的运用和建模思路方面的锻炼；请不要放弃这个亲自体会和动手锻炼的机会，如果你坚持在这一阶段只用 SketchUp 基本工具（不用插件）来完成本书的所有练习，将会得到更多的实战经验。

（5）立柱的轮廓描绘好后，新建一个“立柱”图层，全选立柱截面，移入这个图层并隐藏。

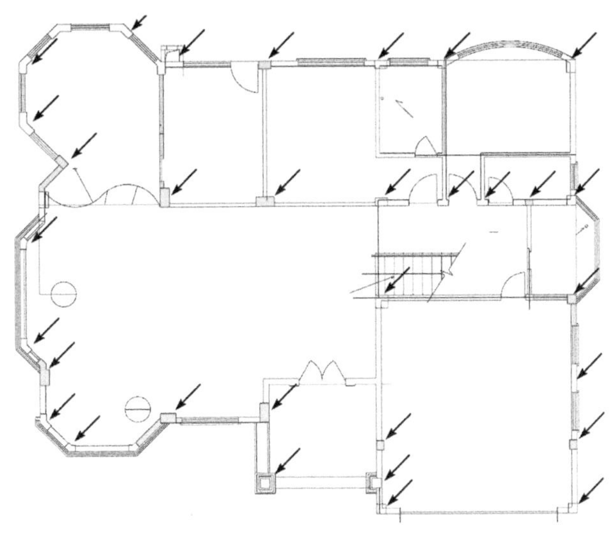

图 3.3.5　绘制柱体截面

3. 创建底层地面

继续在底图上描绘出地面的轮廓；做这个工作要细心，还要耐心，看清楚底图，必要的时候还要回到 dwg 文件里去核对。

（1）把地面拉出高度。对齐到立面的相应位置，分别为最低的车库地面、最高的餐厅地面和其他的地面，共有 3 种不同的标高，如图 3.3.6 所示。

（2）完成后新建一个“地面”图层，把刚完成的地面移动到该图层并隐藏该图层。

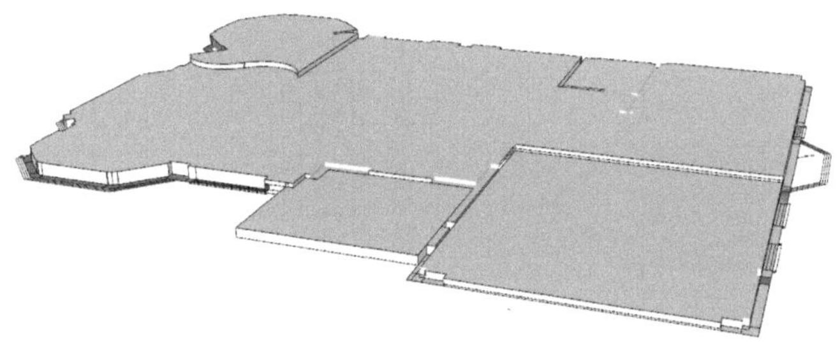

图 3.3.6　拉出地面

4. 描绘剖面创建部分结构

（1）复制一个剖面图，立起来，要跟平面图对齐。应注意，原始的 dwg 文件里，剖面图的底部少画了几条线，跟其他视图的配合有点问题，应仔细核对。

（2）进入立柱的群组，分别拉出高度；拉的时候可以对齐剖面图（参考其他立面图）的对应位置，这样做省事倒是省事，不过必须提前把所有的图样核对无误。完成后如图 3.3.7 所示。

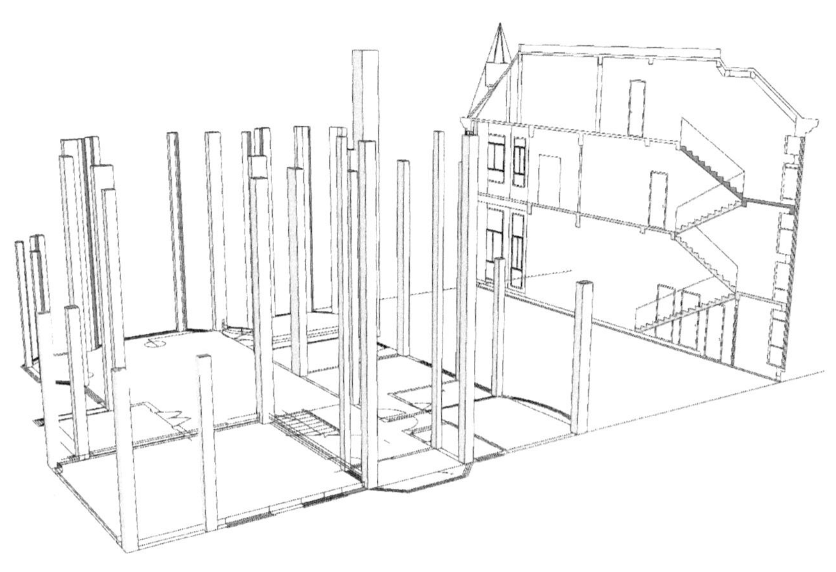

图 3.3.7　拉出柱子

（3）现在转移到剖面图，描绘出横梁、楼板、楼梯、楼梯平台等。注意分别创建群组，如图 3.3.8 所示。

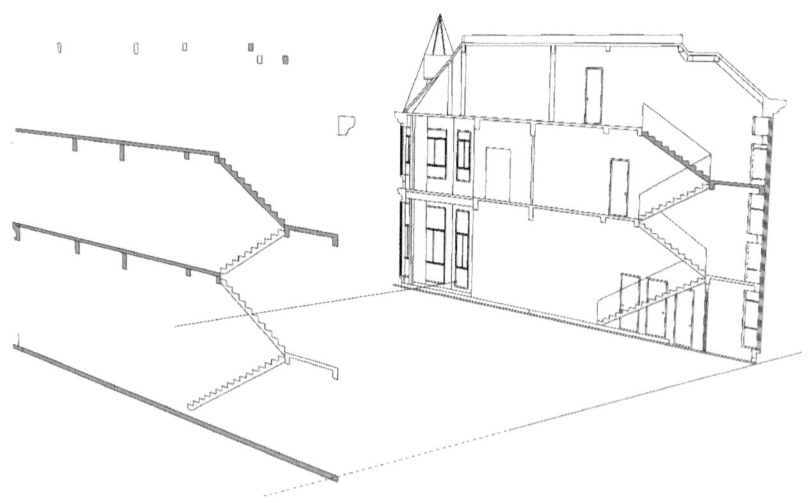

图 3.3.8　描绘出楼板、楼梯、大梁

（4）创建群组后，把刚刚描绘出的截面群组移动到平面图上，如图 3.3.9 中箭头所指。

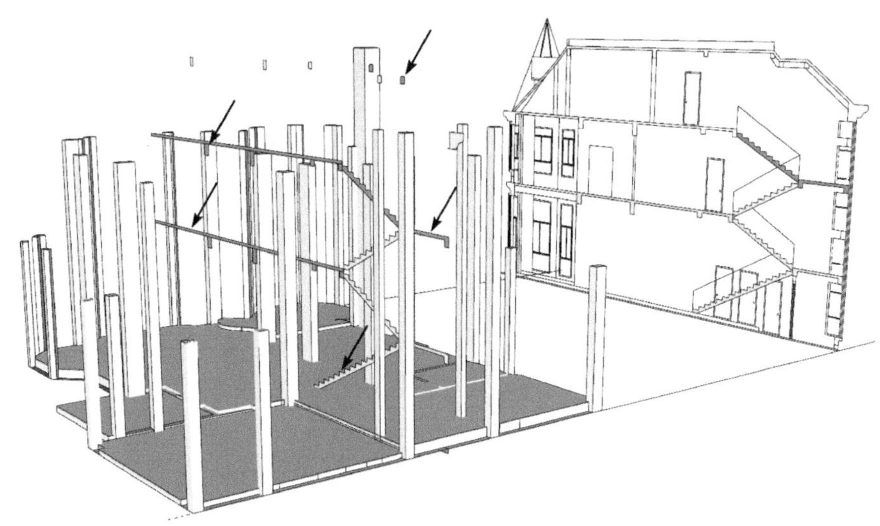

图 3.3.9 移动就位

（5）根据立柱拉出横梁（见图 3.3.10），这些横梁仅仅是一部分，详情可查阅 dwg 文件。根据平面图和剖面图拉出楼梯等（可以先隐藏地面图层）。

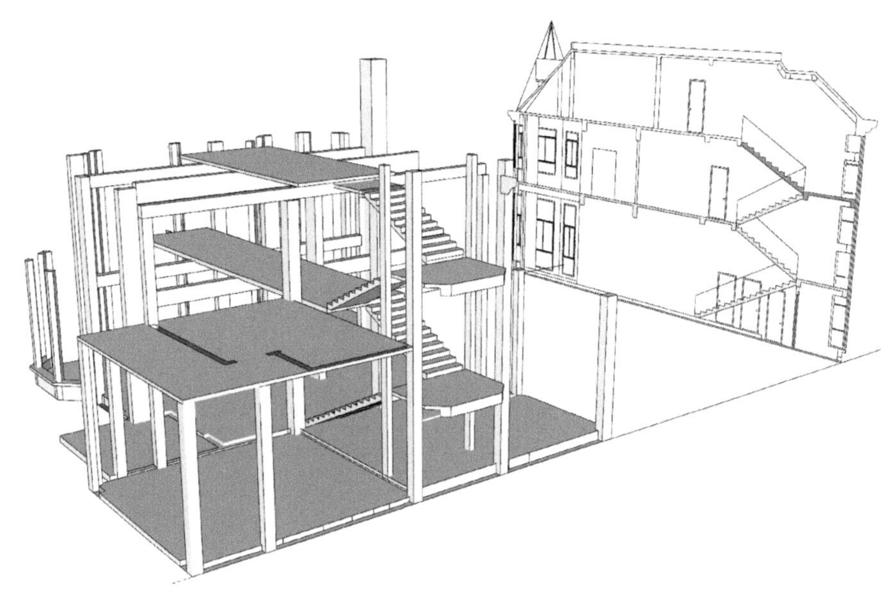

图 3.3.10 拉出楼板、楼梯、大梁

5. 创建线脚（圈梁的一部分）

线脚（圈梁）是结构的一部分，还有装饰作用，做线脚可以用路径跟随的办法。

图 3.3.11 ①是用直线工具在相关平面图上描绘出做放样用的“路径（平面）”。

图 3.3.11 ②③是描绘好的放样路径和放样截面（放样截面从立面图样上描绘获取）。

图 3.3.11 ④是放样完成后的“线脚”（圈梁的一部分）分别成组。

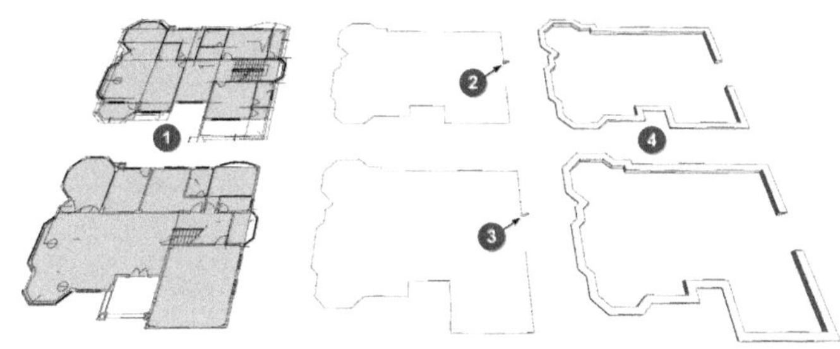

图 3.3.11　创建线架（圈梁）

下面就可以把做好的“线脚”移动到建筑框架上去。

（1）为了使位置准确，可以把东南角上的立柱高度调整到图纸上底层线脚的高度。

（2）移动一个“线脚截面”过来对齐立柱的外角，位置就非常准确了。

（3）再把这个角上的立柱高度调整到图纸上二楼线脚的高度。

（4）移动二楼的“线脚”过来对齐立柱的外角，位置也会很准确。

大部分结构完成后的情况如图 3.3.12 所示。上面介绍的主要是建模过程和操作要领，限于篇幅，中间还有数不清的小插曲只能略过；做本节的练习需要用较多的时间去熟悉图纸，花费较多的准备时间。建筑专业的同学，并且对于框架结构建模有兴趣、有必要深入的研究的，可根据 dwg 图样，补齐框架结构的其余部分（最好自行从头新建）。

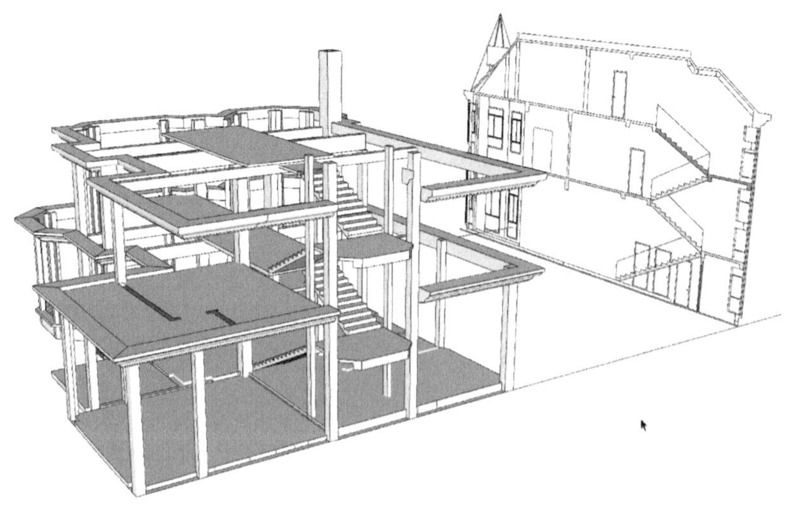

图 3.3.12　线脚（圈梁）到位

如果你不是建筑专业（或与框架结构无关）可以自行决定要不要完成这部分练习。

3.4 从 dwg 开始（三）——墙体等

3.3 节演示了如何用导入的 dwg 文件做梁柱框架，只有搞结构的才会去创建那种梁柱框架的模型；那种模型主要用于对梁柱框架结构的研究验证和团队内外的沟通交流，也可以用来跟施工队交底。本节要介绍另外一类建筑模型，它主要用来做外观的验证、展示或渲染等，要求基本忠实于 dwg 图样，外观比较精细，不必做出建筑的内部结构。这种用途的模型，目前是大多数 SketchUp 初学者的主要目标。

图 3.4.1 和图 3.4.2 所示就是本节完成后的部分效果，包括地面、墙体、线脚（圈梁）、门廊、阳台、烟囱等。建模的依据仍然是这一套别墅的 dwg 图样，在本节的附件里可以找到它们。

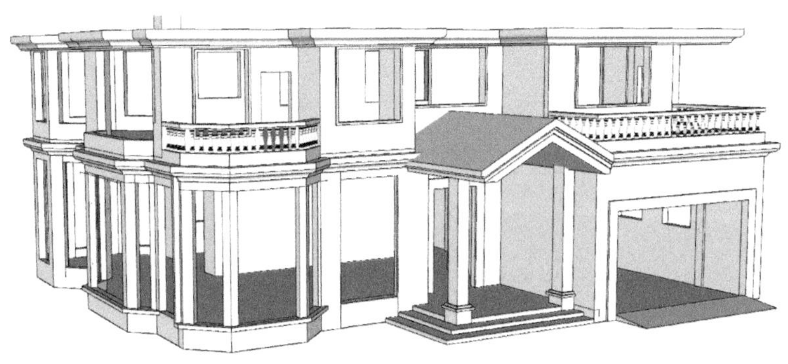

图 3.4.1　完成后的西南角视图效果

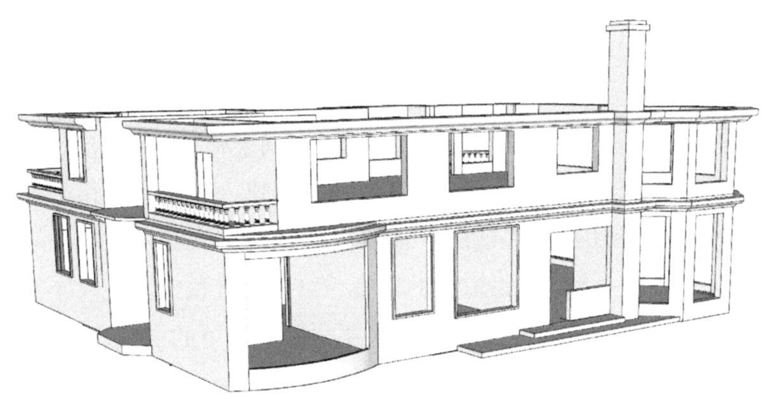

图 3.4.2　完成后的东北角视图效果

现在已经准备好了所有的图样，底层的平面图已经清理干净；在独立的图层里并锁定；东、南、西、北 4 个立面也已经就位，应注意这些辅助线与立面的对应关系，务必花点时间精确对齐，碰到某处无法对齐，一定要查明原因并加以解决，不然建模过程中遇到麻烦，仍然要回去返工，花费的时间会更多。好了，现在平面与立面已经对齐，如图 3.4.3 所示，可以开始描绘墙体轮廓。

图 3.4.3　dwg 立面到位

首先要描绘的是墙体的外部轮廓线，所有立柱、窗户的位置暂时不用去管它，可以等一会再说。

3.3 节曾经说过了，做这一步工作可以借助一些插件，但还是希望你不要放弃锻炼基本功的机会，如果现在练不好压腿、蹲马步这些基本功，将来在跌扑翻滚、飞檐走壁的时候就会有困难、出毛病，欲速而不达，到时候仍然要补课。另外，描绘这些线条也是对图样熟悉的过程。

好了，几分钟后，得到了如图 3.4.4 所示的平面。马上你就会知道，花费 10 多分钟得到的这个平面有多重要，它有好几个用途，所以要马上创建一个群组，在旁边保存一个副本。顺便说一下这个平面的几个用途（是这次不需要的用途）。

（1）如果你只想创建一个用来做渲染的模型，可以用推拉工具把这个平面拉出高度，加上门窗和材质就是最简单的模型了。用来渲染只要这种最简单的模型。

（2）再精细一点，可以用偏移工具偏移出墙体的厚度，再用推拉工具拉出墙体，在门窗的位置画个矩形，一推拉就可以得到窗洞和门洞；如果门窗尺寸都一样，只要复制那个矩形，就可以完成所有门窗，用来渲染也可以用这样的模型。

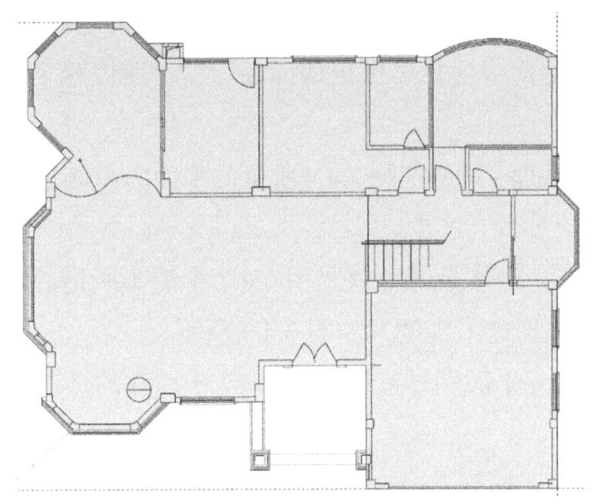

图 3.4.4　描绘平面

具体到现在的这个实例，可没有上面说得那么简单，在本节的附件里有这个实例的全套dwg 文件，请注意其中有个“门窗表”，你会发现这个别墅共有 37 处门窗，窗台高度就有 4~5 种，37 处门窗中窗洞宽度、高度相同的没几个，还有几处落地大窗；够复杂的吧？这就是用它来做练习对象的重要原因。所以，我们还是静下心来，认真做准备工作吧！

现在已经准备好这样几个图样：图 3.4.5 是用来做线脚（圈梁）用的放样路径，放样截面可以到立面图上去描绘或复制；图 3.4.6 是在图 3.4.4 的基础上修改后，用来做地面的，地面有 3 个不同的标高，车库最低 150mm 高，方便车辆进出，餐厅最高有 600mm；其余的位置其实还有不同的标高，如卫生间、厨房、洗衣房就要比客厅低 30mm，这里简化成同样标高 450mm；如果你是建筑专业，并不准备做室内布置的详图，图 3.4.6 所示的这个图样就不太重要了。

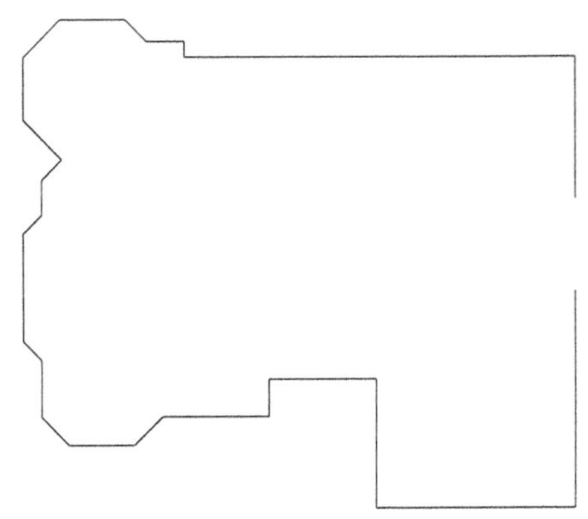

图 3.4.5　获取线脚放样路径

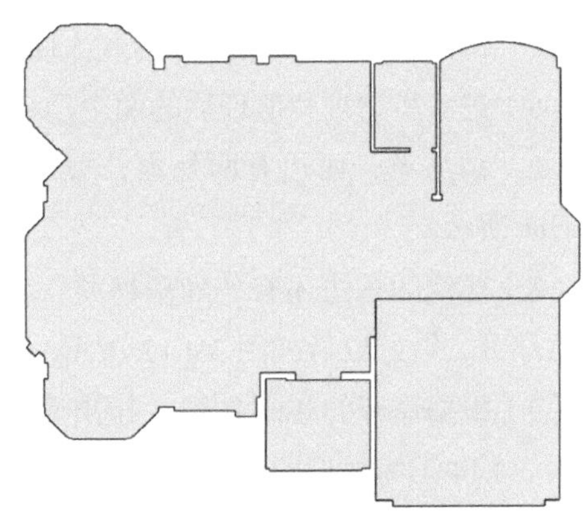

图 3.4.6　分割不同高度的地面

现在回到用来做墙体的图 3.4.4 上，开始创建墙体之前要明确一下，图 3.4.4 上有很多混凝土立柱框架的位置，但是这一次只要做出墙体和门窗，所以除了烟囱外，可以无视它们中的大多数。

（1）想要获得墙体的截面，只要把图 3.4.4 所示的平面向内侧偏移 180mm 即可，如图 3.4.7 所示。

（2）现在要拉出墙体，墙体最低处就是图 3.4.7 中箭头所指的几个落地窗下沿，650mm 高。第一步就把所有墙体拉到这个高度，如图 3.4.7 所示。

（3）接着把底层的 dwg 平面图样复制到图 3.4.7 中墙体的顶部，如图 3.4.8 所示。

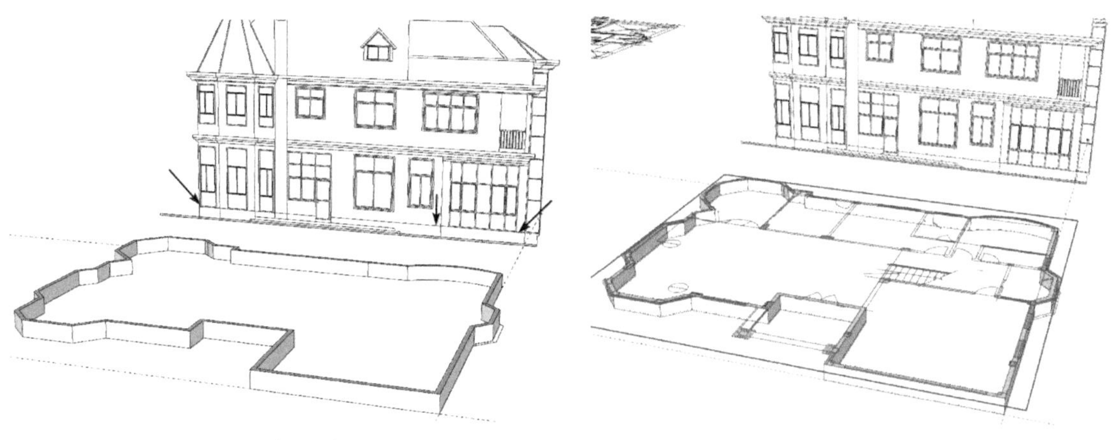

图 3.4.7　拉出墙体底部

图 3.4.8　在 dwg 上绘制轮廓

（4）炸开这个图样，门窗定位用的线条就在墙体的顶部了；图 3.4.9 这样做的好处是即刻获得所有准确的关键线条和位置，可以直接做推拉；缺点是炸开图样后会产生很多废线条，需要仔细清理。也可以按图 3.4.8 所示的图样逐一描绘所需的截面。

（5）请留意图 3.4.9 中车库门和大门的位置，墙体高度要分别改成 150mm 和 450mm。

（6）进一步清理和整理后的两个门口的情况如图 3.4.10 所示，已经做好了柱础和门柱。

（7）请注意，西边有两处窗户突出在墙外 150mm、高 100mm 的承重部分，做好后如图 3.4.11 所示。

（8）建筑的东边还有一处楼梯井，整面大窗，也有一个突出在墙外 150mm、高 100mm 的承重部分，做好以后如图 3.4.12 所示。

（9）根据炸开的 dwg 图形，拉出底层的墙（柱）和烟囱，如图 3.4.13 所示。

图 3.4.14 ①为弧形的墙。底层完工后如图 3.4.15 所示。

图 3.4.9　改动墙体高度

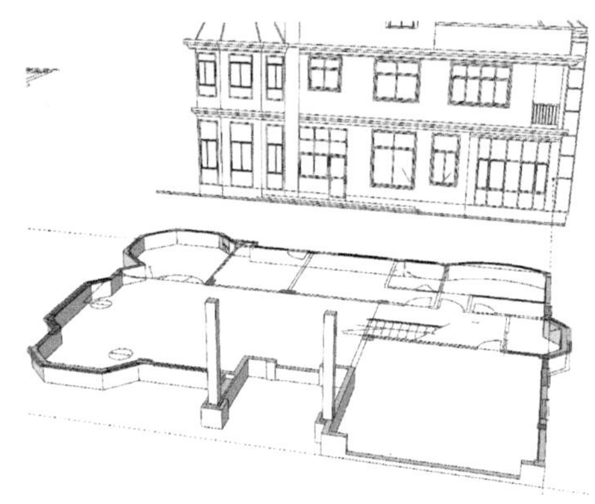

图 3.4.10　拉出柱础与门柱

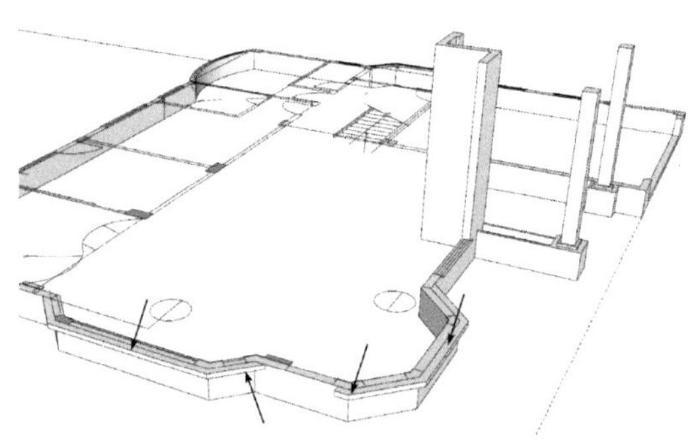

图 3.4.11　窗的承重部分（1）

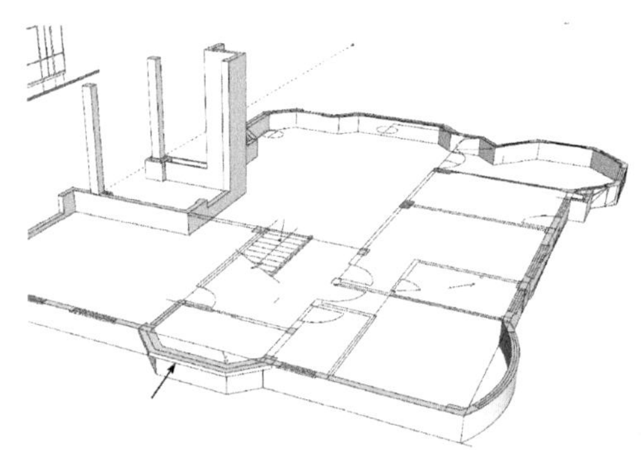

图 3.4.12　窗的承重部分（2）

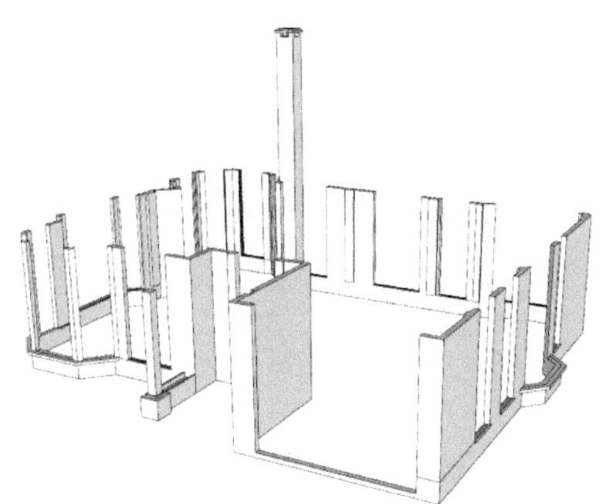

图 3.4.13　拉出底层墙与烟囱

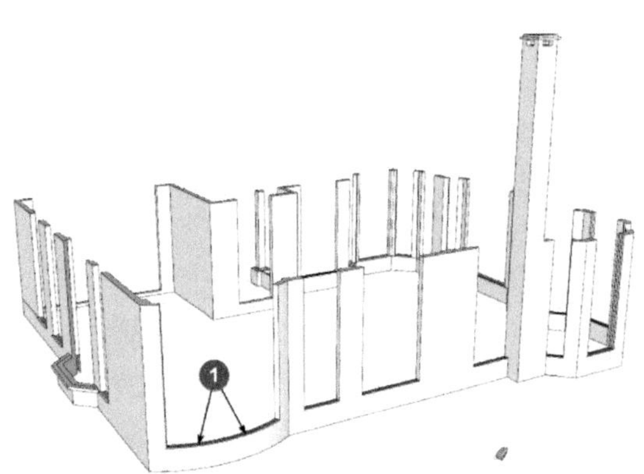

图 3.4.14　弧形的墙

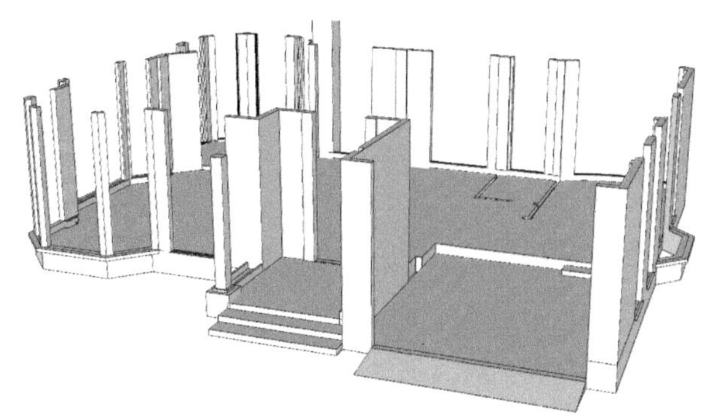

图 3.4.15　底层完工后

剩下的部分就是窗户的位置了，处理窗台、窗洞和窗洞上的墙体有些小技巧。

（1）先根据立面上的高度拉出各窗台的高度（用推拉工具对齐立面相关点）。

（2）然后按住 Ctrl 键，用推拉工具拉出窗洞的高度。

（3）仍然按住 Ctrl 键，再拉出窗洞上面的墙体。

应注意，现在窗洞的位置还未形成窗洞，是平面的，等会还要用这个平面。为什么用推拉工具时要按住 Ctrl 键，因为这样做在推拉的同时还可以复制出一个平面；这部分内容在《SketchUp 要点精讲》里有详细的介绍和讨论，如果你没有按课程的顺序，直接空降到这里的，请回去复习。

现在要做出窗套的位置。

（1）用偏移工具把窗洞位置的平面向外偏移 60mm（或按设计）形成窗套的平面。

（2）用推拉工具拉出窗套 60mm（或按设计）形成室外墙面的窗套。

（3）删除中间的两个面，一个窗洞就完成了。

接着做出全部窗套。底层墙体全部完成后不要忘记创建群组，不然等一下会跟其他部分混在一起，而影响操作。线脚的部分，在 3.3 节里已经讲过了，要用路径跟随来完成。

现在要做室内地面。

（1）把做地面用的图形移动到位。

（2）分别拉出地面高度。

（3）接着用同样的办法做出二层。

（4）二层的墙体轮廓可以用修改底层的图样后得到。

（5）应注意，二层的墙体和窗洞位置跟底层有较大的区别。

（6）查看图纸，除了幕墙的位置外，二层窗台高度前部是 840mm。

（7）复制二层图样到墙体顶部炸开，获得窗洞位置。

（8）按上述办法做出二层窗洞、窗套。

本节的实例大概就说这么多了，重点是利用 dwg 文件上的线条描绘出重要的轮廓；综合利用偏移、推拉等工具形成墙体和窗洞；特别是用推拉工具的同时按住 Ctrl 键在推拉的同时还复制平面的技巧，可以减少很多麻烦，节省很多时间。

如果想要做类似的练习，建议你尽可能不要用炸开 dwg 图样的办法获取关键轮廓，事实证明，与其删除炸开 dwg 图样后产生的大量废线和解决废线引起的很多麻烦，还不如老老实实依 dwg 图样描绘轮廓更快、更顺当，做出来的模型也更干净。

3.5 从 dwg 开始（四）——坡屋顶老虎窗

3.4 节做了别墅的墙体和窗洞门洞；本节要做这出屋顶的部分，有一些插件可以在理想状态下生成坡屋顶，可惜这种理想状态并不天天有，本节要遇到就是无法用插件来偷懒的项目。

屋顶大致可以分成 7 个部分，请看图 3.5.1 和图 3.5.2。

（1）首先是四方向的坡屋面，如图 3.5.1 ①所示。

（2）中间还有个大房间；图纸上标着这个空间叫做娱乐厅，如图 3.5.1 ②所示。

（3）还有 4 个老虎窗，如图 3.5.1 ③所示。

（4）两个尖顶，其中楼梯井上面的尖顶还带有线脚，如图 3.5.2 ④⑤所示。

（5）一段矮围墙，如图 3.5.2 ⑥所示。

（6）一个晾衣服不怕被雨淋的阳光棚，如图 3.5.2 ⑦所示。

（7）最高处是一个检修孔，如图 3.5.2 ⑧所示。

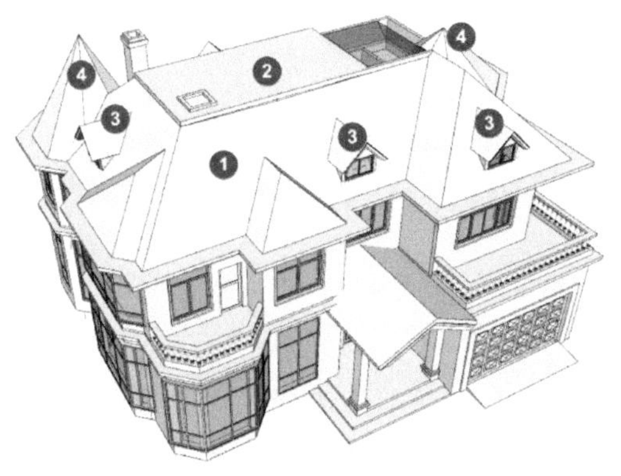

图 3.5.1 屋顶细节（1）

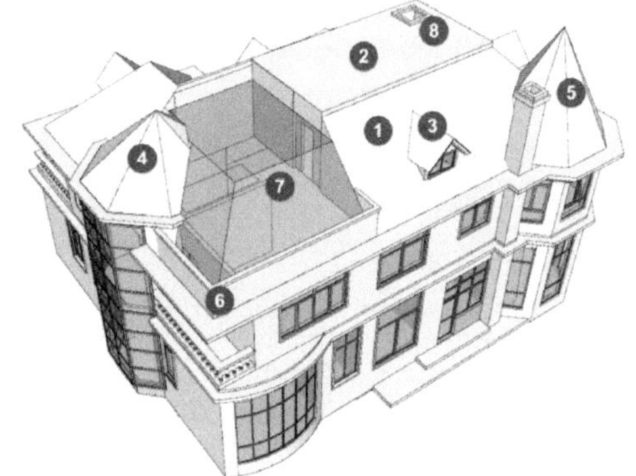

图 3.5.2 屋顶细节（2）

明确了任务，再来研究一下图纸，形成建模的思路。

（1）屋顶通常形状都比较复杂，这个屋顶也一样，有各种角度和形状和不同的部件。

（2）分成几个不同的部分做成部件后组装起来可以大大降低建模难度。

（3）大概可以分成这样几块，包括坡屋顶、大房间＋矮围墙、两个尖顶、一个老虎窗、阳光棚可以用坡屋顶改造。这样要分成6个部分分别建模，最后组装。

1. 坡屋顶

（1）从几个不同的立面测量坡屋面的角度，都是45°。

（2）从几个不同立面图测量，坡屋面的高度都是3000mm。

（3）初步确定建模方式是，画出坡屋顶截面后用“循边放样”成型。

（4）经过反复试验和推敲，制作坡屋顶“循边放样”用的图形如图3.5.2①所示，这是在屋顶平面图基础上经简化得到的图形，可以拿它跟附件里的屋顶平面比较一下。

（5）根据测量所知，坡屋顶角度45°，高3m，可知放样截面如图3.5.3②所示，两直角边为3m。

（6）以图3.5.3①所示平面所有边线为放样路径，图3.5.3②所示直角三角形为放样截面做“循边放样”，得到图3.5.4所示的坡屋顶“毛坯”，虽然还有点遗留问题，但已经是最好的结果了。

（7）循边放样后的遗留问题有两个：图3.5.4①处有多余的线面需要删除；图3.5.4②处缺少一个角需要补齐。删除操作比较简单，略去不表。补齐图3.5.4②所示的缺角需要点小技巧。

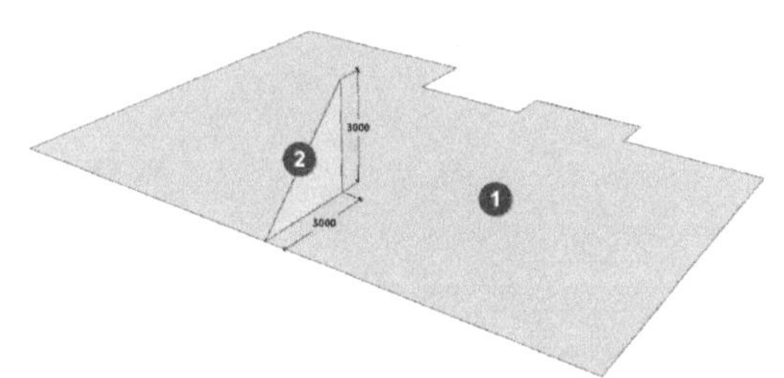

图3.5.3　绘制放样截面

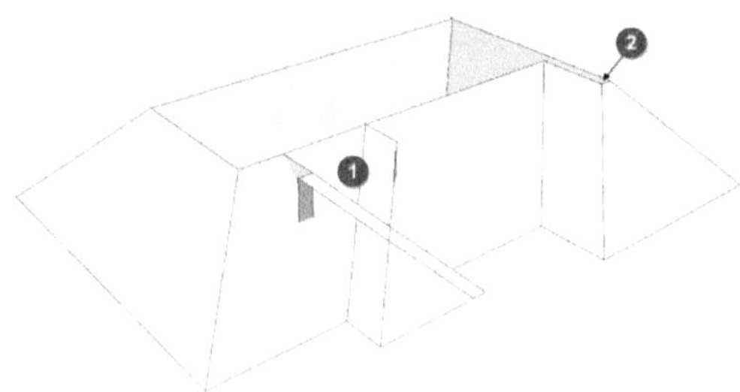
图3.5.4　多余与缺少的部分

（8）图3.5.5所示为缺角处（图3.5.4②），用小皮尺工具双击边线，产生两条辅助线，图3.5.5①②中用直线工具描绘出缺少的一个角，如图3.5.5③所示。

（9）把图3.5.6①处的“角”复制到图3.5.6②处。

（10）用直线工具连接两个角，如图3.5.7①所示，删除图3.5.7②③中两处多余的线后，坡屋顶部分完成，创建群组后保存备用。

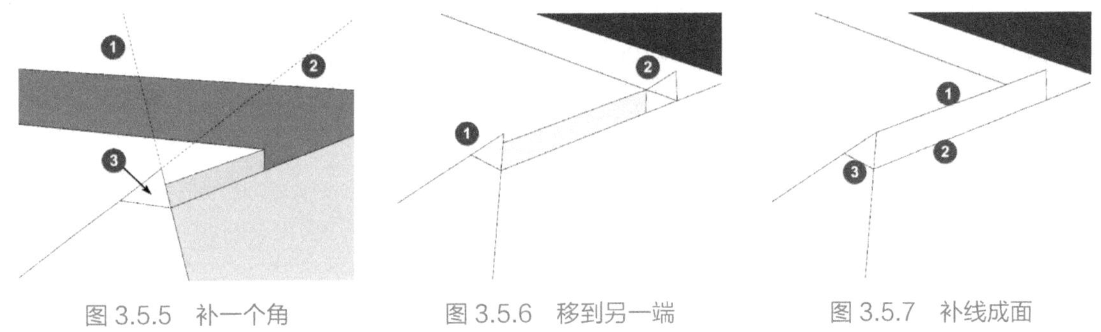

图 3.5.5　补一个角　　图 3.5.6　移到另一端　　图 3.5.7　补线成面

2. 大房间和矮围墙

（1）根据屋顶平面图描绘轮廓，拉出“娱乐厅”的部分墙，如图 3.5.8 ①所示。

（2）根据屋顶平面图和两个立面，画出轮廓，拉出“矮围墙”，如图 3.5.8 ②所示。

（3）屋顶部分墙体只描绘出轮廓，未拉出体量，留在后面按需要处理。创建群组备用。

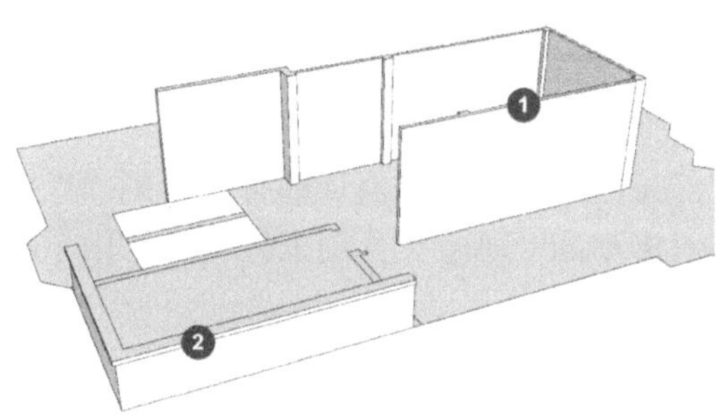

图 3.5.8　绘出轮廓拉出墙体

3. 尖顶之一

图 3.5.1 ④所示的尖顶形状是“八棱锥”，从立面图测得高度为 4200mm，但测量角度时，发现点问题：在一个视图上量得 64.3°，换一个视图，则量得 61.6°。产生这个现象的原因可能是在 AutoCAD 绘图时不严谨，尖顶的投影面不是严格的八角形；如果不是在 SketchUp 里建模，这种毛病根本发现不了。解决上述问题的思路只有两个，即将错就错或有错纠错。我们选择后者。纠错的思路和方法如下。

（1）量取一条可信线条的长度为 2000mm，然后按照八角形的内角和为 1080° 的定律，可知 8 条长度相等的线段，每个内角都是 135°，用简单的旋转复制即可获得图 3.5.9 所示的八角形（过程略）。

（2）利用边线的中心点作两条辅助线，如图 3.5.10 ①②所示。

（3）从两辅助线相交点往上画 4200mm 长度的垂直线如图 3.5.10 ③所示。

（4）分别连接各角点与垂直线的端点后如图 3.5.11 所示（向内偏移 50mm 略）。创建群组后备用。

（5）也可先做出一个面后再旋转复制出另外 7 个面。

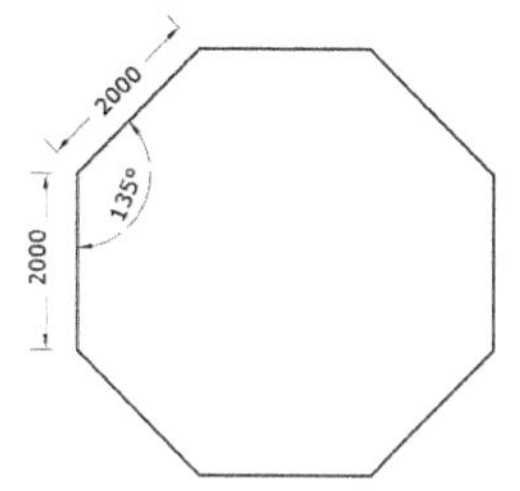

图 3.5.9 有错纠错的八角形

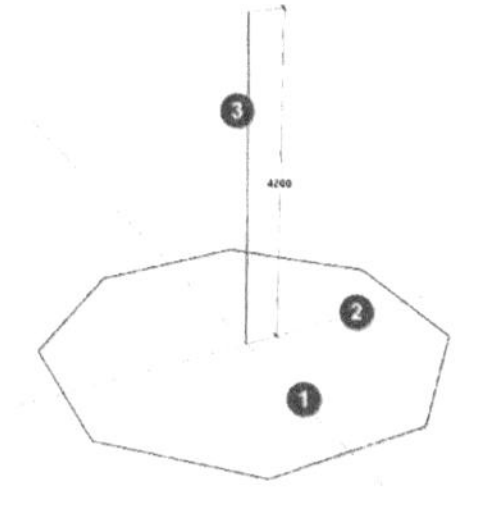

图 3.5.10 垂线标出尖顶高

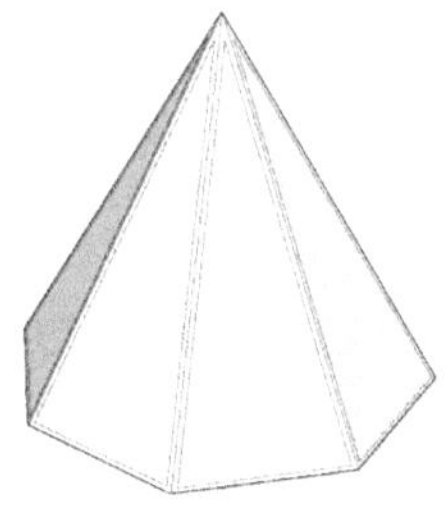

图 3.5.11 补线成面

4. 尖顶之二

测量另一个尖顶。高度为 1571m，取整为 1600m。平面图上是个不完整的八角形，从各立面图上看，基本形状仍然是“八棱锥”，但顶部有点区别，思路是：仍按八棱锥建模，最后修正。八棱锥的底部还有大半圈“线脚”，因本模型主要用于外观，所以仍按整圈来做以降低难度。

（1）查看平面图，得到图 3.5.12 所示的一段可信的长度 1800mm。

（2）画出一条 1800mm 的线段后，仍按旋转复制的办法形成图 3.5.13 所示的八角形。

（3）从立面图中的“截面图”描绘得线脚截面如图 3.5.14 ②的放样截面，复制到位。

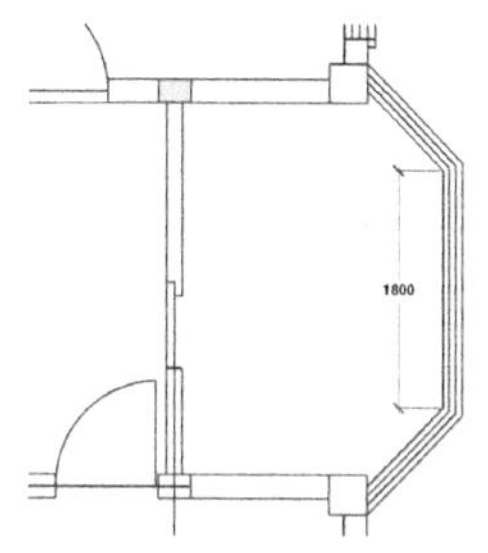

图 3.5.12 获取可信长度

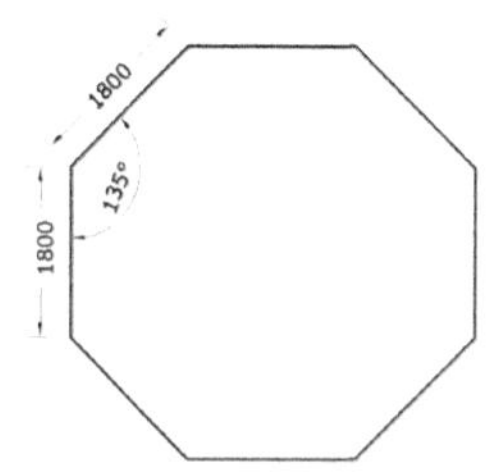

图 3.5.13 形成八角形路径

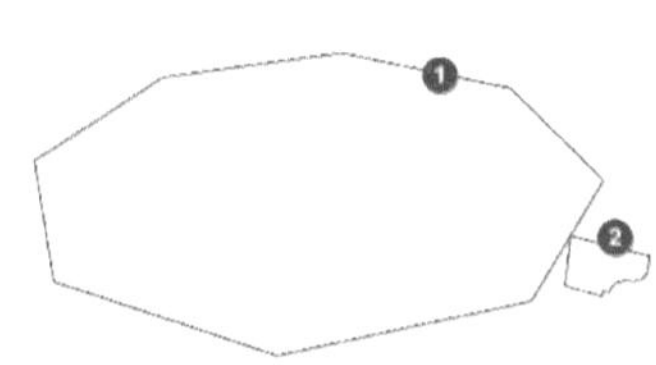

图 3.5.14 绘制放样截面

（4）做“循边放样”后得到图 3.5.15 所示的一圈线脚（多余的部分暂且保留）。

（5）用一条直线连接八角形的对角，再以这条直线的中点往上画一条 1600mm 的垂线（见图 3.5.16）。

（6）分别连接各角点与垂直线的端点，如图 3.5.17 所示（向内偏移 50mm），创建群组后备用。

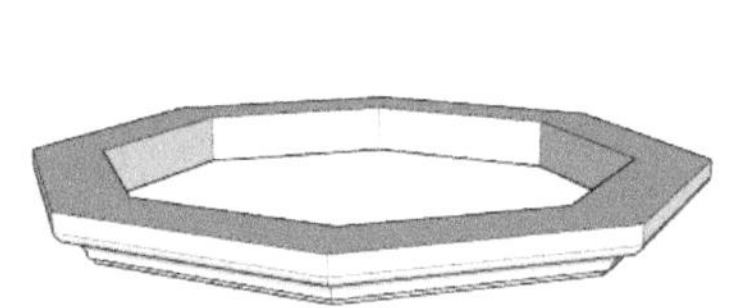

图 3.5.15 完成放样后

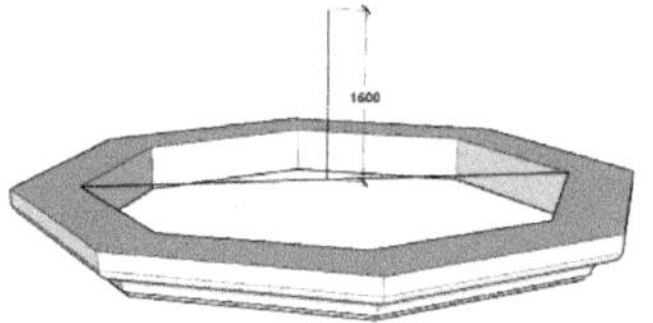
图 3.5.16 垂线标出尖顶高

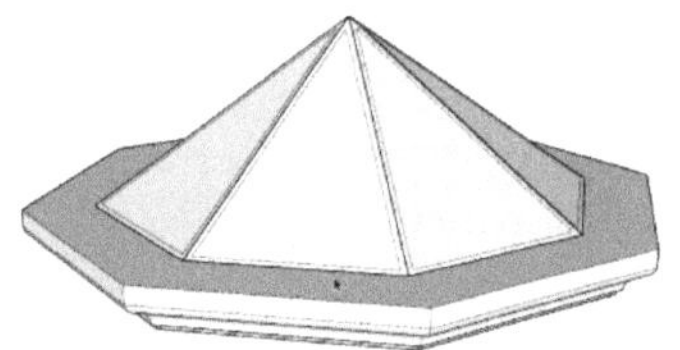
图 3.5.17 补线成面

5. 老虎窗

已经有了一个四面坡，两个尖顶，还有一个墙体，现在要做 4 个老虎窗，这种小配件，可以从 dwg 图样上复制，如图 3.5.18 所示，推拉成型，创建群组（见图 3.5.19），分别复制移动到位（见图 3.5.20），炸开后做模型交错（或者保持原状）。

图 3.5.18 从 dwg 复制投影图

图 3.5.19 分别拉出体量

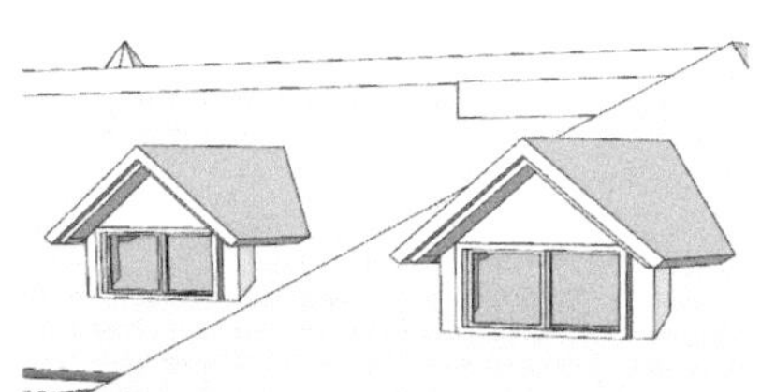
图 3.5.20 移动到位并模型交错

6. 组装

（1）把先前已经完成的“屋顶娱乐室墙体”（见图 3.5.21 ①）和“矮围墙”（见图 3.5.21 ②）移动到“四坡面”（见图 3.5.21 ③）并组合在一起，不用炸开原先各自的群组。

（2）把“尖顶一”移动到位，如图 3.5.22 所示。

（3）把“尖顶二”移动到位，如图 3.5.23 所示。注意查阅图纸上 X、Y、Z 三轴上的尺寸。

（4）接着要按立面要求改造这个尖顶。进入群组，沿红轴画水平线（见图 3.5.24 ①）与其他边线。

（5）删除图 3.5.24 ②所示的废线，并做偏移 50mm，如图 3.5.25 所示。

经过以上装配，屋顶基本成型，如图 3.5.26（南向）和图 3.5.27（北向）所示。

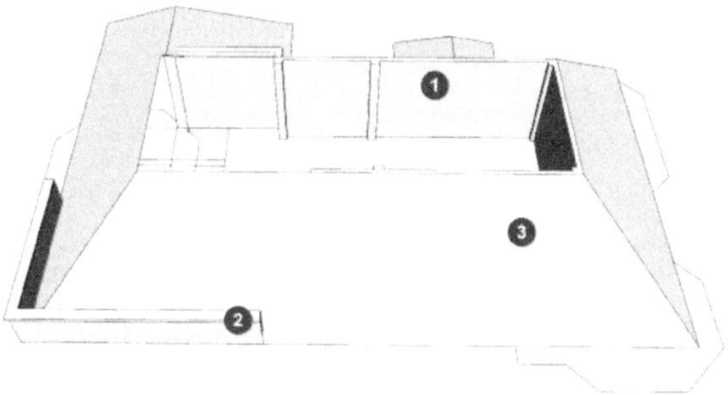

图 3.5.21　组装（1）

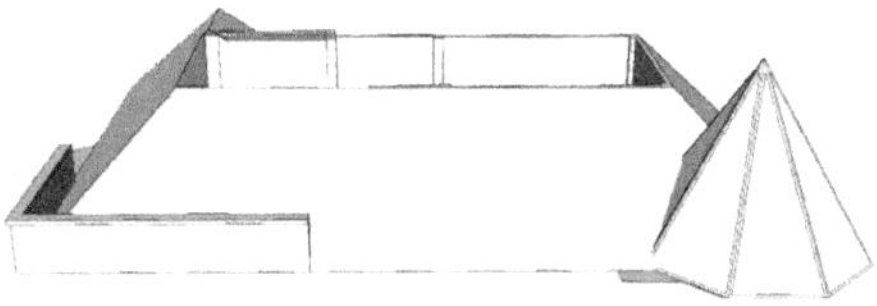

图 3.5.22　组装（2）

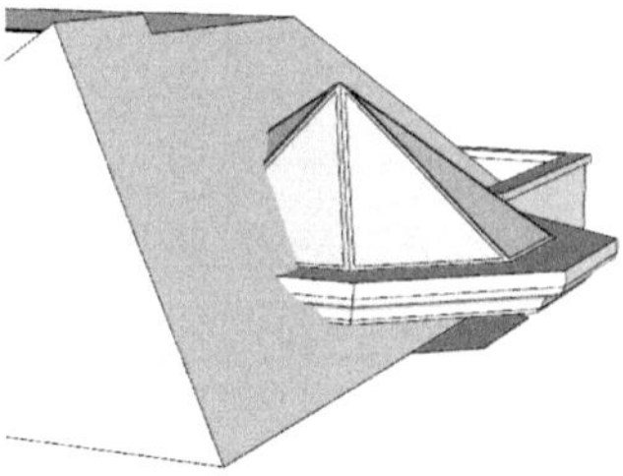

图 3.5.23　组装（3）

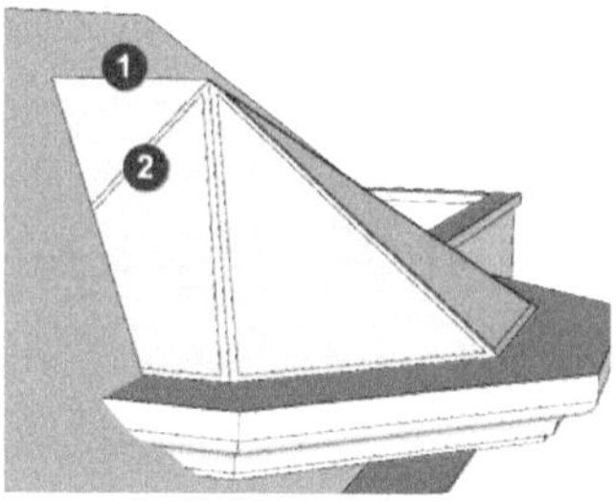

图 3.5.24　组装（4）

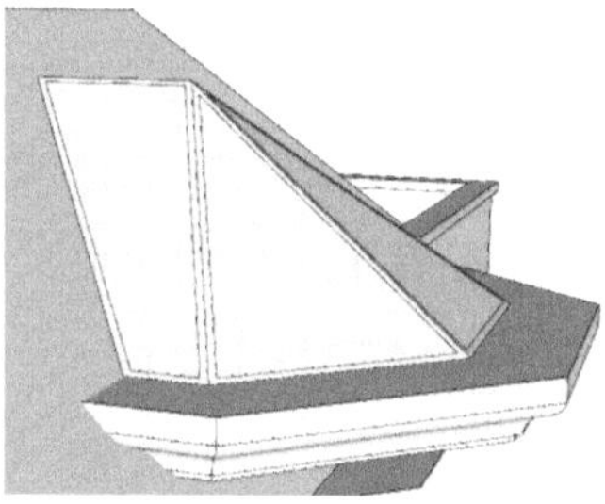

图 3.5.25　组装（5）

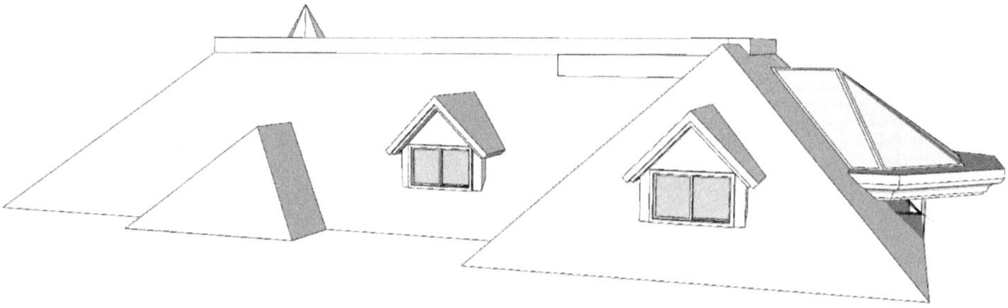

图 3.5.26　基本成型的屋顶（南）

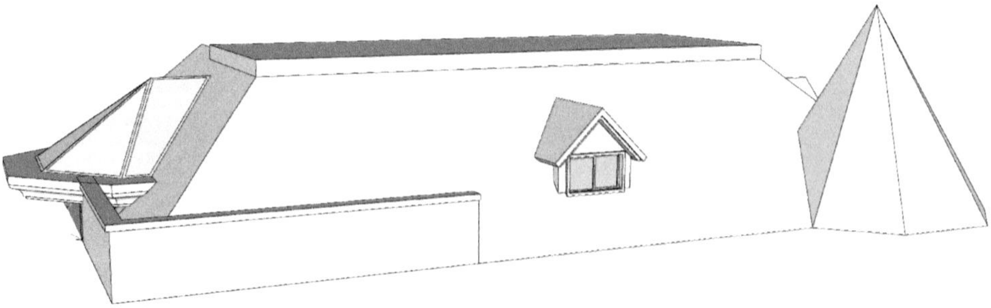

图 3.5.27　基本成型的屋顶（北）

7. 阳光棚

经过以上装配，屋顶基本成型，如图 3.5.26 和图 3.5.27 所示，最后还有一个雨天晾晒衣服的“阳光棚”，这在南方很重要也较普遍。阳光棚的处理比较简单。

（1）用直线工具在已经制作完成的屋顶部分画两条直线，如图 3.5.28 ①②所示。

（2）在“材质”面板上选择一种半透明的玻璃材质赋给图 3.5.29 ③④所示的平面。

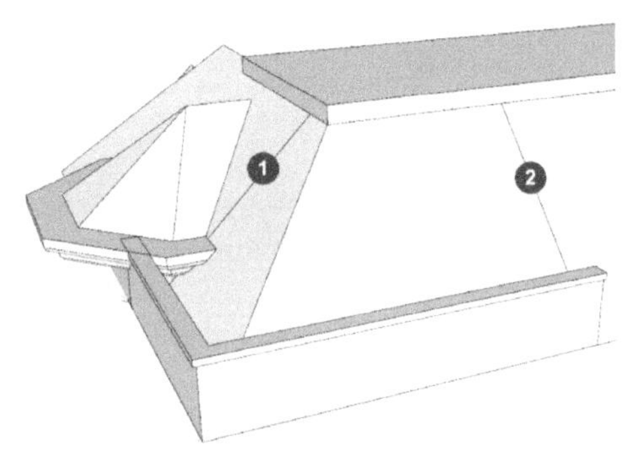

图 3.5.28 画线分割

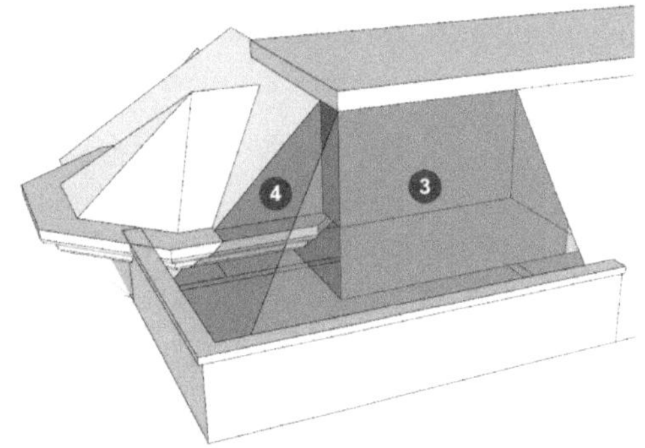

图 3.5.29 透明材质

本节的建模任务已经完成，如图 3.5.30 所示，还有如下说明。

（1）本节做的模型主要关注的是建筑的外观，所以内部结构可以适当省略。

（2）图 3.5.30 所示为没有门窗的主要结构，该结构与建模过程已经保存在本节附件里供参考。

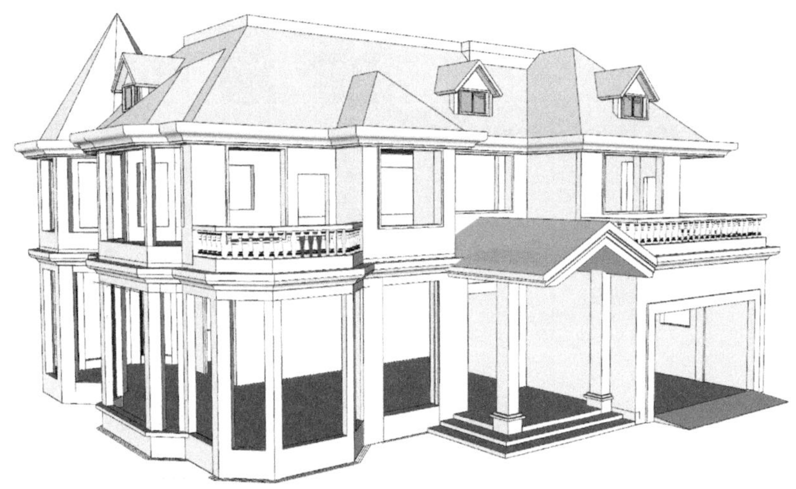

图 3.5.30 主要结构

（3）图 3.5.31 和图 3.5.32 给出了已经做好所有门窗的完整模型，也保存在附件里供你参考。

（4）请根据平立面图样，为图 3.5.30 所示的模型补上所有的门窗，这是给你留下的练习。如有困难可参考图 3.5.31 和图 3.5.32 所示的完整模型。

图 3.5.31　加门窗后（西南向）

图 3.5.32　加门窗后（东北向）

注意：本节附件模型里“图层”功能的运用（SketchUp 2020 版开始，“图层”改成“标记”）。

3.6 从 dwg 开始（五）——又一个别墅

在此之前的 5 节里，从讨论导入 dwg 图样开始，创建了一栋结构比较简单的别墅；后来又按 dwg 图样创建了梁柱框架、墙体、坡屋顶等，如果你认真做过练习，应该对导入 dwg 文件后创建模型的操作已经有了一定的了解，对导入 dwg 文件以后可能发生的问题也已经有所体会，想必已经跃跃欲试了。本节要给你一个大显身手的机会；同时也是一个阶段测试；图 3.6.1 所示是为你准备好的条件，已经清理得干干净净，平面、立面图样的位置也已经精准对齐。

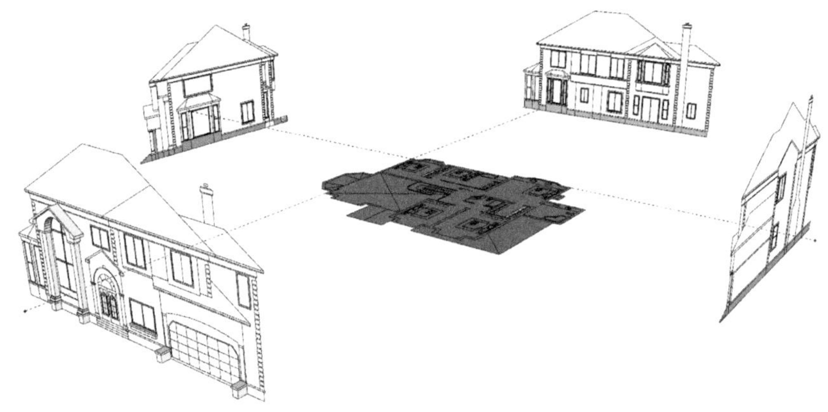

图 3.6.1　建模现场

接下来的工作将由你来完成，如果你还觉得没有十分把握，不用怕，附件里已经为你做好了一个样品，供对照使用，如图 3.6.2 所示。还有，模型中一些有点小难度的部位，也已经为你准备好了成品，供研究参考。下面列出你建模时可能会遇到困难的几个部分，并给出必要的提示。

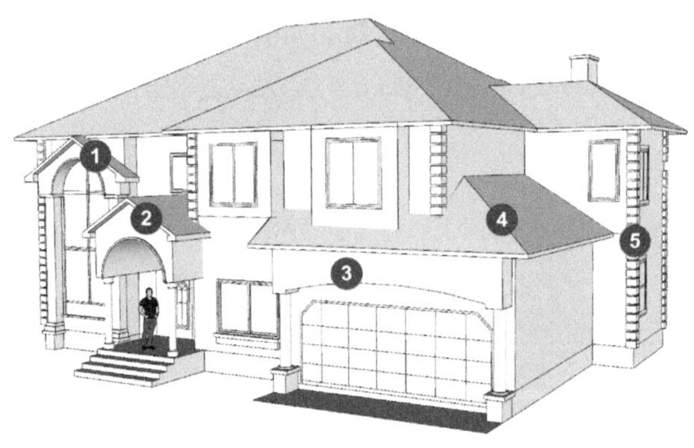

图 3.6.2　需要注意的位置

图 3.6.2 ①②③是 3 个带有柱子的门形结构，其中的图 3.6.2 ①已经在附件的模型里为你做出了示范，另外两个由你来完成。基本的思路如下。

（1）进入立面视图，复制出相关的 dwg 线稿轮廓，如图 3.6.3 所示。

（2）清理与整理这些线稿，用你知道的所有办法让线稿“成面”，如图 3.6.4 所示。

注：今后有几种插件可配合这个任务，但是现在希望你用直线、矩形等工具成面。

（3）把整理好并且已经成面的“部件”移动到平面图的准确位置，如图 3.6.5 所示。

注：注意图 3.6.5 ①②处的辅助线和对齐的位置。

（4）根据相关的平、立面图做推拉等操作，形成符合图纸要求的模型（操作由你来完成）。

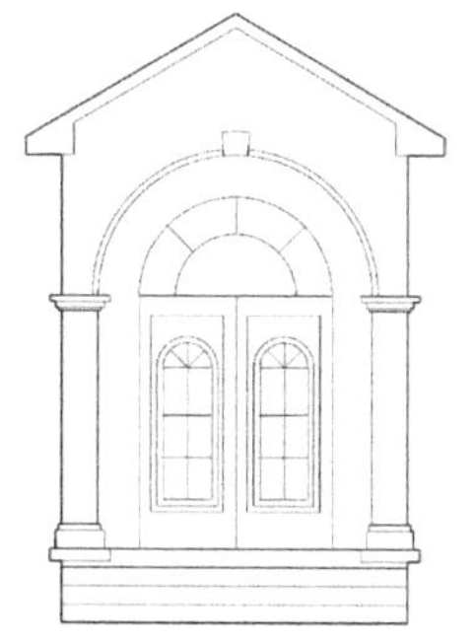

图 3.6.3　复制 dwg 图形

图 3.6.4　线成面

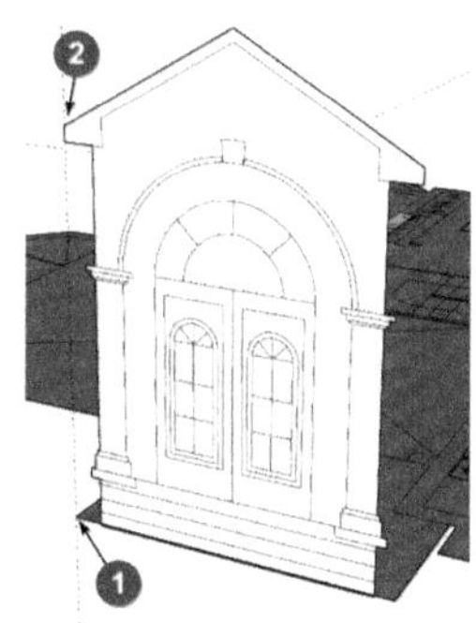

图 3.6.5　移动对准

图 3.6.2 ④处有一个独立的两坡面小屋顶，提示其建模思路为：模型交错。

（1）在“东立面”描绘截取一个直角三角形，如图 3.6.6 所示。

（2）移动复制这个直角三角形到平面图的一个角上，如图 3.6.7 ①所示。

（3）旋转复制到另一方向，如图 3.6.7 ②所示。

（4）按平面图，用推拉工具分别拉出长度，如图 3.6.8 所示。

（5）做模型交错并删除废线面后如图 3.6.9 所示，复制出两个面后创建群组备用。

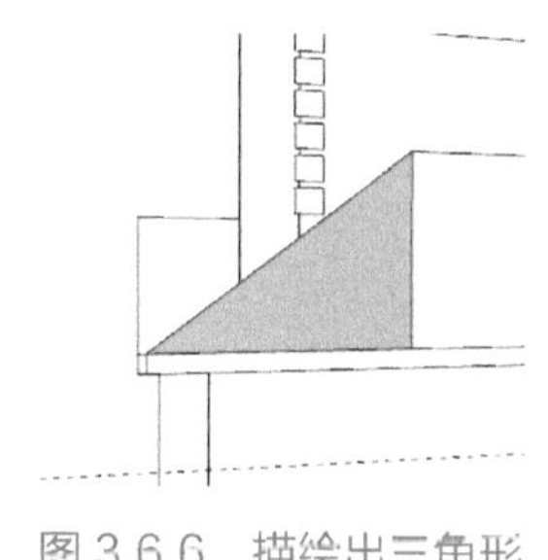

图 3.6.6　描绘出三角形

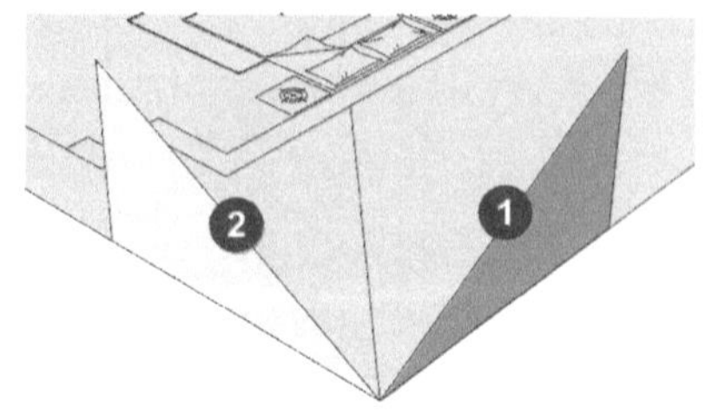

图 3.6.7　复制旋转到位

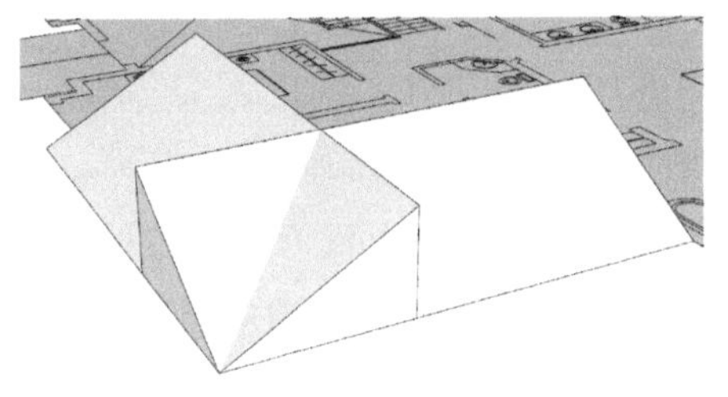
图 3.6.8 各自拉出

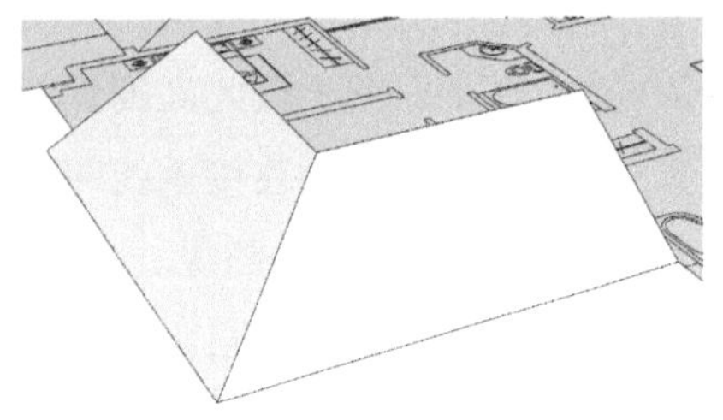
图 3.6.9 模型交错后清理

如图 3.6.10 所示，有个西式建筑常见的墙角，有加强作用，也有装饰作用，整个模型里这样的墙角有 8 处，其中 6 处是二层高，两处是二楼单层高。创建这种墙角的思路是：复制。

（1）建一小块 300mm × 300mm × 200mm 的砌块后创建群组。

（2）然后向上做“外向阵列”间隔 250mm，复制出另外 22 个，再次创建群组（见图 3.6.11）。

（3）移动到各墙角，微调凸出在墙角，红、绿轴方向各 50mm，见图 3.6.12。

（4）图 3.6.13 ①②所示的两处只有局部墙角，可进入群组删除多余部分后再复制。

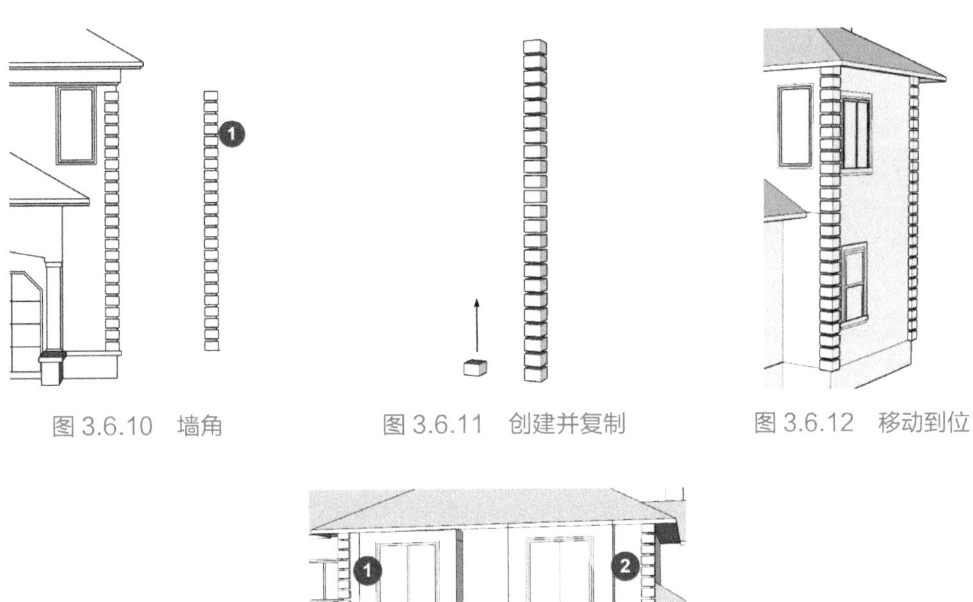

图 3.6.10 墙角　　图 3.6.11 创建并复制　　图 3.6.12 移动到位

图 3.6.13 移动到位

下面要解决图 3.6.14 ①②③这 3 处的“小坡顶”，类似的构件在 3.5 节里已经讨论过做法，这里以图 3.6.14 ③所示的小坡顶为例再介绍一次。

（1）从立面图上量取小坡顶的高度为 800mm。

（2）然后在平面图上按此高度画两条垂线，图 3.6.15 ①所指处。

（3）用直线工具分别连接垂线的端点与各角点后形成坡顶，如图 3.6.16 ①所示。

请注意图 3.6.16 ②处的凸缘，在平面图上有此凸缘，但立面图上没有。另一处图纸问题是图 3.6.14 ①处的坡顶，根据图纸只能把该处做成如图 3.6.17 或者图 3.6.18 所示，两图上箭头所指处即错误的结果，这也是 AutoCAD 常见的毛病，特别提醒。

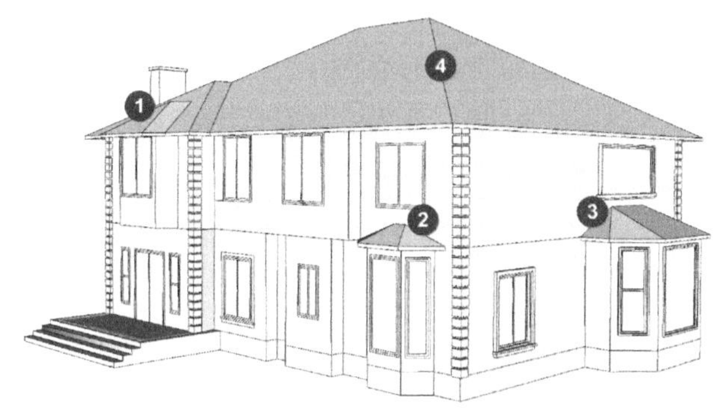

图 3.6.14　几处坡顶

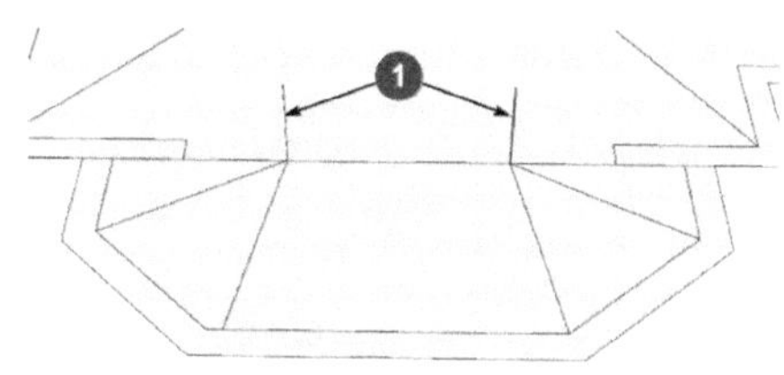

图 3.6.15　直线画出高度

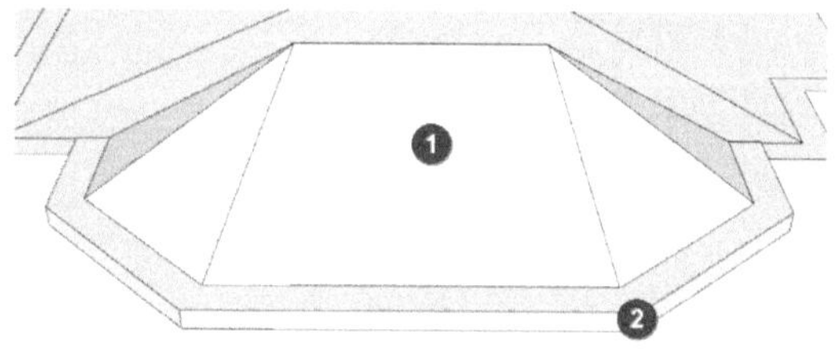

图 3.6.16　连线成面

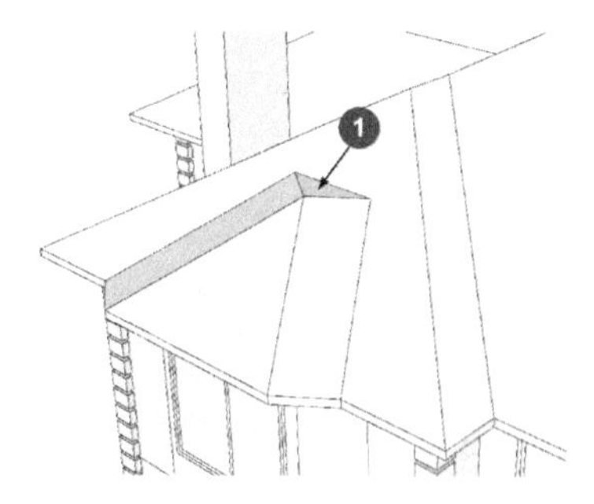

图 3.6.17　dwg 上的错误

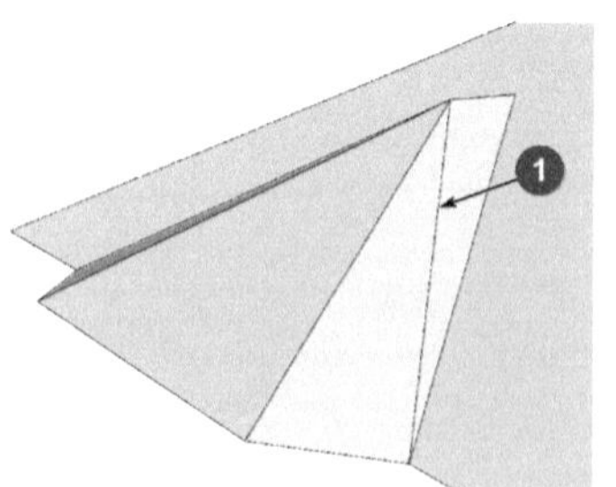

图 3.6.18　修改后

最后，演示一下四坡顶的做法。

（1）首先要取得坡屋顶放样用的平面，图 3.6.19 ①是 dwg 的屋顶图。

（2）图 3.6.19 ②是根据立面图省略而得的“放样平面”，做这个工作要对照立面图，多动动脑筋。

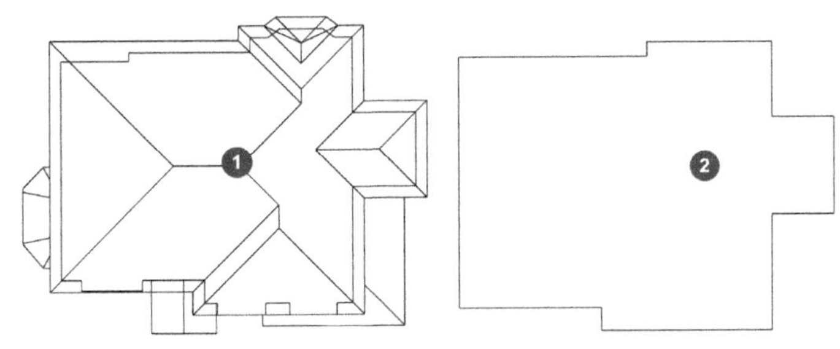

图 3.6.19　屋顶投影与边线

（3）到立面图上描绘一个直角三角形当作放样截面，移动到当作放样截面的平面上，如图 3.6.20 ①所示。

（4）选取图 3.6.20 ②所示的平面，调用路径跟随工具，单击图 3.6.20 ①，实现“循边放样”。

（5）出来的结果像图 3.6.20 ③的“狼牙山”，没有经验的新手可能会不知所措，现在教你如何来处理它。

（6）不用怕，全选后做模型交错，然后删除不再需要的线面，注意该删除的再小的线段都要弄干净，误删除要立即按 Ctrl+Z 组合键退回一步挽救，缺的线要立即补上，养成好习惯。

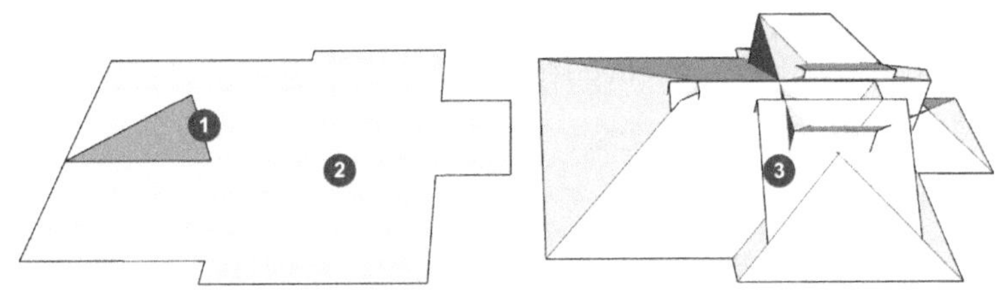

图 3.6.20　放样截面与路径跟随后

接下来的事情全部是“体力劳动”了。根据多年面授经验，下面给初学者一个努力的方向。

（1）如果你能用 4 个小时完成这个模型，你的建模课程可以得 70 分，不错的成绩。

（2）如果你能够在 3 个小时内完成，你可以拿到 90 分，非常了不起。

（3）若是能够在两个小时内完成，可以得到 120 分，属于能力过人了。

（4）如果 5 个小时后你还在哼唧哼唧忙，请等待补考的机会。

（5）如果不到两个小时你就能搞定，赶快去找你老板，就说该给你加工资了。

3.7 另一种利用 dwg 图形的方法

假设在此之前，你已经接触过在 SketchUp 里导入 dwg 图样建模；或者你已经完成或部分完成本书 3.2 节到 3.6 节的练习，一定会发现，想要直接利用导入的 dwg 图样生成平面，可能会产生很多预料不到的问题，这些问题已经在本书 3.1 节做过比较深入的讨论，大概包括以下几个方面。

（1）太多的垃圾图层、图块、标注、轴线、填充……

（2）很多图层里的东西名不副实，摆错了位置，造成难以清理。

（3）很多线条不在同一高度，难以成面。

（4）线条交叉处，该连接的地方空一段，不该出头的地方又出头。

（5）看起来平行的线，其实不平行。

（6）同一位置堆叠着两条甚至很多条线；有些只相差一点点，难以成面。

（7）废弃的短线头、小黑点、跟线条重叠的短线头，直接影响生成实体。

……想要控诉的还有很多很多。

不知道你注意到没有，在前面的 3.2 节到 3.6 节，在所有的演示里，基本没有用过把 dwg 图样直接生成平面的方法，吃够了苦头后，所以宁可把 dwg 图样封闭在群组里，甚至把它锁定住，需要什么部位就重新描绘一次；虽然这样做可以避免很多 dwg 图样带来的问题，但是，描绘的过程还是依着 dwg 的葫芦画 SketchUp 的瓢，结果仍然不能杜绝产生这样或那样的问题，尤其是依着比较复杂、问题比较多的 dwg 图样描绘，更是免不了出错，搞得做善后的时间比建模的时间还要多得多。后来，被逼无奈，想出了一个办法，可以彻底解决 dwg 图样带来的问题，下面就来介绍给你。

按常规，想要在 SketchUp 里面导入 dwg 图样建模，必须提前在 AutoCAD 里面做清理，做过的人都知道，这是非常花时间的，运气不好，碰到做得不太规范的 dwg 文件，清理起来非常伤脑筋。清理完的 dwg 图样，还丢失了很多建模时需要参考的数据和信息，譬如尺寸和文字标注、室内设计的家具位置等（即使直接导入未经清理的 dwg 图样，也不能保留全部信息）。建模时还要不断回到 AutoCAD 里去查看，计算机至少要同时运行两种软件，消耗计算机资源还浪费时间；那么，有没有办法同时解决上面所说的一系列问题呢？你可以试试下面介绍的办法。

总的想法是这样的：dwg 图样不作任何处理，保留所有标注和信息，直接转换成 SketchUp 能够接受的图片文件；然后在 SketchUp 里用这些图片生成线和面。这样做至少有以下几个好处。

（1）不用对 dwg 文件做预先的清理和整理，可以节约很多时间。

（2）保留 dwg 图样上的标注和信息，可以免得在 CAD 和 SketchUp 之间来回倒腾查看。

（3）最重要的是，杜绝了直接导入 dwg 文件可能产生的所有伤脑筋问题。

（4）得到这些好处所要付出的代价仅仅是：创建一系列辅助线后用矩形工具描绘一下。

上面介绍的这个办法，表面看起来不如直接利用 dwg 图样来得省事，但重要的是，用这个办法所需要的时间非常有限，并且是完全可预估的；而用 dwg 文件直接建模，万一碰到问题后所需要的时间则难以估量，非常可能是个无底洞（有人曾为处理导入 dwg 文件后产生的问题折腾了好多天）。大量的实践证明，节省下来的时间明显且非常可观。

在本节附件里准备了两套 dwg 图样，即过程文件和工具软件供你参考，如图 3.7.1 所示。

在图 3.7.1 中，001 文件夹反映的是一个新农村建筑，两层民居；dwg 图样共有 8 幅，包括 4 个立面、1 个剖面、3 个平面。挑选这套图作为标本是因为它比较简单，适合用有限的篇幅完成介绍（具体操作见同名的视频教程）。今后你遇到更复杂的图样依然可以用视频里介绍的方法来完成建模。

如果你嫌 001 文件夹中的新农村建筑太简单，那么 002 文件夹反映的是一个小别墅，稍微复杂点，全套图样共有 6 幅，东、南、西、北 4 个立面和一层、二层平面。

为了介绍对付 dwg 文件的这个终极方法，需要有一个工具把 dwg 文件转化成二维的图像：图 3.7.1 右边的“dwg 文件格式转换工具”就是这个小软件的安装包，已经保存在这个视频的附件里。

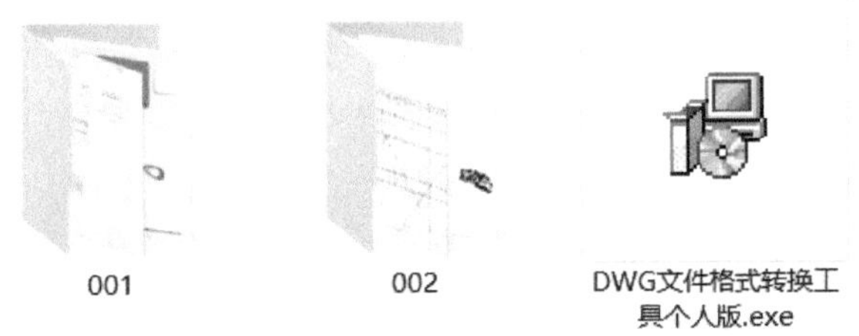

图 3.7.1　练习用图与 dwg 文件格式转换工具

双击它开始安装，安装完成后双击计算机桌面上的图标就可开始运行，工作界面如图 3.7.2 所示。图 3.7.2 ⑥里有个不错的帮助文件，花几分钟看一下就可学会使用。

从帮助文件的“授权方式”里可以看到，个人使用是免费的，唯一的限制是一次只能转换 6 个文件；对于大多数人来说，这等于没有限制。

下面到“参数设置”面板里去浏览一下，完成必要的设置。

（1）单击图 3.7.3 ①的“设置参数”按钮即可弹出如图 3.7.3 所示的“参数设置”面板。

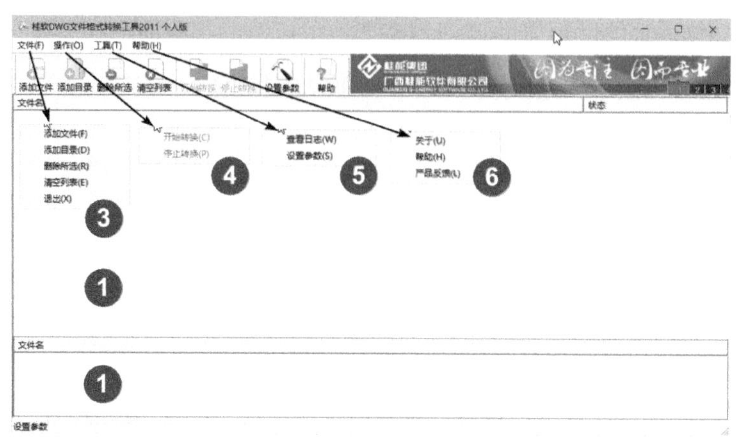

图 3.7.2 dwg 文件格式转换工具界面

（2）AutoCAD 用户都知道，打开外来 dwg 文件，常因缺少字体而出现一堆问号和乱码，这个小软件自带丰富字体，图 3.7.3 ②所示为自带字体目录，经测试可以适应国内常见字体类型；在图 3.7.3 ③所指处可以用你自己的字体库替换默认的字体。

（3）图 3.7.3 ④所指的“临时文件夹”不更改也可以用。

（4）图 3.7.3 ⑤所指的“目标文件夹”可以自己设定一下。

（5）图 3.7.3 ⑥所指的地方要解释一下：这里有 3 种不同的选择。

① 若选择“模型空间”，即转换当前模型空间里的所有内容。

② 若选择“所有布局”，即转换所有已经在布局里处理好的部分。

③ 若选择“当前布局”，即转换当前布局里的内容。

（6）可以根据 dwg 文件的情况与实际需要，选择转换布局还是转换模型空间。

（7）图 3.7.3 ⑦所指处可改变转换后图像的背景色，建议保持白色不要改变。

（8）图 3.7.3 ⑧所指处的下拉列表框里可以指定把 dwg 文件转换 pdf、dwf、tiff、jpg、png、bmp 这 6 种格式中的一种，除了 pdf 和 dwf 格式不能被 SketchUp 接受外，其余 4 种都是图像格式，都可以被 SketchUp 接受，优选 jpg 格式。

（9）在图 3.7.3 ⑨的位置还可以指定转换后是覆盖掉原文件还是另存为一个自动命名的文件。

（10）单击图 3.7.3 ⑩中“其他参数设置”标签，还可以做另外一些设置。

（11）图 3.7.3⑪ 处可以对转换成 dwf 格式时做一些设置。

（12）图 3.7.3⑫⑬ 处可以对转换成 pdf 文件时做一些设置。

（13）要特别注意，图 3.7.3⑭ 处，把指定转换样式为“不使用转换样式”，这是一种单色的样式，到 SketchUp 里看得比较清楚。

（14）如只想转换 dwg 图样中的一部分，可在图 3.7.3⑮ 处指定四角的坐标。

（15）完成以上设置后，单击“确定”按钮，设置就生效了。

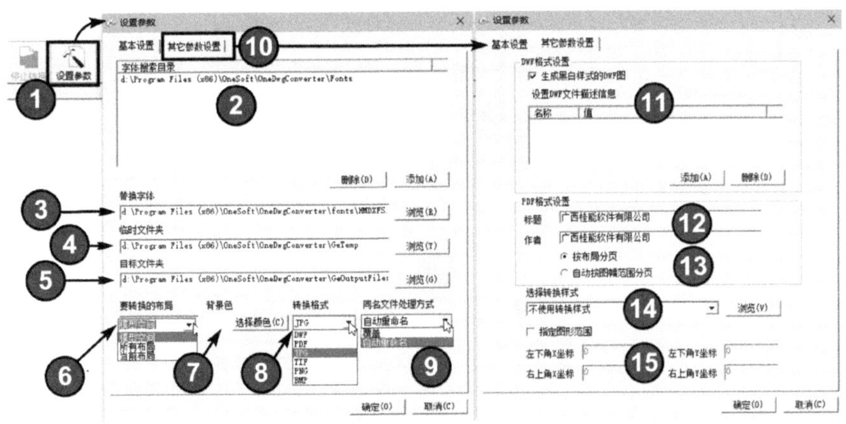

图 3.7.3　参数设置

接下来可以导入文件并开始转换格式。

（1）单击图 3.7.4 ①所指的按钮添加文件，导航到你想要转换的 dwg 文件。

（2）图 3.7.4 ②已经有了一个文件，免费版每次可以转换 6 个文件，可以继续添加。

（3）如果已经提前把需要转换的文件集中在一个文件夹（目录）里，可以单击图 3.7.4 ③所指按钮，一次添加该文件夹里的所有 dwg 文件（个人免费版只能导入 6 个文件）。

（4）只要单击“开始转换”按钮，几乎一瞬间，文件转换就完成了，弹出图 3.7.5 ①所示的提示。

（5）现在就可以单击图 3.7.5 ②所示的链接，到设定的位置去看看转换的结果了。

（6）图 3.7.6 就是转接后的 jpg 图像，因为有意设置成转换整个模型，所以这是一幅非常大的图片，有 6623 像素 ×7210 像素。

（7）用看图工具打开后可以看到，转换后的清晰度相当不错，见图 3.7.7，它是图 3.7.6 左上角所示图形。

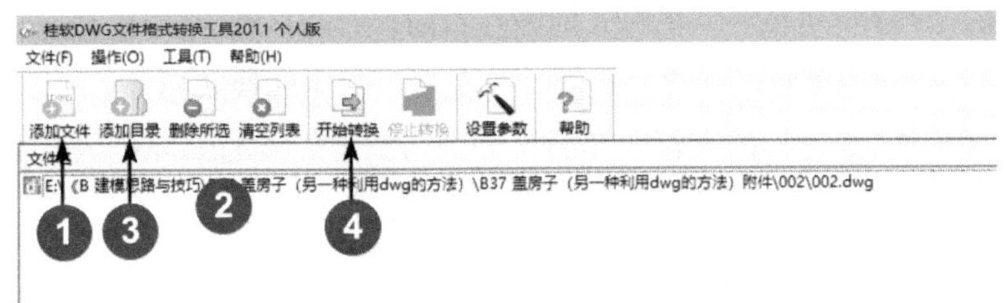

图 3.7.4　添加文件与转换一

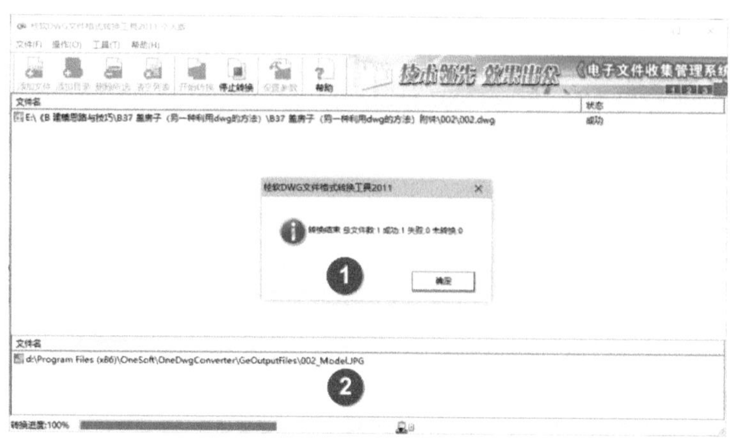

图 3.7.5　添加文件与转换二

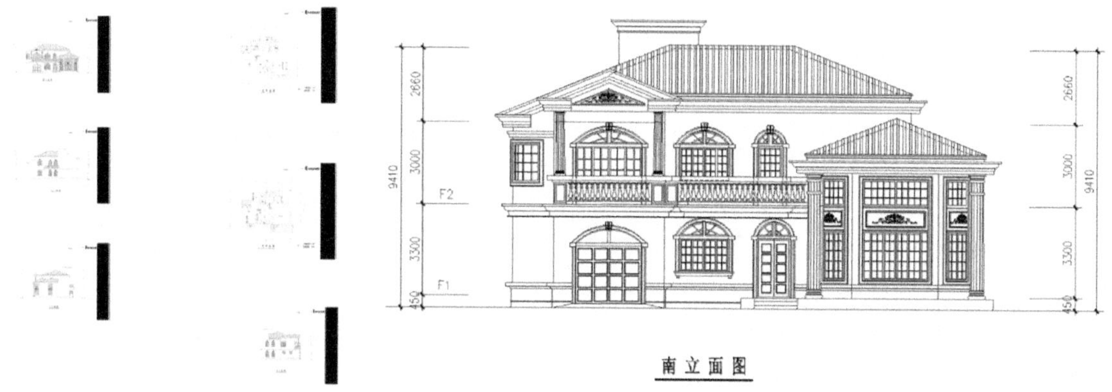

图 3.7.6　dwg 转换成 jpg

图 3.7.7　检查转换结果

下面要介绍如何使用转换出来的位图：如现在把图 3.7.6 所示的大图直接导入 SketchUp，将会被 SketchUp 自动降低清晰度而影响使用，解决的办法有下列 3 个，各有利弊请自行挑选。

（1）到 SketchUp 的“系统设置”中选择 OpenGL，勾选“使用最大纹理尺寸”。这样做后仍然要到 SketchUp 对图 3.7.6 所示的大幅图像进行切割后才能分别在建模中应用。

（2）在 AutoCAD 里对每一个视图分别做好布局，然后在图 3.7.3 ⑥指定转换范围为“所有布局”，这样每个布局就可转换出一幅图片（免费版每次转换 6 幅）。

（3）得到像图 3.7.6 这样的大幅图片后，分别切割出想要的部分；很多工具可以做这样的切割工作；这种方法的好处是可以最大程度地去除不需要的部分。

图 3.7.8 是分别切割后的结果，一幅大图切割成东、南、西、北 4 个立面和一层、二层两个平面。

图 3.7.8　分成 6 个小图

下面就来演示一下如何利用这些图片建模。

（1）选择一楼平面的图片，可以在 SketchUp 的“文件”菜单里导入这张图片，也可以把图片直接拉到 SketchUp 窗口中，让它躺在地面上。

其他的平面图和立面图也可根据需要导入，并按下面第（2）步的方法调整到精确尺寸。导入的图片中包含了 dwg 文件里的所有信息，包括尺寸、各种图块和文字标注，尤其是这些尺寸来源于 CAD 文件，应该是可信并且可利用的。图 3.7.9 是这幅图片的一部分。

（2）我们知道，现在图片的大小是在导入时随便定的，图上标注的尺寸是不准确的，想要用这些尺寸为依据建模，就必须把图上标注的尺寸变成准确的数据，这一步非常重要，也是 SketchUp 建模过程中的重要技巧，请看清楚：

① 炸开图片，重新创建群组。

② 双击进入群组，选择一个较大的尺寸，这里选择图 3.7.9 ③标的 16800mm 这个尺寸，并记住它。

③ 尽可能放大这个尺寸所在的部位，在左侧尺寸界线上画一小段直线，如图 3.7.9 ①所示。

④ 复制图 3.7.9 ①的线段沿红轴移动到另一端的尺寸界线中心，如图 3.7.9 ②所示。

⑤ 按 T 快捷键，调用卷尺工具，在图 3.7.9 ①端部单击。

⑥ 用卷尺工具移动到另一端的（见图 3.7.9 ②）端部再单击。

⑦ 从键盘输入 16800mm，请注意后面一定要加上单位。

⑧ 按 Enter 键后，会出现一个对话框，询问是否要更改模型的尺寸，确认后，图片上刚才所画的两个小线段之间的尺寸就是精确的 16800mm 了。

尺寸的精确度取决于两个小线段是否绘制在尺寸界线的中间，即使是随便画画，误差也可以达到 1‰ 以下。另外，最终模型的精确度并非决定于这一步。在做这一步的时候请注意，一定要进入群组内部做放大的操作，尺寸调整的范围就限制在群组之内；否则你就是调整了模型里全部几何体的尺寸，结果可能不是你所想要的。

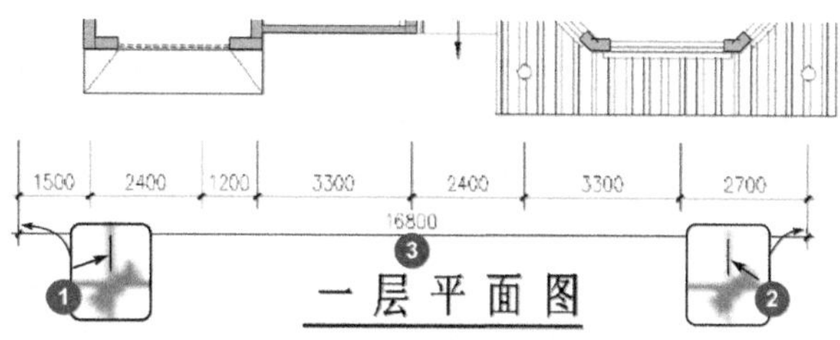

图 3.7.9　用小皮尺工具调整到 1 ： 1

（3）还要对这幅图片做一点处理。

① 现在创建一个新图层（2020 版改为“标记”），命名为底图。

② 再调出“实体信息”对话框，选取这个图片后可以看到，它在默认图层里，现在把它调动到新建的底图图层里去，就可以根据建模的需要，随时打开或隐藏底图了。

③ 为了防止在建模过程中误操作移动底图，还可以在选中图片后，在右键菜单里锁定它，被锁定的对象，选中后四周是红线，以示区别。

下面就可以利用底图来创建我们的模型了，还有一点要注意，底图上的线条并不一定与 SketchUp 的红轴和绿轴重合，必要时还需要用旋转工具调整一下（重要）。

下面就可以正式开始建模的第一步——创建辅助线。基本思路是：用两条辅助线代表一面墙的宽度，然后按照底图上的尺寸移动复制这两条辅助线，直到复制出全部墙；接着用矩形工具沿辅助线画出墙的截面；用推拉工具按立面图纸上所标的尺寸拉出高度……

（1）经过测量和计算，图 3.7.10 上的墙体厚度几乎全部是 240mm。

（2）现在按 T 快捷键，调出测量工具，从红轴上拉出一条辅助线，移动到图 3.7.9 ①所指的位置；如果墙体的厚度是 240mm，这条辅助线就应该在尺寸界线旁边 120mm 的位置。

（3）选取刚画的辅助线，移动 240mm 复制出另一条，这样一个墙体的位置就确定了。

（4）现在有了代表墙体厚度的两条辅助线，只要同时选中它们，根据图纸上的尺寸做移动复制就可以得到所有的墙体位置，如图 3.7.10 ②所示。

（5）用同样的办法做出另外一个方向的一对辅助线，如图 3.7.10 ③所示，复制全部如图 3.7.10 ④所示。

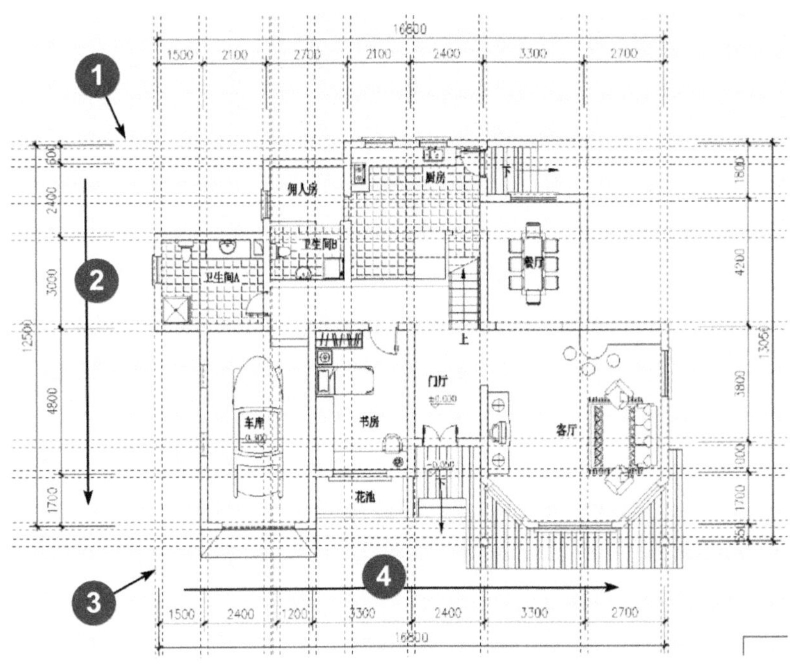

图 3.7.10　创建辅助线矩阵

上述按图纸标注的尺寸进行移动复制辅助线的操作才是真正确定模型精确度的关键。如果发现移动复制出来的辅助线跟图片上墙的位置有少许偏差，有以下 3 种可能。

① 可能是刚才调整图片尺寸时不够准确造成的。

② 造成误差的更大可能是 dwg 图形原先就有问题（这是常有的事）。

③ 移动复制操作错误（注意要严格沿红轴和绿轴做移动复制）。

除上述第③条外，无论因为什么原因发生误差都可以不予理会，因为刚才复制辅助线是按照尺寸标注严格操作的，所以精确度应该以刚刚绘制的辅助线为准，

全部辅助线复制完成以后，如图 3.7.10 所示，就可以绘制墙体截面了。

（1）根据门窗尺寸，预制一个矩形并成组，涂色以示区别。

（2）把代表门窗的矩形移动复制到所有门窗所在的位置，目的是为了“占位”免得绘制墙体截面时误占了门窗的位置。

（3）现在就可以用矩形工具画出墙的截面了，用矩形工具又快又准确，并且一定能成面，图 3.7.11 深色的部分就是用矩形工具绘制完成的所有墙体截面，请不要用直线工具做这部分操作。

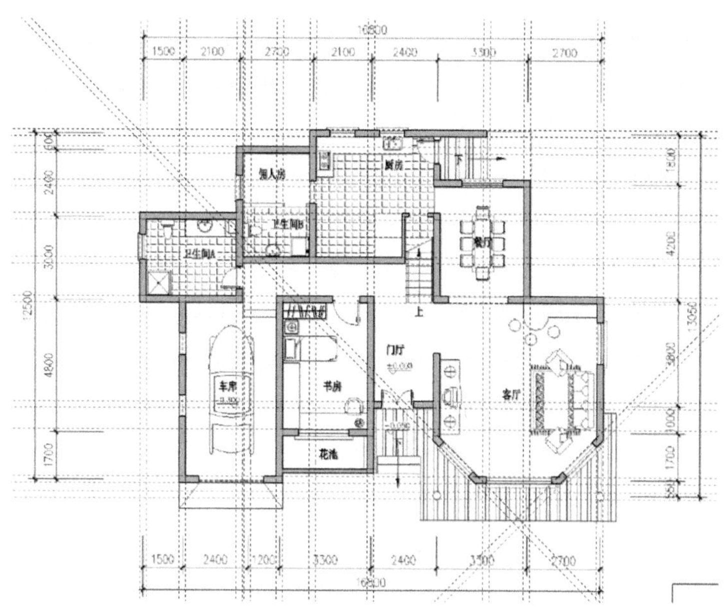

图 3.7.11　根据辅助线绘制墙体（矩形工具）

接下来的操作在前几节已经介绍过了，下面再列出建模顺序和注意点供参考。

（1）创建单独的图层，分别存放平面图（含辅助线）、立面图、各层墙体、门窗等，可根据需要显示或隐藏。

（2）把所有已经绘制完成的墙体截面用一个群组约束起来。

（3）绘制出底层台基截面，分别按立面标注拉出不同高度。

（4）把墙体组件移动到台基表面炸开。

（5）按立面上的尺寸拉出墙体高度。

（6）完成“线脚（或圈梁）”。

（7）把二层平面图移动到一层的顶部。

（8）绘制二层墙体截面并拉出高度。

（9）绘制屋顶。

（10）绘制门窗（弹出时复制相关组件）。

现在总结一下，在这个实例中，我们演示了以下内容。

（1）如何用一个小软件把 dwg 文件转化成图片或 pdf 文件，即使不是用来建模，这种转化也是非常有用的。

（2）如何用测量工具把模型或图片放大或缩小到准确尺寸的技巧。

（3）学习了以图片作依据建模，避免跟 dwg 图形纠缠的方法等。

在附件里，还有一些类似的 dwg 文件和图片，请用同样的方法做练习。

3.8 楼梯（思路和技法）

楼梯是建筑设计、室内空间设计和景观设计从业人员都会碰到的课题，楼梯作为建筑物垂直交通设施之一，主要作用是上下交通；其次，楼梯作为建筑物主体结构还起着承重的作用，楼梯有安全疏散、美观装饰等功能。即便是有电梯的建筑物也必须同时设有楼梯。下面的篇幅中将为新人们普及楼梯方面的理论知识和用 SketchUp“图解”的方式来设计出自己的楼梯。

在设计中要求楼梯坚固、耐久、安全、防火；做到上下通行方便、便于搬运家具物品、有足够的通行宽度和疏散能力。楼梯一般由楼梯段、楼梯平台、栏杆（或栏板）和扶手三部分组成，楼梯所处的空间称为楼梯间。

楼梯段：楼梯段又称楼梯跑，是楼层之间的倾斜构件，同时也是楼梯的主要使用和承重部分。它由若干个踏步组成。为减少人们上下楼梯时的疲劳和适应人们行走的习惯，一个楼梯段的踏步数要求最多不超过 18 级，最少不少于 3 级。

楼梯平台：楼梯平台是指楼梯梯段与楼面连接的水平段或连接两个梯段之间的水平段，供楼梯转折或使用者略作休息之用。平台的标高有时与某个楼层相一致，有时介于两个楼层之间。与楼层标高相一致的平台称为“楼层平台”，介于两个楼层之间的平台称为“中间平台”

楼梯梯井：楼梯的两梯段或三梯段之间形成的竖向空隙称为梯井。在住宅建筑和公共建筑中，根据使用和空间效果不同而确定不同的取值。住宅建筑应尽量减小梯井宽度，以增大梯段净宽和安全性，一般取值为 100 ~ 200mm。公共建筑梯井宽度的取值一般不小于 160mm，以满足消防水带布设的要求。

栏杆（栏板）和扶手：栏杆（栏板）和扶手是楼梯段的安全设施，一般设置在梯段和平台的临空边缘。要求它必须坚固可靠，有足够的安全高度，并应在其上部设置供人手扶持用的扶手。在公共建筑中，当楼梯段较宽时，常在楼梯段和平台靠墙一侧，甚至楼梯段的中间也设置扶手。

对于刚刚入行或者没有接触过这个领域的用户来说，要用 SketchUp 创建各种楼梯的模型，还真是个有点挑战意味的任务。所以，国内外就有热心人撰写了各种各样专门用来做楼梯的插件，我们会在本系列教程的其他部分介绍和演示这些插件。但是应注意，这本书的学习讨论重点是建模的思路与技巧，不是讨论“建模捷径”，所以尽量只用 SketchUp 自带的基本工具，不用插件来完成建模任务。在这种严格条件下完成的训练将会令接受过这种训练的你受益终身，大量教学实践中的事实证明，你将会比患有插件依赖症的人拥有更宽广的建模思路与建模技巧。

如果你也是插件依赖症患者，可以跳过本节与后面两个有关楼梯建模的小节，直接去学习用插件偷懒的办法，你可能会因此获得一点方便，但是遇到稍微特殊一点的情况可能就不知所措了。另外，楼梯作为一种重要的建筑结构是受国家标准约束的，用外国插件创建的楼梯未必符合国标的要求。

常见的楼梯大致可以分成以下 9 种，见图 3.8.1。图 3.8.1（a）为单跑楼梯，图 3.8.1（b）为交叉式楼梯，图 3.8.1（c）为双跑折梯，图 3.8.1（d）为双跑直梯，图 3.8.1（e）为双跑平行楼梯，图 3.8.1（f）为双分式平行楼梯，图 3.8.1（g）为双合式平行楼梯，图 3.8.1（h）为剪刀式楼梯，图 3.8.1（i）三跑楼梯。

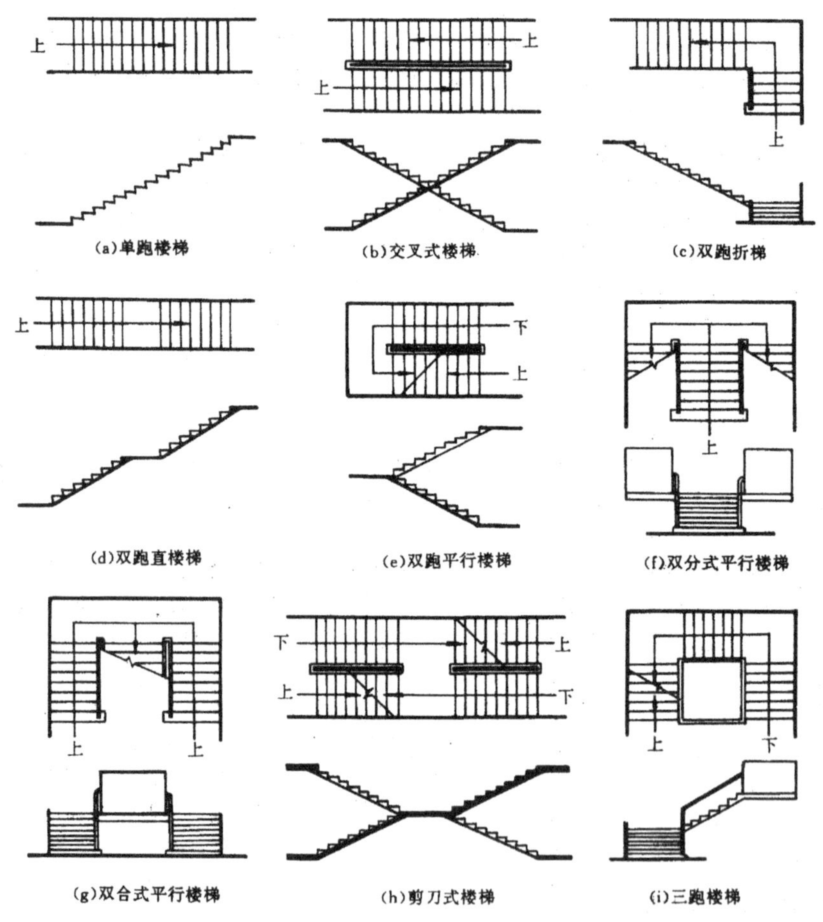

图 3.8.1　9 种常见楼梯形式

从 SketchUp 建模的角度看，其中有些差别不大，所以归纳成下面 4 种相似的类型来讨论。

图 3.8.1（a）（b）所示楼梯都属于直梯，也称为单跑直梯；图 3.8.1（b）是图 3.8.1（a）的复制镜像。这种形式的楼梯，因为占用空间多、结构不合理，现在很少用了。

图 3.8.1（d）（h）所示楼梯是中间有个休息平台的直梯，图 3.8.1（h）是图 3.8.1（d）的复制镜像，它们也有占用空间多的特点，常见于户外、少见于室内。

图 3.8.1（c）（i）都是以转折 90° 为特征的折梯，有一定的应用。

图 3.8.1（e）（f）（g）都是以转折 180° 为特征的折梯，因为占用空间少，应用领域较大，尤其是图 3.8.1（e）基本是民居建筑中的标配，包括与电梯共存的场合。

本节后面的篇幅中将以上述分类介绍在 SketchUp 里创建楼梯的思路与技巧。一共安排了 4 个实例，分别是图 3.8.1（a）（b）、图 3.8.1（d）（h）、图 3.8.1（c）（i）和图 3.8.1（e）（f）（g）。这 4 个实例基本囊括了最常见的楼梯形式，应注意本节的讨论中不仅有建模的思路与技巧，还有利用 SketchUp 直观又精确地进行“图解设计”的方法，希望这些思路与技巧对你的工作有参考作用。

至于楼梯家族中的“旋转楼梯”和“弧形楼梯”它们各有特点，也各有适用的领域，将在后面的两个小节中讨论。

设计楼梯需要考虑很多因素，还要受严格的国家标准和行业规范的约束，设计楼梯的传统方法是查阅相关的标准和各种表格；在本实例的附件里，有一些相关的规范文本，如你对此不太熟悉，可供查阅。为了后面建模的需要，下面把几个主要的参数摘录下来。

（1）楼梯踏步的高度，也就是俗称的踢面，不宜大于 210mm，并不宜小于 140mm。

（2）楼梯踏步的宽度，俗称踏面，应采用 220mm、240mm、260mm、280mm、300mm、320mm，必要时可采用 250mm。

（3）如因位置限制不能满足上述踏面宽度时，可采用“挑出踏步面”解决。

（4）一般楼梯的坡度范围在 23° ~ 45°，适宜的坡度为 30° 左右。

（5）中间平台的深度，不应小于楼梯梯段的宽度，并且不小于 1.2m。

（6）每个梯段的踏步不应超过 18 级，也不应少于 3 级。

（7）住宅建筑楼梯井一般取值为 100 ~ 200mm。公共建筑梯井宽度的取值一般不小于 160mm，并应满足消防要求。

（8）楼梯栏杆扶手的高度，在 30° 左右的坡度下常采用 900 ~ 1000mm。

（9）栏杆和栏板可采用方钢、圆钢等型材焊接或铆接成各种图案，既起防护作用又起装饰作用，要注意其孔隙不要大于小孩的头部，通常不大于 110mm。尽量不用横向的栏杆，以防止儿童攀爬。

（10）确定楼梯踏步的踢面高 h 与踏面宽 b 舒适参数的经验公式为

$$2h+b \approx 600 \sim 620\text{mm}$$

上面摘取的都是设计楼梯时必须遵守的重要参数，在这个实例和下面的实例中，会不断引用到这些参数。以前的《建筑楼梯模数协调标准》（GBJ 101—87）中有一个楼梯踏步数值表，有 4 个表格，洋洋大观，设计楼梯时可以查阅。不过，自从用上了 SketchUp 以后就不去理会它了，我还是更愿意用下面要介绍的“图解的方法”来设计楼梯，又快又直观，还不会出错。下面就介绍我的经验。

例 3.1 已知某建筑，楼层高度为 3m，设计踏步高 150mm，踏面宽度 260mm，楼梯宽 1200mm，画出单跑直梯并建模。

（1）创建垂直辅助面（见图 3.8.2 ①）并创建一条离地 3m 的水平辅助线（图 3.8.2 ②）。

（2）画一个小矩形（踏步的截面），尺寸为 260mm × 150mm，并且创建组件（注意不是群组），如图 3.8.2 ③所示。

（3）把“踏步截面”沿箭头方向做“角点对齐”移动复制，如图 3.8.3 所示。

（4）删除辅助面和复制时的多余部分，如图 3.8.4 所示。

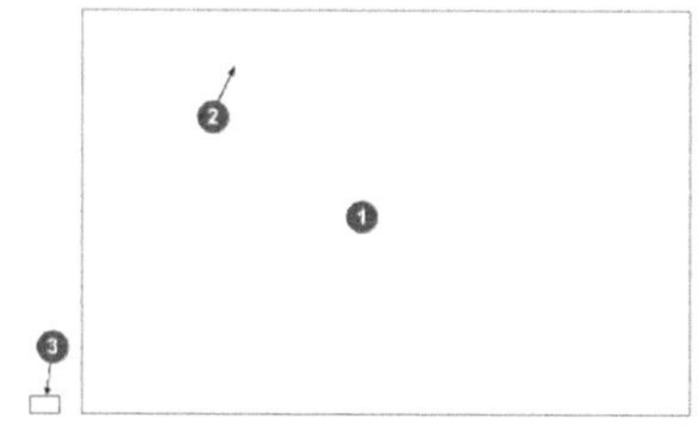

图 3.8.2 画出层高与梯级截面

图 3.8.3 复制梯级截面组件

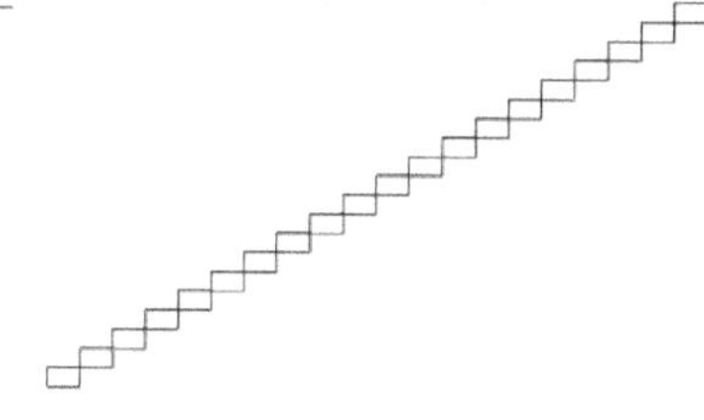

图 3.8.4 清理废线、面

（5）双击进入任一组件，画出缺角部分，如图 3.8.5 所示（或根据结构要求画出斜梁的截面）。

（6）拉出长度（梯级的宽度）1200mm 后如图 3.8.6 所示。因为事先已做成了组件，而组件具有相互的关联性，只要任意改动一个组件，其余相同的组件也跟着改变，这是一个非常有用的特性，合理地利用这个特性，可以起到事半功倍的效果。

（7）复制一个到旁边做比较用（未截图）。复制的镜像可成为图 3.8.1（b）所示的交叉楼梯（截图略）。

（8）双击进入第一组的任一组件，按住 Ctrl 键，用橡皮擦工具做局部柔化，结果如图 3.8.7 所示。

（9）双击进入第二组的任一组件，右键单击要柔化的边线，选择弹出菜单中的“柔化”命令，共 6 处，如图 3.8.8 所示。

（10）图 3.8.9 和图 3.8.10 所示为用两种不同方式进行“柔化”的对比，显然用右键菜单柔化更合理。

上面是创建楼梯最基础的过程和技巧，应注意用到了“角点对齐复制”“组件间的关联性”“柔化消除不要的边线”等技巧，但设计实践中几乎不大可能遇到这么简单的楼梯。

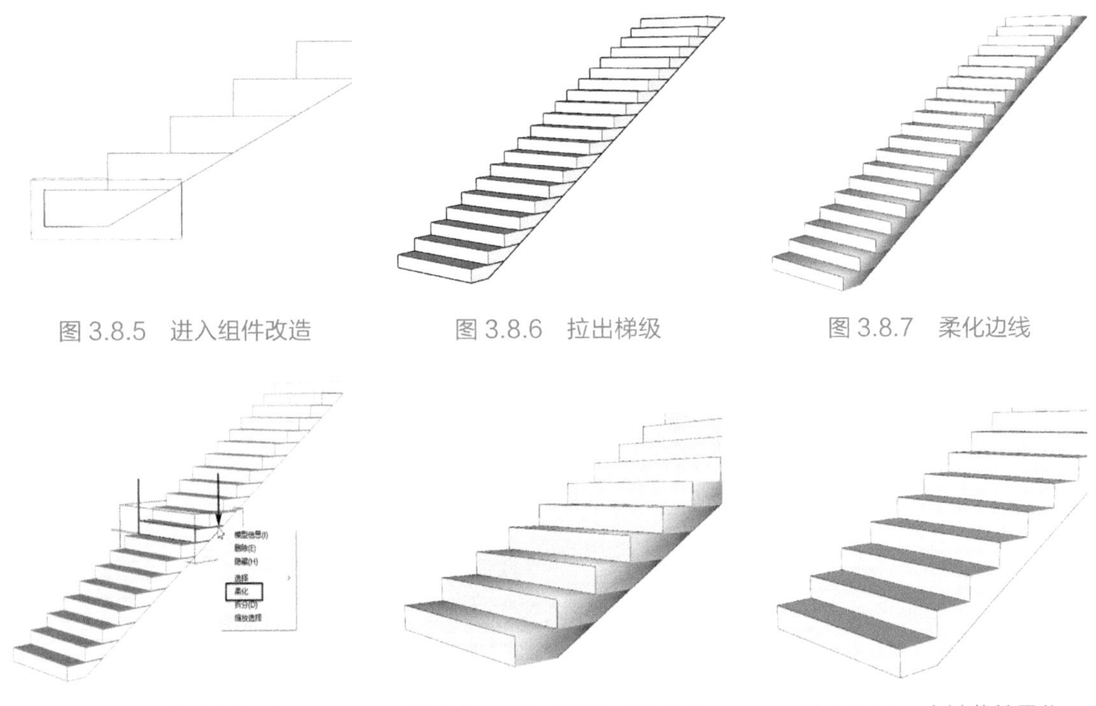

图 3.8.5　进入组件改造　　图 3.8.6　拉出梯级　　图 3.8.7　柔化边线

图 3.8.8　共需柔化 6 处　　图 3.8.9　橡皮擦柔化的缺陷　　图 3.8.10　右键菜单柔化

例 3.2　已知居住建筑，楼层高度为 3m，踏步高度 150mm，踏面宽度 260mm，楼梯宽 1000mm，创建图 3.8.1（c）所示的 90° 双折楼梯，中间有 1200mm × 1200mm 的休息平台。

（1）首先绘制一个高度 3m 的垂直辅助面（老手非必需），如图 3.8.11 所示。

（2）画出踏步截面，高 150mm，宽 260mm，并创建组件，注意是组件不是群组，如图 3.8.11 ①所示。

（3）沿对角线移动复制出另外 19 个，如图 3.8.12 所示。

（4）拉出梯级的宽度 1000mm（见图 3.8.13）以上几步与上一个实例相同。

（5）选中折转的部分，*Z* 轴旋转 90°，如图 3.8.14 所示。

（6）下一步要把其中的一个梯级用推拉工具改造成休息平台，如此时进入一个组件进行推拉，所有相同组件会同时改变，这个特性虽然重要但不是现在所需要的。解决的办法是：右键单击想要改造成平台的组件（见图 3.8.14 ①），选取快捷菜单中的“设定为唯一”命令；选中它以后，这个组件跟其他相同组件的关联性就取消了。

（7）图 3.8.15 ①所指的最高一级实际上是二层的楼板，右键单击，选择“设置为唯一”命令后可保留现状。

（8）现在拉出中间平台，尺寸为 1200mm × 1200mm（见图 3.8.15），并把另一半梯级移动到位。

（9）随便进入一个组件，用直线工具补齐缺角（见图 3.8.16）。

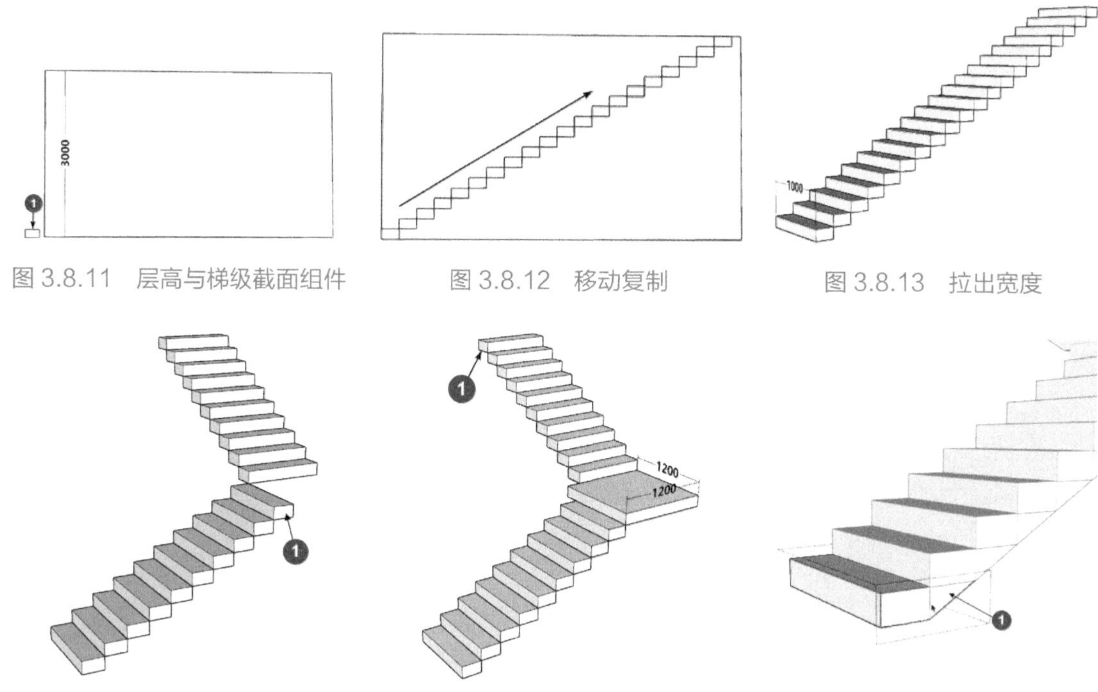

图 3.8.11　层高与梯级截面组件　　图 3.8.12　移动复制　　图 3.8.13　拉出宽度

图 3.8.14　旋转 90°　　图 3.8.15　设为唯一拉出平台　　图 3.8.16　进入组件改造

（10）并拉出这个三角形，长度 1000mm，完成后如图 3.8.17 所示。

（11）双击进入任一组件，在垂直线两处右键单击边线，选择“柔化”命令，共 6 处，如图 3.8.18 所示。

（12）上述操作全部完成后，全选、炸开、补线、整理，全选群组后得到成品如图 3.8.19 所示。

好了，这个楼梯的主要部分就做好了，至于扶手的部分将在后面介绍。

例 3.3　条件是这样的：已知居住建筑，楼层高度为 3.6m，楼梯设计坡度为 30°，用图解的方法求图 3.8.1 所示的双跑剪式楼梯的踏步数量、踏面高度和宽度，并建模。本实例与前面两个实例的区别是，只知道楼梯的坡度，要求试算梯级的踏面宽度、高度和梯级的数量。下面介绍具体操作步骤。

（1）首先根据参数创建辅助面和辅助线，辅助面高 3600m，宽不限，如图 3.8.20 所示。

（2）根据要求画出楼梯的坡度，可以用量角器工具画角度辅助线，也可以用旋转工具旋转辅助面底部边线完成，如图 3.8.21 ①所示。

（3）先假设踏步高度 150mm，创建一条 150mm 高的水平辅助线，如图 3.8.21 ② 所示。

（4）从斜线与水平辅助线的相交点向辅助面角点画矩形，图 3.8.21 ③所指的垂线就是梯级踢面的高度，而图 3.8.21 ④所指的水平线就是踏面的宽度。

（5）分别测量这两个尺寸，踢面高 h=150mm、踏面宽 b=260mm（图 3.8.22），代入经验公式：$2h+b$=560（mm），比舒适参数的 $2h+b\approx$ 600~620mm 小了一点，但踢面高与踏面宽二者仍在国家标准允许的范围内，判参数可用。

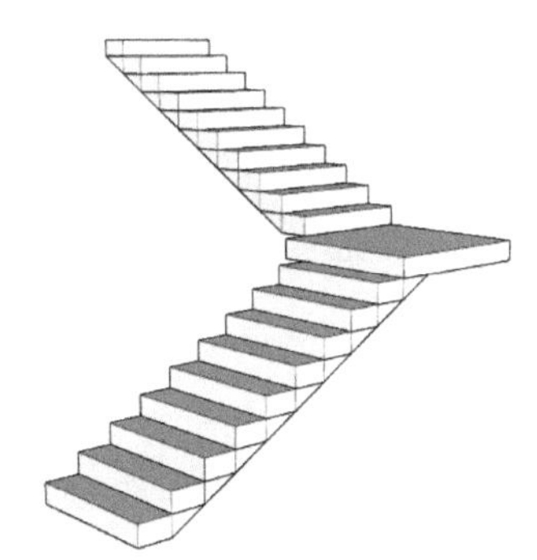

图 3.8.17 拉出三角形

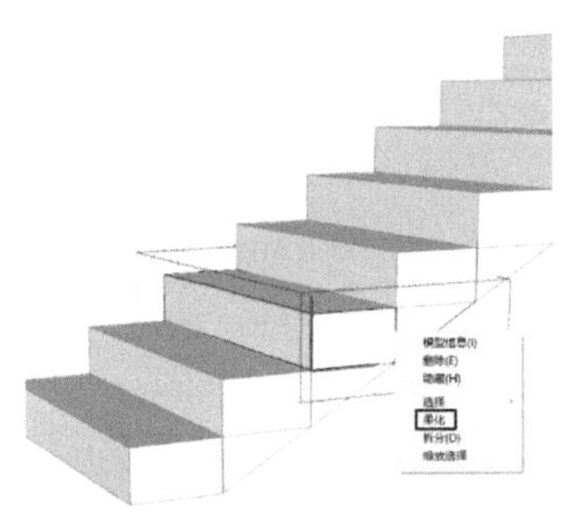

图 3.8.18 右键菜单中的“柔化”

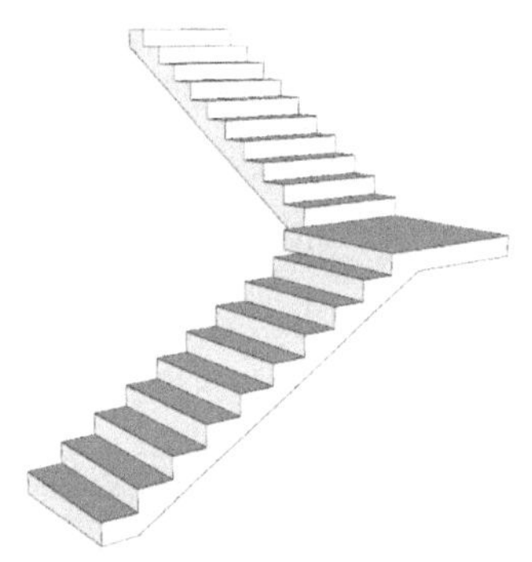

图 3.8.19 成品

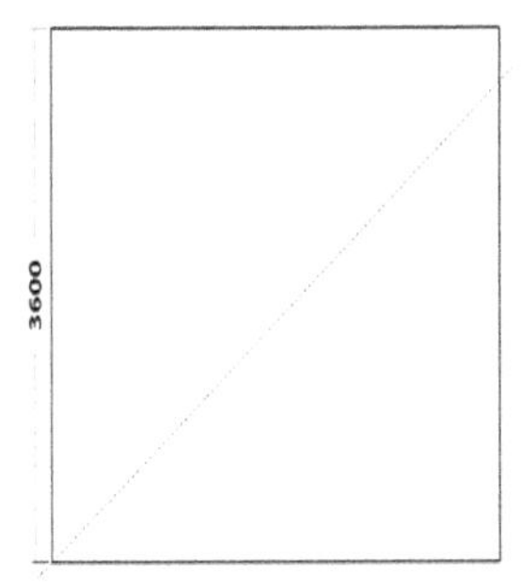

图 3.8.20 画 30° 辅助线

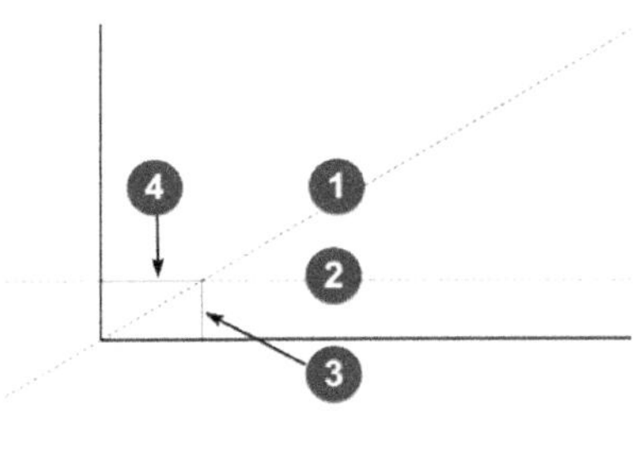

图 3.8.21 画适合条件的矩形

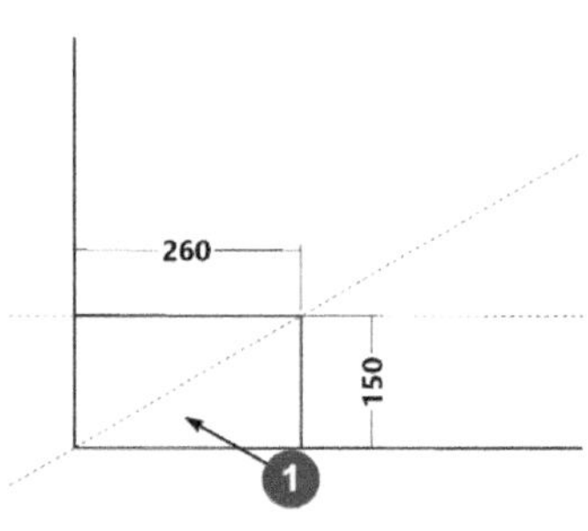

图 3.8.22 检验是否符合标准

（6）把图 3.8.22 ①所指的矩形做成组件，沿角度辅助线做移动复制，如懒得算可多复制些，删除多余的，留下 3600mm 高的一段，如图 3.8.23 所示。

（7）双击进入一个组件，拉出宽度 1000mm（见图 3.8.24）。

（8）选择其中的一半，稍微移动错开。

（9）图 3.8.24 ①的组件将改造成休息平台，图 3.8.24 ②的组件其实是二楼的楼板，所以要在右键菜单里分别对图 3.8.24 ①②两个组件“设定为唯一”。这个操作要分两次做，若对二者同时“设定为唯一”它们间又会产生不需要的关联。

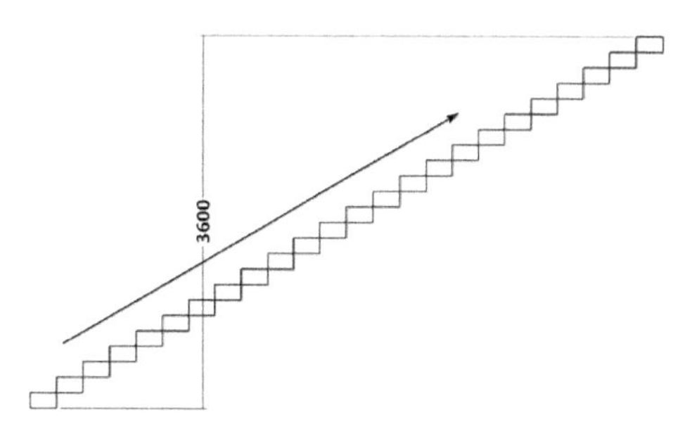

图 3.8.23　复制出所有

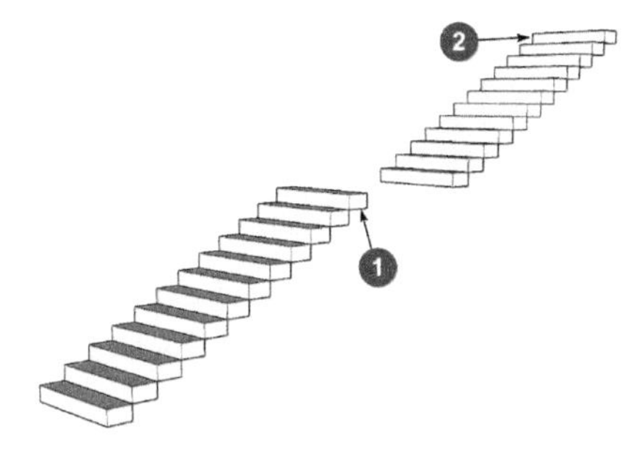

图 3.8.24　转折处断开拉出平台

（10）进入组件编辑，画出三角形（见图 3.8.25 ①），拉出 1000mm。

（11）进入图 3.8.24 ①所指的组件，拉出休息平台 1200mm×2200mm；再把上半部分的组件旋转 180° 后移动到位。注意中间留 200mm 楼梯井的空间，完成后如图 3.8.25 所示。

（12）再次双击进入任一组件，删除垂直线（共两处），右键单击需要处理的边线，选择“柔化”命令（共 6 处，左、右各两处和楼梯底部两处），操作如图 3.8.18 所示。

（13）对组件内全部线条的柔化完成后，全选所有后炸开，你会发现，有部分本该保留的边线被柔化掉了，可以补线恢复，还有部分细节需要修补，全部完成后如图 3.8.26 所示。

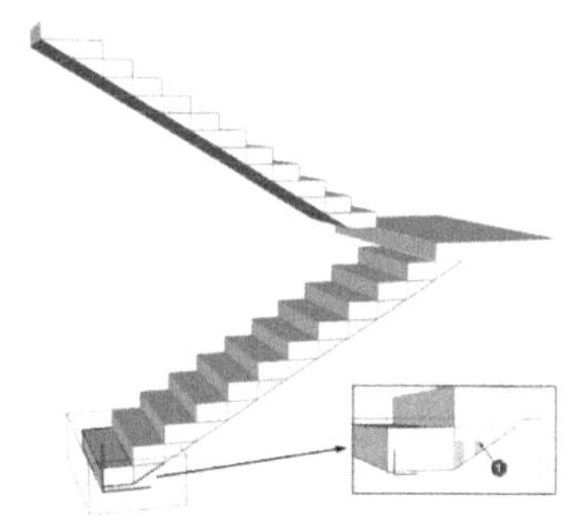

图 3.8.25　绘制三角形柔化等

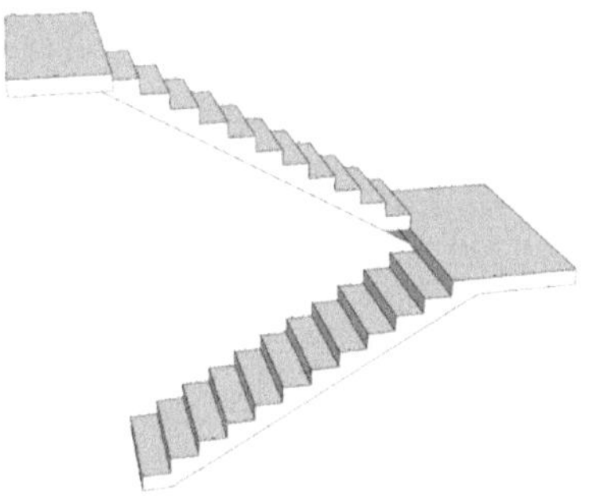

图 3.8.26　完成

例 3.4　某内廊式综合楼层高为 3.60m，楼梯间的开间为 3.30m，进深为 6m，墙厚为 240mm，轴线居墙中，试用“图解法”设计该楼梯（图 3.8.27）。本实例与前几个实例的不同点是，只知道可用空间的尺寸、层高等，要在规范允许的范围内设计楼梯诸参数和建模：

（1）选择楼梯形式。对于开间为 3.30m、进深为 6m 的楼梯间，适合选用图 3.8.1（e）所示的双跑平行楼梯。

（2）确定开间净宽为 3300−240=3060（mm）；再确定楼梯井宽度为 160mm。

（3）两侧梯段净宽度相等为（3060−160）/ 2=1450（mm）。

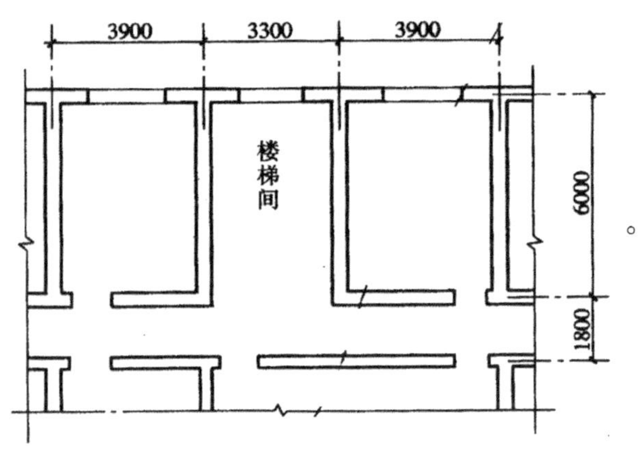

。

图 3.8.27 实例平面

（4）确定踏步尺寸和踏步数量。作为公共建筑的楼梯，初选取踏步宽度 b=300mm，由经验公式 $2h+b$=600~620mm，初步取 h=150mm，各层踏步数量 N= 层高 3600 /150=24（级）。

（5）确定各梯段的踏步数量。各层两梯段采用等跑，则各层两个梯段踏步数量为 12（级）。

（6）确定梯段长度和梯段高度。

梯段长度 =(12−1) × 300=3300（mm）

梯段高度 =12 × 150=1800（mm）

（7）确定平台深度。按标准规定，中间平台深度应不小于 1450mm（梯段宽度），现取 1600mm。

（8）由于层高较大，楼梯底层中间平台下的空间可有效利用，作为储藏空间。为增加净高，可降低平台下的地面标高至 -0.300。根据以上设计结果，绘制楼梯各层平面图和楼梯剖面图，见图 3.8.28（此图按 3 层综合楼绘制。设计时，按实际层数绘图）。

（9）用之前介绍过的图解方法验算上面的初步计算结果，证实可行、各项参数均符合国家对楼梯设计的相关标准。

（10）按本节前面介绍的方法创建模型，如图 3.8.30 所示。

（11）图 3.8.29 所示为俯视图，各尺寸均符合图 3.8.27 的要求。

通过上面 4 个实例，我们学习了如何用图解的方法来设计楼梯和创建楼梯模型的一些基本思路。作为设计师，一定要熟悉相关的标准和规章，掌握上面演示的基本建模思路，才能又快又好地完成建模任务。本节讨论的 4 个实例，都保存在本节附件里。3.9 节还要深入讨论楼梯和楼梯的建模。

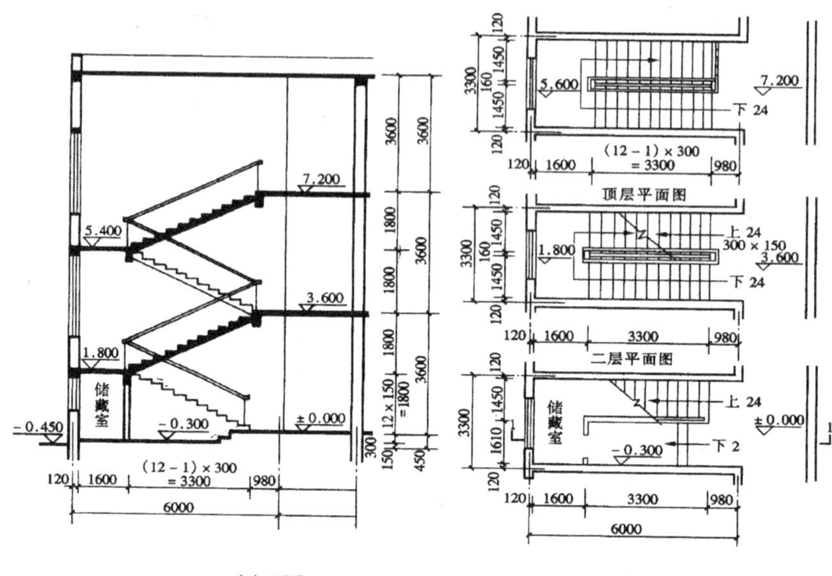

(a) 1—1 剖面图　　(b) 平面图

图 3.8.28　实例平立面

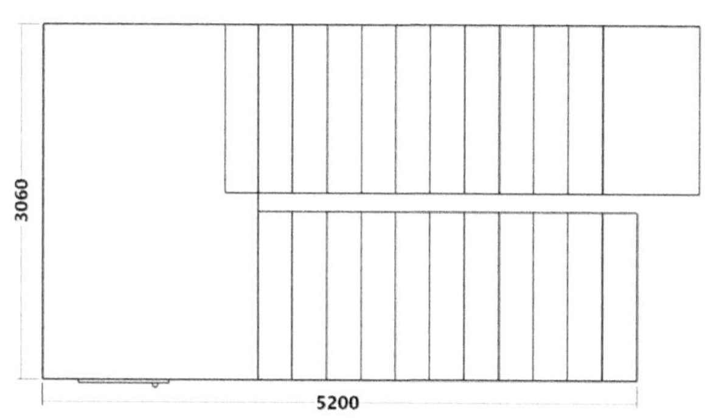

图 3.8.29　完成后的俯视图

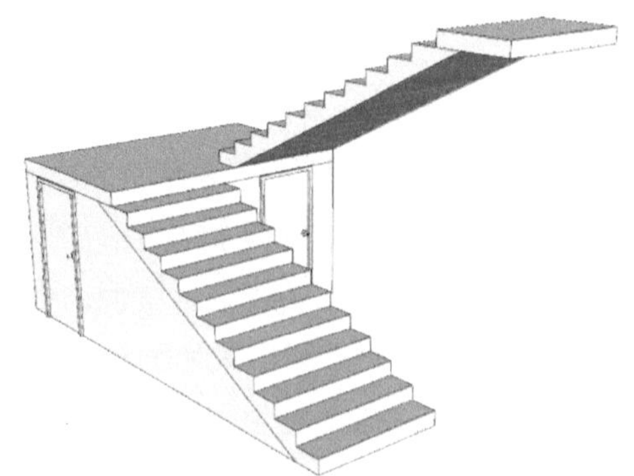

图 3.8.30　完成后

上面介绍了几种不同类型的楼梯建模思路和方法，它们是“单跑直梯”“双跑90° 折梯”“双跑180° 折梯”。建模的条件也不同，有用“已知角度”为条件的，有用“已知梯级截面”为条件的，还有以“已知空间尺寸”为条件的……不过创建的模型都是用来测算或示意的性质，真实设计中的楼梯要复杂得多。本节的后半部分要对楼梯建模话题中的以下几点做稍微深入一点的介绍，在本节的尾部附录里还提供一些楼梯建模必需的重要资料。

本节后半部分要讨论和介绍的大概有以下 3 个方面。

（1）计算或图解结果不符合建筑标准的处理方法。

（2）钢筋混凝土楼梯建模。

（3）楼梯的栏杆、栏板、扶手。

1. 计算或图解结果不符合建筑标准的问题

（1）图 3.8.31 所示为摘录于建筑标准的楼梯踏步极限参数，对成年人而言，楼梯踏步高度以 150mm 左右较为舒适，不应高于 175mm。踏步的宽度以 300mm 左右为宜，不应窄于 250mm。

楼 梯 类 别	最小宽度 / mm	最大高度 / mm
住宅共用楼梯	260	175
幼儿园、小学校等楼梯	260	150
电影院、剧场、体育馆、商场、医院、旅馆和大中学校等楼梯	280	160
其他建筑楼梯	260	170
专用疏散楼梯	250	180
服务楼梯、住宅套内楼梯	220	200

图 3.8.31　楼梯踏步极限参数

（2）本节尾部附有一些图表资料，来源于《楼梯栏杆栏板（一）》图集号 06J403-1，可供参考。

（3）踏步宽度过大时，会增加空间占用；而踏步宽度过窄时，行走时可能产生危险。

（4）在设计实践中若发生计算或图解结果不能满足踏面宽最小值时，可采用挑出踏面的方法，使梯段总长度不变情况下增加踏步面宽，具体如图 3.8.32 所示，出挑的长度一般为 20 ~ 30mm。

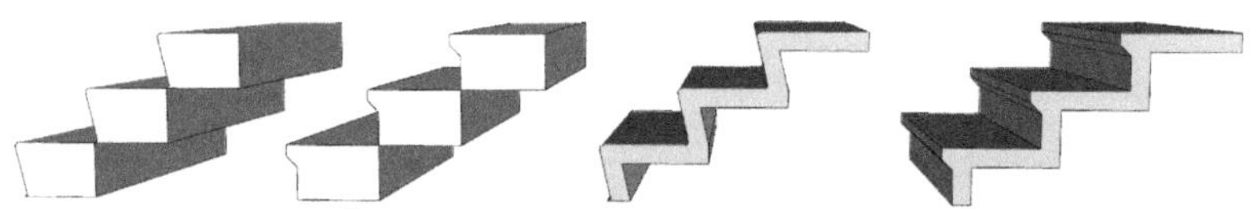

图 3.8.32　几种挑出踏面的方法

2. 钢筋混凝土楼梯建模

（1）钢筋混凝土楼梯可分为“现浇楼梯”和“预制装配式楼梯”两大类。

（2）预制装配式钢筋混凝土楼梯消耗钢材量大、安装构造复杂、整体性差、不利于抗震，在工程中很少使用，目前建筑中较多采用的是现浇钢筋混凝土楼梯。

（3）现浇钢筋混凝土楼梯是把楼梯段和平台整体浇注在一起的楼梯，其整体性好、刚度大、抗震性能好，不需要大型起重设备，但施工进度慢、耗费模板多、施工程序较复杂。现浇楼梯可根据楼梯段的传力与结构形式的不同，分成板式和梁板式楼梯两种。

（4）板式楼梯的梯段分别与两端的平台梁整浇在一起，由平台梁支承。梯段相当于一块斜放的现浇板，平台梁是支座，如图 3.8.33 所示。

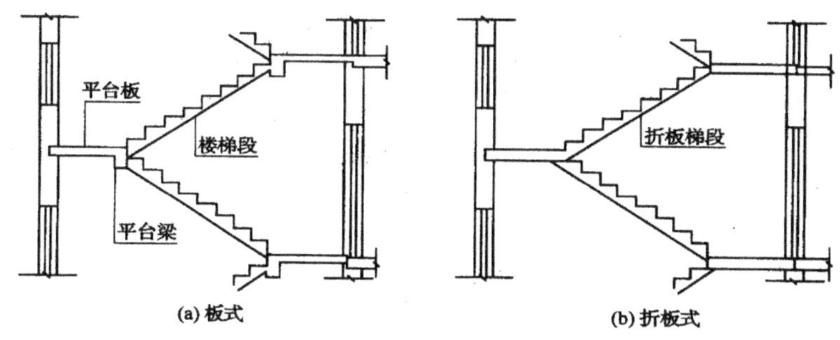

图 3.8.33　板式楼梯支承

（5）现浇梁板式楼梯在楼梯段两侧（或一侧）设有斜梁，斜梁搭在平台梁上，荷载由踏步板经由斜梁再传到平台梁上，通过平台梁传给墙或柱。下面重点介绍这种结构的楼梯：当一侧有墙体可搁置承重时，另一侧有斜梁，如图 3.8.34 ~ 图 3.8.36 的①②所示。

图 3.8.34 ~ 图 3.8.36 的①⑤，斜梁位于踏步板上部，踏步被斜梁包在里面，称为暗步。

图 3.8.34 ~ 图 3.8.36 的②④，斜梁位于踏步板的下部，踏步外露，称为明步。

也有图 3.8.34 ~ 图 3.8.36 的③那样，将斜梁布置在踏步板的中间，这种单梁式楼梯受力较复杂，但外形轻巧。

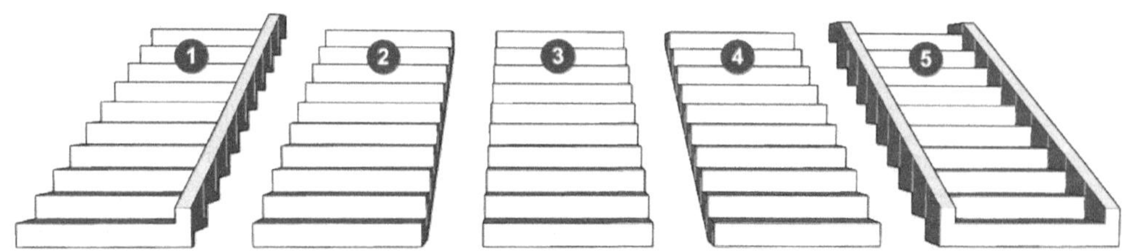

图 3.8.34　5 种板式楼梯的梁（正视）

图 3.8.55　5 种板式楼梯的梁（正视 + 剖面）

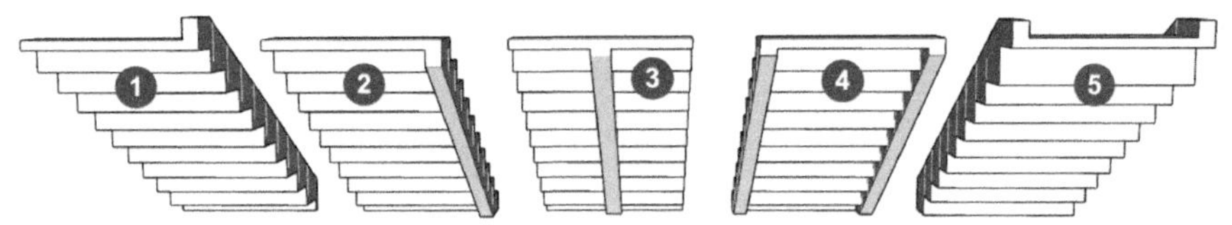

图 3.8.36　5 种板式楼梯的梁（背视）

下面简单介绍一下图 3.8.34 至图 3.8.36 的①②③所示的 3 种梯段的建模方法，至于图 3.8.34 ~ 图 3.8.36 的④⑤ 所示的双侧斜梁的做法就是重复单侧斜梁的操作，为简化过程，下面演示的梯级截面都是矩形，应注意真实设计中很少有用矩形的。此外，3.7 节已经介绍过的操作过程就不再重复了。

1）暗步单侧斜梁建模

（1）绘制梯级截面、创建组件、对角复制、拉出长度后如图 3.8.37 所示。

（2）进入一个组件，画垂线如图 3.8.38 ①所示，斜线连接如图 3.8.38 ②所示，补垂线成面如图 3.8.38 ③所示。

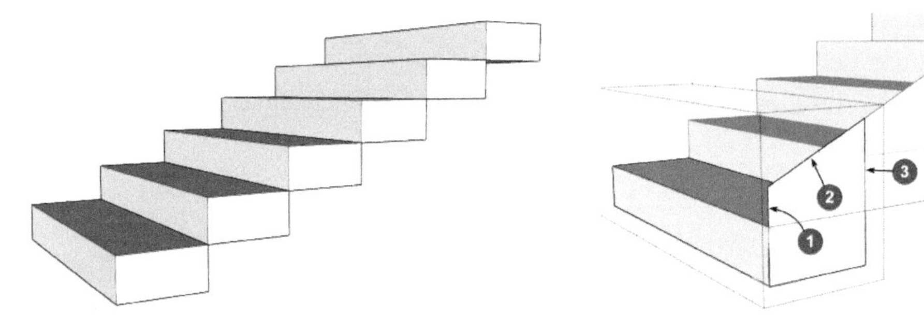

图 3.8.37　暗步单侧斜梁（1）　　图 3.8.38　暗步单侧斜梁（2）

（3）推出斜梁厚度如图 3.8.39 所示。

（4）右键单击多余的线条，做柔化（不要用 Ctrl 键 + 橡皮擦），结果如图 3.8.40 所示。

2）明步单侧斜梁建模

（1）绘制梯级截面、创建组件、对角复制、拉出长度后如图 3.8.41 所示。

（2）进入一个组件，画垂线如图 3.8.42 ①所示，斜线连接如图 3.8.42 ②所示，补垂线成面如图 3.8.42 ③所示。

（3）补水平线（见图 3.8.42 ④）后成面。

（4）推出斜梁厚度如图 3.8.43 所示。

（5）右键单击多余的线条，做柔化（不要用 Ctrl 键 + 橡皮擦），删除整理后结果如图 3.8.44 所示。

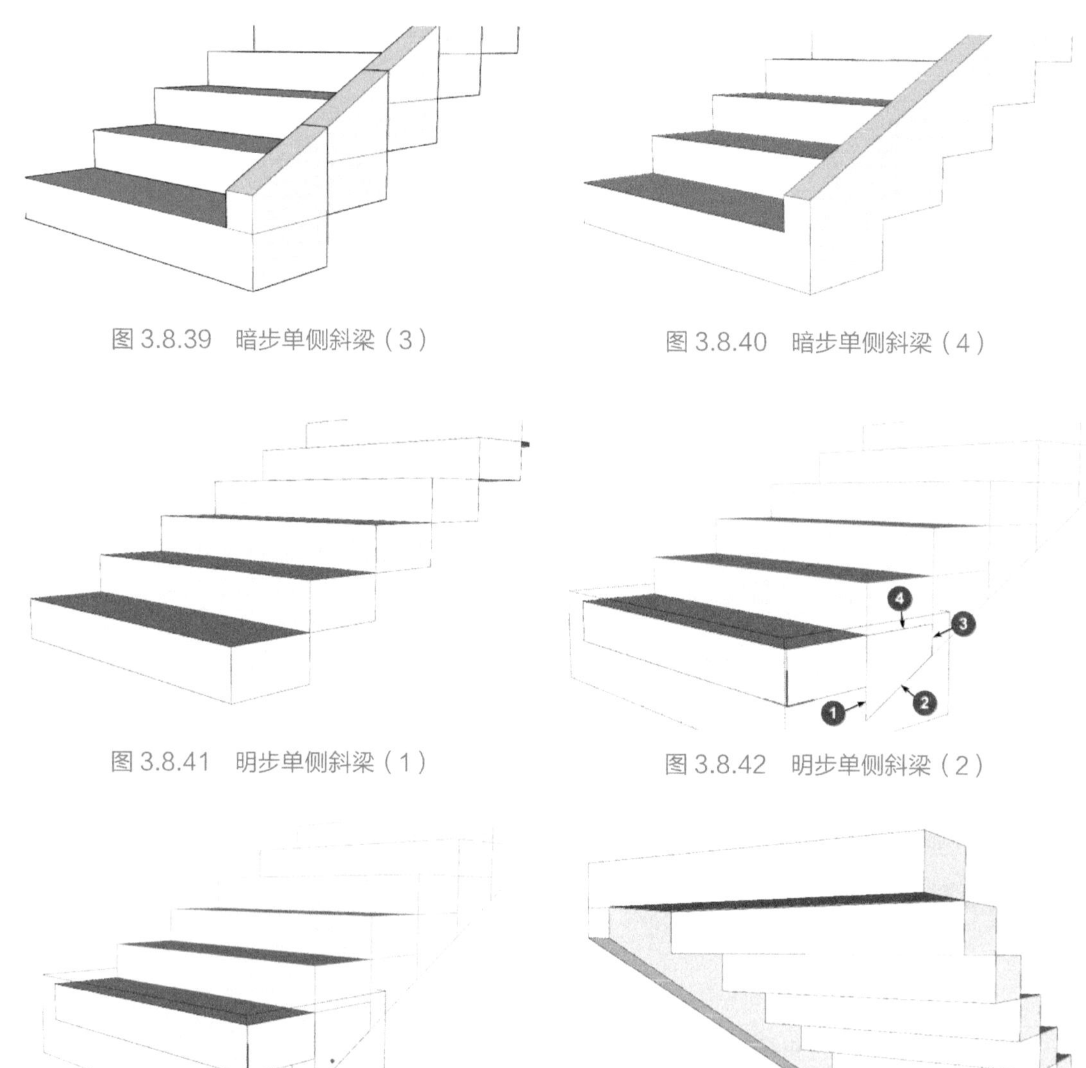

图 3.8.39　暗步单侧斜梁（3）

图 3.8.40　暗步单侧斜梁（4）

图 3.8.41　明步单侧斜梁（1）

图 3.8.42　明步单侧斜梁（2）

图 3.8.43　明步单侧斜梁（3）

图 3.8.44　明步单侧斜梁（背视）

3）明步中间斜梁建模

（1）绘制梯级截面、创建组件、对角复制、拉出长度后如图 3.8.45 背视所示。

（2）进入一个组件，画垂线如图 3.8.46 ①所示，斜线连接如图 3.8.46 ②所示，补垂线成面如图 3.8.46 ③所示。

（3）补水平线（见图 3.8.46 ④）后成面。

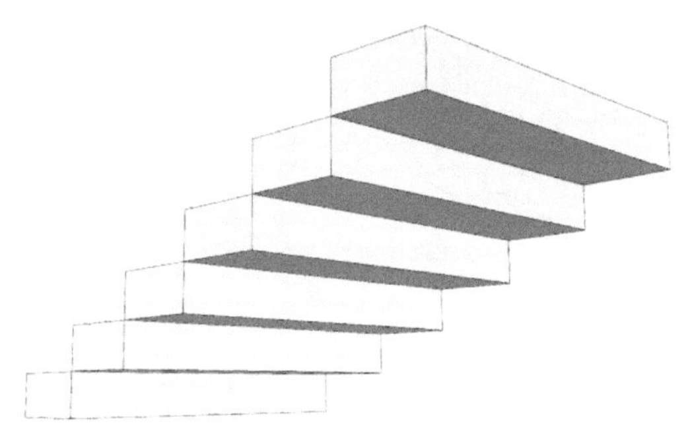

图 3.8.45 明步中间斜梁（背视 1）

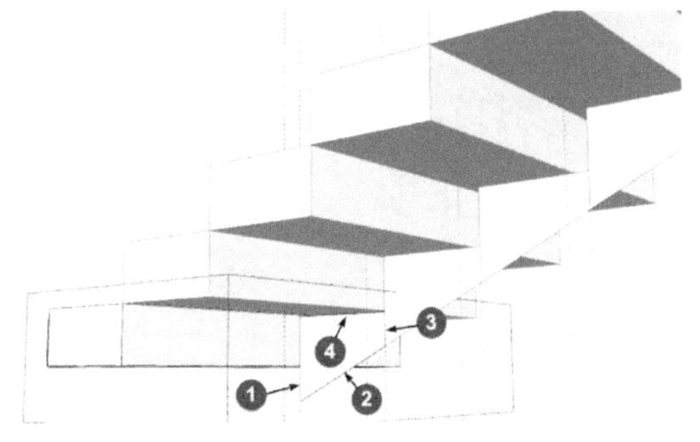

图 3.8.46 明步中间斜梁（背视 2）

（4）拉出斜梁厚度如图 3.8.47 所示。

（5）右键单击多余的线条，做柔化（不要用 Ctrl+ 橡皮擦），删除整理后结果如图 3.8.48 背视所示。

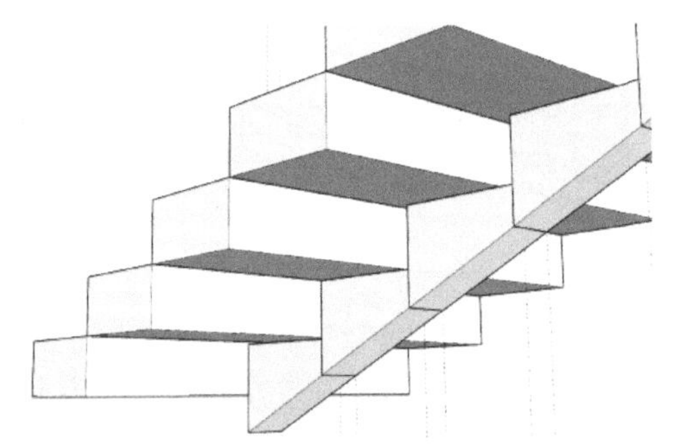

图 3.8.47 明步中间斜梁（背视 3）

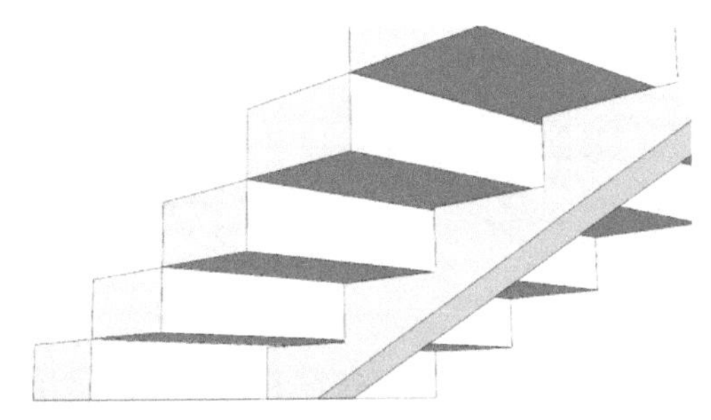

图 3.8.48 明步中间斜梁（背视 4）

3. 楼梯的栏杆、栏板、扶手

（1）栏杆和栏板是楼梯中保护行人上下安全的围护措施，受到不少标准规范的约束。

（2）栏杆多采用方钢、圆钢、钢管或扁钢等材料，焊接或铆接成各种图案，既起防护作用，又起装饰作用，如图 3.8.49 ①②③④⑤所示。

（3）栏板多用钢筋混凝土、加筋砖砌体、钢化玻璃（见图 3.8.49 ⑥⑦⑧）、不锈钢板（见图 3.8.49 ⑨⑩）等制作，也有用钢丝网水泥板的。钢筋混凝土栏板有预制和现浇两种。

（4）栏杆与踏步的连接方式有锚接、焊接和栓接 3 种。

（5）无论是栏杆还是栏板的设计，务必注意以下几点。

① 栏杆之间的空隙应小于儿童的头部，一般要小于 110mm。

② 栏杆不能为儿童留下攀爬的条件，尽量避免类似图 3.8.49⑫ 的“梯状”栏杆。

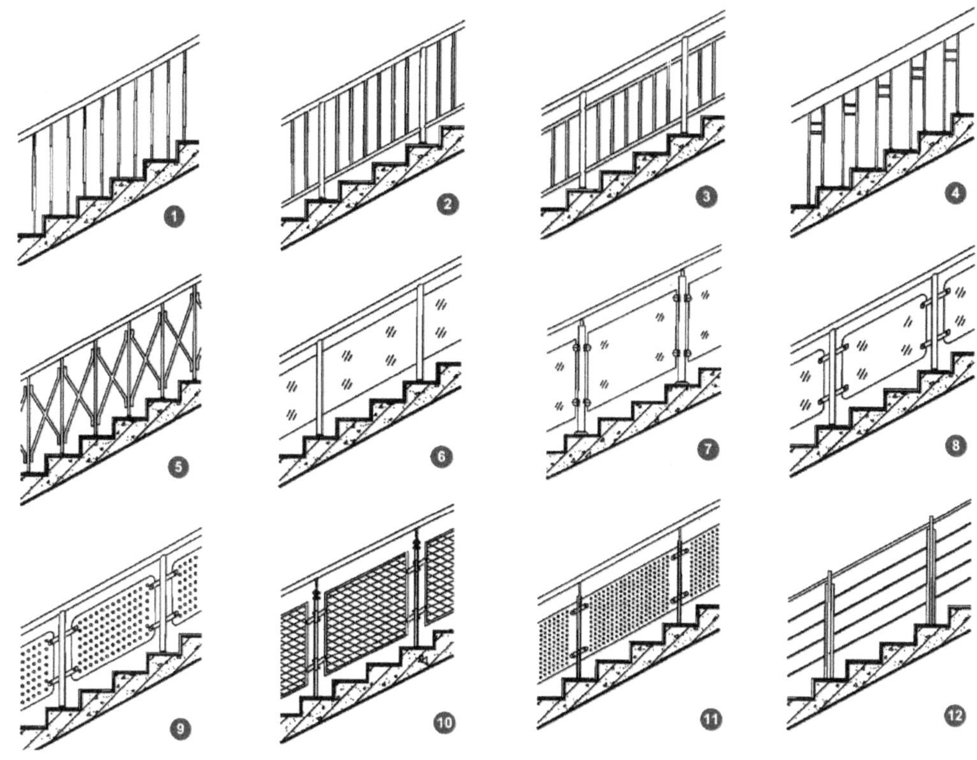

图 3.8.49　栏杆与扶手例

楼梯扶手按材料分有木扶手、金属扶手、塑料型材扶手等，以构造分有镂空栏杆扶手、栏板扶手和靠墙扶手等。

（1）木扶手、塑料扶手靠木螺钉通过扁铁与镂空栏杆连接。

（2）金属扶手则通过焊接或螺钉连接。

（3）靠墙扶手则由预埋铁脚的扁钢靠木螺钉来固定。

（4）栏板上的扶手多采用抹水泥砂浆或水磨石粉面的处理方式。

4. 栏杆和扶手建模

（1）用直线分别连接图 3.8.50 ①与②以及图 3.8.50 ③与④的角点，并适当延长，获取两条坡度线。

（2）两条坡度线分别向梯级中心移动 60mm，如图 3.8.51 ①②所示。

（3）两条坡度线再垂直向上移动 900mm，形成扶手基线（可按住向上箭头键锁定移动方向）。

（4）画作定位用的辅助线（见图 3.8.52 ①）作出图 3.8.52 ②③④的 3 处细节。

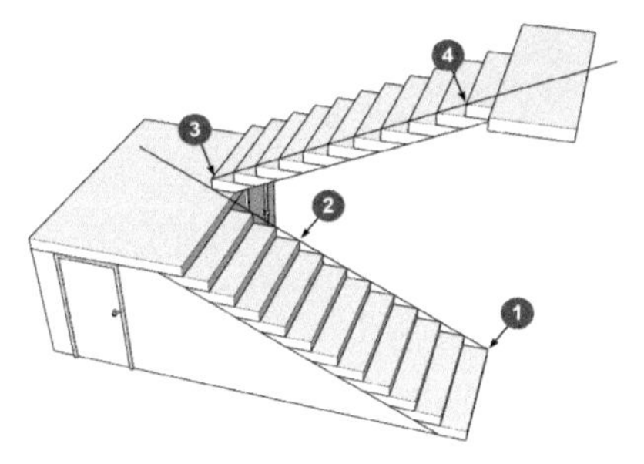

图 3.8.50 连角画线

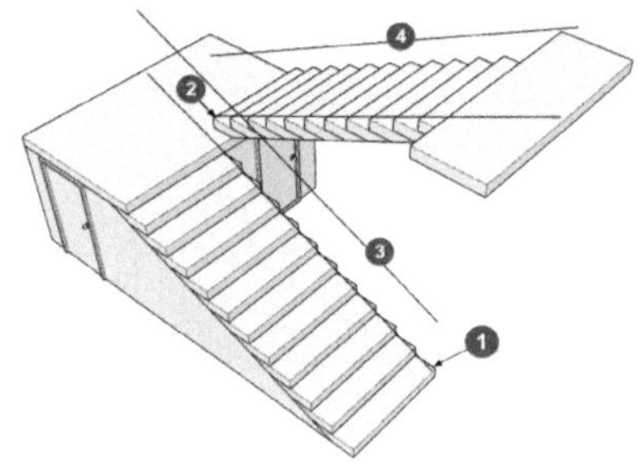

图 3.8.51 往上移动线段

（5）用圆弧工具画出转角处的弧度，如图 3.8.53 ①②③所示。

（6）画扶手放样截面（见图 3.8.53 ④），半径为 30mm。

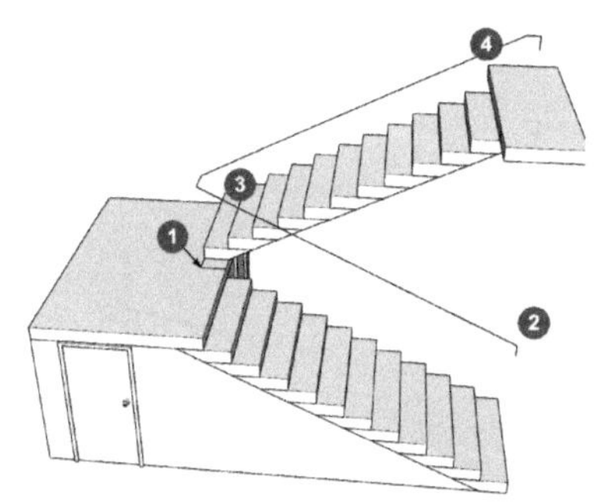

图 3.8.52 连接线段

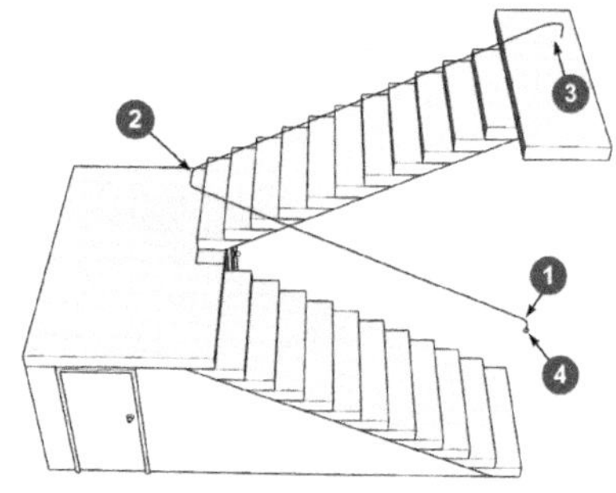

图 3.8.53 画出圆角过渡

（7）进入一个梯级组件，作两个立杆截面，半径 10mm（见图 3.8.54 ①）。

（8）作垂直辅助面（见图 3.8.54 ②），绘制曲线（见图 3.8.54 ③），画出放样截面，半径 8mm，片段 6（见图 3.8.54 ④）。

（9）删除辅助面，用路径跟随做出弯曲的杆件，如图 3.8.55 所示。

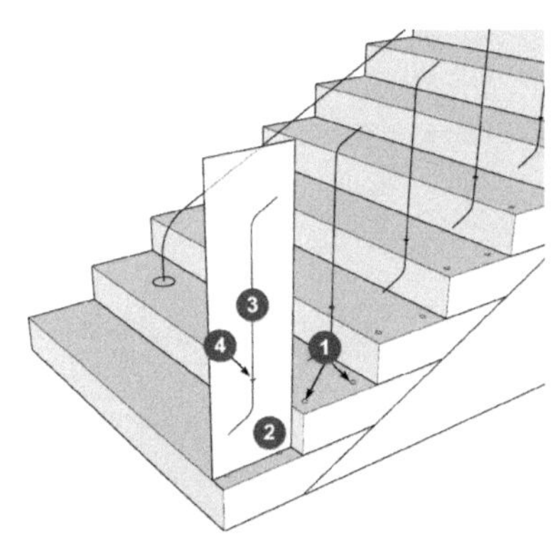

图 3.8.54 辅助面与放样路径

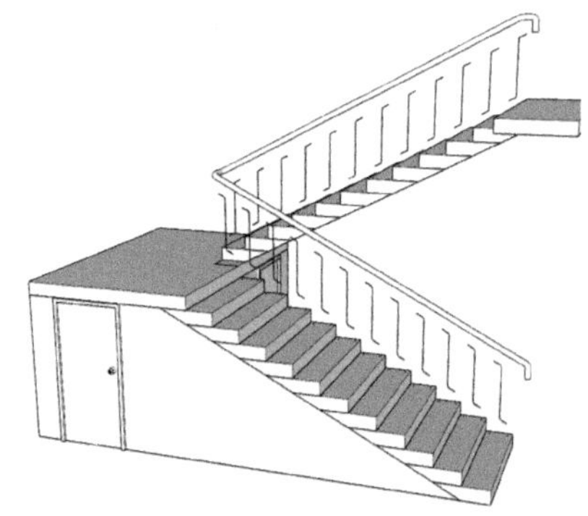
图 3.8.55 放样后

（10）最后拉出立杆，补齐缺少的立杆，清理废线、面后完成，如图 3.8.56 所示。

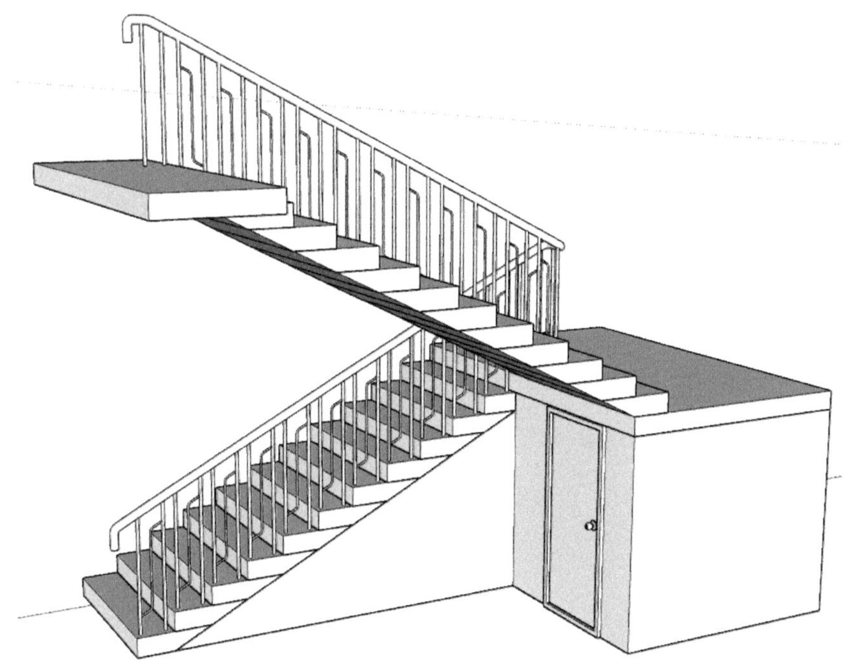

图 3.8.56　添加立杆

通过 3.7 节和本节的实例，学习了如何用图解的方法来设计楼梯；还有创建楼梯模型的一些基本思路；作为设计师，一定要熟悉相关的标准和规章，掌握上面演示的基本建模思路，才能又快又好地完成建模任务。请仔细阅读后面 7 个附录里的资料，今后创建楼梯模型时可直接引用。

图 3.8.57 至图 3.8.63 中的资料摘录于：《楼梯栏杆栏板（一）图集》（GJB/T—945）　图集号：06J403—1（中国建筑标准设计研究院）

常用建筑楼梯基本技术要求表 （mm）

建筑类别 \ 项目	在限定条件下对楼梯净宽及踏步的要求：限定条件	楼梯净宽	踏步高度	踏步宽度	楼梯栏杆高度的要求	楼梯平台净宽要求	备注
住宅	公用楼梯：七层及七层以上	≥1100	≤175	≥260	栏杆高度≥900，栏杆垂直杆件间净空≤110	平台净宽≥梯段净宽且不小于1200	楼梯水平段栏杆长度>500时，其扶手高度≥1050。梯井宽度>110时，必须采取防止儿童攀滑的措施
	公用楼梯：六层及六层以下一边设有栏杆	≥1000					
	户内楼梯：一边临空时	≥750	≤200	≥220	—	—	
	户内楼梯：两侧有墙时	≥900					
托儿所幼儿园	少年儿童专用活动场所楼梯	≥1000	≤150	≥260	栏杆高度≥900，栏杆应采取不易攀登的构造，垂直杆件间净距≤110	平台净宽≥梯段净宽且不小于1200	梯井宽度>200时，必须采取防止攀滑的安全措施，严寒及寒冷地区设置的室外疏散梯，应有防滑措施
小学	少年儿童专用活动场所楼梯（教学楼楼梯）	≥1400 大于3000时宜设中间扶手	≤150	≥260	室内楼梯栏杆高度≥900 室外楼梯栏杆高度≥1100	平台净宽≥梯段净宽	楼梯间不应设遮挡视线的隔墙。楼梯坡度≤30°。梯井宽度>200时，必须采取防止攀滑的安全措施。楼梯水平段栏杆长度>500时，其扶手高度≥1100
			不得采用螺旋或扇形踏步		栏杆应采取不易攀登的构造，垂直杆件间净距≤110		
中学	少年儿童专用活动场所楼梯（教学楼楼梯）	≥1400 大于3000时宜设中间扶手	≤160	≥280	室内楼梯栏杆高度≥900 室外楼梯栏杆高度≥1100	平台净宽≥梯段净宽	
			不得采用螺旋或扇形踏步		栏杆应采取不易攀登的构造，垂直杆件间净距≤110		
医院	门诊、急诊、病房楼	主楼梯≥1650 疏散楼梯≥1300	≤160	≥280	室内楼梯栏杆高度≥900 室外楼梯栏杆高度≥1100	主楼梯和疏散楼梯的平台深(宽)度均应≥2000	楼梯水平段栏杆长度>500时，其扶手高度≥1050
交通建筑	港口客运站疏散楼梯	≥1400	≤160	≥280	室内楼梯栏杆高度≥900 室外楼梯栏杆高度≥1100 当采用垂直杆件做栏杆时，其杆件间净距≤110	平台净宽≥梯段净宽	楼梯水平段栏杆长度>500时，其扶手高度≥1050
	铁路旅客客运站旅客用楼梯疏散楼梯	≥1600	≤150	≥300			

楼梯及平台栏杆基本技术要求表	图集号	06J403-1
审核 王祖光 王祖光 校对 刘瑞 [签名] 设计 刘宁 [签名]	页	9

图 3.8.57 常用建筑楼梯基本技术要求表

续前表

建筑类别＼项目	限定条件		梯段净宽	踏步高度	踏步宽度	栏杆高度的要求	楼梯平台净宽要求	备注
	在限定条件下对楼梯净宽及踏步的要求							
商店 剧场 电影院	营业部分公用楼梯 观众使用的主楼梯		≥1400	≤160	≥280	室内楼梯栏杆高度≥900 室外楼梯栏杆高度≥1100 楼梯应设坚固连续的扶手;当采用垂直杆件做栏杆时,其杆件间净距≤110	平台净宽≥梯段净宽	楼梯水平段栏杆长度>500时,其扶手高度≥1050
				无中柱螺旋楼梯和弧形楼梯内侧扶手中心0.25m处的踏步宽度不应小于0.22m				
办公及其他建筑	专用疏散楼梯	多层	≥1100	≤180	≥250	室内楼梯栏杆高度≥900 室外楼梯栏杆高度≥1100	平台净宽≥梯段净宽 且不小于1200	楼梯水平段栏杆长度>500时,其扶手高度≥1050
		高层	≥1200					
	其他建筑楼梯	多层	≥1100	≤170	≥260			
		高层	≥1200					

注:1 楼梯净宽指墙面至扶手中心线或扶手中心线之间的水平距离。
2 楼梯平台上部及下部过道处的净高不得小于 2m,梯段净高不得小于2.20m。梯段净高为自踏步前缘(包括最低和最高一级踏步前缘线以外300范围内)至上方突出物下缘间的垂直高度。
3 每个梯段的踏步不应超过18级,亦不应少于3级。
4 楼梯应至少一侧设扶手,梯段净宽达3股人流时应两侧设扶手,达4股人流时宜加设中间扶手。
5 供老年人、残疾人使用及其他专用服务楼梯应符合专用建筑设计规范。

常用建筑平台栏杆基本技术要求表 (mm)

场所＼项目	建筑类别	水平荷载要求值	栏杆高度的要求	栏杆杆件构造的要求	备注
建筑临空处栏杆	居住建筑	≥0.5kN/m	六层及六层以下,≥1050 七层及七层以上,≥1100	住宅、托幼、中小学及少年儿童专用活动场所栏杆必须采用防止攀登的构造,垂直杆件间净距≤110	其他公共建筑允许少年儿童进入活动的场所,当采用垂直杆件做栏杆时,垂直杆件间净距也应≤110 关于栏杆高度与可踏面之间的计算原则见《民用建筑设计通则》
	托儿所、幼儿园	≥0.5kN/m	≥1200,且内侧不应有支撑		
	办公楼	≥0.5kN/m	临空高度≤24m时,≥1050		
	其他公共建筑	≥1.0kN/m	临空高度≥24m时,≥1100		
护窗栏杆	住宅	≥0.5kN/m	≥900		
	其他民用建筑	≥1.0kN/m	≥800		
导向栏杆	交通建筑等售票处	≥1.0kN/m	宜为1200~1400		

注:建筑临空处栏杆指阳台、外廊、室内回廊、内天井、上人屋面、室外楼梯等临空处应设置的栏杆。

楼梯及平台栏杆基本技术要求表							图集号	06J403-1
审核	王祖光	[signature]	校对	刘瑞	[signature]	设计 刘宁 [signature]	页	10

图 3.8.58 楼梯及平台栏杆基本技术要求表

常用楼梯踏步数值表 （mm）

每层踏步数 \ 层高 数值	2700 R	2700 G	2800 R	2800 G	2900 R	2900 G	3000 R	3000 G	3100 R	3100 G	3200 R	3200 G
16	169	260/280	175	260/280								
17	159	260/300	165	280/300	171	260/280	176	260/280				
18	150	260/300	156	260/300	161	260/300	167	280	172	280	178	260
19			147	300	153	300	158	300	163	280/300	168	280
20					145	300	150	300	155	300	160	280/300
21							143	320	148	300	152	300
22									141	320	145	300

续表

每层踏步数 \ 层高 数值	3300 R	3300 G	3400 R	3400 G	3500 R	3500 G	3600 R	3600 G	3900 R	3900 G	4200 R	4200 G
19	174	280										
20	165	280/300	170	280	175	280						
21	157	300	162	280/300	167	280	171	280				
22	150	300	155	300	159	300	164	280/300				
23	143	320	148	300	152	300	157	300	170	260/280		
24			142	320	146	300	150	300	163	280/300	175	260/280
25							144	320	156	300	168	280
26									150	300	160	280/300
27									144	320	156	300
28											150	300
29											145	300
30											140	320

注：1.《建筑楼梯模数协调标准》规定楼梯梯段的最大坡度角不宜超过38°，本表提供的数据控制为不超过34°。
2. 表中所列数值适用于供人流通行和安全疏散的普通常用楼梯，阴影部分下面为适宜数据。辅助楼梯和爬梯不在此列。
3. 设计人选用楼梯踏步数值时应符合有关单项建筑设计规范。
4. 表中字母表示：*R*为踏步高度；*G*为踏步宽度。

常用楼梯踏步数值表							图集号	06J403-1
审核	王祖光	校对	刘瑞	设计	刘宁		页	11

图 3.8.59 常用楼梯踏步数值表

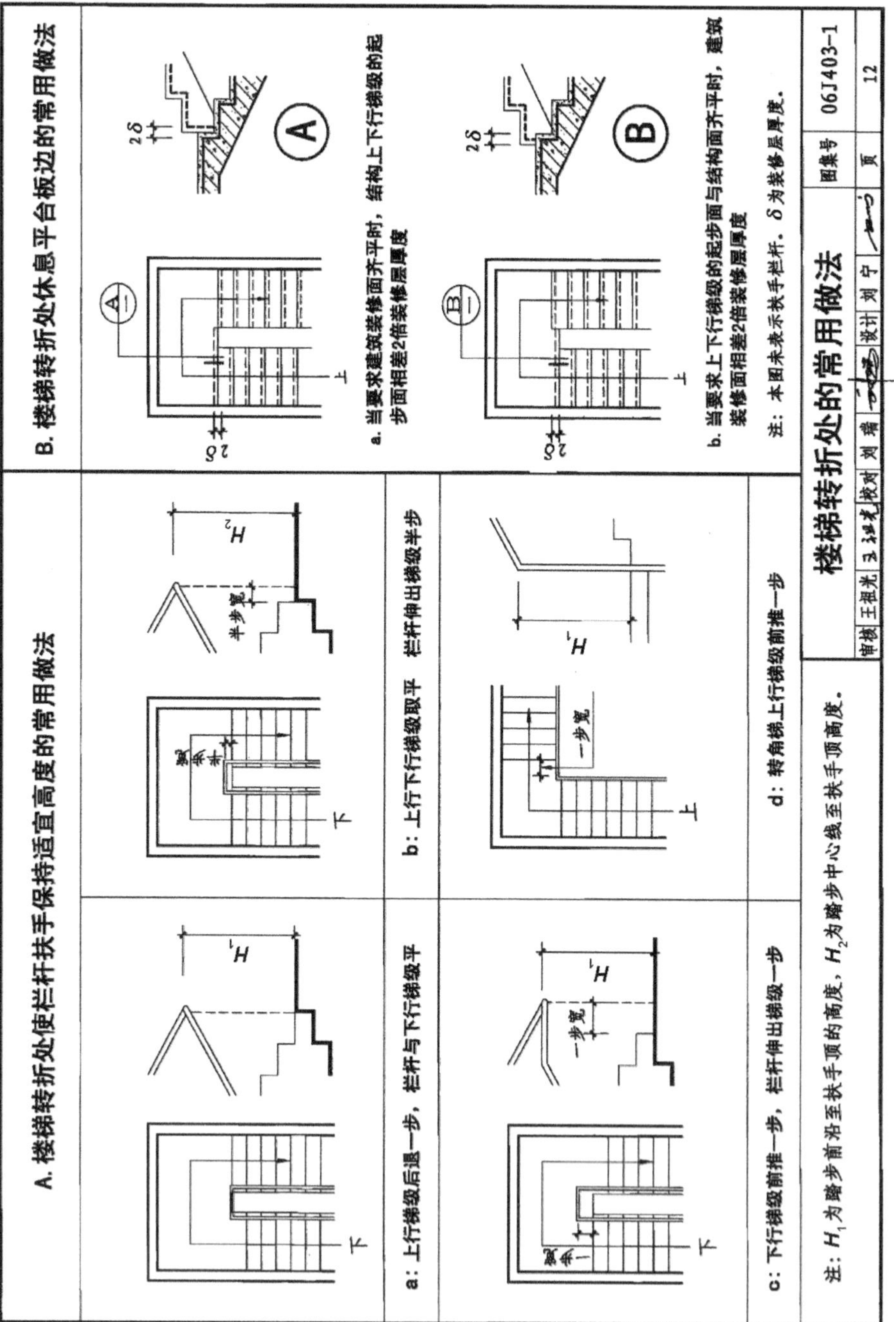

图 3.8.60　楼梯转折处的常用做法

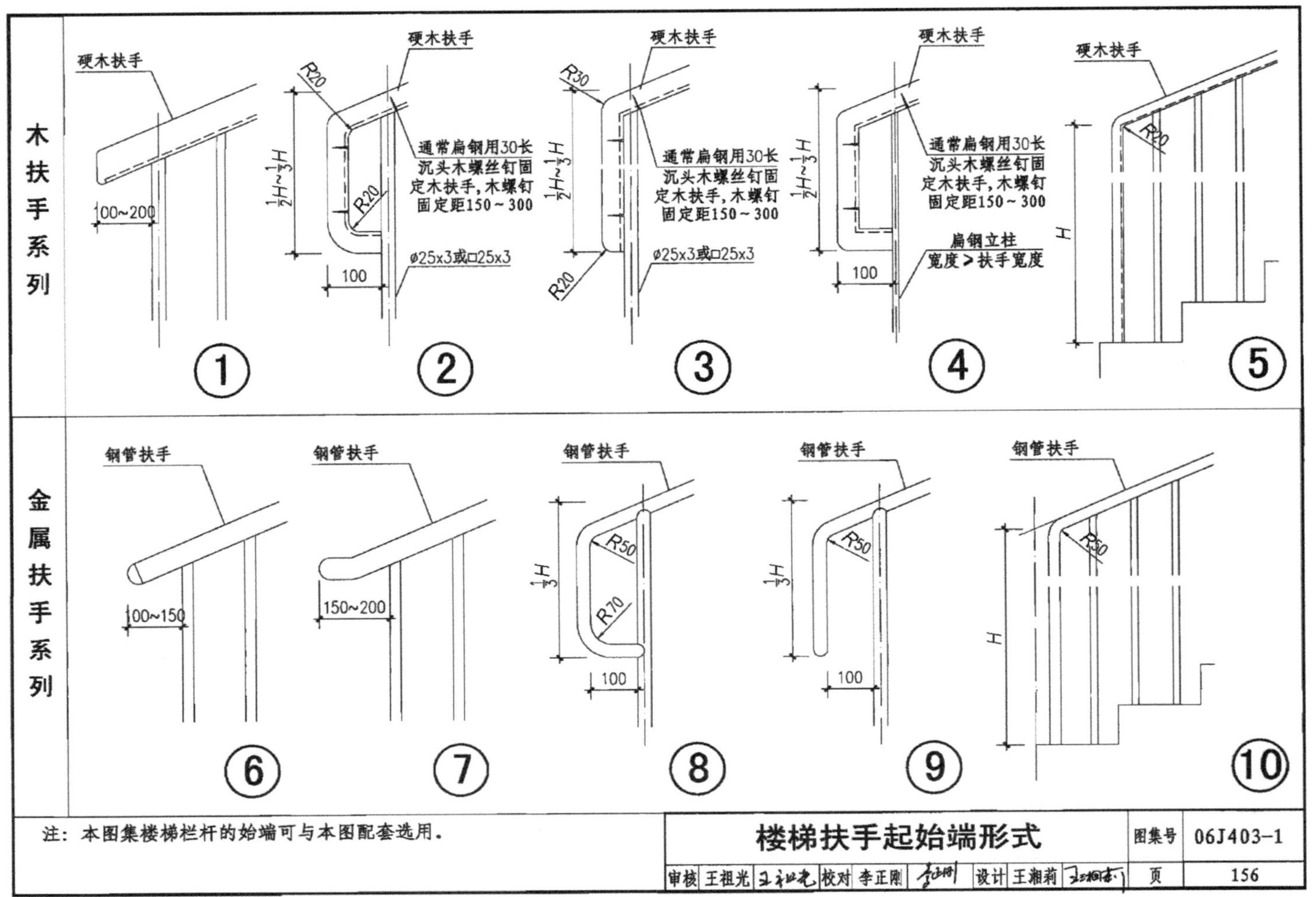

图 3.8.61 楼梯扶手起始端形式

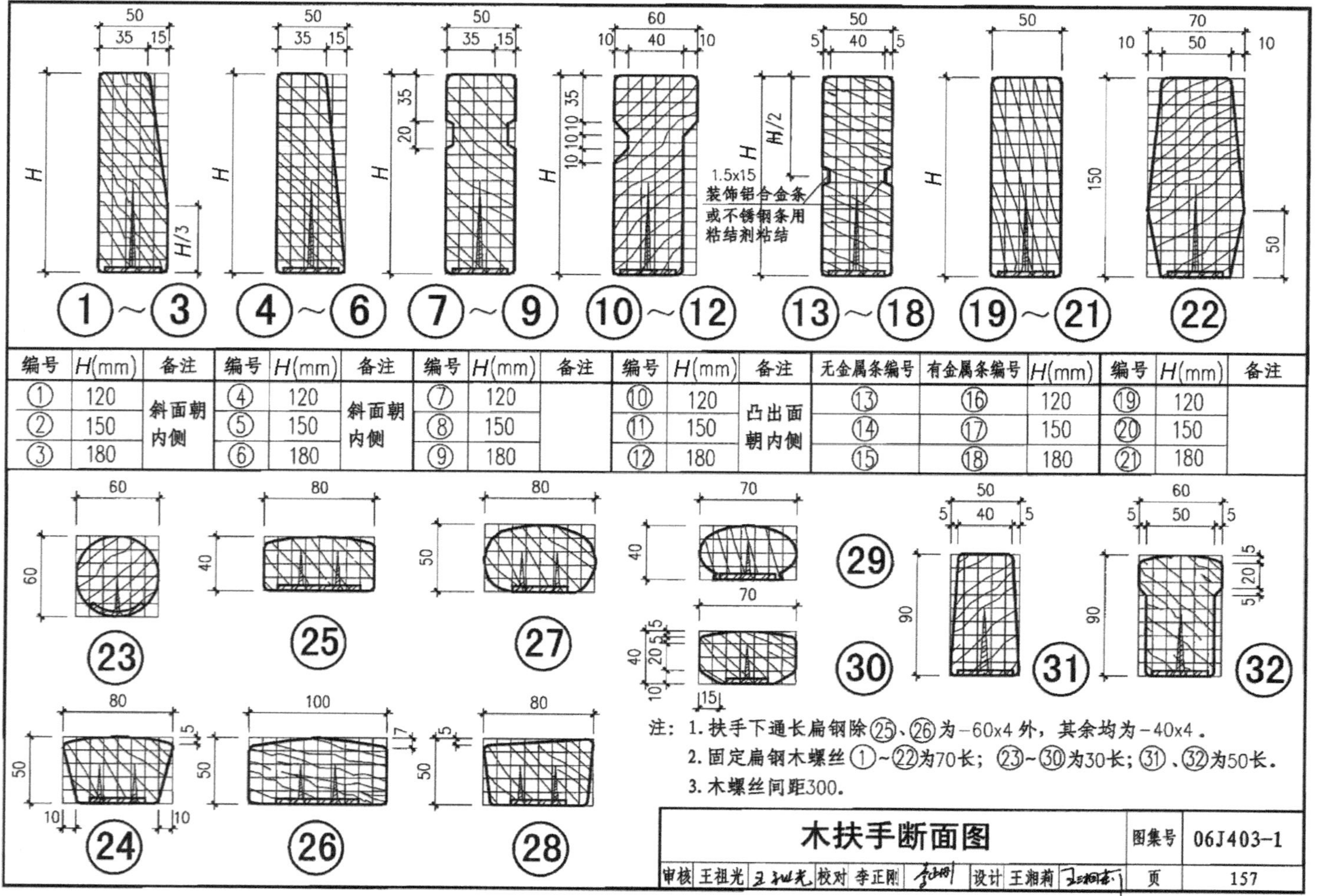

编号	H(mm)	备注	编号	H(mm)	备注	编号	H(mm)	备注	编号	H(mm)	备注	无金属条编号	有金属条编号	H(mm)	编号	H(mm)	备注
①	120	斜面朝内侧	④	120	斜面朝内侧	⑦	120		⑩	120	凸出面朝内侧	⑬	⑯	120	⑲	120	
②	150		⑤	150		⑧	150		⑪	150		⑭	⑰	150	⑳	150	
③	180		⑥	180		⑨	180		⑫	180		⑮	⑱	180	㉑	180	

图 3.8.62　木扶手断面图

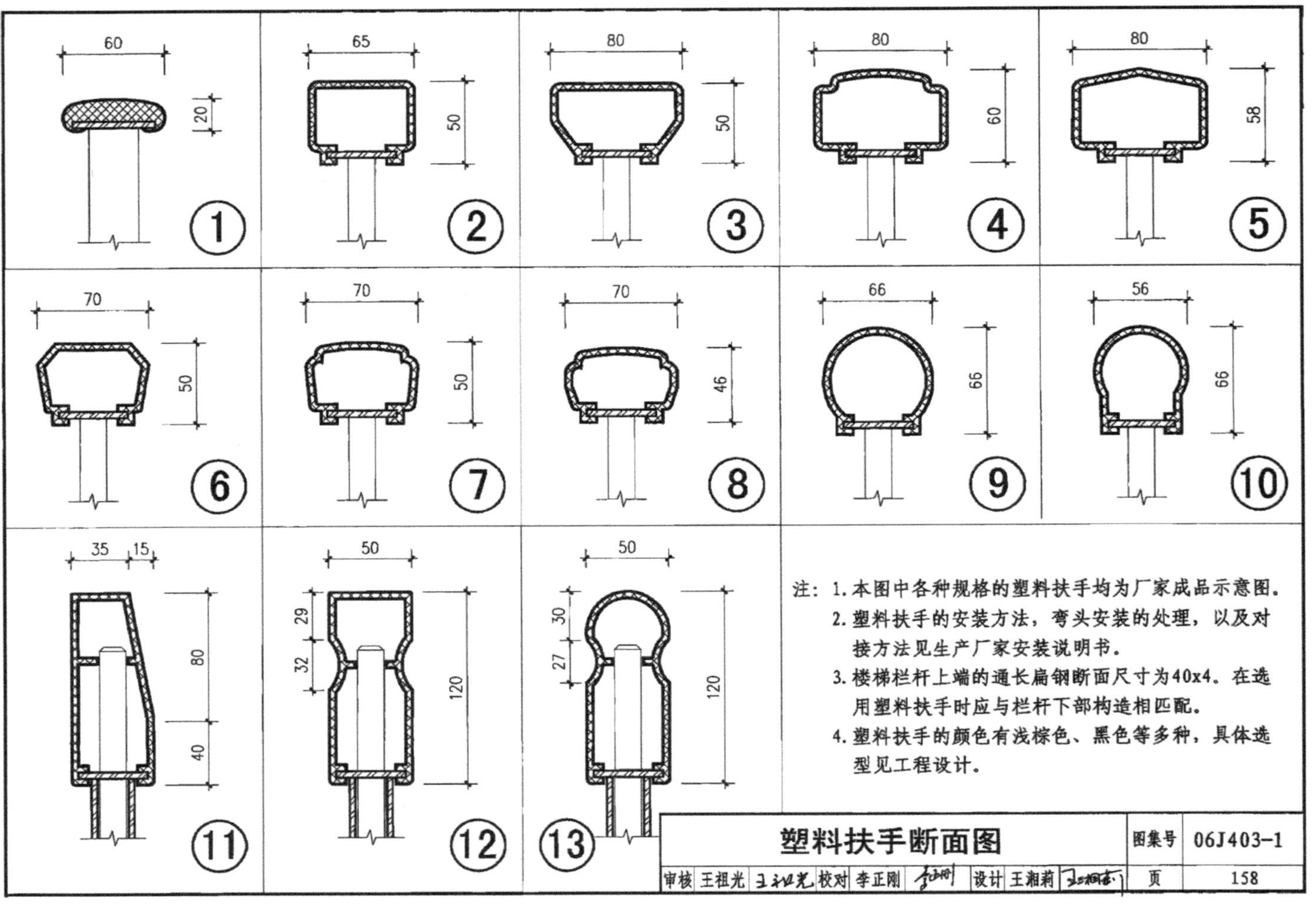

图 3.8.63 塑料扶手断面图

3.9 弧形楼梯

在前面几个实例中，学习了常见折梯的设计和建模技巧；在这个实例中，还要来学习比较复杂的弧形楼梯的设计和建模，圆弧形的楼梯比较气派，适合在比较大的空间里应用。

设计圆弧形的楼梯，很多参数跟常见的楼梯是差不多的，譬如也要根据楼层高度来决定需要的台阶级数，还要考虑踏面宽度是否符合标准和规程等，比较特殊的是，弧形楼梯还需要考虑楼梯入口和出口之间的角度和位置，在大多数应用场合，这是有严格限制的，有时候还需要做些特殊处理。

做弧形楼梯的“图解设计”需要画两个同心的圆弧或同心的圆，内、外两个圆之间的就是楼梯的宽度。正如你所知道的，用 SketchUp 画的圆和圆弧，都是由很多直线段拟合而成的，直线段的多少是可以设定的，我们做弧形的楼梯，就要用到 SketchUp 的这个特性。

假设某公共建筑大厅层高是 4200mm，需要做一个 180° 的弧梯，确定在这 180° 的弧形里，需要建立多少个台阶才符合建筑标准的要求。

通过简单计算，已知总高度 4200mm，假设每个台阶高 150mm，需要 28 级（若考虑中间设一两处休息平台还要增加级数）

再假设弧形楼梯的内圆，直径是 4m，楼梯宽度考虑双人同时上下，假设为 1200mm，外圆直径就是 6.4m。

下面作个简单的图，用图解的方法来测算验证。

（1）为了后续建模的方便，先在地面上创立一个十字形的辅助线（见图 .3.9.1 ①），确定圆心并锁定。

（2）现在确定内圆的片段数，在单击圆形工具后，马上输入 56，按 Enter 键，为什么要输入 56？从前面已经知道，半圆形里面有 28 级楼梯，现在画的是整圆，所以要加倍。那么，为什么不用圆弧工具来画？因为用圆形工具更精确、更方便。

（3）现在画内圆，半径 2000mm（见图 3.9.1 ②）。

（4）再画同心的外圆，半径 3200mm（见图 3.9.1 ③）。

接着，就可以来测量这些参数是否合理了。

（1）用直线工具连接圆心与圆弧上的相应端点，画两段直线（见图 3.9.1）。

（2）现在得到一个梯形，这就是弧形楼梯每级台阶的形状了（见图 3.9.1）。

（3）用测量工具测量两处，一个是台阶靠近内侧的宽度，我们知道建筑国标对踏面宽度的要求下限是 220mm，现在几乎是下限，偏小了一些（见图 3.9.1 ⑤）。再测量中间，符合规程的要求。

现在我们要考虑一些问题了，如果这个弧梯是某位达官贵人、商贾富豪的私宅，通常不会多人一起上下楼，这个参数还勉强可用。如果这是宾馆大堂、饭店门厅等公共场所，这个弧梯做出来可能不合适，譬如一人上楼，正好有人下楼，在相会之处，总有一个人要踩比较窄的梯级上，若是老年人，踩不稳摔了下来，事情就大了，所以还得修改参数。

下面改变条件，重新设计。

（1）把内圆扩大到 5m，半径 2500mm（见图 3.9.2 ①）。用偏移工具偏移出楼梯的宽度 1300mm（见图 3.9.2 ③）。

（2）再画线测量的结果是，即使是最靠近内圆的位置，台阶的宽度也达到规范的要求。所以，下面就按这个尺寸来建立弧形楼梯。

（3）删除所有废线、废面，只留下图 3.9.3 ①所示的梯形和圆心标记，并把梯形做成组件。

（4）选择这个组件，旋转复制出另外 27 个，结果如图 3.9.3 所示。

（5）现在得到的是 28 个躺在地下的梯形，任选其中的一个，拉出 150mm 高度后如图 3.9.4 所示。

（6）接着整体移动组合，窍门是：每次少选一个或按 Shift 键减去一个再移动（见图 3.9.5）。

（7）全部移动到位后如图 3.9.6 所示。注意：按建筑标准，每一梯段最多不能超过 18 级，按理应该在中间断开，增加一个休息平台（不小于 1200mm）为方便演示，该环节在本例中省略。

现在要补齐缺角后再柔化，这部分操作在前面已经有过详细介绍，不再赘述，图 3.9.7 所示为楼梯侧面补角柔化后效果，图 3.9.8 是底部补角柔化后效果（底部补角要注意对角线的方向画线）。

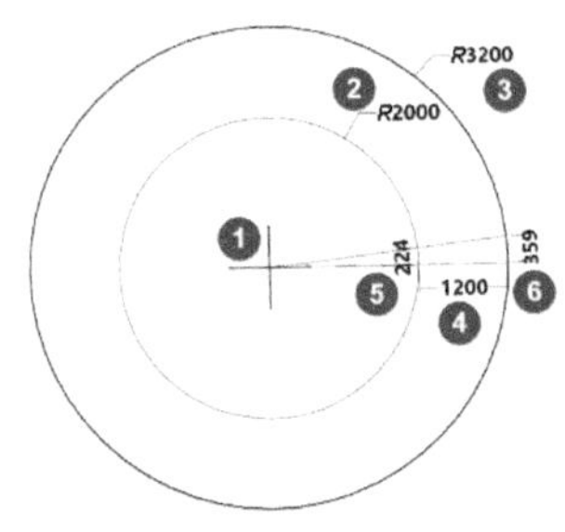

图 3.9.1　图解法设计（1）

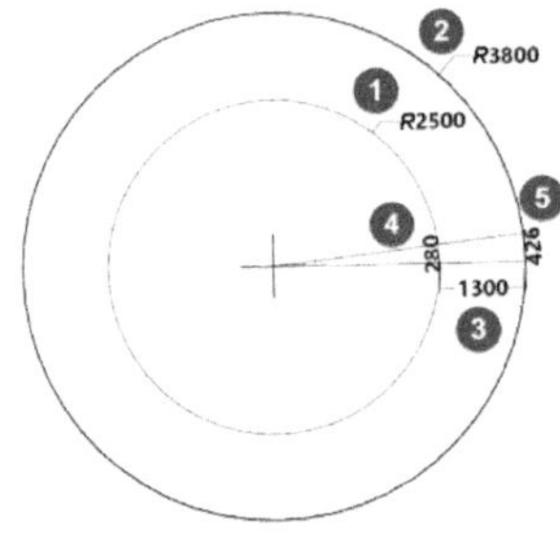

图 3.9.2　图解法设计（2）

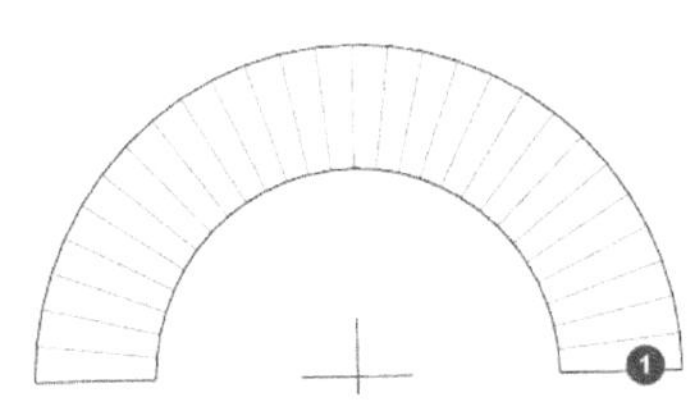

图 3.9.3　旋转复制组件

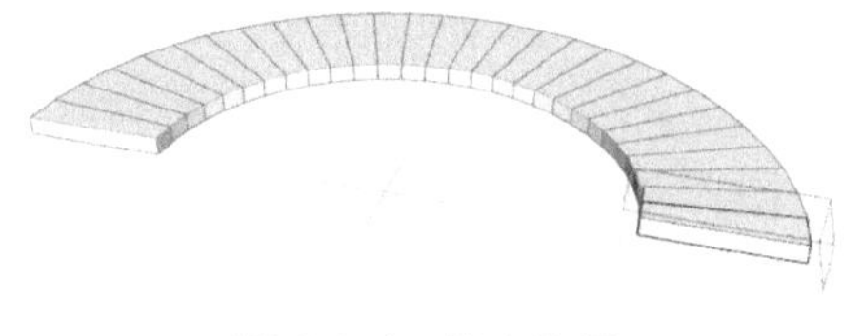

图 3.9.4　拉出体量

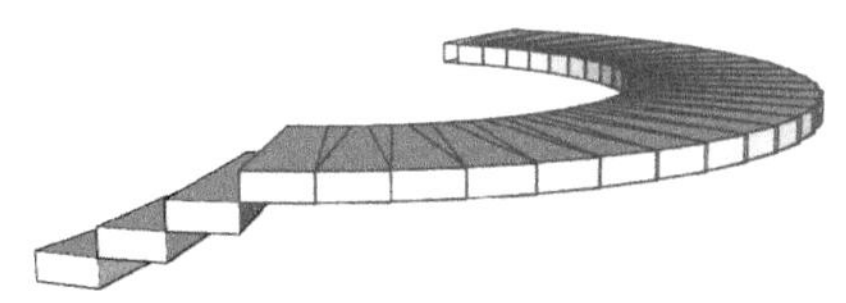

图 3.9.5　向上移动

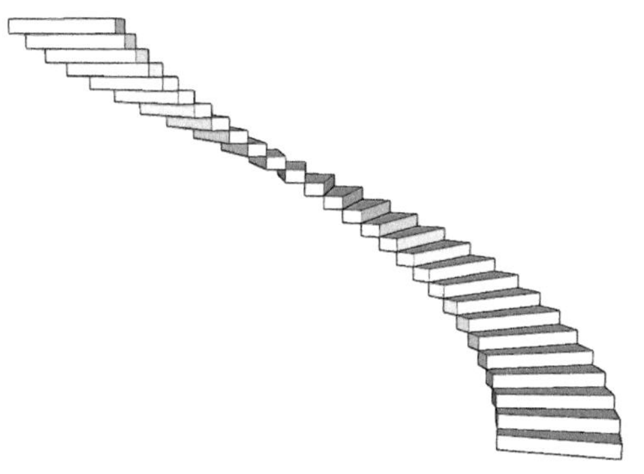

图 3.9.6　全部移动到位后

图 3.9.7　进入组件补线成面

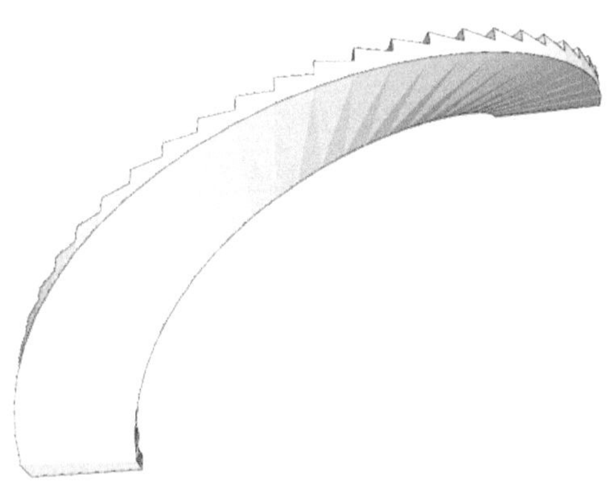

图 3.9.8　用右键菜单中的“柔化”命令（不要用橡皮擦）

接着要完成栏杆的部分，跟前几节的操作类似。

（1）在本节的附件里，有一些栏杆和扶手的组件，各挑选一个拉到操作窗口里备用。

（2）图 3.9.9 ①②是挑选出的栏杆和扶手的截面，已经调整到需要的尺寸。

（3）注意已经在栏杆顶部的中心位置画了一小段（10mm）的垂线（见图 3.9.9 ③），等会有用。

（4）把准备好的栏杆复制到一个群组里去，每边一个（见图 3.9.10）。栏杆之间的空隙在标准和规范里是有要求的，现在的空隙太大了，这个问题现在还不急着解决，等一会再说。

（5）用直线连接相邻辅助线的端点，图 3.9.11 ①所示就是等会要用的放样路径。

（6）把准备好的扶手放样截面移动到路径的端部，如图 3.9.12 ①所示，调整到垂直于放样路径。

（7）接着做沿路径放样，放样完成后可以看到整个扶手分成了很多小段（见

图 3.9.13 ①）。在每段的接头处，都有个难看的缺陷，这种方法的优点是快。接头处的缺陷可以用推拉工具修整一下，再做局部柔化，可以改善、但不能做到完全看不出痕迹，如图 3.9.14 所示（请试验在组件外画一条连续的放样路径再放样，可得到无缺陷的扶手，请查看结果）。

（8）在相邻两栏杆间再复制一个，并把端部圆柱体拉到扶手，图 3.9.15 所示为完成后的全貌。

（9）楼梯进、出口两端的栏杆，应该跟中间有所区别，复制一根栏杆到组件外面，用缩放工具放大一点，假设放大到原来的 2 倍。在顶部用路径跟随做个圆球，创建成另一个组件。替换掉最低和最高梯级上的立柱后如图 3.9.16 和图 3.9.17 所示。

（10）图 3.9.18 所示为完成后的全貌。

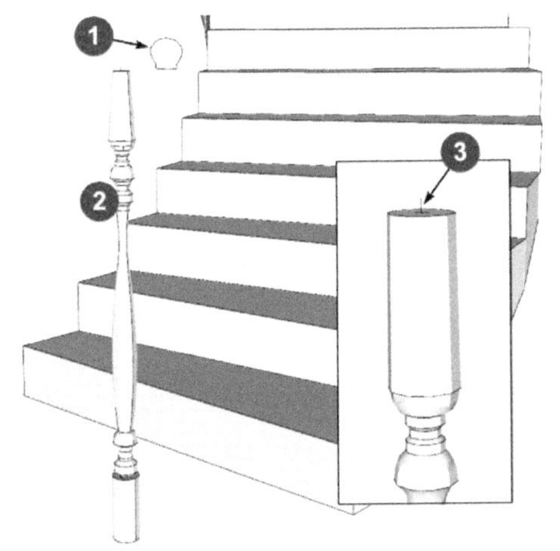

图 3.9.9 栏杆与扶手截面

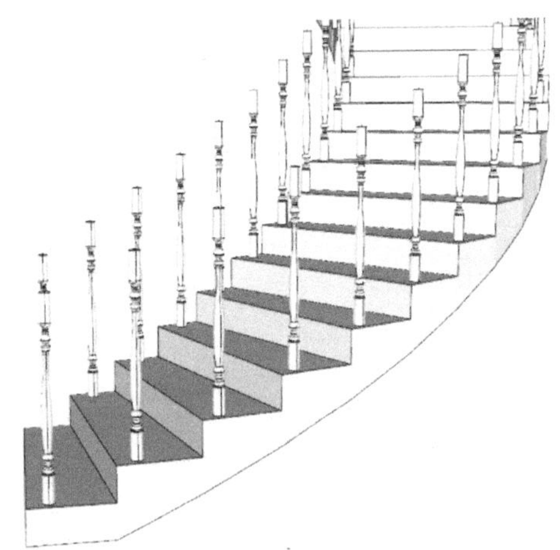

图 3.9.10 进入组件加栏杆

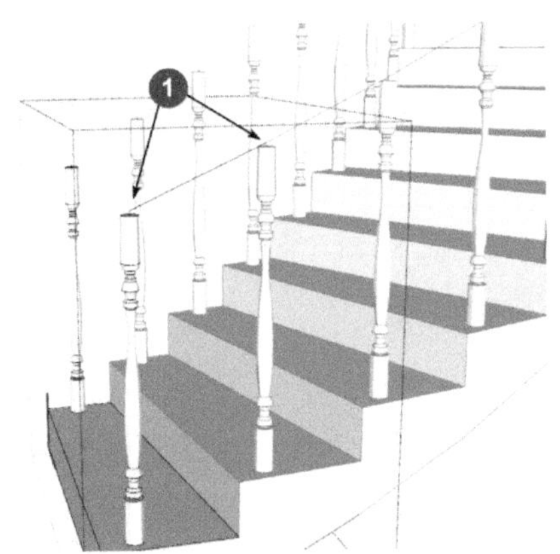

图 3.9.11 直线连接

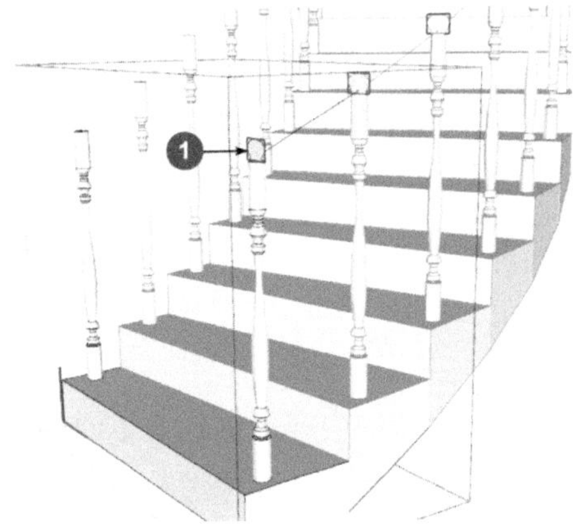

图 3.9.12 截面移动到位

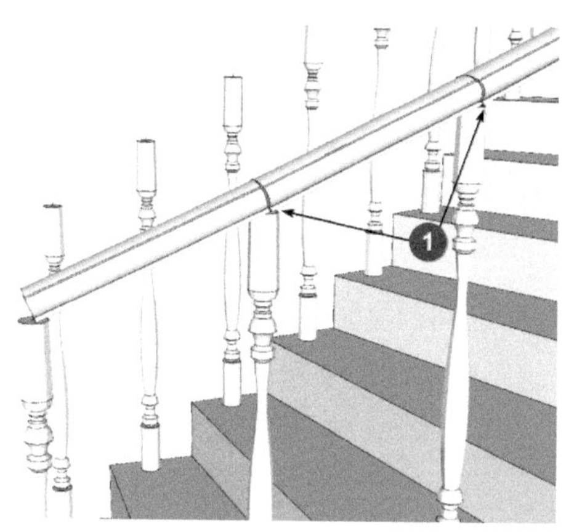

图 3.9.13　路径放样

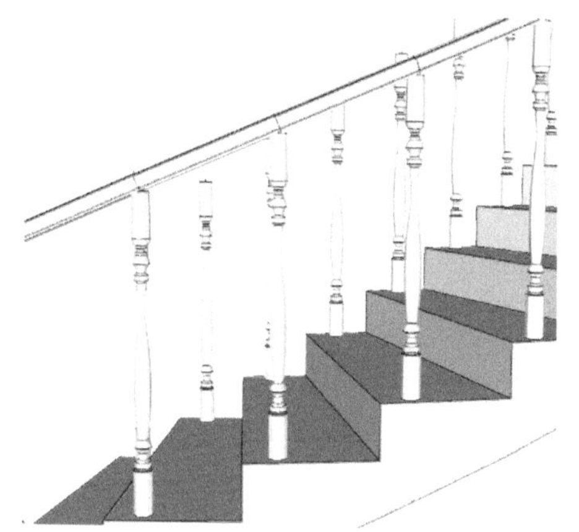
图 3.9.14　修补缺损

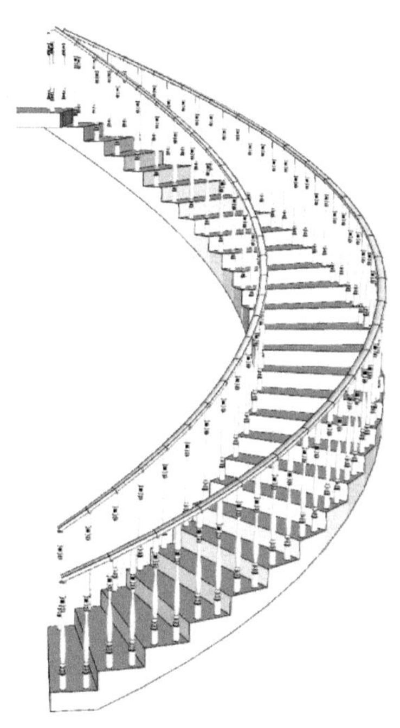
图 3.9.15　修补完成后

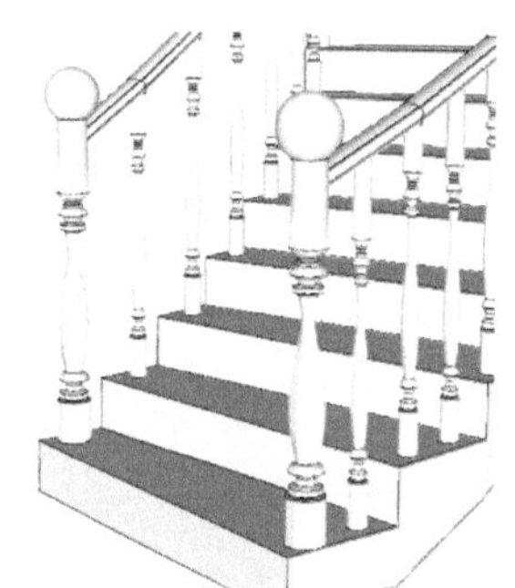
图 3.9.16　加粗的起点

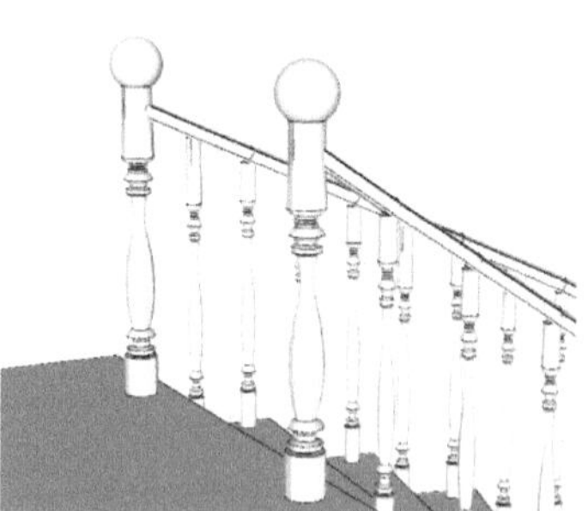
图 3.9.17　加粗的终点

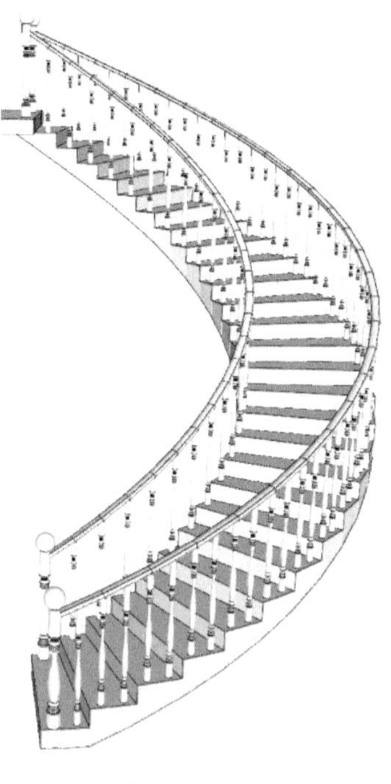
图 3.9.18　全部完成

本节所介绍的内容仅仅是为了说明一种建模思路和最基本的技法，并未包含很多细节，在真实的设计中至少还要考虑：各种力学和结构问题，含中间休息平台的图解设计和建模的问题，材料的选择与处理等一系列专业问题。实战中建模请按设计要求处理。

附件里有本节用到的模型，可供参考。

3.10 旋转楼梯

设计实践中的旋转楼梯和弧形楼梯里不乏优秀的作品，它们构思巧妙、美不胜收；设计师们充分运用力学、美学、材料、工艺，把简简单单一个楼梯做成了艺术品。

在设计和创建旋转形的楼梯（简称旋梯）之前，先来看看它跟弧形楼梯（简称弧梯）有什么区别。图 3.10.1 的上半部分是旋梯和弧梯的正视图，图 3.10.1 的下半部分是顶视图。

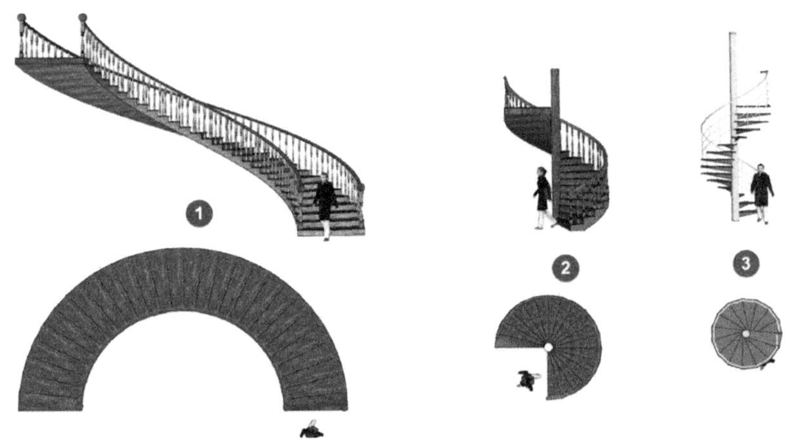

图 3.10.1 弧梯与旋梯的区别

图 3.10.1 ①所示为弧形楼梯，图 3.10.1 ②③所示为旋转楼梯，两种楼梯的区别只是内、外圆和旋转角的大小不同。

弧形楼梯通常旋转角度小于 180°，占用空间大，气派，常用于公共建筑。旋转楼梯的旋转角度通常大于 180°，甚至大于 360°。占用空间小，常用于私宅。这两种特殊的楼梯，在设计参数的确定方面也有些微区别。

下面来看一下如何用图解的方法来设计和创建如图 3.10.2 所示的旋转楼梯。假设层高为 3m，设计旋转角 360°，先假设踏步高为 150mm，这样就需要 20 个梯级。

1. 旋梯的图解设计

（1）先画出圆心的十字标记（见图 3.10.3 ①）并且锁定。

（2）根据梯级的数量确定画圆的片段数（调用画圆工具后立即输入 20，按 Enter 键）。

（3）画出旋转中心的立柱截面，半径为 120mm（见图 3.10.3 ②）。

（4）调用偏移工具，将中心的圆向外偏移 800mm，如图 3.10.3 ③所示。

（5）用直线连接内外圆的同名端点（见图 3.10.4 ①②），形成一个小扇形。

（6）测量扇形从外圆往内 300mm 处的宽度（有效踏面宽）为 194mm，小于建筑标准对住宅户内楼梯踏面下限 220mm 的规定，所以该参数不合格。

（7）第一次用图解方法试算不合格，但还有以下几个办法可以解决这个问题。

① 加粗中心的立柱，这个办法要多占用空间、多用材料，还影响外观，似乎不可取。

② 增加踏面的宽度，同时增加旋转角度，这要看空间是否允许，现在已经限制为 360°，这个办法也不能用。

③ 增加梯级间的高度，减少梯级的数量，看来，还是这个办法更靠谱，可以试试。

下面来试试。原来是 20 级，每级 150mm，现在改成 15 级，每级 200mm 高，仍符合建筑标准对住宅户内楼梯踏步高度上限 200mm 的规定，该参数可用。

（1）现在重新画圆，改成用 15 个片段（见图 3.10.5 ①）画中心立柱，半径为 120mm。

（2）偏移 800mm 后得到大圆（见图 3.10.5 ②）。

（3）用直线连接内外圆的同名端点（见图 3.10.6 ①②），形成一个小扇形。

（4）测量扇形从外圆往内 300mm 处的宽度（有效踏面宽）为 258mm，大于建筑标准对住宅户内楼梯踏面下限 220mm 的规定，该设计合格。

图 3.10.2　旋梯

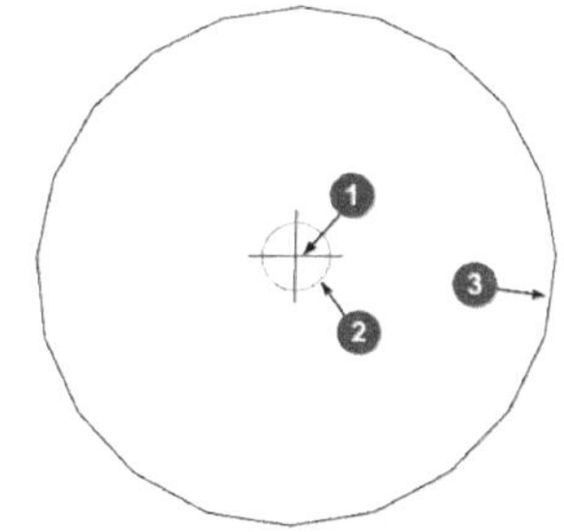

图 3.10.3　图解设计（1）

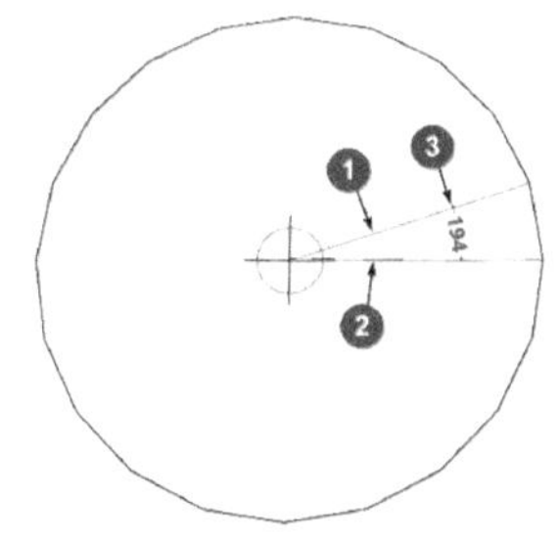

图 3.10.4　图解设计（2）

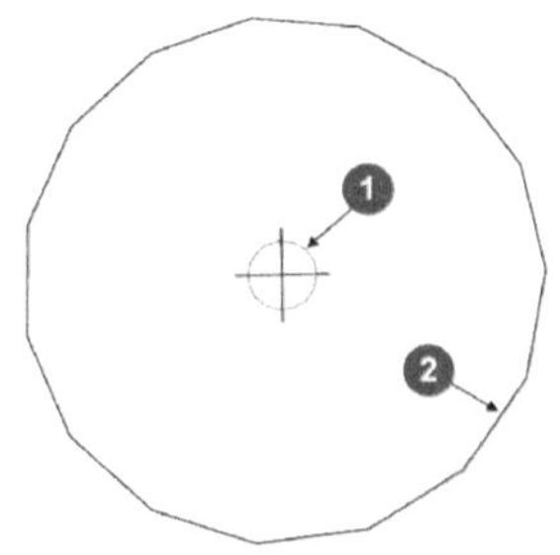

图 3.10.5　图解设计（3）

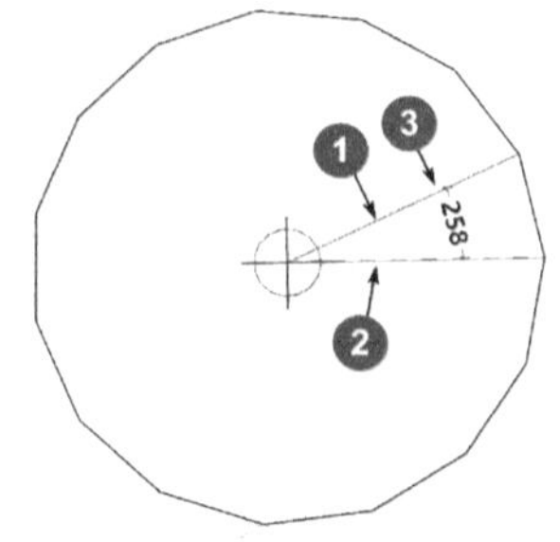

图 3.10.6　图解设计（4）

2. 开始建模

（1）重新绘制图 3.10.6 所示的圆形，删除废线、面，只留下一个梯形，做成组件（见图 3.10.7 ①）。

（2）旋转复制出另外的 14 个组件，如图 3.10.8 所示。

（3）拉出中心的圆柱体，高度要按照设计要求。

（4）拾取圆柱底部的边线向上复制 15 个，间隔 200mm，形成“高度规”（见图 3.10.9 ①）。

（5）把地面上的组件逐个向上移动，与“高度规”对齐，如图 3.10.10 所示，可用向上箭头键配合。

（6）图 3.10.10 ①所示为地面，图 3.10.10 ②所示为二楼的楼板，有意留下这两个等会有用。

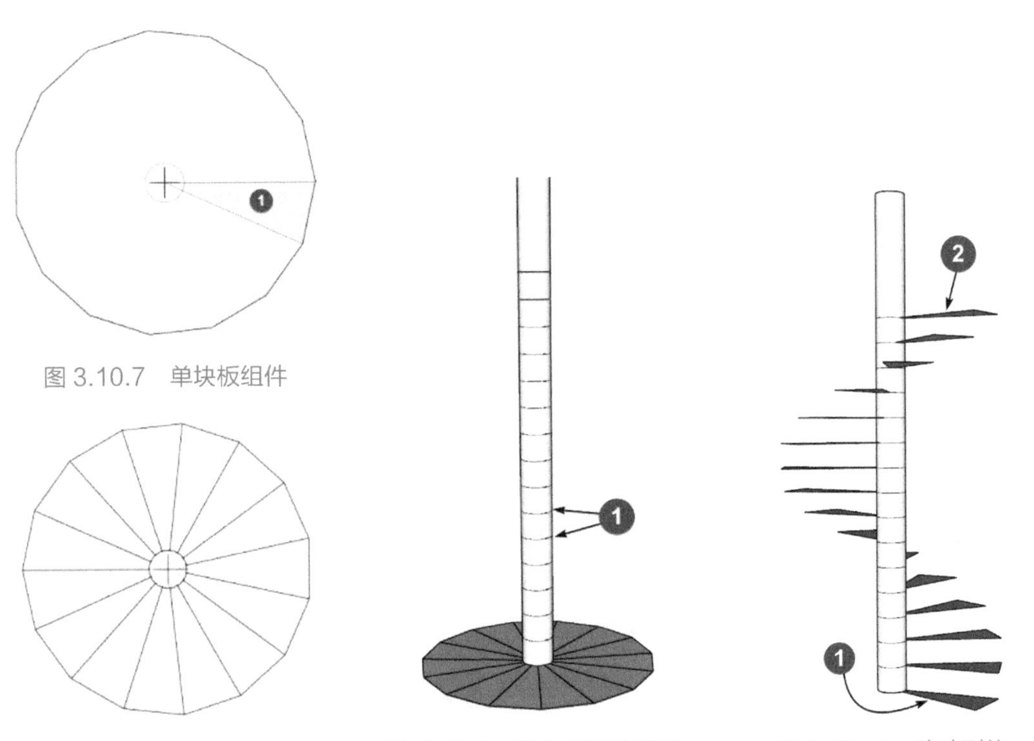

图 3.10.7 单块板组件

图 3.10.8 旋转复制

图 3.10.9 移动复制高度规

图 3.10.10 移动到位

楼梯板到位后还要加工一下。

（1）双击进入一个群组，就可以修改加宽梯形的形状（见图 3.10.11 ①②），做圆角（见图 3.10.12）。

（2）拉出踏板的厚度为 24mm（见图 3.10.13）；底部画出加强筋板的位置（见图 3.10.13 ①）。

（3）拉出加强筋板 160mm（见图 3.10.14 ①）。

（4）画出加强筋板的形状（见图 3.10.15 ①），拉出厚度 24mm 后如图 3.10.16 所示，梯级踏步板完成。

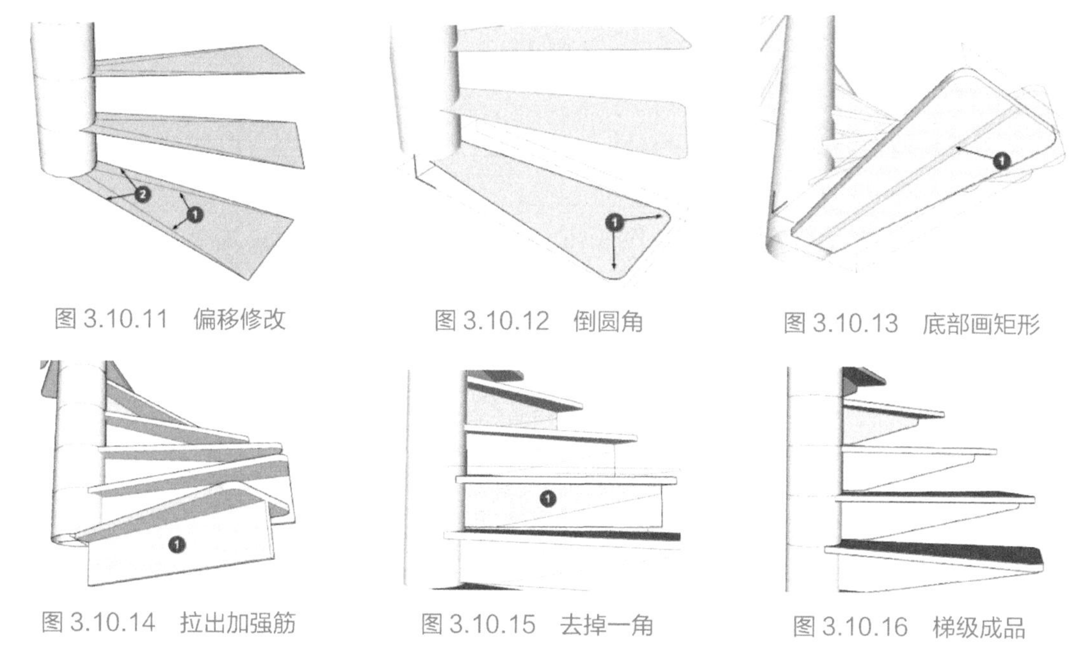

图 3.10.11　偏移修改　　图 3.10.12　倒圆角　　图 3.10.13　底部画矩形

图 3.10.14　拉出加强筋　　图 3.10.15　去掉一角　　图 3.10.16　梯级成品

3. 创建栏杆和扶手

（1）进入组件，在离边缘 60mm 处作一个辅助点（见图 3.10.17 ①），连接所有的辅助点形成基线（图 3.10.17 ②）。

（2）把放样基线向上移动 900mm 复制出一条，然后修改放样路径后如图 3.10.18 ①和图 3.10.19 所示。

（3）画放样截面，因为扶手是该旋转楼梯结构的一部分，要承受一定的力，所以钢管要粗壮点，画圆形，半径为 30mm 做路径跟随，形成扶手的部分（见图 3.10.20）。为了后续操作方便，放样完成后，可以临时把扶手隐藏起来。

（4）接着做栏杆的细钢管。三击全选拾取基线，向上移动 230mm（见图 3.10.21 ①）。

（5）基线端部创建临时坐标系，画出放样截面，画圆形，半径为 12mm，如图 3.10.22 ①

所示。注意：创建临时坐标系后再在端部画放样截面，该面才会垂直于放样路径，这点很重要。

（6）恢复到默认坐标系，做路径跟随，向上复制出另外两根钢管，间隔为230mm（见图3.10.23）。

（7）恢复隐藏的扶手，删除高度规，进入组件编辑，画出立杆圆面，半径为12mm，拉到扶手。如图3.10.24所示，最后清理所有废线、面，翻转所有的反面，保存备用。截图如图3.10.2所示。

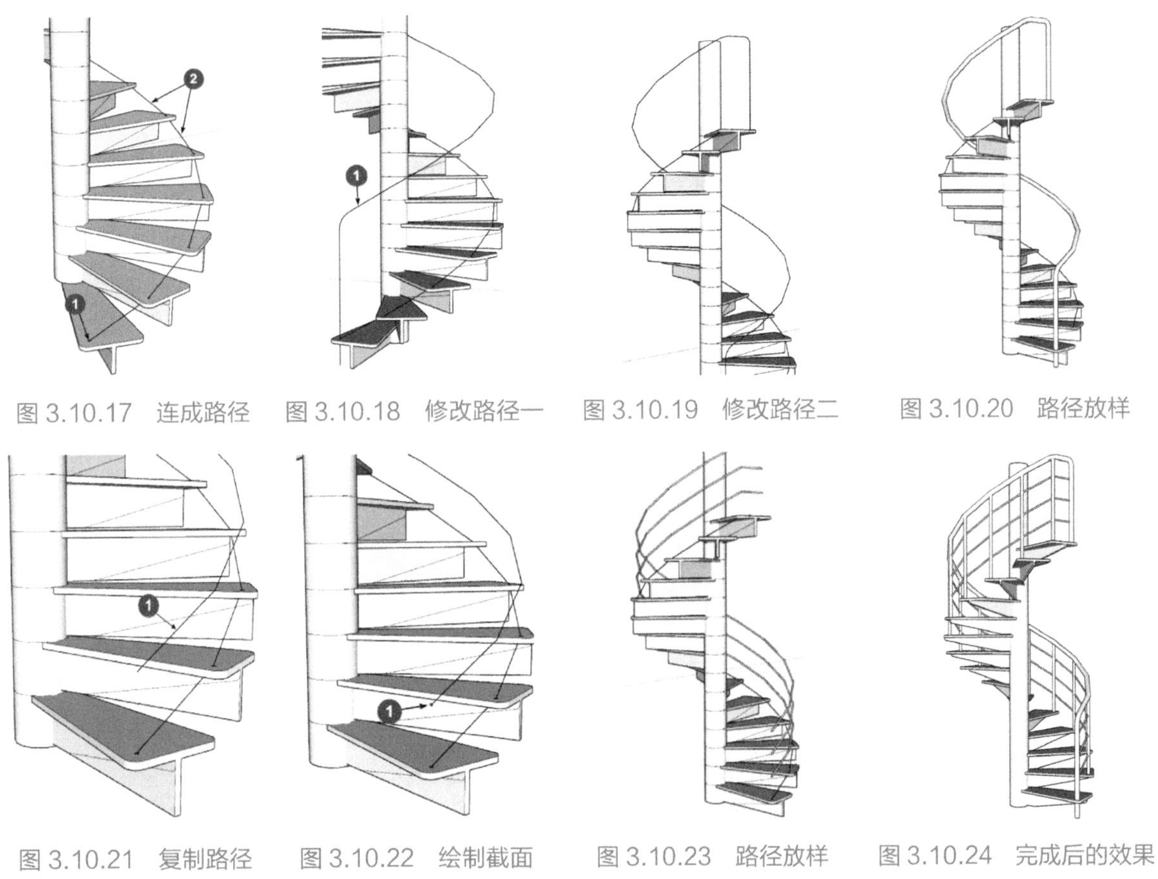

图3.10.17 连成路径　图3.10.18 修改路径一　图3.10.19 修改路径二　图3.10.20 路径放样

图3.10.21 复制路径　图3.10.22 绘制截面　图3.10.23 路径放样　图3.10.24 完成后的效果

好了，旋转形的楼梯又完成了。本节介绍了用图解的方法快速设计旋转楼梯并且建模的过程。

用SketchUp进行图解设计的方法，可以快速、科学、直观地确定楼梯的参数。还有，如果能够灵活运用SketchUp对圆形和圆弧的片段数设置、组件的关联性等特点，就可以大大简化建模过程，加快建模速度。

3.11　八成用户会犯的错误

当你看到本节要做的东西——90° 弯头后，可能你会想，我所从事的行业，一辈子也不可能去接触弯头这一类东西，学了有什么用？建议你看完本节以后再作决定要不要继续。

请回忆一下，本书里所挑选的所有实例，粗看大多数都跟你的行业无关，但必须告诉你，作者挑选的每一个实例都是有道理的，挑选实例的首要标准就是必须具有普遍意义，并且要简单、容易理解和记忆，如果你能体会出每个实例中所包含的普遍意义，对你今后的工作实践是非常有益的。可能你一辈子也不会去做一个与实例完全相同的模型，但是可以肯定的是，你一定会经常碰到实例中类似的问题。

比如，在《SketchUp 要点精讲》一书的 4.8 节介绍"路径跟随工具"时，曾经提醒过：虽然"路径跟随工具"功能强大，但还是有它的局限性，并且以图 3.11.1 和图 3.11.2 所示为例做过说明。

图 3.11.1 所示为一些相同的螺旋线，螺旋线的端部有一些不同的放样截面，一个圆形，一个缺角矩形，一个正方形。图 3.11.2 所示为放样操作以后的结果，只有圆形截面的那个，结果跟我们的预料一样，是个弹簧。另外两个则变形到惨不忍睹；同样的放样路径，仅仅因为放样截面变了，你能想到会有这么大的区别吗？ 这就是路径跟随工具先天的缺陷之一（这个缺陷今后可以用插件来解决）。

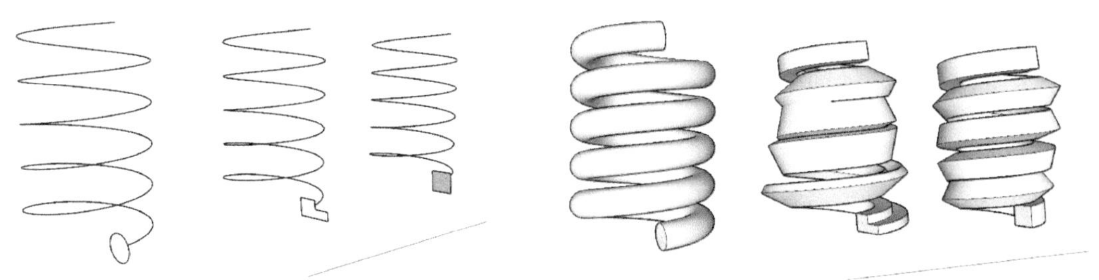

图 3.11.1　路径跟随测试条件　　　图 3.11.2　路径跟随测试结果

本节要介绍"路径跟随工具"应用中的另一个"特点"，如果你在建模中不注意的话，"特点"就会变成"缺点"。为了讲清楚这个问题，要借用一个大多数人都见到过的"90° 弯头"作为载体。

可能你不会相信，图 3.11.3 所示的一个非常简单的弯头，布置练习后，大多数能够熟练运用 SketchUp 的熟手和半熟手们看过后都觉得这个练习很简单，信心满满；不幸的是，在演示正确方法之前，历届同学中有 80% 以上是做错了并不自知的，很多年来，无数的同学犯的竟然是同样的错误，说明这个问题有其普遍性，所以就有必要做一个专题来讨论。

下面先为你指出同学们做错了还不自知的问题所在。

① 图 3.11.4 所示为某位同学完成的练习（这个练习没有对尺寸和各部分的比例做规定，可以随意）。

② 图 3.11.5 所示则是把 SketchUp 调整到正视图，并在“视图”菜单选择了“平行投影”命令后再来观察这位同学的模型，用肉眼就能看出问题所在：图 3.11.5 ①与图 3.11.5 ②所示两“法兰”形成的夹角不是 90°。

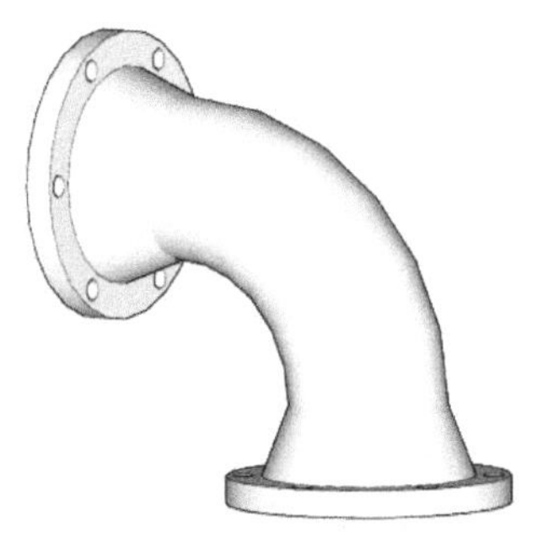

图 3.11.3　弯头（错）

图 3.11.4　弯头（错）

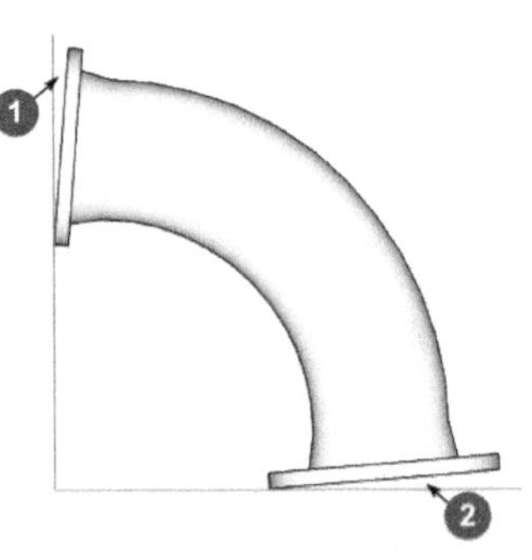

图 3.11.5　弯头（错）

下面重现大多数同学的建模过程，找找出错的原因。

（1）创建垂直的正方形辅助面，如图 3.11.6 ①所示，以该辅助面的左下角为圆心画圆弧，如图 3.11.6 ②所示。

（2）删除废线、面，只留下图 3.11.7 ①所示的圆弧（1/4 圆），作为放样路径，并在圆弧的下端部画圆当作放样截面，如图 3.11.7 ②所示。

（3）实施路径跟随放样后的结果如图 3.11.8 所示。已经可以见到成品的两端，该垂直的不垂直，该水平的不水平，形成的夹角当然不是 90°，建模失败。所有做错了的，错得都像图 3.11.8 一样。

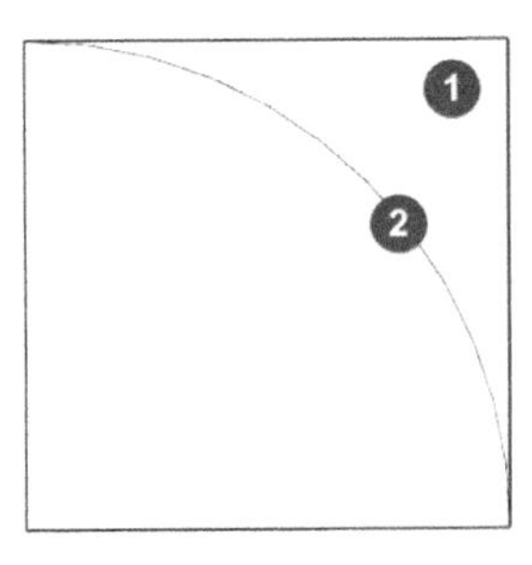

图 3.11.6　弯头（错）

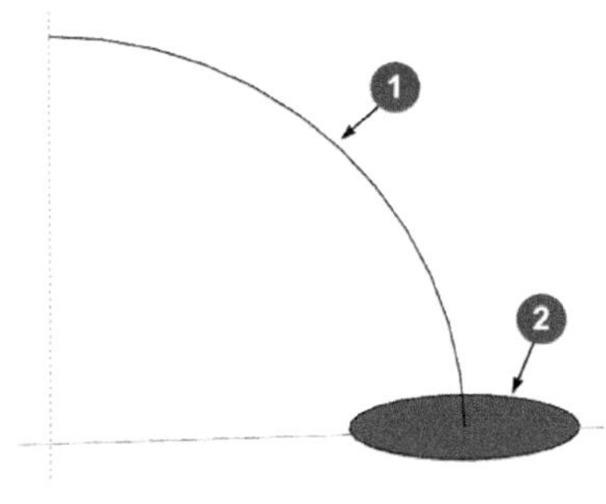

图 3.11.7　弯头（错）

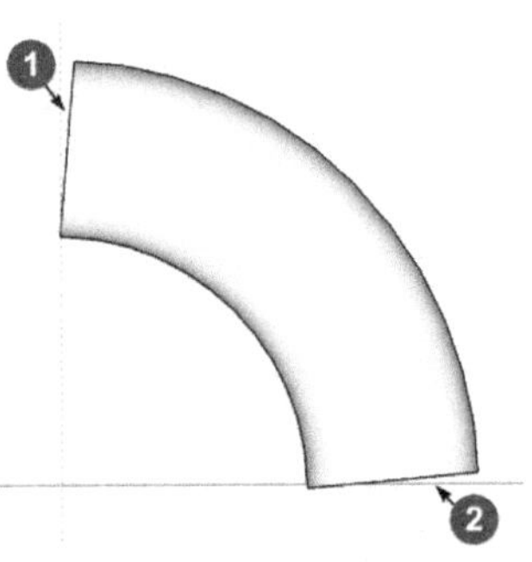

图 3.11.8　弯头（错）

说实话，同学们的操作真的没有错，他们正是按照路径跟随工具的操作要领来做的，只是同学们缺乏经验，他们不知道 SketchUp 的路径跟随工具就有这样的特点，也许应该说就有这样的毛病。所有的 SketchUp 用户，包括可能一辈子都不会跟弯头打交道的你，如果对此不知道或知道了不当心，可能会犯比一个弯头大得多的错误。下面来告诉你正确的思路和技巧。

图 3.11.9 ①是一幅这种弯头的照片，尺寸比例只要大致差不多即可，但是 90° 必须保证；图 3.11.9 ②所示则是根据照片创建的弯头模型，供参考。下面列出操作顺序和要领。

（1）首先画个正方形的垂直辅助面（见图 3.11.10 ①），然后再作两条中心线（见图 3.11.10 ②③）。

（2）以辅助线交点为圆心画圆，尺寸不限，如图 3.11.10 ④所示。

图 3.11.9　弯头（正确）（1）

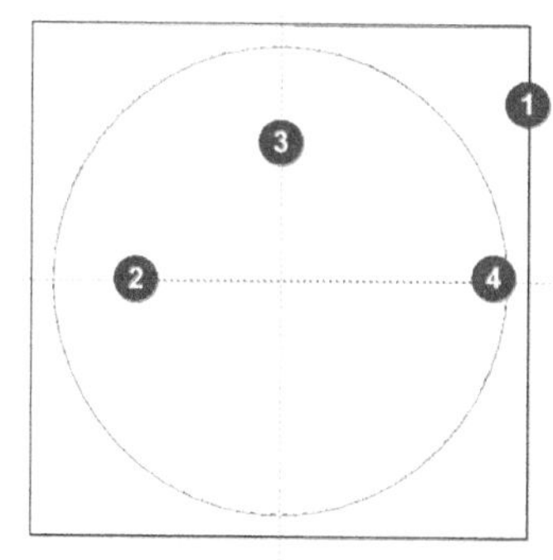

图 3.11.10　弯头（正确）（2）

（3）删除废线、面后得到圆形的放样路径，用路径的一点为圆心画圆，产生放样截面（见图 3.11.11）。

（4）做路径跟随后的结果是一个圆环，如图 3.11.12 所示。

（5）现在要从这个圆环中裁切出 90° 的部分，裁切可用模型交错来完成；做模型交错需要两个临时平面，在其他位置做好两个矩形后，利用辅助线很方便就可移动到位。这两个临时的平面就像两把刀，可以利用这两把刀裁切出需要的部分，如图 3.11.13 所示。

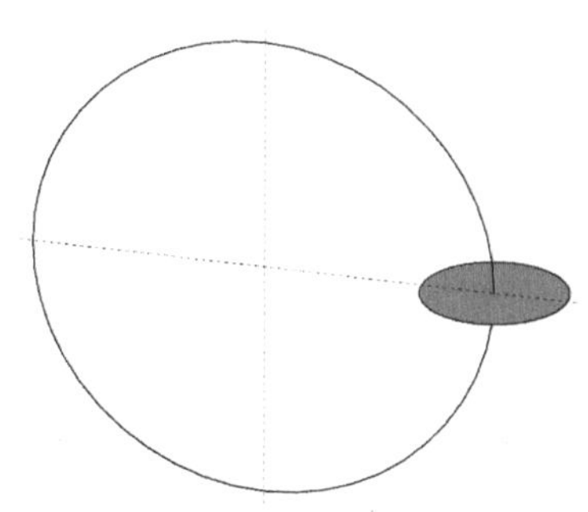

图 3.11.11　弯头（正确）（3）

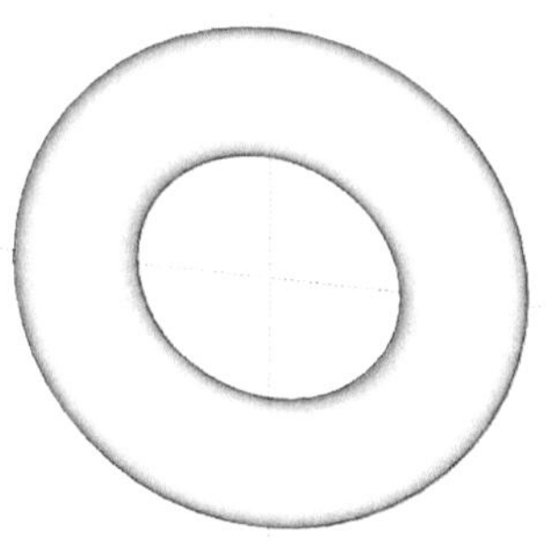

图 3.11.12　弯头（正确）（4）

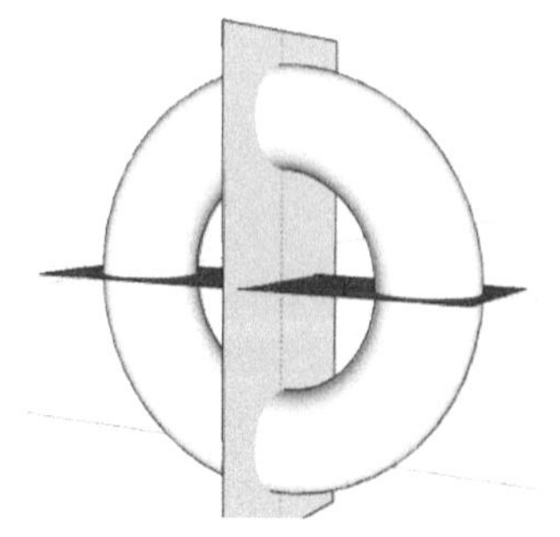

图 3.11.13　弯头（正确）（5）

（6）同时选择将要被分割的部分和两把刀，单击鼠标右键，选择“交错”命令，所选对象交错（见图 3.11.14 左）。

（7）模型交错完成后，用不着一点点去删除无用线面，只要双击图 3.11.14 ①，需要的部分复制出去（见图 3.11.14 ②），然后一次性删除所有遗留线面即可，显然要快很多，这也算是个建模小技巧。

（8）调整到正视图 + 平行投影，如图 3.11.15 所示，成品的两端部，一个垂直一个水平，符合要求。

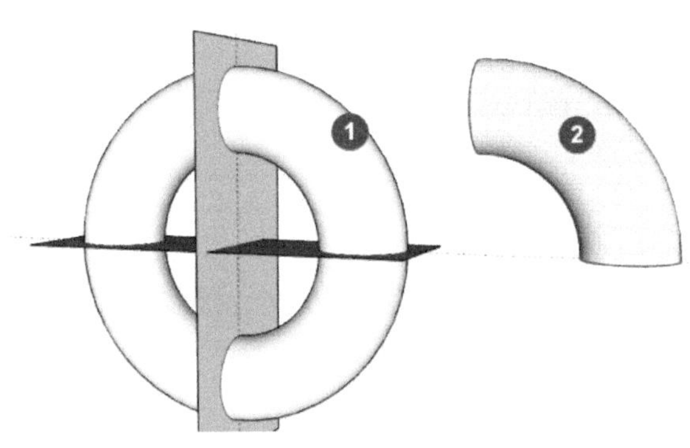

图 3.11.14　弯头（正确）（6）

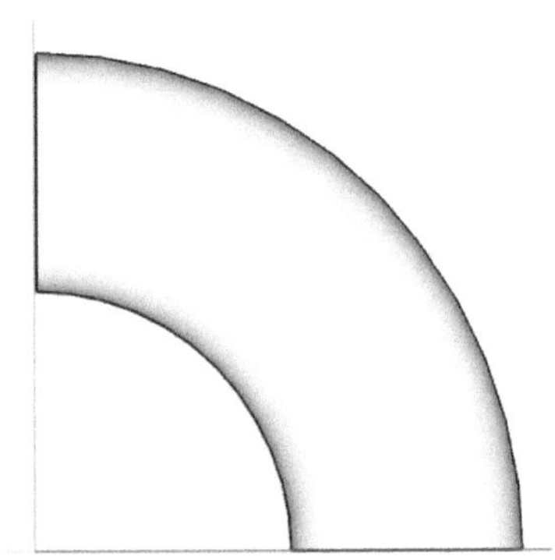

图 3.11.15　弯头（正确）（7）

下面顺便完成弯头的其余部分。

（1）在弯头的一个端部“补线成面”，如图 3.11.16 所示。

（2）向外拉出少许，准备做喇叭口的部分，如图 3.11.17 所示。

（3）在端面双击选择面与边线后做“中心缩放”（按住 Ctrl 键配合缩放），做出喇叭口（图 3.11.18）。

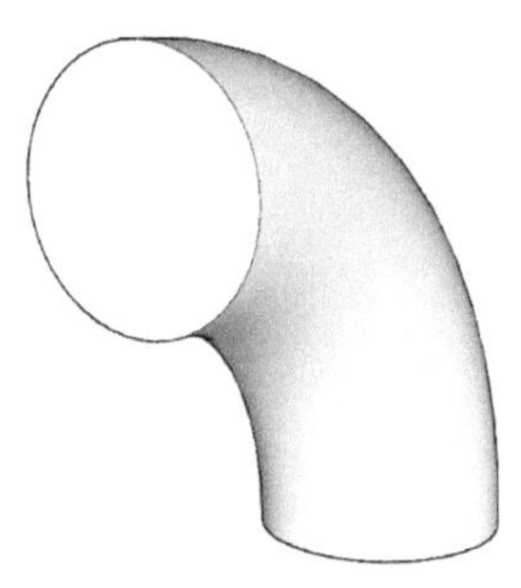

图 3.11.16　补线成面

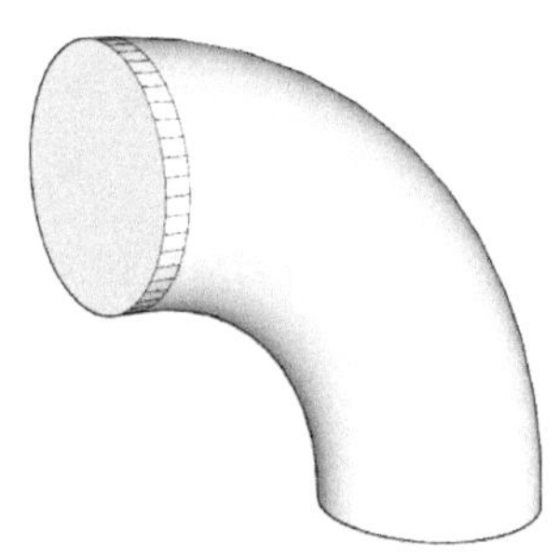

图 3.11.17　拉出（1）

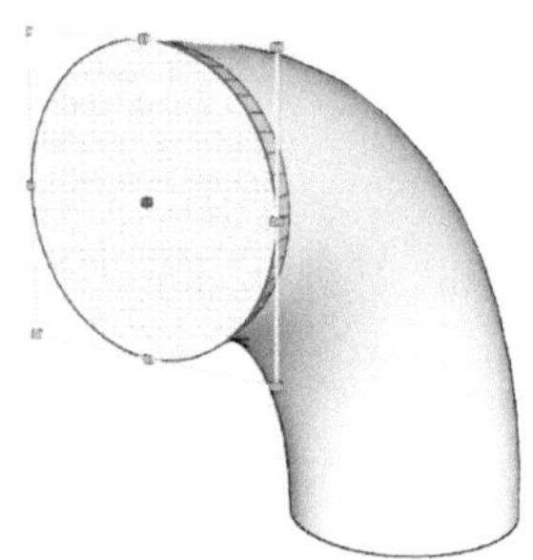

图 3.11.18　中心缩放

（4）用偏移工具向外偏移出法兰盘的宽度（见图 3.11.19）。

（5）拉出法兰盘的厚度（见图 3.11.20）。

（6）画“十”字形的辅助线，找出中心位置（见图 3.11.21），注意这次画辅助线的方法跟以往有所不同，卷尺工具单击的是圆周上的两个端点。建模中经常需要找中心，找各种关键点，方法也很多，应不断积累。

（7）在法兰盘上画一个螺丝孔小圆，如图 3.11.21 ①所示。

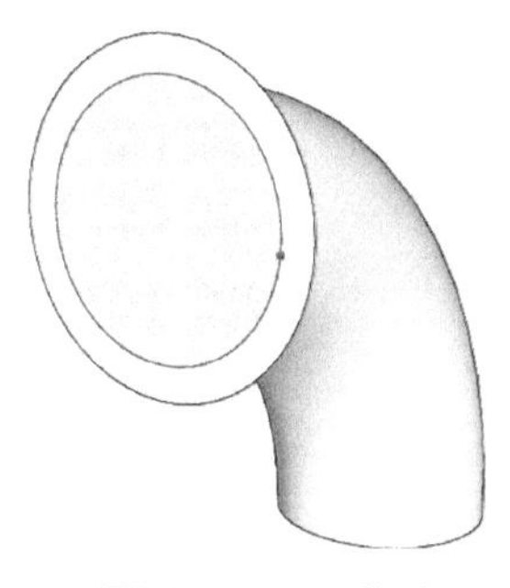
图 3.11.19　偏移

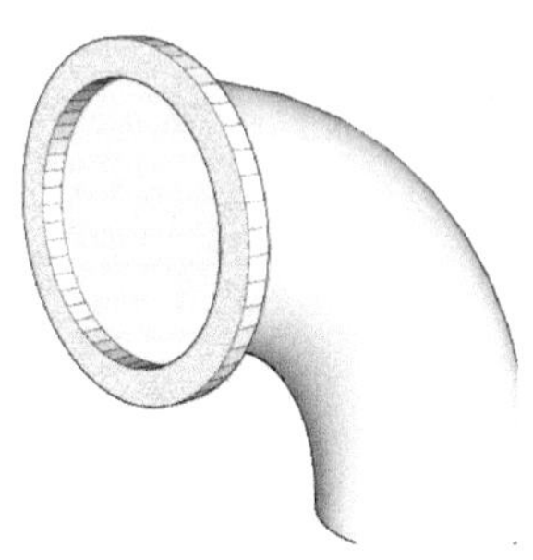
图 3.11.20　拉出（2）

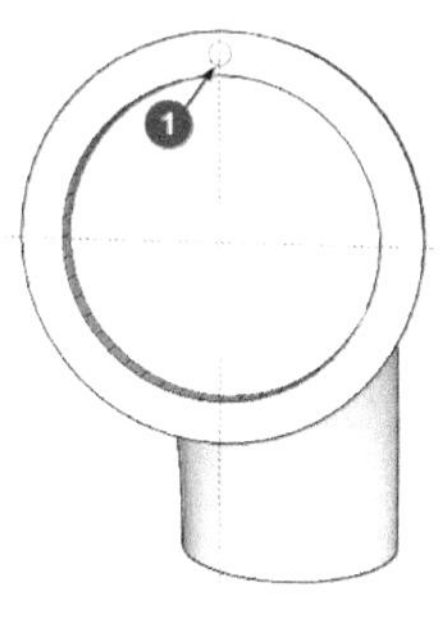

图 3.11.21　画圆

（8）以中心线交点为旋转中心做“旋转复制”，完成另外的 7 个孔位（见图 3.11.22）。注意这次不是输入旋转角度和复制个数，旋转一点后，键盘输入 360°，接着输入 8 和斜杠。按 Enter 键后，8 个均匀分布的孔就产生了，这是旋转复制的“内部阵列”。

（9）用推拉工具完成所有的螺丝孔，只要先推出一个，其余的可以双击完成（见图 3.11.23）。

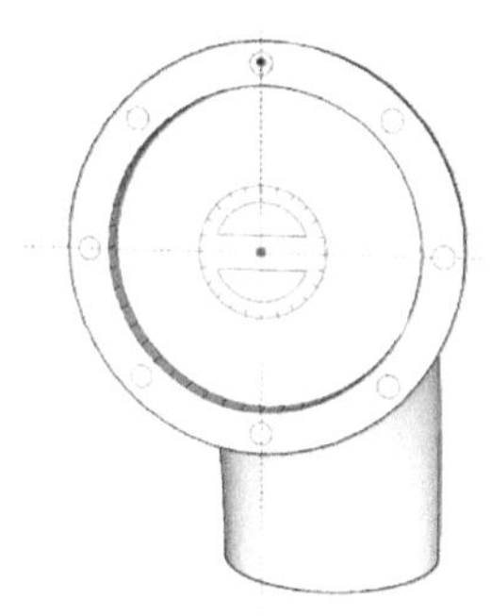
图 3.11.22　旋转复制

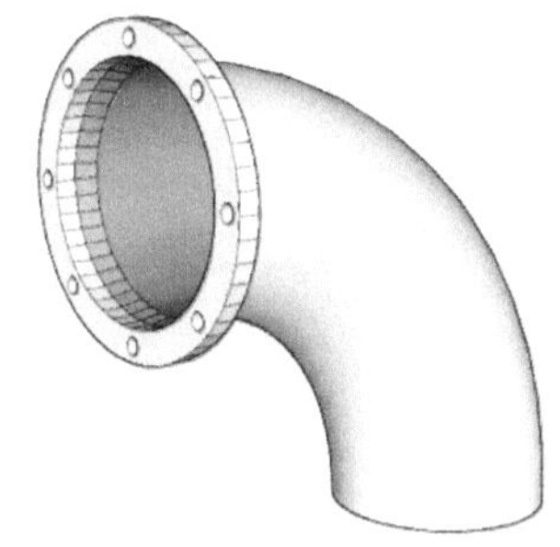
图 3.11.23　推出孔

（10）另外一端就不必再重复一次了，选择法兰和喇叭口的部分，复制一个在旁边，如图 3.11.24 ①所示。

（11）用旋转工具旋转 90°，如图 3.11.24 ②所示。

（12）移动到另外一端，如图 3.11.24 ③所示。注意：移动工具抓取的位置和目标的位置。今后碰到这种移动对齐的操作，如果难以对齐，可以先取消柔化，把隐藏的边线暴露出来，如图 3.11.24 ④所示，再对齐就会更加方便和准确。

（13）全选后，单击右键，柔化平滑，成品如图 3.11.25 所示，前视＋平行投影检测合格。

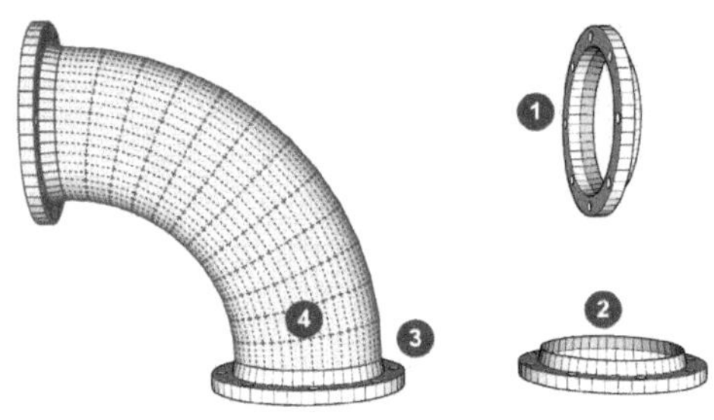

图 3.11.24 复制旋转移动到位

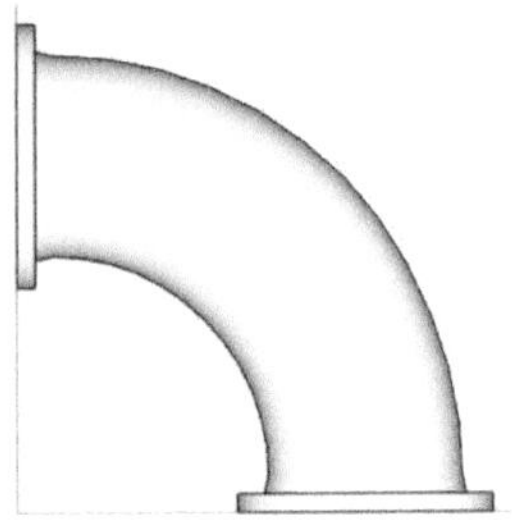

图 3.11.25 成品

这个练习完成了，我们现在知道了 SketchUp 的路径跟随工具的另一个不足之处，并且有了解决的思路与方法，得到了一个完全准确的 90° 弯头，还顺便复习了模型交错、补线成面、中心缩放、旋转复制内部阵列等一系列的操作，看到了很多小小的窍门，附件里有这个小模型供参考。

3.12 门窗组件（自动开洞等）

用 SketchUp 建模，无论是建筑设计、景观设计还是室内空间设计，门和窗都占据了很大的比例，门、窗的设计是体现设计风格和文化特色的重要手段，所以门和窗也是变化最多的设计元素之一。

做门窗设计和建模，务必提前注意相关的标准和规范，尤其是 7 层以上的建筑外窗，有更多、更严格的规定。本节安排了 3 组跟门窗建模有关的内容。

（1）自动在墙面开孔的聪明窗户（单层墙）。

（2）自动在墙面开孔的聪明门（单层墙）。

（3）实木门建模（双层墙 + 内外门套）。

1. 不同的窗组件比较

虽然可以从 3D 仓库下载到各式各样的门窗模型，但完全符合自己愿望的模型并不太多，高水平的门窗则更难得。所以，如果你想成为一个认真且有想法的设计师，创建自己的门窗组件是不可避免的工作。图 3.12.1 所示就是从 3D 仓库下载的门窗组件和它们的表现。

不知你注意到没有，有些组件很能干，如图 3.12.1 ①②③⑤所示，在拖曳到墙面上时，会自动在墙上开洞，图 3.12.1 ④则不能自动开洞。有些门窗组件比较聪明，拖曳到工作空间里后，它会自动确认垂直方向，如图 3.12.1 ①②③④⑤所示，有些却很笨，像图 3.12.1 ⑦两个组件完全没有方向感。图 3.12.1 ⑥这个更笨，只会赖在地上。

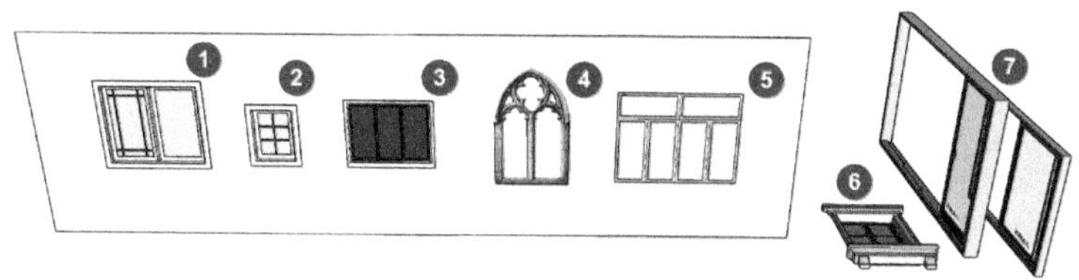

图 3.12.1　聪明和笨的窗户

2. 创建在墙面上自动开洞的聪明窗户

本部分要学习如何创建上面所示的，能干而又聪明的窗组件，首先要提几个重要的思路。

（1）门和窗是附属在墙上的部件，为了后续操作的方便，最好预先创建一个墙体的模型，然后在墙上制作窗的模型，最后做成窗的组件，这样可避免出错。

（2）还有，如果你是建筑设计师，创建的窗户必须要在建筑的外部操作，要表达从外部看到的形象；反之，室内设计业用的窗户最好在室内操作创建。

（3）建筑行业的模型中，经常要大量复制同样的门窗，所以要特别注意控制线和面的数量。因此，建模时不要太追求精细度，能表现出形状和体量就可以了。

现在开工：我们想做一扇常见的铝合金窗，窗的净宽是 1400mm，净高也是 1400mm。

（1）在单层墙上用矩形工具画出窗户的净尺寸，1400mm 高，1400mm 宽，如图 3.12.2 ①所示。

（2）向外偏移 120mm，拉出墙平面外的部分，50mm 的窗套，如图 3.12.2 ②所示。

（3）再把窗套内的部分推进去 140mm，形成外窗台，如图 3.12.2 ③所示。

（4）在窗内的平面上偏移出外窗框，并分割出铝合金窗的轮廓线，如图 3.12.2 ④所示。

（5）偏移出铝合金窗的边线，偏移工具有记忆功能，偏移出一个后，其余的面只要选中面后，用偏移工具在面上双击就可以了，如图 3.12.2 ⑤所示。

（6）分别推拉出铝合金窗框的深度，还要推拉出玻璃的位置，对玻璃赋予半透明材质后，如图 3.12.2 ⑥所示。

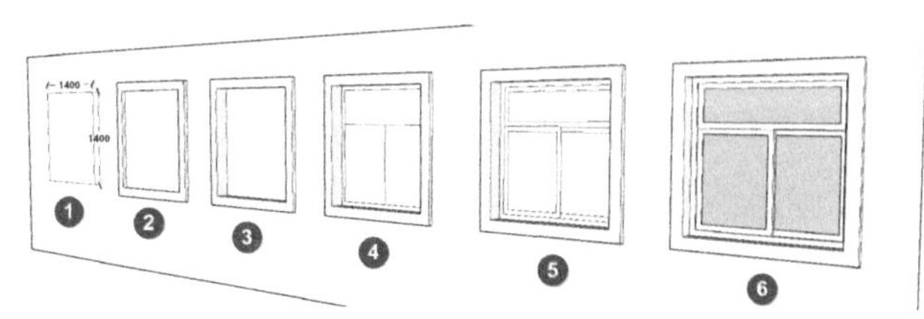

图 3.12.2　创建一个聪明的窗组件

以上的几步都比较简单，下面的操作将决定你所做的窗组件会不会自动确认墙面、会不会自动开墙洞，现在可以创建聪明组件了。

（1）全选所有的线和面，注意认真要检查一下，不要漏选，更不要选中墙体后面无关的内容，这是初学者经常会犯的错误；在右键关联菜单里选择“创建组件”命令，如图 3.12.3 ①所示。

（2）在弹出的“创建组件”面板中输入组件的名称，如果需要，也可以在描述框中输入摘要内容，如尺寸、材料、价格等数据，如图 3.12.4 ①所示。

（3）“创建组件”面板的“粘贴至”选项比较重要，决定你创建的组件会不会自动确认并粘贴到墙面上，这里共有 5 个可选项，如图 3.12.5 ①所示。

“无”这是默认的选项，选择“无”以后，你的组件不会粘贴到任何表面上，创建门窗以外的大多数组件都应该选择“无”。

如果选择了“任意”，新创建的组件可以粘贴在任意对象上，这也不是我们想要的。

“水平”，如选择了“水平”创建的组件只能粘贴在水平的对象上。

“垂直”，现在我们做的是窗，它只可能粘贴在垂直的面上，所以要选择“垂直”。

“倾斜”，想要把新创建的组件粘贴到倾斜的面上，如坡屋顶上，可选择它。

（4）图 3.12.6 ①所指的“切割开口”一定要选中，否则你的组件不会自动在墙面上开孔。这时还要检查一下切割开口的位置，为了方便检查，需要在之前就把模型调整到一个方便检查的位置。应注意在对象的左下角有个坐标轴的标志（图 3.12.6 ③），还有个灰色的半透明平面（图 3.12.6 ②）。要检查这个灰色的平面是否在你想切割开口的平面上，也可以看绿色和红色的轴位置对不对，如果不对，可以单击面板上的“设置组件轴”按钮（图 3.12.6 ④），重新设置剖切开孔的位置。

（5）图 3.12.6 ⑤所指的“总是朝向相机”“阴影朝向太阳”这两个选项是用于创建二维组件用的，在本书的 4.3 节会详细介绍。

（6）如果你创建的组件将来要用于 BIM（建筑信息模型）所用，你还要在下面的类型选择框里指定这个组件属于 IFC 2x3 规范里的什么类型；关于 BIM 和组件的分类方面的内容，可查阅本系列教程《SketchUp 要点精讲》8.4 节相关介绍。

（7）图 3.12.6 ⑦所指的“用组件替换选择内容”这句话给很多初学者造成过困惑，解释如下：勾选这里，将用新创建的组件替换当前被选中的对象；若不勾选，新创建的组件将出现在“组件”面板上，当前选中的所有几何体保持原状，方便你修改后创建另一个组件。

（8）检查无误后，单击“创建”按钮，（见图 3.12.6 ⑧）你就可以在组件管理器面板上看到这个新创建的组件了。

（9）拖曳这个新创建的组件到墙面上将会看到，组件聪明又能干，认准了墙面，还自动开出了窗洞，这个组件可以移动，随着移动，动态地在墙上开洞。也可以复制，复制出来的组件同样有自动确认墙面和自动开洞的功能。

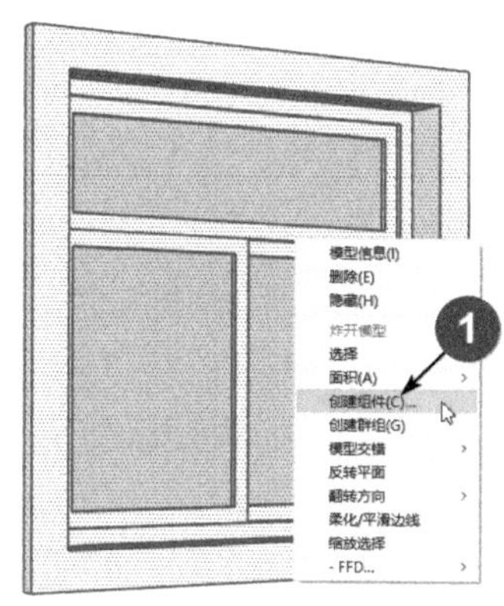

图 3.12.3　创建组件

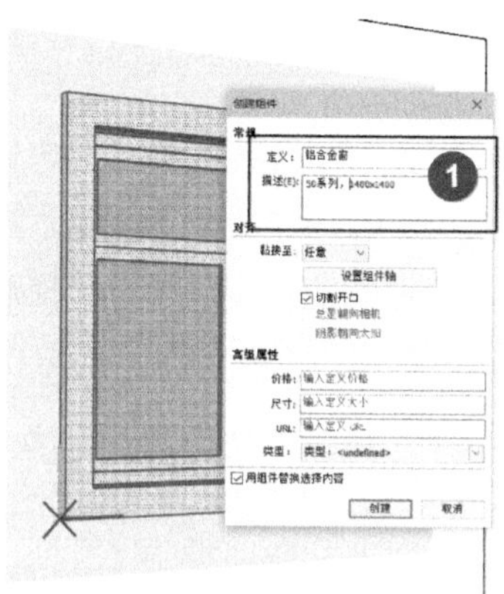

图 3.12.4　输入名称与描述

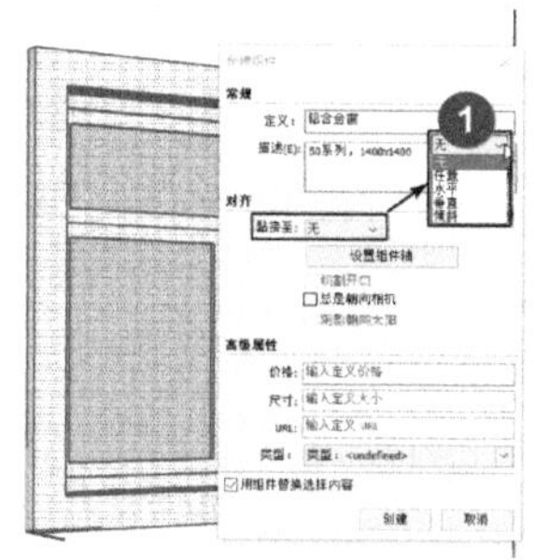

图 3.12.5　指定粘贴的方向

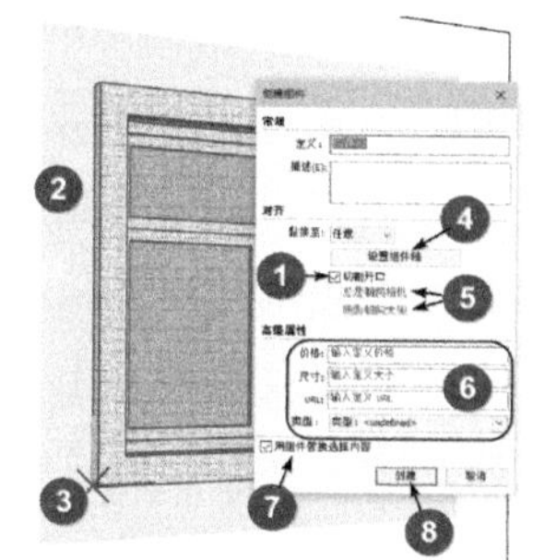

图 3.12.6　设置组件轴与开孔

3. 创建内门组件

本节的第二部分要来做一个室内设计用的内门组件，也要有自动确认墙面和自动开洞的功能。室内设计行业，建模的特点与建筑行业有所不同，在他们的模型中，门窗组件的数量相对有限，设计的空间小，观察的距离很近，所以需要把模型做得细致些，又因为门窗的数量不多，就有了把模型做得适当细致些的条件。具体操作步骤如下。

（1）在墙的立面上画出门扇的实际尺寸，宽度为 800mm，高度为 2010mm（见图 3.12.7）。

（2）用偏移工具向外侧偏移 120mm，这是门套的位置（见图 3.12.7）。

（3）用推拉工具向里面推进去 250mm，这是墙的厚度（见图 3.12.8 ①）。

（4）在门扇的平面上双击，单击右键，选择群组，这样就把门扇和门套隔离开了（见

图 3.12.8 ②）。

（5）接着，在地面上画出门套木线的截面，如图 3.12.9 ①所示，这个截面不必十分细致，能大概地体现凹凸感就可以了，实践证明，像图 3.12.9 ①这样，用一个简单的斜面，加一个 6 片段数的圆弧就足以表达了，太精细的放样截面效果反而不好。

（6）选择 3 条边线作为放样路径，用路径跟随工具单击放样，得到了门套的形状（见图 3.12.9 ②）。

（7）在本节的附件里，你能找到一些实木门的照片，选择一张，拖曳到工作空间里来。炸开后，用材质吸管获取材质，材质面板里就有了这种材质。双击进入门扇的群组，把材质赋予木门的平面。调整材质的位置和大小，如图 3.12.10 所示。

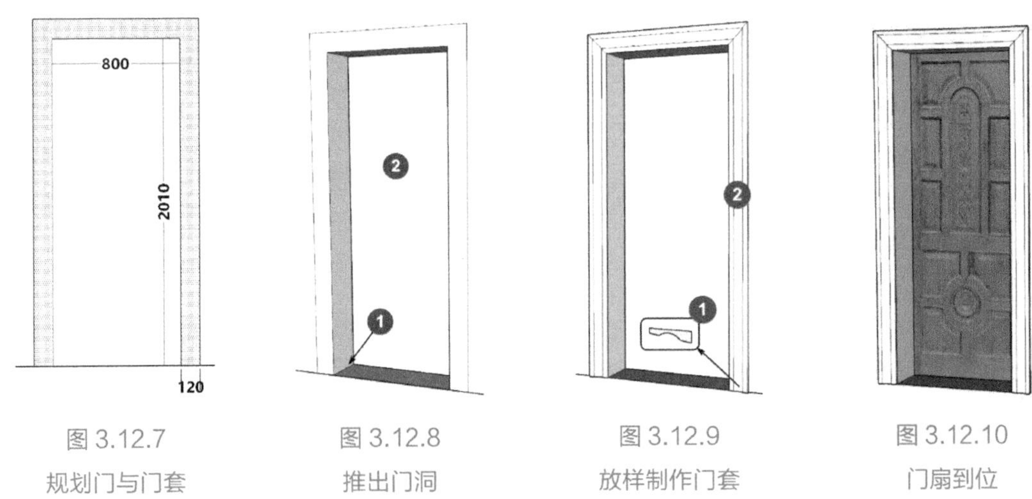

图 3.12.7 规划门与门套　图 3.12.8 推出门洞　图 3.12.9 放样制作门套　图 3.12.10 门扇到位

（8）再选择一种跟门扇配套的木纹材质赋给门套，如图 3.12.11 所示。材质与贴图方面的操作技巧可查阅《SketchUp 要点精讲》7.1 节和 7.2 节或本书第 5 章。

（9）现在制作组件，选择全部后右键单击制作的组件，选择“粘贴于垂直面”（见图 3.12.12 ①），勾选“切割开口”（见图 3.12.12 ②）。若图 3.12.12 ③处的切割坐标不合适可单击图 3.12.11 ④所指按钮进行调整。

注意：这次没有勾选图 3.12.12 ⑤所指选项，所以能创建多个不同组件。单击图 3.12.12 ⑥所指按钮创建完成。

（10）还可以用已有的几何体，派生出另一些组件，如不同方向开启的门。

（11）现在，绕到门的后面，选中门扇的群组，拉出厚度 40mm，补齐材质。

（12）调用旋转工具，以门扇安装铰链的一个角为旋转圆心，旋转合适的角度，重新执行制作组件的操作。得到图 3.12.13 所示的右开门组件。

（13）如果还需要一扇左开的门，可用旋转工具重新旋转门板，再创建组件，命名为左开门（图 3.12.14）。

（14）还可以在正反面加上门拉手、防盗链等，就看你想把模型做到什么细致程度了。

图 3.12.11
门套上色

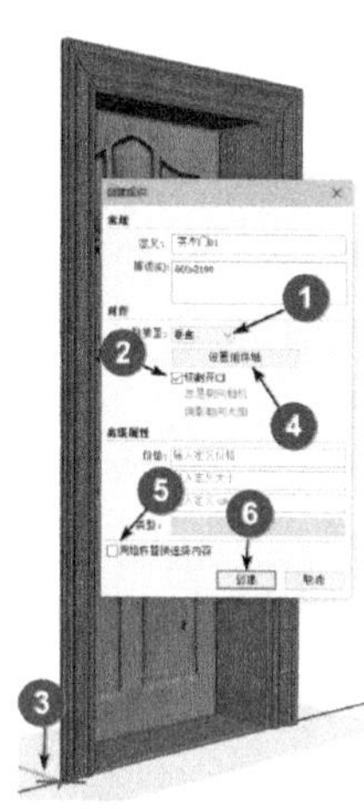

图 3.12.12
创建自动开洞的组件

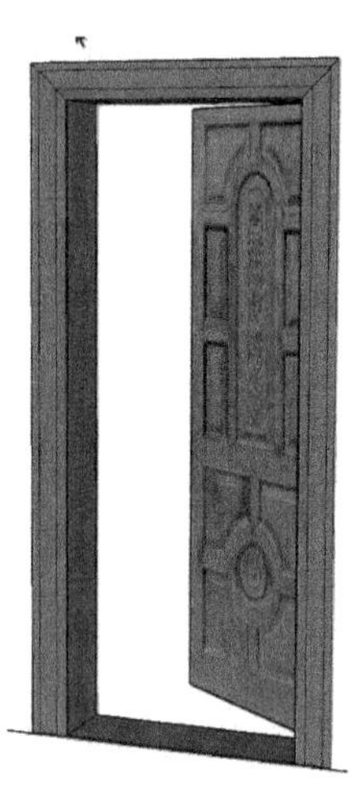

图 3.12.13
右开门

图 3.12.14
左开门

还要说明一点，SketchUp 的组件自动开孔功能，虽然很有用，但是还有一点局限，就是它只能在单层的墙上自动开孔，这个限制对于建筑和景观设计没有什么影响，对于室内设计行业就有点问题了，好在室内设计行业的模型里，门窗的数量不会太多，即使用手工开墙洞也花不了多少工夫（今后有个插件可以对双面的墙体开洞）。

4. 创建双面带门套的组件

下面演示如何创建一个双面、带门套的门，以及手工开洞后放置组件的技巧。

（1）现在炸开一个之前做好的组件，暂时隐藏掉门扇，如图 3.12.15 所示。

（2）复制图 3.12.16 ①所示的门套部分，如图 3.12.16 ②所示，再做镜像操作。

（3）把图 3.12.16 ②移动到原来的门套上，合二为一，如图 3.12.16 ③所示。

（4）取消隐藏，恢复门扇后如图 3.12.17 所示。

（5）因图 3.12.17 做成组件是在双层的墙上使用，所以粘贴方向和切割开口都不需要了。

（6）现在创建一面双层的墙，再在墙上画出门的位置。用推拉工具推出墙洞，如图 3.12.18 所示。

（7）为了避免墙洞的面跟门套的面重叠产生有害的“闪烁”现象，要把图 3.12.18 ①所指的内侧 3 个平面删除（重要）。

（8）现在安装，为了方便把门组件移动到准确的位置，可在组件的外面画一条临时的辅助线，如图 3.12.19 ①所示，在墙洞上的同一个位置也画一条辅助线（见图 3.12.19 ②）。

（9）同时选择门组件和辅助线，用移动工具抓取门辅助线的中点，移动到门洞辅助线的中点上，一对一个准，最后删除所有辅助线。

（10）图 3.12.20 所示就是安装完成后的情况。

别忘记保存你的组件，留作以后再用。

图 3.12.15 分解出门套

图 3.12.16 复制镜像拼接

图 3.12.17 成品

图 3.12.18 删除有害的面

图 3.12.19 用辅助线的中点辅助安装

图 3.12.20 成品

在本节中学习了如何制作自动粘贴到墙面，自动开孔的门和窗的组件；还有双面门组件的做法等技巧，在附件里，有一些实木门的图片，应按刚才学过的办法创建一些你自己的组件。还有一些铝合金门窗、塑钢门窗的资料，供你参考（注意去搜索一下资料中提到的标准是否仍然有效）

3.13 门窗组件（铝合金与塑钢）

本章从 3.2 节到 3.7 节介绍了导入 dwg 文件建模的技巧，所有的实例都没有做门窗，本节将要为它补上。为顺利展开后续的内容，要先稍微普及一下铝合金门窗与塑钢门窗方面的有关知识。

（1）门窗的主要功能有保温、隔音、水密、气密、抗风、防火、防盗、维护、美观等。

（2）门窗的主要形式有外开、内开、推拉（每种还可细分出更多形式）。

（3）我国目前民用建筑门窗主要是以塑钢、断热铝合金、普通铝合金门窗为主。

（4）普通铝合金门窗由于其保温及节能效果太差，最终会被其他门窗产品所取代。

（5）塑钢门窗和断热铝合金门窗是目前保温和节能效果较好、被广泛使用的产品。

（6）塑料门窗耐腐蚀性能好，可用于酸雨、沿海、化工厂等腐蚀严重的环境。塑钢门窗还具有强度高、耐冲击的特点，它的耐候性好，适用范围可达 -40 ～ 70℃、不变色，使用年限可达 50 年以上；它的隔热性好，热传导率低，节约能源。塑钢门窗还具有优良的耐腐蚀性、气密性、水密性、隔音性和阻燃性，电绝缘性能也优于其他门窗材料。塑钢门窗还具有外观精致、不需着色、安装简便、使用轻巧、保养容易等特点，已成为今后门窗材料发展的主要方向。

（7）随着新的《民用建筑节能设计标准》（JGJ 26—2010）的实施，对建筑门窗的保温性能提出了更高的要求。目前在注重环境保护的欧洲，塑料门窗的市场平均占有率已达 37%，而德国塑料门窗的市场占有率更为 56%。综上所述，塑钢窗在许多性能上优于断热铝合金门窗，就普通民用建筑而言，以非金属窗取代金属窗是大势所趋，这也是符合当前国家节能环保政策的。

（8）塑料（塑钢）门窗型材是以 PVC 树脂为主要原料，加上一定比例的稳定剂、着色剂、填充剂、紫外线吸收剂等，经挤出成型材，然后通过切割、焊接或螺栓连接的方式制成门窗框扇，配装上密封胶条、毛条、五金件等，同时为增强型材的刚性，超过一定长度的型材空腔内需要填加钢衬（加强筋）这样制成的门户窗，称为塑钢门窗。

1. 一些重要数据

下面从相关国家与行业标准中摘取出一些重要的数据供你今后建模时参考。

① 推拉铝合金窗型材有55系列、60系列、70系列、90系列、90-I系列。

② 基本窗洞高度有900mm、1200mm、1400mm、1500mm、1800mm、2100mm。

③ 基本窗洞宽度有1200mm、1500mm、1800mm、2100mm、2400mm、2700mm、3000mm。

④ 平开铝合金窗型材有40系列、50系列、70系列。

⑤ 基本窗洞高度有600mm、900mm、1200mm、1400mm、1500mm、1800mm、2100mm。

⑥ 基本窗洞宽度有600mm、900mm、1200mm、1500mm、1800mm、2100mm。

⑦ 平开铝合金门型材有50系列、55系列、70系列。

⑧ 基本门洞高度有2100mm、2400mm、2700mm、3000mm。

⑨ 基本门洞宽度有800mm、900mm、1200mm、1500mm、1800mm，2100mm、2700mm、3000mm、3300mm、3600mm。

2. PVC（塑钢）型材规格

① 推拉系列的型号有75、80、88、95。

② 平开系列的型号有60、66、70、106。

③ 基本的门洞窗洞宽度与高度与铝合金相同。

④ 塑钢门窗与铝合金门窗所用的玻璃品种有普通平板玻璃、浮法玻璃、夹层玻璃、钢化玻璃、中空玻璃等。玻璃厚度一般为5mm或6mm。

3. 门窗型材部件名词解释

图3.13.1 ①所示为框料：固定在墙体上不能移动，正面投影宽度大约是扇料的一半。

图3.13.1 ②所示为扇料：门窗中能开启的材料，其特点是能够移动，正面投影宽度即系列名称。

图3.13.1 ③所示为中梃：将框料分割成若干个小矩形的材料，可以是垂直的或水平的。

图3.13.1 ③所示为真中梃：固定在框料上，起分隔与加强作用，可以是垂直的或水平的。

图3.13.1 ④所示为假中梃：固定在扇料上，或者本身即扇料。

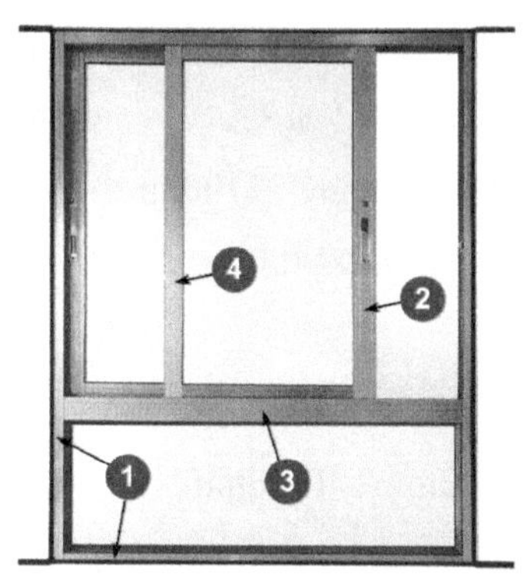

图 3.13.1 铝合金窗各部名称

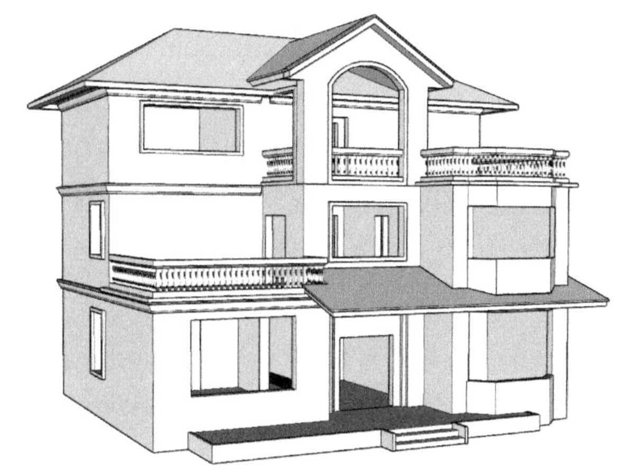
图 3.13.2 待安装门窗的毛坯房

4. 本例原设计的问题与修正

图 3.13.2 是 3.2 节所做的模型，所有的外部门窗共有 23 处，仔细查看 dwg 图样（见图 3.13.3），这栋房子的门窗全部是铝合金或塑钢的，因为这套图纸没有附上门窗数据，只能到 dwg 图样去测量获得尺寸（假设全部是铝合金的），测量几个尺寸后，发现了以下一系列问题。

（1）dwg 图样中（见图 3.13.3 ①）是推拉平移式窗，图 3.13.3 ②是铝合金平开门，图 3.13.3 ③是铝合金飘窗，从 dwg 图样上量取的尺寸，这三者（包括其余 20 个门窗）用的都是最小规格的 40 系列（正面投影宽 40mm）。

（2）查看上面摘录的型材规格尺寸，40 系列只能用于平开的门窗，而这套图纸上的所有窗户都是推拉式的，而推拉式门窗适用的型材，最小规格是 55 系列，显然这个设计或绘图有问题。

图 3.13.3 ①所示的推拉平移式窗，高度为 2100mm、宽度为 3000mm，这么大的窗洞幅面尺寸，从安全角度考虑，用 40 系列的型材实在是太小了，后面建模时将改成 55 系列（正面投影宽 55mm）。

图 3.13.3 ②所示的平开门，门洞高度为 3000mm，宽度为 1800mm，门扇高度为 2440mm，宽度为 900mm × 2；更不能用 40 系列的小规格型材，后面建模操作中将改成 70 系列（正面投影宽 70mm）。

图 3.13.3 ③所示的飘窗，窗洞高度为 2100mm，宽度为 3000mm，从安全角度考虑，用

40 系列的型材也太小，后面建模时将改成 55 系列（正面投影宽度为 55mm）。

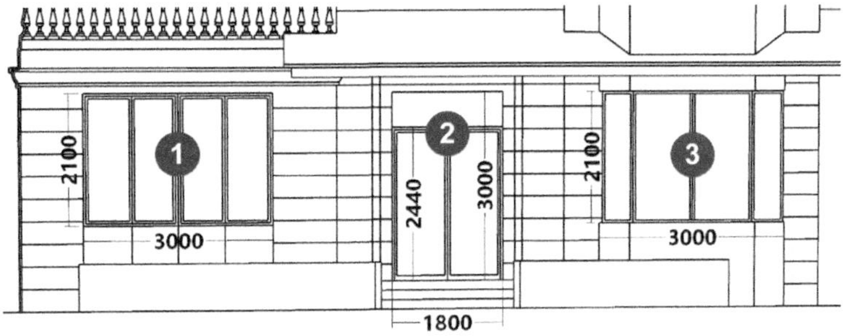

图 3.13.3　dwg 文件截图

5. 创建推拉窗

下面为图 3.13.2 所示的模型配上门窗。先从图 3.13.3 ①的窗做起，改用推拉窗适用的最小铝合金型材 55 系列。

（1）检查已经完成的建筑墙体部分是否是群组，如果不是，先要编组以分隔后建的门窗。

（2）用已有窗洞画矩形，如图 3.13.4 ①所示，再向外偏移 120mm 形成窗套（如需要的话）。如果需要，把窗套拉出 50~100mm（见图 3.13.5 ①），再把图 3.13.5 ②所示的平面推进去 120mm。

（3）把图 3.13.5 ②所示的平面向内偏移出 30mm，形成窗框，如图 3.13.6 ①所示。

（4）利用水平线段的中点画垂线，把偏移后的平面等分成 2 份，如图 3.13.6 ②所示。

（5）再利用新的线段中点画垂线，继续分割平面，如图 3.13.6 ③④所示。

（6）图 3.13.7 ②③是原有垂线，图 3.13.7 ①④是移动复制出的新垂线，移动距离 55mm。

（7）删除图 3.13.7 ②③所示的两条垂线，用偏移工具分别向内偏移 55mm，如图 3.13.8 所示。

（8）对图 3.13.8 所示的一些细节加工后，如图 3.13.9 所示。注意箭头所指的 4 处。

（9）把图 3.13.10 ①所在的平面（即玻璃）往里面推进去 60mm。

（10）把图 3.13.10 ②的“扇料”推进去 40mm。

（11）连接新产生的角点画垂线，如图 3.13.3 所示，形成后面一扇窗的边线。

（12）把图 3.13.10 ⑥⑦所示两块玻璃推进去 20mm，图 3.13.10 ④⑤处的“扇料”不动。

（13）图 3.13.10 ⑧⑨⑩ 3 处跟图 3.13.10 ①②③相同。

（14）对玻璃部分上半透明材质后的成品如图 3.13.11 所示。

（15）全选后创建组件，如果还有相同尺寸的窗，只要做移动复制即可。

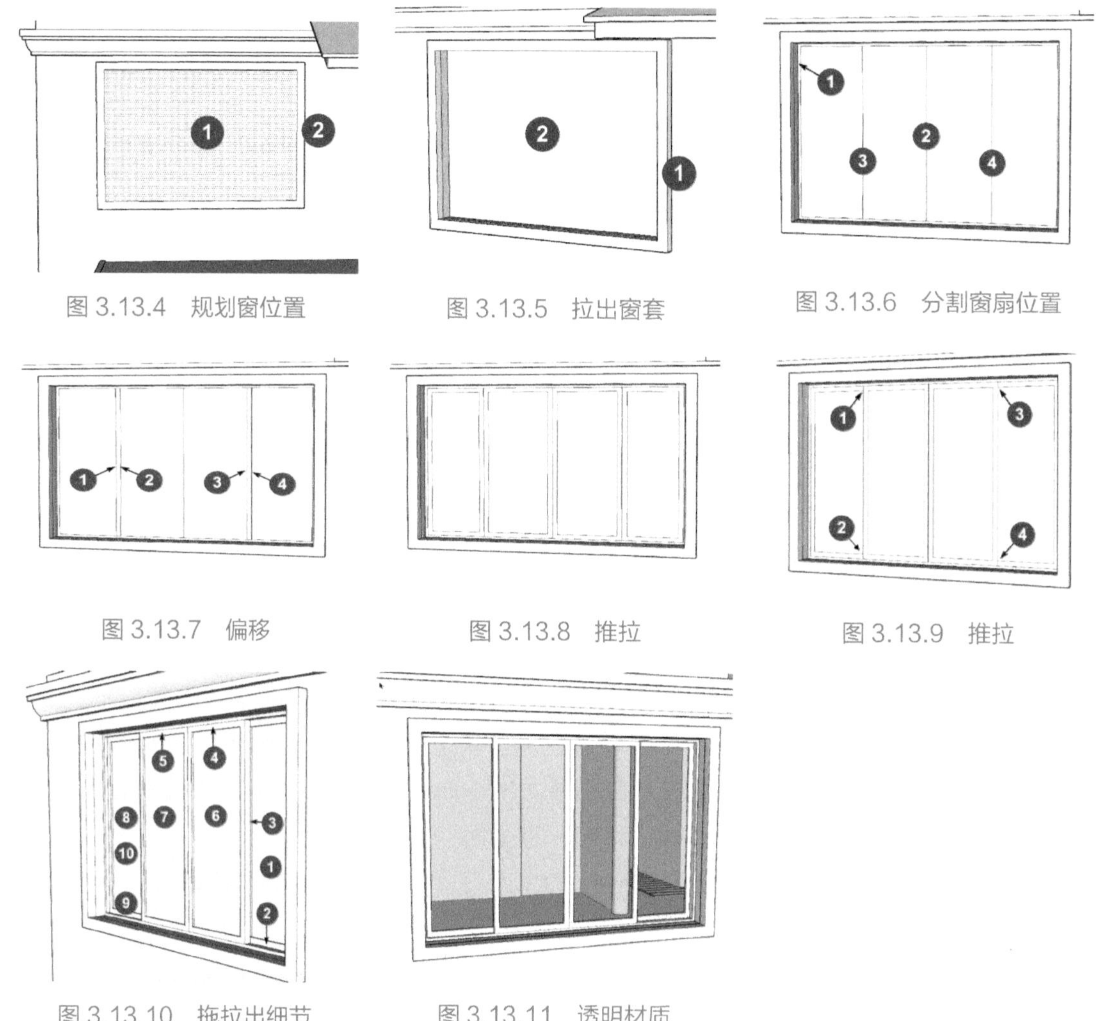

图 3.13.4　规划窗位置

图 3.13.5　拉出窗套

图 3.13.6　分割窗扇位置

图 3.13.7　偏移

图 3.13.8　推拉

图 3.13.9　推拉

图 3.13.10　拖拉出细节

图 3.13.11　透明材质

下面为图 3.13.3 ②所示的门创建模型，改用平开门铝合金型材 70 系列。

（1）依照原有的门洞画一个矩形，即 3000mm 高，1800mm 宽，如图 3.13.12 所示。

（2）把门洞平面向内偏移 30mm，形成门框，如图 3.13.13 ①所示。

（3）从地面向上 2400mm 画水平分割线，如图 3.13.13 ②所示。

（4）画中心线分隔两扇门，3 块玻璃往里推进去 25mm，赋予半透明色后完工（见图 3.13.14）。

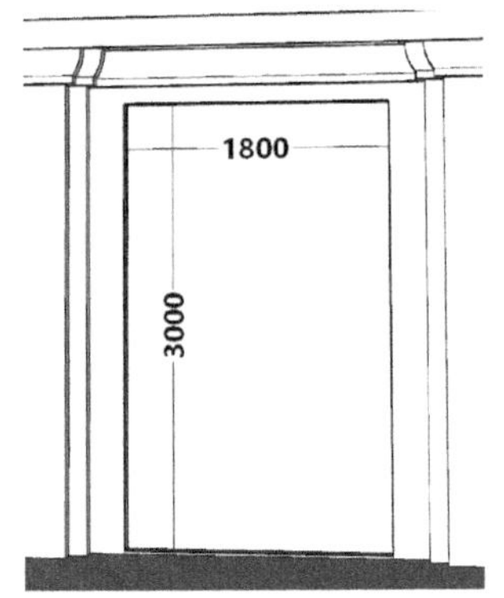

图 3.13.12　门的尺寸

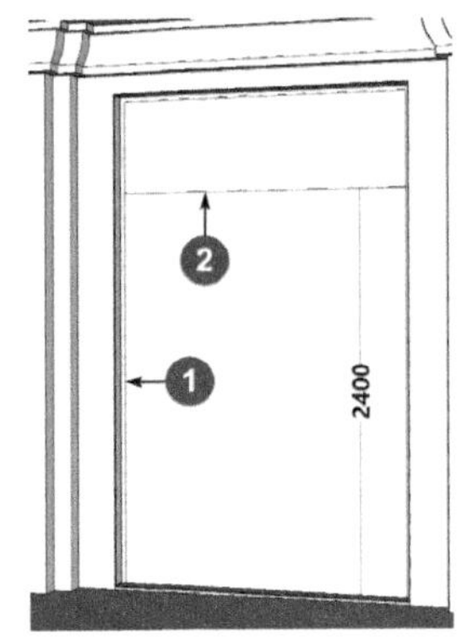

图 3.13.13　分割并推拉

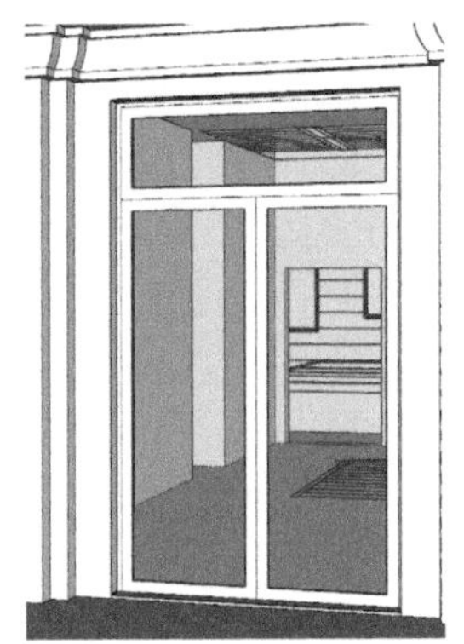
图 3.13.14　透明材质

6. 创建飘窗

接着来完成图 3.13.3 ③所示的飘窗，全部改用 55 系列的铝型材。

（1）图 3.13.15 ①所指是当初建模时留下的 dwg 文件上的铝合金飘窗位置，可以借用。

（2）利用角点画矩形并往里推进去 80mm，如图 3.13.16 ①②所示。

（3）删除图 3.13.17 ①②所示的平面，再利用新的角点画矩形（图 3.13.17 ③）。

（4）左、右两侧各往内偏移 55mm（图 3.13.18 ①②），推进 20mm 形成玻璃（见图 3.13.18 ③④）。

（5）中间大矩形向内偏移 30mm，形成“框材”（见图 3.13.19 ①）。

（6）画中心平分线并向一侧移动 55mm，各向内偏移 55mm（见图 3.13.19 ②③）。

（7）右侧平面推进去 60mm（见图 3.13.19 ⑤），边框推进去 40mm（见图 3.13.19 ③），右侧玻璃推进去 20mm（见图 3.13.19 ④），最后把图 3.13.19 ⑥所示的窄平面推到平齐。

（8）对 3 块玻璃赋予半透明色后完工，如图 3.13.20 所示。

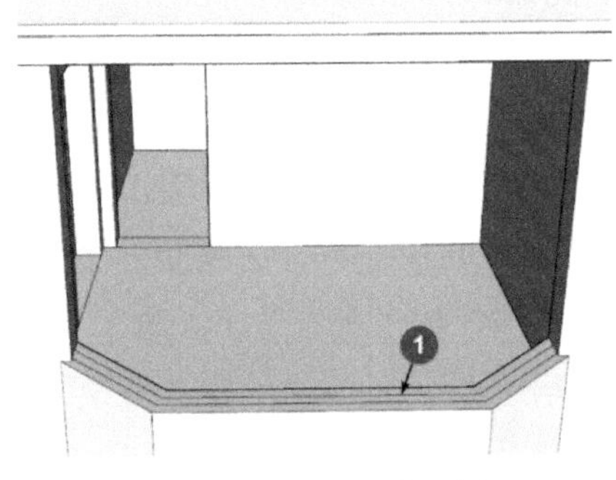

图 3.13.15　偏移分割

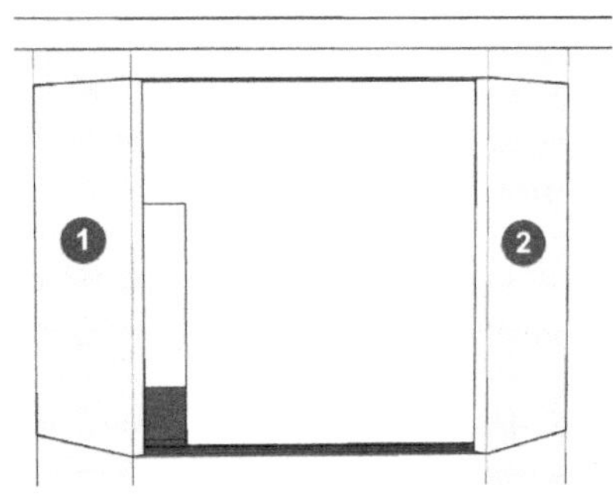

图 3.13.16　补线成面

图 3.13.17　补线成面

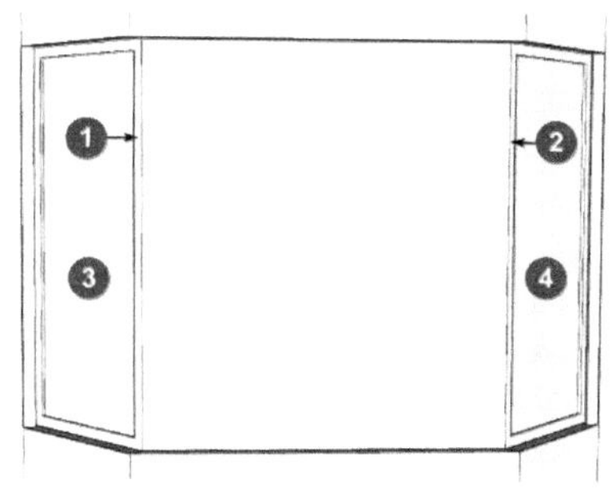

图 3.13.18　偏移与推拉

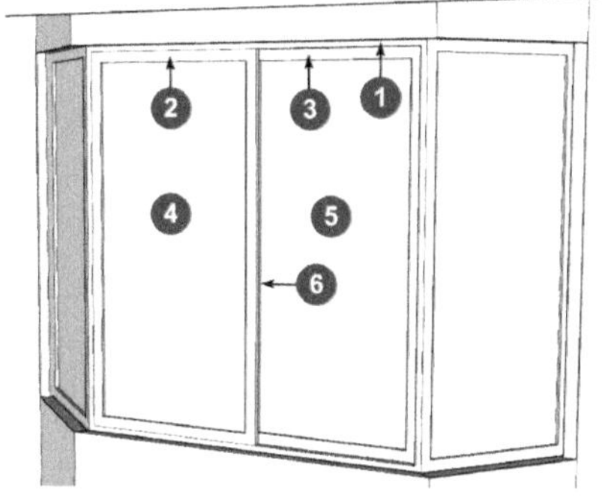

图 3.13.19　推拉出细节

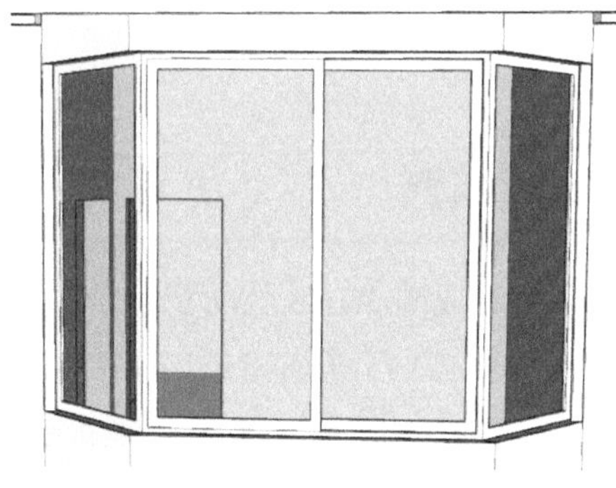
图 3.13.20　透明材质

本节介绍了现代民用建筑常用的铝合金、塑钢门窗的特点和相关型材的主要规格参数，只要掌握了这些基本参数和铝合金、塑钢门窗的基础形态，你也看到了，做这种门窗的模型非常容易。

另外，铝合金和塑钢门窗的模型，在建筑和室内设计中，绝大多数场合没有必要十分精细，只要做到“示意”的程度就够了，除非你就是门窗的生产厂家或必须展示细节时。

本章其他小节创建的模型上还有一些类似的门窗就留给你去完成了，算是练习。

3.14　大脚丫售楼部（一）

2011 年，作者应朋友邀约，去苏州某设计院讲课，安排住在一个宾馆的五楼，放下行李后，朝窗外望去，看到照片上的这座小楼，差一点笑岔气；从上面往下看，活脱脱一个大脚丫子的形状，谁说中国的设计师们没有幽默感、没有创意，就该让他来看看这个大脚丫子。

它坐落在一个小区的门口，现在是一个类似于托儿所的机构，据宾馆的服务员说，几年前，小楼是这个小区的售楼部；楼盘卖完以后就变成了现在托儿所。这栋小楼现在看起来已经失去了当年的辉煌，旮旮旯旯和玻璃上积满了灰尘，不过它的形状还是引起了我兴趣，当时就感觉这是一个用来给同学们练习建模的好题材，急匆匆下楼拍了一些照片，请注意照片上的细节；图 3.14.1 所示为从宾馆五楼窗口看到的，整栋小楼是型钢框架混凝土结构，柱子和围栏部分的表面用铝塑板包覆；因为屋面是斜的，所以靠近脚趾头的一大半是 3 层，靠近脚后跟的小部分是二层；在脚掌的中部，最怕痒痒的位置，是小楼的门。

图 3.14.1　大脚丫售楼部照片（1）

整栋小楼四周全部是钢结构加玻璃，每型材立柱下面有一个混凝土的基础，小楼的屋顶是一块平板，好像看不到隔热层，楼顶平板的下面还有一处圈梁，后来在建模的过程中发现，圈梁部分居然是整个模型中最难处理的。小楼的四周还有一圈大约 2m 宽的“护城河”，依稀还能看到“护城河”里喷泉的喷头和彩灯，想当年它还是售楼部的时候，夜景一定很漂亮，现在却已成了蚊子的滋生地。

在倾斜的屋顶前部，伸出一个像帽檐似的遮阳，在平地上看不出名堂，从高处往下看，活像并在一起的脚趾头。这栋小楼的形状，依我看，跟大脚丫绝非巧合，一定是有意设计成这样的；附近还有不少小高层建筑，从更高的位置俯视它，一定更有趣。

1. 建模思路

图 3.14.2 和图 3.14.3 是回家后根据照片所做的模型，看看有几分像？

因为创建这个模型的全过程，步骤较多，操作也很烦琐，很难把每一步的细节都用图文的形式呈现给你，所以，操作细节请浏览配套的同名视频教程，在本节的图文内容里主要向你说明对模型的观察和因此形成的建模思路，还有一些主要的建模过程。

（1）首先，把这个大脚丫售楼部的俯视投影看成是大小两个圆形组合而成 。

（2）两个圆形之间可以用直线连接成一个整体。

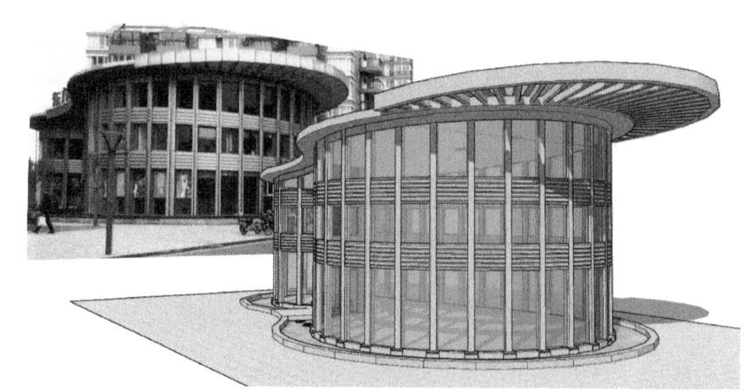

图 3.14.2　模型与照片对照（1）

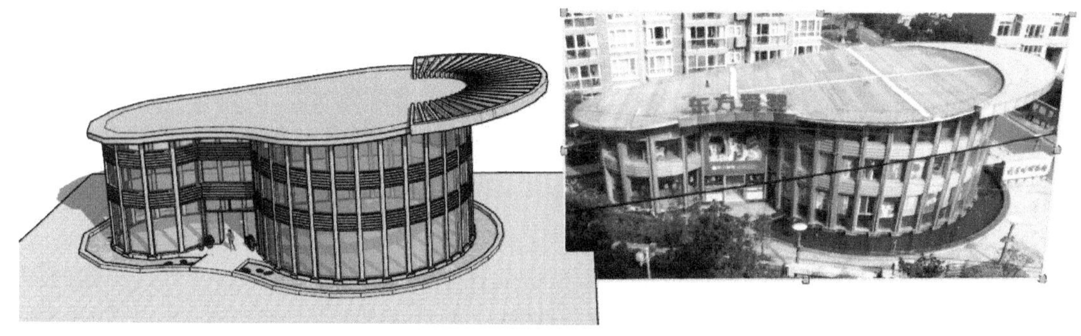

图 3.14.3　模型与照片对照（2）

（3）这些柱子大多是沿着两个圆周均匀分布，正好可以利用 SketchUp 的圆形用直线段拟合而成的特点，只要改变圆形的直线段数，就可以控制这些柱子的间隔和数量。

（4）回到图 3.14.4 和图 3.14.5 看看能不能再找出点有用的线索。按常识我们知道，从照片上看到的圆柱体实物，大概可以看到接近 180° 左右；从图 3.14.4 这幅照片看，大概能够看到 15 根立柱；那么，整个大的圆形就可以分成 30 段来画；相邻直线段的节点设置一根立柱，直线段就是墙的位置。

（5）从图 3.14.5 看脚后跟的部分，连同被大门遮挡掉的部分，大概可以估算出 180° 内有 6 根柱子；整个圆形就是 12 根柱子；再仔细看两根柱子之间的矮墙部分，中间有一段折线的痕迹，这样墙体看起来就更加平滑些；所以等一会画圆弧时，要按照 24 个线段来拟合这个小圆形，每两段直线之间设置一根立柱。

（6）至于两个圆形之间过渡处的直线部分，比较简单，就不详细讨论了。

（7）还有屋顶、周围的“护城河”、护城河周围的矮墙等细节应该也没有什么难度。

（8）倾斜的屋面，可以用模型交错的办法来做：创建立柱和墙体时，有意做得高一些超过屋面，然后跟倾斜的屋面做模型交错后删除高出屋面的多余部分。

（9）还有，每一根柱子连同柱础和每层楼的矮墙及玻璃幕墙要做成一个组件，以方便修改。

图 3.14.4　大脚丫售楼部照片（2）

图 3.14.5　大脚丫售楼部照片（3）

2. 创建柱础与柱墙

大概的思路形成后，下面要开始建模了，创建模型，就像在真实的工地施工一样，通常都是从地面开始的。区别是，现在我们手里只有几幅照片，除了立柱的数量可以估算出来以外，其余的参数和各部分之间的比例等，只能依靠经验来目测估算，如果你曾经练习过素描和写生，目测和估算会更准确和顺利些；当然，你也可以把这一次对着照片建模的经历作为一次写生，用 SketchUp 对着照片做立体的写生，新鲜吧？我来做给你看。

（1）初步设定，大圆的直径为 16m，30 条边；小圆的直径为 8m，24 条边，如图 3.14.6 所示。

（2）至于大圆和小圆之间的距离，可以用移动其中之一的办法来模拟并确定，现在有了一大一小两个圆形，移动一个，对照着照片，移到满意为止。初定为 16m（见图 3.14.6）。

（3）根据经验，在后续的建模过程中，这两个圆的中心一定还会被反复使用，所以，趁着现在这两个圆形还是完整的，赶快把圆心画出来，连同圆心，创建群组后复制一份到旁边，后面建模到地面与屋顶等部分的时候，一定还会用到它们。

其实，就算后面不再需要这两个圆，保存一个副本也有好处，这是给自己留的后路，万一到后来发现需要回到前面去修改，至少还给自己留下个修改的依据，出了毛病也方便找原因，在后面的操作中，我们还会留下更多的副本，其中有些是建模必需的，有些是用来给自己上保险的。请在建模时养成留下关键副本的好习惯。

如果感觉留下的副本碍事，可以新建一个图层，把副本们放进去，然后隐藏这个图层。

（4）因为这两个圆形是建模的基础，本身并不是模型的一部分，所以，先用群组把他们约束起来，为了防止意外移动，还可以把它们“锁定”在原处。

（5）接着要画出柱础和柱子，柱础 600mm 见方（见图 3.14.7 ①），画好后立即做成组件（不是群组），后面的所有操作，包括柱础、柱子、矮墙、玻璃幕墙都要进入这个群组后创建。

（6）为了在圆周上定位，还要画出临时的中心线，并且移动到圆周的节点上（见图 3.14.7 ①）。

（7）移动到节点后，还有点要注意的地方，需要旋转一下以平分角度误差。

（8）用量角器测量，总的角度误差为 12° 。

（9）用旋转工具旋转 6° （见图 3.14.7 ④）。

（10）复制一个到小圆上，如图 3.14.7 ③所示，用同样的方法把它旋转调整好。

（11）小圆（见图 3.14.7 ③）处，总角度偏差 15° ，要旋转 7.5° 。

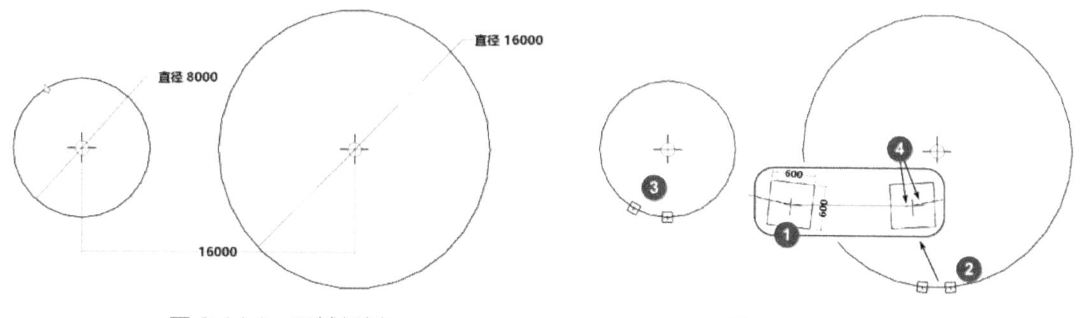

图 3.14.6　区域规划

图 3.14.7　柱础定位

（12）进入组件，拉出 400mm 高后做中间的一道槽；50mm 高 50mm 深，再拉出 50mm，如图 3.14.8 所示。

（13）然后做出柱子，300mm 见方，要拉出来比 3 层楼还要高些，我这里要拉出 15m，为什么要这么高？因为后面要用模型交错截取下面一段，剩下的一段太短了不好操作。

（14）继续在群组内操作，做出两个柱础之间的部分，如图 3.14.9 ①②所示，要缩进 100mm，要特别注意图 3.14.9 ③④两处，跟柱础的衔接部分，做起来有点小难度，要动动脑子，如何才能又快又好地完成，算是给你的第一个考验。

现在要做出上面的墙体（包括矮墙和玻璃幕墙）。注意大、小圆上的“矮墙”形状是不同的。

图 3.14.10、图 3.14.12、图 3.14.14、图 3.14.15 所示为大圆上的立面、基础、矮墙、幕墙。

图 3.14.11、图 3.14.13、图 3.14.16、图 3.14.17 所示为小圆上的立面、基础、矮墙、幕墙。

图 3.14.12、图 3.14.13 所示为大、小圆上的矮墙截面，二者相同，门楣上面的矮墙截面也一样。

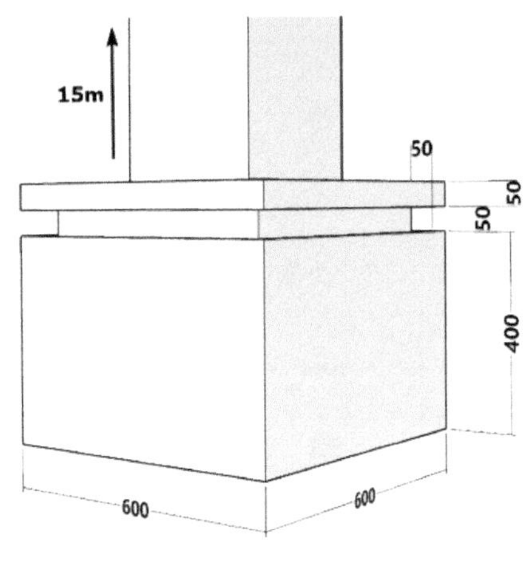

图 3.14.8　创建柱础

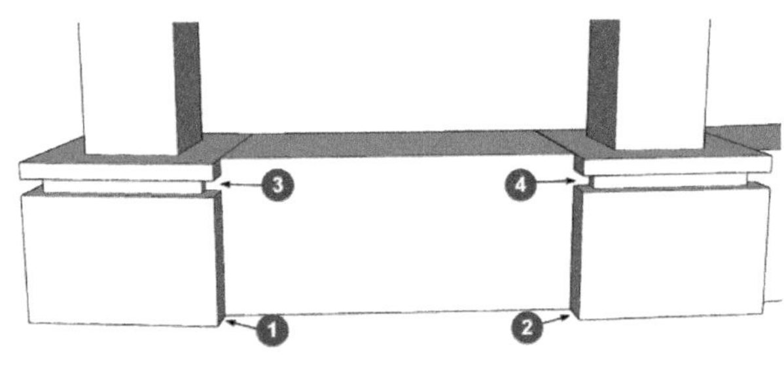

图 3.14.9　连接两柱础

（1）图 3.14.10 ~ 图 3.14.17 上所有编号为①的都是立柱与柱础。

（2）所有编号为②的都是连接相邻柱础的基础。

（3）所有编号为③的都是矮墙。

（4）创建玻璃幕墙的部分。

（5）进入组件，在立柱的顶部居中画出玻璃的截面，厚度 16mm。

（6）创建群组，进入群组向下拉出 15m，一直到底。

（7）赋予半透明材质。大小圆上的玻璃做法相同。

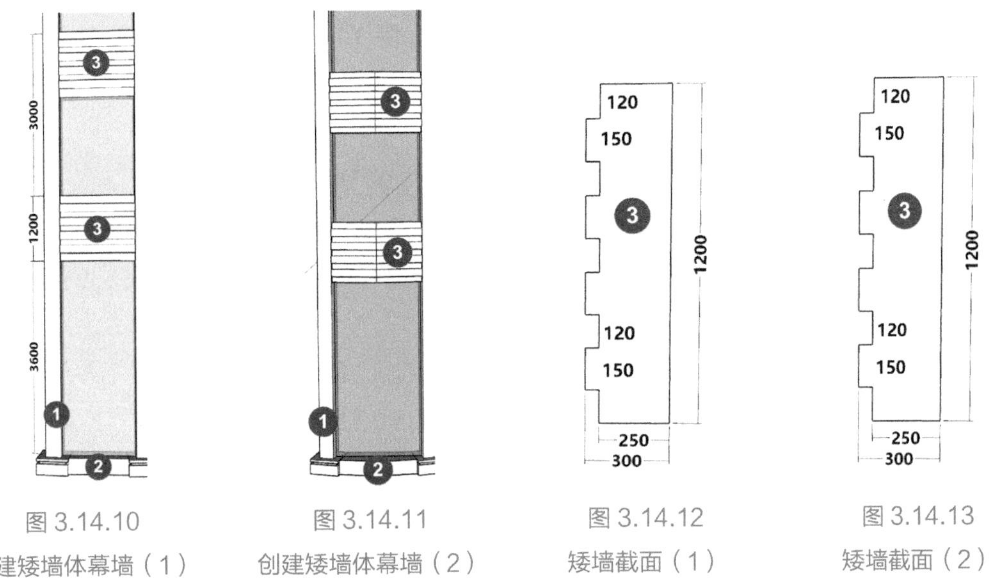

图 3.14.10
创建矮墙体幕墙（1）

图 3.14.11
创建矮墙体幕墙（2）

图 3.14.12
矮墙截面（1）

图 3.14.13
矮墙截面（2）

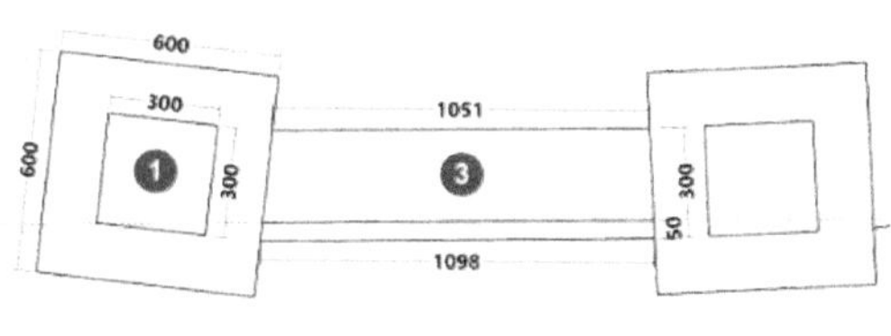

图 3.14.14 大圆俯视（1）

图 3.14.15 大圆俯视（2）

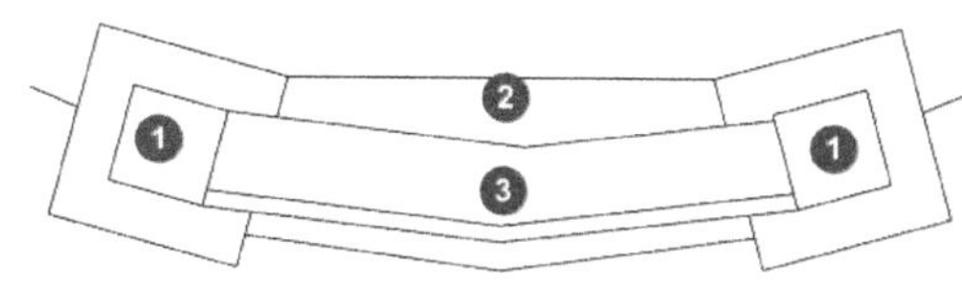
图 3.14.16 小圆俯视（1）

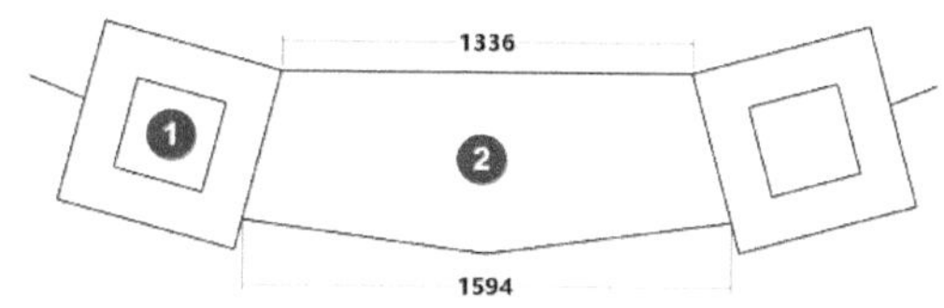

图 3.14.17 小圆俯视（2）

3. 旋转复制与修整

完成以上这些步骤后，就有了图 3.14.18 ①②所示的两个组件；现在就可以做旋转复制了。

（1）复制之前，还要提前把连接用的中心线画出来，如图 3.14.18 ③④所示。

（2）大圆上，每隔 12° 复制一个，共 30 个，如图 3.14.19 所示。

（3）小圆上，每隔 30° 复制一个，共 12 个，两个圆形之间多余的组件等一会删除，如图 3.14.19 所示。

（4）接着要解决的是大圆与小圆之间的连接，如图 3.14.18 ③所示的部分。

（5）删除大、小圆形上多余的组件。

（6）把端部的一个“设置为唯一”。

（7）以图 3.14.18 ③所示的直线为依据，把组件旋转到需要的角度。

（8）圆周上柱础之间的部分和矮墙部分都是梯形的，但是直线部分必须是矩形的，所以要重新做，好在已经做过了两次，有了数据，还有了经验，即使重新做也很快（可视模型的用途，譬如方案推敲阶段或示意用途的模型可酌情不改）。

（9）沿直线做移动复制，若模型仅限于示意等应用，间隔距离看起来差不多就行；否则就要提前做好计算，得到精确的间隔。完成后如图 3.14.20 所示。

（10）回到前面，门口这一块也要单独做出来，如图 3.14.21 所示，制作方法可参考之前的 3.13 节。

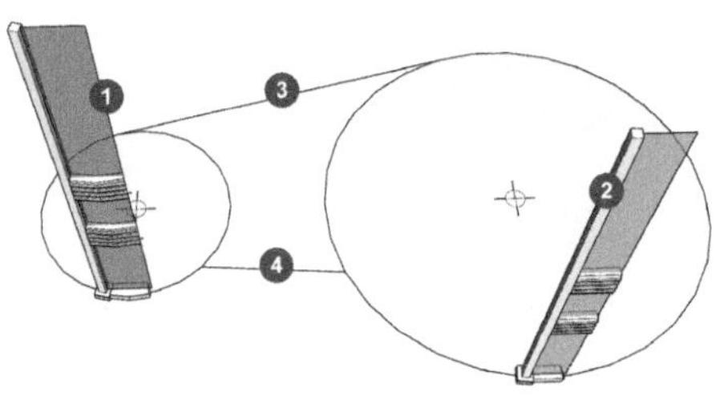

图 3.14.18　两个部件

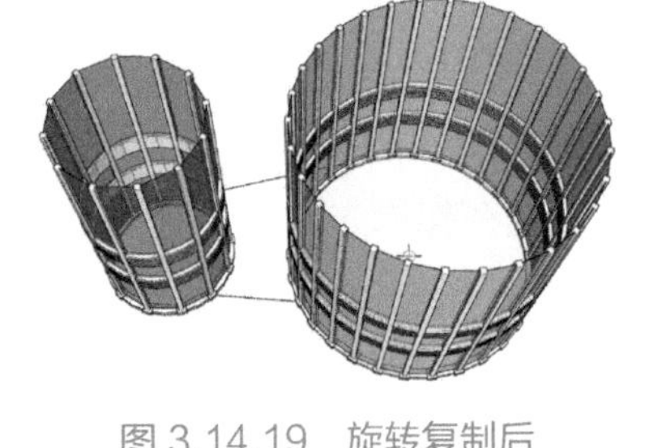

图 3.14.19　旋转复制后

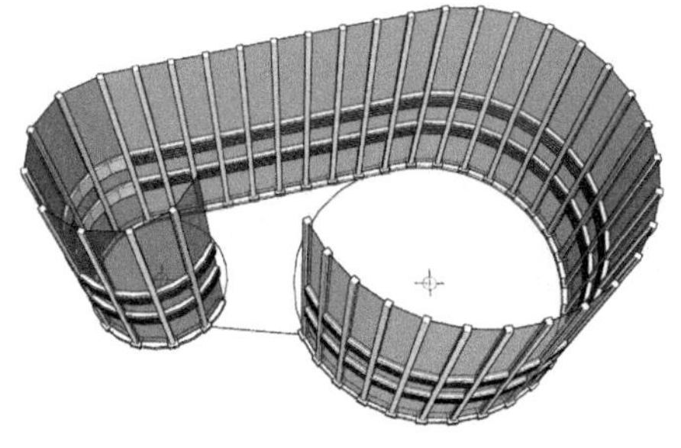

图 3.14.20　复制取直形成后墙

图 3.14.21　连接形成前墙

好了，本节就做这么多，剩下的部分在 3.15 节里完成。

3.15　大脚丫售楼部（二）

3.14 节完成了大脚丫售楼部的一部分，本节要把它做完。

1. 创建水池矮墙

（1）第一步就是在原先的两个圆心上分别画垂线，用来后续操作的定位。

（2）在外部画一条 15m 高的垂线。

（3）分别移动复制到大小图形的中心，如图 3.15.1 ①②所示。

（4）然后把原先锁定的两个圆（见图 3.15.1 ③④）解锁后移动到副本图层，必要的时候可以隐藏。

（5）还记得上一次我们保存的副本吗？现在要用到它了。炸开后，分别用直线和弧线连接两个圆形，如图 3.15.2 ①②所示，在后续的所有的操作过程中应注意两个圆心位置的完整且不要移动。

（6）删除废线形成一个新的面，这就是地板的轮廓了，如图 3.15.3 所示。

（7）向外偏移 2600mm，这是喷泉池的位置（图 3.15.4 ①）。

（8）继续向外偏移 400mm，这是喷泉池外侧的矮围墙的位置（见图 3.15.4 ②）。

（9）全选后创建群组，并且保留一个副本。

（10）现在把原先的副本隐藏起来，只留下中心线（见图 3.15.5）。

（11）把新形成的地面移动进去，注意用中心线定位。

（12）把地面部分向上拉出来 300mm，形成室内的地面。

（13）把矮墙拉出 400mm，可供人们坐下休息。

（14）向下 20mm 复制一个平面，形成表面铺装层。

（15）中间的这一块就是喷水池的水面了。全部完成后如图 3.15.6 所示。

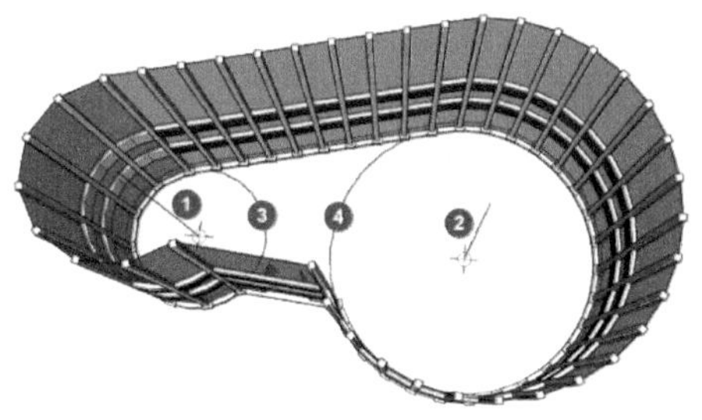

图 3.15.1　在圆心画垂线

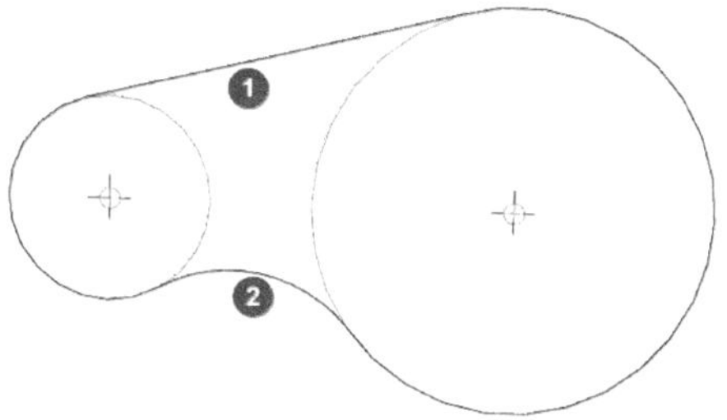

图 3.15.2　复制并连接两圆

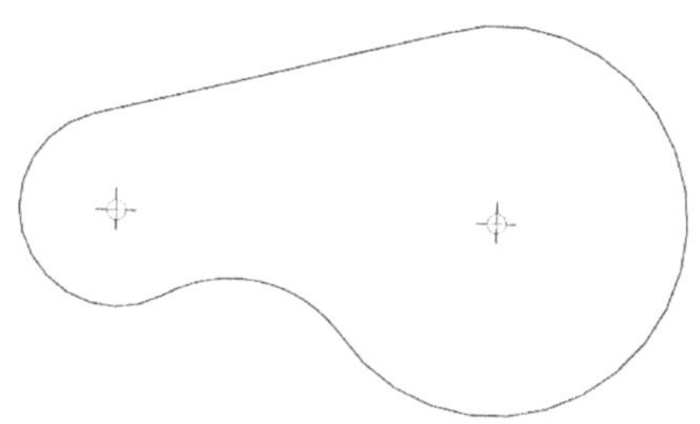

图 3.15.3　清理废线

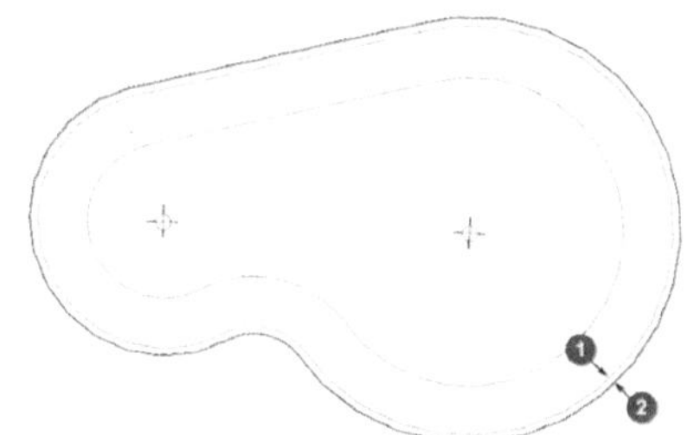

图 3.15.4　偏移出水池矮墙

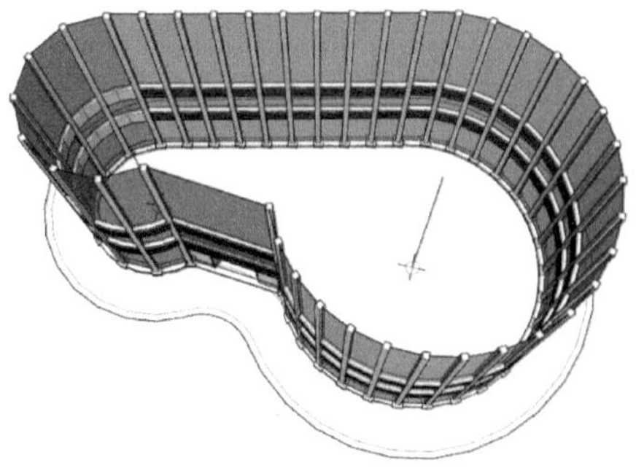

图 3.15.5　装配合一

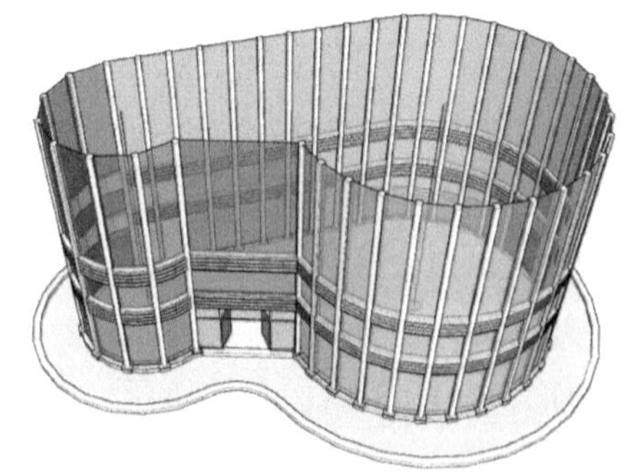

图 3.15.6　复制出水面

2. 创建顶部

接着要开始做顶部，这是最麻烦的部分。为了不让本节拉得太长，下面的操作是经过简化的，降低了一点难度，略去了顶部圈梁的制作，如果你要做练习，可以在附件里找到完整的模型，可以照样补上。现在开始完成顶部。

（1）操作还是从调用保存的副本开始，向外偏移 2400mm，创建群组，如图 3.15.7 所示。

（2）画出脚趾头形状的遮阳部位（见图 3.15.8 ②），要保留中心参考点（见图 3.15.8 ①），创建群组。

（3）再次保存一个副本；移动这个平面到顶部，用中心线定位，如图 3.15.9 所示。

（4）然后做旋转，注意选择前视图，平行投影，并且旋转工具一定要看到是绿色的时候才开始旋转，旋转的角度是 5°，旋转完成后如图 3.15.10 所示。

（5）旋转后，复制一个到旁边，留做后用（重要），暂时隐藏脚趾头的部分。

（6）往下移动到合适的位置，如图 3.15.11 ①所示。

（7）下面就要做模型交错了，做模型交错将要炸开所有已经完成的墙体，在此之前，你还有机会检查一下已经做好的墙体，看看是否需要修改。

（8）现在炸开墙体（若有嵌套需多次炸开），接着全选做模型交错。完成后如图 3.15.12 所示。

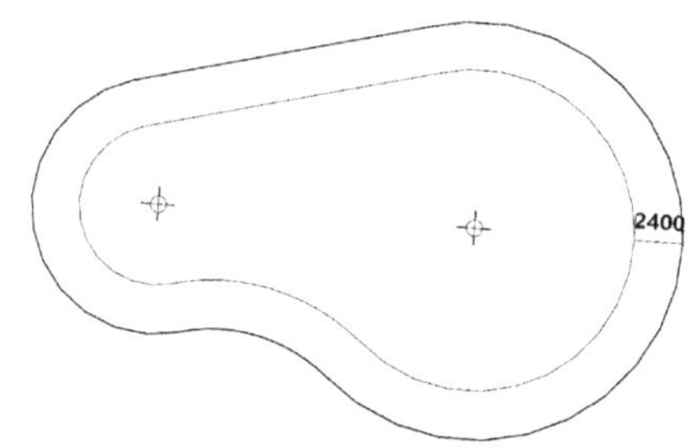

图 3.15.7 偏移出顶面

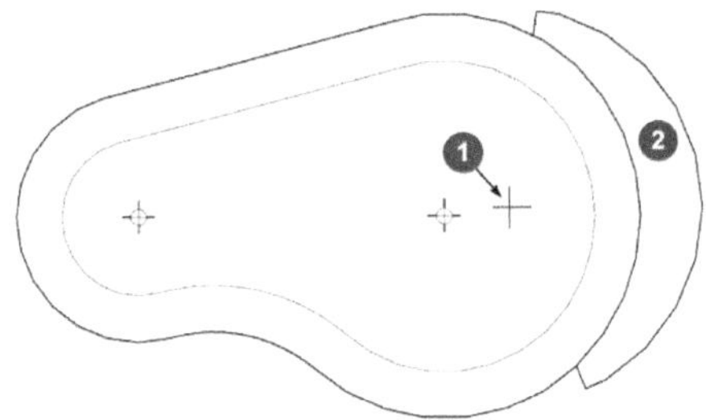

图 3.15.8 画出脚趾头

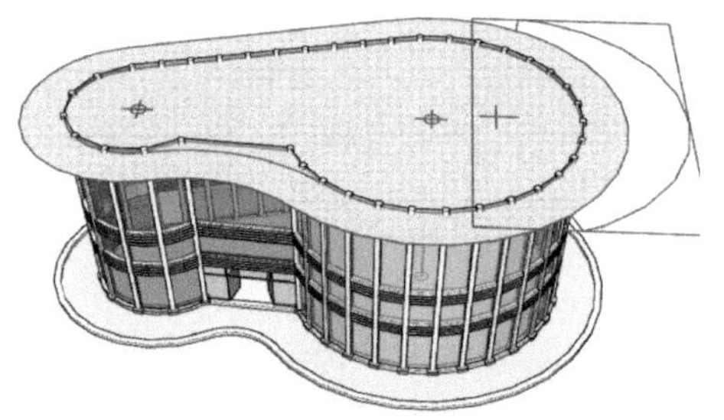

图 3.15.9 移动定位屋顶

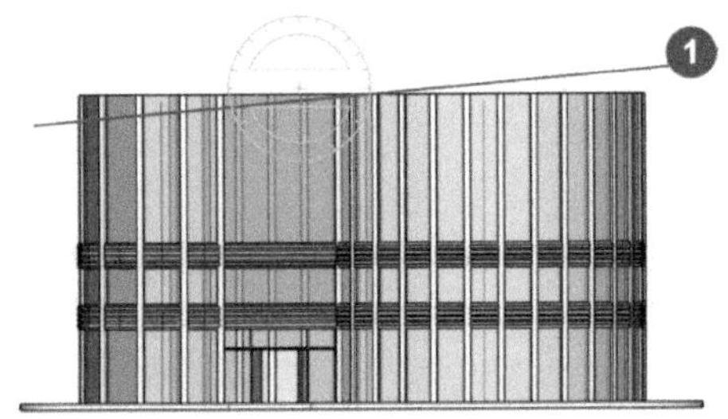

图 3.15.10 旋转屋面

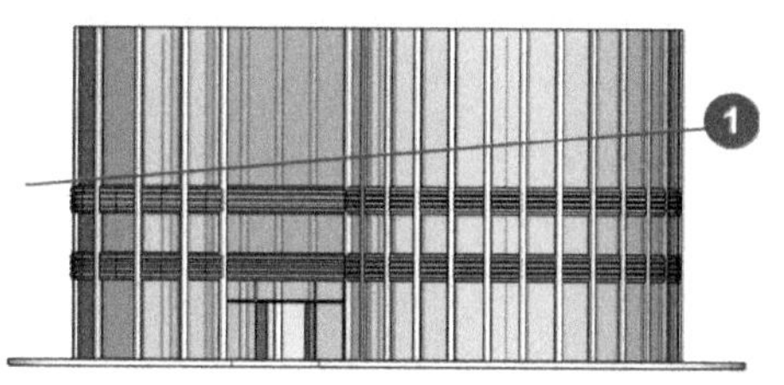

图 3.15.11 往下移动并模型交错

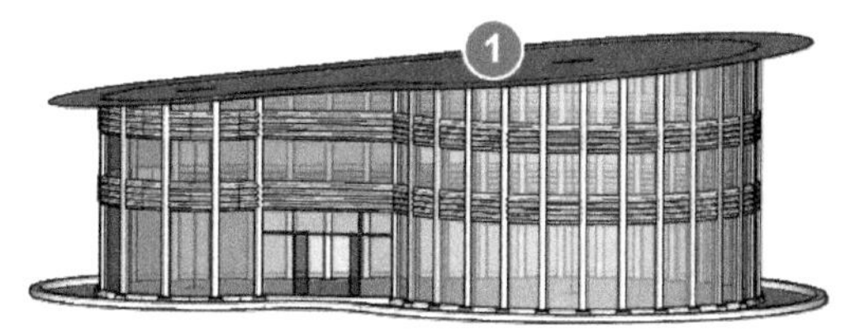

图 3.15.12 删除废线、面

（9）删除图 3.15.12 ①所在的全部线面。

（10）把刚才复制出来的这一块重新移动到位，用中心线对齐，如图 3.15.13 所示。

（11）拉出屋面的厚度 300mm，还要偏移出图 3.15.13 ①所在的面。

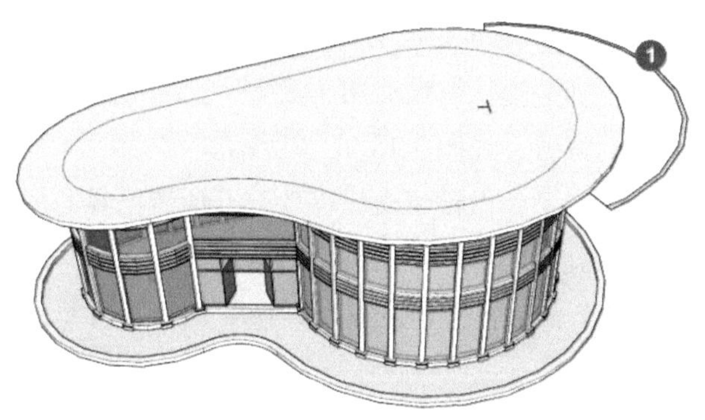

图 3.15.13 准备做脚趾头

3. 创建出檐部分

接着要做出脚趾头（出檐）的部分。

（1）创建一个矩形，拉出 300mm 厚度，创建成“组件”，如图 3.15.14 ①所示。

（2）做旋转复制后如图 3.15.15 所示。

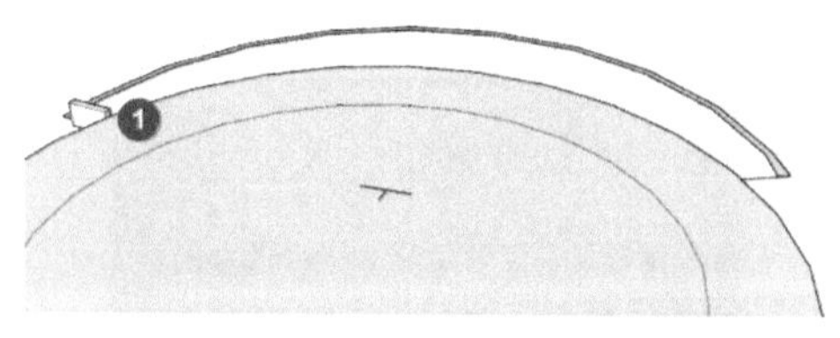

图 3.15.14 画一个立方体组件

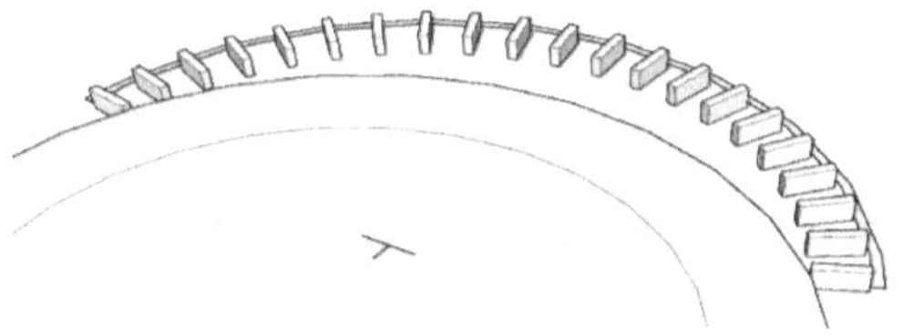

图 3.15.15 内部阵列复制

（3）进入群组，拉出长度如图 3.15.16 所示。这是简化了的做法，想要做得更精致点，可以用右键逐个单击“脚趾头”，选择“设置为唯一”命令，解除它们之间的关联，再逐一调整“脚趾头”的长短。

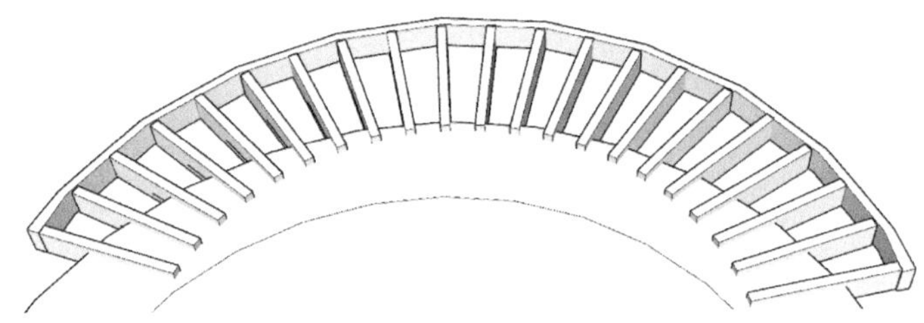

图 3.15.16 拉出长度

（4）用“脚趾头”形式是为了减轻混凝土结构的重量，如果改用型材焊接结构外加蒙皮的做法，就不用做出一个个“脚趾头”的麻烦了。

（5）图 3.15.17 和图 3.15.18 所示为大致完工后的形象。

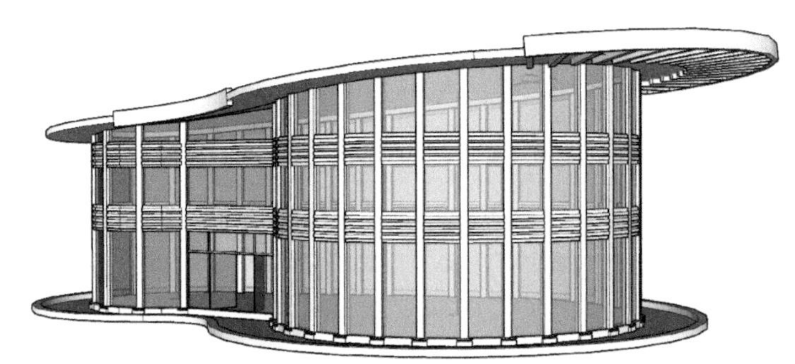

图 3.15.17 成品（东南角视图效果）

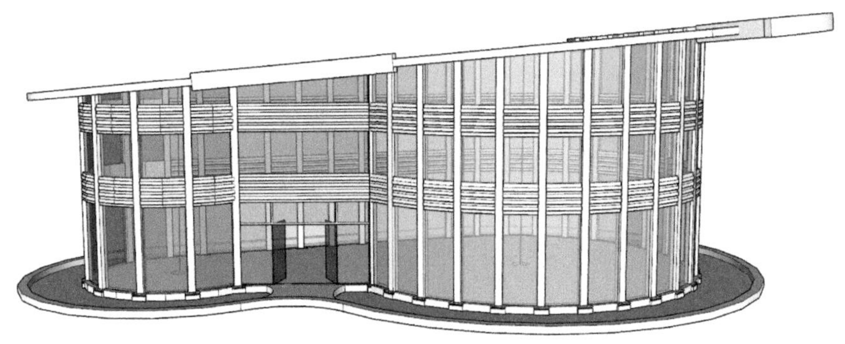

图 3.15.18 成品（南向视图效果）

这样，这个大脚丫售楼部的模型就完成了，从下一章开始，我们不再盖房子了，要开始修建公园。

扫码下载本章教学视频及附件

第 4 章 建公园

本章围绕景观设计方面的对象建模，从最简单的石桌石凳、云墙洞门到亭子石桥、花窗水景，其中有大量的建模思路与操作技巧可供所有行业的 SketchUp 用户借鉴。

SketchUp 有 7 种重要的“造型手段”，即推拉工具、路径跟随、模型交错、实体工具、沙盒工具、3D 文字、折叠大法。在本章里用了个遍。

4.1 石桌石凳

从本节开始的20多个实例，我们要围绕着“建公园”这个题材，展开对SketchUp建模思路和建模技巧的讨论（仍然不使用插件）；要提前打个招呼，前面的“盖房子”和现在的“建公园”3个字，仅仅用来对众多内容做一个大致的分组，方便学习的时候缩小查找的范围而已；“建公园”这个题材里所包含的建模思路与技巧并不真的只限于“建公园”，是各行业通用的。

石头不怕日晒雨淋，所以常常被用来做成户外的家具；但是，石头有石头的特点，不能像木头一样做成细细长长的桌子腿和椅子腿；人们根据石头的特点，设计出了很多漂亮美观还经久耐用的款式，现在你看到的图4.1.1 ~ 图4.1.3就是公园里常见的石头桌子和石头凳子。

1. 对象分析

为了让你看得更清楚些，在图4.1.4 ~ 图4.1.6里，把这3种石头桌子、石头凳子用“白模”的形式呈现给你。显而易见，图4.1.1和图4.1.4所示的石桌石凳是最简单的；图4.1.2和图4.1.5则提高了一点难度；图4.1.3和图4.1.6所示的石桌石凳是难度最高的。下面就从最容易的开始介绍。

图4.1.1 石桌石凳（1）

图4.1.2 石桌石凳（2）

图 4.1.3　石桌石凳（3）

图 4.1.4　石桌石凳白模（1）

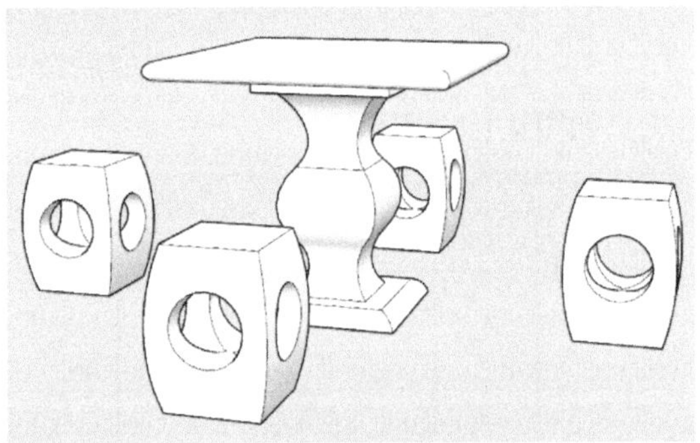

图 4.1.5　石桌石凳白模（2）

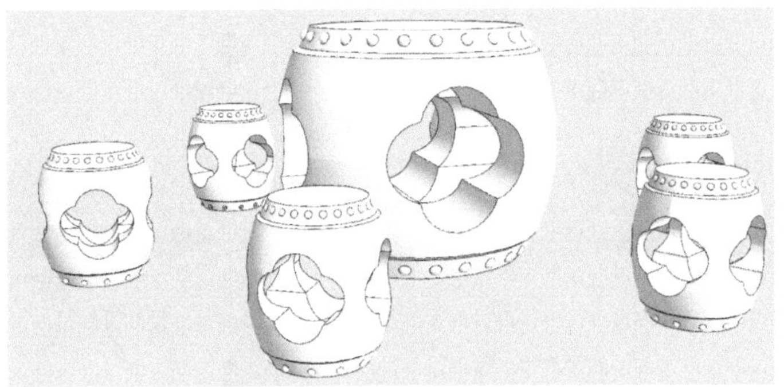

图 4.1.6　石桌石凳白模（3）

2. 创建第一组石桌凳（旋转放样）

分析图 4.1.4 所示的这一组石桌石凳，它们的形状都属于一种叫做“车削型”或“回转型”的形状。“车削型”就是可以用一种叫做“车床”的机械加工出来的形状，车床是一种最基础的切削机械。在 SketchUp 里做这种形状的对象，只要用路径跟随工具做旋转放样就可以完成。之前在“做家具”时已经用过，下面来看一下创建这套石桌石凳的全过程。

（1）跟创建很多模型一样，从创建辅助面开始，并在辅助面上作一系列辅助线，这些辅助线将决定最终模型的形状，如图 4.1.7 所示。

（2）然后根据辅助线给出的位置绘制放样截面，创建辅助线和绘制放样截面的操作，看起来简单，其实非常考验你的业务水平与美学素养，需要在长期的设计实践中锻炼，如图 4.1.7 所示。

（3）从放样截面引出一条垂线，在下面或上面再画一个圆形作为放样路径，注意，充当放样路径的圆形可以比模型里最小的圆面更小些，不会影响放样结果，千万不能太大，如图 4.1.8 所示。

（4）做旋转放样后的成品，如图 4.1.9 所示。

（5）分别创建成“组件”（方便后续赋予材质），旋转复制得到另外 5 个副本，建模完成，如图 4.1.10 所示。

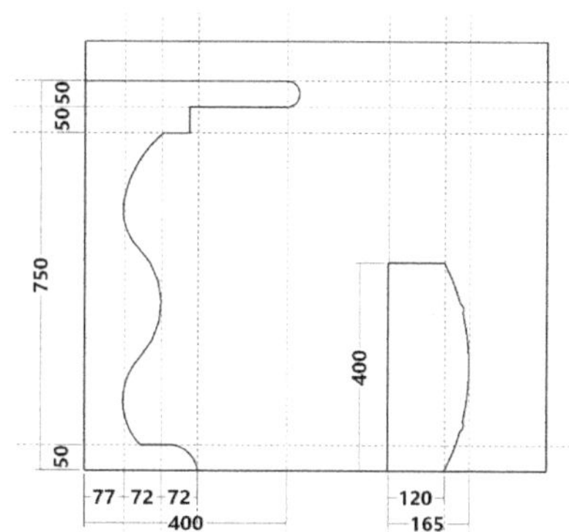

图 4.1.7　截面设计

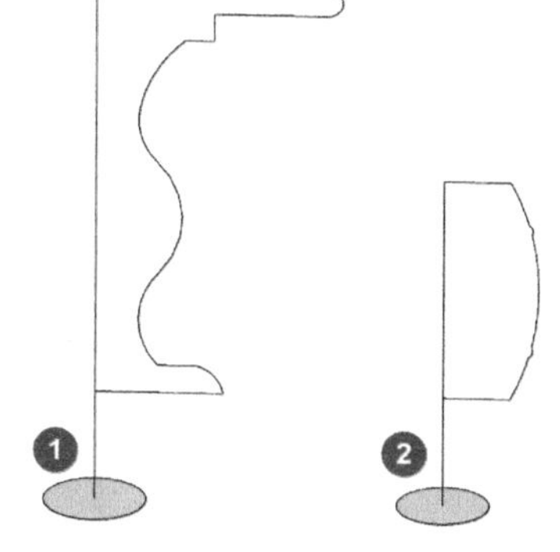

图 4.1.8　准备放样（圆路径）

图 4.1.9　旋转放样

图 4.1.10　复制出成套石凳

3. 创建第二组石桌凳（旋转放样与模型交错）

接着再来做图 4.1.5 所示的一套石桌石凳，这一套石桌石凳的特点有两个。

① 石桌和石凳的俯视投影都是正方形。

② 石凳的“肚皮上”还开了两个圆形的洞，这样做减轻了重量又比较新颖美观。圆形，在中国传统纹样图案中称为“宝镜纹”，象征太阳，有镇妖避邪的寓意。

具体操作步骤如下。

（1）请比较图 4.1.11 中石桌的截面跟图 4.1.7 中相同，石凳的截面仅弧高有一点差距。

（2）删除废线、面后在中心延长线上画一个将当作放样路径的正方形，如图 4.1.12 所示，正方形可以小、不能大，这是绘制所有“旋转放样路径”的通用原则。

（3）旋转放样不但可以做圆形路径的“车削”，还可以用于矩形与更多形状的建模。你看，完全相同的放样截面，把放样路径从圆形换成正方形，结果就完全不同了。

（4）图 4.1.13 是完成放样后的结果，石凳要创建组件（方便后续赋予材质等）。

（5）接着要做出石凳肚皮上的“宝镜纹”仍然从在凳面上画辅助线（见图 4.1.14 ①）开始。

（6）全选两条辅助线，垂直向下移动 200mm，到图 4.1.14 ②所示的位置。

（7）分别在辅助线上画圆形，直径 180mm，如图 4.1.15 所示，分别创建群组。

（8）分别进入群组，拉出适当长度，如图 4.1.16 所示。

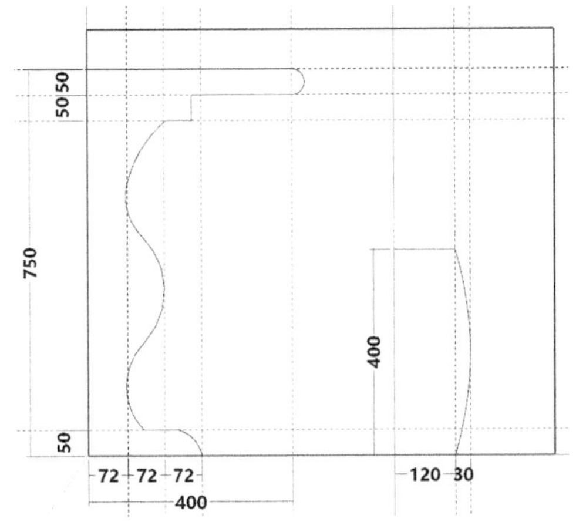

图 4.1.11　截面设计

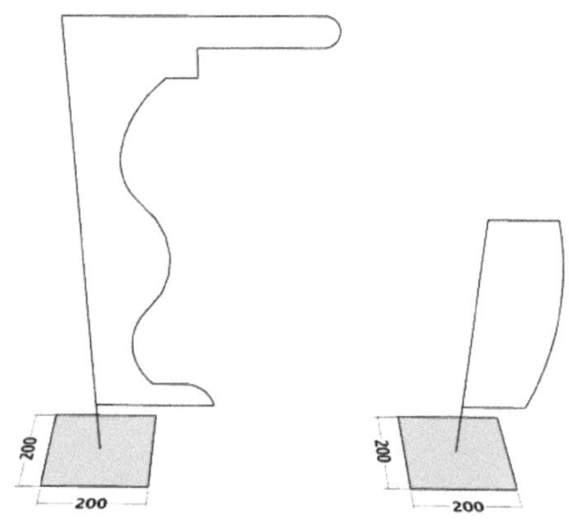

图 4.1.12　准备放样（方路径）

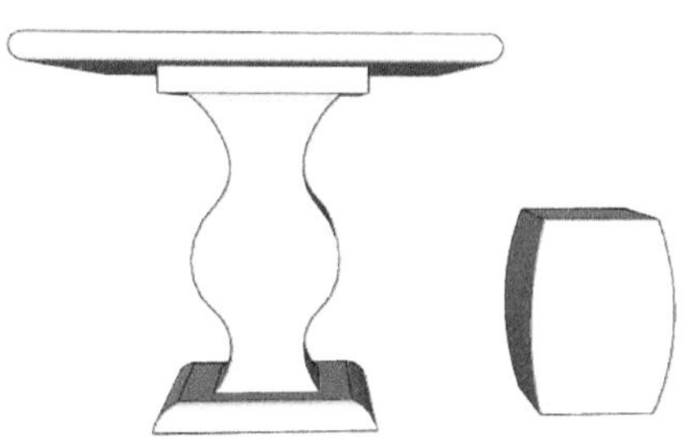

图 4.1.13　旋转放样

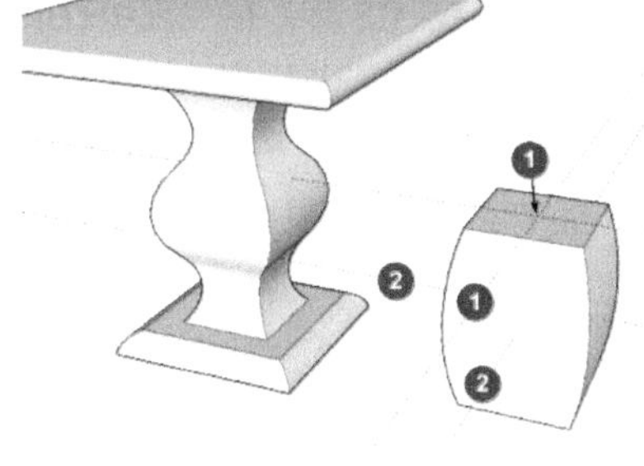

图 4.1.14　创建辅助线并移动

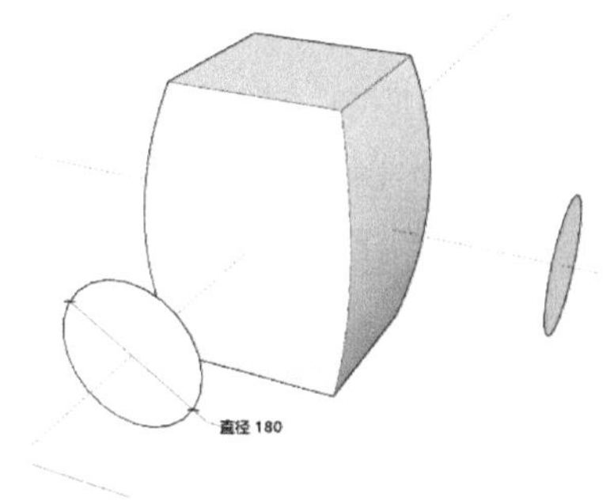

图 4.1.15　创建截面

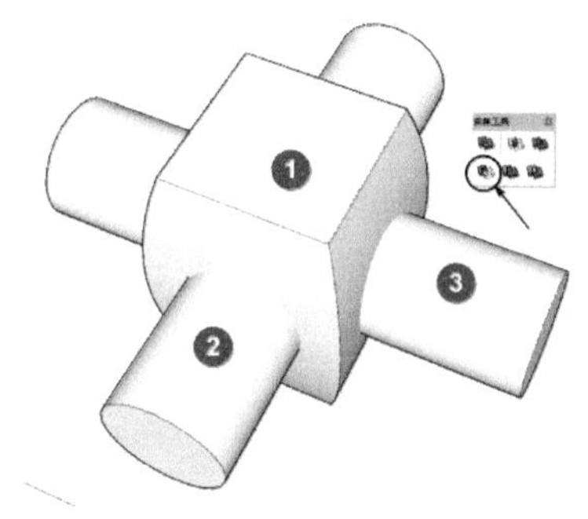

图 4.1.16　拉出后模型交错

下面的“开洞”操作要用到“实体工具”条中的“减去”工具，它的操作提示是：“从第二个实体减去第一个实体，并将结果保留在模型中”操作步骤如下。

（1）调用“减去”工具先单击圆柱体，再单击石凳；退出后重复另一侧。

（2）图 4.1.17 是用“减去”工具后的结果（操作前先确认三者是否都是实体）。

（3）最后做“旋转复制”，图 4.1.18 所示为完成后的成品。

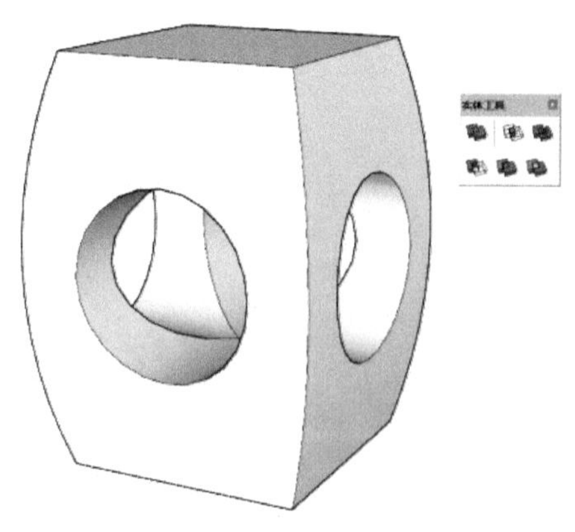

图 4.1.17　删除废线面

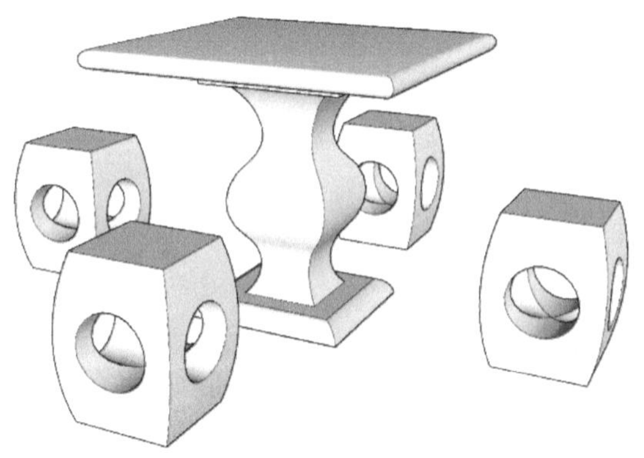

图 4.1.18　旋转复制出全套

4. 异形旋转放样

下面再演示一种梅花形的石头凳子，操作过程如下。

（1）先画出梅花形的放样路径，五角形内切圆半径 124mm，弧高 35mm，旋转复制后如图 4.1.19 右所示。

（2）再绘制放样截面，画矩形 120mm × 400mm，弧高 30mm；两个小圆弧倒角，如图 4.1.20 ①②所示。

（3）做旋转放样后如图 4.1.21 所示，删除废线、面。

（4）图 4.1.22 和图 4.1.23 所示为两种不同的柔化角度的结果。图 4.1.23 保留部分边线更逼真。

（5）图 4.1.24 所示为赋予材质后的成品。

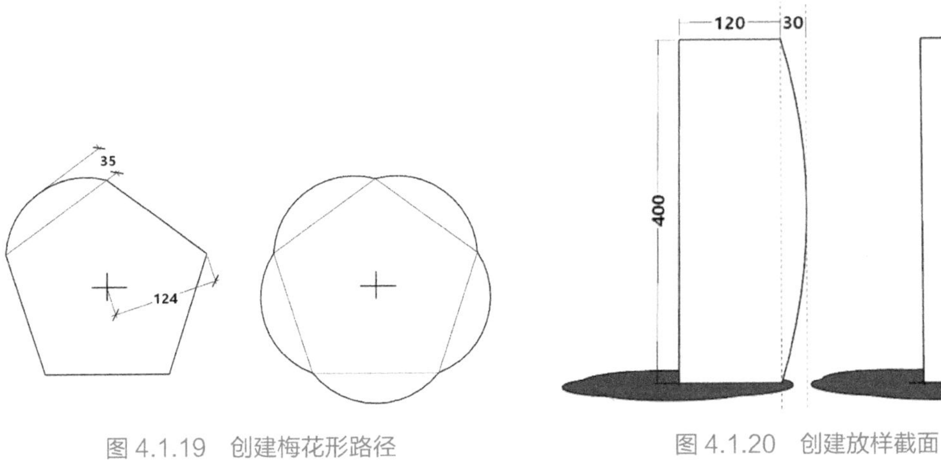

图 4.1.19 创建梅花形路径　　图 4.1.20 创建放样截面

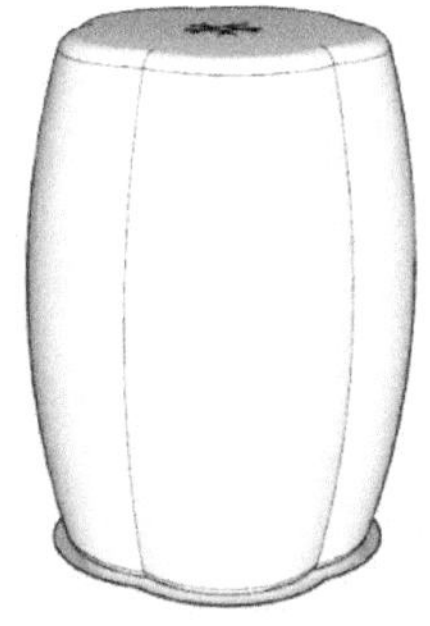

图 4.1.21 放样完成

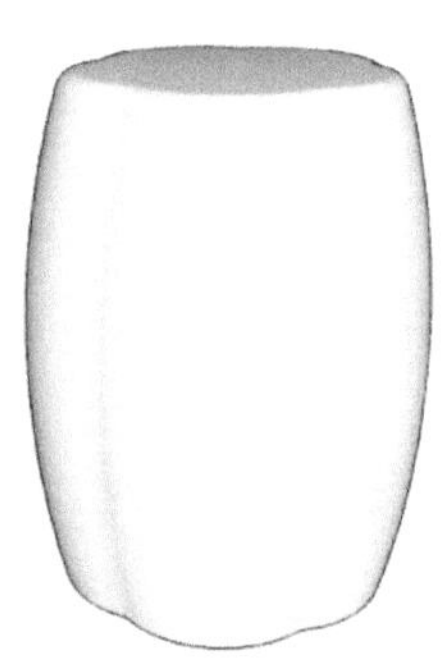

图 4.1.22 深度柔化

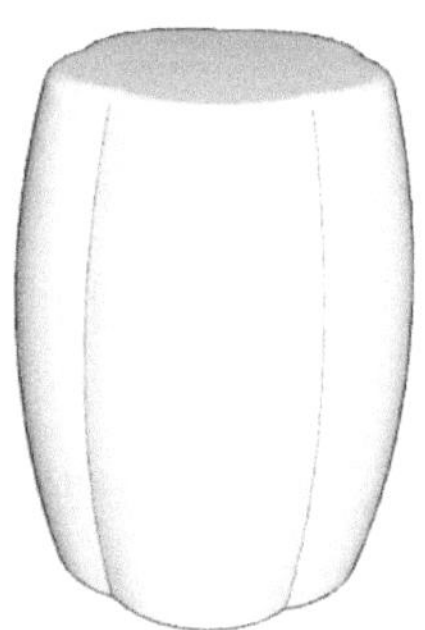

图 4.1.23 适度柔化

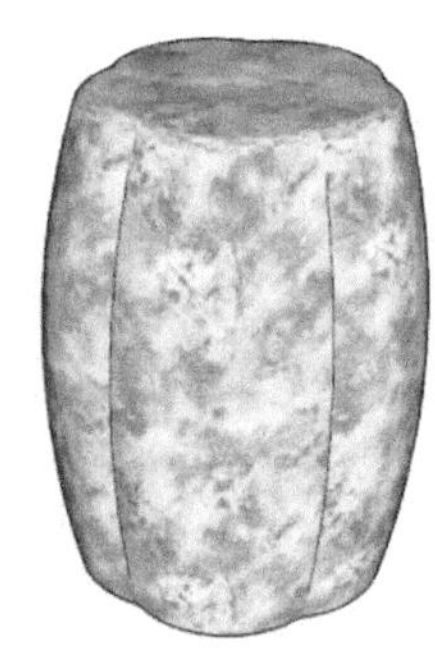

图 4.1.24 赋予材质后的效果

5. 创建第三组（旋转放样、模型交错、旋转复制）

下面要做本节最麻烦的一个，如图 4.1.6 所示的一套“鼓形海棠纹石桌凳”。虽然麻烦但并不难，分析图 4.1.6 所示的成品，可以得到以下印象。

① 这套石桌石凳充满了中国传统文化的内涵，石桌像一个传统的“大鼓”，而石凳则像中国传统乐器的“腰鼓”。

② 石桌和石凳上有贯穿的“海棠形”孔洞：中国传统把海棠与玉兰、牡丹、桂花相配，有“玉堂富贵”之意，“海棠纹”的“棠”与“堂”谐音，还寓意“阖家美满幸福”。

初步估计建模时候需要注意的有以下几点。

（1）确定放样的截面，放样完成后要有“鼓”的特征。

（2）用来固定“鼓皮”，围绕鼓上下端面一圈的“泡钉”。

（3）绘制海棠形孔洞的截面。

具体操作步骤如下。

（1）画一个垂直辅助面，并在辅助面上做出若干辅助线，如图 4.1.25 所示。

（2）绘制放样截面的时，要把弧线偏移出一条：大鼓 15mm，小鼓 8mm，如图 4.1.25 ①②③④所示。

（3）清理废线面后得到放样截面，按图 4.1.26 所示绘制“放样路径”的圆。

（4）放样完成后如图 4.1.27 所示。注意上下端面一定要留下中心线。

（5）接着要创建一个“泡钉”组件（图 4.1.28 ①②），注意点如下。

① “泡钉”是要大量复制的，所以一定要注意控制线面，“泡钉”在模型中只占很小的位置，所以用不着绘制精细的半球形。

② 为了找对绘制泡钉的位置，可以在对象上连续三击，暴露出所有隐藏线。

③ 在其中的一个面上绘制一个六角形或八角形，如图 4.1.28 ①②所示，立即创建“组件”。

④ 拉出直径的 40% 左右，在面上双击，选择这个面和其边线，调用缩放工具，按住 Ctrl 键做“中心缩放”，形成如图 4.1.28 ③所示的“圆锥截台”，三击全选后柔化到 75% 左右。以看不到边线为准。

（6）“泡钉”组件完成后做“旋转复制”就要用到之前留下的中心线了，完成后如图 4.1.29 所示。

（7）在“鼓面”上作两条辅助线，如图 4.1.30 ①②所示，向下 375mm 移动后如图 4.1.30 ③④所示。

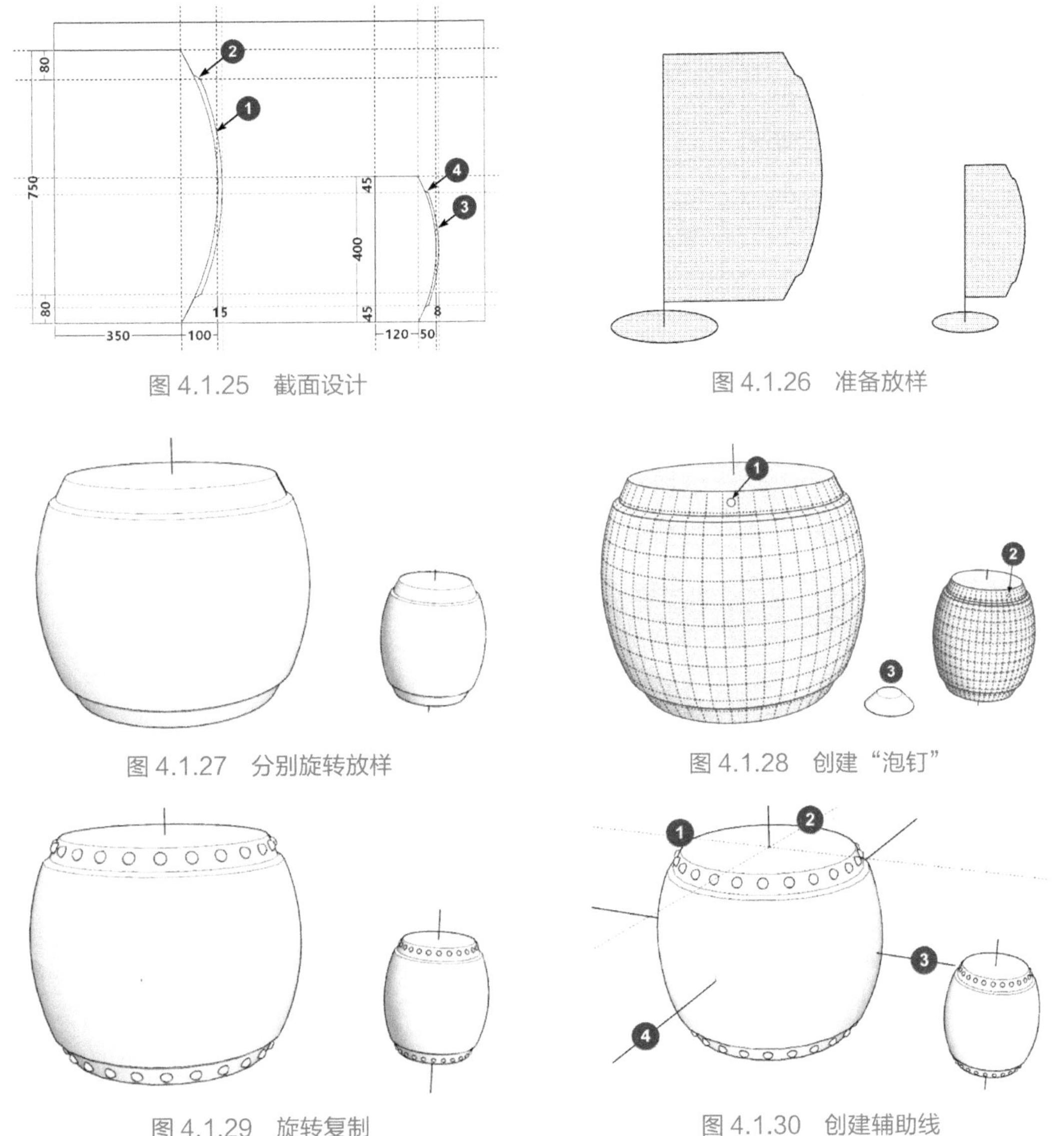

图 4.1.25　截面设计

图 4.1.26　准备放样

图 4.1.27　分别旋转放样

图 4.1.28　创建“泡钉”

图 4.1.29　旋转复制

图 4.1.30　创建辅助线

（8）绘制“海棠纹”，画一个正方形，如图 4.1.31 ①所示，画圆弧，弧高约正方形边长的 40%（见图 4.1.31 ②），做旋转复制后如图 4.1.31 ③所示。

（9）海棠纹图案可以在辅助线上绘制，也可以在其他地方画好移动到辅助线上，如图 4.1.32 所示。

（10）用推拉工具拉出海棠形图案后如图 4.1.33 所示。

（11）全选后做模型交错，仔细删除废线、面后的成品如图 4.1.34 所示。

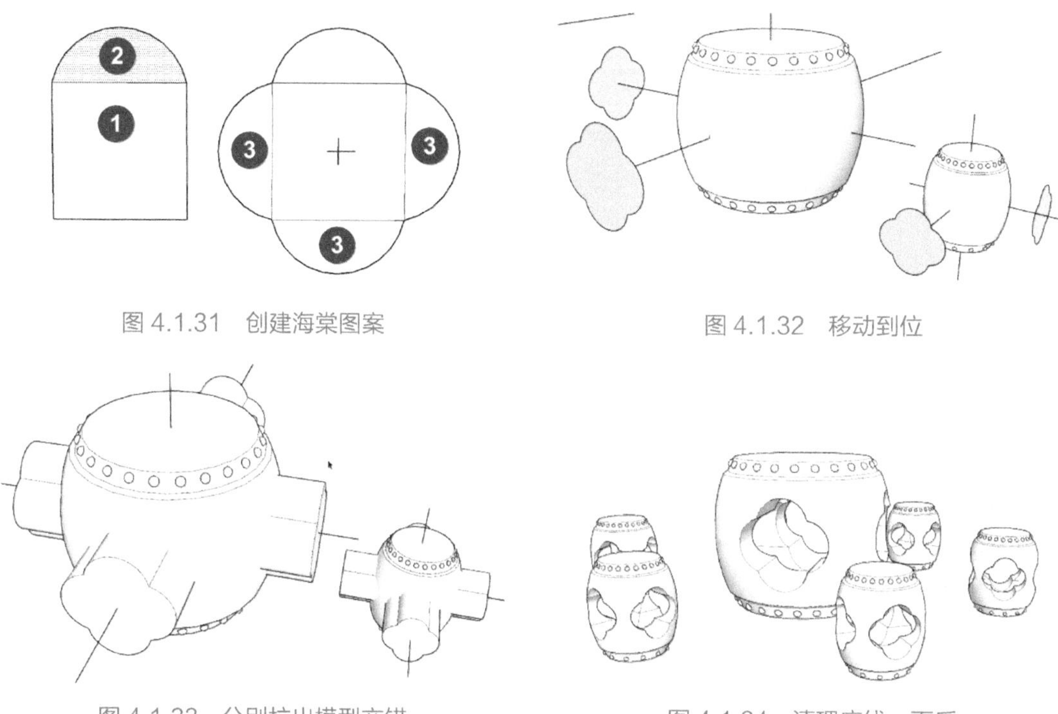
图 4.1.31 创建海棠图案
图 4.1.32 移动到位
图 4.1.33 分别拉出模型交错
图 4.1.34 清理废线、面后

本节介绍了 4 种石桌石凳的建模思路与技巧，其中很多都是实战中常用的。

4.2 野猪林

听到这个"野猪林"这个名字，你想到了什么？应该是小说《水浒》中强盗出没的地方吧；还是名胜古迹、旅游胜地；或是农家乐；没想到只是一块石头而已，很失望吧？

别失望，这块石头也是有来历的："置石"与"假山"一样，是中国景观设计中的重要元素，置石大致可以分成"散置""群置""对置""特置"等形式；置石与假山的设计与施工，在中国景观领域中已形成一套完整的理论体系和施工规范，本例的这块石头属于"特置"。"特置"的石头可以半埋半藏以模拟天然自成一趣，也可与花草树木组合成一个小品群，更多是设以基座，置于庭院中摆饰，改革开放后的公司单位、花园名宅门口也常见雕琢文字于巨石之上显露身份。

想要做好一块石头也不容易，除了对各种石块的形态特点了然于心之外，还要有一点点艺术细胞和美学修养，然后只要用手绘线、推拉、柔化三者结合便可以造出千姿百态的石头，点缀丰富你的模型。三维文字工具和模型交错的加入，甚至可成就世界五百强的招牌。

1. 首先做基础

（1）用矩形工具在地面上画个 4m 长、4m 宽的矩形。

（2）拉出 150mm 后向内偏移 300mm。

（3）接着再拉出 150mm，全选后创建群组，如图 4.2.1 所示。

2. 绘制石块轮廓线与推拉成型

（1）在基础上创建个垂直的辅助面。

（2）用徒手线工具画出石头的大致形状，如图 4.2.2 所示。

（3）推拉成型和继续细化造型。

（4）推拉出一定的厚度。

3. 描绘与推拉出细节

（1）在推拉出的面上，用徒手线工具继续画出石头的细节。

（2）再推拉出细节，进一步在细节上画出更多细节。

（3）进一步推拉出细节，反复两三次后如图 4.2.3 所示。

（4）石块大致成型后，全部选择，复制一份到旁边，做出镜像，移动对接成一个整体，删除或隐藏接缝处的线条，形成整块石头（见图 4.2.4）。

（5）对石头赋予一种材质。全选，柔化平滑调整到合适位置，如图 4.2.5 所示。

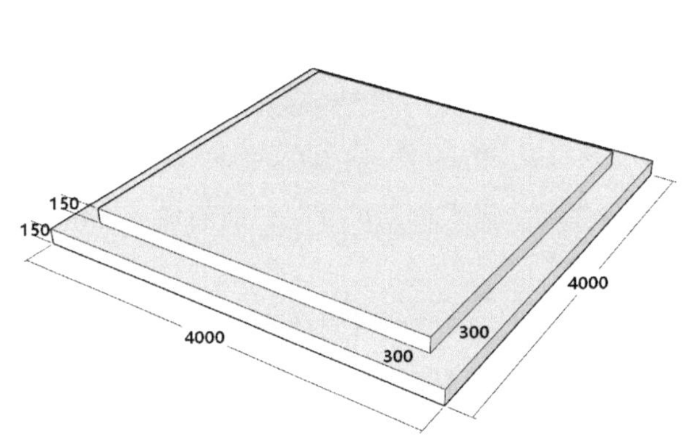

图 4.2.1　创建底座

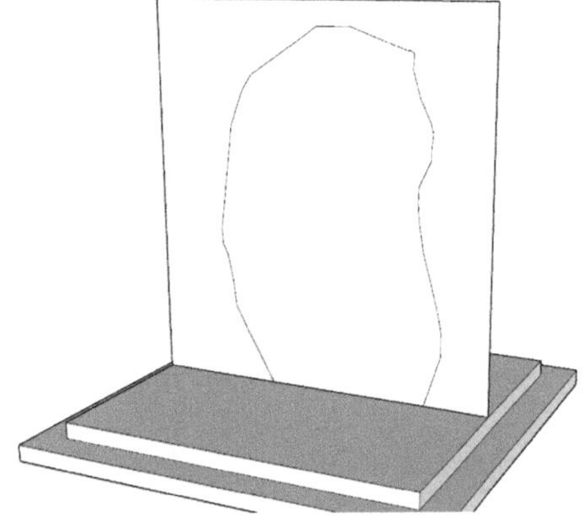

图 4.2.2　在辅助面绘轮廓线

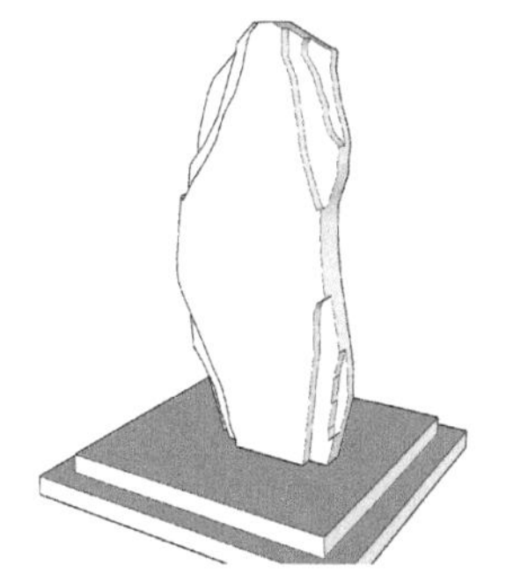

图 4.2.3　绘制细节拉出厚度

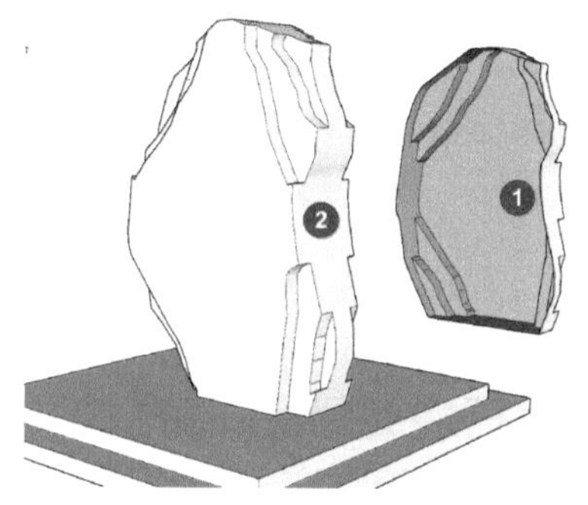

图 4.2.4　移动复制 + 镜像

4. 做出“野猪林”三字

（1）调用 3D 文字工具，输入“野猪林”3 个字，竖排。

（2）选择字体，其余的选项不必修改，得到 3D 文字。

（3）调整 3D 文字的大小，移动到大石块上，微调位置。

（4）大小和位置确定后，用缩放工具拉出一定厚度。

（5）把 3D 文字“插入”石头表面，如图 4.2.6 所示。

图 4.2.5　合二为一

图 4.2.6　把 3D 文字插入石头

（6）如果直接插入有困难，可以向相反方向移动，输入移动尺寸时，前面加一个负号。

（7）“插入”的深度可以打开 X 光模式观察。

（8）炸开 3D 文字和石块，单击右键，选择“交错”→“所选对象交错”命令，如果光标箭头变成白色，请不要做任何操作，静等 SketchUp 的运算完毕。

（9）根据经验，像这种比较复杂的模型交错，SketchUp 有可能完成得不彻底，所以可以再次全选后，执行模型交错，甚至可以做第三次。

（10）删除无用的部分后，可以看到石头的表面上有了文字的边线。

（11）检查模型交错的完成质量，可以单击文字笔画所在的面，看看是不是形成了单独的面，如果模型交错不彻底，往往跟其他的面连在一起（见图 4.2.7）。如果发现有模型交错不彻底的情况，需要仔细检查是否有地方断线，找到后补一小段线就可以了。

（12）用推拉工具把笔画部分推进去 10mm，如果推有困难的话，也可以拉出来，再输入负 10，结果也是一样的。

5. 大石间小石、大小顾盼

中国的园林景观设计一向与传统美术绘画理论相关，绘画与造园都有“园可无山，不可无石”“石配树而华，树配石而坚”之说。明代画家龚贤所著《画诀》中对于“置石”就有精辟论述：“石必一丛数块，大石间小石，然须联络。面宜一向，既不一向，宜大小顾盼，石小宜平，或在水中，或从土出，要有着落。”图 4.2.8 所示的两块石头也算是“大石间小石、大小顾盼”了。

图 4.2.7　模型交错后清理废线面

图 4.2.8　复制一个，缩小成配角

如果需要大石块旁边有一块小一点的做陪伴（景观置石的常规做法），可以在做 3D 文字之前复制一份，缩小到合适尺寸，用镜像或其他方式适当变形，移动到合适位置，形成一个小弟弟当配角，就像图 4.2.8 那样。

全部完成后，创建群组，或者做成组件保存。

4.3　古树美人

SketchUp 有一些功能吸引着所有用户的兴趣，组件和 3D 仓库功能就是其中之一。有了组件和 3D 仓库功能，就可以避免大量的重复劳动，大大加快建模的速度，如门窗、家具、树木、花草、人物、车辆等配景，甚至整幢的大楼，整个小区都可以在 3D 仓库里面找到，并且免费下载使用。除了下载外，也可以自己制作一些组件，保存起来，留做以后使用，当然，只要你愿意，也可以上传到 3D 仓库，让全世界的 SketchUp 玩家一起共享你的作品。

1. 4 种获取模型或组件的方法

第一种方法是在“窗口”菜单或者“默认”面板里选择组件，在“组件管理”面板里选择你想寻找的组件类型，再一层层地往下选择，也可以在上面的搜索框里输入要寻找的组件英文名称，进行搜索。

第二种方法是在“文件”菜单里的 3D 模型库中单击获取模型，在弹出的浏览器里选择模型类别，或输入模型的英文名称进行搜索。

第三种方法是，在浏览器中输入 https://3dwarehouse.sketchup.com/，直接到达 3D 模型库，挑选或输入需要寻找的英文名称后搜索。

前 3 种方法都可以把选中的模型直接加载到当前的模型中，第三种方法可以在短时间内获得大量模型。如果你是一位下决心把 SketchUp 用到极致的设计师，还有第四种方法，就是逐步积累，创建属于自己的组件库，需要的时候不必东寻西找，信手拈来就能用。

2. 3 种花草树木组件的比较

图 4.3.1 是一些树木的组件，有下载的也有自己创建的，看一下它们之间的区别。

在真实度感受方面，图 4.3.1 ①最高，图 4.3.1 ④⑤次之，图 4.3.1 ②③两棵最差。

从模型线面数量衡量，图 4.3.1 ②③两棵线面数量最大，图 4.3.1 ④⑤次之，图 4.3.1 ①线面数量最少。

这几棵树都保存在本节名为“比较（树）”的附件里，可以亲自比较一下。

图 4.3.1　组件正视图

3. 3D 组件的优、缺点

现在来仔细看一下，图 4.3.1 ②③两棵树是所谓 3D 的，从树干到树叶，都是在 SketchUp 里创建的 3D 模型，做这样一棵树，要花不少的工夫，即使是顶尖的高手，也无法把 3D 的树做到像照片一样的真实。很少有人花大量工夫去创建这样的树木花草组件。而它的优点只有一个：无论从什么角度看，它都像是一棵树，如图 4.3.2 所示。

需要指出，3D 组件最根本的问题还不在于创建它们的困难，最根本的问题是它们的线面数量大到只能偶尔在模型中出现，难以在模型中大量使用 。所以，如果你不想把你的计算机搞死，对于 3D 形式的树木花草类组件，必须要非常谨慎地使用，最好不要用。 切记在你的模型中，避免大量使用 3D 形式的树木花草类组件。

4. 2D 组件的优、缺点

再看图 4.3.1 ①这棵树，是所谓 2D 的组件，它是用照片或手绘的图片加工而成的。

优点是逼真，线面数量最少，可以在模型中较多地使用。

2D 组件的缺点是，在顶视或接近顶视的角度时，表现很差，是一条直线，如图 4.3.1 ①所示。如果你的模型不需要提供顶视的角度，推荐你使用这种形式的组件。

另外，创建这种组件也比较方便，只要一张图片就可以做出具有自己特色的模型，在下面的篇幅中，我会教你如何把一张图片做成这种组件。

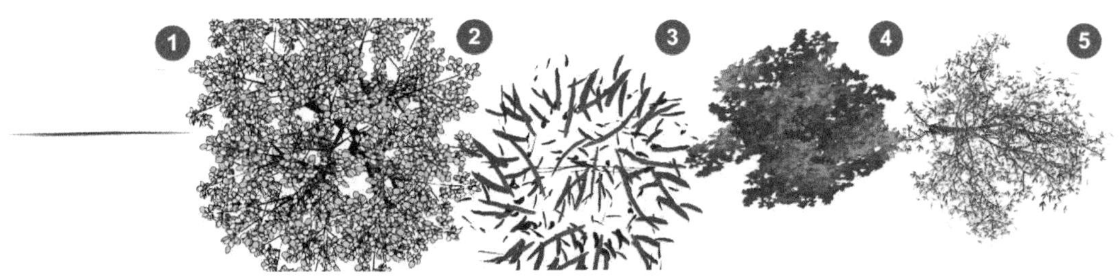

图 4.3.2　组件顶视图

5. 2.5D 组件的优、缺点

图 4.3.1 ④⑤所示两棵树是被称为 2.5D 形式的组件。

可以看到，它的树干和大树枝是 3D 形式的，树叶则是用图片加工而成，它兼有 3D 和 2D 两种组件的优点，同时又避免了 3D 和 2D 的缺点，取二者之长，克二者之短，也是一种值得推荐的组件形式。

创建这样的组件，虽然比 3D 形式省事，但也需要花不少的工夫。

6. 2D 组件对图片素材的要求

经过上面的比较，2D 的组件（不限于花草树木）有较多的优点，而缺点较少甚至可忽略，CP 值较高，值得推广应用，下面来学习如何创建一棵树的 2D 组件（花草、人物、车辆等组件类同）。

（1）首先当然要收集到合适的素材，在本节附件里，你可以找到不少可用的图片。

（2）把这几张图片拖曳到工作窗口里，如图 4.3.3 所示，可以看到它们的明显区别。前 3 张不用加工就可以用，它们是 TIF 或者 PNG 格式的图片（透明的背景）。第四张是常见的 JPG 或 BMP 等格式的图片，保留有不透明的背景，无法直接使用。

（3）图 4.3.3 ④那张 jpg 格式的图片，如果一定要用它的话，有两种办法。

第一种办法是用徒手线工具勾画出它的边线，删除无用的部分，包括树枝之间的白色部分都要勾画和删除，显然是繁重的体力劳动，并且可能会留下部分白边。

另一种比较聪明的办法是用 Photoshop 一类的图片处理软件，提取并删除白色的部分后做成透明的背景，然后到 SketchUp 里做后面要介绍的处理。

难道图 4.3.3 ①②③这 3 张图片就无懈可击了吗？是否可以在 SketchUp 模型中直接使用？不是的，如果打开日照阴影，就发现问题了，请看图 4.3.4。

图 4.3.3　看起来正常的组件

7. 光影与设置

现在打开了 SketchUp 的“阴影”，请看图 4.3.4 中左边两棵树（见图 4.3.4 ①②），根本没有光影，图 4.3.4 ③④虽然有光影，但光影是个矩形，比没有光影更差劲。作为对照的小球迷（见图 4.3.4 ⑥）和图 4.3.4 ⑤所示的树，虽然也是用图片做成的 2D 组件，却有着真实的光影。现在就来找一下原因。

图 4.3.4　矩形的光影

右键单击第一棵没有光影的树，请看图 4.3.5，在右键菜单里有个“阴影”，有两个子命令——“投射”和“接收”；原先的状态是只能接受光影而不能投射出光影，所以它就没有光影，现在，勾选了投影，它也有了影子，不过是矩形的，如图 4.3.5 所示。

为什么图 4.3.4 ⑤会有真实的光影呢？我们来研究一下。

现在，把图 4.3.4 ③所示的这棵树组件炸开，它的轮廓是个矩形，如图 4.3.6 所示，所以它的光影也是矩形。

再把图 4.3.4 ⑤有真实光影的树炸开，它的轮廓是树干和树冠的形状（见图 4.3.7），所以它有真实的光影。

图 4.3.5　取消光影

图 4.3.6　炸开的 png 图片

图 4.3.7　徒手线描绘边线

如何使这些树也能够获得真实的光影呢？其实也很简单，只要用徒手线工具，顺着树冠和树干描上一圈，再删除周围矩形的部分，就可以获得真实的光影了，请参考图 4.3.7。

新的问题来了：像图 4.3.7 那样处理后，树冠和树干会有一圈黑色的边线，很难看，怎么办？有人会说，隐藏起来，这样做不能算错，但不是最好的办法，有两种办法可以解决这个问题。

第一种办法是创建一个图层，命名为隐藏线；然后双击图片表面，同时选择了线和面，再减选“面”，剩下来的就是边线了，在实体信息里把这些选中的线调到隐藏线的图层里去，关闭这个图层，边线就看不见了。这个方法有点麻烦，但是比较彻底，当你的模型中有大量需要隐藏的线条时会比较方便。

另一种方法比较快捷直观，也推荐使用，即用橡皮擦工具，按住 Ctrl 键做局部柔化的操作，在所有边线上刷一遍就可以了。

8. 让它把正面永远面对我们

现在又有新的问题了，请看图 4.3.8 中两棵完全相同的树，但是当模型转动一个角度时，请看图 4.3.9 右边的（见图 4.3.9 ②）那棵树快要变成一条线，而图 4.3.9 ①所示的这棵树，不管怎么旋转模型，它的正面始终是面对着我们的。

现在来解决这个问题，在图 4.3.9 ②这棵树的平面上双击，选择了面和边线，在右键菜单里选择“制作组件”，如果想创建一个正面永远面对着我们的组件，要勾选“总是面向相机”（图 4.3.10 ①），这里的相机就是我们的眼睛；勾选的同时，下面的阴影朝向太阳也被默认选中，不必更改。

单击“创建”按钮后，这棵树的表现就不同了，当再旋转模型时，它也会始终面对着我们了。

图 4.3.8 两棵相同的树

图 4.3.9 旋转后

图 4.3.10 设定面向相机

9. 设置旋转轴

我们又发现了一些新的问题，请看图 4.3.11 里有两个相同的模型，左右的围墙外各有一棵大树；当旋转模型后，请看图 4.3.12 左边的那棵树是面向着我们的，这是我们需要的效果。右边的那棵树就有问题了，虽然它也面向着我们，可是原先在围墙外的树跑到围墙里面去了，这种现象，显然不是我们希望见到的。

现在来找一下原因，图 4.3.13 所示为左边的树，双击进入组件内部，可以看到箭头所指处有个坐标轴标志，注意，它在树干的中心，当旋转模型的时候，这棵树也在旋转，旋转的中心就是这个坐标所在的地方。再看图 4.3.14 中有问题的这棵树，双击进入它以后，它也有个坐标，不过它是在图片的左下角，是以左下角为旋转的中心，所以，当旋转模型的时候，就转到围墙里面去了。

应注意：创建组件的时候，默认的旋转中心就是在左下角的。所以，一定要重新设置。

下面来解决这个问题，现在炸开这个组件，双击全选后，在右键菜单里重新制作组件。制作组件的时候，除了要选择总是面向相机以外，阴影朝向太阳之外，还要单击图 4.3.15 ①所指的设置平面的按钮。

单击它以后，就可以看到原先的坐标轴（旋转中心）在图 4.3.14 ①所指的位置，当光标变成了一个坐标轴的形状时，移动光标到树干的根部中心，图 4.3.15 ③所示的位置单击，确认旋转的中心，接着，把光标沿着红轴移动，看到红色的虚线后，再单击，然后，旋转一下模型，光标再往绿轴的方向移动，看到绿色的虚线后，第三次单击鼠标，这样就确定了新的旋转中心和旋转平面。单击面板上的“创建”后，这棵大树组件的表现是：既能始终面对着我们，还能在原地旋转，这才是我们想要的。

图 4.3.11　两个相同的场景

图 4.3.12　旋转后大树到了院子里

图 4.3.13　原地不动的

图 4.3.14　进入院子的

图 4.3.15　设置组件轴

10. 组件的线面数量

再来看图 4.3.16 所示的这个模型，右边是一个猫女，它是 3D 组件，是用其他的软件做好以后，再转换到 SketchUp 里做成的组件。左边有一群演员；从卓别林到超人的所有人物都可以直接在 SketchUp 里完成，它跟刚才讲过的大树是一样的形式，也是 2D 组件。

现在我告诉你，一个猫女的模型线面数量比左边所有人物组件加起来还要多得多，你相信吗？

在“模型信息”里有个统计功能，可以看到模型的线和面、材质图层等所有要素的统计数字，现在删除掉从卓别林到超人的所有人，只剩下猫女，看统计数字，边线 19000 多；平面 12600；再看看删除猫女，只留下这个表演团体的 8 位，看统计数字，边线只剩下了 7000 多，大概是猫女的 1/3 左右，平面仅仅 420，只有猫女的 1/30。

可见，三维的人物、植物等组件，线面数量是非常惊人的，建模的时候也要严格控制使用。

图 4.3.16　2D 与 3D 组件的线面数量对比

11. 删除图片上无用的部分

为了尽可能减少组件过分占用计算机资源，用图片制作组件之前，一定要用 Photoshop 等工具预先处理一下，尽量把图片中无用的部分切割掉以后再导入到 SketchUp 里来，这样可以较大幅度地减少 SketchUp 的负担。

比如图 4.3.17 ①所示的红衣女模特，在材质面板上，可以看到它的原始图片如图 4.3.17 ②所示，复制出来以后就能看到图片上还不止她一个（见图 4.3.17 ③），她还有个穿浅色衣服的同伴，制作组件的时候把她的同伴也弄了进来，白白增加了图片的幅面，也就是增加了 SketchUp 和计算机的负担，这种情况一定要避免。

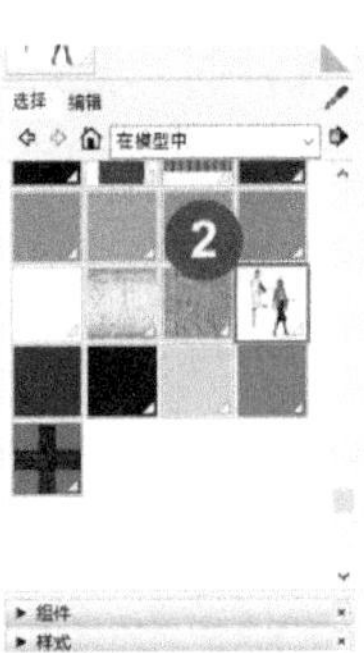

图 4.3.17 已删除的部分仍然保留

12. 估算组件图片的大小

用图片来做 SketchUp 的组件，叫做“以图代模”确实能够多快好省地解决很多伤脑筋的问题。那么，到底要用多大的图片才能够保证清晰度，还不会过分增加 SketchUp 的负担呢？

这个问题需要看“以图代模”中的“图”在模型中和最终导出的文件中所占有的比例大小来确定。比如，你最终想要从 SketchUp 导出的图片（或者通过 LayOut 出的图）是横向 5000 像素，垂直方向 3000 像素；而模型中的“组件”（树木、花草或人物等）在最终的图纸上只占有 10% 的高度或宽度，那么用来制作组件的图片只要 500 像素高或 300 像素宽就够了，需要提前把图片缩小。

如果创建的组件用不着十分鲜艳的颜色，可以考虑把 jpg 等格式的全色谱图片转换成仅有 256 色的 gif 格式，采用这个简单措施后，图片的身材可以缩小到原先的几分之一甚至几十分之一而还能保持相当好的效果。

好了，现在来小结一下：本节主要讨论了如何制作面向相机的组件和设置组件的旋转中心；如何让图片组件获得真实的光影；还有 3D 组件与 2D 组件的比较，如何确定组件图片的合理大小等；在附件里有很多可以制作组件的图片，你可以挑选一些把它们做成组件，保存起来留作后用。

4.4 方亭

这是一个非常简单的练习。它虽然简单，但还是需要综合运用好几种基本工具和技巧才能完成，请特别注意这些工具的使用方法；希望你课后做练习的时候能够像画素描和写生一样，一气呵成；然后在身边找一些类似的例子，用 SketchUp 对它做写生或者临摹，这是锻炼你随机应变，形成建模思路和操作技巧的好方法。

做设计时，思路的连续很重要，尤其在方案推敲阶段。如果一直把精力集中在模型的精致度上，就一定减少了在“设计”上的投入。原先已经形成的思路时不时被冗长的建模过程所打断，显然是舍本求末的不当之举；更没有必要在方案推敲阶段就把模型的每个细节都做到极致。不过，以上这些建议对于专职的“建模工”而不是“设计师”来说可能是多余的。

有朝一日，当你把 SketchUp 用到挥洒自如之后，做设计就会像画素描一样，寥寥数笔就可以勾勒出一个（合理的）创意。设计师的主要精力就可以集中在“设计”而不是“建模”上；至于施工所要考虑的无数细节尽可以放在方案被正式确定后再去完成。

本书安排了好几个这样的实例，专门用来训练设计师“重创意、重意境、重表达、舍繁就简，一气呵成”的素质：从 4.3 节的“野猪林”开始，到本节的方亭和圆亭，4.5 节的蘑菇亭，还有后面的 10 多个实例都是奔着这个目标去的，希望你在学习建模的同时不要忘记这些简单的实例里还蕴含着比建模技巧更为重要的东西。

首先来观察一下整个模型的结构和各部分的比例。

图 4.4.1 ①所在的这块是台基，地面有 20mm 厚的大理石铺装。

图 4.4.1 ②所在的部分是凳子部分，下面是基础，上面有突出一点的凳面。

图 4.4.1 ③所在的柱子，分成 3 段，中间有一段是镂空的。

图 4.4.1 ④是亭子的顶部，也分两部分，下面是檐口，上面是屋面。

图 4.4.1 ⑤顶上还有个装饰用的小立方体。

现在开始建模，顺便说一下，很多模型的创建都是从地面开始的，就像在工地上所做的一样。

（1）在地面上画矩形 3000mm × 3000mm，向上拉出 150mm，如图 4.4.2 所示。

（2）向内偏移 700mm 后，向上拉出 300mm，形成坐凳部分的基础，如图 4.4.3 所示。

（3）把顶部的平面往外偏移 50mm，再向上拉出 50mm，补线成面后形成坐凳的“面”，如图 4.4.4 所示。

（4）再往内偏移 500mm，向上拉出 200mm，形成“凳面”和中心立柱的底部，如图 4.4.5 所示。

（5）用直线的“等分”功能，把相邻两条边线各 3 等分，再用直线分割出四角的小矩形，如图 4.4.6 所示。

（6）向上 1600mm 拉出 4 个“小柱子”，如图 4.4.7 所示。

注意，下面“创建群组”的操作常被初学者认为是“多此一举”。为了更快地创建立柱上面的实心部分，需要临时隔离一下已经完成的部分，这是个非常重要的技巧，经常会用到：选择 4 个小立柱的面和边线，单击右键，创建“群组”。

（7）接着就可以利用原有的角点，在群组的外面画一个跟下面一样大的矩形，由于新画的矩形在群组以外，所以可以单独做后续向上 350mm 的推拉。至于创建临时群组的操作是否“多此一举”，试试就知道了。

（8）现在炸开刚才创建的临时群组，删除多余的线条后如图 4.4.8 所示。

（9）现在开始做“顶部”，仍然用偏移工具，向外偏移到跟下面的基座一样大，最省事的办法是把光标移动到已知尺寸处，对齐后单击左键也可以获得准确的尺寸，如图 4.4.9 所示。

（10）接着，用推拉工具向上拉出 900mm，如果中间的小矩形没有被同时拉出来，仍然用“补线成面”的之法，完成后如图 4.4.10 所示。

（11）鼠标在顶部的面上双击，调用缩放工具，按住 Ctrl 键做“中心缩放”，光标向模型的中间移动，从键盘输入 0.233，按 Enter 键，尖顶就完成了，中间这个小的矩形正好跟下面的立柱一样大，完成后如图 4.4.11 所示（注：矩形的原始边长是 3000mm，要缩小到 700mm，而 700mm 大约是 3000mm 的 0.233 倍，这是按“倍数”的缩放，今后还要在实例中讲述其他的缩放方法）。

（12）顶上的小立方体很简单，拉出 200mm 就行了，如图 4.4.12 顶部所示。

（13）最后还要在亭子的天花部分做出沿口。用偏移工具向内偏移 200mm 后形成一个新的矩形，再向下拉出 140mm 形成亭子的檐口，如图 4.4.12 所示。

图 4.4.1　模型结构与比例

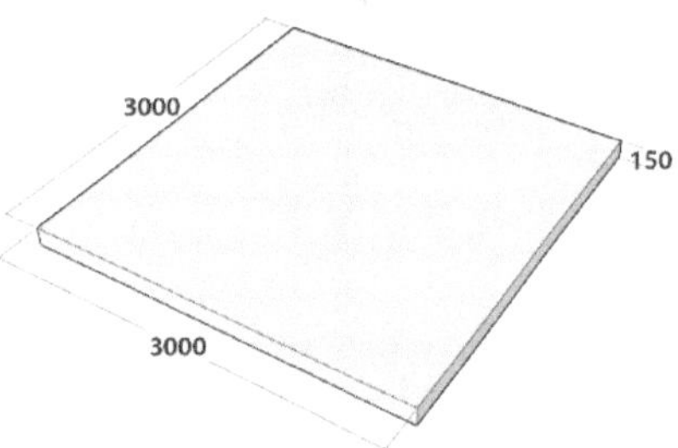

图 4.4.2　创建台基

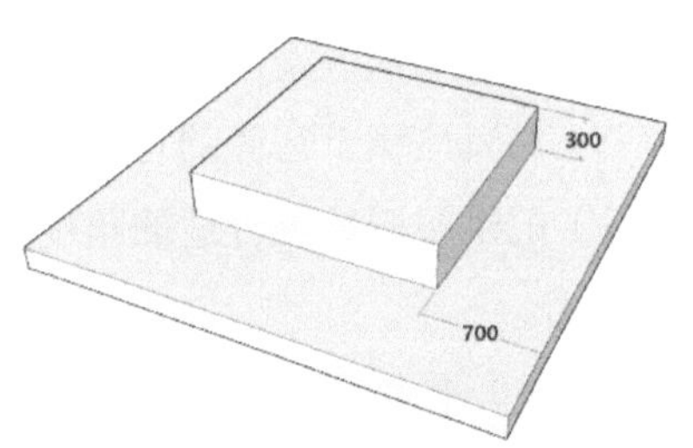

图 4.4.3　偏移推拉（1）

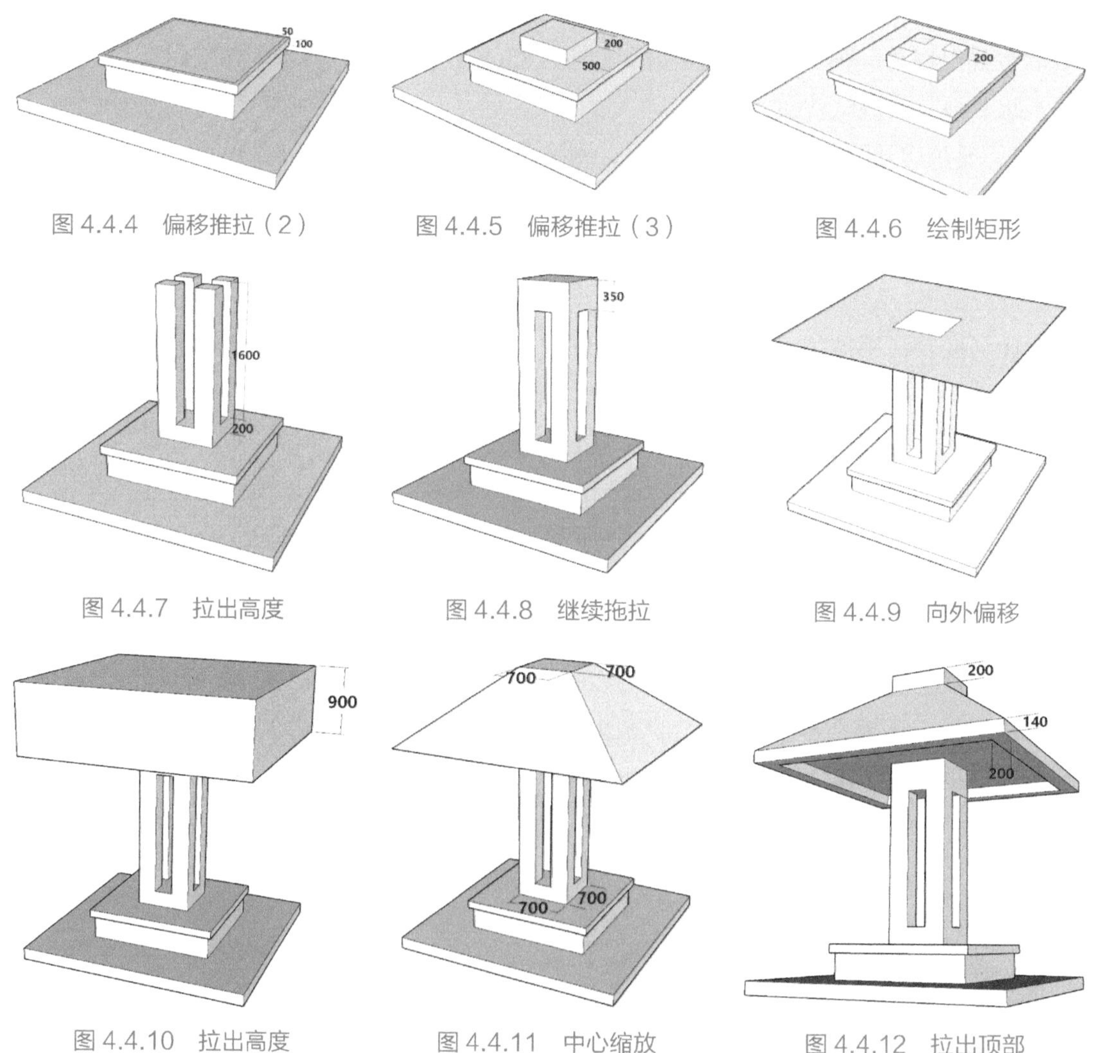

图 4.4.4 偏移推拉（2） 图 4.4.5 偏移推拉（3） 图 4.4.6 绘制矩形

图 4.4.7 拉出高度 图 4.4.8 继续拖拉 图 4.4.9 向外偏移

图 4.4.10 拉出高度 图 4.4.11 中心缩放 图 4.4.12 拉出顶部

检查一下，有没有破面、有没有废线，有的话就修理或清理一下。接着要对各部分赋予材质，注意，像下面这样赋予材质，可以节约不少时间。

（1）选中全部模型，调出“材质”面板，对同样材质数量最多的面赋予材质。

（2）对屋顶赋予瓦片的材质。

（3）把模型调整到合适的角度，选择凳子面的全部平面，同时对很多的面一次完成赋予材质的工作。

（4）双击平台地面，按住 Ctrl 键用推拉工具，向下 20mm 做“复制推拉”形成平台的铺装层，完成赋予材质的操作，如图 4.4.13 所示。

（5）现在把模型调整到顶视的位置，用徒手线工具画个圈，注意首尾相接，形成了一个不规则的面，赋上地面的材质，做出地面。

（6）为了要让人们在看这个模型的时候，有个大小尺寸的空间概念，需要设置一点“参照物”，最好的参照物就是“人”。在“组件”面板里找一个合适的人物组件，放在合适的位置，如果有需要，还可以摆放一两个配景用的花花草草，树木什么的，点缀一下（见图 4.4.14）。设置参照物也有要注意的地方：参照物不必多，点到为止，要避免“喧宾夺主”。

本节的演示已经完成，本节附件里有一个含建模过程的模型，可供参考；现在轮到你去动手练习了；我还为你留下一个圆形的亭子，如图 4.4.15 所示。请你用同样的方法做出来；当然，你也可以做六角形的、八角形的亭子或者其他稀奇古怪的东西。用 SketchUp 去尽情发挥，去写生、去临摹，去创作吧！

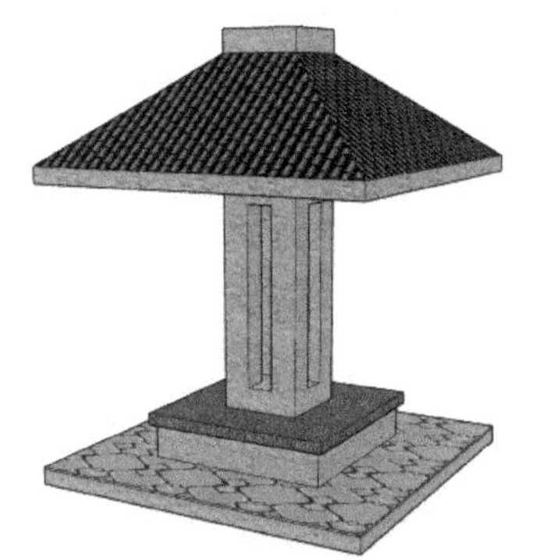

图 4.4.13 赋予材质

图 4.4.14 加参照物

图 4.4.15 练习题

4.5 蘑菇亭

4.4 节做了个方形的亭子，本节要做一个儿童乐园必备的小品——蘑菇形的亭子，如图 4.5.1 所示。通过这个实例，要再一次练习路径跟随、坐标轴和其他一些工具的用途，更重要的是，通过这个简单的例子向你展示，综合运用 SketchUp 简单的基本工具能完成不简单的创意，请关注下面的演示。

4.4 节还讲过，有朝一日，当你把 SketchUp 用到挥洒自如之后，做设计就会像画素描一样，寥寥数笔就可以勾勒出一个创意，设计师的主要精力就可以集中在“设计”而不是“建模”上；本节在介绍建模思路与技巧的同时，还要继续这个主题，应注意蕴含在建模过程里的“重创意、重意境、重表达、舍繁就简，一气呵成”的建模宗旨。

现在开始做蘑菇亭，你一定不要小看它，它看起来容易，真正做到“色香味美俱全”绝非易事，为了提高你把握全局的能力，本节的实例基本不给出尺寸，请你跟着感觉走。

（1）还是从创建临时的辅助面开始，图 4.5.2 所示的辅助面形状仅供参考，其实我根本就没有画辅助面，是先画了中间的弧线后，为了向你展示辅助线的大致形状才后补了这个辅助面。

图 4.5.2 中间的这条圆弧的长短、角度、弯曲、倾斜的程度跟最终的结果直接相关；根据多年的面授经验，很少有同学能够第一次就画出满意的弧线；有人在尝试 10 次后都不能得到满意的结果，你可以多试验几次，获取经验，这对你以后提前把握全局、准确预料后果、建出漂亮的模型很有好处。我画的弧线如图 4.5.2 所示。

图 4.5.1　各部分比例

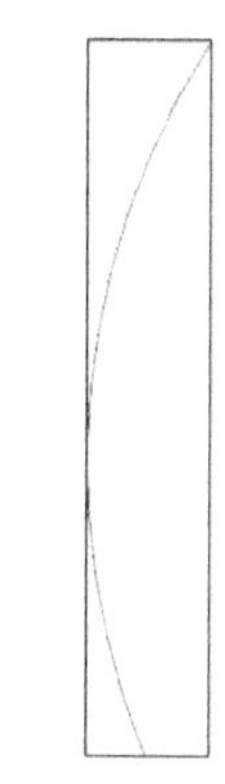

图 4.5.2　画圆弧路径

（2）你一定猜得到，这条弧线其实就是蘑菇柄的放样路径，现在要在地面上画出放样的截面，它的大小跟最终的结果也密切相关，同样需要多动手、多试验，获得经验（见图 4.5.3）。

（3）然后做路径跟随放样，放样完成后，得到了这个蘑菇的柄部，如图 4.5.4 所示。

（4）现在用偏移工具偏移出蘑菇头部的平面，偏移的距离决定了蘑菇头的大小，太大太小都不会好看，也要多做试验，获取经验，如图 4.5.5 所示。

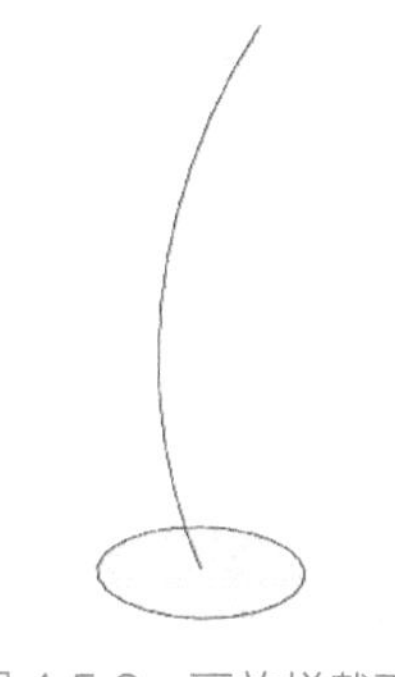

图 4.5.3　画放样截面

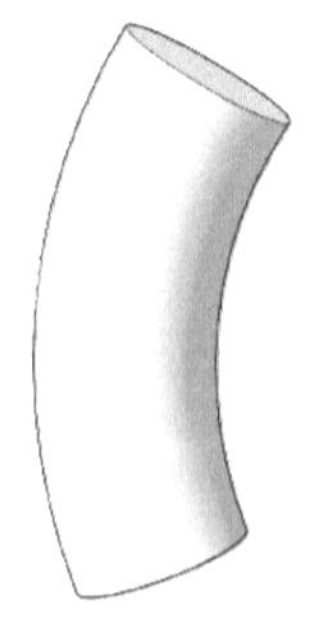

图 4.5.4　路径跟随

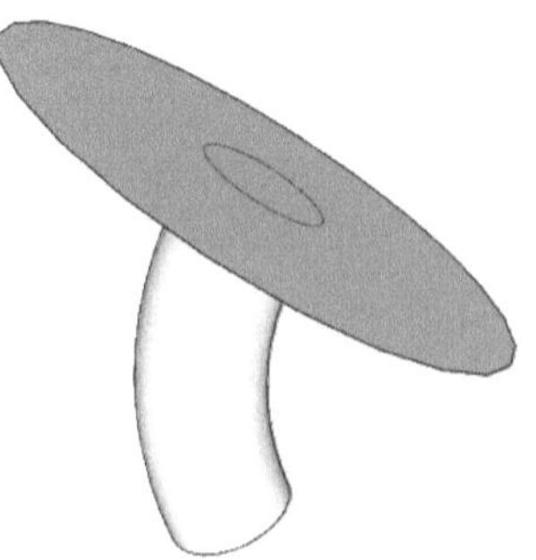

图 4.5.5　偏移

下面到了比较难操作的一步：创建蘑菇头的放样截面，这是比较关键的一步，难点在于图 4.5.5 所示的这个面是个斜面，它不平行于任何坐标轴，如何进行下一步的操作，有很多办法，比如可以画两条垂线，再连接起来形成临时平面，再在临时平面上画出放样截面。但这次要试验一下用坐标轴工具的方法。

设置新的用户坐标系，操作步骤如下。

（1）调用坐标轴工具，在圆心上单击，鼠标顺着平面滑向圆形的边缘最低的端点，到达后再次单击鼠标确认红轴的方向。

（2）接下来的操作很重要，鼠标滑向原先的绿轴方向，要看到端点的提示和“在绿轴上”的文字提示，两个条件符合后，再次单击鼠标确认，一个临时的坐标系产生了，如图 4.5.6 ①所示。

现在就可以利用新产生的用户坐标系产生临时平面了。

（3）用矩形工具分别单击斜面的最高点和最低点，再向上拉出矩形的辅助面，如图 4.5.6 ②所示。

（4）如果你够熟练，甚至不用画辅助面就可直接画出圆弧，如图 4.5.7 所示，这条圆弧在很大程度上决定了蘑菇头的形状，也许要试验几次。

（5）再从坐标原点把圆弧面分割成相同的两半，删除一半后放样截面形成，如图 4.5.8 所示。

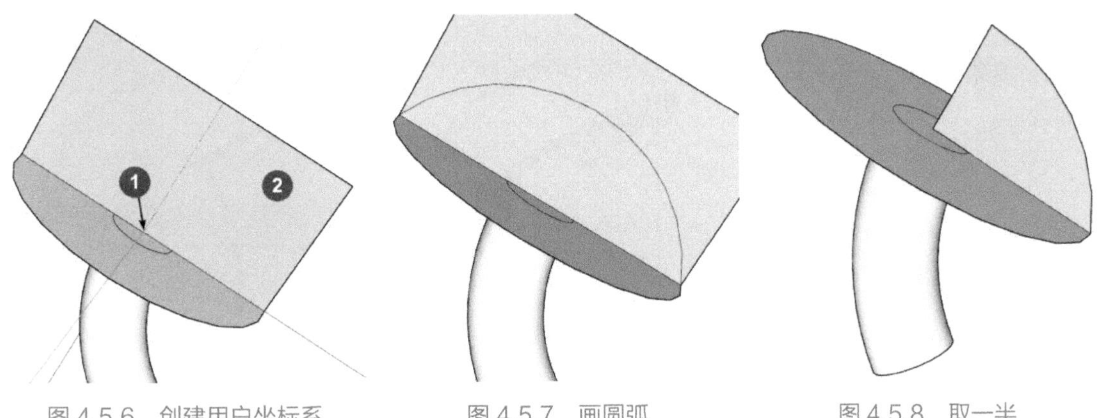

图 4.5.6　创建用户坐标系　　图 4.5.7　画圆弧　　图 4.5.8　取一半

（6）删除零碎的废线，做路径跟随（旋转放样）后如图 4.5.9 所示。

（7）放样后还要到蘑菇头的底部做“补线成面”“柔化”等操作，完成后如图 4.5.10 所示。

（8）好了，蘑菇亭的大致模样出来了，在底部向内偏移一点，如图 4.5.11 ①所示。

（9）拉出一点边沿，如图 4.5.12 所示，让蘑菇头看起来肥厚一点，更重要的是，这样就消除了原来的锐角，对孩子们更安全。

图 4.5.9　旋转放样

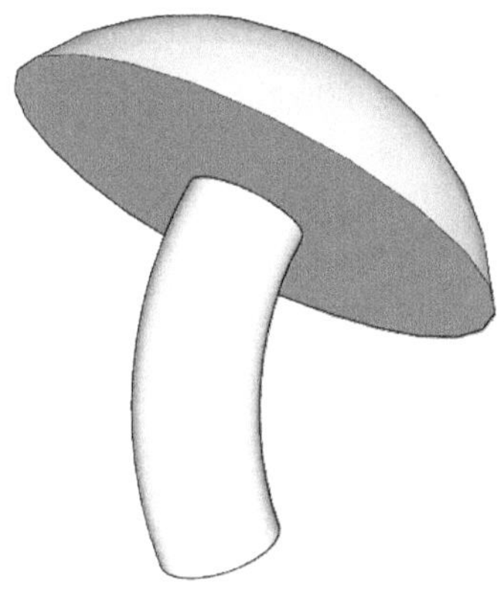

图 4.5.10　适度柔化后

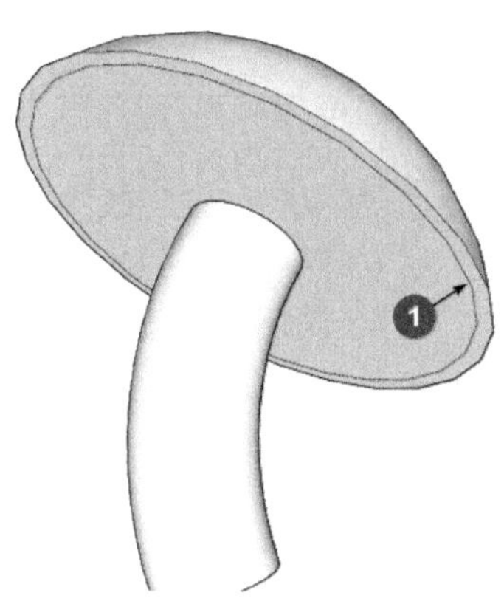

图 4.5.11　向内偏移

请注意，此时模型还有问题，画出地面（见图 4.5.13 ①）后，蘑菇柄与地面间是空的。

（1）用推拉工具把蘑菇柄拉长点，一直拉到地面之下，如图 4.5.13 ②所示。

（2）选择地面和蘑菇柄，单击右键，选择“交错”→“所选对象交错”命令。

（3）选择蘑菇柄在地下的部分，按 Delete 键删除。完成后如图 4.5.14 所示。

（4）上点合适的颜色，摆放点参照物，既然是儿童乐园，就摆放一两个小孩做参照物。

（5）如果有必要，也可以放点树木、花草等配景元素。但要注意，配景不是越多越好；否则就是喧宾夺主了。

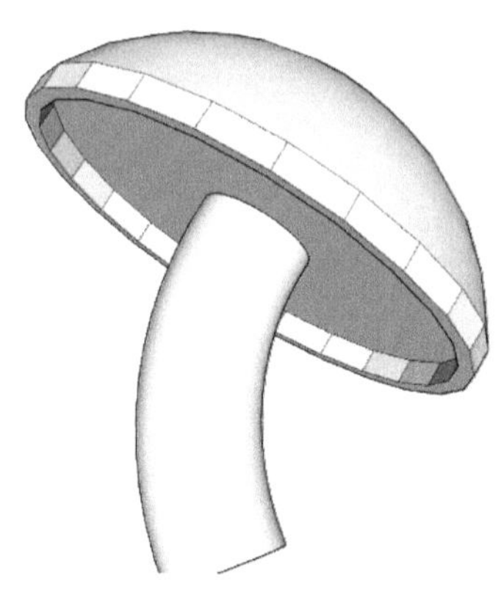

图 4.5.12　向下拉出

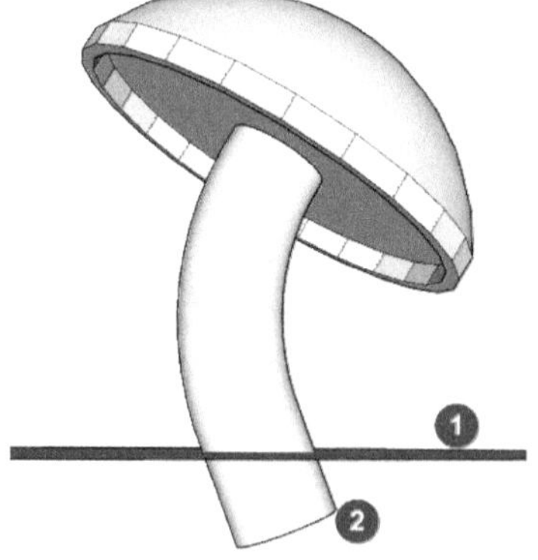

图 4.5.13　拉过地面

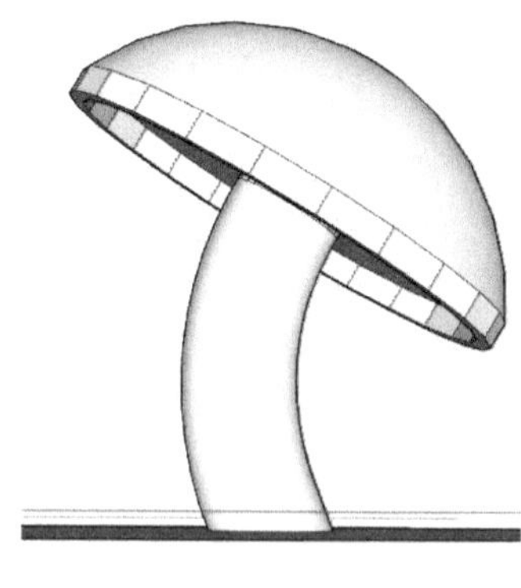

图 4.5.14　模型交错并清理

这个练习已经完成，小结如下。

（1）我们复习了坐标轴工具的使用要领，虽然坐标轴工具不是常用的工具，但是在需要的时候还是很能解决问题的。

（2）建模过程中至少出现过 3 次对模型整体效果有决定性作用的操作，做练习时务必注意。

① 确定蘑菇柄的放样路径形状与倾斜角度，如图 4.5.2 所示。

② 确定蘑菇柄的粗细，也就是放样截面的大小，如图 4.5.3 所示。

③ 确定蘑菇头的放样路径截面图 4.5.7 所示。

（3）分别做了性质不同的两次路径跟随：做蘑菇柄是“沿路径放样”；做蘑菇头是“旋转放样”。

（4）还用了模型交错这个法宝。

从学习锻炼建模的思路和技巧方面看，收获如下。

（1）是要锻炼对于创建对象有大小、形状方面的概念和把握能力。

（2）是要有对全局的预料与掌控的能力。

（3）是建模要一气呵成，不要拖泥带水，不要搞元素堆砌，简单就是美。

只有亲自练习过以后，才会知道以上 3 点有多重要。

4.6 蜜蜂堡垒（一）

前面做了一个儿童乐园用的小品——“蘑菇亭”，本节和 4.7 节的建模题材仍然是儿童乐园的小品，叫做“蜜蜂堡垒”；家长和老师带领孩子们参观游玩的时候，可以告诉孩子们：“小小的蜜蜂们是辛勤劳动的模范，它们也是团结友爱、分工合作的模范，还是保家卫国的模范，谁要是去侵犯它们，哪怕是黑熊这样的大个子，它们也不害怕，照样蜇得它满头包，叫它落荒而逃。小蜜蜂这些可贵的品质是我们人类应该学习的”。这是一个寓教于乐的题材。

蜜蜂们的小堡垒共有两个：一个是方的；另一个是圆形的，本节要先做图 4.6.1 所示方形的，4.7 节再做圆形的（不包括卡通人物）。

现在开始做这个堡垒。如果你是按照教程的编号顺序学习的，一定想得到图 4.6.1 所示的堡垒主体是用路径跟随工具做的，为了节约你的时间，我已经提前做好了这个包含建模全过程的模型供你参考。

（1）首先，如图 4.6.2 所示画出放样截面，你做练习的时候不一定要完全按照我的样子画，可以发挥你自己的想象力。创建儿童卡通题材小品的原则是：卡通世界来源于现实世界，又不同于现实世界，无论尺寸、比例、形状还是颜色，都要比现实世界夸张得多，只有这样才能引起孩子们的兴趣。

（2）在放样截面中心延长线的下面还画了一个矩形，如图 4.6.3 所示，它四周的边线被 SketchUp 默认为放样路径。因为后面的操作需要用到中心线，所以要把这条中心线保留下来，注意中心线要跟墙体的高度一样。

（3）路径跟随操作后如图 4.6.4 所示。

下面的几步操作要做出墙垛，方法如下。

（1）选择一条边线，单击右键，在快捷菜单中拆分成 5 等分，并且利用新的端点画出墙垛的矩形，如图 4.6.5 ①所示。

（2）接着要做旋转复制操作。选中图 4.6.5 ①所示的两个矩形平面，利用预留的中心线作为旋转中心，把两个矩形复制到另外三面墙头上去，完成后如图 4.6.6 所示。

（3）用推拉工具向下推出墙垛的缺口，如图 4.6.7 所示。

图 4.6.2　画放样截面　　图 4.6.3　准备放样

图 4.6.1　成品各部分比例　　图 4.6.4　旋转放样后　　图 4.6.5　绘制矩形

下面的几步要做出门，方法如下。

（1）画出门的轮廓线，复制出一份到旁边，留着做门板用，如图 4.6.8 所示。

（2）用推拉工具推出门洞，再做出门板上的圆形窗洞，推出门板的厚度，如图 4.6.9 所示。

（3）门板创建群组，移动到门洞上，然后还要把门板旋转一个角度，如图 4.6.10 所示。

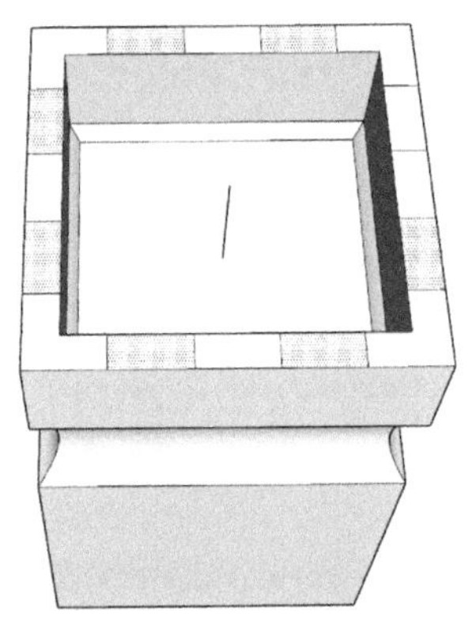

图 4.6.6　旋转复制

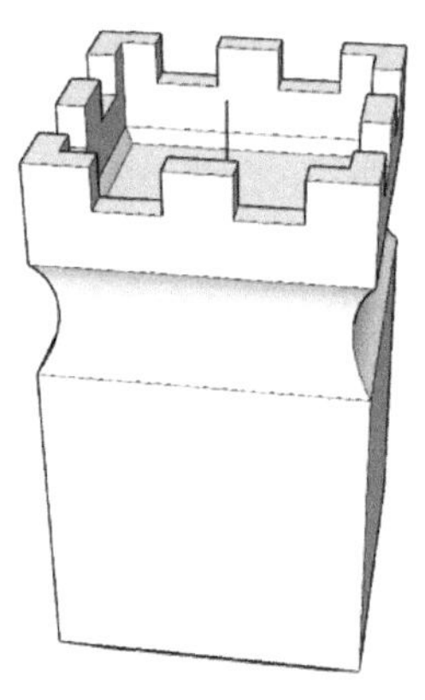

图 4.6.7　推出墙垛

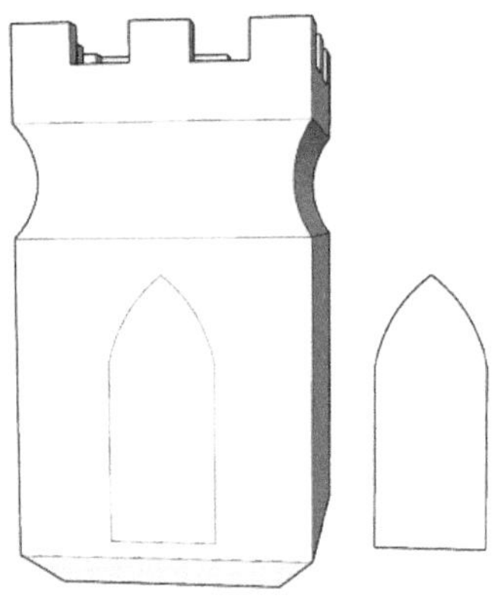

图 4.6.8　绘制门

下面的几步要做窗户。

（1）首先，要画出窗户的轮廓（见图 4.6.11 ①），然后复制两个到旁边，留着有用，如图 4.6.11 ②所示。

图 4.6.9　门上开窗

图 4.6.10　移动到位

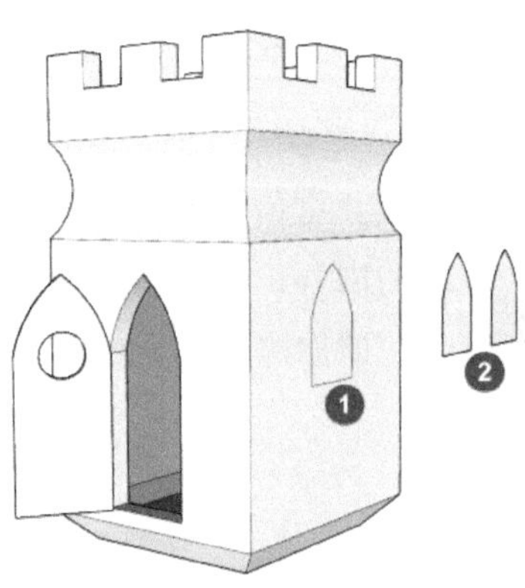

图 4.6.11　绘制窗

（2）先把其中的一个做成窗框（见图 4.6.12 ①）。做好后一定不要忘记创建群组；推出窗洞，把做好的窗复制一个到位，如图 4.6.12 ②所示。

（3）现在做另一面的窗户，这里要用到一个小技巧，可以快速定位：用小皮尺工具或仔细工具单击图 4.6.12 ②所示窗洞的任意一个角，往对面画一条定位用的临时辅助线，如图 4.6.13 ①所示。

（4）然后把刚才留下的图 4.6.12 ③所示窗户轮廓移动过来，用辅助线定位（图 4.6.13），这样左右两侧的窗户，其上下、左右方向就一致了。

（5）再次推出窗洞，移动窗框到位，删除所有废线面后如图 4.6.14 所示。

图 4.6.12 做出窗栏

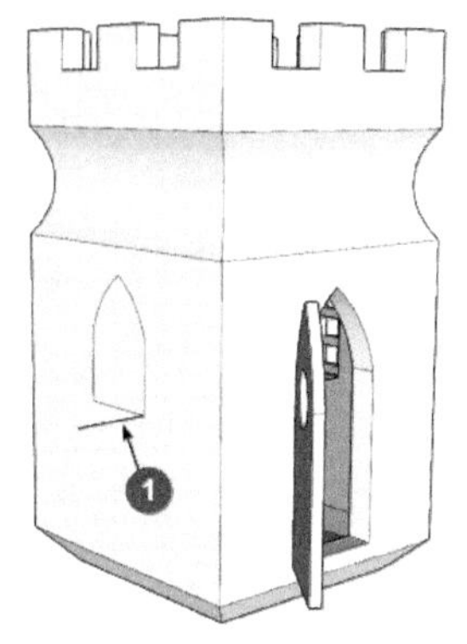

图 4.6.13 辅助线定位

图 4.6.14 复制到对侧

建模大致完成，下面要开始上颜色了。

（1）为了在中间圆弧的部分上 4 种不同的颜色，需要把所有的边线暴露出来，方法是在对象上连续单击 3 次，这是选择全部，包括已经柔化的边线。

（2）然后把柔化平滑面板上的滑块移到最左边，取消柔化平滑。

（3）用橡皮擦工具，按住 Ctrl 键做局部柔化（图 4.6.15），共留下 5 条边线，如图 4.6.16 所示，接着上色。

（4）移动几个神气活现的蜜蜂大兵哥哥到站岗的位置，如图 4.6.17 所示。

这个儿童公园的小品就算完成了。不知道你注意了没有，刚才的所有操作只是复习前面学习过的内容，并且没有给出具体的尺寸，这是为了让你有一个把握全局、创造性发挥的锻炼机会。请你课后结合自己的行业特点，也设计一两个卡通风格的小品。

图 4.6.15 局部取消柔化

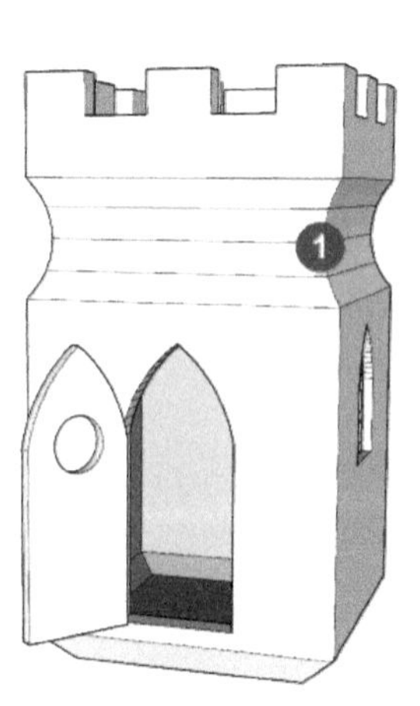

图 4.6.16 再柔化掉部分

图 4.6.17 赋色完工

4.7 蜜蜂堡垒（二）

4.6 节做了一个方形的蜜蜂城堡，如图 4.7.1 左所示。本节要做一个圆形的，如图 4.7.1 右所示。看起来，这两个城堡差不多，粗看的区别是一个方、一个圆，但是从创建模型的角度来看，圆形的这一个，难度要比方形的大得多，难度并不在圆和方的外形，城堡的主体都是用路径跟随完成的，只要更改放样截面和放样路径就可轻易改变。

难度在于放样完成后，做出墙垛和门窗的过程。请你回忆一下，4.6 节我们用推拉工具，很简单地就把墙垛门窗做出来了，因为它们是方的，推拉操作的位置都是平整的。而圆形的就不同了，墙垛和门窗的位置都不是平面，在弯曲的面上，很难画出想要的形状；推拉工具也不能在弯曲的面上操作，这样就不能再用原来的办法了。

（1）绘制墙垛和门窗的图样，只能在对象的外部完成后再转移到弯曲的面上。

（2）挖墙垛、开墙洞也不能再用推拉工具了，只能用模型交错来完成。

图 4.7.1　二者对比

1. 开始建模

（1）首先，还是创建辅助面，画出放样截面（见图 4.7.2 ①）和放样路径（图 4.7.2 ②）。

（2）完成路径跟随后如图 4.7.3 所示。

（3）用鼠标左键在对象上继续 3 击，选中全部，在右键菜单里选择“柔化”命令，在弹出的“柔化”面板上把调整滑块拉到最左边，取消柔化，暴露出全部边线，如图 4.7.4 所示。

2. 做墙垛

（1）墙垛是一个半圆形和一个矩形为一组，共有 6 组，相隔 60°。

（2）下面要绘制辅助线，注意图 4.7.5 所示的辅助线，只有①和④是从圆心引出的“放射线”，②和③平行于①；⑤和⑥平行于④。具体操作是：复制①，向左、向右各做一个副本，再复制④，向左、向右也各做一个副本。

（3）以复制出来的平行线为依据，创建两个小矩形辅助面，如图 4.7.6 所示。

（4）如图 4.7.7 ①所示，向下拉出“墙体上的两格”，如图 4.7.7 ②所示向下拉出一格后画圆弧。注意要立即分别创建群组。

（5）进入群组，分别拉到跟墙体相交，如图 4.7.8 所示。

（6）做旋转复制，相隔 60°，如图 4.7.9 所示。

（7）全部炸开后做模型交错，如图 4.7.10 所示。

（8）仔细删除废线、面后，墙垛部分完成，如图 4.7.11 所示。

图 4.7.1　各部分比例

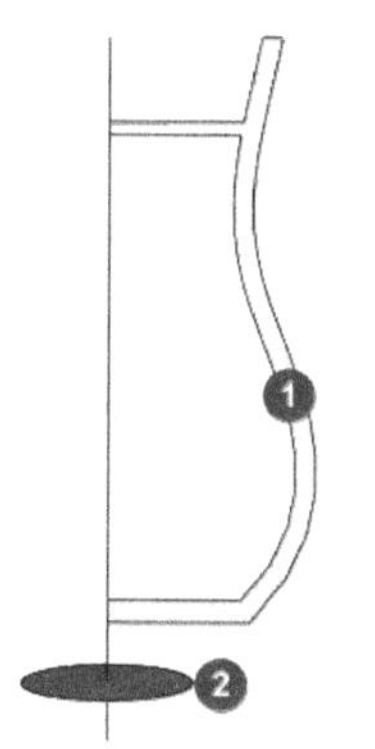

图 4.7.2　放样截面与路径

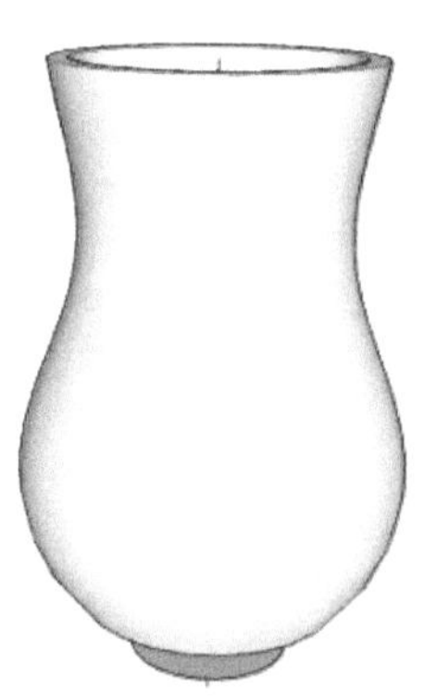

图 4.7.3　放样柔化后

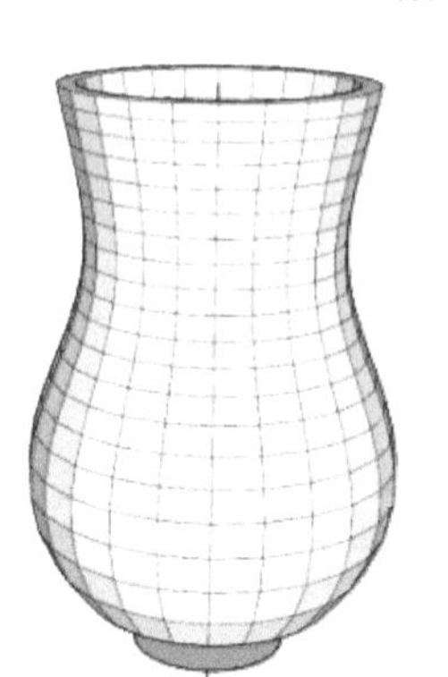

图 4.7.4　取消所有柔化

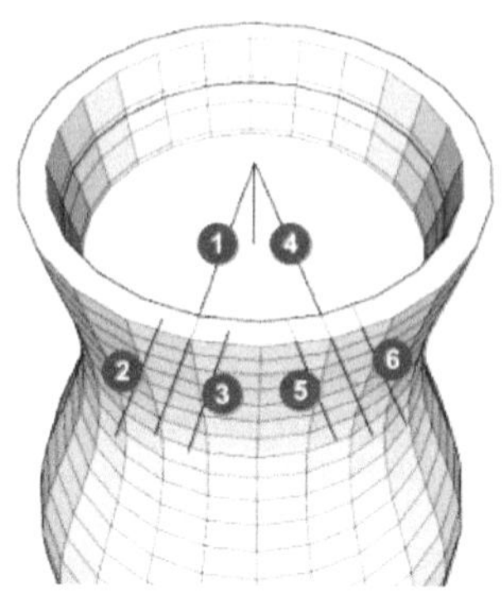

图 4.7.5　创建辅助线

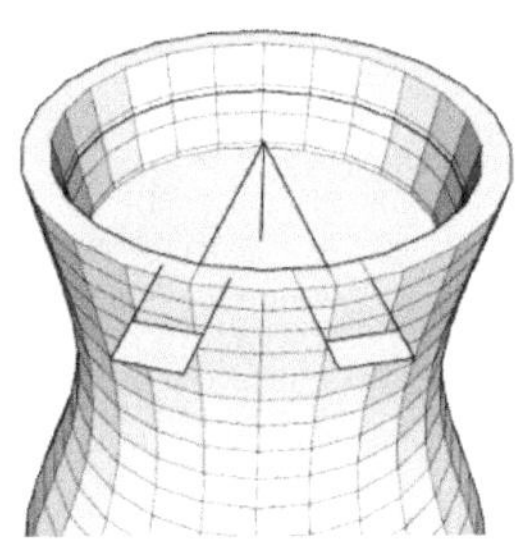
图 4.7.6　创建辅助面

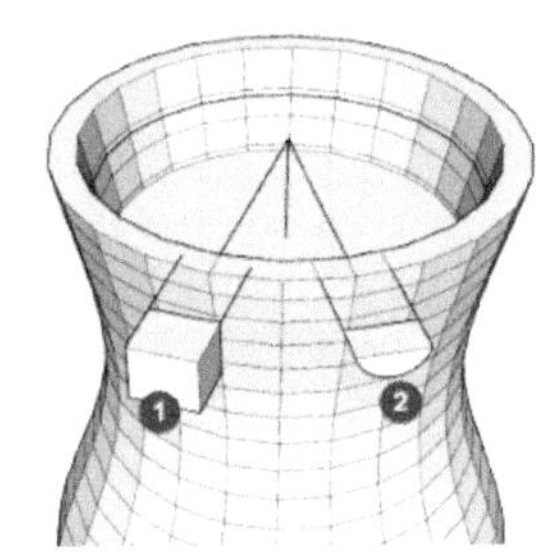

图 4.7.7　绘制形状（群组）

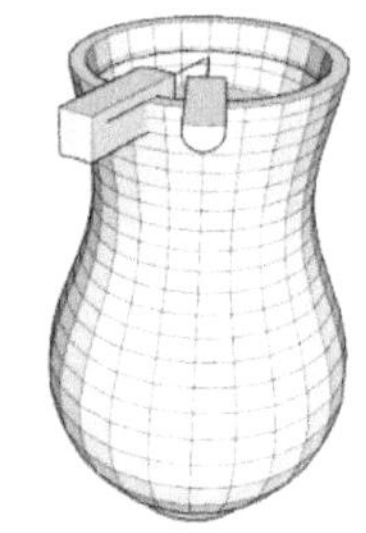
图 4.7.8　拉出实体

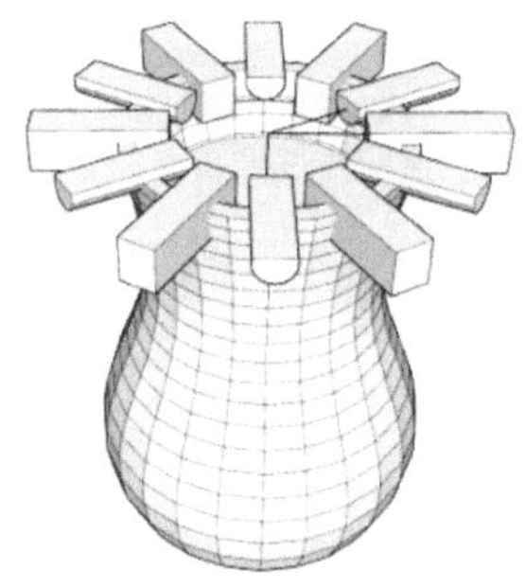
图 4.7.9　旋转复制

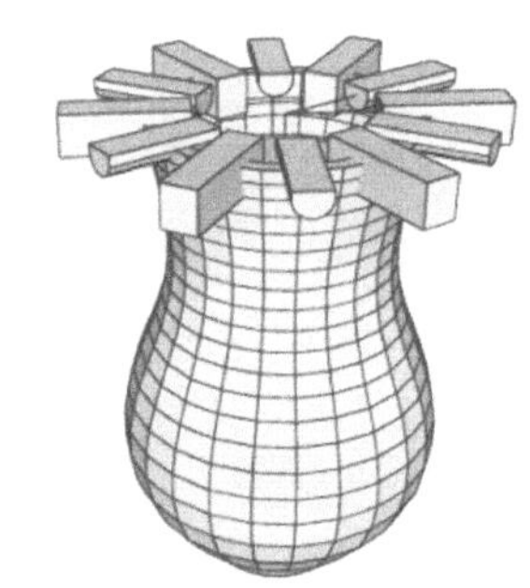
图 4.7.10　炸开后模型交错

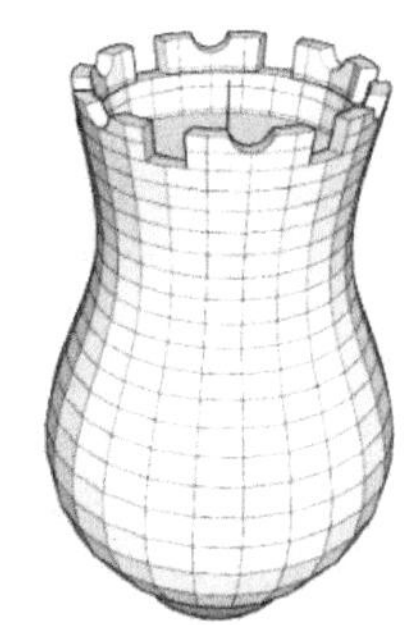
图 4.7.11　墙垛完成

3. 做门

（1）如图 4.7.12 所示，从墙体上往外引出一些辅助线。

（2）根据辅助线画出门的形状，如图 4.7.13 所示。复制一个到旁边，留作后用。

（3）推拉出模型交错用的实体，如图 4.7.14 所示。

（4）模型交错后，立即复制一个“门”的曲面到旁边，留作后用。仔细删除废线、面后如图 4.7.15 所示。

4. 上颜色

（1）对 4 个色环部分做局部柔化（按住 Ctrl 键，用橡皮擦工具涂抹），并上色，如图 4.7.16 所示。

（2）按住 Ctrl 键对剩下的部分上色，完成后如图 4.7.17 所示（按住 Ctrl 键可对相同材质的对象赋色）。

（3）全选后做柔化，如图 4.7.18 所示。

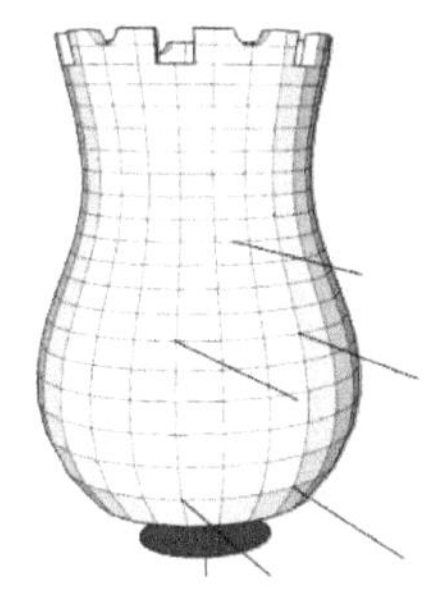
图 4.7.12　引出辅助线

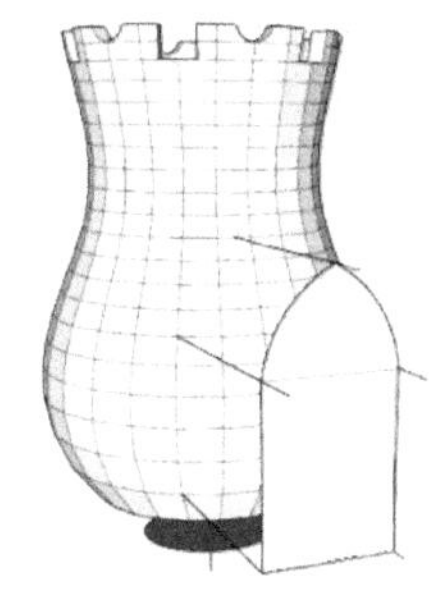
图 4.7.13　绘制门轮廓

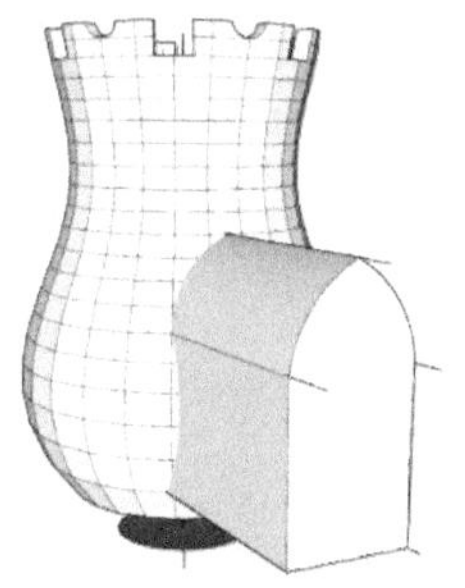
图 4.7.14　拉出实体模型交错

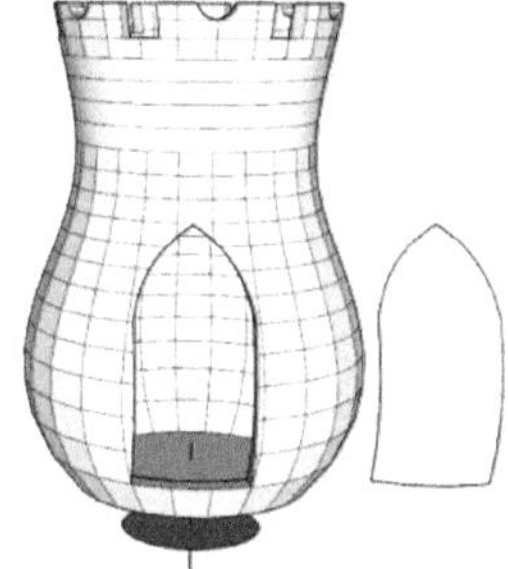
图 4.7.15　复制门部分柔化

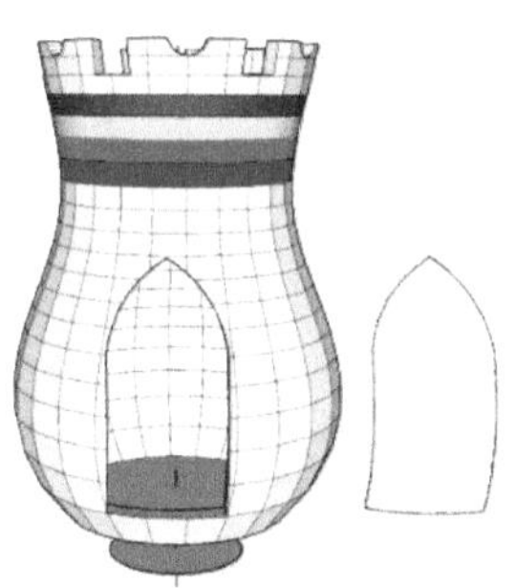
图 4.7.16　完成色环

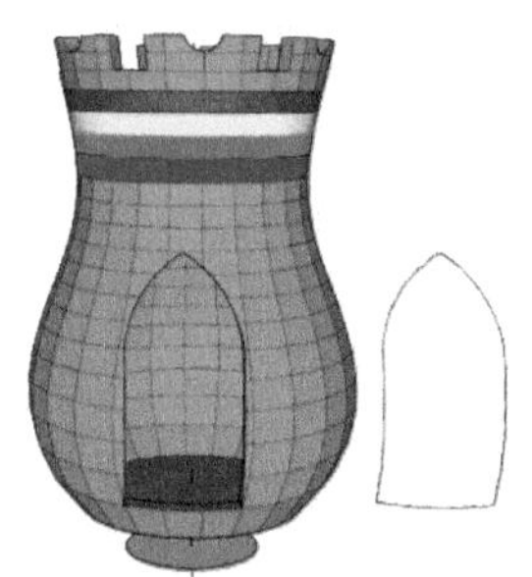
图 4.7.17　完成赋色

5. 加工门板

（1）按图 4.7.19 所示，画出 4 个矩形，拉出模型交错用的立方体。

（2）做模型交错后删除废线、面，以上操作完成后如图 4.7.20 右侧所示。

（3）把曲面的门移动到位后如图 4.7.21 所示。

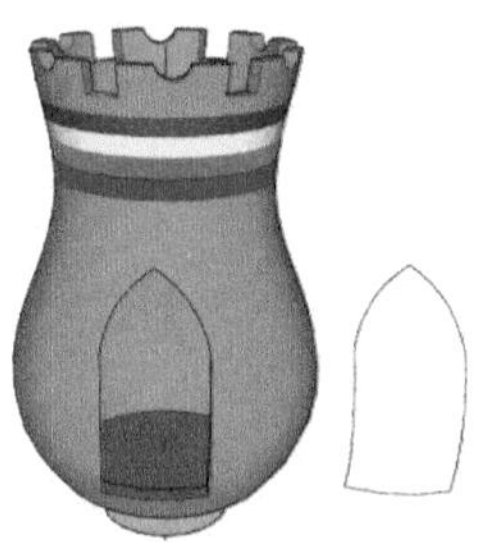
图 4.7.18　适度柔化

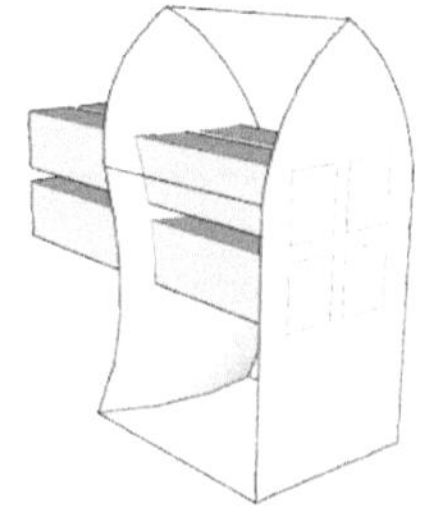
图 4.7.19　模型交错做窗洞

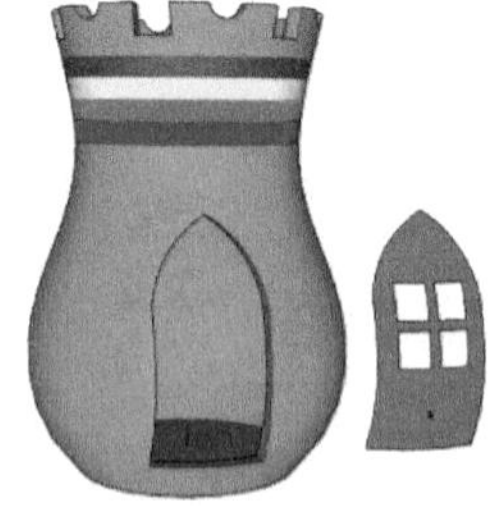
图 4.7.20　门绘制完成

6. 摆放参照物

（1）复制几个神气活现的蜜蜂大兵哥，让它们上岗，如图 4.7.22 所示。

（2）添加一点“雾化”可得到“境深意远”的“神秘感”。

（3）图 4.7.23 比上面制作的图 4.7.22 又增加了一个浅色的“异形门框”，这是留给你的实作题。提示一下：可参考图 4.7.12 至图 4.7.15。

图 4.7.21　移动到位

图 4.7.22　添参照物

图 4.7.23　锦上添花的门框

4.8　石拱桥

本节我们要做图 4.8.1 所示的一座小桥，熟悉的朋友们都知道本书作者是苏州人，提到苏州，大多数人就会联想到粉墙黛瓦、小桥流水，还有吴侬软语、低吟浅唱。这种小石桥，以前在苏州及周边城乡比比皆是；作者小时候每天都要经过这样的一座小桥很多次，桥下还是河网地区重要的交通运输通道，作者还在桥下学会了游泳，那时候，在水下睁开眼睛，可以看到小鱼游、螺蛳爬；学游泳时喝上几口河水也绝不会拉肚子……可惜 20 多年前搞城市改造被拆掉了，只留下美好的回忆，今天做这个模型，算是对儿时小桥们逝去的悼念。以前，这种小石桥是实用性的，它们曾经是城镇道路和日常生活的一部分，到处都能见到；而现在，想要再见到这种小石桥，只能去公园和旅游区了。

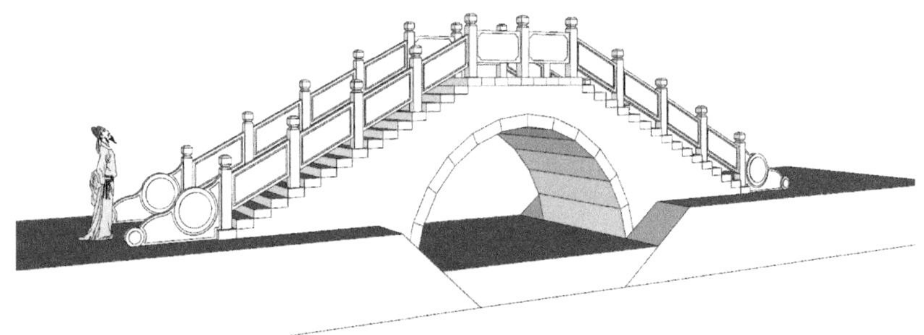
图 4.8.1　小石桥半成品

在园林景观设计中，大大小小的桥是重要的构景元素，具有很高的实用、观赏和艺术价值。景观设计中的桥，有各种材料，各种尺寸，各种用途，各种形状，各种风格的；唯有类似这种形状的石质桥，质地坚固、气质沉稳、自然古朴、外形美观、构造简单、经久耐用，所以它也最常见，行业中的影响也最大。

1. 整体规划

现在开始创建这个小石桥的模型。建模，有人愿意从 AutoCAD 开始，我则喜欢从 SketchUp 创建辅助面和辅助线开始，尤其是这种小模型，跳过 AutoCAD 直接建模更快、更好。

（1）图 4.8.2 所示为用来规划模型的粗略辅助面，图 4.8.2 ①②③所在的部分在地面之下，中间的（见图 4.8.2 ①）就是河道所在的位置，图 4.8.2 ②③是两侧河岸的位置。由于现在还不知道建成后的小石桥有多高，所以图 4.8.2 ④所示的尺寸是估计的，宜大些。

（2）图 4.8.3 中已经画出河道的斜坡，再画出桥洞的拱形，应注意桥拱要画双线，代表“拱圈”；拱圈里的石块排列成圆弧形，才能在竖向载荷作用下产生水平反作用力。如果你的模型仅用于方案推敲，只要表达大概的体量和形状，就可以省去下面的很多细节，包括桥拱也不必画出双线了。

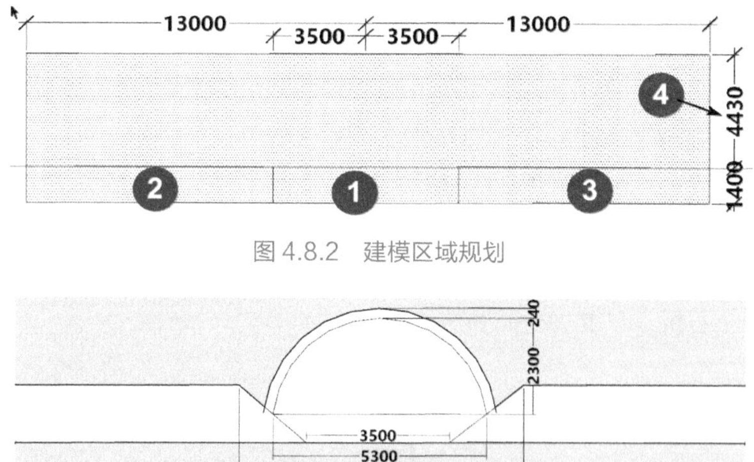

图 4.8.2　建模区域规划

图 4.8.3　规划出桥洞

（3）还有，从严格的意义上讲，设计拱形的桥洞，要提前做过复杂的力学计算，不是随便画个圆弧就可以的。以石头为材料建桥，自重较大，对基础的要求也比较高，所以景观项目中的石桥，通常跨度不会太大，在需要大跨度的时候，会设计成多个桥孔，形成多孔拱桥；

（4）图 4.8.4 中已经画出了桥拱的石块位置（可以用直线工具一个个连接，也可以先画一条线后做旋转复制），图 4.8.4 包括了河岸截面、河道截面与石桥拱圈的截面。这些截面将要在后续的建模过程中起重要的作用。

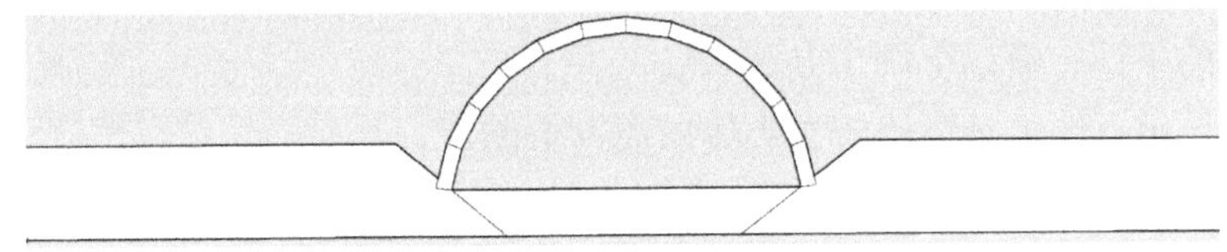

图 4.8.4　画出桥洞轮廓

2. 制作踏步与桥面

（1）画一个矩形作为踏步的单体，320mm、宽 150mm 高，立即创建“组件”，如图 4.8.5 ①所指。

（2）如图 4.8.5 ②所示方向复制出 16 个（共 17 个），最上面的一个矩形是桥面的一部分。

（3）把 17 个组件再做成群组，方便后续做复制镜像等操作。

（4）创建水平辅助线（见图 4.8.5 ③）要与图 4.8.5 ②所示的踏步顶面平齐，辅助线即桥面位置。

（5）创建中心线（见图 4.8.5 ④），复制一个踏步的矩形，以中点对齐中心线，如图 4.8.5 ⑤所示。

（6）把图 4.8.5 ⑤所指的矩形向左、右各复制 3 个，形成桥面的大部分，如图 4.8.5 ⑥⑦所示。

（7）再把包含有 17 个矩形的群组（见图 4.8.5 ①②）对齐桥面。

（8）复制图 4.8.5 ①②所示的群组到右侧，做镜像，移动到位对齐桥面，如图 4.8.5 ⑧所示。

上述操作完成后如图 4.8.5 所示的小石桥的基本位置已经形成。关于如何确定楼梯踏步参数，可以查阅本书 3.8 节和附件。

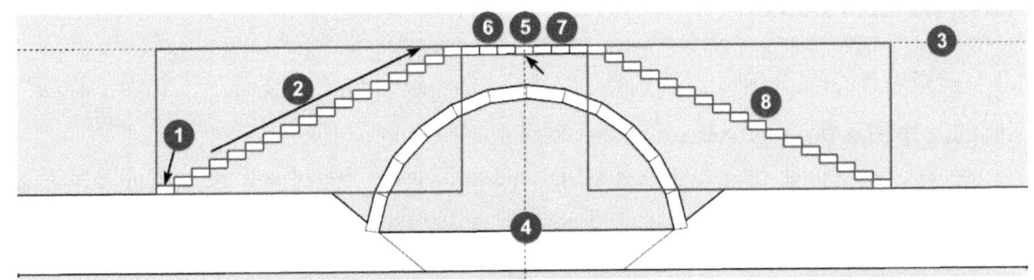

图 4.8.5　生成桥面轮廓

3. 生成小桥的基本体量

（1）炸开之前创建的（包含有 17 个矩形）的两个群组。注意：如果不能自动形成图 4.8.6 ③所在的平面，有以下两个办法。

① 穷举法。用直线工具描绘所有边线形成这个面。

② 终极法。炸开所有小组件，补线成面。若使用了终极法势必要重新创建所有踏步和桥面。两种办法随便你挑一种。

（2）准备工作完成后，除了图 4.8.6 ③所示的平面（群组）外，还包括图 4.8.6 ①所指的 41 个踏步和桥面组件；还有图 4.8.6 ②所指的桥拱组件 12 个、图 4.8.6 ④⑤所在的河岸群组两个、图 4.8.6 ⑥所在的水体群组一个，没有游离于上述组件、群组外的线面。

（3）分别拉出图 4.8.6 ①②③所示的 3000mm，形成石桥的主体；再拉出图 4.8.6 ④⑤⑥所示的 5000mm，形成两侧河岸与水体。完成后如图 4.8.7 所示。

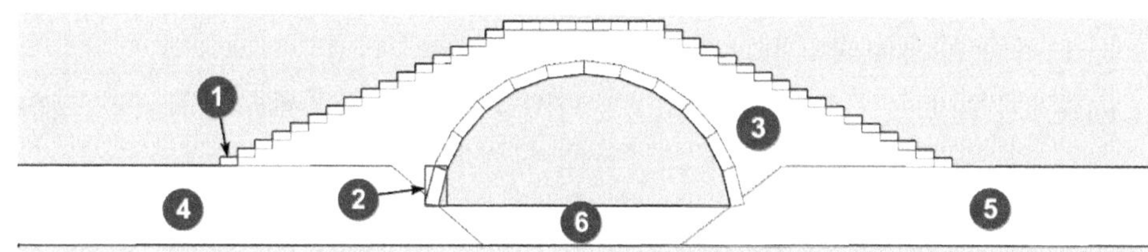

图 4.8.6 清理现场

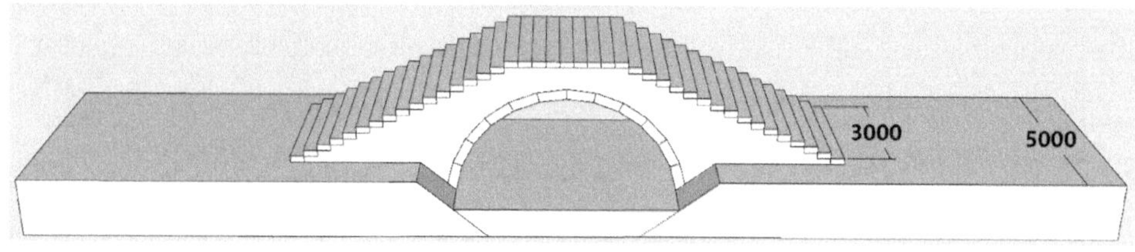

图 4.8.7 拉出体量

4. 做桥的栏杆部分

（1）桥栏由 3 个部分组成，分别是“立柱”“栏板”与“抱鼓石”。其中“栏板”还有两种不同的尺寸和形状。

（2）立柱，术语叫做望柱，画一个矩形，180mm 见方，要注意石头的脆性会严重影响安全，所以望柱的截面尺寸一定不要太小（真实工程中的望柱要插在桥板的孔中，这里就简化了）。画好的矩形要做成组件，方便后续操作。接着，把这个矩形组件复制移动到位，如图 4.8.8

所示，每隔 3 块桥板复制一个，共 5 个。

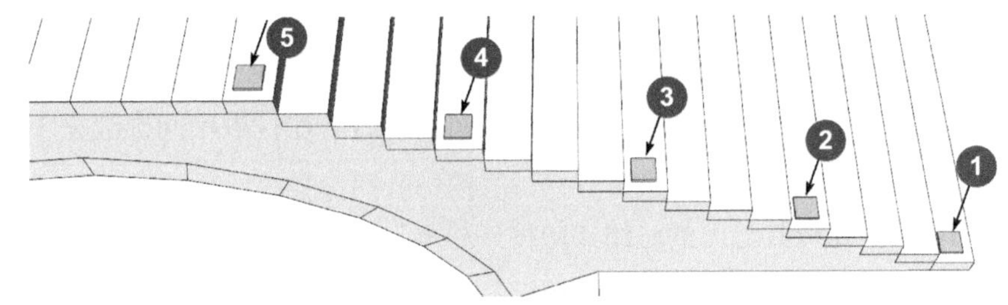

图 4.8.8 布置桥栏截面（组件）

（3）向上拉出 1000mm，再按住 Ctrl 键做“复制推拉”再向上拉出 180mm，如图 4.8.9 所示。

（4）进入组件，在望柱的一个面上画出简单的图形，直角边各 40mm 的三角形，如图 4.8.10 所示。

（5）做路径跟随后，形成简单的“葫芦头”造型，如图 4.8.11 所示。

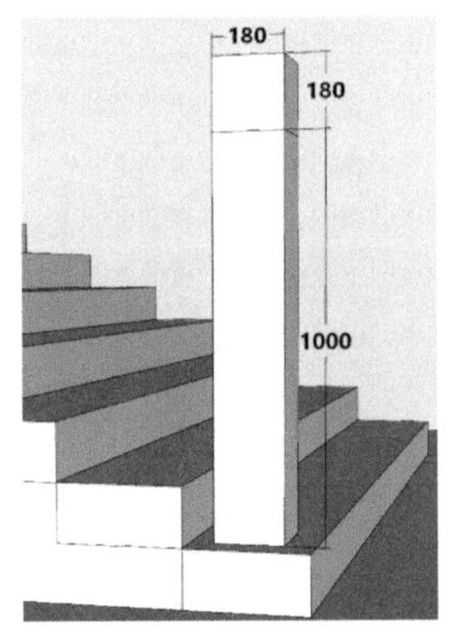

图 4.8.9 规划柱头

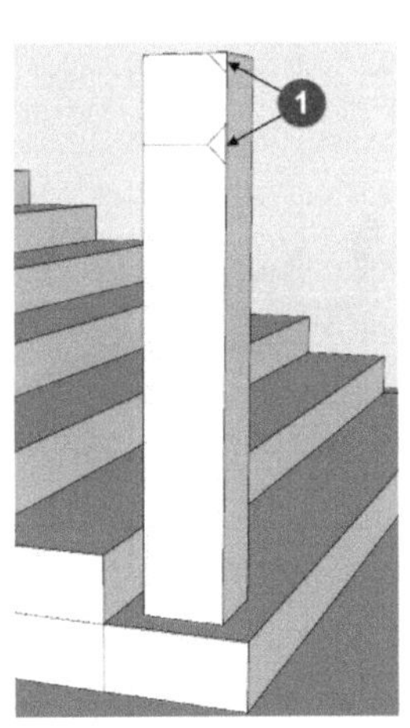

图 4.8.10 绘制放样截面

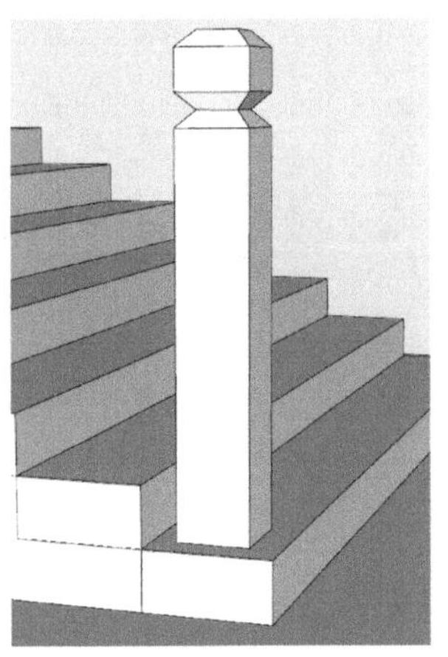

图 4.8.11 循边放样

5. 做出术语叫做“栏板”的构件

栏板通常用整块石板雕凿而成，栏板的高度为望柱的五成到六成，厚度为望柱的五成到七成，以榫卯结构跟望柱连接；栏板上时常可以见到雕刻精美的图案，通常是祈福避邪、吉祥喜庆、惩恶扬善的题材，甚至有为当地的好官、好人、孝子、节女树碑立传的；这个小小的教程里来不及做得很精细，下面就马马虎虎做个框，总比白板一块的好。

（1）进入组件，连接相邻两根望柱的同名端，点画辅助线，如图 4.8.12 所示。

（2）移动复制该辅助线后补线成面，如图 4.8.13 所示。

（3）推拉出体量。注意图 4.8.14 ①和图 4.8.14 ②各缩进 40mm。

（4）接着要做出栏板平面上的装饰用方框：用偏移工具往内偏移出两条框线，第一次偏移 50mm（见图 4.8.15 ①）第二次偏移 20mm，见到成面后再往栏板中间推进去 10mm，形成一个凹槽，成品如图 4.8.15 ②所示。

注意图 4.8.16 ①中要把最上面的一组“望柱＋栏板”在右键菜单里选择“设定为唯一”命令，脱离原组件的“关联约束”。

（5）然后删除最上面一块多余的栏板。

（6）保留图 4.8.16 ②所指的矩形，后面要用它来创建桥面的栏板。

（7）现在可以选择图 4.8.16 中的所有望柱和栏板，复制一个出来做镜像。

（8）移动到桥体的另外一侧，全部完成后如图 4.8.17 所示。

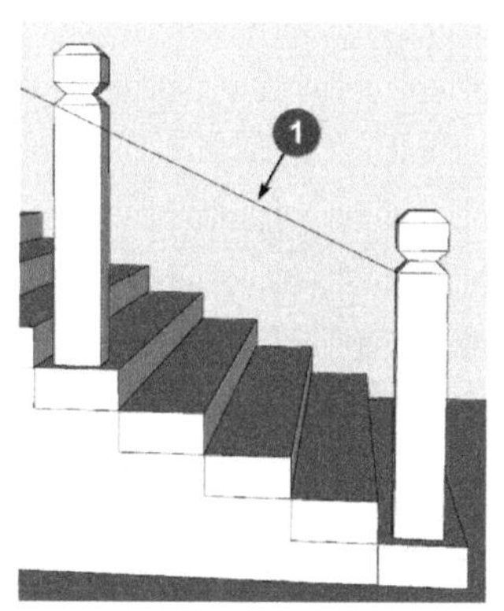

图 4.8.12　画辅助线

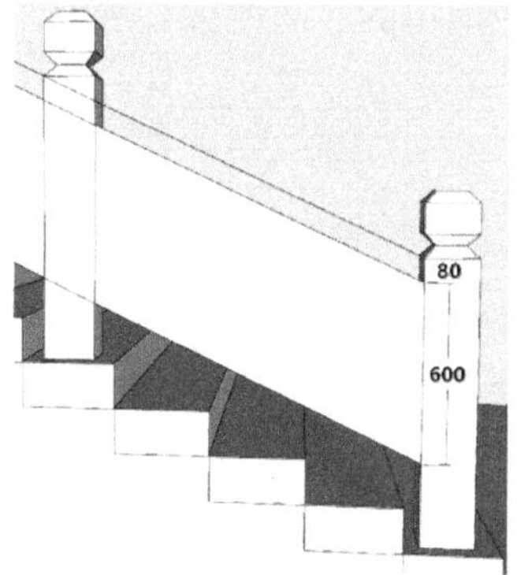

图 4.8.13　生成面

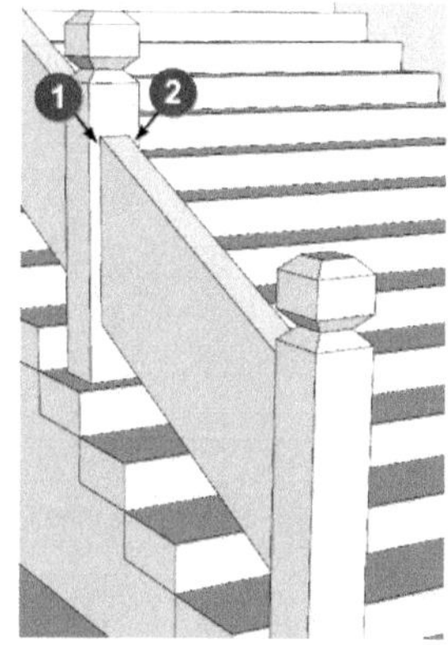

图 4.8.14　拉出厚度

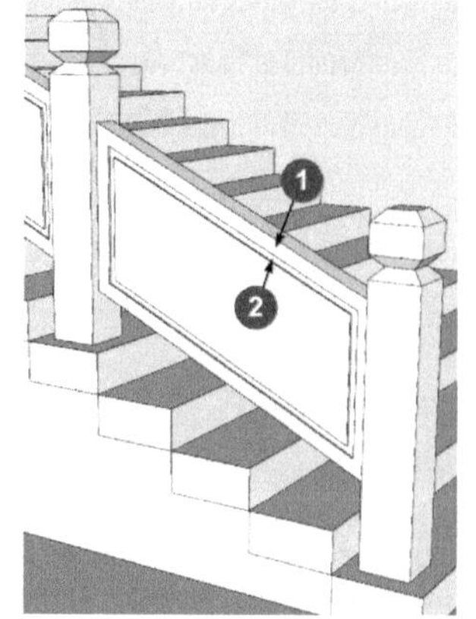

图 4.8.15　做出凹槽

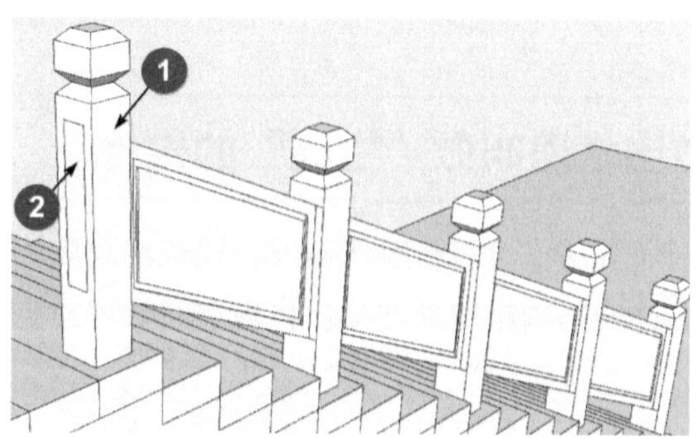

图 4.8.16　设定为唯一并画矩形

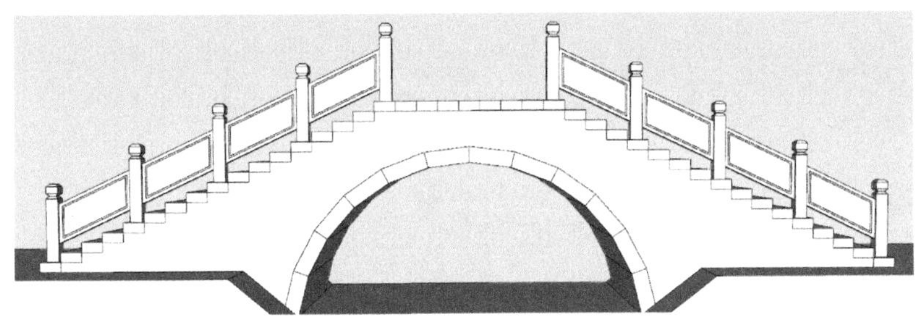

图 4.8.17　复制并镜像移动到位

6. 做出桥面中间缺少的望柱和两块栏板以及栏板上的简单图案

（1）复制一个图 4.8.16 ①所示的望柱到桥面中间，如图 4.8.18 所示。

（2）经过前面的“设置为唯一”并删除栏板后，图 4.8.16 ①这个群组现在只有一根望柱了。复制移动前可以先在桥面两望柱间画一条临时的直线，然后用移动工具抓取图 4.8.16 ①所示望柱底部的中点，按 Ctrl 键，移动复制到临时中线的中点。

（3）双击进入图 4.8.16 ①所示的组件，拉出栏板，如图 4.8.18 所示。

（4）用偏移工具向内偏移 50mm，再画一个 50mm 见方的矩形，复制出另外两个，如图 4.8.19 ①所示。

（5）画出两个圆弧，如图 4.8.20 ①所示。

（6）删除废线后获得图 4.8.21 ①所示的角花，并复制镜像出另外 3 个，如图 4.8.21 ②所示。

（7）把复制出来的角花移动到对应的角上，并删除废线、面后获得“入角如意”图案，如图 4.8.22 所示。

（8）向外拉出 10mm，或者向内推入 10mm，形成装饰图案。也可以安排其他的装饰纹样或文字。

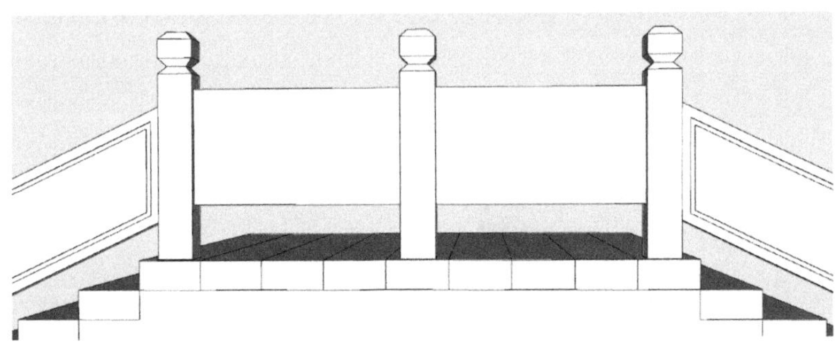

图 4.8.18　完成桥面

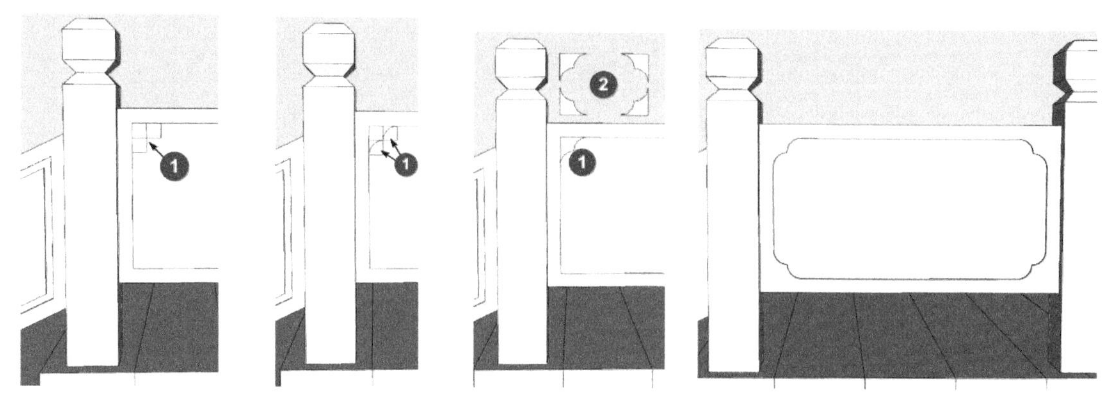

图 4.8.19　画辅助面　图 4.8.20　画圆弧　图 4.8.21　旋转复制　图 4.8.22　移动到位并清理

7. 演示创建抱鼓石

通常石桥两端栏杆的外侧，还有一个叫做抱鼓石的构件，因其中间有一个鼓形的圆而得名，这个部件在工程上有加强端部栏杆强度和装饰的作用；民间还有抱鼓石能“镇河妖保平安”的传说。

（1）如图 4.8.23 所示，生成一个辅助面，并在辅助面上绘制抱鼓石的轮廓，创建组件。

（2）用偏移工具偏移出各部分的边线，如图 4.8.24 所示。

（3）推拉出各部分的体量，注意中间的大圆要最为突出，可更好地象征“鼓”，如图 4.8.25 所示。

（4）抱鼓石组件完成后，复制到其他 3 处，如图 4.8.26 所示。

（5）创建抱鼓石也可以提前把最下面的望柱栏板组件“设置为唯一”，然后进入该组件创建出抱鼓石部分，这样就没有后续的复制和移动到位等麻烦了。

好了，儿时记忆中的小石桥创建完成，图 4.8.27 和图 4.8.28 所示为它的两个视图，现在它还是“素颜白模”，在后面的 5.3 节还要为它打扮一下，赋了材质后的它将更“雍容华贵”。

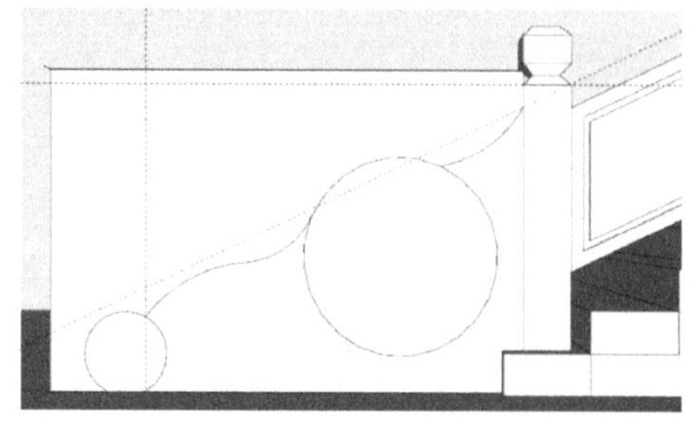

图 4.8.23　绘制抱鼓石轮廓

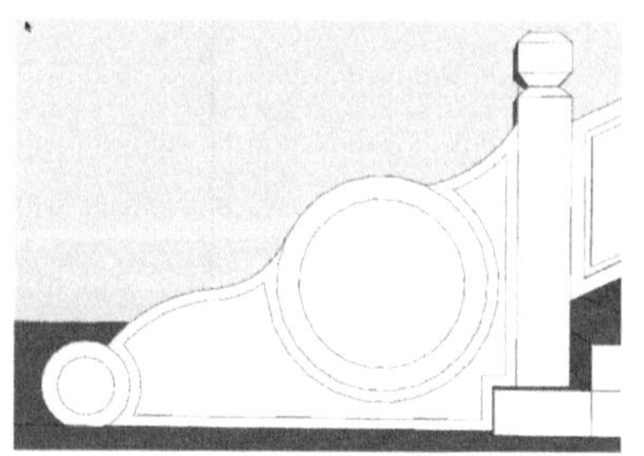

图 4.8.24　偏移出细节

图 4.8.25　推拉出形状

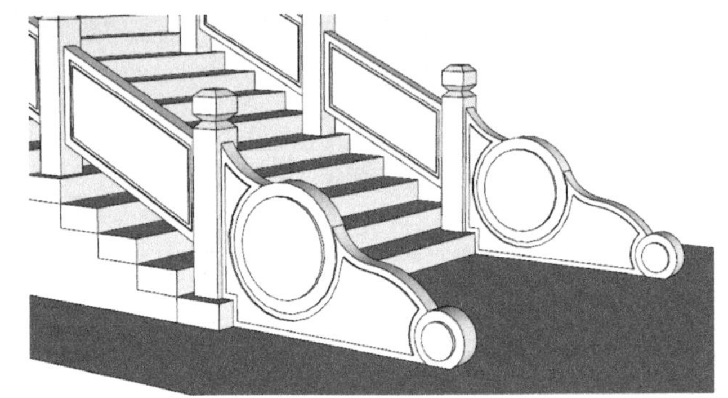
图 4.8.26　复制到另一侧

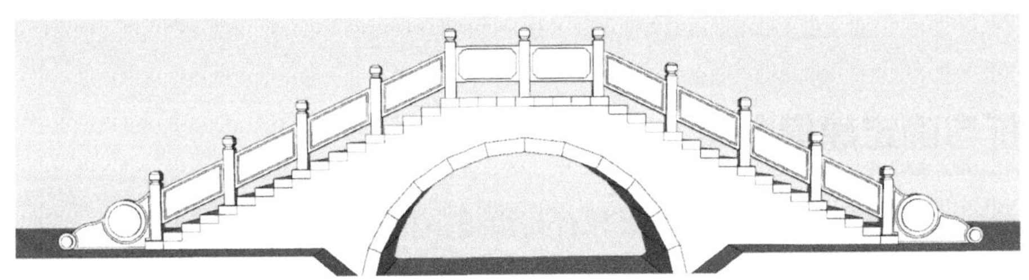
图 4.8.27　平行投影

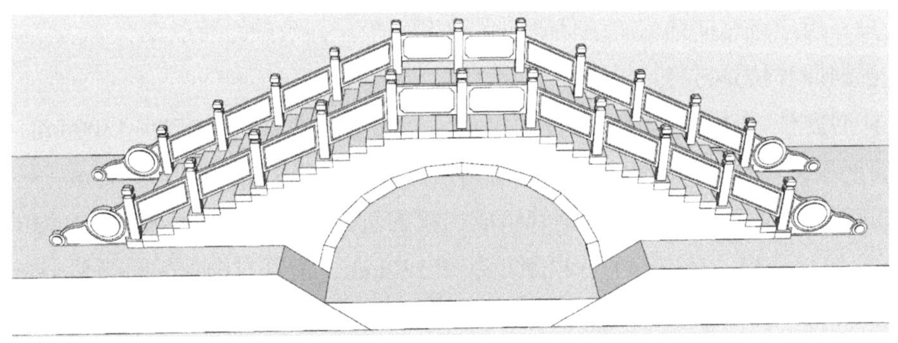
图 4.8.28　透视

4.9　桥栏

本节综合练习要创建一个像照片上那样的栏杆模型。

图 4.9.1 所示的左侧是实景照片，右侧是照猫画虎的 SketchUp 模型。这个模型看起来其貌不扬，但是为了创建它，却要动用工具栏上的大多数工具和以前学习过的很多技巧，建模过程中也包含有一些新的思路与技巧。

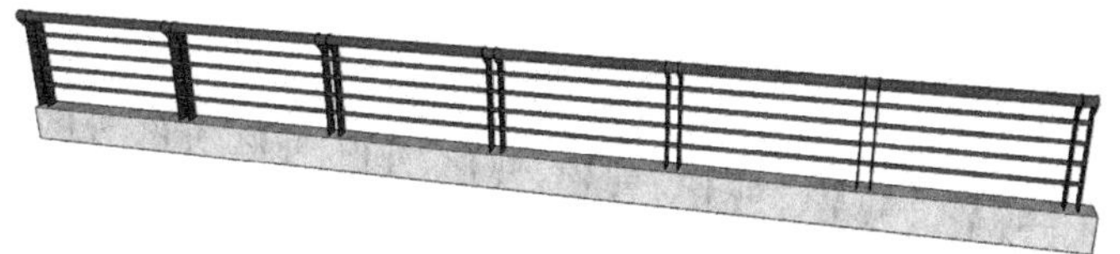

图 4.9.1　原始照片与模型

1. 分析与确定建模顺序

首先分析一下照片上的对象，全部栏杆是由很多相同的部分组合而成的，所以基本的建模思路如下。

（1）只要做出其中的一组，复制若干份，首尾相接就可以了。

（2）每一组应该是同样的“组件”只要改变一个，其余的跟着改变。

（3）根据照片估算材料与尺寸如下。

① 栏杆的立柱，材料是 8mm 厚度的钢板，连同基础的总高度 1200~1300mm，每组包含两块相同的钢板，每块钢板的倾斜部分的端部是圆形，相邻两组间隔 1500mm。

② 横的部分是两种不同直径的钢管组成，粗的直径是 80mm，每组一根，细的钢管，直径是 30mm，每组 4 根，最下面的一根距离基础 200mm，钢管与钢管的间隔是 180mm。

③ 栏杆的基础是混凝土的，宽度为 200mm、高度为 300mm。

2. 从基础开始

建模过程如何开始很重要，回忆一下前面的几十个建模实例，建模通常从以下方式展开。

（1）从在地面（*XY* 平面）上绘制辅助面或辅助线开始。

（2）或者从在立面（*XZ* 平面）上绘制辅助面或辅助线开始。

（3）从创建一个与对象相似的立方体开始。

（4）从导入含有尺寸的平面图开始。

（5）从导入 dwg 文件开始。

纵观所有的建模程序，基本与实际的施工过程类同，本节仍然打算从混凝土的基础开始。

（1）现在要画一个垂直于 *XZ* 平面的矩形，200mm 宽、300mm 高，如图 4.9.2 所示。

（2）接着，用推拉工具把这个矩形拉出一定的长度，我们想做一段 10m 长的基础（图 4.9.2）。

（3）全选后创建群组。

注：混凝土基础也可以先创建截面、创建群组，等到最后再拉出体量。

3. 做“钢板”部分

（1）在混凝土截面的上面，再画一个辅助面（见图 4.9.3 ①）。

（2）利用混凝土基础截面的水平线中点画出一条垂直的中心线，如图 4.9.3 ②所示。

（3）再画出一条离开辅助面的下缘 1000mm 的水平辅助线（见图 4.9.3 ③）。

（4）接着，要利用这一横一竖两条辅助线来产生一系列的辅助线。选中垂直中心线，在它的左边 50mm 的地方复制出一条；再在右边相隔 50mm 复制出另外 4 条，完成后如图 4.9.4 所示。

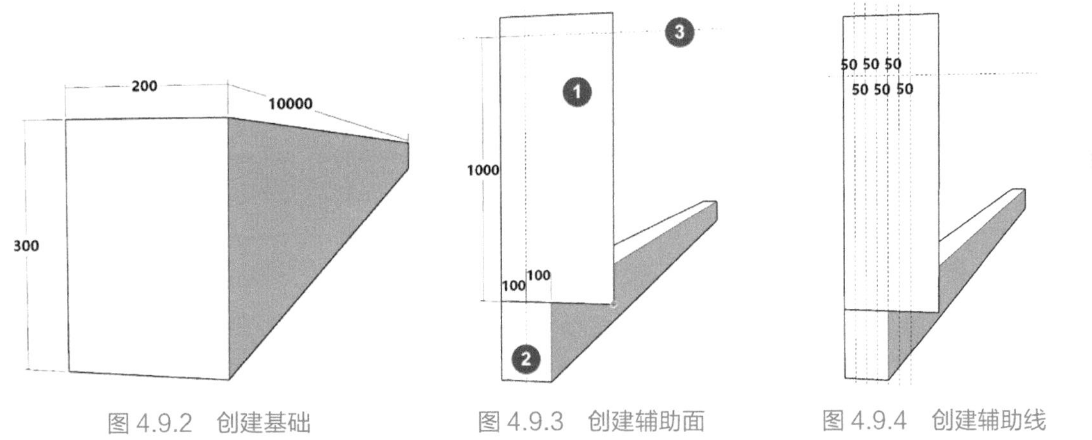

图 4.9.2 创建基础　　图 4.9.3 创建辅助面　　图 4.9.4 创建辅助线

（5）现在我们想获得一条倾斜 45° 的辅助线（见图 4.9.5 ③），可以利用原有的水平辅助线用“旋转复制”的办法来产生。

（6）选中水平辅助线（图 4.9.5 ②），以图 4.9.5 ①所指的交点为旋转中心，做旋转复制，旋转角度 45°，得到新的倾斜的辅助线（见图 4.9.5 ③）。

（7）到现在为止，所有的线全是辅助线（虚线）。下面用直线工具沿着虚线描绘一下，获得想要的两段实线，如图 4.9.6 所示。

（8）有了一条垂直的线和一条 45° 的斜线组成的折线，选择图 4.9.7 ①所示的两段直线，用偏移工具向右偏移 100mm，得到另一组折线（见图 4.9.7 ②）。

（9）用测量工具从图 4.9.7 ③所指的点开始往右上量取 200mm，产生一个辅助点（见图 4.9.7 ④）。

（10）以图 4.9.7 ④所示的辅助点为旋转中心，把直线（见图 4.9.7 ⑤）旋转 90° ，得到图 4.9.7 ⑥所示直线。

（11）最后描绘一下有关的线段，钢板的轮廓就大致形成了。

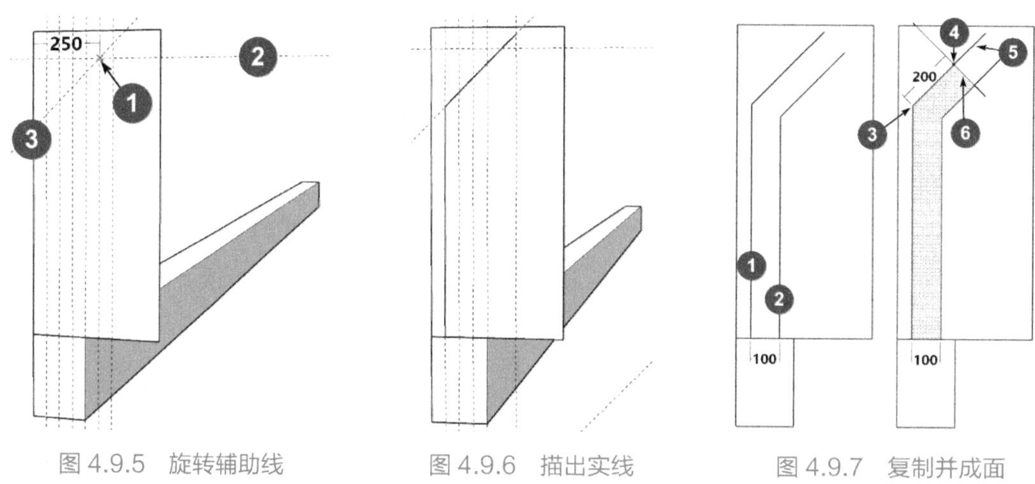

图 4.9.5　旋转辅助线　　图 4.9.6　描出实线　　图 4.9.7　复制并成面

4. 继续绘制图形

绘制钢板上端的圆弧形，操作如下。

（1）选中边线（见图 4.9.8 ①），把这条线沿着斜线平移 50mm 复制一条。

（2）新的线（见图 4.9.8 ②）很重要，其两个端点是画圆弧的依据，中点是大钢管的圆心。

（3）以直线（见图 4.9.8 ②）为弦长，以图 4.9.8 ①为弧高画圆弧。

（4）图 4.9.8 ③所示就是钢板的轮廓线。

（5）以直线（见图 4.9.8 ②）的中点为圆心、40mm 为半径画圆。

（6）图 4.9.8 ④这就是粗钢管的截面，双击创建群组。

（7）下面要画出两个圆角（见图 4.9.8 ⑤⑥）。用卷尺工具从钢板轮廓线的外折角向上 50mm、向下 50mm 各画一个辅助点。

（8）以两辅助点为弦长画圆弧，注意跟直线相切，完成后如图 4.9.8 ⑤所示。

（9）用卷尺工具从钢板轮廓线的内折角向上 25mm、向下 25mm 各画一个辅助点。

（10）以两辅助点为弦长画圆弧。注意跟直线相切，完成后如图 4.9.8 ⑥所示。

5. 画出 4 根细钢管的轮廓

（1）调用卷尺工具，沿中心线往上 200mm，画一个辅助点，如图 4.9.9 ②所示。

（2）以辅助点为圆心画圆，半径 15mm，图 4.9.9 ②是细钢管的截面，双击创建组件（注意不是群组），向上复制出另外 3 个圆（组件），间隔 180mm。

（3）现在已经有了钢板的轮廓线，一个粗钢管和 4 个细钢管的截面，现在所有的辅助线已经完成任务，没有必要再保留了，在“编辑”菜单里找到“删除辅助线”命令，一次全部删除（包括辅助点）。

（4）还要清除所有的废线，要养成随手清理废线的好习惯，有时复杂的模型，若到最后一起清理废线会很痛苦，也清理不干净。全部清理完后如图 4.9.9 所示。

（5）为后续建模的方便，要把模型中不同的部分用组件或群组进行互相隔离。

（6）现在选择所有的钢管创建群组，注意每个钢管已经是独立的组件了。

（7）再在钢板的面上双击，选择面和所有的边线，创建组件（不是群组），如图 4.9.10 ①所示。

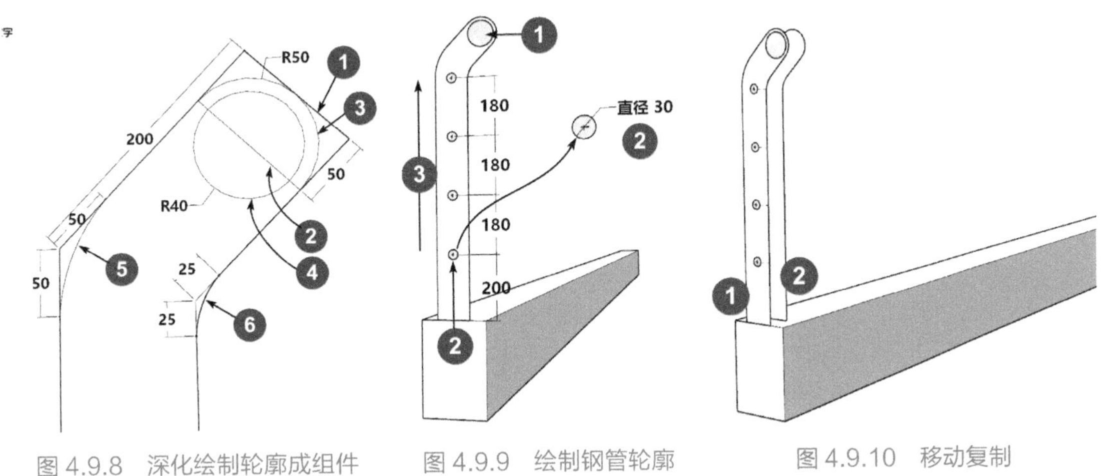

图 4.9.8 深化绘制轮廓成组件　　图 4.9.9 绘制钢管轮廓　　图 4.9.10 移动复制

6. 完成最后的移动复制

（1）选取钢板组件（不要选中钢管），间隔 80mm 复制出一个，如图 4.9.10 ②所示。

（2）进入钢板组件，拉出钢板的厚度等于 8mm，因为是组件，故两块钢板同时完成，如图 4.9.11 所示。

（3）同时选中两块钢板和粗、细钢管截面，创建群组，如图 4.9.12 所示。

（4）沿混凝土基础做复制，间隔 1500mm，完成后如图 4.9.13 所示。

（5）双击大钢管的群组，调用推拉工具拉出一点后，从键盘输入 1500mm，按 Enter 键，所有大钢管完成。

（6）双击进入任一小钢管组件，不用输入尺寸，用推拉工具双击截面做记忆推拉；因为细钢管是组件，其余 3 根细钢管同时自动完成。

（7）以上操作全部完成后如图 4.9.14 所示。

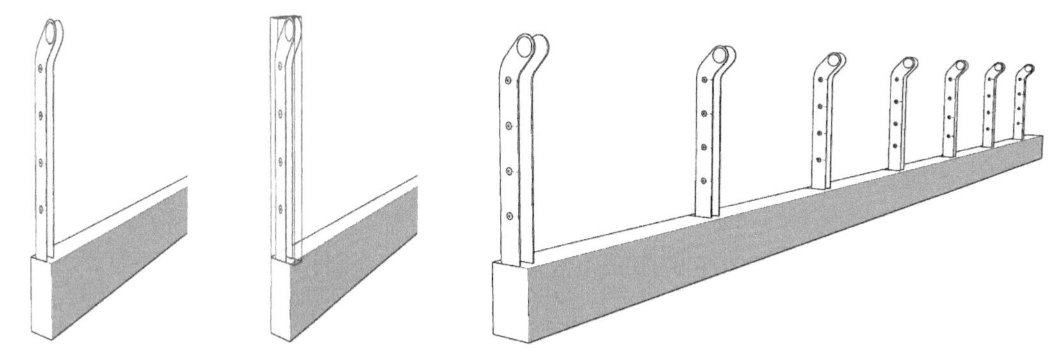

图 4.9.11 拉出厚度　图 4.9.12 建组　图 4.9.13 外部阵列复制

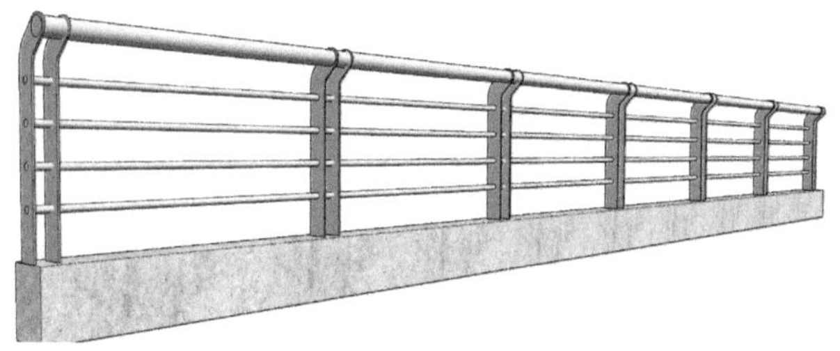

图 4.9.14 拉出钢管

7. 练习完成后的两点提示

该模型实例的照片（图 4.9.1）拍摄于国道边，该场合使用这种横式结构的桥栏还勉强可接受。

① 如果你设计的是居住小区、中小幼学校、公园等公共场所的围栏，应按国家标准避免使用这种横向布置的栏杆，以免儿童攀爬造成事故。

② 国家标准规定杆件之间的最大间距要小于 120mm，原因是为了避免儿童头部嵌入造

成悲剧。

以上两点性命攸关，请每一位设计师务必切记切记。

4.10 街灯杆

本节要做的练习是一组练习中的第一个，这组练习共分成3节，全部完成后会得到像图4.10.1所示的街灯总成，本节只创建图4.10.2所示的街灯杆，包括底板（图4.10.3①）、螺钉、螺帽和垫片（见图4.10.3②）、加强用的筋板（见图4.10.3③），还有路灯杆的主体（见图4.10.3④）。

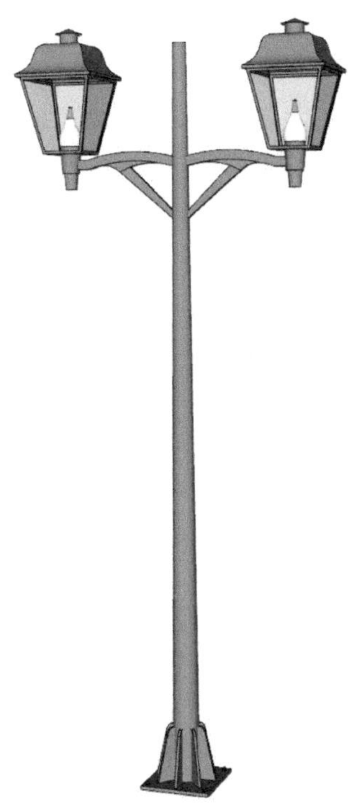

图4.10.1 街灯模型

图4.10.2 底部照片

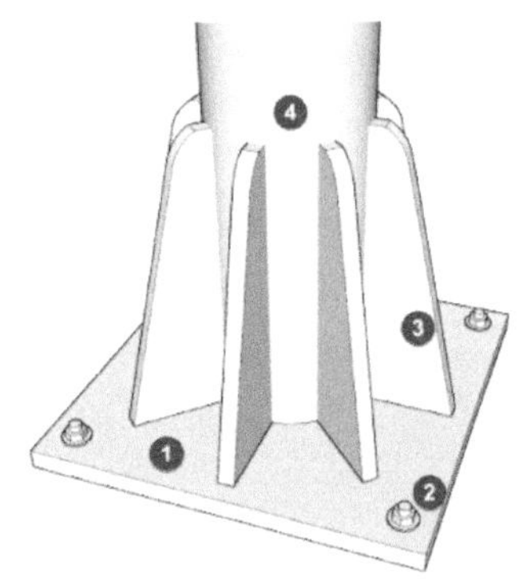

图4.10.3 底部模型

1. 估算尺寸（尺寸仅供参考）

（1）钢制的底板；400mm见方，厚度20mm。

（2）加强用的筋板，高300mm、厚16mm，下面大上面小，上部的角还有个圆弧。

（3）路灯杆主体，下部的直径是160mm，顶部是80mm，高度4m。

现在再来看螺栓部分的细节。

（1）最下面的垫片，直径 30mm、厚 2mm。

（2）螺钉帽部分，外接圆直径 24mm、高 9mm。

（3）螺钉的端部，直径 16mm、高度 16mm（螺纹略）。

2. 创建底板（尺寸仅供参考）

（1）首先要画出基础底板的截面。在地面上画个正方形 400mm × 400mm ，拉出厚度 20mm 后创建群组，如图 4.10.4 所示。

（2）现在画垫片。在任意一个角的合适位置画个圆，半径为 15mm 拉出厚度 2mm，如图 4.10.5 所示。

（3）现在要画螺帽，螺帽跟垫片应该有同一个圆心，问题来了，垫片上并没有后续作图所需要的圆心，现在介绍给你一个办法：SketchUp 有个自动寻找圆心的功能，只要把工具在边线上停留片刻，再把工具往估计的圆心位置移动，工具就会自动捕捉到圆心，并且吸附上去。现在画同心的六角形，内切圆半径 12mm，再推拉出螺母的厚度 9mm，如图 4.10.6 所示。

（4）接下来，要画螺栓露出螺帽的端部。调用圆形工具，用刚才介绍的方法找到圆心，画同心的圆，半径为 8mm，拉出螺栓端部的高度 6mm，如图 4.10.7 所示。

（5）为了后续的操作顺利，选择垫片、螺帽和螺栓，创建组件。

（6）下面要做“旋转复制”的操作。旋转需要旋转中心，可在底部画一条临时的辅助线，选择好螺栓组件，调用旋转工具做旋转复制，角度 90° ，复制 3 个，如图 4.10.8 所示。

（7）再把灯杆的圆画出来，半径为 80mm，创建群组，如图 4.10.9 所示。

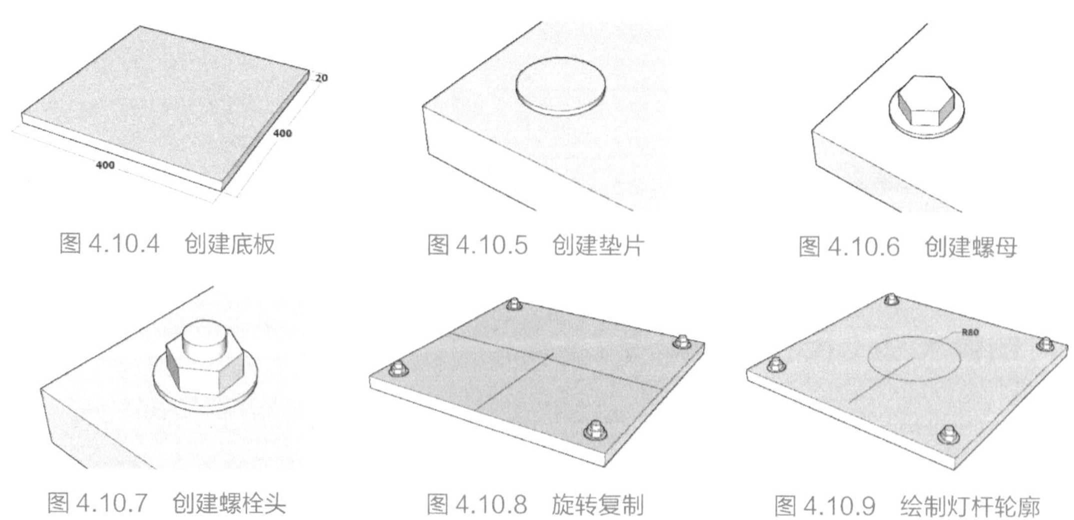

图 4.10.4　创建底板　　图 4.10.5　创建垫片　　图 4.10.6　创建螺母

图 4.10.7　创建螺栓头　　图 4.10.8　旋转复制　　图 4.10.9　绘制灯杆轮廓

3. 做出加强筋板

（1）如图 4.10.10 ①所示，在钢板的平面上画一个 110mm 长、16mm 宽的矩形。应注意，加强板的矩形要稍微深入到圆的内部，为什么要这样做？因为电杆是圆锥形的，如果不这样做，电杆和加强板之间就会有个难看的空隙。

（2）拉出加强板的高度 300mm，如图 4.10.11 所示。

（3）现在要画出加强板的侧面形状，如图 4.10.12 所示。

（4）清理废线面，用推拉工具推出形状，选择整块加强板，创建组件。

（5）接着做旋转复制的操作，旋转角度 45° ，复制 7 个，完成后如图 4.10.13 所示。

最后要完成灯杆部分。

（1）双击预留的圆形，进入群组，拉出电杆的高度 4000mm，如图 4.10.14 左所示。

（2）现在要调整一下视图，选择顶部的圆，敲快捷键 S，调用缩放工具，同时按住 Ctrl 键做中心缩放，要把 160mm 的圆形收缩到 80mm，可以输入 0.5 ，这是缩放的倍数。

（3）完成后如图 4.10.14 右所示。这样路灯杆就完成了，全部选择后，单击右键创建群组后就结束了。

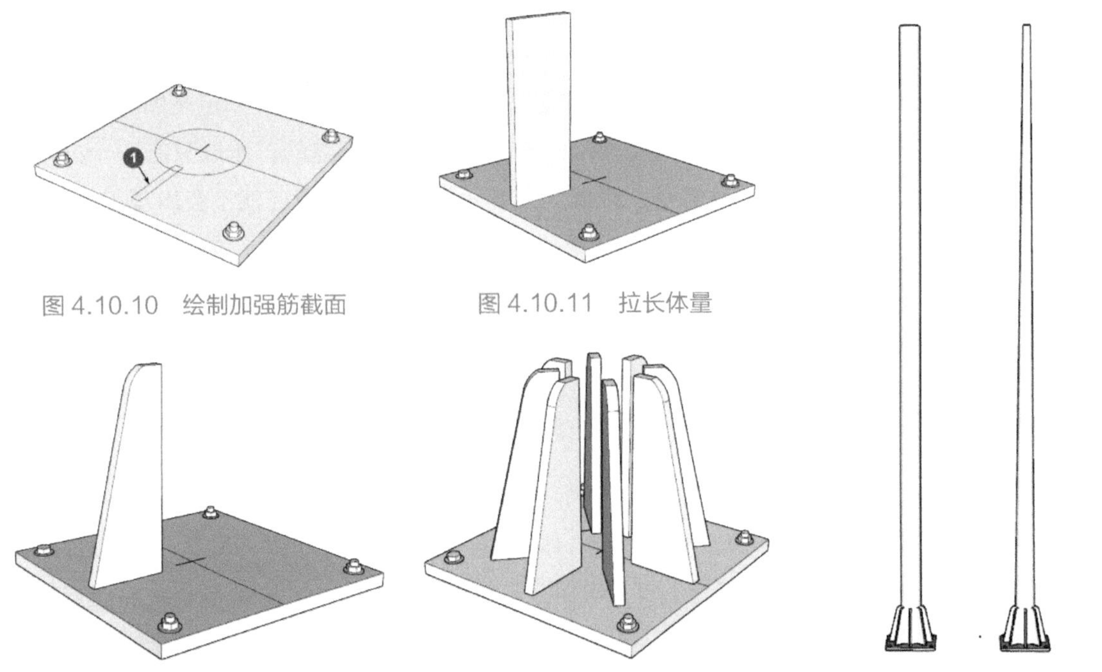

图 4.10.10　绘制加强筋截面

图 4.10.11　拉长体量

图 4.10.12　做出细节

图 4.10.13　旋转复制

图 4.10.14　拉出并中心缩放

4. 重叠的面

不知你是否记得，本书的 1.6 节“相框续热身”里，我答应过以后会解释为什么要把相框的后面拉出几毫米。现在就是揭晓的时候了，这里已经准备好了两个相同的相框（见图 4.10.15），它们挂在同一面墙上，看起来也没有什么两样，现在，我们来稍微转动一下，如图 4.10.16 所示，为什么右边的图形不正常，稍微动一下模型，还有一闪一闪的感觉？（看视频教程更直观）

图 4.10.15　看起来相同的两幅画

图 4.10.16　稍微转动出现闪动（重叠的面）

告诉你吧，今后凡是碰到这样的情况，不用找别的原因，一定是两个面重叠在了一起，只要删除其中多余的一个面就可以解决，具体到图 4.10.16 所示的相框，一定是图片的平面跟后面的墙面重叠在一起，而无论图片还是墙面，二者都是不能删除的，所以只有一个办法：把相框的后面拉出几毫米，让图片腾空，跟墙面分开一点点后这种情况就不会出现了。

这是很多同学经常提出的疑问之一，特地比较详细地讲一下，今后，如果你也碰到同样的问题，知道该怎么办了吧？

4.11　街灯灯具

本节要做的练习是一组练习中的第二个，这组练习共有 3 节，全部完成后，要创建像图 4.11.1 所示的街灯总成，本节只创建图 4.11.1 ①所指的街灯的灯体，这是一个仿古的西式街灯，这种灯的原形是 19 世纪流行于欧洲的“煤油街灯”，每天傍晚有专人加油点灯，黎明再熄灯。所以，在顶部有个烟囱（见图 4.11.2 ④⑤），下面还有个装灯油的容器（见图 4.11.2 ⑥）。

在这个练习中，多数操作都是我们已经学习和用过多次的工具和技巧，在引入新技巧的时候，将会较详细地讲述，因为用照片为依据来建模，没有准确的数据，所有尺寸全靠目测和常识进行估计和调整，需要调动你的观察和对材料、尺寸、比例的把握能力，如果你以前练习过素描和写生，建这个模型，就像静物写生一样，应该不会有太大的困难。请在下面的过程中，体会一下我创建这个模型的思路和过程中使用的小技巧。

1. 对象分析与建模思路

首先分析一下图 4.11.2 所示的街灯，大概可以分为 5 个部分。从上到下是：顶部的烟囱，如图 4.11.2 ④⑤所示，它只是个装饰；如图 4.11.2 ③所示，是灯的顶部，有防水和装饰作用；还有曲面，是这个模型中最难把握的部分。图 4.11.2 ①②是街灯的工作部分，由金属的框架和 4 块玻璃组成。图 4.11.2 ⑥在原型中是放灯油的容器，现在是灯座的一部分，还是个装饰物。中间还有个常见的高压钠灯（见图 4.11.2 ⑦）。

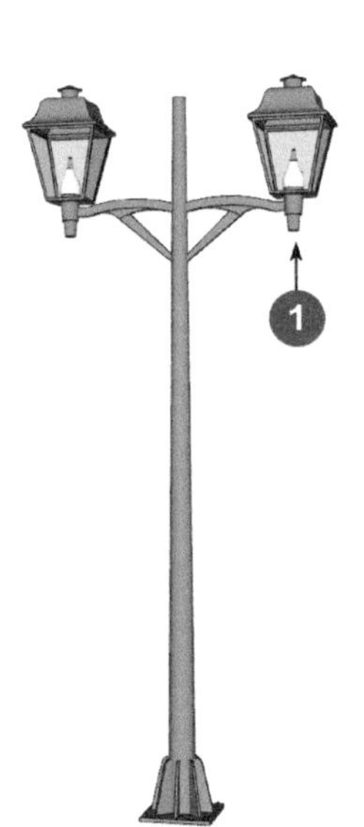

图 4.11.1 街灯总成

图 4.11.2 街灯主体

图 4.11.3 街灯照片（1）

图 4.11.4 街灯照片（2）

（1）所有可供参考的资料只有图 4.11.3 和图 4.11.4 两幅照片，现在估计对象的尺寸并形成建模思路。我的思路是：中间有玻璃的部分（图 4.11.2 ①②）最重要，只要确定好这部分尺寸，上面和下面各部分就可按比例估计出来。根据常识，这个锥体上面最大的部分估计为 400mm × 400mm，估计高度也是 400mm。还有个锥度，初估下面的尺寸是上面的 0.6 倍左右。

（2）镶嵌玻璃的框架要有一定的强度，选择材料的宽度 16mm，厚度 5mm 左右。

（3）曲面的顶（图 4.11.2 ③）这部分最难估计，就先估计高度为 160mm。

（4）至于上面的烟囱、下面装油的容器和里面的灯泡等主体部分完成后，可以根据与主体的比例来做。

2. 创建四面有玻璃的部分

（1）老规矩了，先在地面上画个矩形，尺寸是 400mm × 400mm，再拉出高度，也是 400mm，形成了一个立方体，如图 4.11.5 所示。

（2）选中下面的面和边线，按 Ctrl 键，做中心缩放，由于估计的 0.6 倍不一定准确，可以在缩放的过程中适度改变。缩放完成后如图 4.11.6 所示，实际缩放到原大的 0.57 倍。

（3）现在要做玻璃和边框，先选择 4 个面中的 3 个删除，只留下一面，如图 4.11.7 所示。

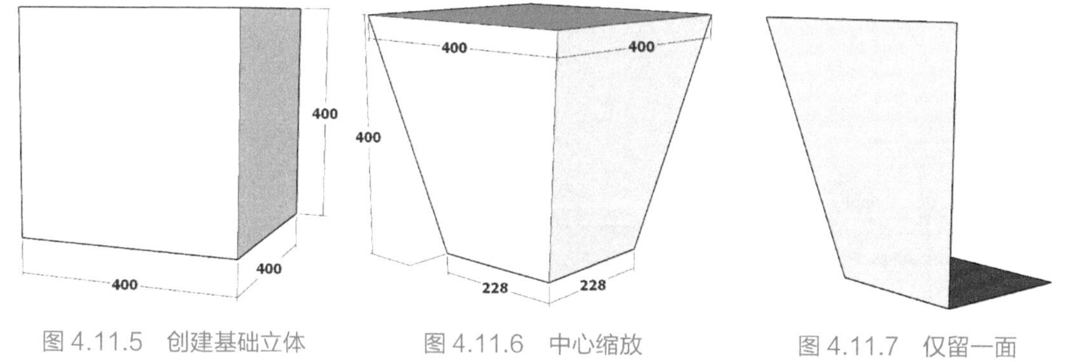

图 4.11.5　创建基础立体　　图 4.11.6　中心缩放　　图 4.11.7　仅留一面

（4）按快捷键 F，调用偏移工具向内部偏移 14mm，形成骨架的轮廓，如图 4.11.8 所示。

（5）按快捷键 P，调用推拉工具把中间的面向里面推进去 5mm，形成框和玻璃，如图 4.11.8 所示。

（6）对玻璃部分赋予半透明材质。注意必须在玻璃的正、反面各赋色一次。

为什么要正、反面都赋材质？因为有些版本的 SketchUp 玻璃材质只有从一面看是透明的，从另一面看是不透明的。

为什么现在就要对玻璃赋材质？是因为现在不做，等一会模型封闭后就不好操作了。

（7）现在全选玻璃和四周的框架，单击右键创建“组件”（组件可方便后续可能的修改）。

（8）接着要做旋转复制，在底部的矩形上画直线标出中点，如图 4.11.9 ①所示。

（9）选中组件，敲快捷键 Q，调用旋转工具旋转 90°，复制出另外的 3 个，如图 4.11.10 所示。

图 4.11.8 偏移出边框

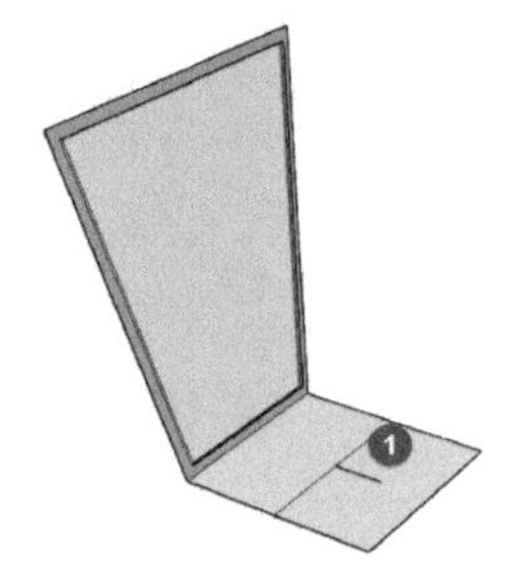

图 4.11.9 推拉出边框

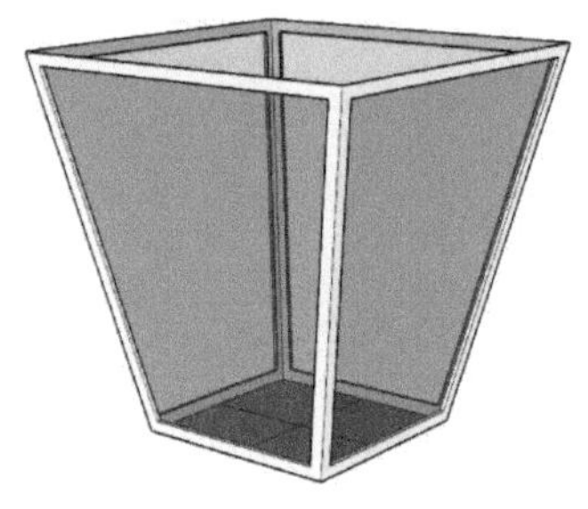

图 4.11.10 旋转复制

下面要做出玻璃上部曲面的部分，不过先要做出灯体上部的凸缘。

（1）利用现有的角，在顶部生成一个临时平面，如图 4.11.11 所示。

（2）再按快捷键 F，用偏移工具向外偏移 18mm，再删除中间的面，形成一个边缘（见图 4.11.12）。

（3）敲快捷键 P，拉出边缘高度 10mm，形成凸缘，如图 4.11.13 所示。

（4）选择已经创建完成的全部，单击右键群组。

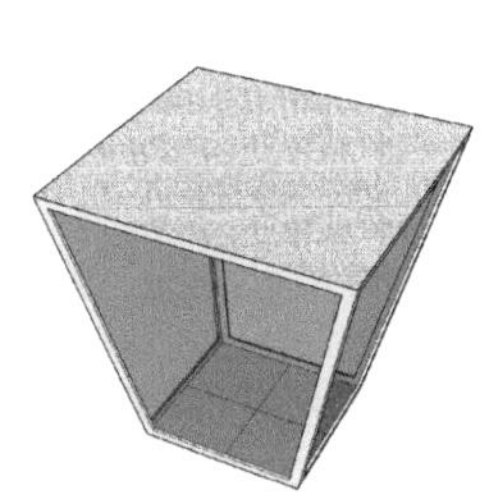

图 4.11.11 补线成面

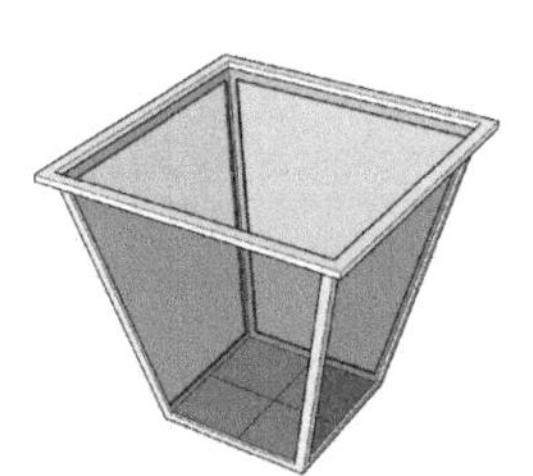

图 4.11.12 偏移出边框

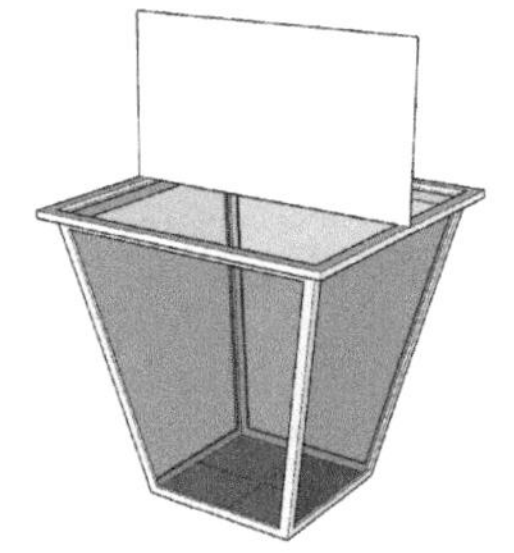

图 4.11.13 创建辅助面

3. 做弯曲的顶部

（1）按快捷键 R，利用凸缘的两个中点，画出辅助面，高度任意，如图 4.11.14 所示。

（2）画条中心线（见图 4.11.15 ①），再画一条倾斜的辅助线（见图 4.11.15 ②），这个夹角（见图 4.11.15 ③）是后续绘制轮廓线的基础，很重要，可能要重复多次才能确定，图示大约为 32°。

（3）下面要做更具挑战性的工作了。要画出图 4.11.15 所示的曲线，说实话，当时我对着照片反复画了很多次才算得到现在这条勉强满意的曲线，为了降低你做练习的难度，已经把几个关键数据标示在图 4.11.15 上，供参考。

（4）清理所有废线、面后，做路径跟随，经局部柔化后的结果如图 4.11.16 所示。如果结果不满意的话，可退回去重新做（还可能要重复几次）。

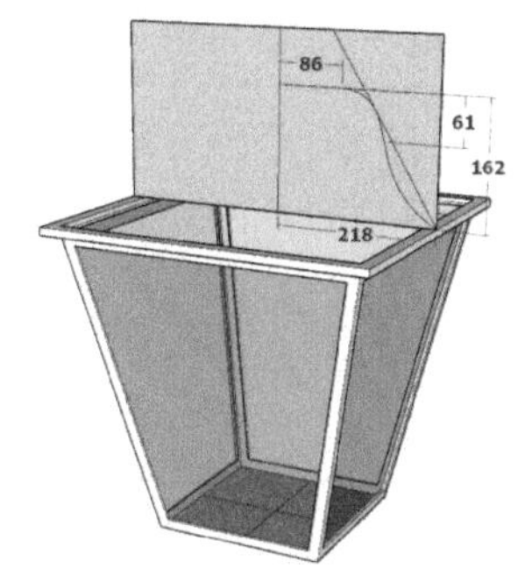

图 4.11.14 绘制轮廓

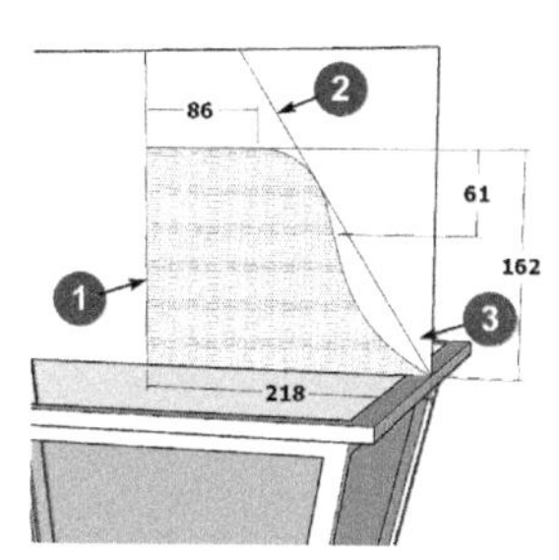

图 4.11.15 大致尺寸

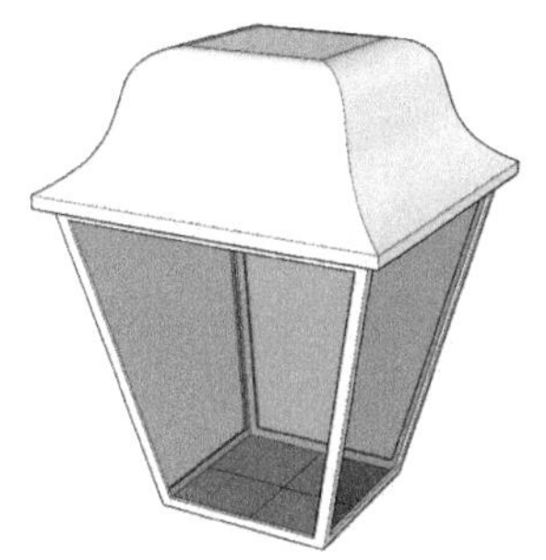
图 4.11.16 旋转放样

4. 做烟囱（它由一个圆柱体和一个圆锥体组成）

（1）先要找出顶部的中心，然后调用画圆工具，画多大的圆？没有尺寸，这时就可用 SketchUp 的“输入不同数据逐步逼近理想值”的功能了（下称“逐步逼近”），在毫无把握的时候，可以连续输入不同的数据来逐步逼近满意的结果，这是一种重要的方法。

（2）接着拉出这个圆柱体的高度，给个大概的高度后，觉得不够满意，也可以用“逐步逼近”的方法，输入一个不同的尺寸后试一下，如果仍然不满意，还可以接着输入新的数据，直到满意为止，图 4.11.17 标出了大概的尺寸供参考。

（3）现在要利用圆心画一个垂直的辅助面，然后用斜线形成一个三角形，如图 4.11.18 所示。

（4）做路径跟随后，顶部圆锥形就完成了，如图 4.11.19 所示。

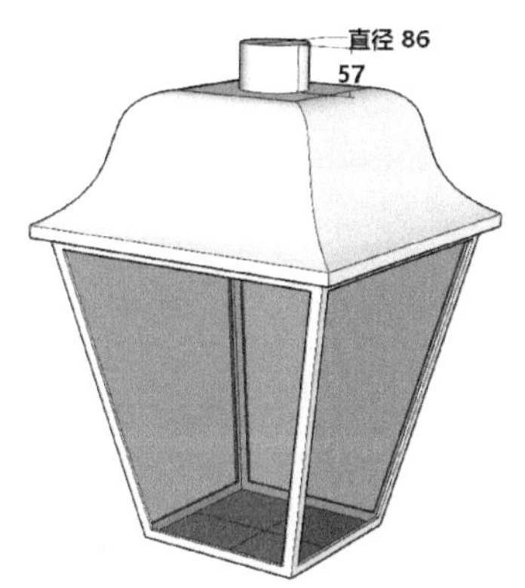

图 4.11.17 拉出烟囱

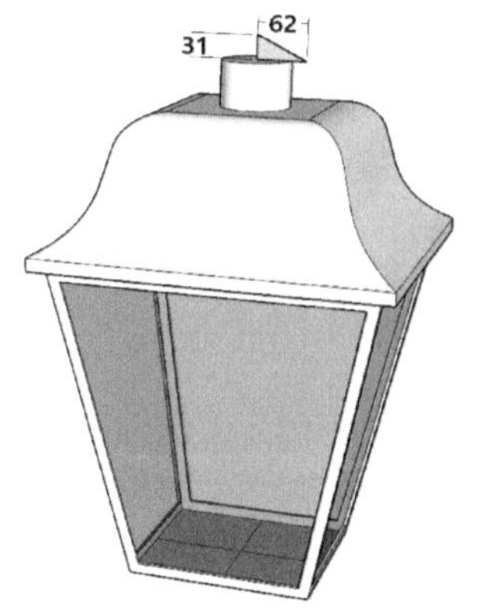

图 4.11.18 绘制截面

图 4.11.19 旋转放样

5. 做最下面的“储油桶”部分（它也是整个灯具的“柄部”）

（1）把模型调整到接近底视，先画辅助线，再用辅助线的中点作为圆心来画圆。

（2）因无尺寸可用，仍然可以用“逐步逼近”的办法，把这个圆调整到满意的大小。

（3）拉出高度，仍然用“逐步逼近”法调整到满意的高度，以上 3 步完成后如图 4.11.20 所示。

（4）选择圆面和边线，按快捷键 S，按住 Ctrl 键做中心缩放，仍然用“逐步逼近”到满意（见图 4.11.21），大约为 0.85，完成后如图 4.11.21 所示。

（5）接着，按快捷键 F，向内偏移 9mm 左右（也是用“逐步逼近”确定的）。

（6）按快捷键 P，拉出长度，“逐步逼近”到满意（大约 87mm）。

（7）选中最下面的圆面和边线，按快捷键 S，做中心缩放，同样缩小到 0.85 倍，这样上、下两部分的锥度才会一样。完成后如图 4.11.22 所示。

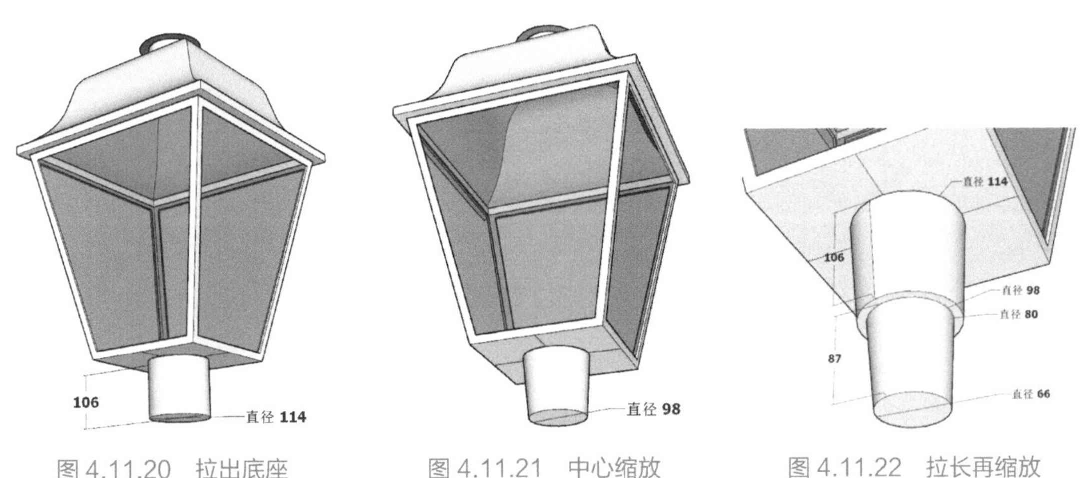

图 4.11.20　拉出底座　　图 4.11.21　中心缩放　　图 4.11.22　拉长再缩放

6. 做里面的灯泡

因为灯具里面的空间太小，做起来不方便，可以在外面做好了再移进去装配，这是个常用的办法。

（1）按图 4.11.23 所示先画出辅助面，再用圆弧工具在辅助面上画 3 个相切的圆弧，连接成灯泡的放样截面，这一步可能要反复试验几次。

（2）接着做路径跟随，结果如图 4.11.24 所示。

（3）接着分成上、下两部分做柔化平滑，注意留下一条线。

（4）现在调出“材质”面板，对灯泡上颜色，灯泡的下部保留原来的白色就可以，代表高压钠灯的荧光粉部分，上面的一点点，要上一种半透明的材质，调整到合适的透明度。

（5）接着给灯具的其他部分上颜色，在“材质”面板里挑选一种合适的深灰色，赋给灯具的金属部分。

（6）现在该把灯泡移动到灯具里面去了。双击进入组件，选择玻璃，单击右键，把它隐藏起来，相当于临时拆除了一块玻璃。

（7）为了使移动安装方便，可以在目标的中间画一条垂直的辅助线，不要太长。

（8）在灯泡的底部也画一条中心线，也不要太长。

（9）现在按快捷键 M，调用移动工具把工具移到灯泡上辅助线的端部，工具会自动吸附到线条的端部位置，再按住鼠标，把灯泡往灯座中心线的端部上移动，很方便地就到位了。

（10）接着，要往下面移动到位。还是用移动工具并且用“逐步逼近”沿着这条辅助线，往下移动一点，注意要沿着蓝色的轴移动，然后输入一个移动尺寸，如果不满意还可以做“逐步逼近”，再次输入个尺寸试验一下，直到满意为止（图 4.11.25）。

（11）最后，在“编辑”菜单里取消隐藏，玻璃又装回去了。

（12）创建成组件，保存起来备用。

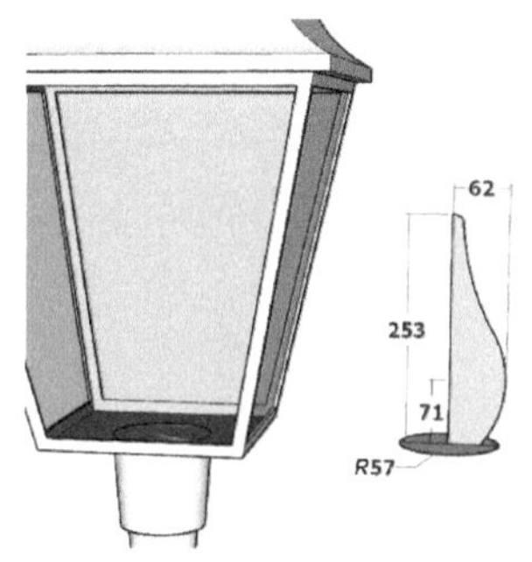

图 4.11.23 灯泡截面

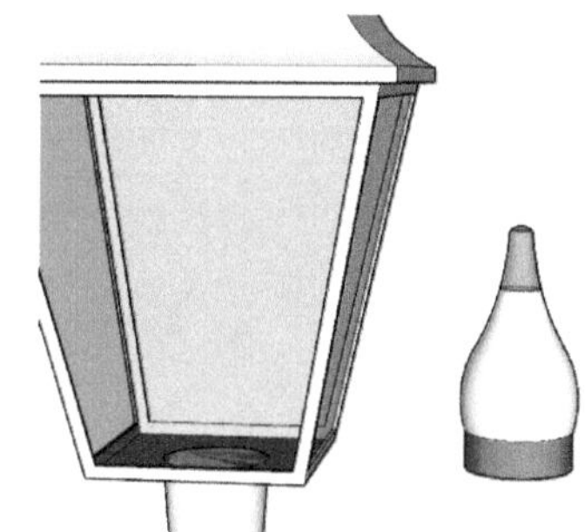

图 4.11.24 放样并赋色

图 4.11.25 移动就位

这个练习已经完成，现在来总结一下：通过这个练习，虽然没有引入新的工具，但提供了一种用照片建模的思路，还多次用到“逐步逼近”的技巧，这些都是设计师搞创作时必须具备的技能。

4.12 街灯组合

本节要做的练习是一组练习中的第三个，这组练习共有 3 节，全部完成后，要创建像图 4.12.1 所示的街灯总成，本节要把前两个练习中做好的灯具和灯杆组合在一起，还需要创建灯具与灯杆之间的横担，过程比较简单，多数操作是使用已经学习过的工具，唯在组合安装它们的时候有一点小技巧。

1. 分析与确定建模顺序

（1）先看一下图 4.12.7，要创建的横担大概可以分 3 个部分，上面（见图 4.12.7 ①）的特点是有点弯曲，端部有一小段直的；图 4.12.7 ③所示的斜支撑件两端不一样大，图 4.12.7 ②所示为过渡部分，有两个作用，首先是加强的作用，其次是装饰作用。

（2）现在来估计一下对象的大致尺寸。

① 两侧横担支架的总长度定为 1.2m。

② 主横担的截面，为 50mm 宽、30mm 厚。

（3）建模的思路：先把最主要的尺寸都定下来，其余的部分就可以按一定的比例估计出来，就像画写生一样。

（4）还有，横担的两侧是一样的，只要创建一半，另一半做镜像就可以了。

2. 绘制横担的轮廓

（1）老规矩了，先要有个辅助面方便作图，画个宽度为 1200mm 的矩形，做中心辅助线和水平辅助线（见图 4.12.2 ①②）。

（2）画 60mm 一段直线（见图 4.12.3 ①），再画圆弧，弧高 40mm，如图 4.12.3 ②所示。

（3）选中圆弧和直线后偏移 40mm 复制出一份，如图 4.12.4 ①所示。

（4）再画两条圆弧（见图 4.12.5 ①②），这是加强筋也有装饰作用。跟着感觉走，或许要反复几次。

（5）用两条斜线画出“撑杆”（见图 4.12.6 ①）。

（6）补线成面后删除废线面，得到图 4.12.7 所示的全部轮廓。

3. 把二维的轮廓变成三维的模型

（1）首先如图 4.12.8 ①所示拉出 30mm，然后在一个角上画圆弧倒角（见图 4.12.8 ②），用圆弧工具双击另外 3 个角，形成图 4.12.8 ①所示的放样截面。

（2）仔细删除废线、面，只剩下图 4.12.9 ①所示的放样截面和图 4.12.9 ②所示的放样路径。

（3）沿路径放样后如图 4.12.10 所示。

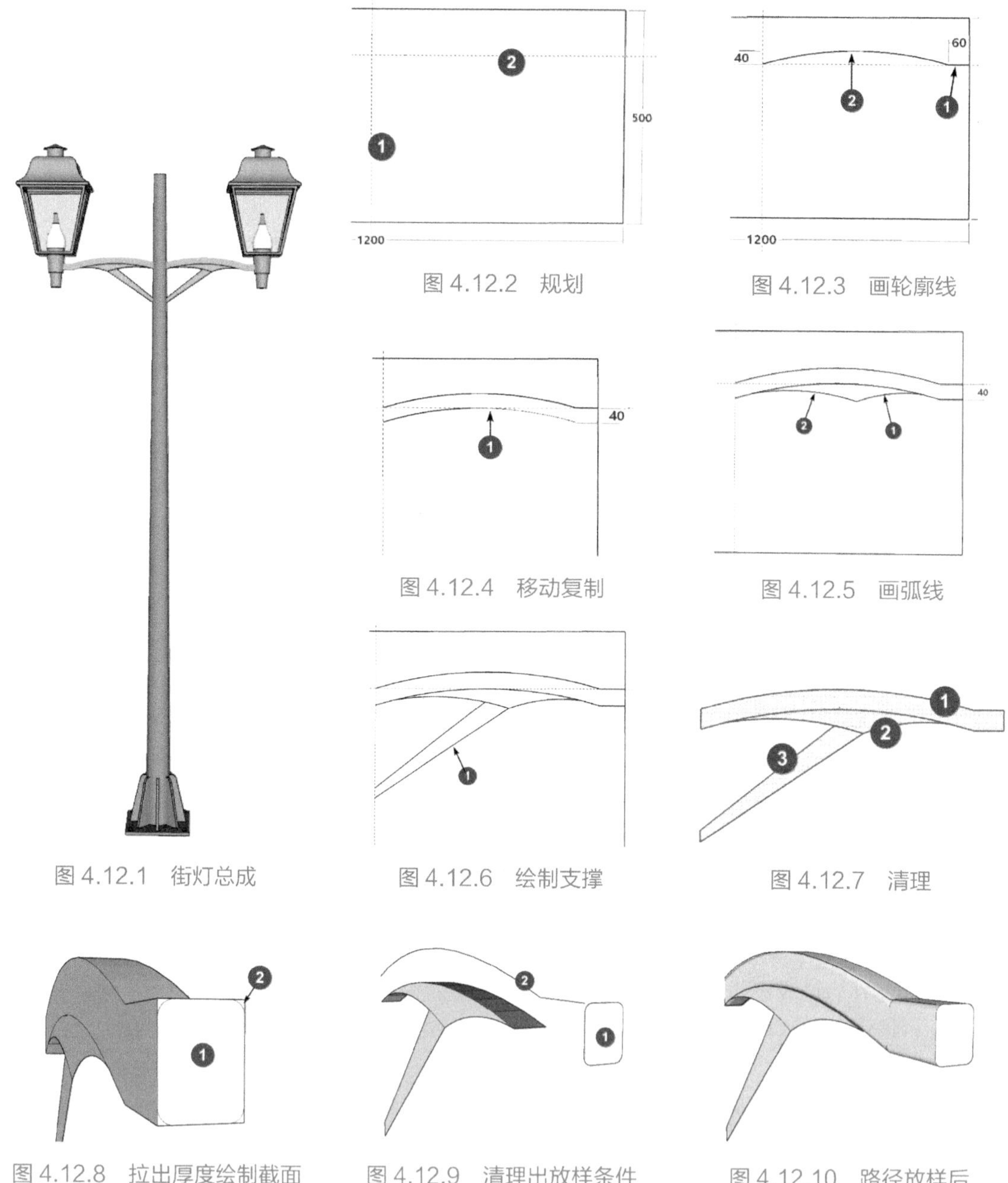

图 4.12.1 街灯总成

图 4.12.2 规划

图 4.12.3 画轮廓线

图 4.12.4 移动复制

图 4.12.5 画弧线

图 4.12.6 绘制支撑

图 4.12.7 清理

图 4.12.8 拉出厚度绘制截面

图 4.12.9 清理出放样条件

图 4.12.10 路径放样后

（4）仔细清理放样后遗留的废线、面，局部柔化遗留线条后如图 4.12.11 所示。

（5）把下面的加强筋和支撑部分（见图 4.12.12 ①）拉出来跟上面的横担一样厚（厚 30mm）。

（6）把加强筋部分（见图 4.12.13 ①）两面都推进去 5mm（剩下 20mm 厚）。

（7）把支撑杆部分（见图 4.12.13 ②）两面各推进去 2mm（剩下 16mm 厚）。

（8）全选后创建群组，调用材质工具，在群组外单击就能对群组内所有面完成赋予材质。

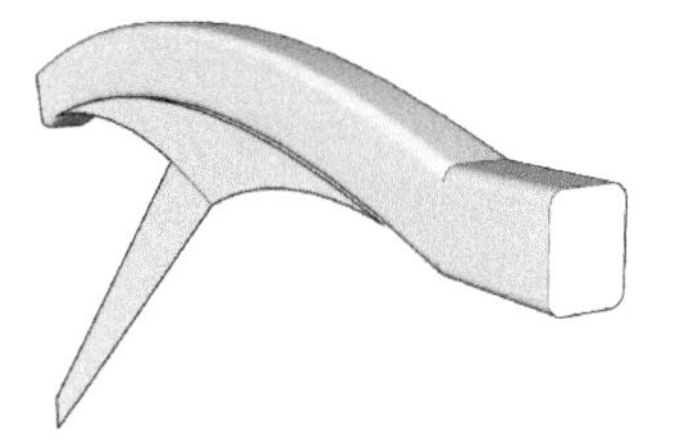

图 4.12.11　局部柔化

图 4.12.12　拉出厚度

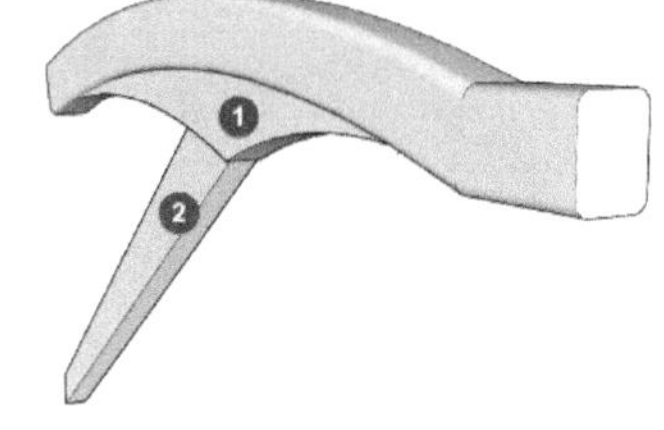

图 4.12.13　拉出厚度

4. 把前两节已经完成的灯杆和灯具组装起来

（1）为快速、准确地安装，首先要在灯具底部引出水平线和一小段垂线，如图 4.12.14 ①所示。

（2）选择灯具连同两段辅助线，用移动工具抓取辅助线转角处，移动到横担边线中点，如图 4.12.15 ①所示。

（3）把模型旋转到正视图，按图 4.12.16 ①所示的方向移动，可用右向箭头键配合在红轴移动。

（4）再按图 4.12.17 ①所示的方向移动，可用向上的箭头键配合在蓝轴移动。

（5）灯具与横担装配到位后，删除辅助线，全选后创建群组。

（6）复制一个到旁边，单击右键指定翻转方向做镜像。

（7）把镜像前后的两半移动到一起，如图 4.12.18 所示。

（8）在底部的中点引出一小段垂直的辅助线，如图 4.12.18 ①所示。

（9）在灯杆的顶部圆心处也引出一小段辅助线，如图 4.12.19 ②所示。

（10）选择好图 4.12.19 上面，用移动工具抓取辅助线底端，去对齐灯杆顶端的辅助线，对齐后如图 4.12.20 所示，有了这两小段辅助线，装配工作就又快又准确。

（11）用卷尺工具测量出需要向下移动的距离。

（12）全选移动对象，用向上箭头键锁定蓝轴，按图 4.12.21 ①所示的箭头方向移动，输入移动距离。

（13）装配完成后如图 4.12.22 所示。

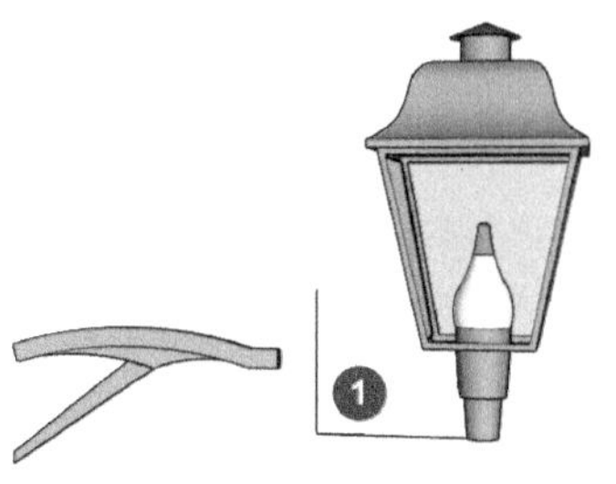

图 4.12.14 绘制定位辅助线

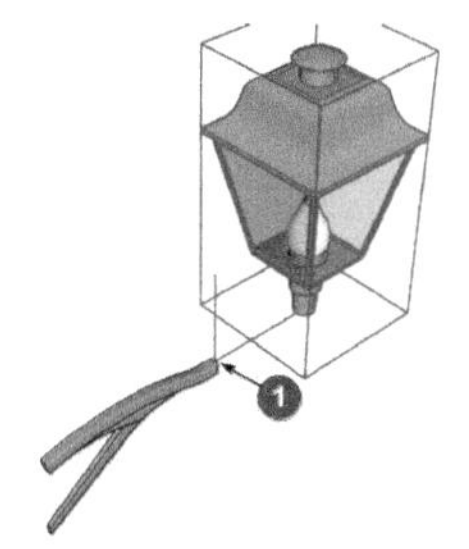

图 4.12.15 初步移动

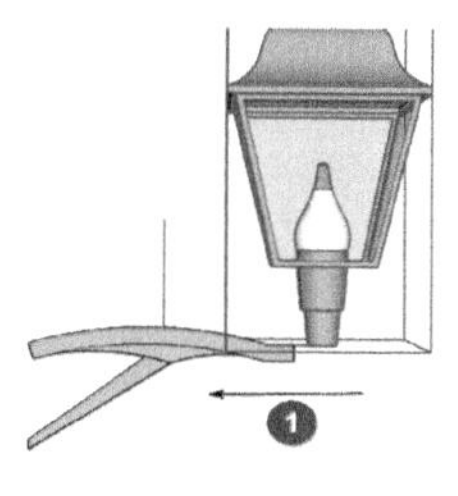

图 4.12.16 移动

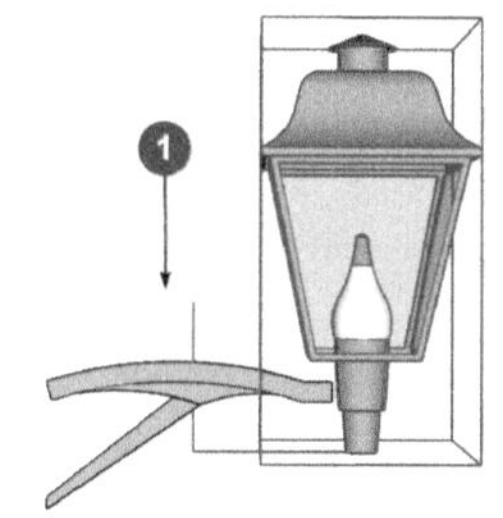

图 4.12.17 精确移动到位

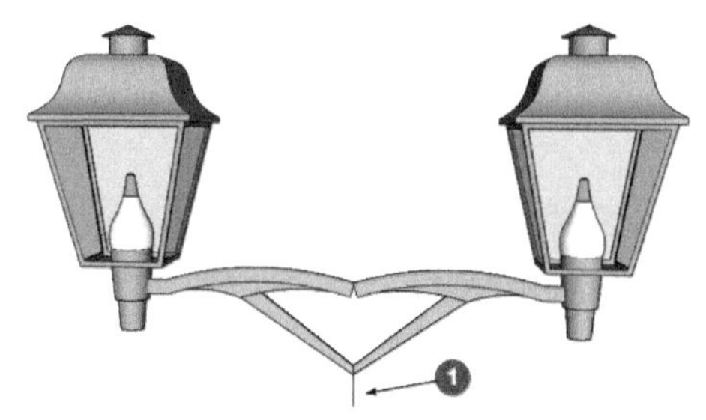

图 4.12.18 复制并镜像拼接后创建中心线

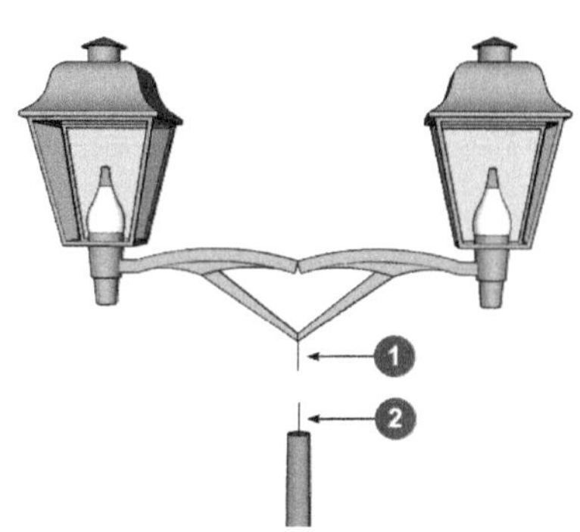

图 4.12.19 中心线对接

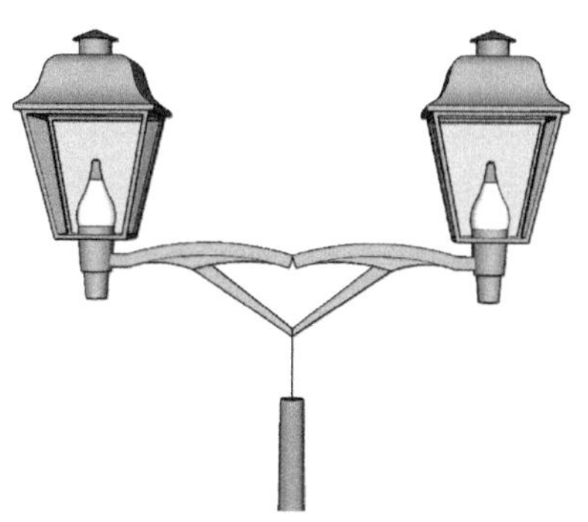

图 4.12.20 量出需要移动的尺寸

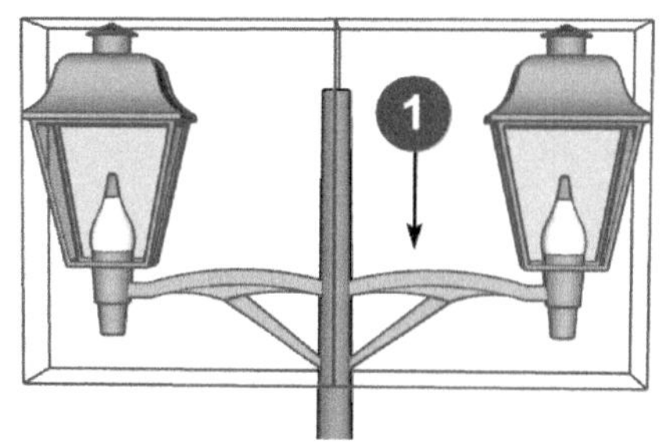

图 4.12.21 移动到位

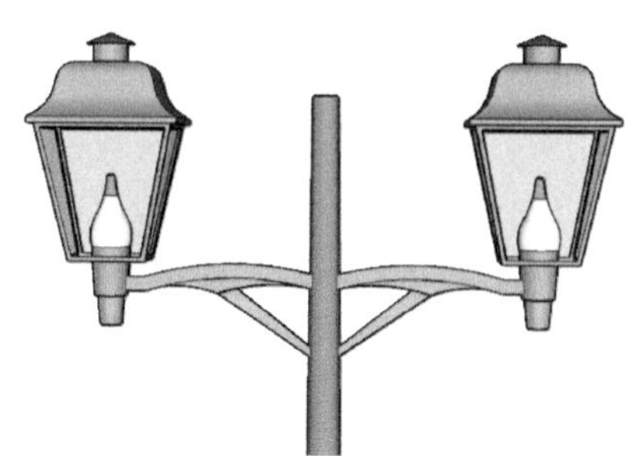

图 4.12.22 装配完成

最后，仔细清理废线、面，全选后创建组件。现在你可以在“组件管理”面板里的“模型中”预览面板里看到这个组件，选择它以后，单击右键，另存到你的自己的组件库文件夹中合适的子目录里去以备后用。

建模工作中经常要做部件组装的工作，虽然今后这个工作可以用插件来部分配合完成，但是用最基本的工具是装配工作的主要技巧，无法避免和精简，装配技巧包括画一些辅助线、部件沿着辅助线移动、提前测量出移动距离，移动的距离如果不合适，还可以反复使用“逐步逼近”的办法输入不同的数据来纠正。当然用箭头键锁定移动的方向是最基础的。

4.13 简易六角亭

这是个老戏新唱的教程，2009 年 10 月，本书作者以《十分钟亭子建模教程》为名在某 SketchUp 专业论坛发布了这个图文教程，现在各大搜索引擎还都可搜索到，至今 11 年，这个帖子已被阅读 20 多万次，有几千个回复，网上被反复转载引用，还被至少 3 本正式出版的书原样复制，网下成了很多老师们讲课的例题，非常热门。既然大家都喜欢它，就拿来改进充实一下，作为本节实例。

最初的亭子是每隔若干距离设置给途人休息用的、有屋顶无围蔽的简陋小筑。北魏后亭始有游赏观景的功能，隋唐皇家园林中开始大量建亭，至明清时则无园不亭，称之林亭、园亭、景亭。亭在造型上集中运用了中华民族建筑形式的精华，从单檐、缀檐到重檐，攒尖、卷棚到盔顶，四角、六角到八角，单亭、半亭到组合亭，或大或小、或方或圆，变化万千（见图 4.13.1），即亭子的部分款式。

南方亭造型玲珑、轻盈、婀娜，屋角高、起翘曲度大，北方亭端庄、潇洒、凝重，翼角舒展平缓。南北方的亭子大多都四面开放，因此空间通畅。人在亭中，身心却融于自然。各式亭子造型优美、玲珑剔透、千姿百态，形成了景观设计中不可多得的立体空间元素，一个得体的亭子，在整个园林景观设计中犹如画龙点睛，是极具活力的景观小品。亭子也是园林景观中一种基本的建筑单元，常作为风景构图的主体。配以匾额楹联，亭子还常被赋予复杂丰富的文化功能，既有实用性又具精神象征甚至历史文化的深刻意涵，如苏州沧浪亭、常州东坡亭等。

现代的亭，可使用的材料极为丰富。除了用木、石、砖、竹、茅草等传统材料外，现代用得更多的是钢筋混凝土或兼以轻钢、铝合金、玻璃钢、充气树脂等新材料，设计师有较大的自由度，可创造出各种不同造型；如 4.4 节的方亭、圆亭以及 4.5 节的蘑菇亭即是。

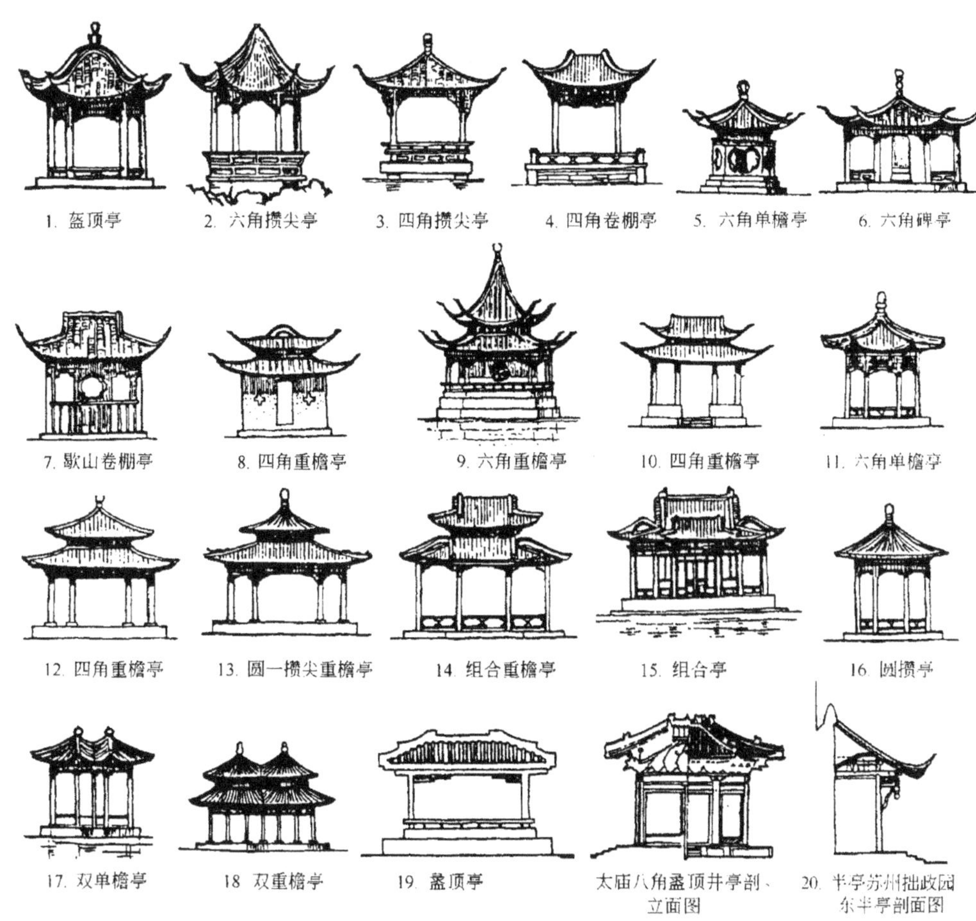

图 4.13.1　常见亭子样式

很多 SketchUp 玩家喜欢做中式的亭子，本节要做一个图 4.13.2 所示的亭子，后面介绍的方法，特点是简单，只用了 SketchUp 的基本工具，没有用插件也没有深奥的技巧，形状实在算不得漂亮，也不够精细，只是提供个创建类似模型的思路给大家参考。只要掌握了建模的思路和 SketchUp 基本工具的使用技法，谁都做得出来。

亭子的模型多数用于景观设计，如果用于方案设计，对于亭子的模型只求形似而不求细节，本节介绍的方法正好符合要求。需要指出，如果你是研究古建筑，或者有严格结构要求的设计，本节介绍的方法不适合你使用。

为了本节的教程不至于太长，我已经做好了带操作步骤的模型保存在附件里，现在就用这个模型的截图来一步步讲述建模的过程；比较简单一看就懂的操作步骤将一带而过，需要注意的部分会强调一下。下面所列的尺寸数据和形状等仅供参考，相信你可以做得更好、更美。

图 4.13.2　本节实例

1. 建模从绘制一系列最基础的线面开始

（1）首先要在地面上画出亭子台基的轮廓，用多边形工具在地面上画个六边形，外接圆半径为 2000mm，如图 4.13.3 所示。

（2）向上 3200mm 复制一个，如图 4.13.4 ②所示

（3）现在有了上、下两个六边形，暂时不用管图 4.13.4 ①所示的那个，选中上面的这个，用缩放工具，按住 Ctrl 键做中心缩放，从键盘输入 1.2，也就是比原来放大了 20%；也可以用偏移工具向外偏移 400mm，如图 4.13.5 所示。

（4）再向下复制一个备用，如图 4.13.6 ②所示。

（5）在上面的六边形边缘创建一个垂直的辅助面，如图 4.13.7 ①所示，辅助面可画得大点。

（6）用圆弧工具在辅助面上画圆弧，弧高为 300mm 左右。图 4.13.7 ②这条圆弧决定了亭子顶部水平方向的造型。

（7）用偏移工具把圆弧向下偏移 150mm，如图 4.13.7 ③所示，两条圆弧之间的距离就是屋面的厚度。

（8）按图 4.13.8 ①所示画出垂直方向的辅助线，高度 2m 左右；再创建三角形的辅助面。

（9）在辅助面上画圆弧（见图 4.13.8 ②），弧高 300mm 左右，这条圆弧决定了亭子顶部另外一个方向的造型。

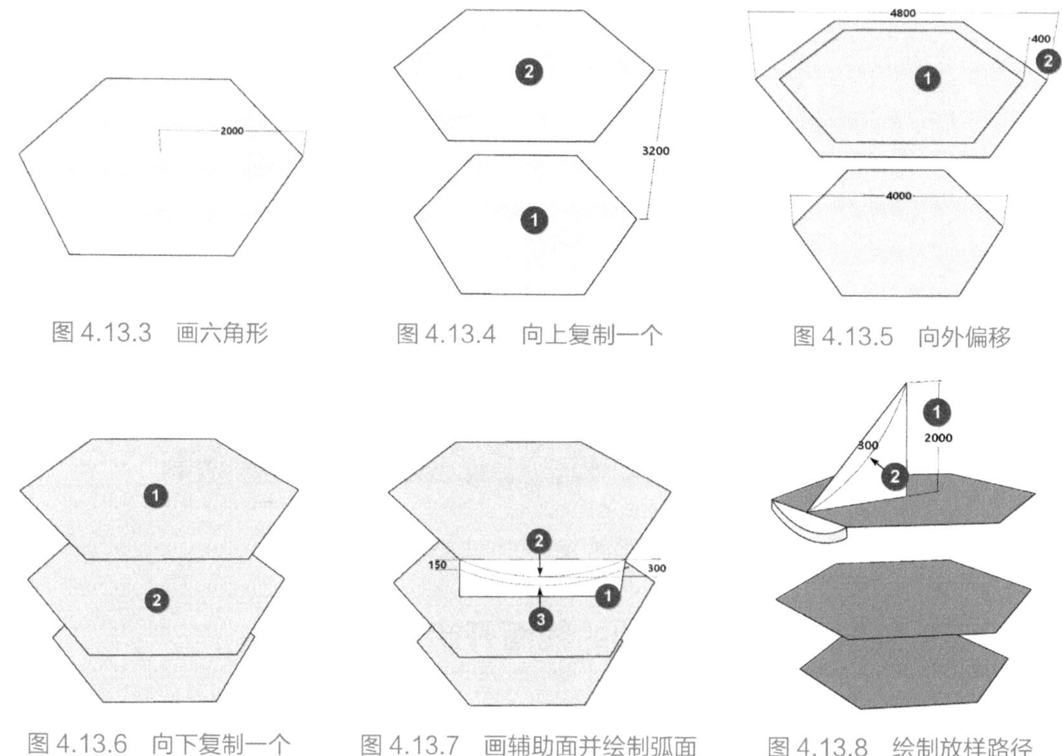

图 4.13.3　画六角形　　图 4.13.4　向上复制一个　　图 4.13.5　向外偏移

图 4.13.6　向下复制一个　　图 4.13.7　画辅助面并绘制弧面　　图 4.13.8　绘制放样路径

2. 路径跟随

（1）现在删除所有多余的废线、废面，只留下一条放样路径（见图 4.13.9 ①）和一个放样用的截面（图 4.13.9 ②）。注意中心线要留下，它还要被多次使用。

（2）接着用路径跟随做放样，形成一个做屋顶用的曲面，如图 4.13.10 所示，这个曲面现在还不能直接被应用，还需要切割出有用的部分。

（3）想切割出有用的部分，需要用到图 4.13.11 ①所示的三角形，还有图 4.13.17 ②所指的圆弧。

3. “翘”和“冲”的概念

这里要简单介绍中国传统建筑术语里的“翘”和“冲”的概念。“翘”（起翘）是屋角比屋檐升高的高度，是垂直方向的变化，如图 4.13.12 ①②所示。“冲”（冲出）是屋角水平投影比屋檐伸出的距离，是水平方向的变化，如图 4.13.12 ③④所示。

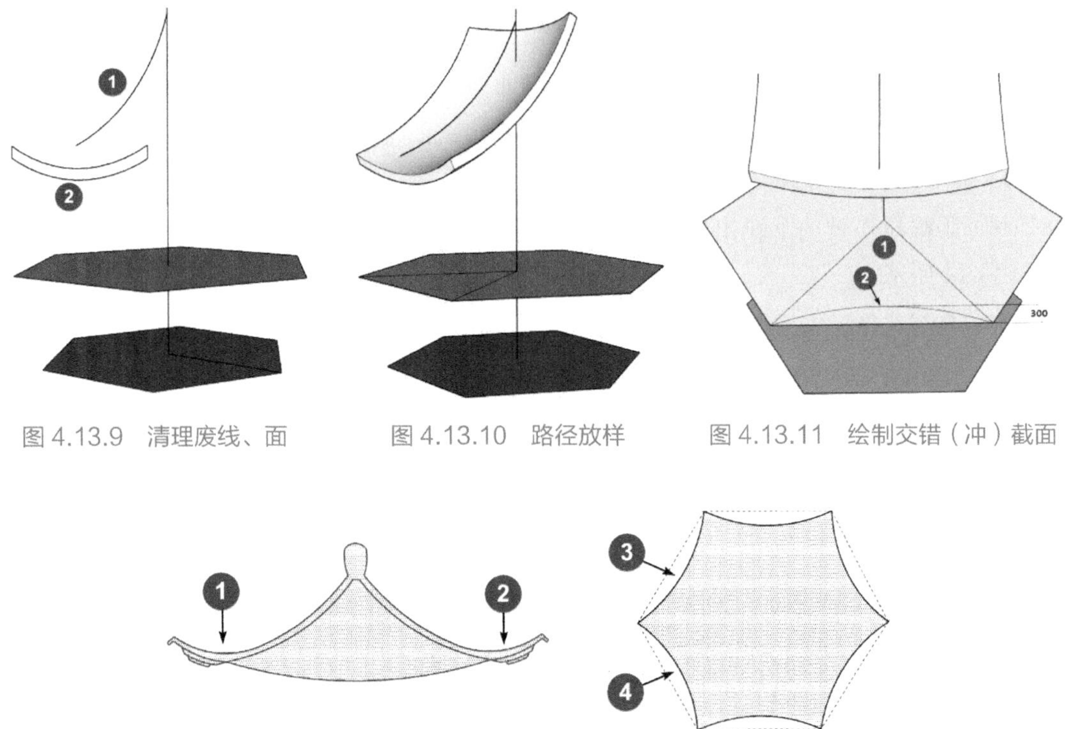

图 4.13.9　清理废线、面　　图 4.13.10　路径放样　　图 4.13.11　绘制交错（冲）截面

图 4.13.12　冲与翘

“翘”和“冲”的尺寸历来都有“定规”不是随便确定的，表 4.13.1 是从 3 本经典古建文献中摘录的，仅供参考，其上名词解释略，可自行查阅相关文献。图 4.13.11 ②所指的“弧高”就是上述的“冲”，暂定为 300mm，略小于 1 尺。

古建筑的翼角冲出与起翘见表 4.13.1。

表 4.13.1　古籍中的冲、翘值

文献名称	翼角起翘点	冲出值	起翘值
《营造法式》	梢间补间铺作中心线与檐口交点	榱头 1 间伸 4 寸、3 间伸 5 寸、5 间伸 7 寸	起翘按角梁高
《工程做法则例》	搭交下金檩中心线与檐口交点	冲出三檩径	起翘四檩径
《营造法源》	交叉步桁中心线与檐口交点	冲出 1 尺	起翘 0.5745 界深

4. 模型交错

清理废线、面后，现在有了路径跟随得到的曲面（见图 4.13.13 ①）与带圆弧的三角形（见图 4.13.13 ②），它其实就是亭子顶部的俯视投影，下面就要用它来做模型交错，获取亭子的顶面。

（1）用推拉工具向上拉出（见图 4.13.13 ②），要使 3 个面能完整切割出顶部的曲面，如图 4.13.14 所示。

（2）全部选择后做模型交错，结果如图 4.13.15 所示。

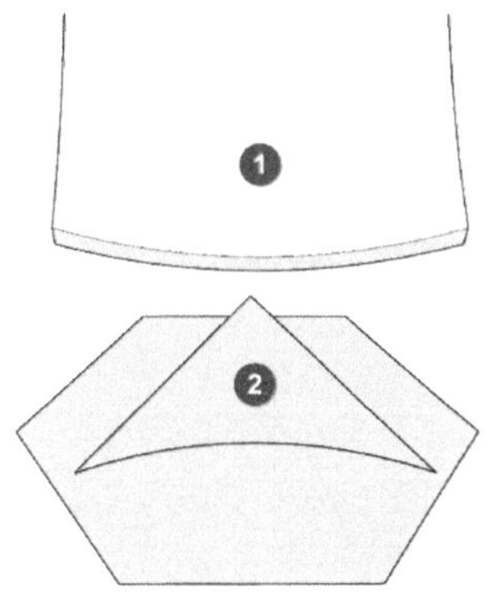

图 4.13.13 交错用的截面

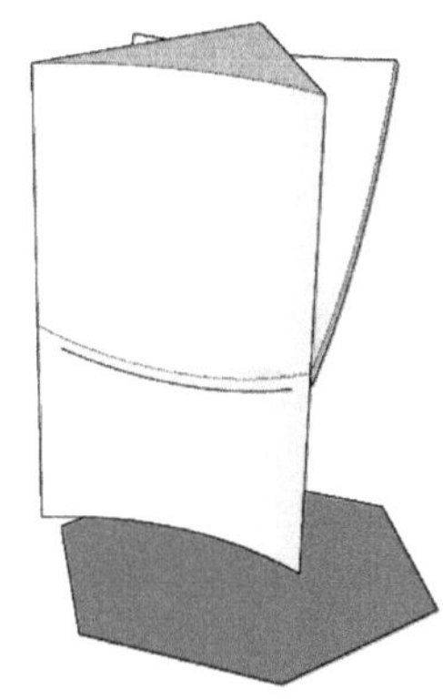

图 4.13.14 拉出交叠

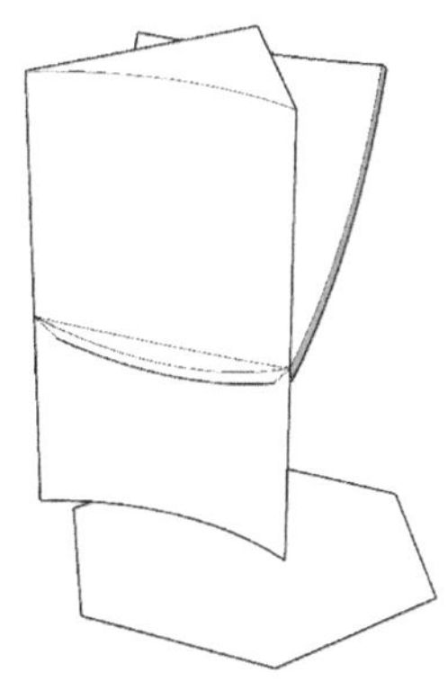

图 4.13.15 模型交错

5. 创建亭子的顶部垂脊等

（1）清理废线面后得到图 4.13.16 ①，它是顶的 1/6。

（2）留下顶部的三角形（见图 4.13.16 ②），等一会儿要用它来做投影贴图。

（3）接着要画出垂脊的轮廓，为方便作图，可以把模型旋转到与红轴或绿轴平行位置。

（4）创建一个临时的立面，如图 4.13.17 ①所示。

（5）画出垂脊的截面，这一组轮廓线非常重要，南、北方各地的亭子有不同的风格，这一组轮廓在很大程度上会影响亭子的风格。图 4.13.17 ②所指的这组轮廓是经过简化的。

（6）清理掉废线、面后的结果如图 4.13.18 所示。

（7）用推拉工具拉出垂脊，宽 140mm。注意要分别往左、右两边拉出同样的距离，如图 4.13.19 所示。

（8）调用材质面板，找到一种瓦片的材质赋给顶部的三角形，调整纹理大小角度。

（9）对屋顶做“投影贴图”后如图 4.13.20 所示，方法可参见本书第 5 章。

（10）对“垂脊”与“檐口”等其他部分赋给适当的灰色，如图 4.13.21 所示。

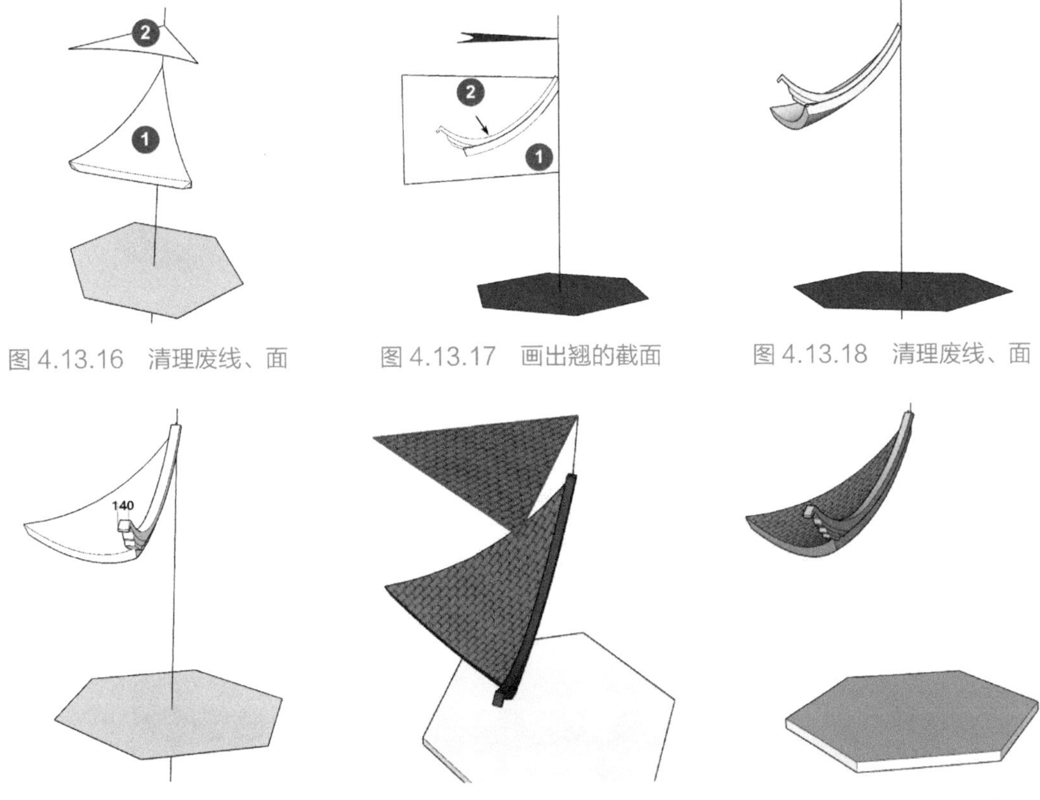

图 4.13.16　清理废线、面　　图 4.13.17　画出翘的截面　　图 4.13.18　清理废线、面

图 4.13.19　拉出厚度　　图 4.13.20　赋予材质　　图 4.13.21　清理并群组

6. 创建“柱”“梁”等木质构件

（1）首先要把地面上的六角形向上拉出 150mm，形成台基，创建群组。

（2）按图 4.13.22 ①②所示绘制出两条辅助线。其中，图 4.13.22 ②离台基边缘 250mm，画出“柱”“梁”等木质构件的截面，如图 4.13.22 ③④⑤，其中“柱”的截面直径 240mm，“梁”的截面宽 80mm，长度不限，绘制好后分别创建群组。

（3）现在拉出柱子到合适的高度，如图 4.13.23 所示。因为这个模型是简易的亭子，没有严格意义的屋面结构，只要拉到顶部附近就可以了。

（4）拉出两个矩形的高度在 160mm 左右，然后分别拉出到合适的长度，如图 4.13.24 所示。

（5）往上移动复制两根横梁到合适的位置，如图 4.13.25 所示。

（6）沿着蓝轴往下复制一组横梁，如图 4.13.26 所示。

（7）把下面的一组加宽大约 50%，如图 4.13.27 所示。

（8）以上几步完成后，可以上颜色。

（9）全选顶部和梁柱，做成组件，方便以后的修改。

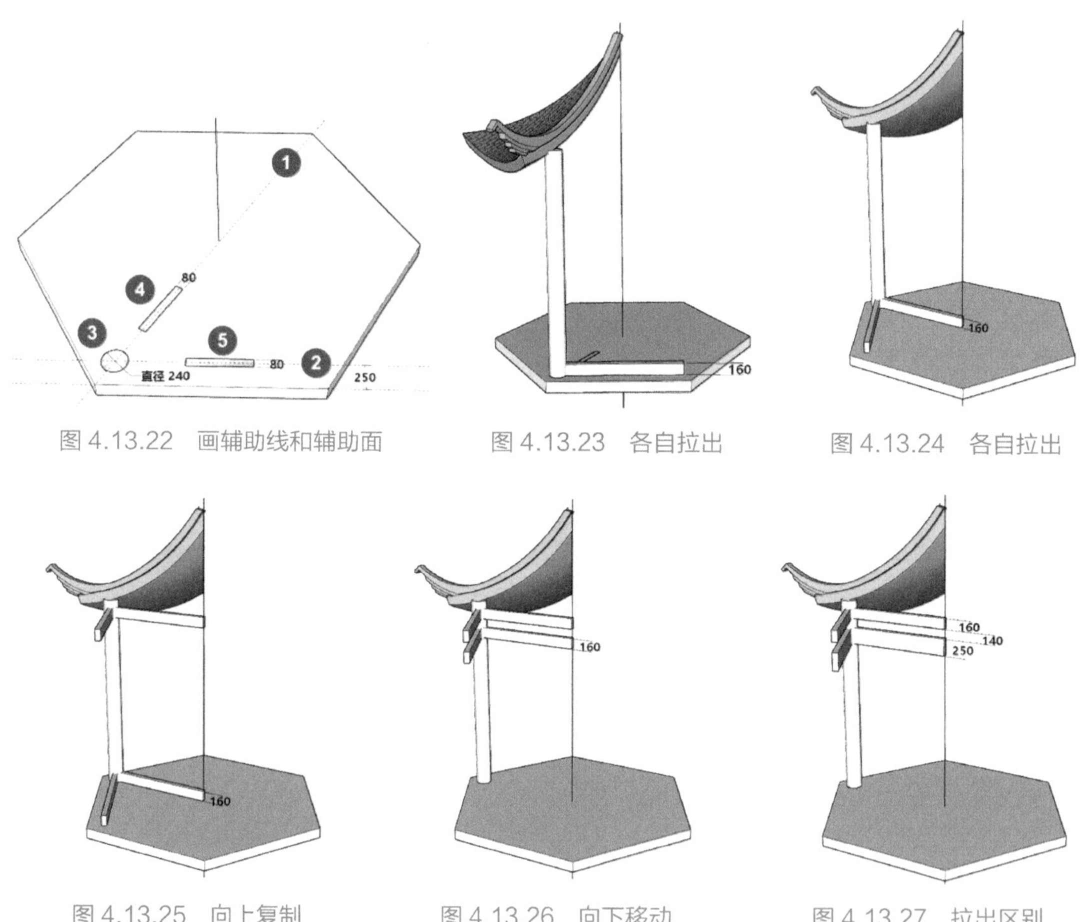

图 4.13.22　画辅助线和辅助面　　图 4.13.23　各自拉出　　图 4.13.24　各自拉出

图 4.13.25　向上复制　　图 4.13.26　向下移动　　图 4.13.27　拉出区别

7. 要创建宝顶的部分

（1）按图 4.13.28 所示的模样，绘制放样截面和放样路径用的圆，如图 4.13.28 所示。

（2）做旋转放样后，赋一种接近金色的材质，如图 4.13.29 所示。

（3）选择之前已经完成的“顶 + 梁柱”组件，做旋转复制后如图 4.13.30 所示。

（4）将“宝顶”沿垂直辅助线下移到合适的位置，如图 4.13.31 ①所示。

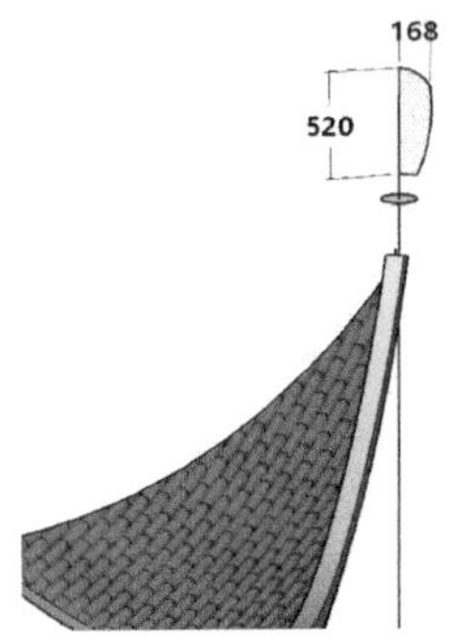

图 4.13.28　绘制宝顶截面

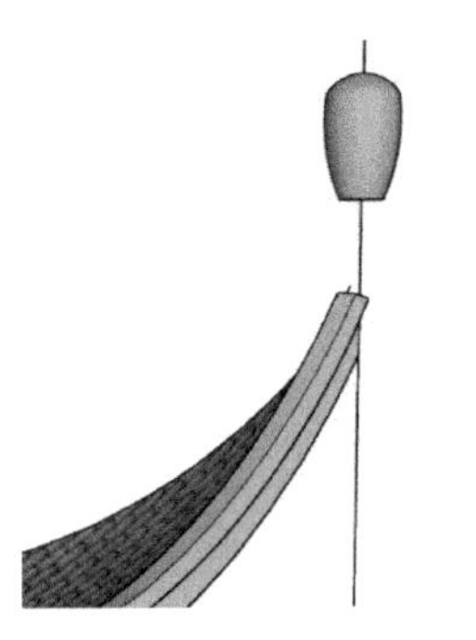
图 4.13.29　放样后赋色

图 4.13.30　旋转复制

8. 旋转复制石桌石凳

（1）把 4.1 节制作的石桌石凳复制一套到亭子里来，如图 4.13.32 所示。

（2）复制一个鼓形的石凳，如图 4.13.32 ①所示。

（3）用缩放工具压扁到 200mm 左右高度，如图 4.13.32 ②所示。

（4）塞到柱子的底部，调整好位置，如图 4.13.32 ③所示。

（5）做旋转复制，并放置一两件参照物，建模完成，如图 4.13.33 所示。

图 4.13.31　宝顶下降到位

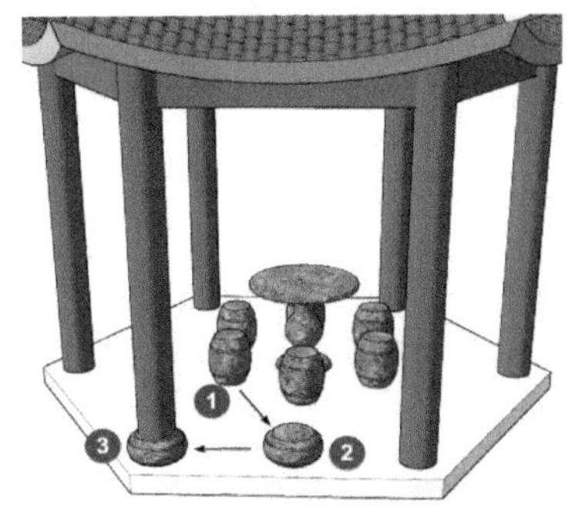

图 4.13.32　石凳压扁成柱础

图 4.13.33　成品

简易的六角亭建模就算结束了。最后再重复一次，这个模型并不漂亮，也没有严格意义的建筑结构，特点是简单，只用了 SketchUp 的基本工具，没有深奥的技巧，谁都可以做出来。

建这个模型，用到了前面学过的大多数工具和技巧，初步接触到曲面建模的概念，是一个很好的练习题材，应多练习几次，对你综合运用已经学习过的建模技巧，形成自己的建模思路很有好处。

图 4.13.1 来源于：《景观与景园建筑工程规划设计》（上册）. 同济大学吴为廉主编. 中国建筑工业出版社，2009 版 P81。

4.14 云墙

园墙的作用通常是区域归属、安全防卫；但是中国古典园林中的园墙，除了安全防卫作用之外，还是空间划分、景色过渡、内外穿插、增加层次、相互衔接、障而不隔等布局造景的重要手段。

小巧玲珑的南方私家园林，通常宅第花园相连，建筑物、构筑物势必密集，要在有限的空间里分隔出主次分明、疏朗相间的空间和功能区，便有了许多间隔用的墙；厅堂楼榭等建筑之间也多以曲廊相连，这些曲廊的单面或双面又有廊墙，大量的间隔墙和廊墙难免单调枯燥，阴暗潮湿，但经过建筑匠师们的巧妙处理，在墙面上设置一些洞门花窗后，通风透光，单调、枯燥、冷冰冰的墙，反倒成了南方园林中清新活泼、不可或缺的造园要素了。

1. 园林景墙概念

园林里的墙，向来是古典园林的重要元素之一，墙本身的功能只是用来围合及分隔空间，有外墙、内墙之分，常见的有粉墙和云墙，粉墙外饰白灰以砖瓦压顶；云墙呈波浪形，以瓦压饰，墙体本身的造型也可以丰富多彩，墙头和墙壁上也常有装饰，甚至可以把整面的墙体做成一条龙的造型；图 4.14.1 所示就是上海豫园的龙墙；图 4.14.2 所示是龙墙墙体的一部分；

图 4.14.1　云墙（龙墙龙头）

图 4.14.2　云墙（龙墙龙身龙鳞）

大多数园林的墙上还会设置各种洞窗和镂窗，窗景多姿多彩，本节和下面几节，要讨论的都是墙面上的话题，包括景观墙、洞门和花窗，这些都是园林景观设计绕不过去的题目，当然，这几节教程中所用到的建模思路与技巧，对于其他行业的朋友也是很有用的。

园墙高度没有硬性规定，可根据需要确定，以普通人不能轻易翻越为原则，墙厚应不小于一砖长。墙体自上而下可分为墙帽、上身、群肩三部分（北方园林的称呼），如图 4.14.3 所示，其中群肩高约为院墙高的 1/3（南方园林无此规定），古典园林的墙身多采用花墙或云墙形式，如图 4.14.3 所示。所谓“花墙”就是带有“景窗”的园墙，所谓云墙是墙帽部分呈波浪形的园墙。

墙帽部分的变化可以很丰富，部分砖檐和帽顶形式如图 4.14.4 和图 4.14.5 所示（北方园林）。

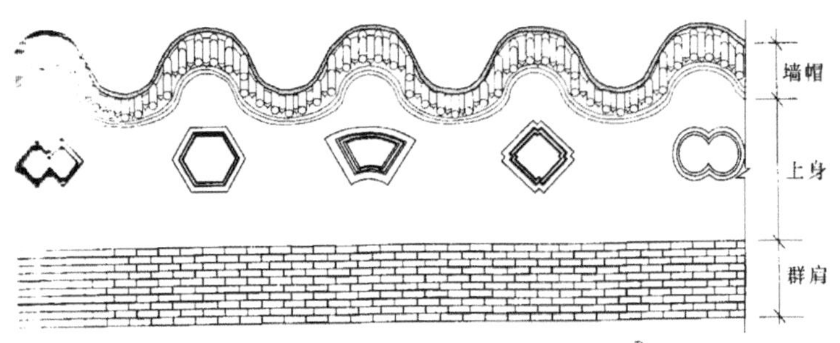

图 4.14.3　花墙（北方）

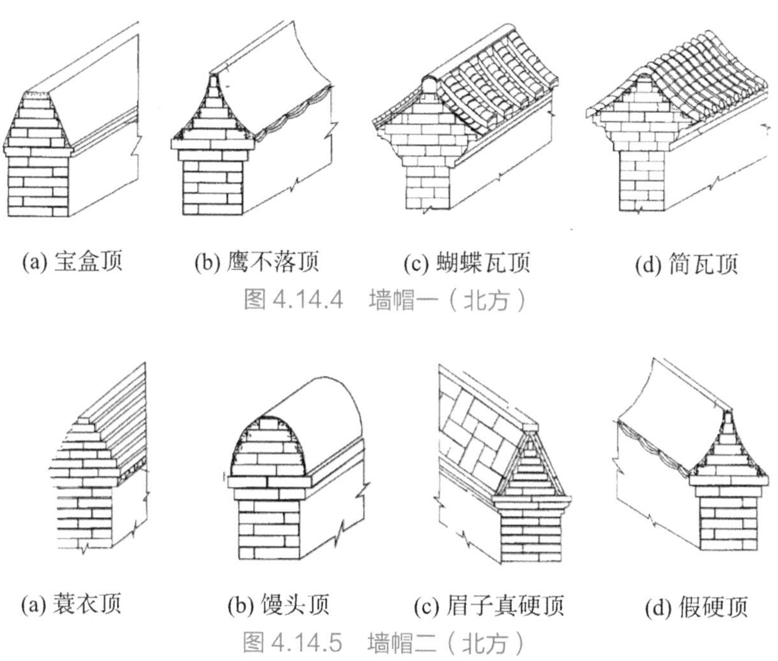

图 4.14.4　墙帽一（北方）

图 4.14.5　墙帽二（北方）

图 4.14.6 所示是南方园林一种常见的景观墙，整个墙面分成 3 段，所以叫做三山墙；最高的一段墙体下部有一个海棠花或其他形状的洞门和匾额，墙体上有花窗，等一会我们要来创建这种墙体；洞门和花窗的部分将在后面的几个小节里完成，墙面和墙帽的贴图技巧也将在后面章节里演示。

图 4.14.6　三山墙例

2. 创建“三山墙”

（1）首先画一个垂直于红轴的矩形（代表墙体），宽度为 350mm、高度为 260mm，如

图 4.14.7 所示。

（2）按图 4.14.8 或图纸绘制“墙帽”轮廓，形成平面。

（3）把墙体部分拉出 20m，如图 4.14.9 所示。

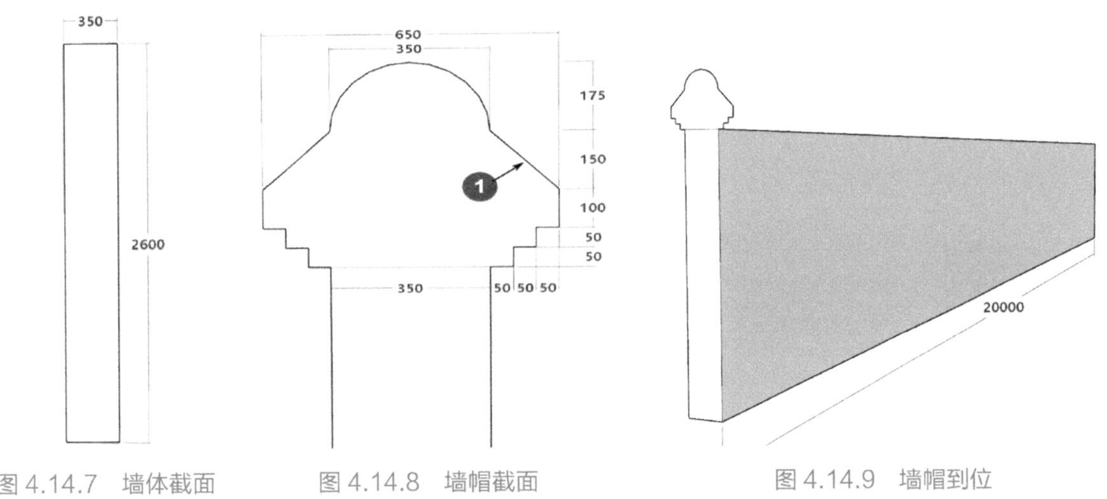

图 4.14.7　墙体截面　　图 4.14.8　墙帽截面　　图 4.14.9　墙帽到位

（4）在墙体顶部划出 5m 的一段（或按图纸），向上拉出 1m，如图 4.14.10 所示。

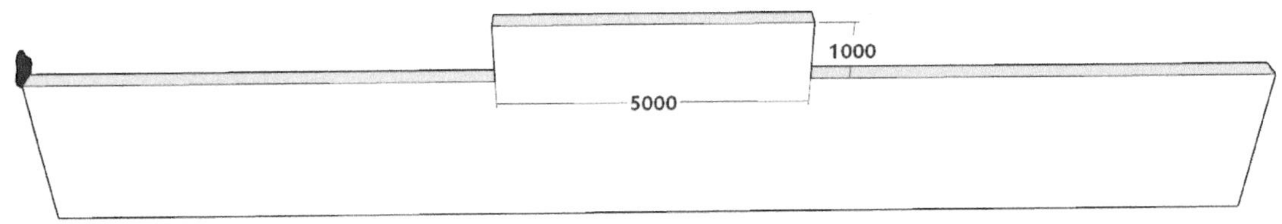

图 4.14.10　完整墙体

（5）把墙帽截面分别复制到图 4.14.11 所示的位置。

（6）按图 4.14.12 画线分割（若想要墙帽端部平整就不要画线）。

（7）拟按图 4.14.16 所示分级拉出，每级 50mm，顶部创建一个临时的群组隔离，如图 4.14.13 所示。

（8）墙帽端部画一个矩形，如图 4.14.14 ②所示。

（9）旋转这个矩形 45° ，如图 4.14.15 所示。

（10）炸开刚才创建的临时群组，全选后做模型交错，完成后如图 4.14.16 所示。

（11）其余 3 处做相同的操作，全部完成后如图 4.14.17 所示。

（12）如果你的工作经常要做墙帽，可预制一个保存成组件备用。

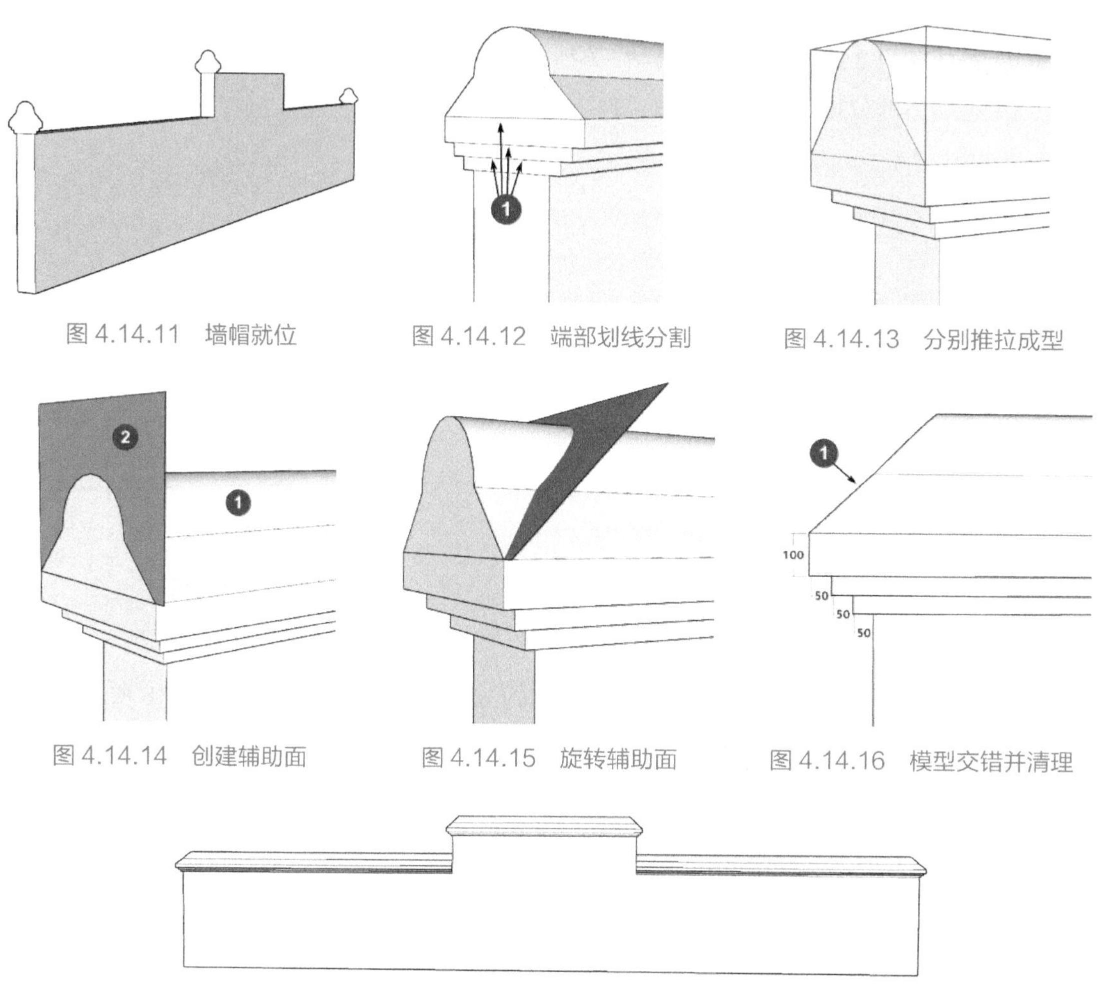

图 4.14.11　墙帽就位　　图 4.14.12　端部划线分割　　图 4.14.13　分别推拉成型

图 4.14.14　创建辅助面　　图 4.14.15　旋转辅助面　　图 4.14.16　模型交错并清理

图 4.14.17　三山墙成品

3. 创建云墙

图 4.14.18 是一种叫做云墙的景观墙，特点就是墙的顶部是波浪形的。云墙顶部的波浪形，在现实的园林中，有很多不同的形式，有简有繁。在 SketchUp 中创建云墙，也可简可繁，简单得就像你现在看到的这样，复杂的甚至可以把一块块琉璃瓦都做出来。其实建模跟做设计、写文章一样，做加法很容易，把各种元素堆叠起来就行；难的是做减法，所谓言简意赅就是用最少的文字表达清楚想说的话，高手做设计一定也会注意言简意赅、避免不分巨细、面面俱到，他们一定会用最少的线条、最少的色彩表达清楚自己的创意。所以，一定要注意，对屋面和墙体这类对象甚至今后你遇到的所有建模任务，能简能繁的一定简，可有可无的一定

无，把所有模型、所有部分都做得过分精细，既浪费工时、没有必要，还可能因为消耗大量计算机资源而造成麻烦。

图 4.14.18　云墙例

先画出云墙的截面，操作如下。

（1）画出云墙的截面或按设计文件指定。图 4.14.19 所示墙体矩形部分尺寸为 350mm × 2200mm，墙帽见图。

（2）图 4.14.20 所示为另外两种墙体、墙帽的截面。

（3）传统墙帽还有攀爬即坍塌的防盗功能，现代已不需要。确定墙体、墙帽的截面要注意合理性、安全性、经济性和可行性；过分复杂的截面形状没有必要，还可能事与愿违。

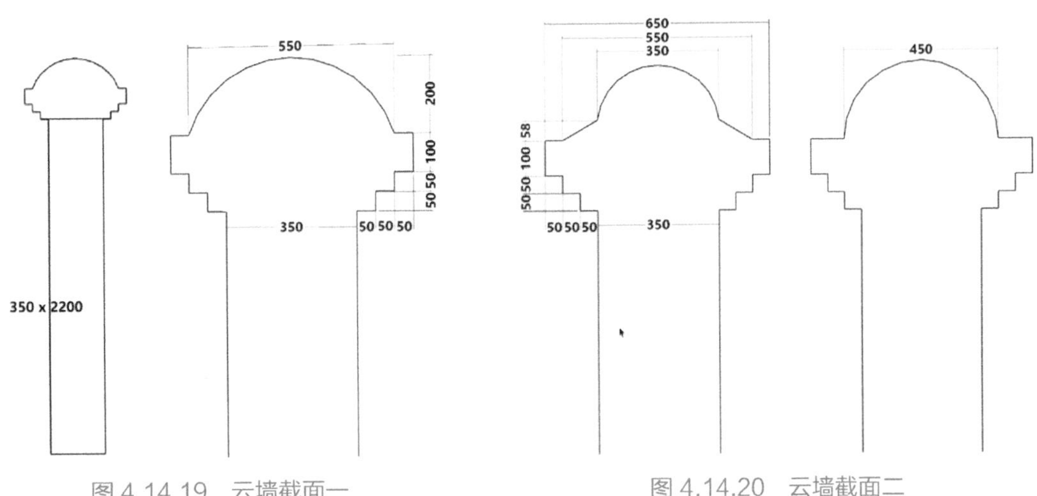

图 4.14.19　云墙截面一　　图 4.14.20　云墙截面二

（4）接着要确定云墙的波浪形曲线。还是从创建辅助面和辅助线开始，图 4.14.21 所示是其中之一，按每 3000mm 一条辅助线，波浪形的“节距”就是 6m，跨度较大，图 4.14.30 所示为节距 4m 的成品，可以对照一下。

（5）确定云墙顶部曲线要注意波浪形的曲线不要过度夸张，圆弧要连续相切，曲线过渡要平滑，要有整体律动的美，预期开洞门或设置镂窗的位置，波浪形可以稍微高些，墙体的高度可以在 2m 多到 3m 多的范围内波动。图 4.14.21 的尺寸仅供参考，做练习的时候，可以在遵循上面几个原则的基础上尽情发挥。

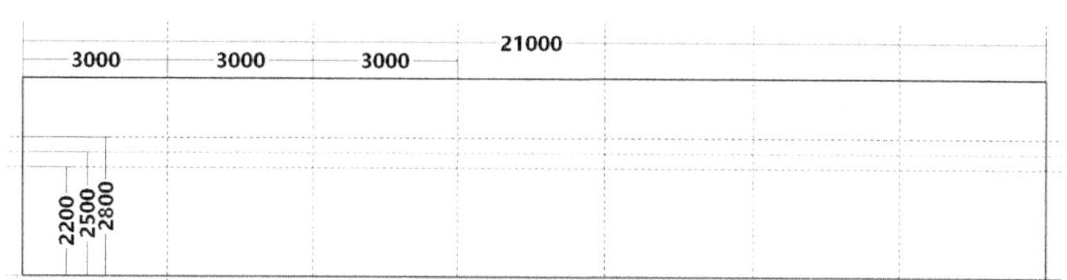

图 4.14.21 规划布局

4. 路径跟随与切割修整

你一定猜到了，下一步是用路径跟随工具做放样。

（1）清理图 4.14.22 中的废线、面，得到图 4.14.23 ①所示的放样路径。

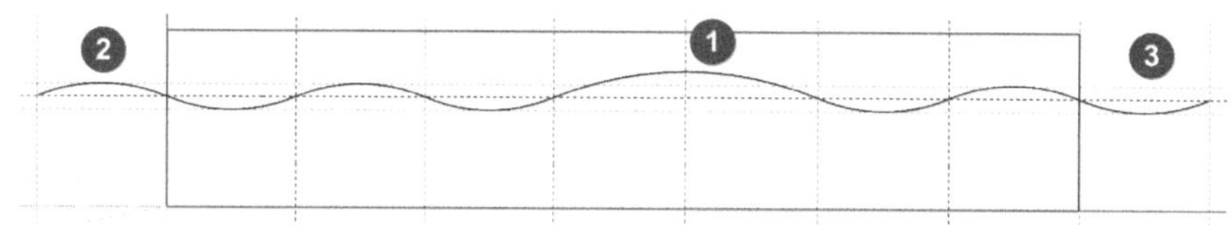

图 4.14.22 绘制曲线

（2）再把放样截面移动到放样路径的端部，如图 4.14.23 ②所示。

（3）执行路径放样后如图 4.14.24 所示，没有想到结果会是这样的吧？如果你是随便做个练习，得到这样的结果无所谓，只要截掉两头就可以了；如果是要做正规的设计，这样的结果就麻烦了。只有一个办法来解决，就是画波浪线的时候，两头多画一个节距，然后截取需要的长度。

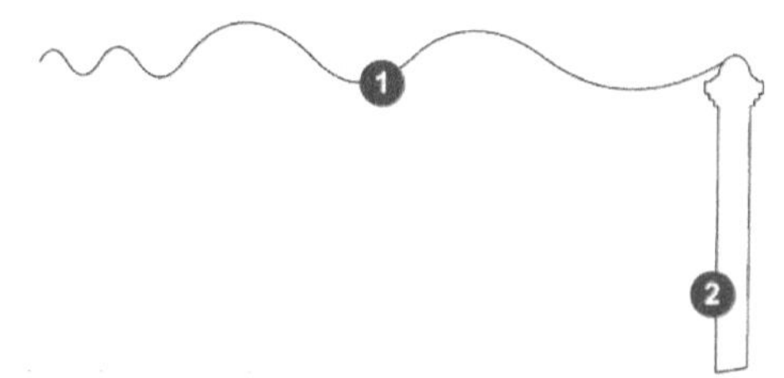

图 4.14.23 放样截面到位

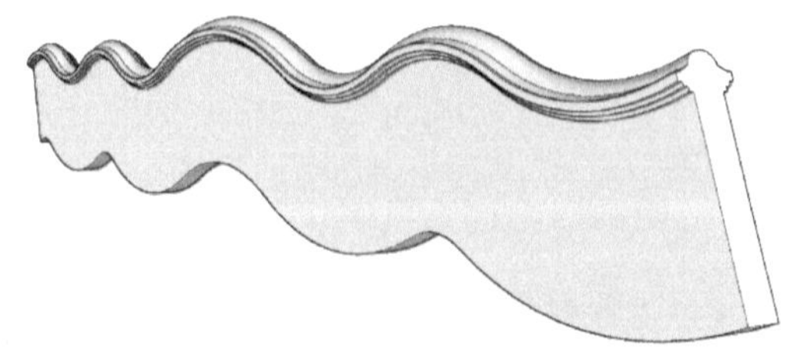

图 4.14.24 路径跟随后（群组）

现在要快速截取指定长度的云墙。

（1）在旁边创建一个矩形，马上做成群组，如图 4.14.25 ①所示。

（2）用推拉工具拉出一个立方体，如图 4.14.26 所示。

（3）调整立方体的形状到需要的长度和高度，如图 4.14.27 所示。

（4）炸开立方体，做模型交错。删除两头后如图 4.14.28 所示。

（5）至于图 4.14.28 ①②③中下部的缺口，补线成面就可以了。

（6）图 4.14.29 是清理废线、面后的成品，图 4.14.30 是节距改成 4m 的成品供对照。

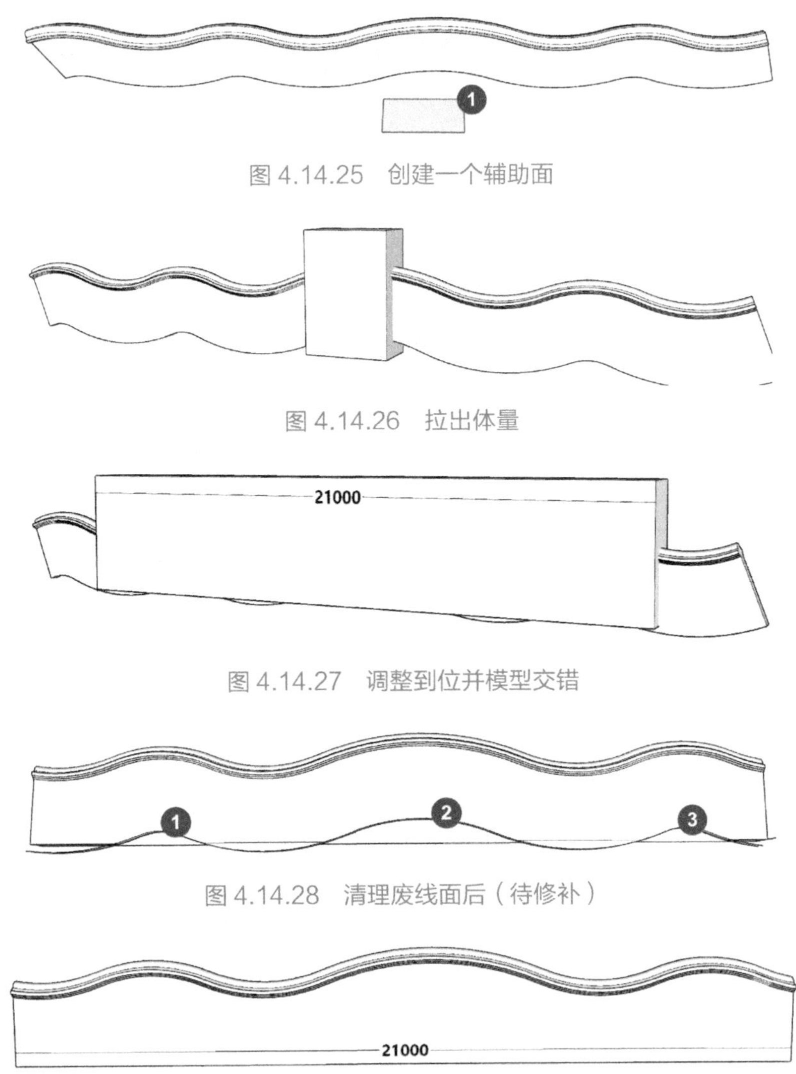

图 4.14.25　创建一个辅助面

图 4.14.26　拉出体量

图 4.14.27　调整到位并模型交错

图 4.14.28　清理废线面后（待修补）

图 4.14.29　云墙成品之一（修补完成）

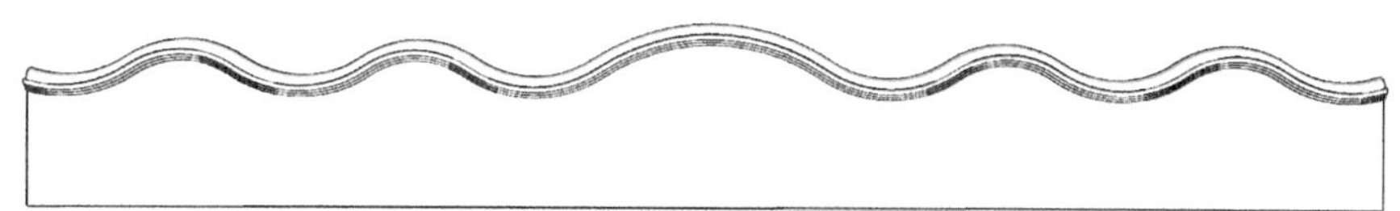

图 4.14.30 云墙成品之二

本节介绍了两种景观墙的设计和建模要点，课后请练习，4.15 节还要在墙体上做出漂亮的洞门。

图 4.14.3 ~ 图 4.14.5 摘录自：《中国古建筑知识手册》. 田永复编著 . 中国建筑工业出版社，2016 版 P245.

4.15 洞门、月洞

本节要在 4.14 节做好的云墙上做出洞门，所谓洞门就是指设置在建筑或构筑物墙体上的，供人进出的洞口。门洞有装门扇和不装门扇的。本节中所讨论的都是不安装门扇的门洞，这类门洞在满足人们进出的同时还要满足景观的美学需要，也是景观设计中重要的“框景”“泄景”手段，景观设计中的门洞，它的名称就成了洞门，也有称为月洞等。洞门的形状根据人流量及场合而定，洞门所处位置及功能的不同、其形状也可不同。

1. 园林洞门概念

下面重绘了《园冶》中的 20 多种不同“门式”，如图 4.15.1 ~图 4.15.4 所示。其中有些门式的名称需要解释一下。

编号①的“方合角”式的“合角”是指 4 个角用磨成 45° 的砖拼合。

编号④的“入角”是传统匠人术语，指两个圆弧组成的角指向内部，反之称为“出角”。

编号⑥的“执圭”是古代官员上朝时的“朝牌”，也是爵位等级的象征。

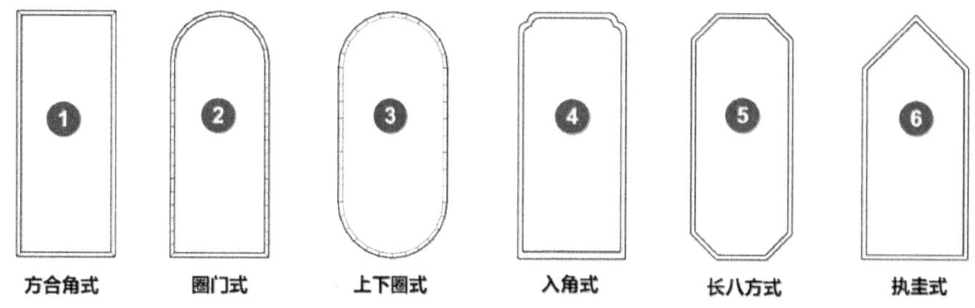

图 4.15.1 门式例一

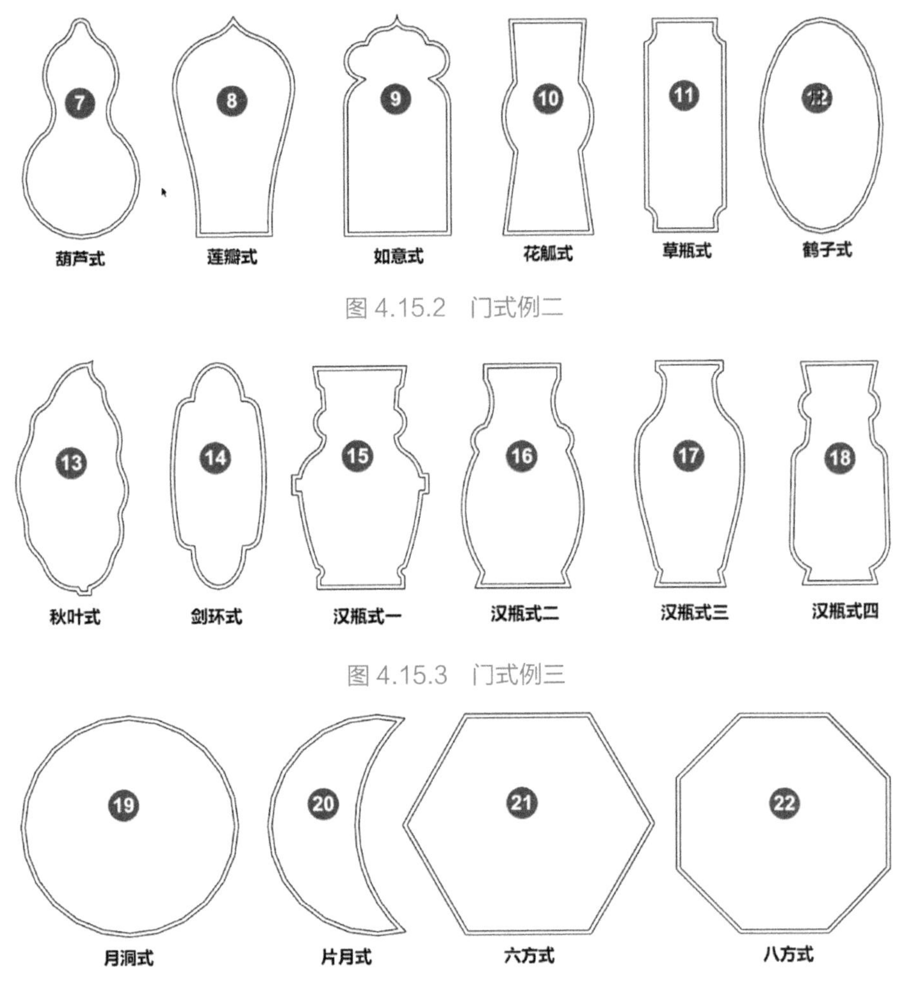

图 4.15.2　门式例二

图 4.15.3　门式例三

图 4.15.4　门式例四

编号⑩的“花觚”的“觚 gū”是古代一种用于饮酒的容器，也用作礼器。

编号 ⑫ 的“鹤子”也称“鹅子”，“子”者“蛋”也。

编号 ⑬ 的“秋叶”也有称为“贝叶”的。

编号 ⑭ 的“剑环”是古代兵器“剑鞘口”的截面。

编号 ⑮~⑱ 的“汉瓶”式样的园门应用较广，寓意“平安”。

洞门可以有很多种形式，如长方形、八角形、圆形、海棠形、椭圆形、秋叶形、汉瓶形、葫芦形等，各有各的寓意；在本节的附件里提供了一些照片，这些照片是作者为了写一套《园林花窗库》的书而特地到各园林拍摄的，共有 100 多幅洞门照片，近 2000 个花窗，附件里是很小的一部分，每种门窗纹样的寓意和应用场合也可以在这本书里查阅得到。

园林中的洞门，除了纹样、款式外，还有简繁贵贱之分，如图 4.15.5 所示，虽然形状漂亮别致，因为门后是个无人通行的小院，主要功能是通风，所以只是砖砌后粉刷一下而已。而有人通行的洞门，如图 4.15.6 所示的圆洞门，要考虑双人进出，不能做得太小，高度要在 2.1m 以上；还要做成水磨砖镶嵌的边框；比较考究和精致，我们建模时也要注意把水磨砖镶嵌的特色做出来。

图 4.15.5　无通行功能的洞门

图 4.15.6　有通行功能的洞门

接下来要演示创建两个比较精致的、水磨砖镶嵌边框的洞门，先做一个俗称“海棠纹”的洞门，海棠花在春天盛开，所以常常成为春天的象征。海棠的“棠”字跟“堂”字同音，寓意阖家美满幸福。中国传统把海棠与玉兰、牡丹、桂花相配，有“玉堂富贵”之意。海棠纹在中国传统建筑和园林景观中有广泛的应用。

2. 做一个海棠形的景观洞门

（1）创建一个垂直于绿轴的正方形辅助面，边长为 1000mm，并绘制中心十字，如图 4.15.7 所示。

（2）以正方形的一条边为弦长，画圆弧，弧高 420mm 左右，如图 4.15.8 所示。

（3）以预留十字为中心，旋转复制出另外三面圆弧形成海棠形，如图 4.15.9 所示创建群组。

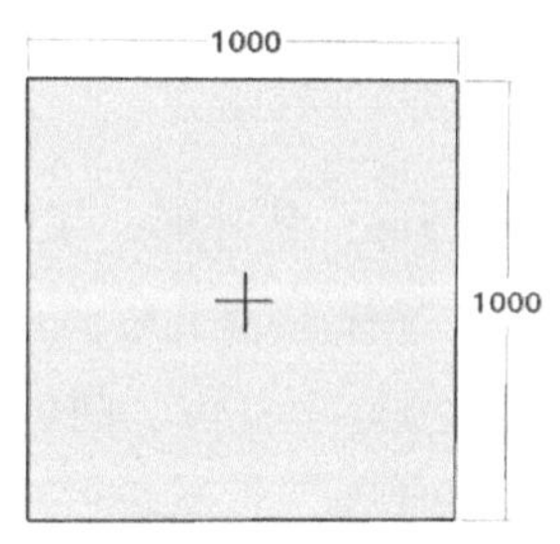

图 4.15.7　绘制矩形

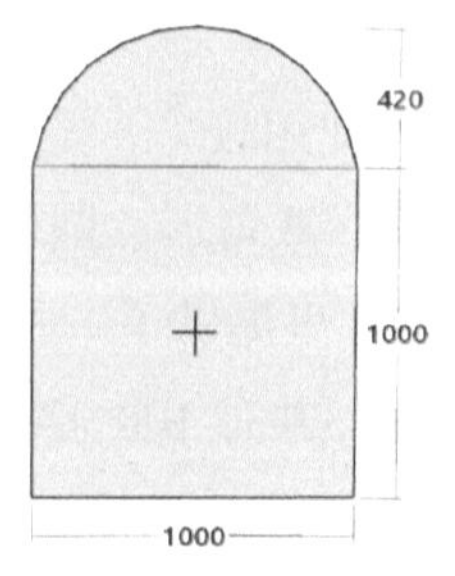

图 4.15.8　画圆弧

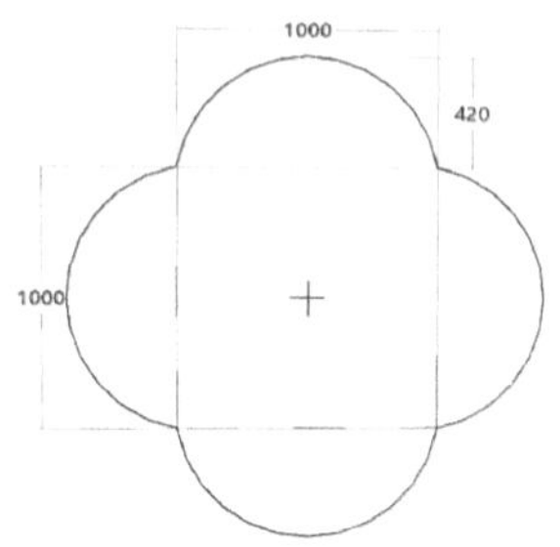

图 4.15.9　旋转复制

（4）双击进入群组，用小皮尺工具更改其尺寸为最高或最宽为 2200mm，如图 4.15.10。（用卷尺工具缩放模型的方法可查阅《SketchUp 要点精讲》5.1 节）

（5）偏移 40mm，形成洞窗拱圈砖块的厚度，如图 4.15.11 所示。

（6）用直线工具连接线段端点，形成砖块分割线，如图 4.15.12 ①所示。

（7）旋转复制出所有线段，如图 4.15.12 ②所示。

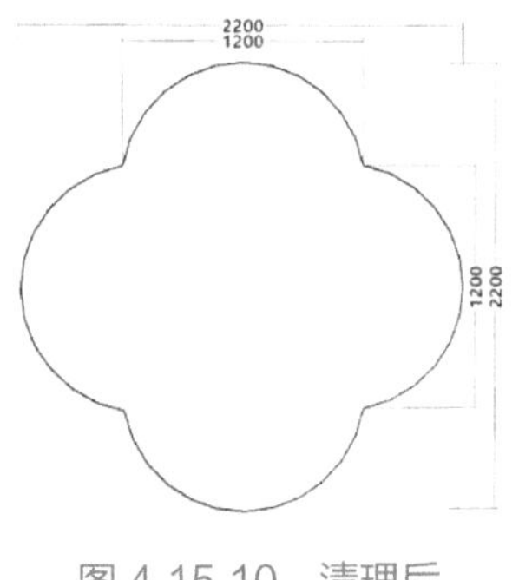

图 4.15.10　清理后

图 4.15.11　偏移

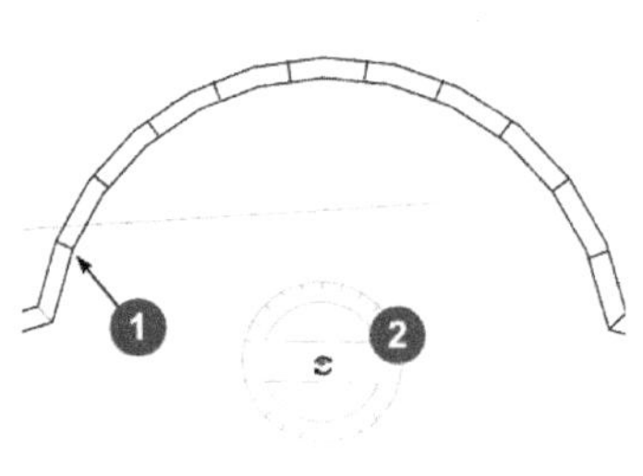

图 4.15.12　分割砖块轮廓

（8）在 4.14 节已完成的云墙底部向上 450mm 高作辅助线，留出 3 级台阶位置，如图 4.15.13 ③所示。

没有台阶要求的设计，这一步可免除。

（9）把前面已形成的海棠形轮廓移动到墙体（见图 4.15.13 ①）的表面上，下缘对齐辅助线。

（10）把图 4.15.13 ④所示的海棠形平面向内推出墙洞，如图 4.15.14 所示。

推出墙洞的同时，通常会自动形成图 4.15.15 ①所指的拱圈砖块分割线，如果没有自动形成则需手工绘制。如分割线太密集，可隔一条线，局部柔化一条。

（11）分别把门洞截面中代表青砖厚度的小平面向外拉出 20~30mm，形成门洞的凸缘。

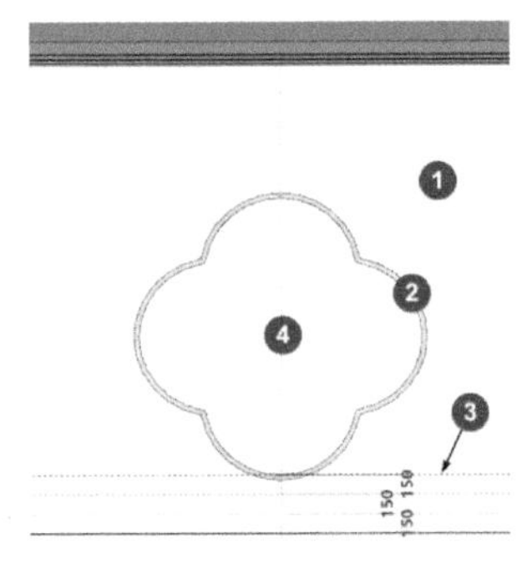

图 4.15.13　轮廓移动到位

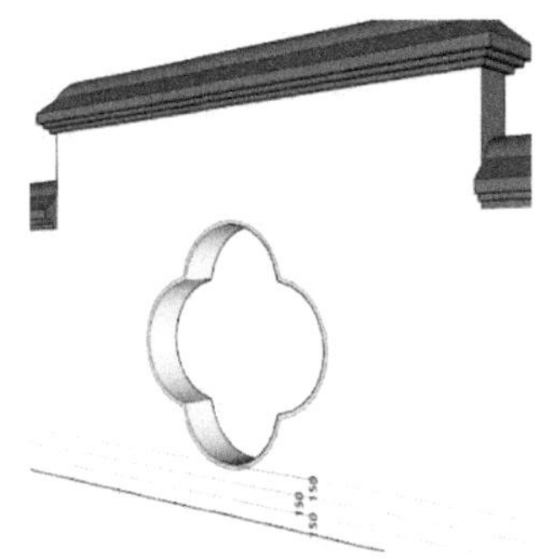
图 4.15.14　推出墙洞

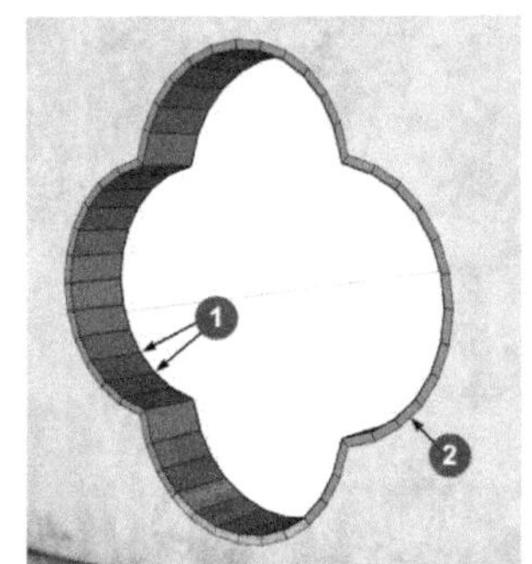

图 4.15.15　砖块分割线

（12）为防止青砖早期磨损，图 4.15.16 ①所指的几块要用花岗岩而不是青砖，要赋给花岗岩材质。

（13）其余部分赋给一种近似青砖的颜色，全部完成后如图 4.15.17 所示。

（14）在门洞上方画矩形，群组，偏移出边框，拉出厚度，形成匾额；用 3D 文字工具形成“洞天”两字（“别有洞天”暗示门内有精彩可看）。注意二字应自右向左，如图 4.15.18 所示。

（15）拉出洞门外的台阶，踢面 150mm，踏面 300mm。

（16）完成后整体如图 4.15.19 所示。下面几节将做出“景窗”配上参照物，形成一个完整的小品。

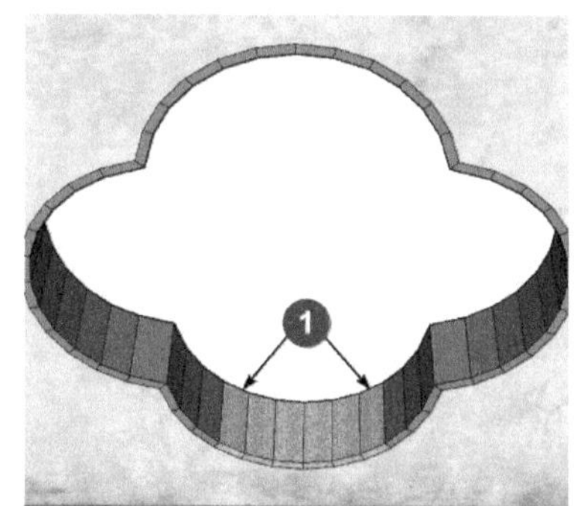

图 4.15.16 底部花岗岩

图 4.15.17 赋色后

图 4.15.18 创建匾额

图 4.15.19 三山墙完成后

3. 园林中最常见的“圆洞门”

这是一种底部饰有“回纹”的洞门，完成后如图 4.15.31 所示。回纹是中国传统纹样中历史最为悠久的品种之一，有“富贵不断头，吉祥永久”的寓意，也可跟其他纹样组合出更多的寓意。

（1）在垂直辅助面上画圆，直径为 2200mm，如图 4.15.20 所示。

（2）向内偏移出水磨砖的厚度 40mm，如图 4.15.21 ①所示。

（3）画垂直中心线（见图 4.15.22 ①），再向左、右 500mm 各复制出辅助线，如图 4.15.22 ②④所示。

（4）把图 4.15.22 ②④所示的辅助线再向左、右各复制另外 6 条，每侧共 7 条，如图 4.15.22 ③⑤所示。

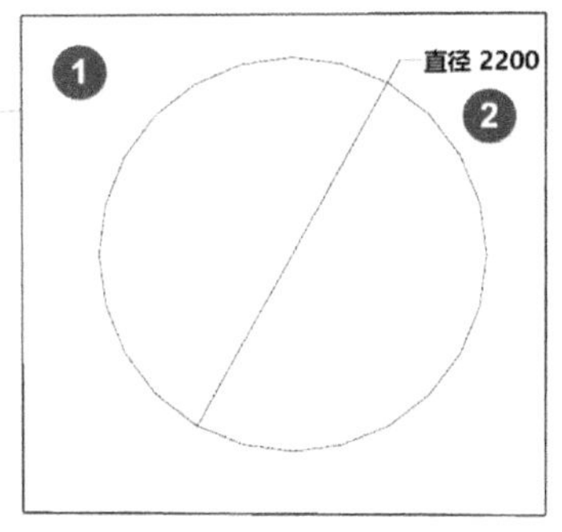

图 4.15.20 辅助面与圆形

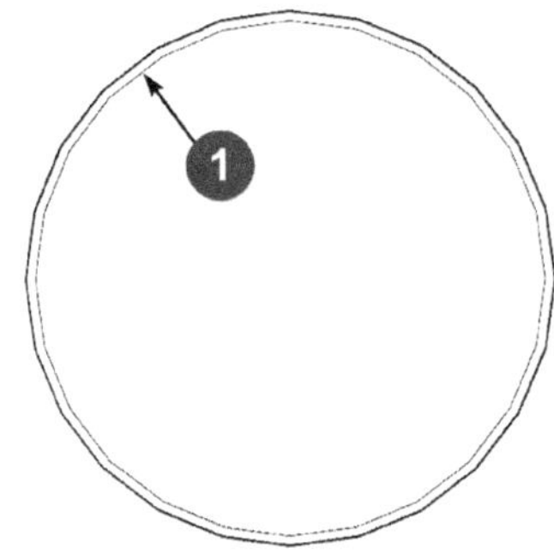

图 4.15.21 偏移

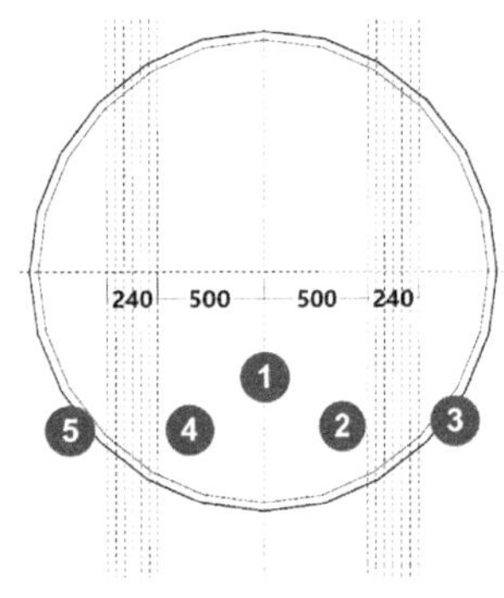

图 4.15.22 创建竖向辅助线

（5）选择两组辅助线的任一组，旋转 90° 复制出一组水平辅助线，如图 4.15.23 ①所示。

（6）整组移动水平辅助线（见图 4.15.23 ①），对齐圆周的交点，如图 4.15.23 ②所指处。

（7）用矩形工具沿辅助线画矩形，形成初步的“回纹”，如图 4.15.24 所示。

（8）清理矩形工具遗留的废线条，如图 4.15.25 所示。

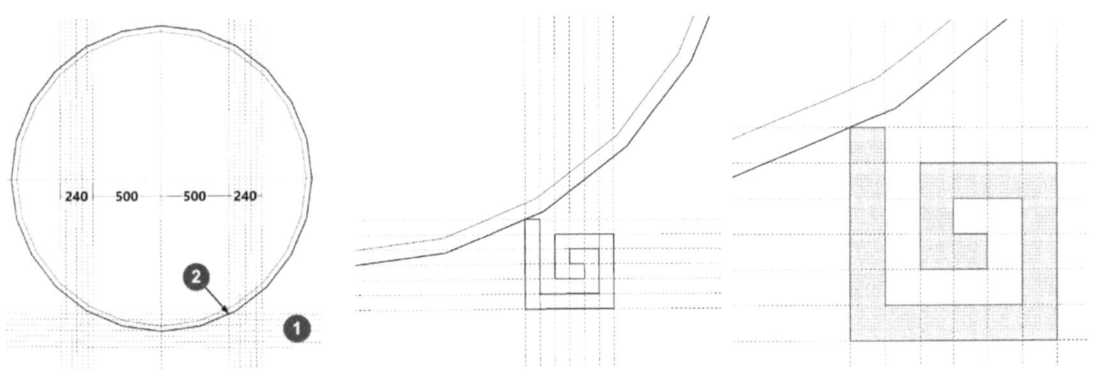

图 4.15.23 创建横向辅助线　图 4.15.24 矩形工具绘制回纹　图 4.15.25 回纹细节

（9）用直线工具补齐回纹与圆周间的缺口，如图 4.15.26 所示。

（10）清理所有废线面后获得带回纹的圆门洞截面，如图 4.15.27 所示。

（11）用旋转复制的方法生成门洞截面上青砖之间的分割线，如图 4.15.27 ①所示，如分割线太密集，可隔一条线局部柔化一条。

（12）把该截面移动到 4.14 节完成的云墙上，如图 4.15.28 所示。

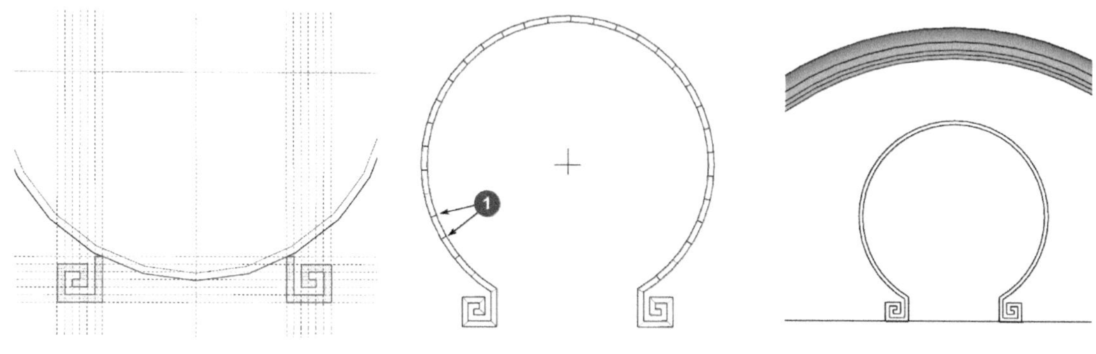

图 4.15.26 补齐线条　　图 4.15.27 完整的轮廓线　　图 4.15.28 移动到位

（13）把图 4.15.29 ①所示的平面向内推出墙洞，如图 4.15.29 所示。

（14）用推拉工具把墙洞截面青砖拱圈的平面分别拉出 20~30mm，形成凸缘，如图 4.15.29 ②所示。

（15）如果提前用旋转复制的方法做好了（见图 4.15.29 ④）所指的分割线，在推出墙洞的同时，通常会自动形成图 4.15.29 ③所指的拱圈砖块分割线，如果没有自动形成则需手工补线绘制（注：真实的洞门是用一块快打磨好的青砖镶嵌的，砖块之间用油灰拼接，拼缝细如发丝，正是这些磨制的青砖和细如发丝的拼缝，才突出了它经过精雕细琢的不凡身价，所以，我们也要把这些拼缝做出来才显得你的模型精致、正规和专业；但方案阶段的草图可免）。

（16）在门洞上方画矩形，群组、偏移出边框，拉出厚度，形成匾额，如图 4.15.30 所示。

（17）用 3D 文字工具形成“探幽”两字，暗示门内别有精彩，二字应自右向左，如图 4.15.30 所示。

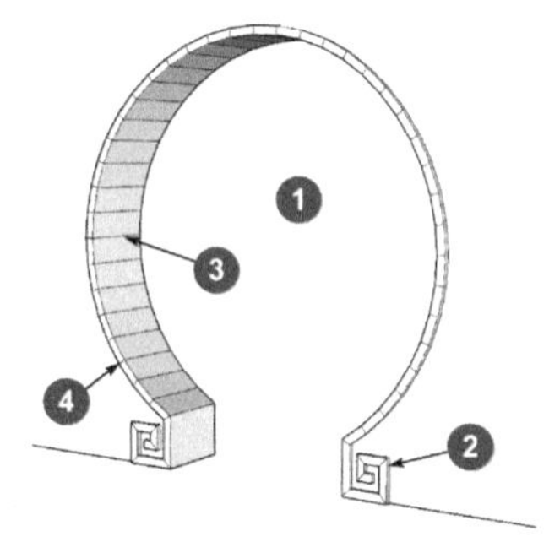

图 4.15.29 推出洞拉出边

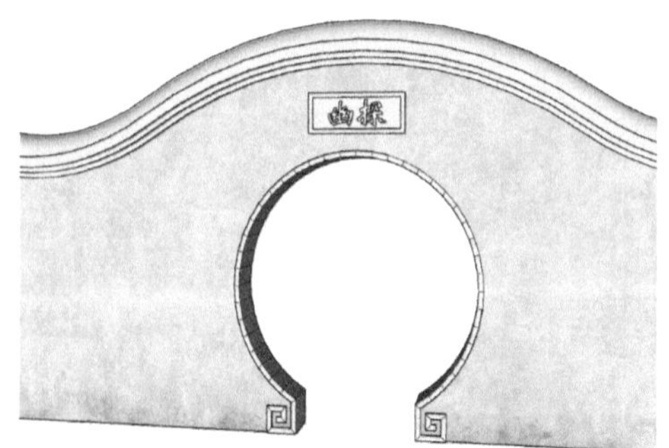

图 4.15.30 创建匾额

（18）上述所有操作完成后的成品如图 4.15.31 所示。后面几节将做出“景窗”配上参照物，形成一个完整的小品。

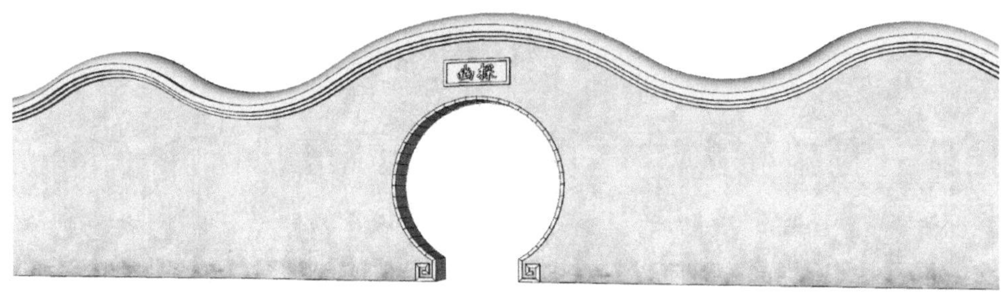

图 4.15.31　云墙洞门成品

4.16　花窗图案的结构特点

本节和后面的 3 节都是园林花窗方面的内容；为什么要把“园林花窗”收纳为本书的部分内容，大概有以下 3 个方面的原因。

① 创建花窗的模型，其过程中包含有很多建模思路与技巧，在创建其他模型时也通用。

② 设计一个新的花窗，所需要考虑的内外因素，同样也是设计其他对象所需要考虑的。

③ 建筑设计、园林景观设计甚至室内设计都免不了与各种民族传统图案打交道，中国传统纹样图案构成规律及其寓意、应用等技能是中国的建筑、景观、室内设计师们最好能够掌握的，而我们中的很多从业人员并无图案设计运用的基础（本节所有插图均用 SketchUp 绘制）。

本书 4.16 节到 4.19 节的内容，是从作者编绘的一套《园林花窗库 2000》里抽取部分内容精简而成，这本书曾在小范围内发布征询，现由清华大学出版社以《中国古典园林花窗》为名出版，现特把一小部分提前拿出来让你先睹为快；对于建筑和园林景观行业的从业者，如果你正好又在学习 SketchUp，这 4 节里的内容对你的工作将是非常有价值的。其他行业的朋友也可以借鉴其中介绍的知识和建模技巧。

园林花窗的纹样图案要受到所用材料和技术的限制，显然不能像绘画等美术作品一样随心所欲尽情发挥，几百年来逐步形成了自己的特点，古典园林的匠师们要在有限的空间里，既要植入并传递足够的纹样寓意，又要照顾到图案的视觉感受，同时还要保证花窗有足够的机械强度，要三者兼得，绝非易事。笔者对收集的 2000 多幅花窗纹样实例进行分析，花窗图案的结构大概有以下几种类型。

1. 上下对称型

纯粹的上下对称型的花窗很少，从下面 4 幅花窗图片可以看出，上下对称的图案，只占整个花窗的一部分，在上下对称的同时，左右两部分也可能是对称的。如果把图 4.16.1 所示的 4 幅花窗的窗芯部分分解出来，可以看出它的上下两部分是一样的，不过其中之一经过了颠倒镜像。

图 4.16.1　上下对称型

2. 左右对称型

比起上下对称，左右对称的花窗数量就要多得多了，把图 4.16.2 所示的 4 幅花窗图案，从中间的垂线处剖开，左右两侧是对称的。

图 4.16.2　左右对称型

3. 田字格对称型

图 4.16.3 所示的 3 幅花窗的图形，花窗的边框加上水平和垂直的中心线，就是一个田字，所以这种图案结构被称为“田字格”对称。水平和垂直的两条中心线把整个图案分成了 4 份，每一份正好是全部图案的 1/4，只要把 1/4 的图案经过复制、旋转、镜像操作，就可拼合出完整的图案。“田字格”对称和下面的“米字格”对称是最为常见的花窗图案结构。

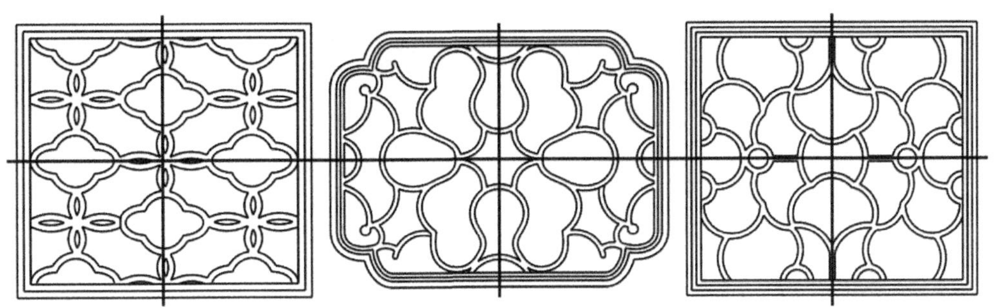

图 4.16.3　田字格对称型

4. 米字格对称型

图 4.16.4 所示的这几个花窗图案结构叫做“斜分对称”型，也可以看成是“米字格”型，它们的特点是：只要有了全部图案的 1/8，通过复制、镜像和旋转就可以得到全部图案。水平、垂直加上两条斜向的中心线，正好组成一个“米”字，所以，这种图案结构叫做“米字格”型，是常见的花窗结构。

图 4.16.4　米字格对称型

5. 旋转复制型

图 4.16.5 所示的这 3 个花窗图案结构是典型的“旋转复制”型，只要拥有了图案中很小的一部分，经过旋转和复制就能得到全部图案。“旋转复制”的手法，常见于“拟日纹”“金轮纹”“芝纹”“海棠纹”“如意纹”“风车纹”等主题，这种构图手法在花窗图案中也是很常见的。

图 4.16.5　旋转复制型

6. 阵列切割型

图 4.16.6 所示的 3 幅花窗图案是“阵列切割”型，这种图案的基本元素是一个很小的基本纹样单元，图 4.16.6 左一是一个海棠纹，中间是一个六边形的龟背纹，右一是一个“卍”字纹，经过复制阵列，再切割出所需要的部分，形成完整的花窗图案，所以这种图案结构称为“阵列切割”型；这种手法常用于对“龟背”“绦环”“海棠”“芝花”“万字”等纹样排列出整幅花窗图案，也是较常见的构图方式。用某种纹样按一定规律排列充满整个空间后的图案可称为“某某锦”。

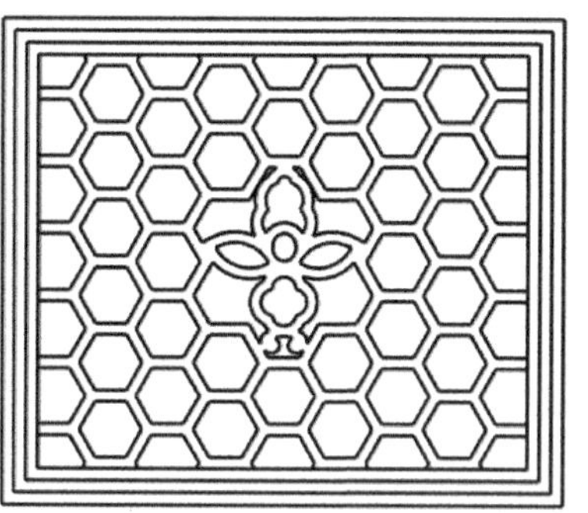

图 4.16.6　阵列切割型

7. 无序型

所有的“冰裂纹”和某些“似是而非的花朵”图案，无规律可循的，都可以归入“无序”型一类（见图 4.16.7）。这类图案的花窗也不少；无序型的图案可以独立形成一幅花窗，也可以跟其他的纹样一起，组合出更丰富的图案语言。

图 4.16.7　无序型

8. 组合型

只要稍微留意一下就可以发现，大多数花窗的图案都不是上述的单纯结构，而是属于所谓“组合”型图案的花窗，如图 4.16.8 所示，“组合”还可以分成“主动的”和“被动的”；匠师们为了在一幅花窗中获得多种寓意，会把 3、4 种甚至更多的基本纹样元素组合起来形成一个整体，组合时既要考虑寓意，也要考虑构图，结构上还要可行、易行，这种组合一开始就有明确目的，可以称为“主动的组合”。图 4.16.8 所示的 3 幅就属于这一种类。另外，有时候为了满足花窗结构上的需要，或者出于加固或者美化的目的，在主要纹样的四周或者四角加上一些其他的简单纹样来填充空白的部分，这样的混合属于拼凑性质，解读不出纹样复合后的寓意，这就是“被动的混合”了。

图 4.16.8　组合型

仔细分析现有花窗图案，除了极少数无序型的图案外，它们中大多属于米字格、田字格等四方八位的对称式构成，还有一些旋转复制、基本元素阵列切割等构成形式；单独或综合利用这些结构，可以组成变化无穷的抽象图案。

园林花窗因为结构上、工艺上的特点和限制，所有的纹样图案必须被约束在一个矩形、圆形或多边形的框架内，所以花窗的纹样图案都属于图案设计理论中的“适合纹样”“适合图案”的范畴。无论采用何种构成形式，花窗图案不但要漂亮好看，更重要的是在图案中植入丰富的寓意，这才是中国传统建筑图案的真谛。

以上介绍的 8 种传统花窗图案构成规律也是很多相关行业设计中会碰到的，使用 SketchUp 的基本工具（不用插件）绘制这种图案，创建类似的模型非常方便、快捷。

4.17 充分利用花窗模型库

在本节的附件里有一个缩减版的“园林花窗库”，是从《园林花窗库 2000》中随机挑选了 20 多个南方园林花窗的库文件，每组花窗包含有原始照片、skp 模型、3ds 模型、dwg 文件、jpg 图片、无背景的 png 图片。

下面就要介绍如何在建模过程中运用这些文件，图 4.17.1 是本节演示完成后的场景，首先介绍图 4.17.1 右侧的花窗：这是苏州同里（《园冶》作者计成的故乡）退思园一组花窗中的一个，这组花窗是唯一的所谓“诗窗”，共有 9 幅，每幅中心嵌有一个字，拼起来就是一句有名的诗：“清风明月不须一钱买”出自李白的“襄阳歌”。字体为先秦金文，奇巧古拙，图 4.17.1 右侧的是“明”字窗。

图 4.17.1　花窗

图 4.17.2 是本节附件“退 003”号 skp 文件的截图，图 4.17.2 ①所示为已经推拉成型的花窗模型，图 4.17.2 ②所示为尚未经推拉的二维矢量图形，可按需自行推拉出体量。

（1）量取图 4.17.2 所示的模型，得知该花窗为正方形，边长为 1000mm。

（2）在之前已经做好的墙面合适的位置画个正方形，边长为 1000mm，如图 4.17.3 所示。

（3）推出窗洞（推进去 350mm），如图 4.17.4 所示。

（4）把图 4.17.2 ①所示的，已经推拉成型的花窗组件移动到窗洞里，调整到合适位置，如图 4.17.5 所示。

（5）因为图 4.17.2 ①所示的花窗是适应墙厚 240mm 的“廊墙”创建的，直接移动到 350mm 厚度的墙洞里并不合适，所以要用到图 4.17.2 ②所示的二维矢量图形。

（6）选取图 4.17.2 ②所示的二维花窗图形，移动到墙洞的中心，如图 4.17.6 所示。

（7）这个花窗在实际应用中，有 3 个台阶，进行以下简单计算。

① 窗心部分，前后各拉出 40mm，总进深 80mm（南方花窗常规 60~100mm）。

② 墙体总厚 350mm-80mm=270mm（两侧 6 个台阶共用），每台阶宽度 =270mm/6=45mm。

③ 按以上数据分别拉出窗心和台阶，成品如图 4.17.7 所示。

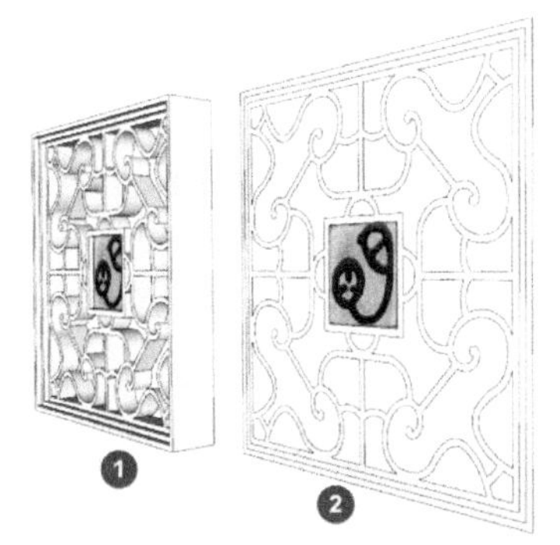

图 4.17.2　获取花窗的边线

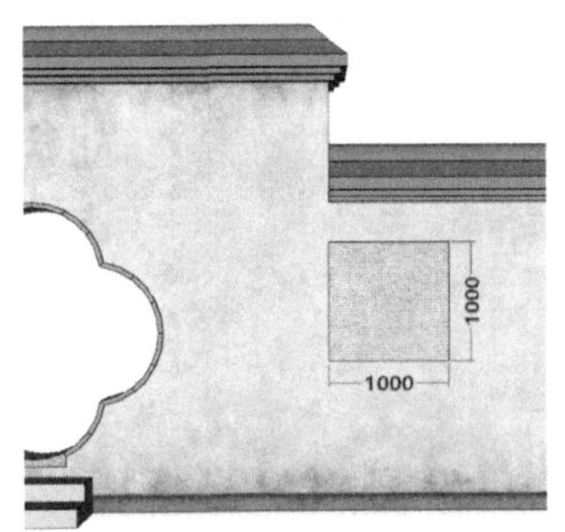

图 4.17.3　移动到墙体

图 4.17.4　推出墙洞

图 4.17.5　花窗移动到位

图 4.17.6　移动花窗平面到位

图 4.17.7　拉出体量

以上介绍的实例是已知尺寸的简单图形，画个矩形很容易就拉出墙洞。下面要介绍的情况就不同了。图 4.17.8 所示的是苏州沧浪亭大门右侧的知名花窗，名为“平升三级”，以瓶形外廓和窗心中花瓶谐音寓“平”，瓶中插“三戟”寓“官升三级”，这个花窗的外轮廓线，比上一例的正方形复杂（但还不算很复杂），遇到类似的情况可以用下面介绍的方法。

（1）双击最外面一圈平面的任何一处，选中该平面和这个面里外两侧的边线，如图 4.17.9 ①所示。

（2）复制到已有的墙面上，如图 4.17.10 所示。

（3）删除内侧的边线，如图 4.17.11 所示。

（4）向内 350mm 推出墙洞，如图 4.17.12 所示。

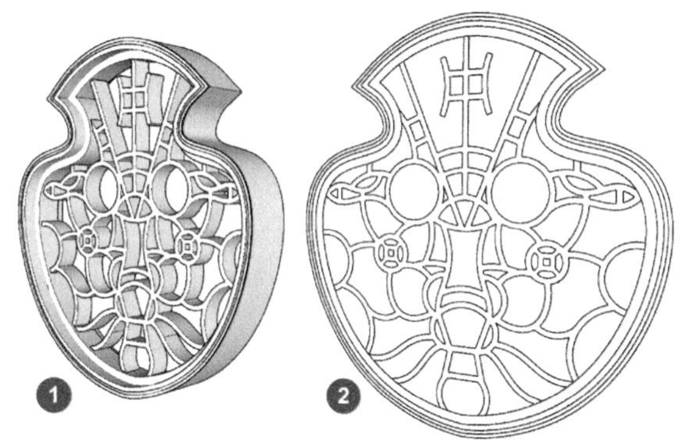

图 4.17.8　繁杂外形的花窗

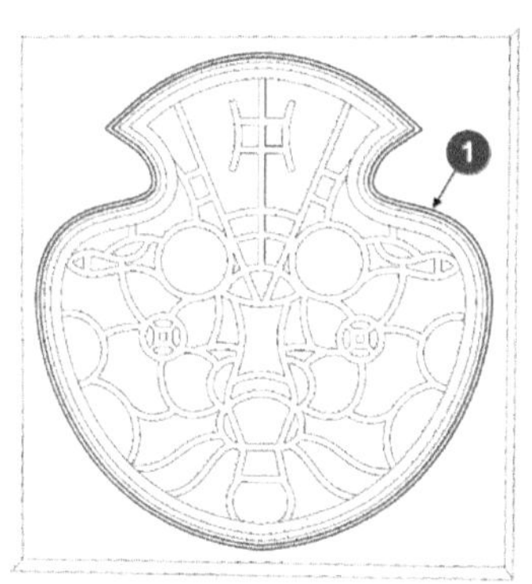

图 4.17.9　获取边线

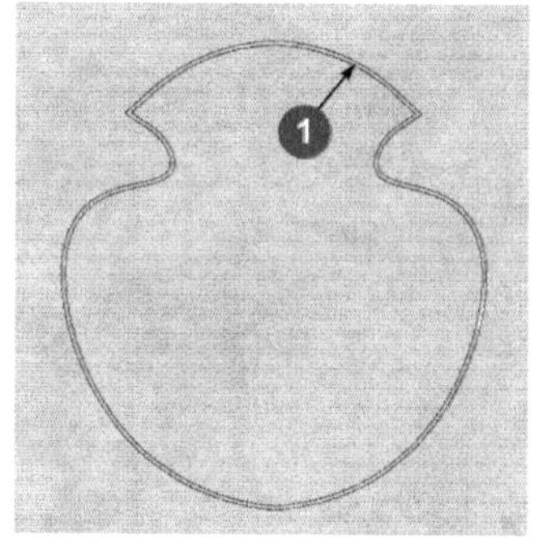

图 4.17.10　移到墙上

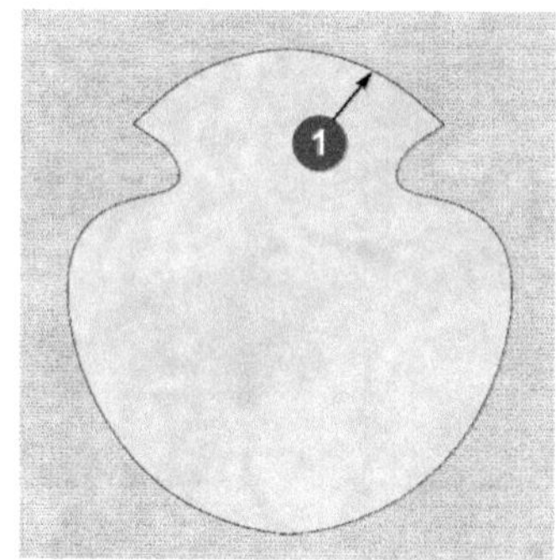

图 4.17.11　炸开合并

图 4.17.12　推出墙洞

（5）移动现成的花窗模型到墙洞内的合适位置，如图 4.17.13 所示。

（6）因为图 4.17.8 ①所示的花窗是适应墙厚 240mm 的“廊墙”创建的，直接移动到 350mm 厚度的墙洞里并不合适，所以要用到图 4.17.8 ②所示的二维矢量图形。

（7）选取图 4.17.8 ②所示的二维花窗图形，移动到墙洞的中心，如图 4.17.14 所示。

（8）这个花窗看它的边框轮廓线很复杂，在实际应用中，同样只有 3 个台阶（其中有一个是凹入的“槽”），进行简单计算：

① 窗心部分，前后各拉出 40mm，总进深 80mm（南方花窗心进深范围 60~100mm）。

② 墙体总厚 350mm-80mm=270mm（两侧 6 个台阶共用），每台阶宽度 =270mm/6=45mm。

③ 按以上数据分别拉出窗心和台阶，成品如图 4.17.15 所示。

（9）全部完成后如图 4.17.1 左侧所示。

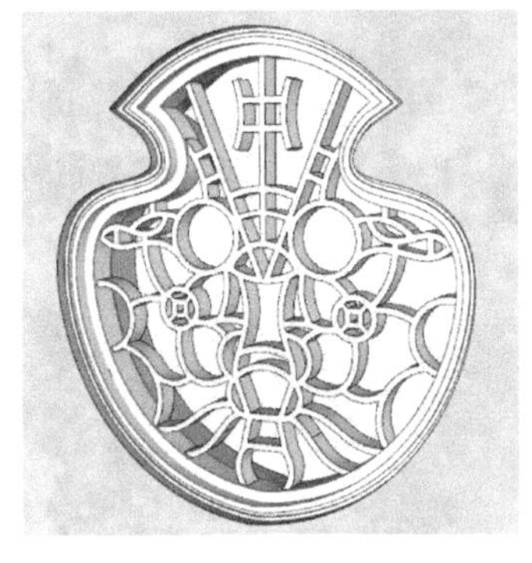

图 4.17.13 花窗移入

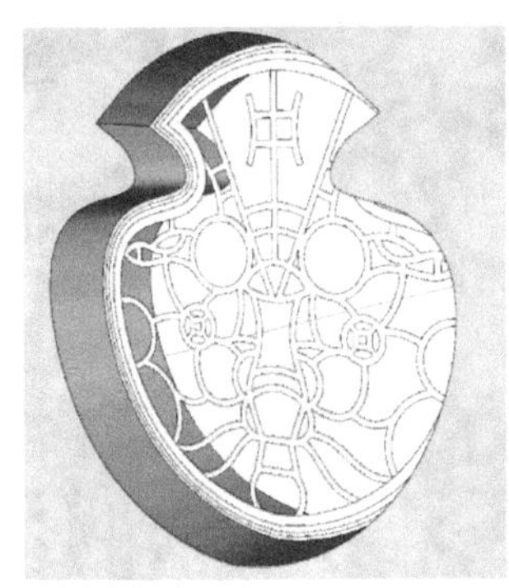

图 4.17.14 或平面移入

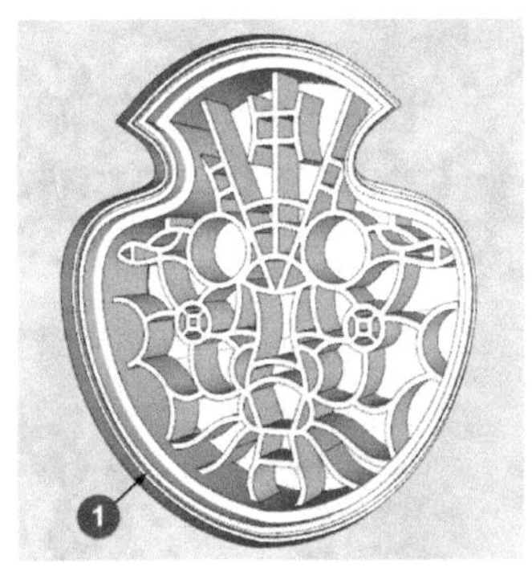

图 4.17.15 拉出体量

以上仅介绍了库文件里 skp 一种文件的应用；库文件里还有 3ds 文件，当然可以用于 3ds Max 建模，skp 和 3ds 两种文件还可以导出几十种其他格式的三维模型。库文件里的 dwg 文件可以用于 AutoCAD，也可以用于水刀切割、数控雕刻机等应用。原始照片为 jpg 和 png 格式的图片还可以用于学术研究、写论文、写书发帖、做预算写报告，甚至写设计说明都有用的。

4.18 以照片为基础创建花窗模型

本节的主题是——如何以照片为基础创建花窗模型。如果你有一幅花窗的照片，想依它的样子创建一个花窗模型，按下面介绍的做，同样的办法也可以用于其他的建模任务。

1. 校正歪斜的照片

（1）在本节的附件里有几幅花窗的照片，如图 4.18.1 所示，都是歪的斜的。左上角的一幅歪得最厉害，我们就在 SketchUp 里导入这幅歪得最厉害的图片（也可以直接把照片拉到 SketchUp 的工作区里），导入后"炸开"再重新"创建群组"，如图 4.18.2 所示。

（2）SketchUp 材质工具里有一些功能，可以用来纠正照片的歪斜失真（当然也可以反过来把正常的图片弄到歪斜），就像在 PhotoShop 等专业图片工具里的变形功能一样，下面的操作就要把图 4.18.2 所示的歪斜图片校正过来。如果此前你已经看过系列教程的《SketchUp 要点精讲》7.1 节、7.2 节，并做过相关练习，再看后面的介绍会比较熟悉。

（3）假设图 4.18.2 所示的花窗是正方形。边长 1m（其他尺寸形状也可以），画一个正方形，边长 1000mm，如图 4.18.3 所示。

（4）然后用材质面板上的吸管工具获取照片材质（已经炸开），赋给正方形，图 4.18.4 是赋予材质后的结果，你做练习的时候得到的情况可能会完全不一样，但后续的操作是一样的。

（5）现在用鼠标右键单击带有不完整图片的正方形（注意只能选择面，一定不要同时选中边线），请看图 4.18.5 所示。选择“纹理”→“位置”命令会出现一个材质调整界面，其上的图片会相当大。所以不方便截图（截图略）。

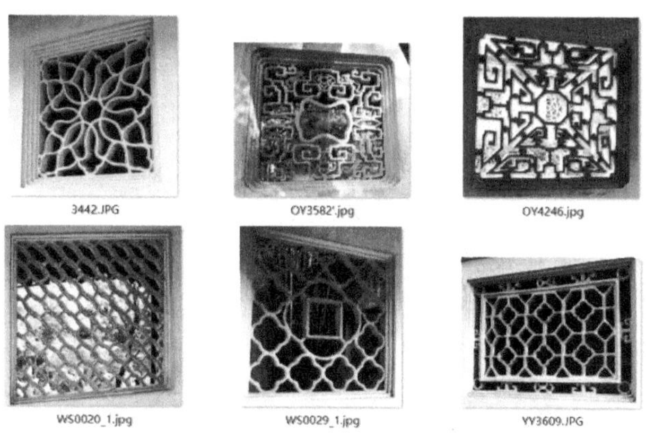

图 4.18.1　歪斜的照片

图 4.18.2　歪斜的照片

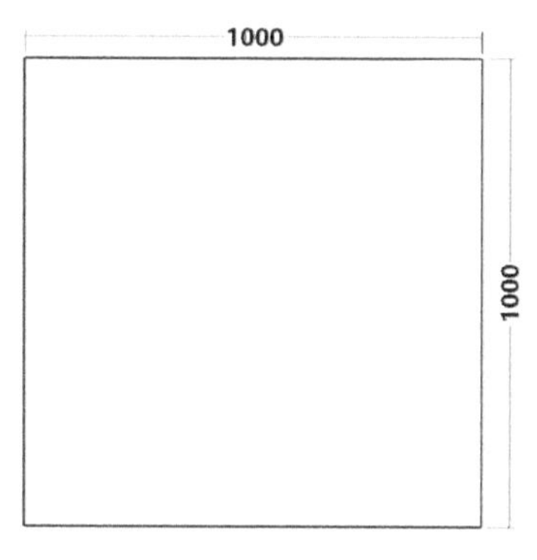

图 4.18.3　画矩形并成组

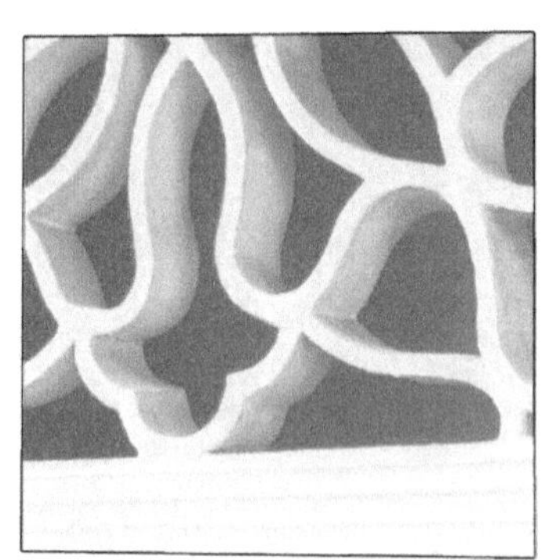

图 4.18.4　对矩形赋予材质

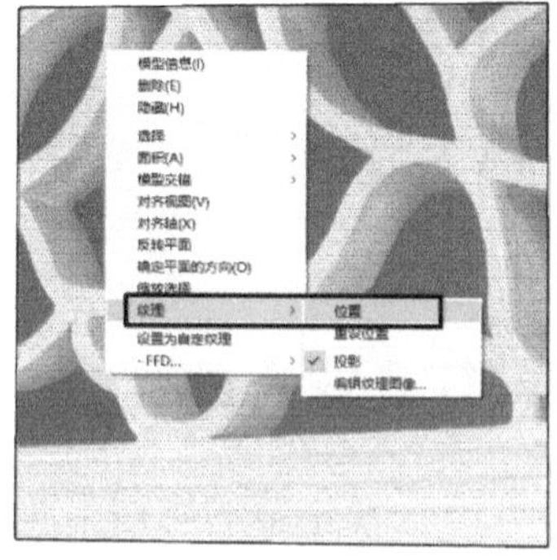

图 4.18.5　调整纹理坐标

（6）你一定能够看到有红、绿、黄、蓝 4 个图钉，现在请你记住 4 个图钉的用途。

① 红色图钉确定贴图坐标的起点，通常用来固定图片的左下角。

② 绿色图钉用来确定贴图的大小和角度，通常要固定在右下角。

③ 蓝色和黄色图钉用来做平行四边形和梯形变形，也可用来固定左上角和右上角。

现在把图片调整到方便操作的大小。

（7）单击左下角红色图钉不要松开，把图片的左下角移动到正方形中。

（8）再单击绿色图钉不要松开，也移动到正方形里来（缩小图片）。

（9）完成后的结果如图 4.18.6 所示。现在可以看到①红、②绿、③蓝、④黄这 4 个图钉。下面要分成四步来把歪斜的图片校正成正方形，请严格按下列顺序操作。

第一步：

① 鼠标左键单击红色图钉后松开，图钉就粘在光标上。

② 移动图钉到图片“窗心”的左下角，再次单击，图钉固定在这里。

③ 第三次单击图钉不要松开，移动到正方形的左下角，如图 4.18.7 ①所示。现在已把窗心的左下角跟正方形的左下角对齐。

第二步：

① 鼠标左键单击绿色图钉后松开，图钉粘在光标上。

② 移动图钉到“窗心”的右下角，再次单击后图钉固定在这里。

③ 第三次单击图钉不要松开，移动到正方形的右下角，如图 4.18.8 ②所示。现在已经把窗心的右下角与正方形的右下角对齐。

图 4.18.6　4 个图钉

图 4.18.7　先固定红色图钉

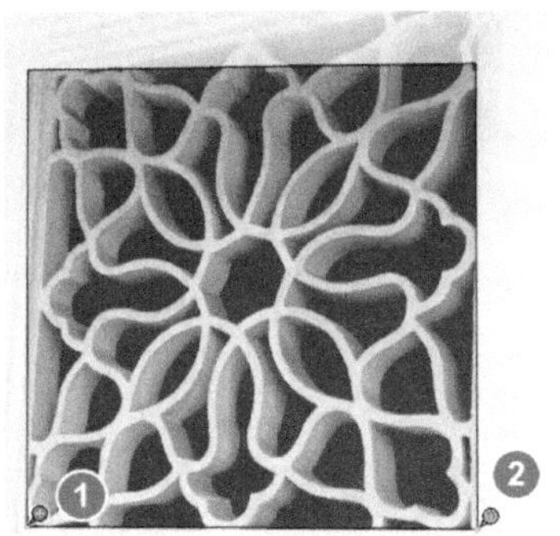

图 4.18.8　再固定绿色图钉

第三步：

① 鼠标左键单击蓝色图钉后松开，图钉粘在光标上。

② 移动图钉到“窗心”的左上角，再次单击后固定图钉。

③ 第三次单击图钉不要松开，移动到正方形的左上角，如图 4.18.9 ③所示。现在已经把窗心的 3 个角跟正方形 3 个角对齐。

第四步：用同样的方法把黄色的图钉固定在图片右上角，并移动到正方形的右上角。

以上四步都完成后，已经把图片上窗心的 4 个角跟正方形的 4 个角对齐，结果如图 4.18.10 所示。

新手做上面的操作可能要多练习体会几次。

2. 依图建模

下面开始按照片上的图形建模，这个花窗图案属于 4.17 节介绍的“米字格”型，只要画出全部图案的 1/8，再用复制、旋转、镜像等方法就可拼成完整的图案。

（1）首先，绘制垂直与水平辅助线，如图 4.18.11 ①②所示，再绘制对角平分线，如图 4.18.11 ③④所示。经过挑选，最后选中了图 4.18.11 ⑤所在的 1/8。

（2）为了方便绘制图形，可以打开 SketchUp 的 X 光模式，甚至可以在材质面板上把透明度调得更高些，如图 4.18.11 所示。

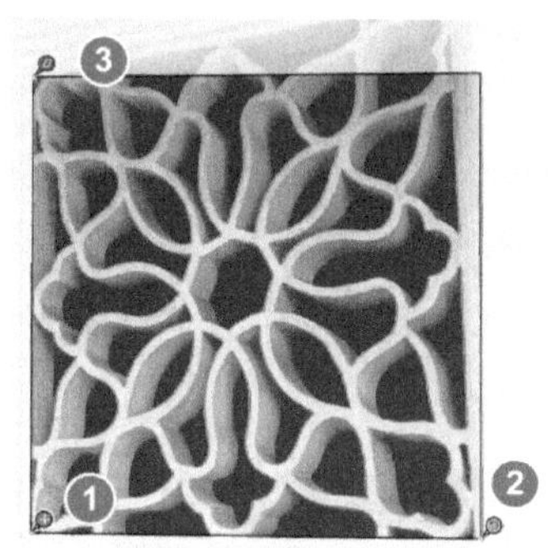

图 4.18.9　固定蓝色图钉

图 4.18.10　固定绿色图钉

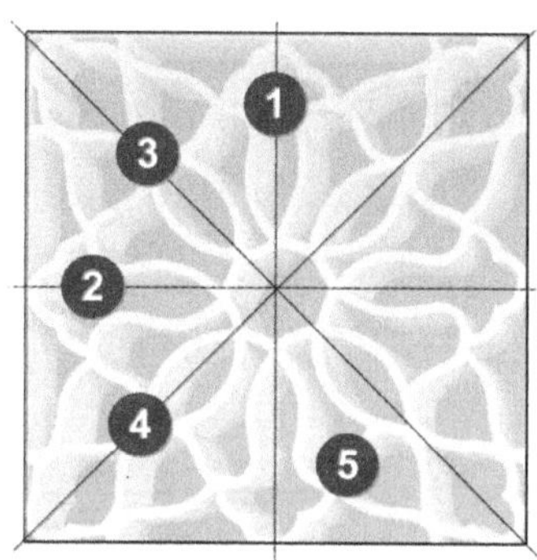

图 4.18.11　绘制“米”字形

（3）用圆弧工具、直线工具等描绘出主要的轮廓线，再用偏移工具偏移出完整轮廓，偏移量统一为 20mm（18mm 厚青砖加粉刷），得到图 4.18.12 所示的大致形状。

（4）经“补线成面”“清理废线面”等整理后获得图 4.18.13 所示的图形，注意一定要留下准确的十字中心标记（图 4.18.13 ①）。

（5）复制并镜像，如图 4.18.14 ①所示。

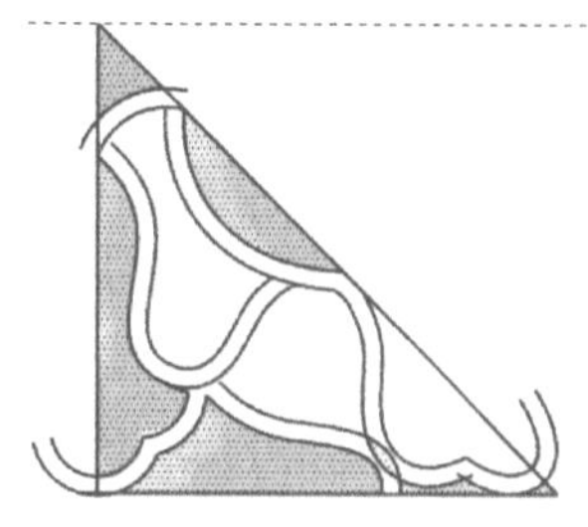

图 4.18.12　挖出 1/8

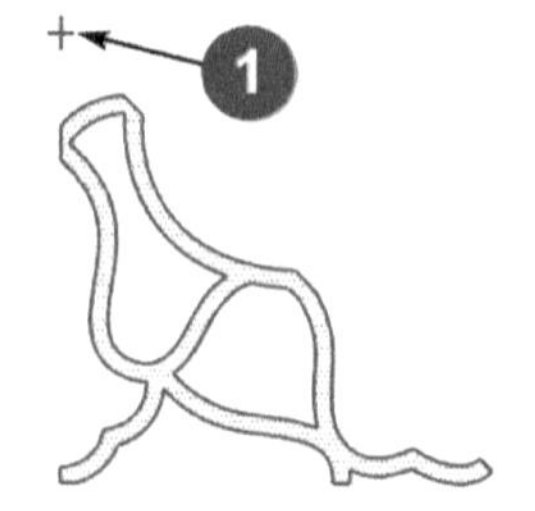

图 4.18.13　清理并留下中心

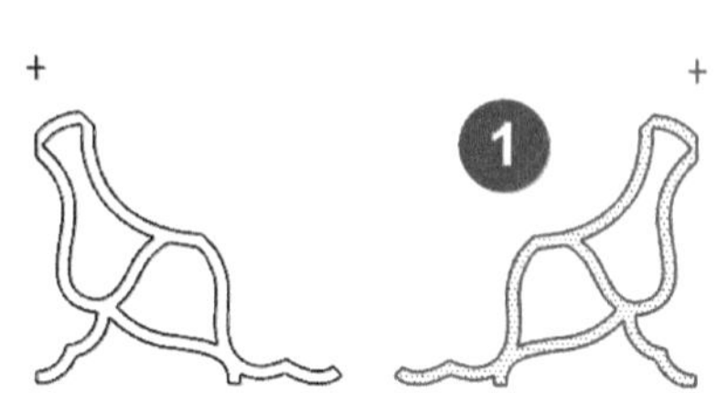

图 4.18.14　复制并镜像

（6）旋转 90° 后如图 4.18.15 ①所示。

（7）用预留的十字中心线合并二者后如图 4.18.16 所示。

（8）清理废线面，旋转复制出另外 3 份，如图 4.18.17 所示。

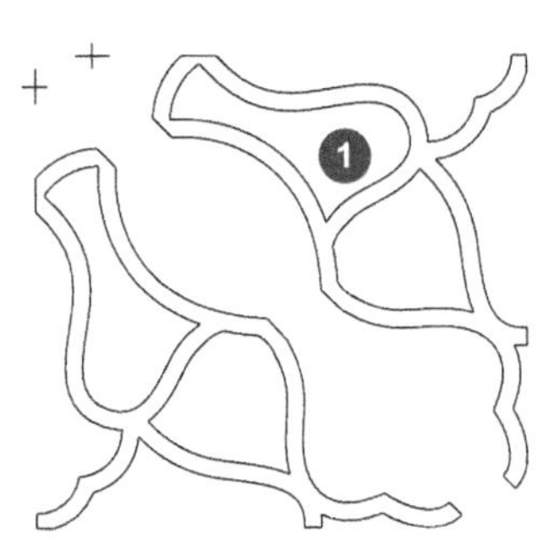

图 4.18.15 旋转 90°

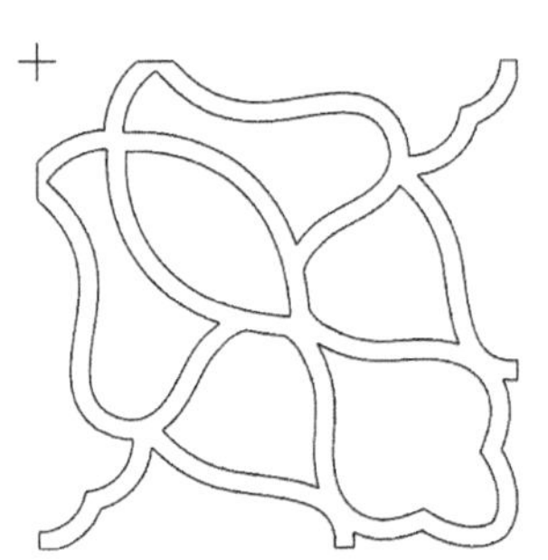

图 4.18.16 合二为一

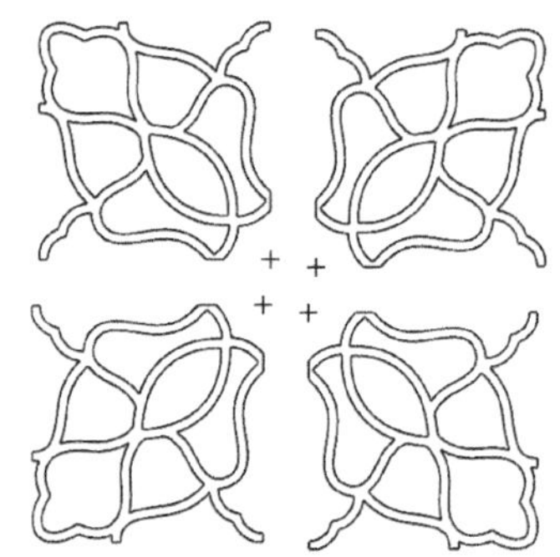

图 4.18.17 旋转复制

3. 最后成型

（1）用预留的十字中心标记为依据，把 4 个部分分别对齐后如图 4.18.18 所示，创建群组。

（2）绘制水平辅助线（见图 4.18.19 ①②）、垂直辅助线（见图 4.18.19 ③④）。注意对齐窗心的边缘。

（3）以辅助线的左上角与右下角为依据绘制矩形，如图 4.18.20 所示（在窗心群组的外面）。

图 4.18.18 拼合成整体

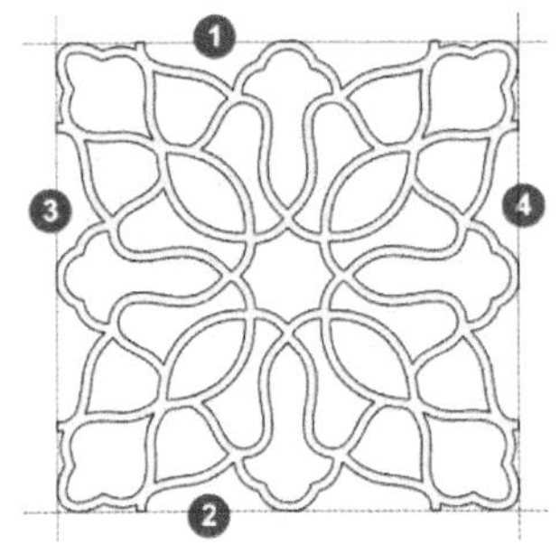

图 4.18.19 画辅助线

图 4.18.20 画矩形

（4）用偏移工具偏移出三级窗框，每级 22mm（18mm 厚青砖加灰浆和粉刷），如图 4.18.21 所示。

（5）拉出窗心，进深 80mm（南方园林花窗窗心进深范围为 60~100mm），如图 4.18.22

所示。

（6）分别拉出三级窗框，进深级差 40mm，如图 4.18.23 所示。

（7）花窗成品总进深等于“窗心 80mm”加“台阶 40mm×2 级 ×2 面 =160mm”共 240mm。

图 4.18.21　偏移出边框

图 4.18.22　拉出窗心

图 4.18.23　拉出边框

4.19　以纹样库创建花窗和应用场景

在本节的附件里有一些“花窗基础纹样”，是从《园林花窗库 2000》的“花窗基础纹样库”的五六百个常用的花窗基础纹样随便挑选的一部分。本节要讨论如何用这些“花窗基础纹样”设计创建新的花窗模型，并制作简单的效果图。

1. 设计一个新的花窗必须提前明确几个重点

（1）该工程属于机关、企业、公共空间还是私家住宅？

（2）业主的身份是什么？商人、官吏抑或文人、农民，不同人物有不同的企盼，也要有不同的图案寓意。

（3）完全仿古还是古为今用、古今参半？

（4）有什么特别的要求？有什么禁忌？

（5）设置花窗的目的是什么？（漏景、框景、导引、通风、装饰、单面、双面等）。

（6）是成排成群设置的花窗，还是独立设置的花窗？

（7）花窗所在位置附近的环境和尺寸是什么？是围墙还是廊墙？墙厚墙高多少？花窗本身的尺寸多大？

（8）花窗的形式（钢丝网水泥、瓦搭、砖砌、水磨、捏塑、镂窗、盲窗等）。

（9）预算和工期方面有什么限制？

其实上面列出的这些，有些在其他设计项目中也同样适用。

2. 实例要求汇总

本节要介绍一个花窗，从设计到建模的全过程，下面归纳一下具体要求。

（1）该工程属某公司改扩建的一部分，下面要介绍的花窗仅为其中之一。

（2）花窗的位置在仿古廊墙上，长廊共 n 间，每间一花窗。

（3）花窗成排设置，完全仿古，要求图案各不相同。

（4）花窗兼有漏景引导功能，所以是通透的。

（5）花窗图案要求植入良好寓意，如平安、顺利、幸福等，要求图案简洁、高雅、美观。

（6）无特别要求，无特别禁忌。

（7）为延长花窗寿命、减少维护工作量，花窗采用钢丝网水泥结构，表面白色涂装。

（8）墙高为 3m，墙厚为 26cm，花窗下沿离地 1.2m。

（9）花窗尺寸，窗心 1000mm 见方。三台阶边框，每台阶宽 22mm。

（10）预算和工期都较为宽裕。

3. 画出两个图案结构草稿

（1）画出草图，如图 4.19.1 和图 4.19.2 所示。

（2）图 4.19.1 和图 4.19.2 中，左图，靠近中心的位置是一个主题图案。可以用团寿纹，也可以用其他纹样。圆形的外围配上几个独立的小图案。四角各配一个合适的角花。

图 4.19.1 设计图一

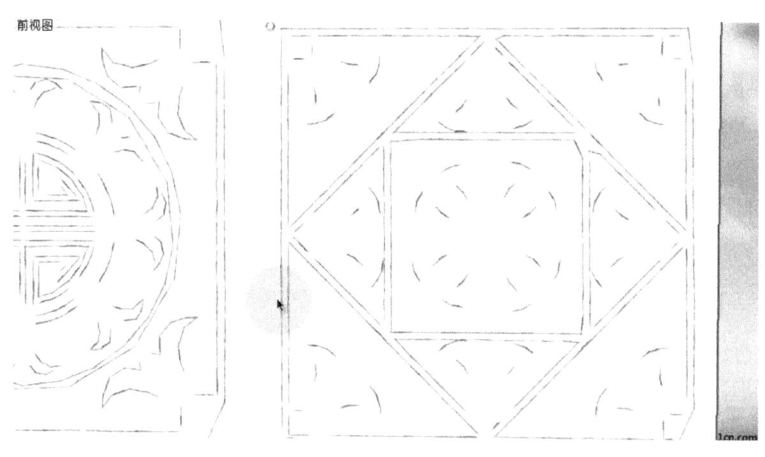

图 4.19.2 设计图二

（3）图 4.19.1 和图 4.19.2 中，右图，主题图案用两个正方形，其中一个旋转 45° 形成 8 个三角形和一个矩形，可以分别嵌入合适的图案。

最后，还是选中了左边的图案结构。

4. 做构图设计

（1）首先根据图 4.19.1 所示的结构图选择合适的单元纹样（附件里赠送近 200 个基础纹样组件）。

（2）中心主题图案选择一个八瓣的“旋转如意头纹”，如图 4.19.3 ①所示；四角配“如意角花”（见图 4.19.3 ②）；上、下、左、右四边用“绶带纹”，如图 4.19.3 ③所示；中间用“金钩纹”（图 4.19.3 ④）连接各部分。

（3）花窗图案用了两种不同形态的“如意纹”，强调“吉祥如意”，“绶带纹”以“绶”谐“寿”，“绶带”还与“身份高贵”有关，“金钩纹”的“金钩”寓意不言自明。

5. 把上述几种基本纹样布置成一幅花窗图案

（1）根据前述窗心尺寸画一个正方形，边长 1000mm，如图 4.19.4 所示。

（2）创建水平和垂直两条辅助线，如图 4.19.4 所示。

（3）把正方形连同两条辅助线一起创建临时群组；或者在两条辅助线相交的位置画一个“十”字形的中心标记，并与正方形一起创建群组。

（4）把找好的主题纹样移动到正方形的中心。

（5）根据构图腹稿，用缩放工具按住 Ctrl 键做中心缩放，满意后如图 4.19.5 所示。

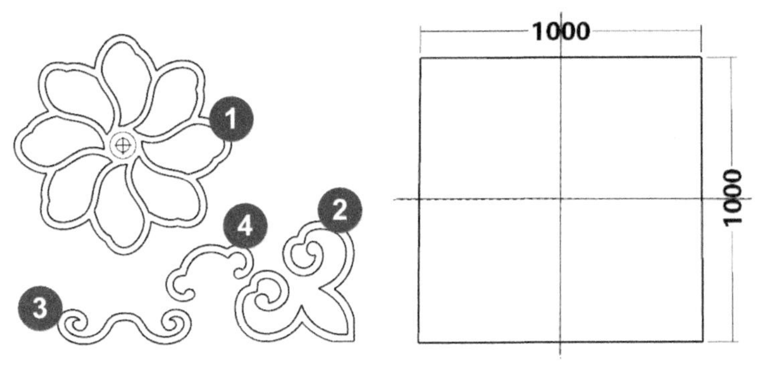

图 4.19.3　拟用的图案素材

图 4.19.4　区域规划

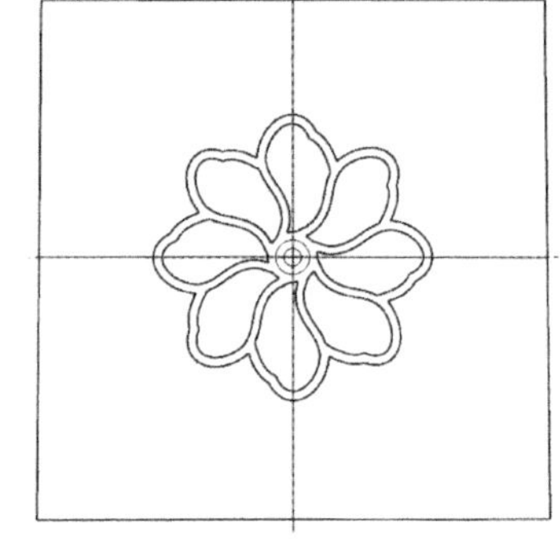

图 4.19.5　放置主要图案

6. 花窗图案主题确定后要布置“角花”部分

（1）把准备好做角花的图案（见图 4.19.3 ②）移动到正方形的一个角上，调整到合适大小，如图 4.19.6 所示。

（2）旋转复制出另外 3 个，如图 4.19.7 所示。

（3）调用画圆工具，把片段数增加到 48，画圆。注意这个圆形要跟已有的图案有少许重叠，重叠的部分大概有 2~3mm 即可，不然做出来的花窗两部分间会有空隙。

（4）向外偏移 20mm 后形成一个“内圈”，如图 4.19.8 所示。

（5）继续画圆，这次画的圆要跟“角花”有一点点重叠，理由同上。

图 4.19.6　放置角花

图 4.19.7　旋转复制

图 4.19.8　绘制结构圈

（6）向内偏移 20mm，形成“外圈”，如图 4.19.9 所示。

（7）接着把准备好的“金钩”移动到“内外圈”之间，如图 4.19.10 ①所示，仔细调整大小和位置，令其同时跟内外圈都有少许重叠，原因同上。

（8）相隔 45°，旋转复制出另外 7 个，完成后如图 4.19.11 所示。

图 4.19.9　绘制外结构圈

图 4.19.10　连接件到位

图 4.19.11　旋转复制

7. 局部成面与合成

现在，花窗的整体图案已经成型，但还不能用，后面的操作都是为了要把整个窗心形成“一个面”以便做推拉操作。

（1）全选后炸开所有群组（原先它们分别是群组），根据辅助线画十字线，把整个图案分割成 4 份，如图 4.19.12 所示。

为什么要把已经形成的图案分割开来？因为接着要把前面所做的“重叠”部分删除并且重新成面，经验证明，这部分工作是占整个建模时间一半以上的“体力劳动”，为减少工作量，所以把整个图案分割开，这样只需要处理 1/4，再重新组合反而更快捷。

（2）图 4.19.13 就是删除了重叠部分并且重新“成面”的 1/4，如果你是新手，想要得到这 1/4 恐怕不是轻而易举的事情，可能会碰到很多问题，这是留给你的练习，

（3）接下来的事情当然是“旋转复制”（见图 4.19.14），是完成后的结果。注意它是“同一个面”，想要得到这个面，也还有“关”要过，这是留给你的另一个练习。上面两个练习是为了考验你对 SketchUp 基本工具的掌控水平，请不要用插件帮忙。

图 4.19.12　画十字线全部炸开

图 4.19.13　获取 1/4

图 4.19.14　旋转复制

8. 以面成体

（1）如果你已经成功获得了“同一个面”的窗心，就可以进入建模的最后阶段了。

（2）利用图 4.19.15 ①②所指的两个角画矩形。如果无角点可用，就要创建两条水平的和两条垂直的辅助线，利用辅助线画矩形。

（3）在矩形的基础上向外偏移出窗框部分，共要偏移 3 次，每次 22mm（18mm 厚的青砖加灰浆和粉刷），如图 4.19.16 所示。

（4）窗心部分拉出 80mm，全选后做柔化，个别无法柔化的线条要做局部柔化，如图 4.19.17 所示。

（5）再拉出三级边框，最里面的一级拉到跟窗心平齐。

（6）另外两级分别向外拉出 40mm 和 80mm，正、反面相同，如图 4.19.18 所示，创建群组或组件。

图 4.19.15　利用角点画矩形

图 4.19.16　偏移出边框

图 4.19.17　拉出窗心

9. 成品上墙

最后要把花窗装配到墙上。

（1）在花窗最外层边框上双击，选择了面和边线，复制到墙面上，如图 4.19.19 所示。

（2）删除内侧的矩形和平面，只剩下一个矩形在墙面上，如图 4.19.20 所示。

（3）向内推出窗洞，如图 4.19.21 所示。

（4）把已经完成的花窗移动到窗洞里去，若需要，可微调位置，完成后如图 4.19.22 所示。

（5）图 4.19.23 是把这个花窗放在另一个场景中的截图。

图 4.19.18　拉出边框

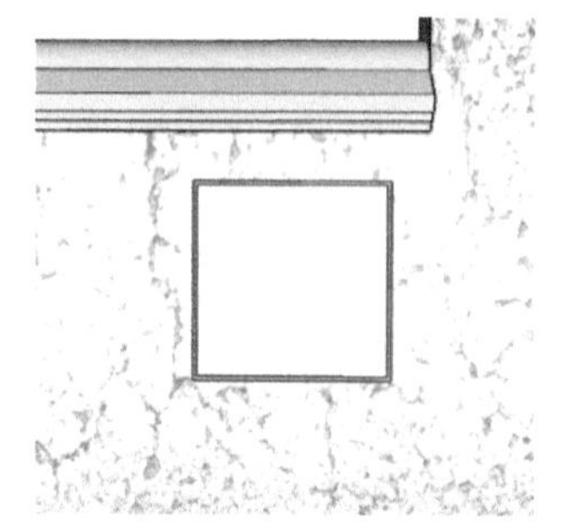
图 4.19.19　复制边线到墙

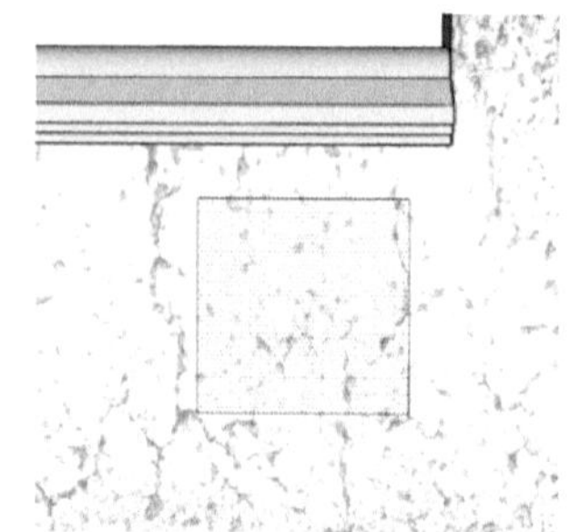
图 4.19.20　炸开合并

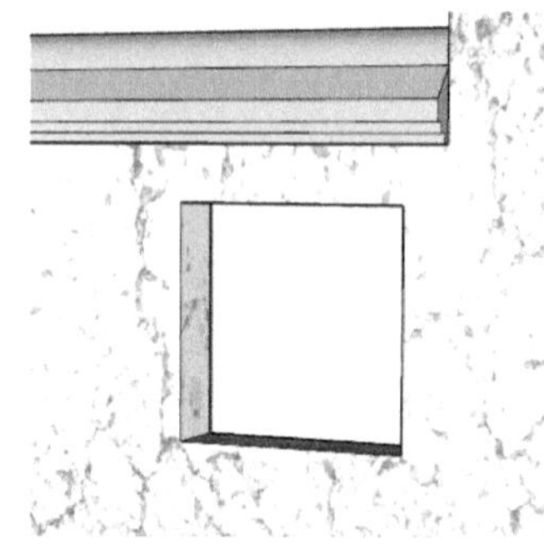
图 4.19.21　推出墙洞

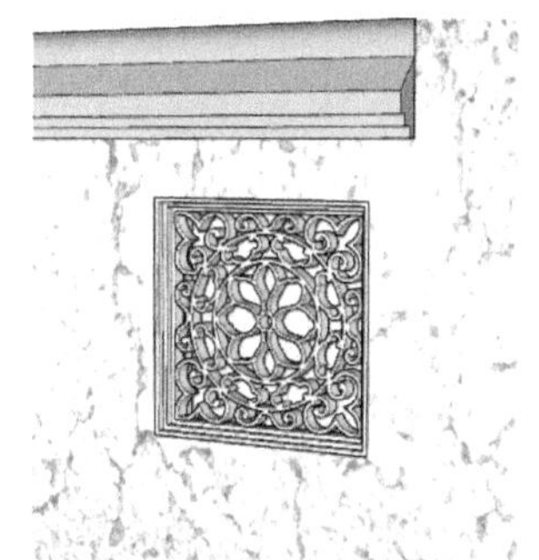
图 4.19.22　移窗体到位

图 4.19.23　成品应用场景

4.20　水景难题

本节与其说是一个教程，还不如说更像是诉苦。

作者用 SketchUp 10 多年后的今天，如果有人来问我，你感觉在 SketchUp 里建模，最难做的东西是什么？作者会毫不犹豫地回答：水。

很多 SketchUp 初学者觉得高不可攀的曲面造型，其实只要多动动脑筋、积累经验，再借助一些插件，大多都可以折腾出来；最难对付的是软的、无固定形状且没有明显变化规律的东西。几年前，像床上的被褥、窗帘、流动的水、喷泉、石头、假山等在 SketchUp 里都难以获得好的表现，所以就有人把其他软件创建的相关模型，转换成 SketchUp 的文件格式来使用，尤其像常见的床上用品、窗帘、软体家具一类的 SketchUp 组件，只要是比较逼真精细的，大多不是用 SketchUp 创建的，这是 SketchUp 的一个硬伤，所有人都无法回避，作者也是。

这 10 多年来，为了攻克上面所说的一大堆 SketchUp 难题，作者曾挖空心思反复尝试，部分难题已稍有突破，譬如窗帘、床单等纺织品可以借助相关插件弄个八九不离十，石头、假山也勉强能弄到五六分像，很多曲面的对象甚至不用插件都可以完成；而至今没有明显突破，仍然在伤脑筋的问题就是“水”，尤其是“流动的水”，包括喷泉、瀑布等跌水景观，想要在 SketchUp 里面做得哪怕有七分像都绝非易事，在本节的附件里，你可以找到作者创建与收集的十几个水景，其中有二三十个水钵喷泉之类的模型，你可以打开看看，凡是水的部分，大多很勉强。下面作者挑选一些还算说得过去的截图如图 4.20.1 ~ 图 4.20.15 所示。

图 4.20.1 水景示例（1）

图 4.20.2 水景示例（2）

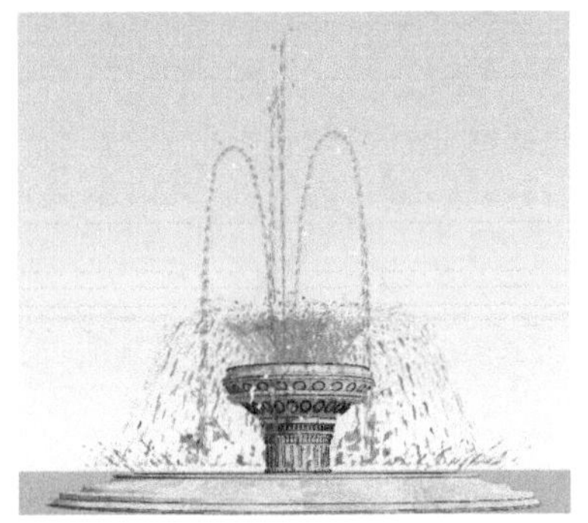

图 4.20.3 水景示例（3）

图 4.20.4　水景示例（4）

图 4.20.5　水景示例（5）

图 4.20.6　水景示例（6）

图 4.20.7　水景示例（7）

图 4.20.8　水景示例（8）

图 4.20.9　水景示例（9）

图 4.20.10　水景示例（10）

图 4.20.11 水景示例（11）

图 4.20.12 水景示例（12）

图 4.20.13 水景示例（13）

图 4.20.14 水景示例（14）

图 4.20.15 水景示例（15）

10 多年来，作者一直在尝试如何在模型中更好地表现“水”，说实话，非常遗憾，并无值得特别介绍的突破，但是归纳出一些心得，共享给你，希望在你遇到类似水景问题时，能够起到点参考作用。先介绍一下水景模型的 3 种建模思路。

1. 碎片模拟的水

这是最早出现在 SketchUp 应用界的水，是以很多不规则、不同尺寸的碎片，随机按抛物线规律分布，生成一个小组件，然后旋转复制出整体（见图 4.20.16 和图 4.20.17）。

真实感：“差”。

真实感决定于碎片数量要多、碎片面积要小、颜色与透明度等因素。

建模难度：“中”（要花较多时间）。

图 4.20.16　碎片模拟的水（1）

图 4.20.17　碎片模拟的水（2）

2. 实体加碎片模拟的水

这种水的主体是不规则的实体加上不同尺寸的不规则碎片（也是实体）随机按抛物线或其他规律分布，生成组件，然后旋转复制出整体（见图 4.20.18 ~ 图 4.20.22）。

图 4.20.18　实体加碎片（1）

图 4.20.19　实体加碎片（2）

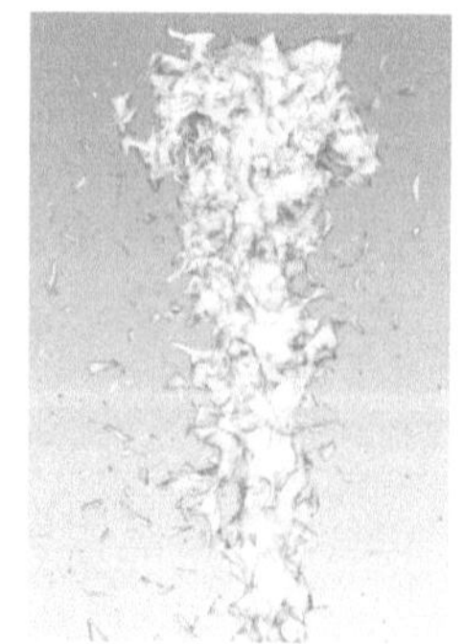

图 4.20.20　实体加碎片（3）

图 4.20.21 实体加碎片（4）

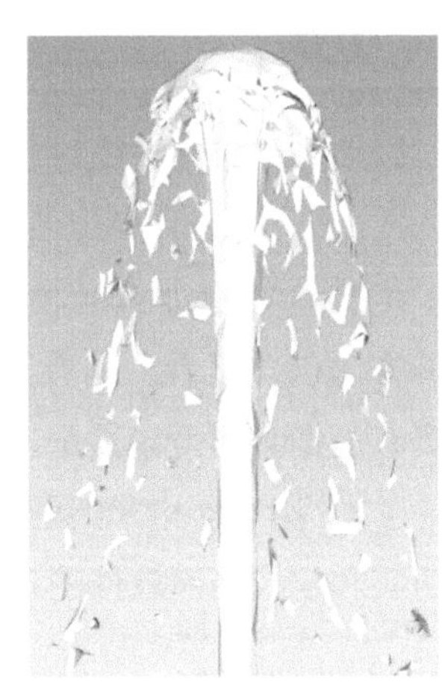

图 4.20.22 实体加碎片（5）

真实感："中"（远景较好，近景差）。

真实感决定于实体的细节数量、碎片面积、颜色与透明度等因素。

建模难度："高"（要花较多时间）。

3. 以 png 图片模拟的水

这是一种以图片模拟的水景，图片可以是经过处理的照片，也可以是用专业平面设计软件（如 Photoshop 或 Painter）绘制的"水"（图 4.20.23 ~ 图 4.20.25）。

真实感：（中）。

真实感决定于掌控平面软件的水平或照片的质量。

建模难度：（中低）决定于掌控平面软件的水平或照片的质量。

图 4.20.23 图片模拟的水（1）

图 4.20.24 图片模拟的水（2）

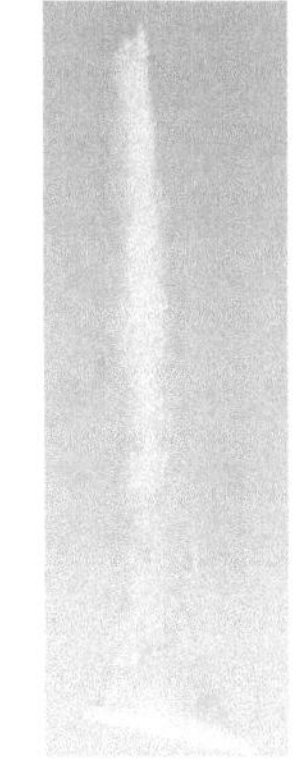

图 4.20.25 图片模拟的水（3）

4. 小结

以上介绍了在建模过程中常见的 3 种模拟方式，各有千秋。

（1）“用碎片模拟的水”建模要用很多的工夫，线面数量大，效果却一般，不推荐。

（2）“实体加碎片模拟的水”建模难度非常高，粗看效果不错、细看不过如此，想要用这种方法创建粗看、细看都有较高真实度的水，不是不可能，而是投入产出比实在不合适。你要有大把时间可以试试。

（3）用 png 格式的图片模拟水是一种效果比较好、投入不算多的办法，不过需要有点美术功底和掌控平面软件的技巧，推荐。

5. 在 SketchUp 里创建水和水景模型要注意的问题

（1）图 4.20.26 ~ 图 4.20.29 是在 SketchUp“视图”菜单里选择了显示“轮廓线”后的结果。

（2）图 4.20.26 对应于图 4.20.22，图 4.20.27 对应于图 4.20.24，因为选择了“轮廓线”实体和碎片，图片都出现了黑色的边线，对于一定要显示轮廓线的模型不适用。

（3）图 4.20.28 对应于图 4.20.1，图 4.20.29 对应于图 4.20.17，这两种情况，即使选择了显示轮廓线也不影响效果，窍门是提前把所有轮廓线都柔化掉。

所以，无论你用上述 3 种方式中的哪一种创建水或水体，最好提前把所有边线柔化掉。适当调整“透明度”也非常重要（很多泡沫态的水近乎白色）。

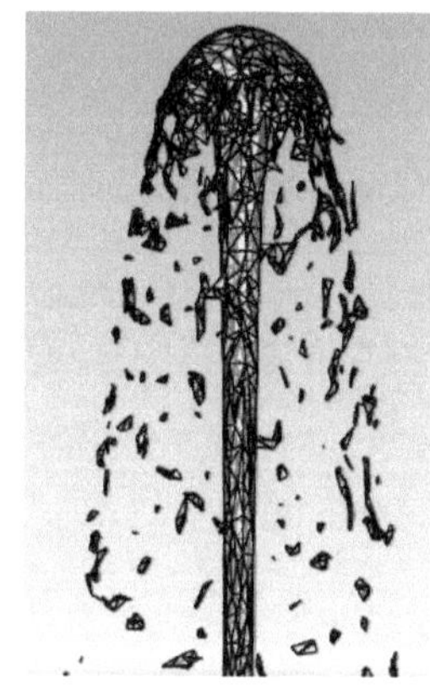

图 4.20.26
带边线的碎片

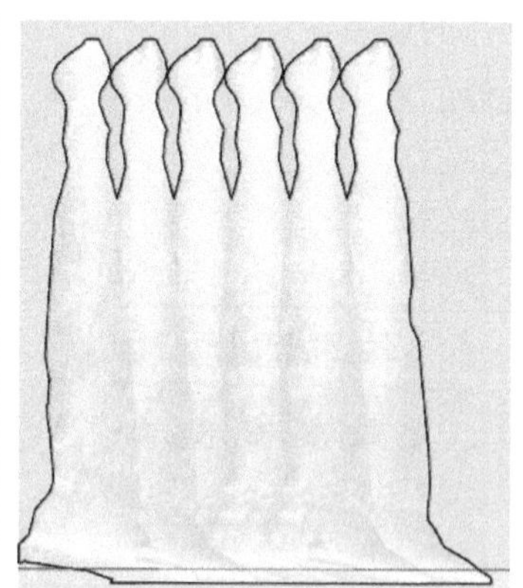

图 4.20.27
带边线的图片

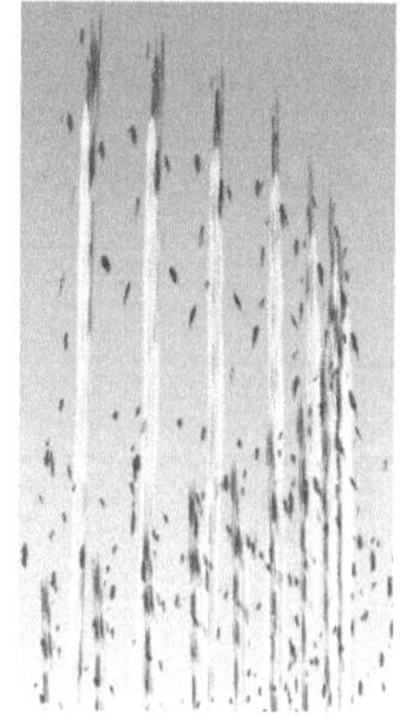

图 4.20.28
柔化后（1）

图 4.20.29
柔化后（2）

6. 一些建议

在本节的附件里，准备了很多跟水有关的模型，建议你打开研究一下，把其中想要的部分保存到自己的组件库去，以后用起来会很方便。

创建“水”的模型跟创建其他模型一样，要对它的形态了然于心，才能获得较好的结果。

在建模过程中偶尔要创建“水”或“水景”，最简单的方法就是在本节的附件里找一个还说得过去的、现成的“水组件”缩放变形到合适的尺寸、形状“借用”一下。

如果你对于 Photoshop 或 Painter 或其他类似平面设计工具比较熟悉，不妨在空余的时候尝试绘制一些水的图片，在 SketchUp 里用复制、重叠、变形等方法做成水的组件，会更称心。

4.21 掇山置石

本节要讨论在 SketchUp 里面做假山和石块的课题，在此之前要先介绍一些“掇山置石”方面的背景知识。我们知道，中国的园林景观中但凡绮丽的风景，都离不开山，只有山水相映才能显出景观的秀美。我国的自然风景式园林早在西汉初期就有了叠石造山的文字记载；在园林景观设计中，常常用山地来构成风景、组织空间，丰富园林景观层次，形成多变的轮廓线。

山地按材料可分为土山、石山和土石山。设计实践中的土山，多数是利用园内挖池的土方堆置而成，投资较小，土山的坡度要在土壤的安息角以内；否则需要进行工程处理。在 SketchUp 里创建土山一类的微地形，只要用沙盒（地形）工具就可以完成，比较简单，这一节就不作讨论了。

石山因堆置手法不同，可以形成峥嵘、妩媚、玲珑及顽拙等多变的景色，石山投资较大，占地较小，但少受坡度的影响。因大型树木的根系会破坏假山的结构，所以石山只能穴植或预留种植坑，种植一点小型树木或花草。另外，还有一种“土石山”，依土和石的比例不同，还可分成以土为主和以石为主；土石山有土山和石山二者的优点，所以在造园中应用较多。

假山还可以分成用来观赏游览的山和仅供人观赏不可攀登的山，各有不同的设计要点和方法。园林工程中把堆置假山叫做“掇山”，也可以称为“叠山”，自古以来，掇山就是中国独有的一门艺术，历史上也出过不少知名的匠师，譬如《园冶》的作者苏州人计成，还有常州人戈裕良等；历朝历代在文献中留下的假山记载和描述的更是不计其数，已经形成了中国园林文化中的重要组成部分。

先辈们对于“掇山”已经形成了一整套理论和方法，譬如在假山堆叠方面就总结出了“安、边、接、榫、扎、填、跨、补、缝、垫、搭、靠、转、顶、挑、瓢、飞、挂、钉、担、钩、压、悬、斗、卡、连、垂、剑、拼”等一系列拟景手法与具体的操作要领。

至于“置石”也可称为“点石”。“置石”比“假山”更为常见，因此也更为重要；“置石”在中国园林景观或庭院景观中是重要的拟景手段和素材。业内“园可无山、不可无石”“石配树而华，树配石而坚”等经典说法，指出了“石”在中国园林文化中拥有的艺术地位和不可替代性。“置石”和“假山”都是“中国园林石文化”中的重要部分。

在“置石”方面，前辈们同样有成套的美学理论与具体的操作要领，譬如置石有“散置”“对置”“群置”“特置”等方式。所谓“散置”是模仿山野间自然散落的石块，有一两块、三四块、五六块，大小远近、高低错落、星罗棋布、粗看零乱不已，细瞧用心良苦。“对置”和“群置”是用较多的石块搭配成群，疏密有致、相互呼应，形成丰富多样的石景。在园林建筑前、墙角、路边、树下、水畔等场所，常有一些非常注目或不起眼的“孤赏石”，称之为“特置”的石景。

对于“散置、群置”明代画家龚贤所著《画诀》中说：“石必一丛数块，大石间小石，然须联络、面宜一向，既不一向、宜大小顾盼。石小宜平，或在水中，或从土出，要有着落。”“特置”的山石可以半埋半藏以显露自然或设一基座置于庭院中成为摆饰。能够用来堆叠假山的石头品种有太湖石、黄石、房山石、英德石、黄蜡石、斧劈石等；长三角地区常用太湖石、斧劈石、黄石；北方多用房山石；岭南园林多用英德石和黄蜡石。

总之，以堆山叠石造景要分主次，做到宾主分明、层次深远、呼应顾盼、相互关联、气脉相通、相衬相托、起伏曲折、疏密虚实……用 SketchUp 来设计或创建假山模型，同样要遵循这些原则。

下面介绍一种用照片创建斧劈石假山的方法。请看图 4.21.1 所示的假山模型，看起来有二三十米高，层层叠叠，峰回路转，还有两处瀑布跌水，就是一处不错的景色。

图 4.21.1　斧劈石假山模型（1）

你能想得到它的原始照片是图 4.21.2 这样的吗？竟然是一个小小的盆景。图 4.21.3 是用同一幅照片做的另一个假山模型，比起前面那个细节更多也更生动。

图 4.21.2　原始素材照片

图 4.21.3　斧劈石假山模型（2）

1. 做斧劈石假山的操作要点

（1）准备一幅照片，要求有足够多的像素和细节清晰度，动手之前可能还需要用专业的平面设计软件对照片的亮度、色调等进行必要的调整，以尽量符合建模所需。

（2）导入这个假山照片或盆景的照片，调整图片的大小到需要的尺寸，炸开这幅图片。

（3）用手绘线工具勾勒出石块的外部轮廓。注意画线时要沿着石块的内部有材质的区域描绘，不要描到边缘浅色的背景，如图 4.21.4 所示（重要）。

（4）如果看不清楚照片细节，可以打开 X 光模式，甚至在默认面板的材质面板调整“透明度”。

（5）改变边线的粗细或颜色；可到 1.3 节查阅方法。

（6）成面后选取需要的线和面，创建群组后移动出去，如图 4.21.5 所示。

（7）进一步根据照片上的纹理勾勒出细节，如图 4.21.6 所示。

（8）推拉出细节，如图 4.21.7 必要时继续描绘和推拉出更多细节，如图 4.21.8 所示。

（9）适当柔化后如图 4.21.9 真实斧劈石的轮廓很清晰，不柔化也可以。

（10）一个石块完成后，创建组件，保存备用。

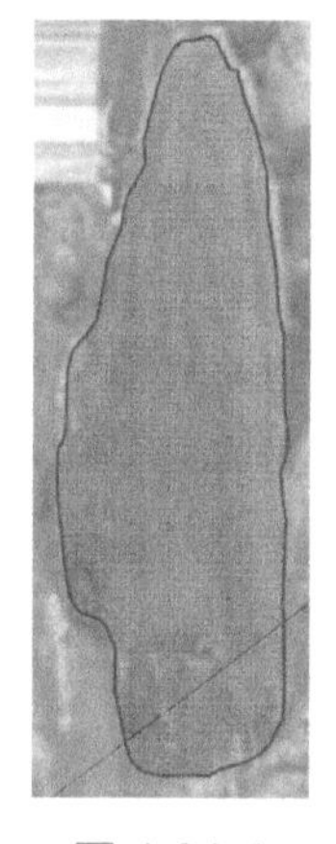
图 4.21.4
描绘轮廓

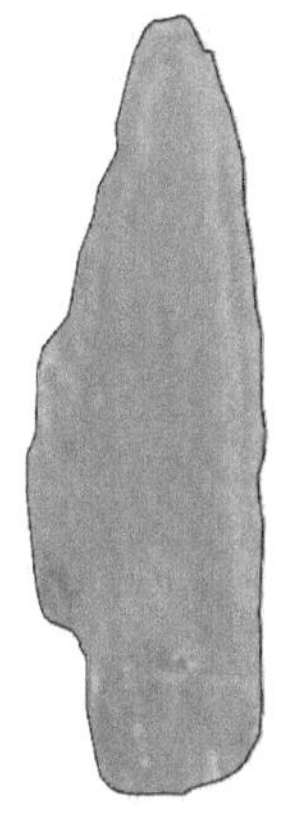
图 4.21.5
复制移动推拉

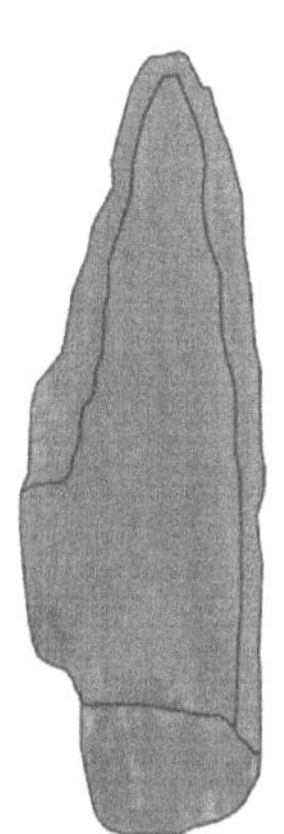
图 4.21.6
继续描绘

图 4.21.7
再次推拉

图 4.21.8
继续细化

图 4.21.9
适度柔化

（11）分别对照片的其余部分做同样的操作，如图 4.21.10 所示。

（12）满意后，做成群组或组件，保存入库备用。

（13）现在有了两块斧劈石，如图 4.21.11 所示。

（14）用移动工具、缩放工具、镜像等工具改变石块的形状，堆叠出假山，如图 4.21.12 所示。

2. 更简单的用照片创建假山的方法

（1）如图 4.21.4 所示，在照片上描绘出一个石块的轮廓。

（2）在原地拉出厚度后继续描绘和拉出细节，如图 4.21.6 ~ 图 4.21.8 所示。

（3）用上述的办法，一直到把照片上的所有部分都在原地做成石块。

这种办法或许比第一种办法快一点，但是有以下几个缺点。

（1）形成的假山连在一起，很难修改。

（2）以照片做成的石块无法二次利用。

（3）模型受制于照片原型，不能创建属于自己的假山。

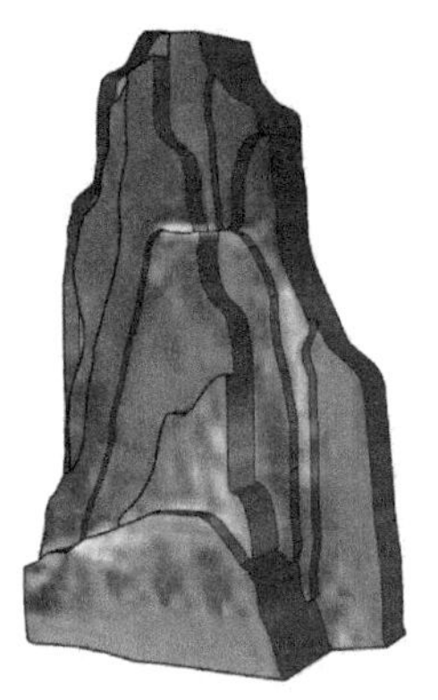

图 4.21.10　继续制作

图 4.21.11　继续制作

图 4.21.12　拼成假山

3. 小结

创建斧劈石假山模型是比较容易的，至于假山做得是否逼真，就看你选择的照片以及是否舍得下功夫；譬如图 4.21.3 右 1/4 的部分做了较多的层次细节，看起来就比图 4.21.1 中同一位置的大石块更精致和逼真。这两个模型已经保存在本节的附件里供参考，不需要太多技巧，只要有耐心，谁都可以做好。为了不至于耽误太多的时间，斧劈石假山就介绍这么多了。在附件里还有一些斧劈石假山的照片，你可以挑选一两幅，亲自动手尝试一下。

4. 如何创建黄石假山和一些特殊的操作

图 4.21.13 是 SketchUp 模型，是用图 4.21.14 所示的照片为依据创建的。

做黄石假山的操作跟前面讲的斧劈石假山基本相同，也是从导入黄石或黄石假山甚至盆景的照片开始；逐步勾勒出石块的外轮廓，描绘的时候同样要注意沿着石块的内部有颜色的边缘描绘，如果看不清楚，可以打开 X 光模式。

如果想做成不同的石块，自行拼装出假山，就要把需要的面移动出去；根据照片上的纹理勾勒出细节；再推拉出细节，做成石块组件，保存起来以备后用。也可以在勾画出一块石头后，就在原处推拉成体，继续勾画和推拉出细节。勾勒和推拉可以重复多次，以获得丰富的层次与细节，细节越多就越逼真。

图 4.21.13　黄石缎山模型

图 4.21.14　原始照片素材

应注意黄石跟斧劈石的区别。

（1）上面介绍的斧劈石，其特征是“层”，每一层有不同的形状，只要勾画出每一层的形状，拉出适当的厚度就可以得到近乎完美的形象。

（2）黄石的特征是“块”和“棱角”，如果仍然用勾画轮廓再推拉的办法就不能获得满意的结果了，为了更好地表现黄石的“块”和“棱角”，还需要更多的技巧。

（3）创建黄石（或类似石料）除了推拉外，还可以用移动工具配合 Alt 键移动某些边线和节点做折叠操作，图 4.21.15 ~图 4.21.17 所示的 3 幅图上圈出的地方就做了折叠的操作，你可以在附件里找到这个模型，仔细看看。

（4）单块的黄石（或类似石料）做成群组或组件，保存入库备用；堆叠时，还可以用缩放、旋转、复制、镜像等技巧形成新的石块。

图 4.21.15　移动折叠一

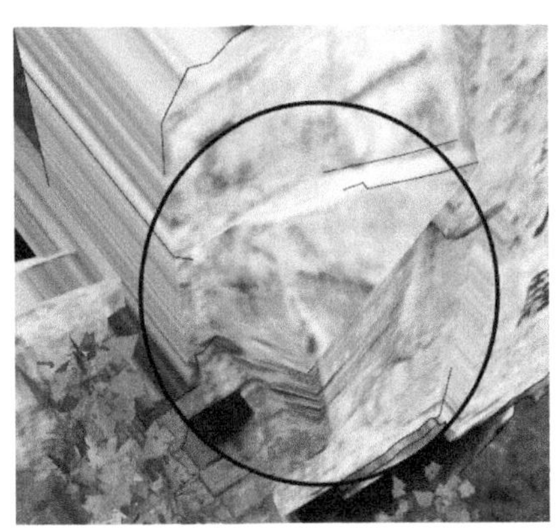

图 4.21.16　移动折叠二

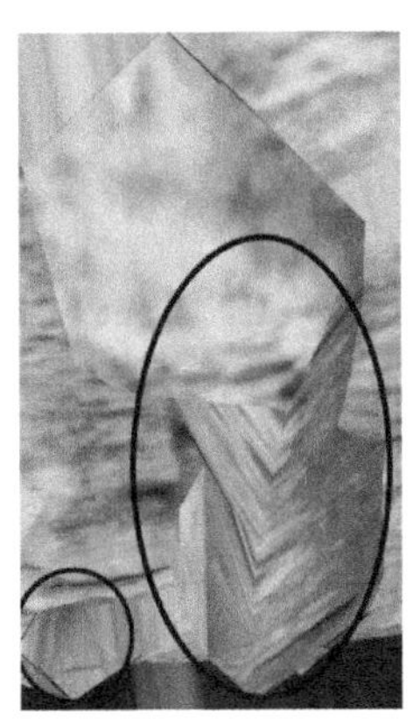

图 4.21.17　移动折叠三

5. 如何克服假山模型侧面惨不忍睹的缺陷（包括斧劈石和黄石等所有石块）

很多朋友创建的假山，正面是照片的原状，当然逼真，但是侧面就如图 4.21.18 ①②③所示的那样惨不忍睹，这种假山模型绝对不能以侧面示人，实在遗憾。原因在于 SketchUp 对于材质和贴图以“投影”为默认形式，图 4.21.18 ①②③所示的情况是正常的。

图 4.21.19 和图 4.21.20 两图是同一石块的另一侧面（可到附件模型里查看），看起来就比较正常，因为采取了以下的措施。

（1）三击全选后取消柔化，暴露出所有线面（柔化面板滑块向左拉到底）。

（2）挑选侧面一块较大的平面（不要同时选中边线），单击右键，在“纹理”中取消选中“投影”。

（3）再次以右键选中该平面（不要同时选中边线），单击右键，在“纹理”中选择“位置”。

（4）按本系列教程《SketchUp 要点精讲》的 7.1 节和 7.2 节介绍的方法调整贴图位置。

（5）在本书的第 5 章也有类似的操作可资借鉴。

（6）用吸管工具获取这个面的材质，再赋给其他的面。

（7）全部完成后，三击全选后适当柔化（保留部分必要的边线）。

（8）对其他的石块做相同处理，分别创建组件或群组后备用。

图 4.21.18　有缺陷的侧面

图 4.21.19　侧面赋予材质一

图 4.21.20　侧面赋予材质二

石头堆成的假山是无生命的，但它有自然的纹理，造型和色彩朴实无华，这是假山的魅力，还可以在创建好的假山上栽种一些有生命的植物点缀一下，赋予假山以生命。

扫码下载本章教学视频及附件

第 5 章

巧打扮

学习 SketchUp 而不能熟练驾驭材质、贴图、风格等技巧的话，就不能充分发挥 SketchUp 的强大功能，只能算是学会了一半。

本章要解决时常困惑初学者的问题，还要介绍一些新的技法。

对一个“白模”进行贴图、赋材质、风格、前后背景、明暗度、色调色彩等后续处理，所用的时间甚至比建模还多，但效果也是明显的。

5.1 图片和材质

在本系列教程的《SketchUp 要点精讲》第 7 章 7.1 节里，曾经简单介绍过油漆桶工具以及材质面板的基本知识；在其他章节里也提到过一些材质和贴图方面的用法；在系列教程的很多部分，一直在提醒初学者，“学习 SketchUp 而不能熟练驾驭材质，包含延伸出的贴图等技巧的话，就不能充分发挥 SketchUp 的强大功能，只能算是学会了一半”。从本节开始的 8 节，大多都是跟材质和贴图方面有关的内容，这 8 节里的内容是根据很多年来在教学实践中发现的问题而特别设置的，要解决时常困惑初学者的问题，还要介绍一些新的技法。

顺便说一下，SketchUp（中国）授权培训中心已经安排编写一本《SketchUp 材质系统精讲》其中的内容非常丰富，一言以蔽之：SketchUp 里除了建模之外的一切都包罗其中，包括“色彩设计”“贴图制备”“以图代模”“依图建模”“模型背景”“球顶天空”“3D 扫描”“点云成模”“3D 打印”“全景应用”“相关插件”等，计划在 2021 年下半年由清华大学出版社出版发行。

1. “材质”的定义

首先，很多初学者弄不明白 SketchUp 里面的“材质”二字的准确定义，其实“材质”二字是一个非常抽象宽泛的概念，英文里的“Material”有材质、材料、物料、资料等意义；“材质”还有一个混用词“纹理”英文单词是“texture”，有质地、结构、本质、实质等意义；相对于英文的含糊不清，中文对于“材质”二字有更为精确的解释。

我们在生活中看到一样东西，除了“形状”以外，还可以感受到它的“质地”，如色彩、纹理、光滑度、透明度、折射率、发光度等，把这些要素集合起来，称它为“质感”或“质地”。

感受到物体质地的同时，还可以联想到这个东西大概是用什么材料做的，譬如金属、木头、棉布、皮革、石块、泥土、水等；甚至还可以联想或估计出这个东西是软的还是硬的、是冷的还是热的、是轻的还是重的、接触它是否有危害等一系列的感知。

上面所提到的“材料”和“质感”，合在一起就是所谓的“材质”；看到一种“材质”后，人们还可以根据自己的生活经验和脾气性格，判断出这个东西是漂亮的、可爱的、一般的还是丑陋的、可恶的、危险的等结论。所以，“材质”二字和它的内涵非常重要。

人们看到用 SketchUp 创建的模型，如果只能让人感受到它的形状是方的圆的、大的小的、高的矮的、深的浅的、弯的直的，那我们只发挥了 SketchUp 一半功能；如果你的模型同时还能让人感受到它的“材料”和“质地”进而产生“兴趣”“好感”“喜欢”，你才算是真正学会了 SketchUp 的全部。

2. SketchUp 里的“材质”

打开 SketchUp 的材质面板，你可以看到 SketchUp 自带的材质有 10 多个不同的默认类型，现在我们来做一个测试，看看这些自称为材质的都是些什么东西；

用地形工具在地面上画一些方格，然后在每个方格里填入一种材质，如图 5.1.1 所示。

表格里填入了 SketchUp 自带的“指定色彩”还随便填入一些其他的材质。

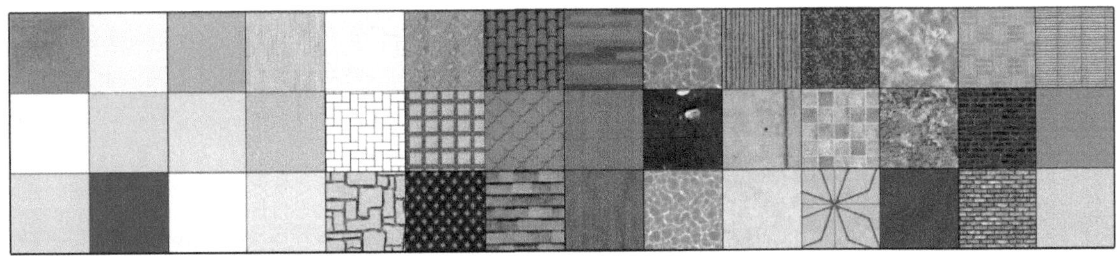

图 5.1.1　SketchUp 材质例

现在单击材质面板上一个小房子的按钮，显示出当前模型里的全部材质，如图 5.1.2 ①所示，接着用鼠标右键单击一些木材、纺织品、瓦片之类的材质，在右键菜单里选择“输出纹理图像”到一个临时的文件夹里去。

现在打开这个临时文件夹，在属性栏里，可以看到这些导出的材质，它们的真实身份原来都是 jpg 格式或 png 的图片，像素有多有少、文件有大有小，但是它们都是图片。至于图片是如何变成了材质，这个问题暂且放下，等一下再来讨论。

现在回到 SketchUp 的材质面板（见图 5.1.2），再用鼠标右键单击最先填入的 6 个材质，也就是最左边的“指定色彩”和“颜色”，你会发现这些同样是材质的东西是无法输出纹理图像的，包括部分的玻璃。

那它们到底是什么呢？它们就是颜色。在所有的计算机软件里，每种颜色不过是一组数据而已；我们随便选择这些颜色中的一个，如图 5.1.3 所示，在“编辑”标签里就可以看到组成这种颜色的数据，如图 5.1.3 方框内所示。

SketchUp 有 3 种颜色体系，分别是 HLS、HSB 和 RGB（色轮是 HSB 的另一种形式），用最容易理解的 RGB 为例，可以看到这种颜色所包含的红色（R）、绿色（G）和蓝色（B）的成分，改变其中的任何一个，它就不再是原来的样子，形成了新的颜色。

材质面板上还有调整纹理大小、透明度等很多功能。

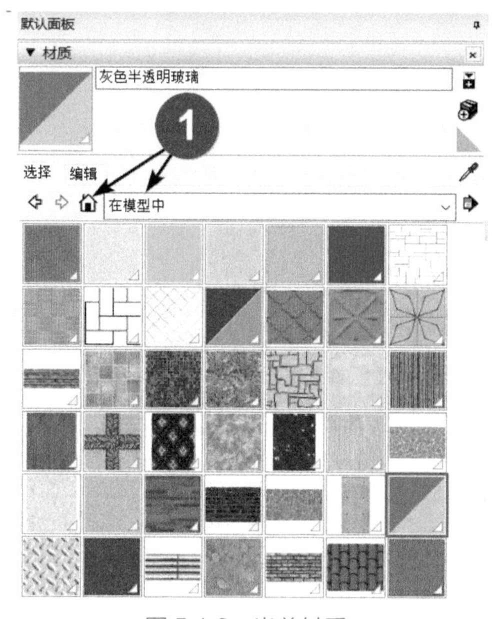

图 5.1.2　当前材质

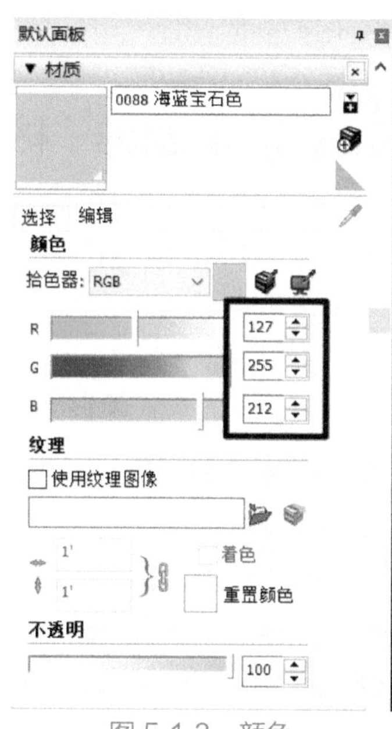

图 5.1.3　颜色

好了，现在归纳如下。

（1）SketchUp 中的“材质”可能是计算机生成的颜色，也可能是由图片变化而来的。

（2）作为材质的颜色，是一组计算机数据，占用极少的计算机资源，用得再多，也不至于过分影响计算机的运行。

（3）图片变化而来的材质就不同了，使用这种材质，其实就是做贴图的操作，贴图数量过多，特别是用了大尺寸的图片，会大幅增加计算机的运算负担，严重时还会拖慢 SketchUp 的反应速度，搞不好还会死机或崩溃。

上面这一段，讨论了 SketchUp 的材质到底是什么，还知道了同样是材质的颜色和图片之间的区别，所以不要在建模的初始阶段就急着给模型赋予材质，特别是不要急着贴图，可以用一种与贴图相似的颜色代替贴图，到建模的最后阶段再统一更换成贴图材质。即使已经完成了贴图，也可以用改变显示方式的办法，避免过分消耗计算机资源。

3. SketchUp 材质的常见问题

下面来回答初学者经常提出的几个问题。

第一个常见问题是为什么打不开网络下载的“材质库”？这是一个老问题了，提问的人基本是不懂 SketchUp 的材质文件格式和特点的新手，现在集中回答一下。

我曾经在网络上共享过一个“材质库”，这是我 10 多年来收集和自己创建的；下载解压后，大概有 2.3GB，有 7300 多个材质，分成 84 个不同的类别，目前还在不断增加中。

在 Windows 系统的资源管理器中随便打开一个库文件夹，可以看到很多图像，如图 5.1.4 所示。如果你看不到这些图片（skm 文件的缩略图），说明你的计算机可能安装有多个版本的 SketchUp，或者计算机系统有问题，因而不能显示 skm 格式的缩略图。

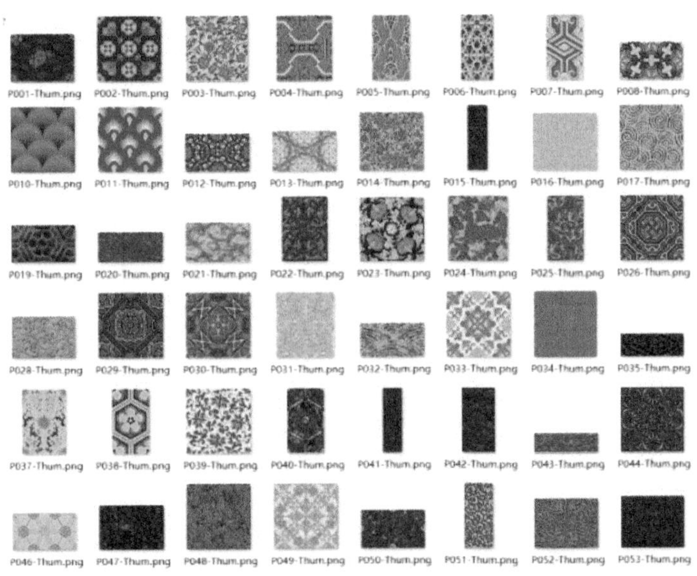

图 5.1.4　skm 材质

如果因为安装有多个不同版本的 SketchUp 而不能预览 skm 文件的缩略图，可能也不能预览 skp 格式的模型或组件，你可以试试先卸载所有版本的 SketchUp，重新启动后从最低的版本开始安装 SketchUp，最高的版本最后安装，通常可解决不能预览 skp 和 skm 文件的问题。

如果用上述办法仍然不能解决预览 skp、skm 的问题，就可能是操作系统的问题了，原因较多，可能是系统设置问题等，如果不想重新安装系统，可以去搜索一个叫作“MysticThumbs”的“缩略图补丁”，安装后即可解决不能预览的问题。

第二个问题，双击图 5.1.4 所示的 skm 文件缩略图，为什么 Windows 不能打开这幅图片？

问题在于它们看起来像是图片文件，其实这些文件的格式是 skm 的材质而不是图片，无论系统默认的图片浏览器还是任何外来的看图工具，都是不能打开 skm 格式文件的。

我们知道，SketchUp 模型的格式是 skp，只能用 SketchUp 来打开；图 5.1.4 所示的缩略图是 skm 格式的文件，这是 SketchUp 材质的专用格式，同样只能用 SketchUp 来打开，所以在 Windows 里双击不能打开它们是正常的。

现在我们已经知道，试图在 SketchUp 的资源管理器中或通过其他途径去打开它们，一定会满头怒火、铩羽而归。

第三个问题是，我们在 SketchUp 里如何打开 skm 格式的材质文件？

正确的打开方式只有一种，具体如下。

（1）单击材质面板上向右的箭头，如图 5.1.5 ①所示。

（2）在弹出菜单里单击“打开和创建材质库”命令，如图 5.1.5 ②所示。

（3）然后在自动弹出的 Windows 资源管理器里导航到你的材质库，库文件可以保存在计算机硬盘、U 盘或移动硬盘上（注意只要导航到文件夹而不是文件）。

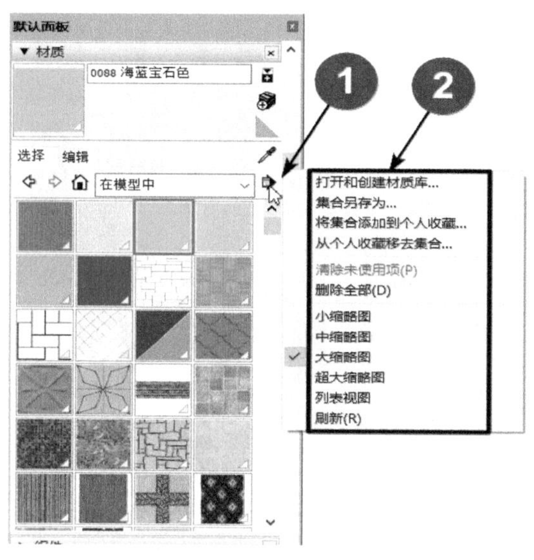

图 5.1.5　保存与打开材质（库）

（4）如果你选择了材质库的根目录（名称为 ×× 材质库的文件夹），就是把材质库的所有子目录全部引入到你的材质面板上，你可以在材质面板里选择需要的材质库子目录，打开子目录的文件夹才可以使用里面的材质。

（5）如果你目前只需要用材质库里的部分材质，可以直接导航到所需要的材质类别，如“木纹”或“瓷砖”等，这样就可以直接打开材质库的子目录，节约时间。

用上述方法来调用材质库，有一个局限性：就是再次打开 SketchUp 的时候，材质面板上不会保存上次用过的材质库路径，每次使用都需要重新导航，重新建立路径信息。因为这样每次使用自己的材质库就要重复做一次导航建立路径的操作，显然不太方便，现在介绍第二种方法：你可以把下载的或自己建立的材质库，整体保存到下面的文件夹里去：C:\Users\ 你的用户名 \AppData\Roaming\SketchUp\SketchUp 20xx\SketchUp\Materials。

如果你在计算机上看不到“AppData”这个路径很正常，因为它默认是隐藏的。解决的方法如下：（以 Windows 10 为例）可以顺序单击“此电脑”左上角有一个“查看”菜单，如图 5.1.6 ①所示，然后在弹出的面板上勾选“隐藏的项目”，如图 5.1.6 ②所示，勾选它以后，就可以看到原先隐藏的“AppData”目录了，如图 5.1.6 ③所示，单击打开这个文件夹就可以找到上述路径了。

应注意，用过以后，最好回到图 5.1.6 ②所示的位置取消这个勾选；否则很容易误删除系统重要文件，造成大麻烦。

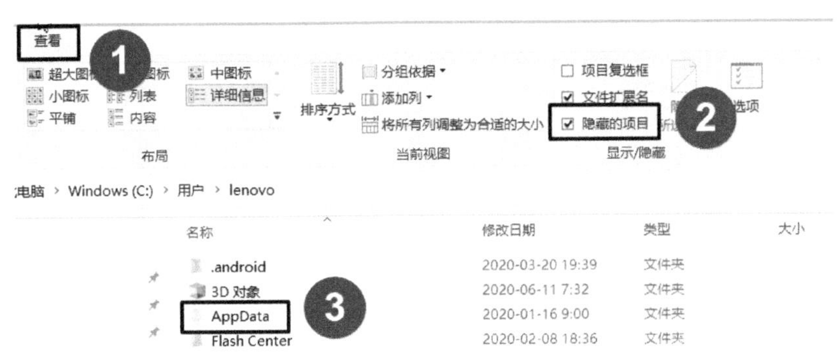

图 5.1.6　保存成默认材质库的路径

4. SketchUp 的几个重要文件夹

顺便说一下，对于 SketchUp 的用户，下面的这个路径要倒背如流；C:\Users\你的用户名\AppData\Roaming\SketchUp\SketchUp 20xx\SketchUp，因为这里有 6 个文件夹，如图 5.1.7 所示，随着你对 SketchUp 学习和使用的深入，一定会经常在这里进进出出，这里的 6 个文件夹分别如下。

图 5.1.7 ①所示的 Classifications 是保存分类方案的，里面保存着默认的 IFC；这部分内容可查阅《SketchUp 要点精讲》的 8.4 节，关于“分类器”的内容。

图 5.1.7 ②所示的 Components 是保存组件库的，默认为空，可以把你的组件库保存到这里。

图 5.1.7 ③所示的 Materials，就是保存材质库的地方，可以把材质库保存在这里。

图 5.1.7 ④所示的 Plugins，是保存插件的地方，关于插件的内容将在本系列教程的其他部分里做深入讨论。

图 5.1.7 ⑤所示的 Styles，是保存风格库的位置，默认为空，可以把风格库复制到这里。

图 5.1.7 ⑥所示的 Templates，你自己创建的 SketchUp 模板会自动保存在这里，如果你有很多不同的模板，也可以复制进去，在 SketchUp 启动界面和帮助菜单里选择使用。

应注意：这 6 个 SketchUp 默认的重要位置都在 C 盘，因此要考虑几个问题。

（1）重新安装系统时，C 盘的所有文件将被删除，你必须留有这些文件的副本。

（2）通常材质库和组件库甚至插件的体积都相当大，而 C 盘的空间通常有限，是否要全部复制到 C 盘，应想清楚后再操作。

（3）如果你计算机的 C 盘空间足够大，当然可以把材质库和组件库全部复制进去，不会因此影响计算机的使用，只会增加 SketchUp 的启动时间，不会拖慢 SketchUp 的运行速度。

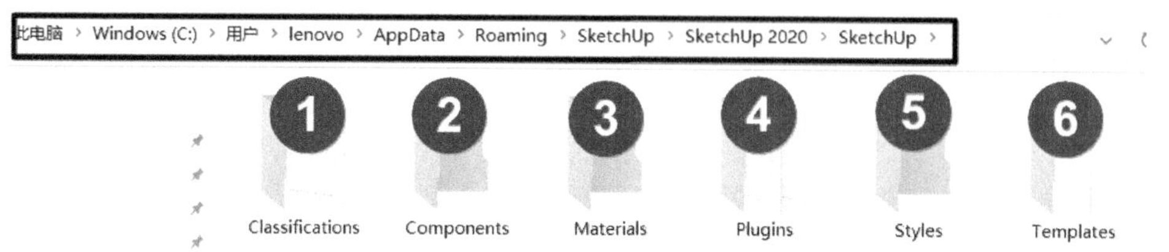

图 5.1.7　经常要打交道的 6 个目录

介绍了这么多，你该知道这个位置对于每个使用 SketchUp 的人是多么重要了吧，如果你记不住上面给你的路径，或者你根本就不想记住它，下面介绍给你一个办法。

（1）第一次找到这个位置有点麻烦，但无法避免。

（2）找到后，右键单击 SketchUp 目录，找到右键菜单里的“发送到”→“桌面快捷方式”命令。

这样你的计算机桌面上就有了一个直捣黄龙的快捷方式了，下次再想去那个难找的小街小巷小弄堂，只要双击快捷方式图标，根本不用查地图找人指路看门牌号码，比坐火箭还快，直接到达。

5. 外部图片如何成为 skm 材质

最后要解答的问题也是初学者经常会问的：如何把图片变成 SketchUp 材质？回答这个问题要分成两个部分。

第一个部分是，想要把某一幅或者几幅图片（关键词是“少量图片”）变成 SketchUp 材质，并且直接用到 SketchUp 模型上。

有一种比较正规的方法，但是麻烦，好像正规的事情都比较麻烦，走横道线正规，比直接穿过马路麻烦多了；等绿灯正规，比抢红灯也麻烦很多，不过，作者不能不把这麻烦的操作过程演示一次。

先创建一个立方体，等一会要把导入的图片当作材质赋给这个立方体，如图 5.1.8 所示。

选择“文件”菜单，单击“导入”命令，从弹出的对话框中找到保存图片的目录，如图 5.1.9 ①所示，选择文件类型如图 5.1.9 ②所示。单击想要导入的图片，如图 5.1.9 ③所示，在左下角点选；将图像用作“纹理”，如图 5.1.9 ④所示。

然后单击图 5.1.9 ⑤所示的“导入”按钮，刚才选择的图片就粘在了你的光标上了（图 5.1.10），光标也变成了油漆桶，移动光标到需要赋予材质的位置，单击鼠标左键，移动光标到合适位置后再次单击，刚才的图片就成了 SketchUp 的材质，并贴在了指定位置（图 5.1.10），同时材质面板里就有了这种材质，还可以对它进行再加工。

如果今后还想用这种材质，可以把它保存到你的材质库里去，在材质面板上右键单击想要保存的材质，选择“另存为”命令，如图 5.1.11 所示，在弹出的保存界面中起个名字，选择保存为“SketchUp 材质 skm”，如图 5.1.12 ①②所示。

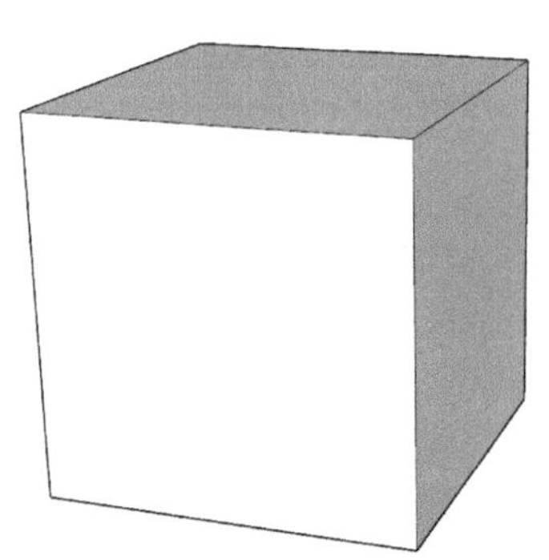

图 5.1.8　试验用的立方体

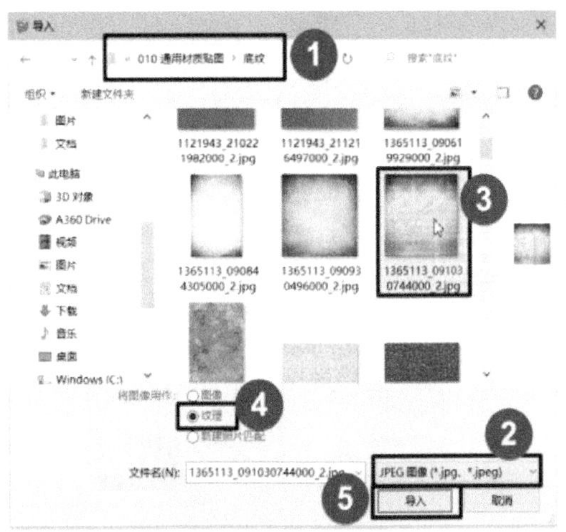

图 5.1.9　导入图片

图 5.1.10　炸开并为几何体赋予材质

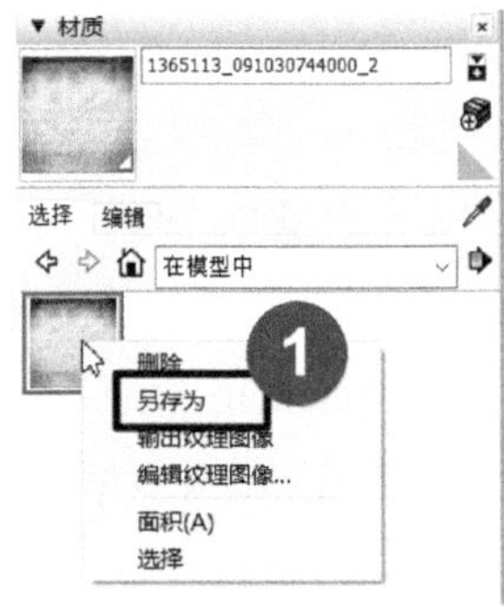

图 5.1.11　材质另存为

还有一种不太规矩的办法，当然不是教唆你去横穿马路闯红灯。

图 5.1.13 中有 8 幅花岗岩图片，想把它们都变成 SketchUp 材质；一幅幅把它们全部拉到 SketchUp 的工作区里，摞在一起也无所谓，如图 5.1.14 所示。

全选后炸开，材质面板上就多了 8 种材质，如图 5.1.15 所示。可以一个个保存，也可以成批保存成一个“材质集合”，见图 5.1.5 ②的“将集合另存为”或“将集合另存为个人收藏”命令。

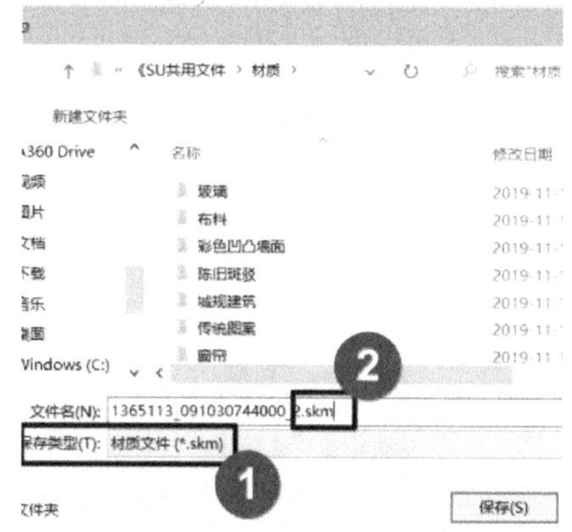

图 5.1.12　skm 材质文件

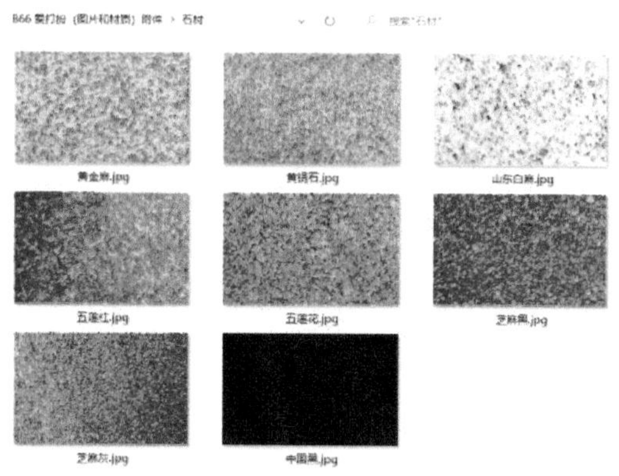

图 5.1.13　外部图片目录

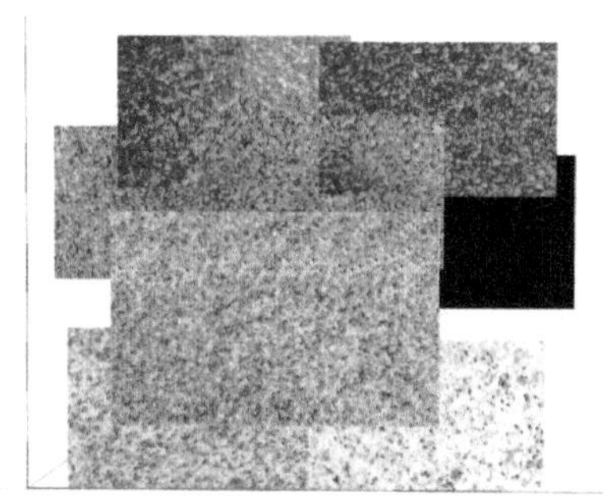

图 5.1.14　全部拉入 SketchUp

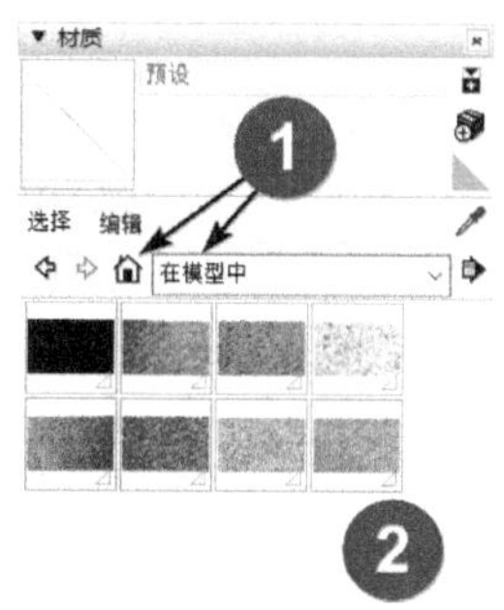

图 5.1.15　炸开后成为材质

上面介绍了如何把少量图片变成 SketchUp 材质的方法。如果有成千上万的图片，想要快速转换成 SketchUp 的材质，有没有更加快速的办法？当然有，但是说来话长，也不是本节的主题，将会在《SketchUp 材质系统精讲》一书中专门讨论。

上面介绍的只是 SketchUp 材质方面最最基础的一点知识，在本系列教程的《SketchUp 材质系统精讲》一书中将有更为系统与详细的讨论。

5.2　基础贴图纹理调整

相信你一定注意过，在本书的很多章节中，如方桌、方凳、双人床和床头柜、衣柜、书柜、椅子等，建好了模型，只是简单上了一种颜色而没有认真做过比较逼真的木纹贴图，其实这是有意安排的，在本节里，将为你解决这个有意遗留下来的问题。

为了更好地介绍本节要讨论的“贴图纹理调整”这个话题，图 5.2.1 所示的八角形花窗是一个比较好的标本。花窗是中国传统窗户的一种装饰美化形式，既具备实用功能又有装饰效用，在中国传统建筑中占据着重要的地位，在现代建筑中也依然有广泛的应用。需要说明，这个实例并不是要研究如何来创建花窗模型，而是来讨论很多学员在创建类似模型时都会犯的一些“材质贴图”方面的错误。

1. 材质贴图常见错误与纠正

譬如很多人在创建了八角形窗框后，全选并且赋给了一种木纹，结果如图 5.2.2 所示，这样做，快倒是快，但至少有四大缺陷，即便不懂 SketchUp 建模的人看起来都显得非常不专业，这四大缺陷如下（打开附件里的模型看得更清楚）。

（1）木纹大小与模型尺寸不匹配，太粗糙。

（2）木纹的方向全部是垂直的，与常识不符，当然更不符合专业要求。

（3）出现了贴图素材上的缺陷，如图 5.2.2 ①处的深色竖纹。

（4）出现了贴图素材上的“接缝”，如图 5.2.2 ②处的深浅不一。

图 5.2.1 认真的贴图

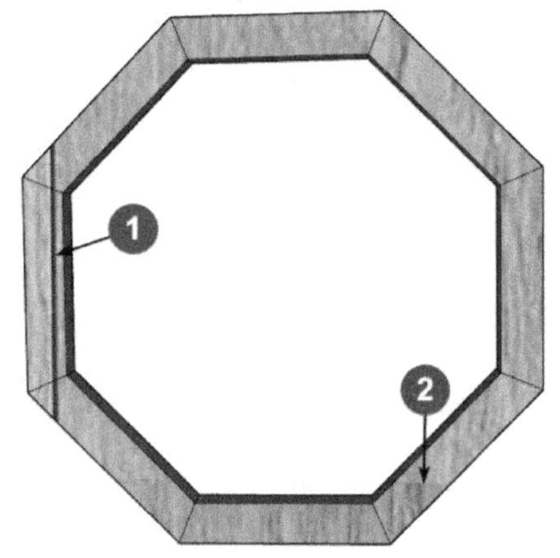

图 5.2.2 马虎的贴图

之所以在模型中会产生这种常见的缺陷，原因大概有以下两个。

① 这个模型是还没有掌握贴图技巧的初学者所作，可以谅解，但你今后必须按下面的正规方法完成赋材质与贴图。

② 这个模型的作者虽然懂得贴图技巧，但怕麻烦，作品显得业余点也无所谓，偷懒第一。

如果你是上述第二种人，下面的内容你就不用再看了，早晚你要被认真负责的人所淘汰。

下面的讨论仅适用于前一种人，希望你掌握下面要介绍的技巧并认真应用，去淘汰偷懒的人。

2. 良好的贴图要从建模开始

在正式讨论贴图纹理调整之前，先说一下创建与图 5.2.2 类似对象的要点和技巧。

这种类型的对象，无论是木质、石质还是金属，凡是要做贴图的，每一个贴图单元都要以线条分隔开，八角形就要分成 8 个部分各自做贴图，一定不能像图 5.2.3 那样连成一个整体。

最常见的做法，也是正确的做法如下。

（1）画一个八角形，向内偏移出另一个同心的八角形。

（2）用短线段区隔出 8 个小梯形，如图 5.2.4 所示。

（3）分别拉出体量，如图 5.2.5 所示。

（4）分别赋予材质并调整贴图的大小与方向，如图 5.2.6 所示。

另一种还算说得过去的偷懒做法如下。

（1）完成图 5.2.4 所示步骤后，留下中心线和一个梯形，并拉出体量，如图 5.2.7 所示。

（2）对这个梯形赋予材质，调整贴图大小和坐标，如图 5.2.7 所示。

（3）做旋转复制，如图 5.2.8 所示。

这种做法虽然省事，但每一个单元的贴图都是一样的，效果并不好（请查看模型）。

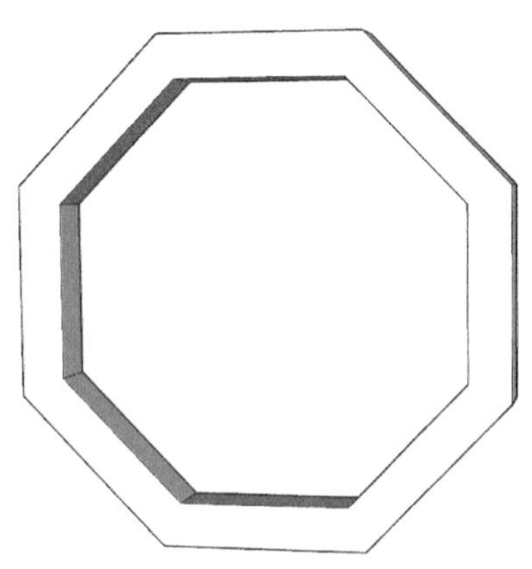

图 5.2.3　马虎的毛坯

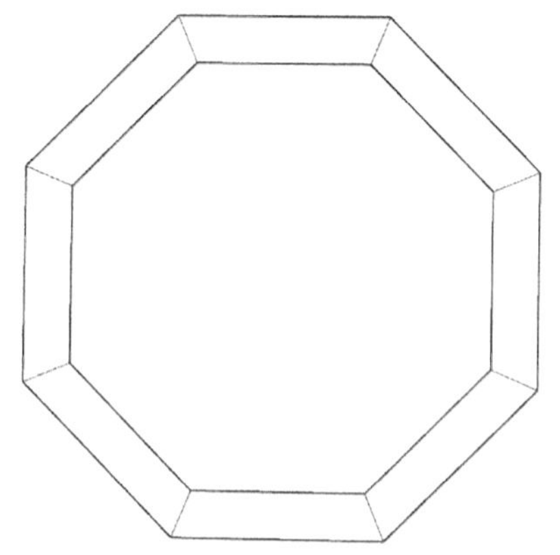

图 5.2.4　正确的开始

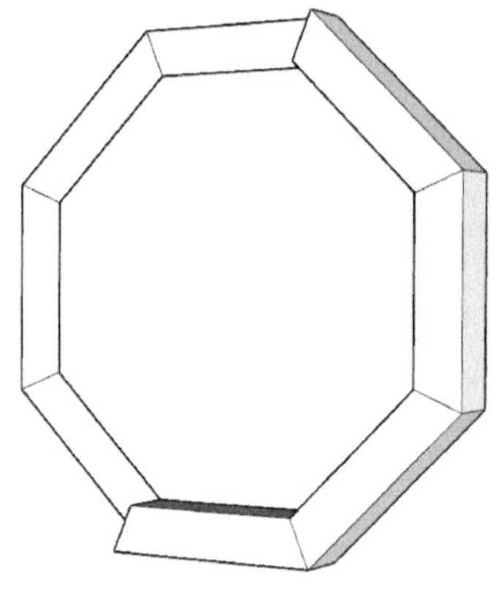

图 5.2.5 逐个提拉

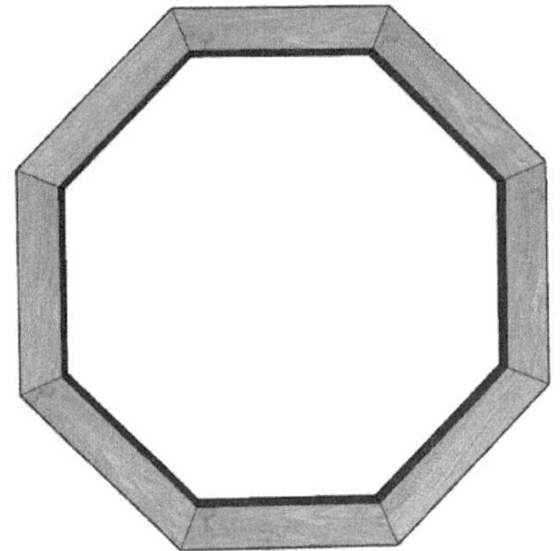

图 5.2.6 偷懒的成品

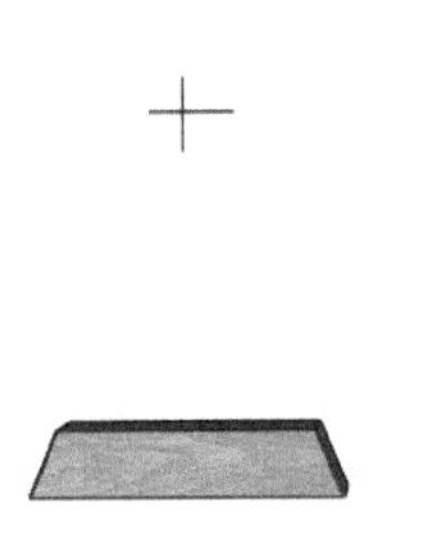

图 5.2.7 偷懒做法第一步

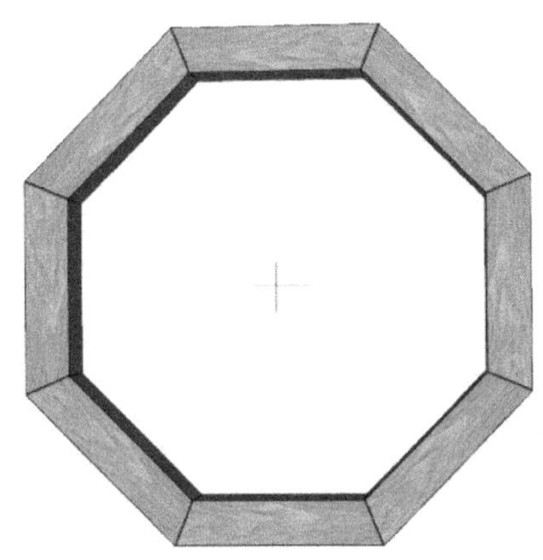

图 5.2.8 偷懒的旋转复制

3. 认真的专业贴图方法

下面从图 5.2.9 所示的情况开始，介绍正确的贴图方法，要注意过程中的“调整贴图大小”“调整贴图方向”“避开贴图缺陷”3 个要点（请播放视频）。

图 5.2.9 就像是图 5.2.2 一样，随便赋了个木纹材质，算不得正规的“贴图”。

下面介绍的基础贴图方法，至少要完成贴图大小、方向、避开缺陷这三方面的调整。现在要说的方法在本书前面的章节里曾经提到过，因为重要，所以再简单复习一下，后面还有几个小节提到同样操作的时候将省略，不再重复。

（1）用鼠标右键在要调整的面上单击，一定不要同时选中边线；否则看不到“纹理”二字。

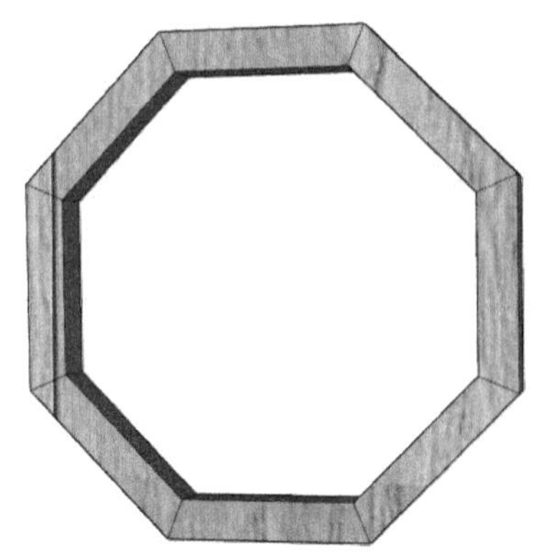

图 5.2.9　贴图第一步

（2）单击“纹理”后在级联菜单选择“位置”命令，见图 5.2.10 的黑框内，进入纹理编辑状态。

（3）如上面的操作准确，你会看到图 5.2.11 所示的情况，将会出现红、绿、蓝、黄 4 个图钉，这 4 个图钉分别在材质图片的 4 个角上，它们定义了图片的边界。

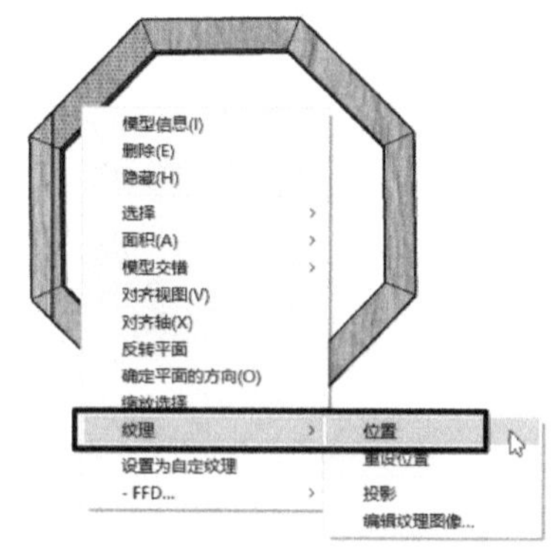

图 5.2.10　调整纹理位置（1）

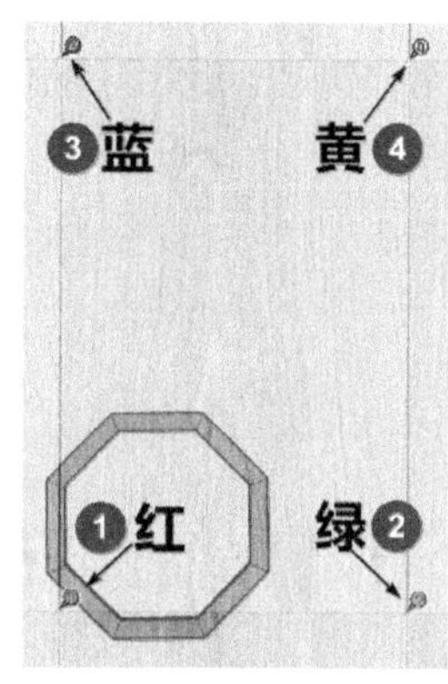

图 5.2.11　调整纹理位置（2）

（4）红色图钉会出现在图片的左下角，我们要用它来确定贴图的基准点。

（5）绿色图钉会出现在图片的右下角，它有调整贴图尺寸和角度的双重功能，非常重要。单击并移动它，靠近红色图钉将缩小贴图尺寸，单击并移动它，离开红色图钉将放大贴图尺寸。单击它后还会出现一个量角器，沿圆周方向移动图钉可调整贴图的角度。

（6）蓝色图钉用于平行四边形变形，黄色图钉用于梯形变形，也有调节图片尺寸形状的功能，大多数情况下不会用到它们，但在 4.18 节安排了一次应用。

（7）所有图钉默认是互相锁定的，各有各的用途，比较容易操作。但是你也可以用右键单击任何图钉，取消“固定图钉”的勾选，进入一种叫作“释放图钉”的模式，各图钉的分工不再像“固定图钉”模式时那样明确，可以将图钉拖曳到任何位置以扭曲材质，“释放图钉”模式不容易操作，需谨慎使用。

（8）除了用单击移动红色图钉的方法移动整幅图片外，也可以单击没有图钉的位置移动整幅材质图片。这种贴图的方式通常叫作“坐标贴图”或“像素贴图”。

（9）单击图片之外的空白处或敲空格键可退出纹理编辑状态。

现在看到的图 5.2.11 所示的材质贴图相对于当前的模型，太大了，以至于看不清木纹。有两种办法可以作出调整。

一种方法：在“材质”面板的“编辑”标签里，分别修改材质的水平方向与垂直方向的大小。这种方法虽然简单，但是难以做精确的调整，通常仅作为“粗调”的手段。

另一种方法：可以作出精确调整，具体操作如下。

（1）先单击移动红色图钉，确定材质图片的基准点，如图 5.2.12 ①所示。

（2）再单击移动绿色图钉，水平靠近红色图钉，缩小材质贴图的尺寸，如图 5.2.12 ②所示。

（3）调整材质贴图尺寸时，要注意图 5.2.12 ③④所示的两个图钉所在的图片边界，要能最大程度地表现材质而不包括“接缝”。

按以上操作完成后的结果见图 5.2.13 ①所指处。应注意现在的所有 8 个面上，木纹的方向都是垂直的，常识告诉我们，这是明显的错误（只有木纹平行于木条时才有最高的抗剪切力）。下面要把木纹调整到平行于木条。

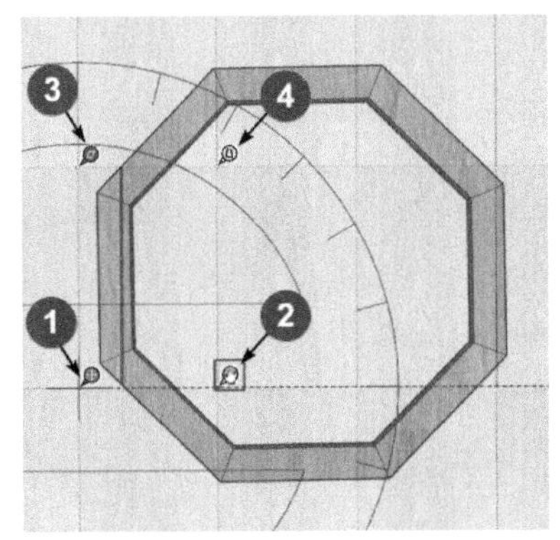

图 5.2.12 调整纹理位置（3）

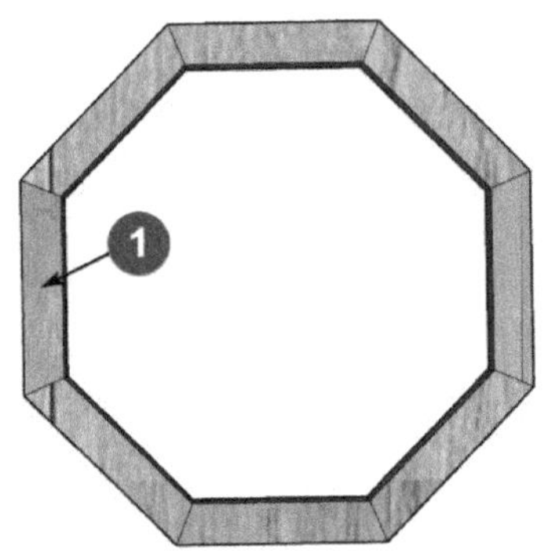

图 5.2.13 调整纹理位置（4）

（4）同前，先单击移动红色图钉，确定材质图片的基准点，如图 5.2.14 ①所示。

（5）再单击绿色图钉，旋转图片，令木纹跟木条平行，如图 5.2.14 所示。

（6）仍单击移动绿色图钉，靠近红色图钉，缩小材质贴图的尺寸，如图 5.2.14 ②所示。

（7）调整材质贴图尺寸。注意，图 5.2.14 ③④所示的图片边界，最大程度地表现材质。

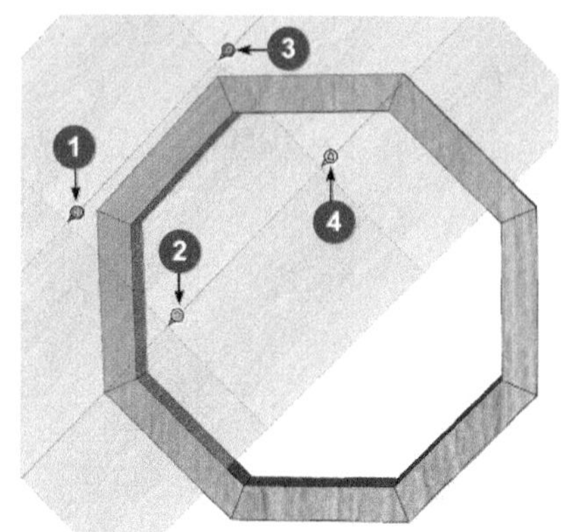

图 5.2.14　调整纹理位置（5）

按以上操作完成后的结果见图 5.2.15 ①所指处。

（8）继续对图 5.2.16 ③④两处做同样的旋转和缩小木纹的操作。

（9）然后把图 5.2.16 ①②③④所指的材质复制给图 5.2.16 ⑤⑥⑦⑧，快捷方法如下。

① 敲快捷键 B，调用材质工具，光标变成油漆桶形状。

② 接着按 Alt 键，油漆桶变成吸管形状。

③ 吸取图 5.2.16 ①所示的材质，松开左键，吸管变回油漆桶形状。

④ 把当前材质赋给对面的图 5.2.16 ⑤。

⑤ 重复以上步骤，②赋给⑥、③赋给⑦、④赋给⑧。

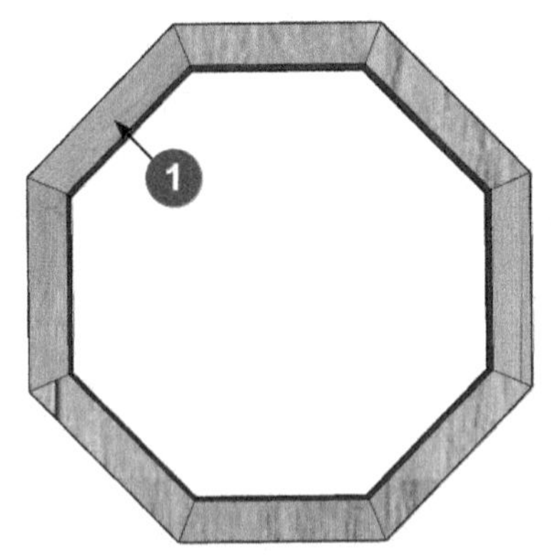

图 5.2.15　对面的纹理相同

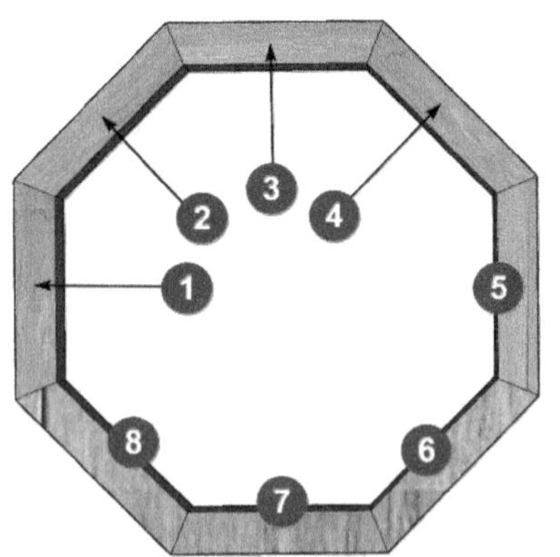

图 5.2.16　对角线复制

（10）完成后如图 5.2.17 所示，所有正面的材质贴图调整完毕。

（11）最后，用同样的方法，吸取一个正面材质，赋给同一木条的另外三面。

（12）如发现任何一个面上的木纹有缺陷，可在进入纹理编辑状态后，直接单击图片移动到满意的位置。

当所有的面都获得了正确的材质后，你的模型就更符合实际、更逼真，看起来就更专业了。

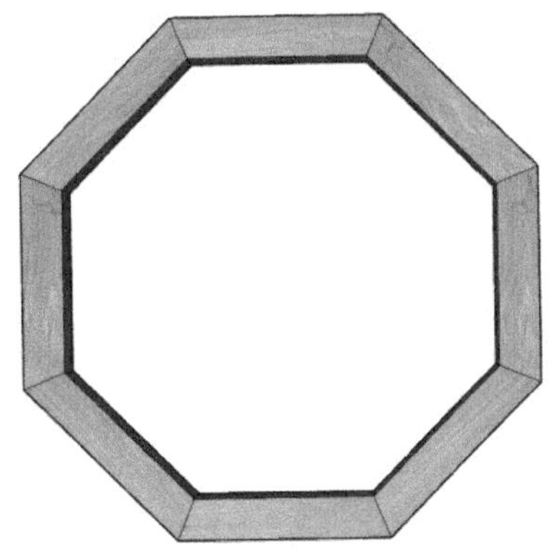

图 5.2.17　合格的成品

经过上面对材质贴图的练习，下面要对之前做好的白模赋予材质。

4. 另两个实例

现在对本书 2.1 节的方桌做贴图。

（1）全选模型，赋给一个木纹材质，此时的木纹是不对的，需要逐一调整。

（2）用上面介绍的方法调整贴图的尺寸和方向，如图 5.2.18 ①所示。

（3）吸取图 5.2.18 ①的纹理，赋给同方向的面，如图 5.2.18 ②③④所示。

（4）用上面介绍的方法调整贴图的尺寸和方向，如图 5.2.18 ⑤所示。

（5）吸取图 5.2.18 ⑤的纹理，赋给同方向的面，如图 5.2.18 ⑥⑦⑧所示。

（6）如遇到赋给的纹理有缺陷，可在右键“纹理”→“位置”菜单中移动图片，避开缺陷。

（7）对方桌的其余部分做同样的操作，调整纹理的大小与方向。

（8）如果方桌的桌面像图 5.2.18 那样，是一整块纹理，这不符合实际，要稍作调整。

① 用若干直线把桌面平分成几个不同的区域，如图 5.2.19 所示。

② 右键分别单击每个区域进入纹理编辑，移动纹理图片，让相邻区域的纹理不再连续，模拟几块不同的面板。完成后如图 5.2.19 所示。

图 5.2.18　纹理的方向

图 5.2.19　符合常识的纹理

再看图 5.2.20 所示的情况，这是本书 2.10 节做的书柜。像这种模型有很多，如图 5.2.20 ①②所指的木板的侧面，很多人赋予材质的时候都会疏忽这种细节，须知很多被疏忽的细节合在一起的结果就是降低模型的品质，对于室内设计，需要近距离观察的模型更需要加倍注意细节。

遇到像木板侧面这种细节只要吸取图 5.2.20 ③处的纹样赋给图 5.2.20 ①②所示木板即可。举手之劳就可获得不留缺陷的贴图（图 5.2.21），何乐而不为。

图 5.2.20　容易疏忽的细节

图 5.2.21　合格的细节

5. 第四个实例

最后，再来看看如何对本书 2.3 节所做的双人床和 2.4 节的床头柜做贴图。图 5.2.22 已经完成了粗略的材质，看到的纹理显然太粗了。

还有，双人床的 4 块主要的板和床头柜的 3 个抽屉面板表面，都不是平面，是圆弧，所以无法用上面介绍的“坐标”方法而要改用“投影”的方法做贴图。

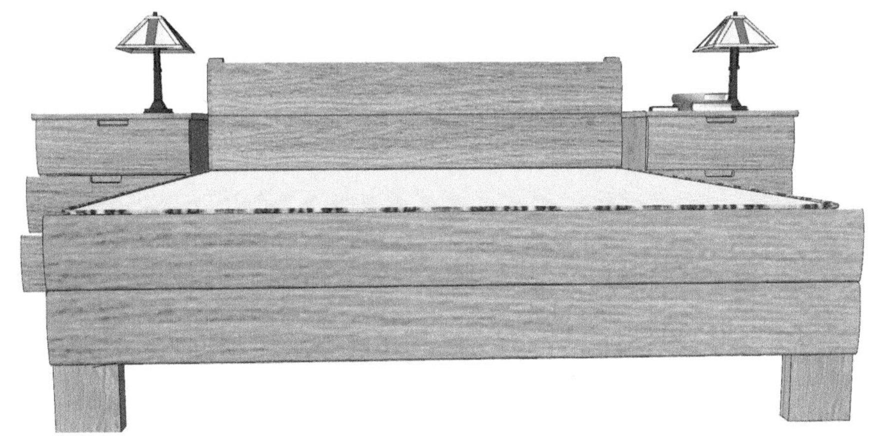

图 5.2.22　粗糙的纹理

所谓“投影”贴图，就像把材质图片当成“幻灯片”投射到需要贴图的目标物上，所以需要提前制作一个幻灯片，就像图 5.2.23 ①所示。

贴图将用以下步骤来完成。

（1）首先要把材质图片赋给图 5.2.23 ①所示的幻灯片。

（2）在幻灯片上调整好纹理的大小和角度等，并且指定用于“投影”。

（3）用吸管工具吸取这个投影性质的材质赋给图 5.2.23 ②所示的对象，得到的结果就像把幻灯片上的图像投射到弧形的表面上。

图 5.2.23　投影贴图准备

首先做上述的第（1）步，把图片赋给幻灯片。

（1）单击红色图钉，移动到幻灯片的左下角附近，如图 5.2.24 ①所示。

（2）单击绿色图钉，移动到幻灯片的右下角附近，如图 5.2.24 ②所示。

（3）注意，现在幻灯片上的纹理仍然很粗，接着可以移动蓝色的图钉到图 5.2.25 ③所示的位置，再把红色的图钉移动到图 5.2.25 ④所示的位置，可以见到图片被压缩，纹理变得细腻。

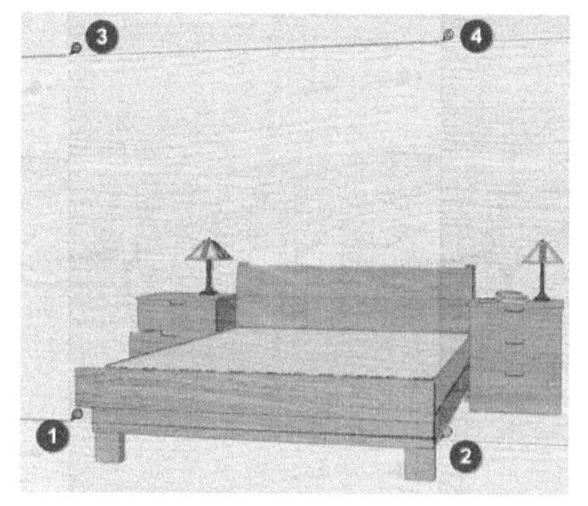

图 5.2.24　贴图坐标调整

图 5.2.25　纵向压缩纹理

（4）接着要把幻灯片上已经调整好的图形设置为“投影”。方法是：右键单击幻灯片，在弹出的快捷菜单中选择“纹理”→“投影”命令。

（5）最后一步，吸取幻灯片上的材质赋给圆弧形的表面，完成投影贴图。

现在图 5.2.26 所示双人床的 4 块圆弧形面板已经完成投影贴图，可以跟图 5.2.22 对照一下，是不是有了很大的改变？

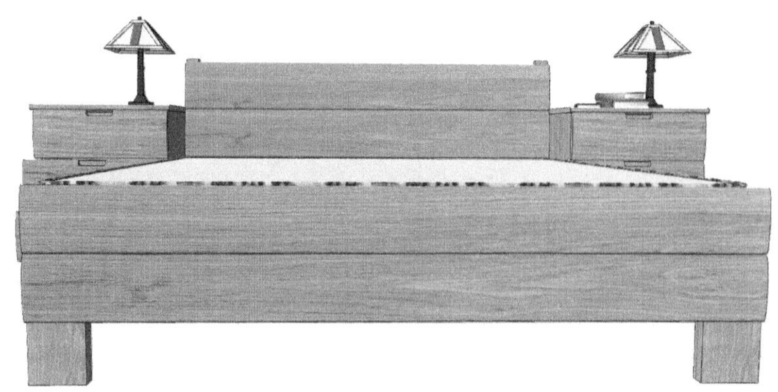

图 5.2.26　细腻的纹理

附件里的模型，两侧的床头柜圆弧形的面板纹理仍然是粗糙的，留给你用上面介绍的办法完成：幻灯片→调整纹理的大小和方向→完成投影贴图。在后续的 5.5 节和 5.6 节还要讨论坐标贴图和投影贴图的课题，如果你暂时没有掌握投影贴图的要领，后面还有学习机会。

最后，总结如下。

众所周知，SketchUp 被誉为立体的 PS，在 SketchUp 的应用中，材质的应用占了非常重要的地位，可以毫不夸张地说，如果不能真正驾驭材质与贴图（包括贴图的制备等一应技能），那么你的 SketchUp 建模水平再高还只停留在基础的等级。

大量事实证明，如果在掌握建模技巧的同时，还能很好地掌握材质贴图方面的技能，在大多数应用领域和场合，仅仅用 SketchUp 一个工具就足以表达你的创意和设计意图了。

这个实例中所提到的材质技巧，只涉及了贴图大小和方向的调整，是 SketchUp 材质贴图方面最简单、最基础的部分，在以后的实例中还要更多地用到材质和贴图。

在本系列教材的《SketchUp 材质系统精讲》一书里有更深入的讨论和实例。

5.3 小石桥（几种贴图技巧）

本节的内容相对简单，要介绍一些材质贴图方面的小技巧，相信你不久后就会用到这些技巧。

图 5.3.1 所示为 4.8 节创建的小石桥，是还没有赋予材质的白模，在下面的篇幅中，要为它赋上材质，整个过程中将包含有几个赋材质（贴图）的技巧，模型中需赋材质的位置如下。

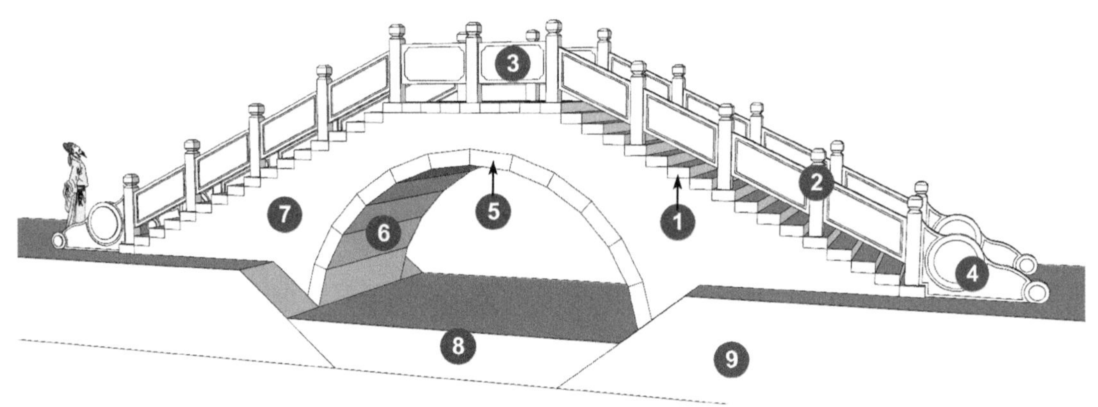

图 5.3.1 小石桥白模

① 图 5.3.1 ①所指处的小桥阶梯踏步（组件）。

② 图 5.3.1 ②所在处的栏杆和栏板（组件）图 5.3.1 ③所在处的桥面栏板（组件）。

③ 图 5.3.1 ④所指处的石鼓（组件）。

④ 图 5.3.1 ⑤所指的“拱圈”石块的端部（组件）。

⑤ 图 5.3.1 ⑥所指处的石块大面（组件）。

⑥ 图 5.3.1 ⑦所在处的桥体大面（群组）。

⑦ 图 5.3.1 ⑧所在处的水体（群组）。

⑧ 图 5.3.1 ⑨所在处的河岸（群组）。

1. 挑选与调节材质

上述 8 项任务中，有几项是很容易完成的，安排先做，它们是图 5.3.1 ①②③④所示的踏步、栏杆、栏板、石鼓，这几样可以用同一种花岗岩材质。

这几样虽然简单，但还是有不少的小技巧需要掌握，首先要选择一种合适的材质，SketchUp 自带的几样材质太简陋，可以到自己平时收集的材质库或图片库里去选择。

选择材质的时候，可以先画几个小矩形当作材质样板，分别赋给备选的材质以便比较选用，如图 5.3.2 所示。注意：当作材质样板的小矩形要跟模型里赋予这种材质的最大平面差不多，过大和过小都是不合适的。

选择材质通常还要跟调整材质相结合。

（1）对一个样板赋予材质后，首先要把图 5.3.3 ①所指的材质尺寸粗调到合适。

（2）如果对所选材质总体颜色方面还不太满意，可以通过图 5.3.3 ②所示的颜色调整功能进行必要的微调。建议用 HSB 模式或用 HSB 的变形方式“色轮”进行调整。

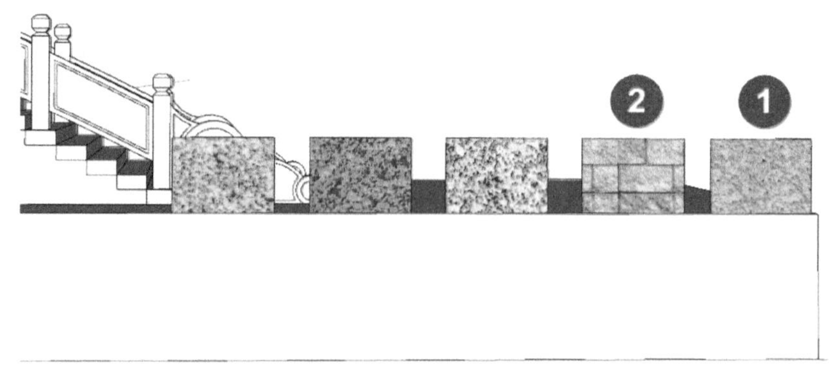

图 5.3.2 预选材质纹理

关于色彩理论与 SketchUp 中的颜色模式与应用可查阅本系列教材的《SketchUp 材质系统精讲》一书。

现在选择了图 5.3.2 ①所示的花岗岩材质，并对材质的尺寸和色调做了调整，接着就可以对模型赋予材质了，这个过程中也有一些窍门需要注意。

在建模的时候，一定要注意把所有相同并重复的部件都做成“组件”，这是快速赋予材质和后续修改材质的必要条件。例如，现在想要对所有的阶梯踏步赋给图 5.3.2 ①所示的花岗岩材质，可以操作如下。

（1）在“组件”面板上找到“踏步”组件，如图 5.3.4 所示，右键单击后在右键菜单里选择“选择实例”命令后，所有名为“踏步”的组件被选中，如图 5.3.5 所示。

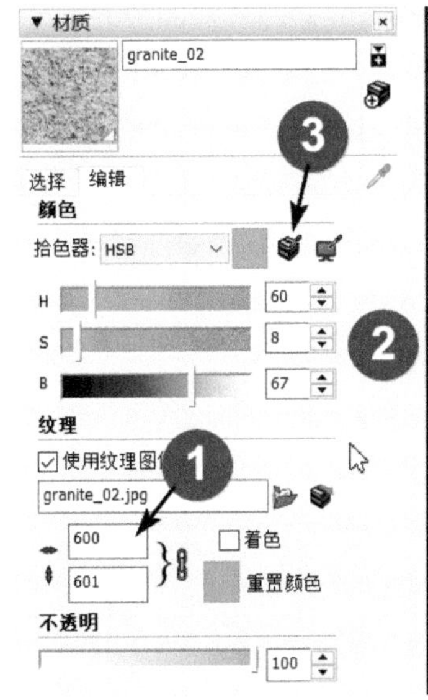

图 5.3.3　初调调整尺寸

图 5.3.4　快速选择

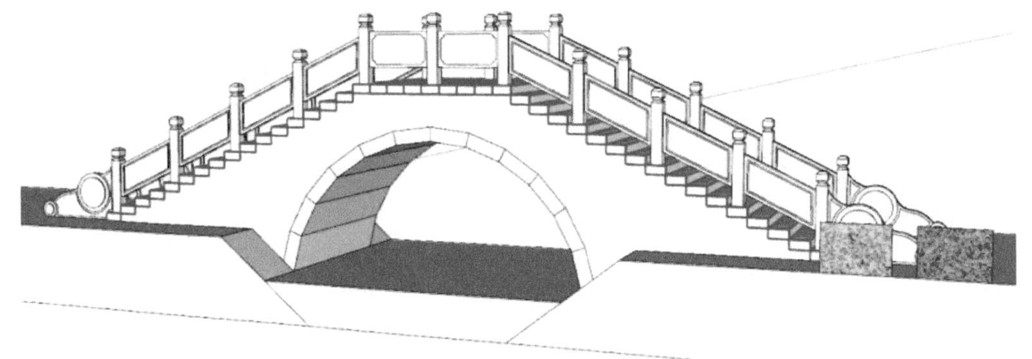

图 5.3.5　同样的组件一次完成

（2）按快捷键 B 调用油漆桶工具，再按 Alt 键变换成吸管，汲取图 5.3.2 ①所指的材质，吸管工具变回油漆桶工具，单击已被选中的任一“踏步”组件，赋予材质完成，用这种办法赋予材质，甚至都不用双击进入组件内部，又快又好。

（3）用同样的方法（用“组件”面板选择好所有相同组件后从组件外部赋予材质）对栏杆、栏板和石鼓完成赋材质，对整体赋予材质后，发现原先已经调整好的图 5.3.2 ①所示的材质颜色过深，随即用图 5.3.6 ①所示的 HSB 面板上的“B”（亮度）做点微调（原 B=67，现 B=86）。操作后，模型就成了图 5.3.7 所示的那样。另外还有两项比较简单的，即水体和河岸，就从 SketchUp 自带的材质里选两样赋上。

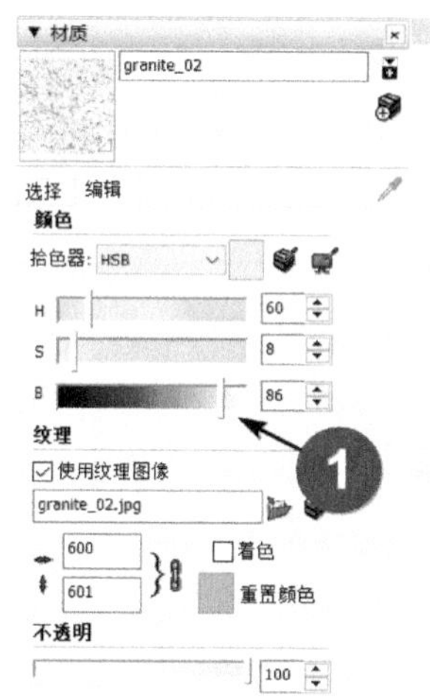

图 5.3.6　调整颜色

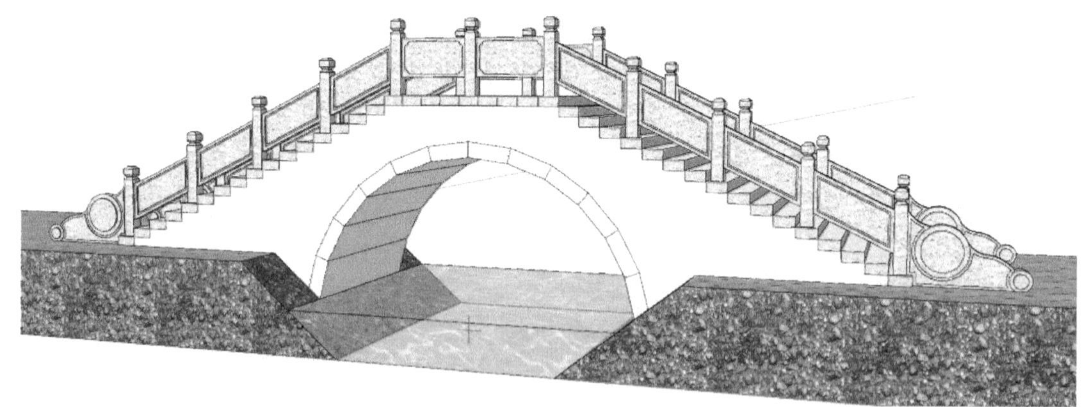

图 5.3.7　调整后的材质

2. 巧妙利用材质纹理的一部分

下面要对小石桥的“拱圈石”赋予材质。选中的材质如图 5.3.2 ②所示的带有砌缝的毛石

（其实不用那么麻烦，下面的操作麻烦点，目的就是为了展示一种贴图技巧）。

（1）汲取图 5.3.2 ②所指带砌缝的毛石材质，赋给任一“拱圈石”组件，如图 5.3.8 所示。

（2）双击进入组件内部，右键单击石块的端部（不要同时选到边线），在右键菜单里选择“纹理”→“位置”命令，如图 5.3.9 所示。

（3）会出现图 5.3.10 所示的 4 色图钉，应注意 4 种颜色的图钉所在的默认位置是在材质图片的四角。下面的讨论用以下代号用①为红、②为绿、③为蓝、④为黄、⑤为石块端部来代替。

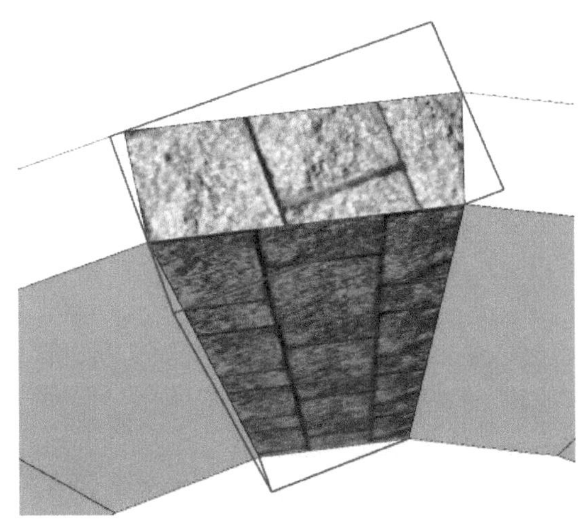

图 5.3.8　赋予材质

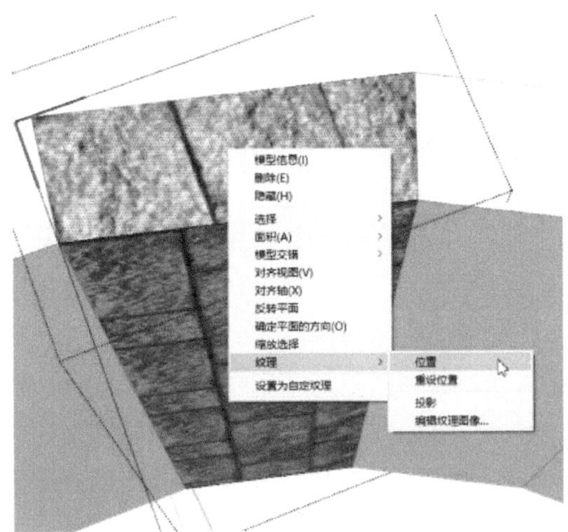

图 5.3.9　纹理调整

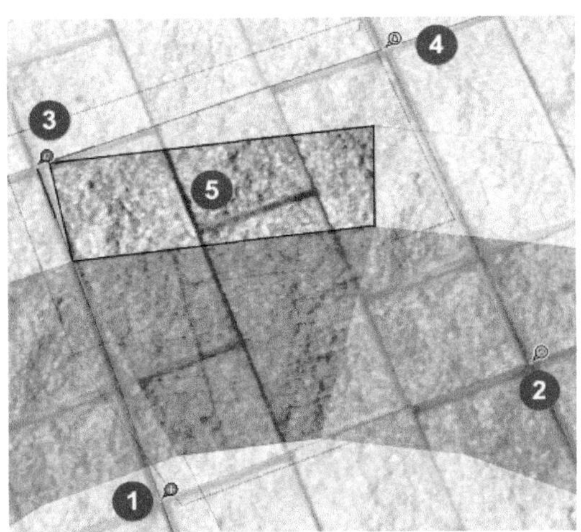

图 5.3.10　纹理调整四色图钉

（4）要注意图 5.3.11 所示的操作。选中材质图片上的一块长方形石块，分别把红、绿、蓝、黄四色的图钉移动到长方形石块的四角（操作方法：单击拔出图钉，把图钉尖移动对准目标点，再次单击确认放置），完成后如图 5.3.11 所示。

（5）接着，单击移动整幅材质图片（不要单击任何图钉），令红色的图钉对准石块端部的左下角。

（6）再单击绿色图钉旋转整幅图片，令绿色图钉对准石块端部的右下角，如图 5.3.12 ②所示。

（7）此时图片大小方向已确定，蓝色、黄色两个图钉已经分别接近石块端部的左上角和右上角。

（8）单击蓝色图钉后不要松开，移动到石块的左上角，图 5.3.12 ③所示的位置。

（9）单击黄色图钉后不要松开，移动到石块的右上角，图 5.3.12 ④所示的位置。

（10）此时，石块的材质图片已经变形，从原来的长方形变成了石块端部的梯形，如图 5.3.12 所示。

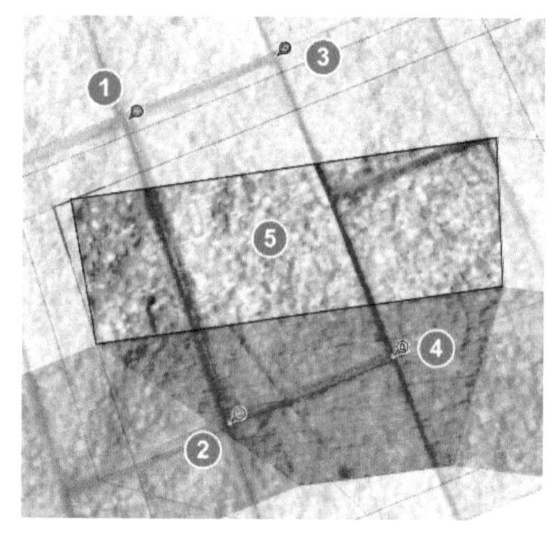

图 5.3.11 整体移动

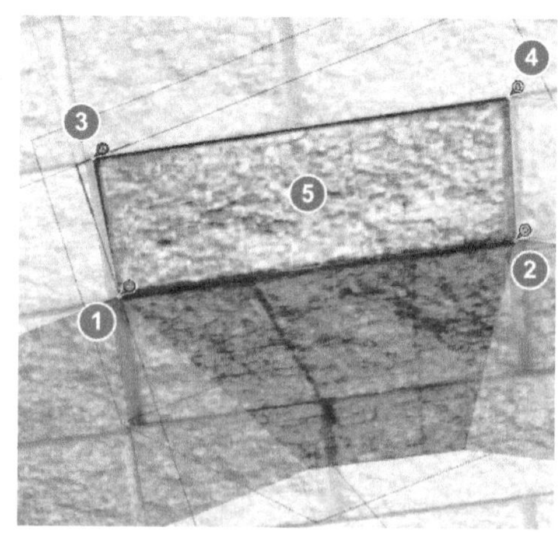

图 5.3.12 四色图钉各就位

（11）最佳的贴图效果应该是：石块端部的梯形边线正好对分图片上的砌缝，如不满意，还可以单击拔出图钉，微微移动到砌缝中间或满意的位置，再重新对准梯形的角点。

以上全部完成后的效果如图 5.3.13 所示。这种贴图的方式叫作“坐标贴图”，也就是把图片上的关键位置对准模型上的对应坐标，包括把图片变形。

接着要调整“拱圈”内部石块的贴图坐标，调整的原理和方法与上面介绍的端部贴图是一样的，因为不用旋转，所以更简单些。

（1）双击进入任一“拱圈”石块组件，赋给与端部同样的材质。

（2）把红、绿、蓝、黄四色的图钉移动到石块图片的 4 个角上固定。

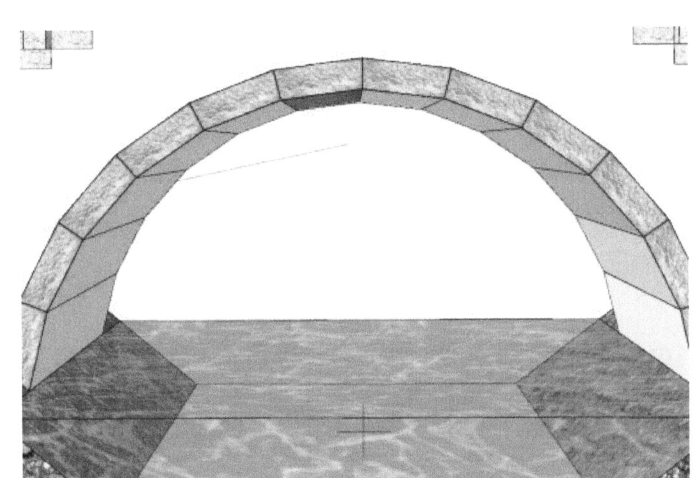

图 5.3.13　贴图完成后

（3）仍按前述的方法，把红色图钉对准模型对象的左下角，如图 5.3.14 ①所示。

（4）用绿色图钉对准模型对象的右下角，如图 5.3.14 ②所示。

（5）分别移动蓝色和黄色的图钉到模型对象的左上角和右上角，如图 5.3.14 ③④所示。

（6）如不满意还可能需要做一两次微调，全部完成后如图 5.3.15 所示。

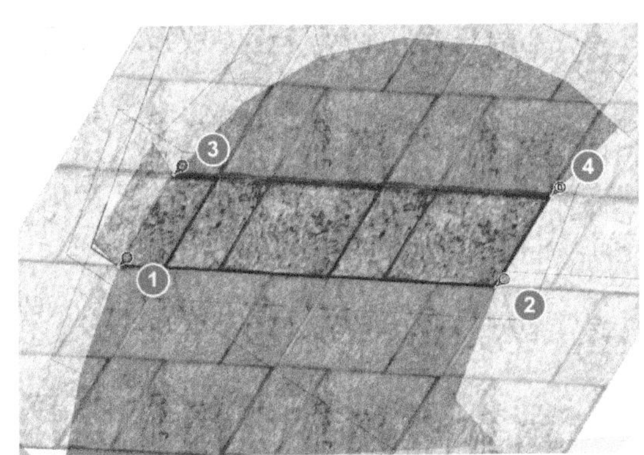

图 5.3.14　调整桥洞贴图坐标

图 5.3.15　调整完成后

3. 材质匹配

现在注意一下。图 5.3.16 ①所在的桥栏杆、桥栏板等材质的颜色跟图 5.3.16 ②所示的拱圈的颜色有较大的区别，虽然都是用的花岗岩材质，但后者的颜色偏红一些，在同一座小桥上用两种不同颜色的花岗岩，这在真实的工程中不大可能发生，所以要采取一点措施，把拱圈上偏红的花岗岩调整到跟桥栏杆和栏板相同或至少相近，这要用到“颜色匹配”的技巧。

（1）双击一个拱圈的组件，进入组件编辑状态。

（2）按快捷键 B，调用油漆桶工具，再按 Alt 键，变换成吸管形状，汲取拱圈上的材质。

（3）材质面板上的“当前材质”显示为偏红的花岗岩，如图 5.3.17 ①所示。

（4）现在单击图 5.3.17 ②所指的“匹配模型中对象的颜色”，光标变成吸管形状。

（5）再单击桥栏杆或桥栏板，拱圈石块的颜色就会匹配成刚才单击的颜色（平均值）。

（6）对照颜色匹配操作前后的材质面板。图 5.3.18 ①所在的“当前材质”已经变成了桥栏板的颜色。

颜色匹配前的 HSB 分别是：H 色调 =25、S 饱和度 =8，B 明度 =67。

颜色匹配后的 HSB 分别是：H 色调 =60、S 饱和度 =8，B 明度 =81。

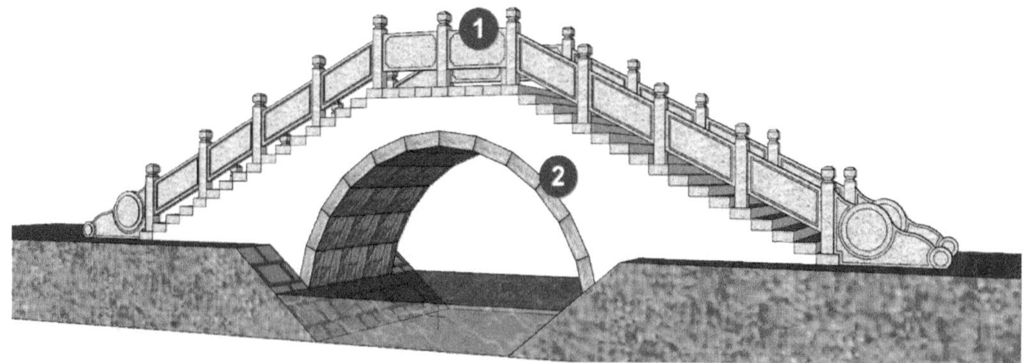

图 5.3.16　有色差

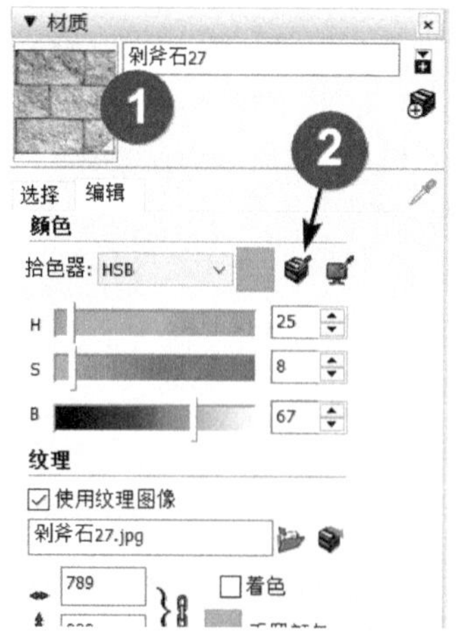

图 5.3.17　匹配颜色

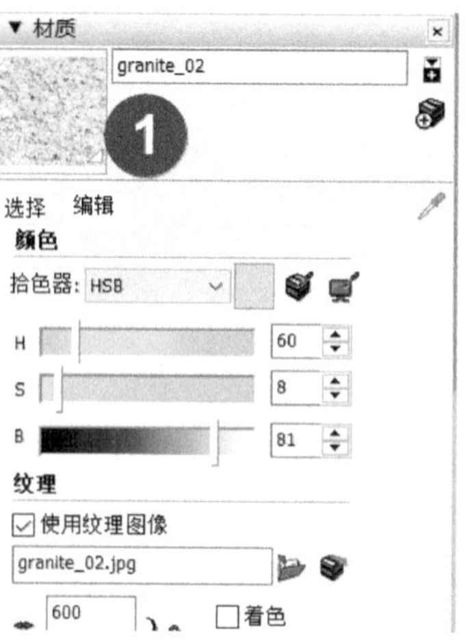

图 5.3.18　微调材质

颜色匹配操作后的情况如图 5.3.19 所示，两部分的材质颜色基本统一，如果材质匹配后的颜色仍然有少许偏差需要调整，还可以做以下操作：双击进入一个拱圈组件，右键单击一个已经赋予材质的面，再选取“设置为自定纹理”，这样拱圈的材质与栏板的材质就解除了关联，变成一种新的材质。现在就可以微调新的材质了，完成后如图 5.3.19 所示。

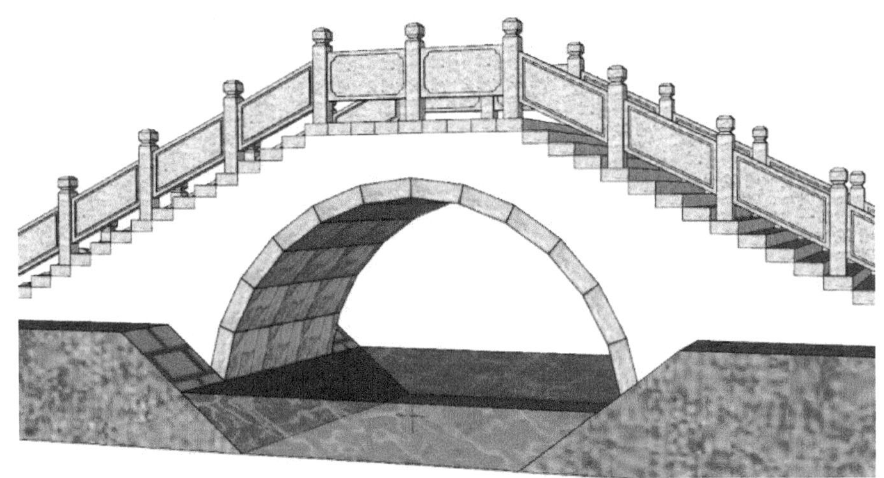

图 5.3.19　调整完成后

4. 多层材质

好了，最后只剩下最大面积的一块桥体了，其实很容易解决，只要把图 5.3.2 ②所示的材质弄上去就可完成，但是因为我还想借这个机会向你介绍另一种贴图的技巧，所以就做一回“舍简就繁”的傻事，要介绍的这种贴图技巧叫作“双层贴图”，是一种把两幅图片重叠在一起，形成一种新效果的方法。操作过程如下。

（1）把图 5.3.20 ①所在位置的平面推进去 30 ~ 50mm。

（2）然后按住 Ctrl 键再把这个平面拉出同样的距离，这样图 5.3.20 ①处就有了两层平面。

（3）把外面的一层暂时隐藏，暴露出底层，赋给跟桥栏板相同的材质，如图 5.3.21 所示。

（4）恢复刚才隐藏的表层，赋给它一种 SketchUp 自带的“图案”“顺砖砌合”材质。

（5）在材质面板上把它的横向尺寸改成 700mm，垂直尺寸自动跟随成 467mm，如图 5.3.22 所示。

（6）最后在材质面板上调整表层的透明度到既能看到底层的花岗岩纹理，同时还要能看到表层的砌缝，如图 5.3.23 所示，材质面板上的透明度大概调整到 26 左右。全部完成后的成品如图 5.3.24 所示。

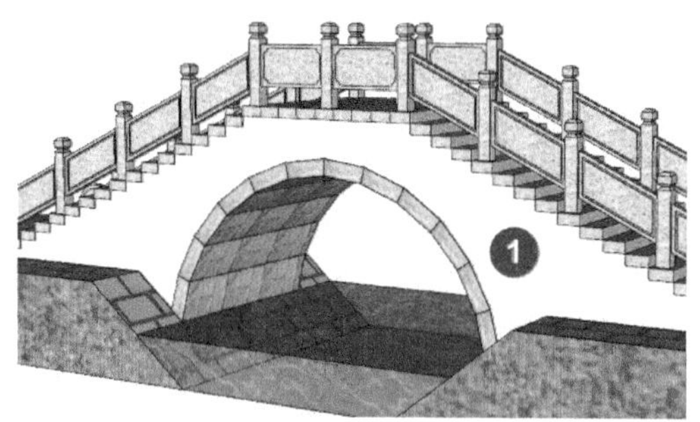

图 5.3.20　做出双层

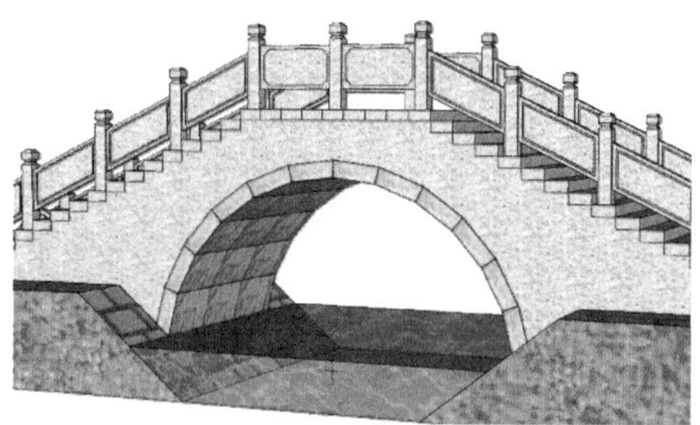

图 5.3.21　底层赋予材质

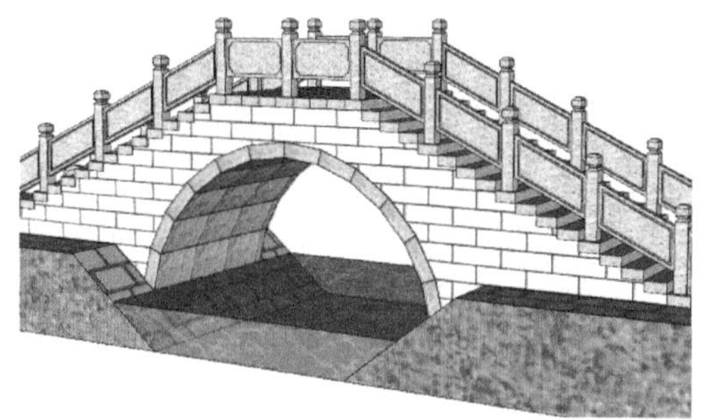

图 5.3.22　面层赋予材质

图 5.3.23　调整面层透明度后

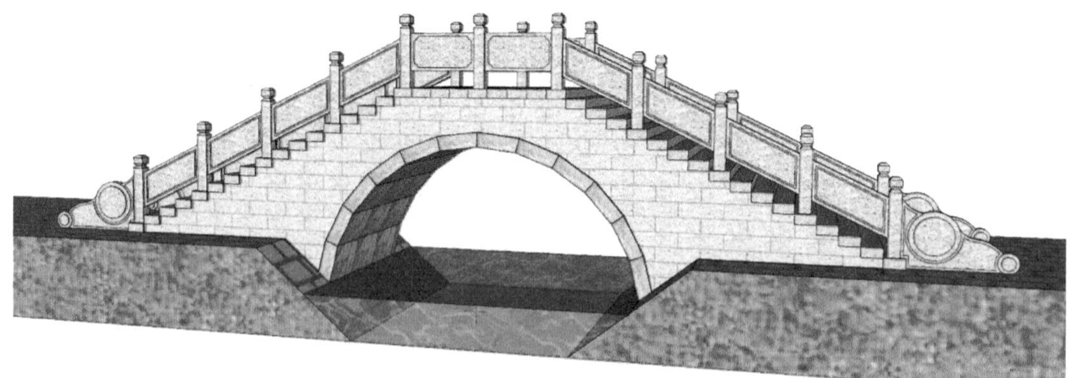

图 5.3.24　综合材质效果

下面借用 6 个成语形容本节中介绍的 6 种材质贴图技巧，以便记忆。

志同道合：把相同材质的对象做成群组，方便包括赋予材质在内的统一修改编辑。

事半功倍：用组件面板选中相同群组，只要在组件外就可赋予材质或修改，方便快捷。

择善而用：提前做若干小矩形，各赋候选材质以比较，同时还可粗调材质大小和方向。

削足适履：巧用红、绿、蓝、黄四色图钉，截取材质贴图的一部分为我用。

改头换面：用材质面板的"匹配模型中对象的颜色"改变材质。

表里不一：指双层贴图，底层为主材质，面层为半透明的副材质，获得新的效果。

5.4 木屋别墅的风格、前景背景等

本节要讨论如何对不同的场景页面进行天空地面、背景图片、日照光影、渲染模式、边线形式等不同的设置，以获得出色的特殊效果。这些都是"ROI值"（投入产出比）很高的技巧，稍微用点心，不用大投入就可以得到完全不同的收获。因为难以在书本上还原面对模型的真实感受，建议你打开附件里的模型对照着阅读与学习。

附件里的模型是一座两层的木屋别墅，是很多城市居民梦寐以求的追求，这次我们要用它来做道具，进一步讨论场景页面方面的技巧，共设置了20个页面，对同一个模型试图分别表达不同的意境，而不同的意境又有完全不同的用途。

图5.4.1是第一个页面，是模型的初始状态，有以下几点提示：这个页面使用了作者沿用了很多年的背景——浅色的蓝天白云。

请注意，图5.4.2所示对阴影的设置：时间是UTC+8区（北京时间的东八区）9月4日下午14点45分，这时候的日照接近45°，可获较好的明暗效果。

请注意，图5.4.2①所指的阴影开关并没有打开（按钮在弹出状态）而在图5.4.2②所指处勾选了"使用阳光参数区分明暗面"，这样的安排是一种避免打开日照光影过分消耗计算机资源，又能够得到明暗效果的好办法。

模型的明暗调整在中间偏亮的位置，这是为了获得好一点的印刷效果如图5.4.2③所示。

1. 定制水印

请注意，图5.4.1左上角和右上角有两个标志，左上角是作者的头像，右上角是SketchUp的Logo，这是用SketchUp风格面板上的"水印"功能制作的。在本系列教程的《SketchUp要点精讲》的7.9节中曾经简单提到过它的一些应用，下面再介绍水印功能的新应用——定制个人或者公司的专用模板。

图 5.4.1　带有水印图案的模型

想要定制个人或公司的专用模板（含背景、Logo 等），应在“样式”面板上单击图 5.4.3 ①所指的“水印”按钮，面板的下半截就是水印操作的小面板。

从面板的下半截可以看到当前模型的水印设置，分别如下。

图 5.4.3 ②是模型空间，就是 SketchUp 模型所在的工作区域。

图 5.4.3 ③是背景，它是一幅 jpg 或 png 图片。

图 5.4.3 ④⑤分别是左上角的头像和右上角的 Logo。

图 5.4.3 ③的背景图片在底层，被模型覆盖。图 5.4.3 ④⑤在上层，将覆盖模型。前后顺序可通过图 5.4.3 ⑦所示的两个箭头来调整。若有多个背景图片，可组合出新的效果。

图 5.4.3 ⑥处上面可以通过勾选确定要不要显示水印。

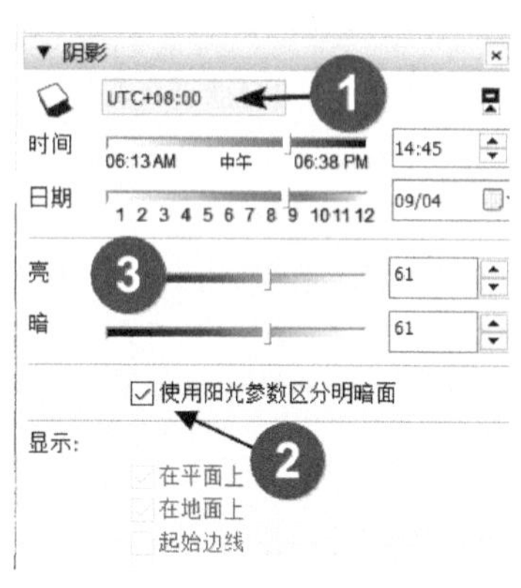

图 5.4.2　阴影设置

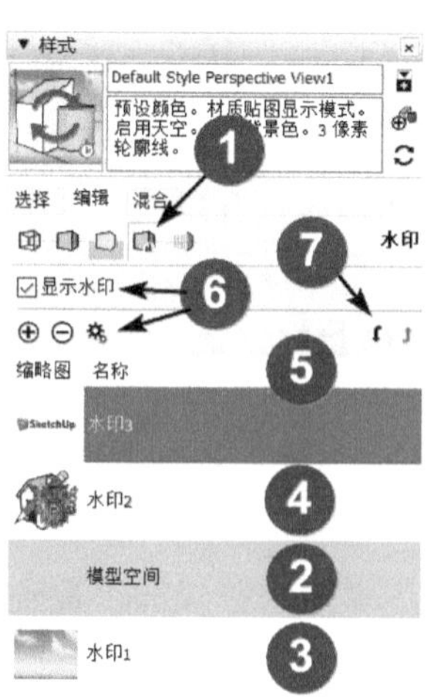

图 5.4.3　创建水印

单击下面的加号可以增添一个水印元素，单击减号可以删除已选中的水印元素，单击齿轮按钮可以编辑选中的水印元素（背景图片、头像和 Logo 都是水印元素）。

假设现在要在右下角增加一个跟左上角相同的水印元素，要做以下操作。

（1）首先单击图 5.4.3 ①，然后单击图 5.4.3 ⑥所指的加号，随后会弹出 Windows 资源管理器，接着你要导航到需要添加的水印元素（通常是图片）。

（2）指定的图片加载完成后，又会弹出图 5.4.4 所示的小面板，可以在这里确定这幅图片是要用于做模型后面的背景还是要做覆盖在模型前面的前景，我选择做前景，单击“下一步”按钮。

（3）随即弹出图 5.4.5 所示的面板，要在这个面板上确定导入图像与模型的混合属性，要把该图像用来做 Logo，所以把滑块拉到最右边，如图 5.4.5 ①所示，然后单击“下一步”按钮。

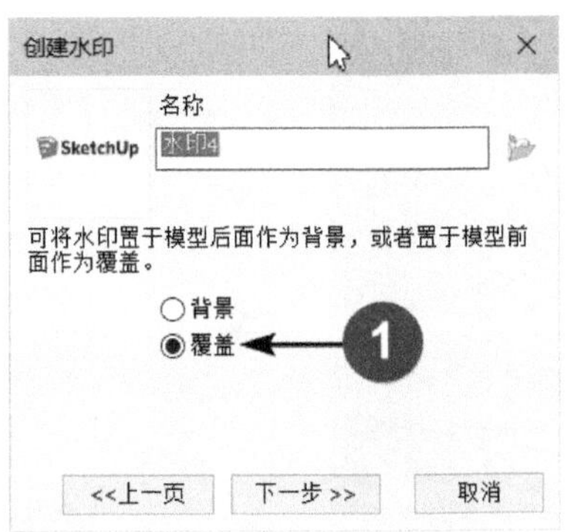

图 5.4.4　指定水印为覆盖

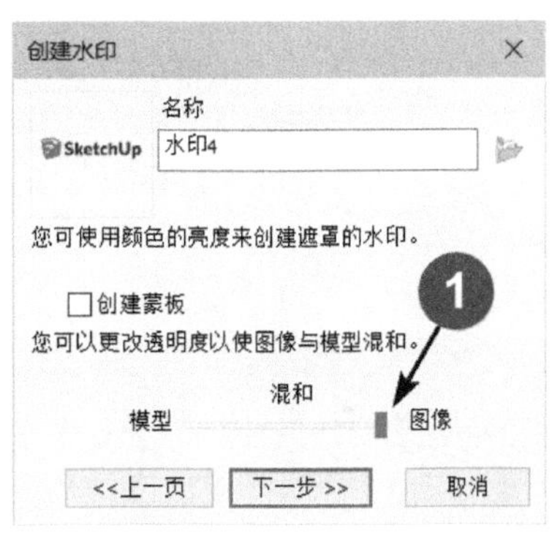

图 5.4.5　设定为图像

这是添加一个水印元素的最后一步了：

（1）先要确定图片在屏幕上的定位，有拉伸、平铺和指定位置 3 种选择，我选择定位在指定位置，如图 5.4.6 ①所示，共有 9 个不同的位置可供选择，我选择把 Logo 定位在右下角，见图 5.4.6 ②。

（2）最后确定图片的大小，移动图 5.4.6 ③所示的滑块即可实现。滑块移向左侧，图片缩小。单击“完成”按钮后，导入的图片就正式成了新的水印元素。

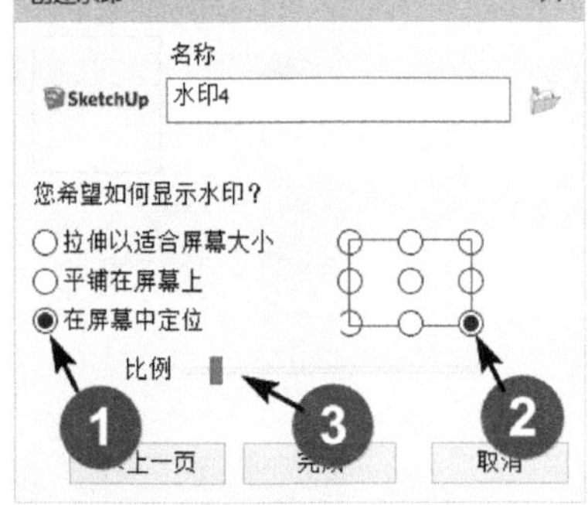

图 5.4.6　水印图案定位

（3）若不满意，还可以单击图 5.4.3 ⑥所指的齿轮状按钮重新进入图 5.4.3 ~ 图 5.4.6 所示的小面板进行编辑。

（4）如果还想导入更多的水印元素，包括各种背景和前景，可以重复上面的操作。

（5）全部完成后，“文件”菜单、“另存为”模板可酌情决定是否要指定为默认模板。

（6）导入的所有用于水印的图片都将保存在模板里，过大的图片将增加模板文件的体积，所以如头像、Logo 一类的标志，尽量不要用高分辨率的大图片。

2. 换背景

第 2 个页面中的晴朗天空和田野的背景如图 5.4.7 所示，只不过是水印里更换了一幅背景图片而已，见图 5.4.8 ①。该模型的第 2 个页面一直到第 11 个页面，变化仅限于模型的方向、大小和位置，下面仅截取其中两个页面（图 5.4.9 和图 5.4.10），你可以自行查看这些页面之间的区别。

图 5.4.7　水印元素与模型的层次

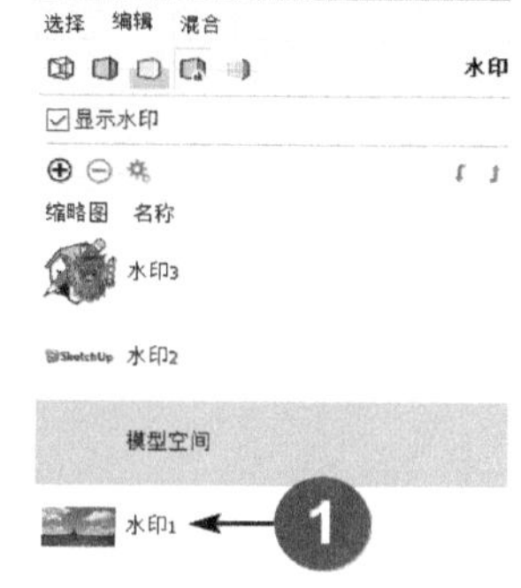

图 5.4.8　水印

图 5.4.9　更换角度一

图 5.4.10　更换角度二

3. 复合的背景

因为以下的改变，第 12 个页面的天空和光照有了变化，看起来快要下雨了，如图 5.4.11 所示。在水印里又增加了一幅色调稍微暗一点的背景图片，并放置在原图片之前（截图略）。第二个措施是在阴影面板上把亮度调整得暗一些，如图 5.4.12 ①所示。

图 5.4.11　调整明暗

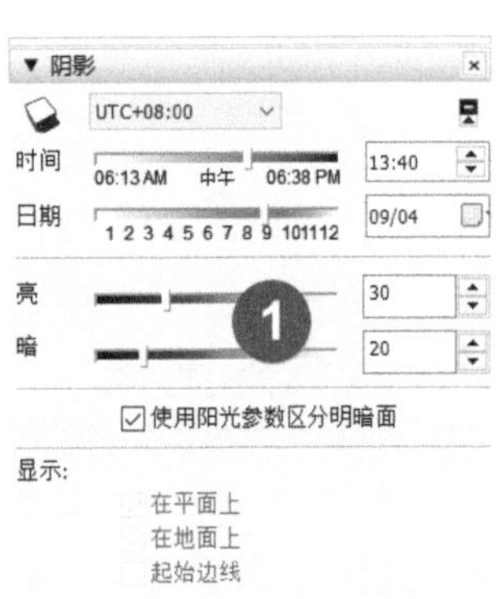

图 5.4.12　亮度调暗

第 13 页（见图 5.4.13）新增一个闪电背景并移动到最前面，明暗度也调得更暗了，见图 5.4.14 和图 5.4.15。

图 5.4.13　更换闪电背景

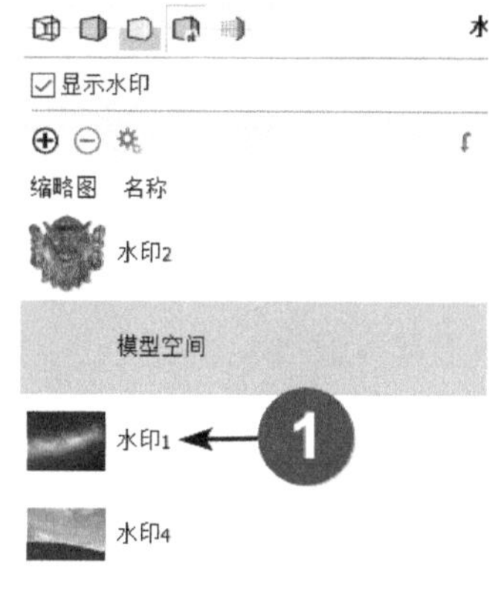

图 5.4.14　移动位置

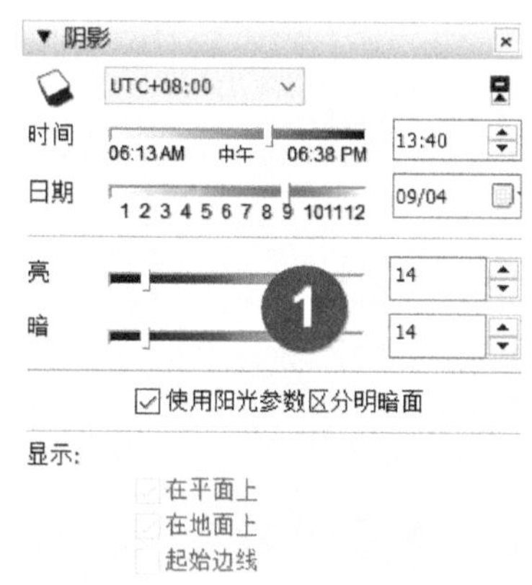

图 5.4.15　调整明暗度

4. 复合的前景

第 14 页（见图 5.4.16），开始下雨了。想要做出这种效果，需要采取多重措施。

首先要改变背景，想要更暗些，可以用材质面板把背景图直接调暗，也可以用外部软件 PS 等进行处理，这里采用了另一种办法：在背景图片的前面添加一层半透明层，如图 5.4.17 ①所示，我们看到的是它与背景图片的叠加效果，这样做至少有 3 个好处。

（1）不破坏原背景图。

（2）不用更换背景图。

（3）只要调整附加层的透明度和颜色，就可以随意改变最终效果。

其次在模型前添加了一组“雨点”图片（见图 5.4.18 ①），这是在 PS 里做的，在透明背景上有倾斜浅灰色雨点的 png 格式图片，可把多寡不同的若干层图片叠合后组成不同密度的雨景。

图 5.4.16　下雨了

图 5.4.17　加一幅半透明图像

图 5.4.18　添加几层雨点图像

5. 雾化的应用

第 15 页，雨下得更大了，暴雨下得昏天黑地雾茫茫的一片，如图 5.4.19 所示，这一页所采取的措施只有一个——添加“雾化”。

（1）在“雾化”面板上勾选“显示雾化”，如图 5.4.19 ①所示。

（2）调整“雾化”面板的两个“距离”滑块，获取最满意的“大气模糊”效果，如

图 5.4.19 ②所示。

（3）左边的滑块调整近景的模糊度，右边的滑块调整远景的模糊度。

图 5.4.19　加适度雾化模拟大雨

从 16~21 页的 6 个页面跟天气无关，想要用它们来介绍几种改变“样式”获取不同表现形式的方法。这些方法如果使用得当，也可以获得新颖而不落俗套的效果。

6. 调配出不同的风格（样式）

第 16 页，灰黑色的底、白色的线条，如图 5.4.20 所示。我们想要用一种手绘的线条，可作以下操作。

（1）单击图 5.4.21 ②所示标签可打开“混合”选项卡。

（2）单击图 5.4.21 ①所示图标，打开“辅助选择窗格”，如图 5.4.21 ⑤所示。

（3）在图 5.4.21 ④所示的下拉菜单里选择一组风格集合，现在选中了“手绘边线”。

（4）此时光标会变成吸管形状，移动到图 5.4.21 ⑤处，单击一种喜欢的手绘线条。

（5）再移动到上面的“边线设置”（见图 5.4.21 ③）处，光标又变回油漆桶形状，单击，模型中的所有线条就改变成手绘边线。

用图 5.4.21 所示的“混合”功能，还可以改变背景、面、水印的属性设置，区别如下。

① 在图 5.4.21 ④所在的下拉列表框里改变“风格集合”。

② 汲取图 5.4.21 ⑤处的风格元素，复制给图 5.4.21 ③处的平面、背景、水印等，所汲取的风格里包含有边线、平面，背景、水印等属性时，可只使用其中的一部分。

图 5.4.20　灰黑底、白色线条

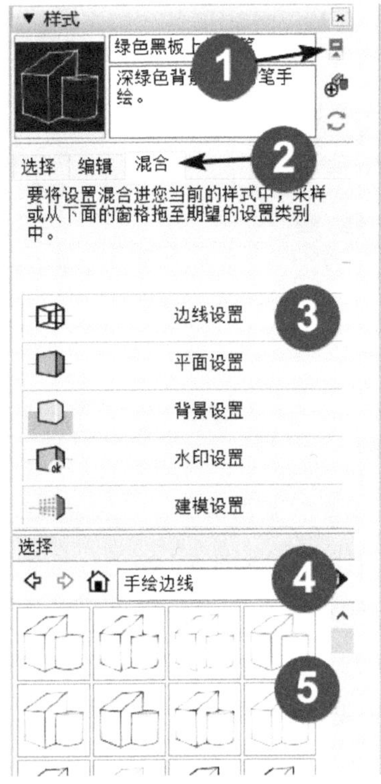

图 5.4.21　混合出新风格

（6）单击图 5.4.22 ①处，对边线进行设置。

（7）图 5.4.22 ④处显示当前选用的是一种手绘风格的线条。

（8）图 5.4.22 ②处可对边线的 4 种属性进行设置。

（9）移动图 5.4.22 ③所指的滑块，可调整模型中细节的多少，进一步模拟手绘风格。

（10）单击图 5.4.22 ⑤所示的色块，可在弹出的“面板”上改变线条颜色。

最后进行背景设置：

（1）单击图 5.4.23 ①所指图标，打开背景设置。

（2）单击图 5.4.23 ②所指的色块，可在弹出的小面板上对背景颜色进行调整，现在选了个深灰色。

（3）完成以上设置调整后，最终得到图 5.4.20 所示的综合结果，不满意还可以回去重新调整。

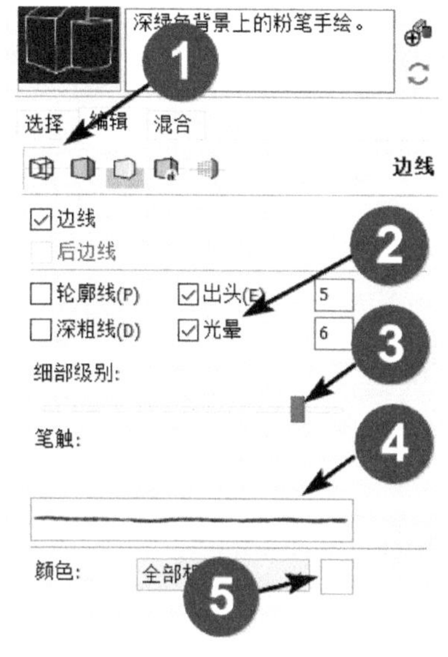

图 5.4.22 改变边线

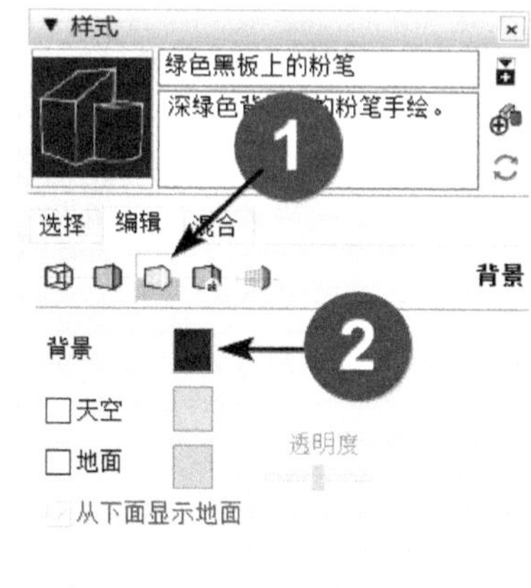

图 5.4.23 改变面的颜色

一旦掌握了上面对各种风格元素的调整方法，你的模型将能以变化无穷的形式呈现。

第 17 页是白色的底、棕色的线条（见图 5.4.24），棕色是中性色，可以很好地跟其他颜色融合，如果这样打印出来，再用马克笔、彩铅或水彩手工上点颜色，会是一种很具有设计感味道的图像，比起照片似的渲染、公式化的表现，模拟的手绘更能吸引内行的目光。

第 18 页是黑色的手绘线条（见图 5.4.25），也可以打印出来后手工上色，跟图 5.4.24 的区别是选用了稍微有点弯曲的手绘线，线条的颜色是黑色的。

第 19 页是一个方格纸上的手绘风格，如图 5.4.26 所示，像是外出写生画的草稿，方格的大小可以在单击图 5.4.26 ①处齿轮状的按钮后调整。

图 5.4.24　棕色线条的手绘风格

图 5.4.25　黑色的手绘线条风格

图 5.4.26　方格纸上的手绘风格

第 20 页几乎是完美的铅笔淡彩风格，如图 5.4.27 所示，比较有特点，特别推荐。

（1）选用了一种模仿铅笔在粗糙纸面上画的线条，是一种稍微有点断续的手绘线风格。

（2）背景用了两幅图片，一幅是铅笔线条的背景，这种手法在素描里常用来突出前景主题。

（3）在模型前面还有一个半透明的椭圆形遮罩，综合起来就得到了铅笔淡彩的效果。

你可以打开这个模型页面进行研究模仿。

通过上面对这些场景页面的剖析，可以看到 SketchUp 的表现形式是丰富多彩的，能够通过对线、面、天空、地面、背景、水印、日照、光影、雾化、材质的修改，获得各种各样的新鲜效果。如果能够在设计和建模实践中综合运用这些技巧，你的模型就一定会更出色。

还要提醒一下，对一个场景页面做过调整编辑后，记得一定要在“页面”标签上用右键单击，然后选择“更新”；否则，你所做的所有调整和编辑不会生效。

请打开附件里的模型，对照着研究，做出你自己的作品。

图 5.4.27　铅笔淡彩风格

5.5　蜜罐子（两种贴图方式）

本节要用图 5.5.1 所示的马口铁罐子当作道具，介绍两种不同的贴图技巧。

1. 两种不同的贴图方式

一种是普通的贴图，这种方式的贴图，在玩家们中的称呼比较混乱，有称为材质贴图或像素贴图、坐标贴图的，它的特点就是把一幅图片包裹在对象上，就像是图 5.5.1 ①所示罐头上的标签和另外 3 只罐头表面的铁皮。同样的办法也可以包围贴合在其他形状的几何体上，所以也有人称它为“包裹贴图”。

SketchUp 还有另外一种贴图方式，这种贴图方式的称呼比较统一，大家都称之为“投影贴图”，就像把图片做成幻灯片，投射到对象上。这些罐头的顶部和底部就是这种贴图。

这两种不同的贴图方式，适用的对象不同，结果也是完全不同的，是 SketchUp 的一个重要功能，也是 SketchUp 用户必须掌握的基本技巧。

图 5.5.1 两种不同的贴图方式

2. 投影贴图的特点与局限

在制作图 5.5.1 所示的罐头和贴图之前，先要厘清这两种贴图方式的区别与操作要领。图 5.5.2 上面是圆柱体、立方体和竖立在它们前面的图片，圆柱体的高度跟图片高度相同，圆柱体周长跟图片长度相等。图 5.5.2 的下部是贴图操作后，无论圆柱还是立方体，正面的贴图都正常。

但是再看一下正面以外的地方，有些贴图准确，有些则一塌糊涂。

图 5.5.3 所示的图片准确地包裹在圆柱体上，接头处无缝对接，如图 5.5.3 ①所示。

只要在贴图前，用右键单击图片（不要同时选中边线），在“纹理”的级联菜单里取消“投影”，如图 5.5.6 ①这样设置后再做贴图就一定可以把图片包裹在圆柱体上。

至于图片能不能准确无缝对接，取决于图片长度是否与圆周长相等。

图 5.5.4 和图 5.5.5 两个贴图正面看还行，侧面看起来错误，其实这是正常的。因为 SketchUp 默认的贴图方式是“投影”，图 5.5.4 和图 5.5.5 的结果是因为在贴图之前没有取消“投影”前面的勾选，如图 5.5.7 ①和图 5.5.8 ①所示。

所以图 5.5.4 和图 5.5.5 所呈现的正是“投影”的正确结果，想要纠正，只要按图 5.5.6 ① 操作，取消“投影”前面的勾选就可以。

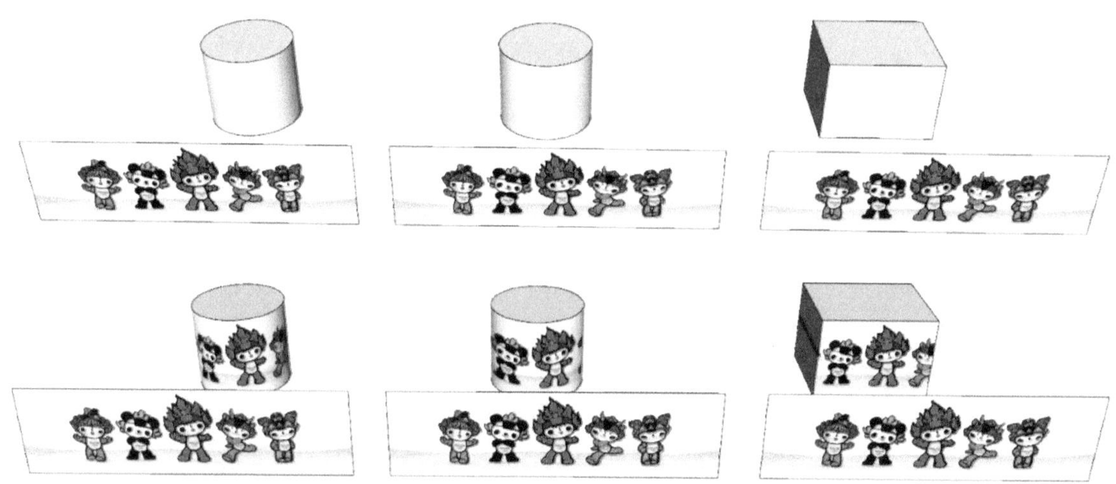

图 5.5.2　贴图的准备与结果（正面看不出区别）

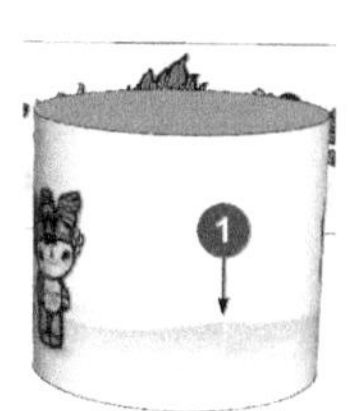

图 5.5.3　精准对接

图 5.5.4　错误的侧面

图 5.5.5　错误的侧面

图 5.5.6　取消选中“投影”选项

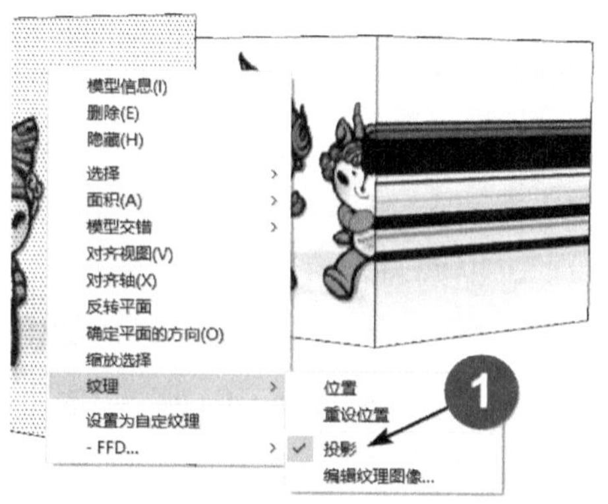

图 5.5.7　勾选了“投影”

图 5.5.9 就是按照图 5.5.6 ①所示，取消了“投影”勾选，重新贴图后的结果，图片已经“包裹”在立方体上。

如果立方体的周长与图片的长度相等，贴图后也可以像图 5.5.3 那样无缝对接。

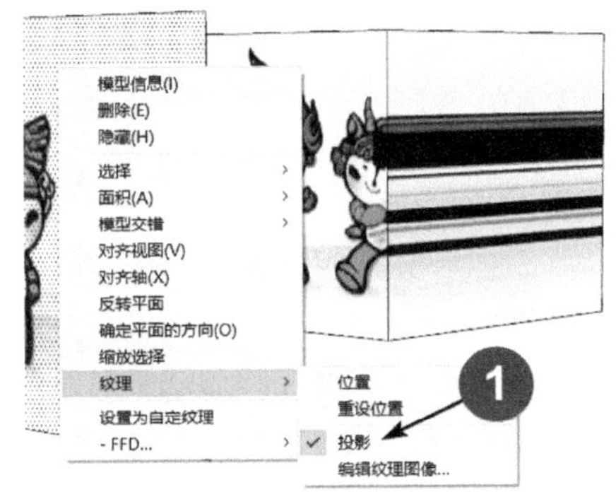

图 5.5.8 勾选了“投影”

图 5.5.9 取消投影后的结果

3. 移动贴图位置

下面再介绍如何移动贴图在模型上的位置，这是一个常用的技巧：现在想在贴图后把红色的福娃贴在相邻两个面的交界处，相邻每个面上各一半。

（1）先在立方体的一个角上引条辅助线出来，如图 5.5.10 ①所示。

（2）再把红色福娃移动到辅助线上，目测一边一半，若需精确移动可画线对齐。

（3）如图 5.5.6 ①所示，取消 SketchUp 默认的“投影”贴图方式。

（4）按快捷键 B，调用材质工具，光标变成油漆桶形状。

（5）按 Alt 键，油漆桶变成吸管形状。

（6）汲取材质，分别赋给立方体的相邻面，红色的福娃正好一边一半，如图 5.5.11 ②所示。

图 5.5.10 借辅助线调贴图位置

图 5.5.11 调整后的结果

4. 归纳并再次强调

上面这些演示说明了想把图片包裹在对象上，不管对象是什么形状，都不能用“投影”的方式贴图，每次贴图前，检查一下当前的贴图方式，这样做是个好习惯（SketchUp 默认是勾选“投影”）。

很多学员（大约有六成）在做贴图时，抱冤在右键菜单里找不到“纹理”这项，原因不外乎以下几点。

（1）右键单击图片平面的时候，同时选中了边线。

（2）右键单击图片平面前已经双击选中了图片的边线。

（3）右键单击图片平面前已经框选或叉选了图片，同时选中了图片的边线。

（4）导入的图片还没有炸开。

5. 投影贴图要领

下面再看看投影贴图是怎么回事，如何操作。图 5.5.12 准备了 4 种不同的几何体，分别是四棱锥、圆锥体、半球体和圆弧凸台，还准备了 4 幅图片，分别是准备在 4 个几何体上做贴图用的。

前面介绍过，投影贴图就像是把图片做成幻灯片，再投射在对象上的贴图方式，所以首先必须有幻灯片，现在开始来获得幻灯片。

（1）这些几何体的底部平面就是最好的幻灯片，把它们复制到几何体的正上方，如图 5.5.13 所示。

（2）接着对幻灯片赋予不同材质的图片，如图 5.5.14 所示。

（3）用前面学过的方法，分别调整贴图的大小和位置，图 5.5.15 所示已经全部调整好。

（4）分别用吸管获取贴图材质，赋给图 5.5.12 所示的对象，如图 5.5.16 所示。

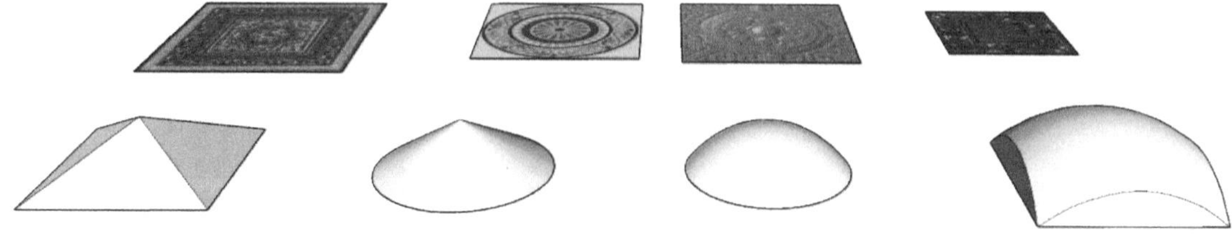

图 5.5.12　贴图素材与贴图对象

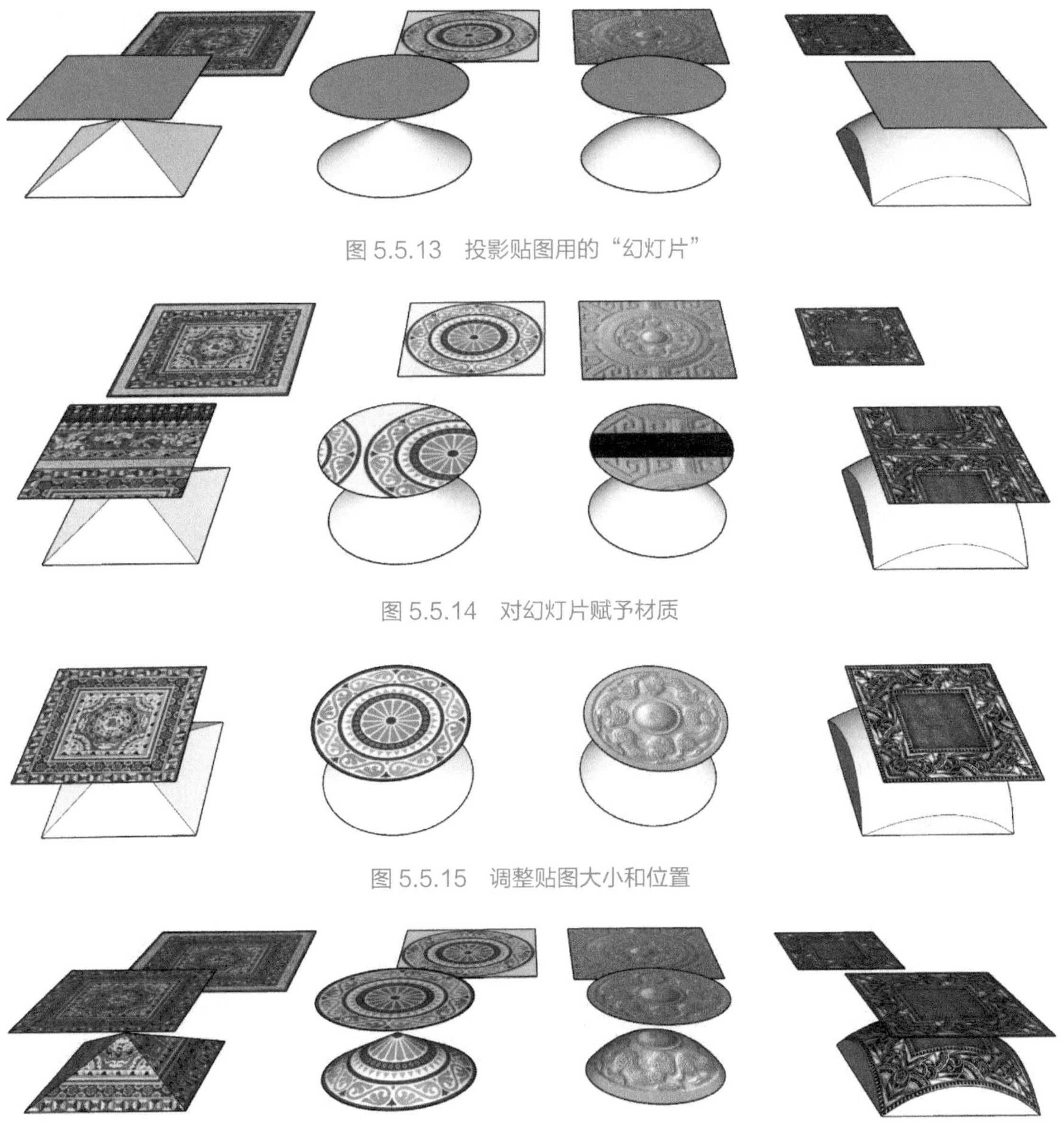

图 5.5.13　投影贴图用的“幻灯片”

图 5.5.14　对幻灯片赋予材质

图 5.5.15　调整贴图大小和位置

图 5.5.16　投影贴图

现在可以来看看结果，移开所有的幻灯片，把视图调整到顶视方式，如图 5.5.17 所示，可以看到，即便对象是不同形状，对象上的贴图结果跟幻灯片是完全一样的，这就是投影贴图的妙处。

你看到的所有素材都可以在附件里找到，可以用来做练习。

图 5.5.17　贴图结果

6. 两种贴图方式的综合运用例

前面讨论了两种不同的贴图方式，现在开始做蜜罐子，要用到上述的两种贴图技巧。

图 5.5.18 所示为准备好的 4 幅图片。做马口铁的罐子，要准备 3 张图片，分别是罐体、上盖和底。另外，最右边还有一幅是用来包裹在马口铁罐子上的标签。

图 5.5.18　食品罐头的贴图素材

下面边建模边明确几个主要的尺寸，供你做练习时参考。

（1）画个圆，半径为 50mm，直径就是 100mm，周长就是 314mm。

（2）再拉出高度 150mm 获得一个圆柱体，如图 5.5.19 所示。

下面用缩放工具分别调整罐体图片的高度和宽度。

（1）用卷尺工具以图片的左边缘（见图 5.5.20 ①）为基准，向右 314mm 作辅助线。

（2）用卷尺工具以图片的下边缘（见图 5.5.20 ②）为基准，向上 150mm 作辅助线。

（3）用缩放工具把图片高度调整到与 150mm 辅助线对齐（跟柱体的高度一样）（见图 5.5.20）。

（4）用缩放工具把图片宽度调整为与 314mm 辅助线对齐（跟罐体圆周长 314 mm 相同）。

图片的尺寸调整到适应圆柱体后就可以进行贴图操作了。

（1）首先并不是用吸管获取材质，而是取消 SketchUp 默认的“投影”（重要）。

（2）右键单击图片（不要同时选中边线），取消“纹理”→“投影”勾选。

（3）现在可以按快捷键 B 调用材质工具了，再按 Alt 键把材质工具暂时变成吸管，汲取图 5.5.20 所示的材质（图 5.5.20 已炸开）。

（4）松开鼠标左键后，吸管变回油漆桶，对圆柱体赋予材质，结果如图 5.5.21 所示。

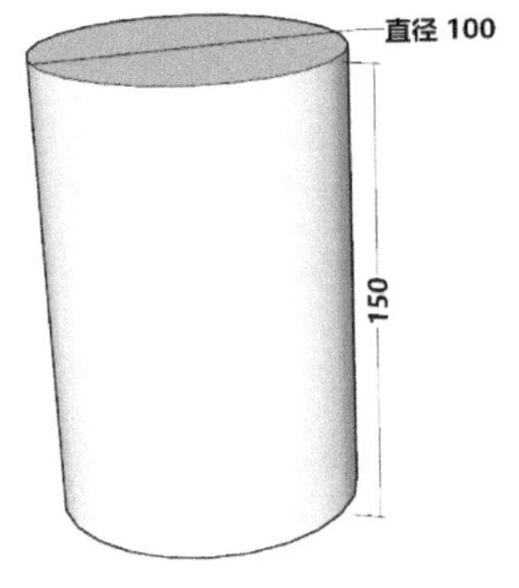

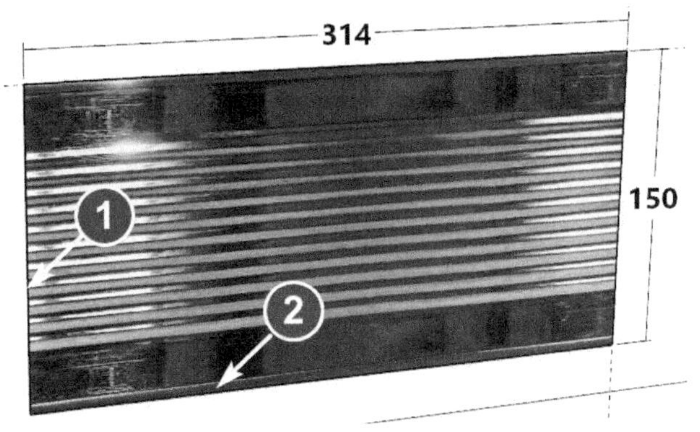

图 5.5.19　圆柱体高等于素材高

图 5.5.20　素材长度等于罐体周长

如果马马虎虎的话，现在就可以做顶部和底部的贴图了，如果想要把罐头做得更逼真，有些细节不能偷懒，例如在罐子的顶部、底部都有一条凸出的边，现在把它们做出来。

（1）用推拉工具把顶部的面向下推 5mm 左右，如图 5.5.22 ①所示。

（2）用偏移工具向外偏移 1mm，如图 5.5.23 ①所示。

（3）再向上拉出 5mm，恢复罐体原有高度，如图 5.5.24 ①所示。

（4）补线成面，删除内圈废线，再向内部偏移 2mm，如图 5.5.25 ①所示。

（5）向下推进去 4mm，做出罐头端部的凹陷，如图 5.5.26 ①所示。

（6）在底部做同样的操作，完成后如图 5.5.27 ①②所示。

（7）对刚生成的部位赋予材质，如图 5.5.28 所示。

图 5.5.21　非投影贴图

图 5.5.22　向下推 5mm

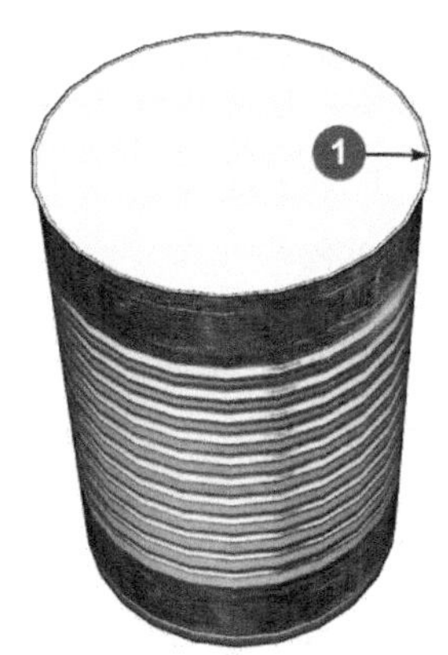

图 5.5.23　向外偏移 1mm

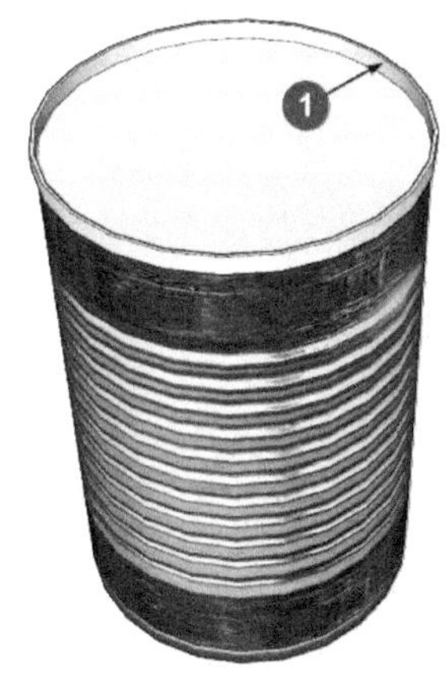

图 5.5.24　向上拉出 5mm

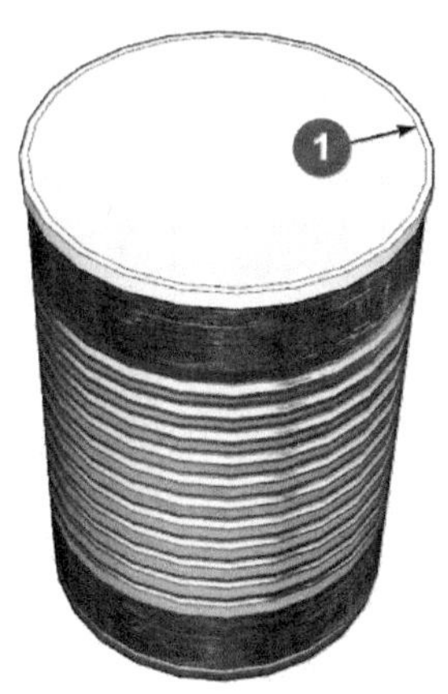

图 5.5.25　补线成面

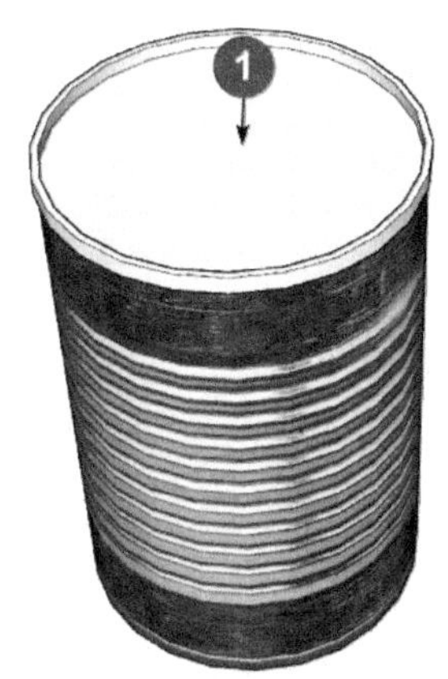

图 5.5.26　向内偏移 2mm

图 5.5.27　底部做同样的操作

图 5.5.28　重新贴图

接着对顶部和底部做投影贴图。

（1）复制图 5.5.29 ①所指的圆环到上面，删除内圈后补线成面，形成投影用的幻灯片（见图 5.5.29 ②）。

（2）对幻灯片赋予材质（此时是之前设置的非投影状态），调整位置和大小，完成后如图 5.5.30 所示。

（3）在右键菜单里确定为投影贴图方式，对顶盖赋予材质，如图 5.5.31 所示。

（4）在底部重复顶部做过的操作。

（5）复制边缘的圆环生成贴图，用于幻灯片，如图 5.5.32 所示。

（6）将幻灯片赋给底部的材质，并调整大小与位置，如图 5.5.33 所示。

（7）对底部做贴图，完成后如图 5.5.34 所示。

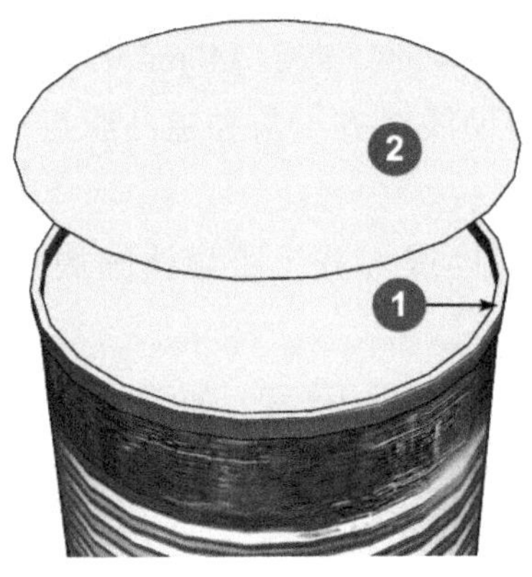

图 5.5.29 准备投影贴图

图 5.5.30 调整贴图坐标

图 5.5.31 投影贴图

图 5.5.32 底部准备

图 5.5.33 调整贴图坐标

图 5.5.34 完成贴图

现在这个马口铁的罐子就完成了，如图 5.5.35 所示。下面要把百花蜜的标签包裹在罐子上。

（1）用卷尺工具以图片的左边缘（见图 5.5.36 ①）为基准，向右 314mm 作辅助线。

（2）用卷尺工具以图片的下边缘（见图 5.5.36 ②）为基准，向上 140mm 作辅助线。

（3）用缩放工具把图片高度调整到与 140mm 辅助线对齐（与扣除凸缘后的罐体一样高）。

（4）用缩放工具把图片宽度调整到与 314mm 辅助线对齐（跟罐体圆周长 314 mm 相同）。

（5）从罐子要贴图的位置引出一条辅助线，用来定位图片的高度，如图 5.5.37 ①所示，从下部凸缘引出一小段辅助线，目的是为了使图片跟圆柱体定位在同一个高度上。

（6）用移动工具抓取图片下部的中心，移动到辅助线的端部对齐，如图 5.5.37 ②所示。

（7）炸开图片，右键单击它后，查看贴图方式为非投影贴图。

（8）吸管工具获取贴图后赋给罐体。现在，蜜罐子就完成了，如图 5.5.38 所示。

图 5.5.35　马口铁罐子

图 5.5.36　根据罐体调整素材尺寸

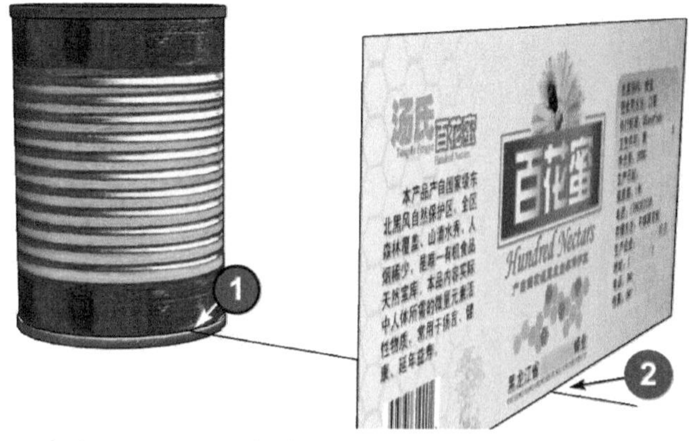

图 5.5.37　借用辅助线定位贴图位置

图 5.5.38　贴图完成

图 5.5.39 是全部完成后的成品展示。通过这个实例，我们复习并且比较了 SketchUp 两种

不同的贴图方式和适用对象，还有它们的操作要领。请用附件里提供的素材多做练习，5.6 节我们要做点好吃的。

图 5.5.39　本节成果

5.6　粗茶淡饭、贴图折叠等

桌子上有一碗红油豆腐、一碗米饭、一双筷子、一本古书。本节要讲这四样，粗茶淡饭加上筷子，还有一本书（见图 5.6.1）。赫然穷酸书生的一餐，作者为他题词：

“粗茶淡饭权充饥、苦读非为当恶吏”。

仔细看看这四样：两只碗，有点像青花瓷，但它们不是，粗瓷而已。再来看碗里面装的菜和饭，中国传统植物蛋白加碳水化合物，形象逼真是贴图的功劳。

这双筷子，虽然不是象牙、不是金银；不过也有点来头，名堂在两头，一头是方，另一头是圆，知道怎么做的吗？等一下告诉你，这种方法很重要还很好用。

至于这本古书，建模比较简单，等会也顺便说一下。

图 5.6.1　本节任务完成后

图 5.6.2 所示的 5 幅图片是等一会要用到的素材，保存在本节附件里。

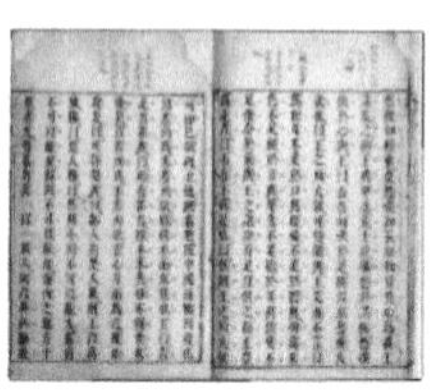

图 5.6.2　本节所用的素材

1. 先来做两只碗

如果你对直接画出一只碗的截面有把握，可以按以下步骤操作。

（1）建立一个垂直的辅助面，如图 5.6.3 ①所示，尺寸大约一只碗的宽和高。因为等到碗成型后，还可以做整体调整，所以稍微有点误差无所谓。

（2）然后在辅助面上画中心线（见图 5.6.3 ②）和碗的截面，如图 5.6.3 ③所示。

如果你对直接绘制放样截面没有把握，可以用以下办法。

（1）找一张碗的照片，用缩放工具调整到合理大小，如图 5.6.4 所示。

（2）画中心线，描绘出边缘，如图 5.6.4 所示。

（3）偏移出碗壁的厚度，画出碗口的圆弧和碗底的形状，如图 5.6.5 所示。

（4）在中心线的上端或下端绘制一个当作放样路径的圆，保留中心线，如图 5.6.5 所示。

（5）执行“旋转放样”后如图 5.6.6 所示。这是一个大致像碗的形状，柔化后连中心线创建群组。

（6）中国人都知道饭碗和菜碗的区别，装菜的碗，直径较大，比较浅；装饭的碗，直径较小，显得深些。知道了这些特征，就可以用缩放工具把图 5.6.6 修改成饭碗和菜碗。

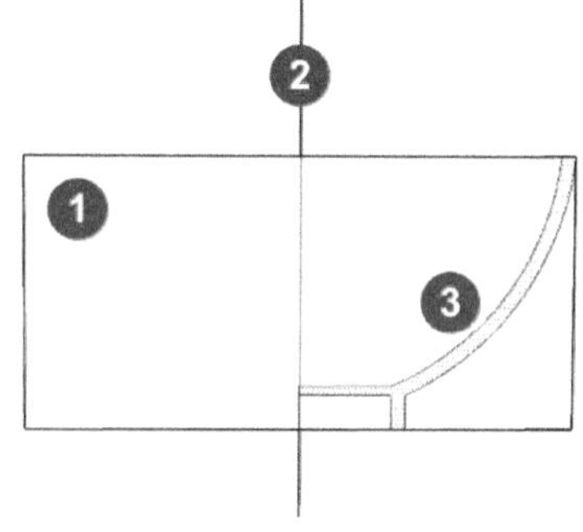

图 5.6.3　辅助面与放样截面

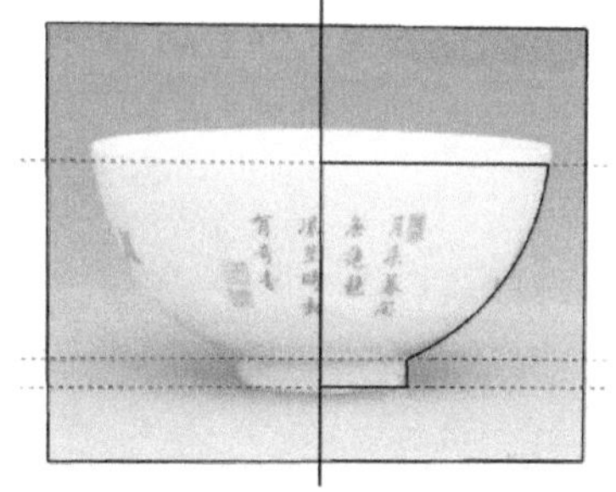

图 5.6.4　描摹边线

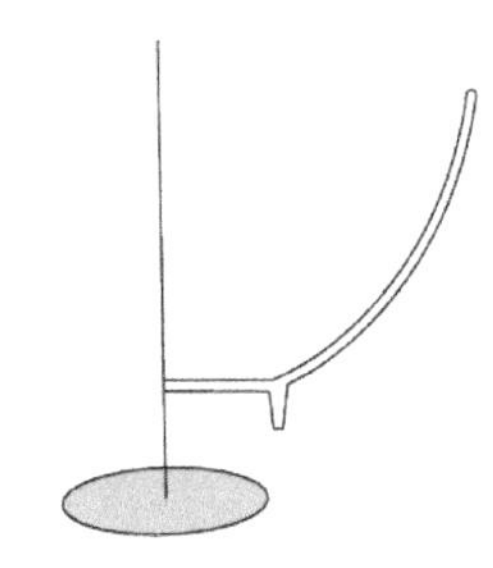

图 5.6.5　加工成放样截面

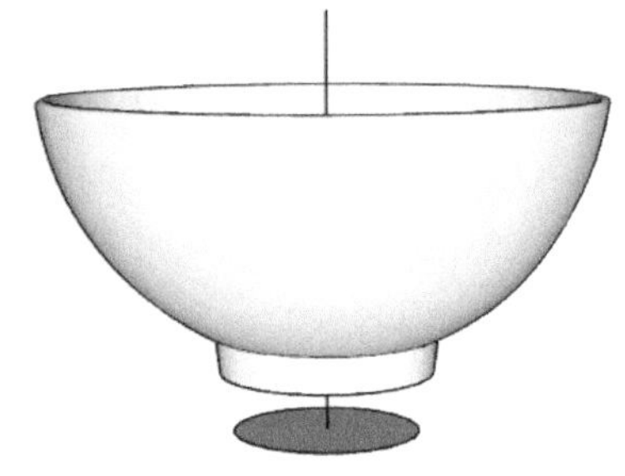

图 5.6.6　旋转放样后

图 5.6.7 是修改调整好后的饭碗和菜碗，饭碗直径为 130mm、高度为 65mm，菜碗直径为 180mm、高 60mm。

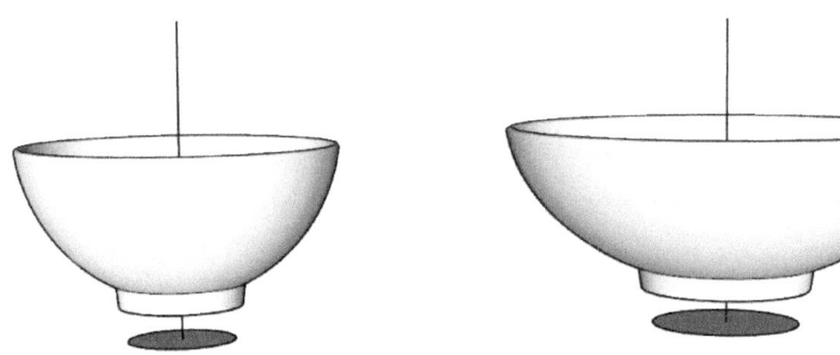

图 5.6.7　缩放成菜碗和饭碗

2. 投影贴图一

现在有了碗的白坯，接着还要给它画花纹上釉。根据前面几节已经学习过的内容知道，想要在碗、盘、盆类似的曲面对象上做贴图，只能用“投影”的方式；而“投影”必须有一个简称为“幻灯片”的图像载体。

（1）图 5.6.8 就是利用留下的中心线绘制的“幻灯片”（饭碗半径为 65mm，菜碗半径为 90mm）。

（2）然后把准备好的图片炸开成为材质，赋给大、小两个圆面，调整大小和位置后如图 5.6.9 所示。

（3）下面要做投影贴图操作，记得要在右键中查看当前的贴图方式，要把投影选中。

再次解释很多学员提出过的同样问题：为什么我的右键菜单里没有“纹理”选项？除了 5.5 节里所说到的原因外，在查看右键菜单之前，他们已经选择了图片的面，同时又选择了边线；在以下 3 种情况下，右键菜单里也看不到这个选项。

（1）图片已经群组。

（2）图片导入后还没有炸开（看起来像群组，其实不是）。

（3）图片已经贴在了不是平面的曲面上。

如果右键单击图片后看不到“纹理”选项，别急着到处求教，先查看上面的原因。

接下来是做投影贴图。

（1）别忘了先用右键单击“幻灯片”，检查是否在“纹理”项下勾选了“投影”。

（2）按快捷键 B，调用材质工具，再按 Alt 键，把油漆桶变成吸管。

（3）用吸管获取“幻灯片”材质，赋给下面的对象，如图 5.6.10 所示。

（4）若贴图结果不满意，还要退回去重新调整幻灯片上图像的大小与位置。

（5）确认无误后，全选“碗”的部分，创建群组。

（6）把原先的“幻灯片”往下移动到“七分满”位置，变成下一次贴图的对象，如图 5.6.11 所示。

（7）用缩放工具把移动下来的幻灯片缩小到合适位置，如图 5.6.11 所示。

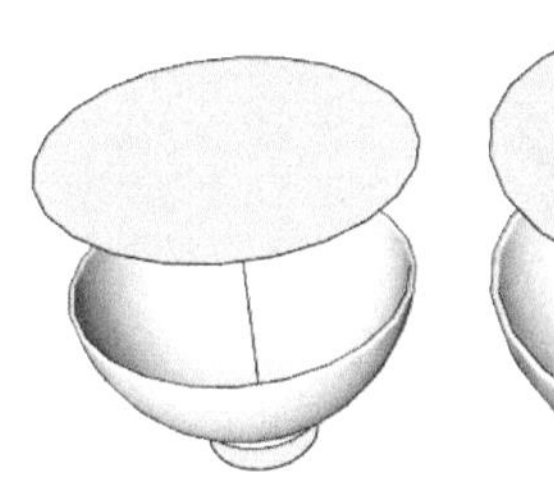
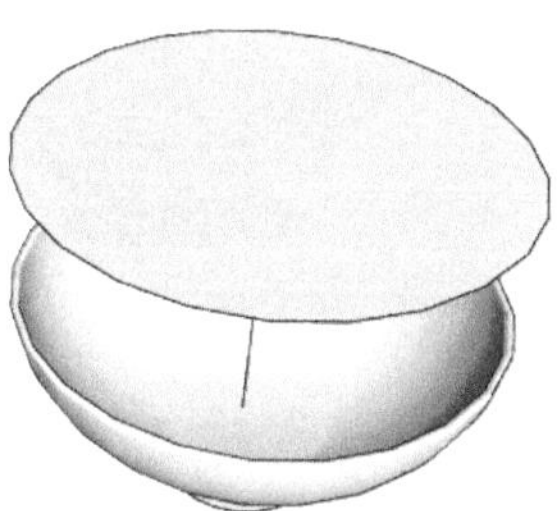

图 5.6.8　绘制投影贴图用的幻灯片

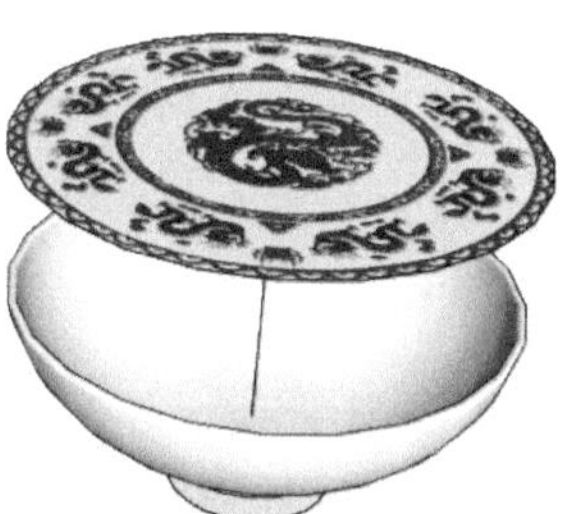

图 5.6.9　调整贴图大小与位置

图 5.6.10　投影贴图

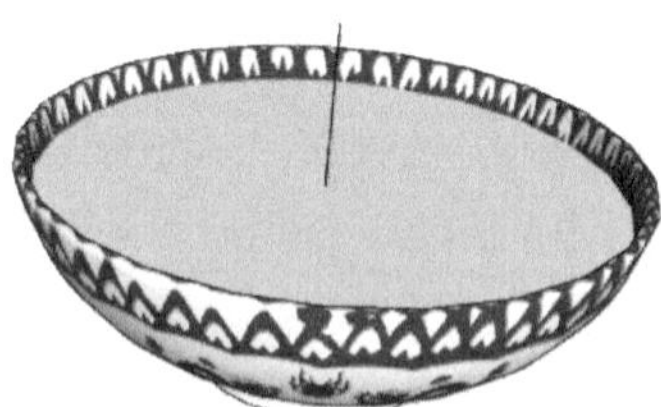

图 5.6.11　生成一个圆面

3. 投影贴图二

下面把“红油豆腐”做完。

（1）现在把红油豆腐的图片，用“文件”菜单导入或者直接拖曳到工作窗口里，炸开。

（2）用材质面板的吸管工具获取图片材质，赋给要贴图的平面。

（3）单击右键里选择“纹理”→“位置”，调整材质的大小和位置到合适，按空格键退出，如图 5.6.12 所示。

（4）红油豆腐一碗就完成了，全选做成组件，保存在你的组件库里去，如图 5.6.13 所示。

图 5.6.12 贴图

图 5.6.13 调整贴图大小与位置后

4. 折叠造型一与投影贴图三

接着来完成米饭的部分。新的问题来了，按照常识，红油豆腐是汤菜，它的表面接近一个平面，所以用图 5.6.16 所示的平面贴图还马马虎虎可以接受。如果把米饭也做成平面，那就成了一碗粥，就不是粗茶淡饭，变成粗茶淡粥，要闹笑话了，所以，下面的操作要把这个平面弄成米饭不规则的高低起伏的小山头状。

说到这里，想起一个小小的笑话，有个非常聪明的学员，在做这个模型的时候，动用了地形工具来做米饭，虽然不能算错，不过，杀鸡用了大砍刀，也算是个笑话。

下面要用一种仅在“黄石假山”一节用过的方法来完成平面到立体的变化。

（1）用徒手线工具在平面上画条徒手线，两端要相接后成面，如图 5.6.14 所示。

（2）下面就要用到“折叠”技巧。双击这个面，选择面和边线，按快捷键 M 调出移动工具，按住 Alt 键，往上移动这个面，移动到合适位置停下，如图 5.6.15 所示。

（3）再次在顶面上画徒手线，首尾相接成面，如图 5.6.16 所示。

（4）再次用移动工具，按住 Alt 键做折叠操作，如图 5.6.17 所示。

（5）够不够？不够还可以再来第 3 次。如果够了，就柔化一下这“小山”，如图 5.6.18 所示。

（6）利用留下的中心线，画一个圆，半径为 65mm；这是米饭贴图用的幻灯片，如图 5.6.19 所示。

图 5.6.14　画闭合的徒手线

图 5.6.15　向上做折叠操作

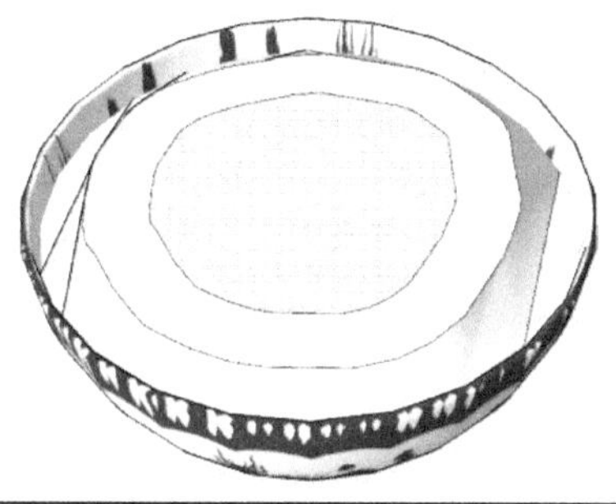

图 5.6.16　再画闭合徒手线

图 5.6.17　再次做折叠

图 5.6.18　适度柔化

图 5.6.19　准备投影

（7）把米饭的照片拉到窗口里，炸开，赋给“幻灯片”，如图 5.6.20 所示。

（8）仔细调整米饭贴图的大小和位置，调整完成后如图 5.6.21 所示。

（9）用吸管工具汲取“幻灯片”上的米饭材质赋给下面的“小山头”，如图 5.6.22 所示。

（10）米饭一碗完成，全选后做成组件，入库备用。

图 5.6.20 赋予材质

图 5.6.21 调整大小和位置

图 5.6.22 投影贴图完成

5. 折叠造型二

现在有了一碗红油豆腐、一碗米饭，还缺一双筷子。传统的筷子，一头方一头圆，中国人称之为“天圆地方”，天圆地方是中国古代的朴素哲学理念，是一种信仰、一种文化。

（1）画个矩形，找到中心，再画个圆形，删除多余线条，如图 5.6.23 所示。

（2）双击选中圆形和它的边线，用移动工具按住 Alt 键，再次使用“折叠”的技巧，拉出来形成了天圆地方的形状，如图 5.6.24 所示。

（3）补线成面后，延长一点方的部分，在端部画对角交叉线，如图 5.6.25 所示。

（4）现在要做本节中的第 3 次“折叠”。将移动工具移动到端部对角线的交叉点，看到被自动选中后，按住 Alt 键拉出一点，形成筷子顶的四棱锥形，如图 5.6.26 所示。

（5）全选后用缩放工具，整体缩放到长度为 250mm 左右，如图 5.6.27 所示；筷子的传统长度是市尺 7 寸 6 分，寓意人有七情六欲，以区别与动物（市尺 7 寸 6 分约为公制的 250mm）。

（6）对筷子赋予一种木纹的材质，如图 5.6.27 所示。

（7）创建群组，复制成一双，创建组件入库备用，如图 5.6.28 所示。

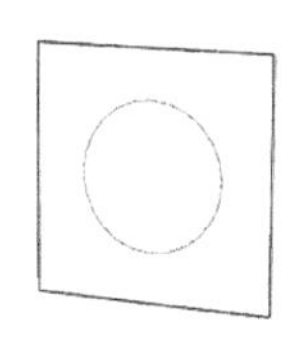

图 5.6.23　绘制一方一圆

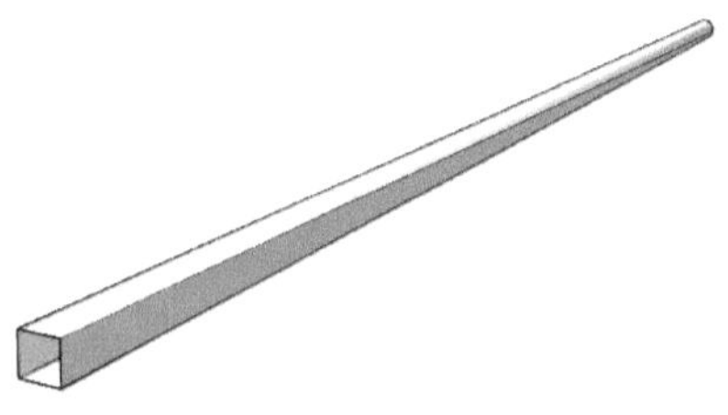

图 5.6.24　折叠操作拉出

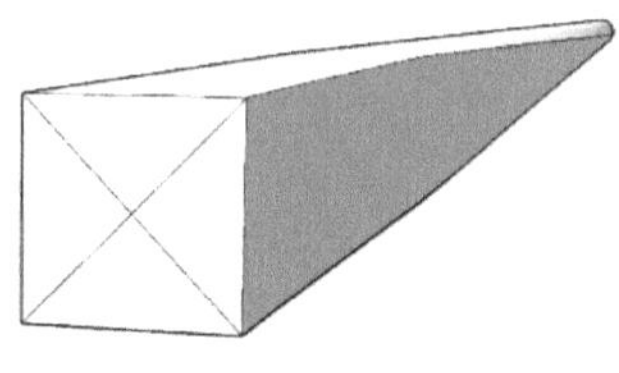

图 5.6.25　适度延长方的部分

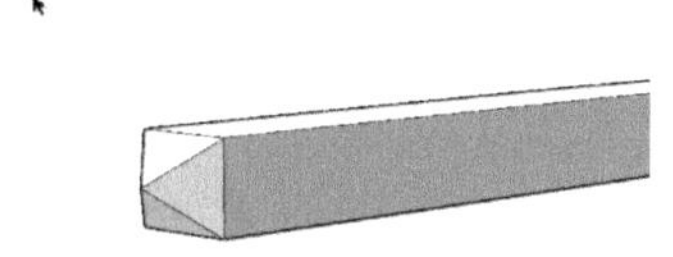

图 5.6.26　绘制交叉线并折叠出顶端

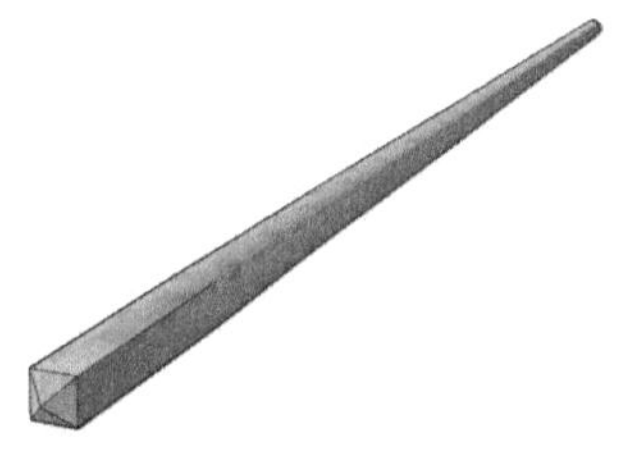

图 5.6.27　赋予材质

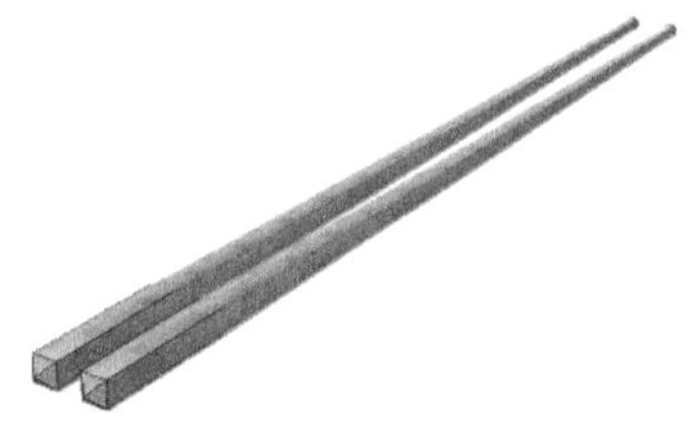

图 5.6.28　复制成双

6. 投影贴图四

最后还要来做一本古旧的书。

（1）把准备好的图片拖曳到工作窗口中，把图片调整到书的合理尺寸，如图 5.6.29 所示。

（2）复制一份到上面备用，它将要成为投影贴图的“幻灯片”，如图 5.6.30 所示。

（3）先隐藏上面的图片，把下面的图片拉出厚度，并赋给默认的正面，如图 5.6.31 所示。

（4）如图 5.6.32 所示，在立方体的端部画出书的截面。

（5）删除废线、面，只留下截面和拉出书本长度定位用的线，如图 5.6.33 所示。

（6）拉出书的模样，如图 5.6.34 所示，并柔化。

（7）恢复隐藏的“幻灯片”，如图 5.6.35 所示。

（8）赋给书本一种偏黄的底色，如吃不准用什么颜色，可先随便赋一种颜色。

（9）然后单击材质面板上的“匹配模型中图像的颜色”出现吸管后，单击书本图片获得“平均色”，并自动赋给下面的书本模型，如图 5.6.36 所示。

图 5.6.29 将素材调整到合适

图 5.6.30 向上复制一个并隐藏

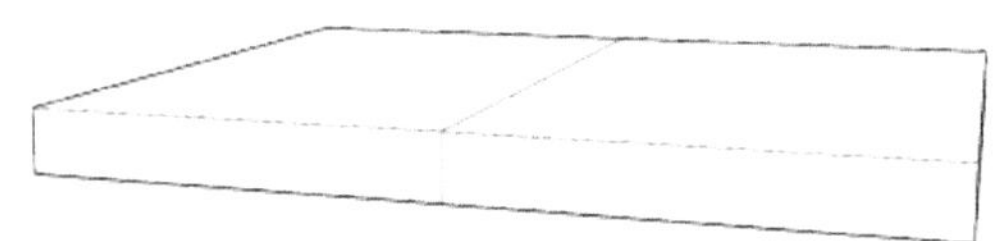

图 5.6.31 绘制基础立方体

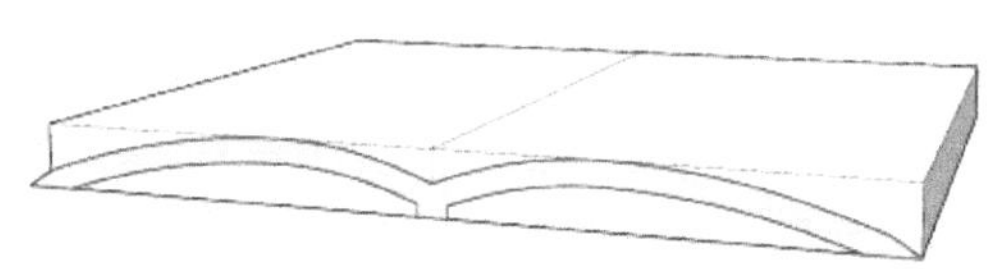

图 5.6.32 绘制截面

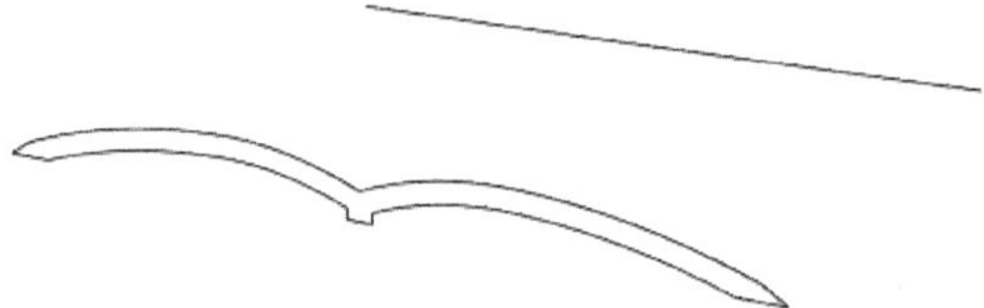

图 5.6.33 删除废线、面

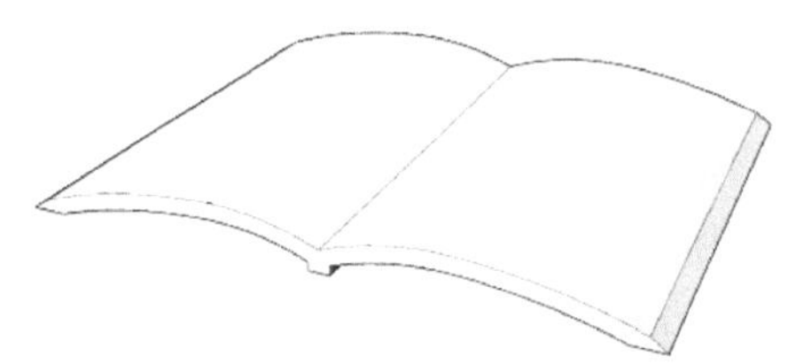

图 5.6.34 拉出实体

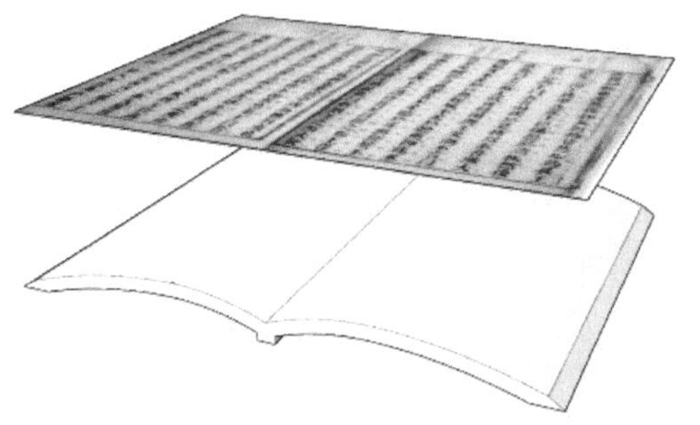

图 5.6.35 恢复显示

图 5.6.36 匹配颜色

（10）接下来的事情，当然是做投影贴图了。炸开图片，检查一下，选择投影贴图方式。

（11）用吸管获取材质，赋给下面的书模型（见图 5.6.37）。

（12）全选做成组件，入库备用。

图 5.6.37　投影贴图

本节安排了较多的内容，完成后的四样东西如图 5.6.1 所示。在这四样东西的创建过程中，多次复习了投影贴图和材质贴图技巧。除了材质和贴图方面的思路与技巧外，还引入了一些新的建模技巧，尤其是连续多次引入了用移动工具加 Alt 键的“折叠”技巧，其中 3 次是移动一个平面的折叠，一次是移动“顶点”（即交叉点）的折叠；如果你以为在同一个小节里连续出现多次不太常用的“折叠”技巧是偶然的巧合，那就错了，这正是作者煞费苦心、有意安排的。

应注意，无论是移动面的折叠还是移动顶点的折叠，都是 SketchUp 的重要造型功能，但却没有被大多数 SketchUp 用户所了解与熟练运用。“折叠”功能在建模中虽然没有“推拉”工具常用，但是用这个办法往往可以做到用其他工具和方法难以完成的任务。建模中若能够熟练运用这些折叠技巧，可以解决很多麻烦，提高自己的建模水平。

在本节附件里可以找到上面演示中所用到的所有素材，请多做练习。

5.7　焦距与视角

SketchUp 里面有一个基本工具，就是图 5.7.1 里放大镜图案，它的名字叫作“缩放”；奇怪的是，SketchUp 还有一个同名的工具，图 5.7.2 里那个带箭头的矩形，同样叫作“缩放”。在同一个软件里，两种不同功能的工具却有相同的名字，这种现象，在众多的应用软件中，SketchUp 是唯一的一个，似乎显得不太专业。

在英文版的 SketchUp 里，放大镜形状的工具，名称是“Zoom”（见图 5.7.3，应译为“变焦”为妥）；带箭头的矩形，名称是“Scale”（见图 5.7.4，专业术语应译为“比例”或“缩放”为好）。英文版里这两个工具是有区别的，所以问题显然不是出在 SketchUp 本身，而在 SketchUp 的汉化翻译者。虽然此类翻译和用词不严谨的毛病在 SketchUp 汉化版里有几十处；但瑕不掩瑜，SketchUp 在我看来仍然是一种“伟大的工具”，希望今后的新版能尽量减少此类低级错误，在用户心目中树立更良好的专业形象。

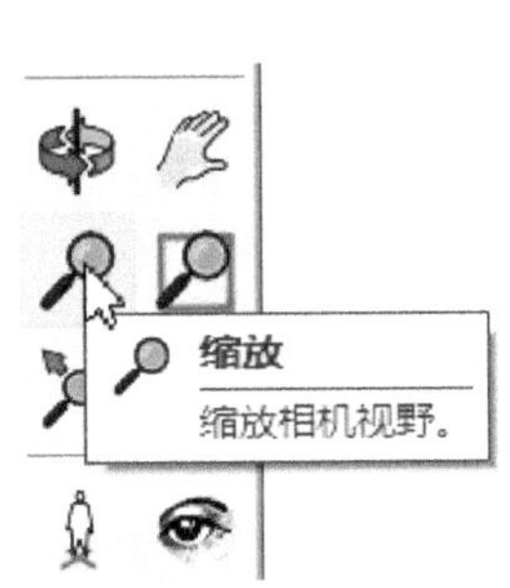

图 5.7.1　缩放工具

图 5.7.2　又一个缩放

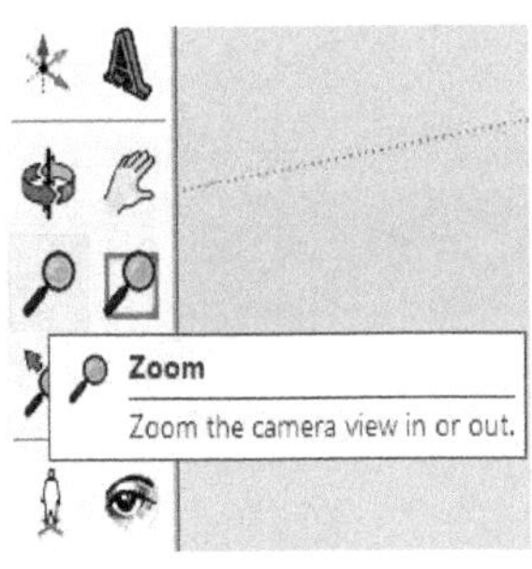

图 5.7.3　英文版的“缩放”工具

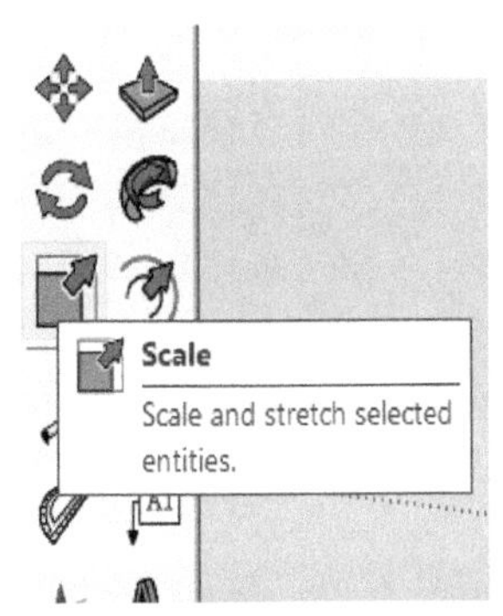

图 5.7.4　英文版的“比例”工具

牢骚归牢骚，现在你知道了，今后提到“缩放工具”的时候，不要搞错就好。本节要讨论的是那个放大镜图标的缩放工具，在本系列教程的《SketchUp 要点精讲》2.2 节里就已经讲过它的用法。在屏幕上单击它，往上移动是放大模型，往下移动是缩小模型，在摄影专业，这样的操作和变化就是术语“变焦”，缩放工具这个基本的用法，相信你早就已经掌握了。

但是不知你注意过没有，单击这个（放大镜形状的）缩放工具后，屏幕右下角的数值框里有个数字，默认的数字是 35.00 度，如图 5.7.5 所示，这个数字代表了什么？旁边有个“视野”的文字提示又是什么意思？能否改变这个数字？如何改变这个数字？改变这个数字会有什么结果？这些问题就是本节要讨论的。

视野 35.00 度

图 5.7.5　右下角数值框里显示的视角

因为本节要讨论的“焦距”“视角”等课题都是传统摄影专业相关的术语，它们的原理和光学理论基础也与传统的照相机相同，所以为了讲清楚这些问题，还需要普及一些相机方面的知识。

很多年来，大多数人玩的是傻瓜相机（手机上的相机也是傻瓜的），不用做太多的设置就可以拍出不错的照片，不懂任何光学理论和摄影技巧的人都可以玩。而区别于傻瓜相机（包括手机），还有一种称之为“专业相机”的设备，拍摄照片有更大的自由度，各种参数都可以独立改变与设置；在众多相机专业参数中，与本节内容直接相关的参数就是“焦距”“视角”“广角镜头”“长焦镜头”等。首先看图 5.7.6 ~ 图 5.7.9 所示的几幅照片：都是用一种叫作“鱼眼”的“广角镜头”拍摄的。

图 5.7.6　鱼眼镜头（1）

图 5.7.7　鱼眼镜头（2）

图 5.7.8　鱼眼镜头（3）

图 5.7.9　鱼眼镜头（4）

现在来讨论什么是广角镜头？什么是长焦镜头？什么是焦距？什么是视角？……

下面这组图片可以回答上面的问题。下面这组照片（共 12 幅）是站在同一个地方不移动，用不同的镜头参数拍摄的。每一图片左边是一幅照片，右边是对应的镜头焦距与视角等参数。

先看图 5.7.10 所示的图像，它的焦距是 15mm，此时拍摄到的视角是 180°（鱼眼镜头），效果如图。再看图 5.7.21，焦距是 1200mm（长焦镜头），此时拍摄到的视角是 2° 05′，效果如图。

对照一下这两幅图就可知道有以下的规律：相机镜头的焦距越短，能拍摄的角度就越大，同时，图像的变形也越大，当把焦距调整到 15mm 或以下的时候，视角接近 180°，它就成了“鱼眼”，也就是鱼眼镜头了。

可见，视角大小和图像变形是一对矛盾，视角大了，变形也大，很难同时满足，为了得到适当的视角，大多数相机的定焦标准镜头在 28~50mm 范围内，变焦镜头的焦距范围内也一定包含了 28~50mm 这一段。因为这一段的镜头焦距，兼顾了视角和变形。

焦距较短的镜头，也叫广角镜头，焦距短到极限，就成了鱼眼镜头。鱼眼镜头可以得到 180°，甚至大于 180° 的视角，不可避免的是，镜头边缘的图像变形就会很大，见图 5.7.6 ~ 图 5.7.21。

图 5.7.10　F=15mm、180°

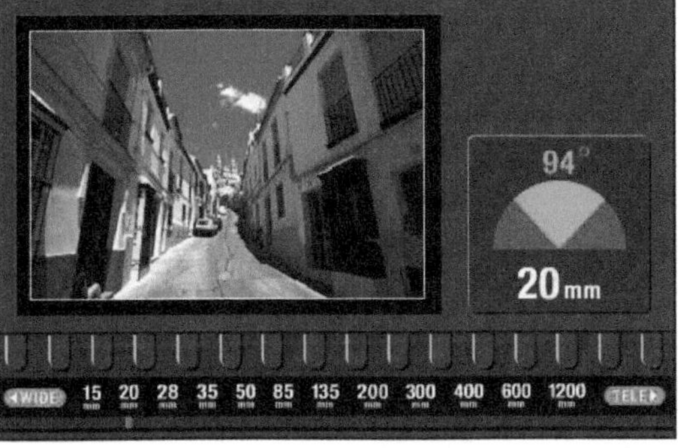

图 5.7.11　F=20mm、94°

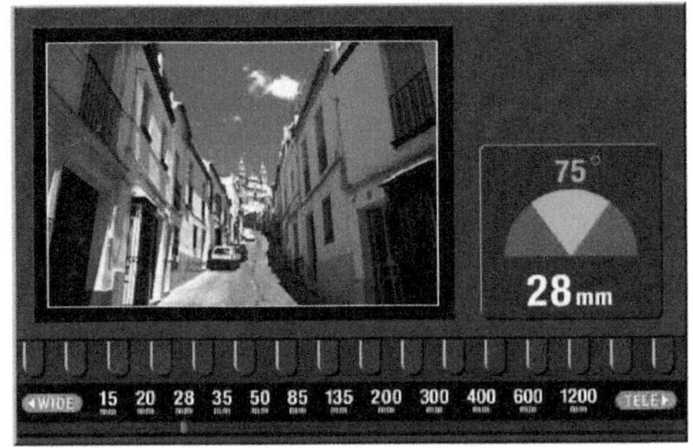

图 5.7.12　F=28mm、75°

图 5.7.13　F=35mm、63°

图 5.7.14 *F*=50mm、46°

图 5.7.15 *F*=85mm、28.5°

图 5.7.16 *F*=135mm、18°

图 5.7.17 *F*=200mm、12°

图 5.7.18 *F*=300mm、8° 25′

图 5.7.19 *F*=400mm、6° 10′

为了方便你今后正确运用这些参数，图 5.7.22 是一幅焦距与视角的对照图，从这幅图上可以非常直观地查阅焦距与视角的关系。

图 5.7.20　*F*=600mm、4°　10′

图 5.7.21　*F*=1200mm、2°　05′

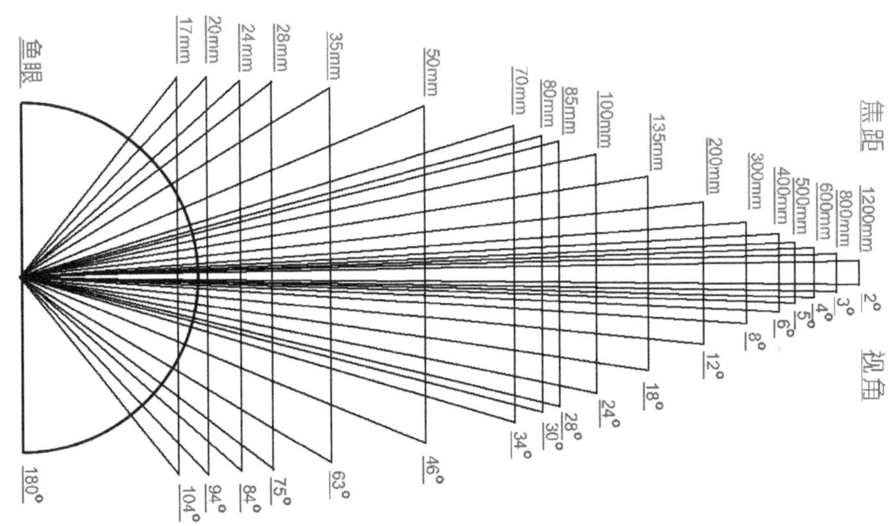

图 5.7.22　焦距视角对照表

现在回到 SketchUp，刚才的话题：单击缩放工具后，屏幕右下角的视角等于 35°，从图 5.7.22 可以查到大约相当于焦距为 60~70mm 的镜头，这个视角（也就是 SketchUp 里标注的“视野”）有变形，但还在能够接受的较小范围内，这是优点，但也存在一些问题。

请看图 5.7.23 所示的小模型，如果把相机设置在客厅门口，图 5.7.23 ①所在的地方，拍摄角度如箭头所指，因为现在的视角是 35°，所以只能看到客厅里的一小部分，如图 5.7.24 所示。这时候，如果有一个广角镜头，就可以把视角放大点。

那么能换成广角镜头吗？可以的，有两种办法可以实现视角的改变。

第一种方法，单击缩放工具以后，立即输入新的视角，现在我输入 60，相当于换了个焦距为 35mm 的镜头，按 Enter 键以后，相机的位置没有改变，视角却改变了，如图 5.7.25 所示，看到的东西比刚才多了一些，原来看不到的左右两边的景物也可以看到了，而同时，原来就能看得到的东西却显得远了，还要特别提醒注意，边缘开始变形，两边的墙开始向外侧倾斜，形成了喇叭口的形状。

现在，再输入一个更大点的视角 90°，按 Enter 键，相当于换了一个焦距为 20mm 左右的广角镜头，可以看到，镜头的变形失真更大了，虽然可以看到更多原来看不到的东西，但原来就能看到的东西变得更远，边缘的喇叭口也更大了。

再输入 120，按 Enter 键，视角更大了，景物的失真更大了。

120° 是 SketchUp 视角调整的上限，如图 5.7.27 所示。

图 5.7.28 是退到室外看这个模型，可以看到，此时模型的变形失真已经达到了什么程度。

你是不是感觉到从图 5.7.26 开始的视图，已经失去了正常表达设计意图的价值了呢？通过以上的试验可知，在 SketchUp 里对视角的调整是有限度的，不是越大越好。

第二种调整视角的方法叫做“无级调整视角”，操作要领如下。

单击缩放工具后，按住 Shift 键，上下移动工具，可以看到右下角的数值框里的数字在变化，工作窗口里的可见内容也在变化，调整到合适的位置后，按空格键退出。

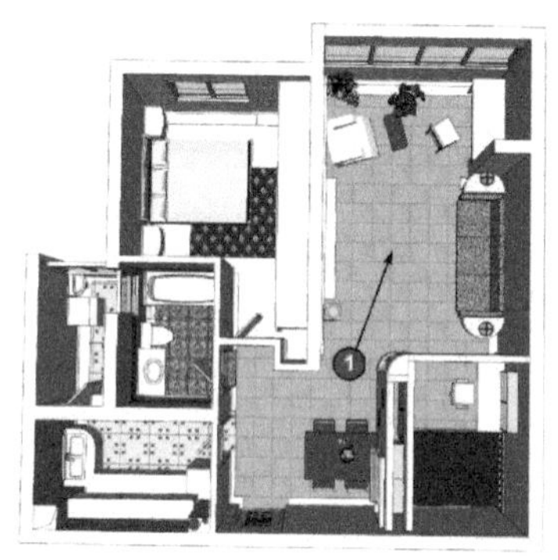

图 5.7.23 俯视图

图 5.7.24 视角为 35°

图 5.7.25 视角为 60°

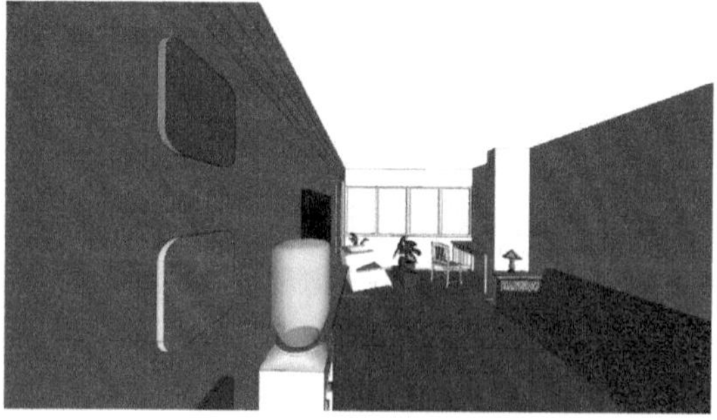

图 5.7.26 视角为 90°

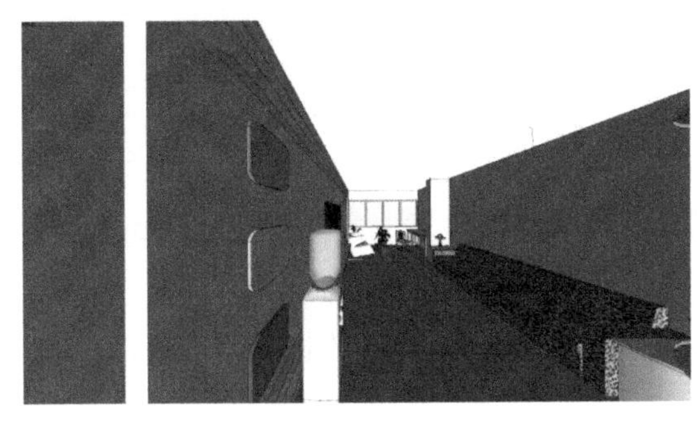

图 5.7.27　视角为 120°

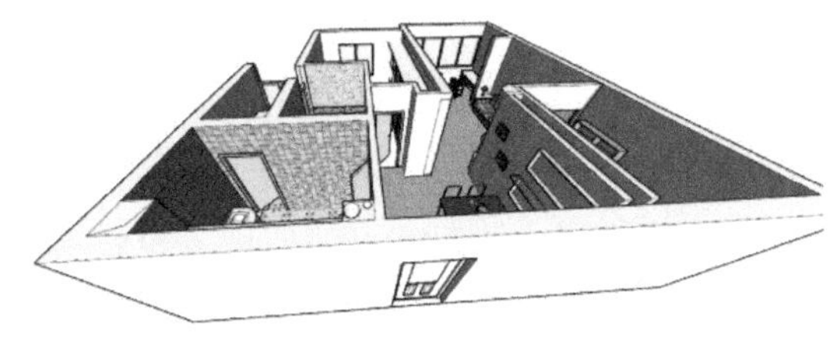

图 5.7.28　严重的失真

那么，什么样的视角范围是合理的呢？为说明这个问题，提供一些实验数据给你作为参考。

试验数据表明，人眼的水平可视角度是 120° 左右，垂直可视角度是 60° 左右，当集中注意力看某个目标或远眺时约为 1/5 或更小。试验还表明，人眼最佳视力区仅为 1° 5′；清晰区为 15°；最大视力区可达 35°；35° 之外的是余光区或周边视野，通常可达到 120° 视角。

所以，SketchUp 默认的视角设置为 35°，是按照人眼的最大视力区来确定的，是比较科学的。SketchUp 默认的 35° 是兼顾视角和失真的折中措施，其实在 SketchUp 的早期版本里，专业版（Pro 版）的视角是 30°，失真更小；体验版的默认视角才是 35°。

在一些特殊情况下，也可以稍微调大一些视角，试验证明，把视角调整到 45°，还不至于引起太明显的变形失真。大多数应用场合，60° 是视角调整的极限了。

网络上时常可以看到一些渲染作品和模型的视角，调整得太大，给人以不稳定、不真实、不舒服的感觉，有些高层建筑的顶部看起来比底层还大得多，不符合透视原则，有快要坍塌下来的感觉。

有些室内设计师的作品，为了多表现一点画面边缘被遮挡的部分，也把视角调整得太大，搞得墙角变成了漏斗状，家具成了上面大、下面小，头重脚轻站不稳。这些都是要尽量避免的。

有得必有失的道理人人都懂，到实际操作的时候往往又把握不住得失和分寸平衡，视角调整得大点，确实可让更多的景物收入眼中，但要有个度，这个度就是人眼和人脑能够接受的极限，超过了这个极限，就会适得其反。

还有一个初学者容易犯的错误，一定要重点提一下，就是你无论因为有什么需要，无论用以上哪一种方法短暂调整过视角，请记得在用过后立即把视角恢复到 SketchUp 默认的 30° 或 35°。方法是：单击放大镜图标的缩放工具，输入 35 或者 30，按 Enter 键。

5.8 批量生成材质

通过了前面几个小节关于材质和贴图方面的介绍和讨论，想必你已经知道材质和贴图是SketchUp的重要功能，也学会了很多材质和贴图的技巧，在本节中，要对SketchUp的材质做进一步的研究，还要学习如何把大量普通的图片文件转换成材质。

很多同学看到我在材质管理器里打开一个目录，有很多绚丽多彩的材质，会提以下几个问题。

（1）为什么我安装了SketchUp后，只有很少的几种材质？

（2）为什么我双击材质文件不能打开它？

（3）为什么我只能看到skm文件而不能预览它们？

（4）这些材质是怎么弄到SketchUp里去的？

（5）如何把大量图片快速转换成skm材质？

如果你仍然有前面4个问题，请回本书的5.1节里，那里有详细介绍和讨论，本节要解决上述最后一个问题：如何把大批图片转成skm材质。如果你有几千甚至上万张图片要变成skm材质，用5.1节里介绍的办法太辛苦、太麻烦了，要弄到什么时候？下面讲的办法可以解决这个问题。

在本节的附件里有一个名为“拼花”的文件夹，里面全部是石材拼花的图案，共有120个图片文件，想要把这120个图片一次转换成SketchUp的材质文件（skm文件）。注意：转换前应仔细检查一下这个文件夹里是否都是拼花的图片，譬如你把木纹和瓷砖的图片也放在拼花一起，形成材质后，再想分开就很困难了。

在本节的附件里，有个叫做“材质库生成工具”的小软件，如图5.8.1①所示，它并不是SketchUp附带的工具，是很多年前，某个热心的用户创造的，从SketchUp 4.0版流传至今，我已经用了十几年。经过测试，即使是最新的SketchUp 2021版仍然可用，它专门用来解决大批图片转换成skm材质的问题。

（1）双击图5.8.1①所示的图标后，会出现图5.8.1②所示的工作界面。

（2）接着，随便从上述“拼花”文件夹里拖一个图片到材质生成器上面的窗口图5.8.2①里，这个文件夹里的所有文件就出现在图5.8.2②所示的窗口中了。

（3）也可以单击图5.8.2①右侧的Path按钮指定一个存放着图片的目录。

（4）接着图5.8.2③所示的Save按钮，在弹出窗口中指定一个保存材质的位置，还要输入文件的名称。

（5）这里选择把生成的材质仍然放在图片所在的目录里。

（6）起一个名字叫做拼花。

（7）现在回到图片所在的目录，可以找到一个新产生的文件，如图 5.8.3 ①所示的 skm 文件，不要以为 120 个图片只生成了这一个 skm 材质文件，先别着急，这还不是材质，它只是一个索引文件，用记事本打开它就知道了，如图 5.8.4 所示。

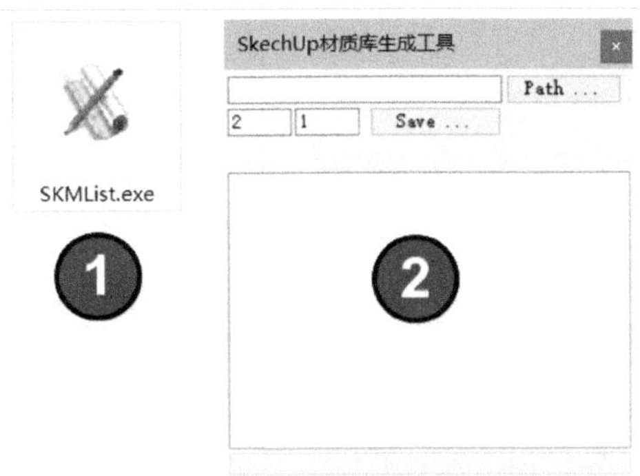

图 5.8.1　材质库生成工具

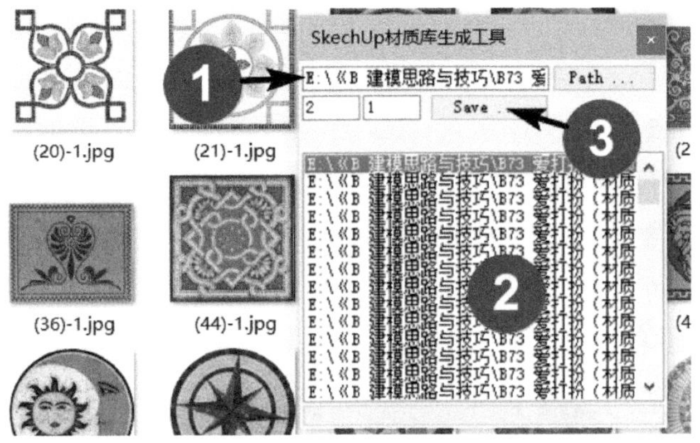

图 5.8.2　打开图片目录

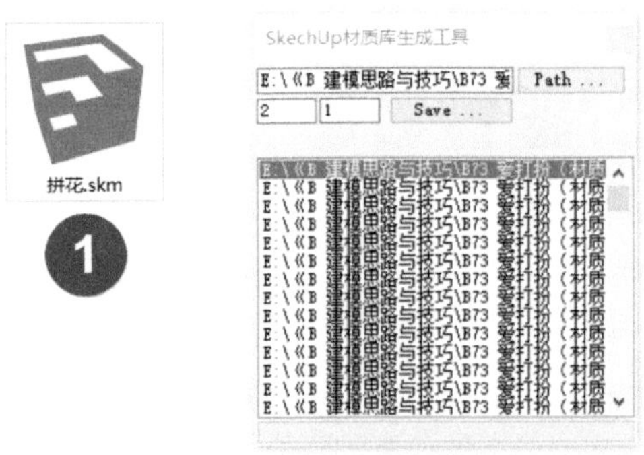

图 5.8.3　只生成一个 skm 文件

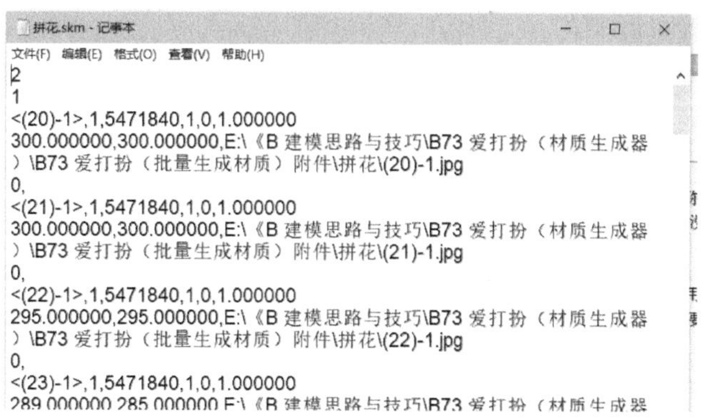

拼花.skm - 记事本

文件(F) 编辑(E) 格式(O) 查看(V) 帮助(H)

2
1
<(20)-1>,1,5471840,1,0,1.000000
300.000000,300.000000,E:\《B 建模思路与技巧\B73 爱打扮（材质生成器）\B73 爱打扮（批量生成材质）附件\拼花\(20)-1.jpg
0,
<(21)-1>,1,5471840,1,0,1.000000
300.000000,300.000000,E:\《B 建模思路与技巧\B73 爱打扮（材质生成器）\B73 爱打扮（批量生成材质）附件\拼花\(21)-1.jpg
0,
<(22)-1>,1,5471840,1,0,1.000000
295.000000,295.000000,E:\《B 建模思路与技巧\B73 爱打扮（材质生成器）\B73 爱打扮（批量生成材质）附件\拼花\(22)-1.jpg
0,
<(23)-1>,1,5471840,1,0,1.000000
289.000000,285.000000,E:\《B 建模思路与技巧\B73 爱打扮（材质生成器

图 5.8.4　这是个索引文件

从图 5.8.4 可以看到，它里面记录的只是每个图片文件的路径。很多 SketchUp 老手都被它骗了，以为转换材质没有成功，或者以为只转换成功了一个。其实，材质库生成器并不能把图片变成材质，它只能生成这样的索引文件，“材质库生成工具”用一个看起来像材质的 skm 文件，忽悠 SketchUp 的材质管理器。其实图片到材质的真正转换，还是要在 SketchUp 的材质管理器里去完成的。

现在有了图 5.8.3 ①这个索引文件，下一步该怎么办？解决问题还是要回到 SketchUp 的材质管理器，如图 5.8.5 所示。

（1）单击图 5.8.5 ①所指的向右箭头，选择第一项“打开或创建一个集合”。

（2）然后找到包含图 5.8.3 ①所示文件的那个文件夹，选中它。接着要稍微等待。

（3）转换结束后可以看到，材质管理器里出现了一个文件夹，名称就是刚才输入的“拼花”。打开后，才知道真正的材质文件都在这里，如图 5.8.6 所示。

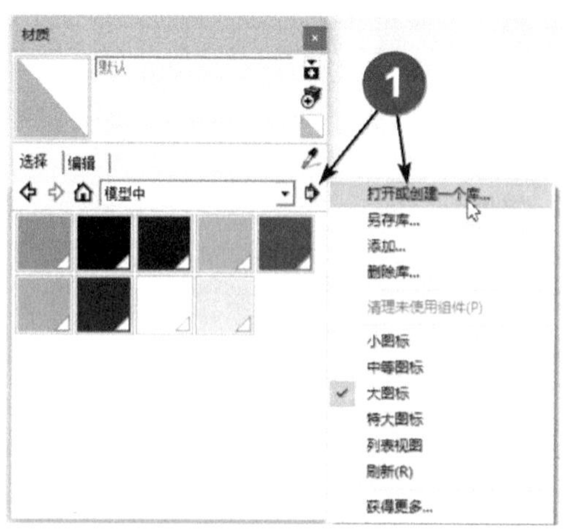

图 5.8.5　打开这个索引文件

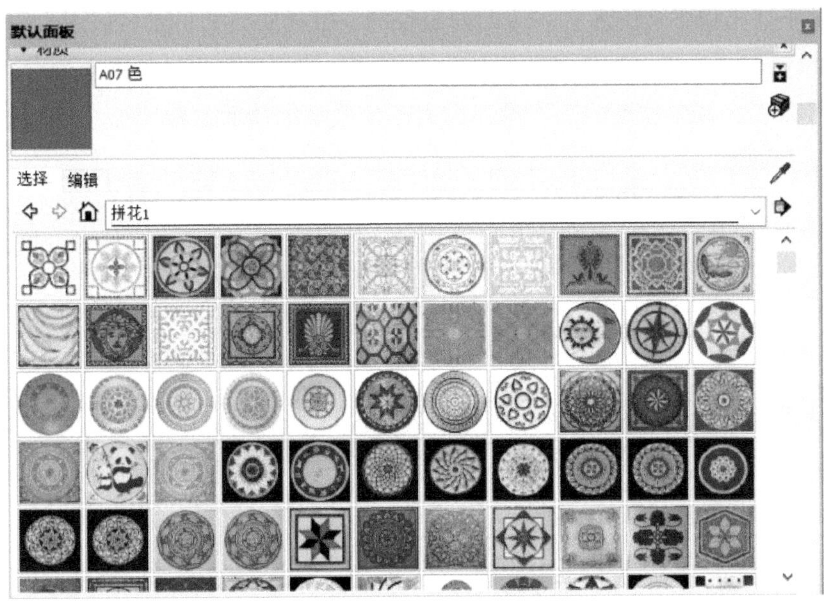

图 5.8.6 这些才是真正的材质

（4）回到原来存放图片的目录看一下，原始的图片还在，那个最早生成的 skm 文件也在，多了个子目录，打开看看，这才是转换好的材质。

但是又有了个新的问题：原始的图片文件是 120 个，但是转换成的 skm 材质却只有 101 个，少了 19 个。原来，120 个图片文件里有 19 个是 gif 格式的图片没有被转换。

怎么办，我不想丢下这 19 个文件不管。

（1）好吧，新建一个文件夹，起个名字叫做 GIF 拼花。

（2）把所有 19 个 GIF 格式的图片，移动进去。

（3）现在只要想办法把它们转换成 jpg 或 bmp 格式就可以了，有很多工具都可以转换图片格式的。介绍给你几种简单的工具，譬如最常用的看图工具 ACDSee，还有国产的软件 iSee、格式工厂等都有批量转换图片格式的功能。

（4）注意要指定转换成 jpg 或 bmp 格式，png 格式也行。

（5）然后重复一次图 5.8.2 到图 5.8.5 的操作就可以了。

（6）把新生成的 skm 文件复制到原先的目录里，合并在一起。

为了今后用起来更方便，可以把这个保存有 skm 材质的文件夹复制或移动到你的材质库里去。原来的图片还在原来的地方，不会影响其他软件的使用。

还有一个重要的事情要向你交代清楚：某些渲染工具，不能接受汉字路径的材质，如果你的材质库里的材质，将来要用于渲染的话，应注意材质的名称和保存材质的文件夹，乃至

全部路径中都不要出现中文的名字。（上面出现的汉字材质名和目录名仅用于演示）

在 SketchUp 的模型里合理地使用材质，可以使你的模型更生动、更有说服力。巧妙地使用材质，还可以大大减少建模的工作量，大大减少模型的线面数量，缩小模型的体积，加快 SketchUp 的运行速度。

在平时注意收集材质和适合转换成材质的图片，每个人的材质库是根据行业的需要，慢慢积累和创建起来的，材质库还要建立合理的目录结构，对这些目录要熟记在心，免得在用的时候东翻西找而浪费时间。

扫码下载本章教学视频及附件

第 6 章 好习惯

本章共 4 节，分别讨论建模中的好习惯，还不如说是如何克服坏习惯。

- 避免导入 dwg 文件引起模型视裁切。
- 合理安排建模精度缩小模型体积。
- 6 种影响建模速度的问题。
- 对模型减肥也是避免模型增肥。

6.1 裁剪和丢失的面

本节就来讨论一个几乎困扰过所有 SketchUp 用户的问题，请先看几个小模型。

图 6.1.1 所示是第一个，这是用 SketchUp 创建"调羹（汤匙）"的过程文件，把它旋转一下，会看到一种奇怪的现象，模型的一部分（图 6.1.1 ①），就像被一把无形的刀切掉了一块。

图 6.1.2 所示是第二个，刚刚开始建模就发生了同样的怪事。

图 6.1.3 所示的甲壳虫小车也被砍掉了一块。

图 6.1.4 所示的建筑模型同样被切掉一块。

……还有更多的同类模型，为了节约篇幅，就不一一展示了。

相信使用 SketchUp 超过 6 个月的人，都有碰到这种情况的经历，如果你至今还没有遇到过这个问题，有以下几种可能。

① 你刚开始用 SketchUp，问题就在前面，你离它还有一段距离，早晚会让你大开眼界和头痛的。

② 你经过良好的训练，也有良好的建模习惯，今后也很少会碰到这种情况。

③ 你已经知道了原因和解决的方法，如果是这样，就不必看后面的内容了。

十几年前，作者刚开始用 SketchUp 的时候，也反复碰到过类似的问题，头痛不已。这种奇怪现象出现的次数多了，就想到这一定不是个偶发事件，别人也许也碰到过同类的问题，或许网上能找到答案，当时还很容易游历诸国，终于在一个技术论坛发现一篇相关的小文章，后来又发现这篇文章被收录在 SketchUp 官网的帮助文件里。已经复制下来保存在本节的附件里。

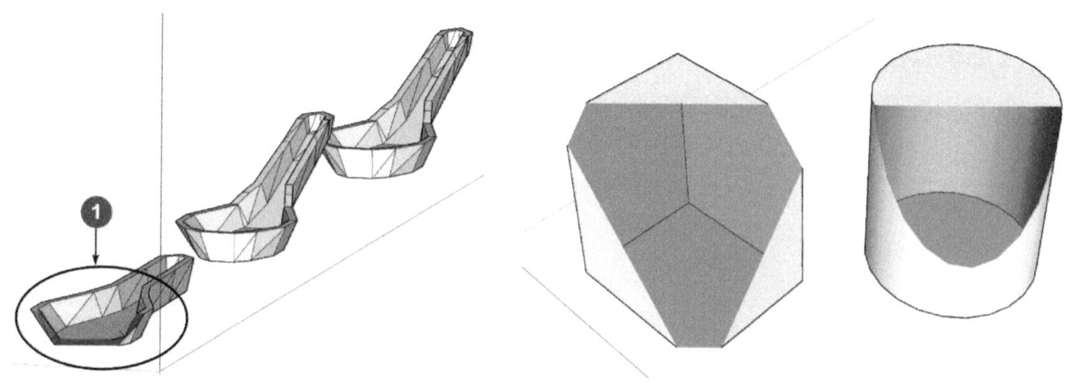

图 6.1.1　被裁切的面一　　图 6.1.2　被裁切的面二

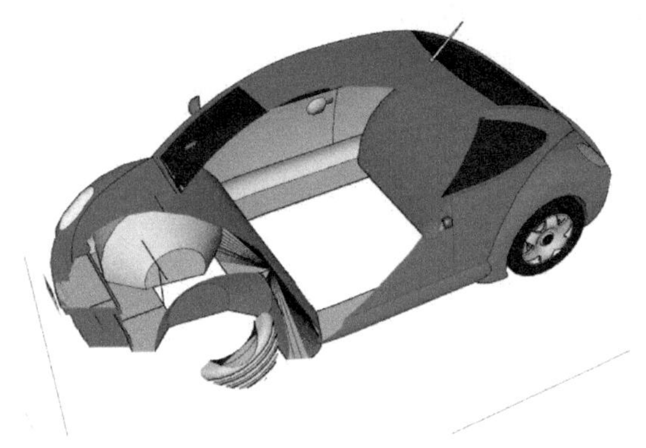

图 6.1.3　被裁切的面三

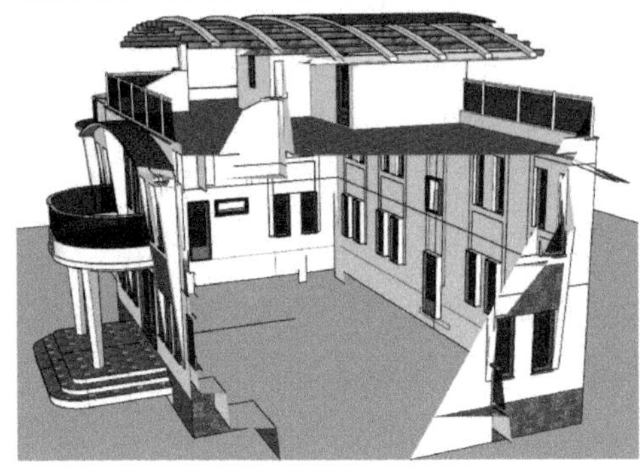

图 6.1.4　被裁切的面四

直到看见这篇文章后才知道这种现象叫做“Clipping and missing faces（裁切和缺失面）”，或者叫做“Camera Clipping Plane（相机剪切平面）”。这篇文章中列举了 5 种产生这种情况的可能，后来的事实和试验说明，产生这种情况的原因可能还远不止这 5 种。下面就按这篇文章的顺序，介绍造成这种模型被裁切、部分面域丢失的问题。

文章中首先告诉我们：

This is a known issue called Camera Clipping Plane. First, don’t worry; although it can be distracting, this doesn’t cause any actual damage to your model.（这是一个官方已经知道的问题，并且肯定这种现象，并不会对模型造成实质性的损害。）

随后提到出现这种情况的第一个原因是：

One is when the field of view (FOV) is set very wide.（当视野设置得非常宽的时候，可能出现这种情况。）

经过多次试验，包括用从 SketchUp 的 6.0、7.0 和 8.0 到最新的 2021 版，不同的 SketchUp 版本，如果人为增加视野角度，只能使模型严重失真，并没有发生造成模型被裁切和丢失的现象。

分析原因，可能这篇文章发布得比较早，作者是在 SketchUp 5.0 的时候见到它的，现在的 SketchUp 视野设置，最大不能超过 120°，即使你输入了更大的角度，也不能改变它预设的 120° 的上限。所以，这个原因似乎现在已经不存在了。

关于视野设置的问题，在本书的 5.7 节里有过深入的讨论，这里就不多说了。

虽然试验中没有发现“模型被裁切”，但不排除文中所述的原因与其他未知因素共同作用时会产生这种现象。

第二个原因是：

……the Perspective camera mode is turned off.（相机菜单的透视模式关闭，会出现这种情况）

经过在各种新老版本中测试，在相机菜单里，无论调整到什么模式，都不会造成模型被裁切的情况出现，估计这个原因也是跟版本有关，也许现在的 Sketchup 用户已经不需要担心这个问题了。但不排除这个原因与其他未知因素共同作用时会产生模型被裁切。

说到相机显示模式的调整问题，这里插入一点“重要的”题外话：

见到过很多人，包括一些老资格的设计师，为了让模型的垂直边缘看起来仍然保持垂直，水平的边缘看起来仍然是水平的，就在相机菜单里选择使用“两点透视模式”，也有人在短暂使用过“平行投影显示模式”后忘记恢复到“透视模式”。

“两点透视模式”虽然能把模型的边缘强制调整成为水平或垂直，但只要改变一下视角，你就会发现，模型的视觉失真非常严重，有些人长期使用这种模式，有些传统软件也把这种显示模式作为默认模式，用这种显示模式的人已经习惯了这种显示方式的变形，其他人看了会觉得非常的不舒服。

究其原因，跟传统的透视理论教学有关，作者经历过几十年的纸上平面作图，在那个年代，如果想表现近大远小的真实透视是很麻烦的，即使画出来，也无法在这样的透视图上量取大致的尺寸，所以就派生出了其他的透视形式，以解决真实透视形式在纸上作业时的困难，一直到现在，有些计算机辅助设计软件还是沿用这种落后的透视表达方式。

时代发展了，技术发展了，现在 SketchUp 可以在三维空间里实时跟踪你的模型并保证精度，SketchUp 视图菜单里的“透视”其实是“真实透视”，所以即使在这种模式下，远处的线条被透视规则缩短了，但它们仍然是原来的尺寸，仍然可以被准确地绘制和测量，这就是 SketchUp 比某些软件更先进、更科学的地方。

所以，用 SketchUp 设计或作图，只要是在三维空间里表现三维的效果，请一直使用“透视模式”，除非有特殊的需要才短时间的使用其他模式，譬如，要导出二维的图形时，临时用一下平行投影，使用结束后要及时返回真实透视模式。又如，导出图形时，为了让模型的垂直边缘看起来仍然保持垂直，可以暂时使用一下“两点透视”，用过后也要立即恢复到“透视模式”。（重要）所以郑重建议你为“透视”模式设置一个快捷键。

回到正题，造成模型被裁切的第三个原因是：

your model is very small or very large，(模型特别小或者特别大。)

原文中并没有定义大和小的极限，根据多次测试，并没有发现这种现象，可能所做的测试还不够极限，这个原因供大家参考，如果什么时候你做了个真实尺寸的月球或真实尺寸的原子结构，发现模型被裁切时，请回到这里寻求解决的方法。

解决的方法非常简单：如果在建月球模型的时候发现被裁切，可以先缩小倍数，建模完成后，再放大同样的倍数，恢复到真实尺寸。在建原子结构的时候发现问题，就放大若干倍，完成后再缩小同样的倍数。上面所介绍的技巧，不是说笑话，有些特殊建模场合确实需要用这样的办法。

上面讲的 3 种原因，经过测试，并不存在，至少是并不普遍存在。原文中的第四个原因还比较靠谱：

your model is very far away from the origin point，（你的模型离开起点很远。这里所说的起点，应该就是坐标原点的意思。）

一个典型的例子就是图 6.1.4 所示的模型，它保存在本节的附件里，文件名为“试验四”。你可以打开这个模型，调整到某个位置，旋转到一定的角度就会出现图 6.1.4 的洋相。

告诉你原因：这个模型离开坐标原点差不多有 40km。

如何发现这个原因：只要单击四方向箭头的“充满视窗”工具就能发现。

如何处理：只要把它移动到靠近坐标原点的地方，问题就可以解决。

笨办法是用移动工具，就不讲了。

聪明的办法是选择好需要移动的对象后，从键盘输入：方括号、0、逗号、0、逗号、0还有个反方括号，即 [0，0，0] 按 Enter 键后，对象就到坐标原点了。

刚才输入的，被方括号包含的数字代表了 X、Y、Z 三轴的绝对坐标，如果把方括号换成尖括号，那就是相对坐标，这两种数据输入方法在建模实践中几乎用不着，所以前面的视频中只提到过一两次。

当然，用“Mover”插件来移动也可以，并且更方便。

刚才看到目标对象离开坐标原点 40km，你笑了没有？

先不要笑，在作者接触过的 SketchUp 用户中，出过这种洋相的人远不止一个两个，也不止十个八个，尤其是先学了 AutoCAD，再自学 SketchUp 的人群中，有相当大的一部分人，把 CAD 里养成的坏习惯带到 SketchUp 建模中里来并不少见，刚才这个例子，对象离开原点 40km，虽然有点不像话，但好歹还在地面上，作者还见过在地面下 6km 盖了个别墅，还带了个私家花园的，不知道他是怎么做的、怎么想的，在 3D 仓库里，出这种洋相的人就多得去了。

请记住作者一句话，把你的模型放在坐标原点附近，红、绿、蓝 3 条实线包围的空间里，对你没有什么损失，却有数不清的好处。导入 dwg 文件建模时要特别注意这一点。请注意在“YouTube”“优酷”“B 站”“腾讯”等视频教程里有很多错误的示范。

下面讲到的模型被裁切的原因更为常见，图 6.1.1 所示是提前准备好的一个模型，它保存在本节的附件里，文件名是“试验一”，是创建调羹模型的过程文件，虽然极为简单，但是在旋转缩放的时候，也发生了视图被裁切丢失的现象，如图 6.1.1 ①所示。

碰到这种情况，首先要查看视图中还有没有别的几何体。办法是：单击充满视窗工具，如果远处还有什么东西，一定会占用工作区的空间，这次单击充满视窗工具后，没有发现有别的几何体。

接着就要想到，模型中有没有隐藏的几何体，单击“编辑”菜单，选择“撤销隐藏”→“全部”。你会看到很多垃圾，删除这些已经用不着的坏东西以后，一切恢复正常。

现在来解决图 6.1.2 所示的模型，被裁切得惨不忍睹。在本节附件里能找到它，文件名是“试验二”。

用一个简单的办法就可以知道大概的原因，单击显示全部，看看周围有没有其他的物体。果然猜得不错，远处应该有什么东西，因为模型缩到了右下角。仔细看看，什么都没有啊，怎么办？瞎摸吧，如果有什么东西的话，一定在这附近，画个框做框选，按 Delete 键删除。（其实并没有看到有东西被删除）

再看看，裁切破面的地方依然原样，刚才是有东西隐藏了才发生的破面，现在也来取消隐藏看看。好像还是找不到哦！再仔细找找。终于找到了，删除后就没有问题了。这种情况在导入 dwg 文件后建模，最为常见，公平地讲，出现这种情况，实在不能怪 SketchUp，要怪只能怪 AutoCAD。

再看图 6.1.3 所示的甲壳虫小车，购买了还没有来得及去办保险，没想到竟发生了这样的事情，怎么办？碰到这种事情总是要影响情绪的，不过，也不用太着急，让我来帮你看看。

还是老办法，取消所有的隐藏，没有发现有什么不妥当的地方。再想想，看看 SketchUp 里还有什么地方可把东西藏起来的，奥，想起来了，图层，对的，图层也可以把一部分几何体隐藏起来。

看看图层管理器里有什么名堂。把隐藏的图层恢复显示就能看到模型里的垃圾。删除后就可以解决。

根据不完全统计，凡是出现这种模型被裁切现象的，追究到底，大多数是因为导入了 dwg 文件造成的。

随便想想就知道，神经正常的人，用 SketchUp 建模，大概不会避近就远把模型做在离坐标原点 40km 远的地方吧，也不大会按 1 ∶ 1 的尺寸去做一个月亮或者原子结构吧！

在 CAD 里作图，最可能把几个图块放得相距很远，一起导入 SketchUp 后就容易出问题，CAD 里作图，也很容易存在几乎看不见的线头，更有可能在某个隐藏的图层里，存在离主体很远的几何体，这些有问题的 dwg 文件，导入到 SketchUp 中都有可能引起模型被裁切。

除了导入 dwg 造成的大多数原因外，还有小部分原因是在 SketchUp 建模时形成的，就像刚才你看到的那样，在删除某个图层的几何体时，只删除了面，不经意间留下了一些线头，诸如此类的小毛病都可能造成模型被裁切，显示不完整。

寻找造成模型被裁切的原因，有时候相当困难，特别是小到几乎看不见的小几何体，非常难找，最后，作者告诉你一个好办法，不用再去当神探找原因，足以解决 95% 以上的模型被裁切的问题，操作要领如下。

（1）打开另一个 SketchUp（同一台计算机可以同时打开多个 SketchUp 并做互相剪贴）。

（2）复制有毛病的模型，请注意千万不要按 Ctrl+A 组合键全选，要用鼠标单击选择或框选需要的部分，如果这个部分原来就是群组，那就选择这个群组，然后，按 Ctrl+C 组合键复制。

（3）再到新的 SketchUp，按 Ctrl+V 组合键粘贴，问题就可解决。

刚才说了，用这个办法只能够解决 95% 的模型被裁切的问题，剩下的 5% 怎么办?

剩下的 5%，只能当神探了，尽量去找出原因祸根，实在没有办法，也只能试试复制粘贴了，只是模型太大，有几十兆字节，上百万个面，转动一点点都很辛苦，如果轻易用复制粘贴的方法，只能把计算机搞死，万一你倒霉，碰到这种情况，作者也没有别的办法，只能劝你去找一台高配置、高性能的计算机，仍然做复制粘贴。

希望你养成好的操作习惯，尽量避免采用不规范的 dwg 文件，永远别碰到这种麻烦事，万一碰上了，祝你好运。

后附上面提到的那篇文章供参考。

Clipping and missing faces

Situation: you are orbiting around your model and you see an effect that looks like a section plane attached to your view at a fixed distance. Objects may also disappear or appear to shake when you try to zoom in.

This is a known issue called Camera Clipping Plane. First, don’t worry; although it can be distracting, this doesn’t cause any actual damage to your model.

There are several situations in which you might encounter this:

One is when the field of view (FOV) is set very wide. You can adjust the FOV between 1 and 120 degrees (the default is 35 degrees in SketchUp and 30 degrees in SketchUp Pro). It’s easy to unintentionally change the FOV by pressing the Shift key while you are zooming in or out using the Zoom tool. You can change it back, though, by going to Camera > Field of view and typing your desired field of view in the measurement toolbar.

Another situation that can cause clipping is when the Perspective camera mode is turned off. In that case, click the Zoom Extents button (it looks like a magnifying glass with four red arrows pointing outward). The camera zooms out to display the entire model, and the clipping is eliminated.

Another situation is when the scale of your model is very small or very large. In this case, you can change the scale of your model while you work on it. For more information about how to control the scale in a model, click here.

This can also happen if your model is very far away from the origin point (the point where the red, green, and blue axes intersect). In that case, you can move your model closer to the origin point following these steps:

Select all of the geometry in your model by typing Control+A or Command+A, or by clicking and dragging the Select tool across your geometry.

Change to the Move tool by going to Tools > Move.

Grab a corner point of the selected geometry that is on the ground plane and start to move the selected geometry.

Type [0,0,0] (including the square brackets) in the Measurement toolbar (which is in the lower-right corner of the SketchUp window). This causes the selected point to be moved to the origin point.

Most frequently, clipping occurs after a DWG import and is caused by a combination of the above points. If you're moving your geometry to the origin or checking for scale, you'll want to ensure that you can see all the geometry in the model. These three steps will help you do that:

Turn on all your layers in the Window > Layers menu.

Unhide geometry using the Edit > Unhide all command.

View all hidden geometry by clicking on View > Hidden Geometry.

After making all your geometry visible, go to Camera > Zoom extents to see the full extents of your model. If you find that you have geometry located long distances from the origin, removing that geometry will help resolve this problem.

6.2 模型大小问题

这是一个好几年前的案例，虽然 SketchUp 的版本已经升级了好多次，但这个视频里提出的问题和解决的方法，至今仍然有效并且非常重要，所以就专门为它写了这一节。

论坛上有人发帖求助，说是做了一盆花，他的 SketchUp 就卡得要命，询问是什么原因。如图 6.2.1 所示，这就是他讲的那盆花了，我决定帮他找出原因，以下是我的操作步骤实录。

还没有打开它之前，先看了一下模型的大小，为 24.9MB，图 6.2.2 所示的一盆花，不管做到多么精致，也不至于超过一个居民小区的模型规模，肯定是有问题的了。

模型打开以后，转动一下，确实有点不听指挥，但还不太严重，习惯性地把已经打开的阴影关闭掉，再转动，好像轻松了不少。

接着，在"窗口"菜单里打开模型信息，里面有一个"统计"，原始的显示全部是零，勾选"显示嵌套组件"（见图 6.2.3 ①）后，数据出来了，线条的数量 256000，面的数量 145000 多，根据经验，大大的不正常。要知道，一个立方体才 12 条边线、6 个面，普普通通一盆花的线面数量，怎么可能相当于两万多个立方体。

图 6.2.1　标本

图 6.2.2　文件体积

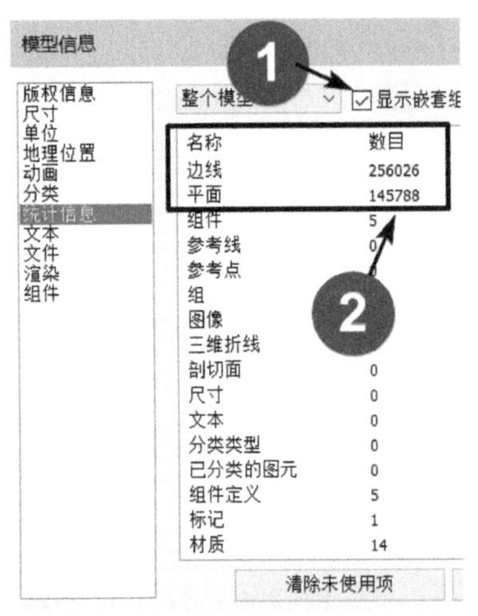

图 6.2.3　文件线面数量

作者的兴趣上来了，决定要来解剖一下。

图 6.2.4 所示是删除了花的所有部分，只留下花盆，清理组件和材质，重新保存后，文件大小 1.48MB，如图 6.2.5 所示。

再次查看线面数量，线还有 19000 多，面近 7000，图 6.2.6 所示一个花盆的线面数量，怎么可能比一幢高层建筑还多？

好的，在花盆上连续三击，暴露出它的所有隐藏边线，先帮他修补一下路径跟随出错时造成的破面（见图 6.2.4 ①②）。这种情况多数是跟着 SketchUp 工具向导的小动画，把路径跟随工具当作推拉工具用造成的。

仔细清点一下，这个花盆盆壁的大圆弧（见图 6.2.7 ①）片段数是 12，还算在正常的范围内。下面的小圆弧（见图 6.2.7 ③）片段数数不清！最少也有二三十吧？放样用的圆周（图 6.2.7 ②）片段数是 76，请记住这些数字，等下要做比较用。

图 6.2.4　先分析花盆

花盆(线面).skp

文件类型:	SKP 文件 (.skp)
打开方式:	SketchUp 2019
位置:	E:\《B 建模思路与技巧\B75
大小:	1.48 MB (1,559,096 字节)
占用空间:	1.48 MB (1,560,576 字节)

图 6.2.5　模型体积

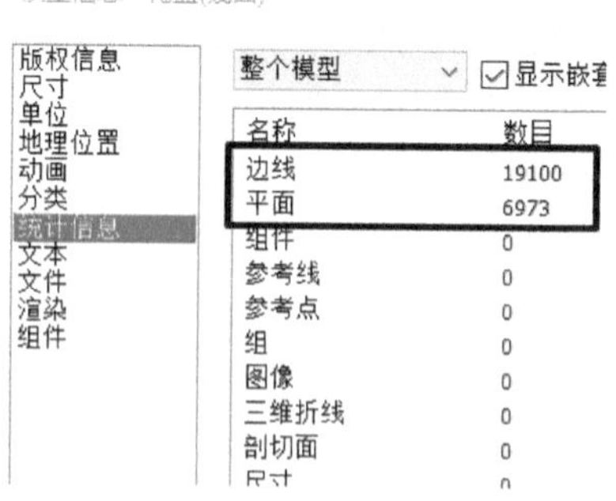

图 6.2.6　模型线面数量

那么，一个相同的花盆，它的线面数量是多少才合理？文件大概有多大才是比较正常的呢？为了说明这个问题，仿制了一个尺寸和形状都差不多相同的花盆，现在把它们放在一起对照一下，如图 6.2.8 所示。

原来的（图 6.2.8 ①）文件大小是 1.48MB，仿制的这个图形（见图 6.2.8 ②）的文件大小只有 173KB，只有原来的 1/8.55。

再用统计信息来查看一下它们的线面细节：仿制的（见图 6.2.8 ②）线 866 条，只有原来的 1/22；面 366 个，只有原来的 1/19（图 6.2.10）。再用实体信息面板来查看一下图 6.2.9 ②的细节：花盆壁是最大的圆弧，片段数是 7，花盆与托盘间的小圆弧，片段数是 6，放样路径用的圆，片段数是 24。

你看到了：虽然精简掉了 95% 以上的线面，对最终的效果并没有造成实质性的影响。

图 6.2.7　取消柔化后检测

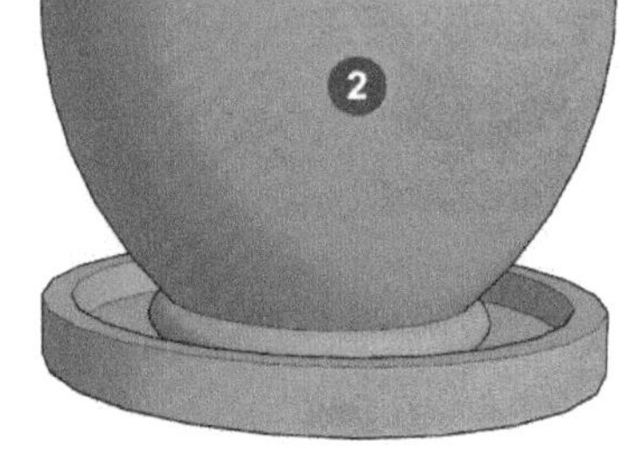

图 6.2.8　改造前、后对比

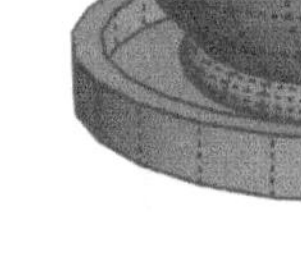

图 6.2.9　取消柔化后

模型信息

版权信息
尺寸
单位
地理位置
动画
分类
统计信息
文本
文件
渲染
组件

整个模型　☑显示嵌

名称	数目
边线	866
平面	366
组件	0
参考线	0
参考点	0
组	0
图像	0
三维折线	0

图 6.2.10　线面数量

还有，请看图 6.2.11 是分离出来的代表花盆土壤的小碎片，估计是用毛发插件做的，共有 3500 多片，12000 条线，如图 6.2.12 所示，实在是吃力不讨好。

用一个小小的材质，如图 6.2.13 所示，表现的泥土比 3500 多个三角面更还真实些，不是吗？

现在回到图 6.2.14 所示的花的部分，文件大小还有近 24MB（见图 6.2.15），看来花的问题比花盆还严重得多。

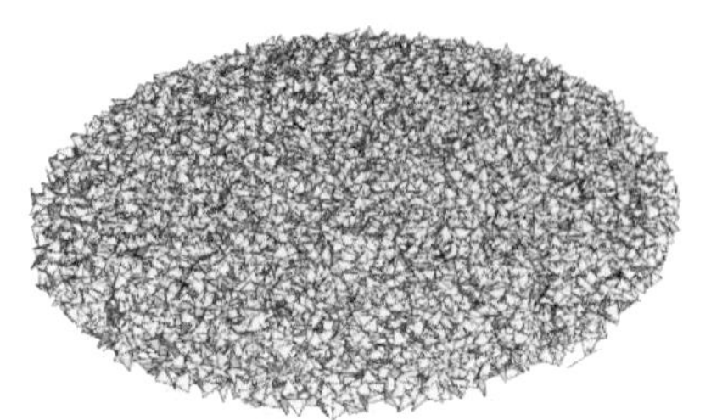

图 6.2.11　标本的“土壤”

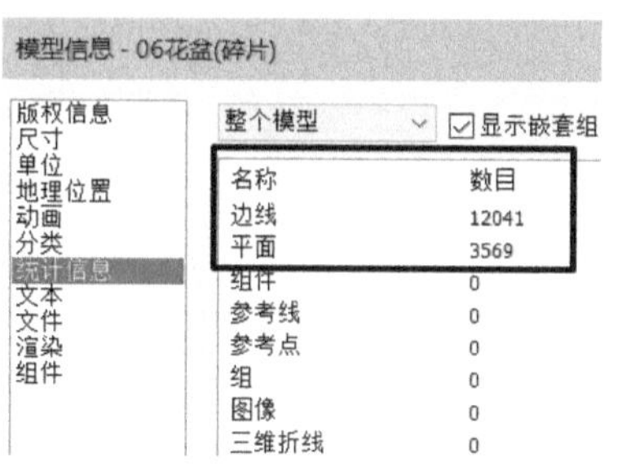

图 6.2.12　惊人的线面数量

图 6.2.13　用材质代替土壤

图 6.2.14　标本的花束

图 6.2.15　惊人的体积

线段数量接近 24 万，面的数量接近 14 万（见图 6.2.16）。看到这么大的线面数量，说老实话，作者满心想来个彻底的解剖，现在也开始害怕了，炸开一层层嵌套的群组，不知道要死机多少回。

根据炸开的部分组件看，每个叶面、每个花瓣，线面数量都是三位数，一个不多，几百乘以几百就吓人了。茎干的三角面数量，单击后浑身上下黑乎乎的线条，无法统计。

模型信息 - 07花(全部)

版权信息
尺寸
单位
地理位置
动画
分类
统计信息
文本
文件
渲染
组件

整个模型 ☑显示嵌

名称	数目
边线	238137
平面	138750
组件	5
参考线	0
参考点	0
组	0
图像	0
三维折线	0
剖切面	0
尺寸	0

图 6.2.16　惊人的线面数量

那么，一盆花到底多少线面数量才算合理呢？告诉你，图 6.2.17 是 3 盆花的线面总数，才 4000 多个线段，900 多个面。

线面数量控制得最好的这一盆，线段等于 904，面等于 99，前面那盆花的线和面是这一盆的 600 倍和 1100 倍，差距有多大！如图 6.2.18 所示为用来对比的 3 盆花。

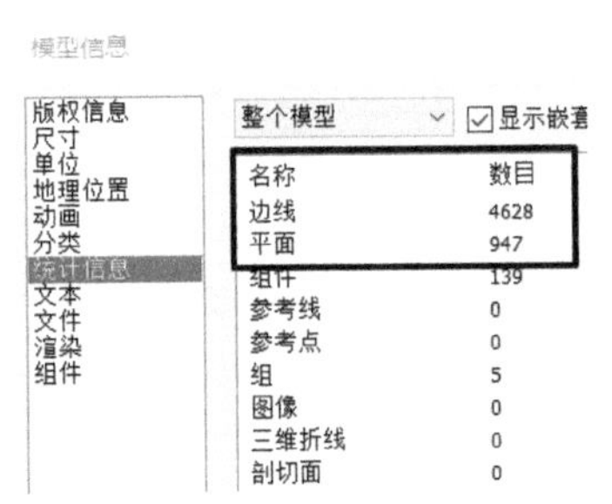

图 6.2.17　3 盆花的线面数量

图 6.2.18　用来对比的 3 盆花

小结一下前面的分析。

（1）盆花和类似的小件，在模型里，大多是作为配角使用的，很少出现特写镜头，这种对象要严格控制线面数量。

（2）三维的植物，通常线面都不会少，而且效果也不见得特别好，一般情况下要避免使用，即使要用，一是要找线面数量不大的，二是要控制使用的数量。

（3）尽可能使用 png 图片来代替模型，这样的组件很多，用 png 图片制作组件的技巧，可以参考本书 4.3 节。

（4）建模要懂得控制精度的原则和技巧，圆和圆弧大多数情况下是要作为放样截面和路径使用的，它们的片段数哪怕只增加了一点点，模型的线面数量将成几何级数增加；反过来，在画圆和圆弧时，适当减少片段数，对控制模型的线面总数有非常明显的作用。

下面再来看一个叫做测试球的小模型，是作者很多年前用来测试计算机，偶尔也拿来捉弄人的把戏，这个模型虽然小，非常简单，就是一个球体，如图 6.2.19 所示，文件只有 2MB 多点，中档的计算机打开这个模型后，就有点显得力不从心，如果同时还打开了阴影，再上网、听音乐、玩游戏，一定死机。就这么一个空心的球，如图 6.2.20 所示，里面什么都没有，怎么会发生这种情况？

图 6.2.19　测试用的球体

图 6.2.20　剖开看

（1）还是用老办法，首先关掉阴影，转动起来好轻快点，看看它的统计数字，线段 1100 万，面 555 万，如图 6.2.21 所示，比刚才那盆花还大很多倍，太惊人了！

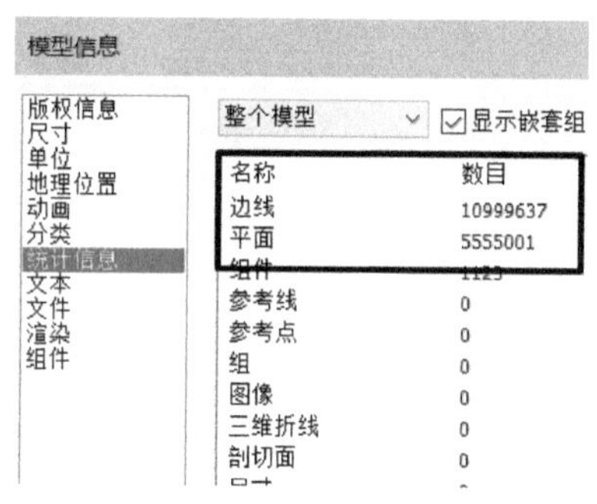

图 6.2.21　线面数量

（2）打开组件面板的模型中（小房子图标）只有两个组件，如图 6.2.22 所示，两个球会有这么大的线面数量？一定还有其他的问题。破案要用技术手段，SketchUp 还有个技术手段，就是大纲管理器。

图 6.2.23 就是大纲管理器的根目录，有 11 个群组，如图 6.2.23 所示，打开任何一个群组，里面居然有这么多的群组，如图 6.2.24 所示；总算有点明白了，做这个球的人真是不地道，把这么多相同的组件码在一起来捉弄我们菜鸟……

（3）既然是同样的组件，那就删除“管理目录”里的大部分，只留下一个，看看是什么结果。换个名字重新保存一下，再看看文件大小，还有 1.87MB，（截图略）居然跟原来的相差不大。又搞不明白了，删除了这么多，怎么文件几乎没有缩小呢？

告诉你吧，SketchUp 对于相同的组件，只需要记录一次全貌，就是现在看到的这个，大小是 1.87MB，SketchUp 对重复的群组，只记录它们的坐标位置，所以几百个同样组件生成的模型文件，跟只有一个组件的模型差不多大，记好了，以后别再上当。

开了这么大一个玩笑，搞得计算机风扇“呜呜”的叫，差点休克，你悟出点什么道理没有？告诉你，看模型的大小，千万不要看它的文件大小，要看它的线面数量，一两兆（1~2MB）的模型，照样要你计算机的命，这就是我悟出来的道理。

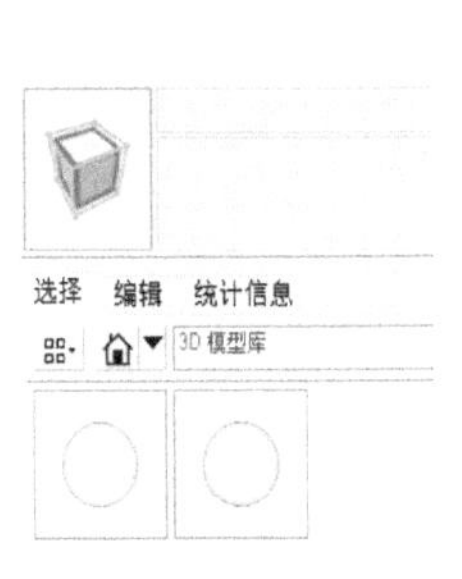

图 6.2.22 组件数量为 2

图 6.2.23 管理目录里

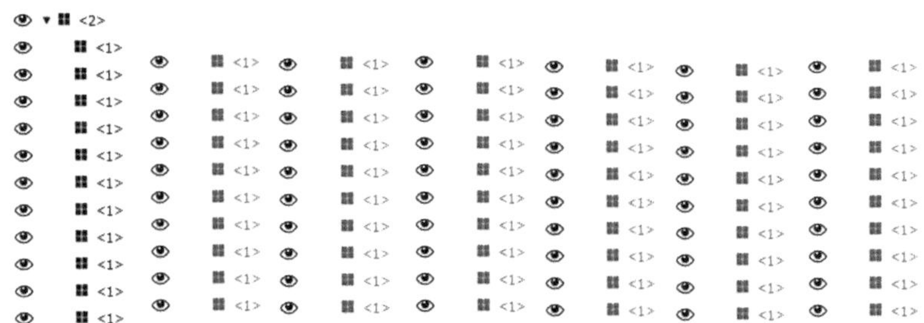

图 6.2.24 堆叠在一起的组件

下面再来看一个小模型，你要仔细分辨出它们的区别，要当心奥，别再被作者捉弄了。告诉你，这些球里面，如图 6.2.25 所示，有 6 个是 5000 个面的高精度球，其他的是 288 个面的普通球，线面数量相差近 20 倍，你能看出它们的区别吗？

别再费神了，作者已经对很多人做过测试了，根本不可能找出来，除非用以下办法：

全选后，在柔化面板上把滑块拉到最左面，取消柔化，如图 6.2.26 所示，图 6.2.26 ①②③④⑤⑥才是 5000 个面的球，请对照一下，看得出有区别吗？

这个游戏说明了不分对象、不分场合，把模型一律都做得非常细致入微的人是傻瓜。

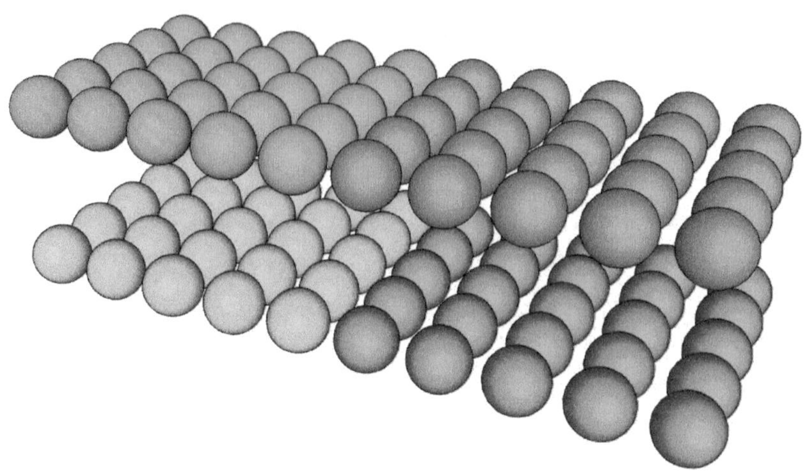

图 6.2.25　混入高分辨率球体的矩阵

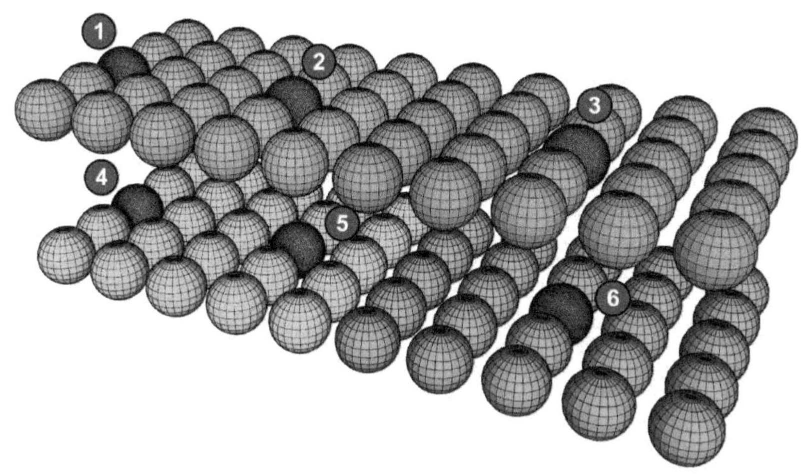

图 6.2.26　我不说你一定找不到

再来看另外一个小模型（见图 6.2.27）。这里有 6 排柱子，分别编号为 1~6，请看清楚，把这 6 组柱子，近处跟远处的做个对比，再把同一组的 10 根远近做对比，看看它们有什么区别。

这次不卖关子了，我直接告诉你好了，请你看好了下面各组的片段数。

①：片段数 =50

②：片段数 =24

③：片段数 =24

④：片段数 =18

⑤：片段数 =12

⑥：片段数 =6

就算你眼力超群，最右边的柱子是六边形被你识破，十二边形、十八边形、二十四边形，一直到最左边的 50 条边，能看出有很大的区别吗？

这又说明了些什么？模型远处的实体，可以做得粗些，近处和想要表达的主体，可以适当精细点。

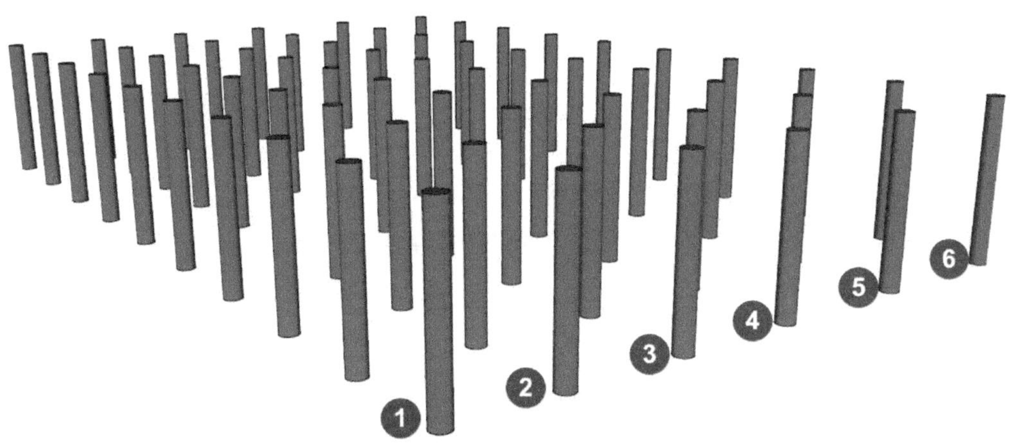

图 6.2.27 不同精度的圆柱

总结一下，控制模型大小的要领如下。

（1）可有可无的坚决不要，可粗可细的坚决粗，能简能繁的坚决简等。

（2）能用多边形就不用圆形，能用图片的就不用实模，能用单层就不用多层等。

上面几个例子只是很小一部分，还有很多很多，你在建模的过程中去体会和总结吧！

附件里有上面演示的所有模型，只有你亲自做过测试，才知道作者说的没错。

6.3 建模速度问题

本节要讨论的建模速度问题，是一个非常大的题目，大到没有人能给出一个完整的答案；作者试着从个人经验的角度，分成“原则”（目的） “思路”“技巧”“工具”和“素材”5 个方面来讨论这个题目；说错了别怪我，说对了也不用谢我。

第一部分：原则（目的）

原则就是要确定你要用 SketchUp 做什么？

用 SketchUp 建模的人，各有各的目的，有人用它做若干平方公里的大规划；也有人只用它做些不起眼的小东西；有人用它代替手绘做方案推敲，也有人用它来做设计验证；有人用它来做初步设计、做总平、做竖向、做管线、做景观、做室内、做会展、做舞美，做什么的都有；还有人只是为渲染而建模。

显然，因为用 SketchUp 建模的目的不同，也就引申出了下面的一系列话题：很多用 SketchUp 建模的人似乎都忽略了同一个问题，那就是："我们""这一次"要把模型做成什么样子？精细还是粗略？精细或粗略到什么样的程度？

上面的"我们"二字是指"行业"和"单位"，"这一次"是指"正在创建的模型"；各行业建模有不同的要求，同一个单位因为用途的不同，也有不同的建模要求。譬如，城乡规划行业的模型里，大多数建筑只要拉出一个体量就够了；做建筑外观的初步方案，就不一定要做出所有的细节，当然更不要楼梯楼板内部隔墙；用来推敲景观方案的模型，就不必做出所有的小品和绿植……这些道理人人都懂，就是有些人一动手就犯浑，不分主次越做越细，以至于远远偏离了原先设置的目标；类似的现象普遍存在于 SketchUp 的用户中。

第二部分：思路（怎么做）

一直以来，建模的"思路"非但是影响建模速度的一个大问题，甚至决定了能否顺利创建模型。所谓"建模思路"就是"怎么做？"的问题。这是一个需要日积月累才能解决的问题。说句笑话，你花钱买了书、买了视频教程，还花了很多时间去学习和练习，其实很大程度上就是学习建模的思路，如果通过学习、练习，在实战场合还是悟不出自己的"建模思路"，那你就是浪费了银子还浪费了时间。

有人拿到建模任务，急着动手，习惯了做完这几步再去想下几步，做到某个程度的时候，突然发现做不下去了，临时再去找教程、找插件、找办法、找灵感；这种现象普遍存在于性格偏于浮躁和做事缺乏计划性的初学者中，他们的建模速度如何能快？

有句名言："智者谋定而后动"，就是给这些人的药方；拿到建模任务，一定不要急着动手，要做好足够的预备运动，动手前必须先要搞清楚建模对象的特征、尺寸，可能在什么地方出现难点等；最重要的是预先就准备好解决这些难点的办法，以及所需的工具、插件、组件，材质等一系列必需的条件，而后再动手才能一气呵成。

如果你是搞创作的高级别设计师，还能临时修改原先的创意，绕过建模出现难度的那个部分；不过非常遗憾，至少在我所及的学员圈子里，SketchUp 的用户七八成是初出茅庐，甚至未出茅庐的后生，还不允许用修改原方案的办法来绕过建模难点，对于这样的初级玩家，"谋定而后动"就更为重要。

所谓"谋定"，就是要做足"预想"的工夫，"预想"动手后可能碰到的难处，还要预想出解决这些难处的办法（预案），必要的时候还要提前查看资料，到网上寻找其他人遇到同类问题的做法，包括"抱佛脚"性质的学习、到社交媒体去讨教等，"磨刀不误砍柴工"，就算临时抱佛脚、想办法要花掉一些时间，但是有了解决问题的办法，真正解决问题可能只要几分钟；重要的是，你的“能力”正是在这一次次解决问题中提升的，今后再遇到类似的问题就会从容面对了。所以，一定不要怕遇到难题，遇到了就要积极想办法去解决它。

第三部分：技巧

这也是需要日积月累才能获得的，所谓“小媳妇熬成婆”，每个“小媳妇”都想早点拥有“婆”们的能力、权力和威风；就算是慈禧太后、王熙凤们也有难过的关，也不能一蹴而就获得能力、权力和威风，也需要从当个小媳妇开始，日积月累才能成事。

说到影响建模速度、减少建模难度的技巧，太多太多，一言难尽。作者前后制作了差不多有四五百辑视频教程，连起来播放，不吃不喝不睡也要看一两个星期，老怪还发布过200多个图文教程，写过七八本书，没有一个不是跟建模思路、技巧有关的，所以，想要用三言两语说清楚这个问题实在没有可能，我就勉为其难讲几个印象比较深的所谓“技巧”。

第一个最影响建模速度的因素是因为自己疏忽，造成“文件丢失被逼从头再来”；这是最浪费时间的过失：很多有计算机使用经验的人都碰到过因为死机、停电、硬件故障突然的退出，错误的操作造成已经做得差不多的文件不翼而飞，说不定你也碰到过，发生了这种事情，在心里默默地骂过娘以后，还只能乖乖地从头做起，是不是很浪费时间？建模还快得起来吗？虽然这种倒霉事不是天天有，偶尔来一次也够呛。

所以，干活之前就要想到有可能发生的最坏结果，打开SketchUp做的第一件事情便是新建一个文件，就起个名字，保存一下，设置好自动保存的间隔，即便出了问题，也就限制在自动保存间隔中的那点损失。当然，如果你足够强，用寻找skb备份文件的办法也可以，但你的运气不见得每次都很好，也时常有不成功的，再说，找skb也需要花时间吧？

操作任何软件的好习惯之一，就是干活前要在指定的位置、用指定的名字，形成一个新的文件，养成这个好习惯，对你没有损失，只有好处。

第二个影响建模速度的因素是“没有给自己和团队留条后路”。这句话要详细解释会很麻烦，简单解释一下：有的人做的模型组织得非常好，用群组、组件、图层来管理模型中所有的几何体，层次分明，没有游离于群组组件之外的线面，规规矩矩，干干净净，即便要做修改，也只牵涉部分群组组件或图层，很快就可以改完；但是更多人的模型却眉毛胡子一大把混在一起，拆不开撕不烂，根本无法修改，只能在同事们和领导责备的眼色下推倒从头再来，是不是大大的浪费时间？其实，在建模过程中，稍微多用点心就可以避免出现这种可悲的结局。

第三，聪明人建模，会把作为操作依据的底图、关键的中心线、参考点、参考线等放在一个专门的图层里隐藏起来，即便要改动，也可以重复利用这些依据，就算团队合作出了毛病也可以分清责任，不必无谓背黑锅。

第四，对于需要后续做渲染的模型，更要想得远一点，譬如把同样材质的几何体放在同一个群组组件里或者同一个图层里，方便到渲染工具里去赋材质，如果做不到这一点，也要对同样材质的几何体赋给相同的临时材质，以便到渲染工具里去做批量更换，也可以节约很多时间，还避免出错。

第五，群组和组件是 SketchUp 几何体最基本的约束和管理手段，整个 SketchUp 模型是由若干群组和组件构成的，所以对群组和组件的设置和掌控就非常重要，有人建模，做了一大堆东西，才想起来要分组，可惜已经太晚了；其实，正确的操作是有了第一个面或者第一条曲线的时候，就要马上创建群组，然后进入群组去做后续的操作；当然，也可以有例外，在不至于引起麻烦的条件下，也可以做完一个小部件再全选创建群组。把大量重复的几何体做成组件，也可以节省大量的建模时间。

第六，至于图层，在 SketchUp 里仅仅是一个辅助的管理手段，通常只是用来隐藏一部分对象，方便建模而已，并没有 Photoshop 或 CAD 中的图层那样重要。管理组件和群组的工具是“管理目录”，不过它时常被疏忽甚至被遗忘。

另外，图元信息和模型信息这两项在 SketchUp 模型的管理中也比较重要。

第四部分：工具

这里讲的工具包括硬件和软件两大方面，硬件部分首先要关心计算机的配置，无非就是 CPU 和 GPU，还有内存数量和存取速度等。为了加快建模速度，可以注意以下的提示。

（1）SketchUp 是单核 CPU 运行的软件，多核的 CPU 对提高 SketchUp 运行的速度并无太大的贡献，所以，在选择多核 CPU 时，务必留意选择单核运行速度快的。

（2）GPU 是显卡里的核心部件，向来有两大阵营，即 ATI（AMD）和 nVIDIA，俗称 A 卡与 n 卡，前者的特长领域是游戏，后者的特长是设计，所以想要 SketchUp 运行流畅，务必选用 n 卡（还要挑选好一点的），至于 Intel、AMD 那种把 CPU 和显卡集成在一起的东西，只能用来打打字、上上网，运行 SketchUp 肯定不灵光。

（3）影响 SketchUp 运行速度的另一个硬件因素，是内存数量和速度，想要用计算机做设计，内存多一点的效果非常明显，现在的计算机，16GB 内存是起码的配置，选用正牌的固态硬盘当然更好。

（4）用笔记本电脑做 SketchUp 模型，就像用“乌龟垫床脚”——“硬撑”着而已；且不说同等价格的笔记本电脑跟台式计算机比性能，就讲显示器的分辨率也相差一大段，笔记本电脑的显示器像素太少，做大一点的模型真的好辛苦，如果你还是学生或者刚毕业，用笔记本电脑是无奈之举，一旦有了条件，赶快换用台式机，还要配一台高像素的显示器，花一点钱可以少浪费很多的时间。

（5）最后一个影响建模速度的硬件是你绝对想不到的鼠标和鼠标垫。SketchUp是单视窗的三维建模软件，单视窗的好处是工作区大、看得直观、直接在透视模式下操作、操作非常方便、所见即所得等，在得到这些好处的同时，也要面对一个问题，就是建模过程中，必须不断地把模型调整到最方便观察和操作的位置，这是SketchUp操作的特点，曾经看到过无数的SketchUp用户，鼠标本身就不太好，加上不用鼠标垫，综合起来的结果是：旋转、缩放、移动模型很辛苦，鼠标定位也很勉强，人的适应性比想象中的强，很快他就适应了这样恶劣的操作环境，下意识地养成了不好的操作习惯，明明再旋转15° 就可以到达最佳操作位置的，因为旋转模型困难就退而接受了在不舒服的角度上勉强操作，影响速度是肯定的，同时也可能降低了模型的质量。所以建议以下几点。

① 有线的鼠标，当松开鼠标输数据的时候，因为拖了个尾巴，时常因为尾巴的重力作用而移动，这种现象在主机放在工作台下面时特别明显，要重新回到原来的地方，要花时间吧？有些时候，尾巴的重力还能搞破坏，等你输完数据回来，情况已经变化，当时发现了还好，退回一步重新操作就可以解决，如果当时没有发现，你设想一下，结果会怎么样？所以，我竭力主张用胶布固定住鼠标的尾巴，留出一点活动余地，上述情况就可以降到最低的程度。

② 还是讲鼠标，电脑城去买计算机，有个不成文的规矩，不管买台式机还是笔记本，都有鼠标送，送的鼠标多数是那种迷你型的，特别是买笔记本，送的一定是小个子的、扁扁的便携鼠标，这种鼠标市场价就10多元，批发价只要六七元甚至更低，偶尔用来上上网、打打字还行，用来操作SketchUp，不出一星期，你的手掌一定抽筋。别说我吓唬你，我十一二年前就因为用了送的小鼠标，受过抽筋的痛苦，当然，还有身边的其他人也受过同样的苦。用SketchUp，右手握住鼠标的时间，占到建模时间的大半，你的右手跟鼠标的关系，比操作任何软件更亲热，所以，为了不抽筋，鼠标绝不能马虎，要按照自己的手型大小去选一个大型鼠标，并且越大、越重的越好用。

③ 讲完了鼠标，再来讲讲鼠标垫。确实，不用它也没有关系，要用，电脑城免费的都有，当然是印了广告的，为什么台面不能当鼠标垫？因为台面再平整，也有微观上的坑坑洼洼，定位就不准。台面上还有肉眼难看到的小颗粒和垃圾，鼠标移到那里，总会打个嗄噔，也影响定位。还有，鼠标底部有4个小小的，起润滑作用的小塑料片，直接在台面上磨，一两个月就损耗殆尽，鼠标就报废了。最关键的还不是上面说的这些，关键是鼠标直接在台面上移动时的阻力不均匀，有时候很滑，有时候又很涩，控制它全靠臂力，时间久了会很累，还很难精确定位到一个小小的点。用了鼠标垫就不同了，避免了润滑片的快速磨损，延长鼠标寿命还只是附带的好处，阻力均衡才是最重要的。有了均衡的阻力，才能指哪打哪，提高命中率，建模自然就快了。说到阻力，鼠标垫也有很多品种，不要钱白送的、两三元钱的基本不能用。

好的鼠标垫，表面的织物要均匀细腻，基体的橡胶或塑料比较软，能吸附在桌面上，不会因为鼠标的移动跟着一起动，当然，也要根据自己的手感来挑选。

如果觉得作者侃得还有三分道理，赶快去电脑城，买个好鼠标，再买块好点的鼠标垫，回来试一下，你就会觉得老怪侃的全是亲身体会的经验之谈。

上面跟你聊的都是影响建模速度的硬件因素，下面聊聊影响建模速度的软件因素。这里说的软件，有跟 SketchUp 配合运用的 AutoCAD、Photoshop，还有五花八门的渲染工具等，这些都还不包括在要讨论的范围内，想要着重讨论的是 SketchUp 的扩展程序，也就是俗称“插件”的小程序，游戏玩家也叫他们为“外挂”。

SketchUp 的插件数量多到难以统计，国外有人在 SketchUp 用户中做过投票形式的调查，列出了最常用的 50 种插件，老怪仔细研究过这个清单，其中除了极少数我没有用过的以外，确实都是我常用或用过的插件，这 50 种常用插件至少有 250 个不同的功能；比 SketchUp 基本工具的数量要多好几倍。此外，我经常用的插件还有很多没有包含在这个清单里，加起来就更加可观了。说实话，想要熟练掌控这些插件，所要花费的时间，比学会使用 SketchUp 还要多得多；众多的插件，就像 SketchUp 一帮兄弟，配合起来确实可以干得更快、更好；不过，兄弟们多了，也免不了带来一些额外的问题；纸短话长，关于插件的话题，就留到系列教程的其他书里去讨论吧。

第五部分：素材和资料

如果你在动手建模之前就拥有了足够多的素材，包括必要的草图、数据、组件、材质、风格、各种图片、各种国家与行业标准、各种规章规程、各种参考书、文字资料等，肯定能够加快建模的速度，降低建模的难度。这些东西是你的无形资产，是要靠你自己慢慢去收集、创建、积累和汰旧换新的，这是一个需要延续终生的工作，除非你离开这个行业。

有人因为想用的时候手头没有东西可用而发愁，也有人对着大量的组件、材质和图片、资料发愁；想要用的时候，依稀记得有个宝贝能用，却找不到，弄一个试试，再找一个试试，试来试去就是找不到满意的，时间飞快地过去，任务急，搞得满头大汗，只有到了这个时候才知道该提前做做功课，把中意的组件、材质等好好分分类，把劣质的、肯定不会用到的东西坚决删除，只留下有可能用的。缩小但优化你的各种库用时才不至于东寻西找搞得满头冒火。

对于面对大量的素材反而陷入尴尬境地的 SketchUp 玩家，老怪建议你提前做好功课。譬如，搞室内设计的，可以按“中式”“西式”“简约”“豪华”“儿童”“女性”等主题分门别类建立目录，把相关的家具、卫浴、软包等组件和配景的小品、材质贴图等归拢到一起，接到任务后，要做的事情只是按尺寸拉个墙，按客户的要求摆摆组件，赋个材质就能交差，甚至可以做到“立等可取”；客户满意，老板高兴，自己还偷了懒，何乐而不为?

搞景观设计的，早点把春夏秋冬的乔木、灌木、阔叶的、针叶的、花花草草分好类，3D的、2D的、2.5D的、平面的组件也不要混在一起，组件的名称要一看就明白，一定不要用ABCD、一二三四做组件的名称，海棠就是海棠、杜鹃就是杜鹃，这样就不要一个个试过来试过去，浪费时间了。同理，各种门窗组件、墙面的贴图是建筑模型里免不了的元素，提前做点功课总比临时去找，临时去试的好。

无论是建筑景观还是室内规划，每个行业都有不同的国家标准和行业标准、规章规程，不要等到要动手建模了才知道原来还缺很多的知识和数据，作为一个靠技术吃饭的人，即使不能对这些资料烂熟于心，至少也要做到手头拥有这些资料，知道需要的时候到哪里去找资料找数据，这是一个靠技术吃饭的人必须具备的基本素质，做到了这点，当然也有利于你加快建模的速度。

好了，噼噼啪啪打了一天的字，啰啰唆唆讲了一大堆的话，希望其中的一些对你有用。

6.4 模型垃圾问题

时常听到有人抱怨：“这么简单的模型，怎么卡得要命”，转动一个角度都要费牛大的劲。也有人惊叹，“你这么大的模型，怎么很流畅，一点都不卡”。其实，他们所说的现象是普遍存在的，无论卡顿还是流畅，都不是一两个因素决定的，本节要讨论众多因素中的一个——模型中的垃圾和清理的问题。

确实，很多初学者创建的模型文件硕大无比，动不动就是几十兆甚至两三百兆，缩放、转动都很困难，严重影响了建模的进程。如果你也碰到过这样的情况，请注意下面的介绍。

未经清理过的模型，包含了大量垃圾，只要在建模过程中试用过的组件和材质，都会暂时保留在模型里，方便我们选用，带来的问题就是模型会变得异常臃肿，这些暂时保留在模型里的材质和组件都是可以清除的，只是很多初学者不知道，或者虽然知道却忘记了清除。

一个大家都知道的清理垃圾的快捷方法如图6.4.1所示。

“窗口”菜单①➪“模型信息”②➪在弹出的面板上单击“统计信息”③➪可以在④所在的位置指定查看“整个模型”还是当前“组件”➪勾选⑤可以显示所有嵌套的组件或群组➪最后单击⑥可以一次清理模型中曾经用过但现在已经不用的组件与材质。

单击默认标准工具条上的“模型信息”⑦，可以直接弹出图6.4.1所示的面板。我们除了分别在组件和材质管理器上清理不再使用的组件材质外，也可以在“窗口”菜单里调出“模型信息”，或者直接单击这个图标，在“统计信息”对话框的最下面，有一个“清除未使用项”按钮，单击它以后，可以在上面的统计信息里清楚地看到清理后的数据变化。

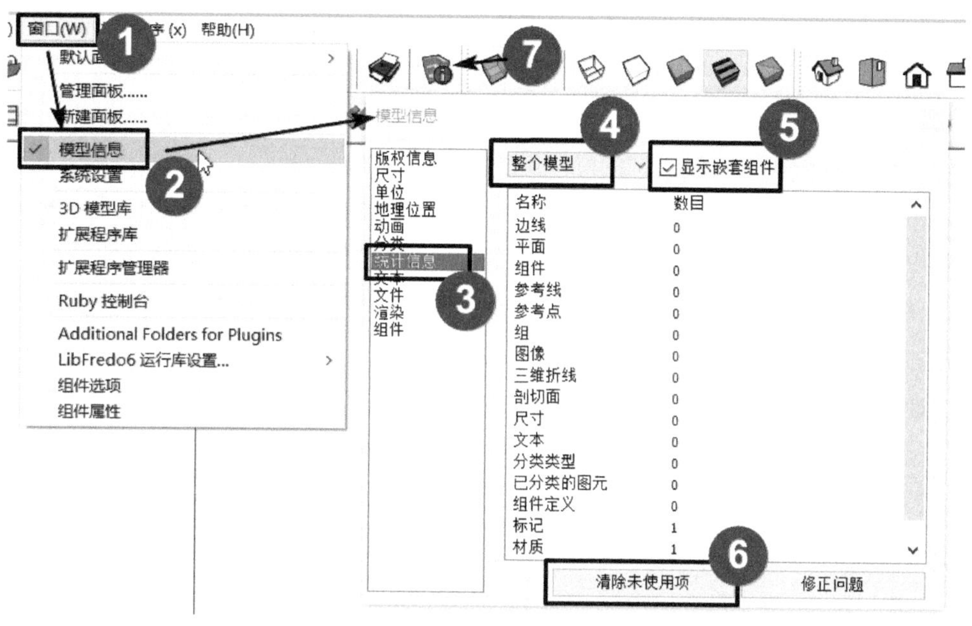

图 6.4.1 清理模型

但是以上的清理，只是对组件和材质等做了简单清除，这样的大扫除，其实远不能算彻底，如果想知道如何比较彻底地清理你的模型，应注意下面的介绍，特别提醒一下，以下的清理，操作顺序很重要，一定不能颠倒。

（1）下面的操作要检查并删除模型中一切多余的东西，俗称“减肥”，为了防止出现大哭一场的结局，所以最好还是改个名称另外保存一下为好。

（2）到“编辑”菜单去“取消全部隐藏”。

（3）在“场景”面板上清理多余的场景（页面）。

实践中发现，页面的数量并不明显增大模型的体积，200 个页面的动画跟没有设置页面的同一模型，文件大小差不了多少，保留已有页面也可，如未设置页面，可跳过这一步。

（4）在“风格”面板上清除多余的风格（如没有更改过风格，这一步可免除）。

（5）清理多余的图层。（部分从 dwg 文件带来的顽固图层，可单击减号，把内容移动到默认图层后再清除）。

（6）清理多余的组件（具体操作上面已经讲过，要注意的是：一定要在清理材质之前，先清理组件，请想一想为什么要这么做）。

（7）清理多余的材质（具体操作上面已经说过，但一定要在清理组件后再清理材质，顺序不要颠倒）。

（8）上面的第（6）（7）步也可以在“窗口”菜单里调出“模型信息”，在“统计”面板的最下面单击“清除未使用项”按钮来快速清理，但是如果只做这一步，清理不会彻底。

严格地讲，以上的清理还不算最彻底，因为还没有涉及清理共面线和多余的面等内容，这部分的清理工作目前还要借助插件来完成，将在本系列教程的其余部分介绍。

顺便再次提醒一下，引起 SketchUp 模型操作卡顿不流畅的原因，除了 6.2 节中提到的线面数量和本节的垃圾以外，打开日照光影和模型中使用了过多的透明、半透明的材质也有密切的关系。

内容索引

章－节	标题	内容摘要
	目录与内容索引	学习前后与实战过程中的好工具： 学习前，看看每一章节的内容， 学习后，快速找到依稀记得的内容， 实战中，临时抱佛脚寻找曾经出现的灵感
第 1 章	热身操	本章共 7 节包含 10 多个小模型，它们看起来都很简单，却被植入了 SketchUp 基本工具和基本功能中的大部分。 如果你已经完成了本系列教程第一部分《SketchUp 要点精讲》的学习，本章将是复习和测试，也可以看成是热身。 如果你认为自己已经熟练地掌握了 SketchUp 基本工具和功能的运用，也可以稍微浏览一下，不用做练习。 如果你还是零基础的小白菜鸟，建议你先从本系列教程的第一部分《SketchUp 要点精讲》开始学习，直接跳到这里开始学习，后面可能会有困难
1.1	用七巧板热身	10 多种常用工具组合运用 二维绘图（各种参考点的重要性与运用） 群组（组）的技巧与运用 材质工具练手；材质工具的扩展用法 玩成 3D 的七巧板；几个二维绘图练习 七巧板烧脑；额外的兴趣；继续烧脑（七巧板悖论） 七巧板与设计；拼图游戏与 SketchUp（练习）
1.2	用拼图再热身	更多工具的组合运用 更多二维绘图练习 十巧板；九巧板（蛋形） 破碎的心；十五巧板
1.3	用骰子还热身	多种工具综合运用 吉尼斯大骰子；直线等分；老千骰子
1.4	用魔方更热身	自动倒圆角 路径跟随（旋转放样，截面与路径） 破洞问题与解决；预留旋转中心；赋色与复制
1.5	用相框续热身	批量导入图片；调整图片尺寸；为未来女王配相框。 哥伦布找赞助；郁文华牡丹图；高山云峰图。 扇形相框；重叠的面（后果与避免）。 路径跟随三法（旋转、循边、路径）

续表

章－节	标题	内容摘要
1.6	补药利热身	7 种重要造型工具：推拉、跟随、交错、折叠、3D 文字、沙盒、实体工具。 辅助面与辅助线；翻面的窍门；初识模型交错。 曲面移动复制；3D 文字工具和模型交错。 用箭头键锁定移动方向；打开 X 光模式做监控。 模型交错不彻底及对策；隐藏与解除隐藏
第 2 章	做家具	本章共有 22 节，用我们最熟悉的家具作为标本来介绍 SketchUp 建模中最常用的一些思路与技巧。 其中很多实例说明了只要有了好的建模思路，复杂点的对象也能轻而易举地完成建模。 除了建模思路外，还有一些模型管理方面的原则与技巧也是学习的重点。 基本按难易程度安排先后顺序，也可能有个别例外
2.1	方桌	建模过程很简单，形成建模思路更重要。 任务分解，先创建一部分，再复制出全部。 充分利用已有条件（线或点）简化操作过程
2.2	方凳	建模思路决定建模质量、速度和难易，甚至可以决定建模的成败。 要善于抓住对象的特征，再形成建模思路，有了正确的思路，建模就轻而易举
2.3	双人床	预先想定建模的顺序很重要。 创建好第一个面后立即创建群组，后续操作要进入群组内操作，这是建模的基本规则。 模型内相同的部分做成组件可简化建模
2.4	床头柜	为什么有时要避免从坐标原点开始建模。 利用已有线面避免重新绘制，快捷又准确。 推拉工具不适合曲面对象，只能用模型交错
2.5	移门衣柜	群组与组件的适用场合 “群组”主要用于“隔离”；形成截面后要立即创建“群组”组件，后续操作要进入群组进行，这是 SketchUp 建模的基本规矩。 “组件”用于重复的零部件，合理利用组件之间的关联性，为统一修改上色贴图等创造条件，简化建模过程。 模型细节（衣架钩）不必太精致
2.6	衣服衣架	“以图代模”是 SketchUp 用户手里可用的重要表达手段，符合多快好省的建模原则，这是其中一例，后面还会有很多类似的例子

续表

章－节	标题	内容摘要
2.7	懒人沙发	建模通常从创建辅助面和辅助线开始。 绘制放样路径和放样截面有不少窍门，“循边放样”“旋转放样”“路径放样”“补线成面”“模型交错”都是建模必须的基本技能。 掌握了这些基本技能后还要能“对症下药”“灵活运用”
2.8	椅子	拿到一个新的建模任务，一定不要急着动手，先仔细研究一下建模的对象和它的特点，获取最有价值的建模依据，提前找出难点和解决的方法，制订建模的计划，然后再根据这个计划开始动手。如果不提前想好办法，形成建模的思路，制订计划，遇到没有预想的困难就只能干着急了。 从分析对象，找出难点，想办法解决，制定建模的先后顺序，然后一步步完成整个模型，中间要经过数不清的步骤，只要心里有一个大致的计划和方向，就不会混乱。千万不要在东边来一棍子，再到西边打一棒子；没有清晰的思路，做什么事情都会一团糟
2.9	简约书桌	用 SketchUp 建模，可粗可细、可简可繁，可以做加法，把模型做得很精细，也可以做减法，减到没有一条多余的线，没有一个多余的面，其实做减法比做加法的难度还更高
2.10	书柜	“组件”有一个“设定为唯一”的功能，可以解除原先组件间的约束关系，重新建立新的约束
2.11	台灯和落地灯	推拉、偏移、中心缩放三大件做联合操作，不需要高深的技术，也不要插件，照样可以一气呵成弄出点东西来
2.12	台布	“沙盒工具”不见得一定要用来做“地形”如果能够活用，它还有很多其他用途，这仅为其中一例
2.13	休闲椅	“依图建模”和“以图代模”都是 SketchUp 用户手里可用的手段，这仅为“依图建模”的一例。 SketchUp 建模过程中，时常要从“线”开始，本例中从照片描绘所得的放样路径就是重要的“线”
2.14	漱口杯架	通过对熟悉的对象创建模型，显然比抽象的对象更容易获得建模的思路与技巧，一系列类似练习下来，你就能形成一整套建模的办法，办法多了，就能下意识地结合到你自己的专业应用中去。 在这个练习里，没有引入新的工具和新的技巧，只是加强了辅助面、辅助线、路径跟随、建模思路、装配技巧方面的锻炼；更重要的是根据照片上有限的信息确定建模思路与步骤，还要估计出准确的尺寸等基本功

续表

章－节	标题	内容摘要
2.15	木浴桶	很多看起来很难的建模任务，只要有了“清晰可行的建模思路”就会变得很简单。 建模时候的一些细节会直接影响模型的质量，如本例中每块板的大小和其上的木质纹理就直接影响模型的档次，这些细节须认真对待
2.16	电视柜等	把一个大的模型分成合理的小块分别建模是一种好的策略，可以大大降低建模难度并方便事后修改。 凡是模型中重复两次以上的部件都要做成“组件”以方便后续赋材质与修改
2.17	梳妆台凳	这一次的建模任务比起之前的稍微提高了一点难度，特别是从凳子脚，到镜子部分，最后的台子部分，每个部分是从绘制曲线开始的，曲线和曲面造型是设计和建模过程中一个比较重要的部分，对没有经验的初学者和美术功底差的学员，会有点麻烦。 曲线曲面要有美感而不过分夸张，好看不好看取决于设计师的美学修养，要多听批评而不是称赞
2.18	传统长凳	这是一个看起来容易，其实有相当挑战性的练习。它是可生成施工图的、带有真实榫卯结构的模型。 这一节的重点技巧较多，有“依图获取建模要素”“投影面交错”“实体工具开洞”“修补破洞”，这些在将来的建模过程中都会有很大的作用，甚至是决定建模成败的关键作用。 做练习时能不能百分百完成并不重要，重要的是要通过练习，体会建模的难度所在；如果还能发现降低难度的方法和途径，那你就真的有收获了
2.19	榫卯结构（实体工具）	实体工具条非常重要，上面的工具、用途和用法都有点“绕人”不容易记忆，操作使用的时候还要注意单击的顺序；否则结果完全不同。 建筑业、室内外环艺设计、家具制造业的学员，一定要掌握好实体工具的应用要领，它在你们的专业领域有不可替代的重要作用。其他行业的建模过程中同样也有大量实体工具的展现机会，也不能疏忽
2.20	传统书案	大多数人创建的模型是用于示意性质的初级模型，仅在方案推敲阶段起作用，这种模型与那种能够指导生产，形成施工文件的真实精确结构的模型区别很大。 本节对于提高建模水平、管理水平很重要，重点有两个，一是对模型的优化，包括精细化、实用化等（要用到实体工具）；另一重点是利用SketchUp的目录管理器、图层管理器等工具对模型进行简化和条理化，从而提高我们对模型中大量几何体的管理效率。 本节所包含的内容丰富且重要，很难用图文的形式表达清楚，请浏览同名的视频教程配合学习和练习

续表

章 - 节	标题	内容摘要
2.21	模型结构优化	继续 2.20 节对于模型做简化与优化，把模型整理得更加规范化。在操作过程中，要用到目录管理器、图层管理器（标记）、实体工具栏、图元信息对话框等。 养成严谨认真的建模习惯，对自己、对同事、对团队都有好处，一定不要因为偷了几分钟的懒，再去花百倍的时间擦屁股，甚至推倒重来
2.22	爆炸图	爆炸图是主流三维 CAD、CAM 软件中的一项重要功能。在 Revit 一类的 BIM（建筑信息模型）软件中，也有制作爆炸图的功能
第 3 章	盖房子	本章 15 节里有 6 节与导入 dwg 图形建模有关，虽然这 6 节都是以建筑模型为例，但其中介绍的原则、方法与技巧对所有行业的 SketchUp 用户都有参考价值。 各式楼梯、门窗建模的思路与技巧是本章的另一个重点。最后还有一个“看照片建模”的实例，可供练手
3.1	聊导入 dwg 图形	导入 dwg 图形后建模是很多人的首选，这是先入为主的历史原因造成的。本节详细介绍这种方法带来的问题与解决的方法。下面的几节要用一些实例来进一步探讨在 SketchUp 里导入 dwg 文件后建模的方法和技巧；但本节所说的内容是其基础。 归纳为一句话：如果你在 AutoCAD 里偷了一分懒，过后到 SketchUp 里你可能会付出几倍甚至几十倍的代价
3.2	从 dwg 开始（一）——三层新农村别墅	这是一个依照导入的 dwg 图形建模的完整实例，介绍了基本操作顺序、操作重点和操作技巧。 可供建筑专业和室内设计专业参考
3.3	从 dwg 开始（二）——框架结构	本节介绍用导入的 dwg 图样为依据创建框架结构的重点、要点和技巧，这种模型主要用于对梁柱框架结构的研究验证和团队内外的沟通交流，也可以用来跟施工队交底。 可供建筑业的结构专业设计师参考
3.4	从 dwg 开始（三）——墙体等	本节的重点是利用 dwg 文件上的线条描绘出重要的轮廓；综合利用偏移推拉等工具形成墙体和窗洞；特别是用推拉工具的同时按住 Ctrl 键在推拉的同时还复制平面的技巧，可以减少很多麻烦，节省很多时间。 如果你想要做类似的练习，建议你尽可能不要用炸开 dwg 图样的办法获取关键轮廓的办法，事实证明，与其慢慢删除炸开 dwg 图样后产生的大量废线和解决废线引起的很多麻烦，还不如老老实实依 dwg 图样描绘轮廓更快、更顺当，做出来的模型也更干净

续表

章－节	标题	内容摘要
3.5	从 dwg 开始（四）——坡屋顶与老虎窗	坡屋顶和老虎窗是本节的主题，分成几个不同的部分做成部件后组装起来可以大大降低建模难度，充分运用 SketchUp 的“图层”（标记）功能
3.6	从 dwg 开始（五）——又一个别墅	一个利用 dwg 图形建模的完整过程，也有一些新的建模技巧，本节的课题可以作为你自我测试所用
3.7	另一种利用 dwg 图形的方法	经过上面几节的练习，你一定会发现，想要直接利用导入的 dwg 图样生成平面，可能会产生很多预料不到的问题， 本节介绍一种以不变应万变的方法，根本不指望用 dwg 图形生成面来建模，看起来笨，其实是聪明人用的办法
3.8	楼梯（思路与技法）	楼梯是建筑设计、室内空间设计和景观设计从业人员都会碰到的课题，楼梯作为建筑物垂直交通设施之一，在设计中有重要的地位。本节将为新人们普及楼梯方面的理论知识和用 SketchUp“图解”的方式来设计出自己的楼梯。 计算或图解结果不符合建筑标准的处理方法； 钢筋混凝土楼梯建模；楼梯的栏杆、栏板和扶手、栏杆与扶手建模；楼梯建模必需的重要资料
3.9	弧形楼梯	设计圆弧形的楼梯，很多参数跟常见的楼梯是差不多的，譬如也要根据楼层高度来决定需要的台阶级数，还要考虑踏面宽度是否符合标准和规程等，比较特殊的是，弧形楼梯还需要考虑楼梯入口和出口之间的角度和位置，在大多数应用场合，这是有严格限制的，有时候还需要做些特殊处理
3.10	旋转楼梯	本节为你介绍了用图解的方法快速设计旋转楼梯并且建模的过程，用 SketchUp 进行图解设计的方法，可以快速、科学、直观地确定楼梯的参数。如能灵活运用 SketchUp 对圆形和圆弧的片段数设置、组件的关联性等特点，就可以大大简化建模过程，加快建模速度
3.11	八成用户会犯的错误	本节要讨论一个熟手都可能犯的错误： 说的是“路径跟随”的特点（缺陷）之一（还有别的缺陷）和克服缺陷的办法
3.12	门窗组件（自动开洞等）	这两节讨论门窗问题： 如何创建自动在墙面开孔的聪明窗户（单层墙） 还有自动在墙面开孔的聪明门（单层墙） 实木门建模（双层墙＋内外门套）
3.13	门窗组件（铝合金与塑钢）	

续表

章－节	标题	内容摘要
3.14	大脚丫售楼部（一）	一个中国建筑设计师的幽默大作， 一个“依图建模”的实例， 一个综合运用大量建模技巧的实例， SketchUp 里的圆和圆弧是以线段拟合成的特点，一直被吐槽，在这例中却被利用成决定性的因素
3.15	大脚丫售楼部（二）	
第 4 章	建公园	本章围绕景观设计方面的对象建模，从最简单的石桌石凳、云墙洞门到亭子石桥、花窗水景，其中有大量的建模思路与操作技巧可供所有行业的 SketchUp 用户所借鉴。 SketchUp 有 7 种重要的“造型手段”：推拉工具，路径跟随，模型交错，实体工具，沙盒工具，3D 文字，折叠大法。在这一章里用了个遍
4.1	石桌石凳	“车削型”与“旋转放样” 精简线面与旋转复制再实践 “实体工具 - 减去”再实践
4.2	野猪林	“置石”与“假山”一样，是中国景观设计中的重要元素，分“散置”“群置”“对置”“特置”等方式，置石与假山的设计与施工，在中国景观领域中已形成一套完整的理论体系和施工规范，本例属于“特置” 手绘线、推拉、柔化三者结合可以造出千姿百态的石头，点缀丰富你的模型。三维文字工具和模型交错的加入，甚至可成就世界五百强的招牌
4.3	古树美人	获取模型组件的 4 种方法；3 种组件的比较 3D 组件的优缺点；2D 组件的优缺点； 2.5D 组件的优缺点；创建 2D 组件（不限于植物） 2D 组件对图片素材的要求；光影与设置 2D 组件的边线处理；正面永远面对我们 旋转轴设置；3D、2D 组件的线面数量比较， 图片预处理删除无用部分；估算图片的大小
4.4	方亭	做设计，思路的连续很重要，尤其在方案推敲阶段，如果一直把精力集中在模型的精致度上，就一定减少了在“设计”上的投入，原先已经形成的思路时不时被冗长的建模过程所打断，显然是舍本求末的不当之举；更没有必要在方案推敲阶段就把模型的每个细节都做到极致。 当你把 SketchUp 用到挥洒自如之后，做设计就会像画素描一样，寥寥数笔就可以勾勒出一个（合理的）创意，设计师的主要精力就可以集中在“设计”而不是“建模”上；至于施工所要考虑的无数细节尽可以放在方案被正式确定后再去完成。 这个实例与后面几个都是用来训练设计师“重创意、重意境、重表达、舍繁就简，一气呵成”的素质。 这是两个寥寥数笔勾勒出的创意，没有尺寸没有数据，全看你对全局的预控能力
4.5	蘑菇亭	

续表

章－节	标题	内容摘要
4.6	蜜蜂堡垒一	所有操作只是复习前面学习过的内容，并且没有给出具体的尺寸，这是为了让你有一个把握全局、创造性发挥的锻炼机会。特别注意“模型交错”的准备和应用
4.7	蜜蜂堡垒二	
4.8	石拱桥	园林景观设计中，大大小小的桥是重要的构景元素，具有很高的实用、观赏和艺术价值。这种形状的石质桥，质地坚固、气质沉稳、自然古朴、外形美观、构造简单、经久耐用，在行业中的影响也最大。 看起来很复杂的工程，只要思路对头，可轻松搞定
4.9	桥栏	“依图建模”又一例，看起来其貌不扬，但是为了创建它，却要动用工具栏上的大多数工具和以前学习过的很多技巧，建模过程中也包含一些新的思路与技巧
4.10	街灯杆	“依图建模”又一例，用照片为依据来建模，没有准确的数据，所有尺寸全靠目测和常识进行估计和调整，需要调动你的观察和对材料、尺寸、比例的把握能力，如果你以前练习过素描和写生，建这个模型，就像静物写生一样，应该不会有太大的困难。 “逐步逼近”大法的应用；解惑 1.6 节留下的问题
4.11	街灯灯具	
4.12	街灯组合	
4.13	简易六角亭	这个亭子做法，特点是简单，只用了 SketchUp 的基本工具，没有用插件也没有深奥的技巧，形状也算不得漂亮，也不够精细，只是提供一个创建类似模型的思路给大家参考。只要掌握了“建模的思路”和 SketchUp 基本工具的使用技法，谁都做得出来。 亭子的模型，多数用于景观设计，如果用于方案设计，对于亭子的模型只求形似而不求细节，本节介绍的方法正好符合要求。如果你是研究古建筑，或者有严格结构要求的设计，本节介绍的方法不适合你使用。 建这个模型，用到了前面学过的大多数工具和技巧，初步接触到曲面建模的概念，是一个很好的练习题材
4.14	云墙	云墙和洞门是中国传统园林和建筑中的重要部分，都是园林景观设计绕不过去的题目，这两节中所用到的建模思路与技巧，对于其他行业的朋友也是很有用的。 曲线的绘制技巧，沿路径放样； 还有一些墙帽，洞门资料
4.15	洞门、月洞	

续表

章－节	标题	内容摘要
4.16	花窗图案的结构特点	把园林花窗收纳进本书有以下三方面的原因： 创建花窗模型的过程中包含有很多建模思路与技巧，在创建其他模型时也通用。 设计一个新的花窗所需要考虑的内外因素，同样也是设计其他对象所需要考虑的。 本书读者中的大多数都免不了与各种民族传统图案打交道，中国传统纹样图案相关知识和应用等技能是中国的设计师们要掌握的基本功。 这几节的所有插图均用 SketchUp 绘制
4.17	充分利用花窗模型库	
4.18	以照片为基础创建花窗模型	
4.19	以纹样库创建花窗和应用场景	
4.20	水景难题	老怪用 SketchUp 十多年后的今天，如果有人来问我，你感觉在 SketchUp 里建模，最难做的东西是什么？我会毫不犹豫地回答：水。 很多 SketchUp 初学者觉得高不可攀的曲面造型，其实只要多动动脑筋、积累经验，再借助一些插件，大多都可以折腾得出来；最难对付的就是软的、无固定形状，没有明显变化规律的东西，上难若水。 这一节简单介绍比较了 SketchUp 里三大类水
4.21	掇山置石	介绍两种用照片创建假山的方法，一种斧劈石，只要勾画推拉堆叠即可成山。黄石的假山要麻烦些，还要用到移动工具加 Alt 键的“折叠”大法
第 5 章	巧打扮	学习 SketchUp 而不能熟练驾驭材质、贴图、风格等技巧的话，就不能充分发挥 SketchUp 的强大功能，只能算是学会了一半”。 这 8 节要解决时常困惑初学者的这方面的问题，还要介绍一些新的技法；对一个“白模”进行贴图赋材质，风格、前后背景、明暗度，色调色彩等后续处理，所用的时间甚至可以比建模还多，但效益也是明显的
5.1	图片和材质	本节介绍 SketchUp 材质和风格方面的一些皮毛，只涉及了贴图大小和方向的调整，是 SketchUp 材质贴图方面最简单、最基础的部分； 图片与材质的关系，skm 材质缩略图， skm 材质与材质库，重要的文件路径和目录， 图片转换成 skm 材质和材质还原成图片……
5.2	基础贴图纹理调整	专业水平和业余水平的贴图之区别， 右键菜单里的“纹理 / 位置”与“贴图坐标” “投影”与“非投影”贴图
5.3	小石桥（几种贴图技巧）	6 个成语形容本节中介绍的 6 种材质贴图技巧： 志同道合：相同材质对象成组，统一修改编辑。 工半事倍：组件面板选中相同群组赋材质，方便快捷。 择善而用：创建一组候选材质样板做比较。 削足适履：红绿蓝黄四色图钉截取部分贴图为我所用。 改头换面：用“匹配模型中对象的颜色”改变材质。 表里不一：指双层贴图，获得全新的效果

续表

章－节	标题	内容摘要
5.4	木屋别墅的风格前景背景等	本节要讨论如何对不同的场景页面进行天空地面、背景图片、日照光影、渲染模式、边线形式等不同的设置，以获得出色的特殊效果。稍微用点心，不用大投入就可以得到完全不同的收获
5.5	蜜罐子（两种贴图方式）	这两节的重点是“贴图”也有一些建模技巧； “包裹贴图”“投影贴图”“贴图大小和位置调整” 集中展示应用了“折叠大法”移动平面的折叠与移动顶点的折叠
5.6	粗茶淡饭、贴图折叠等	
5.7	焦距与视角	SketchUp 里的两个“缩放工具” 焦距与视角的关系，在视角与变形失真中求平衡， 调节 SketchUp 视角的两种方法
5.8	批量生成材质	大量素材图片转换成 skm 材质的工具和方法， 创建自己的材质库
第 6 章	好习惯	本章 4 节分别讨论建模中的好习惯，还不如说是克服坏习惯： 避免导入 dwg 文件引起模型被裁切；合理安排建模精度缩小模型体积； 6 种影响建模速度的问题；对模型减肥也是避免模型增肥
6.1	裁剪和丢失的面	这是一个几乎困扰过所有 SketchUp 用户的问题， 这种现象并不会对模型造成实质性的损害，原因有： 当视野设置得非常宽的时候， 相机菜单的透视模式关闭， 模型特别小或者特别大， 模型离开坐标原点很远， 远处有不明显的废线面， 导入 dwg 文件最容易发生这种毛病， 终极解决方法：把有问题的部分复制到另一 SketchUp 去
6.2	模型大小问题	一盆花的体积、线面数比一个居民小区还大，原因： 不合理的圆和圆弧的片段数， 无谓的模型细节；3D 的植物组件， 重叠的相同组件；无区别的相同精度

续表

章 - 节	标题	内容摘要
6.3	建模速度问题	提高建模速度和工作效率大致可从以下几点入手： ①原则就是你要用 SketchUp 做什么? ②思路非但影响建模速度甚至决定了能否成功； ③技巧需要日积月累，包括：避免文件丢失，注重模型组织，保留关键的底图，参考点、线；组织同材质的部分；善用群组、组件和图层。图元信息和模型信息对于模型管理也很重要； ④工具，计算机、CPU、显卡、内存、鼠标与鼠标垫； ⑤素材：必要的草图、数据，组件，材质，风格，图片，国家与行业标准，规章规程，参考书，文字资料，分类并烂熟于心； ⑥避免打开日照光影，减少使用透明、半透明的材质
6.4	模型垃圾问题	模型减肥的完整步骤： ①减肥操作前改名保存成另一个文件； ②到编辑菜单去取消全部隐藏； ③打开有意隐藏外的所有图层，清理多余的图层，从 dwg 文件带来的顽固图层，可单击减号把内容移动到默认图层后再清除； ④在场景面板上清理多余的场景（页面）； ⑤在风格面板上清除多余的风格； ⑥清理多余的组件； ⑦清理多余的材质，要在清理组件后再清理材质，顺序不要颠倒； ⑧上面的第⑥、第⑦两步，也可调出“模型信息”的“统计面板”“清除未使用项”来快速清理，但只做这一步，清理不会彻底； ⑨严格地讲，还有共面线和多余的面等内容未清理